国家出版基金资助

构造应力场

（第2版）

安　欧　著

地震出版社
Seismological　Press

图书在版编目（CIP）数据

构造应力场/安欧著．—2版．—北京：
地震出版社，2021.12
ISBN 978－7－5028－5323－5

Ⅰ.①构…　Ⅱ.①安…　Ⅲ.①构造应力场
Ⅳ.①P313

中国版本图书馆 CIP 数据核字（2021）第 105302 号

地震版　XM4942/P(6114)

构造应力场（第2版）

安　欧　著

责任编辑：范静泊　王亚明
责任校对：凌　樱

出版发行：地震出版社

北京市海淀区民族大学南路 9 号　　　　　邮编：100081
发行部：68423031　68467991　　　　　传真：68467991
总编室：68462709　68423029
证券图书事业部：68426052
http://seismologicalpress.com
E-mail：zqbj68426052@163.com

经销：全国各地新华书店
印刷：北京广达印刷有限公司

版（印）次：2021 年 12 月第二版　2021 年 12 月第一次印刷
开本：710×1000　1/16
字数：1104 千字
印张：53.25
书号：ISBN 978－7－5028－5323－5
定价：180.00 元

再版说明

构造应力场观测与研究是关于地壳介质受力与变形关系的科学，其物理概念及意义明确，构造应力场基于力学原理，其科学性、基础性和成熟性是毋庸置疑的，在理论方法上仍保持着传统，该力学体系在二十世纪三十、四十年代开始建立，二十世纪后期已经十分完善，无论正演、反演，其科学逻辑严密，方法与技术途径可行性强，可广泛应用于工程建设、地震预测、矿产资源勘探、地壳力学基础理论研究等领域，随着地形变、地壳运动等观测技术的进步，以及观测网络的加密完善和长期观测数据的积累，使得数值模拟与分析更加准确、更加精细，而当今大数据、超算等计算机处理能力显著提升，则为构造应力场的相关研究提供了技术便利，因而，运用构造应力场的理论和方法解决工程中或研究上的实际问题愈加被重视，构造应力场的实用价值与有关成果层出不穷。

地震出版社于 1992 年出版了《构造应力场》（安欧著）一书，该书是一部在原理、方法、实验、观测、地壳构造等方面系统性论述构造应力场的佳作，不仅可为广大科研工作者提供有益的参考，而且可作为构造地质学的工具书使用。

随着新时代科技进步与规范化的出版需求，为了促进地球科学理论、观测、应用等科研工作的探索与创新，本书得到国家出版基金资助修订再版。再版过程中，一是按照 GB 3100—1993《国际单位制及其应用》、GB 3101—1993《有关量、单位和符号的一般原则》等有关标准对原书修订、完善；二是修正了原书中的错误；三是补充了主要物理量表，方便读者阅览。期望本书能在地球物理、地质科学等领域继续发挥作用，促进构造应力场在理论基础研究与应用价值上取得新进展。

序 言

"科学是一种在历史上起推动作用的革命的力量。"几十年来,在自然科学许多学科迅猛发展的形势下,地学领域内的一些学科也提出了长久以来潜伏着的重大问题,动摇着有关学科传统的一些基本概念和部分重要结论以及所走过的途径,并促使它步入新的方向。目前地壳力学研究的总趋势,就是现代地球科学中的一个新发展。

从构造形态分析到构造体系研究,从在地面直接找矿到推测隐伏矿体,从记录地震到预测地震,凡此种种,使构造运动对成矿和矿产分布的控制,地区稳定性的工程地质评价,地震成因研究和预测,以及地壳力学的基础理论研究,向前迈出了新的一步。

随着地壳运动学的发展,地壳动力学研究也从理论到应用相应地开展了起来,构造应力场就是其中的主体部分。至此,地壳力学研究便获得了较全面的进展。

地壳运动学,是长期随着构造地质学一起发展起来的。一个是从运动学入手,一个是从形态学入手。之后,随着各自的特点又逐渐分成两个分支,而又一直互相牵连着,各有千秋。但当发展到较全面的地壳力学阶段,它已不能再局限于地质学范畴了,而是成了力学、物理学、地球物理学和地质学之间的一门新的边缘学科。这是因为地壳的力学现象本身具有多学科的综合性,这也是自然科学向更高层次发展的必然趋势,单一的学科知识已不能认识必须各有关学科来共同反映的规律和复杂的综合现象了。

构造应力场,是在地球科学发展的现代阶段,由于生产应用、工程建设、地震预测和地壳力学基础理论研究的需要,而生长和发展起来的。它一开始就带有较强的综合性,是解决地壳构造运动成因问题的根本途径。

本书系统地总结了构造应力场的性质、作用、测定、分布、变化、成因和应用,以及对未来场的预测问题。但仍需要广大的理论、观测和应用工作者们,通过各自所在工作领域中广泛的研究和实践,继续反复地加以验证、修改和充实,以便共同促进这一学科在理论基础上和更广泛的应用上获得迅速的发展。

安 欧

1990 年 10 月

于北京

主要物理量表

符号	含义	符号	含义
P，p	压力	E	弹性模量
P_c	围压	E_c	压缩弹性模量
l	形变	E_t	拉伸弹性模量
σ	应力	E_τ	剪切弹性模量
σ_n	正应力，法向应力	$E_{(s)}$	静弹性模量
σ_1	最大主应力，轴向应力	$E_{(d)}$	动弹性模量
σ_2	中间主应力，横向应力	D	变形模量
σ_3	最小主应力，横向应力	D_c	压缩变形模量
σ_s	强度极限	D_t	拉伸变形模量
σ_d	压密极限	D_τ	剪切变形模量
σ_p	比例极限	F	柔性模量
σ_y	屈服极限	F_c	压缩柔性模量
σ_c	抗压强度	F_t	拉伸柔性模量
σ_t	抗张强度	F_τ	剪切柔性模量
σ_r	压缩剩余强度	C	蠕变模量
τ	剪应力	C_c	压缩蠕变模量
τ_s	抗剪强度	C_t	拉伸蠕变模量
τ_c	粘结强度	C_τ	剪切蠕变模量
τ_r	剪切剩余强度	K	体积弹性模量
e	应变	ν	泊松比
e_1	轴向应变	ν_e	弹性泊松比
e_2	横向应变	ν_d	变形泊松比
e_e	弹性应变	Pa	帕，压力或应力的单位
e_p	塑性应变	kPa	千帕
e_l	伸缩应变	MPa	兆帕
γ	剪应变	GPa	吉帕
ϑ	体应变		

目　　录

第二章　构造应力场的作用 ……………………………………（225）

概　　论

一、构造应力场的研究历史

为了全面地历史地认识构造应力场这门学科的过去，看清它的现状，明确今后的任务和方向，需要了解它作为一门学科形成和发展的历史。

地壳力学，分地壳运动学和地壳动力学两部分，前者研究地壳运动规律，后者研究地壳运动原因。构造应力场是地壳动力学的主体部分。

20 世纪 20 年代，在对地壳运动及其成因的研究中，主要有两大派：

传统学派，主张地壳以铅直运动为主，局部水平运动是由铅直运动引起的次生现象。原因是地球由于逐渐失热、密聚和重力作用而收缩，致使海洋特别是太平洋显著沉降，大陆总趋势也是下降，但局部地区则可相对上升或下降而形成褶皱和断裂。

新生学派，主张地壳以水平运动为主，铅直运动则是由水平运动所导生。据均衡现象，提出主要由硅铝层构成的大陆在硅镁层构成的基底上和由硅镁层构成的海底上水平滑动，大陆各部分间也发生大规模的水平相对移动。对怎样进行水平滑动和移动问题上，又分三派：一是魏格纳大陆漂移说，根据是大西洋东西岸形状相符、南北美大陆和欧非大陆特别是南美大陆与非洲大陆某些古生物群相同、南美洲和南非洲某些地质构造相似、一些地质时代地表古气候带巨大变化的一致和上古生代南半球大陆冰川流动方向的统一性；二是约里潮汐拖移说，据硅铝层岩石中放射性矿物含量推算得其蜕变放出热量的一部分，在地表下积累2500 万年～3000 万年，便会使地壳下部岩石熔解，提出地壳下部熔解时，月球对地球的潮汐引力把大陆向海洋方向拖移，使大陆基底出露并逐渐冷却，于是一次大规模地壳运动就此结束，接着再开始新的轮回；三是对流分裂说，由于地球内部物质对流，轻者上升，重者下降，致使上部某些背向流动的地带把大陆分裂开，在裂开两边的大陆海岸留下张裂痕迹，如北美海岸到内陆和西欧海岸到内陆受此拖动而成的古生代山脉，同时大陆由于碰到海底较重而硬的硅镁层的抵抗，便发生大规模的水平挤压，而成大型地槽和由地槽转变成的雄巍山脉，如此南北美大陆东部便和欧非大陆西部分裂，而南北美大陆西部则向太平洋方向挤压，在其西岸形成柯迪勒拉地槽和柯迪勒拉巨大山脉。

在这种历史背景下，1921 年李四光根据䗴科和若干腕足类化石对比，发现中国北部以陆相为主夹若干海相的太原系下部地层与北部莫斯科盆地典型中石炭纪地层，以及中国南部以海相为主的石炭二叠纪地层中广泛巨厚的黄龙灰岩和壶天灰岩地层，属同时代形成。这个结论又影响到北美中石炭纪海相地层的确定。于是，北半球中石炭纪海相地层的存在，逐渐被证实。北半球南北部海侵海退现象有这么大的差异，说明除海面全面升降运动外，还存在低纬度与高纬度地区海面的差异运动。经过对古生代以后全球海侵海退规程的分析，明确了大陆上的海水进退，除了全球性海面升降运动外，还有由赤道向两极和由两极向赤道方向的运动。结合大陆移动与大规模构造运动的南北、东西方向性，1926 年提出了这些运动的起因是由于地球自转速度在漫长的地质时代中反复发生时快时慢的变化，而地球岩石圈和水圈的运动及岩浆活动又是自动控制地球自转速度变化的内因，它们构成了一种自动反馈过程。因之，便形成了全球性等间距的纬向构造体系、经向构造体系、两翼东西延伸和南北延伸的山字型构造体系以及各种北东、北西向压扭性构造体系。

为从动力学上了解这些构造体系的成因，从 30 年代到 40 年代初起，进行了构造应力场的研究。为配合构造应力场的研究，从 50 年代起又开展了偏光应力分析、应力矿物测定、构造模拟实验、地质绝对年龄鉴定、超声波探测、第四纪冰川考查、天文地质、岩石力学、岩石热学、古地磁、地热学研究以及古构造残余应力场、现今构造应力场和断层活动测量，开始了构造应力场基础理论及应用的系统研究。

1964 年西德米勒结合工程应用和 1975 年苏联格佐夫斯基结合大地构造发表了各有特色的较系统的构造应力场研究成果。

二、构造应力场的研究意义

地壳构造运动既是由于受力的作用引起的，那么为了探讨地壳构造运动的根本原因，必须研究地壳构造应力场。

对地壳各种类型构造中应力场的研究，是了解各该构造的各个组成部分中应力场的分布形式、转变规律和与外围应力场相互联系的基本方法。

对构造应力场有了全面了解，才能从根本上认识岩体中有成生联系的构造形迹的组成型式、排列规律和型态特征，以及同一地区运动方式不同的各构造组合的形成序次、复合关系和转变过程，才能从理论上解决构造体系各组成部分的成生联系及整体的形成过程、起始条件和边界条件、各部分的力学性质和分布规律，以及各构造体系间的力学联系问题，才能从成因上了解其所在地区构造运动的发生、发展和转变规律。

从构造应力场的角度来研究构造运动，可使运动的规律和形式得到直接、完整和统一的表达，而不受所在区域中各处岩体力学性质和原有地形不同，因而由同样外力作用所造成的构造形迹的性质、形态、方位和特征不同的影响，因为只有构造应力场的分布规律和形式才与由之引起的地区总体构造运动的规律和形式符合。因而在对整个地壳运动的研究上，由同一地区各构造应力场的相互关系，可分析该地区在不同地质时期共存在几种什么形式的应力场，找出其形成时的边界条件和所受主动外力的方向，以探讨各地质时期地壳应力场的分布及产生它们的原动力作用方式和力源的变化规律。

在应用上，了解构造应力场的时空分布，对推断和预测地下及未知地区构造的方位、性质和形态，寻找隐伏矿体和储油构造，探讨油气运移规律，开采矿产资源，预报地震，勘测工程地质以及设计地下和地面工程等方面，对生产建设都有重要帮助。

三、构造应力场的研究内容

构造应力场，是研究其所在岩体构造运动的成因、其成因应力场的时空分布规律与力源，以及它们在有关学科和生产中应用的学科。

现阶段，根据学科发展程序和实际需要，构造应力场理论的主要研究内容有：构造应力场的性质和测量方法；构造应力场的作用和构造运动；构造应力场的分布和各类构造形式应力场；构造应力场的联接、叠加、转变和全球构造应力场；构造应力场的成因及其变化规律；构造应力场理论在构造运动研究、矿产资源勘探、采矿井巷设计、地震预测预报、工程地质勘测和工程设计施工中的应用。

四、构造应力场的研究方法

构造应力场理论，是以地壳构造现象和岩体应力测量为基础，以岩石力学实验和观测为依据，经过模拟实验验证的基础上建立起来的。

岩体的变形、断裂和后生组构，是构造应力场的确凿反映，岩体应力可直接测得，那么在野外构造形迹和构造应力实际观测基础上，以岩石力学实验和观测结果为依据，并通过模拟实验验证来建立岩体中的构造应力场理论，全面深入地探讨构造应力的分布及变化规律，便成为从地壳构造现象和构造应力观测来研究构造应力场的最直接的方法。为此，构造应力场的研究，需要从实际观测和实验研究基础上进行理论分析，以互相验证，不断反馈认识。各种运动物体的性质，都是从其运动的形式得出来的。因之，复查过去和观测现今构造运动过程，了解其各种构造运动形式，是研究作为其直接成因的构造应力场的重要方法。于是，从了解一个构造区域中各局部构造形迹所反映的应力场入手，再将它们联合起来以综合整个区域的主要应力分布，继而确定造成它的外力作用方式，这是从构造形迹入手研究构造应力场的基本过程。在这个过程中，首先需要根据所研究区域中局部或总体的构造形迹，按照场的理论，鉴定和分析该处应力场的分布规律、形式及特点，再依相似条件适宜地做模拟实验，以验证理论分析结果的正确性。

岩体中应力场的直接观测，须在所研究地区布置网状观测点，进行定点长期连续观测，并在必要部位附之以流动观测，以取得场的完整时空分布资料，研究全区应力场的平面和立体空间中大小和方向分布及其变化规律，并结合有关天体力学和太阳活动的观测，推断其今后短期和长期的变化趋势。在此基础上，结合区内各处岩体的结构和力学性质，深入研究现代构造运动，反验古构造运动理论，以用于工程、资源勘探和开采设计，地震、岩爆和瓦斯突出预报。

前一研究过程，是由岩体古构造形变到构造应力，属力学中的反序问题；后一研究过程，是由岩体中应力到构造形变，属力学中的正序问题；最终，都深入向构造运动问题。因此，从理论上解决此种问题，由边界条件出发，主要有三种方式：边界位移已知，边界应力已知，边界混合条件已知。求解，则分三种类型：求各点应力，求各点位移，求各点部分应力分量和部分位移分量。具体解法，则分反序解法、正序解法、半倒解法和近似解法等四种。物体的运动规律，与其运动速度密切相关。经典力学与相对论力学的差别在物体高速运动时便显露出来；而作为经典力学基础的短时实验速度与地壳岩体经长至上亿年漫长的地质时间缓慢进行的构造运动速度相比，又显得太快了。这里，时间对运动规律的影响至关重要，集中反映在运动速度的大小上。因此，在地壳力学研究中，经典力学的理论是有局限性的，只能局部适用，借用时必须根据经典力学理论建立的条件仔细选择，并应结合地壳运动的实际逐步建立适用于缓慢运动的低速力学理论。

实验是以理论分析或预想假说为前提的科学实践，因而是认识客观规律的重要形式，但只有在与推论的客体相似、条件充分、观测精密、结果分析客观的情况下，才有价值。科学史上以实验为基础的原理或定律之所以后来被推翻，就是因为其所依据的实验有局限性。

通过实验，可验证理论分析或预想假说的正确性，可出乎意外地发现新规律，可使一种现象重复发生以检验其客观性，可使理论上无法简化计算的现象全部实现并精确测量，可把一个多因素作用的复杂现象分解为各单因素现象以研究其单个作用规律，可把各单因素联合起来研究其在复杂现象中的综合结果，可把几个因素放在一起研究其相互制约关系，可改变条件和次序来研究它们的不同结果，可把一个总的现象分成各个部分来分别研究，可通过精密设计来直接观察现象的微观本质，可把现象放在不受干扰的条件下来观察，可按现有认识水平的各种设想来探索它们的普遍性和特殊性，还可按照已有的规律性认识来安排程序推导未来，研究促进、阻止或预防手段，而不是坐等自然现象的到来。

模拟实验，还可使地质历史上已经过去的构造运动过程复现，以便对之进行直接观察，了解在自然界中来不及连续查明的细节；可将人类历史所不及的地质时间内长期形成的构造现象在短时间内实现，以便进行全过程研究；可使地壳大规模构造现象在小模型内出现，以便观测其全部形态；可在模型中仔细观测，以发现野外观察中没注意到的详情细节，指导野外复查和深入研究；可考虑较多的地壳实际条件，而比简化假设下的理想化计算结果符合实际；可考虑时间因素而把地壳中十分复杂以至尚无法计算的现象模拟出来，并使得结果直观易于理解。

相似理论，是把模拟实验的结果用于地壳的约束条件。

第一章 构造应力场的性质

第一节 岩块力学性质

地壳各部分所发生的变形和断裂，是该地区构造应力作用的反映。这种反映的强弱，取决于构造应力的大小、作用时间的长短和岩体的力学性质。岩体的力学性质却相差悬殊，大者力学参量可差几千倍。这说明，在同一时间内，有的岩体在很大的应力作用下变形并不显著，而有的岩体在很小的应力作用下很快就可发生明显变形；有的岩体在很大的应力作用下裂纹甚微或不断裂，而有的岩体在很小的应力作用下就可发生剧烈的破碎；有的岩体在很大的应力作用下微裂很少就发生了断裂，而有的岩体在很小的应力作用下就可接连发生大量的微裂紧接着发生最后断裂，如均质高弹性岩体中大地震前异常平静，微震极少，而非均质低弹性岩体中主震前却碎裂较强，前震明显。可见，在同一时间内，虽然在同样构造应力作用下，但对岩体力学性质不同的地区将产生不同大小的应变和断裂，而产生同样应变和断裂又将需要不同大小的构造应力作用。一个由古老脆硬岩体构成的地带和与他毗连的塑性较强的新地层所构成的地带，同时受侧面水平压力作用时，它们对同样的应力作用将发生不同的反映，两地带中变形的程度、形式和特点各异，且古老脆硬的地带易生断裂，新地层构成的塑性较强的地带却易生褶皱，就是发生断裂规模也较小。由此可知，构造应力与反映其所在地块变形抵抗力的岩体力学性质的矛盾，便成为岩体构造运动的主要矛盾，而构造应力则为矛盾的主要方面，但岩体力学性质作为主要矛盾的一个方面也十分重要。因之，研究构造应力场必须与作为其对立面的岩体力学性质的研究同时进行，它们共同构成了解决构造运动问题的根本环节。

构造应力场是构造运动的直接原因，岩体力学性质是影响构造应力作用结果的基本因素，因而也是影响构造运动的重要方面，前者决定构造运动的发生、形式和时间，而两者共同决定构造运动的发展、强度和转变。

岩体构造运动是在构造应力作用下发生的，是反映构造应力场作用的基本运动形式，构造应力则作用在运动着的岩体中，以岩体的运动来表现其存在，二者互相依存，又互相影响。可见，了解岩体用什么形式和怎样的规律来表现其中存在构造应力场，这是研究构造应力场所必经的途径。

因之，了解岩体力学性质，是研究构造应力场所不可少的部分和前提。

岩体是由岩块及各岩块间的弱面与不连续面构成的。岩块是连续的岩石块体，是组成岩体的基本实体。因此，为了解岩体力学性质，必须首先了解岩块的力学性质。

一、岩块基本力学性质

决定岩块受外力作用而发生变形和断裂过程中的性能的物理性质，为其力学性质。反映岩块在短时形变、长期蠕变和断裂过程中应力与应变及断裂关系的力学性质，为基本力学性质。其他力学性质，如硬度和刚度等，由于它们均与岩块强度和力学模量有一定关系，因而可由基本力学性质推算而得，则属于辅助力学性质。

岩块的基本力学性质，可由其应力—应变曲线来全面表示。

岩块短时受载的应力—应变曲线，又称形变曲线。由其实验结果（图 1.1.1~图 1.1.3）知，岩块短时受载所表现的基本力学性质，可用两类代表性特征曲线（图 1.1.4）表示。一类是致密结构型岩块的 Ⅰ 型形变曲线 $oBDe$，一类是孔隙结构型岩块的 Ⅱ 型形变曲线 $oabcde$。

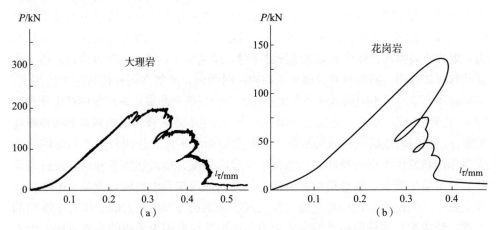

图 1.1.1　岩块内发生裂缝时应力应变突降的压力—形变曲线的两种类型（林卓英等，1987）

岩块是由一种以上矿物在天然条件下沉积或凝结成的多晶体，因而其中都或多或少的带有孔隙。应力从零增加到对应于 B 或 b 点的值 σ_p 的过程中，Ⅰ 型形变曲线，由于岩块具有致密结构，孔隙极少，故应力 σ_1 与应变 e_1 基本保持正比关系；而 Ⅱ 型形变曲线，由于岩块具有孔隙结构，孔隙较多，故先行压密，使曲线的 oa 段先呈凹形，待基本压密后进入 ab 段继续变形，应力与应变才保持正比关系。故 Ⅱ 型形变曲线中对应于 a 点的应力 σ_d 称为压密极限，Ⅰ 型形变曲线无此应力值，而 σ_p 称为比例极限。应力继续增加，应变速度增大，曲线变缓，Ⅰ 型形变曲线的应变可随应力增加单调增大，或发生裂缝使应力突降而应变则增加，到 D 点应力达极大值；Ⅱ 型形变曲线过 c 点，应力与应变可近似呈线性关系，对应于 c 点的应力 σ_y 称为屈服极限，或发生裂缝使应力突降而应变则增加，到 d 点应力达极大值。在 D 或 d 点，岩块发生宏观断裂。对应于 D 或 d 点的应力 σ_s 称

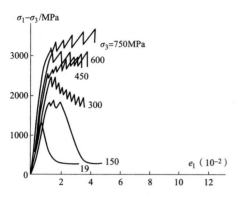

图 1.1.2　石灰岩发生裂缝时应力突降
应变增加的压缩应力—应变曲线

(D. Ladanyi et al. , 1970)

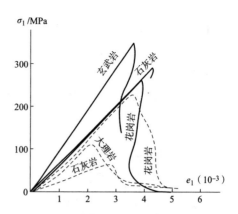

图 1.1.3　岩块压坏后不再发生宏观
裂缝的压缩应力—应变曲线的两种类型

(W. R. Wawersik，1968)

为强度极限，其在岩块压缩时表示为 σ_c，称抗压强度；剪切时表示为 τ_s，称抗剪强度；拉伸时表示为 σ_t，称抗张强度。形变曲线的 oBD 段或 $oabcd$ 段，为岩块变形阶段。

　　过 D 或 d 点，岩块进入破坏阶段，应力降低，到 e 点后趋于稳定，此时岩块完全破坏，所对应的应力为剩余强度，压缩或剪切时表示为 σ_r、τ_r，拉伸时无此强度。岩块在破坏阶段，Ⅰ型形变曲线中的应变先减小后增大，说明岩块中储存的应变能足以使破裂继续扩展，不需继续对之做功便可破裂下去，使其承载能力急剧下降而失去强度，故称之为宏观失稳破裂，是脆性破裂，断裂性质是张性的；Ⅱ型形变曲线中应变的总变化趋势是增大，每发生一个宏观裂缝时降低一次，随之应力略有增加后又下降，说明岩块中储存的应变能不足以使破裂继续扩展，因而岩块仍有一定的强度，随应变的增加缓慢下降，必须再对之做功才能继续破裂，故称之为宏观似稳破裂，断裂性质是剪性的，在此阶段中还发生宏观裂缝的为韧性破裂，不再发生宏观裂缝只变形的为延性破裂。岩块破裂后应力下降，是由于破裂对应力的释放和块体承载能力降低所致。布雷蒂等将花岗岩和大理岩破裂后的试件，切磨后用萤光染色，量取残块的有效面积计算得的强度与试件破裂前的强度一致，这说明岩块破裂后块体承载能力的下降，是由于破裂使承载有效面积减小所致。

　　岩块在外力作用下产生的变形当外力撤去后能完全恢复的性质，为弹性。岩块在外力作用下产生的变形当外力撤去后不恢复的性质，为塑性。在形变曲线的变形阶段甚至在比例极限以内卸载，其卸载曲线也不与加载曲线重合（图 1.1.5），此时岩块除发生了可恢复的弹性应变 e_e 外，还发生了不恢复的塑性应变 e_p。这说明岩块发生塑性应变时都有弹性应变伴生，此为弹塑性。这时的总应变，为弹性应变与塑性应变之和，称为弹塑性应变。这两种应变，都是由相应的同一应力作用而生。只有当弹性应变比塑性应变小得可以忽略不计时，才可只取塑性应变一项；反之可只取弹性应变一项，此时加卸载曲线近乎重合，若为直线段则为线弹性，这是极特殊的情况。一般情况，岩块在变形阶段的任何一点都是弹塑性的，都或多或少地具有弹性，也都或多或少地具有塑性。

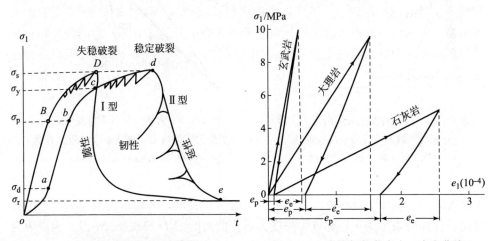

图 1.1.4　两种类型岩块典型的完整应力—　　　图 1.1.5　岩块加卸载应力—应变曲线
　　　　　应变曲线

　　加载时，在致密结构型岩块的比例极限以内，在孔隙结构型岩块形变曲线的 ab 段，直线段的斜率为应力与弹塑性应变之比，叫变形模量，只适用于加载过程，压缩、拉伸、剪切时的各表示为 D_c，D_t，D_τ；卸载曲线的斜率是应力与弹性应变之比，为弹性模量，压缩、拉伸、剪切时的各表示为 E_c，E_t，E_τ。从表 1.1.1 可知，各类岩块的弹性应变在总应变中所占的比例，从 20% ～ 95%；而且塑性应变随应力的增大而增加（图 1.1.6）。对纯弹性，严格说来要求应变的发生和应力的传布都在无限小的瞬时完成。若时间延长，由于岩块中原子和离子的热运动，弹性变形会逐渐消失而转变为塑性变形，应力随之减小。当应变保持不变，应力随之减小的过程，为松弛，它受温度、围压和介质等的影响。可见，岩块在弹性变形时，由于有弹性松弛的伴同，不可能不或多或少地也发生塑性变形。由于岩块中存在内摩擦，加载后最终的变形不能立即达到，而是随时间的延长逐渐增加。当应力保持不变，形变增大的过程，为后效。这是晶粒间和晶粒内应力重新分布的结果，也随温度、围压和介质等的不同而变。可见，岩块在塑性变形中，由于弹性后效没有完成，也不能不或多或少地发生弹性变形。因之，弹性和塑性，在一定的温度、围压、介质和时间等物理条件下，表现于同一岩块中，而且也不是岩块永不改变的特性。所谓岩块的弹性状态或塑性状态，也只是在某种条件下，其弹性或塑性较显著而已。实用中，称岩块在宏观破裂前有比弹性应变为大的塑性应变的性能为柔性，称宏观破裂前有比弹性应变为小的塑性应变的性能为脆性。可见，岩块的线弹性状态，只有当应力在致密结构型岩块中小于比例极限，在孔隙结构型岩块中处于 ab 段内，以保持加载曲线为直线段；而且受力作用的时间很短；并要求岩块性质使塑性应变很小以保证加卸载曲线近乎重合，才能实现。只有在此种状态，弹性模量才适用于加、卸载过程。在线弹性状态单轴加载时，横向弹性应变 e_2 与轴向弹性应变 e_1 之比值 ν_e 为弹性泊松比，是一种弹性参量。由图 1.1.7 知，即使在比例极限内，横向弹性应变与轴向弹性应变之间的关系，也并不都是线性的，只在 oa 段才有近似的线性关系。因之，ν_e 值只在很小的应变范围内，才是岩块的弹性常量，而在大应变状态则是一种变量。至于在一般情况下，由普通岩块加载过程测得的泊松比，由于应变是弹塑性的，故所得的实际上都是弹塑性泊松比，表示为 ν。只有从卸载过程的横纵向弹性应变求得的，才是弹性泊松比 ν_e。在 II 型形变曲线的 cd 段，岩块若不发生裂缝，则此线段的斜率为柔性模量，是应力与弹塑性应变之比，只适用于加载过程，在压缩、拉伸、剪切时各表示为 F_c，F_t，F_τ。

表 1.1.1　由岩块压缩变形模量和弹性模量所表现的弹、塑性应变比例

岩　类	D_c/MPa	E_c/MPa	$\dfrac{D_c}{E_c}=\dfrac{e_e}{e_e+e_p}$ （%）	测量状况
花岗片麻岩	30743	33784	91	
伟晶岩	12576	15720	80	
石英岩	31200	40000	78	
大理岩	28000	46000	61	
片麻岩	30300	52500	58	
磨砾砂岩	1000	1800	56	
片岩	10000	18600	54	
白云岩	3500	6550	53	用小岩块测得
黏土页岩	7300	15000	49	
细砂岩	8600	14600	47	
石灰岩	25800	56000	46	
泥岩	9800	22060	44	
花岗岩	29000	71700	40	
粗砂岩	1240	5650	22	
泥灰岩	5030	24600	20	
砂砾岩	3700	3900	95	
砂岩	4800	5200	92	
致密砂岩	10000	11000	90	
砂页岩	3600	4000	90	
云母页岩	6500	7500	86	
页岩	2100	2800	75	用边长 1.4m 大岩块测得（K. Thiel，1970）
黏土页岩	4000	5500	73	
泥灰岩	1600	2300	69	
角岩	900	1600	56	
泥质灰岩	5100	9500	54	
石灰岩	2100	4000	52	

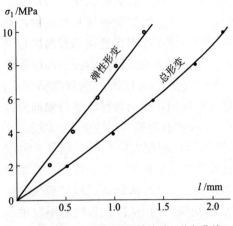

图 1.1.6　正长岩压缩应力-形变曲线
（雷承弟，1986）

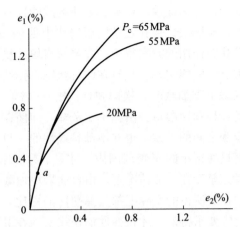

图 1.1.7　英闪岩在各围压下单轴压缩的
轴向弹性应变与径向弹性应变的关系
（F. H. Kulhawy，1975）

　　地壳构造变形是在漫长的地质时间内进行的，为此必须研究岩块长期受载的力学性质。岩块在一定应力作用下其应变随时间的延续而增加和重新分布为蠕变，应力消除后应变也不完全恢复，且其应变量远比弹性应变为大。因之，地壳在地质时间内所发生的这种塑性变形是构造应变的主要部分。在漫长地质时间内形成的阿尔卑斯式大片层状倒伏褶皱和盘桓褶皱，以及背斜核心部位常常发生的错综复杂的褶曲，证明蠕变是地壳运动中极广泛的现象。

　　岩块随温度升高而软化，其蠕变无疑可在高温下发生，但也发现过并没发生高温变质的扁状小砾石发生了弯曲塑性变形而不断裂。在低温的古代冰床下又发现较硬的石英岩块钉入均匀的坚硬砂岩中，而不在所钉的窟洞边缘造成任何裂纹，这自然是由于受到高围压的作用。然而，也还有些现象，如背斜山岳的山坡上岩层倒转曲褶成多层弯卷状，以及古老的石建筑物的变形，特别是北京故宫门旁石柱和十三陵石门上石梁的显著弯曲，其建筑年限早者距今仅 580 余年，从其较大的形变量看来显然也是蠕变的结果，这种岩块的蠕变既无高温又无高围压条件，而是在常温常围压下发生的。

　　岩块恒应力蠕变分三个阶段（图 1.1.8），加载瞬间发生的应变是弹性应变 e_e 和塑性应变 e_p；然后开始的 ab 段是蠕变第 Ⅰ 阶段，此阶段的塑性应变 e_I 减速；bc 段是蠕变第 Ⅱ 阶段，此阶段的塑性应变 e_{II} 恒速增加；cd 段是蠕变第 Ⅲ 阶段，此阶段的塑性应变 e_{III} 加速；至 d 点岩块断裂。故总蠕变应变

$$e_c = e_e + e_p + e_I + e_{II} + e_{III}$$

$$e_{II} = \dot{e}_{II} t$$

若在蠕变过程中卸载，则弹性应变恢复，塑性应变保留（图 1.1.9）。岩块在不同载荷下的多条蠕变曲线中进行到各等时的应力与应变关系，有线性段（图

1.1.10～图 1.1.11）。进行到不同时刻的这种线性段的斜率，为此时刻的蠕变模量。对压缩、拉伸、剪切蠕变，各表示为 C_c，C_t，C_τ。在线性段之后，它们随载荷和时间的增加而减小。岩块蠕变过程中，到各相同时刻，受不同载荷的同样试件中的应力与此时刻各相应试件中应变的关系曲线，与形变曲线所表示的同一试件中随应力增大与其所引起的连续变化的应变的关系有所不同。形变曲线可表示地壳中同一部位的应力与应变随时间发展的关系，而蠕变过程中各等时应力与应变的关系，则表示不同部位经过同一时间，各部位不同的应力与此时刻各相应部位应变在空间分布上的关系。

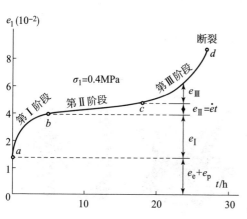

图 1.1.8　石英绢云母片岩在 1000℃
平行片理的拉伸蠕变曲线

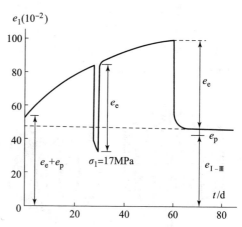

图 1.1.9　粘板岩卸载拉伸蠕变曲线
（Г. Н. Кузнецову，1947）

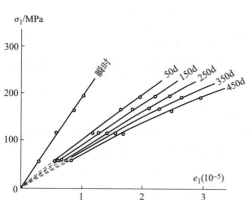

图 1.1.10　石灰岩压缩蠕变到各等时的
应力—应变曲线

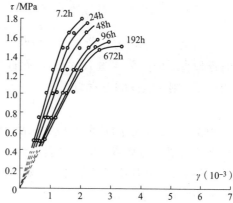

图 1.1.11　砂岩剪切蠕变到各等时的应力—
应变曲线（陈宗基等，1979）

实验证明，岩块中应力达极大值时便断裂，这说明岩块的断裂符合最大应力准则。引起断裂的最大应力，有最大张应力和最大剪应力两种，前者表明岩块中张应力达单轴抗张强度时便垂直此应力方向发生张性断裂，后者表明岩块中最大剪应力达抗剪强度时便顺其剪切方向发生剪性断裂。至于具体符合哪种准则，要视岩块所处的力学性质状态而定、高温、高围压、慢加载、水饱和、晶粒细及造岩矿物具有低弹性等条件，有利于增强岩块韧性；常温、常围压、快加载、干燥、晶粒粗及造岩矿物具有高弹性等条件，有利于增强岩块脆性。图 1.1.12 的实验结果表明，岩块在常温和高温下快速单轴压缩，都可发生平行压缩方向的张性断裂，由其应力—应变曲线知，断裂发生于脆性状态。图 1.1.13 的实验结果表明，岩块在常围压和高围压下慢速单轴压缩，都可发生与压缩方向交角小于45°的剪性断裂，由其应力—应变曲线知，断裂发生于柔性状态。这两类实验结果说明，加载速度对岩块破裂性质的影响相当大，高速加载造成了脆性破裂，低速加载造成了韧性破裂。

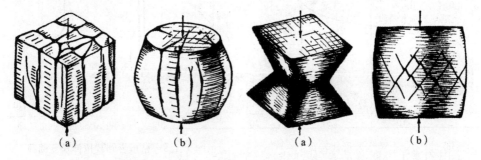

图 1.1.12　石灰岩在常温（a）和 1000℃　　图 1.1.13　石灰岩在常围压（a）和 800MPa
　（b）快速单轴压缩的破裂形态　　　　　围压下　（b）缓慢单轴压缩的破裂形态

　　岩块发生韧性剪切断裂时，剪断所需的抗剪应力 τ 与垂直剪断面的压应力 σ_n 有近似直线的关系（图 1.1.14），此直线段与 τ 轴相交的截距为 τ_s，与 σ_n 轴的交角为 ϕ，则此线段的方程为

$$\tau = \tau_s + \sigma_n \tan\phi$$

τ_s 为 $\sigma_n = 0$ 时岩块的抗剪断应力，故为抗剪强度。$\sigma_n \tan\phi$ 为岩块的内摩擦强度。$\tan\phi$ 为岩块的内摩擦系数，可表示为 η，ϕ 为内摩擦角。由于曲线不是理想直线，故 η 是变量。被压缩轴所平分的一对共轭剪裂面的交角 θ 小于 90°。其小于 90°之角（90° $-\theta$）即为 ϕ，故 $\theta = 90° - \phi$。

　　剪断后，剪切面上摩擦的抗剪应力 τ 与垂直剪切面的压应力 σ_n 有直线关系（图 1.1.15），直线段与 τ 轴相交的截距为 τ_c，直线段与 σ_n 轴的交角为 φ，则此直线方程为

$$\tau = \tau_c + \sigma_n \tan\varphi$$

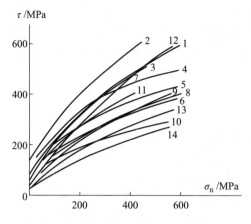

图 1.1.14 岩块抗剪断应力与剪断面上
正压应力的关系

1. 花岗岩$_1$；2. 伟晶片麻岩；3. 花岗岩$_2$；4. 片麻花岗岩；5. 石英岩；6. 灰板岩；7. 矽卡角砾岩；8. 云母片麻岩；9. 石灰岩$_1$；10. 黑板岩；11. 长英麻粒岩；12. 花岗岩$_3$；13. 石灰岩$_2$；14. 砂岩（N. Lund borg, 1968）

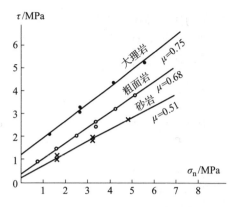

图 1.1.15 岩块滑动表面
剪应力和正压应力的关系
(J. C. Jaeger et al., 1979)

τ_c 为 $\sigma_n=0$ 时剪切面滑动的抗剪力，称为黏结强度。$\sigma_n \tan\varphi$ 为剪切面上的面摩擦强度。$\tan\varphi$ 为剪切面的面摩擦系数，可表示为 μ，φ 为面摩擦角。由于剪断后，裂面上的剪应力从剪断时的 τ 降低到只能维持剪切面上滑动的摩擦强度 $\mu\sigma_n$，则 $\mu\sigma_n$ 即剪断后的剩余强度 τ_r。故若 $\tau-\mu\sigma_n>0$，则剪断后有剪应力降 $\Delta\tau=\tau-\mu\sigma_n$。$\sigma_n$ 增大，$\mu\sigma_n$ 也随之增加，而使 $\Delta\tau$ 减小。若 $\mu\sigma_n$ 增加到等于 τ 时，则便无剪应力降了。压缩破裂后的应力降 $\Delta\sigma=\sigma_c-\sigma_r$。

图 1.1.16 表示达到岩块破裂的三种应力途径。第一种是单轴压缩的差应力与围压同时增加，直到抗压强度值；第二种是差应力与围压同时增加到较高的围压值，再降低围压，以到达抗压强度值；第三种是先增加围压到一定值，再增加差应力到抗压强度值。从这三种应力途径所得到的岩块抗压强度点，都落在一条曲线上。这说明，此类应力途径与岩块抗压强度无关。但曲线说明，没有差应力只有围压，岩块是不破裂的。这是因为围压是物理条件，它只造成岩块体积的胀缩，而不造成形状的变化。岩块形状不变是不破裂的，而只有差应力才能使岩块变形。

岩块的强度极限，随加载持续时间的延长或加载速率的减小而降低（图1.1.17～图1.1.18）。由岩块蠕变曲线知，有的最终达到破裂，有的最终也不破裂。可见，在断与不断之间必有个临界值，应力高于这个值便破裂，而低于这个值则无论受载时间多么长也不破裂。这个临界应力值，为其长期强度，在压缩、剪切、拉伸时各表示为 σ_{cl}，τ_{sl}，σ_{tl}。因此，当岩块中的应力大于其长期强度时，应力越大达到破裂所需时间越短，应力越小达到破裂所需时间越长。与此相应，前面所述的岩块抗断强度 σ_c，τ_s，σ_t，则为瞬时强度。长期强度低于瞬时强度（图 1.1.19）。前者最小，后者最大，受载持续时间在二者之间的还有一系列强度值，称为持续强度 σ_c'，τ_s'，σ_t'。

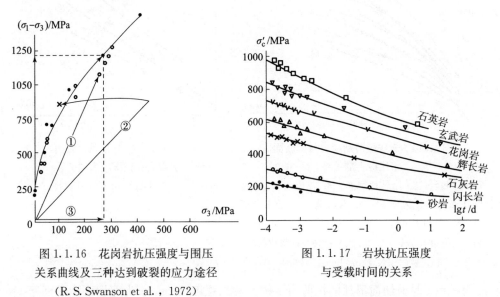

图 1.1.16　花岗岩抗压强度与围压
关系曲线及三种达到破裂的应力途径
（R. S. Swanson et al.，1972）

图 1.1.17　岩块抗压强度
与受载时间的关系

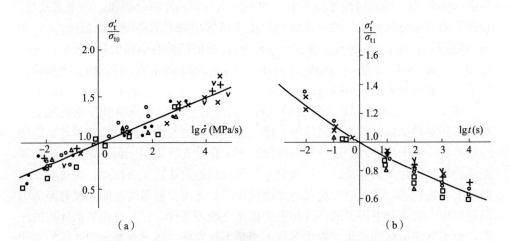

（a）　　　　　　　　　　　　　（b）

图 1.1.18　各种岩块抗张强度随加载速率（a）和加载
持续时间（b）的变化（M. P. Mokhnachev, N. V. Gromova，1970）

由图 1.1.17 知，岩块的持续抗压强度与受载时间的对数，有近似线性关系。故取岩块受载时间 $t=1$ 秒的抗压强度为 σ_{c1}，$t=k$ 秒的抗压强度为 σ_{ck}，而 t（秒）的抗压强度为 σ_c'，则由 $\sigma_c'-\lg t$ 的关系曲线得

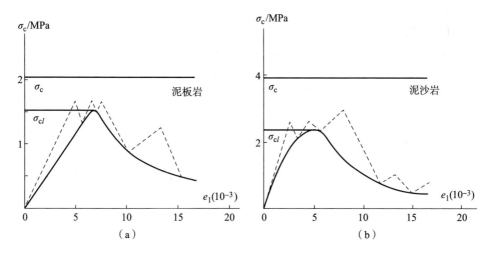

图 1.1.19　岩块的长期强度和瞬时强度（V. I. Pushkarev et al. ，1973）

$$\frac{\sigma_{cl}-\sigma_c'}{\sigma_{cl}-\sigma_{ck}}=\frac{\lg1-\lg t}{\lg1-\lg k}=\frac{\lg t}{\lg k}$$

由此式得

$$\sigma_c'=\sigma_{cl}-(\sigma_{cl}-\sigma_{ck})\frac{\lg t}{\lg k}$$

　　由图 1.1.18 知，岩块的持续抗张强度与加载时间 $t=1$ 秒的抗张强度 σ_{t1} 之比，和加载时间的对数也有近似的线性关系。由石灰岩、辉长岩、辉绿岩、砂岩、矿化粉砂岩，在 0.0001～98000 兆帕/秒的加载速率范围内，把各加载速率 $\dot\sigma$ 的抗张强度 $\sigma_{t\dot\sigma}$ 归一化为与 $\dot\sigma=0.1$ 兆帕/秒的抗张强度 $\sigma_{t(\dot\sigma=0.1)}$ 之比，把各加载时间 t 的抗张强度 σ_t' 归一化为与 $t=1$ 秒时的抗张强度 $\sigma_{t(t=1)}$ 之比，则得

$$\frac{\sigma_{t\dot\sigma}}{\sigma_{t(\dot\sigma=0.1)}}=0.12\lg\dot\sigma+1$$

$$\frac{\sigma_t'}{\sigma_{t(t=1)}}=0.005\ (\lg t)^2-0.12\lg t+1$$

这说明，岩块的抗张强度越高，其随加载速率增大的增量越大，随加载时间延长的减量也越大。

二、岩块力学参量间的关系

　　由前述实验结果知，岩块在线弹塑性状态的力学参量有 D_c，D_τ，D_t，σ_p，σ_d，ν；在线弹性状态的力学参量有 E_c，E_τ，E_t，ν_e；在屈服状态的力学参量有 F_c，F_τ，F_t，σ_y；在蠕变状态的力学参量有 C_c，C_τ，C_t；在破裂状态的力学参量有 σ_c，τ_s，σ_t，σ_r，τ_r，$\sigma_{c'}$，$\tau_{s'}$，$\sigma_{t'}$，σ_{cl}，τ_{sl}，σ_{tl}，ϕ，τ_c，φ，$\Delta\sigma$，$\Delta\tau$。

　　由表 1.1.2 知，岩块的三种弹性模量在大小上有关系 $E_c>E_\tau>E_t$，三种瞬时抗断强度在大小上有关系 $\sigma_c > \tau_s > \sigma_t$，抗剪强度与黏结强度在大小上有关系 $\tau_s > \tau_c$。已测知的岩块各力学参量的范围，列于表 1.1.3 中。

表 1.1.2　岩块力学参量表（地质、煤炭、冶金、石油、水电、铁路、建工、建材、交通、核工业系统及国内外百余人结果的综合）

岩类	弹性模量/GPa			泊松比	强度极限/MPa			内摩擦角	黏结强度
	E_c	E_τ	E_t	ν	σ_c	τ_s	σ_t	ϕ（°）	τ_c/MPa
橄榄岩	53~216	21~80	10~37	0.18~0.40	70~400	30~200	15~100	15~20	0.6~1.8
榴辉岩	123~211	49~75	—	0.20~0.28	80~300	50~200	20~180	20~30	0.2~0.6
石灰岩	12~206	10~86	8~13	0.01~0.48	10~970	80~870	3~61	32~65	0.0~2.6
辉岩	15~181	7~65	—	0.16~0.31	58~182	20~100	13~22	18~35	0.7~3.0
顽火岩	130~160	50~61	—	0.24~0.27	90~200	38~50	—	30~35	0.1~2.0
绿闪片岩	113~156	45~65	—	0.23~0.36	60~180	19~60	7~38	20~30	0.8~1.8
板岩	20~130	8~64	12~14	0.07~0.71	3~324	2~190	1~37	43~61	0.07~1.7
辉长岩	32~120	14~48	—	0.01~0.38	70~317	13~40	1~16	20~40	1.8~1.9
片岩	4~120	2~59	14	0.16~0.26	20~251	6~120	5~103	34~48	0.1~2.5
石英岩	10~119	8~70	0.1~7	0.08~0.80	35~1100	30~600	3~164	43~63	0.4~1.2
辉绿岩	19~117	16~48	—	0.11~0.38	65~515	29~150	15~55	40	0.2~1.4
页岩	12~113	10~50	9~15	0.01~0.38	11~503	0.08~430	0.05~23	15~60	0.2~2.1
角闪片岩	94~113	39~48	—	0.15~0.29	65~450	20~190	15~40	20~44	0.8~1.0
白云岩	4~1090	16~39	9	0.14~0.81	32~590	13~110	3~15	25~41	0.2~1.8
玄武岩	31~106	18~41	12~37	0.09~0.95	19~355	15~80	2~28	18~30	0.2~0.8
花岗斑岩	50~106	19~90	17	0.20~0.28	40~400	20~300	8~30	30	0.2~1.6
闪长岩	21~106	12~63	10~15	0.05~0.32	64~480	18~100	5~50	25~30	0.3~1.9
花岗岩	10~105	12~90	8~9	0.07~0.82	60~1200	40~970	0.1~200	45~63	0.2~2.5
安山岩	21~105	1~40	10	0.16~0.24	70~199	15~130	4~112	30~65	0.05~2.5
绿岩	74~104	30~42	—	0.10~0.25	114~313	30~80	17~40	21~30	0.6~1.1
大理岩	27~103	13~33	6~9	0.10~0.50	38~808	10~250	2~29	30~40	0.5~1.3
碧玄岩	73~103	20~48	—	0.08~0.18	203~441	20~110	15~24	21~35	1.1~1.2
片麻岩	6~103	5~60	10	0.005~0.90	24~839	11~760	1~99	25~71	0.1~1.1
粒变岩	11~102	8~62	—	0.08~0.31	15~754	5~630	1~60	30~67	0.4~1.1
磷霞岩	50~100	20~50	—	0.10~0.28	90~250	18~50	6~25	25~40	0.6~1.1
花岗闪长岩	39~100	25~30	—	0.16~0.24	15~193	11~100	1~40	20~35	0.4~0.6
砂岩	4~100	3~47	1~39	0.03~11.5	4~365	2~200	0.1~161	25~65	0.0~2.8
角闪岩	20~97	15~42	—	0.14~0.20	40~300	20~110	3~35	25~39	0.4~1.2
凝灰岩	10~97	13~48	9~30	0.07~0.30	3~370	10~150	6~105	20~30	0.8~4.1
角岩	30~95	15~40	—	0.08~0.25	532~547	100~110	26~30	30~40	0.6~1.1
英云闪长岩	50~93	37~50	—	0.22~0.27	5~60	2~30	1~21	30~31	1.0~2.4
矽卡岩	34~92	15~45	12~30	0.10~0.21	55~240	10~135	5~25	26~40	0.4~0.6
角页岩	58~92	40~50	—	0.16~0.17	77~133	15~60	4~23	22~33	0.04~0.6
钙长岩	35~91	1~33	—	0.26~0.34	225~230	80~91	10~25	25~30	0.4~3.0
砾岩	10~91	6~43	—	0.03~0.43	16~226	8~30	3~7	63~70	0.4~0.5
正长岩	16~86	15~32	14	0.18~0.26	15~434	14~135	7~22	30~41	0.3~0.8
千枚岩	5~84	2~38	—	0.02~0.53	5~313	4~100	2~26	30~50	0.05~1.5

(续表)

岩类	弹性模量/GPa			泊松比	强度极限/MPa			内摩擦角	黏结强度
	E_c	E_τ	E_t	ν	σ_c	τ_s	σ_t	$\phi(°)$	τ_c/MPa
钠长岩	69~80	28~31	—	0.20~0.29	11~77	6~20	0.7~9	30~31	0.3~0.9
混合岩	59~80	20~30	—	0.17~0.22	307~314	101~110	12~20	21~35	0.2~1.1
泥岩	44~79	1.5~28	0.6~12	0.05~0.85	0.2~344	0.14~80	0.1~47	18~30	0.2~0.8
斑岩	64~75	26~30	—	0.20~0.22	173~434	30~135	12~13	23~30	0.5~0.9
角砾岩	13~67	6~63	4~8	0.08~0.19	17~135	8~50	2~7	35~56	0.08~1.0
泥板岩	20~67	7~29	—	0.13~0.36	28~122	9~61	2~17	25~35	0.5~1.1
黑曜岩	50~65	20~30	—	0.08~0.25	280~340	90~110	8~12	23~40	0.9~1.5
暗色岩	40~64	20~27	—	0.10~0.25	120~180	20~61	10~17	30~31	0.6~1.2
伟晶岩	50~61	18~22	9~12	0.20~0.21	180~213	30~71	9~22	20~28	0.8~1.2
泥灰岩	1~58	0.1~34	—	0.11~0.33	2~172	1~60	0.2~33	13~60	0.08~2.4
二长岩	6~56	5~30	—	0.18~0.21	46~174	8~25	3~10	26~40	0.3~0.8
英安岩	24~55	20~40	—	0.22	80~112	30~80	10~20	30~50	0.8~1.2
碱性侵入岩	53	38	—	0.26	200	80	28	40	0.9
林地岩	30~48	9	—	0.31	210	99	36	36	～
流纹岩	14~77	18	8	0.12~0.18	110~220	40~51	2.5~2.4	40~50	0.1~3.5
白花岗岩	30	18	—	0.19	230	80	3	40~44	0.1~0.9
黏土页岩	0.15~19.8	2~7	—	0.01~2.77	13~90	33	4	50	～
易辉安山岩	4~18	2~10	—	0.20~0.28	10~82	5~30	1~13	30~51	0.5~0.9
黏土灰岩	1~18	3	—	0.91	98	36	3	50	—
火山渣	7~16	1.4~9	—	0.30~0.40	28	19	4	60	0.2~0.8
钙质板岩	8~16	5	—	0.20~0.46	36	14	—	—	～
浮石	1~3	0.8~1.8	—	0.38~0.46	4	2	0.5	62	0.04
黏土岩	0.2~3	0.12~1.0	—	0.40~0.41	3~17	1.5	0.5	40~60	0.02

表 1.1.3 岩块已测知的各力学参量范围表

力学参量	最小值	最大值
E_c/GPa	0.15	216
E_τ/GPa	0.12	90
E_t/GPa	0.10	39
ν	0.005	2.77
σ_c/MPa	0.20	1200
τ_s/MPa	0.08	970
σ_t/MPa	0.05	200
$\phi(°)$	13	71
τ_c/MPa	0.02	30

图 1.1.20~图 1.1.21 表示，多种岩块和单种岩块的弹性模量 E_τ 与 E_c 都有线性关系，E_t 与 E_c 有抛物线关系；多种岩块和单种岩块的抗断强度 σ_c，τ_s，σ_t 和 τ_c 之间都有线性关系。图 1.1.22~图 1.1.24 表明岩块的弹性模量与抗断强度间的关系为：多种岩块的 E_c 与 σ_c 有线性关系，单种岩块的 E_t 与 τ_c 也有线性关系，多种岩块的 E_τ 与 τ_s，τ_c 都成抛物线关系。

　　多种岩块的变形模量、泊松比、黏结强度、内摩擦系数与抗压强度的关系，示于图 1.1.25。D_c 与 σ_c 有似线性关系，τ_c 与 σ_c 有线性关系，ν 与 σ_c 的关系较复杂，$\tan\phi$ 与 σ_c 有似抛物线关系。

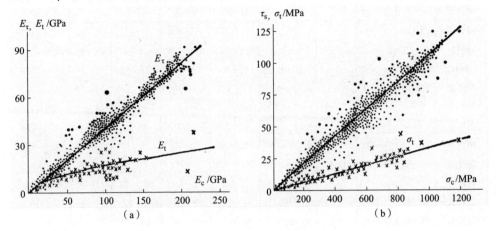

图 1.1.20　多种岩块的压缩、剪切和拉伸弹性模量间（a）及抗压、抗剪和
抗张强度间（b）的关系

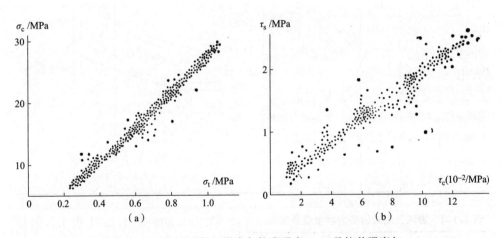

图 1.1.21　红砂岩抗压强度与抗张强度（a）及抗剪强度与
黏结强度（b）的关系

三、岩块力学性质影响因素

　　研究岩块力学性质的目的，是为了将其结果用于研究地壳的各种力学过程，因而必须考虑其在地壳条件下的天然影响因素。这些影响因素，总的可分为有方向性影响因素和无方向性影响因素，两类。

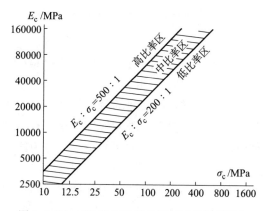

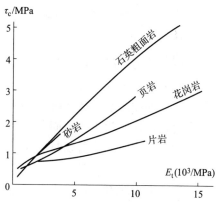

图 1.1.22　176 块各种岩块的压缩弹性模量与
抗压强度的关系（D. U. Deere et al.，1966）

图 1.1.23　岩块黏结强度与拉伸弹性
模量的关系（冈本舜三，1970）

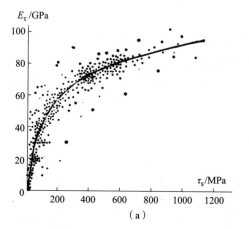

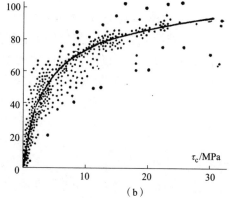

图 1.1.24　多种岩块的剪切弹性模量与抗剪强度（a）及黏结强度（b）的关系

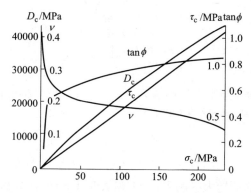

图 1.1.25　多种岩块的变形模量、泊松比、黏结强度、
内摩擦系数与抗压强度的关系

1. 有方向性的影响因素

1）受力

岩块的力学参量，随其受力方式不同而异。压缩时，岩块中原子间距减小，使其间的吸力随外力增加而增大。拉伸时，岩块中原子间距增大，使其间的吸力随外力增加而减小。剪切时，岩块中原子间距微增，使其间的吸力随外力增加而减小得比拉伸时为小。故同种岩块在相同条件下的强度极限和弹性模量，在压缩时的大于剪切时的，剪切时的大于拉伸时的。表 1.1.2 中的实验结果，也说明了这一点。

应力的大小对岩块的力学参量有较明显的影响。岩块的压缩弹性模量随压应力大小的增加呈线性增大（图 1.1.26），泊松比随压应力大小的增加而增大（图 1.1.27；图 1.1.28d）。岩块的压缩、剪切变形模量均随单轴压应力的增加而减小（图 1.1.28a，b），而压缩体积变形模量则随压缩体积应力的增加而增大（图 1.1.28c）。三个互相垂直方向的纵波速度与单向压应力的关系，示于图 1.1.28e。由图 1.1.28f 的体积应力与体积应变的关系曲线知，岩块体积开始缩小，接着维持近乎不变，然后增大。岩块单向压缩后的轴向和横向纵波振幅与未压缩时的振幅之比，随单向压应力的变化，示于图 1.1.29 中。岩块单向压缩时发生微破裂的频度 N 与振幅 A 的关系 $\lg N = a - bA$ 中的系数 b，随归一化应力的增加而增大（图 1.1.30）。

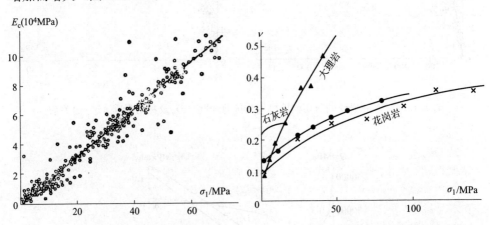

图 1.1.26　多种岩块压缩弹性模量与压应力　　　图 1.1.27　岩块泊松比随单轴压应力的
　　　大小的关系（国内外多人测量结果的综合）　　　　　变化（L. Müller, J. B. Walsh,
　　　　　　　　　　　　　　　　　　　　　　　　　　A. C. Vanstevenies et al ., 1966）

岩块的弹性模量，随加载次数增加而改变。岩块压缩弹性模量，在载荷较低时，随加载次数增加而增大（图 1.1.31 和表 1.1.4）；在载荷较高时，随加载次数增加而增大后又减小（图 1.1.32）。这可能是由于在低载荷时岩块被压密，而在高载荷时发生了微裂所致。岩块的应变，随达到破裂的加载次数的增加而减小

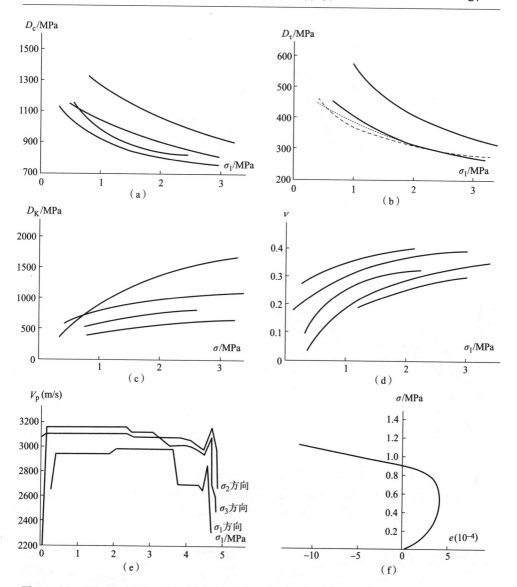

图 1.1.28　边长约 1 米大岩块的压缩变形模量（a）、剪切变形模量（b）、体积变形模量（c）、泊松比（d）、纵波速度（e）和体积应变（f）与应力的关系（长江水利水电科学研究院，1978）

（图 1.1.33）。

　　岩块的受力状态，也影响其力学参量。岩块的抗压强度随中间主应力或最小主应力的增加而增大，之后又可减小；脆性随中间主应力的增加或最小主应力的减小而增强；屈服极限随中间主应力增加而升高，与最小主应力无关；破裂后的应力降随中间主应力的增加或最小主应力的减小而增大（图 1.1.34；图 1.1.35a；图 1.1.36～图 1.1.37）。图 1.1.35b 说明，剪切破裂角随中间主应力增加而减小的趋势，随围压的增加而变缓。正方形岩块所受各向主应力之和为

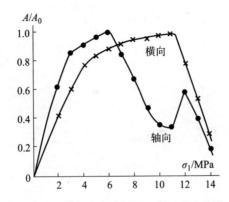

图 1.1.29　石灰岩纵波振幅比与压应力的关系

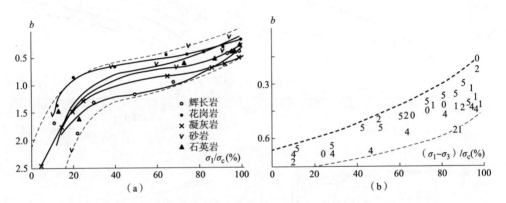

图 1.1.30　岩块微破裂频度—振幅公式中的系数 b 与归一化应力的关系：
（a）是常围压下的关系曲线；（b）是花岗岩在高围压下的测点，各点的数字为围压值，
单位是（10^2 MPa）（C. H. Scholz，1968）

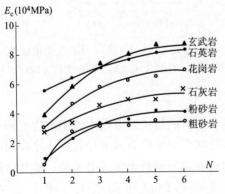

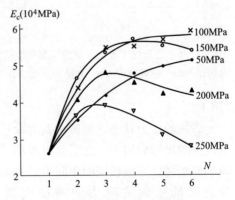

图 1.1.31　岩块在 30 兆帕单轴压应力下的
弹性模量随加载次数的变化

图 1.1.32　石灰岩在各单轴压应力下的
弹性模量随加载次数的变化

表 1.1.4　花岗岩和变质岩压缩弹性模量与测量加载次数的关系（W. S. Johnson 等，1972）

试件号	压缩弹性模量/GPa		二次测量差(%)
	第一次测量	第二次测量	
32—1	17.8	24.7	39
32—2A	20.9	30.0	44
32—2B	10.2	22.6	122
33—1	6.5	9.7	49
33—2	60.9	66.7	10
35—1	6.8	12.5	84
35—2	5.4	13.9	157
36—1	39.0	44.9	15
36—2A	117.0	120.9	3

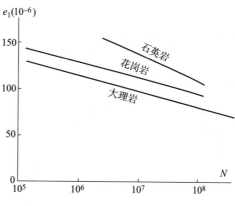

图 1.1.33　岩块应变与到破裂的加载次数的关系（P. J. Cain et al.，1974）

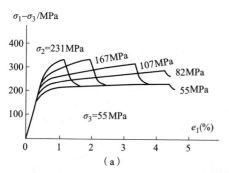

（a）

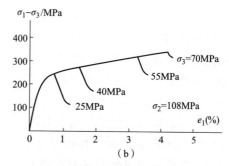

（b）

图 1.1.34　大理岩应力—应变曲线随中间主应力（a）和最小主应力（b）的变化（茂木清夫，1971）

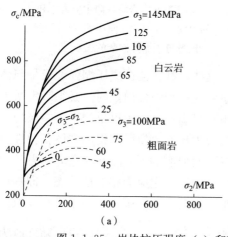

（a）

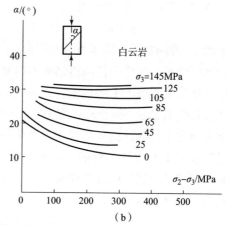

（b）

图 1.1.35　岩块抗压强度（a）和剪切破裂面方向（b）与中间主应力的关系（茂木清夫，1967）

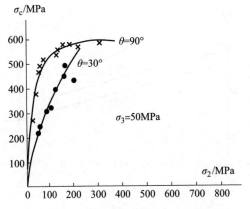

图 1.1.36　绿色片岩片理与 σ_1 成两种
交角时的中间主应力对抗压强度的影响
（茂木清夫，1978）

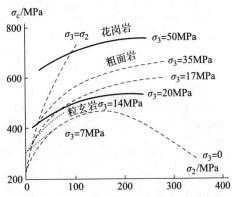

图 1.1.37　岩块抗压强度与中间主应力和
最小主应力的关系（高桥学；E. R. Hoskins，
1966；J. P. M. Hojem，1968）

恒量时，单向、双向或三向压缩所
得的弹性模量，随压缩方向数的增
加而减小（图 1.1.38），即单向压
缩时的值最大，三向压缩时的值最
小。单向压缩时所得的为单向压缩
弹性模量，即杨氏模量。而三向压
缩时所得的则为体积弹性模量了。
如果只要求满足三个主应力之和不
变，那么在 $\sigma_2 = \sigma_3$，$\sigma = \frac{1}{3}$（$\sigma_1 +$
$2\sigma_2$）的状态来改变围压 σ_2，让
$\sigma_1 = 3\sigma - 2\sigma_2$，则变成在不同围压
下求 E_c 的问题了，由于 E_c 随围压

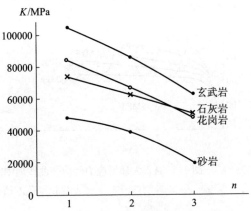

图 1.1.38　正方形岩块各向主应力之和
为恒量的单向、双向、三向压缩测得的弹性
模量与压缩方向数的关系

增加而增大，同样也使所得结果不是常量。这些，都将会造成压缩弹性模量与体
积弹性模量在概念上的混淆。这说明，测量岩块体积弹性模量时，必须限定所加
的载荷要满足 $\sigma_1 = \sigma_2 = \sigma_3$ 的条件，否则将由于只满足其和为恒量的三个主应力可
有无限多个组合，而使得岩块内产生不同的应力场，致使所测得的"体积弹性模
量"在定义上就是多解的。因之，要使体积弹性模量成为岩块较稳定的力学参
量，在定义时还须增加各向应力均匀的条件。而三个主应力相等的状态，即围压
状态。故测量岩块体积弹性模量或体积变形模量时，要在围压状态下进行，取体
积应力为围压。固体力学中原用的体积应力 $\sigma = \frac{1}{3}$（$\sigma_1 + \sigma_2 + \sigma_3$），也应随之改为
围压，即应等效于各向均等的应力 σ，因而也需附加条件 $\sigma_1 = \sigma_2 = \sigma_3$。可见，定

义体积应力时，也不能只在量上要求三个主应力之和为某值，而主要是看其所造成的体内应力场是否为某状态的解，是否只引起体积变形。这样，才能有与之相应的体积弹性模量和体积变形模量。

在同样时间内，将岩块均加到同一载荷，但分两种加法，一种是加载次数多，每次增加的载荷很小，各次加力的时间间隔很短；一种是加载次数少，每次增加的载荷很大，各次加力时间间隔很长。前种加载方式测得的压缩弹性模量大于后种方式的测值（表 1.1.5）。

表 1.1.5　岩块在不同载荷增加级量下的压缩弹性模量（吴筱朋）

岩类	压缩弹性模量/MPa		$\dfrac{E_{c1}}{E_{c2}}$
	急剧加小力 E_{c1}	缓慢加巨力 E_{c2}	
花岗岩$_1$	156300	47900	3.3
花岗岩$_2$	53400	16700	3.2
大理岩$_1$	81300	30500	2.7
花岗岩$_3$	136900	53900	2.5
大理岩$_2$	106500	44000	2.4
黑黝岩	117900	55300	2.1
辉绿岩$_1$	155600	85100	1.8
辉绿岩$_2$	98700	93200	1.1
大理岩$_3$	87600	76700	1.1

图 1.1.39 表明，岩块当 σ_2 及 σ_3 达一定值后，单独增加 σ_1；或 σ_1 及 σ_2 达一定值后，减小 σ_3；或 σ_1 及 σ_3 达一定值后，增加或减小 σ_2，都可使岩块破坏，但岩块的抗断强度不变。

岩块中裂隙胶结前后的抗剪应力，均随裂隙面上正压应力的增加呈线性增大，但在裂隙胶结后的抗剪应力增量与裂隙面上的正压应力增量无关（图 1.1.40）。

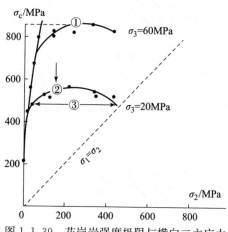

图 1.1.39　花岗岩强度极限与横向二主应力 σ_2，σ_3 的关系（许东俊，1987）

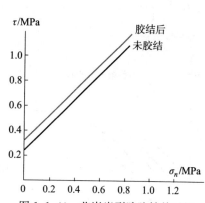

图 1.1.40　花岗岩裂隙胶结前后的抗剪应力与面上正压应力的关系（P. D. Evdokimov et al.，1967）

　　岩块受载荷作用的边界面上的剪切力，对其抗压强度亦有影响。受载边界面滑润时的抗压强度，比不滑润时的大几倍（表 1.1.6）。

　　岩块不断加卸载，影响其力学参量，并出现滞后现象，外力所做之功一部分以不可逆的形式而耗损。这说明，岩块的某次受载变形，不仅与这次受到的载荷有关，而且还与所有以前作用在其上的各次载荷都有关（图 1.1.41 ～ 图 1.1.42）。有的岩块重复加载的变形模量逐渐增大（图 1.1.41a，b，d，e，f；图 1.1.42；表 1.1.7），有的岩块重复加载的变形模量逐渐减小（图 1.1.41c）。

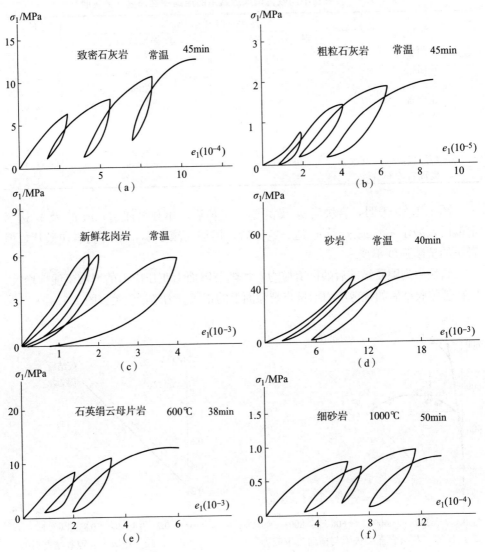

图 1.1.41　岩块加卸载应力—应变曲线（图中 c 的实验结果据 J. L. Serafim，1964）

表 1.1.6 岩块抗压强度与受载面滑润程度的关系（A. Фёпль，1978）

岩类	抗压强度/MPa		$\dfrac{\sigma_{c1}}{\sigma_{c2}}$
	面上有滑润剂 σ_{c1}	面上无滑润剂 σ_{c2}	
砂岩	62.4	24.9	2.5
花岗岩	146.0	40.7	3.6

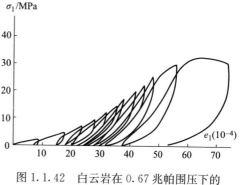

图 1.1.42 白云岩在 0.67 兆帕围压下的加卸载应力—应变曲线（何沛田，1988）

表 1.1.7 砂岩重复加卸载变形模量的变化

实验次数	初次加载的 D_1/MPa	二次加载的 D_2/MPa	$\dfrac{D_2}{D_1}$
1	700	1100	1.6
2	720	1200	1.7
3	780	1500	1.9
4	810	1540	1.9
5	840	1650	2.0

2）结构

岩块结构的方向性，使其力学性质出现各向异性。图 1.1.43～图 1.1.44 表明，岩块的压缩弹性模量、抗张强度和拉伸弹性模量，均随片理或弱夹层与单轴受载方向交角的减小而上升，但抗压强度则随此交角的减小而下降。从表 1.1.8 可知：岩块在层面、流面或片理面上任二正交方向弹性模量之比的最大值，对压缩弹性模量为 6.2 倍，剪切弹性模量为 3.4 倍，拉伸弹性模量为 2.1 倍；此种面的法向与面上任一方向的弹性模量之比，对压缩弹性模量为 0.07～9.1 倍，剪切弹性模量为 0.3～3.5 倍，拉伸弹性模量为 0.7～2.1 倍，即此种面法向与面上任一方向的弹性模量相比，可小，可大。表 1.1.9 表明：岩块在层面、流面或片理面法向与此种面上任一方向的变形模量之比，可达 0.15～2.27 倍，即此种面法向与面上上任一方向的变形模量相比，可小，可大。表 1.1.10 表明：岩块在层面、流面或片理面上任二正交方向强度极限之比的最大值，对抗压强度为 12.8 倍，抗剪强度为 4.1 倍，抗张强度为 3.8 倍；此种面法向与面上任一方向强度之比，对抗压强度为 0.7～12.3 倍，抗剪强度为 0.7～8.2 倍，抗张强度为 0.1～4.1 倍。表 1.1.11 表明，岩块在层面、流面或片理面法向与此种面上任一方向的黏结强度之比，最大可达 150 倍。表 1.1.12 表明，岩块在层面、流面或片理面上任一方向压缩而在其法向所引起的泊松比，为面上任二方向泊松比的 0.19～

69.3 倍。

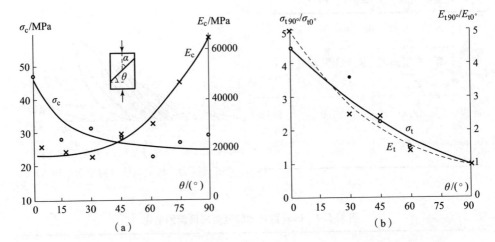

图 1.1.43　片岩的抗压强度和压缩弹性模量（a）及片麻岩的抗张强度和拉伸弹性模量（b）与
　　　　　片理和试件上下底交角的关系（L. J. Pinto，1970；G. Barla 等，1974）

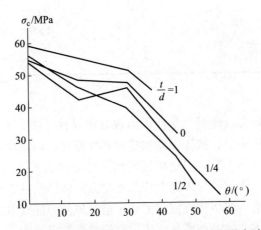

图 1.1.44　弱夹层厚与岩块直径比不同的石灰岩抗压强度随弱夹层与
　　　　　岩块上下底交角的变化（F. G. Horino，1968）

表 1.1.8　岩块弹性模量正交异性（国内各单位和国内外多人测量结果的综合）

岩类	层（流、片理）面上任二正交方向			层（流、片理）面法向与面上一方向		
	$\dfrac{E_{cx}}{E_{cy}}$	$\dfrac{E_{tx}}{E_{ty}}$	$\dfrac{E_{tr}}{E_{ty}}$	$\dfrac{E_{cz}}{E_{cy}}$	$\dfrac{E_{rz}}{E_{ry}}$	$\dfrac{E_{tz}}{E_{ty}}$
页岩	1.00~6.20	1.29~2.80	1.67	0.32~9.13	0.77~1.67	0.90~1.58
千枚岩	1.32~3.88	1.38~2.51	—	0.20~0.76	0.81~1.11	—
花岗岩	1.05~2.40	1.16~2.20	1.13	0.23~2.63	0.87~1.22	1.12
花岗片麻岩	1.08~2.10	1.09~3.10	—	0.28~1.36	0.40~1.88	—
薄层石灰岩	1.27~2.05	1.30~1.99	1.13~1.50	0.21~2.31	0.41~2.00	0.68~1.10

（续表）

岩类	层（流、片理）面上任二正交方向			层（流、片理）面法向与面上一方向		
	$\dfrac{E_{cx}}{E_{cy}}$	$\dfrac{E_{\tau x}}{E_{\tau y}}$	$\dfrac{E_{tx}}{E_{ty}}$	$\dfrac{E_{cz}}{E_{cy}}$	$\dfrac{E_{\tau z}}{E_{\tau y}}$	$\dfrac{E_{tz}}{E_{ty}}$
伟晶岩	1.18~2.00	1.22	—	0.61~1.99	1.18	—
玄武岩	1.30~2.00	1.28~1.87	1.60~2.00	0.07~2.11	0.91~1.25	0.98~2.10
白云岩	1.06~1.97	1.31~2.10	—	1.00~1.70	0.99~1.81	—
板岩	1.00~1.96	1.12~2.70	—	0.34~1.30	0.37~1.40	—
粗砂岩	1.05~1.95	1.08~1.88	1.21~2.00	0.59~1.61	0.80~1.21	0.81~1.89
花岗斑岩	1.25~1.92	1.54~3.40	—	1.20~2.10	1.38~3.31	—
绿闪片岩	1.08~1.92	1.12~1.88	—	0.83~1.00	1.24~1.40	—
泥岩	1.10~1.91	1.11~1.90	—	0.56~1.33	0.80~1.50	—
大理岩	1.08~1.89	1.06~1.76	1.50	0.64~1.93	0.57~1.20	1.38
片麻岩	1.05~1.86	1.19~1.62	—	0.16~5.25	0.65~0.90	—
片岩	1.00~1.84	1.33~1.78	—	0.64~0.78	0.70~3.53	—
闪长岩	1.20~1.83	1.18~1.77	1.53	0.88~1.45	0.79~1.55	0.90~1.44
榴辉岩	1.05~1.81	1.06~1.68	—	0.96~1.25	1.00~1.06	—
厚层石灰岩	1.04~1.80	1.22~2.60	1.68	0.81~2.01	0.79~2.88	1.40
砂页岩	1.11~1.76	1.30~2.21	—	0.65~0.91	0.32~0.96	—
黏土页岩	1.10~1.73	1.22~2.00	—	0.52~2.54	0.78~1.08	—
泥灰岩	1.17~1.62	1.18~1.98	—	0.13~2.17	0.97~1.80	—
细砂岩	1.27~1.56	1.36~2.60	1.50~1.91	0.65~1.80	0.58~2.44	0.77~2.00
石英岩	1.16~1.41	1.18~1.80	1.22~2.10	0.54~1.50	0.81~1.90	0.88~1.97
林地岩	1.29	—	—	0.63	—	—
橄榄岩	1.06~1.22	1.03~1.52	—	0.56~1.38	0.67~1.63	—
顽火岩	1.06	1.10	—	0.85	0.80~0.93	—

表 1.1.9 岩块变形模量各向异性（国内外多人结果的综合）

岩类	平行层（流、片理）面方向 D_x/MPa	垂直层（流、片理）面方向 D_z/MPa	$\dfrac{D_z}{D_x}$
花岗岩	2900	1280	0.44~2.27
	2000	2000	
	1500	3400	
花岗片麻岩	16000	10000	0.63~1.65
	10000	10000	
	15850	26200	
玄武岩	14000	10000	0.71~1.50
	13800	13800	
	11100	16600	
石灰岩	3500	2100	0.60~1.47
	18000	18000	
	3000	4400	

（续表）

岩类	平行层（流、片理）面方向 D_x/MPa	垂直层（流、片理）面方向 D_z/MPa	$\dfrac{D_z}{D_x}$
白云岩	3800 2800 3280	3080 2800 4500	0.81～1.37
泥岩	16550	22060	1.33
片麻岩	2800 20000 23900	1980 20000 30300	0.69～1.27
砂岩	1240 1200 800	980 1200 980	0.79～1.23
石英岩	4400 10000 9800	2050 10000 12000	0.47～1.22
磨砾砂岩	1000	800	0.80
页岩	4100	2800	0.68
伟晶岩	11720	6205	0.53
泥灰岩	5030	2270	0.45
黏土页岩	2000	890	0.45
片岩	5000	1800	0.36
千枚岩	4000	600	0.15

表 1.1.10　岩块强度极限的正交异性（国内各系统和国内外多人结果的综合）

岩类	层（流、片理）面上任二正交方向			层（流、片理）面法向与面上一方向		
	$\dfrac{\sigma_{cx}}{\sigma_{cy}}$	$\dfrac{\tau_{sx}}{\tau_{sy}}$	$\dfrac{\sigma_{tx}}{\sigma_{ty}}$	$\dfrac{\sigma_{cz}}{\sigma_{cy}}$	$\dfrac{\tau_{sz}}{\tau_{sy}}$	$\dfrac{\sigma_{tz}}{\sigma_{ty}}$
粗砂岩	1.61～12.80	1.53～4.10	1.58～2.11	0.88～12.30	0.97～8.20	0.75～1.88
页岩	1.63～9.09	1.55～4.10	1.23～2.00	1.04～3.70	1.00～3.88	0.33～1.90
花岗岩	1.53～4.10	1.31～3.00	2.06～2.60	1.20～2.40	1.40～3.33	0.90～2.00
闪长岩	1.73～4.00	1.68～4.10	1.73～3.84	1.54～2.78	1.66～1.98	0.94～4.10
细砂岩	1.63～3.91	1.38～2.99	1.06～2.40	1.90～3.50	0.68～3.03	0.75～2.91
绿泥片岩	1.08～3.40	1.21～2.99	1.07～2.88	0.98～2.73	0.83～2.33	0.31～0.85
辉绿岩	1.68～2.80	1.60～3.20	1.38～2.20	1.00～3.10	0.93～2.80	0.89～3.00

（续表）

岩类	层（流、片理）面上任二正交方向			层（流、片理）面法向与面上一方向		
	$\dfrac{\sigma_{cr}}{\sigma_{cy}}$	$\dfrac{\tau_{sr}}{\tau_{sy}}$	$\dfrac{\sigma_{tr}}{\sigma_{ty}}$	$\dfrac{\sigma_{cz}}{\sigma_{cy}}$	$\dfrac{\tau_{sz}}{\tau_{sy}}$	$\dfrac{\sigma_{tz}}{\sigma_{ty}}$
玄武岩	1.19~2.76	1.33~2.98	1.30~2.01	1.10~2.30	1.22~3.03	1.03~2.90
薄层石灰岩	1.60~2.50	1.29~2.80	1.56~2.08	1.70~2.60	1.68~2.30	0.63~2.00
花岗斑岩	1.61~2.49	1.73~3.12	1.70~2.80	1.00~2.36	1.21~3.22	1.80~2.60
黏土砂岩	1.38~2.31	1.44~3.10	1.22~2.89	1.30~1.80	1.23~2.54	1.09~2.85
厚层石灰岩	1.50~2.31	1.70~2.30	1.47~2.00	0.86~2.40	0.98~2.33	0.89~2.98
榴辉岩	1.22~2.29	1.80~2.40	1.06~1.78	0.99~1.54	1.97~2.40	0.88~2.98
绿泥石英片岩	1.39~2.28	1.43~2.60	1.20~2.57	1.32~2.90	1.53~3.35	0.10~0.80
石英岩	1.47~2.28	1.76~2.31	1.50~2.90	0.98~2.90	0.77~2.39	0.85~2.84
大理岩	1.32~2.28	1.28~2.10	1.44~2.87	0.98~2.29	0.97~2.78	0.80~1.80
流纹岩	1.51~2.30	1.83	1.44	1.60~3.11	0.78~2.20	0.99~3.00
白云岩	1.08~2.03	1.20~1.89	1.43~2.00	1.10~1.98	0.83~1.79	0.98~2.20
砂质黏土岩	1.22~1.98	1.03~1.83	1.30~1.78	1.55~1.83	1.63~1.93	1.44~2.10
泥灰岩	1.18~1.83	1.21~1.77	1.15~1.94	1.29~1.66	1.30~2.00	1.56~2.31
橄榄岩	1.34~1.83	1.30~2.10	1.00~1.99	0.73~1.54	0.83~2.03	0.90~1.88
正长岩	1.53~1.81	1.44~3.03	1.80~2.04	0.89~1.74	0.94~3.04	0.81~2.90
泥岩	1.00~1.76	1.04~1.89	1.31~1.57	1.11~2.80	1.21~2.10	1.41~1.98
安山岩	1.41	1.66	1.79	1.34~2.00	0.99~1.98	0.89~2.99

表 1.1.11 岩块黏结强度的各向异性（国内外多人结果的综合）

岩类	垂直层（流、片理）面方向 τ_{cz}/MPa	平行层（流、片理）面方向 τ_{cr}/MPa	$\dfrac{\tau_{cr}}{\tau_{cz}}$
页岩	0.04	6.00	150.00
黑云母页岩	0.80	41.20	51.50
辉闪安山岩	0.50	25.00	50.00
绿片岩	0.05	1.50	30.00
花岗片岩	1.80	48.50	26.90
长石砂岩	0.08	1.00	12.50
片麻岩	0.10	1.10	11.00
安山岩	0.05	0.40	8.00
砂页岩	0.07	0.50	7.14
流纹岩	0.80	3.50	4.38
黏土页岩	0.20	0.80	4.00
角页岩	1.00	3.90	3.90

（续表）

岩类	垂直层（流、片理）面方向 τ_{cz}/MPa	平行层（流、片理）面方向 τ_{cx}/MPa	$\dfrac{\tau_{cx}}{\tau_{cz}}$
石灰岩	0.50	1.50	3.00
片麻角闪岩	0.46	1.20	2.60
黑片岩	0.70	1.50	2.14
砂质灰岩	0.50	1.00	2.00
石英砂岩	0.80	1.40	1.75
泥灰岩	0.08	0.13	1.63
石英岩	1.30	2.00	1.54
火成碎屑岩	0.30	0.40	1.33
砾岩	0.40	0.50	1.25
花岗岩	7.75	9.25	1.19
古生物砂岩	1.52	1.66	1.09
斑脱岩	0.04	0.04	1.00
集块岩	0.00	0.00	—

表 1.1.12 岩块泊松比的各向异性

岩类	ν_{12} (ν_{21})	ν_{13} (ν_{31})	ν_{23} (ν_{32})	$\dfrac{\nu_{13}}{\nu_{12}}$	$\dfrac{\nu_{23}}{\nu_{12}}$	实验者
砂土页岩	0.04 (0.03)	1.07 (0.01)	2.77 (0.08)	26.75	69.25	Lögters et al.，1974
片麻岩	0.005	0.058	0.087	11.600	17.400	Tremmel et al.，1970
黏土页岩	0.06 (0.08)	0.49 (0.06)	1.00 (0.09)	8.17	16.67	Lögters et al.，1974
板岩	0.067	0.328	0.328	4.896	4.896	Alexandrov et al.，1969
片岩	0.24	0.56	0.60	2.33	2.50	Masure，1970
板岩	0.218	0.380	0.284	1.743	1.303	Nishimatsu，1970
纯橄榄岩	0.240	0.400	0.308	1.667	1.283	Christensen et al.，1971
绿闪片岩	0.228	0.354	0.364	1.563	1.596	Alexandrov et al.，1969
白云母片岩	0.159	0.246	0.246	1.547	1.547	Alexandrov et al.，1969
砂岩	0.14 (0.15)	0.21 (0.14)	0.18 (0.11)	1.50	1.29	Chenevert et al.，1965
纯橄榄岩	0.185	0.258	0.329	1.395	1.778	Alexandrov et al.，1969
大理岩	0.270	0.360 (0.26)	0.360 (0.26)	1.333	1.333	Ricketts et al.，1972
页岩	0.17 (0.18)	0.21 (0.13)	0.21 (0.13)	1.24	1.24	Chenevert et al.，1965
花岗岩	0.168 (0.176)	0.203 (0.146)	0.209 (0.141)	1.208	1.244	Duvall，1965
页岩	0.15 (0.16)	0.18 (0.28)	0.19 (0.18)	1.20	1.27	Chonevert et al.，1965
片麻岩	0.318	0.367	0.351	1.154	1.104	Tremmel et al.，1970
片岩	0.29 (0.15)	0.33 (0.14)	0.35 (0.33)	1.14	1.21	Masure，1970
大理岩	0.314	0.353	0.306	1.124	0.975	Alexandrov et al.，1969
橄榄岩	0.314	0.333	0.274	1.061	0.873	Alexandrov et al.，1969
大理岩	0.246	0.258	0.258	1.049	1.049	Lepper，1949

（续表）

岩类	ν_{12} (ν_{21})	ν_{13} (ν_{31})	ν_{23} (ν_{32})	$\dfrac{\nu_{13}}{\nu_{12}}$	$\dfrac{\nu_{23}}{\nu_{12}}$	实验者
硬板岩	0.426	0.426	0.439	1.000	1.031	Attewell，1970
砂土页岩	0.05 (0.21)	0.05 (0.11)	1.00 (0.32)	1.00	20.00	Lögters et al.，1974
顽火岩	0.261	0.244	0.270	0.915	1.034	Alexandrov et al.，1969
榴辉岩	0.283	0.204	0.204	0.721	0.721	Alexandrov et al.，1969
油页岩	0.266 (0.266)	0.144 (0.199)	0.273 (0.198)	0.541	1.026	Wiebenga et al.，1964
砂页岩	0.10	0.29		2.90		
砂岩	0.14	0.30		2.14		
粗千枚岩	0.27	0.53		1.96		
砂岩	0.14	0.25	0.25	1.79	1.79	
板岩	0.134	0.212		1.582		
细千枚岩	0.26	0.37		1.42		
砂岩	0.14	0.19		1.36		国内一些单位和个人的结果
玄武岩	0.15	0.20		1.33		
泥岩	0.215	0.280		1.302		
板岩	0.219	0.271		1.237		
泥岩	0.23	0.28		1.22		
泥岩	0.44	0.53		1.20		
玄武岩	0.20	0.22		1.10		
板岩	0.268	0.270		1.007		
石灰岩	0.22	0.22		1.00		
绿板岩	0.469	0.462		0.985		
砂岩	0.27	0.25		0.93		
绿板岩	0.33	0.28		0.85		
页岩	0.270	0.222		0.822		
橄榄岩	0.38	0.31		0.82		
玄武岩	0.16	0.14		0.78		
砂岩	0.115	0.076		0.661		
砂页岩	0.25	0.16		0.64		
大理岩	0.315	0.170		0.540		
泥岩	0.64	0.12		0.19		
页岩	0.10		0.19		1.90	
玄武岩	0.11		0.20		1.82	
千枚岩	0.27		0.33		1.22	
橄榄岩	0.29		0.32		1.11	
花岗岩	0.17		0.14		0.82	
片岩	0.22		0.14		0.64	
板岩	0.43		0.17		0.40	

　　图 1.1.45 和图 1.1.46c 说明，原为各向同性或各向异性的岩块用弹性模量表示的各向异性程度，随单向载荷增大而增强；但若载荷取其他方向则又可随单

向载荷增大而减弱（图 1.1.47）。各向异性程度，也随受载时间的延长，温度的上升，围压的增加，而增强（图 1.1.46a，b，d）。

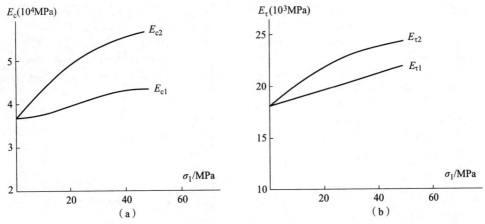

图 1.1.45　花岗岩在压缩方向和横向的压缩弹性模量（a）及剪切弹性模量（b）随压应力大小的变化（A. Nur & G. Simmons，1969）

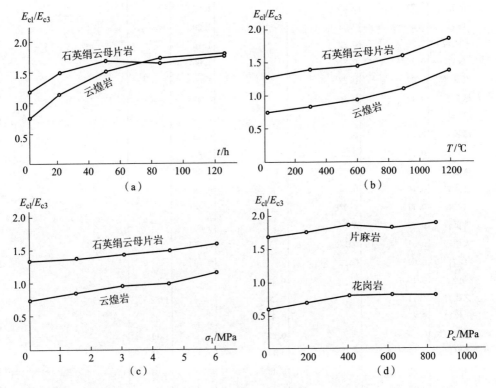

图 1.1.46　岩块平行和垂直压缩方向弹性模量之比随压缩时间（a：800℃，3MPa压应力）、温度（b：3MPa 压应力，经 15 小时）、压应力（c：800℃，经 15 小时）和围压（d：常温，50MPa 压应力）变化的实验曲线

岩块中高强度矿物的结构形态，对其力学性质有显著影响（表1.1.13）。石英在片麻岩中成链架状，中间填充其他矿物，可使岩块抗压强度和压缩弹性模量增大，而当成圆粒状分散时，则并不明显增大岩块的强度。胶结类型，亦影响岩块的力学性能（表1.1.14）。均质岩块中，成嵌晶型胶结的抗压强度和压缩弹性模量均较高，而间隙型的则较低。

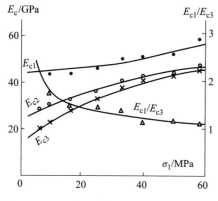

图 1.1.47　花岗岩压缩弹性模量各向异性与轴向应力大小的关系（L. Müller，1974）

表 1.1.13　片麻岩中石英结构形态与其力学性质的关系

结构形态	σ_c/MPa	E_c/GPa
链架状	120	10.40
勾链状	115	10.00
纤维状	90	8.00
棱角状	70	5.90
圆粒状	65	5.40

岩块中晶粒大小对其力学性质有相当影响（表1.1.15），岩块的抗压强度和压缩弹性模量都随晶粒减小而增大。细晶花岗岩的抗压强度达270兆帕，而粗晶花岗岩的则只有120兆帕。大方解石晶粒组成的大理岩的抗压强度为80兆帕～120兆帕，而千分之几毫米大小晶粒组成的致密石灰岩的抗压强度达265兆帕。这说明，晶粒大小由几毫米减小到千分之几毫米时，岩块的抗压强度可增大1～3倍。可见，由强度较小的矿物细晶粒组成的岩块的强度，能达到强度较大矿物粗晶粒组成的岩块的强度。细粒石灰岩的抗压强度可近于坚固火成岩的抗压强度，而构成石灰岩的方解石的抗压强度却比作为火成岩的主要造岩矿物硅酸盐的强度小很多倍。熔融，可减小岩块的晶粒。因此，经高温熔融的岩块，强度增大。抗压强度为300兆帕的辉绿岩，熔融后却超过了500兆帕。

表 1.1.14　细粒石英砂岩的胶结类型与其力学性质的关系

胶结类型	σ_c/MPa	E_c/GPa
嵌晶型	80	8.50
接触型	56	6.00
间隙型	28	4.82

表 1.1.15　石英砂岩粒度与其力学性质的关系（水电科学研究院，1970～1987）

粒度	σ_c/MPa	E_c/GPa
粗粒	35	2.00
中粒	45	3.60
细粒	52	10.00
粉粒	60	12.10

　　岩块的密度变大，晶粒间的孔隙减小，因而增大了晶粒间的接触面积，于是抗压强度随密度的增加而增大（图 1.1.48），随孔隙率的增加而减小（图 1.1.49～图 1.1.50），压缩弹性模量也随孔隙率的增加而减小，但柔性模量则随孔隙率的增加而增大（图 1.1.51）。低孔隙率岩块的形变曲线是Ⅰ型的，而高孔隙率岩块的则为Ⅱ型的（图 1.1.52）。由于地壳岩层的密度随距地表深度的增加而增大，孔隙率随距地表深度的增加而减小（图 1.1.53），故其抗压强度和弹性模量，就密度和孔隙率的影响而言，应随其所在深度的增加而增大。

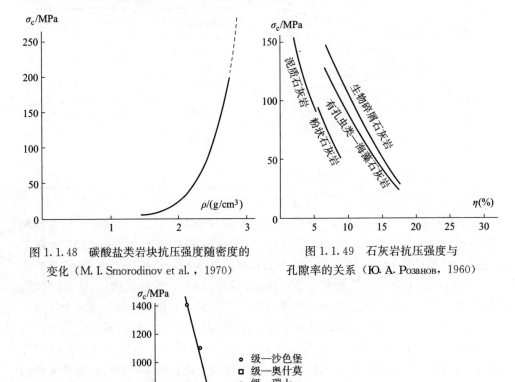

图 1.1.48　碳酸盐类岩块抗压强度随密度的
变化（M. I. Smorodinov et al.，1970）

图 1.1.49　石灰岩抗压强度与
孔隙率的关系（Ю. A. Розанов，1960）

图 1.1.50　100MPa 围压下各地区岩块抗压强度与孔隙率的关系
（N. J. Price，1960；J. L. Serafim，1962；M. I. Smorodinov，1970；
A. K. Dube，1972；Duhn，1973；作者）

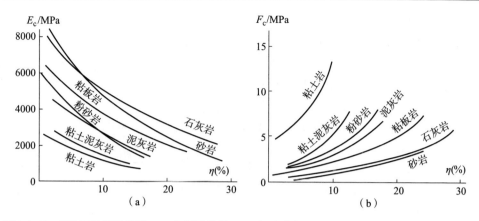

图 1.1.51　岩块压缩弹性模量（a）和柔性模量（b）与孔隙率的关系（И. С. Финогенов 1960；作者）

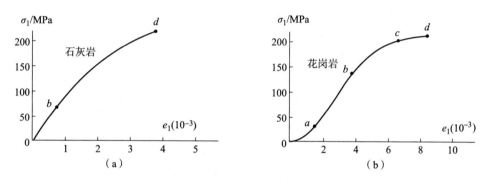

图 1.1.52　孔隙率为 1.8% 的石灰岩（a）和孔隙率为 9.5% 的花岗岩（b）的
单轴压缩应力—应变曲线

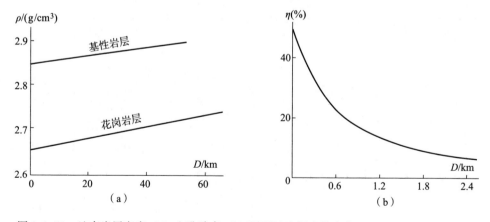

图 1.1.53　地壳岩层密度（a）和孔隙率（b）随距地表深度的变化（Л. А. Шрейнер，1960）

　　岩块增加 0.1 兆帕围压引起的体积弹塑性相对减小量，为体积压缩率（表
1.1.16），用 k 表示。岩块体积压缩率随围压的增加而减小，并从一定值开始而
趋于恒定（图 1.1.54），对不同类岩块其减小的速度、减小的范围、趋于恒定的

围压各不相同。花岗岩，当围压不大时，其体积压缩率随围压增加而减小的速度和范围都较大，这表示压缩性较强；当围压超过 200 兆帕时，其体积压缩率约等于其造岩矿物的平均体积压缩率，而趋于恒定。辉长岩在围压很小时，体积压缩率的变化也不大，表示其压缩性较弱。但其体积压缩率最小也不会小于其造岩矿物的体积压缩率。围压不大时，石灰岩的体积压缩率达（2.3～2.7）× 10^{-6}；围压大于 200 兆帕时，其体积压缩率近于方解石的体积压缩率；再增加围压时，则其体积压缩率趋于恒定。岩块受围压作用时，体积缩小，密度增加，孔隙率减小，因而抗压强度和弹性模量均增大。

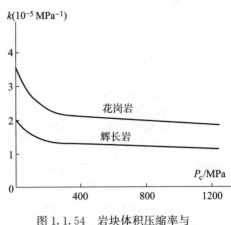

图 1.1.54　岩块体积压缩率与围压的关系

表 1.1.16　岩块在各围压下的体积压缩率（中、苏多人结果的综合）

岩类	各围压下的体积压缩率/10^5 MPa								
	14	30	50	60	200	400	600	700	1000
玄武岩	9.06	—	—	—	2.40	—	—	—	—
砂岩	8.00	3.55	—	3.15	—	2.40	—	—	—
花岗岩	4.20	3.00～3.70	2.71	2.55～2.71	2.06～2.23	1.85～1.92	—	—	1.88
黑曜岩	4.00	3.01	—	—	2.82	—	—	—	—
蛇纹岩	3.01	—	2.41	—	1.79	—	—	—	—
石灰岩	2.64	2.30～2.60	—	2.40	—	2.14	1.39	—	1.00
正长岩	2.60	1.98	—	—	1.87	1.69	—	1.68	—
大理岩	2.10	1.70～2.70	—	1.53	—	1.39	—	1.37	—
苏长岩	—	2.64	—	—	—	—	—	—	—
花岗闪长岩	2.08	—	1.93	—	1.83	—	—	—	1.66
霞石正长岩	—	2.30	—	—	1.80	—	—	1.57	—
碱性辉长岩	—	2.10	—	—	—	—	—	—	—
纯橄榄岩	—	2.00	1.83	—	—	0.83	—	0.79	—
闪长岩	—	1.91	—	—	1.62	—	1.49	—	1.49
白云岩	—	1.89	—	1.51	—	1.48	—	—	1.28
玄武玻璃	—	—	1.99	—	1.88	—	—	1.45	—
斜长岩	1.99	—	1.70	—	1.61	—	1.47	—	—
辉岩	—	1.66	—	—	1.03	0.89～0.96	—	—	1.03
辉长岩	1.89	1.50	1.41	1.33	1.20～1.34	1.13～1.14	—	—	1.17
橄榄岩	—	1.46	—	—	0.93～0.97	—	—	—	0.93～0.97
辉绿岩	1.72	1.36～1.46	1.34	1.33	1.23～1.70	1.16～1.17	—	—	—
板岩	1.68	—	—	1.30	1.20	—	1.08	—	—
片岩	—	1.39	—	1.22	1.18	—	1.00	—	—

3）破裂

含裂纹岩块的力学性质，与继续受载的裂纹延裂情况及裂纹固结后的再破裂情况有关。裂纹原长 l_0 与延裂后的总长度 l 之比，为裂纹相对延伸长度。裂纹原面积 A_0 与延裂后的总面积 A 之比，为裂纹相对延伸面积。由图 1.1.55 可知，垂直岩块中原裂纹方向的抗张强度和裂纹继续延裂所引起的应力降，均随裂纹相对延伸长度的增加而减小。用环氧树脂将裂纹固结后，在与其成 30°交角方向单轴压缩，使固结裂纹再破裂的抗压强度和再破裂引起的应力降，均随裂纹相对延伸面积的增加而减小。这也说明，应力降随裂纹继续延裂强度或固结后再破裂强度的减小而降低。

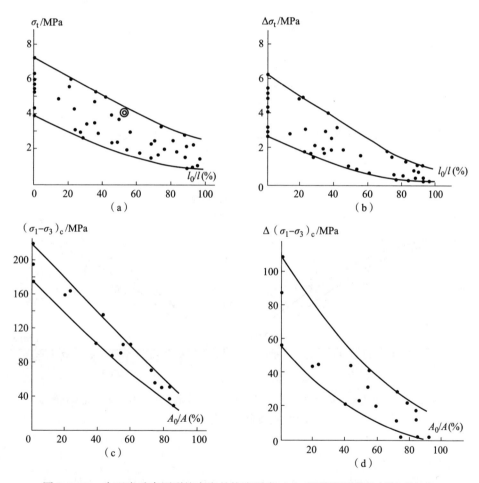

图 1.1.55　大理岩垂直原裂纹方向的抗张强度（a）和裂纹延裂应力降（b）与裂纹相对延伸长度的关系；在 30 兆帕围压下与被环氧树脂固结裂纹成 30°交角方向的抗压强度（c）和固结裂纹再破裂应力降（d）与裂纹相对延伸面积的关系（许昭永等，1982）

4）残余应力

岩块内的古构造残余应力，对其力学性质有显著影响。岩块的压缩弹性模量和变形模量，均随同向宏观残余压应力的增大而减小（图 1.1.56）。岩块中的最大宏观残余主压应力增大时，其同方向的抗压强度降低。而与其垂直的最小宏观残余主压应力方向的抗压强度则升高（图 1.1.57）。

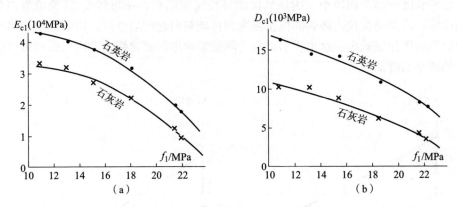

图 1.1.56　岩块压缩弹性模量（a）和变形模量（b）随同向宏观残余压应力的变化

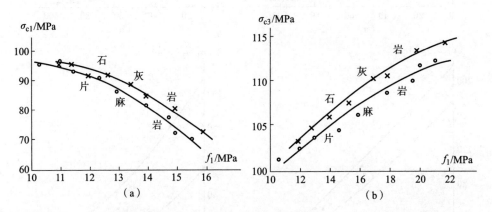

图 1.1.57　岩块平行最大（a）和最小（b）宏观残余主压应力方向的抗压强度随
最大宏观残余主压应力的变化

5）尺寸

岩块中应力场的分布和传播过程，直接影响其力学性质。而岩块的形状，是影响其中应力场的重要因素，因之也必然影响其力学性质。尺寸相同的正方形岩块与圆柱形岩块的抗压强度是不同的（表 1.1.17）。当岩块的横截面积固定时，抗压强度随其高度的增加而减小。如图 1.1.58 所表明的，直径固定的圆柱形岩块的抗压强度，随其高度与直径比值的增加而减小；又如图 1.1.59 所表明的，横截面积固定的正方柱形岩块的抗压强度，随高度的增加而减小，并在高度增加到一定值后趋恒于定，表 1.1.18 中的实验公式 1～10 都属此类情况。当岩块的高度固定时，抗压强度又随其横截面积的增加而减小。如图 1.1.60 所表明的，高度固定的正方柱形岩块的抗压强度，随底面边长的增加而减小；又如图 1.1.61 所表明的，高度固定的方形岩块的抗压强度，随受压面宽度的增加而减小，并趋向恒定，表 1.1.18 中公式 11 属此类情况。

表 1.1.17　方形和圆形岩块抗压强度比较表

岩类	$5 \times 5 \times 5 cm^3$ 正方形岩块抗压强度 σ_{cs}/MPa	$\phi 5 \times 5 cm^2$ 圆柱形岩块抗压强度 $\sigma_{c\phi}$/MPa	$\dfrac{\sigma_{cs}}{\sigma_{c\phi}}$	资料来源
泥灰岩	94.6	48.5	1.95	
红页岩	180.5	118.9	1.51	
鲕状灰岩	124.2	123.4	1.01	
斑状花岗岩	229.5	244.4	0.94	
石灰岩$_1$	113.7	136.2	0.93	长江水电科学研究院，1958
角闪片麻岩	152.3	166.1	0.92	
石灰岩$_2$	105.3	118.9	0.88	
石英岩	166.0	207.3	0.80	
竹叶状灰岩	48.7	75.0	0.65	
砂岩	90.5	84.5	1.07	
花岗岩	106.3	100.3	1.05	
云母石英岩	153.0	150.5	1.02	K. B. Agarwal，1973
砂岩	120.0	124.5	0.96	
板岩	77.5	82.0	0.95	
片麻岩	73.5	47.0	1.56	
石英云母片岩	100.5	80.0	1.26	作者
致密灰岩	130.8	125.0	1.05	

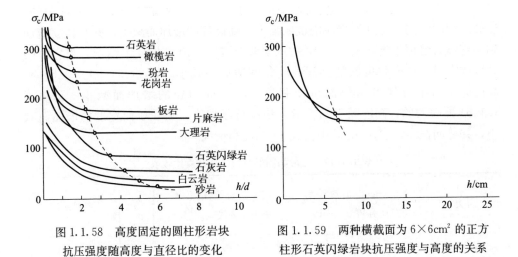

图 1.1.58　高度固定的圆柱形岩块　　　　图 1.1.59　两种横截面为 $6 \times 6 cm^2$ 的正方
抗压强度随高度与直径比的变化　　　　柱形石英闪绿岩块抗压强度与高度的关系

表 1.1.18　岩块抗压强度与形状关系的实验公式

序号	实验公式 $\sigma_c = f(h, d, l)$	说明	提出者
1	$\sigma_c = 0.00689\left(700 + 300\dfrac{d}{h}\right)$	d：试件直径 h：试件高度 σ_c：单位（兆帕）	Bunting, 1911
2	$\sigma_c = k\dfrac{d^a}{h^b}$	a, b, k：系数	Greenwald, 1941
3	$\sigma_c = \left(0.778 + 0.222\dfrac{d}{h}\right)\sigma_c'$	σ_c'：$\dfrac{h}{d} = 1$ 试件的抗压强度 求 σ_c 所用试件的 $\dfrac{h}{d} > 1$	美国材料试验学会， 1942
4	$\sigma_c = \left(0.778 + 0.222\dfrac{d}{h}\right)\sigma_c'$	σ_c'：正方形试件的抗压强度 求 σ_c 所用试件的 $\dfrac{h}{d} \geqslant 1$	Obert et al., 1946
5	$\sigma_c = \left(1 - k\dfrac{d}{h}\right)\sigma_c'$	k：岩性参数　砂岩为 0.139　页岩 为 0.069 σ_c'：给定直径 d 和高度 h 试件的抗压强度 求 σ_c 所用试件的 $\dfrac{h}{d}$ 很大	掘部富男，1951
6	$\sigma_c = k\dfrac{\sqrt{l}}{h}$	k：系数 l：正方形底面边长取 23（厘米） $h = 10 \sim 69$（厘米）	Steart, 1954
7	$\sigma_c = a + b\dfrac{d}{h} + c\dfrac{h}{d}$	$a = 538$ 花岗岩 $b = 334$ $c = 114$	下村・高田，1962

（续表）

序号	实验公式 $\sigma_c = f(h, d, l)$	说明	提出者
8	$\sigma_c = a\left(\dfrac{d}{h}\right)^b + c$	$a = 6.2 \sim 16.6\text{MPa}$ $b = 2.1 \sim 11.1$ $c = 15.2 \sim 25.5\text{MPa}$ $\dfrac{h}{d} = 0.5 \sim 4.0$	Beckman，1963
9	$\sigma_c = k\sqrt{\dfrac{d}{h}}$	k：岩性常数	Holland，1964
10	$\sigma_c = \left(0.875 + \dfrac{d}{4h}\right)\sigma_c'$	σ_c'：$\dfrac{h}{d} = 2$ 试件的抗压强度	Protodyakonov，1969
11	$\sigma_c = k\left(\dfrac{h}{d}\right)^n$	$\dfrac{h}{d} = 0.5 \sim 3.0$ k：岩性系数 由上下两层组成，横截面为 $5 \times 5\text{cm}^2$ 　　上层 $n = 0.368 \pm 0.075$ 　　下层 $n = 0.349 \pm 0.060$ 横截面为 $10 \times 10\text{cm}^2$ 　　上层 $n = 0.360 \pm 0.024$ 　　下层 $n = 0.342 \pm 0.020$	Lama，1966
12	$\sigma_c = \left(1 + \dfrac{k-1}{\dfrac{d}{l} + 1}\right)\sigma_c'$	岩性系数 $k = 2 \sim 10$ σ_c'：边长 l 岩块的抗压强度	Protodiakonov，1964

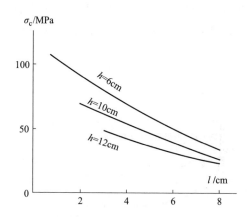

图 1.1.60　不同高度的正方柱形石灰岩块
抗压强度与正方形底面边长的关系

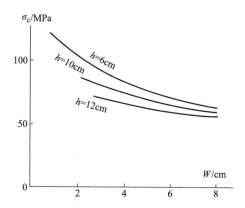

图 1.1.61　高度不同但底面边长皆
为 6cm 的方形石灰岩块抗压强度
与底面宽度的关系

　　岩块的抗压强度，随体积增大而减小（图 1.1.62）。由实验所得的岩块抗压强度与体积关系的经验公式，列于表 1.1.19 中。

表 1.1.19　岩块抗压强度与体积关系的实验公式

序号	实验公式 $\sigma_c = f(l, p)$	说明	提出者
1	$\sigma_c = \left(\dfrac{k}{l}\right)^{0.5}$	k：岩性系数 边长 $l = 5 \sim 23$ 厘米	Gaddy，1956
2	$\sigma_c = kl^{-a}$	$a = 0.17 \sim 0.50$ $l = 5 \sim 163$ 厘米	Evans 等，1958
3	$\sigma_c = \sigma_{c2} l^{-0.092}$	σ_{c2}：$\dfrac{h}{l} = 2$ 试件的抗压强度 $\dfrac{h}{l} = 2$ $h = 4 \sim 20$ 厘米	茂木清夫，1962
4	$a\lg\dfrac{\sigma_{c1}}{\sigma_{c2}} = \lg\dfrac{V_1}{V_2}$	σ_{c1}：体积 V_1 试件的抗压强度 σ_{c2}：体积 V_2 试件的抗压强度 a：$\lg\sigma_c \sim \lg V$ 曲线的斜率	Weibull，1968
5	$\sigma_c = \sqrt[\frac{b}{a}]{\dfrac{k}{\ln p}}$	$a = 0.17 \sim 0.50$ b：对体积分布为 3 的缺陷分布常数 p：边长 l 的立方体中缺陷存在的概率 k：常数	Jaeger et al.，1979

　　现场测得的大岩块变形模量、静弹性模量和动弹性模量，均小于室内用小岩块测得的相应值（表 1.1.20）。岩块的抗剪强度，随剪断面积的增大而减小（图 1.1.63）。

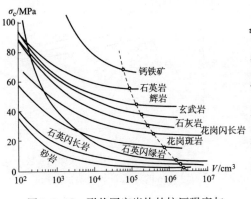

图 1.1.62　形状固定岩块的抗压强度与
体积的关系（H. Jahns, H. R. Pratt, 1972;
R. D. Lama et al., 1976; 作者）

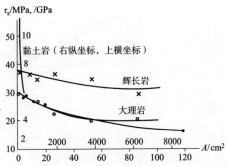

图 1.1.63　岩块抗剪强度与
剪断面积的关系
（E. I. Ilnitskaya, 1969; 周瑞光, 1984）

表 1.1.20 现场测得的大岩块和室内测得的小岩块的力学性质比较表
（国内各系统和国内外多人结果的综合）

岩类	变形模量 D_c/MPa		静弹性模量 E_s/MPa		动弹性模量 E_d/MPa	
	大岩块	小岩块	大岩块	小岩块	大岩块	小岩块
石灰岩	1523～116340	2000～206000	1800～172994	50300～173016	2747～187000	38610～179290
花岗片麻岩	400～83980	46200～83740	950～85490	31716～86774	26889～85432	74460～89632
花岗岩	689～63400	1380～63670	3000～68900	5400～74100	3300～69432	8069～89600
伟晶花岗岩	53000	61010	55000	63480	1600～57000	68000
安山岩	52010	58030	4900～60100	62800	23200～85500	88080
黏土岩	29716～51090	52000	8300～61000	61080	63800	65000
流纹岩	5580～51010	68410	9800～53860	71000	22500～73000	75400
花岗片岩	50000	5650	58020	69000	33500～61010	74000
石英岩	884～41369	16340～45800	2400～72400	64900	7929～78950	34500～79000
角页岩	38600	12620～45980	46000	72000	56000	60000
大理岩	38100	9000～59330	2689～40680	59980～61360	40000	61010
闪长岩	38000	20000～48030	1800～47100	21000～106000	53400	59630
粒玄岩	5900～37000	6800～41000	—	—	—	—
石英砂岩	600～34500	4690～49300	1240～70000	12760～74590	1475～71500	3720～76020
片岩	353～35200	6000～42000	1014～65800	47550	4800～68900	26500～69800
白云岩	3200～33400	33500	3288～160000	21000～189000	25400～170000	173800
泥灰岩	1020～33820	1500～44100	—	—	—	—
片麻岩	138～31900	6100～27300	1000～40000	34260～88830	3800～72200	16367～110300
页岩	1000～30000	1960～44050	3200～39000	3500～4800	32030～39500	41100
黑云母页岩	28000	30000	35000	38500	38080	40010
燧砂板岩	27200	4826～30000	33400	34000	58600	—
辉长岩	25010	29800	1100～29300	—	38680	—
闪岩	2480～23100	30000	13450～60330	89630	17240～64800	110320
片岩	600～23090	23980	2850～21000	33000	5500～21130	—
绿泥片岩	22600	23440	36900	39000	52400	—
砂质灰岩	21500	20000～25000	31000～34400	33980	40000	—
黑云母片岩	965～20700	23000	3640～26062	26360	6412～33000	—
石英片岩	2760～20684	8960～21110	8963～22110	27580	24510	—
千枚岩	20000	21000	3500～28000	30000	25500～43000	—
英云闪长岩	20000	24000	17000～22000	—	29000	—
辉闪安山岩	19000	23800	2000～26000	—	3800～29800	—
砂砾岩	17900	18880	13300～25500	24500	36080	—

（续表）

岩类	变形模量 D_c/MPa		静弹性模量 E_s/MPa		动弹性模量 E_d/MPa	
	大岩块	小岩块	大岩块	小岩块	大岩块	小岩块
钙质砂页岩	17240	19000	11300~19830	34470	20100	—
砾岩	17010	18963	2300~23440	30340	25000	—
板岩	70~16800	18800	170~25000	34000	7500~44500	—
长石砂岩	10000~16770	12000~21010	12343~24016	63500~68000	18880~26380	—
石英闪长岩	16500	19300	82700		86500	—
花岗闪长岩	11700~16500	20000~21000	1030~32000	21000~100000	2000~59000	—
黑云母片麻岩	4760~15580	6300~19800	16500~35900	18000~80000	20130~49850	—
燧石	15000	—	6700~17700	—	30000~50000	85000
云母片岩	697~14000	900~16800	1000~24000	2210~33000	—	
伟晶岩	5930~11720	14480~22060	6890~23440	29600~36540	4900~47570	55850
泥岩	549~11720	9800~18200	830~22060	20050~34330	4920~22760	
蛇纹岩	1200~11000	11880	6750~19800	18910	12800~21300	—
片麻角闪岩	1000~10000	18100	2500~15000	—	2500~18000	
石英页岩	2000~10000	8900~14200	2400~21400	30000~60000	28000	
砂页岩	4200~9600	3000~13600	1700~13550	3000~15000	1896~14560	
角砾岩	5000~9500	10080	6300~11100	12300	6240~13260	
辉绿凝灰岩	8640	10010	3500~9400	30300	22000~35000	45000
粉砂岩	7584	26000	46500~58500	63500	52500~63800	
闪长片麻岩	689~6963	22000	2620~13652	24338	3896~15400	
粗面岩	6530	11010~38960	35850~42060	41370~44130	—	
层状白云岩	480~6217	—	2400~11000	10980	2560~17100	
石英斑岩	5000	—	6100	6540	32000	
绿片岩	2300~4600	4596	20400~36300	—	23010~38960	
花岗闪长片麻岩	3999	19388	4431	24338	5010	
凝灰岩	689~3447	3447	3000~24000	10342~28100	6895~44500	
黏土页岩	3440	7000	1726~25000	10000~31000	25800	
变形石灰岩	335~3390	4300~5840	2749~8400	25900~29700	3000~20900	
砾岩	1100~3062	1400~5700	1400~57000	18408~61000	4000~59000	
裂缝灰岩	3000	3500	4034	—	4810	
英安岩	2620	—	43200	44800	19300~45200	36900~50000
糜棱岩	2509	—	6000~17000	—	3000~17100	—

（续表）

岩类	变形模量 D_c/MPa		静弹性模量 E_s/MPa		动弹性模量 E_d/MPa	
	大岩块	小岩块	大岩块	小岩块	大岩块	小岩块
辉绿岩	2413	4300	1000~6447	9000	31000~56000	—
磨砾砂岩	800~2000	—	1300~7000	—	4500~7600	
变形大理岩	387~1580	4130~43680	3436~12600	5000~14800	8000~26500	
黑片岩	1200	—	2400	2890	3910	
集块岩	1200		2100~19100	—	4310~23000	
古生物片岩	1880		2130~3800	3900	2800~9500	
石英斑岩	926~1800		5000~40000	42100	6300~48000	
扁豆层岩	65~420		250~800	880	300~1000	
结晶片岩	180	191	25~190	240	—	

2. 无方向性的影响因素

1）时间

岩块增载压缩到各载荷时，停止加载，延长时间，则在各固定载荷下应变增加，使得应力-应变曲线成台阶状（图 1.1.64）。图 1.1.65 中的每一条实验曲线都是由五块相同岩块测得的。分六次加载：第一次对全部岩块各个都加同样载荷，大小标在岩块名称后，测得五个压缩弹性模量值，取其平均为第一次测值，标在纵轴上；3 分钟后，再用同样载荷来测第 1 号试件的弹性模量，为第二次测值；20 天后，再用同样载荷来测第 2 号试件的弹性模量，为第三次测值；70 天后，再用同样载荷来测第 3 号试件，依次测完第 5 号试件，得第四次、第五次、

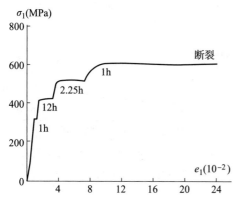

图 1.1.64　石灰岩压缩过程中分阶段
延长时间对应力—应变曲线的影响
(D. T. Griggs, 1936)

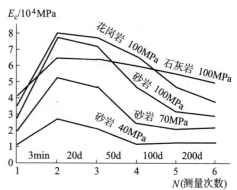

图 1.1.65　第一次加载后岩块压缩
弹性模量的增大和恢复过程

第六次测值，用之连成一条曲线。这样，各用五块相同试件测得图中的 5 条曲线。这些曲线说明，第一次加载后，弹性模量上升，3 分钟后又开始下降，对加 40 兆帕～100 兆帕载荷的砂岩，直到 70～370 天后才接近恢复。这个恢复时间与第一次加的载荷大小有关，第一次载荷越大恢复时间越长。加 100 兆帕载荷的石灰岩和花岗岩的弹性模量，到了 370 天还未恢复。可见，不同岩块受载后弹性模量的恢复速度不同，同一种岩块所受载荷大小不同其恢复速度也不同。

加载速率影响岩块的各种力学参量。变形模量、抗压强度、抗张强度，都随加载速率增加而增大（图 1.1.66～图 1.1.68），使得脆性增强。泊松比，则随加载速率的增加而减小（图 1.1.69）。把加载速率增大到动态载荷时，则强度极限和弹性模量增加得更大（表 1.1.21），动态强度极限比静态增大一个数量级，动态弹性模量比静态可增大几倍。可见，岩块的动态强度、瞬时强度、持续强度和长期强度依次减小，后三者均属静态范围。

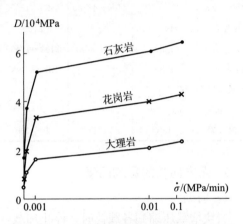

图 1.1.66　岩块变形模量与加载速率的关系

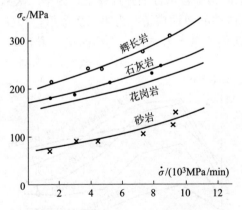

图 1.1.67　岩块抗压强度与加载速率的关系

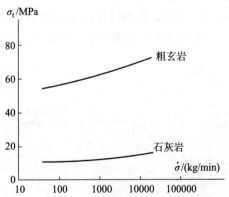

图 1.1.68　岩块抗张强度与加载速率的
关系（N. J. Price，Knill，1966）

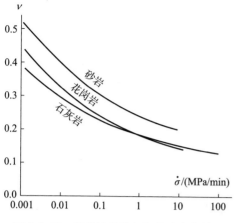

图 1.1.69　岩块泊松比与加载速率的关系

表 1.1.21　岩块静、动态力学性质

（I. Ito 等，1963）

岩类	加载速率/（MPa/s）	强度极限/MPa	抗断应变（10^{-8}）	弹性模量/GPa
大理岩	0.11	5.3	145	47
	$17×10^4$	21.5	490	51
花岗岩	0.22	5.3	510	12
	$15×10^4$	17.0	630	30
砂岩	0.18	8.0	410	19
	$14×10^4$	22.0	610	64

岩块在加载过程中，抗压强度和压缩弹性模量，均随应变速率的增加而增大（图 1.1.70～图 1.1.72）。

从地壳常见的岩块强烈褶曲可知，不仅柔软岩块，就是很脆硬的如石英岩，在漫长的地质时间内受很小的应力作用，也会发生缓慢的塑性变形，而且随时间的延长形变量逐渐增大。若应力增大，则应变随之骤增，使得形变速度也随之增大。在变形非常缓慢的情况下，起始压缩应变为 6%～9% 的大理岩，抗压强度减

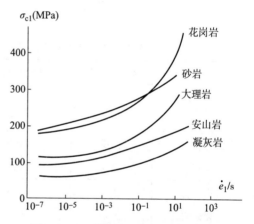

图 1.1.70　岩块抗压强度随加载应变速率的变化（R. Kobayashi，1970）

小 10%～20%，弹性模量降低 12%～25%，变形模量降低 20%～36%。可见，在以万年计的应力连续作用下，时间对岩块力学性质的影响将要更大。

表 1.1.22 表明，各类岩块在常温常围压下，载荷为自重到 51.7 兆帕，经 0.2～3000 小时，所发生的蠕变应变可达 10^{-5}～10^{-2}。表 1.1.23 表明，各类岩块在 47 兆帕～1000 兆帕围压，400℃～1540℃，载荷为 0.05 兆帕～357 兆帕，经 1～7200 分钟，所发生的蠕变应变达 10^{-4}～$2×10^{-1}$。可见，在地质时间内，这种应变量将相当可观。由岩块实验得的蠕变经验公式，列于表 1.1.24。

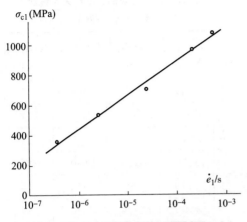

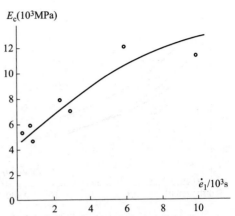

图 1.1.71　石英岩在 800MPa 围压
800℃下的抗压强度随加载应变速率的
变化（H. C. Heard，1980）

图 1.1.72　花岗岩在 300MPa 围压
800℃下的弹性模量随加载应变速率的变化
（M. S. Paterson，1980）

表 1.1.22　岩块在常温常围压低载荷下的蠕变实验结果

岩类	载荷/MPa	蠕变时间/h	蠕变应变	实验者
砂岩	0.1	0.2	10^{-2}	Nagaska，1900
页岩	1.0	1200	2×10^{-2}	Griggs，1939
绢云母砂质板岩	自重	2400	4.7×10^{-5}	作者，1980
致密石灰岩	5.9	1440	1×10^{-5}	
石灰岩	2.4	1248	5.6×10^{-4}	Hobbs，1970
粉砂岩	2.6	3000	1.8×10^{-3}	
石灰岩	2.5	70	1.5×10^{-3}	Harvey，1974
砂岩	8.5	4	2×10^{-3}	Evans，1936
板岩	8.5	2	1.3×10^{-3}	
大理岩	10.0	2.4	10^{-3}	
花岗岩	16.5	4	5×10^{-5}	
蛇纹岩	10	314	10^{-3}	Iida，1960
玄武岩	10	144	10^{-4}	
统纹岩	10	2400	10^{-4}	
安山岩	10	336	10^{-5}	
花岗闪长岩	10	144	10^{-5}	
石英岩	10	48	10^{-3}	Roux，1954
蛇纹岩	10	312	10^{-3}	Lichaetel，1960
花岗岩	10	288	10^{-4}	Matsushima，1960

（续表）

岩类	载荷/MPa	蠕变时间/h	蠕变应变	实验者
安山岩	10	334	10^{-5}	Robertson，1963
玄武岩	10	144	10^{-4}	
花岗闪长岩	10	140	10^{-5}	
统纹岩	10	2400	10^{-4}	
辉长岩	10	72	1×10^{-5}	Lomnitz，1956
花岗闪长岩	14	72	1×10^{-4}	
石英千枚岩	10	100	10^{-3}	Rummel，1965
辉长岩	47.5	1	10^{-5}	1969
粘板岩	17	24	4.5×10^{-2}	Кузнецову，1947
大理岩	36.9	1	10^{-5}	Murrell，1965
白云岩	51.7	1	10^{-5}	

表 1.1.23　岩块在高温高围压各载荷下的蠕变实验结果

岩类	载荷/MPa	蠕变时间/min	温度/℃	围压/MPa	蠕变应变	实验者
石英绢云母片岩	0.05	1200	600	—	4.5×10^{-3}	作者，1959
石英绢云母片岩	0.2	3000	1000	—	4.3×10^{-2}	
石英绢云母片岩	0.4	300	1000	—	4×10^{-2}	
石英绢云母片岩	1	1200	600	—	8.5×10^{-3}	
云煌脉岩	2	120	1000	—	2×10^{-1}	
片麻岩	50	24	—	851	3×10^{-2}	作者，1982
花岗闪长岩	10	1	1060	420	6×10^{-2}	Aueretel，1981
花岗闪长岩	13	1440	830	—	1.4×10^{-4}	Murrell，1973
纯橄榄岩	50	600	830	—	10^{-4}	
辉绿岩	80	960	620	—	9×10^{-4}	
白云岩	26	1	700	—	10^{-4}	Murrell，1965
砂岩	27.6	1	550	—	10^{-4}	
大理岩	61.7	1	600	—	10^{-3}	
橄榄岩	117	7200	750	—	10^{-2}	
花岗闪长岩	120	7200	630	—	10^{-2}	
橄榄岩	38.8	10	1540	—	1.3×10^{-3}	Kohlstedt，1974
纯橄榄岩	60	60	1300	—	3.6×10^{-2}	Paterson，1980
花岗岩	87	60	400	—	10^{-3}	Rummel，1969
辉长岩	193	60	400	—	10^{-3}	1970
辉长岩	90	55	860	600	2.5×10^{-3}	Goete，1972
石灰岩	100	1440	—	100	10^{-2}	Kendall，1958
石灰岩	183	20	—	47	4.8×10^{-2}	Goguel，1943
大理岩	200	17	—	100	10^{-3}	Robertson，1960
石灰岩	357	20	—	1000	1×10^{-2}	Griggs，1936

表 1.1.24　岩块蠕变实验公式

实验公式	说明	提出者
$e_I = at^n$	$a = f(\sigma_1,\ T,\ P_c,\ \cdots)$ $0 < n < 1$	Cottrell，1952
$e_I = a\ln t$	a：常数 t：时间	Andrade，1910
$e_I = a\ln(1+kt)$	a，k：常数	Lomnitz，1956
$e_I = ae^{-bt}$	a，b：常数	Hardy，1967
$e_I = a(1-e^{-bt})$	a，b：常数	Hardy，1967
$e_I = a[(1+kt)^b - 1]$	a，b，k：常数	Jeffreys，1960
$e_{II} = (0.1817t - 0.8022) \times 10^{-4}$	t：时间	Singh，1975
$\dot{e}_{II} = \dot{e}_{II0}\sigma^n$	$n = 1-5$	Robertson，1963
$\dot{e}_{II} = \dot{e}_{II0}e^{a\sigma}$	a：常数	Stavrogin，1974
$\dot{e}_{II} = 2.9 \times 10^8 e^{-6\,2400/RT} \sin h10\sigma$	R：气体常数　T：绝对温度 σ：差应力（10^2 兆帕） 状态围压：500（兆帕）	Heard，1960
$e_{I-II} = e_e + e_p + a\ln t$	单轴压缩时 $a = \left(\dfrac{\sigma}{E_c}\right)^n$，三轴压缩时 $a = \left(\dfrac{\sigma_1 - \sigma_3}{2E_\tau}\right)^n$ 低应力时 $n = 1-2$， 高应力时 $n = 2-3$	Robertson，1963
$e_{I-II} = a\lg bt + ct$	a，b，c：常数	Rummel，1969
$e_{I-II} = 4205 \times 10^{-8} t^{0.5044}$	t：时间	Singh，1975
$e_{I-II} = (6.1 + 5.2\lg t) \times 10^{-5}$	t：单位（日），可长至 1 年	Griggs，1939
$e_{I-II} = e_e + e_p + a\lg t + bt$	$a = f(\sigma)$ $b = \varphi(\sigma)$	Griggs，1940
$e_{I-II} = a\sigma + b\lg t + ct$	a，b，c：常数	Chugh，1974
$e_{I-II} = \dfrac{\sigma}{E} + at\sigma^n + b\lg(t+1)\sigma$	a，b，n：常数 E：平均增量模量	Hobbs，1970
$e_{I-II} = a(1-e^{b-ct})$	a，b，c：常数 $n = 0.4$	Evans，1936
$e_{I-II} = \sigma + \displaystyle\int_0^t k(t-s)\mathrm{d}s$	$K = a\dfrac{\mathrm{d}e_{I-II}^n}{\mathrm{d}t}$ a，k：常数　s：时间变量	Vyalov，1958

　　岩块在蠕变到各相同时刻，其应力与蠕变应变有线性关系段（图 1.1.73～图 1.1.76），应力超过这个限定值，则此线性关系将不存在。岩块蠕变中，其应力与蠕变应变速率有一般的线性关系（图 1.1.77～图 1.1.78）。

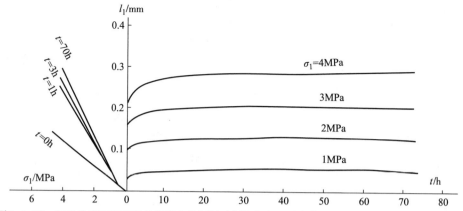

图 1.1.73　石墨片岩压缩蠕变曲线及在各相同时刻的应力—形变曲线(V. L. Kubetsky et al. ，1969)

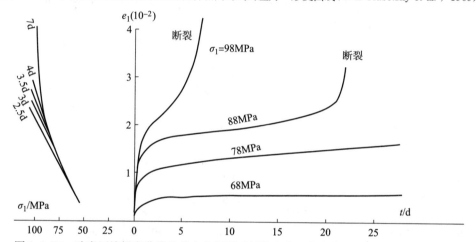

图 1.1.74　砂岩压缩蠕变曲线及其在各相同时刻的应力—应变曲线(J. Voropinow，1964)

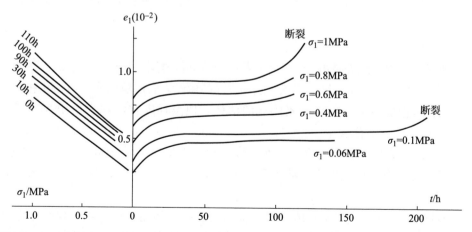

图 1.1.75　石英绢云母片岩在 600℃平行片理的拉伸蠕变曲线及在各相同时刻的应力—应变曲线

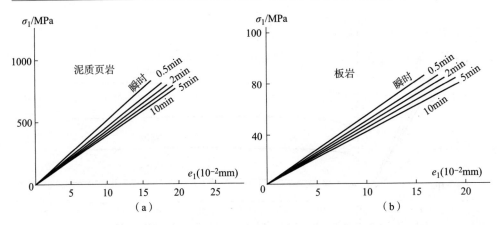

图 1.1.76 岩块压缩蠕变到各相同时刻的应力—应变曲线(D. W. Phillips，1948；T. Döring，1964)

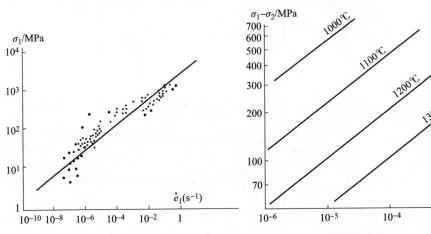

图 1.1.77 橄榄岩在 1400℃压缩蠕变的
应力与蠕变应变速率的关系
(M. F. Ashby & R. A. Verall，1977)

图 1.1.78 橄榄岩在 300 兆帕围压不同
温度的差应力与压缩蠕变应变速率的关系
(M. S. Paterson，1980)

2）温度

据地震资料，地壳是由 0～10（千米）厚的沉积岩层、10～30（千米）厚的花岗岩层、10～20（千米）厚的玄武岩层和下面的橄榄岩底层所构成。由钻孔和矿井中测得的地温资料及放射性元素蜕变的估计，地温梯度在沉积岩层中为1/25～1/50（℃/m），在花岗岩层中为 1/30～1/80（℃/m），在玄武岩层中为 1/65（℃/m），在橄榄岩层中为 1/120（度/米），随地区岩体中放射性元素含量、岩石导热性、有否现代构造运动和距其远近而异。由之推得地表下 40 千米深处的温度，一般约在 600℃～1200℃，因地而异。

从图 1.1.79 知，岩块在地壳温度范围内，有的如粗粒砂岩，不仅在常温就是到了 1000℃也还处于脆性状态；而有的如细粒砂岩，在常温是脆性的，但到 800℃则成为柔性的了。温度升高，屈服极限降低（图 1.1.80），这说明弹性变弱，塑性增强。于是，岩块的弹性模量、柔性模量、强度极限、泊松比和波速，都随温度的升高而降低（图 1.1.81～图 1.1.86）。

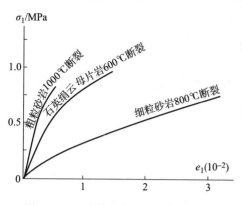

图 1.1.79 岩块在高温下的拉伸应力-
应变曲线

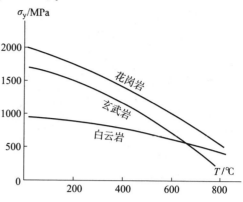

图 1.1.80 在 500 兆帕围压下温度对
岩块屈服极限的影响

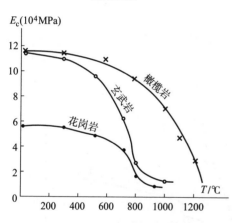

图 1.1.81 岩块弹性模量与温度的关系

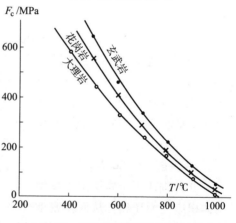

图 1.1.82 岩块柔性模量与温度的关系

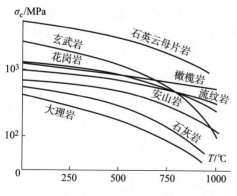

图 1.1.83 岩块抗压强度与温度的关系
（D. T. Griggs et al.，1960；作者）

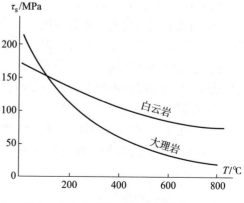

图 1.1.84 岩块抗剪强度与温度的关系
（H. C. Heard，1980）

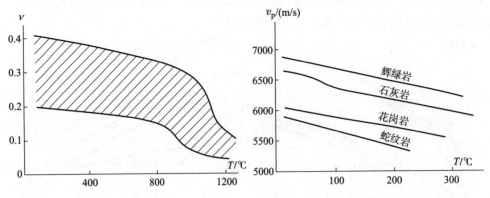

图 1.1.85　各种岩块泊松比与温度的关系　　　图 1.1.86　岩块中纵波速度与温度的
关系（М. П. Воларович，1977）

3）围压

地壳处于近似静力平衡状态，故随深度变化 dr 而改变的地壳深处围压的变化

$$dp_c = g\rho\, dr$$

据地震资料，地表下 40 千米深度以内的平均密度 ρ 为 3.3 克/厘米^3，此深度内的平均重力加速度 g 为 985 厘米/秒^2，则得地表下 40 千米深处的围压

$$P_c = g\rho r = 1300\text{Mpa}$$

在此种围压下，岩块由于发生压缩体积应变而压密，从而使密度增大，其增大值随围压的增大而增加（图 1.1.87）。图 1.1.88～图 1.1.89 的实验结果说明，随着围压的增大，岩块的屈服极限上升，但破裂引起的应力降则减小。岩块屈服极限的上升与围压的增大，近似呈线性关系（图 1.1.90）。

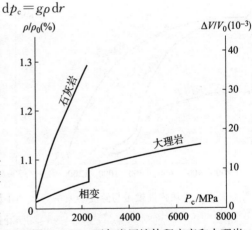

图 1.1.87　石灰岩压缩体积应变和大理岩密度与围压的关系（Е. И. Баюк et al.，1974；Г. А. Ададуров，1961）

随着围压的增加，岩块的变形模量、弹性模量和柔性模量均增大（图 1.1.91～图 1.1.93），但泊松比则有的增大，有的减小（图 1.1.94）。当围压超过 1200 兆帕时，岩块的弹性模量和泊松比又显著减小（图 1.1.95）。

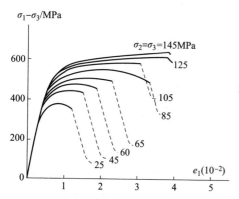

图 1.1.88　白云岩破裂引起的应力降与
围压的关系（茂木清夫，1971）

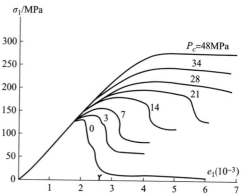

图 1.1.89　大理岩破裂引起的应力降与
围压的关系（W. R. Wawersik et al.，1970）

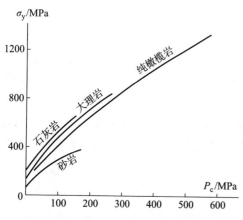

图 1.1.90　岩块屈服极限与围压的关系

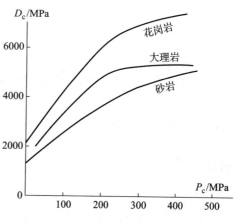

图 1.1.91　岩块变形模量随围压的变化

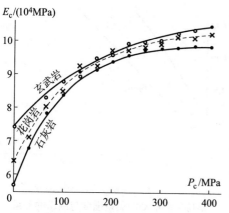

图 1.1.92　岩块弹性模量随围压的变化

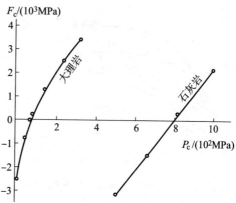

图 1.1.93　岩块柔性模量随围压的变化

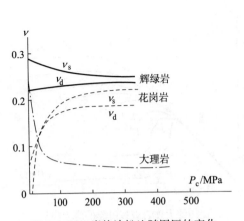

图 1.1.94　岩块泊松比随围压的变化
（G. Simmons et al.，1965；
C. H. Scholz，1968）

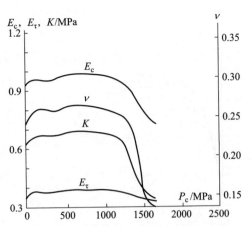

图 1.1.95　石灰岩压缩弹性模量、剪切弹性
模量、体积弹性模量和泊松比随围压的变化
（T. C. Лебедев et al.，1976）

　　岩块的抗压强度、破裂后维持裂面滑动的剩余强度、在各种受载方式下剪断的最大剪应力，均随围压的增加而增大（图 1.1.96～图 1.1.100）。岩块受载所生的两组共轭交叉剪断裂交成的被主压应力线平分的半角，为剪切破裂角。此角随围压的增加而增大（图 1.1.101），大理岩在围压从 0.1 兆帕增到 68 兆帕时，此角由 27°增加到 35°，砂岩在围压从 0.1 兆帕增到 55 兆帕时，此角由 18°增加到 37°。

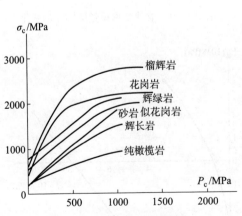

图 1.1.96　岩块抗压强度与围压的关系
（Yu. N. Ryabinin，1970）

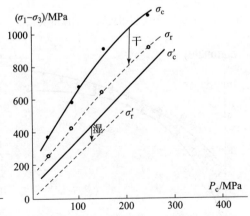

图 1.1.97　干、湿砂岩抗压强度和破裂后
维持裂面滑动的剩余强度与围压的关系
（E. H. Rutter 等，1978）

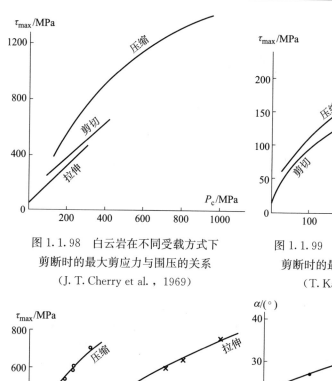

图 1.1.98　白云岩在不同受载方式下
剪断时的最大剪应力与围压的关系
（J. T. Cherry et al. , 1969）

图 1.1.99　大理岩在不同受载方式下
剪断时的最大剪应力与围压的关系
（T. Karman et al. , 1911）

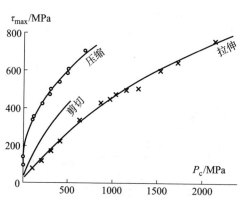

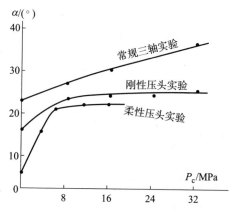

图 1.1.100　花岗岩在不同受载方式下
剪断时的最大剪应力与围压的关系
（H. C. Heard, 1980；J. Handin, 1957）

图 1.1.101　砂岩单轴压缩的
平均剪切破裂角与围压的关系
（高渠清等，1983）

4）介质

填充在岩块孔隙中的介质，可使岩块发生湿润、吸附和化学作用，而使其中晶粒变得疏散和发生质变，减小其间的作用力。因而，介质的作用可严重地影响岩块的力学性质，改变其弹性、塑性、强度、泊松比，并在岩块中引起湿应变，产生湿应力。介质影响的大小，取决于：

① 岩块和介质的成分——不同种类岩块的强度极限，随浸入其中的饱和液体的成分、表面张力和介电常数而变化（图 1.1.102～图 1.1.103）；

② 岩块吸水率和饱和岩块的孔隙率——岩块吸入水重与干岩块重量之比，为吸水率。岩块的弹性模量和强度极限，均随吸水率的增加而减小（图 1.1.104～图 1.1.105）。岩块内孔隙体积与固体体积之比，为孔隙率。被水饱和

的岩块，若孔隙率大，则吸水量也大，因而不同孔隙率饱和岩块的强度极限的降低程度也不同（表 1.1.25）。岩块浸在水中的时间越长则吸水量也大，因而其强度极限也随浸在水中时间的延长而减小（图 1.1.106）。

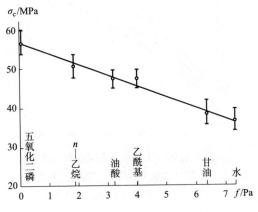

图 1.1.102　石英砂岩抗压强度与
浸入的饱和液体表面张力的关系
（P. S. B. Colback et al.，1965）

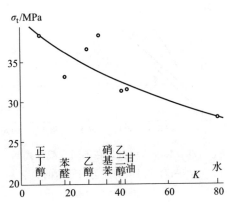

图 1.1.103　石灰岩抗张强度与
浸入的饱和液体介电常数
的关系（V. S. Vutukuri，1974）

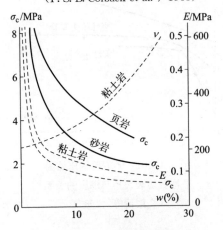

图 1.1.104　岩块弹性模量、
抗压强度和泊松比随吸水率
的变化（周瑞光，1983）

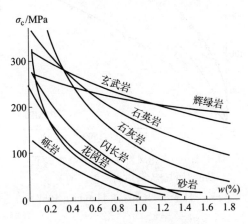

图 1.1.105　岩块抗压强度随
吸水率的变化

表 1.1.25　各种岩块水饱和抗压强度对干燥抗压强度的降低率

岩类	干燥岩块抗压强度 /MPa	饱和岩块抗压强度 /MPa	干湿岩块抗压强度 降低率/%
砾岩	82～132	8～101	90～23
黏土岩	21～59	2～32	88～46
泥岩	64	12	81
页岩	57～136	14～75	76～45

（续表）

岩类	干燥岩块抗压强度/MPa	饱和岩块抗压强度/MPa	干湿岩块抗压强度降低率/%
石英闪长岩	89～164	26～68	71～59
砂岩	65～251	18～246	72～2
石英岩	145～257	50～206	66～20
片岩	60～219	30～174	51～20
辉绿岩	118～273	58～246	51～10
玄武岩	106～291	102～152	48～4
凝灰岩	62～179	33～154	47～14
粒状岩	151	82	46
石灰岩	85～207	48～189	44～8
板岩	124～200	72～150	42～25
黑云母闪长岩	190～193	115～151	40～21
花岗岩	40～220	25～205	38～7
千枚岩	30～49	28～33	33～7
片麻岩	106～156	71～175	33～5
闪长岩	98～232	69～160	31～30
白云岩	115	95	17

③ 岩块风化程度——矿物受水中化学溶剂的作用而易于风化，显著地降低岩块的弹性模量、强度极限和泊松比（表1.1.26）。花岗岩干岩块的抗压强度，从原基岩的 162 兆帕到剧风化后的 97 兆帕，降低了40%；水饱和岩块的抗压强度，从原基岩的 124 兆帕到剧风化后的 57 兆帕，则降低了54%，比干岩块的多降低了14%。这说明风化程度越高，水饱和对抗压强度的影响越大；

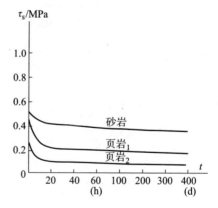

图 1.1.106　岩块抗剪强度与浸在水中时间的关系（B. Tamada，1970）

④ 岩块吸水后引起的湿胀应变——这种湿应变的量级为 $10^{-4} \sim 10^{-2}$，影响岩块力学性质，使抗压强度随湿应变的增加而减小（图 1.1.107）。湿胀应变在岩块中引起湿胀应力，此种应力随湿胀应变的增加而减小，量级多在几兆帕范围内（图 1.1.108）。

表 1.1.26　花岗岩风化程度对压缩弹性模量、泊松比和抗压强度的影响
（地质部水文工程地质研究所、地质部三峡队、长江流域规划办公室实验研究所）

风化度	压缩弹性模量/MPa	泊松比	抗压强度/MPa	
			干燥	饱和
原基岩	84400	0.521	162	124
微风化	68800	0.351	136	106
弱风化	68700	0.305	126	104
强风化	58100	0.274	120	95
剧风化	51700	0.221	97	57

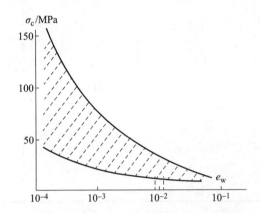

图 1.1.107　砂岩、页岩、泥岩、黏土岩抗压强度与
湿胀应变的关系（N. Duncan，1969）

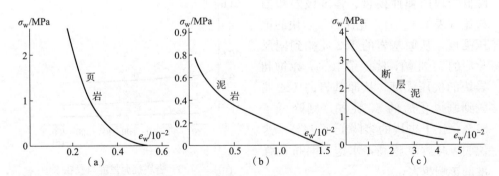

图 1.1.108　岩块湿胀应力-湿胀应变关系曲线（村山·八木，1970；L. Bjerrum et al.，1963）

5）孔隙压

孔隙压是作用在岩块固体结构上的压力，它分布在岩块体积内而为一种结构体积应力，类似残余应力可减小岩块各种力学过程对现加外力的要求。而岩块的各种力学性质都是定义为在现加外力作用下的各种力学参量，因而孔隙压的存

在，将减小岩块变形和破裂过程中的各种力学参量所需的现加应力，使岩块的变形模量、屈服极限、强度极限都随孔隙压的增加而减小，但破裂应力降则随孔隙压的增加而增大（图 1.1.109）。抗压强度的减小与孔隙压的增加呈线性关系（图 1.1.110）。屈服极限的减小与孔隙的增加成椭圆曲线关系（图 1.1.111）。

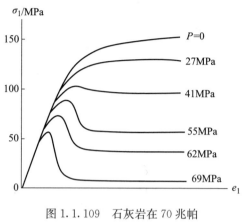

图 1.1.109　石灰岩在 70 兆帕
围压下的孔隙压力对形变曲线的
影响（L. H. Robinson，1959）

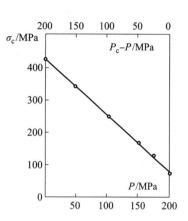

图 1.1.110　砂岩抗压强度与
孔隙压力的关系
（J. W. Handin 等，1963）

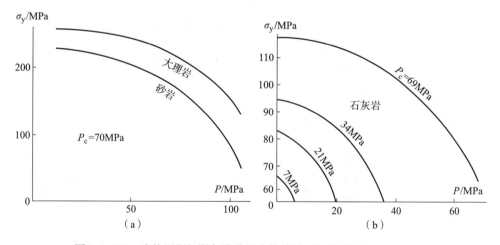

图 1.1.111　岩块屈服极限与孔隙压力的关系（L. H. Robinson，1959）

6）成分

岩块的矿物成分，是影响其力学性质的重要因素。高强度矿物成分对岩块力学性质的影响，与其在岩块中的结构类型有关。石英的强度较大，但其在花岗岩中，若晶粒多分散而单个存在，并不显著提高花岗岩的强度。但若硅质成分在岩块中成链架状、勾链状或纤维状分布，其间充满其他矿物，则硅质含量的增加将显著提高岩块的变形模量、弹性模量和强度极限（图 1.1.112）。在石英砂岩中，由于石英晶粒多成棱角状或圆粒状，故石英砂岩的弹性模量和抗压强度，主要取决于胶结物的强度和石英的粒度（表 1.1.27）：硅质胶结时弹性模量和抗压强度最高，钙质胶结其次，泥质胶结最低；石英粒度越小，弹性模量和抗压强度越高。岩块中低强度成分如黏土，其含量增加时，则岩块弹性模量和泊松比均随之减小（图 1.1.113）。若易滑成分增加，则使岩块蠕变速率呈线性增大（图 1.1.114）。砂粒与黏土构

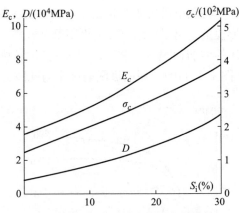

图 1.1.112　燧石灰岩硅质含量对变形模量、弹性模量和抗压强度的影响

成的岩块，其弹性模量和抗压强度则随含砂量的增加而增大（图 1.1.115～图 1.1.116）。主要由同种矿物构成的岩块，由于有利于晶粒接触处较强固的连结，因而此类岩块强度较大，使石灰岩和石英岩的强度常大于花岗岩的。火成岩中的玻璃大大降低其强度，细粒橄榄玄武岩的抗压强度达 500 兆帕，而玄武质熔岩冷凝后的抗压强度却降至 30～150（兆帕）。

表 1.1.27　石英砂岩胶结物和粒度对力学性质的影响
（地质、水电、石油、铁路、建工系统各单位资料的综合）

石英粒度	主要胶结物	压缩弹性模量/MPa	抗压强度/MPa
粗粒	泥质	1500～1980	6～11
	钙质	5100	50
	硅质	11000～20000	88～165
中粒	泥质	1890～2800	10～31
	钙质	5800	52
	硅质	13100～21000	100～180
细粒	泥质	2000～3600	11～40
	钙质	11900	60
	硅质	16000～33000	122～210

　　综上可知，影响岩块力学性质的因素是多方面的。在具体分析地壳某部位岩块的综合力学性质时，必须将上述各因素的影响综合起来考虑，即要注意各因素同时存在时的相互影响和互相抵消情况。但无须平等对待它们，应根据地区和深度特点及环境的变化，选取其中有较大影响的几种，给以详细测量和研究。

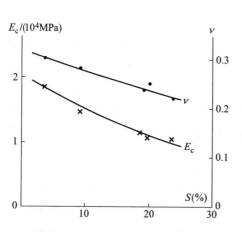

图 1.1.113　砂页岩中黏土含量对
弹性模量和泊松比的影响

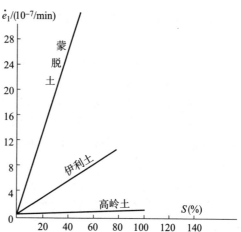

图 1.1.114　黏土岩蠕变应变速率随
各成分含量的变化（姚宝魁等，1984）

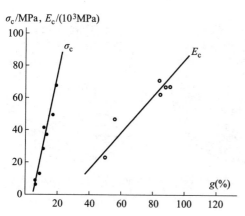

图 1.1.115　砂岩弹性模量和抗压强度与
颗粒含量的关系（唐恩玉，1984）

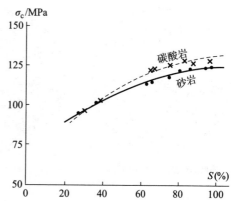

图1.1.116　砂与黏土构成的岩块抗压强度与
含砂量的关系（W. Dreyer 等，1972）

四、岩块变形机制

岩块在地壳的变形，是由塑性变形和弹性变形两部分构成的。这两类变形各
有不同的机制。

1. 岩块塑性变形机制

岩块是由造岩矿物晶粒及其碎粉胶结、连结、溶结或熔结而成。因之，岩块
的塑性变形机制，自然要体现在其中各种晶粒和粒间物质形态的改变上。从变形
后的岩块显微薄片中，可见到的岩块塑性变形机制，有多种。

① 晶粒转动。岩块塑性变形时，其中强度较大的矿物晶粒在周围高塑性晶

粒和粒间物质的塑性变形作用下发生转动，而本身并不改变形状，如图 1.1.117
（a）所示。

② 晶粒和粒间物质变形。岩块塑性变形过程中，强度较大的晶粒在周围高
塑性物质变形时也随之发生一定的形变，如被压成凸透镜状，发生弯曲或压细，
而共同构成岩块的塑性变形，如图 1.1.117 （b）所示。

③ 晶面和晶界滑动。在晶粒相互接触构成的岩块受力时，高塑性晶粒沿其
中的滑移面发生晶面滑移，有时还发生晶界滑移，以构成岩块的塑性变形，如图
1.1.117 （c）所示。

④ 晶粒剪裂和破碎。岩块中的晶粒在受较大应力作用时，沿一定方向发生
一组或两组交叉共轭剪切微裂或张性微裂后破碎，以构成岩块的不可逆变形，如
图 1.1.117 （d）所示。

⑤ 重结晶。在高温高围压下，岩块中一些晶粒便在构造应力场作用下，依
其作用的方向和大小，在易于生长的方位发生重结晶，而重新形成岩块的组织结
构，以完成岩块的塑性变形，如图 1.1.117 （e）所示。

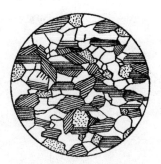

压缩后的粒变岩中石英的转动　　　　　片麻岩中黑云母晶粒的转动　　　　压缩后的大理岩中方解石的转动

（a）

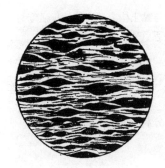

长石被塑性变形的晶间　　　　　白云岩中双晶面的弯曲变形　　　长石石英岩中石英被压成细长条状
物质压成凸透镜状

（b）

图 1.1.117　反映岩块变形后晶粒和晶间物质形状改变的显微薄片

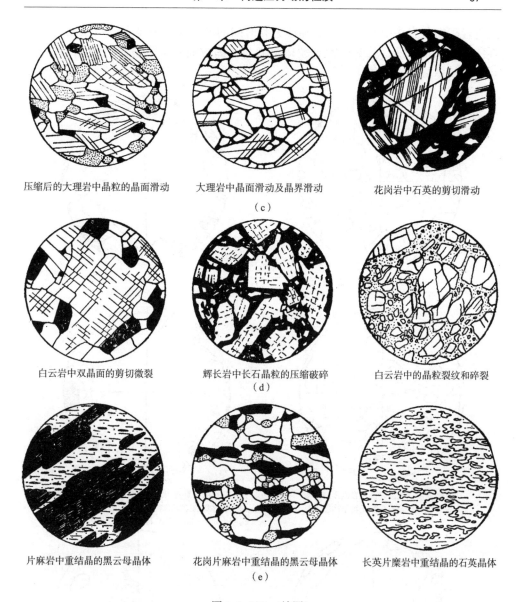

压缩后的大理岩中晶粒的晶面滑动　　大理岩中晶面滑动及晶界滑动　　花岗岩中石英的剪切滑动

（c）

白云岩中双晶面的剪切微裂　　辉长岩中长石晶粒的压缩破碎　　白云岩中的晶粒裂纹和碎裂

（d）

片麻岩中重结晶的黑云母晶体　　花岗片麻岩中重结晶的黑云母晶体　　长英片糜岩中重结晶的石英晶体

（e）

图 1.1.117　（续图）

　　岩块发生塑性变形时，常常有几种塑性变形机制同时存在或以其中某一种或几种为主，并随变形程度和物理、化学条件的变化而改变，以完成岩块的塑性变形，并使得变形前岩块中不规则排列的晶粒，在不同程度上逐渐形成与岩块变形形式，因而与其所受的外力作用方式有一定方向关系的统计的规则排列，而成定向组构。

　　压缩变形岩块中，长柱状矿物晶粒的长轴趋向于转到与压缩方向垂直而呈规则排列，片状矿物晶粒的片状平面亦趋向于转到与压缩方向垂直呈规则排列，各种造岩矿物在岩块中的组织分布随压力和时间的增加而越加排列成与压缩方向垂直，成似层状片理，有些矿物晶粒还常顺与压缩方向斜交的方位发生晶面滑动，其实验结果示于图 1.1.118。

（a）

变形实验前的云煌岩垂直欲压缩方向薄片内的石英晶粒光轴组构图

云煌岩于800℃用4兆帕压力压5小时后，垂直压缩方向薄片内的石英晶粒光轴组构图

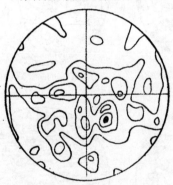

（b）

变形实验前的白云岩垂直欲压缩方向薄片内的白云石晶粒光轴组构图

压缩后白云岩垂直压缩方向的薄片内，由于20%白云石晶粒的晶面滑动构成的白云石光轴转动组构图（J. Handin，H.W. Fairbairn，1949）

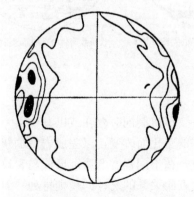

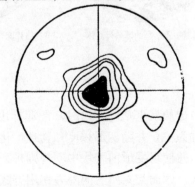

（c）

变形实验前的大理岩垂直欲压缩方向薄片内的方解石晶粒六方晶系的（012）面法线组构图

在1000兆帕围压下单轴压缩后的大理岩垂直压缩方向薄片内方解石晶粒六方晶系（012）面法线组构图（D. T. Griggs，E. B. Knopf，1938）

图 1.1.118　岩块单轴压缩后晶粒的定向组构

拉伸变形岩块中，长柱状矿物晶粒的轴趋向于转到岩块拉伸方向，片状矿物晶粒的片状平面亦趋向于转向平行拉伸方向，有些矿物晶粒还常顺与拉伸方向斜交的方位发生晶面滑动，其实验结果示于图1.1.119。

 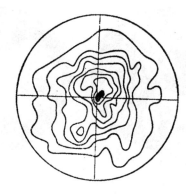

（a）

变形实验前的石英绢云母片岩垂直欲
拉伸方向薄片内石英晶粒光轴组构图

石英绢云母片岩在600℃用0.8MPa拉应力拉200小时后，
垂直拉伸方向薄片内石英晶粒光轴组构图

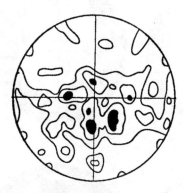 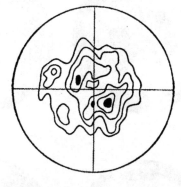

（b）

变形实验前的白云岩垂直欲拉伸
方向薄片内白云石晶粒光轴组构图

拉伸后白云岩由于20%的白云石晶粒晶面滑移
构成的白云石光轴转动组构（J. Handin，H.W.
Fairbairn，1949）

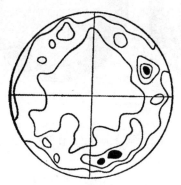 

（c）

变形实验前的大理岩垂直欲拉伸
方向薄片内方解石晶粒光轴组构图

大理岩在500℃100MPa围压下单轴拉伸后，垂直
拉伸方向薄片内方解石晶粒光轴组构图（J.R.
Balsley，E. B. Knopf，1938）

图1.1.119 岩块单轴拉伸后晶粒的定向组构

　　岩块受载发生塑性变形后，其中晶粒出现规则取向的程度，随岩块变形时间的延长、温度的升高、单向载荷的增加而增大（图1.1.120～图1.1.121）。

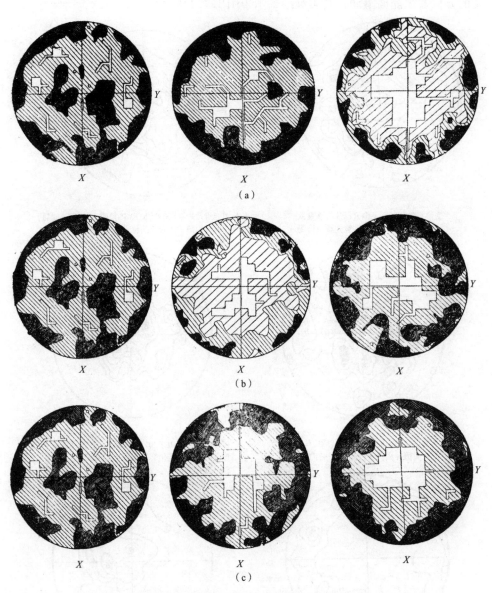

图1.1.120　云煌岩在不同受载时间、变形温度和载荷作用下垂直单轴
压缩方向薄片内石英晶粒光轴组构图：
　（a）800℃，2MPa压应力：左图为原岩、中图压缩1小时、右图压缩125小时；
　（b）2MPa压应力，压缩5小时：左图为原岩、中图600℃、右图1000℃；
　（c）800℃，压缩5小时：左图为原岩、中图2MPa压应力、右图4MPa压应力

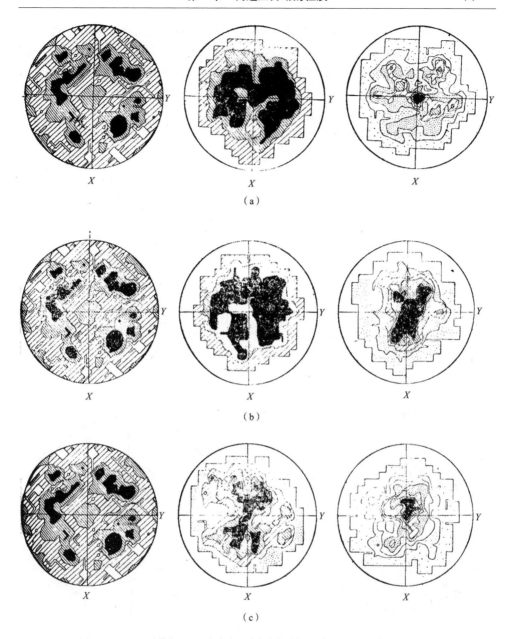

图 1.1.121 石英绢云母片岩在不同受载时间、变形温度和载荷作用下
垂直单轴拉伸方向薄片内石英晶粒光轴组构图：

(a) 1000℃：左图为原岩、中图 0.4MPa 拉应力拉 26 小时、右图 0.2MPa 拉应力拉 1520 小时；

(b) 0.6MPa 拉应力，拉伸 0.5 小时：左图为原岩、中图 1000℃、右图 1300℃；

(c) 600℃，拉伸 200 小时：左图为原岩、中图 0.1MPa 拉应力、右图 0.8MPa 拉应力

　　对晶粒已有明显定向组构的岩块，垂直其原有定向组构所显示的原压缩方向，再次单轴压缩，则晶粒组构又随后一次塑性变形而改变，晶粒转动到反映后一次压缩方向的方位，而形成新的定向组构。其晶粒新的规则取向程度，亦随岩块变形时间的延长、温度的升高、围压的加大和载荷的增加而增强（图 1.1.122～图 1.1.127）。这说明，地壳岩块中保留下来的晶粒定向组构，明显地反映所经历的构造运动中最后一场构造运动的受力方式。

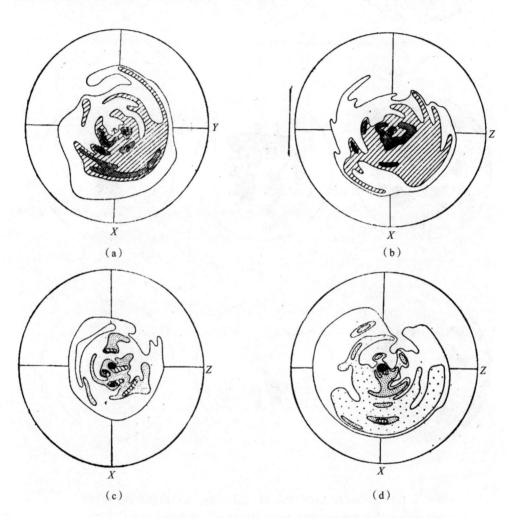

图 1.1.122　片麻岩的原岩（a）、在 800℃用 2MPa 压应力垂直原定向组构
所显示的压缩方向再次单轴压缩 1 小时（b）、25 小时（c）、125 小
时（d）后，垂直压缩方向的切片内石英晶粒六方晶系（100）晶面系
反射的 X 射线等强线组构图

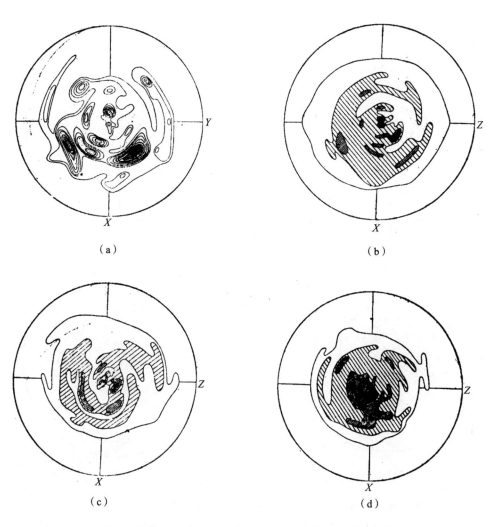

图 1.1.123　片麻岩原岩（a）、在 600℃（b）、800℃（c）、1000℃（d）用 2MPa 压
应力垂直原定向组构所显示的压缩方向再次单轴压缩 5 小时，垂直压缩方向的
切片内石英晶粒六方晶系（100）晶面系反射的 X 射线等强线组构图

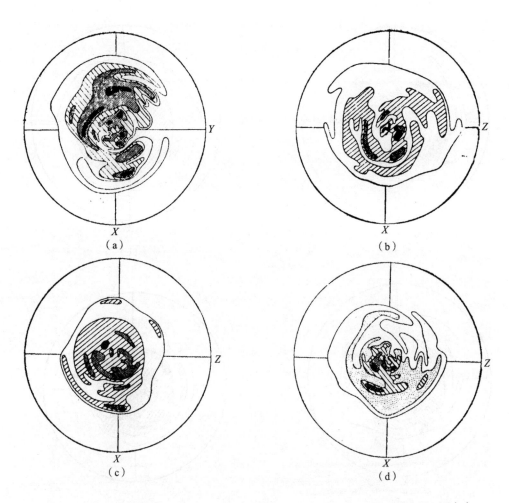

图 1.1.124　片麻岩原岩（a）、在 800℃用 2MPa（b）、3MPa（c）、4MPa（d）压应力
垂直原定向组构所显示的压缩方向再次单轴压缩 5 小时，垂直压缩方向的切片内
石英晶粒六方晶系（100）晶面系反射的 X 射线等强线组构图

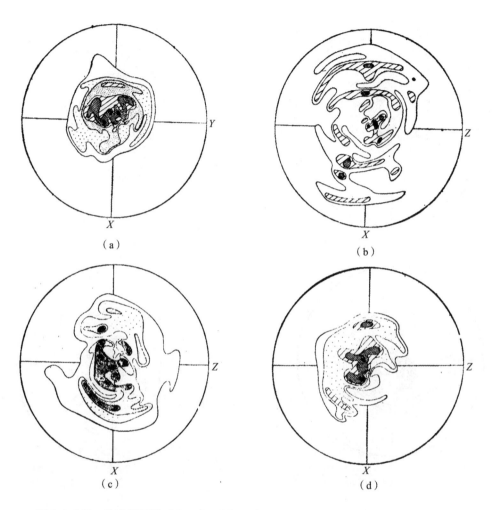

图 1.1.125　片麻岩原岩（a）、在 73MPa（b）、232MPa（c）、406MPa（d）围压下
垂直原定向组构所显示的压缩方向再次单轴压缩后，垂直压缩方向的切片内
石英晶粒六方晶系（100）晶面系反射的 X 射线等强线组构图

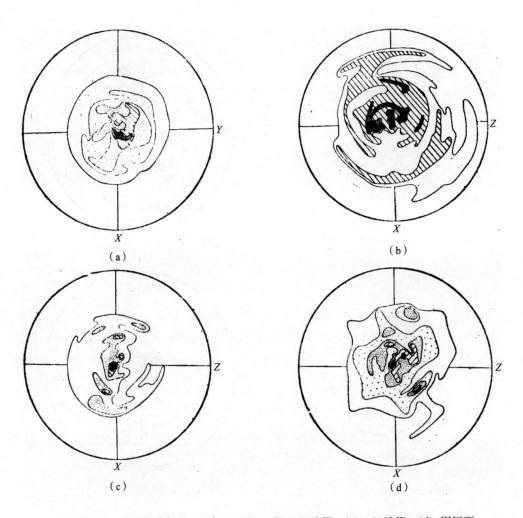

图 1.1.126　片麻岩原岩（a）、在 116MPa（b）、232MPa（c）、348MPa（d）围压下
垂直原定向组构所显示的压缩方向再次单轴压缩后，垂直压缩方向的切片内
黑云母晶粒（001）晶面系反射的 X 射线等强线组构图

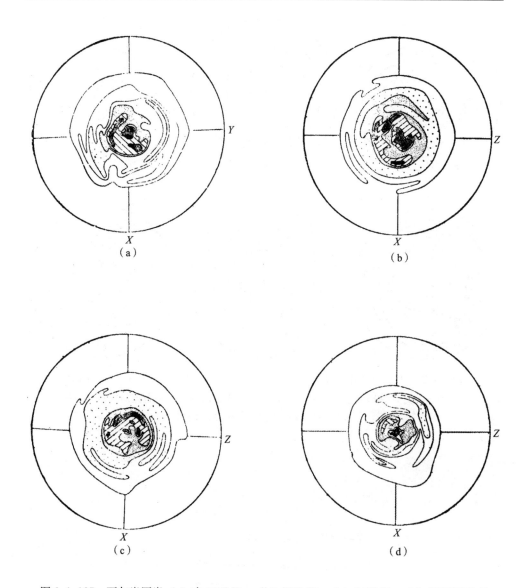

图 1.1.127　石灰岩原岩（a）在 116MPa、（b）232MPa、（c）348MPa、（d）围压下垂直
原定向组构所显示的压缩方向再次单轴压缩后，垂直压缩方向的切片内方解石
晶粒六方晶系（104）晶面系反射的 X 射线等强线组构图

　　岩块塑性变形时，其中晶粒的规则取向排列，严重影响岩块的力学性质。图
1.1.128 反映了岩块在高围压下单轴压缩中形成的晶粒定向组构随围压增大而增
强，岩块的弹性模量也随之增大（图 1.1.129）。随晶粒规则取向程度的增强，
将扩大平行和垂直压缩方向二弹性模量增大速度的差异，加强岩块力学性质的各
向异性。这种晶粒的规则排列取向越整齐，岩块力学性质的各向异性越显著。

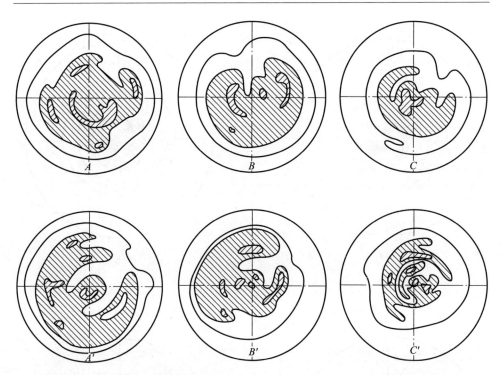

图 1.1.128　花岗岩和片麻岩的原岩、（A）（A'）在 406MPa、（B）（B'）851MPa、
（C）（C'）围压下受 50MPa 应力单轴压缩后，垂直压缩方向的切片中石英晶粒六方晶系（100）
晶面系反射的 X 射线等强线组构图

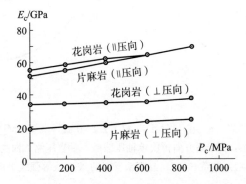

图 1.1.129　图 1.1.128 中的岩块在 50MPa 单轴压应力下平行和
垂直压缩方向的弹性模量随围压变化的实验曲线

2. 岩块弹性变形机制

造岩矿物多是离子晶体，据固体物理学知（图 1.1.130），当离子晶体不受
外力作用时，离子间距 $r = r_0$，此时离子的总势能最低，离子间合力为零，离子

处于稳定的平衡位置；当离子间距离缩短时，$r<r_0$，离子的势能上升，离子间作用力的合力为正，即受斥力作用，而倾向于回到势能最低的平衡位置，于是离子间便产生相互推压作用，谓之发生了弹性压缩变形；当离子间距离拉长时，$r>r_0$，离子势能也上升，但离子间作用力的合力为负，即受引力作用，而倾向于回到势能最低的平衡位置，于是离子间便产生相互引拉作用，谓之发生了弹性拉伸变形。故当岩块受外压力时，离子间距离缩短，因而内部产生斥力，使质点相互推压而发生弹性压缩变形，并在体内产生压应力；岩块受外拉力时，离子间距离拉长，因而内部产生引力，使质点间相互引拉而发生弹性拉伸变形，并在体内产生张应力。质点间的合力是质点间势能的梯度，故此种应力的大小用质点间的合力在单位面积上的统计平均值表示，当此面积逼近于零时则为作用于一点的应力，而表示为

$$S=\lim_{A\to 0}\frac{1}{A}\mathrm{grad}\phi$$

这就是应力的物理本质。可见，岩块的弹性性能是固体内质点间势能的变化所致，而这种势能的变化又取决于质点间距离的改变。因而，固体内质点间距的改变是岩块弹性变形的机制。

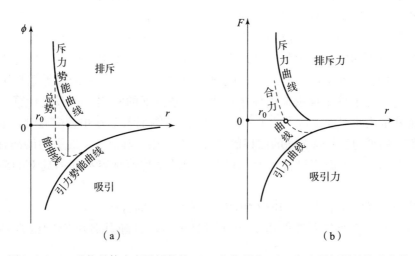

图 1.1.130　矿物晶体中离子间势能（a）和作用力（b）与离子间距的关系曲线

五、岩块力学性质特征

岩块力学性质实验所取得的结果，有如下的特点：

（1）所得的岩块力学性质参量和变化规律，都是从几种特殊岩石统计出来的。由于不同类岩块或虽是同类岩块但产地不同甚或产地相同但处于不同层位的岩块，其力学性质均可不同，因而当工作中遇到同类的具体岩块或将上述规律用于其他岩块时，常要发生改变，甚至连经验公式的形式也不同。这要求，必须对

所遇到岩块的力学参量和公式中的系数重新测量，以输入其特征值，或者选用新的经验公式。

（2）多数实验结果是用小岩块测得的，个别的是用 2 米左右大小的岩块测得的。把这些结果用到大岩块上去，也是用从小岩块尺度范围内测得的力学参量随岩块尺度的变化规律去外推。至于这种小尺度岩块的尺寸影响规律，对大岩块是否还适用，并不清楚。

（3）岩块是有原生孔隙和经过长期构造运动形成的各种性质后生微裂隙及结晶缺陷的多晶体，这些孔隙和裂隙有的连通有的不连通而呈封闭状，受载后将随岩块变形而张开、闭合或扭错，造成局部不规则的应力集中，使得岩块力学参量很不稳定。因之，当借用要求力学参量在介质变形过程中恒定并且须连续分布的连续介质力学理论去描述岩块的变形过程时，由于岩块的这种结构特点不符合在连续介质中尺度趋近于零的微分运算的要求，最佳也只能得到近似的结果，即使这样，若稍有不慎，也会变成"非岩石的力学"，而又回到与岩块无关的理想连续介质力学中去。

（4）测得的岩块力学性质参量只是近似值，因而实际应用后所得的结果也只能是近似的。因为实验时，①假定了岩块边界和内部的应力均匀分布，取了其平均值，实际上各种形状岩块内的应力分布都是非均匀的，因而应变分布也是非均匀的；②假定实验所用岩块在其大小尺度范围内是均质的，以算得整个岩块尺度范围内的平均力学参量，实际上岩石是非均质多晶体；③假定用简化了的简单边界条件下测得的结果，能通过数学计算去求得复杂边界条件下的相应值，这实际上是用推论来代替在复杂边界条件下的实测；④假定计算应力时所取面积的大小对面上应力的平均值无影响，实际计算岩块中的应力时，都是取某个面上的平均值，这个面的面积取多大，对作用在其上应力的平均值都有不同程度的影响，这个面积取得越大，其上应力的平均值越容易偏离局部的应力实际值。

综合前述实验结果，岩块的力学性质具有如下的特征：

（1）岩块的所有力学性质参量都不是恒量，皆随其各种影响因素的变化而变。

（2）岩块的纯弹性变形只是瞬时现象，受载时间增长，都有塑性变形发生。

（3）在各一定状态下，岩块的一些力学性质参量之间，存在一定的关系。

（4）岩块压缩到一定阶段发生体积膨胀，膨胀量随应力的增大或时间的延长而增加。

（5）岩块在恒应力作用下，其应变随时间延长、温度升高、围压降低、浸水增多、孔隙压增加而增大，因之岩块形变增大并不一定反映应力增加，但反映其在向破裂发展。

（6）岩块力学性质参量随其各向异性、应力大小和岩块形状而变：在不同方

向具有不同的力学性质和变形现象，在同一方向加大小不同的力亦有不同的力学
性质和变形现象，沿其固定形状的各个方向加载亦反映出不同的力学性质和变形
现象。因之，对处在一定应力场中一定方位的地壳岩块，必须先测得现场应力的
大小和方向，才能选取当地分布在一定方位的岩块在相应应力状态下的力学性质
参量。

　　（7）岩块力学性质与受载历史有密切关系，过去受载造成的压密、松胀、压
碎和微裂，均影响现今力学性质，因此必须考虑以前各历史阶段或施工过程中的
加卸载对以后实际使用的影响。

　　（8）岩块破坏的途径有多种：可增大变形应力；可在一定变形应力下，升高
温度，降低围压，增添浸水，减慢加载，增加孔隙压；可在一定 σ_1 和 σ_3 下减小
中间主应力 σ_2 或在一定 σ_1 和 σ_2 下减小最小主应力 σ_3；可循环加一定大小的
载荷。

　　（9）体积应力是围压，等效于在三个主轴上均等的应力，因此只有当各向主
应力相等时才能测得体积弹性模量。这时的三个主应力构成的体积应力，只造成
体积变化，而不造成形状变化，也不造成破坏，因之是岩块变形的一种物理条
件。否则，若只取三个主应力之和的平均值作为体积应力而不加三个主应力必须
相等的条件限制，则这种载荷也会造成形变和破坏，而且由它定义和测得的体积
弹性模量在概念上就已是多解的变量了。变形应力是各向主应力与体积应力或围
压之差，只有此差应力才造成岩块的变形和破坏。

六、岩块应力与应变关系

1. 岩块中应力的关系

　　由图 1.1.130 知，只要岩块中造岩矿物的质点间距 $r \neq r_0$，即有应变产生，
质点间就产生内力。反之，只要质点间的合力 $F \neq 0$，即有内力产生，质点间就
有相对位移而产生应变。应力为 $\lim\limits_{dA \to 0} \dfrac{dF}{dA}$，$dA$ 为 dF 作用的面积。因之，岩块内应
力和应变是同时发生的，不可能只有应力作用而无相应的应变产生，即 $F \neq 0$ 与
$r = r_0$ 的条件不能并存；也不可能产生了应变但无相应的应力作用，即 $r \neq r_0$ 与
$F = 0$ 的条件也不能并存。由于在对岩块进行单轴压缩时，均测到了横向应变，
故亦必有横向应力产生。在 X 轴方向有主动压应力 $-\sigma'_x$，其必在 y，z 轴方向导
生张应力 σ_{xy}，σ_{xz}，第一个脚标表示导生它们的主动应力方向，第二个脚标表示
其作用方向；相应，在 y，z 轴方向有主动压应力 $-\sigma'_y$，$-\sigma'_z$，则亦必各在 z，x
轴方向和 x，y 轴方向导生张应力 σ_{yz}，σ_{yx} 和 σ_{zx}，σ_{zy}。于是把横向导生应力与引
起它的主动应力之比表示为横纵应力比

$$\lambda_{xy}=-\frac{\sigma_{xy}}{\sigma'_x}, \quad \lambda_{xz}=-\frac{\sigma_{xz}}{\sigma'_x}$$

$$\lambda_{yz}=-\frac{\sigma_{yz}}{\sigma'_y}, \quad \lambda_{yx}=-\frac{\sigma_{yx}}{\sigma'_y}$$

$$\lambda_{zx}=-\frac{\sigma_{zx}}{\sigma'_z}, \quad \lambda_{zy}=-\frac{\sigma_{zy}}{\sigma'_z}$$

于是在 x，y，z 轴方向的全应力分量，各为外力直接引起的主动应力 σ'_x，σ'_y，σ'_z 与同方向各导生应力之和

$$\sigma_x=\sigma'_x+\sigma_{yx}+\sigma_{zx}=\sigma'_x-\lambda_{yx}\sigma'_y-\lambda_{zx}\sigma'_z$$
$$\sigma_y=\sigma'_y+\sigma_{zy}+\sigma_{xy}=\sigma'_y-\lambda_{zy}\sigma'_z-\lambda_{xy}\sigma'_x$$
$$\sigma_z=\sigma'_z+\sigma_{xz}+\sigma_{yz}=\sigma'_z-\lambda_{xz}\sigma'_x-\lambda_{yz}\sigma'_y$$

可见，岩块中的主动应力与边界所受外力直接相关，为其所引起，并与其在边界处保持平衡；导生应力与体内主动应力直接相关，为其所导生，大小等于其 λ 倍，性质与其相反，方向与其垂直，也要求边界处必须有外力与它平衡，常只是做了变形功而消耗了事。

连续的弹塑性岩块中，若过每一个任意方位微分面上的全应力是确定的，则此岩块的应力状态即确定。

过岩块内任一点 (x, y, z) 作平行坐标平面的三个基本微分面，并用足够接近点 (x, y, z) 的一斜微分面与之相交，得岩块内一个微四面体，它与岩块的相互作用在平面上用应力来实现。这些应力一般是不垂直于微分面的向量。用 $\boldsymbol{X}$，$\boldsymbol{Y}$，$\boldsymbol{Z}$ 表示法线与 X，Y，Z 轴重合的基本微分面上的应力，各沿 X，Y，Z 轴分解（图 1.1.131），得

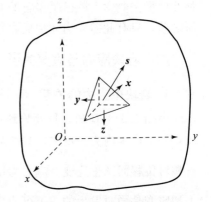

$$\boldsymbol{X}=\sigma_x\boldsymbol{i}+\tau_{yx}\boldsymbol{j}+\tau_{zx}\boldsymbol{k}$$
$$\boldsymbol{Y}=\tau_{xy}\boldsymbol{i}+\sigma_y\boldsymbol{j}+\tau_{zy}\boldsymbol{k}$$
$$\boldsymbol{Z}=\tau_{xz}\boldsymbol{i}+\tau_{yz}\boldsymbol{j}+\sigma_z\boldsymbol{k}$$

图 1.1.131　岩块中微四面体
各面上应力图解

$\boldsymbol{i}$，$\boldsymbol{j}$，$\boldsymbol{k}$ 是沿 X，Y，Z 轴的单位向量。σ_x，σ_y，σ_z 是基本微分面上的法向应力。τ_{yx}，τ_{zx}，τ_{xy}，τ_{zy}，τ_{xz}，τ_{yz} 是基本微分面上的切向应力，第一个脚标表示其所在平面垂直的坐标轴，第二个脚标表示其作用方向。

微四面体对岩块系处于平衡中，故斜微分面上的应力 s 可借助于此平衡条件而用基本微分面上的应力表示。垂直斜微分面的单位向量

$$\boldsymbol{n}=l\boldsymbol{i}+m\boldsymbol{j}+n\boldsymbol{k}$$

l，m，n 为 $\bar{n}$ 对 X，Y，Z 轴的方向余弦，斜微分面的面积为 $\mathrm{d}A$，则微四面体的

平衡方程式为

$$
\left.\begin{array}{l}
s_x dA - \sigma_x\,(ldA) - \tau_{yx}\,(mdA) - \tau_{zx}\,(ndA) = 0 \\
s_y dA - \tau_{xy}\,(ldA) - \sigma_y\,(mdA) - \tau_{zy}\,(ndA) = 0 \\
s_z dA - \tau_{xz}\,(ldA) - \tau_{yz}\,(mdA) - \sigma_z\,(ndA) = 0
\end{array}\right]
$$

由此平衡方程组，得 S 在 X，Y，Z 轴上的分量

$$
\left.\begin{array}{l}
s_x = l\sigma_x + m\tau_{yx} + n\tau_{zx} \\
s_y = l\tau_{xy} + m\sigma_y + n\tau_{zy} \\
s_z = l\tau_{xz} + m\tau_{yz} + n\sigma_z
\end{array}\right] \qquad (1.1.1)
$$

公式中不包含微四面体的体积力，因为斜微分面无限接近点 $(x,\ y,\ z)$，而且体积力的分量 $\dfrac{f_x dxdydz}{6}$，$\dfrac{f_y dxdydz}{6}$，$\dfrac{f_z dxdydz}{6}$ 是三阶微量，比面积力的二阶微量有更高的微小级。

将 s 在法线 n 上投影，得斜微分面上的法向应力

$$
\begin{aligned}
\sigma_n &= ls_x + ms_y + ns_z \\
&= l^2\sigma_x + m^2\sigma_y + n^2\sigma_z + 2\,(lm\tau_{xy} + mn\tau_{yz} + nl\tau_{zx}) \qquad (1.1.2)
\end{aligned}
$$

用 X' 表示法线 n 方向的新坐标轴，在斜微分面上再选两个与其正交的坐标轴 Y'，Z'。则 $\boldsymbol{\sigma}_n$ 成为对原坐标系旋转了的新坐标系 X'，Y'，Z' 中的 $s_{x'}$。s 在 Y'，Z' 轴上的分量为 $s_{y'}$，$s_{z'}$。它们是垂直 X'，Y'，Z' 轴的基本微分面上的应力，分量各为 $\sigma_{x'}$，$\tau_{y'x'}$，$\tau_{z'x'}$；$\sigma_{y'}$，$\tau_{x'y'}$，$\tau_{z'y'}$；$\sigma_{z'}$，$\tau_{x'z'}$，$\tau_{y'z'}$。可见，虽然点 $(x,\ y,\ z)$ 对两坐标系有共同的应力状态，但新坐标系 X'，Y'，Z' 的各微分面上的应力，一般与原坐标系 X，Y，Z 的相应微分面上的应力值不同。(1.1.2) 为旋转坐标轴时应力分量的变换公式。

凡用六个分量确定的，这些分量在旋转坐标轴时满足 (1.1.2) 类型变换公式的物理量，为二阶对称张量。因之岩块内一点的应力状态，在任意坐标系 X，Y，Z 中，可确定以具有六个分量的应力张量

$$
\boldsymbol{s} = \begin{bmatrix} \sigma_x & \tau_{yx} & \tau_{zx} \\ \tau_{xy} & \sigma_y & \tau_{zy} \\ \tau_{xz} & \tau_{yz} & \sigma_z \end{bmatrix} \qquad (1.1.1')
$$

可见，和岩块中一点的速度是与坐标系无关的向量一样，应力状态是与坐标轴的选择无关的应力张量。应力的几何概念，是单位面积上作用的面积力，既有大小又有方向。因此，无论是用张量表示，还是用向量表示，都必须明确这个基本性质。张量的各分量是个数群，但应力张量的各分量有明确的方向性，并且各分量之间都有明确的相互制约关系，而不是任意的数群。于是应力张量 s 由三个应力向量 s_x，s_y，s_z 决定。这三个应力向量可分解为 (1.1.1)，并可表示以张量 (1.1.1')。

在已给应力状态的岩块中，每一点都存在三个互相垂直的基本微分面，其上

只作用有正应力而剪应力为零。这种微分面为主微分面，其法线为应力主轴，其上作用的应力为主应力。这些皆由该点的应力状态所确定，故应力主轴的方向和主应力值为旋转坐标轴时的不变量。若岩块内有法线为 $\boldsymbol{n}$ 的斜微分面是主微分面，其上作用的法向应力 $\boldsymbol{\sigma}_n$ 在 X，Y，Z 轴上的投影是

$$\left.\begin{array}{l} \sigma_x = l\sigma_n \\ \sigma_y = m\sigma_n \\ \sigma_z = n\sigma_n \end{array}\right]$$

代入 (1.1.1)，得确定 σ_n 值和主微分面方向的 l，m，n 的方程式

$$\left.\begin{array}{l} (\sigma_x - \sigma_n)l + \tau_{yx}m + \tau_{zx}n = 0 \\ \tau_{xy}l + (\sigma_y - \sigma_n)m + \tau_{zy}n = 0 \\ \tau_{xz}l + \tau_{yz}m + (\sigma_z - \sigma_n)n = 0 \end{array}\right] \qquad (1.1.3)$$

此为 l，m，n 的齐次方程组。由于 $l^2 + m^2 + n^2 = 1$，故所有方向余弦不可能同时都等于零，于是此方程组系数的行列式

$$\begin{vmatrix} (\sigma_x - \sigma_n) & \tau_{yx} & \tau_{zx} \\ \tau_{xy} & (\sigma_y - \sigma_n) & \tau_{zy} \\ \tau_{xz} & \tau_{yz} & (\sigma_z - \sigma_n) \end{vmatrix} = 0$$

得对 σ_n 的立方方程式

$$-\sigma_n^3 + 3\sigma\sigma_n^2 + \sigma''\sigma_n + \sigma''' = 0 \qquad (1.1.4)$$

其中

$$\left.\begin{array}{l} \sigma = \dfrac{1}{3}(\sigma_x + \sigma_y + \sigma_z) \\ \sigma'' = -\sigma_x\sigma_y - \sigma_y\sigma_z - \sigma_z\sigma_x + \tau_{xy}^2 + \tau_{yz}^2 + \tau_{zx}^2 \\ \sigma''' = \begin{vmatrix} \sigma_x & \tau_{yx} & \tau_{zx} \\ \tau_{xy} & \sigma_y & \tau_{zy} \\ \tau_{xz} & \tau_{yz} & \sigma_z \end{vmatrix} \end{array}\right] \qquad (1.1.5)$$

(1.1.4) 永远有三个实解：

$$\left.\begin{array}{l} \sigma_n = \sigma_1 \\ \sigma_n = \sigma_2 \\ \sigma_n = \sigma_3 \end{array}\right]$$

此即主应力。对其中的每一个，方程式 (1.1.3) 都给出相当的主微分面方向。(1.1.4) 的根，在变换坐标轴时是不变量，于是此方程式的系数也是不变量。因而，应力张量有三个独立不变量：

线性的　$\sigma = \dfrac{1}{3}(\sigma_1 + \sigma_2 + \sigma_3)$

平方的　$\sigma'' = -\sigma_1\sigma_2 - \sigma_2\sigma_3 - \sigma_3\sigma_1$

立方的　$\sigma''' = \sigma_1\sigma_2\sigma_3$

σ 是平均正应力，只有数学意义，它并不造成岩块的均匀体积压缩或拉伸，如令其三个主应力中有两个为零而只有一个不为零时，σ 也不等于零，但此时它并不造成岩块的均匀体积伸缩，而只是造成单轴向变形。只有 σ 在各主轴上的分量同性同值，即表示各向正应力均匀分布的应力状态，才造成岩块的均匀体积压缩或拉伸，此时各向均匀的应力 σ 才有实际意义，称为体积应力。因之，后面所用的 σ，均是指体积应力。

岩块中一点的应力状态的几何表示，是应力二次有心曲面。在任意坐标系中，已知应力张量的分量，可绘制该曲面。若已知应力主轴和主应力值 σ_1，σ_2，σ_3，由（1.1.2）得法线为 $\boldsymbol{n}$ 的斜微分面上的法向应力

$$\sigma_n = l^2\sigma_1 + m^2\sigma_2 + n^2\sigma_3 \tag{1.1.6}$$

按（1.1.1），总应力 $\boldsymbol{S}$ 在应力主轴 1，2，3 上的投影

$$\left.\begin{array}{l} S_1 = l\sigma_1 \\ S_2 = m\sigma_2 \\ S_3 = n\sigma_3 \end{array}\right]$$

以任意比例尺在法线 $\boldsymbol{n}$ 方向取在主轴上有投影 a，b，c 的线段 R，于是

$$\left.\begin{array}{l} l = \dfrac{a}{R} \\[2mm] m = \dfrac{b}{R} \\[2mm] n = \dfrac{c}{R} \end{array}\right]$$

令常数 C_σ 等于正应力 σ_n 与半径向量 $\boldsymbol{R}$ 平方的乘积，得中心在坐标原点的二次有心曲面方程式

$$2\phi\,(a,\ b,\ c) = \sigma_1 a^2 + \sigma_2 b^2 + \sigma_3 c^2 = +C_\sigma \tag{1.1.7}$$

是两个共轴的二次有心曲面

$$2\phi\,(a,\ b,\ c) = +C_\sigma$$
$$2\phi\,(a,\ b,\ c) = -C_\sigma$$

而

$$\left.\begin{array}{l} s_1 = \dfrac{1}{R}\dfrac{\partial\phi}{\partial a} \\[2mm] s_2 = \dfrac{1}{R}\dfrac{\partial\phi}{\partial b} \\[2mm] s_3 = \dfrac{1}{R}\dfrac{\partial\phi}{\partial c} \end{array}\right]$$

或表示为向量形式

$$\boldsymbol{s} = \frac{1}{R}\mathrm{grad}\phi$$

因之，应力向量 s，平行于半径向量 R 与曲面交点处的曲面法线，若其方向已知，由其在斜微分面法线上的投影

$$\sigma_n = \pm \frac{C_\sigma}{R^2}$$

可求出应力

$$s = \pm \frac{C_\sigma}{R^2 \cos\theta}$$

及剪应力

$$\tau = \sqrt{S^2 - \sigma_n^2} \qquad\qquad (1.1.8)$$

由此可知，岩块中一点的应力状态，又可用应力向量 σ_n 在空间中的分布表示。若坐标原点不动，则小体素在应力向量 σ_n 的作用下变形。

当主应力 $\sigma_1 > 0$，$\sigma_2 > 0$，$\sigma_3 > 0$ 时，此二次有心曲面方程为椭球面方程（图 1.1.132）

$$\sigma_1 a^2 + \sigma_2 b^2 + \sigma_3 c^2 = C_\sigma$$

正应力

$$\sigma_n = \frac{C_\sigma}{R^2}$$

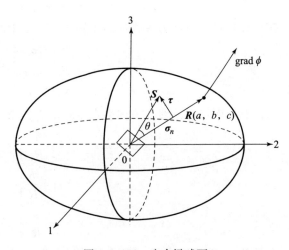

图 1.1.132　应力椭球面

表示作用于过原点的任意微分面上的应力的法向分量都是张性的。

当主应力 $\sigma_1 < 0$，$\sigma_2 < 0$，$\sigma_3 < 0$ 时，此二次有心曲面方程为椭球面方程

$$\sigma_1 a^2 + \sigma_2 b^2 + \sigma_3 c^2 = -C_\sigma$$

正应力

$$\sigma_n = -\frac{C_\sigma}{R^2}$$

表示作用于过原点的任意微分面上的应力的法向分量都是压性的。

当主应力有不同符号，$\sigma_1 > 0$，$\sigma_2 > 0$，$\sigma_3 < 0$ 时，则此应力二次有心曲面方程为单叶双曲面方程

$$\sigma_1 a^2 + \sigma_2 b^2 - \sigma_3 c^2 = C_\sigma$$

和双叶双曲面方程

$$\sigma_1 a^2 + \sigma_2 b^2 - \sigma_3 c^2 = -C_\sigma$$

此二曲面被渐近锥面

$$\sigma_1 a^2 + \sigma_2 b^2 - \sigma_3 c^2 = 0$$

所分开（图 1.1.133）。若微分面法线
在渐近锥面外部，必与单叶双曲面相
交，则其正应力

$$\sigma_n = \frac{C_\sigma}{R^2}$$

是张性的。若微分面法线在渐近锥面
内部，必与双叶双曲面相交，则其正
应力

$$\sigma_n = -\frac{C_\sigma}{R^2}$$

是压性的。若微分面法线取渐近锥面
母线方向，则 $R = \infty$，于是

$$\sigma_n = 0$$

得

$$S = \tau$$

微分面只受剪应力作用。

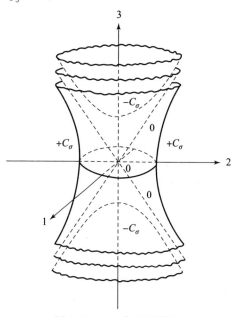

图 1.1.133　应力双曲面

$\sigma_1 < 0$，$\sigma_2 < 0$，$\sigma_3 > 0$ 时，与上述不同处，只是张应力与压应力对调一下
而已。

其余主应力符号不同的情形与前述不同之处，只在改变一下坐标轴的方位。

当 σ_1，σ_2，σ_3 中有一个，如 $\sigma_3 = 0$，则应力曲面化为柱面，而给定点为平面
应力状态。若 σ_1，σ_2 的符号相同，则为拉伸椭圆柱面

$$\sigma_1 a^2 + \sigma_2 b^2 = C_\sigma$$

或压缩椭圆柱面

$$\sigma_1 a^2 + \sigma_2 b^2 = -C_\sigma$$

若 σ_1，σ_2 符号不同，则为直立双曲面

$$\sigma_1 a^2 - \sigma_2 b^2 = C_\sigma$$

或

$$\sigma_1 a^2 - \sigma_2 b^2 = -C_\sigma$$

当 σ_1，σ_2，σ_3 中有两个，如 $\sigma_2 = \sigma_3 = 0$，则应力曲面化为二平面，$\sigma_1 > 0$ 时为单轴拉伸应力平面

$$\sigma_1 a^2 = C_\sigma$$

$\sigma_1 < 0$ 时为单轴压缩应力平面

$$\sigma_1 a^2 = -C_\sigma$$

图 1.1.134 中，柱体二侧面与主
平面（1，3）、（2，3）重合，主轴 3

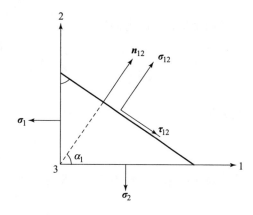

图 1.1.134　岩块中以垂直主轴 3 的
二主平面为顶底面的单位高度的
三棱柱体平行主轴 1，2 的横截面

是柱体的直面角轴，第三侧面法线 n_{12} 位于主平面（1.2）中，并与 1 轴成角 α_1。取柱体高为 1 个单位，则由（1.1.6）得正应力

$$\sigma_{12}=\frac{\sigma_1+\sigma_2}{2}+\frac{\sigma_1-\sigma_2}{2}\cos2\alpha_1 \qquad (1.1.9-1)$$

由（1.1.7）得剪应力

$$\tau_{12}=\frac{\sigma_1-\sigma_2}{2}\sin2\alpha_1 \qquad (1.1.10-1)$$

同样，得直面角轴为主方向 1 而二侧面与主平面（2，1）、（3，1）重合的柱体，和直面角轴为主方向 2 而二侧面与主平面（3，2）、（1，2）重合的柱体，各自相应的正应力及剪应力

$$\sigma_{23}=\frac{\sigma_2+\sigma_3}{2}+\frac{\sigma_2-\sigma_3}{2}\cos2\beta_2 \qquad (1.1.9-2)$$

$$\sigma_{31}=\frac{\sigma_3+\sigma_1}{2}+\frac{\sigma_3-\sigma_1}{2}\cos2\gamma_3 \qquad (1.1.9-3)$$

$$\tau_{23}=\frac{\sigma_2-\sigma_3}{2}\sin2\beta_2 \qquad (1.1.10-2)$$

$$\tau_{31}=\frac{\sigma_3-\sigma_1}{2}\sin2\gamma_3 \qquad (1.1.10-3)$$

β_2，γ_3 是法线位于主平面（2，3），（3，1）中的第三侧面的法线 n_{23}，n_{31} 与主轴 2，3 所成之角。

应力张量 S 与体积应力张量

$$\boldsymbol{\sigma}=\begin{bmatrix} \sigma & 0 & 0 \\ 0 & \sigma & 0 \\ 0 & 0 & \sigma \end{bmatrix}$$

之差的张量，为应力偏量

$$\boldsymbol{d}=\begin{bmatrix} d_x & d_{yx} & d_{zx} \\ d_{xy} & d_y & d_{zy} \\ d_{xz} & d_{yz} & d_z \end{bmatrix}$$

其分量
$$\begin{aligned} d_x=\sigma_x-\sigma, \quad d_{xy}=\tau_{xy} \\ d_y=\sigma_y-\sigma, \quad d_{yz}=\tau_{yz} \\ d_z=\sigma_z-\sigma, \quad d_{zx}=\tau_{zx} \end{aligned} \qquad (1.1.11)$$

应力偏量的第一线性不变量是对角线元素之和，据（1.1.5）得

$$d_x+d_y+d_z=0 \qquad (1.1.12)$$

应力偏量的第二平方不变量

$$d''=-d_xd_y-d_yd_z-d_zd_x+d_{xy}^2+d_{yz}^2+d_{zx}^2$$

将（1.1.5）中的 σ 代入前三项，得

$$d'' = \frac{1}{6}\left[(\sigma_x - \sigma_y)^2 + (\sigma_y - \sigma_z)^2 + (\sigma_z - \sigma_x)^2\right] + (\tau_{xy}^2 + \tau_{yz}^2 + \tau_{zx}^2)$$

这证明：应力偏量的第二平方不变量是正的，与体积应力 σ 无关。平方后，精确到乘一数字便等于应力偏量第二平方不变量的正数量，为剪应力强度：

$$\tau_c = \frac{\sqrt{6}}{3}\sqrt{d''}$$

$$= \frac{1}{3}\sqrt{(\sigma_x - \sigma_y)^2 + (\sigma_y - \sigma_z)^2 + (\sigma_z - \sigma_x)^2 + 6(\tau_{xy}^2 + \tau_{yz}^2 + \tau_{zx}^2)}$$

$$= \frac{1}{3}\sqrt{(\sigma_1 - \sigma_2)^2 + (\sigma_2 - \sigma_3)^2 + (\sigma_3 - \sigma_1)^2} \tag{1.1.13}$$

法线与应力主轴作三均等同样倾斜的微分面，为岩块已知点的合应力微分面（图1.1.135）。显然，其在主轴上截相等线段，而其法线的方向余弦

$$l = m = n = \frac{1}{\sqrt{3}}$$

此微分面上的应力向量 s 在主轴上的分量

$$\begin{aligned} s_1 &= \frac{\sigma_1}{\sqrt{3}} \\ s_2 &= \frac{\sigma_2}{\sqrt{3}} \\ s_3 &= \frac{\sigma_3}{\sqrt{3}} \end{aligned}$$

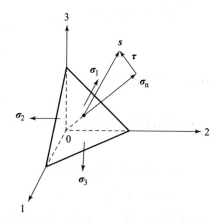

图 1.1.135 岩块内一点的合应力微分面

因而此面上的正应力

$$\sigma_n = ls_1 + ms_2 + ns_3 = \frac{1}{3}(\sigma_1 + \sigma_2 + \sigma_3) = \sigma$$

剪应力

$$\tau = \sqrt{s^2 - \sigma_n^2} = \frac{1}{3}\sqrt{(\sigma_1 - \sigma_2)^2 + (\sigma_2 - \sigma_3)^2 + (\sigma_3 - \sigma_1)^2}$$

可见，剪应力强度 τ_c 是合应力微分面上的剪应力 τ。

若八个合应力微分面在主轴1，2，3上截取的线段在八个象限都一样，则合应力微分面的总合是一个闭合八面体，为合应力微分八面体（图1.1.136）。于是，岩块每一点的应力状态，可表示为各向均匀正应力 σ 加应力偏量的

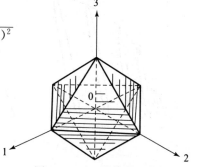

图 1.1.136 岩块内一点的
合应力微分八面体

各分量（1.1.11）。各向均匀正应力 σ 使岩块内微四面体的体积改变，应力偏量的分量使微四面体的形状改变。

应力偏量的主分量

$$\left.\begin{array}{l} d_1 = \sigma_1 - \sigma \\ d_2 = \sigma_2 - \sigma \\ d_3 = \sigma_3 - \sigma \end{array}\right]$$

则由（1.1.7）得应力偏量的二次曲面方程为

$$d_1 a^2 + d_2 b^2 + d_3 c^2 = \pm c_\tau$$

c_τ 为某常数。坐标平方前的各系数之和等于零，因而这些系数的符号不同。故应力偏量的二次曲面方程式永远是双曲面方程式，称为偏应力双曲面。

对平面问题，平衡方程式（1.1.1）化为

$$\left.\begin{array}{l} s_x = l\sigma_x + m\tau_{yx} \\ s_y = l\tau_{xy} + m\sigma_y \end{array}\right]$$

应力二次有心曲面方程化为

$$2\phi\,(a,\ b) = \sigma_1 a^2 + \sigma_2 b^2 = \pm c_\sigma$$

偏应力双曲面方程化为相应的直立双曲面方程

$$d_1 a^2 + d_2 b^2 = \pm c_\tau$$

2. 岩块中应变的关系

将岩块加载到各应力值后再卸载到零，得应变中的塑性部分 e_p 和弹性部分 e_e（图1.1.137a），于是可做出弹性的应力—应变曲线（图1.1.137b），还可得 e_p 与 e_e 的关系（图1.1.137c）：

$$e_p = f\,(e_e)$$

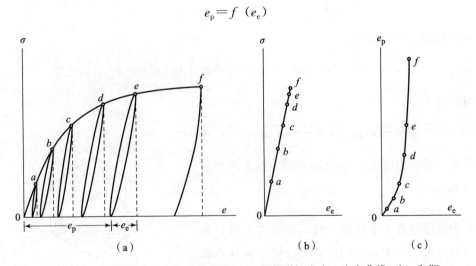

图 1.1.137　由岩块多次加卸载的曲线（a）得的弹性应力—应变曲线（b）和塑性应变-弹性应变曲线（c）

岩块在各温度和各围压下的塑性应变与弹性应变之间均有此种关系（图 1.1.138～图 1.1.139）。从此可见，不同温度的 $e_p - e_e$ 关系曲线，可用其中一条沿横轴平移而得。不同围压下的 $e_p - e_e$ 曲线，也可由其中一条沿横轴平移而得。因之，对一种岩块，在不同状态下，可近似有关系

$$e_{p1} = f\,(e_{e1})$$
$$e_{p2} = f\,(e_{e2}) = f\,(e_{e1} + e_{ek2})$$

e_{ek2} 表示二曲线的弹性应变差。于是可有岩块在任一状态的塑性应变与另一已知状态的弹性应变的关系式

$$e_{pj} = f\,(e_{ej-1} + e_{ekj})$$

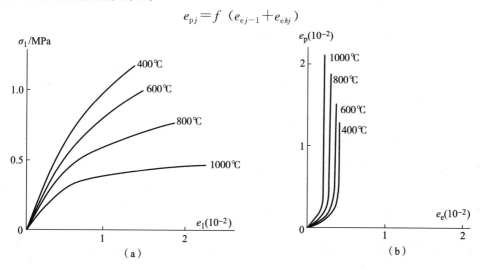

图 1.1.138　石英绢云母片岩在各温度下的形变曲线及 $e_p - e_e$ 关系曲线

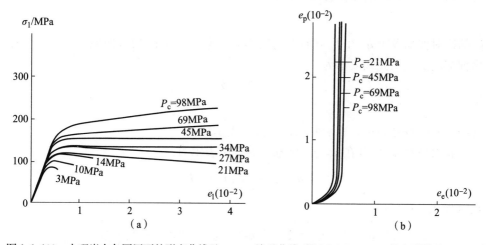

图 1.1.139　大理岩在各围压下的形变曲线及 $e_p - e_e$ 关系曲线（据 M. S. Paterson 的实验结果，1958）

由之可得岩块在任一状态的弹塑性应变与另一已知状态的弹性应变和本状态弹性应变的关系为

$$e_j = e_{pj} + e_{ej} = f\ (e_{ej-1} + e_{ekj})\ + e_{ej}$$

由此，在岩块中一点，只要测得任一状态的弹性应变 e_{ej-1}，便可由另一状态的弹塑性应变 e_j 及 e_{ekj}，求得此状态的弹性应变 e_{ej}。

若岩块中每一点的位移向量已知，则岩块的应变状态即确定。

$u\ (x,\ y,\ z,\ t)$，$v\ (x,\ y,\ z,\ t)$，$w\ (x,\ y,\ z,\ t)$ 表示岩块中点 $P\ (x,\ y,\ z)$ 的位移向量为：

$$\boldsymbol{\rho} = u\boldsymbol{i} + v\boldsymbol{j} + w\boldsymbol{k}$$

在坐标轴上的分量。点 P 附近一坐标为 $x_1 = x + \xi$，$y_1 = y + \eta$，$z_1 = z + \zeta$ 的点 P_1 对 P 的位置，确定以在 x，y，z 轴上有投影 ξ，η，ξ 的向量（图1.1.140）为：

$$\boldsymbol{l}_0 = \xi\boldsymbol{i} + \eta\boldsymbol{j} + \xi\boldsymbol{k}$$

$\boldsymbol{l}_0$ 的长度为任意小量。P_1 点的位移向量

$$\boldsymbol{\rho}_1 = u_1(x_1,y_1,z_1)\boldsymbol{i} + v_1(x_1,y_1,z_1)\boldsymbol{j} + w_1(x_1,y_1,z_1)\boldsymbol{k}$$

点 P_1 对 P 的相对位移向量

$$\boldsymbol{\delta}_0 = \boldsymbol{\rho}_1 - \boldsymbol{\rho} \qquad (1.1.14)$$

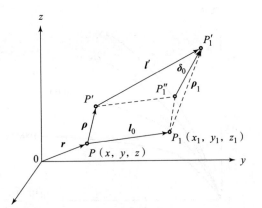

图 1.1.140　岩块内一点邻域位移几何图解

从点 P 取不同方向的 $\boldsymbol{l}_0$，它们矢端的相对位移 $\boldsymbol{\delta}_0$ 确定岩块内 P 点邻域的形变。由于岩块变形，$\boldsymbol{l}_0$ 的新位置和长度为：

$$\boldsymbol{l}' = \boldsymbol{l}_0 + \boldsymbol{\delta}_0$$

$\boldsymbol{l}_0$ 的绝对伸缩等于 $\boldsymbol{\delta}_0$ 在 $\boldsymbol{l}_0$ 方向上的投影 $\boldsymbol{l}_0 \cdot \boldsymbol{\delta}_0 / l_0$，$\boldsymbol{l}_0$ 的相对伸缩——单位伸缩为伸缩应变，用公式表示为：

$$e_l = \frac{\boldsymbol{l}_0 \cdot \boldsymbol{\delta}_0}{l_0^2}$$

其中，e_l 的符号为正，表示伸长；为负，表示缩短。

相对位移 $\boldsymbol{\delta}_0$ 用其在 x，y，z 轴上的投影表示为：

$$\boldsymbol{\delta}_0 = \delta_{0x}\boldsymbol{i} + \delta_{0y}\boldsymbol{j} + \delta_{0z}\boldsymbol{k}$$

从方程式（1.1.14）得：

$$\left.\begin{aligned}
\delta_{0x} &= u_1(x+\xi, y+\eta, z+\zeta) - u(x,y,z) \\
\delta_{0y} &= v_1(x+\xi, y+\eta, z+\zeta) - v(x,y,z) \\
\delta_{0z} &= w_1(x+\xi, y+\eta, z+\zeta) - w(x,y,z)
\end{aligned}\right\} \qquad (1.1.15)$$

暂不加入时间因素 t。由于 l_0 为任意小量，于是将上方程组按 ξ，η，ζ 的幂分解为级数，仅限于线性项，则有：

$$\delta_{0x}=\frac{\partial u}{\partial x}\xi+\frac{\partial u}{\partial y}\eta+\frac{\partial u}{\partial z}\zeta$$

$$\delta_{0y}=\frac{\partial v}{\partial x}\xi+\frac{\partial v}{\partial y}\eta+\frac{\partial v}{\partial z}\zeta$$

$$\delta_{0z}=\frac{\partial w}{\partial x}\xi+\frac{\partial w}{\partial y}\eta+\frac{\partial w}{\partial z}\zeta$$

其中，位移的导数取在点 P（x，y，z）上。在三个等式右边各加上并减去 $\frac{1}{2}\frac{\partial v}{\partial x}\eta$ 和 $\frac{1}{2}\frac{\partial w}{\partial x}\zeta$，$\frac{1}{2}\frac{\partial u}{\partial y}\xi$ 和 $\frac{1}{2}\frac{\partial w}{\partial y}\zeta$，$\frac{1}{2}\frac{\partial u}{\partial z}\xi$ 和 $\frac{1}{2}\frac{\partial v}{\partial z}\eta$，得：

$$\begin{aligned}
\delta_{0x}&=\delta_x-w_z\eta+w_y\zeta\\
\delta_{0y}&=\delta_y-w_x\zeta+w_z\xi\\
\delta_{0z}&=\delta_z-w_y\xi+w_x\eta
\end{aligned} \tag{1.1.16}$$

其中：

$$w_x=\frac{1}{2}\left(\frac{\partial w}{\partial y}-\frac{\partial v}{\partial z}\right)$$

$$w_y=\frac{1}{2}\left(\frac{\partial u}{\partial z}-\frac{\partial w}{\partial x}\right)$$

$$w_z=\frac{1}{2}\left(\frac{\partial v}{\partial x}-\frac{\partial u}{\partial y}\right)$$

为旋转角向量 $\vec{w}$ 的分量，

$$\begin{aligned}
\delta_x&=e_x\xi+\frac{1}{2}\gamma_{yx}\eta+\frac{1}{2}\gamma_{zx}\zeta\\
\delta_y&=\frac{1}{2}\gamma_{xy}\xi+e_y\eta+\frac{1}{2}\gamma_{zy}\zeta\\
\delta_z&=\frac{1}{2}\gamma_{xz}\xi+\frac{1}{2}\gamma_{yz}\eta+e_z\zeta
\end{aligned} \tag{1.1.17}$$

为向量 $\boldsymbol{\delta}$ 的分量。

对微小应变，式中：

$$e_x = \frac{\partial u}{\partial x}$$

$$e_y = \frac{\partial v}{\partial y}$$

$$e_z = \frac{\partial w}{\partial z}$$

$$\gamma_{xy} = \gamma_{yx} = \frac{\partial u}{\partial y} + \frac{\partial v}{\partial x}$$

$$\gamma_{yz} = \gamma_{zy} = \frac{\partial v}{\partial z} + \frac{\partial w}{\partial y}$$

$$\gamma_{zx} = \gamma_{xz} = \frac{\partial w}{\partial x} + \frac{\partial u}{\partial z}$$

可见，这些量是相对形变分量，称之为应变分量。由此，（1.1.26）可写为向量形式：

$$\boldsymbol{\delta}_0 = \boldsymbol{\delta} + \boldsymbol{w} \times \boldsymbol{l}_0$$

则知，向量矢性积 $\boldsymbol{w} \times \boldsymbol{l}_0$ 表示 P 点邻域的旋转，任意 $\boldsymbol{l}_0$ 都旋转同一角度 w，因之该向量矢性积与岩块的形变无关。因为将坐标轴按 $\boldsymbol{w}$ 方向旋转角度 w，则相对位移向量 $\boldsymbol{\delta}_0$ 与 $\boldsymbol{\delta}$ 重合。若整个岩块各点都发生了位移 $\boldsymbol{\rho}$，则可对岩块的任一点消去迁徙的移动和转动，于是 δ 则变为相对位移向量，用以确定 p 点邻域的形变，岩块中的应力只与它有关，而与迁徙向量 $\boldsymbol{\rho}$ 和 $\boldsymbol{w}$ 无关。

　　因此，研究岩块内一点邻域的形变，宜将坐标轴 x，y，z 的原点取在所研究的点 P' 上（图 1.1.141），$\boldsymbol{l}_0$ 的方向余弦

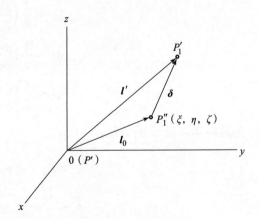

$$l = \cos(\boldsymbol{l}_0, \boldsymbol{x}) = \frac{\xi}{l_0}$$

$$m = \cos(\boldsymbol{l}_0, \boldsymbol{y}) = \frac{\eta}{l_0}$$

$$n = \cos(\boldsymbol{l}_0, \boldsymbol{z}) = \frac{\zeta}{l_0}$$

图 1.1.141　岩块内一点邻域伸缩应变几何图

由此，（1，1，17）变为

$$\frac{\delta_x}{l_0}=le_x+\frac{1}{2}m\gamma_{yx}+\frac{1}{2}n\gamma_{zx}$$
$$\frac{\delta_y}{l_0}=\frac{1}{2}l\gamma_{xy}+me_y+\frac{1}{2}n\gamma_{zy} \qquad (1.1.18)$$
$$\frac{\delta_z}{l_0}=\frac{1}{2}l\gamma_{xz}+\frac{1}{2}m\gamma_{yz}+ne_z$$

此方程组与斜微分面上应力在 x，y，z 轴投影公式（1.1.1）相似，区别只在于代替剪应力者为相当剪应变的一半。可见，应变理论与应力理论有几何相似性。

于是，应变张量

$$\boldsymbol{E}=\begin{bmatrix} e_x & \frac{1}{2}\gamma_{yx} & \frac{1}{2}\gamma_{zx} \\ \frac{1}{2}\gamma_{xy} & e_y & \frac{1}{2}\gamma_{zy} \\ \frac{1}{2}\gamma_{xz} & \frac{1}{2}\gamma_{yz} & e_z \end{bmatrix}$$

则 $\boldsymbol{l}_0$ 的伸缩应变

$$e_l=\frac{\boldsymbol{l}_0\cdot\boldsymbol{\delta}}{l_0{}^2}=l^2e_x+m^2e_y+n^2e_z+lm\gamma_{xy}+mn\gamma_{yz}+nl\gamma_{zx} \qquad (1.1.19)$$

此式相似于斜微分面上正应力的表达式（1.1.2）。让 $\boldsymbol{l}_0$ 指向 x 轴，则

$$\begin{array}{l} l=1 \\ m=0 \\ n=0 \end{array}$$

从（1.1.19）得

$$e_l=e_x$$

让 $\boldsymbol{l}_0$ 指向 y 轴，则

$$\begin{array}{l} l=0 \\ m=1 \\ n=0 \end{array}$$

从（1.1.19）得

$$e_l=e_y$$

让 $\boldsymbol{l}_0$ 指向 z 轴，则

$$\begin{array}{l} l=0 \\ m=0 \\ n=1 \end{array}$$

从（1.1.19）得

$$e_l=e_z$$

可见，e_x，e_y，e_z 的几何意义，为 p 点在 x，y，z 轴方向所取的 l_0 的伸缩应变，

又称正应变。

　　由于岩块变形，图 1.1.142 中 l_{01} 和 l_{02} 间的夹角随之变化。l_{01}，l_{02} 的方向余弦各为 (l_1, m_1, n_1)，(l_2, m_2, n_2)，则其矢端的位移分量

$$\delta_{1x} = l_{01}\left(l_1 e_x + \frac{1}{2}m_1\gamma_{yx} + \frac{1}{2}n_1\gamma_{zx}\right)$$

$$\delta_{1y} = l_{01}\left(\frac{1}{2}l_1\gamma_{xy} + m_1 e_y + \frac{1}{2}n_1\gamma_{zy}\right)$$

$$\delta_{1z} = l_{01}\left(\frac{1}{2}l_1\gamma_{xz} + \frac{1}{2}m_1\gamma_{yz} + n_1 e_z\right)$$

$$\delta_{2x} = l_{02}\left(l_2 e_x + \frac{1}{2}m_2\gamma_{yx} + \frac{1}{2}n_2\gamma_{zx}\right)$$

$$\delta_{2y} = l_{02}\left(\frac{1}{2}l_2\gamma_{xy} + m_2 e_y + \frac{1}{2}n_2\gamma_{zy}\right)$$

$$\delta_{2z} = l_{02}\left(\frac{1}{2}l_2\gamma_{xz} + \frac{1}{2}m_2\gamma_{yz} + n_2 e_z\right)$$

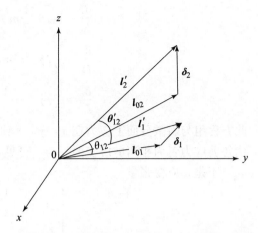

图 1.1.142　岩块内一点邻域剪切应变几何图

l_{01} 和 l_{02} 原位置间夹角的余弦

$$\cos\theta_{12} = \frac{l_{01}\cdot l_{02}}{l_{01}l_{02}}$$

由于

$$l'_1 = l_{01} + \boldsymbol{\delta}_1$$
$$l'_2 = l_{02} + \boldsymbol{\delta}_2$$

故变形后 l'_1 和 l'_2 间夹角 θ'_{12} 的余弦

$$\cos\theta'_{12} = \frac{(l_{01} + \boldsymbol{\delta}_1)\cdot(l_{02} + \boldsymbol{\delta}_2)}{l'_1 l'_2}$$

又因

$$l'_1 = l_{01}\,(1 + e_{l1})$$
$$l'_2 = l_{02}\,(1 + e_{l2})$$

则

$$\cos\theta'_{12} = \frac{\cos\theta_{12}}{(1 + e_{l1})\,(1 + e_{l2})} + \frac{\boldsymbol{\delta}_{01}\cdot\boldsymbol{\delta}_2 + \boldsymbol{\delta}_{02}\cdot\boldsymbol{\delta}_1}{l_{01}l_{02}}$$

因分子是小量，故后一项分母中略去了小量的乘积。当 l_{01} 和 l_{02} 互相垂直时，$\theta_{12} = \dfrac{\pi}{2}$，得

$$\cos\theta'_{12} = \frac{l_{01}\cdot\boldsymbol{\delta}_2 + l_{02}\cdot\boldsymbol{\delta}_1}{l_{01}l_{02}}$$

$$= \frac{1}{l_{01}l_{02}}\big[(l_1\delta_{2x}+m_1\delta_{2y}+n_1\delta_{2z})l_{01}+(l_2\delta_{1x}+m_2\delta_{1y}+n_2\delta_{1z})l_{02}\big]$$

$$= 2(l_1l_2e_x+m_1m_2e_y+n_1n_2e_z)+(l_1m_2+l_2m_1)\gamma_{xy}+$$

$$(m_1n_2+m_2n_1)\gamma_{yz}+(n_1l_2+n_2l_1)\gamma_{zx} \qquad (1.1.20)$$

若 l_{01} 指向 X 轴，l_{02} 指向 Y 轴，则

$$\left.\begin{array}{l} l_1=1 \\ m_1=0 \\ n_1=0 \end{array}\right]$$

$$\left.\begin{array}{l} l_2=0 \\ m_2=1 \\ n_2=0 \end{array}\right]$$

得前式

$$\cos\theta'_{12}=\cos\theta'_{xy}=\sin\left(\frac{\pi}{2}-\theta'_{xy}\right)\approx\frac{\pi}{2}-\theta'_{xy}=\gamma_{xy}$$

而 $\dfrac{\pi}{2}-\theta'_{xy}$ 是岩块内微立方体二面所夹直角的
变化，即相对剪切形变，故 γ_{xy} 为直二面角的
两平面平行于坐标平面 (X,Z) 和 (Y,Z)
间的剪应变（图1.1.143）。同理，γ_{yz}，γ_{zx} 是
平行于平面 (Y,X) 和 (Z,X)，(Z,Y)
和 (X,Y) 的平面间的剪应变。

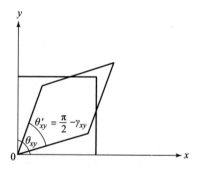

图 1.1.143　(X,Y) 平面上
剪应变几何图

如此，δ 确定岩块内一点邻域的绝对形
变，e_i 和 γ_{ij}（$i,j=x,y,z$；$i\neq j$）确定一
点邻域的相对形变。

岩块内每一点有三个互相垂直的形变主
轴，方向沿着它们的 l_0，只有长度的变化而不旋转，其上的剪切形变等于零。形
变主轴的方向，称之为主方向。l，m，n 为任一主方向对 X，Y，Z 轴的方向余
弦，e_{li} 为此主方向上 l_0 的伸缩应变。于是 l_0 矢端的位移 $\boldsymbol{\delta}$ 在 X，Y，Z 轴上的
投影

$$\left.\begin{array}{l} \delta_x=l_0e_{li}l \\ \delta_y=l_0e_{li}m \\ \delta_z=l_0e_{li}n \end{array}\right]$$

代入（1.1.18），得方向余弦的齐次方程组

$$(e_x - e_{li})l + \frac{1}{2}\gamma_{yx}m + \frac{1}{2}\gamma_{zx}n = 0$$

$$\frac{1}{2}\gamma_{xy}l + (e_y - e_{li})m + \frac{1}{2}\gamma_{zy}n = 0 \qquad (1.2.21)$$

$$\frac{1}{2}\gamma_{xz}l + \frac{1}{2}\gamma_{yz}m + (e_z - e_{li})n = 0$$

因方向余弦不可能同时都等于零，于是此方程组系数的行列式

$$\begin{vmatrix} e_x - e_{li} & \frac{1}{2}\gamma_{yx} & \frac{1}{2}\gamma_{zx} \\ \frac{1}{2}\gamma_{xy} & e_y - e_{li} & \frac{1}{2}\gamma_{zy} \\ \frac{1}{2}\gamma_{xz} & \frac{1}{2}\gamma_{yz} & e_z - e_{li} \end{vmatrix} = 0$$

按 e_{li} 的幂展开，得

$$-e_{li}^3 + 3ee_{li}^2 + e''e_{li} + e''' = 0 \qquad (1.1.22)$$

其中

$$e = \frac{1}{3}(e_x + e_y + e_z)$$

$$e'' = -e_xe_y - e_ye_z - e_ze_x + \frac{1}{4}(\gamma_{xy}^2 + \gamma_{yz}^2 + \gamma_{zx}^2)$$

$$e''' = \begin{vmatrix} e_x & \frac{1}{2}\gamma_{yx} & \frac{1}{2}\gamma_{zx} \\ \frac{1}{2}\gamma_{xy} & e_y & \frac{1}{2}\gamma_{zy} \\ \frac{1}{2}\gamma_{xz} & \frac{1}{2}\gamma_{yz} & e_z \end{vmatrix} \qquad (1.1.23)$$

都是旋转坐标轴时的不变量，因（1.1.22）的根与坐标轴 X, Y, Z 的方向无关。得（1.1.22）的三个实根

$$e_{li} = e_1$$
$$e_{li} = e_2$$
$$e_{li} = e_3$$

各为沿三个主轴的主伸缩应变——主应变。因 X, Y, Z 互相正交，故据 $l^2 + m^2 + n^2 = 1$ 和（1.1.21），可证明三个主方向互相正交。则旋转坐标轴时的不变量

$$e = \frac{1}{3}(e_1 + e_2 + e_3)$$

$$e'' = -e_1e_2 - e_2e_3 - e_3e_1 \qquad (1.1.24)$$

$$e''' = e_1e_2e_3$$

e 为平均主应变。$\vartheta = 3e$ 是微长方体的体积应变。图 1.1.144 中，实线表示变形前边长为 1 的微正方体，虚线表示变形后边长为 $1+e_1$，$1+e_2$，$1+e_3$ 的微长方体。此微正方体的原体积等于 1，于是其变形后的体积应变

$$\vartheta = (1+e_1)(1+e_2)(1+e_3)-1$$
$$= e_1+e_2+e_3+e_1e_2+e_2e_3+e_3e_1+e_1e_2e_3$$

因主应变很小，故忽略二次以上的小量，得

$$\vartheta = e_1+e_2+e_3$$

岩块内一点邻域应变状态的几何表示，为应变二次有心曲面。l_0 (ξ, η, ζ) 对主轴 1.2.3 的方向余弦为 l，m，n，并与任意比例尺的半径向量 $\boldsymbol{r}$ (x, y, z) 取同一方向，得

图 1.1.144 主轴上微正方体变形成的微长方体

$$\left.\begin{array}{l} l = \dfrac{\xi}{l_0} = \dfrac{x}{r} \\[2mm] m = \dfrac{\eta}{l_0} = \dfrac{y}{r} \\[2mm] n = \dfrac{\zeta}{l_0} = \dfrac{z}{r} \end{array}\right\} \qquad (1.1.25)$$

据 (1.1.19)，l_0 的相对伸缩

$$e_{li} = l^2 e_1 + m^2 e_2 + n^2 e_3 \qquad (1.1.26)$$

据 (1.1.18)，l_0 矢端位移的投影

$$\left.\begin{array}{l} \delta_1 = e_1 l_0 l \\ \delta_2 = e_2 l_0 m \\ \delta_3 = e_3 l_0 n \end{array}\right\}$$

将 (1.1.25) 代入，得

$$\left.\begin{array}{l} \delta_1 = e_1 x \dfrac{l_0}{r} \\[2mm] \delta_2 = e_2 y \dfrac{l_0}{r} \\[2mm] \delta_3 = e_3 z \dfrac{l_0}{r} \end{array}\right\}$$

于是

$$r^2 e_{li} = e_1 x^2 + e_2 y^2 + e_3 z^2$$

令 $r^2 e_{li}$ 等于某常数 C_e，得应变的二次有心曲面方程式

$$2\varphi(x, y, z) = e_1 x^2 + e_2 y^2 + e_3 z^2 = \pm C_e$$

e_1，e_2，e_3 有相同符号时，此方程为椭球面方程式（图 1.1.145）；有不同符号时，是双曲面方程式。由此得，位移 $\boldsymbol{\delta}$ 的投影与函数 φ 的偏导数成正比：

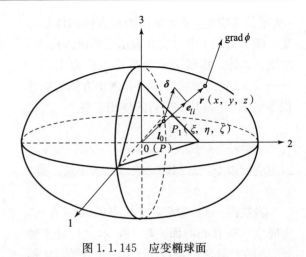

$$\delta_1 = \frac{l_0}{r}\frac{\partial\varphi}{\partial x}$$

$$\delta_2 = \frac{l_0}{r}\frac{\partial\varphi}{\partial y}$$

$$\delta_3 = \frac{l_0}{r}\frac{\partial\varphi}{\partial z}$$

图 1.1.145　应变椭球面

并且 $\boldsymbol{\delta}$ 指向平行于应变二次有心曲面的半径向量 $\boldsymbol{r}$ 与曲面交点处的法线 $\mathrm{grad}\varphi$，则

$$\boldsymbol{\delta} = \frac{l_0}{r}\mathrm{grad}\varphi$$

于是由

$$e_{li} = \frac{C_e}{r^2}$$

可知：任意 $\boldsymbol{l}_0$ 的伸缩应变 e_{li} 与应变二次有心曲面的半径向量 $\boldsymbol{r}$ 的平方成反比，其矢端位移 $\boldsymbol{\delta}$ 与函数 φ 在 $\boldsymbol{r}$ 和曲面交点处的梯度同向。

底为长方形 $ABCD$ 轴线平行主轴 3 的方柱体（图 1.1.146）的 AB 柱面的法线，与主平面（3，1）倾斜 α_1 角。变形后，长方形截面变为 $A'B'C'D'$，$\overline{AD}$，$\overline{BC}$ 边在（AB）面法线方向的正应变为 e_{l2}，剪应变是顶点 A 处直角的减小量 γ_{12}。由（1.1.26）得（AB）面的法向正应变

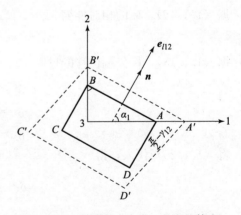

图 1.1.146　轴平行主方向 3 的方柱体在
（1，2）面上的正应变和剪应变图

$$e_{l2} = l^2 e_1 + m^2 e_2 = \frac{e_1 + e_2}{2} + \frac{e_1 - e_2}{2}\cos 2\alpha_1$$

剪应变

$$\gamma_{12} = 2\sqrt{\left(\frac{\delta}{l_0}\right)^2 - e_{l2}^2} = (e_1 - e_2)\sin 2\alpha_1$$

同样，得法线在主平面（2，3），（3，1）上的相应面的法向正应变及剪应变

$$e_{l23}=\frac{e_2+e_3}{2}+\frac{e_2-e_3}{2}\cos2\beta_2$$

$$e_{l31}=\frac{e_3+e_1}{2}+\frac{e_3-e_1}{2}\cos2\gamma_3$$

$$\gamma_{23}=(e_2-e_3)\sin2\beta_2$$

$$\gamma_{31}=(e_3-e_1)\sin2\gamma_3$$

β_2，γ_3 是主平面（2，3），（3，1）上相当的法线对主平面（2，1），（3，2）的倾斜角。

应变张量 E 和平均正应变张量

$$e=\begin{bmatrix} e & 0 & 0 \\ 0 & e & 0 \\ 0 & 0 & e \end{bmatrix}$$

之差的张量

$$C=\begin{bmatrix} e_x-e & \frac{1}{2}\gamma_{yx} & \frac{1}{2}\gamma_{zx} \\ \frac{1}{2}\gamma_{xy} & e_y-e & \frac{1}{2}\gamma_{zy} \\ \frac{1}{2}\gamma_{xz} & \frac{1}{2}\gamma_{yz} & e_z-e \end{bmatrix}$$

为应变偏量。其主对角线上的法向分量是相当的正应变与平均法向正应变 e 之差，其他的切向分量是相当的剪应变之半：

$$C_x=e_x-e, \quad C_{xy}=\frac{1}{2}\gamma_{xy}$$

$$C_y=e_y-e, \quad C_{yz}=\frac{1}{2}\gamma_{yz}$$

$$C_z=e_z-e, \quad C_{zx}=\frac{1}{2}\gamma_{zx}$$

平均法向正应变表示岩块微体素体积的改变，应变偏量的分量表示岩块微体素形状的改变。据（1.1.23）和（1.1.24），应变偏量的线性不变量为主对角线元素之和

$$e_x+e_y+e_z-3e=0$$

平方不变量

$$C''=\frac{1}{6}\left[(e_x-e_y)^2+(e_y-e_z)^2+(e_z-e_x)^2\right]+\frac{1}{4}\ (\gamma_{xy}^2+y_{yz}^2+y_{zx}^2)$$

是正的。平方后，精确到乘一数字便等于应变偏量平方不变量的正数量，为剪应变强度：

$$\gamma_c = \frac{\sqrt{6}}{3}\sqrt{C''}$$

$$= \frac{1}{3}\sqrt{(e_x-e_y)^2+(e_y-e_z)^2+(e_z-e_x)^2+\frac{3}{2}(\gamma_{xy}^2+\gamma_{xz}^2+\gamma_{zx}^2)}$$

$$= \frac{1}{3}\sqrt{(e_1-e_2)^2+(e_2-e_3)^2+(e_3-e_1)^2}$$

与形变主轴作均等倾斜的微分面，为合应变微分面（图 1.1.147），其法线 $\boldsymbol{n}$ 的方向余弦为：

$$l=m=n=\frac{1}{\sqrt{3}}$$

据（1.1.18），从坐标原点到合应变微分面的垂距 l_0 的矢端的位移在主轴上的投影为：

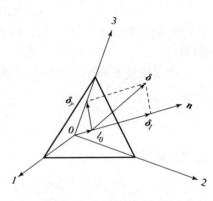

$$\begin{aligned}\delta_1 &= l_0 e_1 l \\ \delta_2 &= l_0 e_2 m \\ \delta_3 &= l_0 e_3 n\end{aligned}\Big]$$

图 1.1.147　合应变微分面

此位移在合应变微分面法线上的投影为：

$$\delta_l = \delta_1 l + \delta_2 m + \delta_3 n = l_0 e$$

在合应变微分面切线上的投影为：

$$\delta_\gamma = \sqrt{\delta^2-\delta_l^2} = l_0\sqrt{\frac{1}{3}(e_1^2+e_2^2+e_3^2)-\frac{1}{9}(e_1+e_2+e_3)^2}$$

得合应变微分面的剪切角为：

$$e_\gamma = \frac{\delta_\gamma}{l_0} = \frac{1}{3}\sqrt{(e_1-e_2)^2+(e_2-e_3)^2+(e_3-e_1)^2}$$

这正是剪应变强度 γ_C，可见，由应变偏量的平方不变量转为剪应变强度的乘数 $\frac{\sqrt{6}}{3}$ 的选择，恰使剪应变强度等于合应变微分面的剪切角。

与应力偏量 $\boldsymbol{d}$ 的二次曲面相似，应变偏量 $\boldsymbol{C}$ 的二次曲面方程式为：

$$(e_1-e)\ x^2 + (e_2-e)\ y^2 + (e_3-e)\ z^2 = \pm C_\gamma$$

因其系数之和等于零，则系数的符号不可能相同，故此为双曲面方程式，称为应变双曲面。

对平面问题，则应变二次有心曲面方程化为相应的直立双曲面方程式

$$e_1 x^2 + e_2 y^2 = \pm C_e$$

而应变偏量的应变双曲面方程式化为相应的直立双曲面方程式

$$(e_1-e)\ x^2 + (e_2-e)\ y^2 = \pm C_\gamma$$

3. 岩块中应力与应变的关系

岩块内每一点的力学状态都随载荷的增加而变，外力无论是面积力还是体积力都是坐标的函数，还是时间或随时间单调增长的其他参变数的函数。因此，岩块一点的力学状态，除点的坐标外，还与另一个参变数有关。这个参变数的微小增量，可引起张量 S，E 变化 dS，dE。于是岩块内微体素的力学状态，可用 S，E 及其全微分 dS，dE 表征。从而可把岩块的力学特征，用 S，E 及其对参变数的各阶微分和对参变数的各次积分间的函数关系来表示。

二阶对称张量 T，可表示为球张量 m 和偏张量 p 之和：

$$T = m + p \tag{1.1.27}$$

m 是 T 的线性不变量，等于其主对角线各项的平均值。引入单位张量 I，得球张量

$$m = mI$$

而偏张量

$$p = \begin{bmatrix} p_{xx} & p_{yx} & p_{zx} \\ p_{xy} & p_{yy} & p_{zy} \\ p_{xz} & p_{yz} & p_{zz} \end{bmatrix}$$

p_{ij} $(i, j = x, y, z)$ 是偏张量在 X，Y，Z 坐标轴上的分量，满足

$$p_{xx} + p_{yy} + p_{zz} = 0$$

偏张量的平方不变量开平方后与某一定正数的乘积，为 p 的剪切强度：

$$p_c = \frac{1}{3} \sqrt{(p_{xx} - p_{yy})^2 + (p_{yy} - p_{zz})^2 + (p_{zz} - p_{xx})^2 + 6 \, (p_{xy}^2 + p_{yz}^2 + p_{zx}^2)}$$

用数量 p_c 除偏张量 p，须将其分量 p_{ij} 对 p_c 之比表示为

$$\overline{p_{ij}} = \frac{p_{ij}}{p_c} \quad i, j = x, y, z$$

得
$$p = p_c \overline{p}$$

$\overline{p}$ 为 T 的方向张量，其二次曲面亦为双曲面，称为方向双曲面。可见，T 的主轴与 $\overline{p}$ 的主轴重合。

应变张量

$$E = e + C$$

依然，E 的主轴与 $\overline{C}$ 的主轴重合，亦即应变二次有心曲面的主轴与应变偏量双曲面的主轴重合（图 1.1.148）。若应变二次有心曲面为椭球面（图 1.1.148a），K_1，K_2，K_3 表示其在主轴 1，2，3 上的截距，而应变偏量双曲面在主轴上的截距为 K_1'，K_2'，K_3'，则用平面 $K_3 > K_3' =$ 常数截应变椭球面和应变偏量双曲面，得二同心椭球；用平面 $K_1 > K_1' =$ 常数，平面 $K_2 > K_2' =$ 常数截二曲面，各得一

椭圆和两对双曲线。若应变二次有心曲面为双曲面（图 1.1.148b），用平面 $K_3'=$ 常数截二曲面，得二或三或四个同心椭圆；用平面 $K_1'=$ 常数，平面 $K_2'=$ 常数截之，各得四对双曲线。

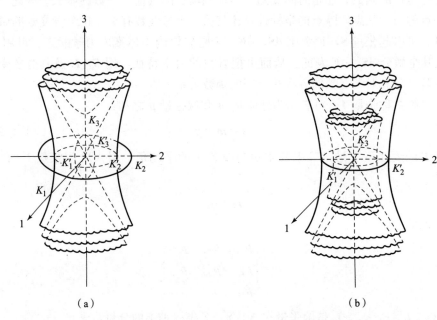

（a）　　　　　　　　　　　　　　（b）

图 1.1.148　应变椭球面（a）和应变双曲面（b）与应变偏量双曲面的关系

在坐标横轴上取 l_0 的正应变 e_{lij}，在纵轴上取剪应变的一半 $\dfrac{\gamma_{ij}}{2}$（图 1.1.149），以横轴上距原点 $\dfrac{1}{2}$ (e_1+e_2) 的点 O_{12} 为圆心，$\dfrac{1}{2}$ (e_1-e_2) 为半径，做圆。从 O_{12} 引直线与横轴成 $2\alpha_1$ 角，则由

$$e_{l12}=\frac{e_1+e_2}{2}+\frac{e_1-e_2}{2}\cos 2\alpha_1$$

$$\gamma_{12}=(e_1-e_2)\sin 2\alpha_1$$

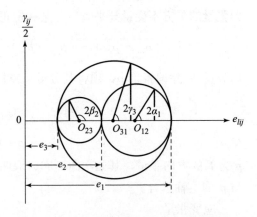

图 1.1.149　岩块中微体素的应变摩尔圆

可知，此直线与圆交点的坐标，为法向正应变 e_{l12} 和剪应变 γ_{12} 之半。而最大剪应变在与主平面（3，1）的倾斜角 $\alpha_1=45°$ 的平面上，其值等于二主应变之差。此圆，称为应变摩尔圆。再绘相当于主平面（2，3），（3，1）的两个圆，得岩块中微体素的应变摩尔图为三个彼此相切的圆，半径各为相应最大剪应变之半。最大剪应变

$$\left.\begin{array}{l} \gamma_{12}=e_1-e_2 \\ \gamma_{23}=e_2-e_3 \\ \gamma_{31}=e_3-e_1 \end{array}\right]$$

正如有方向的直线段是向量的几何形式一样，应变二次有心曲面或应变摩尔图是岩块一点应变张量的几何形式。前者为分布形态上的几何图示，后者为量间关系上的几何图示。

对图 1.1.148 的两种情况，讨论其一，即可明了其二。岩块中一圆球形部分，其形变由于对其体积分而合于图 1.1.148 中 b 之情况。变形状态如图 1.1.150，实线表示应变二次有心曲面，虚线表示应变偏量双曲面，$+e_i$ 表示主应变为正量——伸长，$-e_i$ 表示主应变为负量——缩短。则此圆球形部分变形而成一椭球，为形变椭球。用平面 $\kappa_1=0$ 截之，则成高度等于 1 个单位的柱体的平面问题（图 1.1.151）。讨论这一高度等于 1 个单位的柱体平面问题，即可了解三维空间的应变和断裂规律及其与主方向的关系。

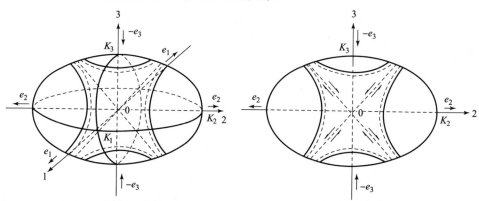

图 1.1.150 岩块中圆球形部分
变形成的形变椭球

图 1.1.151 岩板中圆板形部分
变形成的形变椭圆

在高度为 1 个单位的圆柱体平面中，应变二次有心曲面为直立双曲柱面，其渐近平面方向的矢径为无穷大，表示它是正应变由增大——伸长转变成减小——缩短的地方，而此二渐近面上的正应变等于零。应变偏量双曲面的渐近平面上之剪应变为其极大值，当渐近面在主轴 2 与 3 夹角之平分线方向时的剪应变为最大。如此，岩块在主轴 3 方向缩短，而在主轴 2 方向伸长，并可进而在主轴 3 方向发生张断裂。在主轴 2 与 3 夹角平分线附近的应变直立双曲柱面的渐近平面方向，则形成极大的剪切变形，进而可发生剪断裂。

对岩块中的单向压缩变形和断裂、与此压缩方向垂直的单向拉伸变形和断裂、与此二方向约成 45°角方位的剪切变形和断裂图象，可取基本典型者如长形褶皱、张性断裂和剪性断裂为代表。它们的方位与岩板中形变椭圆的关系，可用简单几何图形表示于图 1.1.152。

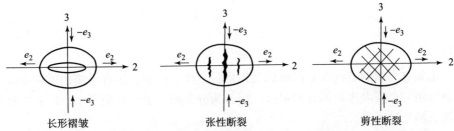

图 1.1.152　岩块中基本典型的变形和断裂形象与张、压性形变主轴的方位关系

应力张量亦可写成（1.1.27）的形式：

$$s=\boldsymbol{\sigma}+\boldsymbol{d}$$

同样，s 的主轴与 d 的主轴重合，亦即应力二次有心曲面的主轴与应力偏量双曲面的主轴重合。

应力的摩尔图，据（1.1.9）和（1.1.10）绘制如图 1.1.153。应力二次有心曲面或应力摩尔图，是岩块一点应力张量的几何形式。前者为其分布形态上的几何图示，后者为量间关系——正应力和剪应力与主应力关系上的几何图示。最大剪应力 τ_{12}，在与主平面（3，1），（2，3）成 45°角的平面上。同样，τ_{23}，τ_{31} 各在相应的类似平面上。最大剪应力值

$$\left.\begin{array}{l}\tau_{12}=\dfrac{\sigma_1-\sigma_2}{2}=\dfrac{d_1-d_2}{2}\\[3mm]\tau_{23}=\dfrac{\sigma_2-\sigma_3}{2}=\dfrac{d_2-d_3}{2}\\[3mm]\tau_{31}=\dfrac{\sigma_3-\sigma_1}{2}=\dfrac{d_3-d_1}{2}\end{array}\right\}$$

与应变之推导过程相似，岩板中的圆板形部分的应力二次有心曲面和应力偏量双曲面，当如图 1.1.148 中 b 的情况，示于图 1.1.54，实线表示应力二次有心曲面，虚线表示应力偏量双曲面。

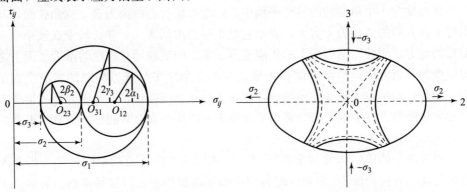

图 1.1.153　岩块中微体素的应力摩尔图　　　图 1.1.154　岩板中圆板形部分的应力
　　　　　　　　　　　　　　　　　　　　　　　双曲柱面和应力偏量双曲柱面

　　至此，可综合得出：岩块内一点的应力状态，可用平均正应力 σ、剪应力强度 τ_c 和应力方向张量 $\overline{d}$ 表征；岩块内一点的应变状态，可用平均正应变 e、剪应变强度 γ_c 和应变方向张量 $\overline{c}$ 表征。

　　由前述形变实验结果知，一定岩块在加载过程中或在卸载过程中或在加卸载形变曲线近乎重合的短时加卸载过程中，其应力与应变存在单值关系：由已知应力能单值地求得相应的应变，由已知应变也能单值地求得相应的应力。这对固定点的应力和应变关系或空间各点在空间上的应力和应变关系，都适用。由蠕变实验结果知，受不同载荷的各岩块，经过同样时间后到某定时，其各自的应力与应变之间也有单值关系，这只对空间各点的应力和应变在空间分布上的相互关系是正确的，即适用于研究应力场与应变场的关系，而不适用于研究一固定点上应力与应变的关系。但岩块若加载、卸载地变动载荷两次以上，则其中的应力和应变便无单值关系了，而且载荷升降循环所用时间越长则这种非单值性越严重，因为岩块中的塑性变形随时间的延长在增大。由几十分钟的实验测得的岩块中应力和应变升降关系曲线（图 1.1.41～图 1.1.42）可知：首先，其应力和应变在变与不变的关系以及增减变化趋势上都不一致。一个应力升降循环，相当图 1.1.155 中曲线上由 a 到 h 的过程。ab 段，应变基本不变，应力却增大。bc 段，应变和应力均增大。cd 段，应变仍增大，应力却基本不变。de 段，应变还增大，应力却减小。ef 段，应变基本不变，应力还减小。fg 段，应变和应力均减小。gh 段，应变减小，应力又基本不

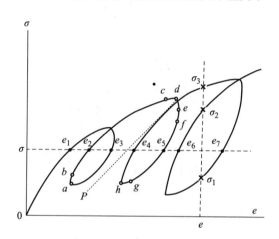

图 1.1.155　岩块多次加卸载应力—应变曲线

变。这说明，应变增大，应力可增加，可减小，也可不变；应变不变，应力也可增加，可减小，还可不变。其次，应力—应变曲线斜率的巨大变化使得变形模量无一定值，ab 和 ef 段的变形模量近于无限大，cd 和 gh 段的变形模量近于零，bc 和 fg 段的变形模量为正，de 段的变形模量为负。这说明，在一个应力增减循环过程中，岩块的变形模量可从近于零变到近于无限大，并可从正值变到负值。第三，在应力和应变的对应关系上，一个应变值 e 可对应许多个应力值 σ_1，σ_2，σ_3，…。反之，一个应力值 σ 也对应许多个应变值 e_1，e_2，e_3，e_4，…。使用时，无从选取。第四，若用图中点直线 $\overline{Pd}$ 来代替这个升降曲线，则所引起的误差太大。地表岩块处于几十兆帕以内的低载荷下，地壳深部岩块则处于高温高围压状态下，由短时低载荷下的加卸载应力—应变曲线（图 1.1.41～图 1.1.42）和表

1.1.21~表 1.1.22 的常温常围压和高温高围压蠕变实验结果知，岩块在常温常围压的几十兆帕变形应力下和高温高围压的几百兆帕变形应力下，经几分钟到几天的加卸载循环，所引起的应变变化可达 $10^{-5}\sim10^{-2}$。对此量级的应变取平均值，这对研究地壳应力场将会造成巨大的误差。这里要注意的是，常温常围压下的岩块必须处于低载荷下，才符合地壳浅层的实际情况，而高温高围压下的岩块则须处于高载荷下，才符合地壳深部的实际情况。第五，加卸载应力—应变曲线的平均直线段 $\overline{Pd}$ 的斜率随加卸载次数在改变。在岩块破裂前，其斜率有的随加卸载次数的增加而增大（图 1.1.156），有的随加卸载次数的增加而减小（图 1.1.157），而在岩块宏观破裂后也随加卸载次数的增加而减小（图 1.1.158~图 1.1.159），即塑性应变增加。

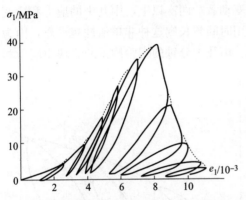

图 1.1.156　红砂岩压缩加卸载应力-应变曲线（刘宝琛，1982）

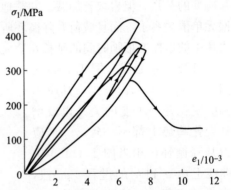

图 1.1.157　苏长岩在 21MPa 围压下的压缩加卸载应力—应变曲线（G. A. Wiebols；J. C. Jaeger，N. G. W. Cook，1972）

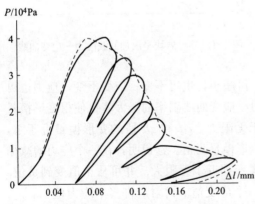

图 1.1.158　砂岩破裂后继续压缩的加卸载应力-应变曲线（Z. T. Bieniawski，1969）

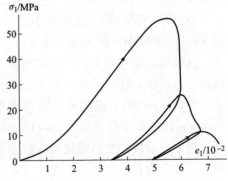

图 1.1.159　大理岩压缩加卸载应力-应变曲线（R. D. Lama，1973）

　　岩块在其中应力和应变有单值关系的情况下，如再满足下列条件之一，其应力和应变则有线性关系。

① $\sigma_i \leqslant \sigma_p$ 的弹性加卸载过程。

此时岩块的加卸载应力—应变曲线重合成一直线段，则弹性模量

$$E_i = \frac{\Delta \sigma_i}{\Delta e_i} = \frac{\sigma_i - 0}{e_i - 0} \qquad i = c, \ t, \ \tau$$

得

$$\sigma_i = E_i e_i$$

其中

$$e_i = e_{ei}$$

即弹性应变。用 L 统一表示应力与应变的线性运算关系，则

$$\sigma_i = L_{ei} e_i$$

在此情况

$$L_{ei} = E_i$$

② $\sigma_d \leqslant \sigma_i \leqslant \sigma_p$ 的加载过程。

此时岩块的变形模量（图1.1.160）

$$D_i = \frac{\Delta \sigma_i}{\Delta e_i} = \frac{\sigma_i - \sigma_d}{e_i - e_d} \qquad i = c, \ t, \ \tau$$

得

$$\sigma_i = D_i \left(e_i + \frac{\sigma_d}{D_i} - e_d \right) = L_{di} e_i$$

其中

$$e_i = e_{ei} + e_{pi}$$

为弹性和塑性应变之和。或表示为

$$\sigma_i = D_i e_i'$$

其中 e_i' 为以所取的应力—应变曲线上的直线段延长与横坐标轴的交点为原点的应变值。

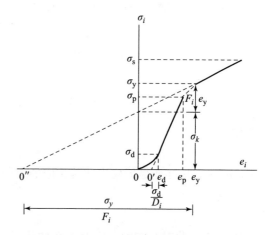

图 1.1.160　岩块形变曲线中应力-
应变的线性关系

③ $\sigma_y \leqslant \sigma_i < \sigma_s$ 的加载过程。

此时岩块的柔性模量（图1.1.160）

$$F_i = \frac{\Delta \sigma_i}{\Delta e_i} = \frac{\sigma_i - \sigma_y}{e_i - e_y} \qquad i = c, \ t, \ \tau$$

得

$$\sigma_i = F_i \left(e_i + \frac{\sigma_y}{F_i} - e_y \right) = L_{fi} e_i$$

或

$$\sigma_i = (\sigma_y - F_i e_y) + F_i e_i = \sigma_k + F_i e_i$$

其中

$$e_i = e_{ei} + e_{pi}$$

为弹性和塑性应变之和，σ_k 为屈服应力—应变曲线段反向延长在纵坐标轴上的截距。或表示为

$$\sigma_i = F_i e_i'$$

其中 e_i' 为以屈服应力—应变曲线段反向延长与横坐标轴的交点 $0''$ 为原点的应变值。

④ 各岩块加不同载荷到同一时间的蠕变加载过程中应力与应变关系的线性段。

此时岩块的蠕变模量（图 1.1.161）

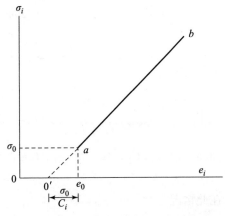

图 1.1.161　岩块各蠕变曲线中等时的应力—应变线性关系

$$C_i = \frac{\Delta \sigma_i}{\Delta e_i}\quad \frac{\sigma_i - \sigma_0}{e_i - e_0}\qquad i = c,\ t,\ \tau$$

得

$$\sigma_i = C_i\left(e_i + \frac{\sigma_0}{C_i} - e_0\right) = L_{ti} e_i$$

其中

$$e_i = e_{ei} + e_{pi}$$

σ_0，e_0 为岩块蠕变最低应力和其相应的应变，若从坐标原点开始，则 σ_0，e_0 均为零。或表示为

$$\sigma_i = C_i e_i'$$

其中 e_i' 为以此时的应力—应变关系曲线反向延长与横坐标轴交点 $0'$ 为原点的应变值。

虎克定律，要求加卸载过程中应力—应变曲线重合为一直线段，因之只适用于条件①的情况。而后三个条件的情况，都是加载过程，应变都是弹塑性应变。弹性模量、变形模量、柔性模量和蠕变模量间的大小关系为

$$E_i > D_i > F_i$$
$$E_i > D_i > C_i$$

F_i 和 C_i 间的大小关系不确定。

当 $\sigma_i = L_{ki} e_i$ （$k = e,\ d,\ f,\ t$）的关系一经证明，则由剪应力和剪应变表示式

$$\left.\begin{array}{l}\tau_{ij}=\dfrac{\sigma_i-\sigma_j}{2}\sin2\theta_i\\[3mm]\dfrac{\gamma_{ij}}{2}=\dfrac{e_i-e_j}{2}\sin2\theta_i\end{array}\right]\quad\begin{array}{l}i=1,\ 2,\ 3\\[2mm]\theta=\alpha,\ \beta,\ \gamma\end{array}$$

即可证明

$$\tau_{ij}=\frac{L_ke_i-L_ke_j}{2}\sin2\theta_i=L_k\frac{\gamma_{ij}}{2}$$

故对了解岩块的应力与应变的线性关系情况而言，只有拉伸或压缩实验结果已够，而不必再做剪切实验证明。

岩块力学性质的各向异性和均匀性程度，须视所讨论岩块范围的大小而定。岩块在小范围内力学性质不均匀和各向异生，但若扩大范围而论，则由于其中许多力学性质不均匀和各向异性部分杂乱排列方向交错的总体影响，就此大范围统而观之，其力学性质却又可能是均匀而各向同性的。因此，岩块中原有的定向规律组构对新的构造变形和断裂的影响程度，要视局部原有组构的定向程度和在新的构造变形及断裂范围内的分布情况而定。就大的整体范围而论，或可忽略各局部原有定向规律组构的影响。而就局部范围而论，可能原有定向规律组构的影响很显著。

综合前述，岩块中各方向有单值关系的应力与应变，在满足上述四个条件之一时，便可用线性算子 L 联系：

$$\sigma_i=L_{ki}e_i\Big|_{k=e,d,f,t}^{i=c,t,\tau}$$

或写成

$$e_i=C_{ki}\sigma_i\Big|_{k=e,d,f,t}^{i=c,t,\tau}$$

对各向异性岩块：

$$\left.\begin{array}{l}e_x=c_{k11}\sigma_x+c_{k12}\sigma_y+c_{k13}\sigma_z+c_{k14}\tau_{yz}+c_{k15}\tau_{zx}+c_{k16}\tau_{xy}\\[2mm]e_y=c_{k12}\sigma_x+c_{k22}\sigma_y+c_{k23}\sigma_z+c_{k24}\tau_{yz}+c_{k25}\tau_{zx}+c_{k26}\tau_{xy}\\[2mm]e_z=c_{k13}\sigma_x+c_{k23}\sigma_y+c_{k33}\sigma_z+c_{k34}\tau_{yz}+c_{k35}\tau_{zx}+c_{k36}\tau_{xy}\\[2mm]\gamma_{yz}=c_{k14}\sigma_x+c_{k24}\sigma_y+c_{k34}\sigma_z+c_{k44}\tau_{yz}+c_{k45}\tau_{zx}+c_{k16}\tau_{xy}\\[2mm]\gamma_{zx}=c_{k15}\sigma_x+c_{k25}\sigma_y+c_{k35}\sigma_z+c_{k45}\tau_{yz}+c_{k55}\tau_{zx}+c_{k56}\tau_{xy}\\[2mm]\gamma_{xy}=c_{k16}\sigma_x+c_{k26}\sigma_y+c_{k36}\sigma_z+c_{k46}\tau_{yz}+c_{k56}\tau_{zx}+c_{k66}\tau_{xy}\end{array}\right]$$

$$k=e,\ d,\ f,\ t$$

c_{kij} 为线性系数，$i,\ j=1,\ 2,\ 3,\ 4,\ 5,\ 6$，故不同的共 21 个。

正交异性岩块：岩块内各点有三个互相垂直的应力与应变呈线性关系的对称面，岩块力学性质对这三个平面，在平面对称方向上等效，即其力学性质在此三平面各自的法向上相同，而在这三个法向的相互之间则不同。取 X，Y，Z 轴垂直此三平面，则：

$$e_x = c_{k11}\sigma_x + c_{k12}\sigma_y + c_{k13}\sigma_z \left.\vphantom{\begin{array}{c} a \\ a \\ a \end{array}}\right]$$
$$e_y = c_{k12}\sigma_x + c_{k22}\sigma_y + c_{k23}\sigma_z$$
$$e_z = c_{k13}\sigma_x + c_{k23}\sigma_y + c_{k33}\sigma_z$$

$$\gamma_{yz} = c_{k44}\tau_{yz} \left.\vphantom{\begin{array}{c} a \\ a \\ a \end{array}}\right]$$
$$\gamma_{zx} = c_{k55}\tau_{zx}$$
$$\gamma_{xy} = c_{k66}\tau_{xy}$$

$$k = e,\ d,\ f,\ t$$

不同的线性系数共 9 个。若 X，Y，Z 轴为主轴 1，2，3，则变为：

$$e_1 = \frac{1}{L_{k1}}\sigma_1 - \frac{\nu_{k21}}{L_{k2}}\sigma_2 - \frac{\nu_{k31}}{L_{k3}}\sigma_3 \left.\vphantom{\begin{array}{c} a \\ a \\ a \\ a \\ a \\ a \\ a \\ a \\ a \\ a \\ a \\ a \\ a \\ a \\ a \end{array}}\right]$$

$$e_2 = -\frac{\nu_{k12}}{L_{k1}}\sigma_1 + \frac{1}{L_{k2}}\sigma_2 - \frac{\nu_{k32}}{L_{k3}}\sigma_3$$

$$e_3 = -\frac{\nu_{k13}}{L_{k1}}\sigma_1 - \frac{\nu_{k23}}{L_{k2}}\sigma_2 + \frac{1}{L_{k3}}\sigma_3$$

$$\gamma_{23} = \frac{1}{G_{k23}}\tau_{23}$$

$$\gamma_{31} = \frac{1}{G_{k31}}\tau_{31}$$

$$\gamma_{12} = \frac{1}{G_{k12}}\tau_{12}$$

$$(1.1.28)$$

　　为使用方便，上方程组中压缩或拉伸状态的 L_{kc}、L_{kt} 统一表示为 L_k，剪切状态的 $L_{k\tau}$ 表示为 G_k。L_{k1}，L_{k2}，L_{k3} 分布在主方向 1，2，3。ν_{k12} 是 1 轴方向应变与所引起的 2 轴方向相反性质应变的横纵应变比，ν_{k21} 是 2 轴方向应变与所引起的 1 轴方向相反性质应变的横纵应变比，等等。对线弹性情况，横纵应变比为弹性泊松比 ν_{e12}，ν_{e21}，……。G_{k23}，G_{k31}，G_{k12} 表示主轴 2 和 3，3 和 1，1 和 2 间夹角变化的各剪切模量。线性算子与横纵应变比之间有关系：

$$L_{k1}\nu_{k21} = L_{k2}\nu_{k12} \left.\vphantom{\begin{array}{c} a \\ a \\ a \end{array}}\right]$$
$$L_{k2}\nu_{k32} = L_{k3}\nu_{k23}$$
$$L_{k3}\nu_{k13} = L_{k1}\nu_{k31}$$

　　轴面异性岩块：岩块内各点都有一平面，在此平面上任何方向的应力与应变的线性关系都等效，但与此面法线方向的力学性质则不同，故也称此为横观各向同性或面各向同性。取 Z 轴垂直各向同性面，则

$$e_x = c_{k11}\sigma_x + c_{k12}\sigma_y + c_{k13}\sigma_z \left.\vphantom{\begin{array}{c} a \\ a \\ a \end{array}}\right]$$
$$e_y = c_{k12}\sigma_x + c_{k11}\sigma_y + c_{k13}\sigma_z$$
$$e_z = c_{k13}(\sigma_x + \sigma_y) + c_{k33}\sigma_z$$

$$\left.\begin{array}{l} \gamma_{yz} = c_{k44}\tau_{yz} \\[2mm] \gamma_{zx} = c_{k44}\tau_{zx} \\[2mm] \gamma_{xy} = 2(c_{k11} - c_{k12})\tau_{xy} \end{array}\right]$$

不同的线性系数为 5 个。若 X，Y，Z 轴为主轴 1，2，3，则变为

$$\left.\begin{array}{l} e_1 = \dfrac{1}{L_{k(12)}}(\sigma_1 - \nu_{k(12)}\sigma_2) - \dfrac{\nu_{k3(12)}}{L_{k3}}\sigma_3 \\[4mm] e_2 = \dfrac{1}{L_{k(12)}}(\sigma_2 - \nu_{k(12)}\sigma_1) - \dfrac{\nu_{k3(12)}}{L_{k3}}\sigma_3 \\[4mm] e_3 = -\dfrac{\nu_{k(12)3}}{L_{k(12)}}(\sigma_1 + \sigma_2) + \dfrac{1}{L_{k3}}\sigma_3 \\[4mm] \gamma_{23} = \dfrac{1}{G_{k(12)3}}\tau_{23} \\[4mm] \gamma_{31} = \dfrac{1}{G_{k(12)3}}\tau_{31} \\[4mm] \gamma_{12} = \dfrac{2(1 + \nu_{k(12)})}{L_{k(12)}}\tau_{12} \end{array}\right]\qquad(1.1.29)$$

$L_{k(12)}$ 是各向同性面内各方向上的线性算子，L_{k3} 是各向同性面法向的线性算子，$\nu_{k(12)}$ 是各向同性面内各正交方向间的横纵应变比，$\nu_{k3(12)}$ 是各向同性面法向应变与所引起的在各向同性面内任一方向相反性质应变的横纵应变比，$\nu_{k(12)3}$ 是各向同性面内任一方向应变与所引起的其法向相反性质应变的横纵应变比，$G_{k(12)3}$ 是各向同性面内任一方向与其法向间夹角变化的剪切模量。

各向同性岩块：岩块内各方向应力与应变的线性关系都等效，即各方向的力学性质都相同。故表示岩块内一点的应力状态和应变状态的张量，可用统一的一个线性算子联系：

$$\boldsymbol{S} = L_k \boldsymbol{E}$$

因岩块内任一点的 $\boldsymbol{S}$ 和 $\boldsymbol{E}$ 都是时间 t 的函数，

$$\left.\begin{array}{ll} \sigma = \sigma(t) & e = e(t) \\[2mm] \sigma_{ij} = \sigma_{ij}(t) & e_{ij} = e_{ij}(t) \\[2mm] \tau_c = \tau_c(t) & \gamma_c = \gamma_c(t) \end{array}\right]\quad i,\ j = 1,\ 2,\ 3$$

而方向张量 $\bar{\boldsymbol{d}}$ 和 $\bar{\boldsymbol{c}}$ 与 t 无关，时间改变时二方向双曲面不动，则由

$$\boldsymbol{T} = m\boldsymbol{I} + p_c \bar{\boldsymbol{p}}$$

知

$$\begin{aligned} \boldsymbol{S} &= \boldsymbol{\sigma} + \boldsymbol{d} \\ &= L_k e + L_k \boldsymbol{c} \\ &= L_k e \boldsymbol{I} + L_k \gamma_c \boldsymbol{c} \end{aligned}$$

而

$$S = \sigma I + \tau_c \bar{d}$$

比较此二式，得

$$\tau_c \bar{d} = L_k \gamma_c \bar{c} \qquad (1.1.30)$$

由于 $[c]$ 与 t 无关，于是按比例特性，得

$$\bar{c}_{ij} = \frac{c_{ij}}{\gamma_c} = \frac{L_k c_{ij}}{L_k \gamma_c} = \frac{d_{ij}}{L_k \gamma_c}$$

则

$$d_{ij} = \frac{L_k \gamma_c \cdot c_{ij}}{\gamma_c}$$

将 d_{ij} 代入 τ_c 的表达式，

$i = j$ 时，

$$d_{ij} = \sigma_i - \sigma$$
$$c_{ij} = e_i - e$$

$i \neq j$ 时，

$$d_{ij} = \tau_{ij}$$
$$c_{ij} = \frac{1}{2} \gamma_{ij}$$

则得

$$\tau_c = L_k \gamma_c \qquad (1.1.31)$$

对起始应力和应变 $\sigma_{0ij} = e_{0ij} = 0$ 的简单状态，上式可写为

$$\tau_c = 2 G_k \gamma_c$$

G_k 为剪切模量。此式说明：剪应力强度和剪应变强度，或应力偏量的平方不变量和应变偏量的平方不变量，成正比。

将 (1.1.31) 代入 (1.1.30)，得

$$\bar{d} = \bar{c} \qquad (1.1.32)$$

此式说明：岩块每点的应力方向张量与应变方向张量，或应力方向双曲面与应变方向双曲面，重合。

由 (1.1.30) 知

$$d = L_k c$$

即应力偏量与应变偏量，或应力偏量双曲面与应变偏量双曲面的主轴重合，且几何形状保持线性联系。

由于

$$S = L_k E$$

其分量关系

$$\sigma_{ij} = L_k e_{ij}$$

则知，其主对角线分量之和有关系

$$\sigma_1 + \sigma_2 + \sigma_3 = L_k \ (e_1 + e_2 + e_3)$$

可得

$$\sigma = L_k e \tag{1.1.33}$$

对起始应力和应变为零的状态，用 $3K_k$ 取代 L_k，则上式变成

$$\sigma = 3K_k e = K_k \vartheta \tag{1.1.33'}$$

K_k 为体积模量。此式说明：岩块微体素的体积应力与体积应变，或应力张量的线性不变量与应变张量的线性不变量，有线性联系。

关系式 (1.1.31)、(1.1.32)、(1.1.33)，有对不同坐标系的不变性。

由于

$$\boldsymbol{S} = \sigma \boldsymbol{I} + \tau_c \overline{\boldsymbol{d}}$$
$$\boldsymbol{E} = e \boldsymbol{I} + \gamma_c \overline{\boldsymbol{c}}$$

代入 (1.1.32)，得

$$\frac{1}{\tau_c} \ (\boldsymbol{S} - \sigma \boldsymbol{I}) = \frac{1}{\gamma_c} \ (\boldsymbol{E} - e\boldsymbol{I})$$

代进 $\gamma_c = \dfrac{\tau_c}{2G_k}$，$e = \dfrac{\sigma}{3K_k}$，对应变张量 $\boldsymbol{E}$ 解得

$$\boldsymbol{E} = \frac{1}{2G_k} \boldsymbol{S} - \frac{1}{2G_k} \Big(1 - \frac{2G_k}{3K_k}\Big) \sigma \boldsymbol{I}$$
$$= \frac{1}{2G_k} \boldsymbol{S} - \frac{3K_k - 2G_k}{6G_k K_k} \boldsymbol{\sigma}$$

将分量代入，则为

$$\begin{bmatrix} e_x & \dfrac{1}{2}\gamma_{yx} & \dfrac{1}{2}\gamma_{zx} \\ \dfrac{1}{2}\gamma_{xy} & e_y & \dfrac{1}{2}\gamma_{zy} \\ \dfrac{1}{2}\gamma_{xz} & \dfrac{1}{2}\gamma_{yz} & e_z \end{bmatrix} = \frac{1}{2G_k} \begin{bmatrix} \sigma_x & \tau_{yx} & \tau_{zx} \\ \tau_{xy} & \sigma_y & \tau_{zy} \\ \tau_{xz} & \tau_{yz} & \sigma_z \end{bmatrix} - \frac{3K_k - 2G_k}{6G_k K_k} \begin{bmatrix} \sigma & 0 & 0 \\ 0 & \sigma & 0 \\ 0 & 0 & \sigma \end{bmatrix}$$

得应变在 X，Y，Z 轴上的投影

$$\begin{aligned} e_x &= \frac{1}{2G_k}\sigma_x - \frac{3K_k - 2G_k}{6G_k K_k}\sigma \\ &= \frac{3K_k + G_k}{9G_k K_k}\Big[\sigma_x - \frac{3K_k - 2G_k}{2 \ (3K_k + G_k)} \ (\sigma_y + \sigma_z)\Big] \\ e_y &= \frac{3K_k + G_k}{9G_k K_k}\Big[\sigma_y - \frac{3K_k - 2G_k}{2 \ (3K_k + G_k)} \ (\sigma_z + \sigma_x)\Big] \\ e_z &= \frac{3K_k + G_k}{9G_k K_k}\Big[\sigma_z - \frac{3K_k - 2G_k}{2 \ (3K_k + G_k)} \ (\sigma_x + \sigma_y)\Big] \end{aligned}$$

取

$$\frac{9G_kK_k}{3K_k+G_k}=L_k$$

$$\frac{3K_k-2G_k}{2\,(3K_k+G_k)}=\nu_k$$

为线性算子和横纵应变比，则得

$$\left.\begin{aligned}
e_x&=\frac{1}{L_k}\,\left[\sigma_x-\nu_k\,(\sigma_y+\sigma_z)\right]\\
e_y&=\frac{1}{L_k}\,\left[\sigma_y-\upsilon_k\,(\sigma_z+\sigma_x)\right]\\
e_z&=\frac{1}{L_k}\,\left[\sigma_z-\nu_k\,(\sigma_x+\sigma_y)\right]
\end{aligned}\right\} \tag{1.1.34}$$

而

$$\left.\begin{aligned}
\gamma_{xy}&=\frac{1}{G_k}\tau_{xy}\\
\gamma_{yz}&=\frac{1}{G_k}\tau_{yz}\\
\gamma_{zx}&=\frac{1}{G_k}\tau_{zx}
\end{aligned}\right\} \tag{1.1.35}$$

取一应变张量

$$\boldsymbol{E}'=\boldsymbol{E}+\frac{\boldsymbol{S}_0}{L_k}-\boldsymbol{E}_0$$

其分量为

$$e'_{ij}=e_{ij}+\frac{\sigma_{0ij}}{M_{ij}}-e_{0ij}\quad i,\ j=x,\ y,\ z$$

其中 σ_{0ij}，e_{0ij} 为状态的起始应力和应变，$M=E$，D，F，C，是力学状态常数，各表示弹性模量、变形模量、柔性模量和蠕变模量，e_{ij} 为状态从零算起的真实应变。在 $\boldsymbol{S}$ 与 $\boldsymbol{E}$ 的线性联系

$$\boldsymbol{S}=L_k\boldsymbol{E}=M\left(\boldsymbol{E}+\frac{\boldsymbol{S}_0}{\boldsymbol{M}}-\boldsymbol{E}_0\right) \tag{1.1.36}$$

中，当状态的起始应力张量和应变张量

$$\boldsymbol{S}_0=\boldsymbol{E}_0=0$$

时，得

$$\boldsymbol{E}'=\boldsymbol{E}$$

而

$$L_k=E$$

为弹性模量，则 $\boldsymbol{S}$ 与 $\boldsymbol{E}$ 之间有比例关系，此时的 e'_{ij} 是真实应变 e_{ij}；当

$$S_0 \neq 0, \quad E_0 \neq 0$$

时，S 与 E 间只保持线性联系，只有 S 与 E' 间保持比例关系，此时的 e'_{ij} 称为似应变。因之，应力二次有心曲面与似应变二次有心曲面，在几何形状上永远保持成正比的相似。但应力二次有心曲面与真实应变二次有心曲面，则只当状态的起始应力张量和起始应变张量为零时，其几何形状才成正比的相似；若岩块各点所处状态的起始应力张量和起始应变张量不为零，则此二曲面的几何形状只保持 (1.1.36) 所示的线性联系。

借助于应力张量 S 与似应变张量 E' 间的比例关系，可得相应于 (1.1.34) 和 (1.1.35) 的 e_{ij} 与 σ_{ij} 的适合于岩块在 E，D，F，C 力学状态的普遍关系式

$$\left.\begin{array}{l} e_x = \dfrac{1}{M}\{(\sigma_x - \sigma_{0x}) - \nu_k[(\sigma_y - \sigma_{0y}) + (\sigma_z - \sigma_{0z})]\} + e_{0x} \\[2mm] e_y = \dfrac{1}{M}\{(\sigma_y - \sigma_{0y}) - \nu_k[(\sigma_z - \sigma_{0z}) + (\sigma_x - \sigma_{0x})]\} + e_{0y} \\[2mm] e_z = \dfrac{1}{M}\{(\sigma_z - \sigma_{0z}) - \nu_k[(\sigma_x - \sigma_{0x}) + (\sigma_y - \sigma_{0y})]\} + e_{0z} \end{array}\right] \quad (1.1.34')$$

$$\left.\begin{array}{l} \gamma_{xy} = \dfrac{1}{G_k}(\tau_{xy} - \tau_{0xy}) + \gamma_{oxy} \\[2mm] \gamma_{yz} = \dfrac{1}{G_k}(\tau_{yz} - \tau_{0yz}) + \gamma_{oyz} \\[2mm] \gamma_{zx} = \dfrac{1}{G_k}(\tau_{zx} - \tau_{0zx}) + \gamma_{ozx} \end{array}\right] \quad (1.1.35')$$

(1.1.34) 说明：X，Y，Z 轴方向的正应变 e_x，e_y，e_z 与同轴上同符号正应力和其他二轴上异符号正应力有线性联系，X 轴上的伸长应变 e_x 系由同轴方向的张应力 σ_x 和 Y、Z 轴上的压应力 $-\sigma_y$、$-\sigma_z$ 作用而生；X 轴上的缩短应变 $-e_x$ 系由同轴方向的压应力 $-\sigma_x$ 和 Y，Z 轴上的张应力 σ_y，σ_z 作用而生；且其间呈线性关系。对 e_y，e_z，亦同样。(1.1.35) 说明：剪应变只由一对相应的剪应力作用而生，且其间在数值上成正比关系，在方向上一致。可见，只要图 1.1.152 中的三种变形和断裂形象存在，则在主轴 3 方向必然受压应力，在主轴 2 方向必受张应力的作用，且在主轴 1 方向亦生张应力。不可能只存在单轴应力，而在其他二轴上无应力作用的情况。(1.1.34') 和 (1.1.35') 的意义与此相同，只是岩块所处力学状态的起始应力和起始应变不为零，因而对岩块的 E，D，F，C 力学状态具有普遍意义。

对 σ_x，σ_y，σ_z 解方程组 (1.1.34)，得

$$\sigma_x = \frac{M(\nu_k-1)}{(2\nu_k-1)(\nu_k+1)}\left[e_x - \frac{\nu_k}{\nu_k-1}(e_y+e_z)\right]$$

$$\sigma_y = \frac{M(\nu_k-1)}{(2\nu_k-1)(\nu_k+1)}\left[e_y - \frac{\nu_k}{\nu_k-1}(e_z+e_x)\right] \qquad (1.1.37)$$

$$\sigma_z = \frac{M(\nu_k-1)}{(2\nu_k-1)(\nu_k+1)}\left[e_z - \frac{\nu_k}{\nu_k-1}(e_x+e_y)\right]$$

此方程组说明：X，Y，Z 轴方向的正应力与其所造成的同轴向同符号正应变和其他二轴向异符号正应变有线性联系，X 轴上的拉伸正应力 σ_x，使同轴向发生伸长应变 e_x，其他二轴向发生缩短应变 $-e_y$，$-e_z$；X 轴上的压缩正应力 $-\sigma_x$，使同轴向发生缩短应变 $-e_x$，其他二轴向发生伸长应变 e_y，e_z；且正应力与正应变呈线性关系。故由 (1.1.37) 和 (1.1.35)、(1.1.35') 知，只要在主轴 3 方向作用有压应力，就会同时在此轴方向产生缩短应变，而在其他二轴方向产生伸长应变，并约在平分主平面 (1，2) 与 (3，1)，(1，2) 与 (2，3) 夹角方向产生最大剪切应变。

综上可知，岩块中应力与应变保持单值关系并处于 E，D，F，C 力学状态时，必满足：

① 应力方向张量 $\bar{\boldsymbol{d}}$ 与应变方向张量 $\bar{\boldsymbol{c}}$，或应力方向双曲面与应变方向双曲面，重合：

$$\bar{\boldsymbol{d}} = \bar{\boldsymbol{c}}$$

② 应力张量的线性不变量 σ 与应变张量的线性不变量 e，或岩块中微体素的体积应力与体积应变 ϑ，有线性关系：

$$\sigma = 3K_k e = K_k \vartheta$$

K_k 是体积模量，$k=$e，d，f，t，表示四种力学状态。

③ 应力偏量的平方不变量与应变偏量的平方不变量，或岩块的剪应力强度 τ_c 与剪应变强度 γ_c，有线性关系：

$$\tau_c = G_k \gamma_c$$

G_k 是剪切模量，$k=$e，d，f，t，表示四种力学状态。

由上可知，岩块在受载过程中，应变二次有心曲面与应力二次有心曲面，在相应的主轴重合条件下，几何形状相似或呈线性关系。由此，岩块的变形和断裂形式与应力的分布有明确的关系：岩块中的主缩短应变对应于主压应力，主伸长应变对应于主张应力，最大剪切应变对应于最大剪应力加上或减去内摩擦角的方位。因而，可从岩块的构造变形和构造断裂的形迹，来推求其所在部位主应力的方向、性质和相对大小。岩板中圆板形部分的应变和应力关系，在图 1.1.148 中 (b) 的情况，即为图 1.1.151 中的应变双曲柱面和应变偏量双曲柱面与图 1.1.154 中的应力双曲柱面和应力偏量双曲柱面沿相应主轴的重合。其中 e_2 对应

于 σ_2，$-e_3$ 对应于 $-\sigma_3$。从而得知，岩板中的压缩、张伸和剪切变形及断裂，为相应的压缩、拉伸和剪切应力作用的结果（图1.1.162）。只要主轴3方向有压应力作用，便在同方向产生压性变形，同时在主轴2方向产生张性变形，继而可在主轴3方向发生张性断裂，而约在主平面（1，2）和（1，3）夹角的平分面方向附近产生剪切变形，也可继而发生剪切断裂，同时亦在主轴1方向产生张性变形，亦即在这些方向产生了张应力。作用在主轴3方向者为主动应力，余者为导生应力。若在主轴2方向作用主动张应力，可产生与以上相同性质的变形和断裂形象，只是在几何形象及大小上有所区别，并在主轴1方向产生压缩变形。直接受主动应力作用方向所生的应变量和与其垂直的导生应力作用方向所生的应变量之间，以横纵应变比联系，可见，横向导生应力造成的应变，约为主动应力造成应变的几分之一。若主轴2，3在水平方向，则其上作用的主动应力即水平应力场中的主动应力，同时在铅直方向亦有导生应力作用。因之，岩块在水平变形的同时，必有铅直变形伴生，这是同一构造变形在不同方向的组成部分，具有统一的同源同时性。不宜人为地把这些统一的现象硬分割为不相干的"水平运动"和"铅直运动"，如此形成的铅直变形，主要表现为大范围缓慢地升降运动，并常可与褶皱变形和断裂活动叠加在一起。

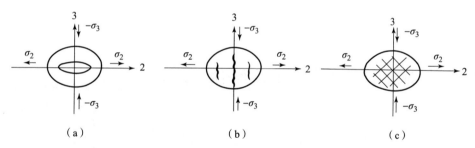

图1.1.162　岩板中圆板形部分的变形和断裂与应力的关系

若将三维应力表示为向量

$$S=\begin{Bmatrix} \sigma_x \\ \sigma_y \\ \sigma_z \\ \tau_{xy} \\ \tau_{yz} \\ r_{zx} \end{Bmatrix}$$

三维应变表示为向量

$$E = \begin{Bmatrix} e_x \\ e_y \\ e_z \\ \gamma_{xy} \\ \gamma_{yz} \\ \gamma_{zx} \end{Bmatrix}$$

则

$$S = L_k E$$

其中 L_k 是用 21 个常数限定的对称算子矩阵，在线性状态 $k=e$ 则成为 6×6 的常数矩阵。

对轴面异性岩块，只剩 5 个常数，则对称算子矩阵成为

$$L_e = \begin{bmatrix} a & c & d & 0 & 0 & 0 \\ & a & d & 0 & 0 & 0 \\ & & b & 0 & 0 & 0 \\ & & & 2(a-c) & 0 & 0 \\ & 对 & & & e & 0 \\ & 称 & & & & e \end{bmatrix}$$

对各向同性岩块，只剩 2 个常数，则对称算子矩阵

$$L_e = \begin{bmatrix} a & c & c & 0 & 0 & 0 \\ & a & c & 0 & 0 & 0 \\ & & a & 0 & 0 & 0 \\ & & & 2(a-c) & 0 & 0 \\ & 对 & & & 2(a-c) & 0 \\ & 称 & & & & 2(a-c) \end{bmatrix}$$

岩块的塑性形变，只消耗变形功 U_p，不储存应变能 U_e，因而也不释放应变能。只有弹性形变，其应变能以势能的形式储存在岩块中，并可在一定条件下释放出来。

单位体积内的应变能，为应变能密度

$$\varepsilon = \frac{1}{2}(\sigma_x e_x + \sigma_y e_y + \sigma_z e_z + \tau_{yz}\gamma_{yz} + \tau_{zx}\gamma_{zx} + \tau_{xy}\gamma_{xy})$$

$$= \frac{1}{2}[(d_x + \sigma)(c_x + e) + (d_y + \sigma)(c_y + e) + (d_z + \sigma)(c_z + e)] +$$

$$d_{xy}c_{xy} + d_{yz}c_{yz} + d_{zx}c_{zx}$$

$$= \frac{1}{2}\sigma\vartheta + \frac{1}{2}\sum d_{ij}c_{ij} \qquad i,j = x,y,z \tag{1.1.38}$$

其中的偏张量分量，当 $i=j$ 时，为 d_x，d_y，d_z 和 c_x，c_y，c_z；当 $i \neq j$ 时，为 τ_{xy}，τ_{yz}，τ_{zx} 和 γ_{xy}，γ_{yz}，γ_{zx}。此公式的形式，对各向异性岩块和各向同性岩块都一样。此式右边第一项，为岩块单位体积的体积变化应变能，等于应力球张量和应变球张量的数性积之半：

$$\frac{1}{2}\sigma\vartheta = \frac{1}{2}\boldsymbol{\sigma} \cdot \boldsymbol{e}$$

右边第二项，为岩块单位体积的形状变化应变能，等于应力偏量和应变偏量的数性积之半：

$$\frac{1}{2}\sum_{i,j=x,y,z} d_{ij}c_{ij} = \frac{1}{2}\boldsymbol{d} \cdot \boldsymbol{c}$$

整个岩块的应变能，对其全体积积分，得

$$U_e = \iiint \varepsilon \mathrm{d}x\mathrm{d}y\mathrm{d}z$$

则应力对岩块所做之功

$$U = U_e + U_p$$

七、岩块力学基本方程

1. 平衡方程

对平行岩块中微立方体素棱边的坐标系 $0-x$，y，z，微体素边长为 dx，dy，dz，作用在微体素各面上的面积力变化如图 1.1.163，作用在微体素上单位体积的体积力 $\boldsymbol{f}$ 在坐标轴上的分量为 f_x，f_y，f_z。由于体积力实质上是质量力，若单位质量岩块所受的质量力分量为 m_x，m_y，m_z，岩块的密度为 ρ，则

$$\left.\begin{array}{l} f_x = \rho m_x \\ f_y = \rho m_y \\ f_z = \rho m_z \end{array}\right]$$

若微体素在面积力和体积力

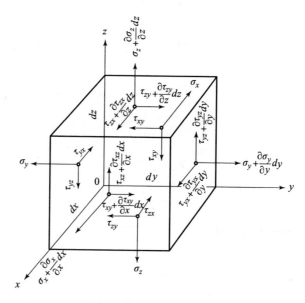

图 1.1.163 岩块中微立方体素各面上的面积力

作用下平衡，则在 x 轴方向有

$$-\sigma_x dydz + \left(\sigma_x + \frac{\partial \sigma_x}{\partial x}dx\right)dydz - \tau_{yx}dxdz +$$

$$\left(\tau_{yx} + \frac{\partial \tau_{yx}}{\partial y}dy\right)dxdz$$

$$-\tau_{zx}dxdy + \left(\tau_{zx} + \frac{\partial \tau_{zx}}{\partial z}dz\right)dxdy + f_x dxdydz = 0$$

再列出 y，z 轴方向的相应表示式，整理得

对 y，z 轴方向同样得

$$\left.\begin{array}{l} \dfrac{\partial \sigma_x}{\partial x} + \dfrac{\partial \tau_{yx}}{\partial y} + \dfrac{\partial \tau_{zx}}{\partial z} + f_x = 0 \\[2mm] \dfrac{\partial \tau_{xy}}{\partial x} + \dfrac{\partial \sigma_y}{\partial y} + \dfrac{\partial \tau_{zy}}{\partial z} + f_y = 0 \\[2mm] \dfrac{\partial \tau_{xz}}{\partial x} + \dfrac{\partial \tau_{yz}}{\partial y} + \dfrac{\partial \sigma_x}{\partial z} + f_z = 0 \end{array}\right\} \qquad (1.1.39)$$

此方程组适用于各向异性和各向同性的所有力学状态。

2. 物性方程

联系岩块中应力和应变关系的方程。在岩块中应力与应变有单值关系的 E，D，F，C 状态，表示于 (1.1.28)、(1.1.29)、(1.1.34) 和 (1.1.35)：

正交异性岩块

$$\left.\begin{array}{l} e_1 = \dfrac{1}{L_{k1}}\sigma_1 - \dfrac{\nu_{k21}}{L_{k2}}\sigma_2 - \dfrac{\nu_{k31}}{L_{k3}}\sigma_3 \\[3mm] e_2 = -\dfrac{\nu_{k12}}{L_{k1}}\sigma_1 + \dfrac{1}{L_{k2}}\sigma_2 - \dfrac{\nu_{k32}}{L_{k3}}\sigma_3 \\[3mm] e_3 = -\dfrac{\nu_{k13}}{L_{k1}}\sigma_1 - \dfrac{\nu_{k23}}{L_{k2}}\sigma_2 + \dfrac{1}{L_{k3}}\sigma_3 \\[3mm] \gamma_{23} = \dfrac{1}{G_{k23}}\tau_{23} \\[3mm] \gamma_{31} = \dfrac{1}{G_{k31}}r_{31} \\[3mm] \gamma_{12} = \dfrac{1}{G_{k12}}\tau_{12} \end{array}\right\} \qquad k = e,\ d,\ f,\ t$$

轴面异性岩块

$$e_1 = \frac{1}{L_{k(12)}}\left(\sigma_1 - \nu_{k(12)}\sigma_2\right) - \frac{\nu_{k3(12)}}{L_{k3}}\sigma_3$$

$$e_2 = \frac{1}{L_{k(12)}}\left(\sigma_2 - \nu_{k(12)}\sigma_1\right) - \frac{\nu_{k3(12)}}{L_{k3}}\sigma_3$$

$$e_3 = -\frac{\nu_{k(12)3}}{L_{k(12)}}\left(\sigma_1 + \sigma_2\right) + \frac{1}{L_{k3}}\sigma_3$$

$$\gamma_{23} = \frac{1}{G_{k(12)3}}\tau_{23}$$

$$\gamma_{31} = \frac{1}{G_{k(12)3}}\tau_{31}$$

$$\gamma_{12} = \frac{2\left(1 + \nu_{k(12)}\right)}{L_{k(12)}}\tau_{12}$$

$$k = e,\ d,\ f,\ t$$

各向同性岩块

$$e_1 = \frac{1}{L_k}\left[\sigma_1 - \nu_k(\sigma_2 + \sigma_3)\right]$$

$$e_2 = \frac{1}{L_k}\left[\sigma_2 - \nu_k(\sigma_3 + \sigma_1)\right]$$

$$e_3 = \frac{1}{L_k}\left[\sigma_3 - \nu_k(\sigma_1 + \sigma_2)\right]$$

$$\gamma_{23} = \frac{1}{G_k}\tau_{23}$$

$$\gamma_{31} = \frac{1}{G_k}\tau_{31}$$

$$\gamma_{12} = \frac{1}{G_k}\tau_{12}$$

$$k = e,\ d,\ f,\ t$$

或写为

$$\sigma_1 = \mu_k \vartheta + 2G_k e_1$$

$$\sigma_2 = \mu_k \vartheta + 2G_k e_2$$

$$\sigma_3 = \mu_k \vartheta + 2G_k e_3$$

$$\tau_{23} = G_k \gamma_{23}$$

$$\tau_{31} = G_k \gamma_{31}$$

$$\tau_{12} = G_k \gamma_{12}$$

$$k = e,\ d,\ f,\ t$$

$$\mu_k = K_k - \frac{2}{3}G_k$$

为拉梅系数。

3. 几何方程

岩块中微体素在 X，Y，Z 轴方向的相对伸缩 e_x，e_y，e_z，用形变前沿端点的位移在 X，Y，Z 轴方向的投影 u，v，w 对坐标的偏导数表示：

$$
e_x = \sqrt{1 + 2\frac{\partial u}{\partial x} + \left(\frac{\partial u}{\partial x}\right)^2 + \left(\frac{\partial v}{\partial x}\right)^2 + \left(\frac{\partial w}{\partial x}\right)^2} - 1
$$

$$
e_y = \sqrt{1 + 2\frac{\partial v}{\partial y} + \left(\frac{\partial u}{\partial y}\right)^2 + \left(\frac{\partial v}{\partial y}\right)^2 + \left(\frac{\partial w}{\partial y}\right)^2} - 1
$$

$$
e_z = \sqrt{1 + 2\frac{\partial w}{\partial z} + \left(\frac{\partial u}{\partial z}\right)^2 + \left(\frac{\partial v}{\partial z}\right)^2 + \left(\frac{\partial w}{\partial z}\right)^2} - 1
$$

岩块中微体素平行 X，Y，Z 轴的棱线间夹角的变化 γ_{yz}，γ_{zx}，γ_{xy}，用形变前沿端点的位移在 X，Y，Z 轴向的投影 u，v，w 对坐标的偏导数表示：

$$
\sin\gamma_{yz} = \sin\gamma_{zy} = \frac{\dfrac{\partial v}{\partial z} + \dfrac{\partial w}{\partial y} + \dfrac{\partial u}{\partial y}\cdot\dfrac{\partial u}{\partial z} + \dfrac{\partial v}{\partial y}\cdot\dfrac{\partial v}{\partial z} + \dfrac{\partial w}{\partial y}\cdot\dfrac{\partial w}{\partial z}}{(e_y + 1)(e_z + 1)}
$$

$$
\sin\gamma_{zx} = \sin\gamma_{xz} = \frac{\dfrac{\partial w}{\partial x} + \dfrac{\partial u}{\partial z} + \dfrac{\partial u}{\partial z}\cdot\dfrac{\partial u}{\partial x} + \dfrac{\partial v}{\partial z}\cdot\dfrac{\partial v}{\partial x} + \dfrac{\partial w}{\partial z}\cdot\dfrac{\partial w}{\partial x}}{(e_z + 1)(e_x + 1)}
$$

$$
\sin\gamma_{xy} = \sin\gamma_{yx} = \frac{\dfrac{\partial u}{\partial y} + \dfrac{\partial v}{\partial x} + \dfrac{\partial u}{\partial x}\cdot\dfrac{\partial u}{\partial y} + \dfrac{\partial v}{\partial x}\cdot\dfrac{\partial v}{\partial y} + \dfrac{\partial w}{\partial x}\cdot\dfrac{\partial w}{\partial y}}{(e_x + 1)(e_y + 1)}
$$

在微小应变时，位移的导数远小于 1，故上方程组简化成

$$
\left.\begin{aligned}
& e_x = \frac{\partial u}{\partial x} \\[2mm]
& e_y = \frac{\partial v}{\partial y} \\[2mm]
& e_z = \frac{\partial u}{\partial z} \\[2mm]
& \gamma_{yz} = \gamma_{zy} = \frac{\partial v}{\partial z} + \frac{\partial w}{\partial y} \\[2mm]
& \gamma_{zx} = \gamma_{xz} = \frac{\partial w}{\partial x} + \frac{\partial u}{\partial z} \\[2mm]
& \gamma_{xy} = \gamma_{yx} = \frac{\partial u}{\partial y} + \frac{\partial v}{\partial x}
\end{aligned}\right\} \qquad (1.1.40)
$$

此组表示式，适用于各向异性和各向同性的所有力学状态的连续岩块。

4. 协调方程

为确定应力场，应力平衡方程式是不充分的，还必须有变形协调条件。从

(1.1.40) 得

$$\frac{\partial^2 e_x}{\partial y^2}+\frac{\partial^2 e_y}{\partial x^2}=\frac{\partial^2 \gamma_{xy}}{\partial x \partial y}$$

$$\frac{\partial^2 e_y}{\partial z^2}+\frac{\partial^2 e_z}{\partial y^2}=\frac{\partial^2 \gamma_{yz}}{\partial y \partial z}$$

$$\frac{\partial^2 e_z}{\partial x^2}+\frac{\partial^2 e_x}{\partial z^2}=\frac{\partial^2 \gamma_{zx}}{\partial z \partial x}$$

$$\frac{\partial}{\partial z}\left(\frac{\partial \gamma_{yz}}{\partial x}+\frac{\partial \gamma_{zx}}{\partial y}-\frac{\partial \gamma_{xy}}{\partial z}\right)=2\frac{\partial^2 e_z}{\partial x \partial y}$$

$$\frac{\partial}{\partial x}\left(\frac{\partial \gamma_{zx}}{\partial y}+\frac{\partial \gamma_{xy}}{\partial z}-\frac{\partial \gamma_{yz}}{\partial x}\right)=2\frac{\partial^2 e_x}{\partial y \partial z}$$

$$\frac{\partial}{\partial y}\left(\frac{\partial \gamma_{xy}}{\partial z}+\frac{\partial \gamma_{yz}}{\partial x}-\frac{\partial \gamma_{zx}}{\partial y}\right)=2\frac{\partial^2 e_y}{\partial z \partial x}$$

(1.1.41)

此方程组适用于各向异性和各向同性的所有力学状态的连续岩块。

对各向同性岩块，可将应变用应力表示，而变成

$$(1+\nu_k)\nabla^2 \sigma_x+3\frac{\partial^2 \sigma}{\partial x^2}=0$$

$$(1+\nu_k)\nabla^2 \sigma_y+3\frac{\partial^2 \sigma}{\partial y^2}=0$$

$$(1+\nu_k)\nabla^2 \sigma_z+3\frac{\partial^2 \sigma}{\partial z^2}=0$$

$$(1+\nu_k)\nabla^2 \tau_{xy}+3\frac{\partial^2 \sigma}{\partial x \partial y}=0$$

$$(1+\nu_k)\nabla^2 \tau_{yz}+3\frac{\partial^2 \sigma}{\partial y \partial z}=0$$

$$(1+\nu_k)\nabla^2 \tau_{zx}+3\frac{\partial^2 \sigma}{\partial z \partial x}=0$$

(1.1.41′)

边界条件：外力边界条件，为单位表面上的外力 $\boldsymbol{F}$ 在 X，Y，Z 轴上的投影

$$\begin{aligned}F_x&=l\sigma_x'+m\tau_{xy}'+n\tau_{xz}'\\F_y&=l\tau_{yx}'+m\sigma_y'+n\tau_{yz}'\\F_z&=l\tau_{zx}'+m\tau_{zy}'+n\sigma_z'\end{aligned}$$

(1.1.42)

l，m，n 为 $\boldsymbol{F}$ 对 X，Y，Z 轴的方向余弦，σ_x'，σ_y'，σ_z'，$\tau_{xy}'=\tau_{yx}'$，$\tau_{yz}'=\tau_{zy}'$，$\tau_{zx}'=\tau_{xz}'$ 为岩块内外力 $\boldsymbol{F}$ 引起的主动应力。

对各向同性岩块，由于剪应力分量

$$\tau_{12}=\frac{\sigma_1-\sigma_2}{2}\sin 2\alpha_1=(1+\lambda)\frac{\sigma_1'-\sigma_2'}{2}\sin 2\alpha_1$$

$$\tau_{23} = \frac{\sigma_2 - \sigma_3}{2}\sin 2\beta_2 = (1+\lambda)\frac{\sigma'_2 - \sigma'_3}{2}\sin 2\beta_2$$

$$\tau_{31} = \frac{\sigma_3 - \sigma_1}{2}\sin 2\gamma_3 = (1+\lambda)\frac{\sigma'_3 - \sigma'_1}{2}\sin 2\gamma_3$$

得

$$\left.\begin{aligned}\tau_{12} &= (1+\lambda)\tau'_{12}\\\tau_{23} &= (1+\lambda)\tau'_{23}\\\tau_{31} &= (1+\lambda)\tau'_{31}\end{aligned}\right]$$

对各向同性岩块的弹性状态，横纵应变比为弹性泊松比，并等于横纵应力比：

同样得

$$\left.\begin{aligned}\nu_{12} &= -\frac{e_{12}}{e'_1} = -\frac{\dfrac{\sigma_{12}}{E}}{\dfrac{\sigma'_1}{E}} = -\frac{\sigma_{12}}{\sigma'_1} = \lambda_{12}\\[2mm]\nu_{23} &= \lambda_{23}\\\nu_{31} &= \lambda_{31}\end{aligned}\right]$$

岩块一点的应力状态，可用过该点所有截面上应力向量的总体表示，也可用该点有 6 个分量的二阶对称张量表示。一点的应变状态，可用该点所有方向应变的总体来表示，也可用有 6 个分量的二阶对称张量表示。但在实际应用中，是取岩块内某一面积上作用内力的平均值作应力，取某一长度内的平均相对形变作应变。因之，若应力或应变分布不均匀时，求应力或应变所取平均面积或长度的大小不同，对所求得的应力值或应变值都有人为的影响。因此，应用时必须根据应力或应变分布的不均匀程度及应用所要求的精度，来确定求应力的平均面积和求应变的平均长度的大小。否则，仅此一项引入的误差将可能是惊人的。特别是在研究岩块破裂时，局部小区的高应力影响，比大区的平均低应力，更加重要。这是值得注意的理论与实际的一个重要区别。

第二节　岩体力学性质

一、岩体基本力学性质

岩体是由连续的岩块和其间的裂隙或弱夹层构成的整体。构成岩体的连续岩块为结构体，其间的裂隙或弱夹层为结构面。弱夹层中，填物厚度小于裂面起伏差的为薄夹层，填物厚度大于裂面起伏差的为厚夹层。结构面的类型，示于图 1.2.1。岩体结构的复杂性，说明其力学性质只能是统计的近似值；由于岩体是经过构造运动或人类工程而破坏了的地质体，其力学性质是这种已经破坏或被重新结合起来的地质体在构造应力场作用下继续变形和破坏的性质；结构面由于是不连续面或低强度层，因而是岩体力学性质的重要影响因素，这是岩体与岩块在结构上的根本区别。

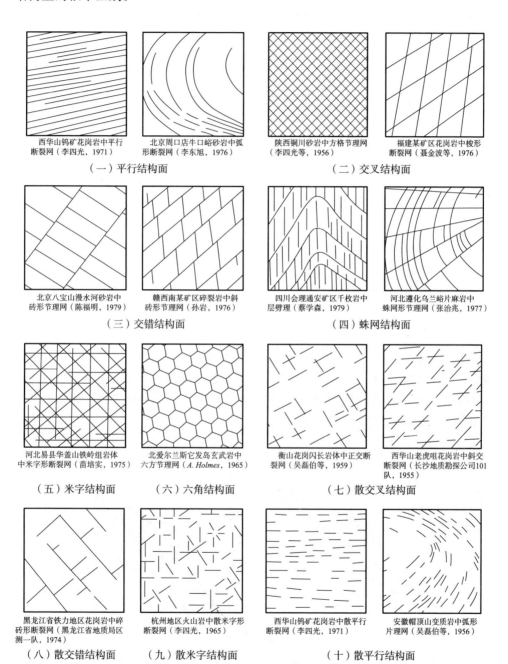

西华山钨矿花岗岩中平行断裂网（李四光，1971）　北京周口店牛口峪砂岩中弧形断裂网（李东旭，1976）

（一）平行结构面

陕西铜川砂岩中方格节理网（李四光等，1956）　福建某矿区花岗岩中梭形断裂网（聂金波等，1976）

（二）交叉结构面

北京八宝山漫水河砂岩中砖形节理网（陈福明，1979）　赣西南某矿区碎裂岩中斜砖形节理网（孙岩，1976）

（三）交错结构面

四川会理通安矿区千枚岩中层劈理（蔡学森，1979）　河北遵化乌兰峪片麻岩中蛛网形节理网（张治兆，1977）

（四）蛛网结构面

河北易县华盖山铁岭组岩体中米字形断裂网（苗培实，1975）　北爱尔兰斯它发岛玄武岩中六方节理网（A. Holmes，1965）

（五）米字结构面　（六）六角结构面

衡山花岗闪长岩体中正交断裂网（吴磊伯等，1959）　西华山老虎咀花岗岩中斜交断裂网（长沙地质勘探公司101队，1955）

（七）散交叉结构面

黑龙江省铁力地区花岗岩中碎砖形断裂网（黑龙江省地质局区测一队，1974）　杭州地区火山岩中散米字形断裂网（李四光，1965）

（八）散交错结构面　（九）散米字结构面

西华山钨矿花岗岩中散平行断裂网（李四光，1971）　安徽帽顶山变质岩中弧形片理网（吴磊伯等，1956）

（十）散平行结构面

图 1.2.1　岩体中结构面类型

　　由图 1.2.2、图 1.2.3 和图 1.2.5 的测量结果可知，岩体短时受载的应力—应变曲线，与岩块一样，也可分为 I 型和 II 型两种类型。但以具有开始压密阶段的 II 型形变曲线（图 1.2.2～图 1.2.3）居多。短时形变曲线各阶段的力学性质类似岩块，但由于有结构面的重要影响，使得其机制与岩块有所不同。

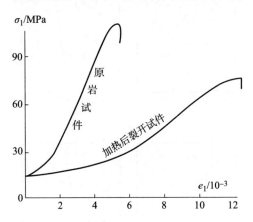

图 1.2.2　大理岩原岩岩块和加热到 500℃
使粒径 2mm 的颗粒边界裂开成
岩体后在 5.45MPa 围压下的应力—
应变曲线（J. C. Jaeger, 1968）

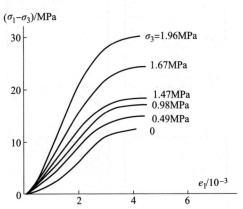

图 1.2.3　钙质页岩岩体在现场各围压下的
应力—应变曲线（何沛田，1988）

　　岩体受载的各变形阶段，都有弹性变形和塑性变形，即使在开始加载的很小载荷下也是如此（图 1.2.4～图 1.2.5）。只有卸载曲线是弹性的，因而也只能从卸载曲线（图 1.2.5）求弹性模量。岩体弹性模量与变形模量之比，即总形变与弹性形变之比，约为 1.05～6.07（表 1.2.1）。

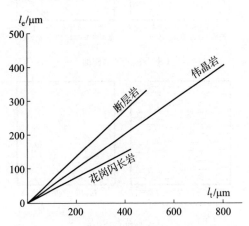

图 1.2.4　岩体单轴压缩下的弹性形变与
总形变的关系（水电部四局勘测
设计研究院，1978）

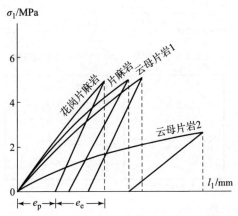

图 1.2.5　用直径 3m 的千斤顶测得的现场
岩体加卸载应力—位移曲线（B. 鲍那波
斯，1984）

表 1.2.1　岩体弹性模量与变形模量比较表

岩　类	弹性模量 /MPa	变形模量 /MPa	$\dfrac{E_c}{D_c}$	资料来源
砾岩	3900	3700	1.05	K. Thiel，1074
砂岩	5200	4800	1.08	
细砂岩	11000	10000	1.10	
砂页岩	4000	3600	1.11	
白云母页岩	1900	1700	1.12	
云母页岩	7500	6500	1.15	
页岩	2800	2100	1.33	
黏土页岩	550	400	1.38	
泥灰岩	2300	1600	1.44	
角岩	1600	900	1.78	
泥质灰岩	9500	5100	1.86	
石灰岩	4000	2100	1.90	
凝灰岩	37000~88000	30000~54000	1.23~1.63	王和章，1987
正长岩	12792~26698	10184~20024	1.26~1.33	雷承弟，1986
黏土岩	240	190	1.26	长江水电科学研究院，1964
中砂岩	4650	3390	1.37	
细砂岩	3100	2140	1.45	
绿石英片岩	9900	4900	2.02	
绿片岩	34000	16000	2.13	
辉绿岩	83000	36000	2.31	
砂质黏土岩	630	230	2.74	
石英片岩	12000	4100	2.93	
云母片岩	17000	5300	3.21	
石英绿片岩	5400	890	6.07	
花岗闪长岩	48000	22000	2.18	水电部四局勘测设计院，1978
花岗斑岩	190250	63420	3.00	水电部华东勘测设计院科研所，1978
花岗岩	155670	42810	3.64	

这种比值与岩体风化破碎程度有关，总体上是随风化程度增强而减小，但在岩体破碎后又增大，反映破碎岩体的弹性有增强趋势（表 1.2.2）。

表 1.2.2　不同风化度岩体弹性模量与变形模量比较表

（水电部华东勘测设计院科研所，1978）

风化度	弹性模量 /MPa	变形模量 /MPa	$\dfrac{E_c}{D_c}$
原新鲜岩体	31320～102370	12950～44420	2.30～2.42
半风化岩体	14350～46700	10480～20880	1.37～2.24
强风化岩体	6670～7930	3700～3810	1.80～2.08
破碎带岩体	95～292	52～58	1.84～5.03

　　岩体在单向压缩下沿其中裂面发生滑动时，若围压较高，且无易滑矿物，其形变曲线发生波状跳动（图 1.2.6～图 1.2.9）；若围压较低或含易滑矿物，其形变曲线成平滑状（图 1.2.8～图 1.2.9）。含裂面岩体受平行裂面的剪切力作用时，其剪应力-剪位移曲线（图 1.2.10）中，$0a$ 段为岩体剪切变形阶段，a 点对应的剪应力 τ_a 为开始摩擦应力，故 ab 段为岩面摩擦阶段，b 点对应的剪应力 τ_b 为最后抗剪应力。在岩面摩擦阶段，若面上正压应力较低，曲线成平滑状，为

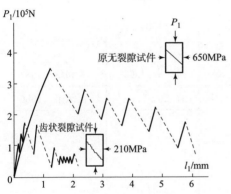

图 1.2.6　原无裂面或有齿状裂面花岗岩压缩形变曲线（W. F. Brace et al.，1966）

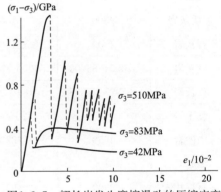

图 1.2.7　辉长岩发生摩擦滑动的压缩应变曲线（J. D. Byerlee et al.，1968）

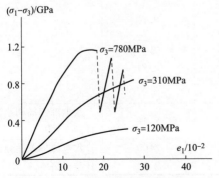

图 1.2.8　碎花岗岩在不同围压下发生摩擦滑动的压缩应变曲线（W. F. Brace et al.，1966）

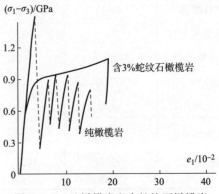

图 1.2.9　纯橄榄岩和含蛇纹石橄榄岩发生摩擦滑动的压缩应变曲线（W. F. Brace et al.，1966）

稳滑；若面上正压应力较高，曲线成波状跳动，为黏滑。黏滑时，曲线波状跳动各峰值点和谷值点的剪应力 τ_M 和 τ_m 为最大和最小抗剪应力。由于 τ_m 小，故在黏滑过程中由 τ_M 到 τ_m 的应力降，引起岩体中的剪应力松弛。这种应力松弛，随黏滑的连续出现而相继发生（图 1.2.11）。

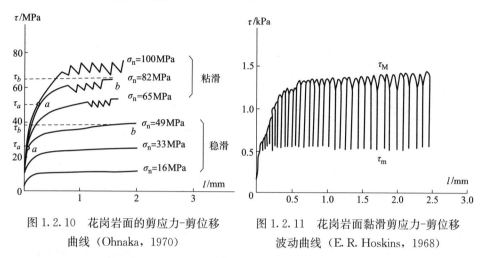

图 1.2.10　花岗岩面的剪应力-剪位移　　　图 1.2.11　花岗岩面黏滑剪应力-剪位移
曲线（Ohnaka，1970）　　　　　　　波动曲线（E. R. Hoskins，1968）

岩面黏滑中，最大和最小抗剪应力，各随法向压应力的增大呈线性增加（图 1.2.12）。由最大抗剪应力-正压应力曲线可得最大静摩擦系数 μ，由最小抗剪应力-正压应力曲线可得最小静摩擦系数 μ_1（图 1.2.12）。岩面黏滑时的摩擦力，可表示如下：

最大摩擦力　　　　　$F_M = A - (1 - \mathit{\Pi})A\sigma_t + a\mathit{\Pi}A\,\bar{\sigma}_n\tan\varphi + A\tau_c$

最小摩擦力　　　　　$F_m = (1 - \mathit{\Pi})A\left[\sigma_t\left(\sigma_t - \dfrac{\bar{\sigma}_n}{1 - \mathit{\Pi}}\right)\right]^{\frac{1}{2}} + A\tau_c$

最后摩擦力　　　　　$F_b = \mu A\bar{\sigma}_n + A\tau_c$

A 为剪切面积，$\mathit{\Pi}$ 为节理密度，a 为节理摩擦因数，$0 \leqslant a \leqslant 1$，$\sigma_t$ 为岩体单轴抗张强度，$\bar{\sigma}_n$ 为剪切面上平均正压应力，φ 为节理摩擦角，μ 为块体间摩擦系数。

岩体长期受载时，其应力与应变率呈线性关系（图 1.2.13）。在给定的应力 σ_1 作用下，含一组平行结构面的岩体，经某时间后，有单向应变

$$e_1 = \sqrt{1 + \frac{\sin^2\alpha}{d^2}\left[L(L - 2d\cot\alpha) + \Delta(\Delta + 2d) - 1\right]}$$

α 为应变 e_1 的方向与结构面的夹角，d 为结构面间距，L 为结构面平均剪切位移，Δ 为结构面的剪胀量或剪缩量。

岩体短时受载的断裂性质主要取决于力学性质状态，在无围压时的脆性状态发生平行压缩方向的张断裂，有围压时的柔性状态发生与压缩方向斜交的共轭剪断裂（图 1.2.14）。图 1.2.15 的实验结果说明，在高围压的强柔性状态岩体易于发生剪断裂网，在中等围压的一般柔性状态也发生剪断裂，在低围压的脆性状态

则发生张断裂。地壳岩体的破裂是长期受载变形的结果，多在柔性状态，故多是剪切破裂。

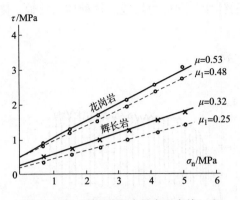

图 1.2.12　岩面黏滑中最大（实线）和最小（虚线）抗剪应力随法向压应力的变化（J. C. Jaeger，1979）

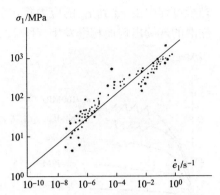

图 1.2.13　地壳岩体在 1400℃的应力—应变率关系

（M. F. Ashby et al.，1977）

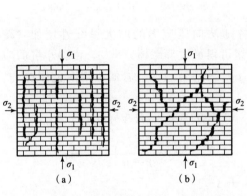

图 1.2.14　压缩碎块岩体，$\sigma_2 = 0$ 时的张断裂（a）；$\sigma_2 \neq 0$ 时的剪断裂（b）

（R. A. Shiryaev et al.，1979）

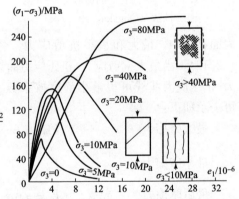

图 1.2.15　大理岩在不同围压下的压缩应力—应变曲线及破裂性质

（长沙矿冶研究所，1976）

二、岩体变形机制

　　岩体是由结构体和结构面构成的，因之岩体受载后的变形和破坏表现在结构面和结构体的变形和破坏上。由于结构面是岩体中的软弱面，故其在岩体变形和破坏中的作用是至关重要的。这是岩体变形机制与岩块变形机制的根本区别。结构面变形，有法向变形和切向变形两种形式。

　　岩体结构面法向变形时，岩体的形变为结构体形变与结构面形变之和（图 1.2.16）。在低载荷下，结构体应变与结构面应变同等重要（图 1.2.17），有时以结构面应变为主（图 1.2.18）；在高载荷下，结构体应变继续增加，结构面应变趋于稳定（图 1.2.17～图 1.2.18），变为以结构体应变为主；最后岩体破坏，这是已经破坏了的地质体的再破坏过程。岩体中，岩块变形模量与岩体变形模量之比，约为 1.1～107.5（表 1.2.3）。这个比值，等于同向岩体应变与岩块应变之比。它说明，岩体应变大于岩块应变，大者达百余倍；岩体应变为岩块应变 e_b 与结构面应变 e_s 之和，岩体变形模量

$$D_{cm}=\frac{\sigma_1}{e_{1b}+e_{1s}}=D_{cb}\frac{1}{1+\dfrac{e_{1s}}{e_{1b}}};$$

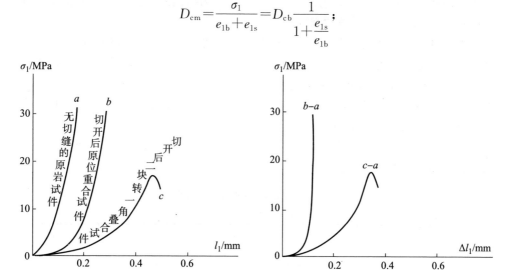

图 1.2.16 原岩和切缝后切缝法向的应力—位移曲线（a）及用 a，b 二曲线
位移差、a，c 二曲线位移差表示的切缝法向压缩量曲线（b）（R. E. Goodman，1976）

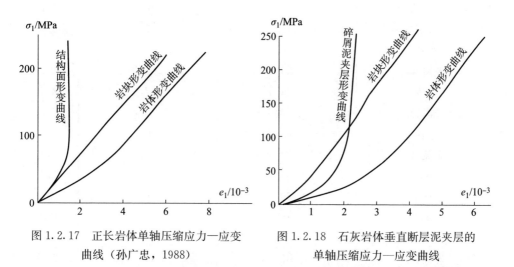

图 1.2.17 正长岩体单轴压缩应力—应变
曲线（孙广忠，1988）

图 1.2.18 石灰岩体垂直断层泥夹层的
单轴压缩应力—应变曲线

结构面应变大于同厚度岩块的应变，因而是软弱面，若连接得好则岩体强度高，若连接得差则岩体强度低（图 1.2.19）。结构面的法向压缩变形，是由裂隙闭

合、填物压密和压缩变形构成的。

岩体结构面切向变形时，剪应力增加到一定值，结构面便开始摩擦滑动（图 1.2.10）。此时岩体的剪切强度，由结构面摩擦或变形的抗剪应力来维持（图 1.2.20）。此抗剪应力

$$\tau = \tau_c + \sigma_n \tan\varphi$$

τ_c 为结构面黏结强度，σ_n 为结构面正压应力，φ 为结构面摩擦角，$\tan\varphi$ 为结构面摩擦系数，$\sigma_n \tan\varphi$ 为结构面摩擦强度。

由上可知，岩体的变形，是由结构体变形和结构面变形构成的。结构面为岩面时，其压缩变形为压紧，剪切变形为摩擦滑动。结构面为弱夹层时，其压缩变形为填物压密和压缩形变，剪切变形为填物滑动、转动、剪切变形和破裂。可见，岩体的力学参量是其结构体和结构面的综合力学参量，只是在不同条件下它们各自所起的作用大小不同而已。

应力通过结构面时的传播机制，主要是靠正压力和抗剪力的形式来实现，并由于结构面活动做功和释放而衰减。

表 1.2.3　岩块与岩体变形模量比较表

（M. Rocha，1964）

岩　　类	变形模量/GPa		$\dfrac{D_{cb}}{D_{cm}}$
	岩块 D_{cb}	岩体 D_{cm}	
花岗岩1	52	49	1.1
泥灰岩	47	43	1.1
片麻岩	80	65	1.2
石灰岩	70	60	1.2
泥岩	11.5	7	1.6
片岩1	90	40	2.2
花岗岩2	2.6	0.9	2.9
石英岩1	33	7	4.7
花岗岩3	32	6	5.3
片岩2	65	12	5.4
石英岩2	50	7.5	6.7
砂岩	65	8.6	7.6
砾岩	60	6	10.0
粉砂岩	15	1.5	10.0
片岩3	140	5	28.0
花岗岩4	43	1.5	28.7
石英岩3	43	0.4	107.5

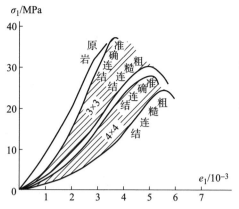

图 1.2.19　被节理切割的有不同连接程度
岩体的压缩应力—应变曲线（R. D.
Lama，1976）

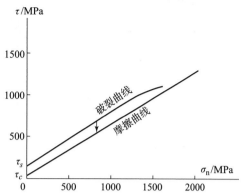

图 1.2.20　花岗岩剪断后应力下降为
裂面摩擦抗剪应力的实验结果（J. D.
Byerlee，1968）

三、岩体力学性质影响因素

岩体力学性质，随岩体结构、所处环境和力学状态而变。

1. 结构

岩体，从结构上可分为两类：

连续体——含不延续不贯通的散裂隙而总体连接着，或切割后又胶结、烧结、溶结或熔结起来成一整体，或含软弱夹层的岩体；

碎块体——被平行、交叉、交错的裂隙切成不连续的块体。此类岩体，在地壳浅层的低温低围压下是不连续体，在地壳深部的高温高围压下是连续体。

1) 碎度

在岩体中，沿取样线的横向结构面平均距离 d，为结构面间距。沿取样线单位长度中的横向结构面数 $\varPi$，为结构面密度。取样线长为 R，其横过的结构面数为 N，则 $\varPi = \dfrac{N}{R} = \dfrac{1}{d}$。岩体有几组方向不同的结构面时，其密度为各组结构面密度之和。结构面面积 a 与岩体同位同向截面面积 A 之比，在整个岩体中所占的百分数 $\varGamma = \dfrac{a}{A}$〔%〕，为结构面割度。$\varGamma = 0$，是连续岩块；$\varGamma = 1$，岩体被横贯割断。岩体有 n 组方向不同的结构面时，

$$\varGamma = \frac{a_1 + a_2 + \cdots + a_n}{A_1 + A_2 + \cdots + A_n} \ \text{〔\%〕}$$

岩体参量与其岩块同一参量之比，用百分数表示，为体块系数。

弹性体块系数

$$\left.\begin{array}{l} f_{Ec}=\dfrac{E_{cm}}{E_{cb}} \ [\%] \\[3mm] f_{Et}=\dfrac{E_{tm}}{E_{tb}} \ [\%] \\[3mm] f_{E\tau}=\dfrac{E_{\tau m}}{E_{\tau b}} \ [\%] \end{array}\right]$$

变形体块系数

$$\left.\begin{array}{l} f_{Dc}=\dfrac{D_{cm}}{D_{cb}} \ [\%] \\[3mm] f_{Dt}=\dfrac{D_{tm}}{D_{tb}} \ [\%] \\[3mm] f_{D\tau}=\dfrac{D_{\tau m}}{D_{\tau b}} \ [\%] \end{array}\right]$$

柔性体块系数

$$\left.\begin{array}{l} f_{Fc}=\dfrac{F_{cm}}{F_{cb}} \ [\%] \\[3mm] f_{Ft}=\dfrac{F_{tm}}{F_{tb}} \ [\%] \\[3mm] f_{F\tau}=\dfrac{F_{\tau m}}{F_{\tau b}} \ [\%] \end{array}\right]$$

蠕变体块系数

$$\left.\begin{array}{l} f_{Cc}=\dfrac{C_{cm}}{C_{cb}} \ [\%] \\[3mm] f_{Ct}=\dfrac{C_{tm}}{C_{tb}} \ [\%] \\[3mm] f_{C\tau}=\dfrac{C_{\tau m}}{C_{\tau b}} \ [\%] \end{array}\right]$$

强度体块系数

$$\left.\begin{array}{l} f_{\sigma c}=\dfrac{\sigma_{cm}}{\sigma_{cb}} \ [\%] \\[3mm] f_{\sigma t}=\dfrac{\sigma_{tm}}{\sigma_{tb}} \ [\%] \\[3mm] f_{\tau s}=\dfrac{\tau_{sm}}{\tau_{sb}} \ [\%] \end{array}\right]$$

泊松体块系数

$$f_\nu = \frac{\nu_m}{\nu_b} \ [\%]$$

$$f_\lambda = \frac{\lambda_m}{\lambda_b} \ [\%]$$

尺寸体块系数

$$f_r = \frac{R}{r}$$

R 为岩体尺寸，r 为岩块尺寸。等等。

岩体，按结构面割度可分五等（表 1.2.4）。有不同结构面割度岩体的I型和II型应力—应变曲线，示于图 1.2.21。结构面割度高，岩体抗压强度低（图 1.2.21～图 1.2.22）。但结构面割度低于 2/3 时，岩体抗压强度也偏低（图 1.2.23），这与结构面上尖端增多所引起的应力集中有关。可见，结构面有中等割度岩体的抗压强度，高于低割度和高割度的。岩体抗剪应力，却一致地随结构面割度的增大而减小（图 1.2.24～图 1.2.25）。

表 1.2.4　岩体结构面割度等级

岩体结构面割度等级	结构面割度（%）
微割岩体	>0～25
轻割岩体	25～50
中割岩体	50～75
强割岩体	75～<100
全割岩体	100

含裂隙岩体，按裂隙密度可分五等（表 1.2.5）。岩体单位体积中的块体数 n，为岩体的碎度。岩体按碎度也分五等（表 1.2.6）。不同碎度岩体的I型和II型应力—应变曲线，示于图 1.2.26～图 1.2.27。碎块岩体的抗压强度（图 1.2.28～图 1.2.31）、变形模量（图 1.2.32～图 1.2.33）、弹性模量（图 1.2.34～图 1.2.35）、抗剪强度（图 1.2.36）和波速体块系数（图 1.2.37），均随碎度的增加而减小。变形体块系数和强度体块系数，则随尺寸体块系数的增加而减小（图 1.2.38）。摩擦系数，随岩块尺寸的增加而增大（图 1.2.39）。岩体抗压强度与碎度的经验关系式，列于表 1.2.7。

表 1.2.5　岩体裂隙密度等级

岩体裂隙密度等级	裂隙密度/m
贫裂隙岩体	>0～0.1
稀裂隙岩体	0.1～1
多裂隙岩体	1～10
密裂隙岩体	10～100
糜棱化岩体	100～1000

表 1.2.6　岩体碎度等级

岩体碎度等级	碎度/m³
巨块化	>0～0.03
大块化	0.03～1
中块化	1～10^3
小块化	10^3～10^6
糜棱化	10^6～10^9

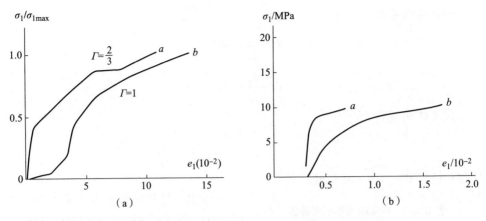

图 1.2.21　含两组节理花岗岩体的压缩应力—应变曲线（L. Müller，1974）

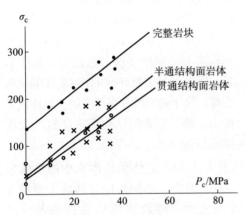

图 1.2.22　大理岩抗压强度与结构面
割度的关系（孙广忠，1988）

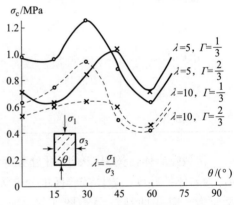

图 1.2.23　岩体抗压强度随裂隙割度的
变化（L. Müller，1974）

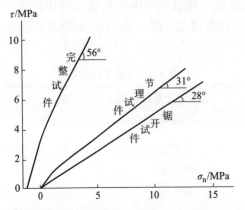

图 1.2.24　石英二长岩抗剪应力随裂
隙割度的变化（A. J. Hendron，1966）

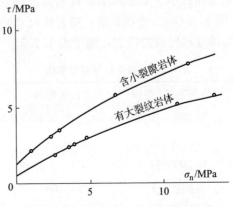

图 1.2.25　岩体抗剪应力随裂隙割度的
变化（肖树芳等，1987）

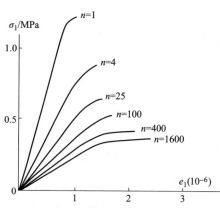

图 1.2.26 岩体碎度对其单轴压缩应力—应变曲线的影响（彭光忠等，1987）

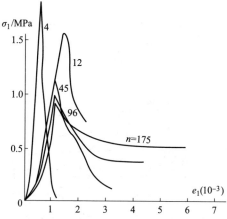

图 1.2.27 不同碎度岩体的单轴压缩应力—应变曲线（R. D. Lama，1974）

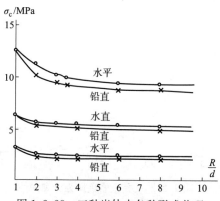

图 1.2.28 三种岩体内各种形式节理割成的块体数对抗压强度的影响（R. D. Lama，1974）

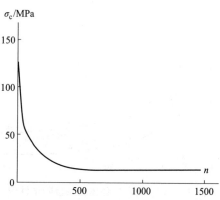

图 1.2.29 石灰岩体的抗压强度与试件中结构体数的关系（孙广忠，1988）

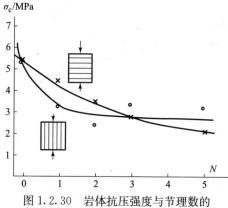

图 1.2.30 岩体抗压强度与节理数的关系（P. E. Walker，1971）

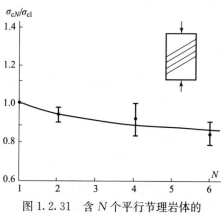

图 1.2.31 含 N 个平行节理岩体的抗压强度与单节理岩体抗压强度之比随节理数 N 的变化（M. Hayashi，1966）

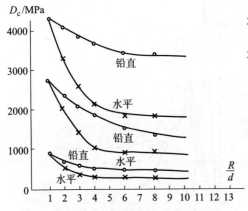

图 1.2.32　三种岩体中各种形式节理
割成的块体数对变形模量的影响
（R. D. Lama，1974）

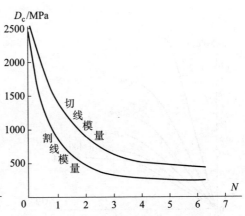

图 1.2.33　岩体变形模量与节理数的
关系（P. E. Walker，1971）

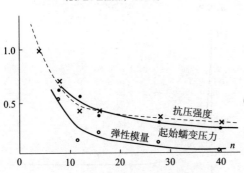

图 1.2.34　黏土岩各体块系数随试件中
结构体数的变化（孙广忠等，1983）

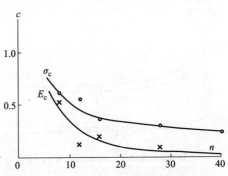

图 1.2.35　黏土岩抗压强度和弹性
模量归一化系数与试件中结构体数的
关系（据孙广忠等的数据，1983）

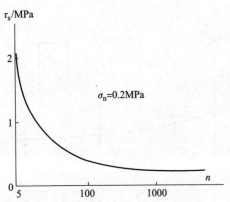

图 1.2.36　板岩体抗剪强度与剪切面内
结构体数的关系（孙广忠，1988）

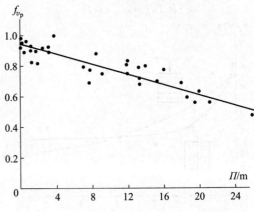

图 1.2.37　岩体内纵波波速体块系数与
裂隙密度的关系（J. W. Stewart，1956）

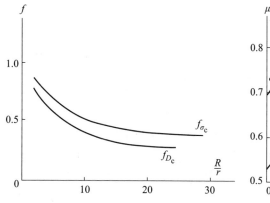

图 1.2.38 岩体各体块系数随尺寸体块
系数的变化（孙广忠，1983）

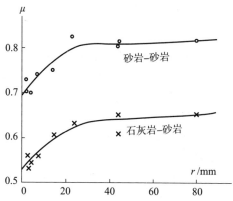

图 1.2.39 岩体摩擦系数与岩块尺寸
的关系（R. Tulinov et al. , 1971）

表 1.2.7 岩体抗压强度与碎度的实验关系式

序号	岩体抗压强度实验关系式	说明	提出者
1	$\sigma_{cm}=\dfrac{(R+d)\ \sigma_{cmR}-d\sigma_{cbR}}{R}$	σ_{cmR}：边长 R 岩体试件抗压强度 σ_{cbR}：边长 R 岩块试件抗压强度 d：结构面间距	M. M. Protodiakonov，1962
2	$\sigma_{cm}=\dfrac{\sigma_{cbD}}{1+\dfrac{a-1}{\dfrac{D}{d}+1}}$	σ_{cbD}：直径 D 圆柱岩块抗压强度 $a=2\sim10$：岩性系数 d：结构面间距	M. M. Protodiakonov，1964
3	$\sigma_{cm}=\dfrac{\sigma_{cbr}}{1+\dfrac{d\ (F+1)}{d+r}}$	σ_{cbr}：尺寸 r 岩块抗压强度 F：岩体断裂系数 　　压缩时：火成岩为 $1\sim2$ 　　　　　硬岩为 $1\sim3$ 　　　　　软岩为 $3\sim10$ 　　拉伸时：各为两倍压缩的值 d：裂隙间距	M. M. Протодияконов，1964
4	$\sigma_{cm}=\sigma_{cml}\left[1-a\ \sqrt{2\lg N}+\right.$ $\left.a\ \dfrac{\lg\ (\lg N)\ +\lg4\pi}{2\ \sqrt{2\lg N}}\right]$	σ_{cml}：含一个节理岩体的抗压强度 a：岩体系数 N：岩体中节理数	M. Hayashi，1966
5	$\sigma_{cm150}=\sigma_{cbr}-\left(\dfrac{R}{r}\right)^{a}$	σ_{cm150}：含 150 个以上节理岩体的抗压强度 σ_{cbr}：尺寸 r 岩块抗压强度 R：岩体尺寸 a：岩体系数	R. D. Lama，1974
6	$\sigma_{cmR}=\sigma_{cbr}\left(a+b\dfrac{r}{R}\right)^{c}$	σ_{cbr}：尺寸 r 岩块抗压强度 R：岩体尺寸 $a,\ b=1-a,\ c<1$：岩体系数	M. Goldstein et al. ，1966

2）弱面

（1）方向。

岩体内裂隙或弱夹层分布的方向对其力学性质影响甚大，是造成岩体各向异性的重要原因。节理组与加载方向成不同交角的应力—应变曲线，示于图 1.2.40，以Ⅱ型的居多。结构面与压缩轴交角 α 约为 30°时，岩体抗压强度最小，向两侧随 α 角增大或减小而上升（图 1.2.41～图 1.2.42）。以此岩体最低抗压强度角为中心，向左、右各约 25°即总共约在 50°角范围内，为岩体沿结构面破裂的角度范围，而在余下的 40°角范围内则为岩体沿结构体破裂的角度范围（图 1.2.43）。当岩体内有一组、两组和四组结构面时，其抗压强度随结构面与受载边界面交角 $\theta = 90° - \alpha$ 的变化，示于图 1.2.44。当有两组正交结构面时，岩体抗压强度的最小值约在 $\theta = 30°$，60°处。而当有四组"米"字形结构面时，则岩体抗压强度近似成各向同性分布。岩体抗张强度，在 $\theta = 0°$时最小，随 θ 角增加而增大，在 $\theta = 90°$时最大（图 1.2.45）。岩体结构面方向的弹性模

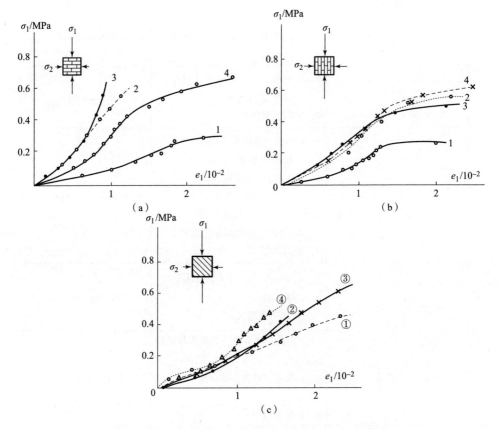

图 1.2.40　节理组与载荷有不同交角的应力—应变曲线：

①$\sigma_2 = 0$；②$\dfrac{\sigma_1}{\sigma_2} = 12$；③$\dfrac{\sigma_1}{\sigma_2} = 8$；④$\dfrac{\sigma_1}{\sigma_2} = 6$（R. A. Shiryaev et al.，1979）

量与拉伸方向弹性模量比，随 θ 角增大而减小（图 1.2.46）。岩面上的正压力高时，抗剪应力随倾角 θ 增加而增大；正压力低时，抗剪应力随倾角 θ 增加而减小（图 1.2.47）。岩面摩擦角随岩层倾角 θ 增加而增大，黏结强度随 θ 增大而减小（图 1.2.48）。

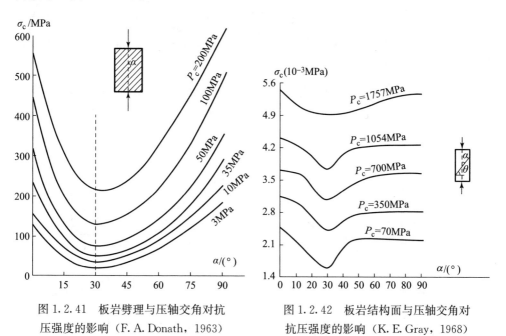

图 1.2.41　板岩劈理与压轴交角对抗
压强度的影响（F. A. Donath，1963）

图 1.2.42　板岩结构面与压轴交角对
抗压强度的影响（K. E. Gray，1968）

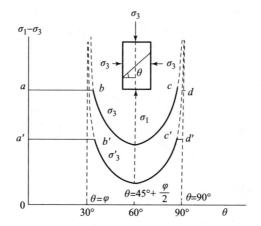

图 1.2.43　岩体沿结构体破裂线 $\overline{ab}$，$\overline{cd}$ 和沿结构面破裂线 $\overset{\frown}{bc}$ 的角度范围
（R. D. Lama，1978）

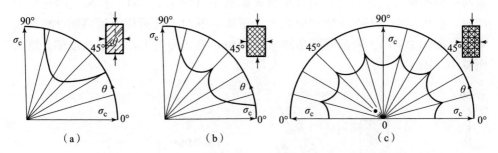

图 1.2.44　岩体有一组平行结构面（a）两组正交结构面（b）四组米字形
结构面（c）时的抗压强度随结构面与受载边界面交角变化分布图
（L. Müller et al. ，1965，1981）

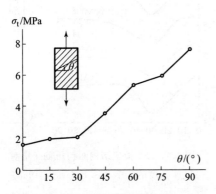

图 1.2.45　砂岩抗张强度随层面与受载
边界面交角的变化（Y. Y. Youash，1966）

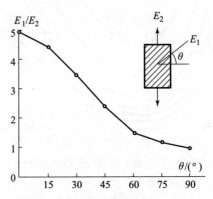

图 1.2.46　片麻岩片理方向和拉伸方向
弹性模量比随片理与受载边界面交角的
变化（G. Barla et al. ，1974）

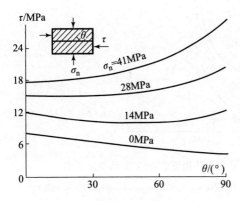

图 1.2.47　岩面在不同正压应力下的
抗剪应力随岩层倾角的变化（J. F. Uff
et al. ，1967）

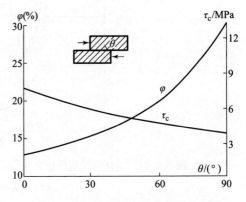

图 1.2.48　岩面摩擦角和黏结强度随
岩层倾角的变化（J. F. Uff et al. ，1967）

（2）滑面。

岩面滑动时的抗剪应力-剪切位移关系曲线形态，有Ⅰ型和Ⅱ型两种类型，示于图1.2.49～图1.2.50。过曲线上的 a 点，岩面进入滑动状态，此状态中的抗剪应力表示式为

$$\tau = \tau_c + \mu \sigma_n$$

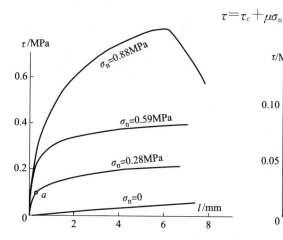

图1.2.49　泥质灰岩岩面在不同正压力下的
抗剪应力-剪切位移关系曲线
（水电部北京勘测设计院，1965）

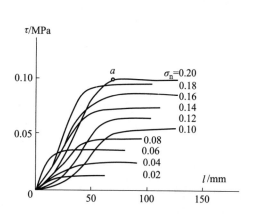

图1.2.50　平光岩面的抗剪应力-剪切
位移关系曲线（肖树芳等，1987）

相当图1.2.51中的直线段 $\overline{PAB}$。 S 为 τ， σ_n 状态点。当 S 在圆弧 $\overset{\frown}{AB}$ 上时，引起岩面滑动；当 S 在圆弧 $\overset{\frown}{DA}$、 $\overset{\frown}{BC}$ 上时，则岩面不滑动。滑动抗剪应力 τ，等于岩块剪断后强度下降到只维持岩体沿剪断面摩擦滑动的剪切强度（图1.2.52），称为剩余剪切强度。在此种状态下，载荷不变，应变也增加。由此得

$$\mu = \tan\varphi = \frac{\sigma_1 - \sigma_2}{\sigma_1 \cot\alpha + \sigma_2 \tan\alpha}$$

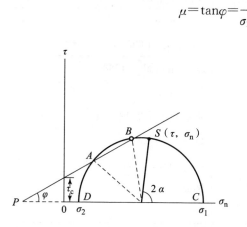

图1.2.51　岩面滑动状态的应力图解

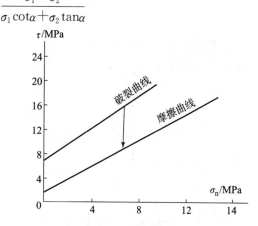

图1.2.52　大理岩在相同法向压应力下的
剪断抗剪应力与摩擦抗剪应力的
关系（王武林，1979）

各类岩面的摩擦系数，示于表 1.2.8 中。

表 1.2.8　岩面擦系数表

岩类	μ	剪切面情况	资料来源
砂岩	4.7	$A=6.1\times5.5m^2$	Ruiz et al.，1966
砂岩	1.3~2.0	—	Fishman，1976
砂岩	1.3~1.7	—	Rocha，1964
粉砂岩	1.1~1.6	$h=0.1—1.0cm$	长江水电科学院和岩土力学所，1973
粉砂岩	1.1	—	Fishman，1976
红砂岩	0.59~0.77	—	黄承天，1984
砂岩	0.68	粗糙面	Rac，1963
砂岩	0.51~0.61	粗糙面	Hoskins，1968
砂岩	0.52	自然面	Jaeger，1959
玄武岩	1.3~3.3	$A=2\times2m^2$	Ruiz et al.，1968
粗晶玄武告	0.64~0.95	自然面~粗磨面	Wiebols et al.，1968
花岗岩（日本）	1.0~2.7	$A=3.5\times2.5m^2$	Nose，1964
花岗岩（葡萄牙）	0.9~1.9	$A=0.7\times0.7m^2$	Rocha，1964
花岗岩	0.9~1.8	—	Fishman，1976
细粒花岗岩	0.94		宁秩南等，1987
花岗岩（苏联）	0.9	$A=12.0\times8.0m^2$	Evdokimov et al.，1970
花岗岩	0.64	粗磨面	Hoskins et al.，1968
花岗岩	0.60	粗磨面（干，湿）	Byerlee，1967
页岩	1.2~2.7	—	Rocha，1964
页岩	2.6	$A=0.7\times0.7m^2$	Rocha，1964
辉绿岩	1.19~2.05	$h=5~15cm$	Евдокимов，1964
辉绿岩	0.6~1.8	—	Fishman，1976
石灰岩（西班牙）	1.0~1.9	$A=0.7\times0.7m^2$	Serafim et al.，1968
石灰岩	1.0~1.6	—	Fishman，1976
石灰岩	1.5	平整面	水电部八局设计院，1975
石灰岩（瑞士）	1.0	$A=1.5\times1.5m^2$	Locher，1968
石灰岩（南斯拉夫）	0.6~1.0	$A=2.8\times1.0m^2$	Krsmanovic et al.，1966
角砾岩	1.6~1.8	$A=0.7\times0.7m^2$	Ruiz et al.，1966
角砾岩	1.7	—	Fishman，1976
闪长岩	1.7	—	Fishman，1976

（续表）

岩类	μ	剪切面情况	资料来源
片岩	1.2～1.7	—	Fishman，1976
绿片岩	1.0～1.6	—	Fishman，1976
正片岩	1.4	—	Fishman，1976
副片岩	1.2	—	Fishman，1976
黑片岩	1.1	—	Fishman，1976
片岩	0.6～0.8	$A=0.7\times0.7\text{m}^2$	Serafim et al.，1968
凝灰岩	1.17～1.62	$A=0.7\times1.0\text{m}^2$	王和章，1987
流纹斑岩	1.6	$A=0.5\times0.6\text{m}^2$	王和章，1987
斑岩	0.86	自然面	Jaeger，1959
石英岩	1.2～1.5	$A=0.7\times0.7\text{m}^2$	Serafim et al.，1968
石英岩	0.48～0.67	自然面～粗磨面	Wiebols et al.，1968
粘板岩	1.15～1.37	$A=0.7\times0.4\text{m}^2$	日本土木学会沿体力学委员会，1975
板岩	0.48	—	宁秩南等，1987
安山岩	1.3	—	Fishman，1976
泥灰岩（西班牙）	0.5～1.2	$A=1.0\times1.0\text{m}^2$	Romero，1968
泥灰岩（摩洛哥）	0.5～0.7	$A=0.7\times0.7\text{m}^2$	Serafim，1968
泥灰岩（法国）	0.3～0.5	$A=0.6\times0.6\text{m}^2$	Comes et al.，1968
泥灰岩	0.46	—	黄承天，1984
玢岩	1.1	—	Fishman，1976
混合岩	0.65～0.86	$A=1.0\times1.0\text{m}^2$	王御秋，1987
片麻岩	0.7～0.8	—	Fishman，1976
片麻岩	0.61～0.71	自然面（干，湿）	Jaeger，1959
大理岩	0.75	细磨面	Hoskins et al.，1964
大理岩	0.62	自然面	Jaeger，1959
粗面岩	0.56～0.68	细～粗磨面	Hoskins et al.，1964
辉长岩	0.18～0.66	细磨面	Hoskins et al.，1968
砂砾岩	0.55～0.63	—	黄承天，1986
白云岩	0.4	粗磨面	Handin et al.，1964

岩面摩擦抗剪应力，随摩擦面起伏差的增加而增大（图 1.2.53），随接触面积增大而减小（图 1.2.54）。岩面摩擦系数，亦随摩擦面起伏差的增加而增大（图 1.2.55）。

（3）夹层。

岩体中弱夹层的抗剪应力-剪切位移曲线的形态，示于图 1.2.56～图 1.2.59，过 a 点后夹层破裂。破裂后，夹层带的抗剪应力下降，有的还有一定剩余剪切强度 τ_r。τ_r 维持着岩体的强度（图 1.2.60），其大小随夹层正压力的增加而增大（图 1.2.61）。

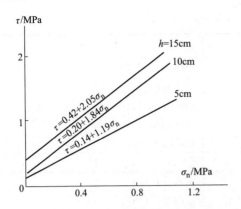

图 1.2.53　辉绿岩岩面起伏差对摩擦抗剪应力
的影响（Н. Д. Евдокимов et al. , 1964）

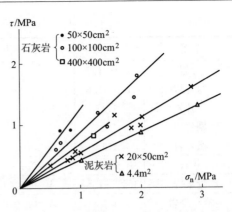

图 1.2.54　岩体接触面积大小对摩擦抗剪
应力的影响（T. A. Jimens，1965；J.
L. Bernaix，1967）

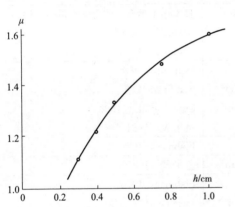

图 1.2.55　粉砂岩岩面起伏差对摩擦系数的
影响（长江水电科学院和中国科学院
岩土力学研究所，1973）

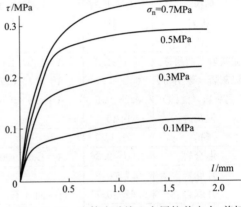

图 1.2.56　岩体中砂壤土夹层抗剪应力-剪切
位移曲线（齐俊修等，1987）

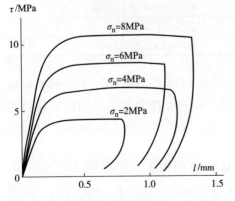

图 1.2.57　石灰岩中弱夹层抗剪应力-剪切
位移曲线（孙广忠，1988）

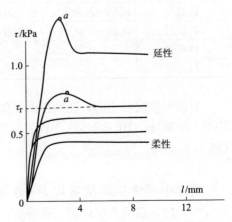

图 1.2.58　岩体不同颗粒夹层的抗剪应力-
剪切位移曲线（据肖树芳等的数据，1987）

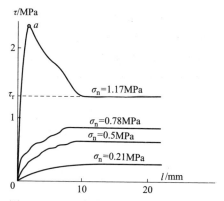

图 1.2.59　石灰岩裂口宽 5mm 被硅藻土充填的夹层在不同正压力下的抗剪应力-剪切位移曲线（M. Manojlovic et al. ，1979）

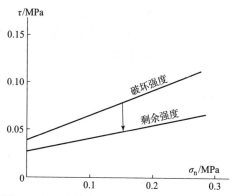

图 1.2.60　岩体中黏土岩夹层剪切破裂强度和剩余剪切强度的关系（姚宝魁等，1984）

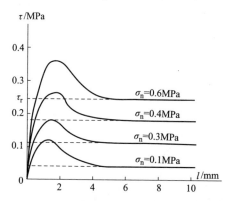

图 1.2.61　岩体中泥灰岩夹层的抗剪应力-剪切位移曲线表示出的剩余剪切强度与正压力的关系（M. Manojlovic et al. ，1977）

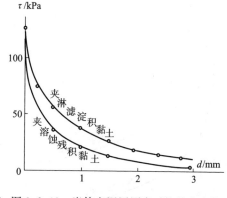

图 1.2.62　岩体夹泥层厚度对抗剪应力的影响（孙广忠，1983）

岩体抗剪应力随夹层厚度（图1.2.62）或夹层厚度与起伏差之比（图1.2.63）的增加而减小，有夹层时的强度，低于有同量级起伏差时的强度（图1.2.64）。弱夹层的摩擦系数，随夹层厚度（图1.2.65）或夹层厚度与起伏差之比（图1.2.66）的增加而减小，随填物粒度的增大而增加（图1.2.67～68）。最大和最小剪切强度随晶粒的变细而降低（图1.2.69），夹层摩擦角亦随黏土中含砂量的减少而降低（图1.2.70）。夹层的黏结强度，先随夹层厚度的增加

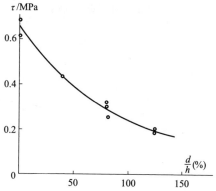

图 1.2.63　岩体抗剪应力随粉状夹层厚度与 5.5mm 起伏差之比的变化（R. E. Goodman，1970）

而增大，然后减小（图 1.2.71），随夹层厚度起伏差的增加而减小（图 1.2.72）。

有不同成分夹层岩体的压缩应力—应变曲线形态，示于图 1.2.73。夹层成分对其抗剪应力-正压应力曲线的影响，示于图 1.2.74。各种成分夹层的强度和稳定性，示于表 1.2.10。各种粒度夹层的摩擦系数和黏结强度，示于表 1.2.11。

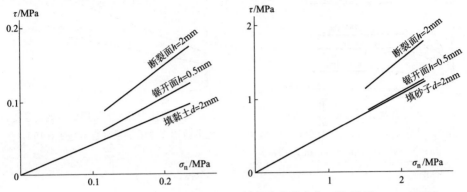

图 1.2.64　砂岩抗剪应力随表面粗糙度和填料粒度的变化（H. K. Kutter，1979）

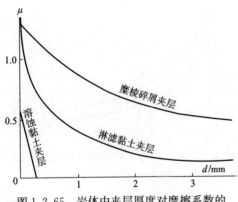

图 1.2.65　岩体中夹层厚度对摩擦系数的
影响（孙广忠，1988）

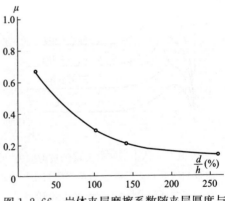

图 1.2.66　岩体夹层摩擦系数随夹层厚度与
起伏差之比的变化（朱庄水库，1988）

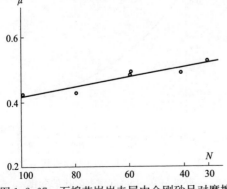

图 1.2.67　石棉花岗岩夹层中金刚砂号对摩擦
系数的影响（水电部成都勘测设计院，1977）

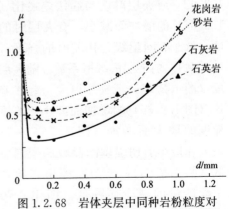

图 1.2.68　岩体夹层中同种岩粉粒度对
摩擦系数的影响

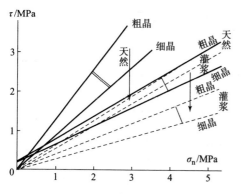

图 1.2.69　花岗岩体夹层晶粒大小和灌浆对
最大剪切强度（实线）和最小剪切强度
（虚线）的影响（J. H. Coulson, 1970）

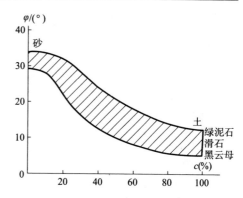

图 1.2.70　岩体夹层中砂质黏土的黏土
含量对摩擦角的影响（A. W. Skempton,
1964）

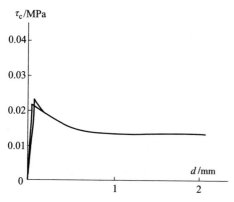

图 1.2.71　岩体中泥夹层厚度对
黏结强度的影响（孙广忠, 1988）

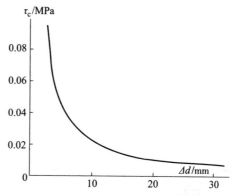

图 1.2.72　石英砂岩中泥夹层厚度起伏差对
黏结强度的影响（水电部十三工程局
勘测设计院, 1978）

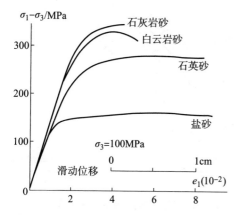

图 1.2.73　裂隙中含不同成分断层泥的砂岩
岩体的压缩应力—应变曲线（J. Handin, 1972）

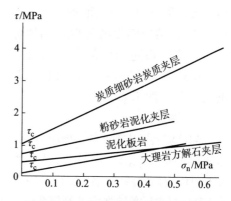

图 1.2.74　岩体不同成分夹层的抗剪
应力-正压应力曲线（葛修润, 1979）

表 1.2.9　各种成分夹层的摩擦系数和黏结强度

夹层成分	μ	τ_c/MPa	资料来源
灰岩	0.96～1.39	0.18～0.18	宁秩南等，1987
碎砾	0.83	0.12	马国谨，1988
钙质页岩	0.70	0.03	孙广忠，1988
细砂岩	0.68	0.40	宁秩南等，1987
角砾岩	0.55～0.65	0.07	孙广忠，1988
泥灰岩	0.56～0.62	0.20～0.27	广西水电勘测设计院，1975
钙质脉	0.50～0.60	0.10～0.30	王和章，1987
砂黏土	0.57	0.006	王和章，1987
砂壤土	0.30～0.53	0.02～0.24	齐俊修等，1987
亚黏土	0.33～0.40	0.01	王和章，1987
泥层	0.20～0.25	0.16～0.19	林天健等，1976

表 1.2.10　各种成分夹层的强度和稳定性

夹层成分	强度和稳定性
硅质	强度很高，性能稳定
钙质	强度较高，性能较稳定
铁质	强度较高，易于风化
盐质	强度一般，易于溶蚀
泥质	强度变化大，性能不稳

表 1.2.11　各种粒度夹层的摩擦系数和黏结强度

夹层粒度	μ	τ_c/MPa
粉泥	0.15～0.25	0.005～0.025
砂泥	0.20～0.35	0.005～0.035
碎泥	0.30～0.45	0.010～0.045
砾泥	0.40～0.55	0.010～0.090
碎屑	0.50～0.65	0.020～0.140
碎砾	0.60～0.80	0.025～0.300
碎块	0.80～0.95	0.040～0.800

2. 环境

1）围压

岩块压裂成岩体后，维持岩体压缩强度的裂面处于摩擦状态的压应力，随围压增加而增大（图 1.2.75）。结构面在各种取向的岩体抗压强度，均随围压的增加而增大（图 1.2.76），可达原岩岩块抗压强度的 90%（图 1.2.77）。

2）湿度

岩体弱夹层或裂面的抗剪应力，随含水量的增加而减小（图 1.2.78～图 1.2.79），有的减小后又上升（图 1.2.78b）。夹层黏结强度和摩擦角，均随含水量的增加而减小（图 1.2.80）。

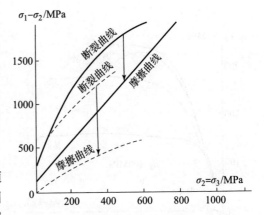

图 1.2.75　花岗岩的抗压强度和压裂后的裂面摩擦状态压应力与围压的关系（R. L. Handy，1972；F. Rummel et al.，1978）

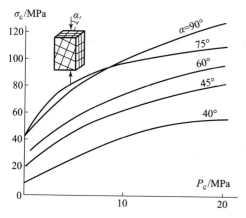

图 1.2.76 岩体结构面在各种取向
时的抗压强度与围压的关系
(C. D. Pomeroy et al.，1971)

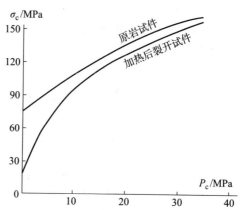

图 1.2.77 大理岩原岩和加热到 500℃ 使粒经
2mm 的颗粒边界裂开后在 5.45MPa 围压下的
抗压强度随围压的变化 (J. C. Jaeger et al.，1968)

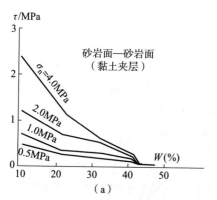

(a)

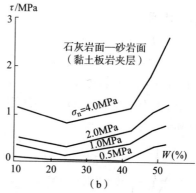

(b)

图 1.2.78 岩体夹层抗剪应力与含水量的关系 (R. Tulinov et al.，1971)

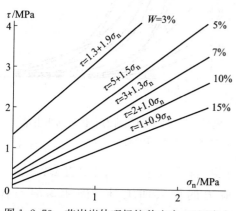

图 1.2.79 花岗岩体现场抗剪应力-正压应力
曲线随含水量的变化 (L. Müller，1964)

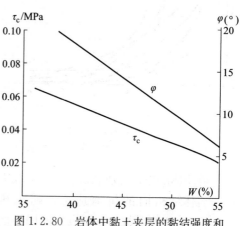

图 1.2.80 岩体中黏土夹层的黏结强度和
摩擦角与含水量的关系 (姚宝魁等，1984)

3）温度

岩面摩擦系数随温度的变化不大，有的微增，有的微减，有的有增有减（图 1.2.81）。

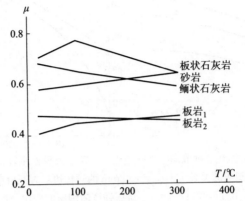

图 1.2.81　岩面摩擦系数与温度的关系（R. D. Lama，1978）

3. 状态

1）外力

岩体的变形模量和弹性模量，均随单向载荷的增加而减小（图 1.2.82）。结构面在各种方位的岩体抗压强度，除 $\theta=45°$ 方位外，均随轴向与横向主压应力比的增大而减小（图 1.2.83），即随围压的增加而增大。

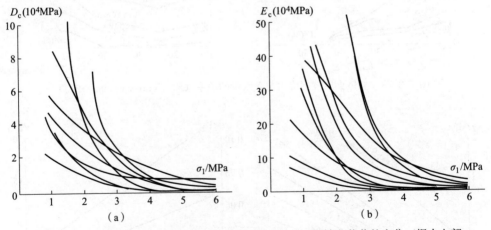

图 1.2.82　各种岩体的变形模量（a）和弹性模量（b）随轴向载荷的变化（据水电部华东和湖南勘测设计院的数据，1972，1978）

碎块体的破坏性质和机制，主要取决于纵向和横向主压应力比（表 1.2.12）。

岩体结构面的抗剪应力，随正压应力的增大而上升（图 1.2.84～图 1.2.85），摩擦系数随正压应力的增加而减小，直到正压应力增加到一定值后才趋于稳定，而在正压应力较小时摩擦系数是变量（图 1.2.86～图 1.2.87）。

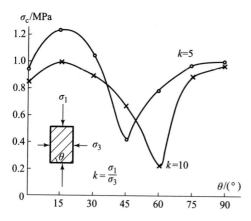

图 1.2.83　结构面在各种方位的岩体抗压
强度与主压应力比的关系（L. Müller，1974）

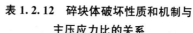

表 1.2.12　碎块体破坏性质和机制与主压应力比的关系

主压应力比 $\frac{\sigma_1}{\sigma_3}$	破坏性质和机制
微主压应力比	形成多组切过岩块的共轭剪性断裂
低主压应力比	形成多组部分切过岩块部分沿节理的共轭剪性断裂
中主压应力比	形成由纵向张开和横向剪切节理组成的锯齿形剪性断裂
高主压应力比	沿轴向节理张开成张性断裂

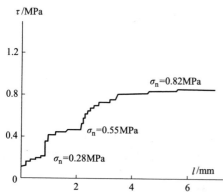

图 1.2.84　石灰岩中宽 1～9（mm）被
泥灰岩充填的裂隙抗剪应力随正压应力的
变化（M. Man-ojlovic et al.，1979）

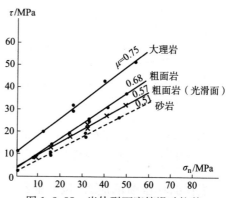

图 1.2.85　岩体裂面摩擦滑动抗剪
应力与正压应力的关系（E. R.
Hoskins et al.，1968）

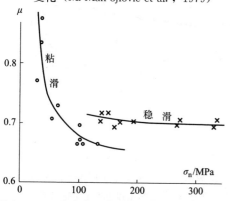

图 1.2.86　砂岩内石英断层泥夹层的摩擦系数
随正压应力的变化（D. James et al.，1978）

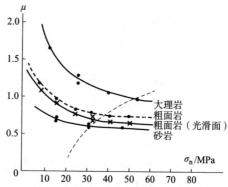

图 1.2.87　岩体裂面摩擦系数与正压应力的
关系（E. R. Hoskins et al.，1968）

岩体弹性模量和变形模量，随加载次数的增加而不同程度地减小（图 1.2.88），形变随加载次数的增加而不同程度地增大（图 1.2.89）。

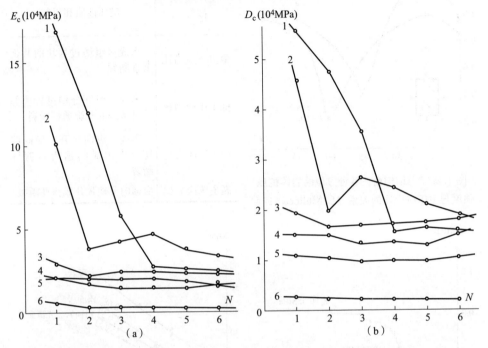

图 1.2.88　含弱夹层石英砂岩岩体中 6 个测点的弹性模量（a）和变形模量（b）随加载次数的变化（水电部十三工程局勘测设计院和岩体力学研究所，1978）

岩体循环压缩的应力-位移曲线的包络线形态，有三种类型：直线形、抛物线形和"S"形（图 1.2.90）。碎岩体单轴循环压缩的应力-位移曲线的包络线形态，示于图 1.2.91，重复加载线段的斜率逐渐减小，包络线表示出明显的岩体剩余压缩强度。结构面剪切循环加载的抗剪应力-剪切位移曲线的形态，示于图 1.2.92～图 1.2.93。

由上可知，岩体力学参量随应力的改变而变化，是应力场时空分布的统计函数。由于构造应力场的动力源和岩体力学性质在各种因素影响下的

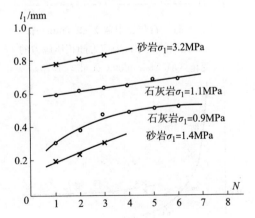

图 1.2.89　岩体在各载荷下的压缩形变与加载次数的关系（广西水电科学研究所，1973；湖南水电勘测设计院，1971）

变化，以及构造运动和工程活动的影响，都引起应力场的改变，因而也都严重地影响岩体力学性质。

2）时间

岩体长期抗压强度，随受载时间的延长而降低，并趋于一恒定值（图1.2.94）。结构面抗剪应力，随法向压缩时间的延长而增大，也趋于一恒定值（图1.2.95～图1.2.96）。摩擦系数，也随粘住时间的延长呈线性增大（图1.2.97）。

结构面抗剪应力，随剪切位移速率的增加而增大，并趋于恒定值（图1.2.98～图1.2.99）。剪切屈服应力，随剪切位移速率的增加而快速上升（图1.2.100）。摩擦系数，随剪切位移速率的增加而减小，并趋于恒定值（图1.2.101）。

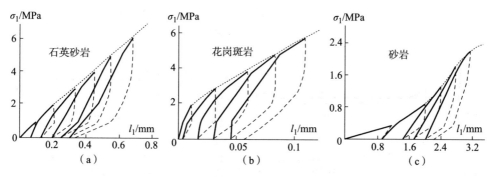

图 1.2.90　岩体单轴循环压缩的应力-位移曲线的三种类型包络线（长江水电科学研究院和华东水电勘测设计院，1976）

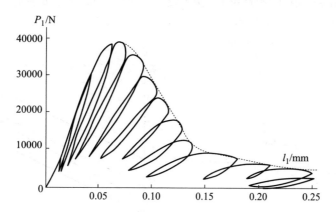

图 1.2.91　碎岩体单轴循环压缩的压力-位移曲线
（N. C. W. Cook et al.，1966）

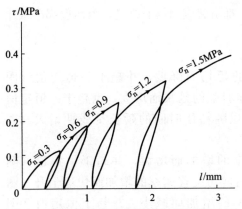

图 1.2.92　砂岩和黏土岩界面在不同正压力下
剪切循环加载的剪应力-剪位移曲线（葛修润，
1979）

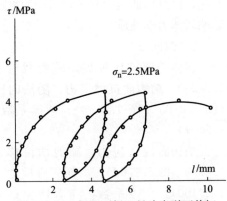

图 1.2.93　绿泥石绢云母片岩裂面剪切
循环加载的剪应力-剪位移曲线
（С. Б. Ухов et al.，1970）

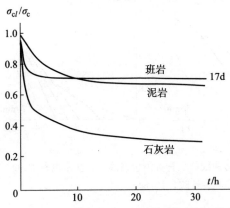

图 1.2.94　岩体长期抗压强度与瞬时抗压强度
比随受载时间的变化（Z. T. Bieniawski，1967；
吉田·吉中，1966；D. T. Griggs，1936）

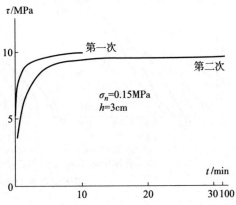

图 1.2.95　岩面抗剪应力与法向压缩
时间的关系（Н. Н. Маслов，1955）

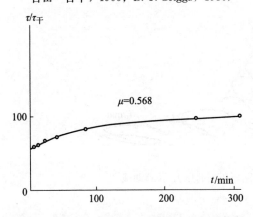

图 1.2.96　黏土夹层湿，干抗剪应力比随剪切
时间的变化（G. P. Tschebotarioff，1951）

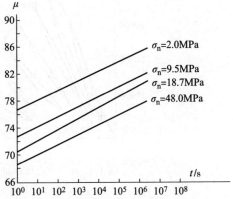

图 1.2.97　滑动产生断层泥的砂岩面摩擦
系数与粘住时间的关系（J. H. Dieterich，1972）

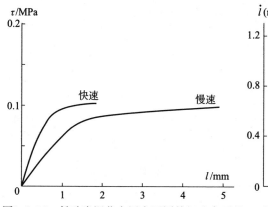

图1.2.98　粉砂岩泥化夹层在不同剪切速率下的
抗剪应力-剪切位移曲线（葛修润，1979）

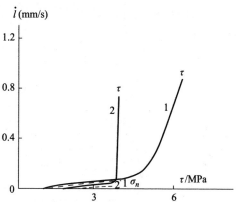

图1.2.99　闪长岩岩面剪切位移速率与
抗剪应力的关系（A. A. Каган et al.，1973）

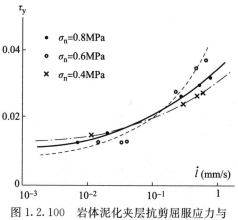

图1.2.100　岩体泥化夹层抗剪屈服应力与
剪切位移速率的关系（许学汉等，1977）

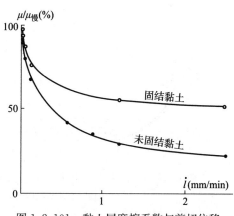

图1.2.101　黏土层摩擦系数与剪切位移
速率的关系（蒋彭年，1978）

　　岩体压缩蠕变曲线的形态示于图 1.2.102，其各等时的应力—应变曲线为 I
型形变曲线，应力与应变之间有线性关系。

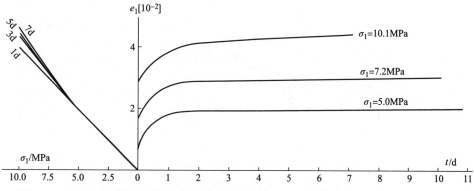

图 1.2.102　含断层泥夹层的石灰岩体单轴压缩蠕变曲线及其各等时的应力—应变曲线

岩体剪切蠕变曲线的形态示于图 1.2.103a，其各等时的剪应力-剪应变曲线为 I
型形变曲线。

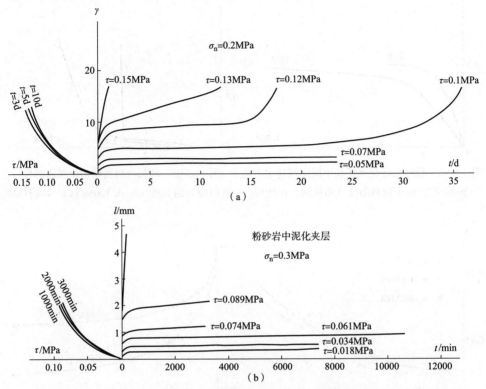

图 1.2.103　岩体（a）和夹层（b）的剪切蠕变曲线及其各等时的剪应力-剪位移
曲线（M. Cvetkovic′，1976；葛修润，1979）

结构面剪切蠕变曲线的形态示于图 1.2.103b～图 1.2.104，其各等时的剪应
力-剪位移曲线为 I 型剪切曲线，其剪位移 l 与 $\lg(t+1)$ 有线性关系（图
1.2.104c）。蠕变曲线卸载后，弹性剪应变恢复，剩余的是塑性剪应变（图
1.2.105）。岩体的蠕变经验关系式，列于表 1.2.13。

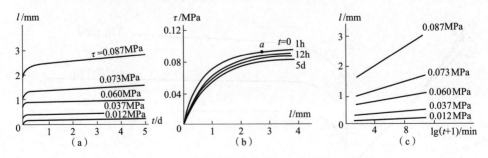

图 1.2.104　岩体中黏土夹层的剪切蠕变曲线（a）、各等时的 $\tau-l$ 曲线（b）和
$l-\lg(t+1)$ 关系（c）（林伟平等，1987）

3）滑量

结构面在剪切滑动过程中，滑动量在不断累积而增大，摩擦系数随滑动量的累积而增大，并趋向一稳定值（图 1.2.106）。

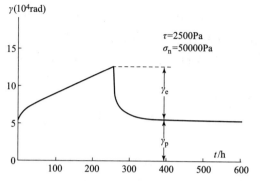 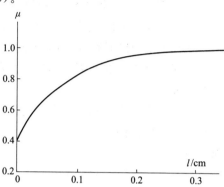

图 1.2.105　岩体中泥化夹层恒载剪切蠕变及随后的卸载曲线（王幼麟等，1982）

图 1.2.106　石灰岩面在 1 兆帕正压力下的摩擦系数与滑动量累积的关系（C. B. Drennon et al.，1972）

表 1.2.13　岩体蠕变经验关系式

蠕变类型	蠕变关系式	说明	资料来源
压缩蠕变	$e=a+b\ln t$	a：常数　t：时间 b：常数	Hofer et al.，1971
	$e=\int_0^t 0.03 e^{-0.635t}\,dt$	e=2.718 t：时间	Reynolds et al.，1961
	$\dot{e}=a\sigma^b$	a：常数 b：常数 σ：应力	Hedley's，1967
	$\dot{e}=9\times10^{-8}\sigma^{3.1}t^{0.6}$	σ：应力 t：时间	Bradshaw et al.，1964
剪切蠕变	$\gamma=a+b\lg t+ct$	a：常数　t：时间 b：常数 c：常数	Griggs，1939
	$\gamma=\dfrac{\tau}{G}\left[1+a\lg(1+bt)\right]$	a：常数 G：剪切弹性模量 b：常数 τ：剪应力	Lomnitz，1957
	$\gamma=a+b\left(1-e^{-ct}\right)\left[1+d\left(\dfrac{t}{T}\right)^n\right]$	a, b, c, d, n：常数 e=2.718 t：时间 T：剪应力函数	Cvekovic′，1976
	$\gamma=\dfrac{\tau}{G}+2a\tau\lg(1+bt)+2c\left(\dfrac{\tau_c}{d}-1\right)^n$ $(t+T)\dfrac{\tau}{\tau_c}$	a, b, c, d, n：常数 t：时间 T：剪应力函数 G：剪切弹性模量 τ：剪应力　τ_c：黏结强度	陈宗基，1979

四、岩体力学性质特征

1. 岩体力学性质有如下的特征

（1）岩体变形由裂隙、夹层和岩块的变形所构成。即使在低应力下，弹性变形和塑性变形也同时存在。达峰值强度时，结构面连通成沿其张开或错动的再破裂或形成切割岩块的断裂，然后应力降低或保持剩余强度。岩体抗张强度极低，甚至为零。

（2）岩体中岩块和岩块之间的联系是通过结构面的变形和摩擦实现的，因之影响岩体整体性的因素是裂隙形态和延续性、夹层厚度和力学性质、结构面的分布和密度。

（3）岩体裂隙、岩块微裂和晶体缺陷，都是造成应力集中，引起整体破坏的内在因素。岩体在不同围压下，这几种破坏基因都可发生作用，而构成不同的破坏机制。其中，裂隙造成的局部应力集中和夹层滑动，是导致岩体破坏的重要结构因素，它们降低岩体强度，使变形不可逆，造成各向异性。

（4）岩体力学性质与其所经历的历史演变过程有关。变形中的塑性部分不可逆，给出重要的历史记录。同样载荷下，岩体的形变比其岩块的大 1～2 个数量级，甚至更大。

（5）岩体是已经破坏了的或又被不同程度连结起来的地质体，其强度是剩余强度。故应力达到此强度时，即使保持不变，变形和破裂也继续发展。

（6）岩体大尺度的自然结合与小尺度的岩块和造岩矿物晶体相比，因结合力性质有变化、缺陷尺寸较大、排列均匀程度降低，而使得结合力小于小尺度的。因之，多晶体岩块的强度常小于其造岩矿物的，而岩体的强度则小于其岩块的。

（7）岩体力学性质常有不连续性、不均匀性和各向异性。只有对大范围岩体，弱面与岩体大小相比可以忽略不计、杂乱分布的弱面足够多、岩块性质复杂且排列紊乱，因而显示不出力学性质的方向性时，才可近似视为统计上的连续、均质、各向同性体。正如可把球形原子构成的晶体看成连续体，而把晶粒杂乱排列构成的多晶体近似看成连续、均质、各向同性体一样。由此，处理岩体中的力学问题可有两个途径：

① 裂隙尺寸与岩体尺寸相比较大时，可以岩块为基质，把裂隙放在分析中，用较复杂的方法去计算；

② 裂隙尺寸与岩体尺寸相比较小时，可以岩体为基质，把裂隙影响包括在基质性质中，用较简单的方法计算。

具体选用哪一途径，还要视问题的具体条件和要求方面而定。

（8）由于岩体结构的复杂性，其力学参量只能是结构、环境和受力状态的统计函数，因而都是可变的。

（9）岩体各种力学参量，都是其结构体和结构面变形和破坏的统一结果，因而相互之间保持有一定的统计的规律性关系（图 1.2.107～图 1.2.108）。

（10）岩体的力学参量，高低分布范围较大，可分成五类（表 1.2.14）。

岩体与岩块的比较，列于表 1.2.15。

2. 岩体力学性质研究中的主要问题

（1）岩体力学，是天然构造体力学，复杂又有地区性特点。

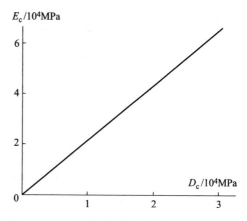

图 1.2.107　岩体弹性模量与变形模量的关系
（水电部四局勘测设计研究院，1978）

因之，研究中的问题，常常不是出在对条件简化后的计算方法上，而是在简化条件本身与实际岩体是否相近上。过于理想化的简化条件和认识上的偏激，常使结果的误差超出允许的范围，致使结论失去价值。

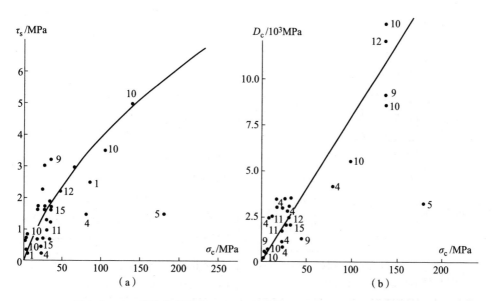

图 1.2.108　岩体抗剪强度（a）和变形模量（b）与抗压强度的关系：
图中数字为节理密度（林正夫，1970）

（2）岩体是地质体，需以地质调查、现场测量和各种实验为基础，若忽视重要天然因素，认识又不准确，以致在概念还不清楚的情况下，便一味追求形式上的高精度理论分析和定量公式的复杂化，常会造成认识上的假象和时间上的浪费，即使得到了定量结果也会失真，甚至引起认识上的混乱。

表 1. 2. 14　岩体力学参量量级分类表

级别	E_c/GPa	D_c/GPa	σ_c/MPa	τ_c/MPa	ν	μ
1	60—>120	30—>60	150—>300	1.0—>2.0	<0.15—0.20	0.95—>1.50
2	20—60	10—>30	70—150	0.5—1.0	0.20—0.25	0.80—0.95
3	10—20	5—10	30—70	0.2—0.5	0.25—0.30	0.60—0.80
4	2—10	1—5	10—30	0.08—0.2	0.30—0.40	0.35—0.60
5	<0.5—2	<0.3—1	<2—10	<0.03—0.08	0.40—>0.50	<0.20—0.35

表 1. 2. 15　岩体与岩块比较表

项　目	岩　块	岩　体
1. 介质结构	连续块体、大小从显微镜下到10余米、分布最广的尺寸为 0.4—2.5米	裂而不碎的连续体、破裂成碎块体
2. 变形机制	由岩石和晶体组构改变造成块体变形	由结构面变形和错动及块体变形构成总体变形
3. 体积变形	$\nu=0.5$ 表示强塑性变形和微裂 $\nu>0.5$ 表示发生了微裂和膨胀	$\nu=0.5—1.0$ 表示主要由结构面张开构成
4. 各向异性	由岩石晶粒组构构成，各向异性系数为 1—10	主要由结构面和岩块组构构成，各向异性系数为 1—100
5. 变形性质	变形模量 D_b 弹性模量 E_b 蠕变模量 C_b 泊松比 ν_b	变形模量 $D_m = (0.001—0.1) D_b$ 弹性模量 $E_m = (0.05—0.1) E_b$ 蠕变模量 $C_m = (0.01—0.1) C_b$ 泊松比 $\nu_m = (1.3—3) \nu_b$
6. 强度性质	抗断强度：抗张强度 σ_{tb} 　　　　　抗剪强度 τ_s 　　　　　抗压强度 σ_{cb} 内摩擦强度	剩余强度：抗张强度 $\sigma_{tm}=0—0.1\sigma_{tb}$ 　　　　　黏结强度 $\tau_c = (0.01—0.1) \tau_s$ 　　　　　抗压强度 $\sigma_{cm} = (0.05—0.6) \sigma_{cb}$ 面摩擦强度
7. 液体渗流	由岩石孔隙控制，基本均匀，有孔隙水压，渗透率为 χ_b	主要由结构面控制，各向不同，有裂隙水压，渗透率 $\chi_m = (10^4—10^7) \chi_b$

（3）岩体的结构和形态复杂，力学参量又随结构、环境和状态多变，把特定条件下有限制的正确结果任意扩广到其他不适当的环境中去，会导致谬误，走入歧途，贻误整个下段的工作，造成大返工。

因此，在研究过程中，必须随时检验学科前进中的倾向和研究方法是否偏离了实际，偏离了多远，估计整个研究路线正确到什么程度，主要问题何在，以便预计应用结果的可靠性，循走正确轨道。

五、岩体应力与应变关系

岩体，无论是连续体还是碎块体，其短时受载的应力—应变曲线，都是Ⅰ型和Ⅱ型形变曲线（图 1.2.2～图 1.2.3、图 1.2.5～图 1.2.9、图 1.2.16～图 1.2.19、图 1.2.21、图 1.2.26～图 1.2.27、图 1.2.40、图 1.2.73、图 1.2.90）。长期受载时，各测点在各等时的应力—应变曲线，亦有线性关系（图 1.2.102）。因之，下列前四种适于岩块的应力-应变线性联系及其推论，也都适用于岩体。

1. $\sigma_i \leqslant \sigma_p$ 的弹性加卸载过程

$$\sigma_i = L_{ei}e_i = E_ie_i \tag{1.2.1}$$

$$e_i = e_{ei}$$

2. $\sigma_d \leqslant \sigma_i \leqslant \sigma_r$ 的加载过程

$$\sigma_i = D_i\left(e_i + \frac{\sigma_d}{D_i} - e_d\right) = L_{di}e_i = D_ie'_i \tag{1.2.2}$$

$$e_i = e_{ei} + e_{pi}$$

对Ⅰ型形变曲线

$$\sigma_d = e_d = 0$$

则

$$L_{di} = D_i$$

$$e_i = e'_i$$

3. $\sigma_y \leqslant \sigma_i \leqslant \sigma_s$ 的加载过程

$$\sigma_i = F_i\left(e_i + \frac{\sigma_y}{F_i} - e_y\right) = L_{fi}e_i = F_ie'_i \tag{1.2.3}$$

$$e_i = e_{ei} + e_{pi}$$

4. 不同载荷蠕变各等时应力—应变曲线的线性段内

$$\sigma_i = C_i\left(e_i + \frac{\sigma_0}{C_i} - e_0\right) = L_{ti}e_i = C_ie'_i \tag{1.2.4}$$

$$e_i = e_{ei} + e_{pi}$$

5. $\sigma_r \leqslant \sigma_i \leqslant \sigma_s$ 的软化过程

岩体所能承受应力的最大值为峰值强度 σ_s，过此值后应力降低到剩余强度 σ_r。以后应力不变但应变可无限增大，为塑性流动状态，此时的应力—应变曲线趋变为平行横轴的水平线，岩体此时以沿结构面滑动为主。岩体所承受的应力从峰值强度降低到剩余强度的过程，为软化状态。此状态的应力—应变关系近似线性，斜率 S_i 为负值，线性算子为 L_s，则有

$$\sigma_i = S_i\left(e_i + \frac{\sigma_s}{S_i} - e_s\right) = L_{si}e_i = S_ie'_i \qquad (1.2.5)$$

其中

$$S_i = \frac{\Delta\sigma_i}{\Delta e_i} = \frac{\sigma_i - \sigma_s}{e_i - e_s}$$

为软化模量，是负值。由于侧压应力 σ_3 对岩体抗压强度有影响，其影响系数为 k，则在压缩轴向的影响应力为 $k\sigma_3$。于是，在峰值强度时的主压应力

$$\sigma_1 = \sigma_s + k_s\sigma_3$$

降到剩余强度后的主压应力

$$\sigma_1 = \sigma_r + k_r\sigma_3$$

因之，在 $(\sigma_s + k_s\sigma_3) \geqslant \sigma_i \geqslant (\sigma_r + k_r\sigma_3)$ 的降载状态，岩体应变能密度

$$\varepsilon = l_0 + l_1e_1 + l_2e_2 + l_3e_3 + l_4e_1^2 + l_5e_2^2 + l_6e_3^2 + l_7e_1e_2 + l_8e_2e_3 + l_9e_3e_1$$

则得此状态的应力—应变关系方程组

$$\left.\begin{array}{l} \sigma_1 = l_1 + l_4e_1 + l_7e_2 + l_9e_3 \\ \sigma_2 = l_2 + l_7e_1 + l_5e_2 + l_8e_3 \\ \sigma_3 = l_3 + l_9e_1 + l_8e_2 + l_6e_3 \end{array}\right\} \qquad (1.2.6)$$

解得其系数

$$\left.\begin{array}{l} l_1 = \dfrac{1}{b}(a_3a_5a_{10} + a_1a_6a_{11} + a_2a_7a_9 - a_2a_5a_{11} - a_3a_6a_9 - a_1a_7a_{10}) \\[2mm] l_2 = \dfrac{1}{b}(a_4a_6a_{11} - a_4a_7a_{10}) \\[2mm] l_3 = -\dfrac{a_4}{b}(a_7 - a_{11}) \quad \text{或} = \dfrac{a_8}{b}(a_3a_{10} - a_2a_{11}) \\[2mm] l_4 = \dfrac{a_4}{b}(a_6 - a_{10}) \quad \text{或} = \dfrac{a_{12}}{b}(a_2a_7 - a_3a_6) \\[2mm] l_5 = \dfrac{1}{b}(a_1a_{11} + a_3a_5 + a_7a_9 - a_3a_9 - a_1a_7 - a_5a_{11}) \\[2mm] l_6 = \dfrac{a_8}{b}(a_3 - a_{11}) \\[2mm] l_7 = -\dfrac{a_{12}}{b}(a_3 - a_7) \quad \text{或} = -\dfrac{a_8}{b}(a_2 - a_{10}) \\[2mm] l_8 = \dfrac{1}{b}(a_1a_6 + a_2a_9 + a_5a_{10} - a_1a_{10} - a_2a_5 - a_6a_9) \\[2mm] l_9 = \dfrac{a_{12}}{b}(a_2 - a_6) \end{array}\right\}$$

其中

$$a_1 = \sigma_c\left(1 + \frac{L_s}{L_f}\right)$$

$$a_2 = -\frac{\nu L_s}{L_f}$$

$$a_3 = \frac{1}{L_f}(kL_f + kL_s - \nu L_s)$$

$$a_4 = -L_s$$

$$a_5 = 0$$

$$a_6 = \frac{1}{\nu}$$

$$a_7 = -1$$

$$a_8 = -\frac{L_f}{\nu}$$

$$a_9 = \frac{k\sigma_c(L_f + L_s)}{kL_f + kL_s - \nu L_s}$$

$$a_{10} = \frac{\nu L_s}{kL_s + kL_s - \nu L_s}$$

$$a_{11} = \frac{k + L_s(\nu - 1)}{kL_f + kL_s - \nu L_s}$$

$$a_{12} = \frac{L_f L_s}{kL_f + kL_s - \nu L_s}$$

$$b = a_2 a_7 + a_3 a_{10} + a_6 a_{11} - a_2 a_{11} - a_3 a_6 - a_7 a_{10}$$

6. $\sigma_i = \sigma_r$ = 恒量的塑性流动阶段

岩体中的轴向压缩应力降到剩余强度点时的轴向最大主压应力恒定值

$$\sigma_1 = \sigma_r + k_r \sigma_3 \tag{1.2.7}$$

由于软化状态的直线段与塑性流动的直线段交于此点，故其应力与应变同时满足
(1.2.6) 和 (1.2.7)。联立解此二式，得二直线段交点的应变

$$\left.\begin{array}{l} e_1 = \dfrac{1}{a_4}[\sigma_r - a_1 - a_2\sigma_2 + (k_r - a_3)\sigma_3] \\[2mm] e_2 = \dfrac{1}{a_8}[\sigma_r - a_5 - a_6\sigma_2 + (k_r - a_7)\sigma_3] \\[2mm] e_3 = \dfrac{1}{a_{12}}[\sigma_r - a_9 - a_{10}\sigma_2 + (k_r - a_{11})\sigma_3] \end{array}\right\} \tag{1.2.8}$$

此为塑性流动状态起点的应变与应力的关系。

由式 (1.2.1)~(1.2.5) 可综合表示为

$$\sigma_i = L_{ki} e_i \Big|_{k=e,d,f,t,s}^{i=c,t,\tau}$$

或

$$\sigma_i = M_{ji} e'_i \Big|_{j=e,d,f,t,s}^{i=c,t,\tau}$$

其中

$$M_e = E$$
$$M_d = D$$
$$M_f = F$$
$$M_t = C$$
$$M_s = S$$

六、地壳岩体力学性质测算法

室内和现场的岩体力学性质实验，都是对有一定形状、小尺寸岩体、短时受载或不太长的蠕变时间内完成的。这些实验条件，与地壳构造运动中的形状复杂、范围很大、长期受载的岩体条件相比，仍有很大差别。由前述实验结果知，岩体的形状、体积、受载时间不同，其力学性质相差很大。因之，为研究地壳的复杂形状、大区域体积、在漫长地质时间内受载的岩体力学性质，只能把室内和现场岩体力学性质实验作为一种手段，目的在于将其结果应用到地壳各种形状大范围岩体长期受载的构造运动实际情况中去，以求得地壳各种形状的大范围岩体长时间受力作用情况下的力学性质——地壳岩体力学性质。

求地壳岩体力学性质的方法，有相似测算、波速换算、气压位移、结构计算，四种。

1. 相似测算法

此种方法，是在室内和现场岩体力学性质实验基础上，应用相似理论，以求得所研究构造区域中的岩体力学性质。

相似理论是物理实验的科学基础。实验的目的，是为了将获得的数据转用到与之相似的一系列实际现象中去。

两几何系统中，所有相应点的同类几何量的比为常数，称此两系统成几何相似。几何相似的两物系中，进行同一性质的过程，且两系统中相应点表示现象特征的同类量成满足一定条件的常数比，则此两物系成此性质相似。此两物系进行的过程所表现的现象，为相似现象。自然，若两物系的现象相似，则其表示物理量相互关系的文字方程，由于系反映同一性质的过程而必相同。因之，已达到某相似程度的二物系，若起始条件相似，则其边界条件亦必相似。相似现象中同类量的比值为相似常数，是不能都任意选择的。因为表示同一现象特征的量不是互不相关的，而是处在为自然规律所决定的一定关系中，这种关系在数学上表示为方程的形式。对两物系的相似现象，此方程有同一形式。若其中有 n 个量，当其中 $n \sim m$ 个量根据实验条件和实际现象选定后，则另 m 个量即被方程的关系所限定，而不能再作人为的选择。这说明，相似常数之间有一定的规律性联系，其中只有某些在选择实验条件时，可根据所要研究的某实际现象的要求给定，而其他一些则由已给定的通过它们之间的规律性联系来决定。

若现象反映变形固体中应力与应变的关系，则变形固体在满足应力与应变呈线性关系时，有

$$\sigma_i = M_{ji} e'_i \tag{1.2.9}$$

此为物理量的关系方程，在文字上——代数上，对两相似物系相同；但在数值上——算术上，则不同。对第一物系的任一点，有

$$\sigma_{i1} = M_{ji1} e'_{i1} \tag{1.2.10}$$

对第二物系的相应点，便有

$$\sigma_{i2} = M_{ji2} e'_{i2} \tag{1.2.11}$$

两物系中相应点的同类量间的相似性，使得

$$\frac{\sigma_{i2}}{\sigma_{i1}} = C_{\sigma_i}$$

$$\frac{M_{ji2}}{M_{ji1}} = C_{M_{ji}}$$

$$\frac{e'_{i2}}{e'_{i1}} = C_{e'_i}$$

代入（1.2.11），则对第二物系的相应点又有

$$\left(\frac{C_{\sigma_i}}{C_{M_{ji}} C_{e'_i}} \right) \sigma_{i1} = M_{ji1} e'_{i1} \tag{1.2.12}$$

可见，表示二物系中相应点同一现象的二方程（1.2.10）和（1.2.12），只有在

$$\frac{C_{\sigma_i}}{C_{M_{ji}} C_{e'_i}} = 1 \tag{1.2.13}$$

时，才互相符合。这说明了，相似常数 C_{σ_i}，$C_{M_{ji}}$，$C_{e'_i}$ 不能都任意选择，因为它们之间的关系已被（1.2.13）式所制约。因之，只要物理量 σ_i，e'_i 以方程（1.2.9）中的线性关系符号 M_{ji} 所联系，则其相似常数就一定在方程（1.2.13）所规定的关系中。于是，（1.2.13）中的任两个量一经选定，则第三个量即被（1.2.13）所决定。

$$C = \frac{C_{\sigma_i}}{C_{M_{ji}} C_{e'_i}}$$

为二物系成此性质相似的相似指标。只有相似常数满足（1.2.13）的要求，此种性质的相似现象才可能存在。因之，（1.2.13）为此种相似的相似条件之一。

综上所述，若两物系的现象相似，则必须满足四个相似条件：

（1）现象发生在几何相似的物系中。

l_1 表示物系几何长度，l_2 表示几何宽度，l_3 表示几何厚度，p 表示物系中的点数，则成一维、二维、三维几何相似的条件，可用数学式子表示为

$$(l_j)_{2k} = C_l\,(l_j)_{1k}\Big|\begin{array}{l} j=1,2,3 \\ k=1,2,\cdots,p \end{array}$$

$$(l_j l_{j'})_{2k} = C_{l^2}\,(l_j l_{j'})_{1k}\Big|\begin{array}{l} j=1,\ 2,\ 3 \\ j'=1,\ 2,\ 3 \quad j\neq j' \\ k=1,2,\cdots,p \end{array}$$

$$(l_1 l_2 l_3)_{2k} = C_{l^3}\,(l_1 l_2 l_3)_{1k}\big|_{k=1,2,\cdots,p}$$

（2）物系中表示现象特征的物理量服从同一文字关系方程。

$$\Phi(X_1,\ X_2,\ X_3,\ \cdots,\ X_n) = 0$$

对 m 个有相似现象的物系，则有

$$\Phi_i(X_1, X_2, X_3, \cdots, X_n) = 0 \ \big|^{\ i=1,2,\cdots,m}$$

（3）表示同一现象特征的同类单值量在二物系所有点成常数比。

若这些单值量为

$$X_1 = \sigma_i$$
$$X_2 = e'_i$$
$$X_3 = t$$
$$\cdots\cdots$$

则表示为

$$\frac{\sigma_{i2k}}{\sigma_{i1k}} = C_{\sigma i}\Big|_{k=1,2,\cdots,p}$$

$$\frac{e'_{i2k}}{e'_{i1k}} = C_{ei'}\Big|_{k=1,2,\cdots,p}$$

$$\frac{t_{2k}}{t_{1k}} = C_t\Big|_{k=1,2,\cdots,p}$$

$$\cdots\cdots$$

并可推知相似常数有关系

$$C_t = \frac{t_{20}}{t_{10}} = \frac{t_{21}}{t_{11}} = \frac{t_{22}}{t_{12}} = \cdots = \frac{t_{2p}}{t_{1p}} = \frac{t_{22}-t_{21}}{t_{12}-t_{11}} = \frac{\mathrm{d}t_2}{\mathrm{d}t_1}$$

$$\cdots\cdots$$

二相似物系，共有 n 个相似常数。

（4）各同类单值量的相似常量组成的相似指标。

$$C = 1$$

按此要求，须测知第二物系现象中最少数目的单值量。

以实验用的岩体为物系 1，与之成几何相似的地壳岩体部分为物系 2。物系 1 是按物系 2 的形体根据几何相似要求做出的。自然，此二物系满足几何相似条件。

此二物系中，表示其基本力学性质的物理量 σ_i，e'_i，M_{ji} 服从同一的文字关系方程，各为

$$\sigma_{i1} = M_{ji1}e'_{i1}$$
$$\sigma_{i2} = M_{ji2}e'_{i2} \tag{1.2.14}$$

二物系中相应点表示现象特征的同类单值量之比

$$\frac{\sigma_{i2}}{\sigma_{i1}} = C_{\sigma_i}$$

$$\frac{e'_{i2}}{e'_{i1}} = C_{e'_i}$$

$$\frac{M_{ji2}}{M_{ji1}} = C_{M_{ji}}$$

二物系中相应点的岩体密度和运动时间之比

$$\frac{\rho_2}{\rho_1} = C_\rho$$

$$\frac{t_2}{t_1} = C_t$$

二物系中相应体积元素运动所受动力之比

$$\frac{f_2}{f_1} = \frac{m_2 a_2}{m_1 a_1} = \frac{\rho_2 (l_1 l_2 l_3)_2 (l_j)_2 t_1^2}{\rho_1 (l_1 l_2 l_3)_1 (l_j)_1 t_2^2} = C_\rho C_{l^3} C_l C_t^{-2}$$

二物系中此相应部分各自受外力作用的面积为 A_1，A_2，则

$$\frac{\sigma_{i2}}{\sigma_{i1}} = \frac{f_2 A_1}{f_1 A_2} = \frac{f_2}{f_1} C_{l^2}^{-1} = C_\rho C_{l^2} C_t^{-2} = C_{\sigma_i}$$

二物系成几何相似，故其相应点处的相对形变相等，得

$$C_{e'_i} = 1$$

代入（1.2.14），得

$$C_{\sigma_i} \sigma_{i1} = C_{M_{ji}} M_{ji1} e'_{i1}$$

则

$$\frac{C_{\sigma_i}}{C_{M_{ji}}} \sigma_{i1} = M_{ji1} e'_{i1}$$

又由于实验所用岩体的密度和野外采样处与其相似的地壳岩体的密度一样，得

$$C_\rho = 1$$

于是此二物系的相似指标

$$C = \frac{C_{\sigma_i}}{C_{M_{ji}}} = \frac{C_\rho C_{l^2}}{C_{M_{ji}} C_t^2} = \frac{C_{l^2}}{C_{M_{ji}} C_t^2}$$

从实验所用岩体的二维几何量和所研究地壳区域岩体的相应二维几何量，可算得 C_{l^2}。由室内和现场岩体力学性质实验所需时间和所研究地壳区域构造运动所经过的时间，可算得 C_t^2。于是，从

$$\frac{C_{l^2}}{C_{M_{ji}} C_t^2} = 1 \tag{1.2.15}$$

可求得

$$C_{M_{ji}} = \frac{C_l{}^2}{C_t{}^2}$$

由于其中实验用岩体的力学性质参量 M_{ji1} 已从实验测得，则野外的地壳相似岩体的力学性质参量

$$M_{ji2} = C_{M_{ji}} M_{ji1} = \frac{C_l{}^2}{C_t{}^2} M_{ji1}$$

2. 波速换算法

此法是在野外测得地震波速后，再用之计算波速测区岩体的平均动态力学性质参量，然后通过岩体静动态力学参量的关系来转求其静态力学性质参量。

作用在岩体中微立方体素（图 1.1.163）上的面积力和体积力共成动力平衡时，在 X 轴方向有平衡方程

$$-\sigma_x \mathrm{d}y\mathrm{d}z + \left(\sigma_x + \frac{\partial \sigma_x}{\partial x}\mathrm{d}x\right)\mathrm{d}y\mathrm{d}z - \tau_{yx}\mathrm{d}x\mathrm{d}z + \left(\tau_{yx} + \frac{\partial \tau_{yx}}{\partial y}\mathrm{d}y\right)\mathrm{d}x\mathrm{d}z - \tau_{zx}\mathrm{d}x\mathrm{d}y$$

$$+ \left(\tau_{zx} + \frac{\partial \tau_{zx}}{\partial}\mathrm{d}z\right)\mathrm{d}x\mathrm{d}y + f_x \mathrm{d}x\mathrm{d}y\mathrm{d}z = \rho \mathrm{d}x\mathrm{d}y\mathrm{d}z \frac{\partial^2 u}{\partial t^2}$$

整理得

$$\left.\begin{aligned} \frac{\partial \sigma_x}{\partial x} + \frac{\partial \tau_{yx}}{\partial y} + \frac{\partial \tau_{zx}}{\partial z} + f_x = \rho \frac{\partial^2 u}{\partial t^2} \\[2mm] \frac{\partial \tau_{xy}}{\partial x} + \frac{\partial \sigma_y}{\partial y} + \frac{\partial \tau_{zy}}{\partial z} + f_y = \rho \frac{\partial^2 v}{\partial t^2} \\[2mm] \frac{\partial \tau_{xz}}{\partial x} + \frac{\partial \tau_{yz}}{\partial y} + \frac{\partial \sigma_z}{\partial z} + f_z = \rho \frac{\partial^2 w}{\partial t^2} \end{aligned}\right\} \qquad (1.2.16)$$

对 y，z 轴，同样得

u，v，w 为体素的位移分量。由于作用力中加上了惯性力，故此方程组为连续岩体中微体素的动力平衡微分方程组。忽略体积力的影响，只讨论岩体中单向的扰动传播，即可了解其在三维空间的传播情况。

在 X 轴方向，则有

$$\frac{\partial \sigma_x}{\partial x} = \rho \frac{\partial^2 u}{\partial t^2}$$

又由于

$$\frac{\partial \sigma_x}{\partial x} = \frac{\partial \sigma_x}{\partial e_x} \frac{\partial e_x}{\partial x} = \frac{\partial \sigma_x}{\partial e_x} \frac{\partial^2 u}{\partial x^2}$$

而

$$\frac{\partial^2 u}{\partial t^2} = \frac{\partial^2 u}{\partial x^2}\left(\frac{\partial x}{\partial t}\right)^2 = \frac{\partial^2 u}{\partial x^2} v_x^2$$

得

$$v_x = \sqrt{\frac{1}{\rho} \frac{\partial \sigma_x}{\partial e_x}}$$

在 y，z 轴方向，同样得

$$v_y = \sqrt{\frac{1}{\rho} \frac{\partial \sigma_y}{\partial e_y}}$$

$$v_z = \sqrt{\frac{1}{\rho} \frac{\partial \sigma_z}{\partial e_z}}$$

可见，岩体中的应力或应变是以一定速度传播的，且具有波动性质，v_x，v_y，v_z 即为岩体中此种波动传播的速度。

岩体在弹性状态

$$\frac{\mathrm{d}\sigma_x}{\mathrm{d}e_x} = E$$

则波动的传播速度

$$v_e = \sqrt{\frac{E}{\rho}} \tag{1.2.17}$$

岩体在 $\sigma_d \leqslant \sigma_i \leqslant \sigma_p$ 的一般加载状态

$$\frac{\mathrm{d}\sigma_x}{\mathrm{d}e'_x} = D$$

则波动的传播速度

$$v_d = \sqrt{\frac{D}{\rho}} \tag{1.2.18}$$

岩体在 $\sigma_y \leqslant \sigma_i \leqslant \sigma_s$ 的加载状态

$$\frac{\mathrm{d}\sigma_x}{\mathrm{d}e'_x} = F$$

则波动的传播速度

$$v_f = \sqrt{\frac{F}{\rho}} \tag{1.2.19}$$

对同一岩体，由于

$$E > D > F$$

故

$$v_e > v_d > v_f$$

即波动的传播速度，随其所在岩体塑性的增强而减小。

由前述实验结果知，岩体具有可压缩性，并依靠剪切而发生变形。因之，波动在传播过程中，具有两种不同性质的波及其速度。将地壳大范围各向同性岩体的物性方程中的正应力和剪应力代入（1.2.16），并忽略体积力的作用，得

$$\rho \frac{\partial^2 u}{\partial t^2} = (\mu_k + \vartheta)\ \frac{\partial \vartheta}{\partial x} + G_k\ \nabla u$$

$$\rho \frac{\partial^2 v}{\partial t^2} = (\mu_k + \vartheta)\ \frac{\partial \vartheta}{\partial y} + G_k\ \nabla v \qquad (1.2.20)$$

$$\rho \frac{\partial^2 w}{\partial t^2} = (\mu_k + \vartheta)\ \frac{\partial \vartheta}{\partial z} + G_k\ \nabla w$$

$$k = \mathrm{e,\ d,\ f}$$

将此三式分别对 x，y，z 微分，并将微分结果的等号左右分别相加，得波动方程

$$\rho \frac{\partial^2 \vartheta}{\partial t^2} = (\mu_k + 2G_k)\ \nabla^2 \vartheta$$

则

$$\frac{\partial^2 \vartheta}{\partial t^2} = v_\vartheta^2\ \nabla^2 \vartheta$$

而体积模量

$$K_k = \mu_k + \frac{2}{3} G_k$$

于是，系数的平方根

$$v_\vartheta = \sqrt{\frac{\mu_k + 2G_k}{\rho}} = \sqrt{\frac{K_k + \dfrac{4}{3} G_k}{\rho}}\Bigg|_{k=\mathrm{e,d,f}}$$

此为体积应变 ϑ 这种波动在岩体中的传播速度。此种波为体变波或纵波，其速度依赖于岩体的 ρ，K_k，G_k。这种波动在岩体内传播时，岩体中承受伸缩作用而生体变 ϑ。这种波，能在岩体内长距离传播的，只有其弹性部分。弹性纵波速度

$$v_\mathrm{p} = \sqrt{\frac{K_\mathrm{e} + \dfrac{4}{3} G_\mathrm{e}}{\rho}} \qquad (1.2.21)$$

将 (1.2.20) 中的第二式对 z 微分，第三式对 y 微分，把二结果相减，得

$$\rho \frac{\partial^2}{\partial t^2} \left(\frac{\partial w}{\partial y} - \frac{\partial v}{\partial z} \right) = G_k \nabla^2 \left(\frac{\partial w}{\partial y} - \frac{\partial v}{\partial z} \right)$$

于是有

$$\rho \frac{\partial^2 w_x}{\partial t^2} = G_k \nabla^2 w_x$$

w_x 是岩体中体素对 X 轴的旋转量。则

$$\frac{\partial^2 w_x}{\partial t^2} = v_w^2\ \nabla^2 w_x$$

对 w_y，w_z 也有类似方程。于是得旋转量 w 这种波动的传播速度

$$v_w = \sqrt{\frac{G_k}{\rho}}\Bigg|_{k=\mathrm{e,d,f}}$$

这种波为形变波或横波，其速度只依赖于岩体的 ρ 和 G_k。此种波动在岩体内传播时，岩体中承受剪切作用而生形变 γ。此种波，能在岩体内长距离传播的，只有其弹性部分。弹性横波速度

$$v_s = \sqrt{\frac{G_e}{\rho}} \tag{1.2.22}$$

由 （1.2.21～22） 和关系式

$$\nu_e = \frac{\mu_e}{2\ (\mu_e + G_e)}$$

$$E_c = 2\ (1 + \nu_e)\ G_e$$

得

$$\left. \begin{array}{l} G_{e(d)} = \rho v_s^2 \\[4pt] \mu_{e(d)} = \rho (v_p^2 - 2v_s^2) \\[4pt] K_{e(d)} = \rho \left(v_p^2 - \dfrac{4}{3} v_s^2 \right) \\[8pt] \nu_{e(d)} = \dfrac{v_p^2 - 2v_s^2}{2\ (v_p^2 - v_s^2)} \\[10pt] E_{c(d)} = \rho\ \dfrac{(3v_p^2 - 4v_s^2)\ v_s^2}{v_p^2 - v_s^2} \end{array} \right\} \tag{1.2.23}$$

上述各种波动，都可由地震产生。当由人工地震测得地震弹性波在已知 ρ 的地壳岩体中的传播速度 v_p，v_s 后，便可由 （1.2.13） 求得该地壳岩体在天然条件下的各力学参量。由于这些参量都是从弹性波速求得的，属动态力学参量，故都标以脚标"（d）"。而此处以前所述的各力学参量都是用静态方法求得的，属静态力学参量，故都需加脚标"（s）"，以示区别。

由弹性波速求得的动弹性模量 $E_{(d)}$，相当于静载实验中卸载形变曲线开始点的切线弹性模量，加之地震脉冲的持续时间极短而近于纯弹性，使得 $E_{(d)}$ 显著地高于卸载形变曲线的割线弹性模量 $E_{(s)}$。

$E_{(s)}$ 与 $E_{(d)}$ 的测量结果，有图 1.2.109 所示的关系，并有表 1.2.16 所列的经验关系式。由之，可求得岩体静弹性模量 $E_{(s)}$。

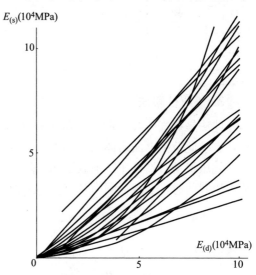

图 1.2.109　各种岩体静、动弹性模量的关系
（国内外多人结果的综合）

表 1.2.16　岩体静、动弹性模量的经验关系

国别	岩体 $E_{(s)}$ 与 $E_{(d)}$ 经验关系	资料来源
中国	$E_{(s)}=0.14E_{(d)}^{1.32}$	长江水利水电科学院
	$E_{(s)}=0.005E_{(d)}^{2}$	中国科学院地质研究所
	$E_{(s)}=0.05E_{(d)}^{1.172}$	中国科学院地质研究所
	$E_{(s)}=0.025E_{(d)}^{1.7}$	中国科学院地质研究所
	$E_{(s)}=0.25E_{(d)}^{1.3}$	中国科学院地质研究所
	$E_{(s)}=0.25E_{(d)}^{1.05}$	甘肃水电勘测设计院
	$E_{(s)}=0.01E_{(d)}^{2}$	水电部北京勘测设计院
	$E_{(s)}=0.1E_{(d)}^{1.48}$	长春地质学院
	$E_{(s)}=0.228E_{(d)}^{1.11}$	水电部华东勘测设计院
	$E_{(s)}=0.967E_{(d)}-29$	长江水利水电科学院
	$E_{(s)}=1.15E_{(d)}-3.3$	江苏省地质局实验室
	$E_{(s)}=0.1E_{(d)}^{1.533}+1.24$	水电部四局勘测设计院
	$E_{(s)}=(2E_{(d)}-3)\ 10^{4}\mathrm{MPa}$	西安公路学院
	$E_{(s)}=-0.041288+0.5999E_{(d)}+0.005078E_{(d)}^{2}$	长春地质学院
	$E_{(s)}=0.75E_{(d)}-0.034E_{(d)}^{2}+0.00062E_{(d)}^{3}$	水电部华东勘测设计院科研所
	$E_{(s)}=21.0321-1.617E_{(d)}+0.0392E_{(d)}^{2}-$ $\quad0.000265E_{(d)}^{3}$	广东水电勘测设计院
美国	$E_{(s)}=0.967E_{(d)}-2931.5\mathrm{MPa}$	
	$E_{(s)}=1.03E_{(d)}-8556.7\mathrm{MPa}$	
苏联	$E_{(s)}=0.71E_{(d)}$	
英国	$E_{(s)}=(0.1\sim0.0769)\ E_{(d)}$	
日本	$E_{(s)}=(0.1\sim0.5)\ E_{(d)}$	
南斯拉夫	$E_{(s)}=\dfrac{E_{(d)}}{5.3-\dfrac{E_{(d)}}{200000}}$	

3. 气压位移法

此法是据气压扰动所引起的地面隆起或拗陷水平分布范围及水平和铅直位移，转求此范围下面岩体的平均力学参量。

气压扰动时，升压区地表下陷，降压区地表隆起。据达尔文公式，在单向变动气压载荷时，变载荷圆内各测点的地面铅直位移

$$v_{内}=\frac{\mu_d+2G_d}{\pi G_d\ (\mu_d+G_d)}pRf\left(\frac{d}{R}\right)\qquad(1.2.24)$$

变载荷圆外各测点的地面铅直位移

$$v_{外}=\frac{\mu_d+2G_d}{\pi G_d\ (\mu_a+G_d)}p\ \mathrm{d}\left[f\left(\frac{R}{d}\right)-\left(1-\frac{R^2}{d^2}\right)F\left(\frac{R}{d}\right)\right]\qquad(1.2.25)$$

变载荷圆内各测点的地面水平位移

$$u_内 = -\frac{pd}{4\ (\mu_d + G_d)}\tag{1.2.26}$$

变载荷圆外各测点的地面水平位移

$$u_外 = -\frac{pR^2}{4d\ (\mu_d + G_d)}\tag{1.2.27}$$

R 为扰动附加气压载荷圆的半径，取为天气图中所取等压线圈闭范围的平均半径；p 为从此圆心到其边缘所取等压线的压力差；d 为圆心到观测点的距离；μ_d，G_d 为气压变载荷圆下岩体的平均拉梅系数和剪切变形模量；$f\left(\dfrac{d}{R}\right)$，$f\left(\dfrac{R}{d}\right)$ 和 $F\left(\dfrac{R}{d}\right)$ 为第二类和第一类椭圆积分。式（1.2.26～1.2.27）中的地面水平位移若指向圆心，压力为正号，相当反气旋；地面水平位移若指向圆外，压力是负号，相当气旋。

在气压变载荷圆心，$d=0$，由（1.2.24）得圆心处最大地面铅直位移

$$v_M = \frac{\mu_d + 2G_d}{\pi G_d\ (\mu_d + G_d)}pR$$

向外逐渐减小，到无限远处趋于零（图 1.2.110，上部）；圆心处的最小地面水平位移

$$u_m = 0$$

向外线性增加，到变载荷圆边缘，$d=R$，得最大值

$$u_M = -\frac{pR}{4\ (\mu_d + G_d)}$$

然后向外减小，到距变载荷圆无限远处趋于零（图 1.2.110，下部）。

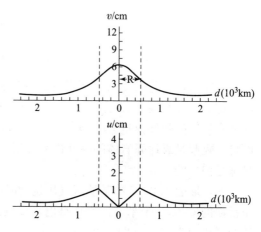

图 1.2.110　气压扰动引起的地面铅直和水平位移从中心向外围的分布图

由变载荷圆内各测点的位移公式（1.2.24）和（1.2.26），得圆内地壳岩体的平均力学参量

$$\left.\begin{aligned}
G_d &= \frac{pdRf\left(\dfrac{d}{R}\right)}{\pi dv_内 + 4Ruf\left(\dfrac{d}{R}\right)} \\[4mm]
\mu_d &= -\frac{pd}{4u_内} - \frac{pdRf\left(\dfrac{d}{R}\right)}{\pi dv_内 + 4Ru_内 f\left(\dfrac{d}{R}\right)}
\end{aligned}\right\}\tag{1.2.28}$$

由变载荷圆外各测点的位移公式（1.2.25）和（1.2.27），得圆外地壳岩体的力学参量

$$
\left.
\begin{aligned}
G_d &= \frac{pdR^2 f\left(\frac{R}{d}\right)}{4d^2 u_{外} f\left(\frac{R}{d}\right) + \pi R^2\left[v_{外} + \left(1 - \frac{R^2}{d^2}\right)F\left(\frac{R}{d}\right)\right]} \\
\mu_d &= -\frac{pR^2}{4du_{外}} - \frac{pdR^2 f\left(\frac{R}{d}\right)}{4d^2 u_{外} f\left(\frac{R}{d}\right) + \pi R^2\left[v_{外} + \left(1 - \frac{R^2}{d^2}\right)F\left(\frac{R}{d}\right)\right]}
\end{aligned}
\right\}
\quad (1.2.29)
$$

将（1.2.28）或（1.2.29）中的 G_d、μ_d 代入

$$
\left.
\begin{aligned}
D_c &= \frac{(3\mu_d + 2G_d)\,G_d}{\mu_d + G_d} \\
\nu_d &= \frac{\mu_d}{2\,(\mu_d + G_d)} \\
K_d &= \mu_d + \frac{2}{3}G_d
\end{aligned}
\right\}
$$

气压增压时，由此组关系式可得变载荷圆内、外地壳岩体的变形模量 D_c、变形泊松比 ν_d、体积变形模量 K_d；气压减压时，由此关系式所得的是变载荷圆内、外地壳岩体的弹性模量 E_c、弹性泊松比 ν_e、体积弹性模量 K_e，因为减压时的地面自然隆起是靠地壳岩体的弹性恢复变形，因而此过程中地壳岩体的各种力学参量都是弹性的。

　　如，取表 1.2.17 中某地区气压扰动时的 d 和测得的地面位移 u、v 值，此气压扰动的 $R = 500$ 千米，$p = 50$ 毫巴，反气旋，下部为花岗岩体，则算得下部岩体的平均力学参量（图 1.2.110）：$G_d = 30$ 吉帕，$\mu_d = 28.6$ 吉帕，$D_c = 74.6$ 吉帕，$K_d = 48.6$ 吉帕，$\nu_d = 0.24$。

表 1.2.17　某区气压扰动时各范围的水平和铅直位移（B. Хорошева，1958）

d/km	0	100	200	300	400	500	600	700	800	900
u/cm	0	0.12	0.21	0.42	0.84	1.05	0.89	0.76	0.67	0.59
v/cm	6.31	6.22	6.04	5.69	5.15	4.03	3.04	2.41	2.14	1.83

4. 结构计算法

　　此法先测量各岩层的力学参量，再用之计算由各岩层所组成岩体的综合力学参量。

　　由厚度为 h_a，h_b 的两种岩层相间分布构成的岩体，在垂直层面方向的应力 σ_z 作用下，两种岩层各产生应变 e_{za}，e_{zb}。因之，岩体的应变

$$e_z = \frac{h_a e_{za} + h_b e_{zb}}{h_a + h_b} \tag{1.2.30}$$

由于两种岩层在 Z 方向的弹性模量各为

$$E_{cza} = \frac{\sigma_z}{e_{za}}$$

$$E_{czb} = \frac{\sigma_z}{e_{zb}}$$

而岩体在 Z 方向的弹性模量

$$E_{cz} = \frac{\sigma_z}{e_z}$$

代入（1.2.30），得

$$E_{cz} = \frac{(h_a + h_b) E_{cza} E_{czb}}{h_a E_{czb} + h_a E_{cza}}$$

在平行层面的应力 σ_x 作用下，两种岩层中的应力各为 σ_{xa}，σ_{xb}，则两种岩层在 X 方向的弹性模量各为

$$E_{cxa} = \frac{\sigma_{xa}}{e_{xa}}$$

$$E_{cxb} = \frac{\sigma_{xb}}{e_{xb}}$$

而岩体在 X 方向的弹性模量为

$$E_{cx} = \frac{\sigma_x}{e_x}$$

并满足

$$e_{xa} = e_{xb} = e_x$$

由于两种岩层各自承受的边界力之和等于总边界力，于是有

$$h_a e_{xa} E_{cxa} + h_b e_{xb} E_{cxb} = (h_a + h_b) e_x E_{cx}$$

得

$$E_{cx} = \frac{h_a E_{cxa} + h_b E_{cxb}}{h_a + h_b}$$

同样，得

$$E_{cy} = \frac{h_a E_{cya} + h_b E_{cyb}}{h_a + h_b}$$

用类似方法，可得岩体的变形模量

$$D_{cx} = \frac{h_a D_{cxa} + h_b D_{cxb}}{h_a + h_b}$$

$$D_{cy} = \frac{h_a D_{cya} + h_b D_{cyb}}{h_a + h_b}$$

$$D_{cz}=\frac{(h_a+h_b)\ D_{cza}D_{czb}}{h_aD_{czb}+h_bD_{cza}}$$

和剪切弹性模量

$$G_{exy}=\frac{h_aG_{exya}+h_bG_{exyb}}{h_a+h_b}$$

$$G_{eyz}=\frac{(h_a+h_b)\ G_{eyza}G_{eyzb}}{h_aG_{eyzb}+h_bG_{eyza}}$$

$$G_{ezx}=\frac{(h_a+h_b)\ G_{ezxa}G_{ezxb}}{h_aG_{ezxb}+h_bG_{ezxa}}$$

σ_x 在 Z 轴方向引起的泊松比为 ν_{kxz}，则岩体在 Z 方向的形变泊松效应

$$h_a\nu_{kxza}e_{xa}+h_b\nu_{kxzb}e_{xb}=\ (h_a+h_b)\ \nu_{kxz}e_x$$

得

$$\left.\nu_{kxz}=\frac{h_a\nu_{kxza}+h_b\nu_{kxzb}}{h_a+h_b}\right|$$

同样，得

$$\left.\nu_{kyz}=\frac{h_a\nu_{kyza}+h_b\nu_{kyzb}}{h_a+h_b}\right|_{k=e,d}$$

第三节　构造应力场的本质

一、构造应力场是物质存在的一种形态

实物和场，是物质的两种不同的存在形态。它们是不能断然分离的客观存在，因而总是相互关联和相互作用着，场作用于实物，实物作用于场，场和实物相互决定着其运动和性质。

场不只是连续的，而且还有波的特性；场的作用是以有限速度传播的；实物的相互作用是通过场来实现的；场的存在形式和实物一样，也是空间和时间。

空间和时间是物质存在的形式，从而物质的运动必是在空间和时间中进行着。但不能把空间和时间与空间和时间中的物质混为一谈：空间不是场本身，场是物质在空间中的存在形态；时间不是场运动的本身，场的改变是物质在空间和时间中的运动过程。

位移和变形是物质运动的空间表象，是物质的，但不是物质本身，因而也不是作为物质存在形态之一的场。引力场、电磁场等，才是作为物质存在形态之一的场。

地壳岩体的变形和断裂，是地壳这一实物在空间和时间中运动的表象。这种运动是物质的相互作用造成的，此作用于地壳这一实物上而使之变形和断裂的物质，即以另一形态而存在于地壳岩体中的地壳构造应力场。它是以这一种

统一的形态而表现出来的多种场的复杂的综合，此即地壳运动的直接原因。至于这种场是如何产生的，则是属于地壳运动的力源问题。因而，企图离开物质本身和物质的相互作用，只从作为物质存在形式的空间和时间上去找地壳构造的形成或地壳运动的原因，从而谋求解决地壳构造问题，它不是从物质本身和物质的相互作用出发，因而其结果也不可能解决地壳运动中的根本问题。可见，从结构面的鉴定到构造体系的确定，都必须深入到由它们的力学性质到所在地区构造应力场的分析，否则解决不了本质问题。这说明，"形态学"对研究构造运动的本质是无能为力的。

地壳运动既是地壳岩体由于受力的作用造成的，那么要深入一步地解决构造运动的本质问题，就必须研究地壳中的构造应力场。

二、构造应力场是岩体中物质结合的微观不稳定态各附加电磁场的叠和

造岩矿物多是离子晶体。由固体物理学知，离子晶体中离子间的作用力为有心力，主要是库仑引力。按照库仑定律，相距 r_{12} 的二点电荷 e_1，e_2 间的势能为 $\dfrac{e_1 e_2}{r_{12}}$，则晶体静电势能

$$\phi_e = \frac{1}{2} \sum \frac{e_i e_j}{r_{ij}} = -\frac{NAe^2}{r}$$

N 为阿伏伽得罗常数，A 为麦德隆常数，e 为电子电荷，r 为二离子间距。此引力使离子间距缩小，当靠近到一定程度时便产生斥力，为离子间相互重叠的价电子所生，原轨道上的电子便增加了对外来电子的抗力。此斥力随离子间距的缩小而增大，其势能

$$\phi_r = \frac{NAe^2}{nr}$$

其中

$$n = 1 + \frac{9ar^4}{kAe^2}$$

a 为晶格形状系数。晶体在温度 T 和压力 P 下的体积压缩率

$$k = -\frac{1}{V} \left(\frac{\partial V}{\partial P} \right)_T$$

其中，体积

$$V = Nar^3$$

另外，还有一些更小量级的力。离子中的电子层一般都布满壳层，不发生电偶极矩，因而没有二极矩的交互作用。但在每一瞬间，电子都处在一定位置，因而各产生一个瞬间临时极矩，引起其他离子中的电子发生诱导电矩，而发生偶极矩的交互吸引作用。其势能与离子间距的六次方成反比：

$$\phi_c = -\frac{3}{2}\frac{\hbar f_1 f_2 b_1 b_2}{(f_1+f_2) \, r^6}$$

$\hbar$ 为普朗克常数，f_1，f_2 为两原子光谱极限频率，b_1，b_2 为离子极化度。离子在平衡位置总是以频率 f 振动着，最小振动能量为 $\frac{1}{2}\hbar f$，每克分子中的能量

$$\phi_s = \frac{9}{4} N \hbar f_M$$

最大振动频率

$$f_M = v_p \left(\frac{3N}{4\pi V}\right)^{\frac{1}{3}}$$

v_p 为声速，$\frac{N}{V}$ 为分子密度。于是，晶体的总势能

$$\phi = \phi_e + \phi_r + \phi_c + \phi_s$$

ϕ_e，ϕ_c 是引力，为负；ϕ_r，ϕ_s 是斥力，为正。将（$\phi_e + \phi_c$）和（$\phi_r + \phi_s$）各对 r 作关系曲线，便得图 1.1.130a。它们在稳定状态的数值列于表 1.3.1 中，稳定态总势能 ϕ_0 的理论值与实验值很符合。

表 1.3.1　稳定态离子晶体中的能量（单位：10^4 焦耳/克分子）（程开甲，1959）

盐类晶体	ϕ_{e0}	ϕ_{r0}	ϕ_{c0}	ϕ_{s0}	ϕ_0 理论值	ϕ_0 实验值
LiCl	−93.5	11.2	−2.4	1.0	−83.7	−82.9
LiBr	−86.9	9.4	−2.4	0.6	−79.3	−79.2
NaCl	−85.5	9.8	−2.1	0.7	−77.1	−76.5
NaBr	−80.7	8.6	−2.3	0.6	−73.8	−72.5
LiI	−79.0	7.6	−2.8	0.5	−73.7	−75.7
KCl	−76.8	9.0	−2.9	0.6	−70.0	−68.8
NaI	−74.5	7.1	−2.6	0.5	−69.5	−69.6
KBr	−73.0	7.7	−2.8	0.5	−67.6	−65.4
RbBr	−69.9	7.3	−3.3	0.3	−65.5	−64.2
CsCl	−68.0	7.4	−4.9	0.4	−65.0	−64.9
KI	−68.1	6.6	−2.9	0.6	−63.7	−63.4
CsBr	−65.2	6.8	−4.7	0.3	−62.7	−62.2
RbI	−65.3	6.4	−3.3	0.6	−61.9	−62.3
CsI	−61.4	6.1	−4.6	0.3	−59.7	−60.8

岩体，是由矿物晶粒构成的多晶体岩块所组成。当其未受力时，各小晶体内的离子各在其规则排列的晶体阵点位置附近进行振动，即在离子间规则的常态电磁场中的合力作用下，处于稳定状态。离子在这种平衡位置时，间距 $r=r_0$，所受合力 $F=0$，所具有的总势能 $\phi=\phi_0$，最低（图 1.1.130a）。岩体受力作用时，各离子间距、所受合力和势能高低均随之而变：压缩时，$r<r_0$，F 为正，斥力占优势；拉伸时，$r>r_0$，F 为负，引力占优势。两种情况，势能均升高了，$\phi>\phi_0$。由于高势能离子均倾向于回到势能最低的原稳定位置，于是离子间便产生了应力——附加的电磁力，而使离子处于不稳定的受力状态。压缩时，两离子间距离缩短而生的斥力，即相互间的压应力；拉伸时，两离子间距离伸长而生的引力，即相互间的张应力。为求得新的稳定，离子或离子群将经过不同的过程发生不同形式的位移、晶粒转动、晶粒和晶间物质变形、晶面和晶界滑移、晶粒剪裂和破碎等，而使得所受的此附加电磁力得到解除，即离子尽可能回复原来的间距，而走到其各自规则排列的稳定位置，此即岩体发生了塑性变形和断裂。若此种附加电磁力不能完全解除，则岩体便仍处于应力状态。因之，所谓组成岩体的质点——矿物的离子、原子、分子、分子群和微体素遭受应力作用，实际这些质点和微体素处在了不稳定的受力状态。此种力，即在这些质点和体素间附加的电磁力。故构造应力场的微观实质，是使构造区域中岩体的质点和体素在相互间的位置上处于不稳定的受力状态时各附加电磁场机械作用的叠和。

宏观地研究构造应力场时，可不考虑场中微观粒子结构不连续性的影响，而认为此应力场连续地填满构造区域中连续岩体所在的整个空间。于是，可宏观定义：一构造区域中，每一点都有一定的应力作用着，此应力的大小和方向是各点的位置和时间的有限、单值、可微函数，此种空间中的应力展布，为构造应力场。

第四节　构造应力场的特征

一、构造应力场是势场

应力可用二阶对称张量 **S** 表示，即应力场中任一点皆有与其位置和时间相应并依赖于坐标的一定的张量分量值，故构造应力场为此种张量场。场的强度的大小和方向，以作用在过该点的单位面积上的应力大小和方向表示。

构造应力场所占的空间区域内，岩体中的单位体积元素在没有体积力的作用下，从起始状态 0 转变到变形后的终了状态 p 时，场所完成的功 w 为中间状态各部分功的总和：

$$w=\int_0^p \left[\sigma_x \delta e_x + \sigma_y \delta e_y + \sigma_z \delta e_z + \tau_{xy} \delta \gamma_{xy} + \tau_{yz} \delta \gamma_{yz} + \tau_{zx} \delta \gamma_{zx} + \Psi(l,m,n) \right]$$

函数 $\Psi(l,m,n)$ 表示此单位体积元素的变形功与用方向余弦 l，m，n 表示的

此单位体积元素的方向有关。故在各向同性岩体中

$$w = \int_0^p [\sigma_x \delta e_x + \sigma_y \delta e_y + \sigma_z \delta e_z + \tau_{xy} \delta \gamma_{xy} + \tau_{yz} \delta \gamma_{yz} + \tau_{zx} \delta \gamma_{zx}]$$

用应力偏量的分量 d_x，d_y，d_z，d_{xy}，d_{yz}，d_{zx}（1，1，11）置换应力 σ_x，σ_y，σ_z，τ_{xy}，τ_{yz}，τ_{zx}，再用应变偏量的分量 C_x，C_y，C_z，C_{xy}，C_{yz}，C_{zx} 置换立变 e_x，e_y，e_z，γ_{xy}，γ_{yz}，γ_{zx}，并用 δw 表示积分号后括号内的表达式，得

$$\delta w = d_x \delta C_x + d_y \delta C_y + d_z \delta C_z + 2(d_{xy} \delta C_{xy} + d_{yz} \delta C_{yz} + d_{zx} \delta C_{zx}) +$$
$$\sigma(\delta C_x + \delta C_y + \delta C_z) + (d_x + d_y + d_z)\delta e + 3\sigma \delta e$$

由岩体中应力与应变基本关系的讨论知，σ 和 δe 所乘的括号内等于零。又应力偏量

$$\mathbf{d} = \tau_c \overline{\mathbf{d}}$$

应变偏量

$$\mathbf{C} = \frac{1}{2} \gamma_c \overline{\mathbf{C}}$$

由于应力与应变的方向张量重合（1.1.32），得

$$\frac{1}{\tau_c} \mathbf{d} = \frac{2}{\gamma_c} \overline{\mathbf{C}}$$

代替剪应力强度 τ_c 和剪应变强度 γ_c 以应力强度 σ_c 和应变强度 e_c

$$\left. \begin{array}{l} \tau_c = \dfrac{\sqrt{2}}{3} \sigma_c \\[2mm] \gamma_c = \sqrt{2} e_c \end{array} \right]$$

得

$$\mathbf{d} = \frac{2\sigma_c}{3e_c} \mathbf{C}$$

其分量

$$\left. \begin{array}{l} d_x = \dfrac{2\sigma_c}{3e_c} C_x \\[3mm] d_y = \dfrac{2\sigma_c}{3e_c} C_y \\[3mm] d_z = \dfrac{2\sigma_c}{3e_c} C_z \\[3mm] d_{xy} = \dfrac{2\sigma_c}{3e_c} C_{xy} \\[3mm] d_{yz} = \dfrac{2\sigma_c}{3e_c} C_{yz} \\[3mm] d_{zx} = \dfrac{2\sigma_c}{3e_c} C_{zx} \end{array} \right]$$

又由于

$$\sigma = 3K_k e = K_k \vartheta$$

得

$$\delta w = \frac{2\sigma_c}{3e_c}(C_x \delta C_x + C_y \delta C_y + C_z \delta C_z + 2C_{xy} \delta C_{xy} + 2C_{yz} \delta C_{yz} + 2C_{zx} \delta C_{zx}) + \sigma \delta \vartheta$$

括号中的六项是函数

$$\frac{1}{2}(C_x^2 + C_y^2 + C_z^2 + 2C_{xy}^2 + 2C_{yz}^2 + 2C_{2x}^2) = \frac{3}{4}e_c^2$$

的全微分，又因

$$\sigma_c = \phi(e_c)$$

故得

$$\delta w = \sigma_c \delta e_c + \sigma \delta \vartheta$$

是全微分，而

$$w = w(e_c, \vartheta) = \int_0^{e_c} \sigma_c \delta e_c + K_k \int_0^{\vartheta} \vartheta \, \delta \vartheta = \int_0^{e_c} \sigma_c \delta e_c + \frac{1}{2} K_k \vartheta^2$$

则知，w 只与岩体变形的起始和终了状态有关。又

$$\partial w = \frac{\partial w}{\partial e_c} \delta e_c + \frac{\partial w}{\partial \vartheta} \delta \vartheta$$

$$= \frac{\partial w}{\partial e_x} \delta e_x + \cdots + \frac{\partial w}{\partial \gamma_{xy}} \delta \gamma_{xy} + \cdots$$

则

$$\sigma_c = \frac{\partial w}{\partial e_c}$$

$$\sigma = \frac{\partial w}{\partial \vartheta}$$

$$\sigma_x = \frac{\partial w}{\partial e_x}, \cdots$$

$$\tau_{xy} = \frac{\partial w}{\partial \gamma_{xy}}, \cdots$$

即场所做的功的函数 w，是构造应力场中的应力势。因之，构造应力场是势场。此为构造应力场的第一个基本特征。

变形岩体中，每一点的应力状态都可用应力张量表示，但张量并没有像向量那样，用有方向的线段来表示的明显几何特性。为了将构造应力场表示得更直观，可由决定应力张量

$$S = \begin{bmatrix} \sigma_x & \tau_{yx} & \tau_{zx} \\ \tau_{xy} & \sigma_y & \tau_{zy} \\ \tau_{xz} & \tau_{yz} & \sigma_z \end{bmatrix}$$

的三个应力向量

$$\left.\begin{array}{l} \boldsymbol{S}_x = \sigma_x \boldsymbol{i} + \tau_{yx} \boldsymbol{j} + \tau_{zx} \boldsymbol{k} \\ \boldsymbol{S}_y = \tau_{xy} \boldsymbol{i} + \sigma_y \boldsymbol{j} + \tau_{zy} \boldsymbol{k} \\ \boldsymbol{S}_z = \tau_{xz} \boldsymbol{i} + \tau_{yz} \boldsymbol{j} + \sigma_z \boldsymbol{k} \end{array}\right]$$

之合

$$\boldsymbol{S} = \boldsymbol{S}_x + \boldsymbol{S}_y + \boldsymbol{S}_z$$

将此二阶对称张量场转换为以向量场来表示。

用 dx，dy，dz 表示岩体中点 $P(x, y, z)$ 的位移在坐标轴上的三个分量，则位移向量

$$d\boldsymbol{r} = dx\boldsymbol{i} + dy\boldsymbol{j} + dz\boldsymbol{k}$$

于是

$$\boldsymbol{S} \cdot d\boldsymbol{r} = S_x dx + S_y dy + S_z dz$$

是某一函数 Ψ 的全微分：

$$-d\Psi = S_x dx + S_y dy + S_z dz$$

但由于

$$d\Psi = \frac{\partial \Psi}{\partial x} dx + \frac{\partial \Psi}{\partial y} dy + \frac{\partial \Psi}{\partial z} dz$$

将此二式相加，得

$$\left(S_x + \frac{\partial \Psi}{\partial x}\right) dx + \left(S_y + \frac{\partial \Psi}{\partial y}\right) dy + \left(S_z + \frac{\partial \Psi}{\partial z}\right) dz = 0$$

因 x，y，z 是独立变数，故上式中 dx，dy，dz 前的系数必为零。因而，

$$\left.\begin{array}{l} S_x = -\dfrac{\partial \Psi}{\partial x} \\[2mm] S_y = -\dfrac{\partial \Psi}{\partial y} \\[2mm] S_z = -\dfrac{\partial \Psi}{\partial z} \end{array}\right]$$

则得

$$\boldsymbol{S} = -\boldsymbol{i} \frac{\partial \Psi}{\partial x} - \boldsymbol{j} \frac{\partial \Psi}{\partial y} - \boldsymbol{k} \frac{\partial \Psi}{\partial z} = -\mathrm{grad}\Psi$$

函数 Ψ 为向量场中应力 s 的势。故构造应力场的向量场，是梯度场。因而场强的值，等于等势面的梯度值。又

$$\mathrm{grad}\Psi = \frac{\partial \Psi}{\partial n} \boldsymbol{n}$$

$\boldsymbol{n}$ 为指向势 Ψ 增加方向的等势面法线。可见，此梯度是势的增加速度，并且 $\boldsymbol{S} /\!/ \boldsymbol{n}$。故场中各点的应力向量 $\boldsymbol{S}$ 的方向与各该点的等势面垂直，而指向降势方向。场中，线上各点的切线方向皆与各该点的应力向量 $\boldsymbol{S}$ 的方向一致的曲线，为应力

线。因而，应力线与等势面正交。应力线元 $\mathrm{d}\boldsymbol{l} \parallel \boldsymbol{S}$，则 $\mathrm{d}\boldsymbol{l}$ 在坐标轴上的分量 $\mathrm{d}x$，$\mathrm{d}y$，$\mathrm{d}z$ 必各与 $\boldsymbol{s}$ 的相应分量 $\boldsymbol{S}_x$，$\boldsymbol{S}_y$，$\boldsymbol{S}_z$ 成比例：

$$\frac{\mathrm{d}x}{S_x} = \frac{\mathrm{d}y}{S_y} = \frac{\mathrm{d}z}{S_z}$$

将其分成两个联立常微分方程

$$\left.\begin{array}{l} \dfrac{\mathrm{d}x}{\mathrm{d}z} = \dfrac{S_x}{S_z} \\[2mm] \dfrac{\mathrm{d}y}{\mathrm{d}z} = \dfrac{S_y}{S_z} \end{array}\right]$$

其积分形式，为

$$\left.\begin{array}{l} f_1(x,\ y,\ z) = C_1 \\[2mm] f_2(x,\ y,\ z) = C_2 \end{array}\right]$$

此即应力线方程，C_1，C_2 为积分常数。在 $\tau_{xy} = \tau_{yz} = \tau_{zx} = 0$ 时，此为主正应力线方程；在 $\sigma_x = \sigma_y = \sigma_z = 0$ 时，此为主剪应力线即最大剪应力线方程。场中，方向连续渐变的同性应力线组成的曲面，为此性质的应力面。由于构造应力场连续地布满在构造运动区域中的岩体所在的整个空间，故而等势面、应力线和应力面，只可始于和终于应力场所在岩体的边界面处，而在连续的岩体内则连续分布。只是在场中的各向同性点处，应力线或应力面可改变性质。

在图 1.4.1 中，由于

$$w = \int_{P_1}^{P_2} \boldsymbol{S} \cdot \mathrm{d}\boldsymbol{r} = \boldsymbol{\Psi}_{P_1} - \boldsymbol{\Psi}_{P_2}$$

可见，构造应力场所做之功，等于岩体中质点运动的始点和终点势能之差。因之，构造应力场对其中岩体质点所做之功，只与质点所经路线的始点和终点的位置有关，而与质点所经过的途径和路线形状无关。故当场中一点的势确定后，若已知其在各种情况下所做之功，则场中其他各点的势即可由此方程唯一地相对地决定。由之，可在场中加密补绘等势线和等势面。对场中一闭合线路，场所做之功

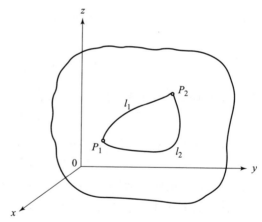

图 1.4.1 构造应力场中岩体质点从 P_1 点到 P_2 点的不同路径

$$\oint \boldsymbol{S} \cdot \mathrm{d}\boldsymbol{r} = \int_{P_1}^{P_1} \boldsymbol{S} \cdot \mathrm{d}\boldsymbol{r}$$

$$= \int_{P_1}^{l_1 - P_2} \boldsymbol{S} \cdot \mathrm{d}\boldsymbol{r} + \int_{P_2}^{l_2 - P_1} \boldsymbol{S} \cdot \mathrm{d}\boldsymbol{r}$$

$$= \int_{P_1}^{l_1 - P_2} \boldsymbol{S} \cdot \mathrm{d}\boldsymbol{r} + \int_{P_2}^{l_1 - P_1} \boldsymbol{S} \cdot \mathrm{d}\boldsymbol{r}$$

$$= \int_{P_1}^{l_1 - P_2} \boldsymbol{S} \cdot \mathrm{d}\boldsymbol{r} - \int_{P_1}^{l_1 - P_2} \boldsymbol{S} \cdot \mathrm{d}\boldsymbol{r}$$

$$= 0$$

即，在此种场中，应力向量的环动为零。可见，场的应力向量在场中任一闭合曲线切线方向的分量是连续的，并知顺纬线方向绕全球一周的应力和为零，因之顺纬线方向若一处有压力，则它处必有反向力以构成张伸作用，而使其绕地球一周所做之功的总和为零，反之亦然。因而，走向沿经线方向若有压性构造带，则亦必有张性构造带，并由此而得以形成由张、压性构造带组成的以两极为对称中心的全球性辐射状构造。顺经线方向的应力，也是如此。若在低纬度有走向沿纬线方向的压性构造带，则在近极地必有近南北向的张伸构造运动。故全球性的巨型构造体系，均沿经、纬线方向分布，且应力作用对经向、纬向、赤道、两极均有一定的对称性。在环球的任一闭合回路中，若应力是同性质的，则有的带应力若增强，必有另一些带的应力减弱。应力增加过程与应力减小过程所做之功异号，而使场沿闭合回路做功的总和为零。这说明闭合回路所经过的构造带，有的活动增强，有的活动必相对减弱。

应力向量在场中一点的旋度 $\mathrm{rot}\boldsymbol{S}$ 沿 $\boldsymbol{S}$ 方向的分量，是 $\boldsymbol{S}$ 沿过此点并垂直于 $\vec{n}$ 的任意小面积 $\mathrm{d}A$ 边线的分量的环动与 $\mathrm{d}A$ 之比在 $\mathrm{d}A \to 0$ 时的极限：

$$\mathrm{rot}_n \boldsymbol{S} = \lim_{\mathrm{d}A \to 0} \frac{\oint S_r \mathrm{d}r}{\mathrm{d}A} = \lim_{\mathrm{d}A \to 0} \frac{\oint \boldsymbol{S} \cdot \mathrm{d}\vec{r}}{\mathrm{d}A}$$

因应力向量的环动为零，故上式左边的

$$\mathrm{rot}_n \boldsymbol{S} = 0$$

鉴于方向 $\vec{n}$ 的任意性，则得在场内各点各方向均有

$$\mathrm{rot}\ \boldsymbol{S} = 0$$

由此可知，构造应力场是无旋场，且向量 $\mathrm{rot}\ \boldsymbol{S}$ 与坐标系的选择无关，具有转换坐标轴时的不变性。可见，在此种场内是不可能存在旋涡的，因之也不会形成相应的构造现象。

应力向量在场内一点的散度 $\mathrm{div}\ \boldsymbol{S}$，是主动应力 $\boldsymbol{S}$ 过围绕此点的任一闭合面 A 的通量与 A 面所包体积 ΔV 之比在 ΔV 逼近于零时的极限：

$$\mathrm{div}\ \vec{S} = \lim_{\Delta V \to 0} \frac{\oint S_n \mathrm{d}A}{\Delta V} = \lim_{\Delta V \to 0} \frac{\oint \vec{n} \cdot \boldsymbol{S}\ \mathrm{d}A}{\Delta V}$$

故而标量 $\mathrm{div}\ \boldsymbol{S}$ 与坐标系的选择无关，具有在转换坐标轴时的不变性。取压应力为负，张应力为正，则在压应力起主要作用的部位或主动力为压性的主正应力差为零的各向同性点处，

$$\oint \boldsymbol{n} \cdot \boldsymbol{S}\, \mathrm{d}A < 0$$

由此才得以形成形态闭合的圆转构造；在张应力起主要作用的部位或主动力为张性的各向同性点处，则

$$\oint \boldsymbol{n} \cdot \boldsymbol{S}\, \mathrm{d}A > 0$$

由此才得以形成在地球两极各向水平张伸而压向赤道的构造应力状态，及其作用而成的以两极为对称中心的全球性纬向环状构造带；而在零各向同性点——奇异点，即自由边界和中性面上的各向同性点处，因其各向应力皆为零，而在中性面——张应力和压应力作用区域分界面方向，既无张应力又无压应力作用，故

$$\oint \boldsymbol{n} \cdot \boldsymbol{S}\, \mathrm{d}A = 0$$

因此，构造应力场中相应于以上三种部位的应力向量的散度，亦各为小于零，大于零，等于零。

　　构造应力场中，各分应力所做之功不依赖路线的形状而只与其起点和终点的位置有关，那么其合力所做之功也必不依赖路线的形状而只与其起点和终点的位置有关。故叠加应力的势，为各分应力势的代数和。因而各势场之叠和，还是一个势场。既能叠加，亦必可抵消。故而，构造应力场适合叠加和抵消原理，即同向同性应力叠加，同向异性应力抵消，同时或前后几次同向同性应力作用所造成的总形变是各个形变相加或继续的结果。

　　若在时刻 t_1 的瞬时 δt_1 中，同向同性或同向异性应力

$$\left.\sigma_1^1(e), \sigma_1^2(e), \sigma_1^3(e), \cdots, \tau_1^1(\gamma), \tau_1^2(\gamma), \tau_1^3(\gamma), \cdots \right]$$

各造成相应的应变

$$\left. e_1^1(t_1), e_1^2(t_1), e_1^3(t_1), \cdots, \gamma_1^1(t_1), \gamma_1^2(t_1), \gamma_1^3(t_1), \cdots \right]$$

经过一段时间到 t_2 时，各同向同性或同向异性应力

$$\left. \sigma_2^1(e), \sigma_2^2(e), \sigma_2^2(e), \cdots, \tau_2^1(\gamma), \tau_2^2(\gamma), \tau_2^3(\gamma), \cdots \right]$$

在瞬时 δt_2 中，又各造成了与 t_1 时相应的应变

$$\left. e_2^1(t_2), e_2^2(t_2), e_2^3(t_2), \cdots, \gamma_2^1(t_2), \gamma_2^2(t_2), \gamma_2^3(t_2), \cdots \right]$$

而在中间时间间隔中，若应力

$$\sigma_1^1(e), \quad \sigma_1^2(e), \quad \sigma_1^3(e), \quad \cdots, \quad \tau_1^1(\gamma), \quad \tau_1^2(\gamma), \quad \tau_1^3(\gamma), \quad \cdots$$

各按不同的变化规律连续作用，则总应力

$$
\begin{aligned}
\sigma_{t_1-t_2}(e,t) &= \sigma_1^1(e) + \sigma_1^2(e) + \cdots + \sigma_2^1(e) + \sigma_2^2(e) + \cdots \\
&\quad + \int_{t_1}^{t_2} e_1^1(t_1) f_1(t_2-t_1)\delta t + \int_{t_1}^{t_2} e_1^2(t_1) f_2(t_2-t_1)\delta t + \cdots \\
\tau_{t_1-t_2}(\gamma,t) &= \tau_1^1(\gamma) + \tau_1^2(\gamma) + \cdots + \tau_2^1(\gamma) + \tau_2^2(\gamma) + \cdots \\
&\quad + \int_{t_1}^{t_2} \gamma_1^1(t_1) f_1'(t_2-t_1)\delta t + \int_{t_1}^{t_2} \gamma_1^2(t_1) f_2'(t_2-t_1)\delta t + \cdots
\end{aligned}
$$

$f_j(t_2-t_1)$，$f_j'(t_2-t_1)$ 为岩体继续 $\sigma_1^j(e)$，$\tau_1^j(\gamma)$ 的正应力或剪应力状态的特征函数。则同向同性应力叠加和同向异性应力抵消原理的表示式，为

$$\left.\begin{aligned}
\sigma(e,t) &= \sum_{i=1,j=1}^{i=m,j=n} \sigma_i^j(e) + \sum_{i=1,j=1}^{i=m,j=n} \int_{t_i}^{t_{i+1}} e_i^j(t_i) f_j(t_{i+1}-t_i)\delta t \\
\tau(\gamma,t) &= \sum_{i=1,j=1}^{i=m,j=n} \tau_i^j(\gamma) + \sum_{i=1,j=1}^{i=m,j=n} \int_{t_i}^{t_{i+1}} \gamma_i^j(t_i) f_j'(t_{i+1}-t_i)\delta t
\end{aligned}\right\}$$

二、构造应力场是非独立场

外力作用于岩体，其中即产生应力场，但其并非立刻就传布到整个岩体，而是以波的形式按有限速度，逐次从岩体的一部分传递到另一部分。应力场的变动，即由其传布来实现。故而岩体和其中的应力场是不能断然分离，应力场作用于岩体，岩体又作用于应力场，应力场和岩体相互决定着其运动和性质。因之，构造应力场的传布既在岩体中进行，而且其传布系依岩体的一种力学过程来完成，则此种场的传布所遵从的规律和特点，也必然还取决于岩体的力学性质。因而影响岩体力学性质的物理化学环境、组织结构和受力状态等因素，自然也就成了影响构造应力场的因素。

波动在传播过程中，由于岩体力学性质影响所造成的应力波的衰减和岩体所处力学状态在空间上的变化，必将产生速度梯度。

从图 1.2.90～图 1.2.93 知，岩体经过一个应力作用的循环，由于内摩擦和做了塑性变形功的消耗，而在应力—应变曲线上出现滞后回线，其加卸载过程所包围的面积即代表所消耗的机械能量。在应力波通过岩体的过程中，岩体内垂直应力传播方向的每一层都依次地经过这一循环，这是应力波衰减的一个主要原因。

岩体中距受外力作用的边界近处，由于先受到应力作用而优先变形。应力所造成的塑性形变随时间的延长逐渐增大，而应力则渐渐松弛。故构造应力场于岩体内的传播过程中，因此而被强烈地削弱。

距外力作用边界近处的岩体，由于先受到应力作用，因而将使应力在传布途径中，由于不断做了变形功而逐次消耗。由岩体中某一部分应变功是其各体积元素 dV 的应变功的总和：

$$\iiint w\,dV = \iiint \left(\int_0^{e_c} \sigma_c\,de_c + \frac{1}{2}K_k\vartheta^2 \right) dV$$

可知，应力场在传布过程中，由于不断做功而造成的能量衰减量，相当可观。对同种岩体，优先变形处亦可优先发生微裂和破裂，其所造成的应力解除，使应力在传布过程中消耗更大。

就波动在岩体中传播的一般局部性速度而言，因

$$v_e = \sqrt{\frac{E}{\rho}} \left.\begin{matrix}\\\\\\\\\\\end{matrix}\right]$$

$$v_d = \sqrt{\frac{D}{\rho}}$$

$$v_f = \sqrt{\frac{F}{\rho}}$$

而

$$E > D > F$$

得知

$$v_e > v_d > v_f$$

即波动的传播速度，随其所在岩体从弹性向塑性状态的转变而减小，其值取决于岩体的力学模量和密度。对岩体的蠕变过程，

$$v_t = \sqrt{\frac{C}{\rho}}$$

若蠕变应变随时间的延长而增大，则 C 单调地减小，因而 v_t 也单调地降低。可见，岩体所处的力学状态对波动传播速度有决定性的影响，并且由于岩体所处力学状态在空间分布上的差异，而引起波动传播的速度梯度。

前已证明，岩体中弹性体变波和形变波的传播速度各为

$$v_p = \sqrt{\frac{K_e + \frac{4}{3}G_e}{\rho}}$$

$$v_s = \sqrt{\frac{G_e}{\rho}}$$

可见，在外力作用下，岩体中将产生两种不同性质不同速度的弹性波，其速度均随岩体力学性质的变异而不同。因体变波的速度大于形变波的速度，故岩体中各处在同一外力作用下，必先受围压的作用，而后才受到变形力的作用。这两种力，并不是同时作用于一点，而是有先后之别，尽管其作用时间先后之差并不大，但前者也足以成为后者的先在条件了。这也说明了，岩体在外力作用下所承受的围压，实为其变形的物理条件，即体变波的传到先影响了岩体的 G_e 和 ρ 值（图 1.1.95），使其大小发生了改变，而使形变波传至该处的速度取决于这些已经改变了的 G_e 和 ρ 值。

若 $\vartheta = 0$，则（1.2.20）对弹性波成为

$$\rho \frac{\partial^2 u}{\partial t^2} = G_e \nabla^2 u$$

$$\rho \frac{\partial^2 v}{\partial t^2} = G_e \nabla^2 v$$

$$\rho \frac{\partial^2 w}{\partial t^2} = G_e \nabla^2 w$$

此种波为等容波，即其所到之处的岩体不发生体积应变。由于构造应力场是势场，故若 u, v, w 对势函数 Ψ 满足

$$u = \frac{\partial \Psi}{\partial x}$$

$$v = \frac{\partial \Psi}{\partial y}$$

$$w = \frac{\partial \Psi}{\partial z}$$

则岩体中体素对 X, Y, Z 轴的旋转量

$$w_x = w_y = w_z = 0$$

于是，

$$\vartheta = \nabla^2 \Psi$$

$$\frac{\partial \vartheta}{\partial x} = \nabla^2 u$$

代入（1.2.20）中的第一式，对弹性波得

$$\rho \frac{\partial^2 u}{\partial t^2} = (\mu_e + 2G_e) \nabla^2 u$$

对 v, w 有

$$\rho \frac{\partial^2 v}{\partial l^2} = (\mu_e + 2G_e) \nabla^2 v$$

$$\rho \frac{\partial^2 w}{\partial t^2} = (\mu_e + 2G_e) \nabla^2 w$$

此种波为无旋波，即其所到之处的岩体体素不发生涡转。若波动以速度 v 在岩体中沿 X 轴传播，则位移 u, v, w 将是单变数 $r = x - vt$ 的函数。因此，

$$\frac{\partial^2 u}{\partial t^2} = v^2 \frac{\partial^2 u}{\partial r^2}, \qquad \frac{\partial^2 u}{\partial x^2} = \frac{\partial^2 u}{\partial r^2}$$

$$\frac{\partial^2 v}{\partial t^2} = v^2 \frac{\partial^2 v}{\partial r^2}, \qquad \frac{\partial^2 v}{\partial x^2} = \frac{\partial^2 v}{\partial r^2}$$

$$\frac{\partial^2 w}{\partial t^2} = v^2 \frac{\partial^2 w}{\partial r^2}, \qquad \frac{\partial^2 w}{\partial x^2} = \frac{\partial^2 w}{\partial r^2}$$

而对 y, z 的微商皆为零。代入（1.2.20），得

$$\rho v^2 \frac{\partial^2 u}{\partial r^2}=(\mu_e+2G_e)\ \frac{\partial^2 u}{\partial r^2}$$

$$\rho v^2 \frac{\partial^2 v}{\partial r^2}=G_e\ \frac{\partial^2 v}{\partial r^2} \tag{1.4.1}$$

$$\rho v^2 \frac{\partial^2 w}{\partial r^2}=G_e\ \frac{\partial^2 w}{\partial r^2}$$

在 $\frac{\partial^2 u}{\partial r^2}$，$\frac{\partial^2 v}{\partial r^2}$，$\frac{\partial^2 w}{\partial r^2}$ 不同时为零的条件下，只有在

$$v^2=\frac{\mu_e+2G_e}{\rho}$$

$$\frac{\partial^2 v}{\partial r^2}=\frac{\partial^2 w}{\partial r^2}=0$$

或者

$$v^2=\frac{G_e}{\rho}$$

$$\frac{\partial^2 u}{\partial r^2}=0$$

二者任一情况下，（1.4.1）才能满足。因之，第一种情况的波动是沿传播方向的纵波，故而造成其所到之处岩体的伸缩和由之而生的体变。第二种情况的波动是平行于波前的横波，故而造成其所到之处岩体的剪切和由之而生的形变。

因之，构造应力场的分布，除取决于场本身所遵从的规律和所具有的特点外，还取决于其所在岩体的力学性质。可见，就岩体力学性质和其变形与断裂对在其中传布的应力场的影响而言，构造应力场是非独立场。此即构造应力场的第二个基本特征。

三、构造应力场是不稳定场

地球作为一个天体，其自转和公转轨道与转速、其卫星的轨道与引力以及地球内部物质各种方式的运动变化，均在不断地改变着形成地壳构造应力场的力源，使地壳各构造区域所受主动应力的大小和方向不断改变着。由于各构造区域所受外力的大小和作用方式并非固定，则其必将造成场的强弱及特点上的变化和分布形式上的转化。

由于岩体中的应力松弛、构造变形和断裂所造成的应力削减和解除以及在变形过程中内摩擦所用去的应力消耗，将使固定的外力作用造成的应力场随时间的延长而减弱，并且岩体的变形、断裂、蠕变和后效的发生也必然在此过程中反过来改变场的分布形式及特点。

由于构造应力场在形成力源上和作用过程中的变化，均使其在强弱、分布形式及特点上，随时间的延续而不断地转变着，使得场中各点的场强成为坐标和时

间的函数。由于场内各点强度的大小和方向均随坐标和时间而变，因之构造应力场是不稳定场。此即构造应力场的第三个基本特征。

四、构造应力场是变形应力场

构造应力场是造成地壳岩体构造变形和构造断裂的应力场。由于岩体中的体积应力只造成岩体体积的伸缩，因而并不改变其形状，也不引起断裂。只有变形应力，才造成岩体形状的改变，并可引起断裂。全应力场中的体积应力 σ，大小等于 $\dfrac{1}{3}$ $(\sigma_1 + \sigma_2 + \sigma_3)$，在各方向均等分布，可用应力球张量表示，变形应力分量，为

$$\begin{matrix} \sigma_x - \sigma, & \tau_{xy} \\ \sigma_y - \sigma, & \tau_{yz} \\ \sigma_z - \sigma, & \tau_{zx} \end{matrix}$$

或用主应力表示为

$$\begin{matrix} \sigma_1 - \sigma \\ \sigma_2 - \sigma \\ \sigma_3 - \sigma \end{matrix}$$

可用应力偏张量表示。由于应力球张量场不造成岩体的变形和断裂，因之它不是构造应力场的组成部分。造成地壳岩体变形和断裂的应力偏张量场，才是构造应力场，它等于全应力场减去球张量场。因之，构造应力场是变形应力场。这是构造应力场的第四个基本特征。

岩体中的体积应力，虽然不造成岩体的变形和断裂，但由前述实验结果知，它影响岩体的力学性质，是岩体变形和断裂过程中的重要物理条件，故称之为围压。由于受围压影响的岩体力学性质，影响应力场的强弱和分布形式，因而围压也反过来影响构造应力场的强弱和分布形式。

对全应力场中的平面应力状态，若 $\sigma_1 > \sigma_2$，由于体积应力等于 $\dfrac{1}{2}$ $(\sigma_1 + \sigma_2)$，若 σ_1，σ_2 同性质，则体积应力的大小必然介于 σ_1 与 σ_2 之间，故当把体积应力作为围压这一物理条件而去掉后，剩下的变形应力场中的二主应力中，必然是 $\sigma_1 - \sigma > 0$，$\sigma_2 - \sigma < 0$，即必然是一正一负；若 σ_1，σ_2 异性质，自然更是如此。这说明，构造应力场在过岩体中任一点的主正应力线中，都是一为张性的，一为压性的。而过岩体中一点的二主正应力线同性质的情况，只可存在于全应力场中。在偏应力场中，由于体积应力已转变为围压而被减去，故过一点的二主正应力线，只能是异性质的。

综上可知，构造应力场，在空间上是按势分布的，在存在上是非独立的，在时间上是不稳定的，在类型上是变形力的。

　　构造应力场在其存在、传布、转变和类型上的基本特征，是进一步研究此种场的分类、测定、分布、转变、成因、应用及研究方法的基础。

第五节　构造应力场的分类

一、构造应力场的成因分类

　　构造应力场的主要组成成分，从成因上，可分为四类。

1. 惯性应力场

　　行星是由星际物质旋转收缩凝聚而成的。星际物质中的小质点和小天体，原均沿其固有的轨道作各自的惯性运动，当互相进入引力场范围而相互发生作用时，便改变了各自原有的轨道。及至缩聚为一个新天体时，这种惯性运动的作用，就成了新天体自转的动力。之后，其动能随地内物质分布的重新调整和进行复杂的物理化学变化及外天体各种物理场的作用，而不断改变着。

　　地球作为一个新天体，当其缩聚而成时，组成它的原各小天体相互接触的界面，就成了地球原始的不连续面。在深部由于后来温度变高围压增大而熔结起来，在地壳和上地幔上部这种接缝则不同程度地保留了下来，并为后来的构造运动所改造。这些原始接缝，随着地形的高处被剥蚀和低处沉积厚度及水平范围的不断扩大所造成的地球几何形状的逐渐规整化，在后来的构造运动中不断发生水平和铅直延裂并带动新地层的变形，而使得其走向也逐渐规整化并渐趋平滑，这就是地球最早原有的并被后来改造了的不连续面和构造带。它们和后来形成的断裂一起组成了今日的断裂构造。故地球作为一个天体，并非一开始就是一个球，也并非后来才有裂缝构造。它一开始就是一个形状不规整并带有许多不连续面的作着惯性自转的物体。可见，地球上的惯性力，从地球这个天体形成时起，就在作用着。

　　地球自转时，由于其角速度不断改变着，则地形高差、大断裂活动、质量分布不均匀、岩体力学性质各处不同以及各地块中低速层的有无、厚度、深度、数量的不同所造成的各地块与下部连接强度的差别，所引起各地块对地球自转状态变化反映的不一致，便造成了各地块间的相互作用。下部与地球整体连接较好的地块，随地球自转角速度的改变将主动改变运动速度。而下部与地球整体连接较差的地块，在地球自转角速度改变时，仍倾向于按原速作惯性运动，于是便受到前种变速地块的主动作用，并对变速地块产生惯性反作用。以此互为地块间的边界条件，便在相毗连的各地块中产生了地壳构造应力场。一个地块各边界所受周围各地块的作用，即为此地块中产生构造应力场的边界条件。变速运动地块对原速运动地块的主动作用力与原速运动地块对变速运动地块的惯性反作用力，等值反向。故一个地块对其相邻地块的主动作用，使相邻地块中产生构造应力场。同时，此主动作用所引起的反作用，也在自身地块中引起构造应力场。因而，此二地块在相邻边界处的边界条件是互为的——作用力同时、等值、反向。如此产生的构造应力场，为惯性应力场。可见，惯性构造应力场中各点主应力的大小和方向，不仅与统一的地球自转有关，还与各地块间的相对运动和相互作用有关，它使得各地块中的应力分布受各自边界条件的影响而在各地区有所不同。因之，此类构造应力场有其全球的统一性，又有各地块特殊条件所决定的各自的区域性特点。

2. 重应力场

地壳岩体中由于上覆岩体的重力而在各深度处产生的应力场，为重应力场。

地壳中距地表深 D 处的单元体上，作用有水平应力 σ_x，σ_y 和铅直应力 σ_z。则由 (1.1.39) 得其平衡方程，为

$$\left.\begin{array}{l} \dfrac{\partial \sigma_x}{\partial x} + \dfrac{\partial \tau_{yx}}{\partial y} + \dfrac{\partial \tau_{zx}}{\partial z} = 0 \\[2mm] \dfrac{\partial \tau_{xy}}{\partial x} + \dfrac{\partial \sigma_y}{\partial y} + \dfrac{\partial \tau_{zy}}{\partial z} = 0 \\[2mm] \dfrac{\partial \tau_{xz}}{\partial x} + \dfrac{\partial \tau_{yz}}{\partial y} + \dfrac{\partial \sigma_z}{\partial z} + f_z = 0 \end{array}\right\} \tag{1.5.1}$$

其中，体积力

$$f_z = \rho g$$

ρ 为上覆岩体密度，随深度而变；g 为重力加速度。

初始应力状态，为

$$\left.\begin{array}{l} \sigma_z = g \displaystyle\int_0^D \rho(D)\,\mathrm{d}D \\[3mm] \sigma_x = \sigma_y = \dfrac{\nu}{1-\nu}\sigma_z \\[3mm] \tau_{zx} = \tau_{zy} \\[2mm] \tau_{xy} = 0 \end{array}\right\} \tag{1.5.2}$$

在地表，得边界条件

$$\left.\begin{array}{l} D = 0 \\ \sigma_z = 0 \end{array}\right\}$$

若上覆岩层较浅，由 n 层密度为 ρ_i 厚度为 d_i 的地层组成，则深度 D 处的铅直应力

$$\sigma_z = g \sum_{i=1}^{n} \rho_i d_i$$

水平应力与铅直应力之比

$$\frac{\sigma_x}{\sigma_z} = \frac{\sigma_y}{\sigma_z} = \frac{\nu}{1-\nu} \tag{1.5.3}$$

在岩体满足线弹性的特殊条件下，则此比变成

$$\frac{\sigma_x}{\sigma_z} = \frac{\sigma_y}{\sigma_z} = \frac{\nu_e}{1-\nu_e}$$

即水平应力和铅直应力不等。在一般情况下，由于地壳构造运动是长期的过程，即便在地壳浅层低载荷下也是以蠕变为主，而在深层高温高围压下，由前述实验结果知岩体的塑性更加增强，因之 ν 接近于 0.5，于是

$$\frac{\sigma_x}{\sigma_z} = \frac{\sigma_y}{\sigma_z} \approx 1$$

即重应力成为各向均等的静水压力，而相当于围压，称之为重力围压。其大小，随深度的增加而增大，若上覆岩层密度不变则随深度呈线性增大。故此类应力场的水平分布，与上覆岩层密度的水平分布、地表地形和上覆岩体铅直厚度有关，而其铅直分布则与上覆岩层密度和深度有关。

3. 热应力场

地壳岩体中由于温度变化所引起的热胀冷缩受到约束时而产生的应力场，为热应力场。不需考虑热应力的岩体构造应力场，相当于等温状态应力场。

岩体中产生热应力场的情况有多种：温度变化时岩体某些部位不能自由变形；均匀岩体内各点的温度变化不均匀以致不能均匀胀缩；岩体温度均匀变化但各处的热胀系数不同；岩体中的温度变化和热胀系数都不均匀，都产生热应力场。因之，此种应力场的产生要求两个基本条件：一是温度变化、二是胀缩不自由。这种胀缩不自由，可由体内不均匀因素引起的各部分之间的相互约束所造成，可由边界约束所造成。

岩体无约束时，温度变化 1 度所引起的线应变，为线热胀系数，用 α 表示。α 随岩块温度的升高，有的上升，有的下降，有的升后降，有的降后升，有的不变（表 1.5.1）。于是，温度变化 T 度时，引起的自由胀缩热应变

$$e_T = \int_0^T \alpha(T)\mathrm{d}T$$

表 1.5.1　岩样线热胀系数随温度范围的变化（$10^{-8}\,℃^{-1}$）

（焦青等，1988；古桂云，1986）

温度 岩类	常温	室温～40℃	室温～60℃	室温～80℃	室温～100℃	室温～200℃
页岩	9.86	9.55	9.24	9.14	9.12	—
片岩	9.78	9.92	9.73	10.16	10.50	—
石英砂岩	9.59	10.02	10.57	10.76	11.04	12.35
石灰岩	9.59	9.93	9.97	10.31	10.22	10.23
长石石英砂岩	9.12	9.66	9.89	10.26	10.57	12.25
白云岩	—	—	8.90	—	9.20	—

（续表）

温度 岩类	常温	室温～40℃	室温～60℃	室温～80℃	室温～100℃	室温～200℃
紫红凝灰岩	9.04	8.36	8.06	7.91	7.73	7.09
长石石英砂岩	8.98	8.19	7.93	7.80	8.20	10.23
长石石英砂岩	8.68	8.80	9.06	9.24	9.48	11.23
片麻岩	—	—	7.00	—	6.60	—
黄色粉砂岩	8.67	7.35	5.52	2.76	0.25	—
石英砂岩	8.63	8.99	9.14	9.53	9.65	11.23
长石石英砂岩	8.61	8.45	8.24	8.10	7.91	8.35
紫红粉砂岩	8.52	8.01	8.09	8.02	8.25	—
长石石英砂岩	8.42	8.35	8.19	8.33	8.64	10.25
长石石英砂岩	8.38	8.02	7.97	8.28	8.53	10.64
石灰岩	8.36	8.36	8.46	9.02	9.09	—
粗面岩	8.23	8.42	8.47	8.50	8.55	—
长石石英砂岩	7.99	8.46	8.98	9.61	9.91	11.20
紫红粉砂岩	7.93	7.93	8.21	8.19	8.81	—
泥质灰岩	7.92	8.11	8.48	8.80	8.43	11.34
长石石英砂岩	7.84	8.18	8.92	9.56	10.08	11.68
石灰岩	7.83	7.34	7.55	7.80	8.17	—
石灰岩	7.80	7.93	8.03	8.24	8.34	10.55
角砾岩	7.80	7.81	7.91	7.99	8.18	—
角砾岩	7.61	8.22	7.89	7.67	7.49	6.34
石英砂岩	7.53	7.62	7.83	7.98	8.28	10.14
玄武岩	7.44	7.44	7.43	7.47	7.52	7.64
石灰岩	7.42	7.21	7.21	7.22	7.33	10.08
石灰岩	7.40	7.36	7.24	7.18	7.09	—
石灰岩	7.21	7.21	7.14	7.13	7.11	8.31
硅质灰岩	7.10	6.94	6.88	6.88	6.87	6.94
长石石英砂岩	7.00	7.50	7.66	7.75	8.30	10.00
硅质灰岩	7.00	7.00	7.00	7.00	7.00	6.93
粗面岩	7.00	6.92	6.61	6.24	5.74	5.36
石灰岩	7.00	6.72	6.51	6.40	6.37	6.46
石英岩	6.82	6.67	6.72	6.84	7.11	9.52
石灰岩	5.00	4.75	5.00	5.00	5.20	6.15

若此自由胀缩热应变被完全约束，即完全不发生，而岩体长度保持不变，则岩体中必产生一与其同向异号的约束热应变

$$-e_T = -\int_0^T \alpha(T)\mathrm{d}T$$

若自由胀缩热应变被部分约束，用 r 表示约束程度，为约束系数。则约束热应变为

$$-re_T = -r\int_0^T \alpha(T)\mathrm{d}T$$

全约束时，r＝1；无约束时，r＝0。抵制膨胀的约束热应变，相当于压缩应变，为负；抵制收缩的约束热应变，相当于拉伸应变，为正。由于热应力-热应变曲线过原点，但不完全是弹性的，则由此产生的与 $-e_T$ 同向同性的热应力

$$\sigma_T = -rD_i e_T = -rD_i\int_0^T \alpha(T)\mathrm{d}T \quad i = c,t \tag{1.5.4}$$

由此可见，求热应力场的步骤可以是：

（1）求自由热胀缩应变场；

（2）求产生作为这个自由热胀缩应变场的异号场的约束热应变场的约束外力；

（3）用此约束外力作边界条件来计算热应力场。

岩体中的微体素上作用有应力和温度变化 T 时，则由应力引起的应变与由温度变化引起的自由胀缩热应变之和的总应变，对各向异性岩体为

$$[e_x,\ e_y,\ e_z,\ \gamma_{yz},\ \gamma_{zx},\ \gamma_{xy}] = \begin{bmatrix} C_{11} & C_{12} & C_{13} & C_{14} & C_{15} & C_{16} \\ C_{21} & C_{22} & C_{23} & C_{24} & C_{25} & C_{26} \\ C_{31} & C_{32} & C_{33} & C_{34} & C_{35} & C_{36} \\ C_{41} & C_{42} & C_{43} & C_{44} & C_{45} & C_{46} \\ C_{51} & C_{52} & C_{53} & C_{54} & C_{55} & C_{56} \\ C_{61} & C_{62} & C_{63} & C_{64} & C_{65} & C_{66} \end{bmatrix} \begin{bmatrix} \sigma_x \\ \sigma_y \\ \sigma_z \\ \tau_{yz} \\ \tau_{zx} \\ \tau_{xy} \end{bmatrix} + \begin{bmatrix} e_{T1} \\ e_{T2} \\ e_{T3} \\ e_{T4} \\ e_{T5} \\ e_{T6} \end{bmatrix}$$

对正交异性岩体，只剩 9 个弹性系数，另外的

$$C_{14}=C_{15}=C_{16}=C_{24}=C_{25}=C_{26}=C_{34}=C_{35}=C_{36}=C_{45}=C_{46}=C_{56}=0$$

而

$$\left.\begin{array}{l} \alpha_1 = \beta_1 C_{11} + \beta_2 C_{12} + \beta_3 C_{13} \\ \alpha_2 = \beta_1 C_{12} + \beta_2 C_{22} + \beta_3 C_{23} \\ \alpha_3 = \beta_1 C_{13} + \beta_2 C_{23} + \beta_3 C_{33} \end{array}\right]$$

另外的

$$\alpha_4 = \alpha_5 = \alpha_6 = 0$$

对轴面异性岩体，剩 5 个弹性系数，另外的为零，而

$$\left.\begin{array}{l} \alpha_1 = \alpha_2 = \beta_1\ (C_{11}+C_{12})\ +\beta_3 C_{13} \\ \alpha_3 = 2\beta_1 C_{13} + \beta_3 C_{33} \end{array}\right]$$

另外的

$$\alpha_4 = \alpha_5 = \alpha_6 = 0$$

对各向同性岩体，总应变表示为

$$
\begin{aligned}
e_x &= \frac{1}{D_i}[\sigma_x - \nu(\sigma_y + \sigma_z)] + e_T \\
&= \frac{1}{2G_d}\left(\sigma_x - \frac{3\nu}{1+\nu}\sigma\right) + e_T \\
e_y &= \frac{1}{D_i}[\sigma_y - \nu(\sigma_z + \sigma_x)] + e_T \\
&= \frac{1}{2G_d}\left(\sigma_y - \frac{3\nu}{1+\nu}\sigma\right) + e_T \\
e_z &= \frac{1}{D_i}[\sigma_x - \nu(\sigma_x + \sigma_y)] + e_T \\
&= \frac{1}{2G_d}\left(\sigma_z - \frac{3\nu}{1+\nu}\sigma\right) + e_T \\
\gamma_{xy} &= \frac{\tau_{xy}}{G_d} \\
\gamma_{yz} &= \frac{\tau_{yz}}{G_d} \\
\gamma_{zx} &= \frac{\tau_{zx}}{G_d}
\end{aligned}
\right\} i = c, t
\tag{1.5.5}
$$

若 α 随温度升高不变，则用关系式

$$\vartheta' = \frac{3(1-2\nu)}{D}\sigma + 3\alpha T$$

$$\beta = \frac{\alpha D_i}{1-2\nu} = \alpha(3\mu_d + 2G_d)$$

可将上方程组变为总应力表示式

$$
\begin{aligned}
\sigma_x &= \mu_d \vartheta' + 2G_d e_x - \beta T \\
\sigma_y &= \mu_d \vartheta' + 2G_d e_y - \beta T \\
\sigma_z &= \mu_d \vartheta' + 2G_d e_z - \beta T \\
\tau_{xy} &= G_d \gamma_{xy} \\
\tau_{yz} &= G_d \gamma_{yz} \\
\tau_{zx} &= G_d \gamma_{zx}
\end{aligned}
\right\}
$$

这说明，约束边界条件，除在岩体中造成此外载荷引起的应力场之外，又由于岩体温度变化而又在此约束边界下形成热应力场。上述方程组，即岩体中外载应力场和热应力场的叠加场的物性方程组。其协调方程和边界条件的形式与外载应力

场的相同。利用上述方程组，解满足边界条件和协调方程的平衡方程，便可得热应力场的解。

若岩体还受围压 P_c 的作用，并且温度变化引起的热应变在边界各方向完全被约束住。则此岩体，既受由围压引起的外载体积应力场的作用，又受由温度变化产生的热应力场的作用。但由于边界全约束，故在边界面处，岩体由温度变化产生的位移和由围压产生的位移之和为零，故总应变为零，于是

$$0=\frac{1}{D_i}〔P_c-\nu\ (P_c+P_c)〕+e_T$$

则得

$$\left.\begin{array}{c}\sigma_x\\\sigma_y\\\sigma_z\end{array}\right|=P_c=-\frac{D_ie_T}{1-2\nu}\bigg|\,i=\mathrm{c,t}\tag{1.5.6}$$

而

$$\tau_{xy}=\tau_{yz}=\tau_{zx}=0$$

代入平衡方程（1.1.39）和边界条件（1.1.42），可求得作用在岩体单位体积上的体积力分量

$$\left.\begin{array}{l}f_x=-\dfrac{D_i}{1-2\nu}\ \dfrac{\partial e_T}{\partial x}\\[2mm]f_y=-\dfrac{D_i}{1-2\nu}\ \dfrac{\partial e_T}{\partial y}\\[2mm]f_z=-\dfrac{D_i}{1-2\nu}\ \dfrac{\partial e_T}{\partial z}\end{array}\right|$$

和作用在边界单位面积上的外力分量

$$\left.\begin{array}{l}F_x=-\dfrac{D_ie_T}{1-2\nu}l\\[2mm]F_y=-\dfrac{D_ie_T}{1-2\nu}m\\[2mm]F_z=-\dfrac{D_ie_T}{1-2\nu}n\end{array}\right|_{i=\mathrm{c,t}}\tag{1.5.7}$$

可见，（1.5.7）对岩体中应力场的作用，与（1.5.6）的作用等价。因之，（1.5.6）的状态，可用（1.5.7）的体积力和边界面积力条件来实现。若使岩体边界无约束，则岩体须为（1.5.6）叠加上（1.5.7）的反号力时的状态。叠加上去的（1.5.7）的反号力在岩体中引起的应力，满足平衡方程

$$\frac{\partial \sigma_x}{\partial x}+\frac{\partial \tau_{yx}}{\partial y}+\frac{\partial \tau_{zx}}{\partial z}+\frac{D_i}{1-2\nu}\frac{\partial e_T}{\partial x}=0 \left.\right\}$$

$$\frac{\partial \tau_{xy}}{\partial x}+\frac{\partial \sigma_y}{\partial y}+\frac{\partial \sigma_{zy}}{\partial z}+\frac{D_i}{1-2\nu}\frac{\partial e_T}{\partial y}=0 \qquad (1.5.8)$$

$$\frac{\partial \tau_{xz}}{\partial x}+\frac{\partial \tau_{yz}}{\partial y}+\frac{\partial \sigma_z}{\partial z}+\frac{D_i}{1-2\nu}\frac{\partial e_T}{\partial z}=0 \left.\right\}$$

和边界条件

$$l\sigma_x+m\tau_{yx}+n\tau_{zx}=\frac{D_i e_T}{1-2\nu}l \left.\right\}$$

$$l\tau_{xy}+m\sigma_y+n\tau_{zy}=\frac{D_i e_T}{1-2\nu}m \qquad (1.5.9)$$

$$l\tau_{xz}+m\tau_{yz}+n\sigma_z=\frac{D_i e_T}{1-2\nu}n \left.\right\}$$

及协调方程 (1.1.41)。

对二维问题，物性方程组和几何方程组化为

$$e_x=\frac{\partial u}{\partial x}=\frac{1}{D_i}\ (\sigma_x-\nu\sigma_y)\ +e_T \left.\right\}$$

$$e_y=\frac{\partial v}{\partial y}=\frac{1}{D_i}\ (\sigma_y-\nu\sigma_x)\ +e_T \qquad (1.5.10)$$

$$\gamma_{xy}=\frac{\partial u}{\partial y}+\frac{\partial v}{\partial x}=\frac{\tau_{xy}}{G_d} \left.\right\}$$

协调方程组化为

$$\frac{\partial^2 e_x}{\partial y^2}+\frac{\partial^2 e_y}{\partial x^2}=\frac{\partial^2 \gamma_{xy}}{\partial x\,\partial y} \qquad (1.5.11)$$

忽略体积力时，平衡方程组化为

$$\frac{\partial \sigma_x}{\partial x}+\frac{\partial \tau_{yx}}{\partial y}=0 \left.\right\}$$

$$\frac{\partial \tau_{xy}}{\partial x}+\frac{\partial \sigma_y}{\partial y}=0 \qquad (1.5.12)$$

边界条件化为

$$F_x=l\sigma_x+m\tau_{yx} \left.\right\}$$

$$F_y=l\tau_{xy}+m\sigma_y \qquad (1.5.13)$$

取一热应力函数 φ，使

$$\left.\begin{array}{l} \sigma_x = \dfrac{\partial^2 \varphi}{\partial y^2} \\[2mm] \sigma_y = \dfrac{\partial^2 \varphi}{\partial x^2} \\[2mm] \tau_{xy} = -\dfrac{\partial^2 \varphi}{\partial x \, \partial y} \end{array}\right] \tag{1.5.14}$$

则平衡方程组（1.5.12）被满足。代入（1.5.10），再代入（1.5.11），可得

$$\nabla^2 \varphi + D_i \nabla^2 e_T = 0 \tag{1.5.15}$$

用（1.5.14）把边界条件（1.5.13）变为

$$\left.\begin{array}{l} \dfrac{\partial \varphi}{\partial x} = -\displaystyle\int_0^l F_x \mathrm{d}l \\[4mm] \dfrac{\partial \varphi}{\partial y} = \displaystyle\int_0^l F_y \mathrm{d}l \end{array}\right] \tag{1.5.16}$$

l 为岩体边界长。令 $\varphi = A - B$，B 是

$$\nabla^2 B = D_i e_T$$

的解。则，（1.5.15）等价于

$$\left.\begin{array}{l} \nabla^2 A = 0 \\ \nabla^2 B = D_i e_T \end{array}\right] \tag{1.5.17}$$

由于 $\nabla^2 B = 0$ 的解包括在双调和方程 $\nabla^2 A = 0$ 的解内，故只需解 $\nabla^2 B = D_i e_T$ 的特解即可。于是，热应力场问题，转为解有边界条件（1.5.16）的方程（1.5.17）了。热应力场，可由（1.5.14）得到。

跟外载应力场类似，岩体热应力场中也存在不产生剪应力的热应力主轴。称此方向的线热胀系数，为主热胀系数。

4. 湿应力场

岩块吸水后发生湿胀应变，此湿胀应变引起湿胀应力（图 1.1.108）。产生湿应力场的三种基本情况：

① 均匀岩体中水分布不均匀；

② 岩体中孔隙度分布不均匀；

③ 地下水和岩体中孔隙度分布都不均匀。

这三种情况，都可使岩体中的湿应力场复杂化。

由湿胀应变、湿胀力学性质参量和约束边界条件，用类似求热应力场的方法，可求岩体中的湿应力场。

二、各类构造应力成分的比较

1. 惯性应力

地球绕自转轴以角速度 ω 作匀速自转时，地壳中质量为 m 的地块上主要作

用有两种体积力：

（1）方向指向地心的地心引力，

$$R = k\frac{Mm}{r^2}$$

M 为地球质量，k 为引力常数，r 为地块质心与地心的距离。

（2）地块离心力，

$$F = m\omega^2 r \cos\phi$$

ϕ 为地块质心的地理纬度。R 与 F 的合力，为地块的重力 mg，g 为该纬度的重力加速度。由于地球的赤道半径 $a = 6\,378\,245$ 米，极半径 $c = 6\,356\,863$ 米，故 R 在两极最大而为 $k\dfrac{Mm}{c^2}$，在赤道最小而为 $k\dfrac{Mm}{a^2}$。但二者之差仅为 6‰，故 mg 的方向指向赤道的南北向水平分力，可只取 F 的水平分力，而为

$$t = m\omega^2 r \sin\phi\cos\phi \tag{1.5.18}$$

地球变速自转时，自转角速度有增量 $\Delta\omega$，则 F 的增量

$$\Delta F = m(2\omega + \Delta\omega)\Delta\omega \cdot x$$

x 为地块质心到地球自转轴的距离。若地球自转加速，$\Delta\omega$ 值为正，则 t 的增量

$$\Delta t = m(2\omega + \Delta\omega)\Delta\omega \cdot x \sin\phi$$

其方向指向赤道，若地球自转减速，$\Delta\omega$ 值为负，则 t 的增量

$$\Delta t = -m(2\omega - \Delta\omega)\Delta\omega \cdot x \sin\phi$$

其方向从赤道指向两极。由于 $\Delta\omega$ 与 ω 相比为极小量，而使 Δt 与 t 相比甚小，故即便有 Δt 出现，$t + \Delta t$ 仍然与 t 同方向，即总是由两极指向赤道。此时，由于地块还有一东西切向加速度，而有一东西向水平分力

$$\tau = mx\varepsilon \tag{1.5.19}$$

ε 为地球自转角加速度。

地球作变速自转时，t 与 τ 这两种惯性力都存在，其大小等于地壳运动中地块所受的主动力，并随地块质量、所在纬度、地球自转角速度及其变化而变，从地球这个天体形成时起就有它们作用着。地块指向赤道的南北向水平力 t，由 (1.5.18) 知与 ω^2 成正比，只要地球自转着这个力就存在，由于它是地球自转所引起的地块上垂直地球自转轴的离心力的水平分力，故方向总是由极地指向赤道而永不改变。东西水平力 τ 的方向，由 (1.5.19) 知随角加速度的正负而异。地球自转方向是自西向东，故当地球自转加快时，ε 为正值，由 (1.5.19) 和 τ 亦为正，即其方向与地球自转方向相同，为自西向东；当地球自转减慢时，ε 为负值，由 (1.5.19) 知 τ 亦为负，即其方向与地球自转方向相反，为自东向西。

各时代的构造应力场，都是发生在其前早已存在的古构造和古地形的基础上，以其古构造和古地形为起始条件。取地块南北长为两条巨型纬向构造带的间距约 200 千米，东西长为全球性巨型经向大断裂带的间距约 10 000 千米，则地

块在面积为 S 的南北端和东西端铅直边界面上的南北向和东西向水平压应力

$$\left.\begin{aligned} \sigma_{\mathrm{SN}} &= \frac{t}{s} = \frac{mv^2}{xs}\sin\phi \\ \sigma_{\mathrm{EW}} &= \frac{\tau}{s} = \frac{mv}{\omega s}\frac{\mathrm{d}\omega}{\mathrm{d}t} \end{aligned}\right\} \tag{1.5.20}$$

v 为地块在地球自转中的纬向线速度。地块在地表处铅直边界面上的南北和东西向水平压应力 σ_{SN0} 和 σ_{EW0}，即可用此二式计算。地块在地表下深度 D 处的铅直边界面上的水平压应力，还须加上岩体重应力场中的水平应力 (1.5.2)

$$\sigma_D = \frac{\nu}{1-\nu}g\int_0^D \rho(D)\mathrm{d}D$$

于是，地块在海平面下 d 千米深处的铅直边界面上的南北和东西向水平压应力，为

$$\left.\begin{aligned} \sigma_{\mathrm{SN}-d} &= \frac{mv^2}{xs}\sin\phi + \frac{\nu}{1-\nu}g\int_0^D \rho(D)\mathrm{d}D \\ \sigma_{\mathrm{EW}-d} &= \frac{mv}{\omega s}\frac{\Delta\omega}{\Delta t} + \frac{\nu}{1-\nu}g\int_0^D \rho(D)\mathrm{d}D \end{aligned}\right\}$$

它们随纬度 ϕ、各纬度的线速度 v、到地球自转轴的距离 x、地球自转角速度相对变率 $\frac{\Delta\omega}{\omega}$、各处岩体密度 ρ、各纬度的重力加速度 g、岩体泊松比 ν 和地形高度而变。其中，

$$D = d + h$$

h 为地块的上表面海拔高度，随地形而异。在 $\phi = 45°$ 处，$x = 4\,879$ 千米，$v = 0.3557$ 千米/秒，地块在地表下 100 米的 $\rho = 2.7$ 克/厘米^3，再取 $h = 1.5$ 千米，则 $d = 5$ 千米深度即 $D = 6.5$ 千米深处的 $\rho = 3.3$ 克/厘米^3，$\nu = 0.4$，$\frac{\Delta\omega}{\omega} = 400 \times 10^{-10}$。用之算得此纬度处，地表下 100 米深处的

$$\left.\begin{aligned} \sigma_{\mathrm{SN}} &= 11.7\mathrm{MPa} \\ \sigma_{\mathrm{EW}} &= 2.8\mathrm{MPa} \end{aligned}\right\}$$

海平面下 5 千米深处的

$$\left.\begin{aligned} \sigma_{\mathrm{SN}-5} &= 136.4\mathrm{MPa} \\ \sigma_{\mathrm{EW}-5} &= 127.6\mathrm{MPa} \end{aligned}\right\}$$

2. 重应力

取地块浅处 $\rho = 2.7$ 克/厘米^3，$\nu = 0.3$；地表下 6.5 千米深处 $\rho = 3.3$ 克/厘米^3，$\nu = 0.4$。由 (1.5.2) 得地表下 100 米深处的

$$\left.\sigma_x\atop\sigma_y\right| =1.1\text{MPa}$$

$$\sigma_z=2.6\text{MPa}$$

地表下 6.5 千米深处的

$$\left.\sigma_x\atop\sigma_y\right| =127.4\text{MPa}$$

$$\sigma_z=191.1\text{MPa}$$

3. 热应力

地壳 10 米深度处，$\alpha=9.6\times10^{-6}\text{℃}^{-1}$ 的石灰岩，其 $D_c=5\times10^4$ 兆帕，温度年变化 $T=\pm5\text{℃}$，边界全约束，则由（1.5.4）得

$$\sigma_T=\mp1\times5\times10^4\text{MPa}\times9.6\times10^{-6}\text{℃}^{-1}\times5\text{℃}=\mp2.4\text{MPa}$$

地壳 5 千米深处，温度为 200℃，$\alpha=12.4\times10^{-6}\text{℃}^{-1}$ 的石灰岩，其 $D_c=5\times10^4$ 兆帕，温度变化 $T=0.01\text{℃}$，边界全约束时，则得

$$\sigma_T=\mp1\times5\times10^4\text{MPa}\times12.4\times10^{-6}\text{℃}^{-1}\times0.01\text{℃}$$
$$=\mp0.006\text{MPa}$$

若有岩浆流，温度变化 $T=\pm800\text{℃}$，$\alpha=27.0\times10^{-6}\text{℃}^{-1}$，$D_c=3\times10^4$ 兆帕，则得

$$\sigma_T=\mp648\text{MPa}$$

4. 湿应力

由图 1.1.108 中的实验结果知，岩块中的湿应力为零点几到几个兆帕。

综上可知，各类构造应力成分中，只有惯性应力场具有全球的统一性，造成全球性的经向构造带、纬向构造带、北东向构造带、北西向构造带以及随之而生的各类弯曲形式构造带。此种应力的量级最大。

重应力、热应力、湿应力，受局部性因素影响较强。重应力，越深越大。热应力，由于太阳辐射热变化的影响，一般在地表比深部大，而在地壳深部只有当出现特殊热源时，才有较高的数值。湿应力，相比之下为最小。

第六节　　古构造残余应力场

古构造残余应力场是古构造应力场残留至今的部分，影响现代构造运动，但又与现今构造应力场的物理机制不同。地壳岩体的构造变形主要是蠕变，在整体进行此种塑性变形中，局部尚处于弹性阶段的体积和晶粒，由于被塑性变形的围岩所包围，使其局部地被封闭住，又作用于围岩，而在岩体中保留下来的应力场，为残余应力场。在一定区域内残留的为区域残余应力，它的特点是使 X 射线通过岩石内矿物晶体的衍射线掠射角 θ 整个移动，反映晶面沿法向的整个张、压

性平移变形，是晶面受法向张、压力作用造成的，由于其在宏观的大范围内较一致，又称宏观残余应力；在矿物晶粒内局部微观范围中残留的为嵌镶残余应力，其特点是使 X 射线通过岩石内矿物晶体的衍射线强度曲线所占的 θ 角范围向高角度或低角度方向变宽，反映晶面上的原子或离子沿晶面法向离开晶面平面或使晶面弯扭而呈不规则的晶格畸变，是晶粒中的孪生、位错堆和边界嵌镶作用引起的微观体积内的局部应力集中所造成，故又称微观残余应力。

一、古构造残余应力场的性质

据耗散结构理论，固体内的应力系统，按性质可分为两大类。

1. 开放应力系统

开放应力系统，是有边界载荷时固体内存在的应力系统，与边界载荷平衡。如地壳惯性应力系统、重应力系统、热应力系统。

2. 孤立应力系统

孤立应力系统，是无边界载荷时固体内存在的应力系统，在体内自行平衡。此类应力系统，又可分为两种：

（1）内生应力系统——固体内部因素变化产生的应力系统，如玄武岩内的冷却应力系统、岩土内的干缩应力系统。

（2）残留应力系统——开放应力系统残留下来的应力系统。此种又分：

①宏观自平衡应力系统——固体内各小区域间以相反性质应力维持平衡的应力系统，如金属加工残余应力系统。

②微观自平衡应力系统——固体内弹性与塑性微观结构维持平衡的应力系统，如冻结应力系统，即分子间冷却固结应力系统。其形成是由于高分子材料升到一定温度时，其中软化温度高的聚合分子结成布满材料的连续格架来保持弹性，而其间填充的软化温度低的非聚合分子已软化。加载后冷却，此软化相变硬，并对弹性相的恢复给以阻抗和约束，而使其中的应力保留下来。说明这种宏观时空有序应力分布是微观结构作用的结果。从其中平行主平面切取的薄板表层中的法向应力，由于处在自由表面而垂直表面方向释放，但里边的不变，平行表面方向的也不变，故可在所需方位切取薄板来进行平面应力测量。如三维光弹性冻结应力模型中的应力测量。

对地壳中的古构造残余应力场，首先要证明从地壳采下来的岩样中所测到的是机械应力，然后才能以此为基础，讨论岩体中此种应力场的物理性质。

用 X 射线，从残余应力测量岩样中所测到的，是选测矿物晶粒选测晶面系的晶面间距的变化。据固体物理学，矿物多是离子晶体，从图 1.1.130 可知，当矿物晶体不受外力作用时，离子间距 $r = r_0$，此时离子的总势能最低，相当于图 b 中合力为零的点，离子处于平衡位置；当离子间距缩短时，$r < r_0$，离子的势能上升，相当于图 b 中离子间作用力为正，即受斥力作用的范围，而倾向于回到势

能最低的平衡位置，于是离子间发生相互推压作用；当离子间距拉长时，$r > r_0$，离子势能也上升，但相当于图 1.1.130b 中离子间作用力为负，即受引力作用的范围，而倾向于回到势能最低的平衡位置，于是离子间发生相互引拉作用。可见，离子间距缩短，其间产生压力；离子间距拉长，其间产生拉力。这种间距的变化，与离子间的压力或拉力作用，是同时发生的。当矿物中晶面间压缩时，间距减小，同时产生相互推压的斥力；当晶面间拉张时，间距增大，同时产生相互拉牵的引力。因之，晶面间距的此种变化，反映了其相互间的弹性形变和压、张应力作用。这是从岩样中所测到的为机械应力的固体物理学标志。

　　将测量岩样的切片放在显微光弹仪上观测，有与光弹性应力模型中一样的等倾线和等色线（图 1.6.1）。这是从岩样中所测到的为机械应力的光弹性学标志。

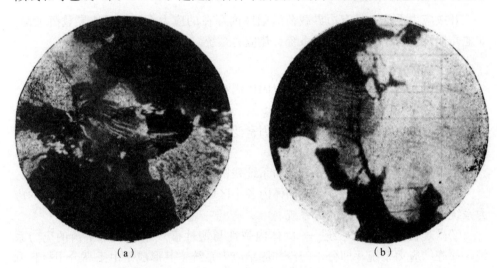

（a）　　　　　　　　　　　　　　　（b）

图 1.6.1　岩石薄片中各石英晶粒内宏观残余应力放大 100 倍（a）和晶粒边界附近
微观残余应力放大 40 倍（b）的显微光弹性等色线照片

　　垂直所有残余应力测量岩样的新自由表面，都测到了其法向泊松效应

$$e'_3 = \frac{d_{90°} - d_0}{d_0} = -\cot\theta_0 \, (\theta_{90°} - \theta_0)$$

$d_{90°}$，$\theta_{90°}$ 为测样表面法向的晶面间距和相应的 X 射线掠射角，d_0，θ_0 为将岩样高温退火后无残余应力的此晶面系的晶面间距和相应的 X 射线掠射角，并用此结果算得岩样中的残余应力。这是从岩样中所测到的为机械应力的固体力学标志。

　　岩样能引起在其中衍射的 X 射线强度曲线峰值宽散，其宽散度与 $\cot\theta$ 成反比，而与所用的 X 射线波长无关。这是从岩样中所测到的为机械应力的 X 射线物理学标志。

　　岩样使其 X 射线衍射底片上，有星芒辐射状衍射斑点。这是从岩样中所测到的为机械应力的 X 射线晶体学标志。

上述五种标志都证明，从残余应力测量岩样中所测到的是机械应力。

其次，用 X 射线测量岩样中的残余应力，是将岩样从地壳采下后，放在 X 射线测角器上测量，此时其边界都是自由的，已无外力作用。故其中的应力场在体内自行平衡，为自平衡应力系统。对同一岩样中不同矿物的残余应力测量结果的一致（表 1.6.1），又从岩样内不同性质晶粒间的应力平衡上，说明了这一点。这同时也证明了，用 X 射线测量岩样中的残余应力，只需选测其中一种矿物的晶粒，已足够。

表 1.6.1　迁西地区岩样中不同矿物晶粒的水平宏观残余主应力大小和方向测量结果

测点标号	岩石名称	选测矿物	σ_1/MPa	σ_2/MPa	$\alpha(°)$ 北东
I—0	燧石灰岩	石　英	11.6	4.0	358
		方解石	11.5	3.9	360
III—0	燧石灰岩	石　英	11.0	7.5	28
		方解石	11.0	7.5	27
IV—0	燧石灰岩	石　英	12.0	5.5	27
		方解石	11.9	5.5	27

将岩样从地壳采下或用竖直槽与围岩分开后再测量，由于此时边界已自由而无现今构造载荷作用于其上，因而其中还存在的应力场自然不是现今构造应力场。又由于测量岩样和与围岩用竖直槽分开的岩块中的应力值，多大于同一测点用钻孔法测得的构造应力值（表 1.6.2），即使取钻孔法构造应力测量的最大综合误差为 100%，其最大可能值的上限也不过加大一倍，但仍有多半的岩样中应力值大于此上限值，可见岩样中的应力场也不可能是现今构造应力的残余部分。在迁西山字型构造西翼中段两条断裂附近按方格网状布点采了 122 块岩样，测得二断裂两盘的微观残余应力等值线，于过断裂处发生了顺时针水平错动（图 1.6.2a）。在东翼北段两条断裂附近也做了同样测量，以 106 块岩样测得的微观残余应力等值线，在过断裂处发生了反时针水平错动（图 1.6.2b）。这说明，此残余应力场的原应力场在山字型构造前弧的断裂带形成以至发生水平错动之前，已经存在了。因为此应力场的大小和方向的分布形态（图 4.4.29～图 4.4.30）与用模拟实验求得的此山字型构造在断裂形成前的应力场的大小和方向的分布形态（图 1.6.3）基本一致，证明它便是造成此山字型构造的应力场。而此山字型构造体系完成在侏罗纪，因之这个残余应力场应是侏罗纪前期构造应力场的残余场。这证明，从岩样所测到的应力场是古构造残余应力场。福利得曼在美国怀俄明州响尾蛇山区和星野一男在日本关东地区用 X 射线法测得的，都是白垩纪残留至今的残余应力场。

表1.6.2　水平宏观残余应力与钻孔法测得构造应力大小比较表

测　点	宏观残余主应力值/MPa（作者）		钻孔法测得构造应力主应力值/MPa（丁旭初、饶凯年等）		$\dfrac{\sigma_1}{s_1}$	$\dfrac{\sigma_2}{s_2}$
	σ_1	σ_2	s_1	s_2		
下关	19.1	10.8	1.1	0.8	17.00	13.50
保山	14.4	7.4	4.0	1.5	3.60	4.93
弥渡	18.0	10.5	4.2	2.7	4.29	3.89
建水	12.0	9.8	11.7	4.8	1.03	2.04
新平	15.0	9.0	10.4	4.8	1.44	1.88
景谷	14.6	10.5	12.1	8.3	1.21	1.27
墨江	11.3	8.5	12.1	7.1	0.93	1.20
飓风（斯沃夫斯）	σ_{EW}	σ_{SN}	s_{EW}	s_{SN}	$\dfrac{\sigma_{EW}}{s_{EW}}$	$\dfrac{\sigma_{SN}}{s_{SN}}$
	6.0	11.0	1.5	4.0	4.00	2.75

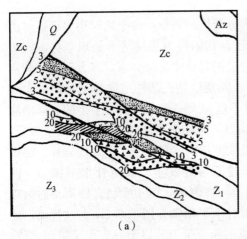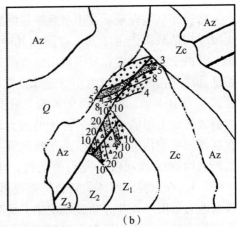

（a）　　　　　　　　　　　　　　（b）

图1.6.2　迁西山字型构造西翼（a）和东翼（b）断裂附近的微观残余应力场等值线分布图：Q—第四纪沉积；Z_3—高峪庄灰岩；Z_2—高峪庄含锰页岩；Z_1—高峪庄燧石灰岩；Zc—长城石英岩；Az—前震旦纪片麻岩；微观残余应力等值线数值单位为10^{-1}MPa

　　由于岩体内的古构造残余应力引起X射线衍射线的强度曲线峰值宽散，并在X射线记录底片上造成星芒辐射状衍射斑点，反映晶面上的原子或离子在晶面法向离开了晶面或发生了晶面弯扭而呈不规则的晶格畸变；又由于使X射线经岩石内矿物晶体的衍射线掠射角θ整个移动，反映晶面沿法向的整个平移变形。这证明，若样中的残余应力场，属微观自平衡应力系统。

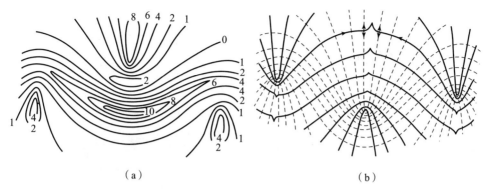

图 1.6.3 山字型构造体系的酚醛塑料光塑性模拟实验应力场：
（a）水平最大主压应力等值线图；（b）水平主应力线图

综上所述，从残余应力测量岩样中所测到的是古构造残余应力，属微观残留自平衡应力系统。

二、古构造残余应力场的形成机制

能记录和反映古构造残余应力场形成机制的，主要有岩石的组织结构、岩块的形态变化、所处的物理条件及其对此种场的时空分布和消失过程的影响。因此，探讨古构造残余应力场的形成机制，主要是了解此种场的空间分布与岩石组织结构的关系、此种场随时间的变化与岩块形态变化的关系、此种场的消失过程与所处物理条件的关系。

（1）古构造残余应力场的分布方向，与反映岩体强塑性形变场的岩石后生组构形成时的受力方向一致。

将石灰岩在高围压下单轴压缩后，其中方解石六方晶系的（110）晶面系法线方向，从无规则分布（图 1.6.4a）转向平行压缩方向的优势规则排列（图 1.6.4b）。对石英的（110）晶面系法线方向已有明显的垂直片理方向的优势规则分布的片麻岩（图 1.6.4c），再在高围压下平行其片理方向单轴压缩，则其中石英的（110）晶面系法线也转向平行压缩方向成优势规则排列（图 1.6.4d）。由于岩石的此种后生组构是经强塑性变形形成的，故从此种后生组构要素的分布规律，即可推知其形成此组构的最后一场强烈构造运动中岩体强塑性变形所受的主压应力方向。

从红河断裂带的 7 条测线 60 个测点（图 1.6.5）采下的定向岩样中切成的南北向铅直测件，用 X 射线组构仪测得的方解石或石英（110）晶面系法线分布方向所示的岩石后生组构（图 1.6.6）表明，其优势分布方向基本水平，个别的与水平面交角最大不超过 8°，且基本分布在北东 25°～50°范围内，极个别的在北东80°～90°方位。这说明，本区在形成岩石此种后生组构的最后一场强烈构造运动中的强塑性形变场的水平最大压缩方向，由图 1.1.120，图 1.1.122～图

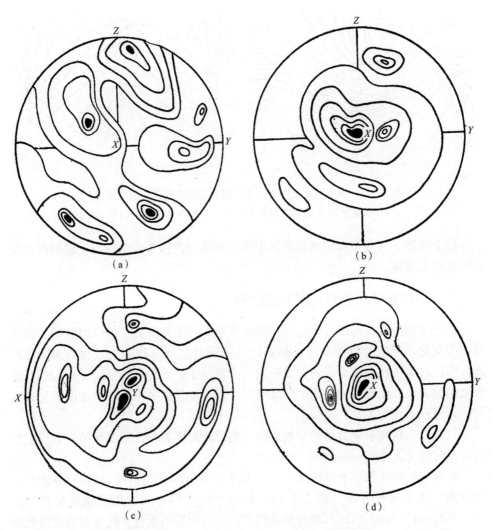

图 1.6.4　在 851MPa 围压下，石灰岩于 50MPa 差压力的单轴压缩前（a）后（b），
片麻岩于 45MPa 差压力下平行片理方向单轴压缩后（d），垂直压缩方向切出的
测片内，以及平行未压缩的片麻岩片理方向切出的测片内（c），方解石（a）（b）和
石英（c）（d）六方晶系（110）晶面系反射的 X 射线等强线组构图

1.1.125，图 1.1.127～图 1.1.128 的实验结果可知，基本分布在北东 25°～50°范围内。

　　红河断裂带测区水平最大宏观残余主压应力线的分布方向，在北东 14°～45°范围内（图 1.6.5）。宏观残余主压应力大小，从北西向南东减小（图 4.4.25～图 4.4.27）。这与红河断裂带从晚第三纪以来的最近一期强烈构造运动的右旋压扭性错动和从北西向南东减弱的特点，也是一致的。这说明，此宏观残余应力场的主压应力分布方向，与其形成时的岩石强塑性形变场的相应主方向基本一致。

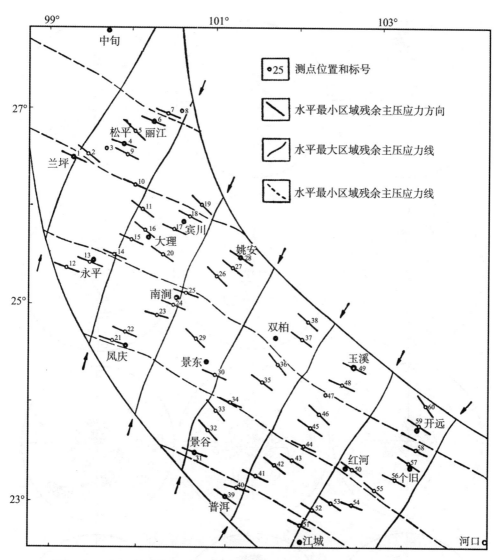

图 1.6.5 红河断裂带测区，岩石组构和残余应力测量采样点及水平宏观残余
主压应力线分布图

地壳岩体的强塑性构造变形是长期蠕变的结果，可见其中的残余应力场是经过长期古构造运动后残留下来的残余场。其原应力场的存在是岩体构造变形的原因，此场的残留过程又与岩体的强塑性变形过程是同时进行的，即在其所造成的岩体强塑性变形过程中残留了下来。

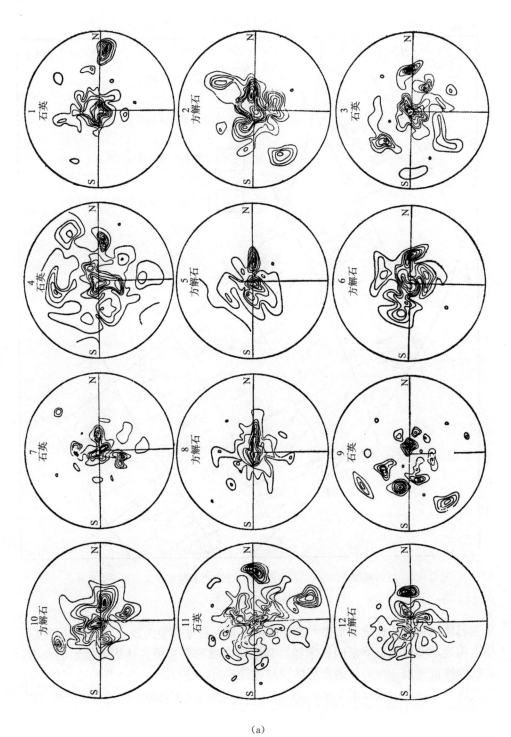

（a）

图 1.6.6

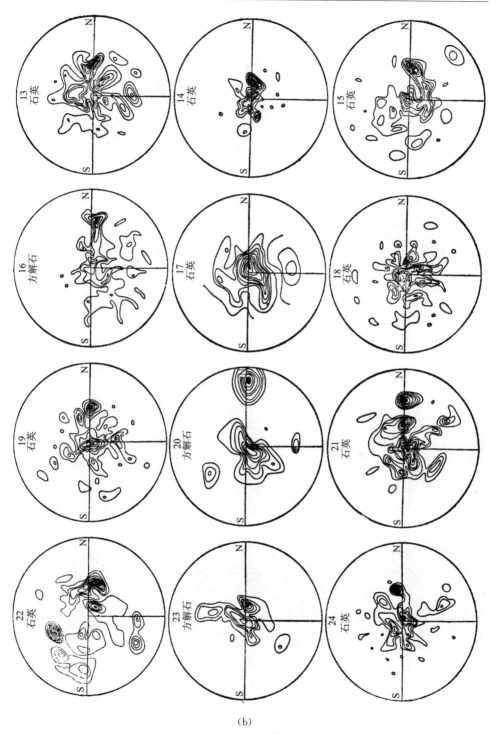

(b)

图 1.6.6 （续图）

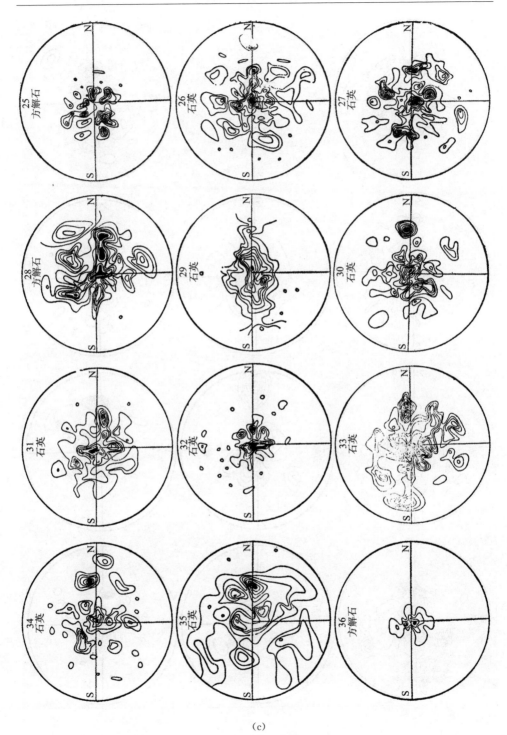

（c）

图 1.6.6 （续图）

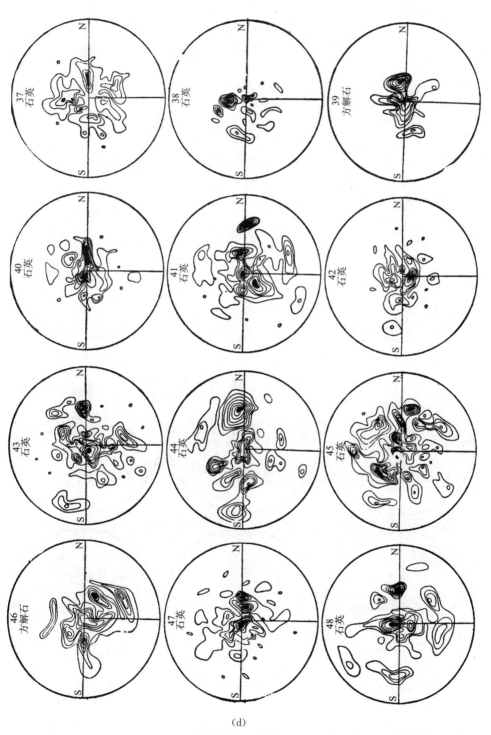

(d)

图 1.6.6 （续图）

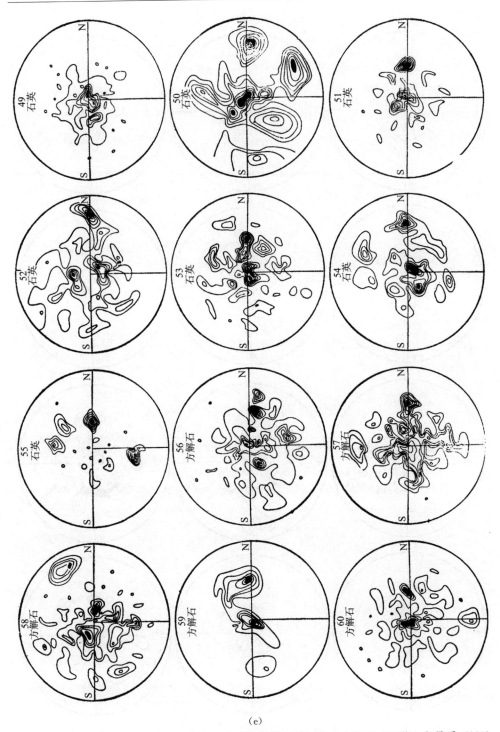

(e)

图 1.6.6　红河断裂带测区中各标号测点岩石南北向铅直测件中方解石或石英六方晶系（110）晶面系反射的 X 射线等强线组构图

表 1.6.3　在正方形燧石灰岩板四个直角区和从中切下的圆板上测得的板面方向
宏观残余主应力大小和方向

直角测区	σ_1/MPa		σ_2/MPa		α(°) 北东	
	切圆板前	圆板上的	切圆板前	圆板上的	切圆板前	圆板上的
$\angle DAB$	11.0	11.0	7.5	7.4	28	28
$\angle ABC$	11.0	10.9	7.5	7.4	28	30
$\angle BCD$	11.0	11.0	7.5	7.5	29	28
$\angle CDA$	10.9	11.0	7.4	7.5	29	29

表 1.6.4　迁西地区Ⅰ—0 号测点在 100 米内的不同岩石中测得的水平宏观残余主应力大小和方向

岩类	σ_1/MPa		σ_2/MPa		α(°) 北东	
	单测	平均	单测	平均	单测	平均
燧石灰岩	11.6		4.0		358	
石英岩	11.4	11.6	3.7	3.9	4	359
片麻岩	11.8		4.0		355	

（2）岩石结构不变，其中的古构造残余应力场便长期保留。

在边长 20 厘米正方形 ABCD 燧石灰岩板面上的四个直角区内进行板面方向的宏观残余应力测量后，从每个测区切下一个直径 5 厘米的圆板，再在这四个圆板上测量，所得宏观残余主应力的大小和方向与切下前相同（表 1.6.3）。在 6 平方米的岩体测量表面上测得的残余应力，仍近似均匀分布（斯沃夫斯）。在相距 100 米范围内的不同岩石中采样测得的宏观残余应力结果相近（表 1.6.4），以致可在大小和方向上取平均值而视为一个测点。这说明，在上述尺度范围内，只要岩石结构不被破坏或改变，宏观残余主应力的大小和方向基本不受测量岩块形状和尺寸的影响，虽经多次切割测量但仍不随时间而变，并可长期保留，不因岩块从地壳采下后失去现今应力场的边界载荷而消失。迁西地区荆子峪西北呈北西向分布石英岩体中的 6 个测点，于 1957 年测量后在 1965 年又重新采样复测，所得水平宏观残余主应力大小和方向，除 6 号测点受采石破坏的影响外，均未变化（表 1.6.5）。如前所述，此区侏罗纪前期的构造应力场和美国响尾蛇山区及日本关东地区的白垩纪构造应力场，均能残留至今，也说明其松弛速度是极小的。这是受岩体中发生了的强塑性变形的骨架所控制的结果。

表 1.6.5　迁西荆子峪西北石英岩中北西向测线 XII 的 6 个测点水平宏观残余主应力大小和方向

测点标号	σ_1/MPa		σ_2/MPa		α(°) 北东	
	1957 年测	1965 年测	1957 年测	1965 年测	1957 年测	1965 年测
1	13.5	13.5	5.1	5.2	60	62
2	13.6	13.6	5.1	4.9	90	91
3	13.3	13.4	5.0	5.0	85	85
4	12.5	12.5	4.8	4.8	80	80
5	12.3	12.4	4.0	4.1	80	80
6	11.2	10.5	4.5	3.6	75	70

（3）岩石新裂面表层中的古构造残余应力，平行新裂面的保留，垂直新裂面的释放。

将石英岩、石灰岩和片麻岩定向岩样制成直径 7 厘米高 10 厘米轴向铅直的试件，于常温常围压下短时单轴压缩后，从平行压缩方向切出的平面测件中测得的平行压缩方向的宏观残余应力大小几乎没变，而在垂直压缩方向切出的平面测件中测得的垂直压缩方向的宏观残余应大小却显著减小了（表 1.6.6）。将压缩前后的岩石试件都切片后，用显微镜观察，发现其在压缩后发生了许多平行压缩方向的张性裂隙，岩石压缩后的不可逆应变小于总应变的 5%。这说明，岩石经微小的塑性形变后，其中垂直和斜交新裂面方向的宏观残余应力有所减小，而平行新裂面方向的则几乎不变。

表 1.6.6　定向岩样在常温常围压下短时铅直单轴压缩后铅直轴向和
东西横向宏观残余应力的变化

岩类	轴向压力/MPa	加载时间/min	铅直轴向宏观残余应力/MPa		东西横向宏观残余应力/MPa	
			压缩前	压缩后	压缩前	压缩后
石英岩	70.5	1.2	20.1	19.9	19.8	7.0
石灰岩	68.0	1.0	18.3	18.3	16.4	6.1
片麻岩	51.2	1.3	16.0	15.9	15.0	4.8

在边长 20 厘米的正方形燧石灰岩板面上的矩形平行板（2mm×20mm）边的各测区内，用 X 射线测得板面上的宏观残余应力中，平行板边方向的从板边向里不变，而垂直板边方向的从板内向周边减小到零（表 1.6.7）。这证明，垂直岩板边缘表面的宏观残余应力在表层释放，且此量级的应力对此种岩石的释放深度约为 1 厘米。此释放深度是新表面法向宏观残余应力大小和岩石力学性质的函数。为此，残余应力测件的直径以 5 厘米为宜，距周边 1 厘米的边缘带不测，而

测量中间直径 3 厘米的部分。

斯沃夫斯用竖直槽从地壳切取下一边长 2.5 米的石英闪绿岩立方岩块，上表面的 31 个应变计反映此表面在从地壳切离过程中发生了均匀变形，说明现今的应力作用在开槽后被解除。再在其中竖直开槽切成一系列小方柱块，也测得近新槽壁表面的法向残余应力立即完全释放掉，但其释放量从各槽壁表面向内迅速减小，即岩块里边的由于岩石结构没被破坏而仍然保留着。

表 1.6.7　正方形燧石灰岩板上宏观残余应力向板内的变化

测区与板边距离/mm	平行板边的宏观残余应力/MPa	垂直板边的宏观残余应力/MPa
1	11.0	0
5	11.0	3.0
10	10.9	7.1
15	10.9	7.5
20	11.0	7.4
25	11.0	7.5
30	11.0	7.5

平行新表面的宏观残余应从力表面向里一直不变——不因出现新表面而释放，这是选用主平面方向的平板形测件，测量平行板面方向残余主应力的根据。加上新表面法向宏观残余应力的释放，便突出了由板面方向残余应力作用引起的板面法向弹性泊松效应。这便构成了测量中可以使用弹性理论计算残余应力的基础。

（4）岩石经高温退火后，其中的古构造残余应力消失。

岩石中含宏观残余应力矿物的晶面间距，随退火温度而变化，并趋向一无残余应力的恒定值（图 1.6.7）。

岩样中含微观残余应力矿物的 X 射线衍射记录底片上呈现的星芒辐射状衍射斑点，经岩样的高温退火后消失。

岩样中残余应力经高温退火后的消失，是由于岩样中的强塑性变形矿物所固结成的结构在高温时软化了，而使其间

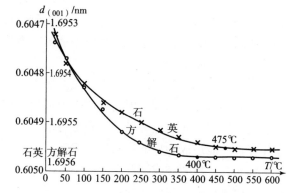

图 1.6.7　红河断裂带岩石中石英和方解石的晶面间距 $d_{(001)}$ 随退火温度变化曲线

弹性的含应力矿物中的应力，借助于热能的帮助而得以释放。这也是残余应力形

成于岩石强塑性变形过程中的一个重要证据。

综上可知，岩体中的古构造残余应力场，是岩体在长期构造变形中，尚处于弹性阶段的高弹性矿物晶粒的结构骨架被其周围变形了的强塑性矿物晶粒所固结，并引起其间的相互作用，而使其中的应力场得以残留下来。因之，在形成机制上，为岩体中塑性固结应力系统。从而，在取消边界上的外力作用时，能以自平衡状态存在于岩体内，而成为微观残留的自平衡应力系统；其分布方向与岩体强塑性形变场的相应主方向一致；只要岩石在强塑性变形中形成的结构不变，便可在其中长期保留；一旦出现新裂面时，则平行新裂面的由于岩石内结构没变而仍然保留，但垂直新裂面的由于界面自由而使表层法向的塑性结构强度降低，使得露在表面的弹性矿物中的应力得以全部释放，向里边逐渐减小；经高温退火后，由于高温时塑性固结结构的软化和高弹性矿物中热能的增高而增大了其弹性恢复能量，并减小了周围的恢复阻力而消失。

由上可见，作为古构造残余应力形成机制的塑性固结是：①非丝毫不再变化的绝对固结，而是在形成后的漫长地质时期内，随着岩体的蠕变而缓慢松弛，但变化速度极其微小；②非岩石整个结构全部固结，而只是塑性矿物发生了强塑性变形，把高弹性矿物的弹性状态固结下来，因而当边界自由时，表层的法向应力便释放出来，但里边的由于没有自由条件而仍然保留，使得垂直新表面释放的应力大小从表面向里边迅速减小。

三、古构造残余应力场的特征

地壳岩体中的古构造残余应力场，具有如下的特征：

（1）是岩体经漫长地质时期的缓慢构造运动形成的，受岩体中发生了强塑性变形的结构基质所控制，只要岩石结构不变，便可在地质时期内长期保留，不因岩体失去现今应力场的边界载荷而消失；而现今构造应力，在岩体边界载荷卸去后便消除。因而，将残余应力测量岩样从地壳采下后，由于有了全部自由边界，其中便无惯性应力、重力应力、热应力和湿应力等现今构造应力作用，于是便可测量其中剩下的残余应力。

（2）与岩体经长期构造变形形成的后生组构所反映的强塑性形变场在大小和方向上的分布形态一致，因而构造带中强塑性变形的形式若不被后来的构造运动所改变，则其中残余应力场的分布形态也不变；而现今构造应力场，只有当其长期存在，才能造成明显的岩石后生组构。

（3）在岩块断开或切开后，二分开表面间相互作用的法向残余应力被释放。由于形成了自由表面，而使得岩块中平行表面方向的残余应力造成的表面法向的泊松效应得以表现出来，而发生表面法向的弹性应变。正因为如此，才得以测量表面法向和几个斜向弹性正应变，来求平行表面方向的残余应力。而现今构造应力，在岩块从地壳采下后，便在所有方向上很快地大量消失，由于弹性滞后作用余下的一部分也随时间逐渐消失。

（4）与现今构造应力场有不同的物理性质、形成机制、空间分布和作用途径，因之虽与各现今构造应力成分叠加在一起构成地壳应力场，但须分别测量和处理。

（5）古构造残余应力场与冻结应力场，在性质上都属于固体中的微观残留自平衡应力系统，但在形成机制上，冷却冻结应力系统是由分子间固结而成，而塑性固结应力系统则是由晶粒间固结而成。故虽然二者新表层中的法向应力都有释放，但后者释放的深度大于前者。

（6）古构造残余应力系统与开放应力系的相同点在于：都是大小按梯度分布的有主方向的势场（图1.1.130），静态空间分布都可用统一的应力场理论表述。两种场的不同点在于：

①前者在岩块去掉现今边界载荷后，岩块里边和平行表层的原样保留，在短时期内是稳定场；后者在岩块去掉现今边界载荷后基本消失，是不稳定场。

②前者是自平衡应力系统，岩体裂出新表面后，平行新表面方向的应力不变，垂直表面方向的应力在表层浅部释放；后者与外载荷平衡，岩体裂出新表面后，由于增加了自由边界而重新调整。

③前者只能用弹性理论表示其在岩体新表层以里和平行表面方向的静态分布及新表层法向的动态过程，而并不适用于其他方向；后者则可用弹性理论表示其全部静态分布和动态调整的弹性过程。

第七节　构造应力场的表示

构造应力场在空间上，一般用两族正交主正应力线——主应力线表示，有特殊需要时亦可用两族主剪应力线——最大剪应力线表示。若主正应力线的性质、方位、形式及特点已知，由于最大剪应力作用的方位与主正应力作用的方位有一定关系，因之主剪应力线便可依此而定。因而，主正应力线和主剪应力线，在对场的表示上等效。图1.7.1中的a，b，用以表示同样应力场。主正应力线，分张性和压性的两种，其中起主要作用而常常是表示主动力作用的一族用实线表示，与其正交的另一族则用虚线表示。

由于构造应力场中的主动力和高值力常分布在水平方向，故地壳构造应力场分布的规律、形式及特点的空间表示是以各深度水平面内的平面应力场为主，并可在局部有特殊重要意义的部位另加各方位的铅直面内的应力场。

构造应力场中的主应力性质，用主应力线上或其两旁的矢号表示，主动力作用方向用双矢号表示（图1.7.2）。同一主应力线上相对的双向作用皆为主动的则双向都用双矢号表示（图1.7.2，a），只有单向作用是主动的则只用一个双矢号表示（图1.7.2，b）。

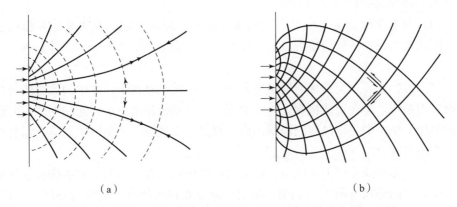

（a）　　　　　　　　　　　　　　　（b）

图 1.7.1　同样外力作用造成的用主正应力线表示的应力场（a）和
用主剪应力线表示的应力场（b）

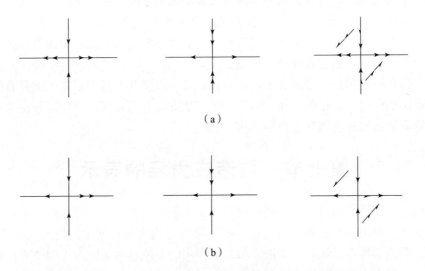

（a）

（b）

图 1.7.2　张、压、剪性主应力线双向同时皆为主动力的表示方法（a）和
只有单向为主动力的表示方法（b）

　　岩体中平行压缩方向的主压应力线间距在压缩作用越大时变得越小，平行拉伸方向的主张应力线间距在拉伸作用越大时亦变得越小。故构造应力场中应力的大小，可用主应力线密度相对地表示，亦可用各种性质的等应力线表示。在平面上，亦可用各点表示主方向的二正交线段的长度表示主应力的相对大小。

　　为了特殊需要，也可用同方向主应力线连成的等倾线表示场在方向上的分布，用主应力等差线表示场中应力梯度的分布。

第二章 构造应力场的作用

地壳构造应力场对岩体作用的直接结果，是造成岩体的构造运动。在岩体构造运动中，地磁场、地电场、重力场、地下水、地震波速均发生变化，并可发生地震。

第一节 岩体构造运动的表现

岩体构造运动的表现形式，有构造变形、构造断裂、后生组构和应力矿物。前二者为构造形象，后二者为构造迹象。构造形象和构造迹象统称为构造形迹。

一、构造变形

岩体的构造变形，遵从如下的基本原理：

1. 变形最小阻力原理

岩体变形，必须克服相应的阻力。因而，当岩体的变形方向给定后，其中的质点若尚有几个其他可自由选取的可能移动方向时，则其质点的移动将选取其中具有最小阻力的方向，此为变形最小阻力原理。

力学性质各向同性岩体中的变形最小阻力方向，即由各质点向岩体自由边界的最短法线方向，因而可据岩体的截面形状来断定其最大形变方向。

一横截面为矩形的岩体，受与此横截面垂直方向的外力作用时，位于此矩形横截面四个内角平分线上的质点向过该点而互相垂直的两个边界面法线方向移动的机会相等，则此种分角线便成为质点移动方向的分界线。于是，此矩形的内角平分线和其交点的连线，将其横截面分成四个区域。各区域内的质点，各有其共同的移动方向。以这四个区域作为横截面的四个条形岩体，当体积压缩率一定时，在垂直此矩形边界面方向的厚度越大则形变亦越大，且质点向此矩形外边界面最短的法线方向移动。若此横截面为矩形的岩体受与此截面垂直方向的拉伸外力作用，则此厚度方向的变形为横向缩短。因而，在此矩形横截面上距顶角越远处的缩短量越大，而在介于分角线至边界间的缩短量则越近顶角处越小，且以分角线方向的缩短为最小。故此岩体的矩形横截面，变成四边向内凹进的形状。若此横截面为矩形的岩体受与此横截面垂直方向的压缩外力作用，则此矩形横截面各边将向外凸出而成椭圆形。若岩体的横截面为椭圆形，则在垂直此横截面方向的压缩外力作用下，将使此横截面变得近于圆形。

对长为 l 的矩形横截面岩柱体（图 2.1.1），为简化讨论，取其四分之一柱体部分 $ABCD$，并设其体积不变，则此部分变形前后的体积

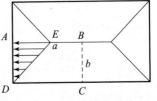

图 2.1.1　长方柱形岩体横截面

$$V = abl = 常量$$

故

$$\mathrm{d}V = bl\mathrm{d}a + al\mathrm{d}b + ab\mathrm{d}l = 0$$

用 abl 除上式各项，得

$$\frac{\mathrm{d}a}{a} + \frac{\mathrm{d}b}{b} + \frac{\mathrm{d}l}{l} = 0 \qquad (2.1.1)$$

或

$$\frac{a_1 b_1 l_1}{a_0 b_0 l_0} = 1 \qquad (2.1.2)$$

a_0，b_0，l_0 为此柱体部分变形前的长、宽、高，a_1，b_1，l_1 为其变形后的相应大小。因三棱柱体 ADE 的体积不变，故其受轴向压缩时，在 BA 方向的体积增量 $bl\mathrm{d}a$ 等于轴向的体积减小 $\frac{1}{2}b^2\mathrm{d}l$：

$$bl\mathrm{d}a = \frac{1}{2}b^2\mathrm{d}l$$

用 a 除之，得

$$\frac{\mathrm{d}a}{a} = \frac{b}{2a}\frac{\mathrm{d}l}{l}$$

代入（2.1.1），得

$$\frac{\mathrm{d}b}{b} = \left(1 - \frac{b}{2a}\right)\frac{\mathrm{d}l}{b}$$

用此式除前式，得

$$\frac{\mathrm{d}a}{\mathrm{d}b} = \frac{a}{2a - b}$$

则

$$\mathrm{d}(ab) = \mathrm{d}(a^2)$$

在柱体轴向压缩前后的限度内积分，得

$$a_1 b_1 - a_0 b_0 = a_1^2 - a_0^2$$

用 a_0^2 除之，得

$$\left(\frac{a_1}{a_0}\right)^2 - 1 = \frac{b_0}{a_0}\left(\frac{a_1 b_1}{a_0 b_0} - 1\right)$$

由此式和（2.1.2），得四分之一柱体每边改变后的值

$$a_1 = a_0 \sqrt{1 + \frac{b_0(l_0 - l_1)}{a_0 l_1}}$$

$$b_1 = b_0 \frac{l_0}{l_1 \sqrt{1 + \dfrac{b_0(l_0 - l_1)}{a_0 l_1}}}$$

(2.1.3)

用前式除后式，得

$$\frac{b_1}{a_1} = \frac{b_0 l_0}{a_0 l_1 \left[1 + \dfrac{b_0(l_0 - l_1)}{a_0 l_1}\right]}$$

由此可知，当柱体轴向压缩增加时，$\frac{b_1}{a_1}$ 随 l_1 的减小而增大，即 b_1 的值逐渐接近于 a_1。因而，矩形横截面将逐渐趋向于椭圆形。

对长为 l 的椭圆形横截面岩柱体（图 2.1.2），取其中以侧面法线 $\overline{CD}$，$\overline{EF}$ 为对边的平行于柱体轴的小四面柱体，并近似地认为

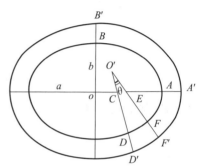

图 2.1.2 椭圆柱形岩体
横截面及其变化

$$\overline{CD} = \overline{EF} = s$$
$$\overline{O'D} = \overline{O'F} = r$$

于是，此小四面柱体的体积

$$\Delta V = l \left[\frac{1}{2} r^2 \theta - \frac{1}{2}(r-s)^2 \theta\right]$$

$$= \frac{1}{2}(2r - s) s \theta l$$

柱体受轴向压缩而缩短 $\mathrm{d}l$，同时小四面柱体横截面积增加

$$DD'F'F = r\theta\,\mathrm{d}s$$

为简化讨论，设岩柱体的体积不变，则

$$\frac{1}{2}(2r-s) s\theta l = \left[\frac{1}{2}(2r-s) s\theta + r\theta\,\mathrm{d}s\right](l - \mathrm{d}l)$$

$$= \frac{1}{2}(2r-s) s\theta l - \frac{1}{2}(2r-s) s\theta\,\mathrm{d}l + r\theta l\,\mathrm{d}s$$

其中略去二次微分乘积项，得

$$\frac{\mathrm{d}s}{s} = \left(1 - \frac{s}{2r}\right)\frac{\mathrm{d}l}{l}$$

(2.1.4)

此式对椭圆横截面内的任一点都正确，因而对 B 点也正确。于是，在 B 点，由于

$$s = b$$
$$\mathrm{d}s = \mathrm{d}b$$
$$r = \frac{a^2}{b}$$

代入 (2.1.4)，得

$$\frac{\mathrm{d}b}{b} = \left[1 - \frac{1}{2} \left(\frac{b}{a} \right)^2 \right] \frac{\mathrm{d}l}{l} \qquad (2.1.5)$$

因椭圆柱体的体积

$$V = \pi abl = 常量$$

则

$$\mathrm{d}V = \pi bl\mathrm{d}a + \pi al\mathrm{d}b + \pi ab\mathrm{d}l = 0$$

用 πabl 除上式，得

$$\frac{\mathrm{d}a}{a} + \frac{\mathrm{d}b}{b} + \frac{\mathrm{d}l}{l} = 0 \qquad (2.1.6)$$

将 (2.1.5) 代入上式，因压缩形变为负，则

$$\frac{\mathrm{d}a}{a} + \left[1 - \frac{1}{2} \left(\frac{b}{a} \right)^2 \right] \frac{\mathrm{d}l}{l} - \frac{\mathrm{d}l}{l} = 0$$

因而

$$\frac{\mathrm{d}a}{a} = \frac{1}{2} \left(\frac{b}{a} \right)^2 \frac{\mathrm{d}l}{l}$$

用此式除 (2.1.5)，得

$$\frac{\mathrm{d}b}{\mathrm{d}a} = 2\frac{a}{b} - \frac{b}{a}$$

将此式通分后的各项乘以 $2a$，得

$$4a^3\mathrm{d}a = 2ab^2\mathrm{d}a + 2a^2b\mathrm{d}b$$

故

$$\mathrm{d}(a^4) = \mathrm{d}(a^2b^2)$$

将 (2.1.6) 和上式在变形前后的限度内积分，得

$$\ln \frac{a_1}{a_0} + \ln \frac{b_1}{b_0} + \ln \frac{l_1}{l_0} = 0$$

或

$$\frac{a_1 b_1 l_1}{a_0 b_0 l_0} = 1$$

和

$$a_1^4 - a_0^4 = a_1^2 b_1^2 - a_0^2 b_0^2$$

或

$$\left(\frac{a_1}{a_0}\right)^4 - 1 = \left(\frac{b_0}{a_0}\right)^2 \left[\left(\frac{a_1}{a_0}\right)^2 \left(\frac{b_1}{b_0}\right)^2 - 1\right]$$

a_0，b_0，l_0 为柱体变形前的横截面半径和长度，a_1，b_1，l_1 为其变形后的相应值。由此得变形后横截面的半径

$$a_1 = a_0 \sqrt[4]{1 + \left(\frac{b_0}{a_0}\right)^2 \left[\left(\frac{l_0}{l_1}\right)^2 - 1\right]}$$

$$b_1 = b_0 \frac{l_0}{l_1 \sqrt[4]{1 + \left(\frac{b_0}{a_0}\right)^2 \left[\left(\frac{l_0}{l_1}\right)^2 - 1\right]}} \tag{2.1.7}$$

用前式除后式，得

$$\frac{b_1}{a_1} = \frac{b_0 l_0}{a_0 l_1 \sqrt{1 + \left(\frac{b_0}{a_0}\right)^2 \left(\frac{l_0^2 - l_1^2}{l_1^2}\right)}}$$

由此式可知，压缩程度增加时，l_1 减小，因而分母减小，故 $\dfrac{b_1}{a_1}$ 增加，并趋向于极限 1。因之，椭圆形横截面的短半径逐渐接近于长半径，从而使椭圆逐渐变成圆形。（2.1.3）和（2.1.7）的差别，只在于开方指数 n 不同，对矩形横截面岩柱体，$n=1$，对椭圆横截面岩柱体，$n=2$。故，普遍公式为

$$a_1 = a_0 \sqrt[2n]{1 + \left(\frac{b_0}{a_0}\right)^n \left[\left(\frac{l_0}{l_1}\right)^n - 1\right]}$$

$$b_1 = b_0 \frac{l_0}{l_1 \cdot \sqrt[2n]{1 + \left(\frac{b_0}{a_0}\right)^n \left[\left(\frac{l_0}{l_1}\right)^n - 1\right]}}$$

当 $n=1$ 时，此二式决定矩形横截面岩柱体在轴向压缩时的横截面形状变化；$n=2$ 时，则决定椭圆形横截面岩柱体在轴向压缩时的横截面形状变化。岩柱体横截面的形状介于矩形和椭圆形之间时，n 介于 1 到 2 之间。对其他形状横截面的岩柱体，n 有其他不同的相应值，且在变形过程中不断改变，只当是同一类形状的横截面时，n 才对之恒为常数。故而，不论岩柱体的横截面为正方形、矩形、椭圆形以至任何形状，在轴向压缩下，皆逐渐趋变为圆形，其实验证明示于图 2.1.3。因横截面的面积固定时以圆形周边长为最小，故此规律又称为压缩中横截面最短边原理。

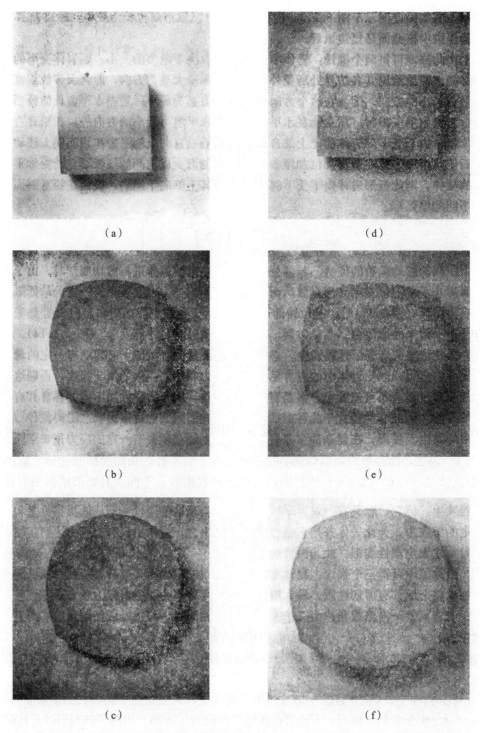

图 2.1.3　泥料柱体在轴向压缩下其横截面由正方形（a）和矩形（d）变成椭圆形
（b）（e）继而圆形（c）（f）的实验结果

　　由此原理可得两个推论：岩体中质点位移的方向既取决于阻力的大小，则岩体变形的方向必能近似地给出其各边界处所受外力的相对大小。岩体最大变形方向，即其大多数质点遇到阻力最小的方向，因之在这个方向上所遇到的反向外力必为最小。地壳水平方位的板形岩体，当受水平压缩时，质点除在水平方向的位移要选取水平阻力最小的方向外，在铅直方向的位移将由于受下部岩体的比上部自由表面的阻力为大的铅直向上的阻力作用而向上移动，从而使此板形岩体在这种部位加厚或窿起，表面在铅直剖面上成上凸的圆弧形，若受水平方向的拉伸，则此板形岩体由于受下部岩体的牵引，而使其上部向下拗陷，表面在铅直剖面上成下凹的圆弧形。

2. 塑性临界应力原理

　　岩体的塑性变形，系通过晶面滑移（图 2.1.4、图 2.1.5、图 2.1.6）、晶粒孪生（图 2.1.7、图 2.1.8、图 2.1.9）、晶粒转动（图 2.1.5）、晶粒变形（图 2.1.10、2.1.11）和晶粒破碎（图 2.1.12）五种过程不同程度的结合来完成。原子面离开稳定位置，经过为晶面上距离的波动函数的位势凸起部分，而发生位错和畸变以使晶体进行剪切变形时，由于原子面离开了稳定位置和必须克服晶面上各凸起位势而生的摩擦力，必须要有一定的最低限度的应力消耗（图 2.1.13）。晶粒转动这种剪切过程的发生，也须克服晶面和晶粒表面势垒和凹凸不平而生的摩擦力。晶粒破裂，须要应力达到强度极限时，才能发生（图 2.1.14）。因而，为使这些剪切变形过程发生，必须消耗一定的最低数量的机械能，必须要有一定的最小的临界剪应力，以使岩体中的应力足以克服这些摩擦阻力和达到晶体的抗断强度，否则这些塑性变形过程将不可能发生。多晶岩体中的各种矿物晶粒，由于力学性质不同并各自具有不同的方位，因而有的适宜于此种剪切变形，有的则不适宜而以其他种应力状态阻碍此种剪切变形的发生。故而，在复杂的多晶岩体中发生剪切变形，还必须要有一定的应力用来克服这种阻力，否则塑性变形也不可能发生。在晶粒表面所受到的其他晶粒和晶界物质的反作用，亦使晶体内的晶面滑移和孪生受到一定的阻碍。这些，都是岩体内发生塑性变形的抵抗力。岩体由上述各剪切变形过程构成的塑性变形，是由于受一定的剪应力的作用而发生，不论应力作用时间长短，如果剪应力小于这些塑性变形抵抗力之和，则岩体内的塑性变形过程将不可能发生。因之，称具有一定力学性质的岩体所受的相当于这些塑性变形最低抵抗力之和的一定的剪应力，为此岩体开始表现塑性的临界剪应力。由之，岩体中只有剪应力达到其临界值时，才发生塑性变形。此为塑性临界应力原理。

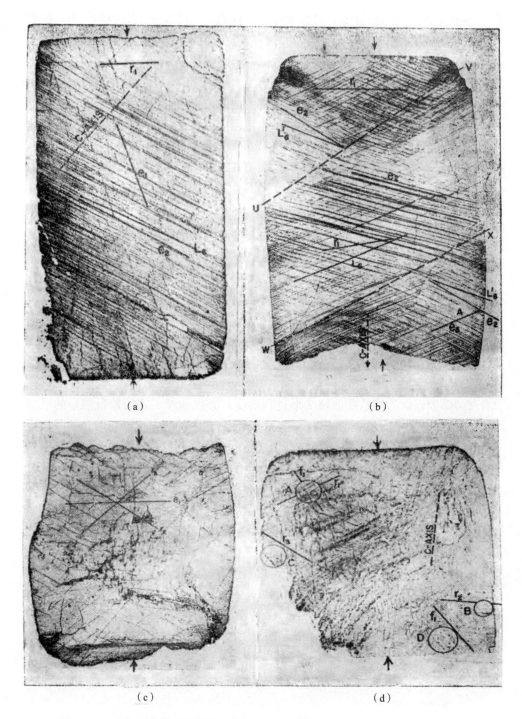

（a）　　　　　　　　　　　　　　　（b）

（c）　　　　　　　　　　　　　　　（d）

图 2.1.4　方解石晶体平行光轴方向压缩而成的单向（a）和双向（b）晶面滑移、
双向剪裂（c）和纵向张裂（d）（F. J. Turner，D. T. Griggs & H. Heard，1960）

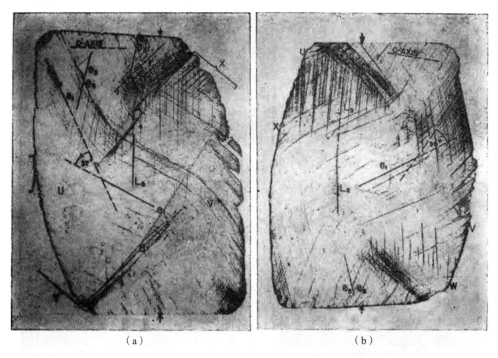

（a）　　　　　　　　　　　　　　（b）

图 2.1.5　方解石晶体垂直光轴方向压缩而成的晶面滑移和晶体转动
（F. J. Turner, D. T. Griggs & H. Heard, 1960）

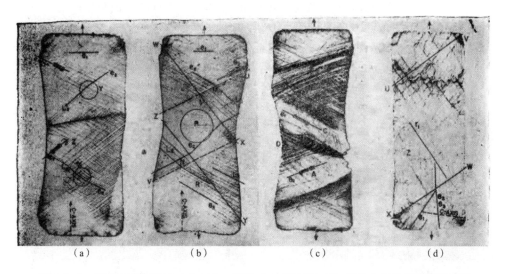

（a）　　　　（b）　　　　（c）　　　　（d）

图 2.1.6　方解石晶体平行（a）（b）、斜交（c）和垂直（d）光轴方向拉伸而成的双向
晶面滑移和横向张裂（d）（F. J. Turner, D. T. Griggs & H. Heard, 1960）

图 2.1.7　方解石晶体受 377 兆帕压力压缩后生成的孪晶（F. D. Adams，1906）

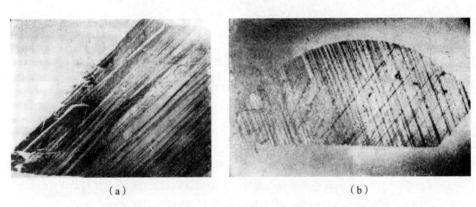

（a）　　　　　　　　　　　　　　　　（b）

图 2.1.8　方解石晶体在 1040（兆帕）围压下压缩后平行其单晶体对称轴的切片（a）和
在 1034 兆帕围压下压缩后垂直其单晶体对称轴的切片（b）中的孪生和
裂开方位（D. T. Griggs，1956）

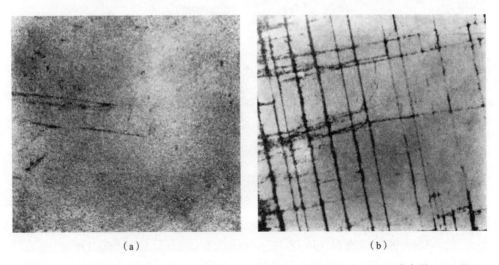

（a）　　　　　　　　　　　　　　　　（b）

图 2.1.9　透辉石晶体压缩前（a）和在 2177 兆帕围压下压缩 1 小时后形成孪晶（b）的
显微照片（F. D. Adams，1906）

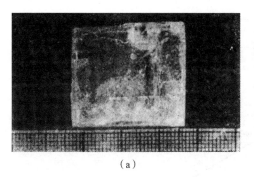
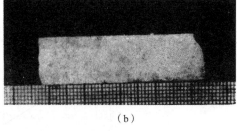

（a）

（b）

图 2.1.10　压缩前（a）和在 714 兆帕压力下压缩后（b）的岩盐晶体（F. D. Adams，1906）

图 2.1.11　纵向压缩前和用 1087 兆帕围压压缩 70 分钟后的
透石膏晶体（F. D. Adams，1906）

（a）

（b）

图 2.1.12　大理岩在 827 兆帕围压下塑性缩短应变为 4×10^{-2}（a）和在 1034 兆帕
围压下塑性缩短应变为 24×10^{-2}（b）的薄片中晶面滑移、孪生和晶粒破碎的
显微照片（D. T. Griggs，1940）

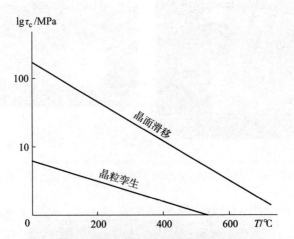

图 2.1.13　方解石晶体发生晶面滑移和孪生的临界剪应力与温度的关系
(F. J. Turner, D. T. Griggs & H. Heard, 1960)

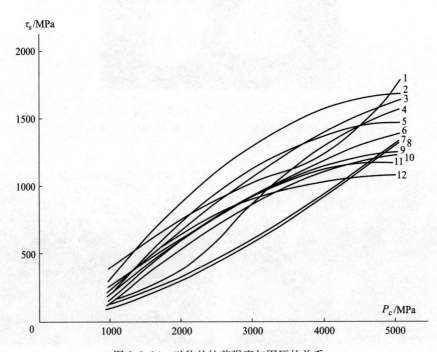

图 2.1.14　矿物的抗剪强度与围压的关系：
1——猫眼石；2——玄武玻璃；3——赤铁矿；4——古铜矿；5——钙长石；6——透辉石；
7——角闪石；8——辉石；9——黄铁矿；10——锡石；11——矽线石；12——赤铜矿
(P. W. Bridgman, 1936)

由此原理可得三个推论：塑性变形系由于剪切作用而成，因而其变形和断裂必在机制上局部或整个地具有剪切性质，最大剪切变形和断裂在最大剪应力即主剪应力线方向附近发力，二者只差一内摩擦角；当三个主应力大小相等符号相同时，与主轴成任何角度平面上的剪应力

$$\tau = \sqrt{s^2 - \sigma_n^2}$$
$$= \sqrt{s_1^2 + s_2^2 + s_3^2 - \sigma_n^2}$$
$$= \sqrt{\sigma_1^2 \cos^2(n,1) + \sigma_2^2 \cos^2(n,2) + \sigma_3^2 \cos^2(n,3) - [\sigma_1 \cos^2(n,1) + \sigma_2 \cos^2(n,2) + \sigma_3 \cos^2(n,3)]^2}$$
$$= \sqrt{\sigma_1^2 [\cos^2(n,1) + \cos^2(n,2) + \cos^2(n,3)] - \sigma_1^2 [\cos^2(n,1) + \cos^2(n,2) + \cos^2(n,3)]^2}$$
$$= 0$$

因而，若岩体体积近于不变，则其在三个主轴方向不论是受均等的压应力还是张应力，都不可能发生塑性变形；进行弹性变形的岩体，当其中的剪应力达到临界剪应力值时，将有塑性变形开始伴生。因此，当岩体发生了塑性变形时，其中必有大于或等于此岩体临界剪应力的剪应力，故而还必伴有与此剪应力成正比的弹性剪应变。于是，无论在短时形变中的弹性极限以外，还是在长期蠕变中，若体内皆有保持成正比关系的弹性应力和应变。岩体的塑性变形，即由此应力的作用而生。可见，构造应力场实系岩体构造运动中与其弹性应变成正比的应力的场。应力解除，岩体的弹性应变随之消失，塑性变形则保留下来。因之，岩体的塑性变形，实为弹性变形时剪应力超过其临界值而生的不可逆形变。岩石的短时形变实验和长期蠕变实验的结果（图 2.1.15），都证明了这些结论。岩体进行短时塑性变形时，其总应变为弹性应变与塑性应变之和

$$e_{ep} = e_e + e_p$$

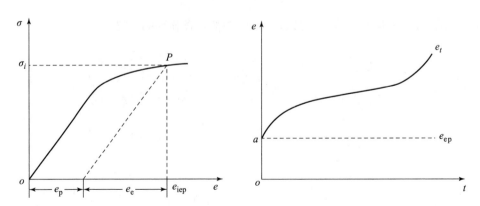

图 2.1.15　岩石的短时形变实验曲线（a）和长期蠕变实验曲线（b）

其中

$$e_e = \frac{1}{L_e} \sigma_i$$

$$e_{ep} = \frac{1}{L_k}(\sigma_i - \sigma_k) + e_k \qquad k = d, \ f, \ t$$

则

$$e_p = \left(\frac{1}{L_k} - \frac{1}{L_e}\right)\sigma_i - \frac{1}{L_k}\sigma_k + e_k$$

岩体进行长期蠕变时，其开始弹塑性应变亦满足上面 e_{ep} 的表示式，而其蠕变的应变量（$e_t - e_{ep}$）则系由于时间的延长而生。为推断岩体开始蠕变所受的应力值，可从其蠕变所经过的时间和应变值，由其蠕变实验和外推曲线确定开始蠕变时的弹塑性应变 e_{ep}，再用它在岩体的短时形变实验曲线上确定相应的应力，此即岩体蠕变开始时所受的应力。从短时形变曲线上相应此应力之点作平行于其弹性部分的卸载曲线与横坐标轴之交点，即为变形中的弹性应变成分。

3. 弹性势能同值原理

岩体在塑性变形中必伴有弹性变形，其应变势能密度为体积变化势能密度 ε_V 与形状变化势能密度 ε_D 之和：

$$\varepsilon = \varepsilon_V + \varepsilon_D$$

体积应力从 σ_0 变到 σ 时，为取其平均值需用 2 除其差，得体积变化势能密度

$$\varepsilon_V = \frac{\Delta V}{V} \cdot \frac{\sigma - \sigma_0}{2}$$

其中

$$\frac{\Delta V}{V} = e_1 + e_2 + e_3$$

由于塑性变形不储存应变能，故其中的应变都须是弹性的。又

$$\left.\begin{aligned}
e_1 &= \frac{1}{L_e}\{(\sigma_1 - \sigma_{01}) - \nu_e[(\sigma_2 - \sigma_{02}) + (\sigma_3 - \sigma_{03})]\} + e_{01} \\
e_2 &= \frac{1}{L_e}\{(\sigma_2 - \sigma_{02}) - \nu_e[(\sigma_3 - \sigma_{03}) + (\sigma_1 - \sigma_{01})]\} + e_{02} \\
e_3 &= \frac{1}{L_e}\{(\sigma_3 - \sigma_{03}) - \nu_e[(\sigma_1 - \sigma_{01}) + (\sigma_2 - \sigma_{02})]\} + e_{03}
\end{aligned}\right\}$$

得

$$\frac{\Delta V}{V} = \frac{1 - 2\nu_e}{L_e}[(\sigma_1 - \sigma_{01}) + (\sigma_2 - \sigma_{02}) + (\sigma_3 - \sigma_{03})] + e_{01} + e_{02} + e_{03} = \frac{3(1 - 2\nu_e)}{L_e}\sigma$$

故

$$\varepsilon_V = \frac{3(1 - 2\nu_e)}{2L_e}\sigma(\sigma - \sigma_0)$$

因 σ 与 σ_0 的符号相同，故 ε_V 与 σ 的符号是正是负无关。总应变势能密度

$$\varepsilon=\frac{1}{2}(\sigma_1 e_1+\sigma_2 e_2+\sigma_3 e_3)$$

因 σ_i 与 e_i 同向（$i=1$，2，3），若为正皆为正，若为负皆为负，因而不论岩体中的应力状态如何，ε 皆为一定值。故形状变化势能密度

$$\varepsilon_D=\varepsilon-\varepsilon_V$$

也只与岩体的力学性质、变形时间、加力速度和应力大小有关，而与此岩体所处的力学状态是压缩还是拉伸无关。因而，只要岩体的力学性质、变形时间、加力速度和应力大小相同，不论其所处的应力状态如何，ε 皆相同。此为弹性势能同值原理，又称弹性势能与应力状态无关原理。因此，只要岩体的力学性质、变形时间和加力速度相同，由其应变势能密度的大小可相对地确定其所受应力的大小。

对岩体的构造变形，试取褶皱为典型而讨论之。褶皱，从其远远超过岩体弹性范围的形变量和破坏时不作剧烈地弹性回复而不恢复到岩体褶皱前的原状证明，褶皱主要是塑性变形而弹性变形在量上是极次要的。形成褶皱的基本条件，是岩层较完整连续而非为碎裂区或断裂带，并要有足够大小和持续时间的大面积边界外力作用。至于褶皱形成的具体边界条件，究竟是受地壳上层水平力压缩而成，还是岩层下部受铅直力上顶而成，可从这两种不同方式外力所能造成的两种褶皱形态各自独有的基本特征的区别来确定。

用平行层面的水平力压缩和层面下受铅直力上顶作用，造成两种褶皱模型。加力前，在平行水平压缩方向或垂直层面方向切开铅直剖面，在截面上垂直层面压成间距等于各层厚度的平行压痕，然后，将两切开部分按原位相互粘合，再各自加力。形成褶皱后，各沿加力前切开的方位分开，得两种褶皱横铅直剖面上的模型网（图 2.1.16a，图 2.1.17a）。测量由平行压痕和不同颜色层界面正交构成的正方形网格变形而成的各种四边形，计算绘得主正应力线图（图 2.1.16b，图 2.1.17b）和等主压应变线图（图 2.1.16c，图 2.1.17c），可分析得此两种不同方式外力作用造成的两种褶皱横铅直剖面上的应力和应变的分布特点。由此得知，地壳上层水平压缩而成的褶皱和假定的岩层下部受垂直力上顶而成的褶皱，各自具有很多独有的形态特征：

（1）前者整个褶皱部位及外围岩层中在褶皱核心以下水平穿过褶皱的主应力线是压性的（图 2.1.16b）；后者整个褶皱部位及外围岩层中水平穿过褶皱的主应力线都是张性的（图 2.1.17b）。因之，将造成两种不同的形态特征：

① 前者系由水平压缩岩层聚集而成，故将褶皱岩层按未受剥蚀情况图示地恢复到与两边未褶皱岩层同高度的水平位置时，厚度增加（图 2.1.16a）；后者系由上顶岩层弯拱拉伸而成，故将褶皱岩层按未受剥蚀情况图示地恢复到与两边未褶皱岩层同高度的水平位置时，厚度不变（图 2.1.17a）。

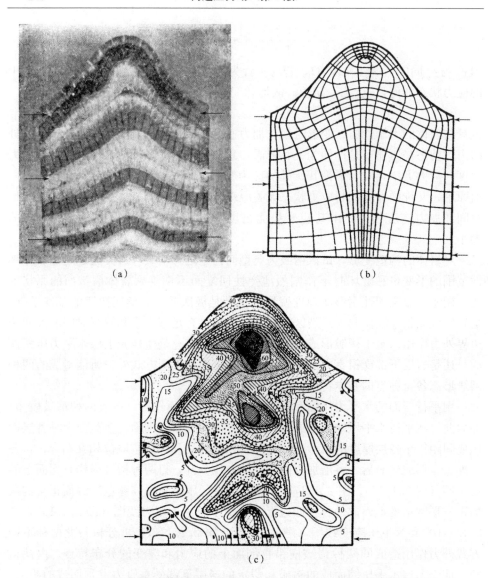

图 2.1.16　纯白的、加硫磺粉和煤粉的三种不同颜色不同力学性质的等厚度
石蜡平板相间叠合结成的石蜡层，在 45℃水中，平行于板压缩成的褶皱横铅直
剖面上的模型网（a）和由此网测算得的水平压缩褶皱横铅直剖面上的
主正应力线图（b）及等主压应变线图（c，单位为 10^{-2}）

　　② 若层面摩擦力较小，则前者由水平压缩引起的下部层间滑动和上部聚中
岩层的向上翘曲，可形成脱底或上部硬岩层下核心部位的松空，并继而被强塑性
岩石和碎石填满（图 2.1.16a）；后者由于核心部的上下压缩，而无此种现象（图
2.1.17a）。

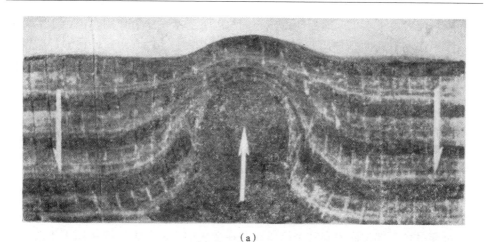

（a）

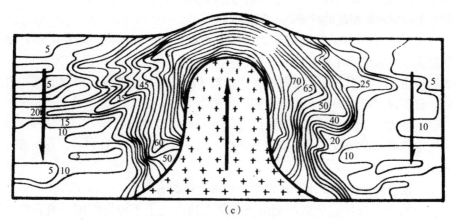

（b）

（c）

图 2.1.17　纯白的、加硫磺粉和煤粉的三种不同颜色不同力学性质的等厚度石蜡平板
相间叠合结成的石蜡层，在 45℃水中，垂直板面由下向上顶成的褶皱铅直
剖面上的模型网（a）和由此网测算得的垂直力上顶褶皱铅直剖面上的
主正应力线图（b）及等主压应变线图（c），单位为 10^{-2}

（2）前者由于水平压缩而使得核心部位以下受水平压力作用，但由于上部岩层在水平压缩下翘曲则使得顶部受导生的水平张力作用（图 1.1.16b）；后者由于岩层下部受垂直力上顶而使其弯拱，则上下层皆受水平张力作用（图 2.1.17b）。由此则在形态上造成两种不同的特征：

① 前者岩层的变形在褶皱上部反映水平拉伸，故柔性状态的岩层达到抗剪强度时则发生正断层，而脆性状态的岩层达抗张强度时则发生张节理或高角正断层（图 2.1.18a），但在核心下部则有垂直轴面的压缩而造成水平紧压轴面（图 2.1.16a）；后者岩层的变形在褶皱上下部皆反映水平拉伸（图 2.1.17a）。

② 前者上部水平拉伸下部水平压缩而使得其顶部的正断层形成时不可能穿过核心向下延展（图 2.1.18a）；后者上部的正断层由于上下皆受水平拉伸故形成时便可穿过核心部位而贯穿整个褶皱，并在造成褶皱的外力继续作用下不改变性质，下部还可有较大断裂由下而上地延裂（图 2.1.18b）。

（3）前者核心水平压缩应变较深部为大（图 2.1.16c）；后者由于垂直上顶力由下而来所造成的下部铅直压缩应变比上部为大（图 2.1.17c）。于是在形态上造成两种相反的特征：

① 前者上下岩层的弯曲程度由上向下变缓而逐渐消失（图 2.1.16a）；后者岩层的弯曲程度由下向上变缓（图 2.1.17a）。

② 前者中同样力学性质岩层的变厚由核心向上向下减小（图 2.1.16a）；后者中同样力学性质岩层的变薄由顶部向下增强（图 2.1.17a）。

（4）前者核心以下的水平压缩应变和顶部的铅直缩短应变皆比两侧的为大，且其同等应变的分布范围由上向下变小（图 2.1.16c）；后者核心下部和顶部的铅直缩短应变皆比两侧为大，且其同等应变的分布范围由上向下变大（图 2.1.17c）。于是在形态上造成两种相反的特征：

① 前者核心下部的岩层由于水平压缩聚集而比两侧的同一岩层为厚，且顶部岩层由于较大的水平拉伸而比两侧的同一岩层为薄或至少相近（图 2.1.16a）；后者岩层由于上顶引起的水平拉伸而在褶皱核心下部和顶部皆比两侧的同一岩层为薄，且下部岩层可向顶部尖灭或切断（图 2.1.17a）。

② 前者岩层褶皱弯曲的范围由上向下减小（图 2.1.16a），其上部并可倒转；后者岩层弯曲变形的范围，在褶皱部位由上向下变大（图 2.1.17a），且上部无倒转现象。

（5）前者两侧由于受水平压缩加之中部上拱而有与水平面斜交方位的剪切应力作用（图 2.1.16b）；后者两侧由于中部上顶而受上下剪切作用，则有约近铅直方位或上部斜向褶皱之外而下部弯向褶皱之内的剪切应力（图 2.1.17，b）。其在形态上造成了两种不同的特征：

① 前者两侧可有雁行形断裂，发展可连贯成冲断层，其方位，当受水平压缩的岩层厚度比褶皱范围为大时斜向褶皱之外，而当受水平压缩的岩层厚度比褶

皱范围为小或相近且有脱底或较大的下部层间滑动时则斜向褶皱之内（图2.1.18a）；后者边侧也可有雁行形断裂，但其发展可连贯成正断层，其方位约与水平面正交或上部斜向褶皱之外而下部则弯向褶皱之内（图2.1.18b）。

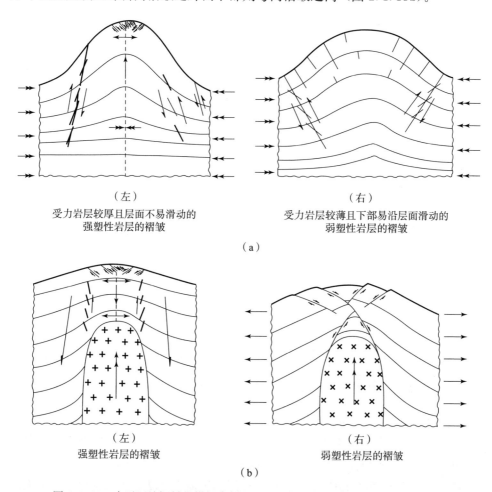

（左）
受力岩层较厚且层面不易滑动的强塑性岩层的褶皱

（右）
受力岩层较薄且下部易沿层面滑动的弱塑性岩层的褶皱

（a）

（左）
强塑性岩层的褶皱

（右）
弱塑性岩层的褶皱

（b）

图 2.1.18 水平压缩褶皱的横铅直剖面（a）和垂直上顶褶皱的铅直剖面（b）

② 若岩层间有较大的沿层面方向的剪切变形和层间错动，则前者的强塑性夹层中由于受水平压缩的上下硬岩层剪切拖动而成的拖褶皱，当此夹层位于褶皱核心以下因而其上部水平压缩量较下部为大时，反映上层向顶部下层向两侧方向的压剪作用（图2.1.19a），当强塑性夹层位于褶皱核心以上因而其下部水平压缩量比上部为大时，则反映上层向褶皱外而下层向褶皱核心的压剪作用（图2.1.19b）；后者的强塑性夹层由于受垂直力上顶而水平拉伸，并不沿层面方向产生很大的剪切变形，因而并不产生施褶皱。

这两种受不同方式外力作用所成褶皱各自独有的很多形态特征，不一定都在每一个褶皱中同时出现。由于岩体运动的边界条件、几何条件、连续条件、变形

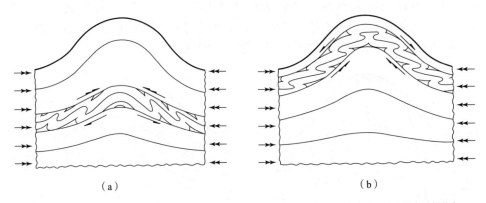

图 2.1.19　水平压缩褶皱中核心以下（a）和核心以上（b）强塑性夹层的拖褶皱形态

程度、力学性质及其分布的不同，一个褶皱中可只有部分的以至一、两个此种形态特征明显出现。即使如此，这对鉴别该褶皱形成所受的外力作用方式究竟是水平压缩还是垂直上顶，已经足够。

从褶皱的野外观测资料看来，绝大多数都符合地壳上层水平力压缩所成褶皱的形态特征。可见，地壳的褶皱构造，主要是由水平压缩所成。

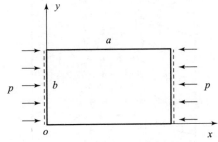

图 2.1.20　受单向水平压缩的水平岩层

至于褶皱在水平压力下形成时所需的具体力学条件和分布形态，试取其中一个或几个重结的岩层分析之，并应视其力学性质在水平和铅直正交方向异性。于是，长为 a，宽为 b，厚为 d，边界与坐标轴平行的矩形板状岩层（图2.1.20），沿平行于 x 轴的长度方向单向压缩时，受载边界用铰支承，单位宽度上的压力为 p，则联系其挠度 w 和平行岩层的载荷 F_x，F_y，F_{xy} 及垂直其中面的载荷 q 的岩层正交各向异性挠曲面方程

$$D_1 \frac{\partial^4 w}{\partial x^4} + 2D_3 \frac{\partial^4 w}{\partial x^2 \partial y^2} + D_2 \frac{\partial^4 w}{\partial y^4} - F_x \frac{\partial^2 w}{\partial x^2} - 2F_{xy} \frac{\partial^2 w}{\partial x \partial y} - F_y \frac{\partial^2 w}{\partial y^2} - q = 0$$

由于载荷在主方向并平行于边界，而有

$$F_x = -p$$
$$F_y = F_{xy} = q = 0$$

则变为

$$D_1 \frac{\partial^4 w}{\partial x^4} + 2D_3 \frac{\partial^4 w}{\partial x^2 \partial y^2} + D_2 \frac{\partial^4 w}{\partial y^4} + p \frac{\partial^2 w}{\partial x^2} = 0 \qquad (2.1.8)$$

其中

$$D_1 = \frac{L_{k1}d^3}{12(1-\nu_{k12}\nu_{k21})}$$

$$D_2 = \frac{L_{k2}d^3}{12(1-\nu_{k12}\nu_{k21})} \qquad k=\text{e, d, f, t}$$

$$D_3 = D_1\nu_{k12} + \frac{G_{k12}d^3}{6}$$

为此板状岩层在主方向的抗弯刚度。此岩层在单向压缩过程中，先呈平板形稳定平衡，当压力达一定值时，即行翘曲，而达另一弯曲的不稳定平衡状态（图 2.1.21）。

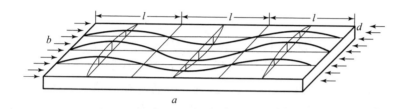

图 2.1.21　水平岩层在单向水平压缩下的铅直弯曲

若二纵边界用铰支承，则必须从在此岩层边界满足挠度和弯矩为零的边界条件：

在 $x=0$，$x=a$ 处

$$\omega = 0$$

$$M_x = -D_1\left(\frac{\partial^2\omega}{\partial x^2} + \nu_{k21}\frac{\partial^2\omega}{\partial y^2}\right) = 0$$

在 $y=0$，$y=b$ 处

$$\omega = 0$$

$$M_y = -D_2\left(\frac{\partial^2\omega}{\partial y^2} + \nu_{k12}\frac{\partial^2\omega}{\partial x^2}\right) = 0$$

而表示为一般二重三角级数中任一项形式的岩层弯曲面方程

$$\omega = A_{mn}\sin\frac{m\pi x}{a}\sin\frac{n\pi y}{b} \tag{2.1.9}$$

中去求 (2.1.8) 的解。A_{mn} 为常系数，m 为岩层沿 x 轴成正弦状弯曲的半波段数，n 为其沿 y 轴成正弦状弯曲的半波段数，都是整数。

将 (2.1.9) 的各导数

$$\frac{\partial^2\omega}{\partial x^2} = -\frac{m^2\pi^2}{a^2}\omega$$

$$\frac{\partial^4\omega}{\partial x^4} = \frac{m^4\pi^4}{a^4}\omega$$

$$\frac{\partial^4 \omega}{\partial y^4} = \frac{n^4 \pi^4}{b^4} \omega$$

$$\frac{\partial^4 \omega}{\partial x^2 \partial y^2} = \frac{m^2 n^2 \pi^4}{a^2 b^2} \omega$$

代入 (2.1.8)，并约去 ω，得

$$A_{mn} \left\{ \pi^4 \left[D_1 \left(\frac{m}{a} \right)^4 + 2D_3 \left(\frac{mn}{ab} \right)^2 + D_2 \left(\frac{n}{b} \right)^4 \right] - p\pi^2 \left(\frac{m}{a} \right)^2 \right\} = 0$$

因所求者为不等于零的解，故 A_{mn} 不为零必大括号中为零，又边长比

$$c = \frac{b}{a}$$

得

$$p = \frac{\pi^2 \sqrt{D_1 D_2}}{b^2} \left[\sqrt{\frac{D_1}{D_2}} \left(\frac{m}{c} \right)^2 + \frac{2D_3 n^2}{\sqrt{D_1 D_2}} + \sqrt{\frac{D_2}{D_1}} \left(\frac{c}{m} \right)^2 \right]$$

常数 A_{mn} 未定，此式给出 m，$n = 1$，2，3，$\cdots$ 的所有 p 值。显然其中最小的 p 值，在 y 轴方向相当于 $n = 1$ 时，即在宽度 b 方向为一个正弦半波式弯曲，则有

$$p = \frac{\pi^2 \sqrt{D_1 D_2}}{b^2} \left[\sqrt{\frac{D_1}{D_2}} \left(\frac{m}{c} \right)^2 + \frac{2D_3}{\sqrt{D_1 D_2}} + \sqrt{\frac{D_2}{D_1}} \left(\frac{c}{m} \right)^2 \right] \qquad (2.1.10)$$

继之，需求对一定边长比 c 所决定的 m 为何值时 p 最小。(2.1.10) 的最小值，必在

$$c = m \sqrt[4]{\frac{D_1}{D_2}}$$

时。于是，此岩层两种平衡状态分歧点的临界压力

$$p_c = \frac{\pi^2 \sqrt{D_1 D_2}}{b^2} 2 \left(1 + \frac{D_3}{\sqrt{D_1 D_2}} \right) \qquad (2.1.11)$$

令

$$k = 2 \left(1 + \frac{D_3}{\sqrt{D_1 D_2}} \right)$$

则得

$$p_c = k \frac{\pi^2 \sqrt{D_1 D_2}}{b^2}$$

若

$$c = \sqrt{m(m+1)} \sqrt[4]{\frac{D_1}{D_2}} \qquad (2.1.12)$$

则在同一临界压力作用下，可有两种平衡形式：在 a 方向有 m 个半波，而

$$\omega = A_{m1} \sin \frac{m\pi x}{a} \sin \frac{\pi y}{b}$$

在 a 方向有 $(m+1)$ 个半波，而

$$\omega = A_{m+1,1} \sin \frac{(m+1)\pi x}{a} \sin \frac{\pi y}{b}$$

故（2.1.12）为从 m 个半波段变成 $(m+1)$ 个半波段的边长比。由（2.1.12）可决定相应于给定的边长比 c 的半波数 m：

从一个半波变为两个，则

$$0 < c < 1.41 \sqrt[4]{\frac{D_1}{D_2}}, \quad m = 1;$$

从两个半波变为三个，则

$$1.41 \sqrt[4]{\frac{D_1}{D_2}} < c < 2.45 \sqrt[4]{\frac{D_1}{D_2}}, \quad m = 2;$$

从三个半波变为四个，则

$$2.45 \sqrt[4]{\frac{D_1}{D_2}} < c < 3.46 \sqrt[4]{\frac{D_1}{D_2}}, \quad m = 3; \quad 等等。$$

对任意边长比 c，可从（2.1.12）和上列各范围求得 m，再将 m 代入（2.1.10）即得 p_c。在 $c > 3$ 时，p_c 用（2.1.11）直接决定。对各向同性岩层，可视

$$L_{k1} = L_{k2} = L_k$$

$$\nu_{k12} = \nu_{k21} = \nu_k$$

又

$$G_k = \frac{L_k}{2(1+\nu_k)}$$

则得

$$D_1 = D_2 = D_3 = D$$

此为岩层抗弯刚度。于是，由（2.1.10）得

$$p_c = \frac{D\pi^2}{b^2} \left(\frac{m}{c} + \frac{c}{m} \right)^2 \tag{2.1.13}$$

相应于 x 轴方向的 m 个半波段转变为 $(m+1)$ 个半波的边长比

$$c = \sqrt{m(m+1)}$$

若为整数，则从其由不等式限定的范围与 m 的关系知

$$m = c$$

于是

$$p_c = 4 \frac{D\pi^2}{b^2}$$

对不同 m 的 $k \sim c$ 曲线的包络线，也趋近于 $k = 4$。与（2.1.13）相比，$m = 1$ 时，

a 相当纵方向半波段的长度 l，则得

$$l=b \tag{2.1.14}$$

而临界压应力

$$\sigma_c = \frac{p_c}{d} = 3.29\frac{L_k d^2}{(1-\nu_k^2)b^2} \tag{2.1.15}$$

若二纵边界固定，将 x 轴平移至矩形板状岩层长度方向的中轴位置，则必须从在此岩层受载的二横边界满足挠度和弯矩为零而在其二纵边界满足挠度和中面对 y 轴倾角为零的边界条件：

在 $x=0$，$x=a$ 处

$$\omega=0$$

$$M_x = -D_1\left(\frac{\partial^2\omega}{\partial x^2}+\nu_{k21}\frac{\partial^2\omega}{\partial y^2}\right)=0;$$

在 $y=\pm\dfrac{b}{2}$ 处

$$\omega=0$$

$$\frac{\partial\omega}{\partial y}=0$$

而表示为函数 $Y(y)$ 与单重三角级数乘积中任一项形式的岩层弯曲面方程

$$\omega=Y(y)\sin\frac{m\pi x}{a} \tag{2.1.16}$$

中去求（2.1.8）的解。$Y(y)$ 为表征岩层在 Y 轴方向弯曲的函数。将（2.1.16）中 ω 的各导数代入（2.1.8），得 $Y(y)$ 的方程

$$D_2 y^{\mathrm{IV}}-2\left(\frac{m\pi}{a}\right)^2 D_3 y^{\mathrm{II}}+\left[D_1\left(\frac{m\pi}{a}\right)^4-p\left(\frac{m\pi}{a}\right)^2\right]Y=0 \tag{2.1.17}$$

其特征方程

$$D_2 r^4-2\left(\frac{m\pi}{a}\right)^2 D_3 r^2+D_1\left(\frac{m\pi}{a}\right)^4-p\left(\frac{m\pi}{a}\right)^2=0$$

的根，为 $\pm r_1$ 和 $\pm\mathrm{i}r_2$，而

$$r_1=\sqrt{\frac{m\pi}{a}\sqrt{\left(\frac{D_3}{D_2}\right)^2\left(\frac{m\pi}{a}\right)^2-\frac{D_1}{D_2}\left(\frac{m\pi}{a}\right)^2+\frac{p}{D_2}}+\frac{D_3}{D_2}\left(\frac{m\pi}{a}\right)^2}$$

$$r_2=\sqrt{\frac{m\pi}{a}\sqrt{\left(\frac{D_3}{D_2}\right)^2\left(\frac{m\pi}{a}\right)^2-\frac{D_1}{D_2}\left(\frac{m\pi}{a}\right)^2+\frac{p}{D_2}}-\frac{D_3}{D_2}\left(\frac{m\pi}{a}\right)^2}$$

则（2.1.17）的解为

$$Y=A\operatorname{ch}r_1 y+B\operatorname{sh}r_1 y+C\cos r_2 y+D\sin r_2 y \tag{2.1.18}$$

又由（2.1.16）和二纵边界的边界条件知

$$Y=0$$

$$Y' = 0$$

由于此岩层对 x 轴对称，故（2.1.18）中的 $B=D=0$，且只取 $y=b/2$ 的条件即够，则由（2.1.18）简化得的解

$$Y = A \operatorname{ch} r_1 y + C \cos r_2 y$$

可得

$$\left. \begin{array}{l} Y = A \operatorname{ch} \dfrac{r_1 b}{2} + C \cos \dfrac{r_2 b}{2} = 0 \\[3mm] Y' = A r_1 \operatorname{sh} \dfrac{r_1 b}{2} - C r_2 \sin \dfrac{r_2 b}{2} = 0 \end{array} \right]$$

所求者为此方程组异于零的解，而此解只存在于其行列式为零的情况

$$r_1 \operatorname{th} \frac{r_1 b}{2} + r_2 \tan \frac{r_2 b}{2} = 0 \tag{2.1.19}$$

故若岩层的力学性质为各向同性的，可视

$$D_1 = D_2 = D_3 = D$$

则

$$r_1 = \sqrt{\frac{m\pi}{a} \left(\sqrt{\frac{p}{D}} + \frac{m\pi}{a} \right)}$$

$$r_2 = \sqrt{\frac{m\pi}{a} \left(\sqrt{\frac{p}{D}} - \frac{m\pi}{a} \right)}$$

对不同的 m，方程（2.1.19）得一簇曲线，其极小值近似于临界压力，得

$$p_c = 6.98 \frac{D\pi^2}{b^2}$$

当 $m=1$ 时，a 相当纵方向半波段的长度 l，趋于极限

$$l = 0.66b \tag{2.1.14''}$$

而临界压应力

$$\sigma_c = \frac{p_c}{d} = 5.74 \frac{L_k d^2}{(1 - \nu_k^2) b^2} \tag{2.1.15''}$$

若此岩层的二纵边界，一个固定，一个铰支，用相似的方法得临界压力

$$p_c = 5.41 \frac{D\pi^2}{b^2}$$

当 $m=1$ 时，a 相当纵方向半波段的长度

$$l = 0.79b \tag{2.1.14'}$$

临界压应力

$$\sigma_c = \frac{p_c}{d} = 4.45 \frac{L_k d^2}{(1 - \nu_k^2) b^2} \tag{2.1.15'}$$

因之，当岩层长度 a 为 l 的 m 倍时，则在纵方向成 m 个半波段。因系成正弦状翘曲，故为背斜与向斜相间的形式。$m=1$ 时，若水平岩层的重力得到平衡且下部岩层不易铅直压缩，则只有一个背斜，若水平岩层的重力不得平衡且下部岩层易于铅直压缩，则形成一个向斜；$m=2$ 时，形成一个背斜和一个向斜；$m=3$ 时，形成两个背斜和其间的一个向斜或两个向斜与中间的一个背斜；等等。

由 (2.1.15)、(2.1.15′)、(2.1.15″) 和 (2.1.14)、(2.1.14′) (2.1.14″) 知，其翘曲的临界压力和半波段的长度，取决于岩层的约束边界条件、力学参量 L_k、ν_k、厚度 d 和受力边界的宽度 b：临界压力随纵边界自由度的减少和岩层 L_k、ν_k、d 的增大及 b 的减小而增大，其中以按平方而改变的 b，d 的影响最大；若 p_c 和 b 一定，则岩层翘曲的半波段长度 l，将随其纵边界自由度的增加和岩层 L_k、ν_k、d 的增大而增加，其中仍以按平方而改变的 d 的影响为最大。当水平压力超过临界压力时，岩层的褶皱变形将继续发展而逐渐剧烈。

由上可知，褶皱的发生、形态和单、复式条件，与其所受水平压力的大小是否达到临界压力、约束边界条件、岩层的力学参量 L_k，ν_k 和岩层的几何宽度 b 与厚度 d，有直接关系。这说明：为什么有同样约束边界条件的同样大小的地区，受同方式的水平外力压缩，但由于岩层的力学参量 L_k，ν_k 和受力的深度 d 不同，有的岩层的 L_k，ν_k 和 d 较小因而达到了其翘曲临界压力的地区形成了褶皱，而有的岩层的 L_k，ν_k 和 d 较大因而未达到其翘曲临界压力的地区却只有岩层的水平压缩加厚以至断裂而不形成褶皱；为什么有同样约束边界条件，受同方式的水平外力压缩，但由于受力岩层的宽度和深度及力学参量 L_k，ν_k 不同，有的受力岩层的宽度较大且 L_k，ν_k，d 较小的地区的褶皱长而狭，即横纵比值较小，而有的受力岩层宽度较小且 L_k，ν_k，d 较大的地区的褶皱却短而宽，即横纵比值较大；又为什么同样大小的地区，受同方式的水平外力压缩，但由于约束边界条件、岩层的 L_k，ν_k，d 不同，有的约束边界自由度、岩层的 L_k，ν_k，d 较大的地区只形成一个宽大而平缓的背斜或向斜，而有的约束边界自由度、岩层的 L_k，ν_k 和 d 较小的地区却形成了狭小而陡峻的平行褶皱群。

矩形板状的正交各向异性岩层，四边皆用铰支承且受双向的在单位边长上为 p_x，p_y 的均匀压力作用时，因主方向平行边界，一对正交边界与坐标轴重合（图2.1.22），而有

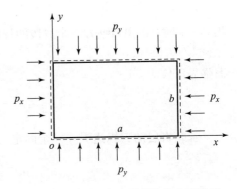

图 2.1.22　受双向水平压缩的水平岩层

$$F_x=-p_x$$
$$F_y=-p_y$$

$$F_{xy} = q = 0$$

则此岩层的正交各向异性挠曲面方程为

$$D_1 \frac{\partial^4 \omega}{\partial x^4} + 2D_3 \frac{\partial^4 \omega}{\partial x^2 \partial y^2} + D_2 \frac{\partial^4 \omega}{\partial y^4} + p_x \frac{\partial^2 \omega}{\partial x^2} + p_y \frac{\partial^2 \omega}{\partial y^2} = 0 \qquad (2.1.20)$$

此方程的解，必须从在此岩层边界满足挠度和弯矩为零的边界条件：

在 $x=0$，$x=a$ 处

$$\omega = 0$$

$$M_x = -D_1 \left(\frac{\partial^2 \omega}{\partial x^2} + \nu_{k21} \frac{\partial^2 \omega}{\partial y^2} \right) = 0;$$

在 $y=0$，$y=b$ 处

$$\omega = 0$$

$$M_y = -D_2 \left(\frac{\partial^2 \omega}{\partial y^2} + \nu_{k12} \frac{\partial^2 \omega}{\partial x^2} \right) = 0$$

而表示为二重三角级数中任一项形式的岩层弯曲面方程

$$\omega = A_{mn} \sin \frac{m \pi x}{a} \sin \frac{n \pi y}{b}$$

中去求解。将此式中的 ω 代入 (2.1.20)，得

$$p_x \left(\frac{m}{a} \right)^2 + p_y \left(\frac{n}{b} \right)^2 = \pi^2 \left[D_1 \left(\frac{m}{a} \right)^4 + 2D_3 \left(\frac{mn}{ab} \right)^2 + D_2 \left(\frac{n}{b} \right)^4 \right] \qquad (2.1.21)$$

确定此问题，须给出 p_x 和 p_y 之间的联系的补充条件。

若 p_x 和 p_y 都在作用过程中改变但其比为常数：

$$\frac{p_y}{p_x} = \alpha$$

则

$$p_x = \frac{\pi^2 \sqrt{D_1 D_2}}{b^2} \frac{\sqrt{\dfrac{D_1}{D_2}} \left(\dfrac{m}{c} \right)^2 + \dfrac{2D_3}{\sqrt{D_1 D_2}} n^2 + \sqrt{\dfrac{D_2}{D_1}} \left(\dfrac{c}{m} \right)^2 n^4}{1 + \alpha n^2 \left(\dfrac{c}{m} \right)^2}$$

当 p_y 是张力，α 取负号。在 $m=1$，$n=1$ 时，p_x 的值最小，故临界压力

$$p_{xc} = \frac{\pi^2 \left(\dfrac{D_1}{c^2} + 2D_3 + D_2 c^2 \right)}{b^2 (1 + \alpha c^2)}$$

若岩层四边受同样大小的压力，由于

$$p_x = p_y = p$$
$$\alpha = 1$$

得

$$p_c = \frac{\pi^2 \left(\dfrac{D_1}{c^2} + 2D_3 + D_2 c^2 \right)}{b^2 (1 + c^2)} \tag{2.1.22}$$

若宽为 b 的边界受压力作用，而长为 a 的边界受同样大小的张力作用，由于

$$p_x = -p_y$$
$$\alpha = -1$$

则

$$p_{xc} = \frac{\pi^2 \left(\dfrac{D_1}{c^2} + 2D_3 + D_2 c^2 \right)}{b^2 (1 - c^2)} \tag{2.1.23}$$

由于（2.1.23）中的 p_{xc} 大于（2.1.22）中的 p_c，故 b 边界受压力而 a 边界受同样大小的张力作用的情况，比四边皆受同样压力的情况稳定。对力学性质为各向同性的岩层，（2.1.22）变为

$$p_c = \frac{D\pi^2}{b^2} \left(1 + \frac{1}{c^2} \right) \tag{2.1.23$'$}$$

若 p_x 在作用过程中改变，p_y 不变，则由（2.1.21）得

$$p_x = \frac{\pi^2 \sqrt{D_1 D_2}}{b^2} \left[\sqrt{\frac{D_1}{D_2}} \left(\frac{m}{c} \right)^2 + \frac{2D_3}{\sqrt{D_1 D_2}} n^2 + \sqrt{\frac{D_2}{D_1}} \left(\frac{c}{m} \right)^2 n^4 - \frac{p_y b^2 n}{\pi^2 \sqrt{D_1 D_2}} \left(\frac{c}{m} \right)^2 \right]$$

当 $n=1$ 时，y 轴方向有一个半波，而

$$p_x = \frac{\pi^2 \sqrt{D_1 D_2}}{b^2} \left[\sqrt{\frac{D_1}{D_2}} \left(\frac{m}{c} \right)^2 + \frac{2D_3}{\sqrt{D_1 D_2}} + \sqrt{\frac{D_2}{D_1}} \left(\frac{c}{m} \right)^2 - \frac{p_y b^2}{\pi^2 \sqrt{D_1 D_2}} \left(\frac{c}{m} \right)^2 \right] \tag{2.1.24}$$

若 p_y 为张力，则

$$p_x = \frac{\pi^2 \sqrt{D_1 D_2}}{b^2} \left[\sqrt{\frac{D_1}{D_2}} \left(\frac{m}{c} \right)^2 + \frac{2D_3}{\sqrt{D_1 D_2}} + \sqrt{\frac{D_2}{D_1}} \left(\frac{c}{m} \right)^2 + \frac{p_y b^2}{\pi^2 \sqrt{D_1 D_2}} \left(\frac{c}{m} \right)^2 \right] \tag{2.1.25}$$

当边长比

$$c = \frac{m}{\sqrt[4]{\dfrac{D_2}{D_1} - \dfrac{p_y b^2}{D_1 \pi^2}}} \tag{2.1.26}$$

则（2.1.24）中的 p_x 有最小值

$$p_{xc} = \frac{\pi^2 \sqrt{D_1 D_2}}{b^2} 2 \left(\sqrt{1 - \frac{p_y b^2}{D_2 \pi^2}} + \frac{D_3}{\sqrt{D_1 D_2}} \right) \tag{2.1.27}$$

当边长比

$$c = \frac{m}{\sqrt[4]{\dfrac{D_2}{D_1} + \dfrac{p_y b^2}{D_1 \pi^2}}} \tag{2.1.28}$$

则（2.1.25）中的 p_x 有最小值

$$p_{xc} = \frac{\pi^2 \sqrt{D_1 D_2}}{b^2} 2\left(\sqrt{1 + \frac{p_y b^2}{D_2 \pi^2}} + \frac{D_3}{\sqrt{D_1 D_2}} \right) \tag{2.1.29}$$

由于（2.1.29）中的 p_{xc} 大于（2.1.27）中的 p_{xc}，故 p_y 为张力时比为压力时稳定。因而，与压缩方向垂直的张力，增大岩层翘曲的临界压力，从而增强岩层的稳定性。在 x 轴方向岩层正弦式弯曲从 m 个半波段转变为 $(m+1)$ 个半波段的边长比过渡值，对（2.1.24）为

$$c = \frac{\sqrt{m(m+1)}}{\sqrt[4]{\dfrac{D_2}{D_1} - \dfrac{p_y b^2}{D_1 \pi^2}}}$$

对（2.1.25）为

$$c = \frac{\sqrt{m(m+1)}}{\sqrt[4]{\dfrac{D_2}{D_1} + \dfrac{p_y b^2}{D_1 \pi^2}}}$$

在此种边长比下，岩层最稳定。对力学性质为各向同性的岩层，（2.1.27）和（2.1.29）变为

$$p_{xc} = \frac{D\pi^2}{b^2} 2\left(\sqrt{1 - \frac{p_y b^2}{D\pi^2}} + 1 \right)$$

$$p_{xc} = \frac{D\pi^2}{b^2} 2\left(\sqrt{1 + \frac{p_y b^2}{D\pi^2}} + 1 \right)$$

对边长比（2.1.26）和（2.1.28），当 $m=1$ 时，上二式皆变为

$$p_{xc} = \frac{D\pi^2}{b^2} 2\left(1 + \frac{1}{c^2} \right) \tag{2.1.13''}$$

但其中的 c 在 p_y 为压力或张力的不同情况有不同的值，故此式仍是说明 y 轴方向受张力作用时的临界压力较大，而受压力作用时的临界压力则较前情形的为小。

由（2.1.13'）和（2.1.13''）知，岩层四边铰支而 p_x 在作用过程中改变但 p_y 不变时的临界压力，为 p_x 和 p_y 都在作用过程中改变，但其比为常数时临界压力的二倍，因而较之稳定。又由（2.1.13）和（2.1.13'）知，岩层四边铰支而受单向压缩且 $m=1$ 的临界压力，为双向压缩且 p_x 和 p_y 都在作用过程中改变

但其比为常数时临界压力的 $(1+c^2)$ 倍，而为 p_x 在作用过程中改变但 p_y 不变时临界压力的 $\dfrac{1}{2}$ $(1+c^2)$ 倍。当 $c=1$ 时，即为正方形岩层，（2.1.13）中的 p_c 为 （2.1.13′）中 p_c 的二倍，而与 （2.1.13″）中的 p_{xc} 相等。当 c 增加时，（2.1.13″）中的 p_{xc} 比 （2.1.13′）中 p_c 减小得慢。

地壳岩层褶皱变形时，褶皱的板状岩层上下均有与之连续分布的岩层。这种上下部与之连续分布的岩层，对褶皱变形的板状岩层的作用，可用垂直于板状岩层的正压力 q 表示。由于褶皱岩层有半空间边界，其边界为正弦形，于是单向受压时经长时间的蠕变而使其变形形式变为

$$\omega'=\omega\cos\left(\frac{\pi x}{l}\right)e^{\frac{t}{T}} \tag{2.1.30}$$

t 为总时间，T 为褶皱生成时间。而褶皱岩层底面上的压力

$$q_{\text{下}}=2v_x\,\frac{\pi}{l}\,\frac{\partial\omega}{\partial t} \tag{2.1.31}$$

v_x 是变形速度分量。褶皱岩层顶面向下的压力为 $q_{\text{上}}$，则其与 $q_{\text{下}}$ 的关系为

$$q_{\text{上}}(x)=-q_{\text{下}}(x)$$

于是褶皱岩层的垂直正压力

$$q=q_{\text{上}}-q_{\text{下}}=-2q_{\text{下}}$$

将 （2.1.31）代入，得

$$q=-4v_x\,\frac{\pi}{l}\,\frac{\partial\omega}{\partial t}$$

则各向同性褶皱岩层的挠曲面方程为

$$D\,\frac{\partial^4\omega}{\partial x^4}+p\,\frac{\partial^2\omega}{\partial x^2}+4v_x\,\frac{\pi}{l}\,\frac{\partial\omega}{\partial t}=0$$

将 （2.1.30）代入，得

$$T=-\frac{4v_x}{\dfrac{v_x}{l}\left[D\left(\dfrac{\pi}{l}\right)^2-p\right]}$$

将 T 对 l 求导并令其为零，得对应 T 最小值的半波段长

$$l=\pi\left(\frac{3D}{p}\right)^{\frac{1}{2}}$$

将

$$D=\frac{L_k d^3}{12(1-\nu_k^2)}$$

代入前式，并引进褶皱岩层端面上的应力 σ_x 与 p 的关系

$$p=\sigma_x d$$

则得褶皱岩层波状变形的波长

$$\lambda = 2l = \pi d \sqrt{\frac{L_k}{\sigma_x(1-\nu_k^2)}}$$

可见，褶皱岩层波状变形的波长与层厚、边端应力和岩层力学参量 L_k，ν_k 有关。对岩层长期蠕变成的褶皱，$k=t$。

由上可知，在水平力压缩下，水平岩层褶皱的发生和发展过程，因系在岩层中选取阻力最小的方式进行，故又由于岩层塑性的强弱、受力的深度和层间连结情况的不同，而有不同的形态。

若岩层的塑性很强且层间固结，则成褶过程中因岩层塑性变形大又不易发生层间滑动，故在褶皱中部压缩聚集向上张伸而加厚，使得各岩层的横剖面褶皱形态相似，而成岩层相似褶皱。若岩层的塑性较弱且层间易滑，则成褶过程中因岩层塑性变形较小，其翘曲将选取层间滑动这一阻力最小的方式进行，各岩层皆沿层面滑动弯曲而厚度改变很小，于是各岩层在横剖面中成平行形态，而成岩层平行褶皱。因之，褶皱可形成于强塑性岩区，也可形成于层间易滑的弱塑性岩区。

若上下各岩层的力学性质不同，则其在成褶过程中翘曲变形的形式和发展所成的形态也不同。强塑性岩层在褶皱中部的变厚比弱塑性者为大。强塑性岩层中可生顺敛扇形或平行轴面的剪性页理，弱塑性岩层中可生逆敛扇形张性劈理。

随褶皱变形的发展到了破坏岩层不稳定的翘曲平衡状态时，褶皱便开始倒转。倒转方向取决于破坏不稳定翘曲平衡状态的因素：两侧和外围地形的相对高差；外围高强度岩体的有无及部位；受力岩层的厚度及其下部层间滑动阻力。若褶皱一侧及其外围地形比另一侧为高（图 2.1.23a），则在水平压力作用下，必在褶皱翘曲部位上部产生一指向低侧的力矩 M。

此不得平衡力矩的作用，使岩层上部已形成褶皱的部分向较低的一侧转动，而使这一侧变陡以至转成伏卧状态。若褶皱一侧的外围有比褶皱岩层强度高的岩体，因强度小的岩层变形速度较大而先加厚，使褶皱向变形速度较小因而也较低的硬岩体一侧倒转（图 2.1.23b）。岩层受单向主动力水平压缩时，若受力岩层的厚

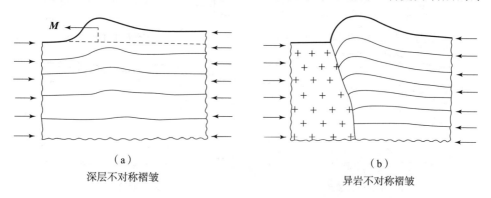

(a)	(b)
深层不对称褶皱	异岩不对称褶皱

图 2.1.23 水平压缩成的不对称褶皱

度比褶皱变形范围大，则受主动力压缩一侧由于应力的近强作用而在传播过程中的衰减可知，必有较另一侧为大的铅直加厚变形，这种加厚引起的地形上升将在褶皱部位产生一指向被动外力作用一侧的力矩 **M**，使褶皱的不稳定翘曲平衡状态破坏，而向被动外力作用的一侧倒转（图 2.1.23a）。若受力岩层的厚度比褶皱变形范围小且下部易沿层面滑动，则受主动力水平压缩一侧岩层的变厚对此侧地形高度的影响与褶皱相比已不起显著作用，但其两侧岩层各受转动力矩的作用。受主动外力作用一侧所受的平均力矩

$$\boldsymbol{M} = -l \times p$$

使该侧岩层下部顺外力作用方向转动。

受被动外力作用一侧所受的平均力矩

$$\boldsymbol{M}' = l' \times p'$$

使该侧岩层上部逆外力作用方向转动（图 2.1.24）。因岩层中的压力在传播过程中衰减，使得

$$p' \ll p$$

则得

$$|\boldsymbol{M}'| \ll |\boldsymbol{M}|$$

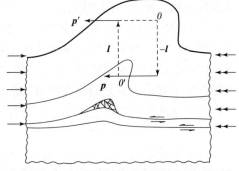

图 2.1.24　水平压缩成的脱底不对称褶皱

因而，受主动外力作用一侧岩层的转动比另一侧为大，而使褶皱向受主动外力作用的一侧倒转。由此，若岩层的长度 a 为其水平纵向压缩翘曲波长 λ 的很多倍，则当受水平压缩岩层的厚度比褶皱形变量小且下部易生层面滑动时，在双方主动水平力压缩下，将形成顶部较平的正扇形褶皱群（图 2.1.25a）。当受水平压缩岩

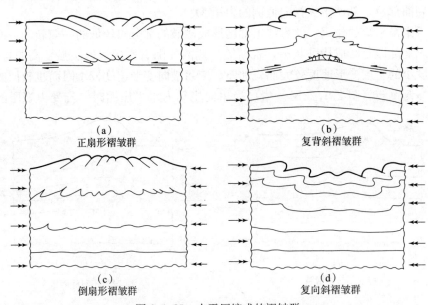

(a)　正扇形褶皱群　　　　　　　　(b)　复背斜褶皱群

(c)　倒扇形褶皱群　　　　　　　　(d)　复向斜褶皱群

图 2.1.25　水平压缩成的褶皱群

层的厚度比上部小褶皱的形变量大得多且上部剧烈褶皱的较薄岩层下部易于滑动，在双方主动力水平压缩下，下部厚岩层可形成单一褶皱，而其上部易滑动的岩层则形成正扇形褶皱群，故而整体成复向斜或复背斜形态（图 2.1.25b）。当受水平压缩岩层的厚度比上部小褶皱形变量大得多且岩层间固结时，则将在此岩层上部形成倒扇形小褶皱群（图 2.1.25c），若此受水平压缩岩层边界地势较中部为高，则形成倒扇形复向斜（图 2.1.25d）。若受水平压力作用深度与褶皱形变量相近的岩层长度约等于其在水平压缩下翘曲的半波段长度，在双方主动的水平压力作用下，如下部有层面滑动而脱底时，则可继续发展成正扇形褶皱（图 2.1.26）。

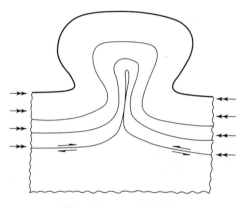

图 2.1.26　正扇形褶皱

在双方主动的水平力压缩下形成的对称波形单、复式褶皱进一步发展时，若受力岩层的厚度比褶皱的形变量大，且各层面间有较大的滑动，但岩层的塑性较弱，则此靠各层面滑动而翘曲的硬岩层，在褶皱群中的背斜处有横向水平张力，而在向斜处有横向水平压力，于是使向斜两侧的岩层逐渐靠近而增大向斜岩层弯曲的曲率，从而发展成包形褶皱群（图 2.1.27a）。若受力岩层的厚度比褶皱的形变量大，塑性强，层面固结，但整个岩层下部与基底的摩擦力很小，则这种岩层在下部滑动下进行强塑性变形而翘曲成梳形褶皱群（图 2.1.27b）。

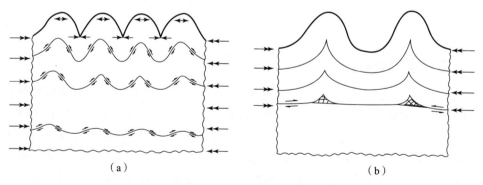

（a）　　　　　　　　　　　　　　　（b）

图 2.1.27　水平压缩成的包形褶皱群（a）和梳形褶皱群（b）

上述各形态褶皱及其成因，都已被相应的模拟实验结果所证实。

若所讨论的不是完整、连续、平缓的层状岩层，而是片段、破裂、变形复杂的已经过剧烈构造运动的岩层或火成岩体或载荷尚未达到挠曲临界压力时的岩层，则在水平压力作用下所变形成的将不是上述形态的背斜和向斜，而是整个岩体的压厚隆起和与其相间的沉降带，长带状者常平行出现。这是已褶皱、变质、断裂的沉积区或火成岩体整块地运动。

隆起和沉降带一般范围较大，变形较缓，受力较深，而褶皱只是其中表层的局部现象。这种岩层大范围涉动深层的变形，与深大断裂相应。而褶皱，则只是与地壳浅层的断裂相应。

隆起和沉降带，由于是受地壳较深的方向性运动所控制，因此在反映地壳运动方式上，虽不如构造形象和构造迹象所反映的那样细微，但却反映深层以至上地幔区域性地总体运动方式。

当岩层变形成穹窿时，所受的铅直上顶的力，是向上的压力 N 超过上覆静岩压力 ρgh 的差值：

$$q = N - \rho gh$$

将 $x=0$ 点取在岩层中心，则在边界 $x = \pm \dfrac{l}{2}$ 处，$\omega = 0$。于是，挠曲面方程

$$D \frac{\partial^4 \omega}{\partial x^4} - q = 0$$

满足此条件的解，为

$$\omega = -\frac{N - \rho gh}{24D}\left(x^4 - \frac{l^2 x^2}{2} + \frac{l^4}{16}\right)$$

由于对称，故系数 x 和 x^2 为零。于是，$x=0$ 处的最大挠度

$$\omega_{\mathrm{M}} = -\frac{l^4 \,(N - \rho gh)}{384D}$$

此量，取决于岩层水平尺度 l、向上压力 N、上覆静岩压力 ρgh 和岩层抗弯刚度 D。于是，得挠度

$$\omega = \omega_{\mathrm{M}}\left(1 - 8\frac{x^2}{l^2} + 16\frac{x^4}{l^4}\right)$$

二、构造断裂

岩块的结构，只有在其中的原子或离子相互间受一定量级的拉力或附带有剪切的拉力作用时，而使其所组成的晶面或晶界相互间从固有的结合部位分离或带有错动地分离，才可形成断裂。故岩块中断裂发生的条件，是其中某方位的张性或剪性应力达到了岩块此方位的抗断强度。因之，岩体中若有断裂，则必是发生在其中张应力或剪应力先达到抗断强度值的最大张伸或剪切部位。可见，从发生的性质上看，断裂只有张性、剪性和此二性兼有的三种。在形成时，以剪性为主，张性为辅的断裂，为张剪性断裂。而剪张性断裂，则是以张性为主，剪性从属。断裂的这些并生性质，皆为断裂时相应性质的变形应力所造成。若剪断裂带有压性，则是在压力作用下剪断时内摩擦的影响而使剪裂面偏离了最大剪应力面，因而受有正压力作用的结果；或是剪断裂生成后，由于岩体继续变形使裂面

方位发生了转动或应力场的改变而又受到法向压力作用，使得剪断裂又发生压性变形的结果；或是在围压下岩体受变形力作用而剪断的结果。第一种情况，剪断裂所带有的压性是与剪性共生的，但为断裂的附属性质，断裂还是剪切而成的并以剪性为主。第二种情况，剪断裂所带有的压性，只反映裂面形成后力学性质的转变，记录了岩体的受力次序，而并不是原生的性质。后一种情况，剪断裂所带有的压性，只反映其形成时有围压的作用。构造运动是岩体中变形应力——构造应力作用的结果，并非围压所造成，围压只改变岩体的体积和力学性质而并不造成岩体的变形和断裂，它是岩体变形时的区域性物理条件而并非构造应力。因而剪断裂所带有的此种压性，只对鉴定岩体运动的物理条件有所帮助，但对鉴定岩体构造运动和造成构造运动的变形应力作用方式及其所组成的构造应力场是没有意义的，因为它并不表示此种断裂生成时受到了压性变形应力的作用。可见，这三种带有压性的剪断裂，在成因上有本质的区别，必须严加区分，否则会引出一系列错误的结论。因之，在断裂形成时的本身性质上，压性断裂和剪压性断裂，都是不存在的。

　　为了简便地鉴定岩体在水平方向上的运动性质及各部位水平力的作用方式，把岩体的构造形迹以及隆起、沉降等，从其形成时在水平方向的基本运动方式上分为张性、压性、剪性的和其相兼性质的，把褶皱轴面、断裂面、后生组构面、应力矿物分布面、隆起和沉降对称面称为结构面，并把结构面与水平面的交线称为构造线，这是以一定的精度来鉴定其形成时所受水平方向基本受力方式，以及地壳水平构造应力场的一个构造学方法。依此，可把正断层列入张性结构面中，把冲断层列入压性结构面中，而把平错断层列入剪性结构面中。因为在水平方向上，它们皆表示岩体的水平张伸、压缩和剪切运动，并为水平的成拉伸、压缩和剪切方式的构造应力所造成。

　　由第一章可知，岩体张性断裂发生的条件为其某方位的主张应力 σ_i 等于其抗张强度，同时主剪应力 τ_{ij} 小于其抗剪强度：

$$\sigma_i = \sigma_t, \qquad \tau_{ij} < \tau_s$$

故综合表示式，为

$$\frac{\tau_{ij}}{\sigma_i} < \frac{\tau_s}{\sigma_t} \qquad i, j = 1, 2, 3$$

剪性断裂发生的条件，为岩体某方位的主剪应力等于其抗剪强度，而主张应力小于其抗张强度：

$$\tau_{ij} = \tau_s, \qquad \sigma_i < \sigma_t$$

故综合表示式，为

$$\frac{\tau_{ij}}{\sigma_i} > \frac{\tau_s}{\sigma_t}$$

令

$$\frac{\tau_s}{\sigma_t} = \kappa$$

为岩体在一定力学性质状态的抗断强度比，对岩体的一定力学性质状态为常数。

$$\frac{\tau_{ij}}{\sigma_i} = \delta$$

为岩体中断裂方位的异主应力比，其大小取决于岩体中断裂方位的应力状态。岩体在柔性状态，抗剪强度低于抗张强度，则

$$\kappa < 1$$

岩体在脆性状态，抗张强度低于抗剪强度，故

$$\kappa > 1$$

柔性岩体中的变形主要以剪切方式进行，脆性岩体中的变形主要以伸缩方式进行，故对前者剪应力发挥作用的方位多，而对后者则是正应力发挥作用的方位多。因之，在同样的构造应力场中，某方位的异主应力比，在柔性岩体中易大于其抗断强度比，而在脆性岩体中则易小于其抗断强度比。可见，柔性岩体中易发生剪断裂，而脆性岩体中则易发生张断裂。若在同样力学性质的岩体中，则应力场内的 $\delta < \kappa$ 的方位发生张断裂，而 $\delta > \kappa$ 的方位则发生剪断裂。因而，在柔性变形的岩体中，由于也可有 $\delta < \kappa$ 的方位，故也可发生张性断裂，但这种张性断裂面不如脆性岩体中的平整，而是由许多小的剪断裂成锯齿形连贯张离而成。

柔性岩体，由于剪切强度小，剪断后其他部分仍可有较大的形变，因而其中的应力多分散解除而产生很多分散的剪断裂，每个断裂的错距也多较小，各剪断裂间的距离是否均等须视剪应变能分布的均匀程度和岩体力学性质的均匀程度而定。脆性岩体，由于剪切强度较大，剪断后其他部分形变较小，因而其中的应力多集中解除而产生少数集中的剪断裂，每个断裂的错距也较大。因之，大的剪切断裂，由于剪切部位的岩体较宽而使剪应力在此范围内分散作用，开始并不成平滑地集中剪切断裂，而是由许多小的成雁行形组合的断裂连贯发展而成，或由波纹形断裂发展而成。大的张断裂，亦因岩体的张裂部位较宽并具有不同程度的塑性，因而有的成锯齿形张开，有的沿 X 形断裂的碎裂带张开，而很少有张裂面较平整的。

对表面水平的岩体，由于地表是自由表面，故必有垂直地表的主应力，并在铅直方向。取主轴 1、2 水平分布，主轴 3 铅直分布，则铅直主应力是上覆静岩压力：

$$\sigma_3 = -\rho g h \tag{2.1.32}$$

它作用在深度 h 的岩体中，常成为此岩体所受的围压 σ。于是，由（1.1.11）得铅直主应力偏量

$$d_3 = \sigma_3 - \sigma = -\rho g h - (-\rho g h) = 0$$

岩体中产生与 1 轴斜交的正断层，1 轴方向需有主张应力偏量

$$d_1 > 0$$

此时其与围压 σ 异号，因而由（1.1.11）得 1 轴方向的主张应力

$$\sigma_1 = \sigma + d_1 = -\rho gh + d_1 \tag{2.1.33}$$

2 轴方向不产生应变，则

$$\sigma_2 = \nu(\sigma_1 + \sigma_3)$$

而有

$$d_2 = \nu d_1$$

由（2.1.11）得 2 轴方向的主应力

$$\sigma_2 = \sigma + d_2 = -\rho gh + \nu d_1 \tag{2.1.34}$$

由于

$$\nu d_1 < d_1$$

则由（2.1.32）、（2.1.33）、（2.1.34）式得三个主应力之间的关系，以张应力为正而表示为

$$\sigma_1 > \sigma_2 > \sigma_3$$

此即产生与 1 轴斜交正断层的条件：最大主张应力为水平方向的 σ_1，最大主压应力为铅直方向的 σ_3，中间主应力为水平方向的 σ_2。

岩体中产生与 1 轴斜交的冲断层，1 轴方向需有主压应力偏量

$$d_1 < 0$$

由于其与围压 σ 同号，因而由（1.1.11）得 1 轴方向的主压应力

$$\sigma_1 = \sigma + (-d_1) = -(\rho gh + d_1) \tag{2.1.35}$$

2 轴方向不产生应变，则

$$\sigma_2 = \nu(\sigma_1 + \sigma_3)$$

而有

$$d_2 = \nu d_1$$

由（1.1.11）得 2 轴方向的主压应力

$$\sigma_2 = \sigma + (-d_2) = -(\rho gh + \nu d_1) \tag{2.1.36}$$

由于

$$\nu d_1 < d_1$$

则由（2.1.32）、（2.1.35）、（2.1.36）式得三个主应力之间的关系，若以压应力值表示，为

$$\sigma_1 > \sigma_2 > \sigma_3$$

若以张应力为正来表示，则为

$$\sigma_1 < \sigma_2 < \sigma_3$$

此即产生与 1 轴斜交冲断层的条件：最大主压应力为水平方向的 σ_1，最小主压应力为铅直方向的 σ_3，中间主压应力为水平方向的 σ_2。

岩体中产生与 1、2 轴斜交的平错断层，1 轴和 2 轴方向需有主应力偏量

$$d_1 > 0, \quad d_2 < 0 \tag{2.1.37}$$

或

$$d_1 < 0, \quad d_2 > 0 \tag{2.1.38}$$

对情况（2.1.37），由（1.1.11）得 1 轴方向的主应力

$$\sigma_1 = \sigma + d_1 = -\rho g h + d_1 \tag{2.1.39}$$

2 轴方向的主压应力

$$\sigma_2 = \sigma + (-d_2) = -(\rho g h + d_2) \tag{2.1.40}$$

则从（2.1.32）、（2.1.39）、（2.1.40）式得三个主应力之间的关系，以张应力为正而表示为

$$\sigma_1 > \sigma_3 > \sigma_2 \tag{2.1.41}$$

同样，对情况（2.1.38），得以张应力为正所表示的关系，为

$$\sigma_1 < \sigma_3 < \sigma_2 \tag{2.1.42}$$

（2.1.41）和（2.1.42）即为产生与 1，2 轴斜交平错断层的条件。（2.1.41）表示：最大主张应力为水平方向的 σ_1，最大主压应力为水平方向的 σ_2，中间主应力为铅直方向的 σ_3。（2.1.42）表示：最大主压应力为水平方向的 σ_1，最大主张应力为水平方向的 σ_2，中间主应力为铅直方向的 σ_3。即最大主张应力和最大主压应力都在水平方向，中间主应力在铅直方向。

由此可知，岩体的力学性质状态不同、三个主应力的性质和大小不同时——有构造应力作用，将造成不同性质、不同形态和不同方位的断裂（图 2.1.28，图 2.1.29）。

在水平单向张力作用下，脆性岩体中将发生与此力垂直的张断裂（图 2.1.28a）。而柔性岩体中因剪断裂发生在与最大和最小主应力所在平面垂直并与此二主应力轴斜交的方位，故若有与此水平张力垂直的较小张力作用或压力但其小于岩体重力与水平张力导生的铅直压力之和，则可发生与地面斜交且走向与主要水平张力垂直的剪断裂（图 2.1.28b）；若水平横张力或较小的横压力都与较大的铅直压力相差很大，则发生走向与主要水平张力垂直且在平行此张力的铅直剖面上成锯齿形正断层（图 2.1.28c）；若水平横压力大于铅直压力且分布均匀，则发生在水平面上成 X 形或格网形而方位铅直的剪断裂，交角被水平张力所平分（图 2.1.28d）；若水平横压力很大，则发生走向与水平张力垂直在水平面上成锯齿形向下铅直分布的张断裂（图 2.1.28f）；若水平横压力约等于铅直压力，则形成两系各自共轭交叉的剪断裂，一系方位铅直在水平面上成 X 形或格网形，其交角为水平张力所平分，另一系与水平面斜交，在水平面上成与水平张力垂直的平行线，其交角也为水平张力所平分（图（2.1.28e）；其中与地面直交的一系中的两组平行剪断裂，由于岩体力学性质的各向异性或其所受水平张力带有剪性，可一组强一组弱或一组阻隔另一组而在水平面上成 Y 形（图 2.1.28g）；同样，与

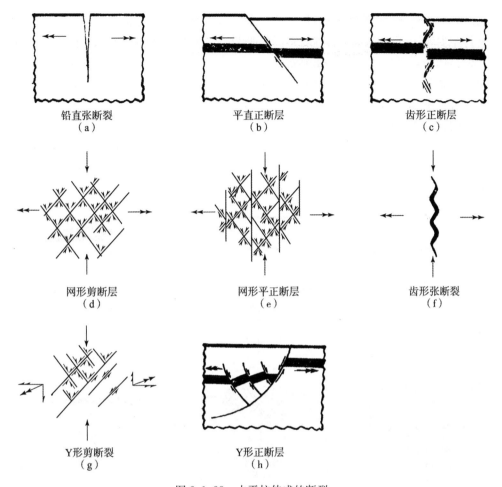

铅直张断裂
（a）

平直正断层
（b）

齿形正断层
（c）

网形剪断层
（d）

网形平正断层
（e）

齿形张断裂
（f）

Y形剪断裂
（g）

Y形正断层
（h）

图 2.1.28　水平拉伸成的断裂

地面斜交一系则可成在平行水平张力的铅直剖面上为 Y 形的正断层，但由于断裂的发展遵从变形最小阻力原理而在阻力最小的方向继续断裂，故而此种正断层的形态并不平直而是逐渐弯向地表（图 2.1.28h）。

在水平单向压力作用下，张断裂发生在平行此压力且与最大张力或最小压力垂直的方位，共轭剪断裂发生在与最大压应力主轴和最大张应力或最小压应力主轴所在平面垂直且与此二主轴对称斜交的方位。故在脆性岩体中，有水平横张力或小于铅直压力的横压力时，张断裂将发生在平行主要水平压力的铅直平面上（图 2.1.29a）；若水平横压力大于铅直压力，则张断裂发生在水平面方向（图 2.1.29h）。在柔性岩体中，若横压力大于铅直压力，则发生走向垂直主要水平压力的直形或波形并与地面斜交的单向剪断裂或剪断裂群（图 2.1.29c）；若岩性和受力都较均匀，则发生两组平均发展的共轭剪断裂（图 2.1.29d）；若横压力小于铅直压力或有横张力，则形成的共轭剪断裂在水平面上成 X 形或格网形，并在与主要水平压力对称斜交的铅直方位（图 2.1.29e）；若水平横张力很大，则生成平行主要水平压力而方向铅直的锯齿形张断裂（图 2.1.29f）；若水平横压力约等于铅直压力，则发生两系共轭剪断裂，一系方向铅直而在水平面上成 X 形或格网形，一系与水平面斜交而在水平面上成平行线，两系各自的交角被主要水平压力所平分（图 2.1.29g）。各共轭剪断裂中的两组平行剪断裂，由于岩体力学性质的各向异性或其所受水平压力带有剪性，可一组强一组弱或一组阻隔另一组而在水平面上成 Y 形。与地面斜交的一系，则可在平行主要水平压力的铅直剖面上成 Y 形对冲断层（图 2.1.29h），但却不弯向地面，因为此时断裂发展的最小阻力方向不与地面垂直，而是与地面斜交。

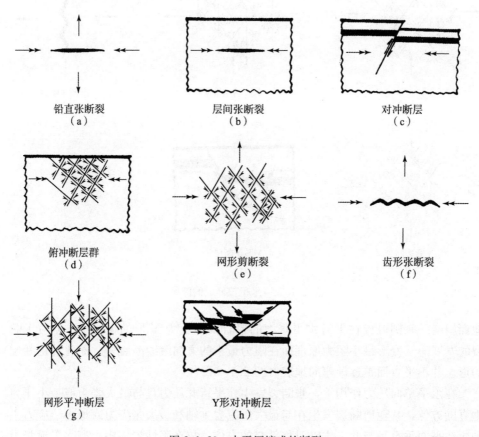

铅直张断裂　　　　　　　　层间张断裂　　　　　　　　对冲断层
（a）　　　　　　　　　　　（b）　　　　　　　　　　　（c）

俯冲断层群　　　　　　　　网形剪断裂　　　　　　　　齿形张断裂
（d）　　　　　　　　　　　（e）　　　　　　　　　　　（f）

网形平冲断层　　　　　　　Y 形对冲断层
（g）　　　　　　　　　　　（h）

图 2.1.29　水平压缩成的断裂

第一章的实验证明，岩块的剪断面并不是发生在剪应力最大与主轴成 45°角的方向，而是发生在 $\overline{AB}$ 方位（图 2.1.30）。此方位，由于有正应力 σ_n 的作用，剪应力从最大值 τ_M 减小 $\sigma_n \tan\phi = \sigma_n \eta$。故有效剪应力变为（$\tau_M - \sigma_n \eta$）。代入（1.1.9 - 3）和（1.1.10 - 3）式的剪断面上正应力和剪应力表示式

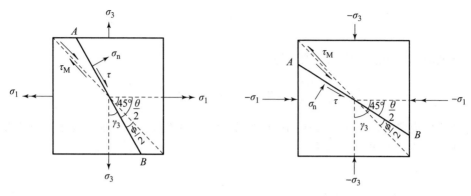

拉伸成正断层   压缩成冲断层

图 2.1.30 剪断面与主轴的关系

$$\sigma_n = \frac{1}{2}(\sigma_3 + \sigma_1) + \frac{1}{2}(\sigma_3 - \sigma_1)\cos 2\gamma_3 \left.\vphantom{\frac{1}{2}}\right]$$
$$\tau = \frac{1}{2}(\sigma_3 - \sigma_1)\sin 2\gamma_3 \qquad (2.1.43)$$

得

$$\tau_M - \sigma_n \eta = \frac{1}{2}(\sigma_3 - \sigma_1)\sin 2\gamma_3 - \frac{\eta}{2}\big[(\sigma_3 + \sigma_1) + (\sigma_3 - \sigma_1)\cos 2\gamma_3\big]$$

因为是在 $(\tau_M - \sigma_n \eta)$ 最大的角度剪断，故有条件

$$\frac{\mathrm{d}(\tau_M - \sigma_n \eta)}{\mathrm{d}\gamma_3} = 0$$

则得

$$\eta = -\cot 2\gamma_3$$

于是

$$\tan\phi = \tan\left(2\gamma_3 - \frac{\pi}{2}\right)$$

得

$$\gamma_3 = \frac{\pi}{4} + \frac{\phi}{2}$$

又因

$$\gamma_3 = \frac{\pi}{2} - \frac{\theta}{2}$$

则得

$$\frac{\theta}{2} = \frac{\pi}{4} \pm \frac{\phi}{2}$$

拉伸成正断层时取正号，压缩成冲断层时取负号。因

$$\sin\phi = \frac{\sigma_3 - \sigma_1}{\sigma_3 + \sigma_1}$$

则剪断时，二主应力之比，须满足

$$\frac{\sigma_1}{\sigma_3} = \frac{1 - \sin\phi}{1 + \sin\phi} = \tan^2\left(\frac{\pi}{4} - \frac{\phi}{2}\right) = \left(\eta + \sqrt{1 + \eta^2}\right)^2$$

即二主应力之比，取决于岩块的内摩擦系数。若主轴 1，3 在水平面上，则发生平错断层或 X 形断裂。由于

$$\sigma_1 = -\rho g h \pm d_1$$

对正断层 d_1 为正，对冲断层 d_1 为负。又

$$\sigma_3 = -\rho g h$$

代入（2.1.43），得断层面上的正应力和剪应力

$$\left. \begin{aligned} \sigma_n &= -\rho g h \pm \frac{d_1}{2}(1 \mp \cos 2\gamma_3) \\ \tau &= \mp \frac{d_1}{2}\sin 2\gamma_3 \end{aligned} \right\} \tag{2.1.44}$$

正断层取上面符号，冲断层取下面符号。

已有的断层被烧结或胶结后，又克服断面上的烧结或胶结强度 τ_c 及摩擦强度 $\mu\sigma_n$ 而再活动时，需要抗剪应力

$$\tau = \tau_c + \mu\sigma_n$$

此次的断裂方式和性质，由此次受力的方式来确定，而与以前断裂初次形成时的方式和性质无关。将（2.1.44）代入，则得所需的构造应力

$$d_1 = \frac{2\mu\rho g h - 2\tau_c}{\pm \sin 2\gamma_3 \pm \mu(1 \mp \cos 2\gamma_3)} \tag{2.1.45}$$

上面符号适于正断层，下面符号适于冲断层。这种断层再活动，取 $|d_1|$ 为极小值的 γ_3 角方向，因之满足条件

$$\frac{\mathrm{d}d_1}{\mathrm{d}\gamma_3} = 0$$

则得

$$\tan 2\gamma_3 = \pm \frac{1}{\mu}$$

因断层面与铅直线的交角

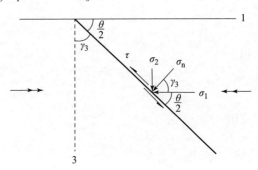

图 2.1.31　断层在铅直剖面上的受力状态

$$\gamma_3 = \frac{\pi}{2} - \frac{\theta}{2}$$

又得

$$\tan\theta=\mp\frac{1}{\mu}$$

上面符号适于正断层，下面符号适于冲断层。可见，最小的正断层倾角 $\frac{\theta}{2}$，大于冲断层的。代入 (2.1.45)，得

$$d_1=\frac{2\mu\rho gh-2\tau_c}{\pm\mu+\sqrt{1+\mu^2}}$$

上面符号适于正断层，下面符号适于冲断层。可见，断面以冲断层的方式再活动所需的构造应力，大于以正断层的方式再活动所需要的值。

岩体中已有裂缝继续延裂的方式有三种：拉张、纵剪和横剪，依次称为Ⅰ型、Ⅱ型和Ⅲ型（图2.1.32）。地壳岩体中断裂的延裂，常常是既有垂直裂面的张应力，又有平行裂面的剪应力作用，因而常是复合型的。此时受力的方向与裂面的夹角 $\beta\neq0$，$\beta\neq90°$（图2.1.33）。对复合型延裂，延裂判据取岩体的应变能密度因子

$$s=r\varepsilon \tag{2.1.46}$$

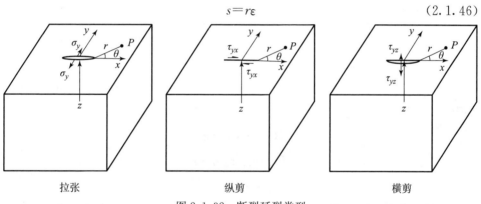

图 2.1.32　断裂延裂类型

其中，岩体的应变能密度

$$\varepsilon=\frac{1}{2L_e}(\sigma_x^2+\sigma_y^2+\sigma_z^2)-\frac{\nu}{L_e}(\sigma_x\sigma_y+\sigma_y\sigma_z+\sigma_z\sigma_x)+\frac{1}{2G_e}(\tau_{xy}^2+\tau_{yz}^2+\tau_{zx}^2)$$

复合型裂缝端区应力场中的应力分量

$$\left.\begin{array}{l}\sigma_x=\dfrac{K_{\rm I}}{\sqrt{2\pi r}}\cos\dfrac{\theta}{2}\left(1-\sin\dfrac{\theta}{2}\sin\dfrac{3\theta}{2}\right)-\dfrac{K_{\rm II}}{\sqrt{2\pi r}}\sin\dfrac{\theta}{2}\left(2+\cos\dfrac{\theta}{2}\cos\dfrac{3\theta}{2}\right)\\[3mm]\sigma_y=\dfrac{K_{\rm I}}{\sqrt{2\pi r}}\cos\dfrac{\theta}{2}\left(1+\sin\dfrac{\theta}{2}\sin\dfrac{3\theta}{2}\right)+\dfrac{K_{\rm II}}{\sqrt{2\pi r}}\sin\dfrac{\theta}{2}\cos\dfrac{\theta}{2}\cos\dfrac{3\theta}{2}\\[3mm]\sigma_z=2\nu\dfrac{K_{\rm I}}{\sqrt{2\pi r}}\cos\dfrac{\theta}{2}-2\nu\dfrac{K_{\rm II}}{\sqrt{2\pi r}}\sin\dfrac{\theta}{2}\end{array}\right]$$

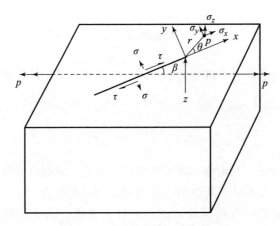

图 2.1.33　复合型断裂受力状态

$$\tau_{xy} = \frac{K_{\mathrm{I}}}{\sqrt{2\pi r}} \sin\frac{\theta}{2} \cos\frac{\theta}{2} \cos\frac{3\theta}{2} + \frac{K_{\mathrm{II}}}{\sqrt{2\pi r}} \cos\frac{\theta}{2} \left(1 - \sin\frac{\theta}{2} \sin\frac{3\theta}{2}\right) \left.\vphantom{\frac{K}{\sqrt{2\pi r}}}\right]$$

$$\tau_{yz} = \frac{K_{\mathrm{III}}}{\sqrt{2\pi r}} \cos\frac{\theta}{2}$$

$$\tau_{zx} = -\frac{K_{\mathrm{III}}}{\sqrt{2\pi r}} \sin\frac{\theta}{2}$$

$$(2.1.46')$$

其中

$$K_{\mathrm{I}} = \sigma_y c_{\mathrm{I}} \sqrt{\pi a}$$

$$K_{\mathrm{II}} = \tau_{yx} c_{\mathrm{II}} \sqrt{\pi a}$$

$$K_{\mathrm{III}} = \tau_{yz} c_{\mathrm{III}} \sqrt{\pi a}$$

为三个延裂类型的应力强度因子。c_i（$i = \mathrm{I}$，II，III）为岩体形状、断裂形状、长度、位置和边界条件的函数，a 为断裂半长。故可写成

$$s = a_{11} K_{\mathrm{I}}^2 + 2a_{12} K_{\mathrm{I}} K_{\mathrm{II}} + a_{22} K_{\mathrm{II}}^2 + a_{33} K_{\mathrm{III}}^2 \qquad (2.1.46'')$$

系数

$$a_{11} = \frac{1}{16\pi G_{\mathrm{e}}} \left[(3 - 4\nu - \cos\theta)(1 + \cos\theta) \right] \left.\vphantom{\frac{1}{16\pi G_{\mathrm{e}}}}\right]$$

$$a_{12} = \frac{1}{16\pi G_{\mathrm{e}}} \left[\cos\theta - (1 - 2\nu) \right] 2\sin\theta$$

$$(2.1.47)$$

$$a_{22} = \frac{1}{16\pi G_{\mathrm{e}}} \left[4(1 - \nu)(1 - \cos\theta) + (1 + \cos\theta)(3\cos\theta - 1) \right]$$

$$a_{33} = \frac{1}{4\pi G_{\mathrm{e}}}$$

断裂沿 s 最小的方向 θ_c 延裂；当此方向的 $s_{\theta=\theta_c}$ 达临界值 s_c 时断裂开始延裂。此条件表示为

$$\left.\begin{array}{c} \dfrac{\mathrm{d}s}{\mathrm{d}\theta}=0 \\[2mm] s_{\theta=\theta_c}=s_c \end{array}\right\} \tag{2.1.48}$$

第一个条件，确定了断裂延裂方向 θ_c，此为断裂延裂方向与原方向的夹角。第二个条件，规定在 θ_c 方向，要 $s_{\theta=\theta_c}=s_c$。

对 I 型延裂，

$$K_{\mathrm{II}}=K_{\mathrm{III}}=0$$

(2.1.46) 成为

$$s=a_{11}K_{\mathrm{I}}^2=\frac{K_{\mathrm{I}}^2}{16\pi G_e}\left[(3-4\nu-\cos\theta)(1+\cos\theta)\right]$$

由 (2.1.48) 第一式得

$$\theta_c=0$$

即沿着断裂的延长方向延裂。代入前式，得

$$s_{\theta=\theta_c}=\frac{K_{\mathrm{I}}^2}{16\pi G_e}\left[(3-4\nu-1)(1+1)\right]=\frac{K_{\mathrm{I}}^2}{4\pi G_e}(1-2\nu)$$

断裂延裂时，K_{I} 达其临界值 K_{Ic}，故此时

$$s_c=\frac{K_{\mathrm{Ic}}^2}{4\pi G_e}(1-2\nu) \tag{2.1.49}$$

对 II 型延裂，

$$K_{\mathrm{I}}=K_{\mathrm{III}}=0$$

(2.1.46) 成为

$$\begin{aligned} s&=a_{22}K_{\mathrm{II}}^2 \\ &=\frac{K_{\mathrm{II}}^2}{16\pi G_e}\left[4(1-\nu)(1-\cos\theta)+(1+\cos\theta)(3\cos\theta-1)\right] \end{aligned} \tag{2.1.50}$$

由于

$$\frac{\mathrm{d}s}{\mathrm{d}\theta}=\frac{K_{\mathrm{II}}^2}{16\pi G_e}\left[4(1-\nu)\sin\theta-(1+\cos\theta)3\sin\theta-\sin\theta(3\cos\theta-1)\right]=0$$

得

$$\cos\theta_c=\frac{1-2\nu}{3}$$

代入 (2.1.50)，得

$$\begin{aligned} s_{\theta=\theta_c}&=\frac{K_{\mathrm{II}}^2}{16\pi G_e}\left[4(1-\nu)\left(1-\frac{1-2\nu}{3}\right)+\left(1+\frac{1-2\nu}{3}\right)(1-2\nu-1)\right] \\ &=\frac{K_{\mathrm{II}}^2}{12\pi G_e}(2-2\nu-\nu^2) \end{aligned}$$

断裂延裂时，

$$s_{\theta=\theta_c}=s_c$$
$$K_{\text{II}}=K_{\text{II}c}$$

代入 (2.1.49)，得

$$s_e=\frac{K_{\text{II}c}^2}{12\pi G_e}(2-2\nu-\nu^2)=\frac{K_{\text{I}c}^2}{4\pi G_e}(1-2\nu)$$

则得 $K_{\text{II}c}$ 与 $K_{\text{I}c}$ 的关系

$$\frac{K_{\text{II}c}}{K_{\text{I}c}}=\sqrt{\frac{3(1-2\nu)}{2-2\nu-\nu^2}} \tag{2.1.51}$$

若取 $\nu=0.3$，则

$$\frac{K_{\text{II}c}}{K_{\text{I}c}}=0.96$$

对 III 型延裂，

$$K_{\text{I}}=K_{\text{II}}=0$$

(2.1.46) 成为

$$s=\frac{1}{4\pi G_e}K_{\text{III}}^2$$

断裂延裂时，

$$s_{\theta=\theta_c}=s_c$$
$$K_{\text{III}}=K_{\text{III}c}$$

代入 (2.1.49)，得

$$s_c=\frac{K_{\text{III}c}^2}{4\pi G_e}=\frac{K_{\text{I}c}^2}{4\pi G_e}(1-2\nu)$$

则得 $K_{\text{III}c}$ 与 $K_{\text{I}c}$ 的关系

$$\frac{K_{\text{III}c}}{K_{\text{I}c}}=\sqrt{1-2\nu} \tag{2.1.52}$$

取 $\nu=0.3$，则

$$\frac{K_{\text{III}c}}{K_{\text{I}c}}=0.63$$

对 I－II 复合型延裂，

$$K_{\text{III}}=0$$

则 (2.1.46) 成为

$$s=a_{11}K_{\text{I}}^2+2a_{12}K_{\text{I}}K_{\text{II}}+a_{22}K_{\text{II}}^2$$

由 (2.1.48) 得 θ_c，代入上式得 $s_{\theta=\theta_c}$，在 $K_{\text{I}}=K_{\text{I}c}$，$K_{\text{II}}=K_{\text{II}c}$ 时得 s_c，并可得

$$\frac{K_{\text{I}}}{K_{\text{I}c}}+\frac{K_{\text{II}}}{K_{\text{I}c}}=1$$

其理论曲线与实验结果的关系，示于图 2.1.34。

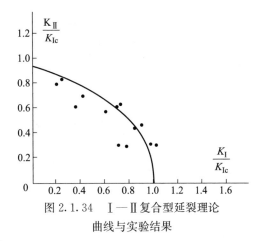

对 Ⅰ—Ⅲ复合型延裂，

$$K_{\text{Ⅱ}}=0$$

则（2.1.46）成为

$$s=a_{11}K_{\text{Ⅰ}}^2+a_{33}K_{\text{Ⅲ}}^2$$

$$=\frac{K_{\text{Ⅰ}}^2}{16\pi G_e}\left[(3-4\nu-\cos\theta)(1+\cos\theta)\right]+\frac{K_{\text{Ⅲ}}^2}{4\pi G_e}$$

图 2.1.34　Ⅰ—Ⅱ复合型延裂理论曲线与实验结果

由

$$\frac{\mathrm{d}s}{\mathrm{d}\theta}=0$$

得

$$\theta_c=0$$

即此复合型延裂沿着原断裂方向，此时

$$s_{\theta=\theta_c}=\frac{K_{\text{Ⅰ}}^2}{4\pi G_e}(1-2\nu)+\frac{K_{\text{Ⅲ}}^2}{4\pi G_e}$$

延裂时，

$$K_{\text{Ⅰ}}=K_{\text{Ⅰc}}$$
$$K_{\text{Ⅲc}}=0$$

则

$$s_c=\frac{K_{\text{Ⅰc}}^2}{4\pi G_e}(1-2\nu)$$

因

$$K_{\text{Ⅰ}}^2+\frac{K_{\text{Ⅲ}}^2}{1-2\nu}=K_{\text{Ⅰc}}^2$$

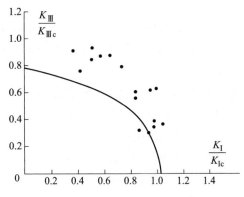

代入（2.1.52），得

$$\left(\frac{K_{\text{Ⅰ}}}{K_{\text{Ⅰc}}}\right)^2+\left(\frac{K_{\text{Ⅲ}}}{K_{\text{Ⅲc}}}\right)^2=1$$

其理论曲线与实验结果的关系，示于图 2.1.35。

图 2.1.35　Ⅰ—Ⅲ复合型延裂理论曲线与实验结果

对裂缝的延裂次序，由弹塑性材料中的裂缝延裂实验（图 2.1.36）可知，在水平剪切力作用下，裂缝在剖面上的发展过程与原有裂缝的性质无关而与原有裂缝的形态有关。出露凹裂缝的继续延裂，是先向下，再水平向外；隐伏凸裂缝的继续延裂，是先向上，再水平向外；出露双裂缝的继续延裂，对隔开它们的连续岩体而言，是先在浅层水平向内，再从

深层水平向外；隐伏串裂缝的继续延裂，对下凸的连续岩体部分而言，是先在深层
水平向内，然后从其凸部向上，再从浅层水平向外。这四种形态裂缝，在铅直剖
面上总的继续延裂过程，对连续部分而言，是先向内和上下，后水平向外裂开。

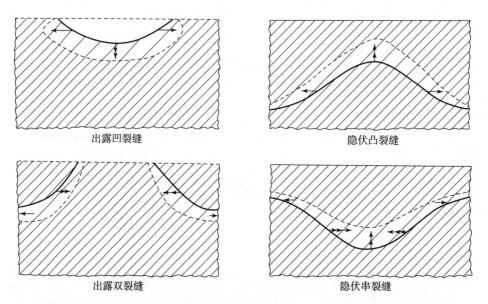

图 2.1.36　酚醛塑料和有机玻璃试件在水平剪切力作用下各种形态铅直裂缝的
继续破裂过程。阴影部分为连续的，空白部分为已有裂缝，稀阴影部分为裂缝发展范围

三、后生组构

岩体的组构总的可分为三种：沉积或岩浆流动所成的原生组构、岩体变形和
断裂中矿物晶粒依易于运动的方向由间隙熔液或溶液结晶而成的附生组构和岩石
形成后受构造应力作用变形而成的后生组构。岩体结晶前虽可有过变形，但其原
生组构的特点，仍是晶粒形状正常，分布常可有分层性。岩体结晶时若有变形，
则其组构的特点是晶形随变形方式而畸变，并有顺变形错动方向的层状和涡状结
构。岩体结晶胶结成岩后变形，其组构有晶面和晶界滑移、晶粒转动和变形、晶
粒和晶间物质碎裂、晶粒有残余应力等特点，这是鉴定后生组构的依据。后生组
构又分宏观组构，如片理、砾形排列，及显微组构，如滑移面、解理面、晶面、
晶轴的排列，两类。

为从岩石后生组构研究岩体的运动，必须对后生组构的一些基本问题：受各
种方式外力作用所成后生组构的特点、影响后生组构的因素、多次受载后组构的
变化规律等，进行系统地研究。

第一章的实验结果说明：

（1）岩块在单轴拉伸或压缩下所形成的晶粒定向组构，与拉伸或压缩方向有

明确的关系（图 1.1.118，图 1.1.119）；

（2）岩块在拉伸和压缩下形成的晶粒定向组织规律性，随温度的升高、载荷的增大、时间的延长而增强（图 1.1.120，图 1.1.121）；

（3）晶粒已有定向规律组构的岩块再次受载后，晶粒转到按最后一次受载方式相应的组构规律（图 1.1.122～图 1.1.127），作定向排列。

四、应力矿物

岩体变形时，可发生长石、云母晶粒弯曲，石英晶粒波状消光，晶粒压扁和出现滑移带，光轴角变更，光的重折率改变，以致形成错裂带和碎裂。还有些矿物，要在一定压力下才形成。这些在形成后受应力作用发生形状与结构变化的矿物和在应力作用下生成的矿物，统称为应力矿物。它们记载着当时构造应力作用的方式、方向和大小。

在应力作用下生成的矿物，有在高围压下生成的矿物和在一定变形力作用下形成的新矿物。前者记载着矿物形成时的物理条件，后者记载的才是构造应力场的作用。

应力矿物晶粒的滑移带、错裂带、弯曲、碎裂、压扁和波状消光记载着形成时的变形力，光轴角和重折率的改变记载变形力也记载围压的影响。

对岩体中应力矿物晶粒所反映小范围应力场的研究，要在每个测点进行多数晶粒的大量统计测量，以求得各测点主应力的统计性质、方向和大小，再求岩体中各测点所在区域的大范围应力场。

第二节　岩体构造运动的特点

地壳岩体的构造运动，在运动方式、运动分布和运动系统上，均有明显的特征。

一、构造运动的方式

岩体在构造运动的方式上，是以水平运动为主，铅直运动较少并多为水平力作用所导生。地壳岩体中的构造应力，可分为水平方向的和铅直方向的两部分，其中以水平应力分布最为广泛且量级也较大，因而是构造运动中占主导地位的应力。地壳中分布广泛的纬向、经向、斜向和各种局部构造体系都是水平应力作用的结果；地应力测量结果表明，水平应力多大于铅直应力，大者大千百倍；地震震源机制解证明，全球四分之三的地震主要是由地壳水平断错引起的；大地测量结果说明，地表水平移动量多比铅直升降量大；岩体褶皱和断层多为水平运动的表现，褶皱变形由上向下变缓以至消失证明这是地壳表层对基底水平相对错动的结果；高山区重力负异常，更是水平力作用造成的地壳岩体水平运动的证据。

地壳水平应力由地表向下增大（图2.2.1，图2.2.2），达到一定深度后趋于不变，再向下则逐渐减小。

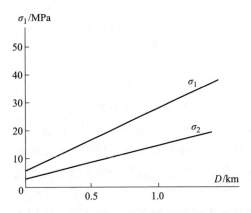

图2.2.1　西北欧水平地应力与深度的关系

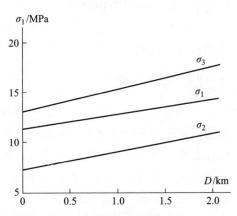

图2.2.2　中国西南宏观残余应力与
　　　　　深度的关系

二、构造运动的分布

首先，大量构造现象说明岩体的变形和断裂成带状聚集，使得各种结构面成带分布而成构造带；其次，从野外实际资料和前一节理论证明可知，各构造带之间有变形和断裂较疏缓的地带或地块，为盾地，盾地与构造带相间分布；再次，在同一地区或相邻地区先后形成的构造带互相影响，互相制约，先形成者为后形成者的岩体力学性质和几何形态的起始条件，对后形成者的形态和分布起一定的控制作用，使其多在前者的盾地中较显著，并可在不同程度上改造前者，而使其卷入新的构造运动。因之，构造带形成后，其力学性质经过以后历次构造运动，可不变而一直发展下来，可不断地发生改变而复杂化。现在所见到的，只是其参加多次构造运动后的综合结果。一个冲断层形成后又可再参加正断错动，一个反时针错动的平错断层也可再参加顺时针错动，而进行多次变性质变方向的交替运动。因而，其运动的综合结果所表示的力学性质，只是其形态的残余性质，不一定是其形成时的原生力学性质。为求其形成时的原生力学性质，还必须把历次运动的影响逐次减去，进行全过程地回复推演，才能还其原生面目。

三、构造运动的系统

在构造运动的系统上，岩体系按一定的构造体系进行运动，小自显微构造大至全球性构造，形态典型且形成条件易于满足者多处可见，形态不典型且形成条件难以满足者不多重见。各构造体系间，保持一定的复合或联合关系。

由各一定方式的统一外力一次或多次作用而成的各相同或不同性质、形态、等级、序次的构造单元（结构要素）所组成的构造带与其间的盾地依一定规律和形式的组合，为构造体系。

统一的一定方式的外力作用可造成具有一定规律和形式的构造组合，而成各种构造体系，其各组成部分是同时形成的或虽有形成的先后但系受一定方式统一的外力一次或多次作用而成，或是在统一应力场中由于岩体运动有先后过程而有不同的形成序次。但具有相同组合规律和形式的构造组合，却不一定都是由一定方式的外力统一作用而成，也可由不统一的多种方式的外力在不同方位先后多次作用而成，这便不是构造体系了。如，雁行形构造便可由先后多次顺其排列方向依次斜向压缩而成，山字形构造的前弧也可由先后两次互相反旋的外力在两相邻部位平行反向作用而成，两翼再受另一次横向靠拢压缩而使前弧曲率增加则造成不与弧顶相连并向外散开的脊柱，但这样形成的并非构造体系。因此，要确定一个各构造成分有一定组合规律和形式的构造组合是否构造体系，不仅各构造成分在力学性质上须有按统一应力场作用造成的联系，更主要的是必须确定其各组成部分形成的同时性或所受外力作用方式的唯一统一性，即其应力场的唯一统一性。可见，鉴定一个构造体系的根本确证，是其各组成部分形成的同时统一性或虽有先后但使其形成的外力作用方式有唯一统一性。

综上所述，构造体系，首先要满足如下的必要条件：各构造成分有一定的组合规律和分布形式，其形成能用统一的应力作用方式解释和模拟实验证明。任何一个构造体系都必须满足这个条件，这是值不值得进一步鉴定其是否为构造体系的起码条件。但满足了这个条件的不一定就是构造体系，它还不充分。因为在形成上，能用统一的应力场的作用解释或用模拟实验证明的构造组合，不一定就是由统一的应力场作用造成的，也不一定不能用不统一的多种方式的外力在不同方位先后多次作用来造成。可见，使这种构造组合形成所需的外力不一定是唯一的而可有多解性，也不一定是统一的而可由多种方式外力按不同次序先后多次作用而成。因之，即使有某种组合规律和形式的构造组合在地壳各处多次出现，也不能证明它们都是受相同方式的统一应力场一次或多次作用而成，有的则可能由多种方式的非统一外力不同时作用所造成，而只不过是不同地质时期形成的构造形迹由于位置相邻的凑合而已，虽然也可能恰好凑合成一定的分布形式，但这种形式只不过是纯形态论的凑合，而与构造体系中各构造成分在唯一统一方式的应力场作用下，从形成上就有一定的统一分布形式而成的组合，根本不同。因之，构造体系，还必须满足如下的充分条件：为唯一统一方式的外力一次或多次作用而成。

对满足构造体系必要条件的构造组合是否还满足其充分条件，可循如下几个途径来确定：

（1）据构造单元同时形成的联合关系，确定其所在构造组合形成所受应力场的唯一统一性。如两组互切的格网形共轭剪断裂、平整连续的构造变形等，皆为唯一统一的应力场作用而成。由此，可确定与这些构造形象相连的按一定形式组成的整个构造组合形成的同期性。如，山字形构造组合两翼的反 S 形和 S 形构造，若在前弧成此种联合关系，则便证明了其统一的共生性，于是这个山字形构造组合便为一构造体系。

（2）据构造组合所在地层或地块只经过一次运动或几次同方式构造运动，随之便发生了统一的改变了方式的另一次运动，或与新的沉积地层形成了统一的不整合关系，或此构造组合各主要部分都局部地被新的同一期火成岩活动所破坏，则此构造组合即为此次运动或几次同方式运动中受此统一的应力场作用而成。

（3）由具有一定形式的构造组合中某部分形成时，其他部分伴随而生的充分条件是否存在，来确定这几部分的共生性。如，当山字形构造组合的一翼形成时，若另一翼随此运动而共生，则必须有起反射弧脊柱的反向作用的岩体或小褶皱等存在，于是在前一翼形成时必随之而形成另一翼，使两翼共生。

（4）由较大构造形象背景上与其属同一运动但不同阶段形成的次级构造形象的统一性，确定由它们所组成的构造组合形成所受外力作用方式的唯一统一性。如，背斜和其上平行或垂直其长轴的张断裂，即为统一方式外力作用过程中先后所成，因而具有成因上的统一性。即使它们形成在两次运动中，这两次运动也必是同方式的，仍具有应力场的唯一统一性。

（5）测量有一定组合规律和形式的构造组合中的古构造残余应力场，从此场的统一性来确定此构造组合是否为构造体系。

（6）测量现今构造应力场，来确定现代构造运动所成的各构造组合应力场的同时统一性。

（7）测量构造组合中各构造形迹所在岩体的应力矿物形成的同期性和分布形式的统一性，以确定各构造形迹形成的同期性和统一性。

（8）由构造形迹所在地层或地块的形成时间、地层不整合关系、火成岩活动关系、构造形迹联合关系，来确定其中构造组合形成所受外力作用方式的唯一统一性。

第三节　岩体力学性质对构造运动的影响

岩体的构造运动，一方面取决于作为动力的构造应力场，一方面受反映变形实体运动性能的岩体力学性质的制约，还与影响其应力场与运动性能的岩体起始几何形态有关。因之，几何形态相同的岩体，在同样应力场作用下，若岩体的力学性质不同，则其构造运动亦将有所差异。

一、岩体力学性质影响构造运动的表现

（1）地壳中岩体力学性质不同部位的构造运动，有不同的表现形式。岩体柔性强的地区，由于必须经过很大的塑性变形后才断裂，因而其构造运动较易表现

为变形。岩体脆性强的地区，由于断裂前只需经过很小的弹塑性变形，因而其构造运动较易表现为断裂。如，同一构造体系的类似部分或对称部分，有的断裂强烈，有的褶皱强烈。同一岩体中，柔性岩层可形成拖褶皱，脆性岩层则易生逆敛扇形劈理。褶皱核心部位往往是脆性岩层碎裂，柔性岩层则挤入其间。镶块构造，是柔性岩体挤入断开的脆硬岩块之间。柔性变形可使岩体中的矿物晶粒形成后生组构，脆硬岩体的压缩间隙中可产生应力矿物。

（2）受同样量级的应力作用时，强度大的岩体在变形，强度低的岩体则可因应力已达到其强度极限而断裂。同一构造体系的不同部位可如此，同一褶皱内亦然。

（3）在同样应力作用下，柔性岩体因抗剪强度较小而易生剪断裂，脆性岩体则因抗张强度较小而易生张断裂。如，受同一垂向压力作用的互层中，柔性岩层发生X形断裂，脆性岩层则发生垂直层面的张断裂。同一褶皱带内，平行轴面页理和顺敛扇形页理发生在柔性岩层褶皱中，而逆敛扇形劈理则发生在脆性岩层褶皱中。

（4）岩体力学性质不同部位的运动速度和程度也不同。强度大的岩体在很大的应力作用下变形和断裂可缓慢而不显著，强度小的岩体在很小的应力作用下很快就可发生明显的变形和断裂，甚至硬岩体可楔入软岩体中。

（5）在同样应力作用下，柔性岩体的形变可比脆性岩体的为大。因此，构造形迹较显著地区，除了可能是受一种方式外力作用下所造成的应力分布高值部位、由多种方式外力作用造成的应力叠加部位、应力作用时间较长部位、应力作用速度较大部位，还可能是岩体塑性较强和强度较低的部位。因之，当没有确定其他条件相同时，绝不可单独强调某一方面的影响。

（6）相毗连的力学性质不同的岩体中可形成局部偏歧的或特殊形态的构造形象。同一构造形象在力学性质不同岩体的毗连处，可有不同程度的形态和方位上的改变。剪断裂从一种力学性质岩体过渡到另一种力学性质岩体中时，便在其界面处改变方向，类似光的折射，此为剪断裂的界折。

（7）岩体的力学性质有不同程度的各向异性，尤其是大范围内的各向异性，必然会对其构造形象的形态、方位产生不同程度的影响。这种各向异性，有原生的、附生的和后生的三种。其中以后生的在地壳中存在最为广泛。

岩块中不规则排列的石英（100）晶面系法线，随岩块单轴压缩变形程度的增加，而逐渐向压缩方向转动。其转动的程度，随岩块压缩时间的延长（图2.3.1），温度的升高（图2.3.2），压应力的增大（图2.3.3），围压的增加（图1.1.128），而逐渐增强。石英（100）晶面系法线转向压缩方向，表明其晶体单胞的六角对称轴转向与压缩方向垂直的平面方向。用平行岩块压缩方向的压缩弹性模量 $E_{c\parallel}$ 和垂直岩块压缩方向的压缩弹性模量 $E_{c\perp}$ 之比表示的正交异性系数

$$\beta = \frac{E_{c\parallel}}{E_{c\perp}}$$

随压缩时间、温度、应力和围压的增加而增大（图2.3.4）。这说明，不仅

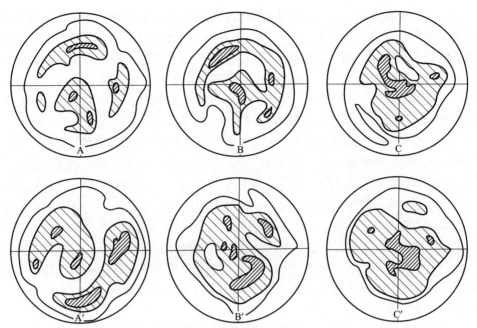

图 2.3.1　石英片岩和云煌岩的原岩（A，A′），在 800℃，3MPa 压应力下，经过
50 小时（B，B′）、125 小时（C，C′）单轴压缩后，垂直压缩方向切出的测件内，
石英晶粒（100）晶面系反射的 X 射线等强线组构图

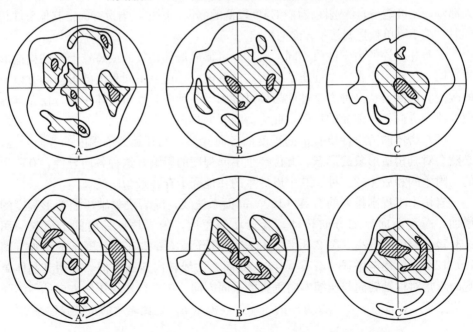

图 2.3.2　石英片岩和云煌岩的原岩（A，A′），在 600℃（B，B′），1200℃（C，C′），
3MPa 压应力下，经过 15 小时的单轴压缩后，垂直压缩方向切出的测件中，
石英晶粒（100）晶面系反射的 X 射线等强线组构图

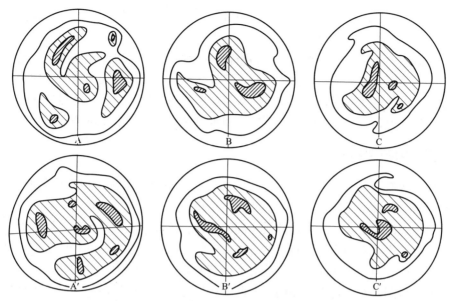

图 2.3.3　石英片岩和云煌岩的原岩（A，A′），在 800℃，3MPa（B，B′），
6MPa（C，C′）压应力下，经过 15 小时单轴压缩后，垂直压缩方向切出的测件中，
石英晶粒（100）晶面系反射的 X 射线等强线组构图

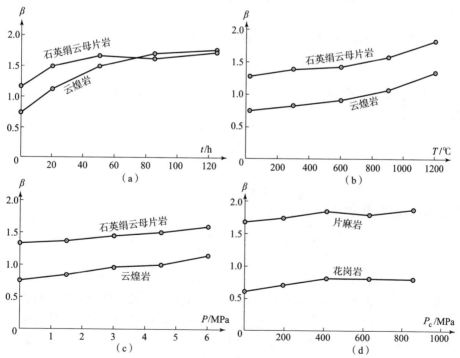

图 2.3.4　平行和垂直岩块压缩方向的弹性模量正交异性系数随单轴压缩时间
（a—800℃，3MPa 压应力）、温度（b—3MPa 压应力，经 15 小时）、压应力
（c—800℃，经 15 小时）、围压（d—常温，50MPa 压应力）变化的实验曲线

岩体的各向异性影响其构造运动，其构造运动也在造成岩体后生的各向异性并改变其各类已有的各向异性。

岩体的力学性质，在水平方向和铅直方向均有变化。岩体在高围压下增强塑性，提高强度。高温则增强岩体塑性，降低强度。因地球的围压和温度均随深度而增加，于是地球愈深处塑性愈强而愈易变形，表层则易断裂。又因岩体抗断强度随深度增大，于是深大断裂比表层断裂难以发生，数量也相对较小。

二、剪断裂的界折

地壳构造形象中，分布最广泛数量最多的是断裂，可称为地壳中的断裂网。构造断裂中，又以剪断裂为主，张断裂在总长度上只占千分之几。

岩体中的剪断裂，常穿过性质不同的多种岩体，并由于内摩擦的影响而发生在最大剪切面随岩体变形而转变的各方位中的当最大剪应力达到岩体抗剪强度时的一个方位。因之，在同样应力状态下，若两毗连岩体的力学性质相同，则其中的剪断裂可同时发生，走向相同；若两毗连岩体的力学性质不同，则抗剪强度小的岩体中的剪断裂优先发生，因此岩体随应力的增加仍然继续变形而使剪断裂的方位随之转变，直到另一岩体中的最大剪应力达到其抗剪强度时，前一岩体中的剪断裂才可延续到后一岩体中，但走向却不同，而在二岩体边界处，成界折状态。

岩体在三维空间中变形时，其中表面方程为

$$x^2 + y^2 + z^2 = r^2$$

的圆球形部分，变形后由于其上的 P (x, y, z) 点移到了 P' (x', y', z') 点，而有

$$\left. \begin{array}{l} x' = x + xe_x \\ y' = y + ye_y \\ z' = z + ze_z \end{array} \right]$$

因之变成表面方程为

$$\frac{x'^2}{(1+e_x)^2} + \frac{y'^2}{(1+e_y)^2} + \frac{z'^2}{(1+e_z)^2} = r^2$$

的椭球。此椭球的体积，可在变形过程中改变而不等于岩体变形前原球形体积。令坐标轴依次与主轴重合，则此椭球形岩体中发生对 Z 轴对称的交叉剪断裂的最大剪切方位，必为以原点为顶点，对 Z 轴对称并过此椭球面和与此椭球发生此剪断裂时的体积相等的球体表面相交而成的二椭圆的对顶锥面方位。由于椭球的体积

$$\frac{4}{3}\pi abc = \frac{4}{3}\pi r^3 (1+e_x)(1+e_y)(1+e_z)$$

圆球的体积变为

$$\frac{4}{3}\pi r'^3$$

则体积与椭球发生此剪断裂时的体积相等的圆球的半径

$$r' = r[(1+e_x)(1+e_y)(1+e_z)]^{1/3}$$

于是，此圆球面被主平面 (X, Z) 截成的圆的方程为

$$x'^2 + z'^2 = r^2[(1+e_x)(1+e_y)(1+e_z)]^{2/3}$$

椭球面被主平面 (X, Z) 所截的椭圆方程为

$$\frac{x'^2}{(1+e_x)^2} + \frac{z'^2}{(1+e_x)^2} = r^2$$

解此方程组，得此圆与此椭圆交点的坐标

$$x' = r(1+e_x)\sqrt{\frac{(1+e_z)^2 - [(1+e_x)(1+e_y)(1+e_z)]^{2/3}}{(1+e_z)^2 - (1+e_x)^2}}$$

$$z' = r(1+e_z)\sqrt{\frac{(1+e_x)^2 - [(1+e_x)(1+e_y)(1+e_z)]^{2/3}}{(1+e_z)^2 - (1+e_x)^2}}$$

因而，垂直主平面 (X, Z) 并在此平面上被截成的对 X, Z 轴对称的 X 形剪断裂被压性主轴 Z 所平分的交角

$$\theta = 2\tan^{-1}\frac{x'}{z'}$$

$$= 2\tan^{-1}\sqrt{-\frac{1-(1+e_z)^{-4/3}[(1+e_x)(1+e_y)]^{2/3}}{1-(1+e_x)^{-4/3}[(1+e_z)(1+e_y)]^{2/3}}} \qquad (2.3.1)$$

因岩体中圆球形部分变形时体积改变，由于

$$(1+e_x)(1+e_y)(1+e_z) - 1 = \frac{\sigma}{K_k} \qquad k=\text{e, d, f, t}$$

则 (2.3.1) 变为

$$\theta = 2\tan^{-1}\frac{1+e_x}{1+e_z}\sqrt{-\frac{(1+e_z)^2 - \left(\frac{\sigma}{K_k}+1\right)^{2/3}}{(1+e_x)^2 - \left(\frac{\sigma}{K_k}+1\right)^{2/3}}} \qquad (2.3.1')$$

若岩体中圆球形部分变形时体积不变，则

$$(1+e_x)(1+e_y)(1+e_z) = 1$$

因之，(2.3.1) 变为

$$\theta = 2\tan^{-1}\sqrt{-\frac{1-(1+e_z)^{-2}}{1-(1+e_x)^{-2}}} \qquad (2.3.2)$$

转为平面应力问题，由于

$$\sigma_y = 0, \quad e_y \neq 0$$

而

$$e_y = e_z \nu_{kzy}$$

则由（2.3.1）得

$$\theta = 2\tan^{-1}\sqrt{\dfrac{1-(1+e_z)^{-4/3}\left[(1+e_x)(1+\nu_{kzy}e_z)\right]^{2/3}}{1-(1+e_x)^{-4/3}\left[(1+e_z)(1+\nu_{kzy}e_z)\right]^{2/3}}} \qquad (2.3.3)$$

转为平面应变问题，由于

$$\sigma_y \neq 0, \quad e_y = 0$$

则由（2.3.1）得

$$\theta = 2\tan^{-1}\sqrt{-\dfrac{1-(1+e_x)^{2/3}(1+e_z)^{-4/3}}{1-(1+e_z)^{2/3}(1+e_x)^{-4/3}}} \qquad (2.3.4)$$

在 X，Z 方位的平面应力问题中（图 2.3.5），由于

$$\sigma_i = M\left(e_i + \dfrac{\sigma_{i0}}{M} - e_{i0}\right)\Big|_{\substack{i=x,z\\M=E,D,F,\sigma}}$$

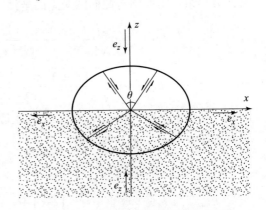

σ_i 为围压 σ 与构造应力 d_i 之和

$$\sigma_i = \sigma + d_i$$

它是主轴 i 方向的总应力。σ_{i0}，e_{i0} 为岩体某一力学性质状态的起始应力和应变，得总应变

$$e_i = \dfrac{\sigma_i - \sigma_{i0} + Me_{i0}}{M}$$

图 2.3.5　平面应力状态的 θ 角变化

令

$$\sigma_i - \sigma_{i0} + Me_{i0} = \sigma_i'$$

则

$$e_i = \dfrac{\sigma_i'}{M}$$

若两毗连岩体的体积改变，将上式代入（2.3.1′），得

$$\theta = 2\tan^{-1}\dfrac{1+\dfrac{\sigma_x'}{M}}{1+\dfrac{\sigma_z'}{M}}\sqrt{-\dfrac{\left(1+\dfrac{\sigma_z'}{M}\right)^2 - \left(1+\dfrac{\sigma}{K_k}\right)^{2/3}}{\left(1+\dfrac{\sigma_x'}{M}\right)^2 - \left(1+\dfrac{\sigma}{K_k}\right)^{2/3}}}$$

当岩体受平行两毗连岩体界面的主轴 X 方向的主动力单向拉伸或压缩时，由于

$$e_x = \nu_{kxz}e_x = \dfrac{\nu_{kxz}\sigma_x'}{M}$$

则前式变为

$$\tan\frac{\theta}{2}_{(x)} = \sqrt{-\frac{1-\left(1+\dfrac{\nu_{kxz}\sigma'_x}{M}\right)^{-2}\left(1+\dfrac{\sigma}{K_k}\right)^{2/3}}{1-\left(1+\dfrac{\sigma'_x}{M}\right)^{-2}\left(1+\dfrac{\sigma}{K_k}\right)^{2/3}}} \tag{2.3.5}$$

当岩体受垂直两毗连岩体界面的主轴 Z 方向的主动力单向拉伸或压缩时，由于

$$e_x = \nu_{kzx}e_z = \frac{\nu_{kzx}\sigma'_z}{M}$$

则得

$$\tan\frac{\theta}{2}_{(z)} = \sqrt{-\frac{1-\left(1+\dfrac{\sigma'_z}{M}\right)^{-2}\left(1+\dfrac{\sigma}{K_k}\right)^{2/3}}{1-\left(1+\dfrac{\nu_{kzx}\sigma'_z}{M}\right)^{-2}\left(1+\dfrac{\sigma}{K_k}\right)^{2/3}}} \tag{2.3.5'}$$

由于 (2.3.5) 和 (2.3.5′) 等价，可知

$$\theta = f(K_k,\ M,\ \nu_k,\ \sigma,\ \sigma_i,\ \sigma_{i0},\ e_{i0})$$

取 (2.3.5) 式，以 α 代替 $\theta/2$，对相毗连的上一岩体（图2.3.6），各符号都加脚标"1"，则为

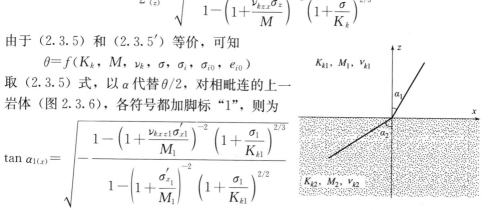

$$\tan\alpha_{1(x)} = \sqrt{-\frac{1-\left(1+\dfrac{\nu_{kxz1}\sigma'_{x1}}{M_1}\right)^{-2}\left(1+\dfrac{\sigma_1}{K_{k1}}\right)^{2/3}}{1-\left(1+\dfrac{\sigma'_{x_1}}{M_1}\right)^{-2}\left(1+\dfrac{\sigma_1}{K_{k1}}\right)^{2/2}}}$$

对下一岩体，各符号都加脚标"2"，则为

图 2.3.6　平面应力状态的 α 角变化

$$\tan\alpha_{2(x)} = \sqrt{-\frac{1-\left(1+\dfrac{\nu_{kxz2}\sigma'_{x2}}{M_2}\right)^{-2}\left(1+\dfrac{\sigma_2}{K_{k2}}\right)^{2/3}}{1-\left(1+\dfrac{\sigma'_{x2}}{M_2}\right)^{-2}\left(1+\dfrac{\sigma_2}{K_{k2}}\right)^{2/3}}}$$

故若

$$\tan\alpha_{1(x)} \neq \tan\alpha_{2(x)}$$

则相贯连的剪断裂，必在两毗连岩体的界面处发生偏折。

$$\chi_{(x)} = \frac{\tan\alpha_{1(x)}}{\tan\alpha_{2(x)}}$$

为其界折率。因两毗连岩体受同方式的应力作用而有相同的围压

$$\sigma_1 = \sigma_2 = \sigma$$

由之得

$$\chi_{(x)} = \sqrt{\dfrac{\left[1-\left(1+\dfrac{\nu_{kxz1}\sigma_{x1}'}{M_1}\right)^{-2}\left(1+\dfrac{\sigma}{K_{k1}}\right)^{2/3}\right]\left[1-\left(1+\dfrac{\sigma_{x2}'}{M_2}\right)^{-2}\left(1+\dfrac{\sigma}{K_{k2}}\right)^{2/3}\right]}{\left[1-\left(1+\dfrac{\nu_{kxz2}\sigma_{x2}'}{M_2}\right)^{-2}\left(1+\dfrac{\sigma}{K_{k2}}\right)^{2/3}\right]\left[1-\left(1+\dfrac{\sigma_{x1}'}{M_1}\right)^{-2}\left(1+\dfrac{\sigma}{K_{k1}}\right)^{2/3}\right]}}$$

取（2.3.5′）式，同样得

$$\chi_{(z)} = \sqrt{\dfrac{\left[1-\left(1+\dfrac{\nu_{kzx2}\sigma_{z2}'}{M_2}\right)^{-2}\left(1+\dfrac{\sigma}{K_{k2}}\right)^{2/3}\right]\left[1-\left(1+\dfrac{\sigma_{z1}'}{M_1}\right)^{-2}\left(1+\dfrac{\sigma}{K_{k1}}\right)^{2/3}\right]}{\left[1-\left(1+\dfrac{\nu_{kzx1}\sigma_{z1}'}{M_1}\right)^{-2}\left(1+\dfrac{\sigma}{K_{k1}}\right)^{2/3}\right]\left[1-\left(1+\dfrac{\sigma_{z2}'}{M_2}\right)^{-2}\left(1+\dfrac{\sigma}{K_{k2}}\right)^{2/3}\right]}}$$

此二式亦等价。

若两毗连岩体变形时体积不变，当岩体受平行两毗连岩体界面的主轴 X 方向的主动力单向拉伸或压缩时，（2.3.2）变为

$$\tan\frac{\theta}{2}_{(x)} = \sqrt{-\dfrac{1-\left(1+\dfrac{\nu_{kxz}\sigma_x'}{M}\right)^{-2}}{1-\left(1+\dfrac{\sigma_x'}{M}\right)^{-2}}} \tag{2.3.6}$$

同样，岩体受垂直两毗连岩体界面的主轴 Z 方向的主动力单向拉伸或压缩时，（2.3.2）变为

$$\tan\frac{\theta}{2}_{(z)} = \sqrt{-\dfrac{1-\left(1+\dfrac{\sigma_z'}{M}\right)^{-2}}{1-\left(1+\dfrac{\nu_{kzx}\sigma_z'}{M}\right)^{-2}}} \tag{2.3.6′}$$

则知此时

$$\theta = \eta(M,\ \nu_k,\ \sigma_i,\ \sigma_{i0},\ e_{i0})$$

以 α 代替 $\theta/2$，（2.3.6）对上下二岩体各为

$$\tan\alpha_{1(x)} = \sqrt{-\dfrac{1-\left(1+\dfrac{\nu_{kxz1}\sigma_{x1}'}{M_1}\right)^{-2}}{1-\left(1+\dfrac{\sigma_{x1}'}{M_1}\right)^{-2}}}$$

$$\tan\alpha_{2(x)} = \sqrt{-\dfrac{1-\left(1+\dfrac{\nu_{kxz2}\sigma_{x2}'}{M_2}\right)^{-2}}{1-\left(1+\dfrac{\sigma_{x2}'}{M_2}\right)^{-2}}}$$

于是

$$\chi_{(x)} = \sqrt{\frac{\left[1-\left(1+\dfrac{\nu_{kxz1}\sigma_{x1}'}{M_1}\right)^{-2}\right]\left[1-\left(1+\dfrac{\sigma_{x2}'}{M_2}\right)^{-2}\right]}{\left[1-\left(1+\dfrac{\nu_{kxz2}\sigma_{x2}'}{M_2}\right)^{-2}\right]\left[1-\left(1+\dfrac{\sigma_{x1}'}{M_1}\right)^{-2}\right]}}$$

同样，由（2.3.6′）得

$$\chi_{(z)} = \sqrt{\frac{\left[1-\left(1+\dfrac{\nu_{kzx2}\sigma_{z2}'}{M_2}\right)^{-2}\right]\left[1-\left(1+\dfrac{\sigma_{z1}'}{M_1}\right)^{-2}\right]}{\left[1-\left(1+\dfrac{\nu_{kzx1}\sigma_{z1}'}{M_1}\right)^{-2}\right]\left[1-\left(1+\dfrac{\sigma_{z2}'}{M_2}\right)^{-2}\right]}}$$

对平面应变问题，取原长为 a，宽为 b 的正六面体形岩体，受平行两毗连岩体界面的主轴 X 方向的主动力单向拉伸或压缩（图 2.3.7），因岩体厚度 d 不变，若体积恒定，则得

$$d \cdot a \cdot \Delta b = d \cdot \Delta a \cdot (b-\Delta b)$$

此时岩体的泊松比

$$\nu_{kxz} = \frac{e_z}{e_x} = \frac{\dfrac{\Delta a}{a}}{\dfrac{\Delta b}{b}} = \frac{b \cdot \Delta a}{a \cdot \Delta b} = \frac{a \cdot \Delta b + \Delta a \cdot \Delta b}{a \cdot \Delta b} = 1 + \frac{\Delta a}{a} = 1 + e_z$$

若此岩体受垂直两毗连岩体界面的主轴 Z 方向的主动力单向拉伸或压缩（图 2.3.8），则

$$d \cdot b \cdot \Delta a = d \cdot \Delta b \cdot (a - \Delta a)$$

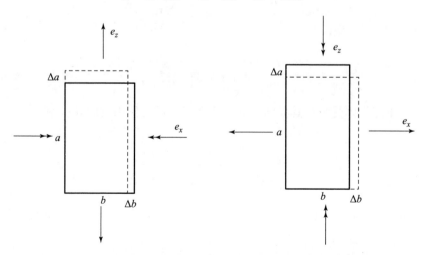

图 2.3.7　主动力作用在主轴　　　　　图 2.3.8　主动力作用在主轴
　　　　　X 方向的变形　　　　　　　　　　　　　Z 方向的变形

此时岩体的泊松比

$$\nu_{kzx}=\frac{e_x}{e_z}=\frac{\dfrac{\Delta b}{b}}{\dfrac{\Delta a}{a}}=\frac{a\cdot\Delta b}{b\cdot\Delta a}=\frac{b\Delta a+\Delta b\cdot\Delta a}{b\cdot\Delta a}$$

$$=1+\frac{\Delta b}{b}=1+e_x$$

若此岩体的力学性质为各向同性的，则

$$\nu_{kxz}=\nu_{kzx}$$

否则

$$\nu_{kxz}\neq\nu_{kzx}$$

故由（2.3.2）得

$$\tan\frac{\theta}{2}_{(x)}=\sqrt{-\frac{1-\nu_{kxz}^{-2}}{1-\left(1+\dfrac{\sigma_x'}{M}\right)^{-2}}} \tag{2.3.7}$$

$$\tan\frac{\theta}{2}_{(z)}=\sqrt{-\frac{1-\left(1+\dfrac{\sigma_z'}{M}\right)^{-2}}{1-\nu_{kzx}^{-2}}} \tag{2.3.7'}$$

则知此时

$$\theta=\Psi(M,\ \nu_k,\ \sigma_i,\ \sigma_{i0},\ e_{i0})$$

用 α 代替 $\theta/2$，对相毗连的上下二岩体，（2.3.7）变为

$$\tan\alpha_{1(x)}=\sqrt{-\frac{1-\nu_{kxz1}^{-2}}{1-\left(1+\dfrac{\sigma_{x1}'}{M_1}\right)^{-2}}}$$

$$\tan\alpha_{2(x)}=\sqrt{-\frac{1-\nu_{kxz2}^{-2}}{1-\left(1+\dfrac{\sigma_{x2}'}{M_2}\right)^{-2}}}$$

因之，两毗连岩体受平行其界面方向的主动张、压力作用时的界折率

$$\chi_{(x)}=\sqrt{\frac{(1-\nu_{kzx1}^{-2})\left[1-\left(1+\dfrac{\sigma_{x2}'}{M_2}\right)^{-2}\right]}{(1-\nu_{kzx2}^{-2})\left[1-\left(1+\dfrac{\sigma_{x1}'}{M_1}\right)^{-2}\right]}}$$

同样，由（2.3.7'）得此岩体受垂直其界面方向的主动张、压力作用时的界折率

$$\chi_{(z)}=\sqrt{\frac{(1-\nu_{kzx2}^{-2})\left[1-\left(1+\dfrac{\sigma_{z1}'}{M_1}\right)^{-2}\right]}{(1-\nu_{kzx1}^{-2})\left[1-\left(1+\dfrac{\sigma_{z2}'}{M_2}\right)^{-2}\right]}}$$

　　若两毗连岩体在变形过程中，一个体积改变，一个体积不变：则对平面应力问题，χ 取为（2.3.5）、（2.3.5′）和（2.3.6）、（2.3.6′）中相当式相除的形式；而对平面应变问题，χ 取为（2.3.5）、（2.3.5′）与（2.3.7）、（2.3.7′）中相当式相除的形式。此时

$$\chi = \phi(M_1, M_2, \nu_{k1}, \nu_{k2}, K_{k1} \text{或} K_{k2}, \sigma_{i1}, \sigma_{i01}, e_{i01}, \sigma_{i2}, \sigma_{i02}, e_{i02})$$

当

$$\tan \alpha_1 > \tan \alpha_2 \text{ 时}, \quad \chi > 1$$

$$\tan \alpha_1 = \tan \alpha_2 \text{ 时}, \quad \chi = 1$$

$$\tan \alpha_1 < \tan \alpha_2 \text{ 时}, \quad \chi < 1$$

　　若两毗连岩体在发生此种剪断裂前的形变很小，则（2.3.2）可略去应变二次方项，而简化为

$$\theta = 2 \tan^{-1} \sqrt{-\frac{e_z}{e_x}} \qquad (2.3.2')$$

当两毗连岩体中的

$$\frac{e_{z1}}{e_{x1}} \neq \frac{e_{z2}}{e_{x2}}$$

则相连的剪断裂在两岩体界面处偏折。以 α 代替 $\theta/2$，界折率

$$\chi = \frac{\tan \alpha_1}{\tan \alpha_2} = \sqrt{\frac{e_{z1} e_{x2}}{e_{x1} e_{z2}}}$$

若两岩体共同受平行其界面的主轴 X 方向的主动力单向拉伸或压缩，由于

$$\frac{e_{z1}}{e_{x1}} = \nu_{kxz1}$$

$$\frac{e_{z2}}{e_{x2}} = \nu_{kxz2}$$

则

$$\chi_{(x)} = \sqrt{\frac{\nu_{kxz1}}{\nu_{kxz2}}} \qquad (2.3.8)$$

若两岩体共同受垂直其界面的主轴 Z 方向的主动力单向拉伸或压缩，由于此时

$$\frac{e_{x1}}{e_{z1}} = \nu_{kzx1}$$

$$\frac{e_{x2}}{e_{z2}} = \nu_{kzx2}$$

而得

$$\chi_{(z)} = \sqrt{\frac{\nu_{kzx2}}{\nu_{kzx1}}} \qquad (2.3.8')$$

由此可知，影响 X 形剪断裂交角 θ 的，有如下几方面因素：

（1）剪断裂发生时岩体形变的大小。

岩体中发生 X 形剪断裂时的主应变 e_x，e_z 越大，而 e_y 越小，则被（X，Z）面截成的 X 形剪断裂对应压应变主轴的交角 θ 越大（图 2.3.9）。因而，岩体的 M 越小，则 θ 越大。

（2）变形过程中岩体体积改变的大小。

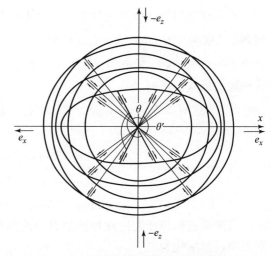

图 2.3.9　岩体形变和体变对 θ 角的影响

岩体体积在压缩方向减小越多，则变成的小椭圆与等积圆交点到原点连线对应压缩轴所成之 θ 角越大。岩体体积在拉伸方向增大越多，则变成的大椭圆与等积圆交点到原点连线对应拉伸轴所成之 θ' 角越小（图 2.3.9）。因而，岩体的 K_k 越小，则 θ 越大，θ' 越小。

（3）岩体的基本力学性质状态。

由实验知，岩体的塑性越强，X 形剪断裂越由纯剪性断裂组成。若岩体的脆性较强，则其 X 形剪断裂系由发生在最大剪切方向的剪断裂和与最大主压应力方向平行的张断裂以锯齿形相互交替连贯而成，因而其交角 θ 必小于此时被主平面（X，Z）截成的椭圆和与其等积圆交点到原点连线所成之交角（图 2.3.9），它们之差则视组成此种断裂中的张断裂成分的多少而定，因而须视岩体塑性的强弱而定。岩体的塑性越弱脆性越强，则其中张断裂成分越多，因而这种差值越大，使 θ 值越小，从而使 X 形断裂成为张剪性的。

由普遍公式（2.3.1）算得的 θ 稍高于实验值，在强塑性状态则与实验结果极近一致，因而是较精确的。这已被图

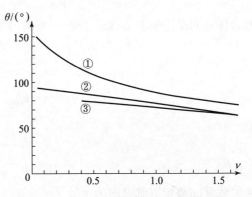

图 2.3.10　模拟实验用的黏土泥料、砂土泥料、煤粉甘油、硫磺凡士林、黏土凡士林、细砂凡士林，在单向压缩下形成的 X 形剪断裂被压性主轴所平分的交角与断裂时材料泊松比的关系。①用实验测得 ν 和用公式（2.3.2′）算得 θ 的简化理论曲线；②用实验测得 e_x，e_y，e_z 和用公式（2.3.1）算得 θ 的精确理论曲线；③各种模拟实验材料的实验曲线

2.3.10 所示的各种在变形过程中体积改变和不变的模拟实验材料的实验结果所证实。这种没考虑到断裂中张性成分的理论值对实验值的偏高程度，随材料脆性的增强因而张断裂成分的增加而增大（图 2.3.10）。但由岩块在常温常围压下短时压缩实验的结果知，在多数情况下 $\nu=0.2\sim0.4$，显然这与由此类公式求得的结果和实验结果较一致的范围有较大的偏离。这说明，此种公式对模拟实验中的 X 形剪断裂和岩体经长期塑性变形产生的 X 形剪断裂及剪断裂界折现象的研究是适用的，但不能用岩石在常温常围压下短时实验来研究岩体经长期塑性变形而生的 X 形剪断裂和剪断裂界折现象。图 2.3.10 表明，用公式（2.3.2′）算得的结果比实验值偏高较多，只在 ν 大于 0.5 的范围才稍接近于实验结果。可见，此简化公式要比精确公式粗略得多，在 ν 较小时只可用来定性地判别问题。

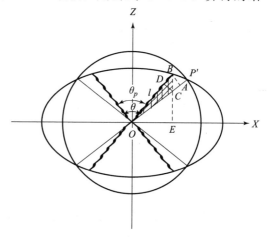

图 2.3.11　张剪性断裂中张性部分
对 θ 角的影响

由野外实际观测资料和模拟实验结果知，X 形剪断裂中经常含有与其剪性部分相间分布的张性部分，其在断裂中所占的比例随岩体和实验材料脆性的增强而增加。剪断裂中的这种张性部分的方向与压性主轴 Z 平行，而其剪性部分则与 $\overline{OP'}$ 平行（图 2.3.11），于是将长 $\overline{OB}=l$ 方位的锯齿形张剪性断裂中的张性部分和剪性部分的长度，分别平移到平行 Z 轴的 $\overline{BE}$ 和 $\overline{OP'}$ 上，其和便各等于 $\overline{BC}$ 和 $\overline{OC}$ 长，并各表示为

$$t=\overline{BC}$$
$$s=\overline{OC}$$

在直角三角形 ABO 和 ABC 中，由于

$$\angle ACB=\frac{\theta}{2}$$

得

$$l\sin\delta=t\sin\frac{\theta}{2} \tag{2.3.9}$$

则

$$\delta=\sin^{-1}\frac{t\sin\dfrac{\theta}{2}}{l} \tag{2.3.10}$$

而在直角三角形 ABO 中

$$l^2 = t^2 \sin^2 \frac{\theta}{2} + \left(s + t\cos\frac{\theta}{2}\right)^2$$

代入（2.3.10），得

$$\delta = \sin^{-1} \frac{t\sin\dfrac{\theta}{2}}{\sqrt{t^2 \sin^2 \dfrac{\theta}{2} + \left(s + t\cos\dfrac{\theta}{2}\right)^2}} \tag{2.3.10′}$$

当 $t = 0$ 时，为纯剪断裂，由（2.3.10）得

$$\delta = 0$$

当 $s = 0$ 时，为纯张断裂，此时

$$\theta = 0$$

故由（2.3.10）得

$$\delta = 0$$

当 $t = s$ 时，即断裂中张性与剪性均等，由（2.3.10′）得

$$\delta = \sin^{-1} \frac{\sin\dfrac{\theta}{2}}{\sqrt{2 + 2\cos\dfrac{\theta}{2}}}$$

当 t，s，θ 或 θ_p 为未知，而又不能测得和算得时，则因在直角三角形 BEO 中

$$l^2 = \left[t + s\sin\left(90° - \frac{\theta}{2}\right)\right]^2 + s^2 \cos^2\left(90° - \frac{\theta}{2}\right) \tag{2.3.9′}$$

而在直角三角形 CDO 和 BCD 中

$$l = s\cos\delta + t\cos\frac{\theta_p}{2} \tag{2.3.9″}$$

由于 l 之长可适当选定，θ_p 可直接测得或已算得了 θ，可用

$$\frac{\theta}{2} = \frac{\theta_p}{2} + \delta$$

从方程组（2.3.9）、（2.3.9′）、（2.3.9″）联立解得 δ，t，s，再求 θ_p。因而，当 X 形剪断裂中有张性时，则其被压性主轴所平分的实际交角 θ_p，须从纯剪性断裂时的相应交角 θ 中减去由于断裂之张性部分所引起的剪性部分的局部错移而造成的整体方位偏移的改正角 2δ：

$$\theta_p = \theta - 2\delta$$

同样，在此种情况下，χ 中的

$$\alpha_1 = \frac{\theta_1}{2}$$

$$\alpha_2 = \frac{\theta_2}{2}$$

也须引入此种改正角 δ_1，δ_2，而将 α_1，α_2 改为

$$\alpha_{p1} = \frac{\theta_{p1}}{2}$$

$$\alpha_{p2} = \frac{\theta_{p2}}{2}$$

如此，在理论上求得的 θ_p 和 χ，必将会更好地与实际符合。

（4）压缩方向与岩体泊松比。

从（2.3.2'）知，若沿 χ 轴方向压缩，则

$$\nu_{kxz} > 1, \qquad \alpha = \alpha_p + \delta > 45°$$
$$\nu_{kxz} = 1, \qquad \alpha = \alpha_p + \delta = 45°$$
$$\nu_{kxz} < 1, \qquad \alpha = \alpha_p + \delta < 45°$$

即 θ 角随 ν_{kxz} 的增加而增大；若沿 Z 轴方向压缩，则

$$\nu_{kzx} > 1, \qquad \alpha = \alpha_p + \delta < 45°$$
$$\nu_{kzx} = 1, \qquad \alpha = \alpha_p + \delta = 45°$$
$$\nu_{kzx} < 1, \qquad \alpha = \alpha_p + \delta > 45°$$

即 θ 角随 ν_{kzx} 的增加而减小。

岩体的泊松比，取决于其变形时体积是否改变和改变的大小。弹性变形时岩体的体积改变，纯塑性变形时体积不变。但塑性变形时岩体可有孔隙率的改变，故亦可使其体积改变。因之，岩体的泊松比随其所处的力学性质状态和孔隙率的大小而异。实测说明，柔性变形时岩体的泊松比大于弹性状态的。此处所表明的在一定压缩方向下 θ 角与 ν_k 的关系，只是指剪断裂发生时的。

实验证明，受单轴压缩的柔性材料中的剪断裂形成后，由于在最大主压应力轴方向可继续缩短，而在最大主张应力轴方向可继续伸长，因之只要载荷继续作用，形成了的剪断裂还可向主张应力轴方向转动（图 2.3.12a）或顺其方向产生

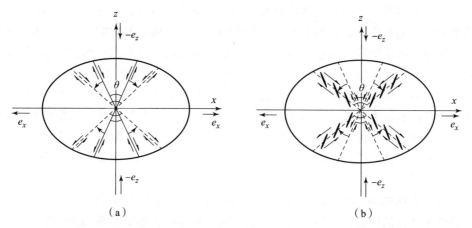

图 2.3.12 剪断后断裂方位的转动（a）和雁行形断裂连贯而成的剪断裂（b）对 θ 角的影响

与原剪断裂平行错列的张剪性断裂并发展连贯成位于新方位的齿状剪断裂（图 2.3.12b）。因而，使柔性岩体中的 θ 角随断裂后变形的增长而增大。图 2.3.13 的实验结果说明，模拟实验材料的泊松比，随变形的进展由于弹性逐渐减弱和塑性逐渐增强及材料孔隙率的逐渐减小而增大（图 2.3.13a），因而此时的 θ 便随变形的增长而增大（图 2.3.13b）。

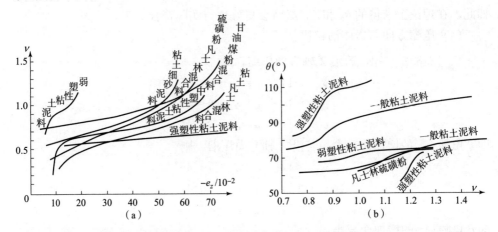

图 2.3.13　各种模拟实验材在单向压缩下发生 X 形剪断裂后继续压缩变形时，压应变与横纵应变比的关系（a）及横纵应变比与 X 形剪断裂被压性主轴所平分的交角的关系（b）

　　由上可见，在岩体的整个变形过程中，χ 只在两岩体中相连的剪断裂出现时，对力学性质状态一定的岩体才是定值，而在此种相连的剪断裂发生后则变成不定值，并随两毗连岩体柔、脆性的差别越大而有越大的改变。

三、岩体力学性质在构造运动中的作用

　　综前所述，可得出岩体力学性质在构造运动中的作用及研究原则：

　　（1）岩体的力学性质与其几何形态和应力场的作用一起，对其各种构造变形和断裂形象的产生、方位和形态起决定作用。因之，构造形象的产生、方位、形态和转变，都是构造应力场、岩体力学性质及其几何形态的综合函数。处理具体问题时，应全面考虑。

　　（2）岩体一定的变形和断裂形象，只由其有关的力学性质直接影响，而并不取决于其所有的力学性质。因此，凡提及岩体力学性质对某类构造形象的某种影响时，必须具体到是哪些力学性质，影响什么构造现象和现象的哪些方面，泛泛而论没有意义甚至是错误的，因为某些力学性质对某些构造现象和现象的某些方面根本不发生影响。

　　（3）岩体的力学性质对其构造变形和断裂的影响是很复杂的，只有在某些特殊条件下才可简化它们之间的关系。试图用简单方法去解决所有构造问题，忽略一些根本不能忽略的因素，用一些只适用于某类现象的某种特殊情况的理论和公

式去普遍运用而不严加检查其推导过程已假定了的条件，必将在理论研究和生产实践中导致无宜的后果。

第四节　岩体构造运动的推断

一、构造运动推断的意义

根据构造现象已知部分的观测结果，来对岩体构造运动的方式、时期、受力深度、所造成构造现象的存在、性质、方位、形态、范围、产状、分布形式、共生关系及其发展和转变进行推断，这对研究地壳构造运动的具体过程、地震的长中短期预报、工程地质勘查、石油勘探、矿田构造及矿体分布的推测，都有特殊实用价值和方法学上的意义。

二、构造运动推断的方法

这里着重说明，从地表构造推断地下构造，从构造的出露部分推断覆盖部分，从已知部分推断未知部分，从在已观察地区的分布推断其在未工作地区的分布及其影响因素的基本方法。

（1）一个具有一定组合规律和分布形式的构造组合，一旦被确定为构造体系，首先即可根据其已知部分推断其未知部分和被覆盖被破坏部分的存在与否、性质、方位、形态、大致范围和分布形式；其次，可根据其某部分形成的时期，推断其他部分形成的时期；再次，从构造体系应力场分布的规律、形式及特点和使其形成的外力作用方式，可推断其所在地区本时期的整体构造运动方式。

（2）由于在相对皆为主动的水平压力下，若受力岩层较薄且其下部易于沿层面滑动，则形成的单一褶皱或褶皱群在铅直横剖面上成正扇形。因而，当已知某一单一褶皱或褶皱群在铅直横剖面上成正扇形（图 2.4.1），尽管其可有不同的形成过程，但都可推知其所受的水平压力为相对主动的，而所作用的深度与褶皱形变范围相比甚小，且此受力岩体的下部已发生相当程度的层面水平滑动。在相对皆为主动的水平压力下，若受力岩层较厚且其下部不易发生层面滑动，则形成的褶皱群在铅直横剖面上成倒扇形。因之，当已知某一褶皱群在铅直横剖面上成倒扇形（图 2.4.2），尽管它可有不同的形成过程，但同样都可推知其所受的水平压力为相对主动的，所作用的深度与褶皱形变范围相比为大，且此受力岩体的下部只可发生微弱的层面滑动或不滑动。

图 2.4.1　东阿尔卑斯的提罗尔横剖面示意图

图 2.4.2　侏罗山的横剖面

（3）由于水平相对的压力中一方面是主动的，而受力岩层厚度也比其形变范围为小，且其下部易发生水平层面滑动时，则此滑动面上层的褶皱，当发展到一定阶段，便向主动压力一侧倒转，而其下部将发生脱底现象。因而，若褶皱所受主动力作用的一侧已知，而褶皱又向此方向倒转（图 2.4.3 中的 4、5 号背斜），则可知其下部必有脱底现象，而且受力岩层厚度与褶皱形变范围相比甚小，尤其是褶皱核心及其下部必有碎裂岩块组成的较好的空间，这是极有利的储油构造。故当有油气显示时，由大致的岩层脱底深度，可预测储油空间的部位和深度，以指导勘探部署。

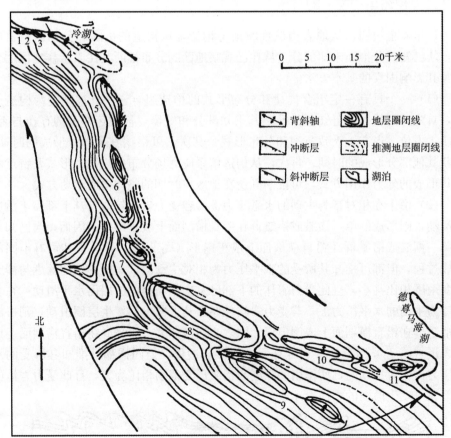

图 2.4.3　由多数北陡南缓和向北倒转的背斜组成的柴达木盆地水鸭子墩反 S 形
构造（孙殿卿等，主要据航空照片）

（4）岩体张伸时越与张伸方向平行的方位张性越强，此时产生的张断裂垂直张伸方向。压缩时越与压缩方向垂直的方位张性越强，此时产生的张断裂平行压缩方向。剪切时顺剪切方向与其交角越近于约 45°方位的张性越强，此时产生的张断裂迎着剪切方向而与其成近 45°角。因而，当直接观测和用钻探方法已知波状张断裂的形态，即可推知其最强的张性部位。在正断层中，倾角沿倾向增大处张性增强（图 2.4.4a）；在冲断层中，倾角沿倾向减小处张性增强（图 2.4.4b）；在平错断层中，方位迎着剪切方向交成锐角处有张性且随此角近于 45°而增强（图 2.4.4c）。推求构造空间：方位与压性构造带共生并正交的断裂为张性的，其中尤以弧形压性构造带的正交张断裂最显著；各种性质断裂相交处由于岩石碎裂可为较好的构造空间；平错断层走向转变处（图 2.4.5a）、断层倾向转变处（图 2.4.5b）和断裂产生分枝或次级断裂处（图 2.4.5c）均有较好的构造空间。

（5）确定了断层的张压性后，由两盘新老地层的接触，可推知裂面的倾向。压性断裂，裂面必倾向老地层一方（图 2.4.6a）；张性断裂，裂面必倾向新地层一方（图 2.4.6b）。

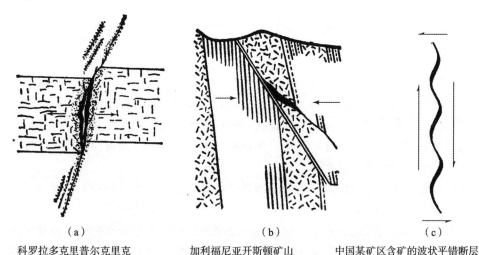

　　　　（a）　　　　　　　　　　（b）　　　　　　　　　（c）

科罗拉多克里普尔克里克　　加利福尼亚开斯顿矿山　　中国某矿区含矿的波状平错断层
奥里查巴矿脉在正断层变　　冲断层上盘的含金石英
倾角处富集（Г. Рикард）　　脉（A. Knopf, 1929）

图 2.4.4　含张性的波状断裂中张性最强的部位

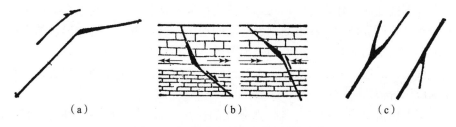

　　　　（a）　　　　　　　　　　（b）　　　　　　　　　（c）

图 2.4.5　断裂形态改变处的张性部位

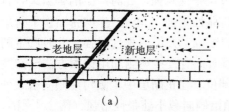 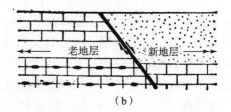

图 2.4.6　裂面倾向的判定

（6）据剪断裂界折定理，剪断裂在 K_k，M，ν_k 不同的岩体界面处改变方向。故若已知相毗连岩体在发生此类剪断裂时所受主动力的作用方位，而且断裂前的形变量较小，则可由此两岩体能观察到的部分测得泊松比和此剪断裂在出露岩体中与二岩体界面法线的交角 α_1，用公式（2.3.6'）求得 σ'_{z1}，由于相毗连岩体中的 σ'_z 近于相同，故可视 $\sigma'_{z2}=\sigma'_{z1}$，于是可用公式

$$\tan\alpha_{2(z)}=\sqrt{-\frac{1-\left(1+\dfrac{\sigma'_{z2}}{M_2}\right)^{-2}}{1-\left(1+\dfrac{\nu_{kzx2}\sigma'_{z2}}{M_2}\right)^{-2}}}$$

求得此剪断裂在另一被覆盖（图 2.4.7A）或下层（图 2.4.7B）岩体中出现时与界面法线的交角 α_2，则得其在另一岩体中不能直接观察部位的走向。若已测得此剪断裂在依次的相毗连岩体中延续存在，则可依次求得它们在各岩体中与界面法线的交角 α_3，α_4，…，由此可知它们在各岩体中的方位，以便进行地区稳定性评价，工程设计和具体的探矿部署。

（7）在一定近似范围内，可视张断裂平行最大主压应力线分布，剪断裂平行主剪应力线分布。因而，当从某一被覆盖区周围的构造形迹确定了其周围的主正应力线或主剪应力线的分布后，即可根据主应力线的性质和分布形式，推知中间在覆盖层下与周围同样的岩体中若有某种性质的断裂，则它们将在什么方位，以什么样的规律，按什么形式分布着。

（8）雁行形剪张断裂可发展而连贯成波状断裂。因而，可由新构造运动中形成的或虽在前地质时期形成但至今仍在继续活动的雁行形剪张性断裂，预知其发展将会在哪些地区以什么样的形式和方位连贯成波状断裂。特别是在全区主应力线的分布已知而且现代仍在继续剧烈运动的地区，这种由已有构造形迹的发展所推知的即将出现的或转变成的新构造形象的方位和形态，对地震区划、工程地质勘查、铁路、隧道、暗渠、水库、水利枢纽路线与方位的选择和工程设计，具有重要的应用价值。

（9）从构造组合已知部分各构造单元的性质、组合规律、分布形式和方位，可推知其作为一个构造体系的其他未知部分的方位。如，对延边地区两翼南北延

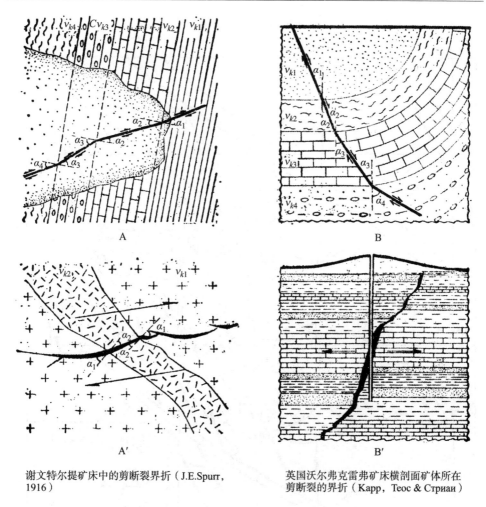

A

B

A′

B′

谢文特尔提矿床中的剪断裂界折（J.E.Spurr, 1916）

英国沃尔弗克雷弗矿床横剖面矿体所在剪断裂的界折（Kapp，Teoc & Стриаи）

图 2.4.7　剪断裂向被覆盖层和下层岩体中的界折

伸的汪清山字型构造，开始只发现从珲春到汪清一段很多近南北走向并依次向北西方向错列的压性构造形象，它们并不属于本区已确定的两翼东西延伸的山字型、弧型、纬向和新，老华夏系构造体系，而是自成一个构造组合。其形成所受外力作用方式是北侧向北西而南侧向南东的剪切作用。这种方式的外力，与北西向构造体系形成所受的北侧向南东而南侧向北西的剪压力相反，因之这个构造组合也不属于北西向构造带。它应是两翼南北延伸的弧型构造或山字型构造的南翼。循此，顺其向南东延展的方位，于敬信地区及至朝鲜境内都发现了北西向压性构造，而向北西则在后河地区发现了其向西凸出的弧顶，并在过弧顶向北东至北北东方位又发现有一系列走向北东至北北东的褶皱和冲断层组成的扭压性构造带，一直伸入黑龙江省，整个弧形同期形成。从此弧形构造带的两翼带有明显的扭性，又可进一步推知它并不是一个弯弧，而应是个山字型构造体系（图

2.4.8)，其脊柱正好与小石头河地区的纬向构造带重叠。

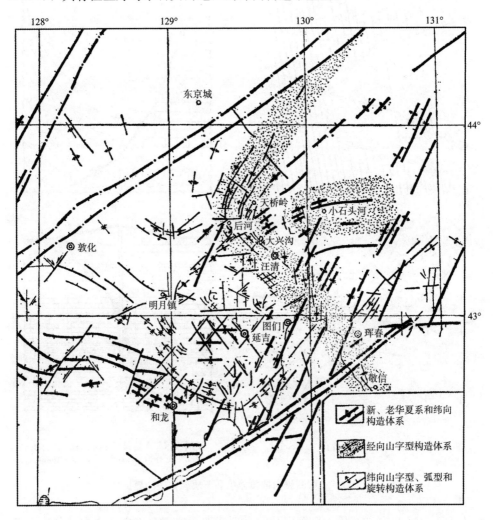

图 2.4.8　吉林省延边地区构造体系分布图（据吉林省延边综合地质大队的资料）

　　（10）断层或断裂带在水平应力作用下发生水平剪切错动时，两盘铅直形变中的高差分布成反对称形态，各盘都是剪切错动的前方高，后方低（图 2.4.9～图 2.4.10）。跨断裂带地形变测线的测量结果说明，此时断裂带中确实有的断层在活动（图 2.4.11～图 2.4.12）。实验也证明，此种现象确属断层两盘受水平斜向压力作用所引起（图 2.4.13）。有限单元法计算结果说明，水平压力与断层走向的交角近 90°时无此现象，交角减小到 70°时则开始出现，并随此交角的减小而逐渐明显（图 2.4.14），并且断层上盘高差的高值区和低值区的高程差均高于下盘各自的反对称区的。因而，若断层或断裂带两侧一旦有此种铅直形变的反对称形态出现，则即可断定断层或断裂带中有的断层在活动，而且由其反对称分布的铅直位移高低区可推测断层或断裂带中活动断层水平错动的方向，并可进一步由两盘铅直位移大小的比较推测断层或断裂带中活动断层的倾向。

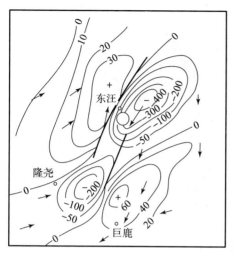

图 2.4.9　1966 年邢台 7.2 级地震前后
（1965～1966 年）地表铅直位移（毫米）和
水平位移矢量（1959～1966 年）分布图
（国家地震局测量队，1975）

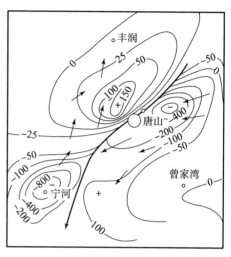

图 2.4.10　1976 年唐山 7.8 级地震
前后（1975～1976 年）地表铅直位移（毫米）
和水平位移矢量分布图（国家地震局
测量大队，1978）

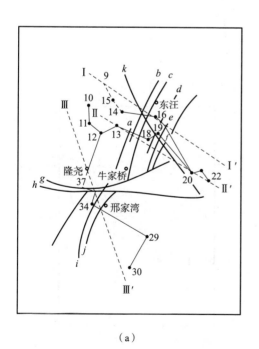

（a）

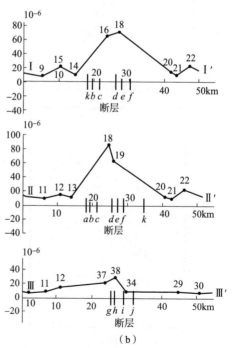

（b）

图 2.4.11　1966 年邢台 7.2 级地震前后（1960～1966 年）震区跨断裂带的地形变测线（a）
和断层顺时针水平错动剪应变图（b）（国家地震局测量大队，1975）

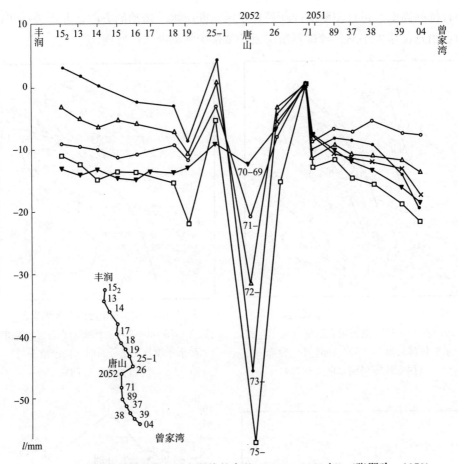

图 2.4.12　跨唐山断裂带地形变测线的高差（1969～1975 年）（张郢珍，1979）

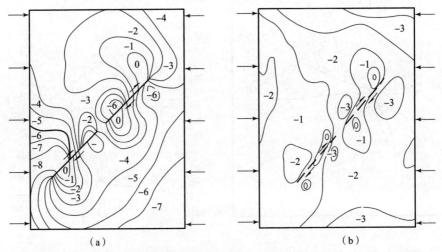

图 2.4.13　含直立断层模型受单向水平压缩后，无覆盖层时表面（a）和有覆盖层
后表面（b）的云纹图所示的铅直位移等高线分布图（王文清等，1987）

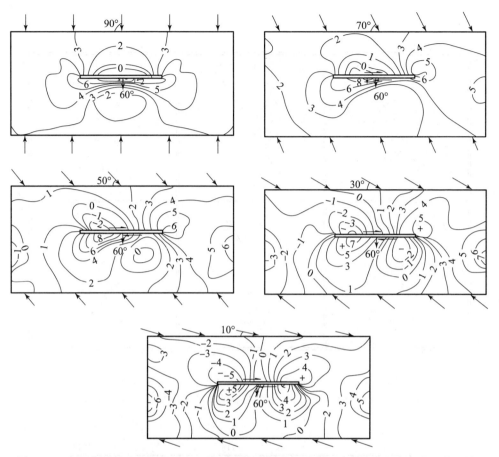

图2.4.14　用有限单元法算得的含60°倾角弹性模量比围岩低两个数量级的断层的三维地块，受各个方向的水平均匀单向压缩后，地表铅直位移的相对等值线分布图（李群芳，1986）

　　（11）在水平应力作用下，断层尖端汇而不交区或锁结处的铅直位移比一般端点附近的高（图2.4.15），但断层尖端与平滑断层面汇而不交区的则较低，而且低于一般尖端附近的（图2.4.15d）。由此，可推测断层在水平应力作用下的尖端汇而不交区或锁结处的部位。

　　（12）基岩中的断裂带，从其交叉区开始活动后，沿其走向向外围传播时（图2.4.16），覆盖层中的水平最大剪应变，滞后一段时间后，也从断裂带交叉区开始，并沿其走向以比在围岩区为大的速度向外传播（图2.4.17）。模拟实验证明：覆盖层中的此种水平最大剪应变活动，是基岩在同方式水平应力作用下使其中的断层从交叉区沿走向向外围活动造成的（图2.4.18）。由此，当测到覆盖层中水平最大剪应变有此类在条形地带内分先后地有层次地连续单向长距离传播时，即可推测其下部有断裂带，而且发生了水平剪切错动，其活动是从覆盖层中水平最大剪应变开始处向传播方向逐次活动，并且开始时间比覆盖层中的水平最大剪应变开始时间还要早些。

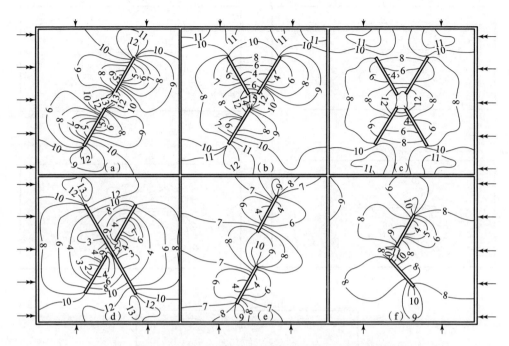

图 2.4.15　用有限单元法算得的含弹性模量低于围岩两个数量级的典型直立断层的
三维地块，在水平压缩下，表面铅直位移的相对等值线图（李群芳，1987）

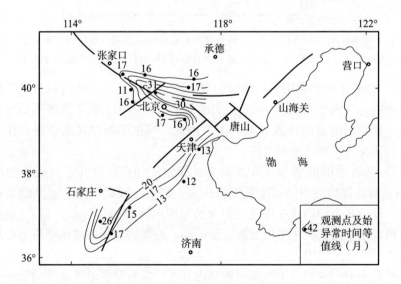

图 2.4.16　1976 年唐 7.8 级地震前断层活动开始异常到
发震时间的等值线分布图

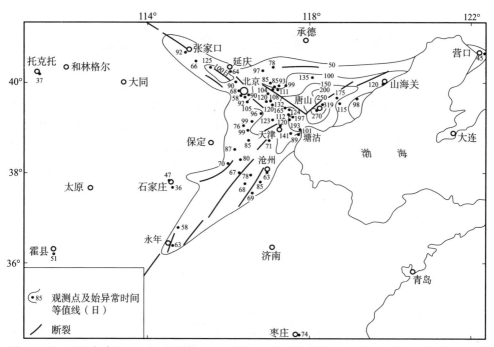

图 2.4.17　1976 年唐山 7.8 级地震前土层中水平最大剪应变开始异常到发震时间的等值线分布图

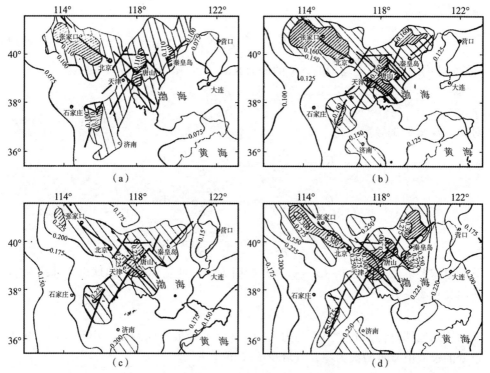

图 2.4.18　基岩中含断层上有覆盖层的模型，在北东东向水平压缩后，覆盖层表面水平最大剪应变
等值线随边界压缩位移［(a) 2cm，(b) 3cm，(c) 4cm，(d) 5cm］变化分布图

第五节　构造运动的附生现象

地壳构造运动，在不同条件下引起一系列不同的附生现象。其中变化较快而在短时间内可观察到的，有重力变化、地磁变化、地电变化、地热活动、液气流动和地震活动，变化缓慢的有地形改变、江河改道、气候变化、侵蚀沉积和海陆变迁等。这些现象变化的原因，全面而论都是多方面的，构造运动只是其中之一，有时是主要的。因此，本节只是讨论构造运动所引起的其中一些变化较快现象的变化。

一、重力变化

将直角坐标系的 X，Y 轴取在地球赤道平面上，Z 轴为地球自转轴，则地球上一具有单位质量的物体，受球内与之相距 S 的微质量 $\mathrm{d}m$（x'，y'，z'）的引力

$$\mathrm{d}R = k \frac{\mathrm{d}m}{S^2} = k \frac{\rho}{S^2} \mathrm{d}v$$

k 为引力常数，ρ 为 $\mathrm{d}m$ 所占体积 $\mathrm{d}v$ 内的密度。对全球积分，得地球对此单位质量物体的引力

$$R = k \int_e \frac{\rho}{S^2} \mathrm{d}v \tag{2.5.1}$$

ρ 在全球内的分布是不均匀的。R 的分力 R_x，R_y，R_z 是

$$U = k \int_e \frac{\rho}{S} \mathrm{d}v$$

对 x，y，z 的偏导数：

$$R_x = -\frac{\partial U}{\partial x} = k \int_e \frac{\rho(x - x')}{S^3} \mathrm{d}v$$

$$R_y = -\frac{\partial U}{\partial y} = k \int_e \frac{\rho(y - y')}{S^3} \mathrm{d}v$$

$$R_z = -\frac{\partial U}{\partial z} = k \int_e \frac{\rho(z - z')}{S^3} \mathrm{d}v$$

U 为地球上单位质量点 P（x，y，z）的引力势。此物体由于地球以角速度 ω 自转而又有离心力

$$F = l\omega^2$$

为物体到地球自转轴的距离。此力由于 l 从赤道处最大向两极减小至零，而从赤道处的极大值减至两极为零。其分量 F_x，F_y，F_z 是

$$V = \frac{1}{2}(x^2 + y^2)\omega^2$$

对 x，y，z 的偏导数：

$$F_x = \frac{\partial V}{\partial x} = x\omega^2$$

$$F_y = \frac{\partial V}{\partial y} = y\omega^2$$

$$F_z = \frac{\partial V}{\partial z} = 0$$

V 为地球上单位质量点 P（x，y，z）的离心力势。R 与 F 的合力为重力

$$\boldsymbol{G} = \boldsymbol{R} + \boldsymbol{F} = \boldsymbol{g}$$

其中，$F \leqslant 0.003R$，g 为重力加速度。于是，地球上单位质量物体所受的重力为 g，等于重力加速度，为重力场强度，简称重力。重力势

$$W = U + V$$

以无限远处的势为零。则得重力分量

$$g_x = -\frac{\partial W}{\partial x}$$

$$g_y = -\frac{\partial W}{\partial y}$$

$$g_z = -\frac{\partial W}{\partial z}$$

若重力在方向 n，则

$$g = -\frac{\partial W}{\partial n}$$

而且

$$g = \sqrt{g_x^2 + g_y^2 + g_z^2}$$

将直角坐标系的 X，Y 轴移到相当平均海平面的大地水准面上，Z 轴铅直向下。将地球视为质量均匀分布的按一定角速度自转的以大地水准面为表面的旋转椭球体而算出的大地水准面上的重力场强度，为正常重力 g_e。由于地球质量实际分布不均匀而实测得的大地水准面上的重力强度，为 g_0。g_0 与 g_e 之差，为重力异常

$$\Delta g = g_0 - g_e$$

假定地球有均匀密度 ρ_e，其中有一个各点密度 ρ（x'，y'，z'）不均匀分布的体积 v，其所引起的质量偏差

$$\Delta m = \int_v (\rho - \rho_e)\mathrm{d}v$$

为异常质量。其对大地水准面上单位质量点所造成的引力改变量，由于此单位质量的离心力不变，而等于此点的重力异常，方向指向 v。由于 v 中的微质量 $\mathrm{d}m$（x'，y'，z'）在与其相距 S 的大地水准面上单位质量点 P（x，y，z）引起的重力异常

$$dg = k\frac{dm}{S^2} = k\frac{\rho - \rho_e}{S^2}dv$$

则整个 v 内的质量 Δm 在 P 点引起的重力异常

$$\Delta g = k\int_v \frac{\rho - \rho_e}{S^2}dv$$

若 v 为圆球形，其中的密度 ρ 均匀分布，球心与 P 点相距 S，球心深度为 z，则

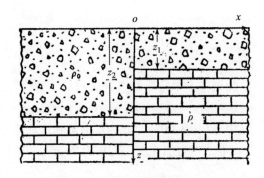

$$\Delta g = k\frac{z(\rho - \rho_0)v}{S^3} = k\frac{z\Delta m}{S^3}$$

若 Z 轴过此圆球心，则

$$S = \sqrt{x^2 + y^2 + z^2}$$

图 2.5.1　有竖坎的高密度水平层
引起的重力异常

若 v 为水平层上表面有一竖坎（图 2.5.1），其所造成的重力异常

$$\Delta g = k(\rho - \rho_e)\Big[\pi(z_2 - z_1) - 2z_1 \tan^{-1}\frac{x}{z_1} +$$
$$2z_2 \tan^{-1}\frac{x}{z_2} + x\ln\frac{x^2 + z_2^2}{x^2 + z_1^2}\Big]$$

若 v 为厚 h 水平无限延伸的平板，则

$$\Delta g = 2\pi k(\rho - \rho_e)h$$

若 v 为半径 R 上底深 z_1 下底深 z_2 的铅直圆柱体，则其轴与大地水准面交点的重力异常

$$\Delta g = 2\pi k(\rho - \rho_e)(z_2 - z_1 + \sqrt{z_1^2 + R^2} - \sqrt{z_2^2 + R^2})$$

当 $z_2 \to \infty$ 时，

$$\Delta g = 2\pi k(\rho - \rho_e)(\sqrt{z_1^2 + R^2} - z_1)$$

当 $z_1 = 0$ 时，

$$\Delta g = 2\pi k(\rho - \rho_e)(z_2 + R - \sqrt{z_2^2 + R^2})$$

若 v 为半径 R，轴深 z 的水平沿 Y 方向无限长的圆柱体，则

$$\Delta g = 2\pi kR^2 \frac{(\rho - \rho_e)z^2}{(z^2 + x^2)^{3/2}}$$

　　为把地表各点测得的重力值 g 进行比较，须将其换算到大地水准面上的重力值 g_0，以去掉各处地势高低不同的影响。将从大地水准面起算高程为 h 处的重力 g 换算到大地水准面上的重力 g_0 的过程，为空间改正。若地球的质量 M 集中于地心，则对地表单位质量物体的引力，由（2.5.1）知为

$$R = k\frac{M}{S^2}$$

取地球半径为 r，则在大陆上多数情况

$$S=r+h$$

代入前式，按泰勒展开，得

$$R=k\frac{M}{r^2}\left(1-\frac{2h}{r}+\frac{3h^2}{r^2}\cdots\right)$$

对 $h<1000$（米）的点，可略去二次方以上的高次项，得

$$R=R_0\left(1-\frac{2h}{r}\right)$$

由于单位质量的离心力不变，故得

$$g=g_0\left(1-\frac{2h}{r}\right)$$

则

$$g_0=g+\frac{2h}{r}g_0$$

计算时，右边的 g_0 可取为 g_e，则为

$$g_0=g+\frac{2h}{r}g_e$$

$\frac{2g_e}{r}h$ 为空间改正值。因大陆上的地表测点多在大地水准面以上，故空间改正值为正。但这个改正，只考虑了地表高差的影响，而没考虑地表到大地水准面间岩层引力的作用，因之还须做质量改正。这层岩体可视作大地水准面以上厚 h 的无限平板，其中深 D 处一微质量 $\mathrm{d}m$，对与其在地表水平面上的投影点 Q 水平相距 l 的点 P 处的单位质量的引力

$$\mathrm{d}R=k\frac{\mathrm{d}m}{l^2+D^2}$$

此岩体若视为以 P 点为中心，水平向外无限伸展的厚 h 的岩板，以 l 为半径在 Q 点的微弧长所对之中心角为 $\mathrm{d}\theta$，则此微弧长为 $l\mathrm{d}\theta$。于是，$\mathrm{d}m$ 的体积

$$\mathrm{d}v=\mathrm{d}l\cdot l\mathrm{d}\theta\cdot\mathrm{d}D$$

则此岩板对 P 点单位质量的引力

$$R=k\rho\int_{l=0}^{\infty}\int_{\theta=0}^{2\pi}\int_{D=0}^{h}\frac{Dl\,\mathrm{d}l\,\mathrm{d}\theta\,\mathrm{d}D}{(l^2+D^2)^{3/2}}=2\pi k\rho h$$

因

$$g_e=\frac{4}{3}\pi k\rho_e r$$

代入前式，得

$$R = \frac{3\rho g_{\mathrm e}}{2\rho_{\mathrm e} r} h$$

因层位在大地水准面以上，故应减去此力。则空间改正和质量改正的总改正值为

$$\frac{2 g_{\mathrm e}}{r} h - \frac{3\rho g_{\mathrm e}}{2\rho_{\mathrm e} r} h = \frac{2 g_{\mathrm e}}{r}\left(1 - \frac{3\rho}{4\rho_{\mathrm e}}\right) h$$

于是

$$g_0 = g + \frac{2 g_{\mathrm e}}{r}\left(1 - \frac{3\rho}{4\rho_{\mathrm e}}\right) h$$

此为布格改正。若测点所在地面位于大地水准面以下，如吐鲁番盆地，则空间改正值为负，而布格改正中不加质量改正。地形改正，当密度为 1 时是 T，而密度为 ρ 时是 ρT，此值总是正的。则得

$$g_0 = g + \frac{2 g_{\mathrm e}}{r}\left(1 - \frac{3\rho}{4\rho_{\mathrm e}}\right) h + \rho T$$

此 g_0 与 $g_{\mathrm e}$ 之差，为布格异常：

$$\Delta g = g - g_{\mathrm e} + \frac{2 g_{\mathrm e}}{r}\left(1 - \frac{3\rho}{4\rho_{\mathrm e}}\right) h + \rho T$$

将直角坐标系的 X，Y 轴移至地平面上，Z 轴铅直向下，地球中一变形体 v 与地球相比甚小，以致可用半无限空间 $z \geqslant 0$ 代表地球，则当地面测点 P（x，y，z）对此坐标系不动时，v 内一与 P 相距 S 密度为 ρ（x'，y'，z'）的点发生位移 u（x'，y'，z'），而使变形后对此坐标系不动的微体积 $\mathrm dv$ 内的质量增加 $-\nabla(\rho u)\,\mathrm dv$，则 P 点的重力势因之而增加 $\dfrac{k\,\nabla(\rho u)}{S}\,\mathrm dv$；从 v 内经其界面 $\mathrm dA$ 移出质量 $\rho\boldsymbol u \cdot \boldsymbol n \mathrm dA$，$\boldsymbol n$ 是 $\mathrm dA$ 的法向单位向量，则 P 点的重力势因之而增加 $-\dfrac{k\rho\boldsymbol u \cdot \boldsymbol n}{S}\,\mathrm dA$。于是，由于 v 变形引起的 P 点重力势变化

$$\delta W = k\int_v \frac{\nabla(\rho u)}{S}\,\mathrm dv - k\int_A \frac{\rho\boldsymbol u \cdot \boldsymbol n}{S}\,\mathrm dA$$

得重力变化

$$\delta g_{\mathrm d} = k\int_v \frac{(z - z')\,\nabla(\rho u)}{S^3}\,\mathrm dv - k\int_A \frac{(z - z')\rho\boldsymbol u \cdot \boldsymbol n}{S^3}\,\mathrm dA$$

v 的界面 A，由地面 $A_{\mathrm g}$、与非变形围岩界面 A_0 及 $A_{\mathrm g}$ 和 A_0 所包围空间内的全部空洞表面 $A_{\mathrm c}$，所构成。若 A_0 不动，则其上的 $u=0$，于是这部分面积分为零；变形后地面上升 h，则 $A_{\mathrm g}$ 上的面积分为 $-2\pi k\rho h$。因 P 点在变形前的地面上不动，则 v 变形引起的重力变化

$$\delta g_{\mathrm d} = -k\int_v \frac{z'\,\nabla(\rho u)}{S^3}\,\mathrm dv + k\int_{A_c} \frac{z'\rho\boldsymbol u \cdot \boldsymbol n}{S^3}\,\mathrm dA - 2\pi k\rho h$$

但 P 点实际上在变形过程中随地面一起移动，因之还要考虑空间效应 $-\dfrac{8\pi}{3}h\rho_e h$ 及厚 h 一层岩板变形后与变形前对 P 点的重力差 $4\pi k\rho h$。v 外密度为 ρ' 的围岩质量移进 A_g 和 A_0 所包围的空洞内时，则经 A_0 移进 A_c 内的质量 $\rho'\boldsymbol{u}'\cdot\boldsymbol{n}\mathrm{d}A$，又使 P 点重力变化

$$\delta g_m = k\int_{A_c}\frac{z'\rho'\boldsymbol{u}'\cdot\boldsymbol{n}}{S^3}\mathrm{d}A$$

于是，在地壳构造运动中由于 v 变形和移进质量引起的 P 点重力变化

$$\delta g = -k\int_v \frac{z'\,\nabla(\rho u)}{S^3}\mathrm{d}v + k\int_{A_c}\frac{z'(\rho u+\rho'u')\cdot\boldsymbol{n}}{S^3}\mathrm{d}A + 2\pi k\left(\rho-\frac{4}{3}\rho_e\right)h$$

式中，第一项是变形体内密度变化引起的重力效应，第二项是岩体变形中从空洞表面移进质量引起的重力效应，第三项是变形体变形中高程变化引起的重力效应。可见，岩体构造运动中引起重力变化的效应，有岩体密度变化、地壳质量迁移和地面高程变化。

地表质量为 m 的物体受地球的体力 R 作用，在视作半无限空间的地球中一个面 A 上产生应力 σ_{ij}。若 m 铅直移动 $\mathrm{d}c_z$，则 A 面产生相对位移 $\mathrm{d}u_i$，于是系统的引力和弹性能增量

$$\mathrm{d}E = R_z\mathrm{d}c_z + \int_A \sigma_{ij}\,\mathrm{d}u_i\mathrm{d}A$$

若在程序上，光把 m 铅直移动 Δc_z，则 σ_{ij} 变成 $\sigma_{ij}+\left(\dfrac{\partial\sigma_{ij}}{\partial c_z}\right)_{u_i}\Delta c_z$，再使 A 产生相对位移 u_i，则系统能量的变化

$$\delta E = R_z\Delta c_z + \frac{1}{2}\left(\frac{\partial R_z}{\partial c_z}\right)u_i(\Delta c_z)^2 + \int_A\left[\sigma_{ij}+\left(\frac{\partial\sigma_{ij}}{\partial c_z}\right)u_i\Delta c_z+\frac{1}{2}\bar\sigma_{ij}\right]u_i\mathrm{d}A \quad (2.5.2)$$

$\bar\sigma_{ij}$ 是 c_z 固定而 A 面产生相对位移 u_i 引起的应力变化。反过来，先使 A 面产生相对位移 u_i；则 R_z 变成 $R_z+\Delta R_z$，再使 m 铅直移动 Δc_z，则系统能量的变化

$$\delta E = \int_A\left(\sigma_{ij}+\frac{1}{2}\bar\sigma_{ij}\right)u_i\mathrm{d}A + (R_z+\Delta R_z)\Delta c_z + \frac{1}{2}\left(\frac{\partial R_z}{\partial c_z}\right)u_i(\Delta c_z)^2 \quad (2.5.3)$$

因（2.5.2）和（2.5.3）恒等，则得由于 A 面产生相对位移 u_i 所引起 m 的铅直引力变化（图 2.5.2）

$$\delta R_z = \int_A\left(\frac{\partial\sigma_{ij}}{\partial c_z}\right)_{u_i}u_i\mathrm{d}A \quad (2.5.4)$$

又

$$m\delta g_z = \delta R_z + \delta F_z \quad \delta F_z = 0$$

则由（2.5.4）得重力铅直分量变化

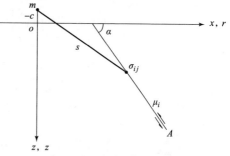

图 2.5.2　半无限空间中平行 Y 轴倾角为 α 的冲断层 A 错动引起重力变化图示

$$\delta g_z = \frac{1}{m} \int_A \left(\frac{\partial \sigma_{ij}}{\partial c_z} \right)_{u_i} u_i \, \mathrm{d}A \tag{2.5.5}$$

同样，可得重力水平分量变化

$$\delta g_r = \frac{1}{m} \int_A \left(\frac{\partial \sigma_{ij}}{\partial c_r} \right)_{u_i} u_i \, \mathrm{d}A \tag{2.5.6}$$

故，只要求出 $\dfrac{1}{m}\left(\dfrac{\partial \sigma_{ij}}{\partial c_z}\right)u_i$ 和 $\dfrac{1}{m}\left(\dfrac{\partial \sigma_{ij}}{\partial c_r}\right)u_i$，则地球中任一位错分布所引起的重力变化，都可由（2.5.5）和（2.5.6）确定。此二式中的应力，当 m 位于地表以上 c 高度点（0，0，$-c$），则为

$$\sigma_{rr} = k \, \frac{m\rho \left[\dfrac{z}{S \, (S+z+c)} - z \, (z+c) \right]}{S^3}$$

$$\sigma_{zz} = k \, \frac{m\rho z \, (z+c)}{S^3}$$

$$\sigma_{\theta\theta} = -k \, \frac{m\rho z}{S \, (S+z+c)}$$

$$\sigma_{rz} = k \, \frac{m\rho z r}{S^3}$$

其中

$$S^2 = r^2 + \, (z+c)^2$$

$$\sigma_{rr} + \sigma_{zz} + \sigma_{\theta\theta} = 0$$

可见，无体积胀缩。转到直角坐标系中，可用关系

$$\begin{array}{c} \sigma_{xx} \\ \sigma_{xy} \\ \sigma_{yy} \end{array} \bigg| \begin{array}{c} 1 \\ = 0 \\ 1 \end{array} \bigg| \, \sigma_{\theta\theta} + xy \, \bigg| \begin{array}{c} x^2 \\ \\ y^2 \end{array} \bigg| \, \frac{\sigma_{rr} - \sigma_{\theta\theta}}{r^2}$$

$$\begin{array}{c} \sigma_{yz} \\ \sigma_{zx} \end{array} \bigg| = \begin{array}{c} y \\ x \end{array} \bigg| \, \frac{\sigma_{rz}}{r}$$

$$\sigma_{zz} = k \, \frac{m\rho z \, (z+c)}{S^3}$$

沿 X 轴的重力水平分量变化 δg_x 引起水准变化

$$\Delta h = \frac{\delta g_x}{g_x}$$

所以要对水准变化进行校正。位错 u_i 和倾角 α 沿 A 面变化，因

$$\frac{1}{m}\left(\frac{\partial \sigma_{xx}}{\partial c_z}\right)_{u_i}=k\frac{\rho z\ (1-3x^2)}{S^5}$$

$$\frac{1}{m}\left(\frac{\partial \sigma_{zz}}{\partial c_z}\right)_{u_i}=k\frac{\rho z\ (1-3z^2)}{S^5}$$

$$\frac{1}{m}\left(\frac{\partial \sigma_{xz}}{\partial c_z}\right)_{u_i}=-3k\frac{\rho x z^2}{S^5}$$

则冲断面 A 位错引起的铅直重力变化

$$\delta g_z = 3k\int_A \frac{\rho z}{2S^5}[2xz\cos2\alpha-(x^2-z^2)\sin2\alpha]u_i\mathrm{d}A$$

若 u_i，α 沿 Y 轴均匀分布，则沿 Y 轴积分，得

$$\delta g_z = 2k\int_A \frac{\rho z}{(x^2+z^2)^2}[2xz\cos2\alpha-(x^2-z^2)\sin2\alpha]u\mathrm{d}A \qquad (2.5.7)$$

此冲断面沿 Y 轴很长，则引起的地面上升

$$h = \frac{1}{\pi}\int_A \frac{z}{(x^2+z^2)^2}[2xz\cos2\alpha-(x^2-z^2)\sin2\alpha]u\mathrm{d}A$$

代入 (2.5.7)，得

$$\delta g_z = 2\pi k\rho h$$

沿走向均匀分布的超长冲断层，都满足此式。它说明，位错和倾角沿走向均匀分布的超长冲断层位错所引起的重力铅直分量变化与地面局部上升成正比。若 m 在地面上，则 δg_z 还需考虑空间效应 $-\frac{8\pi}{3}k\rho_e h$。于是，

$$\delta g_z = -\frac{8\pi}{3}k\rho_e h + 2\pi k\rho h = 2\pi k\left(\rho-\frac{4}{3}\rho_e\right)h$$

对有限长断层，尚须有一校正系数。

　　为求有限大小构造形象活动引起的地面二维重力场变化，取地球中与其相比甚小的变形体 v，其中各变形微体积 $\mathrm{d}v$ 内的质量 $\mathrm{d}m$ 不变，其中有不均匀的密度 $\rho\ (x',\ y',\ z')$，则 v 变形前 $\mathrm{d}m\ (x'_1,\ y'_1,\ z'_1)$ 在地表单位质量所在点 $P_1\ (x_1,\ y_1,\ z_1)$ 的引力势

$$U_{1-1} = k\frac{\rho}{S_{1-1}}\mathrm{d}v$$

其中 $\mathrm{d}m\ (x'_1,\ y'_1,\ z'_1)$ 所在点与 P_1 的距离

$$S_{1-1} = \sqrt{(x'_1-x_1)^2+(y'_1-y_1)^2+(z'_1-z_1)^2}$$

则 $\mathrm{d}m\ (x'_1,\ y'_1,\ z'_1)$ 对 P_1 点单位质量的引力

$$R_{1-1} = -\frac{\partial U_{1-1}}{\partial S_{1-1}} = \frac{k\rho\,\mathrm{d}v}{S_{1-1}^3}\left[(x_1'-x_1)\,\boldsymbol{i} + (y_1'-y_1)\,\boldsymbol{j} + (z_1'-z_1)\,\boldsymbol{k}\right]$$

$\boldsymbol{i}$，$\boldsymbol{j}$，$\boldsymbol{k}$ 是坐标方向的单位向量。v 变形后 $\mathrm{d}m$ 所在点通过分量为 u'（x'，y'，z'），v'（x'，y'，z'），w'（x'，y'，z'）的位移而移到点（x_2'，y_2'，z_2'），P_1 点随地表变形而移到 P_2（x_2，y_2，z_2），则此时 $\mathrm{d}m$（x_2'，y_2'，z_2'）在 P_2 点的引力势

$$U_{2-2} = k\frac{\rho}{S_{2-2}}\mathrm{d}v$$

$\mathrm{d}m$（x_2'，y_2'，z_2'）所在点的坐标分量

$$\left.\begin{aligned}x_2' &= x_1' + u' \\ y_2' &= y_1' + v' \\ z_2' &= z_1' + w'\end{aligned}\right\}$$

则 $\mathrm{d}m$（x_2'，y_2'，z_2'）所在点与 P_2 的距离

$$\begin{aligned}S_{2-2} &= \sqrt{(x_2'-x_2)^2 + (y_2'-y_2)^2 + (z_2'-z_2)^2} \\ &= \sqrt{(x_1'+u'-x_2)^2 + (y_1'+v'-y_2)^2 + (z_1'+w'-z_2)^2}\end{aligned}$$

得 $\mathrm{d}m$（x_2'，y_2'，z_2'）对 P_2 点单位质量的引力

$$R_{2-2} = -\frac{\partial U_{2-2}}{\partial S_{2-2}} = \frac{k\rho\,\mathrm{d}v}{S_{2-2}^3}\left[(x_1'+u'-x_2)\boldsymbol{i} + (y_1'+v'-y_2)\boldsymbol{j} + (z_1'+w'-z_2)\boldsymbol{k}\right]$$

于是，因单位质量从 P_1 移到 P_2 的离心力变化可视为零，则由于质量 $\mathrm{d}m$ 在 v 变形过程中发生位移，并使 P_1 移至 P_2 而引起的重力变化

$$\begin{aligned}\mathrm{d}g &= R_{2-2} - R_{1-1} \\ &= k\left[\left(\frac{x_1'+u'-x_2}{S_{2-2}^3} - \frac{x_1'-x_1}{S_{1-1}^3}\right)\boldsymbol{i} + \left(\frac{y_1'+v'-y_2}{S_{2-2}^3} - \frac{y_1'-y_1}{S_{1-1}^3}\right)\boldsymbol{j} + \right. \\ &\quad \left. \left(\frac{z_1'+w'-z_2}{S_{2-2}^3} - \frac{z_1'-z_1}{S_{1-1}^3}\right)\boldsymbol{k}\right]\rho\,\mathrm{d}v\end{aligned}$$

得变形体 v 变形引起的地面重力铅直分量变化

$$\delta g_z = k\int_v\left(\frac{z_1'+w'-z_2}{S_{2-2}^3} - \frac{z_1'-z_1}{S_{1-1}^3}\right)\rho\,\mathrm{d}v \tag{2.5.8}$$

P_2 点的坐标分量

$$\left.\begin{aligned}x_2 &= x_1 + u\,(x,\ y,\ z) \\ y_2 &= y_1 + v\,(x,\ y,\ z) \\ z_2 &= z_1 + w\,(x,\ y,\ z)\end{aligned}\right\}$$

其中

$$z_1 = 0$$
$$z_2 = w = h\,(x,\ y,\ z)$$

代入 (2.5.8)，得 v 变形引起的地面重力铅直分量变化的水平二维分布表示式

$$\delta g_z(x,y)=k\int_v\left\{\frac{z'_1+w'-h}{[(x'_1+u'-x_1-u)^2+(y'_1+v'-y_1-v)^2+(z'_1+w'-h)^2]^{3/2}}\right.$$
$$\left.-\frac{z'_1}{[(x'_1-x_1)^2+(y'_1-y_1)^2+z'^2]^{3/2}}\right\}\rho(x',y',z')\mathrm{d}x'\mathrm{d}y'\mathrm{d}z'$$

计算时，需根据构造形象的三维位移场中 u'，v'，w' 分布的解和地面三维位移场中 u，v，h 分布的解或地形变测量结果，来选取 v 的边界，并代入上式计算地面重力铅直分量变化的水平二维分布场。图 2.5.3 所示的计算结果表明，平错断层所引起的地表重力铅直分量变化量相对等值线的水平分布，在两盘成反对称形态。两盘水平错动各自向前移动所指向一端附近区域的铅直重力值上升，而相背一端附近区域的则下降。

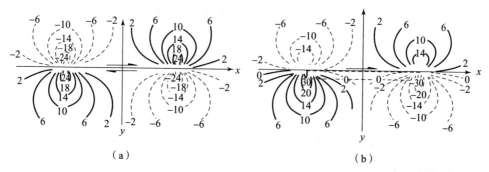

图 2.5.3　用倾角 $89.9°$（a）和 $75°$（b）断层水平位错模型的位移解，算得的地面重力
铅直分量变化的水平分布场（张超等，1981）

二、地磁变化

磁性岩体两点磁极的磁量为 m，m'，间距为 S，则二极间的磁力

$$f_m=\frac{mm'}{S^2}$$

f_m 为正，是斥力；f_m 为负，是吸力。单位磁量正磁极所受的磁力，为该点的磁场强度

$$f=\frac{f_m}{m}=\frac{m'}{S^2}\qquad(2.5.9)$$

一长为 l 两端磁量为 $+m'$，$-m'$ 磁偶极子的磁矩

$$M_1=m'l$$

M_1 方向从负极（S）到正极（N）。磁性岩体在地磁场中为磁偶极子群，有总磁矩 M。岩体单位体积的磁矩，为磁化强度

$$\boldsymbol{I}=\frac{\boldsymbol{M}}{v}$$

于是，

$$m'l = M = vI \tag{2.5.10}$$

岩体在现今地磁场中被感应磁化而生成感应磁化强度 I_I，其大小与磁化此岩体的原地磁场强度 F 成正比，方向与 F 相同

$$I_I = \kappa F \tag{2.5.11}$$

κ 为岩体磁化率，是被磁化岩体在单位磁化场强作用下的感应磁化强度。F 等于 1 个电磁单位时

$$I_I = \kappa$$

κ 为正，是顺磁性岩体，I 与 F 同向；κ 为负，是反磁性岩体，I 与 F 反向；κ 为正又大，是铁磁性岩体，I 与 F 同向。磁化率均匀的岩体，在均匀地磁场中，被均匀磁化。岩体被铅直地磁场沿铅直方向磁化，为铅直磁化。在其他方向被磁化，为倾斜磁化。磁化场强，为外加磁场强度 F_e 与磁性岩体磁场强度 F_i 之和

$$F = F_e + F_i$$

一般

$$F_e \gg F_i$$

故常取

$$F = F_e$$

F 增大，I_I 增大；F 减小，I_I 亦减小。但 F 减到零时，I_I 有不能恢复的剩余量，为剩余磁化强度。

岩体在地壳各种天然条件下于以前的地磁场及古地磁场中已经获得的剩余磁化强度，为天然剩余磁化强度 I_{NR}。岩体在 $600℃ \sim 700℃$ 以上没有磁性，此为居里温度（图 2.5.5）。岩体温度从居里点以上在地磁场中冷却至常温而获得的剩余磁化强度，为热力剩余磁化强度 I_{TR}。岩体温度在居里点以下于地磁场中经过化学过程而获得的剩余磁化强度，为化学剩余磁化强度 I_{CR}。磁性小颗粒在地磁场中沉积成岩而成的剩余磁化强度，为沉积剩余磁化强度 I_{DR}。岩体在地磁场中保持一定温度而获得的剩余磁化强度，为等温剩余磁化强度 I_{IR}。岩体长期处于地磁场中松弛而获得的剩余磁化强度，为黏滞剩余磁化强度 I_{VR}。岩体在地磁场中受载后卸载而获得的剩余磁化强度，为受载剩余磁化强度 I_{LR}。它们的向量和，为总天然剩余磁化强度 I_R。

I_I 取决于现今地磁场强度和岩体的磁化率。I_R 则与以前地磁场有关，而与现今地磁场的作用无关。绝大多数火成岩的 $I_R > I_I$。感应磁化强度与总天然磁余磁化强度一起，构成岩体的磁化强度

$$I = I_I + I_R$$

岩体的这些基本磁性，在地壳中随多种因素而变化。岩石磁化率，与其密度成正化（图 2.5.4），随温度升高微有上升后在居里点突然下降以至失去磁性（图 2.5.5），可见地壳 $20 \sim 30$ 千米深以下的岩体无磁性，此界面为居里等温面。

岩石天然剩余磁化强度，随温度升高和围压增加而降低（图 2.5.6～图 2.5.7）。岩石体积膨胀对其天然剩余磁化强度影响不大（图 2.5.8a），但循环加卸载中，卸载时的等温剩余磁化强度不恢复原值，而且其在零应力时的值随加载次数增加而减小（图 2.5.8b）。岩石在恒压应力下，各向天然剩余磁化强度均随时间急减后缓慢下降（图 2.5.9）。岩石在单向压缩下，沿其中的斜面滑动时，各向热力剩余磁化强度均减小，但不可逆（图 2.5.10）。

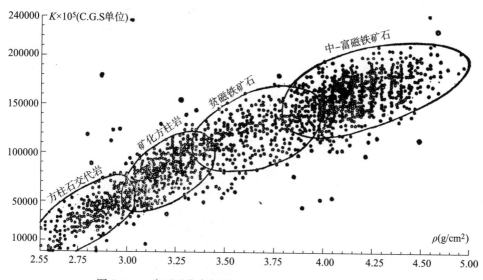

图 2.5.4　岩石磁化率与密度的关系（А. Д. Смирнов，1967）

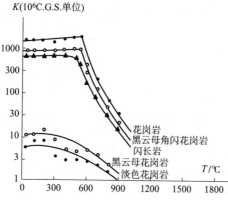

图 2.5.5　岩石磁化率与温度的关系
（Н. Б. Дортман，1976）

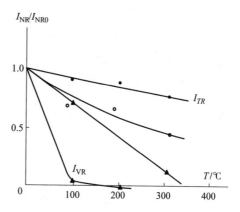

图 2.5.6　花岗岩在 150MPa 围压下的天然剩余磁化强度及其各种组合剩余磁化强度与温度的关系（Т. С. Лебедев 等，1974）

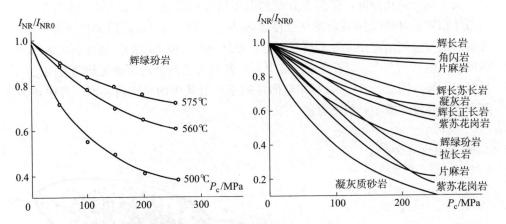

图 2.5.7　岩石天然剩余磁化强度随围压的变化（T. C. Лебедев，1974）

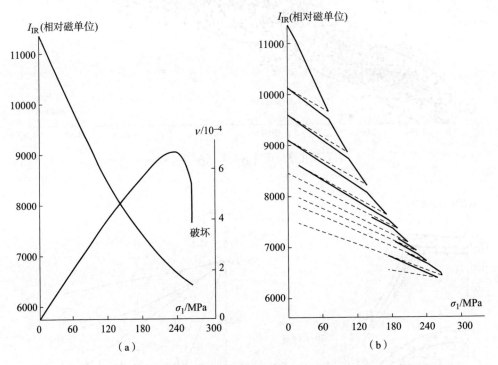

（a）　　　　　　　　　　　　　　　　（b）

图 2.5.8　辉长岩平行单向压缩轴的等温剩余磁化强度与应力大小和体应变的
关系（a）及在应力加卸循环中的变化（b）（J. Randolph 等，1975）

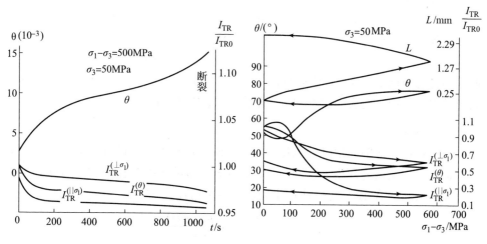

图 2.5.9　侵入岩在围压下受恒应力单轴
压缩蠕变中，体应变和热力剩余磁化强度
及其轴向分量、径向分量在随时间变化
中的关系（M. Wyss 等，1977）

图 2.5.10　侵入岩在围压下单向压缩中，
斜面滑动位移和热力剩余磁化强度及其与
压轴交角、轴向分量、径向分量随差应力
变化中的关系（M. Wyss 等，1977）

岩体被原地球磁场感应磁化后与早已存在的剩余磁性一起形成自己的磁场。这种磁场与原地球磁场之和，构成现今地磁场。其强度为 F，水平分量的 F_h，铅直分量 F_z，在北半球向下，为正；在南半球向上，为负。磁倾角 $\theta = \tan^{-1}\dfrac{F_z}{F_h}$。由于地球岩体磁化强度分布不均匀，其中均匀磁化球地磁场为正常地磁场 F_0，磁化强度与之有偏差岩体所在地区的地磁场 F 与 F_0 之差的场，为地磁异常场

$$\Delta F = F - F_0$$

因之，地磁场总的组成成分有：均匀磁化地球磁场、比地球平均磁化强度高出来的大陆大小范围的大陆磁异常场、巨大构造区域内磁化强度与前两种有偏差而构成的区域磁异常场、小地质体内磁化强度与前者有偏差而成的局部磁异常场及地外原因引起的磁异常场。于是，地球磁场强度

$$F = F_0 + \Delta F_\text{陆} + \Delta F_\text{区} + \Delta F_\text{局} + \Delta F_\text{外}$$

具体应用时，为区别出局部地磁异常场，常把比所观注地磁异常区大很多而足以作为其背景地区的场与地外场之和，视为正常场。如，（$F_0 + \Delta F_\text{陆} + \Delta F_\text{外}$）或（$F_0 + \Delta F_\text{陆} + \Delta F_\text{区} + \Delta F_\text{外}$）。此类正常场，均随时间变化。必须在取异常场时，消除此类正常场的变化，以正确显示出真正的局部地磁异常场。

由于岩体磁化强度、磁荷密度、磁化率的改变，引起局部地磁异常场。所讨论岩体的磁化强度为 I，磁荷密度为 ρ，磁化率为 κ，围岩的磁化强度为 I_0，磁荷密度为 ρ_0，磁化率为 κ_0，则产生磁异常岩体的磁化强度改变

$$\Delta I = I - I_0$$

磁荷密度改变

$$\Delta\rho=\rho-\rho_0$$

磁化率改变

$$\Delta\kappa=\kappa-\kappa_0$$

取地面直角坐标系的 x，y 轴水平，z 轴铅直向下。构造运动中形成的各种形状磁异常岩体，均在地表引起不同分布形态的地磁异常场。

1. 点磁极

细柱状岩体被轴向地磁场磁化后，只在两端带有磁荷而成点磁极。下端向下无限延伸，顶端则为深度 D、面积 A、磁荷密度 ρ 的点磁 S 极，它在从顶心至地表投影点量起的 X 轴上点 P 所产生的地磁异常场强度

$$\Delta F=\frac{(\rho-\rho_0)A}{S^2}=\frac{(\rho-\rho_0)A}{D^2+x^2}$$

方向指向点磁 S 极。S 为 P 点到柱状岩体顶端中心的距离。铅直地磁异常场强度分量

$$\Delta F_z=\frac{(\rho-\rho_0)AD}{(D^2+x^2)^{3/2}}$$

水平分量

$$\Delta F_h=-\frac{(\rho-\rho_0)AD}{(D^2+x^2)^{3/2}}$$

2. 磁化球

铅直磁化岩球所产生的磁场，相当一个位于球心的铅直短磁棒的磁场。岩球体积为 v，磁化强度为 I，球心深度为 D，则其在从球心至地表投影点量起的 X 轴上点 P 所产生的铅直地磁异常场强度

$$\Delta F_z=(I-I_0)v\frac{2D^2-x^2}{(D^2+x^2)^{5/2}}$$

水平地磁异常场强度

$$\Delta F_h=-(I-I_0)v\frac{3Dx}{(D^2+x^2)^{5/2}}$$

3. 线磁极

厚 $2b$ 的顺层磁化薄岩板，上顶 S 极的深度为 D，水平方向和下端均无限延伸。上顶单位长的磁量为 $2b\rho$，则其在从此单位长面积中心在地表投影点量起的横向 X 轴上点 P 所产生的地磁异常场强度

$$\Delta F=\frac{2b(\rho-\rho_0)}{S}$$

S 为从 P 至上顶单位长面积中心的距离。铅直地磁异常场强度

$$\Delta F_z = \frac{4bD\ (\rho-\rho_0)}{S^2}$$

水平地磁异常场强度

$$\Delta F_h = -\frac{4bx\ (\rho-\rho_0)}{S^2}$$

4. 水平圆柱体

轴深 D、横截面为 A 的水平圆柱体，被铅直磁化，单位长磁化强度为 I_1。从其轴在地表投影横向量起的 X 轴上点 P 所产生的铅直地磁异常场强度

$$\Delta F_z = 2A\ (I_1-I_{01})\ \frac{D^2-x^2}{(D^2+x^2)^2}$$

水平地磁异常场强度

$$\Delta F_h = -4A\ (I_1-I_{01})\ \frac{D^2x}{(D^2+x^2)^2}$$

5. 无限水平磁化面

顶面水平无限延伸，底向下无限延伸的岩基，在磁倾角为 θ 的地磁场 F 中被磁化后，顶面带密度为 ρ 的负磁荷。磁荷面密度等于其所在点感应磁化强度在表面法向的投影

$$\rho = I_1\sin\theta = \kappa F\sin\theta$$

则在地面产生水平均匀分布的地磁异常场强度

$$\Delta F_z = 2\pi\ (\rho-\rho_0)\ = 2\pi\ (\kappa-\kappa_0)\ F\sin\theta$$

6. 无限水平磁化板

水平岩层在地磁场中磁化后，顶面均匀分布负磁荷，底面均匀分布正磁荷，密度相等。则它们在地面形成的地磁异常场，等值反向，互相抵消：

$$\Delta F_z = 2\pi\ (\rho-\rho_0)\ + [-2\pi\ (\rho-\rho_0)]\ = 0$$

7. 倾斜薄板

厚 $2b$、顶面深度 D、水平和向下无限延伸、倾角 α 的薄岩脉，与磁化场强度交角为 β 磁化后，顶面有负磁荷，单位长磁化强度为 I_1，则从其在地面投影量起的横向 X 轴上 P 点所生的铅直地磁异常场强度

$$\Delta F_z = \frac{4b\ (I_1-I_{01})\ \sin\alpha}{D^2+x^2}\ (D\cos\beta-x\sin\beta)$$

8. 倾斜厚板

厚 $2b$、顶面深度 D、水平和向下无限延伸、倾角 α 的顺层磁化厚岩脉，磁化后单位长磁化强度为 I_1，则从顶心在地面投影量起的横向 X 轴上 P 点所产生的铅直地磁异常场强度

$$\Delta F_z = 2\ (I_1 - I_{01})\ \sin\alpha\left(\operatorname{arctg}\frac{x+b}{D} - \operatorname{arctg}\frac{x-b}{D}\right)$$

若厚岩脉与磁化场强度有交角 β，则

$$\Delta F_z = 2\ (I_1 - I_{01})\ \sin\alpha\left[\cos\beta \cdot (\varphi_A - \varphi_B)\ + \frac{1}{2}\sin\beta \cdot \ln\frac{S_B}{S_A}\right]$$

φ_A 为 P 至较远的岩脉顶边连线 S_A 与 P 点铅直线的交角，φ_B 为 P 至较近顶边连线 S_B 与 P 点铅直线的交角。

9. 有限宽水平薄板

厚 $2b$、水平宽 $2a$、无限延长水平薄岩层，中面深度为 D，铅直磁化后，由于薄岩层截面磁矩 $M_1 = I_1 2a2b$，则从其中轴线在地表投影量起的横向 X 轴上点 P 所产生的铅直地磁异常场强度

$$\Delta F_z = 8(I_1 - I_{01})ab\ \frac{D^2 + a^2 - x^2}{[D^2 + (x+a)^2][D^2 + (x-a)^2]}$$

10. 接触面

磁化方向平行接触面，倾角为 θ，岩体顶面水平无限延伸，底面也无限延伸，则磁性岩层一边顶面带负磁荷，问题变成半无限水平磁化面。非磁性岩层在地面产生的铅直地磁异常场强度为零，向二岩层接触面方向逐渐增加，当在磁性岩层顶部地面上远离接触面处则达 $2\pi\ (\rho - \rho_0)$，其中

$$\rho - \rho_0 = (I_1 - I_{01})\sin\theta = (\kappa - \kappa_0)F\sin\theta$$

若接触面铅直，磁倾角 $\theta = 90°$，则

$$\rho - \rho_0 = I_1 - I_{01} = (\kappa - \kappa_0)F$$

若接触面两边岩层都有磁性，磁化率差为 $\Delta\kappa$，则接触面两边地表铅直地磁异常场强度差

$$\Delta F_z - \Delta F_z' = \frac{1}{2}\Delta\kappa\ F\sin\theta$$

11. 水平板接触面

磁化方向平行接触面，非磁性水平岩层在顶部地面产生的地磁异常场强度为零，而磁性水平岩层上面和下面在顶部地面产生的地磁异常场强度等值反向，其和也是零。

12. 断层

顶面深度 D、水平无限延伸、下底也无限延伸的岩体被铅直错断，错距为 d，铅直磁化，则从断层在地面投影量起的横向 X 轴上 P 点所产生的铅直地磁异常场强度

$$\Delta F_z = 2\ (I_1 - I_{01})\ \operatorname{arctg}\frac{xd}{D^2 + x^2 + Dd}$$

岩石单轴受载，均发生磁性效应。其中，有随载荷加卸的可逆磁性效应和随载荷加卸的不可逆磁性效应两种。

(1) 岩石单轴受载的可逆磁性效应：加载时磁性发生变化，卸载后磁性变化消失而回到加载前的初始状态。

岩石在与应力 σ_1 成 θ 角的磁场强度 F 方向的磁化率

$$\kappa^{(\theta)} = \kappa^{(\parallel\sigma_1)} \cos^2\theta + \kappa^{(\perp\sigma_1)} \sin^2\theta \qquad (2.5.12)$$

图 2.5.11 的实验结果表明，当单轴压缩应力 $\sigma_1 \leqslant 140$ 兆帕时，岩石在与 σ_1 平行的磁场强度 F 方向的磁化率，随 σ_1 的增加而减小，并遵从关系式

$$\kappa^{(\parallel\sigma_1)} = \frac{\kappa_0}{1+\alpha\sigma_1}$$

κ_0 为 $\sigma_1 = 0$ 时的岩石磁化率，火成岩的压磁系数 $\alpha = (0.5-5.0) \times 10^{-3}$ （兆帕$^{-1}$）。在地壳，$\alpha\sigma_1 \ll 1$，则上式变成

$$\kappa^{(\parallel\sigma_1)} = \kappa_0 (1-\alpha\sigma_1) \qquad (2.5.13)$$

图 2.5.11 的实验结果还说明，岩石在与单轴压缩应力 σ_1 垂直的磁场强度 F 方向的磁化率，随 σ_1 增加而增大，并遵从关系式

$$\kappa^{(\perp\sigma_1)} = \kappa_0 \left(1+\frac{\alpha}{2}\sigma_1\right) \qquad (2.5.14)$$

将 (2.5.13) 和 (2.5.14) 代入 (2.5.12)，得 （图 2.5.12a）

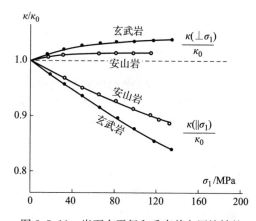

图 2.5.11 岩石在平行和垂直单向压缩轴的
磁场强度方向的磁化率与单向压应力的关系
(Kapitsa，1969)

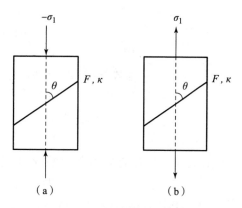

图 2.5.12 岩石磁化率与受载及
磁场强度方向的关系

$$\kappa^{(\theta)} = \kappa_0 \left[1 - \frac{\alpha}{4} (3\cos2\theta+1) \sigma_1\right] \qquad (2.5.15)$$

此式与图 2.5.13 的实验结果一致。

若 σ_1 为张应力则相反，岩石在与 σ_1 平行的磁场强度 F 方向的磁化率，随 σ_1 的增加而增大，并遵从关系式

$$\kappa^{(\sigma_1)} = \kappa_0 \ (1 + \alpha \sigma_1) \tag{2.5.13'}$$

而在与 σ_1 垂直的磁场强度 F 方向的磁化率，随 σ_1 的增加而减小，并遵从关系式

$$\kappa^{(\perp \sigma_1)} = \kappa_0 \left(1 - \frac{\alpha}{2} \sigma_1\right) \tag{2.5.14'}$$

将（2.5.13'）和（2.5.14'）代入（2.5.12），得（图 2.5.12b）

$$\kappa^{(\theta)} = \kappa_0 \left[1 + \frac{\alpha}{4} \ (3\cos 2\theta + 1) \ \sigma_1\right] \tag{2.5.15'}$$

（2.5.15）、（2.5.15'）适用的条件，都是 $\alpha\sigma_1 \ll 1$；$\sigma_1 \leqslant 140$ 兆帕。

　　图 5.4.14 的实验结果表明，当单轴压应力 $\sigma_1 \leqslant 100$ 兆帕时，岩石在与 σ_1 平行方向的热力剩余磁化强度，随 σ_1 的增加而减小，并遵从关系式

$$I_{TR}^{(\parallel \sigma_1)} = I_{TR0} \ (1 - \beta \sigma_1) \tag{2.5.16}$$

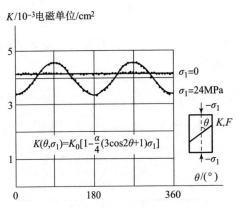

图 2.5.13　玄武岩在磁场强度方向的
磁化率和其与单轴压应力交角的关系
（J. W. Kern, 1961）

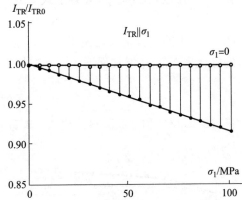

图 2.5.14　玄武岩在磁场强度方向的热力
剩余磁化强度随同方向单轴压应力加卸的
可逆变化（M. Ohnaka et al., 1969）

I_{TR0} 为 $\sigma_1 = 0$ 时的热力剩余磁化强度，火成岩的 $\beta = (0.3 \sim 1.2) \times 10^{-3}$（兆帕$^{-1}$）。图 2.5.15 的实验结果中，以卸载后可恢复的热力剩余磁化强度为主，其次为卸载后不恢复的等温剩余磁化强度。曲线表明，岩石在与单轴压应力 σ_1 垂直方向的热力剩余磁化强度，随 σ_1 的增加而增大，并遵从关系式

$$I_{TR}^{(\perp \sigma_1)} = I_{TR0} \left(1 + \frac{\beta}{2} \sigma_1\right) \tag{2.5.17}$$

而与单轴压应力 σ_1 成 θ 角方向的热力剩余磁化强度，由（2.5.16）、（2.5.17）和图 2.5.16 可知，符合关系式

$$I_{TR}^{(\theta)} = I_{TR0} \left[1 - \frac{\beta}{4} \ (3\cos 2\theta + 1) \ \sigma_1\right] \tag{2.5.18}$$

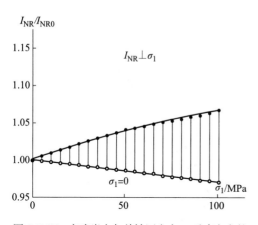

图 2.5.15　玄武岩在与单轴压应力 σ_1 垂直方向的
热力剩余磁化强度随 σ_1 卸载的可逆变化
和等温剩余磁化强度随 σ_1 卸载不可逆地减少
（永田武，1969）

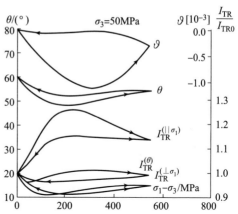

图 2.5.16　侵入岩在围压下单向压缩时，
体应变、压轴与热力剩余磁化强度交角、
其轴向分量、径向分量与差应力的关系
（M. Wyss et al.，1977）

σ_1 为单轴张应力时则相反，而相应的关系式则为

$$I_{TR}^{(\parallel\sigma_1)} = I_{TR0}\ (1 + \beta\sigma_1) \tag{2.5.16'}$$

$$I_{TR}^{(\perp\sigma_1)} = I_{RT0}\left(1 - \frac{\beta}{2}\sigma_1\right) \tag{2.5.17'}$$

及

$$I_{TR}^{(\theta)} = I_{TR0}\left[1 + \frac{\beta}{4}\ (3\cos2\theta + 1)\ \sigma_1\right] \tag{2.5.18'}$$

（2.5.16）～（2.5.18）、（2.5.16'）～（2.5.18'）的适用条件，都是 $\beta\sigma_1 \ll 1$，$\sigma_1 \ll 100$ 兆帕。

（2）岩石单轴受载的不可逆磁性效应：加载时磁性发生变化，卸载后磁性变化不消失而仍然保留着。

图 2.5.17 和图 2.5.18 的实验结果表明，在单轴压缩应力 $\sigma_1 \leqslant 200$ 兆帕时，岩石等温剩余磁化强度 I_{IR} 在同方向或垂直方向的 σ_1 作用下，都不可逆地减小，其与压缩前的原值 I_{IR0} 之比是 σ_1 与产生等温剩余磁化强度的磁场强度 F 之比的函数，随 $\frac{\sigma_1}{F}$ 的增加而减小。可见，等温剩余磁化强度因岩石受压而被退磁。在 $\frac{\sigma_1}{F} \leqslant 0.5$（兆帕/奥斯特）时，

$$I_{IR}^{(\parallel\sigma_1)} = I_{IR0}\left(1 - \gamma\frac{\sigma_1}{F}\right) \tag{2.5.19}$$

$$I_{IR}^{(\perp\sigma_1)} = I_{IR0}\left(1 - k\gamma\frac{\sigma_1}{F}\right) \tag{2.5.20}$$

火成岩的 $\gamma = 0.002 \sim 0.012$（奥斯特/兆帕），$k = 0.75 \sim 0.90$。

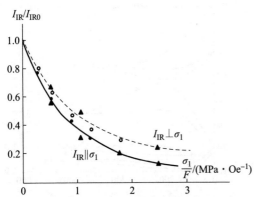

图 2.5.17　火成岩单轴压缩后卸载时，横纵向
等温剩余磁化强度随载荷的不可逆减小
（永田武，1969）

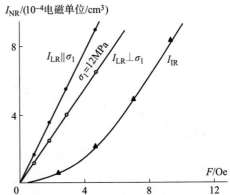

图 2.5.18　火成岩在磁场中恒应力单轴
压缩后卸载再除去磁场所得的轴向和径向
受载剩余磁化强度及等温剩余磁化强度与
磁场强度的关系（永田武，1969）

若 σ_1 为张应力，同样有

$$I_{\mathrm{IR}}^{(\parallel \sigma_1)} = I_{\mathrm{IR0}}\left(1 - \gamma \frac{\sigma_1}{F}\right) \tag{2.5.19'}$$

$$I_{\mathrm{IR}}^{(\perp \sigma_1)} = I_{\mathrm{IR0}}\left(1 - k\gamma \frac{\sigma_1}{F}\right) \tag{2.5.20'}$$

(2.5.19)、(2.5.20)、(2.5.19′)、(2.5.20′) 的适用条件，都是 $\sigma_1 \leqslant 200$ 兆帕，$\dfrac{\sigma_1}{F} \leqslant 0.5$（兆帕/奥斯特）。

图 2.5.18 的实验结果表明，岩石在磁场中单轴压缩后卸载再除去磁场，在压缩方向和垂直压缩方向都得到受载剩余磁化强度，其随 σ_1 的增加而线性增大，其值比在同样磁场中不加载荷所得的等温剩余磁化强度大。若 2 兆帕 $< \sigma_1 < 20$ 兆帕、$F < 10$ 奥斯特，则岩石在平行单轴压应力 σ_1 的磁场强度方向得受载剩余磁化强度

$$I_{\mathrm{LR}}^{(\parallel \sigma_1)} = \delta F \sigma_1 \tag{2.5.21}$$

在垂直 σ_1 的磁场强度方向得受载剩余磁化强度

$$I_{\mathrm{LR}}^{(\perp \sigma_1)} = k\delta F \sigma_1 \tag{2.5.22}$$

火成岩的 $\delta = (0.3 \sim 13.0) \times 10^{-5}$（C.G.S. 磁化强度单位/奥斯特/兆帕），$k = 0.75 \sim 0.90$。

若 σ_1 为张应力，则同样有

$$I_{\mathrm{LR}}^{(\parallel \sigma_1)} = \delta F \sigma_1 \tag{2.5.21'}$$

$$I_{\mathrm{LR}}^{(\perp \sigma_1)} = k \delta F \sigma_1 \tag{2.5.22'}$$

（2.5.21）、（2.5.22）、（2.5.21′）、（2.5.22′）的适用条件，都是 2 兆帕 $<\sigma_1<20$ 兆帕、$F<10$ 奥斯特。

由上可知，岩石磁化率和热力剩余磁化强度这些磁性，在常温低应力弱磁场中单轴加载时均改变：平行压缩方向的减小，垂直压缩方向的增大；平行拉伸方向的增大，垂直拉伸方向的减小；卸载后这些变化消失而回到初始状态。等温剩余磁化强度和受载剩余磁化强度这些磁性，在常温低应力弱磁场中单轴加载时均改变：前者在平行和垂直压缩方向或拉伸方向均减小，后者在平行和垂直压缩方向或拉伸方向均增大；在卸载后不消失，而仍然不同程度地保留着。

由（2.5.15）、（2.5.15′）、（2.5.11）可得岩石在现今地磁场 F 中的感应磁化强度

$$I_1 = \kappa F$$

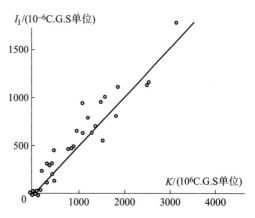

图 2.5.19 的实验结果，也证实了这种线性关系。由图（2.5.18）、（2.5.18′）可得岩石受载时的可逆剩余磁化强度。由（2.5.19）～（2.5.22）、（2.5.19′）～（2.5.22′）可得岩石受载时和受载后的各种不可逆剩余磁化强度。于是，可得岩石的磁化强度

图 2.5.19　侵入岩感应磁化强度与磁化率的
关系（И. Ф. Зотова，1976）

$$I = \kappa F + I_{\mathrm{R}}$$

综合前述，岩石在变形、断裂及断裂活动过程中，均引起磁化率和磁化强度的改变，造成地磁场的局部异常。

地球内半径 R 的球形岩体，在构造应力场中受载变形，磁化强度因之而改变 $\Delta I = I - I_0$。球体被铅直磁化，其上面距球心 R 的地表同方向地磁场强度的变化

$$\Delta F = \frac{2\Delta M}{R^3}$$

由（2.5.10）得，球内磁偶极子磁矩的改变

$$\Delta M = \frac{4}{3}\pi R^3 \Delta I$$

则得

$$\Delta F = \frac{8}{3}\pi \Delta I$$

给出一定的断层活动所产生的围岩中应力场的应力解，用压磁效应，可求得其在围岩中所引起的局部地磁异常场。一与磁子午面成 ϕ 角的铅直断面上作用有剪应

力 τ，可将其分解为沿 $\left(\phi\pm\dfrac{\pi}{4}\right)$ 方向的主张应力

$$\sigma_1=\frac{\tau}{\sqrt{2}}$$

和沿 $\left(\phi\mp\dfrac{\pi}{4}\right)$ 方向的主压应力

$$\sigma_2=-\frac{\tau}{\sqrt{2}}$$

岩体顺地磁子午面方向的磁化强度 I，也可分解为主张应力方向的分量

$$I_{\mathrm{t}}=I\cos\left(\phi\pm\frac{\pi}{4}\right)$$

和主压应力方向的分量

$$I_{\mathrm{c}}=I\cos\left(\phi\mp\frac{\pi}{4}\right)=\pm I\sin\left(\phi\pm\frac{\pi}{4}\right)$$

由 (2.5.16)、(2.5.17)、(2.5.16′)、(2.5.17′) 知，压缩使 I_{c} 减到原值的 $\left(1-\right.$
$\left.\beta\dfrac{\tau}{\sqrt{2}}\right)$ 倍，使 I_{c} 增到原值的 $\left(1+\dfrac{\beta\tau}{2\sqrt{2}}\right)$ 倍，拉伸使 I_{t} 增到原值的 $\left(1+\beta\dfrac{\tau}{\sqrt{2}}\right)$ 倍，使
I_{c} 减到原值的 $\left(1-\dfrac{\beta\tau}{2\sqrt{2}}\right)$ 倍。则剪应力 τ 的作用，使拉伸主方向磁化强度分量有
增量

$$\Delta I_{\mathrm{t}}=\frac{3}{2\sqrt{2}}\,\beta\tau\,I_{\mathrm{t}}=\frac{3}{2\sqrt{2}}\,\beta\tau\,I\cos\left(\phi\pm\frac{\pi}{4}\right)$$

使压缩主方向磁化强度分量有增量

$$\Delta I_{\mathrm{c}}=-\frac{3}{2\sqrt{2}}\,\beta\tau\,I_{\mathrm{c}}=\pm\frac{3}{2\sqrt{2}}\,\beta\tau\,I\sin\left(\phi\pm\frac{\pi}{4}\right)$$

于是，磁化强度有增量

$$\Delta I=\sqrt{(\Delta I_{\mathrm{t}})^2+(\Delta I_{\mathrm{c}}^2)}=\frac{3}{2\sqrt{2}}\,\beta\tau I$$

其与磁子午面间夹角为 $2\left(\phi\pm\dfrac{\pi}{4}\right)$。因有剪应力 τ 的存在，引起与磁子午面成角 2
$\left(\phi\mp\dfrac{\pi}{4}\right)$ 的受载磁化强度变化 ΔI，则断层活动释放剪应力 τ 的磁效应，为在反方
向 $2\left(\phi\pm\dfrac{\pi}{4}\right)$ 引起受载磁化强度变化 ΔI。因之，与岩体磁化方向成 ϕ 角的平错断

层活动造成的其上剪应力 τ 的释放所引起的磁效应，相当于在岩体中产生一个与其交角为 $2\left(\phi\pm\dfrac{\pi}{4}\right)$ 的水平磁偶极子群。组成它的各小磁偶极子的磁矩

$$dM=\Delta I\, dx'dy'dz'$$

直角坐标系的 X，Y 轴在地平面上，Z 轴铅直向下，此小磁偶极子的取向与它和地面上点 P（x，y，o）连线 S 间的夹角为 θ，则 P 点在 S 方向产生的地磁异常场强度分量

$$dF_S=\frac{2dM\cos\theta}{S^3}=\Delta I\,\frac{2\cos\theta}{S^3}dx'dy'dz'$$

在 θ 增加方向的分量

$$dF_\theta=\frac{dM\sin\theta}{S^3}=\Delta I\,\frac{\sin\theta}{S^3}dx'dy'dz'$$

取压缩所产生的磁化强度增量 ΔI 的方向为 X 轴，则小磁偶极子所引起的地磁异常场分量

$$dF_x=\Delta I\,\frac{2\,(x'-x)^2-(y'-y)^2-z'^2}{[(x'-x)^2+(y'-y)^2+z'^2]^{5/2}}dx'dy'dz'$$

$$dF_y=\Delta I\,\frac{3\,(x'-x)\,(y'-y)}{[(x'-x)^2+(y'-y)^2+z'^2]^{5/2}}dx'dy'dz'$$

$$dF_z=\Delta I\,\frac{3\,(x'-x)\,z'}{[(x'-x)^2+(y'-y)^2+z'^2]^{5/2}}dx'dy'dz'$$

若居里等温面深度 z_0 以上岩体的磁性和水平应力在铅直方向均匀分布，则对 z' 从 0 到 z_0 积分，得

$$dF_x^0=\Delta I\,(x',\ y')\times$$
$$\frac{2\,(x'-x)^4+(x'-x)^2\,(y'-y)^2+(x'-x)^2z_0^2-(y'-y)^4-(y'-y)^2z_0^2}{[(x'-x)^2+(y'-y)^2+z_0^2]^{3/2}[(x'-x)^2+\ (y'-y)^2]^2}z_0\,dx'dy'$$

$$dF_y^0=\Delta I\,(x',\ y')\times$$
$$\frac{(x'-x)\,(y'-y)\,[3\,(x'-x)^2+3\,(y'-y)^2+2z_0^2]}{[(x'-x)^2+(y'-y)^2+z_0^2]^{3/2}[(x'-x)^2+(y'-y)^2]^2}z_0\,dx'dy'$$

$$dF_z^0=\Delta I\,(x',\ y')\times$$
$$\left\{\frac{x'-x}{[(x'-x)^2+(y'-y)^2]^{3/2}}-\frac{x'-x}{[(x'-x)^2+(y'-y)^2+z_0^2]^{3/2}}\right\}z_0\,dx'dy'$$

对每一 x，y 值，将上方程组对 x'，y' 进行数值积分，得走向与无应力场存在时的岩体磁化强度方向成各交角的平错断层活动所引起的地磁异常场水平分量 $\Delta F_h=\sqrt{(\Delta F_x)^2+(\Delta F_y)^2}$、铅直分量 ΔF_z 的分布场（图 2.5.20～图 2.5.21）。

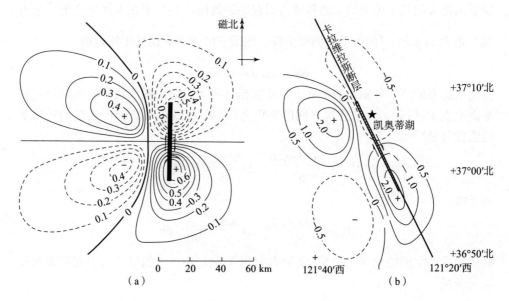

图 2.5.20　磁性岩体在断层西侧的南北走向断层水平错动模型引起的地磁异常水平分量场等
　　　值线图（a）和据观测数据按照长 21km 深 1km～11km 的断层水平错动 10cm 的模型
　　　算得的地磁异常场等值线图（b）（F. D. Stacey，1964；M. J. S. Johnston et al.，1981）

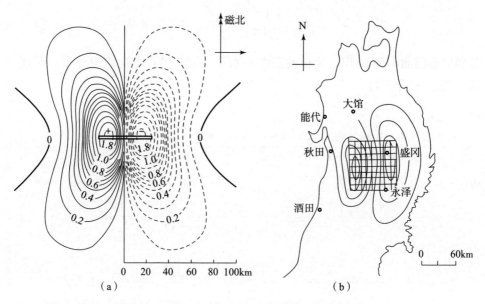

图 2.5.21　岩体磁化强度水平分量与磁北极相符算出的东西走向断层水平错动
　　　引起的地磁异常铅直分量场等值线图（a）和日本本州北部地震前后测得的
　　　地磁异常铅直分量场等值线图（b）（F. D. Stacey，1964；加藤良，高本章雄）

三、地电变化

岩石的电阻 R，与沿电流方向的长度 l 成正比，与横截面积 A 成反比：

$$R = \rho \frac{l}{A}$$

ρ 为岩石电阻率，是单位长度单位横截面积岩石的电阻：

$$\rho = R_1$$

岩层层面法向和层向电阻率 ρ_n，ρ_t 乘积的平方根，为岩层平均电阻率

$$\rho_m = \sqrt{\rho_n \rho_t} = \lambda \rho_t$$

其中

$$\lambda = \sqrt{\frac{\rho_n}{\rho_t}}$$

为电阻率各向异性系数。

与半无限均匀岩体表面流出电流 I 的点电源相距 S 的岩体中的 P' 点，在 S 方向的电位差

$$dV = -I\rho \frac{ds}{2\pi s^2}$$

积分，得

$$V = -\frac{I\rho}{2\pi s} + c$$

在 $s = \infty$ 处，$V = 0$，则 $c = 0$，于是

$$V = \frac{I\rho}{2\pi s}$$

若此点电源为负极，则

$$V = -\frac{I\rho}{2\pi s}$$

地面上若有正、负二电极 A，B，则地面上与 A，B 相距 a_1，b_1 的点 p_1 的电位

$$V_1 = \frac{I\rho}{2\pi} \left(\frac{1}{a_1} - \frac{1}{b_1} \right)$$

地面上与 A，B 相距 a_2，b_2 的点 P_2 的电位

$$V_2 = \frac{I\rho}{2\pi} \left(\frac{1}{a_2} - \frac{1}{b_2} \right)$$

则 P_1，P_2 二点的电位差

$$\Delta V = \frac{I\rho}{2\pi} \left(\frac{1}{a_1} - \frac{1}{b_1} - \frac{1}{a_2} + \frac{1}{b_2} \right)$$

P_1，P_2 为测量电极。测得 ΔV 和 I，代入上式，得极间地下岩体电阻率

$$\rho = \frac{2\pi}{\dfrac{1}{a_1} - \dfrac{1}{b_1} - \dfrac{1}{a_2} + \dfrac{1}{b_2}} \cdot \frac{\Delta V}{I}$$

若极距固定不变，则

$$\rho = K \frac{\Delta V}{I}$$

实际地壳岩体电阻率的分布并不均匀，则用此式测算得的为视电阻率 ρ_K。只当岩体电阻率均匀分布时，

$$\rho_K = \rho$$

若电极 A，P_1，P_2，B 以等距离 C 水平相间分布，则

$$\rho_K = 2\pi C \frac{\Delta V}{I}$$

而

$$\Delta V = \frac{I \rho_K}{2\pi C}$$

　　岩石电阻率，随多种影响因素的变化而改变。单向压缩时，饱水岩石的电阻率随压应力的增加先上升后转为下降，干岩石电阻率则随压应力增加而减小（图 2.5.22）。电阻率随单向压应变增加而减小的岩石，其电阻率则随单向张应变增

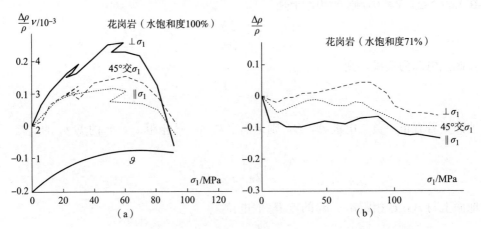

图 2.5.22　有不同水饱和度岩石的电阻率与单向压应力或压应变的关系

（陈大元等，1987；W. F. Brace，1975；藤森义彦，1982；Э. И. Пархоменко，1976）

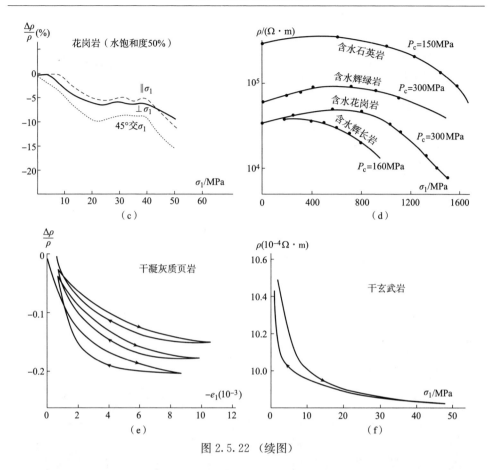

图 2.5.22 （续图）

加而增大（图 2.5.23）。饱水岩石电阻率随围压增加而增大，干岩石电阻率随围压增加而减小（图 2.5.24）。岩石在各围压下的电阻率均随温度上升而减小（图 2.5.25）。

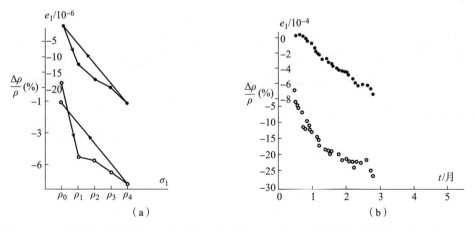

图 2.5.23 矽化灰岩岩层受压（a）和矿山开采压缩（b）中电阻率随单向压应变的变化及顶板下沉弯曲拉长（c）和矿山开采引起的伸胀（d）中电阻率随单向张应变的变化（赵玉林等，1983）

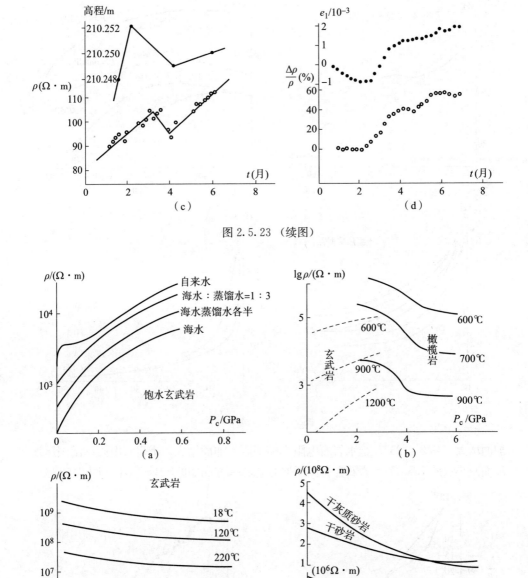

图 2.5.23 （续图）

图 2.5.24　有不同水饱和度岩石的电阻率与围压的关系

（C. S. Rai et al.；1981；Н. Б. Дортман，1976；Э. И. Пархоменко，1976）

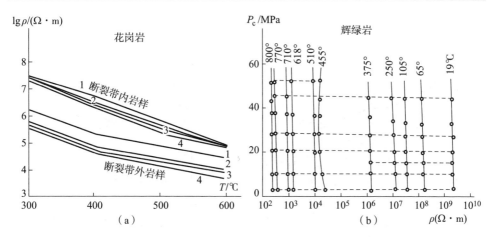

图 2.5.25 各围压下岩石电阻率与温度的关系。

a 中围压：1——50 兆帕，2——400 兆帕，3——800 兆帕，

4——1000 兆帕（М. Х. Бакиев et al.，1985；Э. И. Пархоменко，1976）

常温下岩石电阻率随饱水率和含水量增加而增大（图 2.5.26）。含裂隙岩石，平行裂隙压缩时，各向电阻率均下降（图 2.5.27a）；垂直裂隙压缩时，裂隙方向电阻率上升，其他方向电阻率则下降（图 2.5.27b）。岩石经单向压缩再卸载后的电阻率，有的接近原值（图 2.5.22e，f；图 2.5.23a），有的降低并随卸载次数增加逐渐下降（图 2.5.28）。岩体电阻率变化幅度，随与力的作用点距离的增大而减小（图 2.5.29）。岩石中电阻率最大值和最小值方向与主正应力方向，有时一致（图 2.5.30a 和 c 中的最小值），有时不一致（图 2.5.30，b，d，c 中的最大值），有时与主剪应力方向一致（图 2.5.30b 中的最大值和 d 中的最小值）。

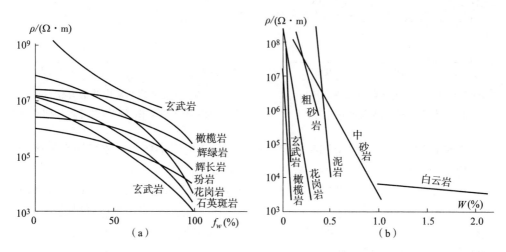

图 2.5.26 岩石电阻率与饱水率（a）和含水量（b）的关系

（Н. Б. Дортман，1976；Э. И. Пархоменко，1976；W. M. Telford，1976）

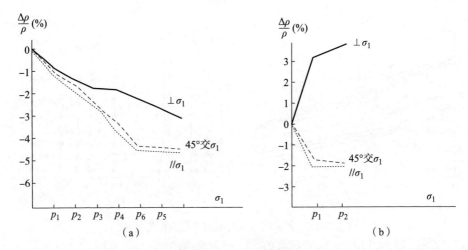

图 2.5.27　矽化灰岩平行裂隙压缩（a）和垂直裂隙压缩（b）时，各方向电阻率
与千斤顶加压的关系（赵玉林等，1983）

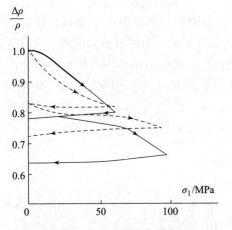

图 2.5.28　石灰岩电阻率与单向压应力
加卸过程的关系（陈大年等，1988）

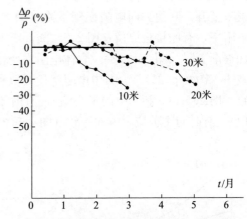

图 2.5.29　矽化灰岩与矿山开采力源不同
距离处电阻率的变化（赵玉林等，1983）

　　构造运动中，岩体变形和断裂错动引起的岩体电阻率变化，改变局部地区的大地电流场，造成地表二测量电极间电位差的变化。

　　用极距不变的电极，沿地电流方向，测电位差 ΔV_1，ΔV_2，…，ΔV_n。这些电位差与各点电场强度成正比。由于大地电流随时间变化，为将各测点测得的电位差进行比较，选用一固定测量基点，在其他各点测量电位差 ΔV_i 时，都同时也在此基点测量电位差 ΔV_0，其比值

$$\nu_i = \frac{\Delta V_i}{\Delta V_0}$$

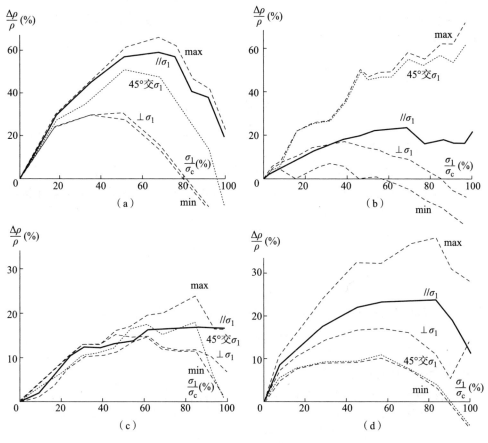

图 2.5.30　饱水大理岩（a）（b）和花岗岩（c）（d）各向及
最大、最小电阻率与单向压应力的关系（陈大年等，1988）

为地电参数，是各测点电位差以基点电位差为单位的倍数值。若瞬间大地电流场
是准稳定的，各点均按同一比例增减，则 ν_i 与时间无关。

1. 圆球体

电阻率为 ρ_0 的岩体中，由于发生微裂或破碎进水或升温或干压或平行已有
裂隙压缩而出现一电阻率为 ρ 半径为 R 的低电阻率球，均匀电场由距球心有较远
距离 s_0 的电流源 I 产生，方向平行以球心为原点的水平 X 轴，则地面远离球心
的点 p 的电位

$$V=-\frac{I\rho_0}{2\pi s_0^2}\left[1-2\frac{\rho_0-\rho}{\rho_0-2\rho}\left(\frac{R}{s}\right)^3\right]s\cos\theta$$

θ 为球心到 P 点距离 s 与 X 轴的交角。式中，第一项是正常电位，第二项是球体
引起的异常电位。

若圆球只有被地平面所切的半球在地下，地电流未被扰动前仍为水平均匀流动，取原点在地面球心 Z 轴铅直向下的球坐标系 γ，θ，ϕ，则地面测点 P 在球内和球外时的电位

$$V_i = I\rho_0 \frac{3\rho}{2\rho+\rho_0} r \sin\theta \cdot \cos\theta$$

$$V_e = I\rho_0 \left(r + \frac{R^3}{r^2} \frac{\rho-\rho_0}{2\rho+\rho_0} \right) \sin\theta \cdot \cos\theta$$

2. 铅直接触面

被断层、岩脉、破碎带、接触带隔开的二岩体，左边的电阻率为 ρ_1，右边的为 ρ_2，电极布线与接触面走向垂直，A 极与接触面水平相距 d。若电极全在接触面左边，则 P_1 和 P_2 二点电位差

$$\Delta V = \frac{I p_1}{2\pi} \left\{ \left(\frac{1}{a_1} - \frac{1}{b_1} \right) - \left(\frac{1}{a_2} - \frac{1}{b_2} \right) + k \left[\left(\frac{1}{2d-a_1} - \frac{1}{2d-2a_1-b_1} \right) - \right. \right.$$
$$\left. \left. \left(\frac{1}{2d-a_2} - \frac{1}{2d-2a_2-b_2} \right) \right] \right\}$$

k 为 s 过界面的反射系数，取决于二岩体相对电阻率。如，$b_1 = a_2 = b_2 = \infty$，则

$$\frac{\rho_k}{\rho_1} = 1 - \frac{a_1 k}{2d-a_1}$$

若电极全在接触面右边，则

$$\Delta V = \frac{I\rho_1}{2\pi} \times \frac{1+k}{1-k} \left\{ \left(\frac{1}{a_1} - \frac{1}{b_1} \right) - \left(\frac{1}{a_2} - \frac{1}{b_2} \right) - k \left[\left(\frac{1}{2d+a_1} - \frac{1}{2d+2a_1+b_1} \right) - \right. \right.$$
$$\left. \left. \left(\frac{1}{2d+a_2} - \frac{1}{2d+2a_2+b_2} \right) \right] \right\}$$

如若，$b_1 = a_2 = b_2 = \infty$，则

$$\frac{\rho_k}{\rho_1} = \frac{1+k}{1-k} \left(1 - \frac{a_1 k}{2d+a_1} \right)$$

3. 二水平岩层

上层厚 D_1 电阻率为 ρ_1，下层厚 D_2 电阻率为 ρ_2，二层界面深度 Z，则 p_1 和 p_2 二测点的电位差

$$\Delta V = \frac{I\rho_1}{2\pi} \left\{ \left(\frac{1}{a_1} - \frac{1}{b_1} \right) - \left(\frac{1}{a_2} - \frac{1}{b_2} \right) + 2 \sum_{n=1}^{\infty} k^n \times \right.$$
$$\left. \left(\frac{1}{\sqrt{a_1^2+4n^2z^2}} - \frac{1}{\sqrt{b_1^2+4n^2z^2}} - \frac{1}{\sqrt{a_2^2+4n^2z^2}} + \frac{1}{\sqrt{b_2^2+4n^2z^2}} \right) \right\}$$

如若，$a_1 = b_1 = a_2$，则

$$k = \frac{\rho_2-\rho_1}{\rho_2+\rho_1}, \qquad \frac{1-k}{1+k} = \frac{\rho_1}{\rho_2}$$

平行层理的电阻率

$$\rho_{\mathrm{t}}=\frac{\rho_1\rho_2\,(D_1+D_2)}{\rho_1 D_2+\rho_2 D_1}$$

垂直层理的电阻率

$$\rho_{\mathrm{n}}=\frac{\rho_1 D_1+\rho_2 D_2}{D_1+D_2}$$

地壳褶皱变形从上向下渐弱以至消失表明，岩体的变形主要是地壳浅层的现象。因之，若下层电阻率和厚度变化很小可忽略，则对上二式进行全微分，得

$$\frac{\mathrm{d}\rho_{\mathrm{t}}}{\rho_{\mathrm{t}}}=2\left(1-\frac{D_2\rho_{\mathrm{t}}}{D\rho_2}\right)\frac{\mathrm{d}\rho_1}{\rho_1}+2\left(1-\frac{\rho_{\mathrm{t}}}{\rho_1}\right)\frac{\mathrm{d}D_1}{D}$$

$$\frac{\mathrm{d}\rho_{\mathrm{n}}}{\rho_{\mathrm{n}}}=\left(\frac{D_1\rho_1}{D\rho_{\mathrm{n}}}\right)\frac{\mathrm{d}\rho_1}{\rho_1}+\left(\frac{\rho_1}{\rho_{\mathrm{n}}}-1\right)\frac{\mathrm{d}D_1}{D}$$

其中

$$D=D_1+D_2$$

$\frac{\mathrm{d}D_1}{D}$ 为层面法向平均应变，可由水平构造运动的褶皱变形或应变泊松效应所造成，其变化将引起平行和垂直层理电阻率的改变。地面上与供电电极 A 相距 L 的 P 点的电位

$$V=-\frac{I\sqrt{\rho_{\mathrm{n}}\rho_{\mathrm{t}}}}{2\pi L}=-\frac{I\lambda\rho_{\mathrm{t}}}{2\pi L}$$

相当于各向同性的平均电阻率为 $\sqrt{\rho_{\mathrm{n}}\rho_{\mathrm{t}}}$ 的岩体在 P 点的电位。

四、地热活动

岩体中的温度分布是不均匀的。温度沿 X 轴方向下降，便沿 X 轴方向发生热流动。因之，距离改变 $x+\mathrm{d}x$ 时，温度改变 $T+\mathrm{d}T$。经过时间 $\mathrm{d}t$ 流过 $(x,0,0)$ 点垂直 X 轴平面上 A 面积的热流量

$$Q=-k_x A\frac{\mathrm{d}T}{\mathrm{d}x}\mathrm{d}t \tag{2.5.23}$$

k_x 为岩体在 X 轴方向的热导率。岩石热导率随温度升高而降低（图 2.5.31），随围压增加略有增大（图 2.5.32）。热导率上升，地温梯度则随之下降（图 2.5.33）。岩体中沿 X 轴单位时间流过单位面积的热量，为热流量。据（2.5.23）表示为

$$q_x=-k_x\frac{\mathrm{d}T}{\mathrm{d}x}$$

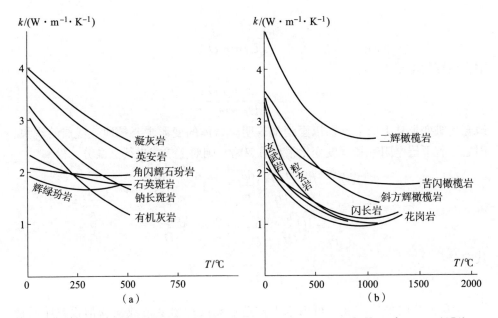

图 2.5.31　岩石热导率与温度的关系（Н. Б. Дортман，1976；O. Kappelmeyer，1974）

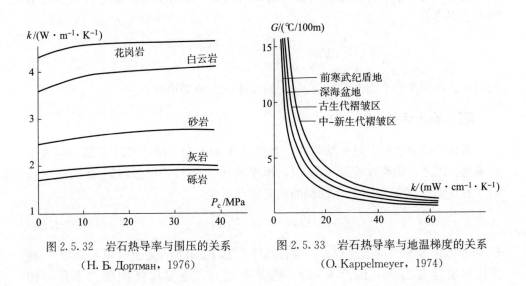

图 2.5.32　岩石热导率与围压的关系　　图 2.5.33　岩石热导率与地温梯度的关系

　　（Н. Б. Дортман，1976）　　　　　　（O. Kappelmeyer，1974）

同样，沿 y，z 轴有

$$q_y = -k_y \frac{\mathrm{d}T}{\mathrm{d}y}$$

$$q_z = -k_z \frac{\mathrm{d}T}{\mathrm{d}z}$$

若岩体的热导率各向同性，而为 k，并且处在三向均匀的温度场中，则

$$q = -k\,\mathrm{grad}\,T$$

其方向垂直等温面。

地下厚度 D 的水平岩层底部温度若突然改变 ΔT，则引起地面热流量变化

$$\Delta q = k\frac{\Delta T}{D}\Big[1 + 2\sum_{n=1}^{\infty}(-1)^n e^{-\pi^2 n^2 t\kappa/D^2}\Big]$$

取岩体热导率 $k = 17.6$（毫瓦·厘米$^{-1}$·开$^{-1}$），比热 c，密度 ρ，热扩散率 $\kappa = \dfrac{k}{c\rho} = 0.012$ 厘米^2/秒，时间 $t=0$，$\Delta T = 1000℃$，其所引起的大地热流量变化传至地表所需的时间，由上式算得列于图 2.5.34 中。此结果说明：

（1）从现今在地表测到的大地热流量数量级看来，地球内部温度至少从 10^{10} 年以来没有多大改变；

（2）在地表能测到的热流量变化，是地壳和上地幔顶部热源引起的，670 千米深以下的一切温度变化，对地表热流量无任何可检测到的影响；

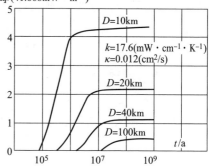

图 2.5.34　地球各深度层底面温度突然改变 $1000℃$ 所引起的大地热流变化量与传至地表所需时间的关系

（3）10 千米深的变化热源所引起的大地热流量变化，传至地表所经过的时间至少也要 1 万年，可见引起现今所测到的地表热流量变化的热源，距今时间最短的只能在地壳浅部或表层中。

因傅里叶数 $F = \dfrac{\kappa t}{r^2}$，则 $F = 0.5$，半径 $r = 2$ 千米，圆柱状侵入体的温度，冷却到初温一半所需的时间

$$t = \frac{Fr^2}{\kappa} = 65000\ \text{年}$$

大地热流对地表温度的直接影响小于 $0.02℃$。太阳辐射热引起的地温日变化波及深度小于 1 米，年变化波及深度约为 30 米。30 米以下的温度随时间变化很小，可视为稳定的地温场。只有存在热异常体，才改变地表热流量。

1. 圆球体

中心深度 z，半径 r，单位时间单位体积产生热量 e 与围岩的 e_0 之比为 E 的圆球体，在以球心在地表投影点为原点的水平 X 轴上的 x 点引起的热流量变化

$$\Delta q = \frac{2Er^2}{3z^2}\Big[1 + \Big(\frac{x}{z}\Big)^2\Big]^{-\frac{2}{3}}$$

2. 水平圆柱体

轴深 z，半径 r，热产率比为 E 的水平圆柱体，在从其轴于地表投影横向水

平量起的 x 点引起的热流量变化

$$\Delta q = \frac{Er^2}{z}\left[1+\left(\frac{x}{z}\right)^2\right]^{-1}$$

3. 直立圆柱体

顶面深度 z，半径 r，热产率比 E，向下无限延伸的直立圆柱体，在以轴与地面交点为原点的水平 X 轴上的 x 点引起的热流量变化

$$\Delta q = \frac{Er^2}{2z}\left[1+\left(\frac{x}{z}\right)^2\right]^{-\frac{1}{2}}$$

4. 直立薄板

上边深度 z_1，下边深度 z_2，厚 b，热产率比 E 的直立活动断层、岩脉、含热水破碎带，在从其轴于地面投影点横向水平量起的 x 点引起的热流量变化

$$\Delta q = \frac{Eb}{2\pi}\left\{\ln\left[1+\left(\frac{x}{z_2}\right)^{-2}\right]-\ln\left[1+\left(\frac{x}{z_1}\right)^{-2}\right]\right\}$$

5. 水平圆盘

厚 h，中面深度 z，半径 r，热产率比 E 的水平圆盘，在以其轴与地面交点为原点的水平 X 轴上的 x 点引起的热流量变化

$$\Delta q = \frac{Eh}{2\pi}C$$

其中

$$C = f\left(\frac{z}{r}, \frac{x}{z}\right)$$

构造断裂对地热活动的影响，主要在三个方面：

（1）裂隙使下端高温高围压下的岩体与大气不同程度上地连通而降压，从而使高温岩石熔点降低而熔化（图 2.5.35），成为岩浆。

（2）裂隙成为岩浆和热气上溢的通道，由于岩浆密度低，加之热气的喷发作用，便自动沿裂隙上升而喷出，使得下部的热量得以较快地达到地表，断裂带因之也控制了岩浆岩、火山和温泉的分布（图 2.5.36～图 2.5.41）。全球现代活动过的火山近 800 个，

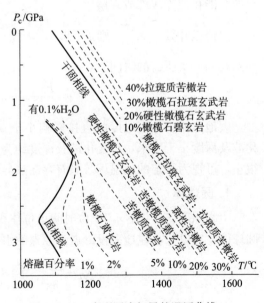

图 2.5.35　岩石固液相界的温压曲线
(P. J. Wyllie, 1971)

其中 75% 位于环太平洋断裂带内，其余多在地中海—喜马拉雅—印尼断裂带、洋脊和非洲裂谷带。

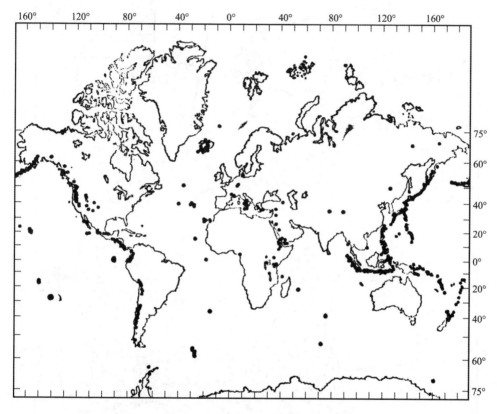

图 2.5.36　全球活火山分布图（D. L. Turcotte 等，1982）

（3）裂面错动摩擦生热，而成为一种局部热源。二裂面单位面积上的摩擦阻力为 τ，二裂面相对错动的剪切位移为 $2u$，若摩擦错动之功有四分之一变成热，则裂面单位面积产生的热量为 $\dfrac{2u\tau}{4}$。若断裂宽度为 a，则其单位体积所生之热量

$$Q_1 = \frac{u\tau}{2a}$$

二裂面摩擦产生的热量有五分之四被传出散失，则保留的五分之一造成岩体温度升高

$$\Delta T = \frac{Q_1}{5C} = \frac{u\tau}{10Ca}$$

取 $u=1$ 米，$a=1$ 厘米，$\tau=125$ 兆帕，岩石热容量 $C=0.6$ 卡·℃$^{-1}$/厘米$^{-3}$，则由上式算得

$$\Delta T = 500℃$$

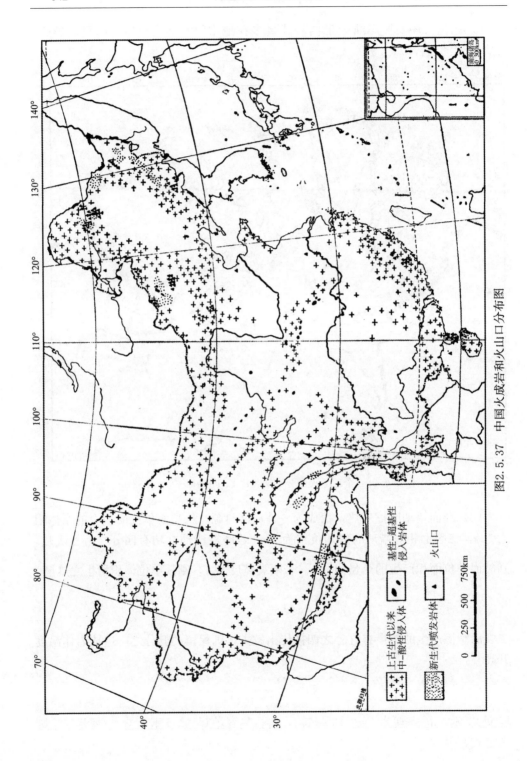

图2.5.37　中国火成岩和火山口分布图

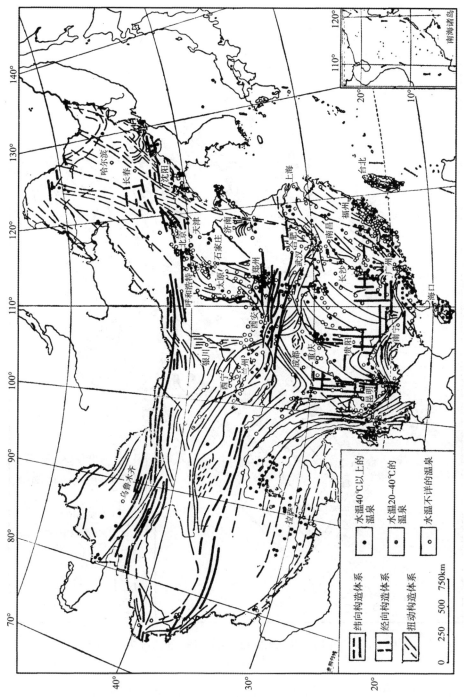

图2.5.38　中国主要构造体系与温泉分布关系图

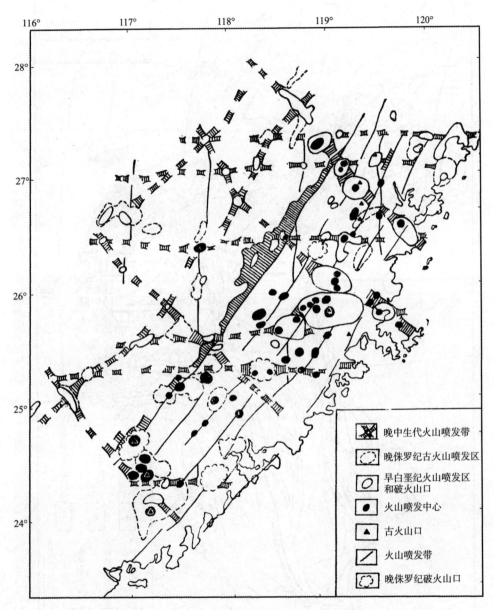

图 2.5.39　中国东南沿海地区火山构造图（王洪涛等，1978）

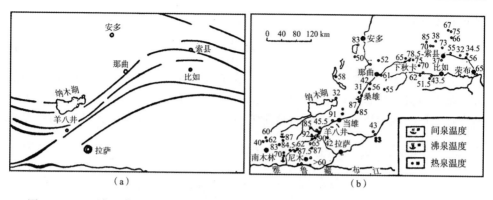

图 2.5.40　西藏那曲—羊八井地区 S 形断裂带（a）和 S 形地热异常带热泉分布图（b）
（康文华等，1982）

　　断裂活动对地热的这些影响，使得活动断裂带常成为地热异常带，带中居里等温面的深度偏浅，并具有高梯度。由于温度变化大，便产生高值热应力。还可在自身的高温下，把裂面再重新烧结起来。断裂活动的时期越新，引起的平均大地热流量越大（表 2.5.1）。

表 2.5.1　不同活动时期构造带内的热流量（Н. Б. Дортман，1976）

陆海分区	构造带活动时期	地表平均热流量/（mW/m²）
大陆	前寒武纪	39.77
	古生代	53.59
	中生代	61.96
	新生代	74.53
	现代	83.74
海洋	前寒武纪	44.80
	古-中生代	54.85
	新生代	94.62
	现代	196.78

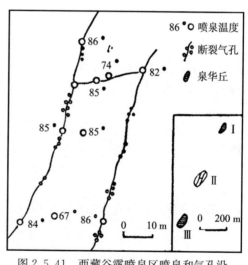

图 2.5.41　西藏谷露喷泉区喷泉和气孔沿断裂分布图（康文华等，1982）

五、液气活动

　　水、岩浆、石油和天然气，在岩体裂隙中流动可视为槽流，在岩体孔隙中流动则为渗流。

　　流体在厚 h 的槽中沿平行于槽的 X 轴正方向流动，则其流速 v 是从上槽壁量起的槽壁法向坐标 y 的函数。流体平行槽壁平面上的剪切摩擦力 τ 与 y 方向的速度梯度成正比：

$$\tau = \lambda \frac{\mathrm{d}v}{\mathrm{d}y} \tag{2.5.24}$$

λ 为流体的动力学黏滞系数。流体压力，在槽入口处为 P_0，出口处为 P，则横截面上深度 y 处单位宽度微面积上的压力差为 $(P-P_0)\,\mathrm{d}y$。槽长为 l，则此单位宽度微流层上部边界在 X 方向的黏滞阻力为 $-\tau l$，下部边界在 X 方向的黏滞阻力为 $\left(\tau+\frac{\mathrm{d}\tau}{\mathrm{d}y}\mathrm{d}y\right)l$。由于微流层成静力平衡，得

$$-\,(P-P_0)\,\mathrm{d}y+\left(\tau+\frac{\mathrm{d}\tau}{\mathrm{d}y}\mathrm{d}y\right)l-\tau l=0$$

则有

$$\frac{\mathrm{d}\tau}{\mathrm{d}y}=\frac{P-P_0}{l}$$

而槽内流体压力梯度

$$\frac{\mathrm{d}P}{\mathrm{d}x}=\frac{P-P_0}{l}$$

于是

$$\frac{\mathrm{d}\tau}{\mathrm{d}y}=\frac{\mathrm{d}P}{\mathrm{d}x} \tag{2.5.25}$$

因 $P_0 > P$，流体在槽内沿 X 轴正方向流动，则流体压力梯度是负值。可将压力降表示以压头

$$H=\frac{p_0-p}{\rho g}$$

则

$$\frac{\mathrm{d}p}{\mathrm{d}x}=-\frac{\rho g}{l}H$$

ρ 为流体密度，g 为重力加速度。将（2.5.24）代入（2.5.25），得

$$\lambda\frac{\mathrm{d}^2 v}{\mathrm{d}y^2}=\frac{\mathrm{d}P}{\mathrm{d}x}$$

积分，得

$$v=\frac{1}{2\lambda}\frac{\mathrm{d}P}{\mathrm{d}x}y^2+c_1 y+c_2$$

此式满足流体在槽壁的边界条件 $y=0$，$v=0$；$y=h$，$v=0$，则

$$v=\frac{1}{2\lambda}\frac{\mathrm{d}P}{\mathrm{d}x}\,(y^2-hy) \tag{2.5.26}$$

或

$$v=-\frac{\rho g\,(y^2-hy)}{2\lambda l}H \tag{2.5.26'}$$

单位时间流过此单位宽度微面积上的流体量，为流量。表示为

$$dQ_1 = v\,dy$$

对 y 积分，得单位时间流过单位宽度截面的流量

$$Q_1 = \int^h v\,dy = \frac{\varrho g h^3}{12} H \tag{2.5.27}$$

若槽轴有倾角 α，各处 h 不变，则深度 y 以上单位宽度的微流层只受本身重力在槽轴方向的分力 $\rho g l y \sin\alpha$ 和黏滞阻力 τl 作用。由于此二力平衡，得

$$\rho g l y \sin\alpha = \tau l$$

则

$$\tau = \rho g y \sin\alpha$$

代入 (2.5.24)，取 $y=h$，$v=0$ 的边界条件积分，得

$$v = \frac{\varrho g \ (h^2 - y^2)}{2\lambda} \sin\alpha \tag{2.5.28}$$

流体流经岩体单位面积的渗流速度与流体压力梯度成正比

$$v = -\frac{k}{\lambda} \frac{dP}{dx} \tag{2.5.29}$$

k 为岩体渗透率。若用关系 $dP = \rho g\,dH$，则

$$v = -\frac{k\rho g}{\lambda} \frac{dH}{dx} = -\kappa \frac{dH}{dx} \tag{2.5.29'}$$

$\kappa = k\rho g/\lambda$ 为岩体渗透系数。若流体在上下有隔流层的渗流岩层中渗流，整个横截面积 A 上液压和流速不变，$P = P\ (x)$，$v = v\ (x)$，则渗流量

$$Q = vA = -\frac{kA\,dP}{\lambda\,dx} \tag{2.5.30}$$

若井穿透渗流岩层，流体成放射状流向井内，从井轴起径向距离为 r，此时流速 v_r 在 r 减小方向为正，则得

$$v_r = \frac{k}{\lambda} \frac{dP}{dr}$$

用压头表示，为

$$v_r = \frac{k\rho g}{\lambda} \frac{dH}{dr}$$

于是，在厚 h 的渗流岩层中，过半径 r 圆柱面的流量

$$Q_r = 2\pi r h\, v_r = \frac{2\pi r h\, k\rho g}{\lambda} \frac{dH}{dr}$$

因物质不生不灭，故单位时间流过不同半径圆柱面的流量皆相等，因此 Q_r 就是流入井中的流体量。积分上式，得

$$H_1 - H_0 = \frac{\lambda Q_r}{2\pi h k \rho g} \ln\frac{r_1}{r_0}$$

r_0 取为渗流层得到补给的距离，井的半径为 r_1，则井的压头

$$H_1 = H_0 + \frac{\lambda Q_r}{2\pi h k \rho g} \ln \frac{r_1}{r_0} \qquad (2.5.31)$$

在只有下隔层的渗流层中，流体有自由上表面，从其下隔层面量起的高度 H 随 x 的变化与流体压力梯度有关系

$$\frac{\mathrm{d}p}{\mathrm{d}x} = \rho g \frac{\mathrm{d}H}{\mathrm{d}x}$$

代入 (2.5.29)，得

$$v = -\frac{k \rho g}{\lambda} \frac{\mathrm{d}H}{\mathrm{d}x}$$

若 $\mathrm{d}H/\mathrm{d}x$ 不变，则 v 在各处不变。于是，单位宽度截面的流量

$$Q_1 = vH = -\frac{k \rho g H}{\lambda} \frac{\mathrm{d}H}{\mathrm{d}x}$$

对边界条件 $x=0$，$H=H_0$，积分上式得

$$H = \sqrt{H_0^2 - \frac{2Q_1 \lambda x}{k \rho g}} \qquad (2.5.32)$$

若井穿透此渗流岩层，流速 v_r 在 r 减小方向为正，径距 r 从井轴量起，则

$$v_r = \frac{k \rho g}{\lambda} \frac{\mathrm{d}H}{\mathrm{d}r}$$

$$Q_r = 2\pi r H v_r = \frac{2\pi k \rho g \, r H}{\lambda} \frac{\mathrm{d}H}{\mathrm{d}r}$$

积分，得

$$H^2 - H_0{}^2 = \frac{\lambda Q_r}{\pi k \rho g} \ln \frac{r}{r_0}$$

在井壁 r_1 处流体自由面高为 H_1，则向井内的流量

$$Q_{r_1} = \frac{\pi k \rho g}{\lambda \ln \dfrac{r_1}{r_0}} (H_1{}^2 - H_0{}^2) \qquad (2.5.33)$$

而

$$H_1 = \sqrt{H_0{}^2 + \frac{\lambda Q_{r_1}}{\pi k \rho g} \ln \frac{r_1}{r_0}} \qquad (2.5.34)$$

　　岩石是有孔隙的固体。当孔隙中充有流体时，作用在岩石固体骨架上的构造应力 σ_{oi}，由于固体骨架受力变形而发生对孔隙流体的作用，使 σ_{oi} 的一部分由孔隙压力的变化 p 来承受。因 p 与 σ_{oi} 的主动作用方向反向，故岩石固体骨架实际承受的有效正应力

$$\sigma_i = \sigma_{oi} - \alpha p$$

$\alpha < 1$，对孔隙连通的岩体，$\alpha = 1$。岩浆沿岩体裂隙向上运移的压力梯度，是岩浆

密度 ρ 相对固态岩石密度 ρ_0 的上升浮力梯度 $(\rho_0-\rho)\,g$、高温液汽混合膨胀压力梯度 $\dfrac{\mathrm{d}p_e}{\mathrm{d}z}$、围岩中除重力外其他构造应力成分的压力梯度 $\dfrac{\mathrm{d}\sigma_z}{\mathrm{d}z}$ 及裂隙压力梯度 $\alpha\,\dfrac{\mathrm{d}p}{\mathrm{d}z}$ 之和：

$$\frac{\mathrm{d}P}{\mathrm{d}z}=(\rho_0-\rho)\,g+\frac{\mathrm{d}p_e}{\mathrm{d}z}+\frac{\mathrm{d}\sigma_z}{\mathrm{d}z}+\alpha\,\frac{\mathrm{d}p}{\mathrm{d}z}$$

石油和天然气的成生处和储贮处常不一致，是由于油气发生了运移，迁移到顶部有圈闭式封顶的构造空间，才能得以保存下来。

地下水，在存在状态上，有岩石孔隙中不饱和的汽态水、岩石颗粒表面静电引力吸附的吸着水、吸着水加厚而成的薄膜水、岩石颗粒间成毛细状态的毛细水、岩石孔隙中饱和的重力水和冻结在岩石孔隙中的固态水六种。在存在环境上，有隔水层以上松散层饱气带中的滞水、隔水层以上松散层和风化层中有自由水面的潜水及二隔水层间含水层中未充满时的层间水和充满时的承压水四种。在存在空间上，有岩体风化带和松散层孔隙中的孔隙水、构造裂隙和风化裂隙中流向在不同程度上受裂隙控制的裂隙水和可溶性岩体中溶洞和溶隙中的溶洞水三种。地壳构造运动对地下水的影响途径，首先是岩体结构的改变，岩体开始受压时孔隙闭合，使孔隙率、渗透率、渗透系数减小（图 2.5.42～图 2.5.44），承压水的孔隙水压上升，使地下水的水位升高，流速（2.5.29）、流量（2.5.30）、流向和井水水位（2.5.31）、（2.5.34）均随之改变。压力增大，岩体中产生微裂并逐渐连通（图 2.5.45），使孔隙率、渗透率和渗透系数增大，加之已有断层的活动，承压水孔隙水压降低，使地下水位下降，流速、流量、流向和井中水位又随之改变；其次是隔水层形变引起的倾斜度改变，使地下水流速（2.5.28）、流量、流向、井中水位（2.5.31）、（2.5.34）均随之而变。此时，封闭承压含水体中的

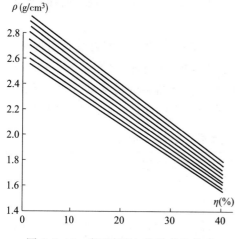

图 2.5.42　岩石密度与孔隙率的关系
（Н. Б. Дортман，1976）

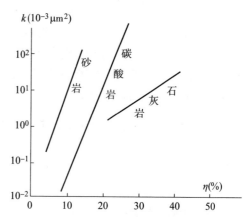

图 2.5.43　岩石孔隙率与渗透率的关系
（V. Rzhevsky 等，1971）

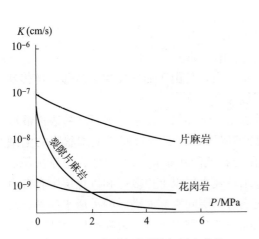

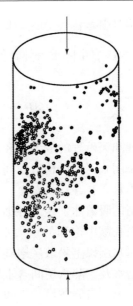

图 2.5.44　岩石渗透系数与压应力的　　　图 2.5.45　岩石单轴压缩下用声发射定位
　　　　　关系（P. Londe，1966）　　　　　　　测定的微裂位置分布（楠濑等，1979）

水，由于围岩的压、张变形而发生的体积微小变化，都会使通向含水体的井中水位发生高倍数放大的升降位移，而使其成为精确反映含水体体积应变的天然体应变测量系统。

六、地震活动

对地震成因，震中分布与断裂带关系、极震区等震线形态与震源活动断裂的关系、地震波性质与弹性回跳观测、震源机制实验与地震纵波初动分布的关系，均证明岩体断裂说是符合实际的。

全球大地震和中国 6 级以上地震震中均分布在活动断裂带内及其附近（图 2.5.46～图 2.5.47），震源则分布在一定厚度的断裂面上（图 2.5.48～图 2.5.49）。许多大地震时，都发生了地震断裂或已有断裂的再活动（表 2.5.2），它们常不受地形和岩性控制，切山断谷，按自己的方向伸展，形成新断裂带。

表 2.5.2　大地震时发生的地震断裂及发震断裂的活动

时间	地点	震级	地震断裂及发震断裂活动			断裂走向
			长度/km	水平错距/m	铅直错距/m	
1679	中国河北三河	8	5	（右旋）	3.6	NNE
1833	中国云南嵩明	8	—	10（左旋）	8.5	NNE
1891	日本浓尾	8.4	112	8（左旋）	4	NW
1896	日本陆羽	7	60	—	2.5	SN

（续表）

时间	地点	震级	地震断裂及发震断裂活动			断裂走向
			长度/km	水平错距/m	铅直错距/m	
1906	中国新疆玛纳斯	8	65	（右旋）	5	NWW
1906	美国旧金山	8.3	—	7.8（右旋）	很小	NW
1906	中国台湾嘉义	7	13	2.7（右旋）	2	NEE
1911	哈萨克阿拉木图	8.4	—	1.8	—	EW
1920	中国宁夏海原	8.5	235	17（左旋）	3	NWW
1923	日本关东	7.9	—	8（右旋）	1.5	NW
1927	中国甘肃古浪	8	150	5.8（左旋）	6.2	NWW
1927	日本北丹后	7.5	18	3.3（左旋）	1	NNW
1930	日本北伊豆	7	—	3.5（左旋）	1.8	SN
1931	中国新疆富蕴	8	176	14（右旋）	1.4	NNW
1932	中国甘肃昌马	7.6	116	—	5	EW
1935	中国台湾新竹	7	15	—	3	NNE
			12	1.5（右旋）	1	NEE
1937	中国青海阿兰湖	7.5	300	8	—	NWW
1938	日本屈斜路	6	20	2.6（左旋）	0.9	NW
1943	日本鸟取	7.4	8	1.5（左旋）	0.8	NWW
1945	日本三河	7.1	28	1.3（左旋）	2	EW
1946	秘鲁安卡	7.4	—	—	4	NNW
1948	日本福井	7.3	25	2（左旋）	0.7	NNW
1951	中国西藏当雄	8	75	7.3（右旋）	—	NW
1957	蒙古阿尔泰	8.3	270	8.9	9.2	EW
1964	日本新潟	7.5	20	—	6	NNE
1966	中国河北邢台	7.2	60	1.5（右旋）	—	NNE
1968	伊朗达希提	7.2	0.7	0.5	—	EW
1970	中国云南通海	7.7	60	2.3（右旋）	0.5	NW
1973	中国四川炉霍	7.9	90	3.6（左旋）	2.3	NW
1975	中国辽宁海城	7.3	5.5	0.6（左旋）	0.6	NWW
1976	中国河北唐山	7.8	8	2.3（右旋）	0.7	NE
1978	日本伊豆大岛	7	4	1.2（右旋）	0.4	NW

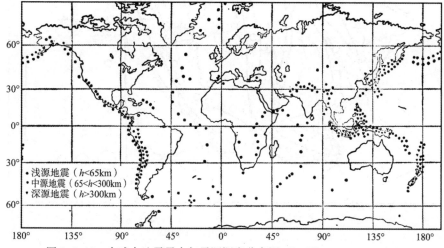

图 2.5.46　全球大地震震中与震源深度分布图（L. Hiersemann, 1956）

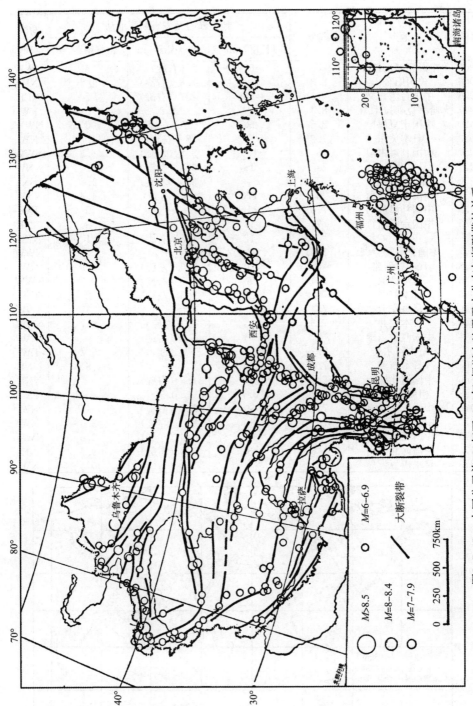

图2.5.47　中国公元前780年至1980年6级以上地震震中分布与断裂带的关系

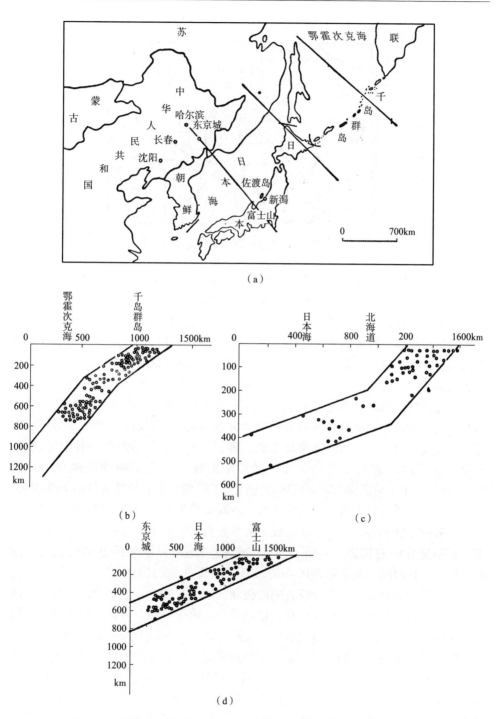

图 2.5.48　东亚强震剖面位置（a）和震源在三个剖面上的分布图（b）（c）（d）

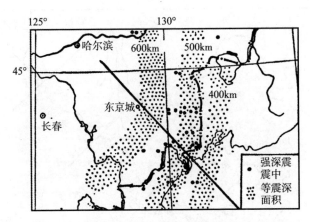

图2.5.49　中国东北部强深震等震源深度分布范围图

　　地震极震区等震线几何形状的长轴与所在断裂带的走向一致，地震时发生的地震断裂的走向也与所在断裂带的走向一致（图2.5.50）。

　　由地震波的记录知，这种波动是地壳岩体中的弹性振动，其横波振幅大于纵波振幅反映震源有较大的剪切错动。为了产生此种弹性振动，震源岩体要发生突然错动和弹性回跳，以集中连续地释放此种形式的机械能并逐渐衰减下来。这种突然的错动，即脆性断裂、再裂、延裂或黏滑的过程。弹性回跳，又要求岩体具有一定的弹性。因之，不论是地球内部的何种物理作用，都必须把它的能量转化为弹性机械能，才能造成岩体带有弹性的突然错动，以释放此种形式的弹性波。可见，地震是具有弹性的岩体突然断裂、再裂、延裂或黏滑时的一种附生现象。大地震前后的地表形变测量证实，发震断裂确实发生了弹性回跳现象（图2.5.51）。由于在地震的瞬间，震区岩土体处于以弹性为主塑性为辅的力学状态，故震时在水平错动力作用下突然发生的地震断裂均表现为脆性破裂，因而其力学性质均带有张性和剪性，它们常组成张剪性雁行形断裂带。有时不同部位的断裂带显示相反方向的错动，有时一个断裂带同一地段显示相反方向的错动（图2.5.52a），有时同一断裂带的不同地段显示相反方向的错动（图2.5.52b），有时紧相平行的二断裂带显示相反方向的错动（图2.5.52c）。这种全区性的、不同处的、同处的、相连的、相邻的反向错动现象，由于错动方向相反而不可能是同时发生的，其形成过程必然有先有后，反映了两个反向应力场的交替作用。一个是造成地震的主动应力场，一个是由于发震断裂两侧岩体的弹性回跳造成的岩体反向弹性振动的反震应力场。这种地震时震区地壳中的反震现象，有多种表现：地震台网所收到的地震波，就是反向往返振动的弹性波。纵波初动方向，表现主动应力场在地震仪所在点该向正应力的张压性质，接着而来的反向振动，则表现反震应力场在该点正应力的张压性质。这两种场，方向相反，反复交替；由于主动应力场在连续岩体中做了变形功又在发震断裂处作了克服各种强度的消耗功而

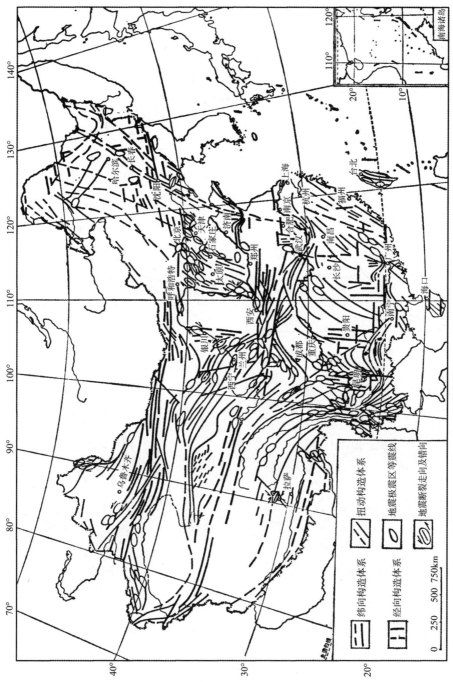

图2.5.50　中国主要断裂带与极震区等震线形态关系图

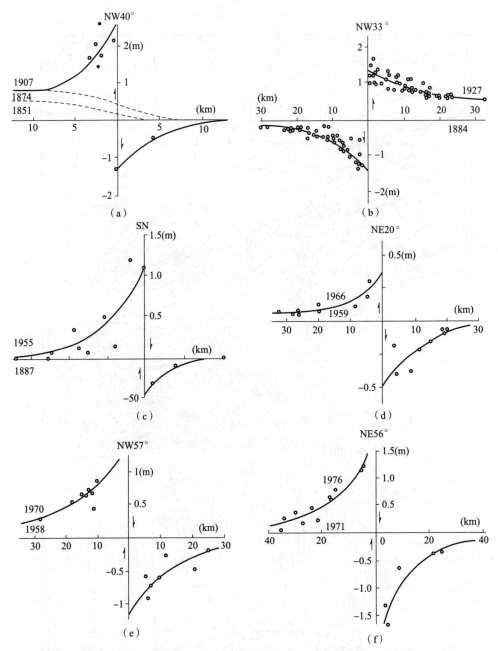

图 2.5.51　1906 年美国旧金山 8.3 级地震前后（a——H. F. Reid，1910）、1927 年
日本丹后 7.5 级地震前后（b——金森博雄，1972）、1945 年日本三河 7.1 级
地震前后（c——安藤，1974）、1966 年中国邢台 7.2 级地震前后（d——国家地震局
测量大队，1970）、1970 年中国通海 7.7 级地震前后（e——国家地震局测量大队，
1975）、1976 年中国唐山 7.8 级地震前后（f——国家地震局测量大队，
1978），平行发震断裂走向的水平位移随垂直断裂距离的变化

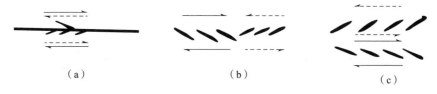

图 2.5.52　地震断裂的反向错动类型

耗损，加之岩体变形中有不恢复的塑性成分，而减小了反向弹回的形变量，使岩体反向振动引起的反震应力场低于主动应力场。因之，它们所造成的地震断裂，在同样强度的岩土层中，必有强弱和多少之别。数量多规模大者反映主动应力场的作用，数量少规模小者反映反震应力场的作用。因而，由震区地震断裂带的走向和错动方向的统计，可得出震时震区所受主动力和反震力作用方向，此二力互相垂直（图 2.5.53），这便是由大量地震断裂的走向和错动方向所反映出的震源弹性回跳现象；邢台地震时，大树被地震断裂撕成两半，上部还连在一起，树桦上软的本质均脱落，剩下的纤维成麻束状，证明是被水平多次往返振动的断裂两盘反复揉动而成；3 月 22 日邢台大震时，一个六人考查小组在隆尧县南阳楼附近看见南阳楼东南一片枣树林向北转动并回返，反复多次，同时附近一条北东东向裂隙带正在冒水；此大震发生时，一条长 200 米，单断裂最宽 0.7 米铅直错距0.15 米的地震断裂带，张开又闭合，反复错动多次。这些，都是地震的弹性回跳机制的宏观反映。这种反震现象，在历次大震震区，普遍存在。

　　将沿直径破开的圆形岩板，在中心锁结后，再在周边单向压缩使之破开，得单剪震源。周边上测得的纵波初动振幅的符号和大小成四象限分布。由于在地表地震台网观测中，取向着地表观测点射去的地震纵波振幅为正，而从地表观测点离去的地震纵波振幅为负。则在压缩方向所在的压缩象限内的纵波初动振幅为负，与压缩象限相邻的张伸象限内的纵波初动振幅为正。只有当压缩方向与被开直径的交角较小时，其所对应的压缩象限所占的角度范围稍小于 90°，而张伸象限所占的角度范围则稍大于 90°（图 2.5.54）。这种因断层剪切破裂而发生的弹性纵波初动振幅的四象限分布，地表地震台网也同样测得到，而且由震源机制解得的断节面，总是与一个已有的震源处再活动断裂或由小震密集带所显示的新生断裂的位置和走向相符，并与震中区地表大型地震断裂的位置、走向及错动方式和极震区等震线长轴方位基本一致（图 2.5.50）。可见，地震震源机制的研究结果，也与断裂说一致。

　　震源断裂机制有：①新断机制——连续岩体初次从里面断开，由于震前岩体长期受载而使其强度低于瞬时强度（图 2.5.55），因而适于连续体力学的长期强度准则，它是岩体中无数小缺陷和微裂缝逐渐连通的宏观统计强度准则，同样岩体中此种震源的断裂强度最高，同级地震的震源断裂面积则比其他机制的为小；②再裂机制——岩体裂面被烧结或熔结或溶结或胶结后再次断开，此种震源的

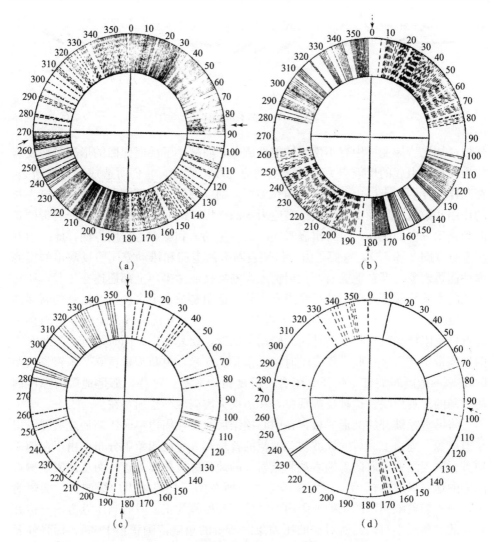

图 2.5.53　1966 年邢台 7.2 级地震区水平主动应力场（a）和反震应力场（b）、
1967 年河间 6.3 级地震区水平主动应力场（c）和反震应力场（d）、1975 年海城
7.3 级地震区水平主动应力场（e）和反震应力场（f）、1976 年唐山 7.8 级地震区
水平主动应力场（g）和反震应力场（h），造成的雁行形地震断裂走向和错动方向确定的
主压应力轴方位：实线为右旋错动、虚线为左旋错动的断裂带走向

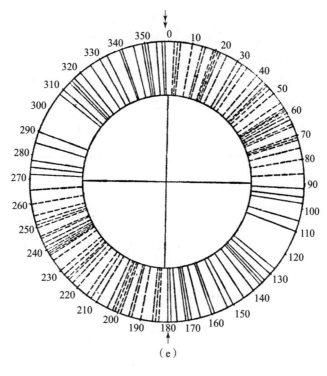

（e）

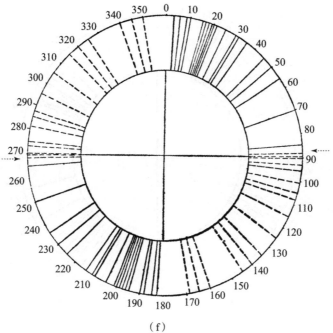

（f）

图 2.5.53 （续图）

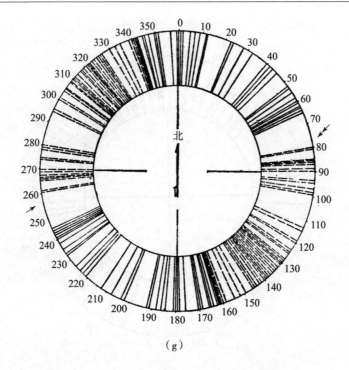

（g）

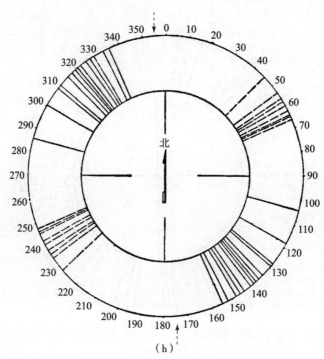

（h）

图 2.5.53 （续图）

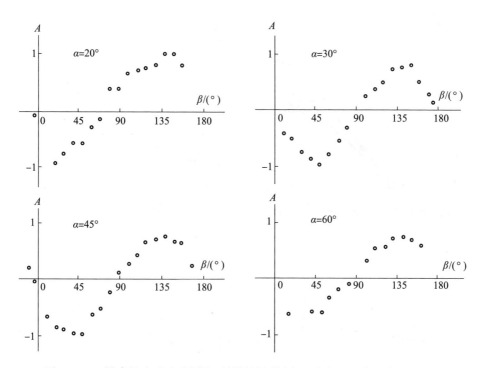

图 2.5.54　沿直径破开后再在圆心锁结的圆形岩板，在与破开直径成不同交角
α 方向压缩至断开，测得由中心发射的弹性波在周边上的纵波初动振幅，随测点
半径与破开直径交成的圆心角的变化（黄忠贤等，1980）

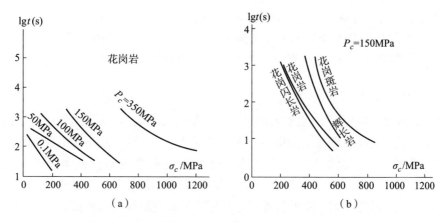

图 2.5.55　岩石抗压强度随受载时间延长而降低的关系
（据 И. С. Томащевская 等的实测数据，1970）

抗剪强度小于原岩的（图 2.5.56），但随温度、围压和时间的增加而增大，其与
原岩抗剪强度比随原岩抗剪强度的增大约呈线性增加，即原岩在常温常围压下的

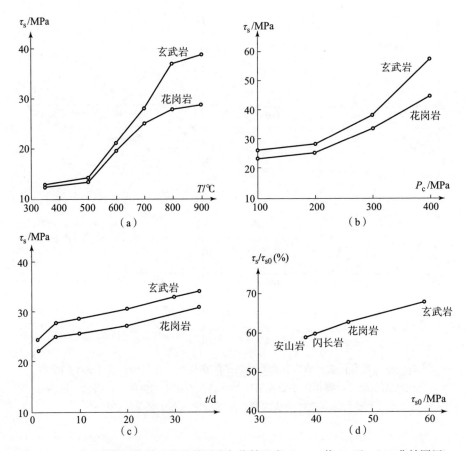

图 2.5.56　岩石接触面烧结后的抗剪强度与烧结温度（a——烧 10 天，200 兆帕围压）、
围压（b——烧 10 天，100℃）、时间（c——700℃，200 兆帕围压）的关系及
烧结面抗剪强度与常温常围压下原岩抗剪强度比随原岩抗剪强度的变化（d）

抗剪强度越大，其裂面烧结抗剪强度约与之成正比地增大，适于岩体中弱面的再
断强度准则，当烧结面与主压应力方向的夹角大于 55°时，便不再沿此面而沿其
他方向剪断；③延裂机制——沿岩体中已有断裂水平或铅直或斜向延裂（图
2.1.36），适于岩体中已有裂缝的断裂力学失稳破裂准则，它是宏观断裂从稳态
到失稳扩展的强度准则，此种震源可是沿原断裂边端继续向前伸展，可是断裂中
部被横向断层错动或大碎块体转动所卡住再连通起来，由于断裂强度较小，因而
同类岩体中同级地震的震源断裂面积比前两种机制的为大；④黏滑机制——有黏
结力的裂面突然阶跃式滑动，此种震源的滑动强度甚小，同类岩体中同级地震的
震源断裂面积常为最大，适于摩擦力学的错开准则，它是有黏结力的二摩擦面阶
跃式地从连续蠕滑到突然错开的强度准则，二面蠕滑时间越长错开时释放能量越

大（图 2.5.57）。两盘距裂面 l 处的相对弹性剪切位移速度为 v，经过时间 t 后，取裂面上的静摩擦力与动摩擦力之差为裂面上的黏滑应力降 $\Delta\tau$，则

$$\Delta\tau=G\frac{vt}{2l}$$

得到下一次黏滑的时间

$$t=\frac{2l\Delta\tau}{Gv}$$

地震时，由于弹性位移瞬时回跳，得反向瞬时弹性位移

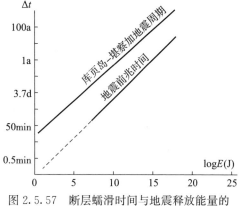

图 2.5.57　断层蠕滑时间与地震释放能量的关系（В. И. Мячкий 等，1973；С. А. Ф езомов，1967）

$$u=vt=\frac{2l\Delta\tau}{G}$$

　　第一、二种震源断裂机制，适于地球浅层和深部；第三、四种机制，适于地球浅层或深部岩体破裂后尚未烧结起来的短暂时间内，因为在地球 10 千米深以下的高温和高围压下，岩体破裂后只需几天便可再重新烧结起来（图 2.5.56），而且有接触式烧结强度。若震源裂开后，裂隙通至地表，由于深部围压随之降低，于是岩石熔点也随之下降，可引起熔化和气化，进入裂隙的液气又把裂开的岩面作岩脉式烧结，而具有岩脉式烧结强度。因此，第二、四种机制，也是地震在一个断裂带上相距较近或原地复发的原因。但当主压应力方向与烧结面交角大于 55°时，则将沿切断烧结面的合适走向断开。如 1931 年中国新疆富蕴 8 级地震的发震断裂，便切断北西向老断层而形成新的沿北北西走向延伸 170 余千米的断裂带。由于断面或低强度层，无论发生走向错断、冲断或带倾角的正断，其裂面力学性质主要都是剪性的。而裂面的剪切延裂方向，由图 2.1.36 中的实验结果知，浅层裂面是先向下后水平裂开，深部裂面是先向上后水平裂开。地壳中的深大断裂，上部为裂面，下部为烧结低强度层，故在水平剪切应力作用下，应从其上部的裂面与下部烧结面的界限深度处先向下后水平裂开，在其下部构成震源。这个界限深度，取决于各处的等温面深度和等围压面深度以及岩性，在各处可有所不同，但由图 2.5.56 的实验结果知一般大致在地壳 10 千米深左右。因而使得地壳中的震源深度多在 15 千米～30 千米。

　　震源断裂型式，可由极震区等震线的形状、小震震源分布、震源机制节面、地震断裂的分布、震源区应力场分布、震源区应变场分布、震前异常场分布和地震波谱分析等确定，共有四种类型：平直型（图 2.5.58）、转折型（图 2.5.59）、分权型（图 2.5.60）和交汇型（图 2.5.61）。

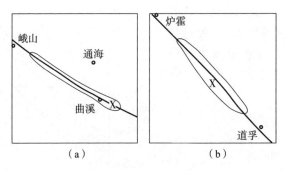

图 2.5.58　1970 年云南通海 7.7 级地震 X 度区等震线 （a） 和

1923 年四川炉霍 7$\frac{1}{4}$ 级地震 X 度区等震线 （b） 图

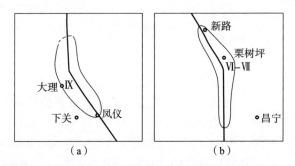

图 2.5.59　1925 年云南大理 7 级地震 IX 度区等震线 （a） 和

1971 年云南保山 5.5 级地震 VI～VII 度区等震线 （b） 图

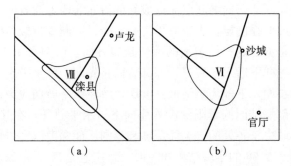

图 2.5.60　1945 年河北滦县 6$\frac{1}{4}$ 级地震 VIII 度区等震线 （a） 和

1965 年河北沙城 4$\frac{1}{4}$ 级地震 VI 度区等震线 （b） 图

　　震源破裂过程，有由上向下又向周围扩展的，如 1976 年唐山 7.8 级地震前地表土层中水平最大剪应变（图 2.4.17 和图 2.5.62）和断层活动异常（图 2.5.63）从震中区沿北东和北西向二断裂带向外传播及在基岩中的断裂带从极震

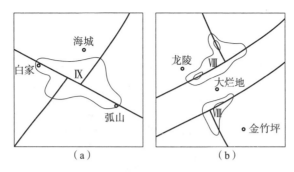

图 2.5.61 1975 年辽宁海城 7.3 级地震Ⅸ度区等震线（a）和
1976 年云南龙陵 7.3 级、7.4 级地震极震区等震线（b）图

区开始向下向外活动的拖动下使其上覆松散层表面的水平最大剪应变也由极震区向外传播的模拟实验结果（图 2.4.18）说明，发震断裂的活动是从极震区由上向下又向南西、北东和北西沿断裂带扩展，其速度沿断裂带方向最大为每天 6.6 千米，越向外围越快（图 2.5.62b）；有从外围向极震区扩展的，如 1975 年海城 7.3 级地震前，小震活动范围沿发震断裂逐渐向主震震中区缩小（图 2.5.64）；有沿活动断裂带单向向震中区扩展的，如 1976 年松潘 7.2 级地震前两个月异常出现的三次高潮分布范围，逐次向震中区移动，速度为每天几千米（图 2.5.65）。

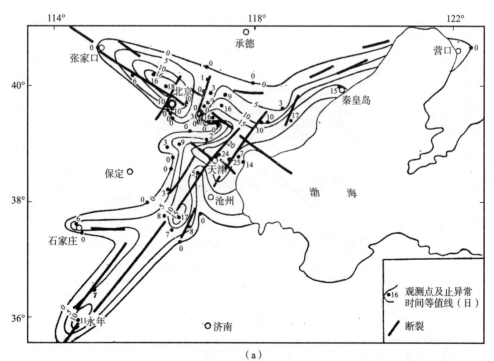

（a）

图 2.5.62

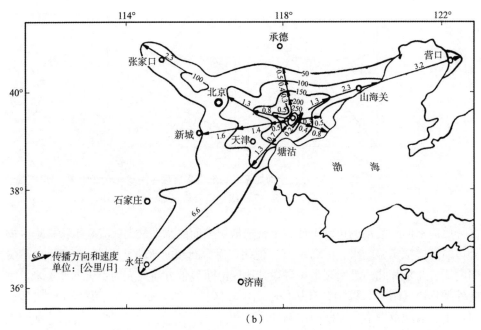

（b）

图 2.5.62　1976 年唐山 7.8 级地震前土层水平最大剪应变从异常结束到发震的
止异常时间等值线（a）和异常开始时刻传播速度等值线（b）分布图

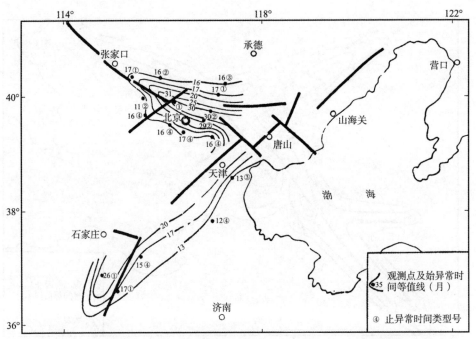

图 2.5.63　1976 年唐山 7.8 级地震前断层活动始异常时间等值线和各测点止异常
时间类型分布图：①异常回复到基值后再经过一段时间发震；②异常回复到基值发震；
③异常在回复的反向过程中发震；④异常在高值处尚未反向即发震

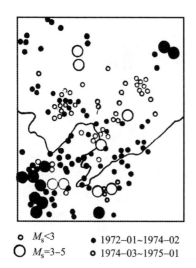

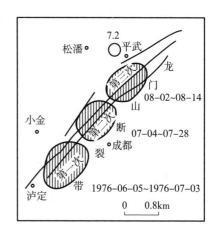

图 2.5.64　1975 年海城 7.3 级地震前
小震活动范围变化图

图 2.5.65　1976 年松潘 7.2 级地震前
短临异常三次高潮分布范围变
化图（四川省地震局，1979）

　　唐山地震前，断裂活动异常曲线的升降变化到反向回复至基值，反映断裂带从小到大地逐渐发生了活动，然后又逐渐减弱并回复至正常状态，而发生了一次错动。异常，从震中区先开始又先结束，越向外越后开始并后结束（图 2.5.64）说明，主震前，这种错动并非沿整个断裂带同时发生，而是有一个错动段在断裂带上移动，称之为错动峰。它从震中区沿过此区的北东和北西向二交叉断裂带，以逐渐加快的速度，将错动向北东、北西和南西方向传播出去，且只发生一次。当此错动峰传过去之后，断裂带又回复常态，并整个有一个较短的静止时间，这个时间越近震中越比外围地区为长，随之便发生了 7.8 级主震。

第三章 构造应力场的测定

第一节 局部应力状态测定

局部构造应力状态测定，是测量局部区位的主应力线方位、性质和形状，主动应力作用方向；和主应力大小。由于各局部区位都有古构造运动时的构造形迹标明的古构造应力状态、古构造应力场残留至今的古构造残余应力状态和现今构造应力状态。这三种应力状态，或只方向相同而大小不同，或方向与大小都不同。因而，需要对之进行分别测定。

一、古构造应力测定

1. 宏观方法

构造应力场的存在，必使其所在岩体由于受到应力作用而产生相应的构造变形、构造断裂和后生组构——构造组构。这种因果关系，是唯一的。承受构造应力作用的岩体中所形成的反映一定区位应力作用方式的各单一构造变形、构造断裂和构造组构所在的部位，为构造单元。从而，根据某区位构造单元的方位、性质、形态、位移及特点，即可测定使其形成的该区位在相应地质时期的古构造力场中局部主应力线的方位、性质和形状，以及主动应力作用的方向。

连续岩体中的圆球形部分（图3.1.1），球心在坐标原点，半径为 r，则此圆球的球面方程为

$$x^2+y^2+z^2=r^2 \qquad (3.1.1)$$

当此圆球形部分承受坐标轴方向的压缩或拉伸时，球面上的点 P (x, y, z) 变形后移到 P' (x', y', z')，则得

$$\left.\begin{array}{l} x'=x+\Delta x \\ y'=y+\Delta y \\ z'=z+\Delta z \end{array}\right]$$

用 x，y，z 分别除此三式，得

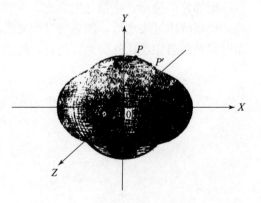

图 3.1.1 岩体中的球面与其张压椭球面的关系

$$x' = (1+e_x)\,x \atop y' = (1+e_y)\,y \atop z' = (1+e_z)\,z \Bigg]$$

代入（3.1.1），得

$$\frac{x'^2}{(1+e_x)^2 r^2} + \frac{y'^2}{(1+e_y)^2 r^2} + \frac{z'^2}{(1+e_z)^2 r^2} = 1 \qquad (3.1.2)$$

在 e_x，e_y，e_z 的大小不等且其性质符号不同的一般情况，此式为一椭球面方程。此时，主轴与坐标轴重合，且在变形过程中方位不变。

当岩体中此圆球形部分受剪切作用时（图 3.1.2），球面上的点 P（x，y，z），由于正方形 $OABC$ 在不改变体积的条件下经过剪切变形而成为棱形 $OAB'C'$，则平行 x 轴平移至 P（x'，y'，z'），其平行于 x 轴的位移与该点的纵坐标成比例：

$$u = k_{xy}y \atop v = k_{yz}z \atop w = k_{zx}x \Bigg]$$

同样，

因

$$k_{xy} = \tan\alpha = \frac{\Delta x}{y} \atop k_{yz} = \tan\beta = \frac{\Delta y}{z} \atop k_{zx} = \tan\gamma = \frac{\Delta z}{x} \Bigg]$$

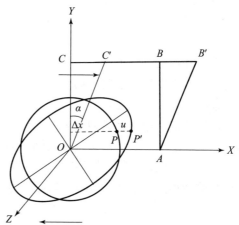

图 3.1.2 岩体中的球面与其剪切椭球面的关系

故得

$$x' = x + u = x + \Delta x = (1+e_x)x \atop y' = y + v = y + \Delta y = (1+e_y)y \atop z' = z + w = z + \Delta z = (1+e_z)z \Bigg]$$

代入（3.1.1），亦得（3.1.2）式。只是，此时主轴与坐标轴斜交，且在变形过程中随剪切作用的增加而逐渐转近坐标轴。

由此可知，岩体中的圆球形部分，在受压缩或张伸或剪切作用下变形后，皆成为椭球形，称为形变椭球。

对板形岩体，因 σ_x，σ_y，σ_z 中有一个，如 $\sigma_z = 0$，故应力二次有心曲面当 σ_x，σ_y 的符号相同并都为正时将化为张伸椭圆柱面，而都为负时则化为压缩椭圆柱面；当 σ_x，σ_y 的符号不同时则化为直立双曲面。与此相应，板形岩体中的圆板形部分，则变形而成为椭圆形。（3.1.2）式成为

$$\frac{x'^2}{(1+e_x)^2 r^2}+\frac{y'^2}{(1+e_y)^2 r^2}=1$$

若 σ_y 亦为零，则应力曲面化为单轴张伸应力平面或单轴压缩应力平面，相应于此情形的板形岩体中的圆板形部分则变形而成为长窄椭圆。

由于岩体中形变椭球的主轴即其所在部位的应变主轴，形变椭球的短轴为压应变主轴，而其长轴为张应变主轴。又应变主轴与同性质的应力主轴重合，且应变二次有心曲面与应力二次有心曲面的几何形状相似或呈线性关系。因之，可由岩体中某部位形变椭球的方位确定其形成的地质时期古构造应力主轴的方位，并可由形变椭球的形状确定古构造应力主轴的性质和主应力线的形状。形变椭球的短轴是最大压缩方位因而与压应力主轴重合，形变椭球的长轴是最大张伸或最小压缩方位因而与张应力主轴重合。于是，岩体中该部位主正应力线的方位、性质和形状便被确定。

为具体确定某区位形变椭球的方位和形状，还必须搞清各种构造形象与形变椭球在方位和形状上的关系。

为讨论地壳水平构造应力场中岩体的变形和断裂与形变椭球的关系，可将地壳视为板状岩体而分析之，于是转化为平面问题。

板形岩体的变形以褶皱为代表。地壳水平方位的板形岩体，受水平方向的单轴压力作用而形成的长形褶皱，其长轴与形变椭圆柱体横截面上的长轴方向重合（图 3.1.3A）。若岩体受与此压缩方向垂直的水平张力作用，则所成之长形褶皱的方位与前者相同（图 3.1.3B）。当此张力的大小和前者与其垂直的压力的大小

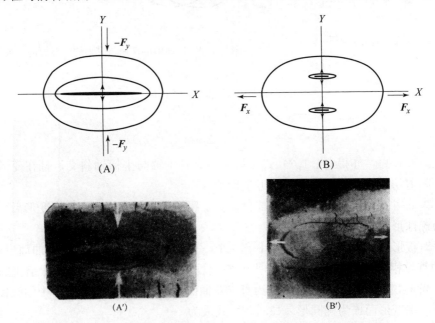

图 3.1.3 压缩（A）张伸（B）褶皱与形变椭圆的方位关系及其模拟实验结果（A′）（B′）

相等且作用的时间相同时，张力作用所成之褶皱比由压力作用所成者小得多，且变形程度亦较小，其实验证明示于图 3.1.3 中的（A′）和（B′）。

若此岩体受水平方向的剪切力作用，所成的长形褶皱，在形成初期的形状与由压力作用而成者相似，长轴与形变椭圆柱体横截面的长轴方向重合（图 3.1.4A），其实验证明示于图 3.1.4 中（A′）。当变形进一步发展，若岩体处于脆性状态且局部应力已达到强度极限值，则在近褶皱两端的异侧直接受主动外力作用的部位，顺主动外力作用的方向，形成与主轴斜交的张性、剪性或 X 形断裂（图 3.1.4B），其实验证明如图 3.1.4 中（B′）所示。若岩体处于柔性状态且局部应力还未达到其强度极限，则随着变形的发展而形成两种褶皱形状对褶皱轴不对称的变形：若褶皱变形的几何量与受力作用的板形岩体的厚度相比甚小，则所成褶皱两端顺主动外力作用方向向受主动外力作用的背侧倒转（图 3.1.4C）；若褶皱变形的几何量与受力作用的板形岩体的厚度相近或更大，且岩层下部的层间摩擦力甚小而足致造成滑动，则近褶皱两端直接受主动外力作用两侧转陡，并有脱底现象（图 3.1.4D）。此结论，除前一章中的理论证明外，还有模拟实验证明（图 3.1.4C′ 和 D′）。其水平剖面中的地层圈闭图形示于图 3.1.5（A）（B）。地层越陡处之水平截面越窄，越平缓处之水平截面越宽，其模拟实验证明示于图 3.1.5 中的（A′）和（B′）。

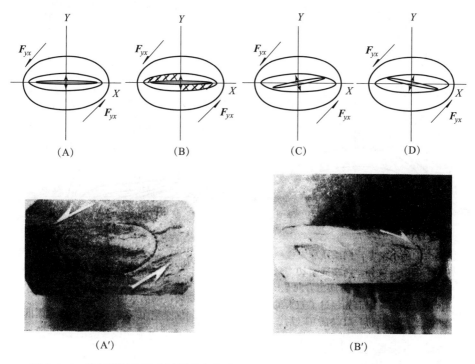

图 3.1.4　剪切褶皱与形变椭圆的方位关系（A）（B）（C）（D）及其模拟实验结果
（A′）（B′）（C′）（D′）

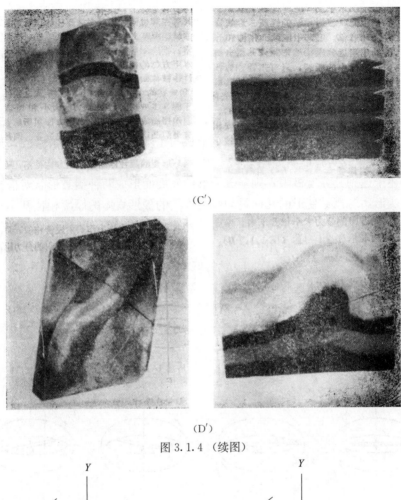

(C′)

(D′)

图 3.1.4 （续图）

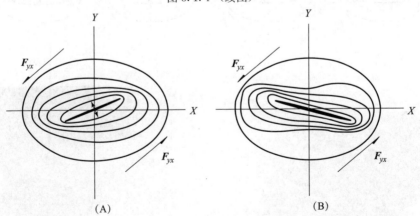

(A)　　　　　　　　　　　　　　(B)

图 3.1.5　图 3.1.4（C）（C′）（D）（D′）中的褶皱水平剖面内的地层圈闭图像
（A）（B）及其模型的水平剖面（A′）（B′）

　　　　　　　　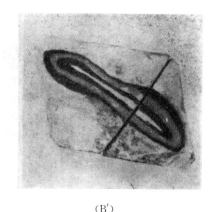

（A′）　　　　　　　　　　　　　　　　　　（B′）

图 3.1.5 （续图）

由此，根据褶皱的性质、形状及特点，可确定其所在部位同时期形变椭圆柱体横截面的方位和形状。但其中压缩、张伸和剪切初期形成的褶皱，单从其本身形状上无从鉴别，尚需借助于附近共生构造形象或其组合规律与形式来确定。

　　岩体中的断裂，只有张性和剪性的两种。地壳水平方位的板形岩体中的圆板形部分，受水平方向的压力作用而成的张性断裂，与形变椭圆柱体横截面的短轴同向（图 3.1.6A），其实验证明示于图 3.1.6（A′）。若岩体受与此压力方向垂直的水平张力作用，则所成之张性断裂方位与前者同向（图 3.1.6B），其实验证明示于图 3.1.6（B′）。当此张力的大小和前者与其垂直的压力大小相等作用时间相同时，则由张力作用而成的张断裂比由压力作用所成者大得多，裂缝宽度顺走向变化也较小，而后者的裂缝类似凸透镜的横截面，易成裂谷。两种裂面的形状，均粗糙而成锯齿状。

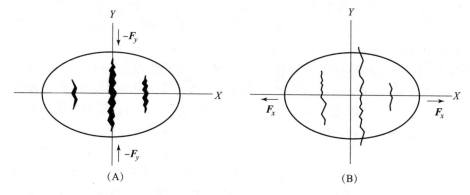

（A）　　　　　　　　　　　　　　　　　　（B）

图 3.1.6 　压缩（A）拉伸（B）成的和地表垂直的张断裂与形变椭圆的
关系及其模拟实验证明（A′）（B′）

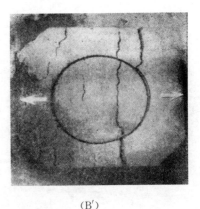

（A′）　　　　　　　　　　　　　　　（B′）

图 3.1.6 （续图）

　　岩体受水平剪切力作用而成的剪张性断裂的形状与形变椭圆柱体横截面的方位关系，随外力作用方向的不同而异：若剪切力在形变椭圆柱体横截面上短轴方向的分力比长轴方向的大很多，所成的剪张性断裂，中间部分以剪性为主，两头以张性为主；若剪切力方向是顺时针的此剪张性断裂成 S 形，若剪切力方向是反时针的则此剪张性断裂成反 S 形；其中间部分均与形变椭圆柱体横截面上的二轴斜交（图 3.1.7A）。若剪切力在形变椭圆柱体横截面上二轴方向的分力大小相差不多，所成剪张性断裂的形状和方位与由压力作用所成者相似，只是两端稍有些不对称（图 3.1.7B）。若剪切力在形变椭圆柱体横截面上短轴方向的分力比长轴方向的小很多，则所成剪张性断裂的中间部分张裂最大；其主体方位与形变椭圆柱体横截面上的短轴重合，两端向剪切力来向弯转并有较强的剪性；若剪切力方向是顺时针的则整个断裂成反 S 形，若剪切力方向是反时针的则整个断裂成 S 形（图 3.1.7C）。若岩体在很强的塑性状态，因而先经过了较大的剪切变形而后断裂，则所成的相应于上述三种情况的剪张性断裂成折曲状，且最前和最后二情况的断裂中间部分稍向形变椭圆柱体横截面的短轴偏转（图 3.1.7D，E，F）。这些结果，除前一章中的理论证明外，均有模拟实验证明（图 3.1.7D′，E′，F′）。

　　岩体受水平方向的压力或与此压力方向垂直的张力作用而成的 X 形剪性断裂，其裂面交角被形变椭圆柱体横截面上的二轴所平分，且由压力作用而成者被压应力主轴所平分的交角范围内的岩体有顺压缩方向的显著错动（图 3.1.8A），而由张力作用所成者则无此种现象（图 3.1.8B）。其模拟实验证明示于图 3.1.8（A′）（B′）。由剪切力作用所成的 X 形断裂，系由一组张剪性断裂和一组压剪性断裂以锐角、直角或钝角交叉所成。由于剪切力与主轴的方位关系不同，而有三种形状（图 3.1.9），其模拟实验证明示于图 3.1.9（A′）（B′）（C′）。

　　板形岩体中圆板形部分的圆柱面方程为

$$x^2 + y^2 = r^2 \qquad\qquad (3.1.3)$$

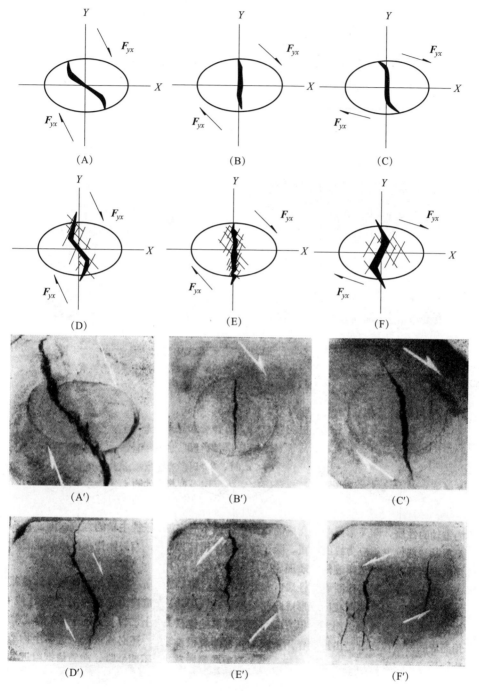

图 3.1.7　剪切成的剪张性断裂与形变椭圆的关系（A）（B）（C）（D）（E）（F）及其
模拟实验证明（A′）（B′）（C′）（D′）（E′）（F′）

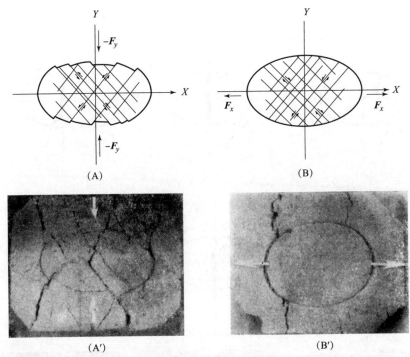

图 3.1.8　压缩（A）张伸（B）成的 X 形剪断裂与形变椭圆的关系及其
模拟实验证明（A′）（B′）

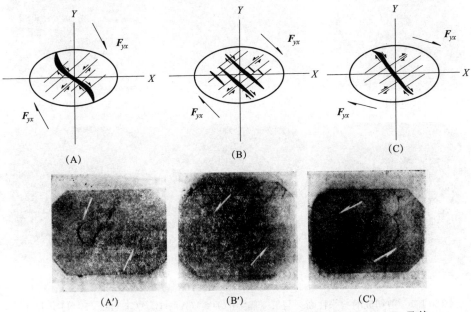

图 3.1.9　剪切成的 X 形剪断裂与形变椭圆的方位关系（A）（B）（C）及其
模拟实验证明（A′）（B′）（C′）

若形变椭圆柱体的形成是由于垂直此柱面轴向正应力的作用，则坐标轴与主轴重合。故变形后的形变椭圆方程为

$$\frac{x^2}{(1+e_x)^2}+\frac{y^2}{(1+e_y)^2}=r^2 \tag{3.1.4}$$

此二曲面之交线为与柱体轴平行的直线段（图3.1.10），其与主轴 z 的距离在变形过程中不变。故由（1.1.34）式知，在此交线与主轴 z 所决定之平面上和与之垂直的方向上皆无正应力作用，可见此即最大剪应力作用面。将（3.1.3）和（3.1.4）式联立解之，得

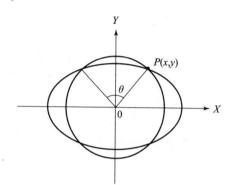

$$x=r\sqrt{\frac{(1+e_x)^2[1-(1+e_y)^2]}{(1+e_x)^2-(1+e_y)^2}}$$

$$y=r\sqrt{\frac{(1+e_y)^2[1-(1+e_x)^2]}{(1+e_y)^2-(1+e_x)^2}}$$

图3.1.10　板形岩体中的圆板与其形变椭圆板的关系

此即二曲面交线的坐标。据岩体中 X 形剪断裂的变形迹象判断，若其在形成时并没有发生过剧烈的塑性变形，则可将应变的二次方项和乘积项略去，于是得

$$x=r\sqrt{\frac{-e_y}{e_x-e_y}}$$

$$y=r\sqrt{\frac{e_x}{e_x-e_y}}$$

则最大剪应力面与主轴 y 的交角

$$\frac{\theta}{2}=\tan^{-1}\frac{x}{y}=\tan^{-1}\sqrt{-\frac{e_y}{e_x}}$$

由于 e_x 和 e_y 符号相反，故根号内为实数，当

$$e_x>e_y \text{ 时，} \theta<90°$$

$$e_x=e_y \text{ 时，} \theta=90°$$

$$e_x<e_y \text{ 时，} \theta>90°$$

在地壳 X 形剪断裂形成时，即各种岩体达到其剪切强度极限时的 e_x 和 e_y 的大小及方向虽然可据上述方法测算得，但由于断裂形成后外力继续作用，于是随变形的进展 θ 角将因 P 点继续移向主轴 X 或 Y 而增减。故由 X 形剪断裂所遗留下来的交角大小，不能确定平分此二交角的主轴的性质，即 X 形剪断裂交成的锐角平分线不一定就是压性主轴的方位。因而，确定 X 形剪断裂部位主正应力线的性质，除了依据岩体错移方向外，当岩体错移得不甚显著时则必须依据附近共生构造形迹的性质而定。

由上所述，据岩体断裂的性质、形状和特点，可确定其所在区位形变椭圆柱

体横截面的方位和形状，因之其所在区位形成此断裂地质时期局部古构造应力状态的主正应力线的方位、性质和形状可由之而定。但方向与形变椭圆柱体横截面上二轴交角近于 45°的剪切力作用而成的剪张性断裂与由压力作用所成的张性断裂很难鉴别，还必须依据附近共生构造形迹的性质来确定其主正应力线的形状。当 X 形剪断裂错移方向不明显时，亦须依据附近共生构造形迹的性质来确定其主轴的性质。

　　破碎带与断裂带，本质上都是当岩体中的构造应力达到强度极限时发生的。但在断裂宽度上，前者比后者大；在断裂程度上，前者比后者初级；在应力增加速度上，前者比后者缓慢；在岩体力学性质状态上，前者比后者脆性弱；在构造应力分布上，前者比后者的梯度小。因而，有的断裂带是直接形成的，而有的则是由破碎带发展成的。它们所在区位主正应力线的方位、性质和形状的测定方法相似。

　　在同样力学性质的岩体中，褶皱带、断裂带、破碎带、褶断带及片理带，都是应力高值带，其所在区位主张应力线的密度均较大。

　　若板形岩体中形变椭圆柱体的形成是由于受平行板面而垂直于此柱面的正应力的作用，则由（1.1.36）式得

$$e_i = \frac{\sigma_i}{M} - \frac{\sigma_{0i}}{M} + e_{0i}$$

当其为受主轴 Y 方向的压缩或主轴 X 方向的张伸作用而成时，

$$e_x = \frac{\sigma_x}{M} - \frac{\sigma_{0x}}{M} + e_{0x}$$

$$e_y = -\left(\frac{\sigma_y}{M} - \frac{\sigma_{0y}}{M} + e_{0y} \right)$$

对力学性质相同的各向同性的连续岩体，若起始状态

$$\sigma_{0x} = \sigma_{0y} = \sigma_0$$

$$e_{0x} = e_{0y} = e_0$$

则得

$$\tan \frac{\theta}{2} = \sqrt{-\frac{e_y}{e_x}} = \sqrt{\frac{\sigma_y - \sigma_0 + e_0 M}{\sigma_x - \sigma_0 + e_0 M}}$$

又由于

$$\tau_{xy} = \frac{\sigma_x - \sigma_y}{2}$$

得

$$\sigma_x = \sigma_y + 2\tau_{xy}$$

$$\sigma_y = \sigma_x - 2\tau_{xy}$$

则

$$\tan\frac{\theta}{2}=\sqrt{\frac{\sigma_x+2\tau_{xy}-\sigma_0+e_0M}{\sigma_x-\sigma_0+e_0M}} \tag{3.1.5}$$

$$\tan\frac{\theta}{2}=\sqrt{\frac{\sigma_y-\sigma_0+e_0M}{\sigma_y+2\tau_{xy}-\sigma_0+e_0M}} \tag{3.1.6}$$

当岩体发生 X 形剪断裂时，τ_{xy} 为岩体的剪切强度极限，σ_0 为零或弹性极限或屈服极限。故 τ_{xy}，σ_0，e_0，M 皆可由该部位岩体近似测得。由此，若一构造区位有 X 形剪断裂，并已确定了其形成时主轴的性质和主动力作用方向，且知其形成后没有发生剧烈的塑性变形，于是便可在现场直接测得 θ，并由 (3.1.5) 或 (3.1.6) 算得其形成时主正应力的绝对值 σ_x 或 σ_y。

2. 微观方法

岩体由于受各种方式应力作用经较长时间的剧烈变形而形成的内部晶粒组织和结构的规律性改变所构成的显微组构，可用以鉴定无明显构造形象区位主正应力线的方位、性质和形状，尤其在构造形象本身不能确定主应力线性质的区位和构造形象已被剥蚀得难以从形象上鉴定时，此方法更有独特效用。

岩体在压缩变形时，其中长形晶粒的轴，向和压缩方向垂直的二维分散方向移动，而片状矿物晶粒的片状平面，向和压缩方向垂直的方位转动，还有些矿物晶粒顺压缩方向在与其斜交的方位发生晶面滑移或孪生而成双晶（图 1.1.118）。

张伸变形的岩体中，长形晶粒的轴，向岩体张伸方向转动，而成似鱼群状分布的规则排列（图 1.1.119）。

将岩体中某部位的压性组构以图 3.1.11A 圆的符号表示，张性组构以图 3.1.11B 圆的符号表示，其中的一对反向矢号表示压缩或张伸方向。则，由岩体中的显微组构的性质、分布及特点，可确定所在部位主正应力线的方位、性质和形状（图 3.1.11）。其作用与宏观的片理类同。压缩、张伸、剪切变形，是岩体最基本的变形形式。复杂的变形，只不过是这三种基本形式的复合或联合。因此，这三种构造组构，是最基本的显微组构。

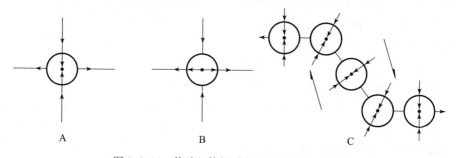

图 3.1.11　构造组构性质与主正应力线的关系

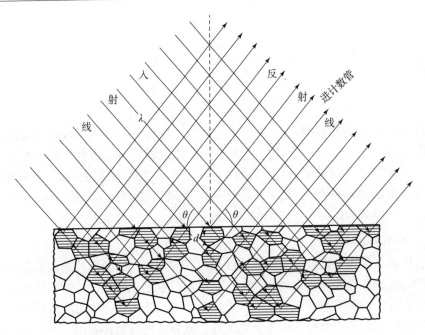

图 3.1.12　X 射线从岩石组构测片中选测矿物选测晶面系反射图

测量岩石显微组构以鉴定构造应力状态，最合理最迅速的是 X 射线反射法。由于 X 射线是一种波长极短的电磁波，因之对物质有很强的穿透本领，在一定条件下能从岩石中的矿物晶体内相当深的一定晶面系上反射（图 3.1.12）。因各种矿物晶体内一定晶面系的各晶面间距 d 一定，所用 X 射线的波长 λ 一定，则此射线从所选测矿物的选测的固定晶面系上反射时的掠射角 θ 也一定，因为它们遵从下列的反射公式

$$2d \sin \theta = n\lambda$$

n 为任一正整数，常取为 1（图 3.1.13）。于是，当选定了岩石中某种矿物的某一定晶面系和合适的 X 射线波长后，由于 θ 也被固定，则从其他晶面系上都不反射，因之在其他 θ 角均测不到反射线，就是对所选测的晶面系当其在与入射线构成的掠射角不等于 θ

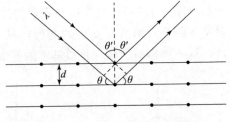

图 3.1.13　布拉格反射公式图解

的其他方位时也不反射，因之也测不到此晶面系的反射线，于是只有当所选测的矿物晶面系的法线正好在入射线和反射线交角平分线的位置时，才能使 X 射线反射因而被测到。由于矿物晶粒中所选测晶面系的方位在矿物中是固定的，故测量其法线方位，即测量了用此晶面系表示的此种矿物晶粒在岩石中的分布方位。利用此规律，把岩石测件不停地转动着，但入射线和接收反射线的位置不变，这样

便测得了在测件中分散着的所选测矿物固定晶面系在各方位分布的多少，而反映在反射线的强度上。

　　测量时，将岩石测件贴在 X 射线计数组构衍射仪中的小圆盘上（图 3.1.14），随之一起转动。入射线和接收反射线的计数管位置不动，计数管固定在与入射线成 $2\theta'$ 角的位置（图 3.1.15），将大圆盘平面即测件平面中心点法线所

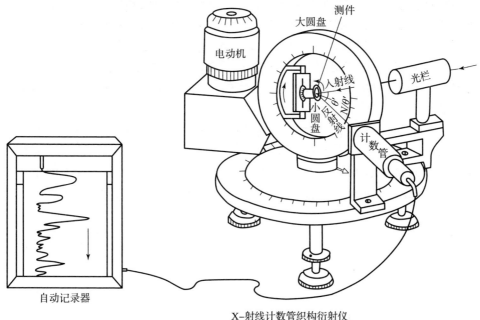

图 3.1.14　X 射线岩石组构测量原理图解

在的平面固定在与入射线交成 θ' 角的位置。测件直立时，所测的是晶面系法线分布在垂直测件表面方位的晶粒，其法线在以测件表面为赤道面的极射赤面投影网上的位置，经度为零，纬度为 90°。测件从此直立位置开始，在小圆盘上绕垂直自己表面的中心轴反时针转动，以不断改变被测晶面系法线的经度；同时小圆盘载着测件又绕大圆盘平面的垂直中心轴顺时针转动，以不断改变被测晶面系法线的纬度。在此复合转动中，一直保持测件表面与大圆盘平面的垂直中轴线重合。当小圆盘自转一周时，其绕大圆盘只转

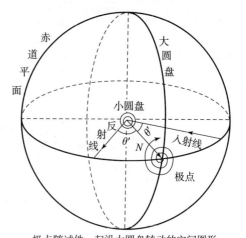

极点随试件一起沿大圆盘转动的空间图形

图 3.1.15　极点随测件一起沿大圆盘
转动的空间图形

5°角。于是，测件中被测晶面系法线在以测件表面为赤道面的极射赤面投影网上的投影点位置，沿经向顺时针改变 360°时，同时沿纬向只向低纬度改变 5°。因之，测件在此复合转动中，X 射线所测到的晶面系法线方位，是从以测件平面为赤道面的极射赤面投影网的中心——直立测件平面法线投影点开始，此时被测晶面系的晶面与测件表面平行，逐渐向外，在沿经向顺时针转动和沿纬向向低纬度移动的两个运动的合成螺旋形轨道上移动。及至小圆盘随其坐架绕大圆盘平面的垂直中心轴转 90°时，便测完小圆盘自转 18 周的全部投影点位置，此时测件表面转到与入射线和反射线在同一平面上的水平位置。到此位置，被测晶面系的法线，分布在投影网的赤道面上，而被测晶面系的晶面则与测件表面垂直。这样，便完成了法线的投影点在螺旋线网上各点的各个相应方位晶面系反射线强度的连续测量。

　　电子自动记录器中的记录纸上，以纵坐标表示反射线强度，横坐标（平行记录纸移动方向）表示纬度相间 5°而相应的经度为 360°的各个周转投影位置，同步地记下了测件中各相应方位所测矿物晶粒选测晶面系的晶面多少的量（图 3.1.16）。把记录纸上记下的曲线，再转投到螺旋形极射赤面投影网（图

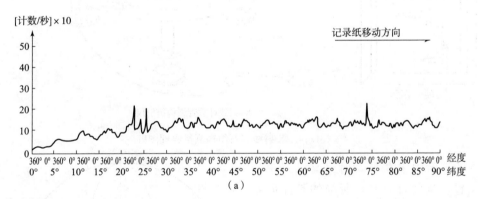

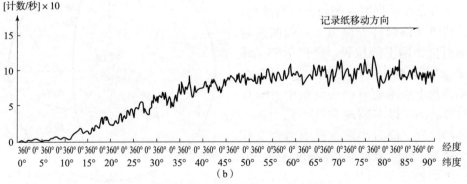

图 3.1.16　片麻岩在 300MPa 围压下，用 50MPa 应力单轴压缩后，垂直压缩方向
切出的测件内，石英（100）晶面系（a）和黑云母（001）晶面系（b）的
X 射线反射线强度-方位记录曲线

3.1.17）上，按反射线强度的分布，绘成用等强线表示的所测晶面系晶面量的组构图（图 3.1.18）。实际工作中，当取得一定经验后，不需要再画出组构图，从记录得的强度-方位曲线便可直接看出所测的岩石组构规律。

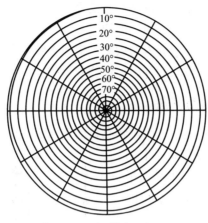

图 3.1.17 极射赤面投影网

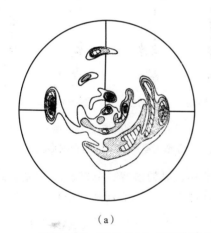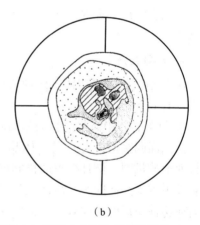

（a）　　　　　　　　　　　　（b）

图 3.1.18 图 3.1.16a 记录曲线的投影等强线（a）和图 3.1.16b 记录曲线的投影等强线（b）组构图

提高测量速度，是当前岩组学的一个关键问题。岩石中造岩矿物晶粒结晶要素的分布方位，也可在偏光显微镜下用万能旋转台逐个晶粒进行测量，一般需要两三天测完一个薄片。国内外用 X 射线组构照相机和衍射仪测量一个测件，最快也需要 108 分钟。作者对 X 射线计数组构衍射仪进行改进后，测一个测件只需 3 分钟，这样一天便可测百来个测件。由于测量速度提高了，便有可能在一个测区根据需要采几千个岩石定向测样，进行大量的岩石构造组构测量。同时，对同种矿物的固定晶面系，大晶粒的反射线较强，小晶粒的反射线较弱，这与大小不同的晶粒形成构造组构所需应力的大小也是对应的。大晶粒转动或滑移需较大的应力，而小晶粒则只需较小的应力来完成。

岩石中的矿物晶粒受应力作用产生的弹塑性变形使其结晶结构发生改变，于是取决于其结晶结构的光学性质也必将随之而变。绿泥石和方柱石经强烈剪切变形后，折射率增高，变形越剧烈则增高越多。石英和方解石在平行光轴的高压下变成二轴晶，且压力越大光轴角也越大。反之，由此种矿物晶体折射率的增高或光轴角的增大，可推知它们受了强烈剪切或光轴方向的高压作用，并可由实验结果来估计它们形成时所受构造应力的大小。根据多数定向标本的测量结果，可统计分析其所在区位主正应力线的方向、性质和形状。

二、古构造残余应力测量

区域残余应力，表示为岩石内矿物晶粒的晶面沿法线的整个张、压性平行变形；嵌镶残余应力，表现为晶面上的原子或离子在晶面法向离开了晶面平面或使晶面弯扭而呈不规则的晶格畸变（图 3.1.19）。

区域残余应力测量，有 X 射线法、矿物光性法、偏光应力分析法和机械法。

1. X 射线法

用 X 射线法测量岩体中区域残余应力，有如下特点：

① 只测岩体中矿物晶粒的晶面间距，而晶面间距的变化正是岩体晶粒

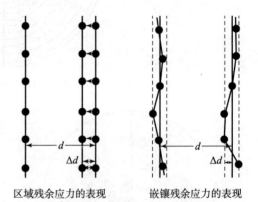

区域残余应力的表现　　　嵌镶残余应力的表现

图 3.1.19　区域残余应力和嵌镶残余应力
在造岩矿物晶体内的表现形式

弹性变形的机制，塑性变形的机制则是晶面滑移、晶粒破碎、晶粒转动和晶界破裂，并不改变晶面间距，故此法只测晶粒的弹性形变，测不到塑性形变，于是影响岩体塑性变形的时间效应，如蠕变、滞后、加力速率等，对测量均无影响。

② 测得的弹性形变，是以所测矿物经高温退火后弹性形变为零的状态作起算点，故为绝对弹性形变，因之可用弹性理论方程求得绝对应力值。

③ 由岩体矿物晶粒的弹性形变计算应力，用的是所选测矿物晶体的弹性参量，比多晶体岩石的弹性参量稳定，不受多晶岩石结构和孔隙的影响。

④ 在岩石测样的测量表面原样测量而不须对之预加载荷或恢复载荷，避免了岩石重载时由于力学参量不还原性所引起的测量状态与原岩状态力学参量不同对测量结果的影响。

⑤ X 射线直接射入测样中测量矿物晶体的晶面间距，而不须其他与测样表面接触的传感器，免去了由于接触和传感器材料刚度对测量过程的影响。

⑥ 测量使用晶体结构分析 X 射线衍射测角仪。如德国西门子 Eg404/2e 型的、日本理学电机株式会社 GAB-A 型的，测样可于小马达带动下在所选取平面

内水平来回移动或固定于所选取的角度，经过弯曲晶体单色器单色化的入射 X 射线成铅直薄平面光束在往返移动的测样表面上成铅直细线扫描或在测量圆上聚焦后进入计数管（图 3.1.20）。θ 角的测量精度小于 $0.0001°$，记录纸长与 θ 角的比例关系为 $80\sim640$（毫米/度），并配有精度 0.001 毫米的比长仪供精确测量之用。所用 X 射线波长精度可达 10^{-6} 纳米，若测石英或方解石（001）晶面系的晶面间距，则求得其法向应变的精度为 1×10^{-6} 或 5×10^{-7}。

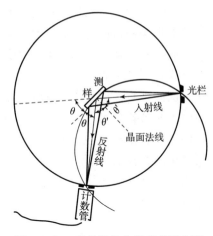

图 3.1.20　晶体结构分析 X 射线衍射测角仪工作原理

　　岩石由造岩矿物所组成，造岩矿物是各向异性固体。于是，在其中测到了残余弹性形变后，便可用各向异性弹性理论来计算残余应力。

　　据区域残余应力椭球在地壳中空间分布方位的历次抽样测量结果知，其主轴与水平面或铅直线的交角一般为几度到十几度，个别的达 $21°$。故在大量测量中为简化测量手续，可假定测点的区域残余应力主轴 1、2 在水平方向，主轴 3 在铅直方向。则测点正交异性岩体的弹性方程，由（1.1.28）得为

$$
\begin{aligned}
e_1 &= \frac{1}{E_1}\sigma_1 - \frac{\nu_{21}}{E_2}\sigma_2 - \frac{\nu_{31}}{E_3}\sigma_3 \\
e_2 &= -\frac{\nu_{12}}{E_1}\sigma_1 + \frac{1}{E_2}\sigma_2 - \frac{\nu_{32}}{E_3}\sigma_3 \\
e_3 &= -\frac{\nu_{13}}{E_1}\sigma_1 - \frac{\nu_{23}}{E_2}\sigma_2 + \frac{1}{E_3}\sigma_3
\end{aligned}
\tag{3.1.7}
$$

其中，应变以伸为正，以缩为负；应力以张为正，以压为负。

表 3.1.1　岩体中区域残余应力椭球空间分布方位抽样测量结果

序号	主轴与水平面的关系（°）			序号	主轴与水平面的关系（°）		
	主轴 1 倾角	主轴 2 倾角	主轴 3 倾角		主轴 1 倾角	主轴 2 倾角	主轴 3 倾角
1	2	3	86	9	11	3	80
2	0	14	76	10	2	8	81
3	5	7	81	11	0	15	76
4	1	21	69	12	11	2	79
5	6	4	83	13	1	7	83
6	7	0	80	14	6	9	79
7	1	1	89	15	18	5	71
8	17	1	72	16	5	12	76

在测点标上拟采岩块的原方位后，可沿节理切成的块体从地壳采下来，于是其上现今构造应力的作用便消除，而只剩下残余应力。再将此定向岩块沿水平方向切开，从下半部切开的表层中切出直径 5 厘米厚 3 毫米的圆盘形残余应力测样，则其上表面即为主平面（1，2）。由于上半部被去掉，其对下半部测样表面的垂直区域残余应力 σ_3 的作用便去除了，于是测样表层的法向区域残余应力便被释放掉，得 $\sigma_3 = 0$。但测量表面方向的区域残余应力 σ_1，σ_2，由于测样表面有足够大而仍然保留着。因而，在测样表面法向，由于去掉了上半部而发生的弹性应变 e_3'，只是因 σ_1，σ_2 的作用所引起的法向泊松效应。如此，测量测样表面上的区域残余应力 σ_1，σ_2，便成为平面应力问题。于是，方程组（3.1.7）变成

$$
\left.
\begin{aligned}
e_1 &= \frac{1}{E_1}\sigma_1 - \frac{\nu_{21}}{E_2}\sigma_2 \\
e_2 &= -\frac{\nu_{12}}{E_1}\sigma_1 + \frac{1}{E_2}\sigma_2 \\
e_3' &= -\frac{\nu_{13}}{E_1}\sigma_1 - \frac{\nu_{23}}{E_2}\sigma_2
\end{aligned}
\right\}
\tag{3.1.8}
$$

选测岩体中力学性质成高级轴对称的矿物，并测量测样中此对称轴分布在主轴 3 方向的晶粒，则其在测样中 $E_1 = E_2 = E$，泊松比 $\nu_{12} = \nu_{21} = \nu$，$\nu_{13} = \nu_{23} = \nu'$，于是（3.1.8）变成

$$
\left.
\begin{aligned}
e_1 &= \frac{1}{E}\ (\sigma_1 - \nu\sigma_2) \\
e_2 &= \frac{1}{E}\ (\sigma_2 - \nu\sigma_1) \\
e_3' &= -\frac{\nu'}{E}\ (\sigma_1 + \sigma_2)
\end{aligned}
\right\}
\tag{3.1.9}
$$

或写成平面应力状态二区域残余主应力的表示式

$$
\left.
\begin{aligned}
\sigma_1 &= -\frac{E}{\nu'\ (1+\nu)}\ (\nu' e_2 + e_3') \\
\sigma_2 &= -\frac{E}{\nu'\ (1+\nu)}\ (\nu' e_1 + e_3')
\end{aligned}
\right\}
\tag{3.1.10}
$$

测量力学性质对称轴分布在测样表面法向的晶粒中垂直此对称轴的晶面系的晶面间距 $d_{90°}$ 和岩样中同种矿物经高温退火后无残余弹性形变的相同晶面系的晶面间距 d_0，可求得平行测样表面的平面残余应力状态所引起的测样表面法向弹性应变

$$
e_3' = \frac{d_{90°} - d_0}{d_0}
\tag{3.1.11}
$$

同样，在与测样表面法向成 30°方向
（图 3.1.21），可测得

$$e_{a30°} = \frac{d_{a30°} - d_0}{d_0}$$

将此式代入应变几何公式

$$e_{a30°} = e_1 \ (\sin30°\cos\alpha)^2 + $$
$$e_2 \ (\sin30°\sin\alpha)^2 + e'_3\cos^2 30°$$

再将此式代入 $e_{a30°}$ 在测样表面上投影
方向的正应变表示式

$$e_a = e_1\cos^2\alpha + e_2\sin^2\alpha$$

得

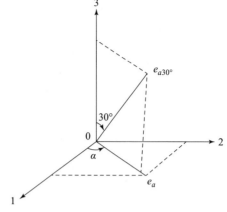

图 3.1.21 测样中弹性应变测量空间示意图

$$e_a = \frac{e_{a30°} - e'_3\cos^2 30°}{\sin^2 30°} = 4e_{a30°} - 3e'_3 \tag{3.1.12}$$

再测量各与测样表面法线成 30°斜交并在测量表面上有从 e_a 方向开始反时针依次相间 60°的二个投影的正应变 $e_{b30°}$，$e_{c30°}$，可得相应的正应变 e_b，e_c 的表示式。于是，将测样表面上反时针依次相间 60°三个方向的正应变 e_a，e_b，e_c 的表示式代入主应变公式

$$e_1 = \frac{1}{3} \ (e_a + e_b + e_c) \ + \frac{\sqrt{2}}{3}\sqrt{(e_a - e_b)^2 + (e_b - e_c)^2 + (e_c - e_a)^2}$$
$$e_2 = \frac{1}{3} \ (e_a + e_b + e_c) \ - \frac{\sqrt{2}}{3}\sqrt{(e_a - e_b)^2 + (e_b - e_c)^2 + (e_c - e_a)^2}$$
$$\tan 2\alpha = \frac{-\sqrt{3} \ (e_b - e_c)}{2e_a - e_b - e_c}$$

则得测样表面方向的区域残余主应变 e_1，e_2 及从主轴 1 到 e_a 以逆时针方向为正的角 α，用 $e_{a30°}$，$e_{b30°}$，$e_{c30°}$，e'_3 的表示式

$$e_1 = \frac{4}{3} \ (e_{a30°} + e_{b30°} + e_{c30°}) \ - 3e'_3 + $$
$$\frac{4\sqrt{2}}{3}\sqrt{(e_{a30°} - e_{b30°})^2 + (e_{b30°} - e_{c30°})^2 + (e_{c30°} - e_{a30°})^2}$$
$$e_2 = \frac{4}{3} \ (e_{a30°} + e_{b30°} + e_{c30°}) \ - 3e'_3 - $$
$$\frac{4\sqrt{2}}{3}\sqrt{(e_{a30°} - e_{b30°})^2 + (e_{b30°} - e_{c30°})^2 + (e_{c30°} - e_{a30°})^2}$$
$$\tan 2\alpha = \frac{-\sqrt{3} \ (e_{b30°} - e_{c30°})}{2e_{a30°} - e_{b30°} - e_{c30°}}$$

$$\tag{3.1.13}$$

再将岩样被切去的上半部过已测知的主轴 1 方向铅直切开，在其一半的铅直表面上，同样测得铅直方向的区域残余主应变 e_3；将铅直测样测量表面的法向正应变表示为 e_3''，在过此法向的铅直面上与此法线成 30°交角方向的正应变表示为 $e_{a30°}''$，其在铅直测样表面上的投影方向的正应变表示为 e_a''。由于 e_a'' 在铅直方向，而为测量地点三维应变状态的铅直区域残余主应变 e_3，故相应于（3.1.12）式，对铅直测样有

$$e_3 = e_a'' = 4e_{a30°}'' - 3e_3'' \tag{3.1.13'}$$

将（3.1.13）代入（3.1.10），得

$$
\begin{aligned}
\sigma_1 &= \frac{-E}{1+\nu}\left[\frac{4}{3}\left(e_{a30°}+e_{b30°}+e_{c30°}\right)+\frac{1-3\nu'}{\nu'}e_3'-\right.\\
&\quad \left.\frac{4\sqrt{2}}{3}\sqrt{(e_{a30°}-e_{b30°})^2+(e_{b30°}-e_{c30°})^2+(e_{c30°}-e_{a30°})^2}\right]\\
\sigma_2 &= \frac{-E}{1+\nu}\left[\frac{4}{3}\left(e_{a30°}+e_{b30°}+e_{c30°}\right)+\frac{1-3\nu'}{\nu'}e_3'+\right.\\
&\quad \left.\frac{4\sqrt{2}}{3}\sqrt{(e_{a30°}-e_{b30°})^2+(e_{b30°}-e_{c30°})^2+(e_{c30°}-e_{a30°})^2}\right]
\end{aligned}
\tag{3.1.14}
$$

取铅直测样测量表面上的主轴为 $1''$，$2''$，表面法向的主轴为 $3''$。使 $1''$ 与 1 重合，$2''$ 与 3 重合，选测其中与水平测样相同的矿物，仍测量对称轴分布在主轴 $3''$ 方向的晶粒，于是其表面方向的 $E''=E$，$\nu''=\nu$。因 e_a'' 在铅直方向，则 $\alpha''=90°$，因而 $e_a''=e_2''=e_3$，$\sigma_2''=\sigma_3$，$\sigma_1''=\sigma_1$。于是，用测量地点实际的三维应力状态符号 e_3，σ_3，σ_1，来替换相应于铅直测样的方程组（3.1.9）的第二式中的符号 e_2''，σ_2''，σ_1''后，此式变成

$$e_3 = \frac{1}{E}\left(\sigma_3 - \nu\sigma_1\right)$$

因之，将（3.1.13'）中的 e_3，（3.1.14）中第一式的 σ_1，代入上式，可求得

$$
\begin{aligned}
\sigma_3 &= E\left(4e_{a30°}''-3e_3''\right)-\frac{\nu E}{1+\nu}\left[\frac{4}{3}\left(e_{a30°}+e_{b30°}+e_{c30°}\right)+\frac{1-3\nu'}{\nu'}e_3'-\right.\\
&\quad \left.\frac{4\sqrt{2}}{3}\sqrt{(e_{a30°}-e_{b30°})^2+(e_{b30°}-e_{c30°})^2+(e_{c30°}-e_{a30°})^2}\right]
\end{aligned}
\tag{3.1.14'}
$$

（3.1.13）、（3.1.13'）、（3.1.14）、（3.1.14'）构成了表示测点三维区域残余主应力、主应变大小及方向的方程组。将各测点水平测样上的 e_a 一律取在南北方向，先测量 $e_{a30°}$，再沿反时针方向依次相间 60°测 $e_{b30°}$，$e_{c30°}$ 及法向应变 e_3'；在铅直测样上，测得 $e_{a30°}''$，e_3''；用 X 射线法测得岩样中所选测矿物的轴对称力学参量 E，ν，ν'，代入（3.1.13）、（3.1.13'）、（3.1.14）、（3.1.14'）式，可算得测点岩体中三维区域残余主应力 σ_1，σ_2，σ_3 和主应变 e_1，e_2，e_3 的大小及主方向角 α。将它们代入下式，可算得测点岩体中区域残余弹性应变能密度

$$\varepsilon = \frac{1}{2}\ (\sigma_1 e_1 + \sigma_2 e_2 + \sigma_3 e_3) \tag{3.1.15}$$

上述弹性理论方程中的应变，都是弹性应变，而且是从零起算的绝对应变值。因之，只能测量弹塑性地应变相对变化而区分不出其中弹性应变成分和其绝对值的应变测量技术，在此是不适用的。而 X 射线法，正好能全部满足这些要求。

岩石是由一种或多种矿物晶粒按各种取向构成的多晶体。将其测样放在 X 射线衍射测角仪中心的测样架上，用波长 λ 的单色 X 射线束以掠射角 θ 入射到测样中所选测矿物的选测晶面系上，便可在对晶面系法线对称的方向接收到反射线。由布拉格方程知，此晶面系的晶面间距

$$d = \frac{n\lambda}{2\sin\theta}$$

n 为正整数，常取为 1。从此式知，对选定的晶面系，由于 d 一定，故选用波长为 λ 的 X 射线后，则 θ 也一定，即只有在此方位才能测到反射线，于是便从测角仪得到 θ。因之，由 θ 可求得所测矿物同一晶面系的法线与入射线和反射线在同一平面上并满足布拉格方程的某一定方位各晶粒此晶面系的 d。每个被测晶粒相当于测样中一个小测点，将 X 射线束照射于测样表面，便测得测样表层一定深度无数被选测矿物晶粒被选测晶面系的 d。因之，从测样中无数小测点上反射的 X 射线强度的分布峰值所在的 θ，是被照射岩石一定深度内无数小测点的 d 的平均值，它已是在宏观范围内的分布值了。

由于同一测点的水平和铅直二测样中的应变都是通过测量其中同种矿物同一晶面系的晶面间距而得，因而都应使用此种矿物此晶面系经高温退火后无残余应变的晶面间距 d_0 或其相应的掠射角 θ_0 作起始状态来求绝对应变，并且由各方位的绝对残余应变求相应的残余应力也都使用此矿物相同的弹性参量。

因测量中所用的 X 射线波长 λ 及 n 值不变，而且有残余应力的测样中矿物晶粒的晶面间距 d 相对于 d_0 的变化量在 10^{-4} 纳米以下而属于微小形变，故将布拉格方程微分可得晶面系法向正应变

$$e = \frac{d - d_0}{d_0} = -\text{ctg}\,\theta_0\ (\theta - \theta_0) \tag{3.1.16}$$

对水平测样表面成倾角 θ 方向入射 X 射线，并在对测样表面法线成平面对称的方向接收反射线，则用此 θ 可从布拉格方程算得位于测样表面法向的晶面间距 $d_{90°}$，将此 θ 表示为 $\theta_{90°}$。仿此，可测得与测样表面法线成 30° 交角并在测量表面上的投影成反时针依次相间 60° 的三个方向的晶面间距 $d_{a30°}$，$d_{b30°}$，$d_{c30°}$，相应的 θ 表示为 $\theta_{a30°}$，$\theta_{b30°}$，$\theta_{c30°}$。再在同一测点的铅直测样表面测得其法向晶面间距 $d'_{90°}$ 和在铅直面上与铅直测样表面法线成 30° 交角方向的 $d'_{a30°}$，相应的 θ 表示为 $\theta'_{90°}$，$\theta'_{a30°}$。将它们各自代入（3.1.16）式，可得晶面系法线在各相应方向的无数晶粒

的平均应变 e'_3，$e_{a30°}$，$e_{b30°}$，$e_{c30°}$，e''_3，$e''_{a30°}$的相应来表示式

$$e'_3 = \frac{d_{90°} - d_0}{d_0} = -\text{ctg}\,\theta_0\,(\theta_{90°} - \theta_0)$$

$$e_{a30°} = \frac{d_{a30°} - d_0}{d_0} = -\text{ctg}\,\theta_0\,(\theta_{a30°} - \theta_0)$$

$$e_{b30°} = \frac{d_{b30°} - d_0}{d_0} = -\text{ctg}\,\theta_0\,(\theta_{b30°} - \theta_0)$$

$$e_{c30°} = \frac{d_{c30°} - d_0}{d_0} = -\text{ctg}\,\theta_0\,(\theta_{c30°} - \theta_0)$$

$$e''_3 = \frac{d''_{90°} - d_0}{d_0} = -\text{ctg}\,\theta_0\,(\theta'_{90°} - \theta_0)$$

$$e''_{a30°} = \frac{d''_{a30°} - d_0}{d_0} = -\text{ctg}\,\theta_0\,(\theta'_{a30°} - \theta_0)$$

将它们代入 (3.1.13)、(3.1.13′)、(3.1.14)、(3.1.14′)，得

$$e_1 = \text{ctg}\,\theta_0\Bigg[-\frac{4}{3}\,(\theta_{a30°} + \theta_{b30°} + \theta_{c30°}) + 3\theta_{90°} + \theta_0 +$$

$$\frac{4\sqrt{2}}{3}\sqrt{(\theta_{a30°} - \theta_{b30°})^2 + (\theta_{b30°} - \theta_{c30°})^2 + (\theta_{c30°} - \theta_{a30°})^2}\Bigg]$$

$$e_2 = \text{ctg}\,\theta_0\Bigg[-\frac{4}{3}\,(\theta_{a30°} + \theta_{b30°} + \theta_{c30°}) + 3\theta_{90°} + \theta_0 -$$

$$\frac{4\sqrt{2}}{3}\sqrt{(\theta_{a30°} - \theta_{b30°})^2 + (\theta_{b30°} - \theta_{c30°})^2 + (\theta_{c30°} - \theta_{a30°})^2}\Bigg]$$

$$e_3 = \text{ctg}\,\theta_0\,(3\theta''_{90°} - 4\theta''_{a30°} + \theta_0)$$

$$\sigma_1 = \frac{E\text{ctg}\,\theta_0}{1+\nu}\Bigg[\frac{4}{3}\,(\theta_{a30°} + \theta_{b30°} + \theta_{c30°} - 3\theta_0) + \frac{1-3\nu'}{\nu'}\,(\theta_{90°} - \theta_0) +$$

$$\frac{4\sqrt{2}}{3}\sqrt{(\theta_{a30°} - \theta_{b30°})^2 + (\theta_{b30°} - \theta_{c30°})^2 + (\theta_{c30°} - \theta_{a30°})^2}\Bigg]$$

$$\sigma_2 = \frac{E\text{ctg}\,\theta_0}{1+\nu}\Bigg[\frac{4}{3}\,(\theta_{a30°} + \theta_{b30°} + \theta_{c30°} - 3\theta_0) + \frac{1-3\nu'}{\nu'}\,(\theta_{90°} - \theta_0) -$$

$$\frac{4\sqrt{2}}{3}\sqrt{(\theta_{a30°} - \theta_{b30°})^2 + (\theta_{b30°} - \theta_{c30})^2 + (\theta_{c30°} - \theta_{a30°})^2}\Bigg]$$

$$(3.1.16')$$

$$\sigma_3 = E\,\mathrm{ctg}\,\theta_0\left\{3\theta''_{90°} - 4\theta''_{a30°} + \theta_0 + \frac{\nu}{1+\nu}\left[\frac{4}{3}\,(\theta_{a30°} + \theta_{b30°} + \theta_{c30°} - \right.\right.$$

$$\left.3\theta_0) + \frac{1-3\nu'}{\nu'}\,(\theta_{90°} - \theta_0) + \right.$$

$$\left.\left.\frac{4\sqrt{2}}{3}\sqrt{(\theta_{a30°} - \theta_{b30°})^2 + (\theta_{b30°} - \theta_{c30°})^2 + (\theta_{c30°} - \theta_{a30°})^2}\right]\right\}$$

$$\alpha = \frac{1}{2}\mathrm{arctg}\,\frac{-\sqrt{3}\,(\theta_{b30°} - \theta_{c30°})}{2\theta_{a30°} - \theta_{b30°} - \theta_{c30°}}$$

把用测角仪测得的 $\theta_{90°}$，$\theta_{a30°}$，$\theta_{b30°}$，$\theta_{c30°}$，$\theta''_{90°}$，$\theta''_{a30°}$，θ_0 代入上方程组，可算得 e_1，e_2，e_3，σ_1，σ_2，σ_3，α，并可再用（3.1.15）式算得 ε。

测量时，为避免残余应力受岩石风化释放及弹性模量降低的影响，要采基岩中未经风化的岩样。为使反射 X 射线的强度曲线分布光滑规则，要选取基岩中含所测矿物晶粒较多的部位，晶粒大小以 $10^{-5} \sim 1$ 毫米为宜，10^{-2} 毫米最好。为在记录纸上给出高精度的角度标准，用退火的金、银、钨等标准物质粉末涂在测样表面上，同时记录其临近的反射线，以作 θ 的精确校正之用，或用与测角仪一起单线统一控制的同步记录器，使计数管和记录纸同时起动并保持线性同步关系向前移动。在测量地点附近或从岩样上取下同种矿物晶体经高温退火消除残余应力，与测样在同样室温下测量 θ_0。为提高测量精度，取 K_a 双线分离开的 K_{a1} X 射线测量，并尽量选测高掠射角和大间距晶面系的反射线。在一个测量地点，如遇有多种岩性的岩石，都采样，取其测量的平均值作为一个测点的观测值。

用大口径钻孔的定向岩芯或在井巷中采样，可测量三维区域残余应力各在不同深度处的分布状态。

2. 矿物光性法

利用一轴晶矿物受力后变为二轴晶和折射率的改变，测量其中区域残余主应力的方向和大小在岩石中的统计分布状态。

波长为 λ 的单色光，在各向同性材料中的传播速度为 v_0，在真空中的传播速度为 v，则 $\frac{v}{v_0}$ 为光在此材料中的折射率 n_0。材料受主应力 σ_1，σ_2，σ_3 长期作用时，由一轴晶变为二轴晶，光在其中被分成二平面偏振光，其光波面被三个主平面截成圆和椭圆（图 3.1.22）。从 0 点到单位时间的波面上各点的长度是光在该方向的速度，其中在三个主方向的速度大小为 $\overline{0a}$，$\overline{0b}$，$\overline{0c}$，则光在材料三个主方向的折射率

$$n_a = \frac{v}{\overline{0a}}$$

$$n_b = \frac{v}{\overline{0b}}$$

$$n_c = \frac{v}{\overline{0c}}$$

若

$$\sigma_1 > \sigma_2 > \sigma_3$$

则

$$\overline{0a} > \overline{0b} > \overline{0c}$$

得

$$n_a < n_b < n_c$$

在主平面（1，3）上（图 3.1.22b），从 0 射出的垂直二切面（R_1，S_1）、（R_2，S_2）的二光线方位 $0Q_1$，$0Q_2$ 的圆和椭圆的法线速度相等，且二光波振动方向均与 $0Q_1$，$0Q_2$ 垂直，则 $0Q_1$，$0Q_2$ 为二光轴。

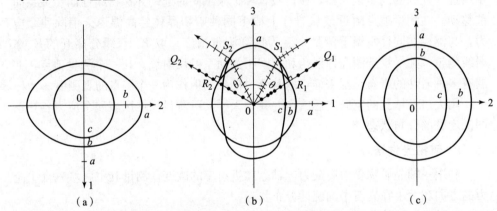

图 3.1.22　光速曲面与折射率曲面的几何方位关系

　　实验证明，矿物晶体在主应力 σ_1，σ_2，σ_3 长时间作用下，应力主轴与折射率曲面主轴重合，且折射率与主应力间还满足关系

$$\left. \begin{array}{l} n_a - n_0 = c_1\sigma_1 + c_2\,(\sigma_2 + \sigma_3) \\ n_b - n_0 = c_1\sigma_2 + c_2\,(\sigma_3 + \sigma_1) \\ n_c - n_0 = c_1\sigma_3 + c_2\,(\sigma_1 + \sigma_2) \end{array} \right\} \tag{3.1.17}$$

c_1，c_2 为矿物的应力光性常数。

$$c_2 - c_1 = c$$

为矿物的应力—光性系数。

$$c = \frac{\lambda}{2f} \tag{3.1.18}$$

f 为矿物应力条纹值。

将（3.1.17）中的一、二式相减，得

$$n_a - n_b = (c_1 - c_2)(\sigma_1 - \sigma_2) = c(\sigma_2 - \sigma_1)$$

二、三式相减，得

$$n_b - n_c = (c_1 - c_2)(\sigma_2 - \sigma_3) = c(\sigma_3 - \sigma_2) \tag{3.1.19}$$

三、一式相减，得

$$n_c - n_a = (c_1 - c_2)(\sigma_3 - \sigma_1) = c(\sigma_1 - \sigma_3)$$

对平面应力状态，$\sigma_3 = 0$，则上方程组化为

$$\sigma_1 = \frac{n_c - n_a}{c}$$

$$\sigma_2 = \frac{n_c - n_b}{c}$$

因矿物的光速曲面与折射率曲面形状相似，只差常数 v 倍，且主轴重合（图 3.1.22）。折射率曲面的主轴又与应力主轴重合。于是，将测点的定向岩样切成薄片，在偏光显微镜下用五轴旋转台测出受力矿物晶粒二光轴的方向后，则二光轴所在平面上光轴角 2θ 之平分线，即主轴 3 的方向。垂直此二光轴所在平面的方向为主轴 2 方向，在二光轴所在平面上垂直主轴 3 的方向为主轴 1 方向。

测出矿物晶粒在三个主方向的折射率 n_a，n_b，n_c，与 c 值（3.1.18）一起代入（3.1.19），得主应力 σ_1，σ_2，σ_3 的大小和性质。

由于是从基岩采下来的岩样切片测量，其所受的现今构造应力已经释放，故所测到的是残余应力。在一个薄片中选测多个晶粒，一个测点切几个不同方位的薄片。取各晶粒主轴的统计优势分布方向，作为测点岩体中区域残余应力主轴 1，2，3 的方向；取各晶粒中 σ_1，σ_2，σ_3 各自的统计平均值，作为测点岩体中区域残余主应力值。

3. 偏光应力分析法

将岩样中水平和铅直方向切下的薄片，放在偏光显微镜下，按照光弹性分析的原理和方法进行显微照相（图 3.1.23），便可从等倾线和等色线照片中测算得岩样中区域残余主应力 σ_1，σ_2，σ_3 的大小、性质和方向。

4. 机械法

在测点新鲜基岩周围挖铅直槽，使其成为与围岩脱离开的孤立岩块。于是，孤立岩块中的现今构造应力便随之释放掉，其中还存在的只有残余应力。因之，可用解除法或恢复法，在此孤立岩块中测量三维区域残余主应力的大小和方向。

在孤立岩块中作解除孔和恢复槽时，须尽量避免振动和撞击，并要防止岩石温度的剧烈变化，以免残余应力被释放掉。

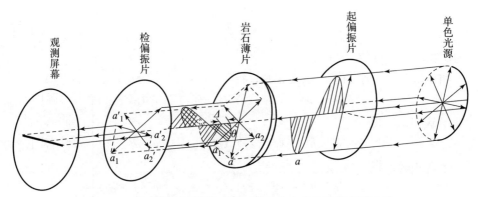

图 3.1.23　用偏振光测薄片中区域残余应力的显微光弹系统

　　机械法应力测量，是一种破坏岩体中原应力状态的方法。如果所测岩体中的应力状态不随边界情况的变化而改变，则此法是不适用的。而岩石中的区域残余应力，只有垂直岩石新表面方向的分量在一定深度内释放，其他部分都是被闭锁住而成封闭状态的，因而并不随边界情况的变化而改变。岩石新表面法向区域残余应力，从表面的零值到里边的原值的变化距离，为表层衰减厚度。因之，只有在这个厚度内，应力才在表面条件有变动情况下，发生增减的变化。因而，用机械法进行区域残余应力测量，必须使测量中的应力变动空间正好分布在此表层衰减厚度内，才是可行的。这要求，用机械法进行区域残余应力测量时，测量槽孔与解除或恢复槽孔的间距，必须小于此岩石中区域残余应力的表层衰减厚度，才能准确测到。

　　在测点岩石的表层衰减厚度内，法向区域残余应力随深度变化的曲线，为表层衰减曲线。计算所测区域残余主应力值时，还要使用此曲线。

　　岩体中嵌镶残余应力测量，可用 X 射线法。嵌镶残余应变在造岩矿物晶粒中成不规则畸变，无一致的主方向，故只能取其平均值 $\bar{e}_s$。则嵌镶残余应力

$$\bar{\sigma}_s = E \bar{e}_s \tag{3.1.20}$$

采样点岩体中的嵌镶残余弹性应变能密度

$$\bar{\varepsilon}_s = \frac{1}{2} E \bar{e}_s^2 \tag{3.1.21}$$

嵌镶残余应力使测样中矿物晶面畸变所引起的晶面间距的起伏 Δd（图 3.1.19），使相应的掠射角出现宽散度 $\Delta \theta$。测量反射线强度曲线峰值之半处所对应的角度范围 $\Delta \theta'$，并将其与同种晶面系经高温退火后无微观残余应力的反射线强度曲线峰值之半处所对应的角度范围 $\Delta \theta'_0$ 相减（图 3.1.24），得

$$\Delta \theta = \Delta \theta' - \Delta \theta'_0$$

用 $\Delta \theta$ 替换（3.1.16）中的 $(\theta - \theta_0)$，得嵌镶残余应变

$$\bar{e}_s = -\mathrm{ctg}\,\theta_0 \,(\Delta \theta' - \Delta \theta'_0) \tag{3.1.22}$$

则（3.1.20）、（3.1.21）式变为

$$\bar{\sigma}_s = -E\,\mathrm{ctg}\,\theta_0\,(\Delta\theta' - \Delta\theta'_0) \qquad (3.1.22')$$

$$\bar{\varepsilon}_s = \frac{1}{2}E\,\mathrm{ctg}^2\theta_0\,(\Delta\theta' - \Delta\theta'_0)^2$$

岩体中晶粒细碎也使 X 射线反射线强度曲线宽散，但其宽散度（$\Delta\theta' - \Delta\theta'_0$）与 $\cos\theta_0$ 成反比，与所用 X 射线波长 λ 成正比。而嵌镶残余应力所引起的强度曲线宽散度，由（3.1.22）知，与 $\mathrm{ctg}\,\theta_0$ 成反比，与 λ 无关。因之，用不同波长的 X 射线测量同一岩样，若强度曲线宽散度随 λ 改变则反映晶粒细碎，若强度曲线宽散度不变则反映存在嵌镶残余应力。或用强度曲线宽散度与 $\cos\theta_0$ 成反比，还是与 $\mathrm{ctg}\,\theta_0$ 成反比，来鉴别其成因是晶粒细碎还是存在嵌镶残余应力。

图 3.1.24　矿物晶粒中嵌镶残余应力引起的反射 X 射线掠射角的宽散

三、现今构造应力测量

现今构造应力，通称地应力。地应力测量，自从 1932 年美国利尤兰斯发明在岩体中测应力的解除法以来，已有近半个世纪的历史。现已传入世界许多国家，在测量原理、方法、成果和应用方面都取得了很大进展。测量方法已有几十种，从测量原理上总的可归纳为七大类（表 3.1.2）。

表 3.1.2　现代地应力测量原理、技术和特点分类表

原理分类			技术分类	特点
一、解除法	（1）应力平衡法	1. 高刚性填孔法	液压槽锥楔法	破坏性地测浅层点的应力状态
		2. 高刚性填缝法	平面刚性楔法	
	（2）应变换算法	1. 孔壁形变法 2. 孔底形变法 3. 孔径形变法 4. 平面形变法	电学法：电容法 电阻法 电位法 机械法：位移法 振弦法 光学法：激光法 云纹法 散斑法	

（续表）

原理分类			技术分类	特点
一、解除法	（3）综合测量法	1. 填芯法	光弹性圆管法 电阻丝锥楔法 压电晶体堆法	破坏性地测浅层点的应力状态
		2. 架芯法	压磁法 电阻法	
二、恢复法	（1）平面恢复法		平面千斤顶法 铁饼盒液压法	
	（2）曲面恢复法		曲面盒液压法	
三、弹性选测法			X 射线法	非破坏性地测浅层点或钻孔岩芯的应力状态
四、孔壁压裂法			水力压裂法 孔壁破落法	破坏性地测浅层孔附近平均应力状态
五、岩性换算法			波速法 磁差法 电阻率法 同位素法	非破坏性地测岩体平均应力状态
六、断裂活动法			断层活动统计法 地面裂缝统计法	测地区平均应力状态
七、震源力学法			震源机制法 震源应力降法	测深层震源体平均应力状态

地应力测量在现阶段的主要特点：

① 测岩体中静态应力；

② 测量测点小范围或测区大范围地应力大小和方向的平均值；

③ 分地应力绝对值测量和随时间变化的相对值测量两类；

④ 测量原理和方法建立在岩体力学性质均匀、恒定、各向同性和线弹性假设的基础上；

⑤ 主要是短时间流动性地或个别定点长期连续地破坏性或非破坏性测量。

1. 浅层测量

1）钻孔地应力测量的主要问题

当代地应力测量中，从原理到方法尚存在一些根本性问题未得解决。

（1）假定了岩体力学性质各向同性。

岩体内含有大量孔隙、裂隙、节理以及沉积环境、岩浆流动和构造运动所造成的方向性组织结构，使得其力学性质是各向异性的。岩体中各点都有一个平面，对此面对称方向的力学性质等效，此为力学性质对称面。垂直力学性质对称面的方向，为力学性质主方向。岩体的成层沉积、流动凝结和构造运动方向性所造成的组构特征，使其中每一点一般都有三个互相垂直的力学性质对称面。它们在一定范围内是均匀的。所谓力学性质均匀，是指过一定范围内所有各点平行方向的力学性质相同，使体内各处表面彼此平行的正六面体有相同的力学性质。岩体中这种均匀性的范围，常可大于地应力测量部位的体积。因之，一般可视其为均匀正交异性。正交异性体中的每一点，都有三个互相垂直的力学性质主方向。岩体中二正交方向的某一力学参量之比值，为此参量的正交异性系数。连续岩块的弹性模量、泊松比、抗压强度和抗张强度的正交异性系数，依次为 $0.07\sim9.13$（表 1.1.8）、$0.19\sim69.25$（表 1.1.12）、$0.73\sim12.8$（表 1.1.10）、$0.10\sim4.10$（表 1.1.10）。

现代地应力测量，从原理到方法以及最后计算主应力大小和方向的公式，都是建立在岩体力学性质各向同性假定的理论基础上。这种假定，会给测量结果带来不同程度的误差。试在正交异性岩体中，取坐标轴面与正交异性对称面重合，就"平面形变法""孔径形变法"和"水力压裂法"由于这种假设所引起的误差，说明之。

"平面形变法"是在岩体平面上或用钻孔、钻槽测得岩体中三个共面方向的原地弹性正应变绝对值，求应力。

在 (X, Y) 平面应力状态下，取 $\beta=\dfrac{E_y}{E_x}$，$v'=\dfrac{E_x}{2G}-1$，则由（1.1.19）和（3.1.8）得正交异性岩体中平面 (X, Y) 上任一角 α 方向的正应变

$$e_l=\frac{1}{2E_x}\left\{(1-\nu)\ \sigma_x+\frac{1}{\beta}\ (1-\beta\nu)\ \sigma_y+\left[(1+\nu)\ \sigma_x-\right.\right.$$
$$\left.\left.\frac{1}{\beta}\ (1+\beta\nu)\ \sigma_y\right]\cos2\alpha+2\ (1+\nu')\ \tau_{xy}\sin2\alpha\right\} \qquad (3.1.23)$$

在 (X, Y) 面上，用等角应变栅测得相间 $60°$ 角三个方向的正应变 e_a，e_b，e_c，分别代替上式中的 e_l，可从三个方程联立解得

$$\left.\begin{array}{l}\sigma_x=\dfrac{E_x}{3\ (1-\beta\nu^2)}\left[2\ (e_a+e_c)\ -\ (1-3\beta\nu)\ e_b\right]\\[3mm]\sigma_y=\dfrac{\beta E_x}{3\ (1-\beta\nu^2)}\left[2\nu\ (e_a+e_c)\ +\ (3-\nu)\ e_b\right]\\[3mm]\tau_{xy}=\dfrac{E_x}{\sqrt{3}\ (1+\nu')}\ (e_a-e_c)\end{array}\right\} \qquad (3.1.24)$$

则得平面 (X, Y) 上的最大和最小主应力 $\sigma_{1异}$、$\sigma_{2异}$ 的大小及从 $\sigma_{1异}$ 逆时针到 e_a

的方向角 α 的应变表示式

$$\left.\begin{array}{c}\sigma_{1\text{异}}\\\sigma_{2\text{异}}\end{array}\right| = \frac{E_x}{6\,(1-\beta\nu^2)}\left\{2\,(1+\beta\nu)\,(e_a+e_c)\,-\,(1-3\beta-2\beta\nu)\,e_b\pm\right.$$
$$\left[\langle 2\,(1-\beta\nu)\,(e_a+e_c)\,-\,(1+3\beta-4\beta\nu)\,e_b\rangle^2+\right.$$
$$\left.\left.12\left(\frac{1-\beta\nu^2}{1+\nu'}\right)^2\,(e_a-e_c)^2\right]^{\frac{1}{2}}\right\}$$

$$\alpha_{\text{异}}=\frac{1}{2}\tan^{-1}\frac{2\sqrt{3}\,(1-\beta\nu^2)\,(e_a-e_c)}{(1+\nu')\,[2\,(1-\beta\nu)\,(e_a+e_c)\,-\,(1+3\beta-4\beta\nu)\,e_b]}$$

$$(3.1.25)$$

若 $\beta=1$，$\nu'=\nu$，则得各向同性体的 $\sigma_{1\text{同}}$、$\sigma_{2\text{同}}$ 和 $\alpha_{\text{同}}$ 的相应公式。

设 $e_a=e_b=e_c=e_i$，则正交异性岩体中的最大和最小主应力大小和方向为

$$\left.\begin{array}{c}\sigma_{1\text{异}}\\\sigma_{2\text{异}}\end{array}\right| = \left|\frac{(1+\nu)\,\beta}{(1+\beta\nu)}\right| \times \frac{E_x}{1-\beta\nu^2}e_i$$

$$\alpha_{\text{异}}=\left.\begin{array}{c}0°\\90°\end{array}\right|$$

而各向同性体的

$$\left.\begin{array}{c}\sigma_{1\text{同}}\\\sigma_{2\text{同}}\end{array}\right| = \frac{E_x}{1-\nu^2}e_i$$

为各向均匀张应力

取 $\nu=\nu'=0.5$，令 $\xi_1=\dfrac{\sigma_{1\text{异}}}{\sigma_{1\text{同}}}$，$\xi_2=\dfrac{\sigma_{2\text{异}}}{\sigma_{2\text{同}}}$，得 ξ_i 随 β 的变化曲线（图 3.1.25a），它表明了把正交异性岩体当各向同性体处理所引起测量结果偏差的大小。$\beta=2$ 时，

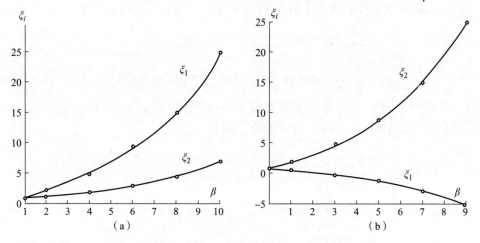

图 3.1.25　正交异性岩体和各向同性体在相同应变条件下的相应主应力比随弹性
模量正交异性系数的变化曲线（据黄荣璋计算的数据，1982）

$\sigma_{1同}$ 的偏差为 110%，$\sigma_{2同}$ 的偏差为 30%；$\beta=3$ 时，$\sigma_{1同}$ 的偏差为 250%，$\sigma_{2同}$ 的偏差为 70%；随 $\beta \to \nu^{-2}$，$\sigma_{1同}$ 和 $\sigma_{2同}$ 的偏差增大；到 $\beta > \nu^{-2}$ 时，$\sigma_{1异}$ 和 $\sigma_{2异}$ 都变成压应力，而 $\sigma_{1同}$ 和 $\sigma_{2同}$ 还都是张应力。在正交异性岩体中应力有主方向，而在各向同性体中应力各向均等。

设 $e_a = e_c$，$e_b = -2e_a$，则正交异性岩体中的最大和最小主应力大小及方向为

$$\left. \begin{array}{c} \sigma_{1异} \\ \sigma_{2异} \end{array} \right| = \left| \begin{array}{c} (1-\beta\nu) \\ (1-\nu)\beta \end{array} \right| \times \frac{E_x}{1-\beta\nu^2} e_a$$

$$\left. \alpha_{异} = \begin{array}{c} 0° \\ 90° \end{array} \right|$$

而各向同性体的

$$\left. \begin{array}{c} \sigma_{1同} \\ \sigma_{2同} \end{array} \right| = \left| \begin{array}{c} + \\ - \end{array} \right| \frac{E_x}{1+\nu} e_a$$

$$\alpha_{同} = 0°$$

取 $\nu = \nu' = 0.25$，得 ξ_i 随 β 的变化曲线（图 3.1.25b）。$\beta=2$ 时，$\sigma_{1同}$ 的偏差为 30%，$\sigma_{2同}$ 的偏差为 110%；$\beta=3$ 时，$\sigma_{1同}$ 的偏差为 65%，$\sigma_{2同}$ 的偏差为 250%；$\nu^{-1} < \beta < \nu^{-2}$ 时，$\sigma_{1异}$ 和 $\sigma_{2异}$ 都成为压应力，而 $\sigma_{1同}$ 和 $\sigma_{2同}$ 却是一张一压；到 $\beta > \nu^{-2}$ 时，$\sigma_{1异}$ 和 $\sigma_{2异}$ 又都是张应力，而 $\sigma_{1同}$ 和 $\sigma_{2同}$ 却仍为一张一压。在主应力方向上，当 $a_{异} = 90°$ 时，$a_{同}$ 仍为 $0°$，这说明把岩体当各向同性体处理可使最大主应力方向偏差 $90°$。

"孔径形变法" 是测钻孔直径在垂直孔轴三个方向的弹性相对形变，求应力。

在正交异性岩体中平行 Z 轴有一圆孔的 (X, Y) 平面应力状态，测量孔径的弹性相对形变 $\frac{\Delta R}{R} = \varepsilon_r$，须保持自由孔的条件 $\sigma_{r(R)} = \tau_{r\theta(R)} = 0$。$\alpha$ 方向的径向相对形变

$$\varepsilon_r = \frac{1}{2E_x} \Big\{ \ (\alpha_1 + \alpha_2 - \alpha_1\alpha_2 + 1) \ \sigma_x + \alpha_1\alpha_2 \ (\alpha_1 + \alpha_2 + \alpha_1\alpha_2 - 1) \ \sigma_y +$$

$$(\alpha_1 + 1) \ (\alpha_2 + 1) \ [(\sigma_x - \alpha_1\alpha_2\sigma_y) \cos 2\alpha + \ (\alpha_1 + \alpha_2) \ \tau_{xy} \sin 2\alpha] \Big\}$$

用等角孔径相对形变计测得相间 $60°$ 三个方向的孔径弹性相对形变 ε_a，ε_b，ε_c 后，分别代替上式中的 ε_r，可从三个方程联立解得

$$\sigma_x = \frac{2E_x}{3(\alpha_1+1)(\alpha_2+1)(\alpha_1+\alpha_2)}\left[(\alpha_1+\alpha_2+\alpha_1\alpha_2)(\varepsilon_a+\varepsilon_c)-\right.$$
$$\left.\frac{1}{2}(\alpha_1+\alpha_2+\alpha_1 a_2-3)\varepsilon_b\right]$$

$$\sigma_y = \frac{2E_x}{3(\alpha_1+1)(\alpha_2+1)(\alpha_1+\alpha_2)}\left[\varepsilon_a+\varepsilon_c+\right.$$
$$\left.\frac{1}{2\alpha_1\alpha_2}(3\alpha_1+3\alpha_2-\alpha_1\alpha_2+3)\varepsilon_b\right.$$

$$\tau_{xy} = \frac{2E_x}{3(\alpha_1+1)(\alpha_2+1)(\alpha_1+\alpha_2)}(\varepsilon_a-\varepsilon_c)$$

(3.1.26)

取正交异性系数函数 $\alpha_1=\alpha_2=1$，则得各向同性体的解。

设 $\varepsilon_a=\varepsilon_b=\varepsilon_c=\varepsilon_i$，则正交异性岩体中 (X, Y) 面上的最大和最小主应力及其方向为

$$\sigma_{1异} = \frac{E_x}{\alpha_1\alpha_2\ (\alpha_1+\alpha_2)}\varepsilon_i$$
$$\sigma_{2异} = \frac{E_x}{\alpha_1\alpha_2\ (\alpha_1+\alpha_2)\ \sqrt{\beta}}\varepsilon_i$$
$$\alpha_异 = 90°$$

而各向同性体的

$$\sigma_{1同} = \frac{E_x}{2}\varepsilon_i$$
$$\sigma_{2同} = \frac{E_x}{2}\varepsilon_i$$
$$为各向均匀张应力$$

取 $\nu=\nu'$，得 ξ_i 随 β 的变化曲线（图 3.1.26a），它表明了把正交异性岩体当各向同性体处理所引起测量误差的大小，此曲线说明，$\sigma_{1同}$ 的偏差较大。$\beta=2$ 时，$\sigma_{1同}$ 的偏差为 53%，$\sigma_{2同}$ 的偏差为 8%；$\beta=3$ 时，$\sigma_{1同}$ 的偏差为 92%，$\sigma_{2同}$ 的偏差为 12%。在正交异性岩体中应力有主方向，而在各向同性体中应力各向均等。

设 $\varepsilon_a=\varepsilon_c$，$\varepsilon_b=-2\varepsilon_a$，则正交异性岩体中 (X, Y) 面上的最大和最小主应力及其方向为

$$\sigma_{1异} = \frac{2E_x}{(\alpha_1+1)\ (\alpha_2+1)\ (\alpha_1+\alpha_2)}\ (\alpha_1+\alpha_2+\alpha_1\alpha_2-1)\ \varepsilon_a$$
$$\sigma_{2异} = -\frac{2E_x}{\alpha_1 a_2\ (\alpha_1+1)\ (\alpha_2+1)\ (\alpha_1+\alpha_2)}\ (\alpha_1+\alpha_2-\alpha_1\alpha_2+1)\ \varepsilon_a$$
$$\alpha_异 = 0°$$

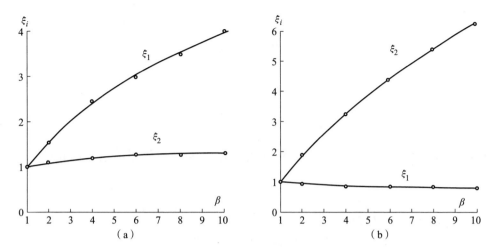

图 3.1.26　正交异性岩体和各向同性体在相同钻孔径向相对形变条件下的相应
主应力比随弹性模量正交异性系数变化曲线（据黄荣璋计算的数据，1982）

而各向同性体的

$$\sigma_{1同}=\frac{E_x}{2}\varepsilon_a$$

$$\sigma_{2同}=-\frac{E_x}{2}\varepsilon_a$$

$$\alpha_{同}=0°$$

所求得的 ξ_i 随 β 变化曲线（图 3.1.26b）表明，此时 $\sigma_{2同}$ 的偏差较大。$\beta=2$ 时，$\sigma_{1同}$ 的偏差为 6%，$\sigma_{2同}$ 的偏差为 84%；$\beta=3$ 时，$\sigma_{1同}$ 的偏差为 9%，$\sigma_{2同}$ 的偏差为 152%。

"水力压裂法"是给钻孔用两个封隔器封闭起来的测量段加液压，使孔壁铅直张裂而得破裂压力，再关闭水压管路，使裂隙保持张开而得封闭压力，用之求垂直孔轴平面上二主应力的大小和方向。

取封闭压力，为垂直孔轴平面上的最小主应力 σ_2，因此剩下的问题是求此面上的最大主应力 σ_1 的大小和方向。

此为正交异性岩体中有一半径 R 圆孔的平面问题，坐标原点取在孔心，垂直孔轴的 X，Y 轴为岩体力学性质的主方向，其上的弹性参量为 E_x，E_y，ν_{yx}，ν_{xy}，G_{xy}，ρ_x，ρ_y。复参量 ρ_x，ρ_y 是方程

$$\frac{\rho^4}{E_x}+\left(\frac{1}{G_{xy}}-\frac{2\nu_{yx}}{E_x}\right)\rho^2+\frac{1}{E_y}=0$$

孔壁切线方向伸缩弹性模量的倒数

$$W(\theta)=\frac{\sin^4\theta}{E_x}+\left(\frac{1}{G_{xy}}-\frac{2\nu_{yx}}{E_x}\right)\sin^2\theta\cos^2\theta+\frac{\cos^4\theta}{E_y}$$

并有

$$\rho_x \rho_y = -\sqrt{\frac{E_x}{E_y}}$$

$$\rho_x^2 + \rho_y^2 = 2\nu_{yx} - \frac{E_x}{G_{xy}}$$

$$n = -(\rho_x + \rho_y)i = \sqrt{2\left(\frac{E_x}{E_y} - \nu_{yx}\right) + \frac{E_x}{G_{xy}}}$$

岩体受与力学性质主轴 X 交成 φ 角的远处均匀压力 p 作用所引起的孔壁周向应力

$$\sigma_\theta = -\frac{p}{E_x W} - \{[\cos^2\varphi + (\rho_x \rho_y - n)\sin^2\varphi]\rho_x \rho_y \cos^2\theta +$$

$$[(1+n)\cos^2\varphi + \rho_x \rho_y \sin^2\varphi]\sin^2\theta -$$

$$n(1+n-\rho_x\rho_y)\sin\varphi\cos\varphi\sin\theta\cos\theta\} \qquad (3.1.27)$$

其分布对压力 p 的方向不对称：σ_θ 的最大正值不在平行 p 的钻孔直径两端，而是在另一直径的二端点 A，B。

取 $\varphi = 45°$，$\rho_x = 3.08i$，$\rho_y = 1.12i$，$n = 4.2$，则算得 σ_θ 大小的分布，表示在孔周径向外延线上，正量向外，负量向内。孔壁上 $\sigma_\theta = 0$ 点的方位角 $\theta = 33°$，$87°$，$213°$，$267°$；$\sigma_{\theta man} = -3.9p$，其在孔壁上所在点的方位角 $\theta = 110°$，$290°$，应力集中系数 $K = 3.9$（图 3.1.27 中实线）。

而假定岩体为各向同性体时，

$$\sigma_{\theta°} = -p[1 - 2\cos 2(\theta - \varphi)]$$

其分布对压力 p 的方向对称，最大正值在 p 方向（图 3.1.27 中虚线），此时应力集中系数 $K = 3$。

取 $\varphi = 0°$，则

$$\sigma_\theta = -\frac{p}{E_x W}[\rho_x\rho_y\cos^2\theta + (1+n)\sin^2\theta]$$

$$(3.1.28)$$

其分布对岩体力学性质主方向对称。在孔壁上的 $\theta = 0$，π 两点

$$\sigma_\theta = p\sqrt{\frac{E_y}{E_x}}$$

在 $\theta = \frac{\pi}{2}$，$\frac{3}{2}\pi$ 两点

$$\sigma_\theta = -p(1+n)$$

由于岩体力学性质成正交异性，圆孔变形

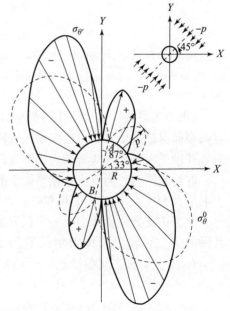

图 3.1.27　$\varphi = 45°$ 时正交异性岩体（实线）和各向同性体（虚线）中孔壁周向应力的分布

后成为椭圆孔，二半轴

$$a=R\left[1-\frac{p\ (1+n)}{E_x}\right]$$

$$b=R\left[1+\frac{p}{\sqrt{E_xE_y}}\right]$$

设 $\rho_x=3.08i$，$\rho_y=1.12i$，$n=4.2$，则孔壁上 $\theta=0$，π 两点

$$\sigma_\theta=0.29p$$

$\theta=\dfrac{\pi}{2}$，$\dfrac{3\pi}{2}$ 两点

$$\sigma_\theta=-5.2p$$

$\theta=\pm39°$，$\pm141°$ 两点

$$\sigma_\theta=0$$

应力集中系数 $K=5.2$（图 3.1.28 中实线）。而假定岩体为各向同性体，σ_θ^0 的分布形态与此相似（图 3.1.28 中虚线）。

在岩体二力学性质主方向受远处相同的二压力 p 作用所引起的孔壁周向应力

$$\sigma_\theta=-\frac{p}{E_xW}[\rho_x\rho_y+\rho_x\rho_y\ (\rho_x\rho_y-n)\ \cos^2\theta+$$
$$(1+n)\ \sin^2\theta] \qquad (3.1.29)$$

其最大值也不在主轴上，而是在 A，B，C，D 四点。取 $\rho_x=3.08i$，$\rho_y=1.12i$，$n=4.2$，得孔壁上 σ_θ 的分布对岩体力学性质主方向对称（图 3.1.29 中实线），$\sigma_{\theta\max}=-2.2p$。而假定岩体为各向同性体时，

$$\sigma_\theta^0=-2p$$

沿孔周各向均等分布（图 3.1.29 中虚线）。

孔壁从孔内受均匀法向压力 p' 作用时，在孔壁上引起的周向应力

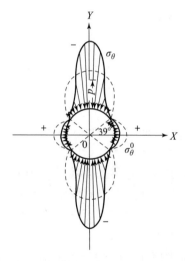

图 3.1.28　$\varphi=0°$ 时正交异性岩体（实线）和各向同性体（虚线）中孔壁周向应力的分布

$$\sigma_\theta'=\frac{p'}{E_xW}[\rho_x\rho_y+n(\sin^2\theta-\rho_x\rho_y\cos^2\theta)\ +\ (1+\rho_x^2)\ (1+\rho_y^2)\ \sin^2\theta]$$

$$(3.1.30)$$

在力学性质主轴 X 上的 $\theta=0$，π 两点

$$\sigma_\theta'=p'\sqrt{\frac{E_y}{E_x}}\ (n-1)$$

在力学性质主轴 Y 上的 $\theta = \pm \dfrac{\pi}{2}$ 两点有最

小值

$$\sigma'_{\theta\min} = p'\left(n - \sqrt{\frac{E_x}{E_y}}\,\right)$$

此时 p' 的作用与 p 反向，造成的 σ'_θ 为张性的。取 $\rho_x = 3.08i$，$\rho_y = 1.12i$，$n = 4.2$，则得 $\sigma'_{\theta\max} = 1.2p'$，分布在 A，B，C，D 四点；$\sigma'_{\theta\min} = 0.75p'$（图 3.1.30 中实线）。由于岩体力学性质成正交异性，圆形孔变形后成为椭圆孔，二半轴

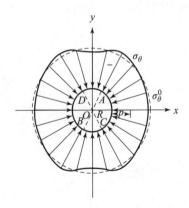

图 3.1.29　岩体二力学性质主方向受相同
压力时正交异性岩体（实线）和各向
同性体（虚线）中孔壁周向应力的分布

$$a' = R\left[1 + p'\left(\frac{1}{\sqrt{E_x E_y}} - \frac{n + \nu_{yx}}{E_x}\right)\right]$$

$$b' = R\left[1 + p'\left(\frac{1 - n}{\sqrt{E_x E_y}} - \frac{\nu_{yx}}{E_x}\right)\right]$$

而假定岩体为各向同性体时，

$$\sigma_\theta^{0\prime} = p' \qquad\qquad (3.1.31)$$

沿孔周各向均等分布（图 3.1.30 中虚线）。

　　水力压裂法孔壁的周向应力，是围岩中的构造应力场和孔内液压在围岩中造成的局部应力场在此方位的叠加。故为

$$S_\theta = \sigma_\theta + \sigma'_\theta$$

由此可知，在（3.1.25）式与（3.1.28）式叠加的情况，S_θ 的最大正值一般并不分布在围岩中远处压力 p 的方向，因而孔壁张裂面的方向与 p 的方向有一交角。在（3.1.26）式与（3.1.28）式叠加的情况，若 S_θ 的最大正值在 $\theta = 0$，π 点，则孔壁张裂面的方向与

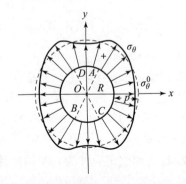

图 3.1.30　孔内受均匀法向液压作用时
正交异性岩体（实线）和各向同性体
（虚线）中孔壁周向应力的分布

P 的方向一致。但一般情况 S_θ 的最大正值分布在其他任一方向，因而孔壁张裂面的方向也将随之而变。在（3.1.27）式与（3.1.28）式叠加的情况，若 σ_θ 与 σ'_θ 处处等值，则 $S_\theta = 0$；若 $S_\theta \nleqq 0$，也是沿孔周近似均匀分布；若 $\sigma'_\theta > \sigma_\theta$，则孔壁的张裂面将发生在围岩最小抗张强度方位；若 $\sigma'_\theta < \sigma_\theta$，则孔壁将在围岩抗剪强度最小的方位发生剪性破裂。

　　上述说明，在正交异性岩体中孔壁的张裂面方向，取决于围岩构造应力场中远处压应力 p 的大小及方向、孔内液压在正交异性围岩中所造成的周向应力分布

和围岩力学性质正交异性程度及与孔轴的方向关系，三个方面。

岩体弹性参量及其正交异性主方向是可以测定的，孔内液压在正交异性围岩中所造成的周向应力分布也是可以计算的，围岩中的压应力 p 的大小和方向则都是待测量。只有在特殊条件下，张裂面才与 p 同向，而此特殊条件中还有部分因素是待测的。因而，在正交异性岩体内，用水力压裂法测量现今构造应力，即使让钻孔轴平行岩体力学性质的一个主方向，一般也确定不了垂直孔轴平面上最大主压应力的方向。而如果一律取平行孔轴的张裂面方向为垂直孔轴平面上的最大主压应力方向，则会引起相当大的误差。

水力压裂法假定钻孔轴是主方向。在与孔轴垂直的主平面内钻孔前其附近有主应力 σ_1，σ_2 作用。假定应力在传播过程中不衰减，则它们相当钻孔后无限远处均匀分布的主应力。若孔壁上有边界条件

$$\left.\begin{array}{l} \sigma_r = 0 \\ \sigma_{r\theta} = 0 \end{array}\right\} \tag{3.1.32}$$

则得钻孔后孔附近的应力

$$\left.\begin{array}{l} \sigma_r = \dfrac{\sigma_1+\sigma_2}{2}\left(1-\dfrac{R^2}{r^2}\right) + \dfrac{\sigma_1-\sigma_2}{2}\left(1-\dfrac{4R^2}{r^2}+\dfrac{3R^4}{r^4}\right)\cos 2\theta \\[3mm] \sigma_\theta = \dfrac{\sigma_1+\sigma_2}{2}\left(1+\dfrac{R^2}{r^2}\right) - \dfrac{\sigma_1-\sigma_2}{2}\left(1+\dfrac{3R^4}{r^4}\right)\cos 2\theta \\[3mm] \sigma_{r\theta} = -\dfrac{\sigma_1-\sigma_2}{2}\left(1+\dfrac{2R^2}{r^2}-\dfrac{3R^4}{r^4}\right)\sin 2\theta \end{array}\right\} \tag{3.1.33}$$

在孔壁上，$r = R$，得

$$\sigma_\theta = (\sigma_1+\sigma_2) - 2(\sigma_1-\sigma_2)\cos 2\theta$$

当 $\theta = 0$ 时，σ_θ 有极小值 $\sigma_{\theta\min} = 3\sigma_2 - \sigma_1$。孔壁受均匀法向压力 p' 作用时，产生 (3.1.30) 式中的 σ'_θ。因而，孔壁上的极小周向张应力

$$S_\theta = \sigma_{\theta\min} + \sigma'_\theta = 3\sigma_2 - \sigma_1 + \sigma'_\theta$$

于是，孔壁产生张裂的条件为

$$3\sigma_2 - \sigma_1 + \sigma'_\theta = -\sigma_t$$

此时 σ'_θ 为孔壁破裂的值。于是有

$$\sigma_1 = 3\sigma_2 + \sigma'_\theta + \sigma_t \tag{3.1.34}$$

只有假定岩体为各向同性体，σ'_θ 才能简化成用 (3.1.31) 表示而为 p'。因 p' 为压力，σ'_θ 为张应力，故实际上二者异号，代入 (3.1.34) 得

$$\sigma_1 = 3\sigma_2 - p' + \sigma_t$$

孔壁破裂时的 p' 为破裂压力，取 σ_2 为封闭压力。因为测量用的是液压过程，故需将上式中的 p'，σ_1，σ_2 换成有效应力。水力压裂法用此式求 σ_1，但此式与 (3.1.34) 的差别是很大的。(3.1.34) 中的 σ'_θ 表示 (3.1.30)，其大小的分布有方向性，而此式中的 p' 是各向均等分布的；二者大小不等；(3.1.34) 中的 σ_t 是

围岩各向异性的抗张强度，而此式中的 σ_t 是各向均等的；这两种情况中的 σ_t 也无等值关系。因而，岩体力学性质各向同性的假定，给主应力 σ_1 大小的计算，也带来了不可忽视的误差。

综上可知，将力学性质正交异性的岩体简化为各向同性体来测量其中的地应力，会使测得的主应力大小、方向和性质均与实际情况发生严重的偏差。这种正交异性，严重影响围岩中的应力场，使孔壁周向最大张应力点所在方位和最大压应力点所在方位与围岩中的最大主压应力方向和最小主压应力方向，一般说来并不一致。再加上岩体强度极限的正交异性，使钻孔压裂法所测得的孔壁破裂方向，一般并不是垂直孔轴平面上的最大主压应力方向（水力压裂法）和最小主压应力方向（孔壁破坏法），而应是由围岩中的现今构造应力状态和孔内液压在正交异性围岩中所造成的各向不等的应力状态以及围岩最小抗断强度方位所共同决定的一个方向。

（2）没考虑钻孔效应。

打钻孔时，由于钻头和钻杆在钻进中强烈的机械振动和对孔壁高载荷地撞击，使距孔壁几厘米至几十厘米内的围岩中发生了大量的微破裂，其数量随与孔壁距离的减小而增加，因而围岩的压缩弹性模量和抗断强度随之明显降低（图3.1.31），并引起了它们的正交异性系数的增大（图 3.1.32）。因此，钻孔围岩的力学性质分布是不均匀的。这将使地应力测量中，对孔周岩体力学性质均匀分布的假定，严重失真。

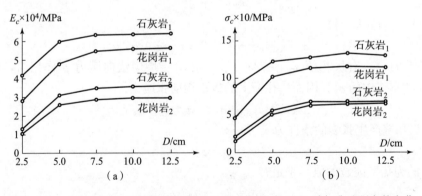

图 3.1.31　钻孔围岩中压缩弹性模量（a）和抗压强度（b）随与孔壁距离的变化

图 3.1.31 说明，孔周岩石弹性模量降低了 $40\%\sim70\%$，抗压强度降低了 $40\%\sim80\%$。由于在计算主应力的方程组（3.1.25）、（3.1.26）中，弹性模量是乘积项，故由于其变化所造成的影响，将直接进入误差。

图 3.1.32 表明，近孔壁围岩弹性模量正交异性系数，从原岩的 $1.6\sim1.7$ 增加到 $2.4\sim3.2$，增大了 $0.5\sim0.9$ 倍；抗压强度正交异性系数，从原岩的 $1.6\sim1.9$，增加到 $3\sim4.4$，增大了 $0.9\sim1.3$ 倍。这又增大了岩体各向异性所引起的误

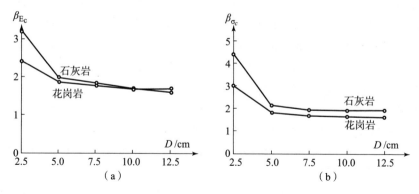

图 3.1.32 钻孔围岩压缩弹性模量正交异性系数 (a) 和
抗压强度正交异性系数 (b) 随与孔壁距离的变化

差，并增加了孔壁破裂方向受围岩强度各向异性影响的程度，使这种影响的大小成倍增加。

（3）忽视了测量的时间效应。

地应力测量的时间效应，是在测量所占用的时间内，岩体发生了与应力成不同关系的塑性应变，因而使得岩体力学性质成线弹性的假定不同程度地失真。

岩体在较长时间内受载将有蠕变发生，而使得应变中带有塑性成分。在地壳浅层，岩体处于常温常围压下。在深层，岩体处于高温高围压下。岩体在常温常围压低载荷下，经过 $1 \sim 4$ 小时，便可发生 $10^{-5} \sim 10^{-3}$ 的蠕变应变（表 1.1.22）。在高温高围压各载荷下，经过 1 分钟，便可发生 $10^{-4} \sim 10^{-1}$ 的蠕变应变（表 1.1.23）。若把这种量级的蠕变应变全部归算到弹性应变内，则所引起的相应应力误差，在地壳浅层可达几到几十兆帕，在深层可达几十到几百兆帕。

地应力力源的变化和岩体中发生断层活动，以及为地应力测量而进行的钻孔和钻槽所造成的介质条件变化，使得岩体中的应力状态也随之而变。由于岩体蠕变第一阶段的塑性应变量的增加速率相当大（图 1.1.8），加之地应力测量是在岩体变载荷过程中进行的，因而在地应力于不同速率下的变化过程中，岩体的力学参量也将随之改变。测量所占用的时间越长，岩体中的应力变化范围越大，这种岩体力学参量在测量过程中变化的影响越严重。

蠕变使得岩体中的应力和应变关系，已不遵从弹性规律。由几十分钟到几天的实验测得的岩块和岩体中的应力—应变升降关系曲线，出现了滞后环（图 1.1.41～图 1.1.42）。因此，应力与应变之间失去了线弹性关系。在一个应力升降循环过程中，曲线各处的斜率有时为正，有时为负，有时为零，有时为无限大，这使得联系岩体应力与应变关系的模量无定值。这也说明，应力和应变的变化趋势无固定关系，应变增大时，应力可增加，可减小，可不变；应变不变时，应力可增加，可减小，可不变；应变减小时，应力可减小，可不变。岩体经过多个滞后环后，由于不知道所测岩体正处于什么应力状态，因而一个应变值可对应多个应力值，同样一个应力值也可对应多个应变值，而出现了多解性，使得应力与应变之间已无单值关系（图 1.1.155）。可见，在常温常围压下，完成一个应力升降过程所需的时间若以小时计，则使用虎克定律所引起的测量误差已盖没了地应力的变化量级，并可达到地应力的绝对值。因之，若地应力测量过程中，由于解除和恢复等测量方法所造成的原地应力发生一个升降变化的时间或地应力场本身完成一个升降变化的时间，在地壳浅层已达到小时量级，在地壳深层已达到分钟量级，而仍在对之使用线弹性定律，则所引起的误差将会使测量结果无意义。

　　地壳浅层岩体中的应力约为几十兆帕，只有在这种低载荷短时受载状态下，多数岩体中的应力才与应变近似呈线性关系，而在高载荷下由于岩体近于屈服，这种线性关系将随之消失。但即使在低载荷短时受载使得岩体中的应力与应变保持线性关系的状态，其应变也不一定都是弹性的，而仍有一定的塑性成分（图 1.1.5）。不同种岩体在不同状态下，弹性应变 e_e 与塑性应变 e_p 的比例各不相同（表 1.1.1），只有当 e_e 与（$e_e + e_p$）之比近于 1 时，才可把总应变近似视为弹性的。这说明，从岩体应力—应变曲线加载段求得的曲线斜率，一般只能是变形模量，而用其卸载段求得的曲线斜率，才是弹性模量，并且也常随卸载曲线不同段斜率的变化而改变。可见，在地壳浅层的低应力变化过程中，由于岩体孔隙和裂隙随压应力的增加而首先发生的压密过程中的塑性压密是不恢复的，因而使其力学性质随应力变化而不稳定，只有在高应力下由于已被压密才趋于稳定。因之，即使在加载应力—应变曲线的比例极限内，应变也不完全是弹性的。

　　如此可知，虎克定律适用的条件有二：一是应力与应变保持线性关系；二是加卸载过程的应力—应变曲线可逆。这种条件，对岩体来说，只有在极低载荷、极短时受载的状态，才能全部满足。其中，主要的是要保持极短时受载或载荷极短时变化的条件。

　　（4）忽略了岩体力学性质的多变性。

　　岩石是结构复杂的多晶体，其模量是应力增加速度（图 1.1.66）、增加级量（表 1.1.5）、应力大小（图 1.1.26）、加载次数（表 1.1.4）和卸载后恢复时间（图 1.1.65）的综合函数。而且也只有当受载时间极短时，联系其应力和应变关系的模量才是弹性的，即其所联系的应力和应变升降变化可逆。图 1.1.65 表明，不同岩体受载后弹性模量的恢复速度不同，同一种岩体所受载荷大小不同恢复速度也不同，所受载荷越小恢复得越快。但在当前的地应力测量中，却把岩体的弹性模量假定为某一岩体的恒量，而忽略了岩体中应力大小、变化速度、变化级量、变化次数和受各种量级应力作用后恢复时间的影响。

　　可见，在地应力测量中，把岩体力学性质，假定为各向同性的、均匀的、线弹性的、恒定的，可使测量结果的最大综合误差，在主应力大小上达到或超过

100％，在主应力方向上达到 90°，在主应力性质上正负变号。

（5）测量原理与技术过程的不统一。

国内外曾一度被广泛应用的架芯式解除法，是使探头中的三个测量元件与钻孔轴垂直，固定在钻孔中的测量深度。其中有应力元件和形变元件两种。当用应力元件时，由于其对孔壁的反作用等于孔壁加于它的作用，使得其中产生的应力可与孔壁围岩中的同向正应力平衡，因之称为孔径负荷法，测的是孔壁加于元件的应力；当用形变元件时，由于其对孔壁无反作用，是随孔壁的径向位移做无阻力的伸缩，因之称为孔径形变法，测的是孔壁自由径向形变。

在应力元件中产生应力或形变元件在发生形变的状态，其传感器所测物理量的变化与元件中应力或形变之间的函数关系曲线，可事先通过标定来求得，供现场测量时从传感器所测物理量的变化转求元件中应力或形变之用。做元件标定曲线有两种方法：将元件直接放在压机上逐渐加已知的轴向压力或放在位移计上使之产生已知的轴向形变，求所加之应力或产生的形变与元件中传感器所测物理量之间的关系曲线，此为直接标定法；将元件放在从测量现场采来的大型岩块方形试件内事先打出的钻孔中，再将岩块试件放在压机上垂直钻孔轴而平行元件方向逐渐加已知压力，求出所加压应力与应力元件或形变元件中传感器所测物理量之间的关系曲线，此为间接标定法。在间接标定法中，岩块试件内已有钻孔，由于存在此钻孔所产生的影响，已包含在标定曲线的函数关系中，而不必再作考虑。到现场测量时，也不再考虑钻孔的影响，而把元件传感器所测物理量的测值通过标定曲线转求得相应的元件方向的正应力，即为测量地点岩体中不存在钻孔时此方向的原地正应力。

两种测量方法所用探头中的元件，常用三个，成相间 60° 等角分布在垂直孔轴的平面上。由于标定方法不同，从三个元件各自的标定曲线所得的正应力或形变来计算垂直孔轴平面上二主应力大小和方向所用的公式也不同。

当使用间接标定法时，由于标定所用的岩块试件较大，试件中放元件的钻孔所造成的孔附近应力集中和应力场变化对试件边界加载处的应力已基本无影响，故由对试件所加载荷求得的压应力，相当无钻孔存在时的连续岩体内此方向的原地正应力。因之，无论用应力元件还是形变元件，从此标定曲线所得到的都是测量地点连续岩体中没有钻孔影响的三个元件方向的原地正应力 σ_a，σ_b，σ_c，依次按反时针方向排列。作为无孔连续岩体中的平面应力问题，据（1.1.9-1）得其中一点在这三个方向的正应力与平面上二主应力及从 σ_a 顺时针到主轴 1 的夹角 a 的关系为

$$\sigma_a = \frac{1}{2}\left[(\sigma_1+\sigma_2) + (\sigma_1-\sigma_2)\cos 2\alpha\right]$$

$$\sigma_b = \frac{1}{2}\left[(\sigma_1+\sigma_2) + (\sigma_1-\sigma_2)\cos 2(\alpha+60°)\right]$$

$$\sigma_c = \frac{1}{2}\left[(\sigma_1+\sigma_2) + (\sigma_1-\sigma_2)\cos 2(\alpha+120°)\right]$$

由之解得

$$\left.\begin{array}{l}\left.\begin{array}{c}\sigma_1\\\sigma_2\end{array}\right| = \frac{1}{3}(\sigma_a+\sigma_b+\sigma_c) \pm \frac{\sqrt{2}}{3}\sqrt{(\sigma_a-\sigma_b)^2+(\sigma_b-\sigma_c)^2+(\sigma_c-\sigma_a)^2}\\[3mm]\alpha = \frac{1}{2}\tan^{-1}\frac{-\sqrt{3}(\sigma_b-\sigma_c)}{2\sigma_a-\sigma_b-\sigma_c}\end{array}\right\} \tag{3.1.35}$$

将解除测得的 σ_a，σ_b，σ_c 代入此方程组，可求得测点岩体中垂直钻孔轴平面上二主应力的大小及方向。

当用形变元件使用直接标定法时，从标定曲线所求得的是元件方向钻孔直径的伸缩量 U_a，U_b，U_c，按反时针方向排列。这时的钻孔为自由孔壁。

岩体内在与半径为 R 的钻孔垂直的主平面内，钻孔前在孔附近的位置有原地主应力 σ_1，σ_2 作用，如果假定应力在传播过程中不衰减，则它们相当钻孔后无限远处均匀分布的主应力。若孔壁上有边界条件 $\sigma_r=0$，$\sigma_{r\theta}=0$，则得出 (3.1.33)。将此方程组与各向同性体平面应力问题的虎克定律

$$\left.\begin{array}{l}e_r = \frac{1}{E}(\sigma_r-\nu\sigma_\theta)\\[3mm]e_\theta = \frac{1}{E}(\sigma_\theta-\nu\sigma_r)\\[3mm]\gamma_{r\theta} = \frac{2(1+\nu)}{E}\tau_{r\theta}\end{array}\right\}$$

及应变与位移关系

$$\left.\begin{array}{l}e_r = \frac{\partial u}{\partial r}\\[3mm]e_\theta = \frac{u}{r}+\frac{1}{r}\frac{\partial v}{\partial\theta}\\[3mm]r_{r\theta} = \frac{1}{r}\frac{\partial u}{\partial\theta}+\frac{\partial v}{\partial r}-\frac{v}{r}\end{array}\right\}$$

联立，可解得位移分量

$$u=\frac{1}{E}\left[\frac{\sigma_1+\sigma_2}{2}\left(r+\frac{R^2}{r}\right)+\frac{\sigma_1-\sigma_2}{2}\left(r+\frac{4R^2}{r}-\frac{R^4}{r^3}\right)\cos2\alpha\right]-$$

$$\frac{\nu}{E}\left[\frac{\sigma_1+\sigma_2}{2}\left(r-\frac{R^2}{r}\right)-\frac{\sigma_1-\sigma_2}{2}\left(r-\frac{R^4}{r^3}\right)\cos2\alpha\right]$$

$$v=-\frac{1}{E}\left[\frac{\sigma_1+\sigma_2}{2}\left(r+\frac{2R^2}{r}+\frac{R^4}{r^3}\right)\sin2\alpha\right]-$$

$$\frac{\nu}{E}\left[\frac{\sigma_1-\sigma_2}{2}\left(r-\frac{2R^2}{r}+\frac{R^4}{r^3}\right)\sin2\alpha\right]$$

在孔壁上，$r=R=\dfrac{D}{2}$，得孔壁径向位移

$$u_R=\frac{R}{E}\left[(\sigma_1+\sigma_2)+2(\sigma_1-\sigma_2)\cos2\alpha\right]$$

因孔径形变 $U=2u_R$，则上式变为

$$U=\frac{D}{E}\left[(\sigma_1+\sigma_2)+2(\sigma_1-\sigma_2)\cos2\alpha\right] \tag{3.1.36}$$

将解除测得的三个孔径径向形变代入此式则为

$$\left.\begin{array}{l}U_a=\dfrac{D}{E}\left[(\sigma_1+\sigma_2)+2(\sigma_1-\sigma_2)\cos2\alpha\right]\\[2mm]U_b=\dfrac{D}{E}\left[(\sigma_1+\sigma_2)+2(\sigma_1-\sigma_2)\cos2(\alpha+60°)\right]\\[2mm]U_c=\dfrac{D}{E}\left[(\sigma_1+\sigma_2)+2(\sigma_1-\sigma_2)\cos2(\alpha+120°)\right]\end{array}\right\}$$

解之得

$$\left.\begin{array}{l}\left.\begin{array}{l}\sigma_1\\\sigma_2\end{array}\right|=\dfrac{E}{6D}\left[(U_a+U_b+U_c)\pm\dfrac{1}{\sqrt{2}}\sqrt{(U_a-U_b)^2+(U_b-U_c)^2+(U_c-U_a)^2}\right]\\[4mm]\alpha=\dfrac{1}{2}\tan^{-1}\dfrac{\sqrt{3}(U_b-U_c)}{2U_a-U_b-U_c}\end{array}\right] \tag{3.1.37}$$

引入一个含围岩弹性模量 E 并与 U_i 成正比的量 $\dfrac{EU_i}{3D}$，其量纲与应力的相同，表示成

$$\sigma'_i=\frac{EU_i}{3D}\quad i=a,\ b,\ c \tag{3.1.38}$$

则（3.1.37）变为

$$\left.\begin{array}{l}\left.\begin{array}{l}\sigma_1 \\ \sigma_2\end{array}\right| = \dfrac{1}{2}\ (\sigma'_a + \sigma'_b + \sigma'_c)\ \pm \dfrac{1}{2\sqrt{2}}\sqrt{(\sigma'_a - \sigma'_b)^2 + (\sigma'_b - \sigma'_c)^2 + (\sigma'_c - \sigma'_a)^2} \\[4mm] \alpha = \dfrac{1}{2}\tan^{-1}\dfrac{\sqrt{3}\ (\sigma'_b - \sigma'_c)}{2\sigma'_a - \sigma'_b - \sigma'_c}\end{array}\right] \tag{3.1.39}$$

此处的 $\sigma'_i \neq \sigma_i$，因为 σ'_i 是从自由孔壁的径向形变换算得的一种量，瑞典土木工程师 N·哈斯特称之为"记录应力"，国内有人称之为"折算位移"。

由上可知，若用间接标定法，则应将解除所得的岩体中无钻孔时的原地正应力 σ_a，σ_b，σ_c 代入（3.1.35）式来计算主应力，而不应将其误认为是 σ'_a，σ'_b，σ'_c 代入（3.1.39）式去计算。间接标定，也只能从传感器所测物理量的变化，求得相应的 σ_a，σ_b，σ_c，而根本得不到 σ'_a，σ'_b，σ'_c。后者，只能用直接标定法求得。因为间接标定中，压机所给的是压应力，而不是"折算位移"。

国内外广为使用的哈斯特地应力解除法，用的是压磁式应力元件，解除前要给元件以超过测点原地应力值的预加应力，来保证解除后能测到元件中预加应力的释放量和剩余量，以便从解除前后元件中应力之差求围岩中的地应力，可见其所用的是孔径负荷法。这种元件是测不到自由孔的径向形变的。所用元件也是间接标定的，从标定曲线求得的只能是 σ_a，σ_b，σ_c，因之应代入（3.1.35）式求主应力，但国内外在计算中却使用了（3.1.39）式，把 σ_i 误认成 σ'_i，这是问题之一。

在推求方程组（3.1.33）时，已假定了（3.1.32）这个自由孔的条件，故（3.1.37）中的 U_i 为自由的孔径形变。尽管在（3.1.39）中引入了一个与 U_i 成正比的量 σ'_i，但其中的 U_i 仍为自由孔的孔径形变，因而才有（3.1.39）式存在。这要求测量孔径形变，必须使用无刚度的形变元件，来保证孔壁发生自由变形的条件。但测量时，却使用了高刚度的元件，并在其中预加了超过测点原地应力值的预加应力。这种高刚度探头，是用三个硬元件的伸出端，在孔壁上的六个点两两对称地给孔壁以集中力作用，使得孔壁在三个元件方向发生径向形变 U'_i，其将在围岩中产生一较强的预加应力场。相应于预加应力场的远处二均匀主应力 σ'_1，σ'_2，无论在大小和方向上一般均与 σ_1，σ_2 不同，令其相应的交角为 φ。此预加应力场一般并不与原地应力场互相抵消掉，而是互相叠加成一压性的叠加应力场。钻取解除槽后，远处 σ_1，σ_2 所造成的原地应力场对钻孔中元件的作用被解除，而 U'_i 则变为剩余量 U^0_i，预加应力场的 σ'_1，σ'_2 也发生了相应地变化（$\sigma'_1 - \sigma^0_1$）、（$\sigma'_2 - \sigma^0_2$），σ^0_1，σ^0_2 为套芯岩筒中的剩余应力。由于此时自由孔的条件已被严重破坏，故只有假定 $U'_i - U^0_i$ 在量值上等于自由孔在远处 σ_1，σ_2 作用下的自由孔径形变 U_i，才能将其代入（3.1.39）来求 σ_1，σ_2。但实际上这是在叠加应力场作用下的非自由孔径形变，一般说来 $U'_i - U^0_i \neq U_i$，其所相应的主应力变化为 $\sigma_1 + (\sigma'_1 - \sigma^0_1)\cos\varphi$，$\sigma_2 + (\sigma'_2 - \sigma^0_2)\cos\varphi$，而不只是 σ_1，σ_2。可见，已不能再将其代入（3.1.39）来求 σ_1，σ_2 及角 α 了。这是问题之二。

由上可知，用（3.1.39）来计算主应力的问题在于：①所用间接标定法求得的是相当于无钻孔时的原地正应力，而不是也得不到"记录应力"或"折算位移"；②所用压磁应力元件预加应力后，破坏了（3.1.39）式所要求的自由孔壁的条件。

使用压磁应力元件的解除法，把钻取套芯后解除所得的预加应力变化 $\sigma_i' - \sigma_i^0$ 误认为等于原地应力 σ_i。这实际上是蓄意把岩体视作刚体，暗中引入了刚体平衡的概念，把解除孔外的围岩视作处于平衡中的刚体了。把 $\sigma_i' - \sigma_i^0$ 视为作用于此刚体的内边界，σ_i 视为作用于其外边界，二压力平衡，因而二者才能相等，并一起在解除后被去掉，而与内部套芯岩筒的强度和解除孔外围岩的强度无关。但又要求这种围岩可进行周向伸缩，因而只能是把它假定为由辐射状刚性楔块组成的结构体。而变形体，在此二边界受压后所引起的应力场，在体内叠加。可见，这种刚体平衡概念与作为变形体的岩体中应力场的叠加作用规律，是截然不同的两回事。这里出现了力学概念上的混淆。而若把岩体视为变形体，那么套芯解除后，σ_i 对测孔中应力元件的作用去掉了，元件中的预加应力发生了 $\sigma_i' - \sigma_i^0$ 的变化。但 $\sigma_i' - \sigma_i^0$ 是解除孔外围岩的强度、套芯岩筒的强度、预加应力 σ_i' 和原地应力 σ_i 的综合函数。而套芯岩筒内元件的剩余应力 σ_i^0，则是套芯岩筒强度和预加应力 σ_i' 及原地应力 σ_i 的函数。当套芯岩筒强度固定时，则 σ_i^0 随 σ_i' 和 σ_i 而变。但 σ_i' 是人为所加的变量，σ_i 是原地岩体中的定值，可见 σ_i^0 也是个变量，并与套芯岩筒的强度有关。套芯岩筒的强度越小，由于在内孔中元件的压力下而发生的周向变形越大，因而内孔中元件的剩余应力便随元件的伸长而越小。于是不仅 $\sigma_i' - \sigma_i^0$ 与原地应力 σ_i 之间没有等值关系，而且解除所得的量还带有超出了 σ_i 单值影响的多解性。可见，无论把岩体暗视作刚体，还是视作变形体，这种使用压磁应力探头的解除法，在原理问题上，都还根本未得解决。这是问题之三。

在间接标定中，常使用油压标定法。此方法是把解除后带有探头的岩石套芯从钻孔中取出，再在周围施加径向油压，直到元件恢复预加应力值为止，用所加油压来求 σ_a，σ_b，σ_c。这种径向油压相当水平均匀压应力，而岩石套芯在钻孔中所受的地应力则常是水平差应力。前者给岩石套芯造成的均匀径向缩小形变，与在钻孔中受水平差应力所造成的径向形变是不同的，因为所受的是两种不同的应力状态。另外，在套芯外用油压标定时，油压在套芯壁外的周向抗张强度为零，而套芯在钻孔中的原地受力状态，其壁外连续围岩的周向抗张强度却远不是零。这种围岩的周向强度，对探头预加应力在围岩中所产生的应力场和探头元件中所解除的应力，是有明显影响的。但在油压标定恢复预加应力时，却把这种影响全部略去了。这是问题之四。

2）高水平地应力测量的标志

为要从根本上解决地应力测量中的主要问题，高水平地测量地应力，必须做到以下几点：

（1）把测量建立在岩体力学性质各向异性的基础上。

从测量原理到方法，都要以岩体各向异性理论为基础，并在地应力测量过程中于原地同时测得必要的岩体各向异性力学参量。

所测得岩体力学性质正交异性主方向 I，J，K 上的力学参量，还要转换到测量所取坐标轴 X，Y，Z 方向的相应力学参量。岩体力学性质正交异性主方向上的物性方程为

$$\left.\begin{aligned}
e_i &= \frac{1}{E_i}\sigma_i - \frac{\nu_{ji}}{E_j}\sigma_j - \frac{\nu_{ki}}{E_k}\sigma_k \\[2mm]
e_j &= -\frac{\nu_{ij}}{E_i}\sigma_i + \frac{1}{E_j}\sigma_j - \frac{\nu_{kj}}{E_k}\sigma_k \\[2mm]
e_k &= -\frac{\nu_{ik}}{E_i}\sigma_i - \frac{\nu_{jk}}{E_j}\sigma_j + \frac{1}{E_k}\sigma_k \\[2mm]
\gamma_{ij} &= \frac{1}{G_{ij}}\tau_{ij} \\[2mm]
\gamma_{jk} &= \frac{1}{G_{jk}}\tau_{jk} \\[2mm]
\gamma_{ki} &= \frac{1}{G_{ki}}\tau_{ki}
\end{aligned}\right\} \tag{3.1.40}$$

其中

$$G_{mn} = G_{nm} \quad m,\ n=i,\ j,\ k$$

E_i，E_j，E_k 是沿力学性质主方向 I，J，K 的伸缩弹性模量；ν_{ij} 是 I 方向张伸 J 方向缩短的泊松比，ν_{jk} 是 J 方向张伸 K 方向缩短的泊松比，ν_{ki} 是 K 方向张伸 I 方向缩短的泊比；G_{ij}，G_{jk}，G_{ki} 是表示 I 与 J，J 与 K，K 与 I 方向夹角变化的剪切弹性模量。因

$$\left.\begin{aligned}
\frac{E_i}{E_j} &= \frac{\nu_{ij}}{\nu_{ji}} \\[2mm]
\frac{E_j}{E_k} &= \frac{\nu_{jk}}{\nu_{kj}} \\[2mm]
\frac{E_k}{E_i} &= \frac{\nu_{ki}}{\nu_{ik}}
\end{aligned}\right\}$$

故有 9 个独立弹性参量。对 I，J 方向的平面正交异性岩体，（3.1.40）变为

$$e_i = \frac{1}{E_i}\sigma_i - \frac{\nu_{ji}}{E_j}\sigma_j$$

$$e_j = -\frac{\nu_{ij}}{E_i}\sigma_i + \frac{1}{E_j}\sigma_j$$

$$\gamma_{ij} = \frac{1}{G_{ij}}\tau_{ij}$$

在对坐标系 0——I，J，K，在（I，J）平面上转一角 φ 的测量选用坐标系 0——X，Y，Z 中，有

$$e_x = \frac{1}{E_x}\sigma_x - \frac{\nu_{yx}}{E_y}\sigma_y + \alpha_x\tau_{xy}$$

$$e_y = -\frac{\nu_{xy}}{E_x}\sigma_x + \frac{1}{E_y}\sigma_y + \alpha_y\tau_{xy}$$

$$\gamma_{xy} = \alpha_x\sigma_x + \alpha_y\sigma_y + \frac{1}{G_{xy}}\tau_{xy}$$

E_x，E_y 是 X，Y 方向的伸缩弹性模量；ν_{xy}，ν_{yx} 是相应的泊松比；α_x，α_y 是偏转系数，在力学性质主方向的坐标系中为零。它们与力学性质主方向弹性参量有关系

$$\frac{1}{E_x} = \frac{\cos^4\varphi}{E_i} + \left(\frac{1}{G_{ij}} - \frac{2\nu_{ij}}{E_i}\right)\sin^2\varphi\cos^2\varphi + \frac{\sin^4\varphi}{E_j}$$

$$\frac{1}{E_y} = \frac{\sin^4\varphi}{E_i} + \left(\frac{1}{G_{ij}} - \frac{2\nu_{ij}}{E_i}\right)\sin^2\varphi\cos^2\varphi + \frac{\cos^4\varphi}{E_j}$$

$$\frac{1}{G_{xy}} = \frac{1}{G_{ij}} + \left(\frac{1+\nu_{ij}}{E_i} + \frac{1+\nu_{ji}}{E_j} - \frac{1}{G_{ij}}\right)\sin^2(2\varphi)$$

$$\nu_{xy} = E_x\left[\frac{\nu_{ji}}{E_i} - \frac{1}{4}\left(\frac{1+\nu_{ij}}{E_i} + \frac{1+\nu_{ji}}{E_j} - \frac{1}{G_{ij}}\right)\sin^2(2\varphi)\right] \qquad (3.1.41)$$

$$\nu_{yx} = \nu_{xy}\frac{E_y}{E_x}$$

$$\alpha_x = \left[\frac{\sin^2\varphi}{E_j} - \frac{\cos^2\varphi}{E_i} + \frac{1}{2}\left(\frac{1}{G_{ij}} - \frac{2\nu_{ij}}{E_i}\right)\cos2\varphi\right]\sin2\varphi$$

$$\alpha_y = \left[\frac{\cos^2\varphi}{E_j} - \frac{\sin^2\varphi}{E_i} - \frac{1}{2}\left(\frac{1}{G_{ij}} - \frac{2\nu_{ij}}{E_i}\right)\cos2\varphi\right]\sin2\varphi$$

进行岩体正交异性弹性参量坐标变换，除用上方程组外，还须用 X 轴对 I 轴交角 φ 的两个方程

$$\left.\begin{array}{l} \tan 2\varphi = \dfrac{\alpha_x + \alpha_y}{\dfrac{1}{E_x} - \dfrac{1}{E_y}} \\[4mm] \tan 4\varphi = \dfrac{2\ (\alpha_x - \alpha_y)}{\dfrac{1+\nu_{xy}}{E_x} + \dfrac{1+\nu_{yx}}{E_y} - \dfrac{1}{G_{xy}}} \end{array}\right] \tag{3.1.42}$$

它们有共同解时，满足条件

$$(\alpha_x - \alpha_y)\ \left(\frac{1}{E_x} - \frac{1}{E_y} + \alpha_x + \alpha_y\right) \left(\frac{1}{E_x} - \frac{1}{E_y} - \alpha_x - \alpha_y\right) =$$

$$(\alpha_x + \alpha_y)\ \left(\frac{1}{E_x} - \frac{1}{E_y}\right) \left(\frac{1+\nu_{xy}}{E_x} + \frac{1+\nu_{yx}}{E_y} - \frac{1}{G_{xy}}\right)$$

ρ_i，ρ_j 为 I，J 轴上的复参量。ρ_x，ρ_y 为 X，Y 轴上的复参量。应力函数 F 在 I，J 坐标系中有

$$D_1 D_2 D_3 D_4 F = 0 \tag{3.1.43}$$

其中

$$D_m = \frac{\partial}{\partial j} - \rho_n \frac{\partial}{\partial i} \bigg|_{\substack{m=1,2,3,4 \\ n=i,j}}$$

ρ_m 是方程

$$C_{11}\rho^4 - 2C_{16}\rho^3 +\ (2C_{12} + C_{66})\ \rho^2 - 2C_{26}\rho + C_{22} = 0$$

的根。把

$$\left.\begin{array}{l} x = i\,\cos\varphi + j\,\sin\varphi \\[2mm] y = -i\,\sin\varphi + j\,\cos\varphi \end{array}\right]$$

替换变数，并把对 j 和 i 的偏导数换为对 y 和 x 的偏导数

$$\left.\begin{array}{l} \dfrac{\partial}{\partial j} = \dfrac{\partial}{\partial y}\cos\varphi + \dfrac{\partial}{\partial x}\sin\varphi \\[4mm] \dfrac{\partial}{\partial i} = -\dfrac{\partial}{\partial y}\sin\varphi + \dfrac{\partial}{\partial x}\cos\varphi \end{array}\right]$$

约去一个倍数，方程（3.1.41）可写成对 0——x，y，z 坐标系的

$$d_1 d_2 d_3 d_4 F = 0$$

其中

$$d_m = \frac{\partial}{\partial y} - \frac{\rho_n \cos\varphi - \sin\varphi}{\cos\varphi + \rho_n \sin\varphi} \frac{\partial}{\partial x} \bigg|_{\substack{m=1,3,3,4 \\ n=x,y}}$$

得

$$\left.\begin{aligned}
\rho_x &= \frac{\rho_i \cos\varphi - \sin\varphi}{\cos\varphi + \rho_i \sin\varphi} \\
\rho_y &= \frac{\rho_j \cos\varphi - \sin\varphi}{\cos\varphi + \rho_j \sin\varphi} \\
\bar{\rho}_x &= \frac{\bar{\rho}_i \cos\varphi - \sin\varphi}{\cos\varphi + \bar{\rho}_i \sin\varphi} \\
\bar{\rho}_y &= \frac{\bar{\rho}_j \cos\varphi - \sin\varphi}{\cos\varphi + \bar{\rho}_j \sin\varphi}
\end{aligned}\right\} \tag{3.1.44}$$

其中，表示岩体正交异性状态的复参量

$$\left.\begin{aligned}
\rho_i &= a + b\mathrm{i} \\
\bar{\rho}_i &= a - b\mathrm{i}
\end{aligned}\right\}$$

$$\left.\begin{aligned}
\rho_j &= c + d\mathrm{i} \\
\bar{\rho}_j &= c - d\mathrm{i}
\end{aligned}\right\}$$

a，b，c，d 是实数，$b>0$，$d>0$。$\bar{\rho}_n$ 为 ρ_n 的共轭复参量，对各向同性体，$\rho_i = \rho_j$。

用 (3.1.41)、(3.1.42)、(3.1.44)，可求得测量时所选用坐标系 $0-x$，y，z 中的各弹性参量。

(2) 减小或避开钻孔效应的影响。

解决这个问题的途径有三：用固结灌浆来恢复钻孔附近围岩在打钻时造成的力学性质变异；不用钻孔；建立非均匀正交异性地应力测量理论，同时测量钻孔周围非均匀分布的各方向有关力学参量。

固结灌浆，有水泥灌浆和化学灌浆两种。岩体中的微隙宽度 $b \geqslant 3 \times 10^{-2}$（厘米），地下水流速 $v < 600$（米/日）时，用前者。岩体中微隙宽度 $b \geqslant 1 \times 10^{-5}$（厘米），地下水流速 $v > 600$（米/日）时，用后者。

灌浆前，用水把钻孔冲刷干净。若钻孔围岩孔隙内有黏土，可用六偏磷酸钠溶液或碳酸氢钠溶液，先把黏土软化和分散开，再用水冲出。每米深度灌浆压力 $P = 0.02 - 0.1$（兆帕），以使围岩孔隙中的空气和水为浆液所置换。

水泥灌浆材料，在空气中固结的，有风硬石灰、石膏镁粉、班脱土；在水中固结的，有水硬石灰、罗曼水泥、矾土水泥、矿渣水泥、黏土水泥、波特兰水泥、火山灰水泥。为防止浆液凝固收缩的影响，可在浆液中加适量膨胀剂。

化学灌浆材料，有甲凝、聚氨脂、脲醛树脂、聚脂树脂、呋喃树脂、环氧树脂、含水凝胶、丙烯酸环氧树脂。

浆液从钻孔径向扩散至半径 r（厘米）所需要的时间 t（分钟），与灌浆压力 P（兆帕）、浆液粘度 η（厘泊）、微隙宽度 b（厘米）、钻孔半径 R（厘米）、孔隙水压 P_0（兆帕）、微隙倾角 ξ（弧度），有半理论半经验性关系

$$t = 1.02 \times 10^{-8} \frac{\eta \ (r^2 - R^2) \ \ln \dfrac{r}{R}}{b^2 \ (P - P_0) \ \cos\xi}$$

灌浆量 Q，与灌浆段长 l（米）、扩散半径 r（米）、围岩孔隙率 k，有半理论半经验关系

$$Q = 0.5 r^2 l k$$

灌浆前后，岩体弹性模量的变化，列于表 3.1.3。

表 3.1.3　港浆前后钻孔围岩弹性模量的变化

地点	岩性	灌浆前弹性模量 $E_{前}$/MPa	$\dfrac{E_{后}}{E_{前}}$	资料来源
法国阿万内	石英岩	4125	2.7—9.0	P. F. F. L——Jones
苏联	花岗岩	5000	4.5—6.0	P. D. Evdokimov
	石灰岩	15800	2.2—4.7	D. D. Sapegin
	片麻岩	8000	2.0—3.7	
意大利弗雷腊	石英千枚岩	14000	3.7	P. F. F. L——Jones
		52000	1.4	
意大利皮亚韦河	砾岩	2400	3.1	P. F. F. L——Jones
		11700	1.6	
法国格罗	石灰岩	47000	1.7—2.0	P. F. F. L——Jones
西班牙苏斯奎达	花岗岩	3000	1.9	P. F. F. L——Jones
		8500	1.5	
葡萄牙	花岗岩	10900	1.7	M. Rocha
		13000	1.6	
		23000	1.3	
法国鲁让内	云母片岩	3300	1.5	P. F. F. L——Jones

灌浆后，用细金刚石钻头将钻孔测量部位磨平滑，再用波速法测量围岩动弹性参量（图 3.1.33），进行灌浆质量检查。

由第一章得岩体中的纵波速度

$$v_P = \sqrt{\frac{E_d \ (1 - \nu_d)}{\rho \ (1 + \nu_d) \ (1 - 2\nu_d)}}$$

横波速度

$$v_s = \sqrt{\frac{G_d}{\rho}} = \sqrt{\frac{E_d}{2\rho \ (1 + \nu_d)}}$$

密度 ρ，用测点岩芯测得。由此二式，得

$$\left(\frac{v_P}{v_s}\right)^2 = \frac{\nu_d - 1}{\nu_d - 0.5}$$

伸缩动弹性模量

$$E_d = \rho v_P^2 \frac{(1+\nu_d)(1-2\nu_d)}{1-\nu_d}$$

$$= \rho \frac{v_s^2 (3v_P^2 - 4v_s^2)}{v_P^2 - v_s^2}$$

剪切动弹性模量

$$G_d = \frac{E_d}{2(1+\nu_d)} = \rho v_s^2$$

体积动弹性模量

$$K_d = \frac{E_d}{3(1-2\nu_d)} = \rho\left(v_P^2 - \frac{4}{3}v_s^2\right)$$

动应变泊松比

$$\nu_d = \frac{v_P^2 - 2 v_s^2}{2(v_P^2 - v_s^2)}$$

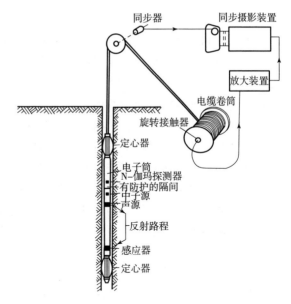

图 3.1.33　钻孔围岩力学性能微波探测器工作原理

灌浆后围岩中的有关动弹性参量，如果在钻孔效应所影响的近距范围内的检测结果与较远距离的测量结果相近，或与同深度岩芯中部的测量结果相近，则表明钻孔效应已被恢复，可把测量部位围岩的力学性质视为均匀的。

（3）考虑或避开测量的时间效应。

在流动地应力测量中，可尽量减短测量时间。在定点长期连续观测中，可使用弹性选测法，如 X 射线法，或使用应力平衡法，如高刚度实孔法和液压平衡法。由于前一种方法只测弹性形变而测不到塑性形变，因之可由所测到的弹性应变通过正交异性线弹性理论来计算地应力。而后一种方法，元件所测到的便是地应力，因之可直接用应力分析理论来求得主应力的大小和方向。

为避开多孔隙岩体在开始受载阶段的压密过程所造成的不可逆塑性形变的影响，宜选测孔隙率小的岩体部位。

（4）避开岩体力学性质多变性的影响。

在地应力测量的同一力学过程中也同时于原位测量围岩的有关力学参量，而不再取岩芯续测或取套芯标定。如果用标定方法，必须保证处在钻孔中的原测量力学状态，而且标定后要复测套芯的有关力学参量，只有当其多次重复测值差很小而可忽略不计时，标定才有效；也可选测力学性质稳定的造岩矿物有关参量来计算应力，以取代直接测量力学性质不稳定的围岩的有关力学参量。

（5）避开或减除古构造残余应力的影响。

解除法和恢复法的测量孔壁与解除槽或恢复槽壁的间距，要大于区域残余应力表层衰减深度的两倍以上，以使得岩体中的残余应力对现今构造应力的测量不发生影响。用 X 射线法在现场对地壳岩体进行应力测量时，则所测到的含有古构造残余应力和现今构造应力两种成分，应从其中减除残余应力，而求得现今构造应力。或钻取测孔的同轴套芯槽，因为测孔壁上的古构造残余应力在钻取此套芯槽时不变，故钻取套芯槽前后所改变的岩体应力，即为现今构造应力。

（6）测地应力实际的三维空间分布状态。

测量中，对主应力轴的方向，事先不做假定，进行主应力实际的三维空间分布实测，或在一个测区抽样测量几个测点的三维应力实际空间分布状态后，再根据抽样测量结果适当地做主应力轴分布方向的假定。

（7）用单孔进行全应力测量。

计算岩体中的弹性应变能，必须测知其三维应力场。岩体的力学性质，与其所处的三维应力状态有关。工区岩体稳定性，受三维应力场的重要影响。地壳构造应力场，是有三维空间分布特征的立体场。因此，为进行岩体应变能测量、工程岩体力学性质分析、工区稳定性预测和地壳三维构造应力场研究，都必须测量岩体中的三维应力状态。而对深孔测量，则无论在技术上、速度上，还是经济上，都更要求用单孔进行全应力测量。

3）测量过程中尚需满足的假定

如前所述，表示岩体中任一截面上的正应力和剪应力的向量，为应力向量。过岩体中一点所有截面的应力向量，构成此点的应力状态。表示点的应力状态的张量，为应力张量。与此相应，岩体中一点所有方向的应变，构成此点的应变状态。表示点的应变状态的张量，为应变张量。应力张量和应变张量，都是二阶对称张量，各有三个主不变量。其三个主应力或三个主应变，决定点的应力状态或应变状态。由于坐标轴方向的六个应力分量 σ_x，σ_y，σ_z，τ_{xy}，τ_{yz}，τ_{zx} 与三个主应力 σ_1，σ_2，σ_3 等效；六个应变分量 e_x，e_y，e_z，γ_{xy}，γ_{yz}，γ_{zx} 与三个主应变 e_1，e_2，e_3 等效。故它们也决定点的应力状态或应变状态。

在测量部位所计应力的大小，都是取某面积上的平均值。这个值的大小，与所取应力平均值面积的大小有关。局部的高应力，在大面积上平均后，可变为低应力。局部的低应力，在大面积上平均后，可变为高应力。但这些局部的高应力，对岩体中发生的断裂，却起决定性作用。而对岩体的构造变形来说，则是大面积的平均应力起决定性作用。因之，不同的具体应用问题，对取应力平均值的面积大小，有不同的要求。现今构造应力的测量方法，也随之而有适于在小范围内测量的弹性选测法、解除法、恢复法等；适于在较大范围内测量的岩性换算法，以及适于在一定区域内测量的断层活动法、震源力学法等。

作为连续体的矿物晶体的宏观行为，是以构成它的基本粒子的性质为基础的。岩体中各种造岩矿物的力学性质，在晶粒边界处是有决然区分的。加之，常把并非理想化的复杂实际环境，作为理想化条件来对待。这些都使得所建立的固体基本粒子分布性理论，与用统计方法实测得的各种岩石力学性质的关系曲线，常常存在偏歧。即使这样，统计曲线的实验点，也还常常是很离散的。岩石的弹性，由其卸载应力—应变曲线表示，一般是非线性的。小线弹性应变理论，是在一定简化条件下建立的，若用于较大的变形情况，则其客观性便随之降低。一般言之，岩石一受载荷，就有非弹性形变发生。如果受载时间再超过瞬时限度，则非弹性形变将随之增大。岩石力学性质，与其以前的运动历史和现今所处的力学状态都有关，有不可回复性。解决实际问题时，又常常再从数学上做些理想性的简化处理，这又不同程度地增大了与客观实际的距离。尽管岩石内大量存在对其强度有重要影响的微小裂隙，但连续体力学也还必须假定在测点邻域内的力学性质是连续的，点与点间的应变状态受相容条件的制约，而点与点间的应力状态也得受连续条件的约束。因之，对岩石来说，小应变线弹性理论是带有一定误差的实用性理论。张量分析作为一种数学工具，只是在这些假定下不改变其实质地对之进行理想化地严格地数学表达。因而，也才使得方程变得简单、明晰，并给出明确的物理概念，使得许多地壳中的实际问题的解决成为可能，也取得了不少的"精确解"。可见，这些明确的概念本身都是带有一定非精确性的，而这些较复杂的实际问题的解决都是以一定程度地降低了客观性作代价的，所取得的所谓"精确解"只是指数学推导过程而言，实际都是以这些简化的假定为前提的。可见，这种理论是对岩体各种现象在一定程度上的"近似"。因而，它一方面是有实用价值的，另一方面为了确保其实用性，在具体应用时还必须根据具体条件加以严慎地处理，并明确其客观性失去的程度，以便判定此理论是否还处在可用的范围内。

由上可知，在现今构造应力测量中，已假定：

① 在半无限空间岩体中取孔，取槽，进行测量；

② 测点邻域内岩体的力学性质是均匀的，所取各类微面积上的应力和应变都是均匀的，也忽略了各微面上不均匀应力分量的力矩；

③ 测点岩体力学性质是连续的，其中没有微小裂隙；

④ 岩体在测量时的变形是弹性的；

⑤ 测量时的应力和应变关系是线性的；

⑥ 略去了二阶和二次方以上的应变；

⑦ 没计及体积力。

对这些假定在测量时处理得当，则它们所引起的最大综合误差可望被控制在10%以内。

4）地壳浅层地应力测量方法

测量元件中的有效应力与围岩中的同向正应力极近平衡，因而从岩体中所直接测到的是岩体传给元件的应力，而不需要再通过用围岩的弹性参量换算便能给出围岩中构造应力的测量系统，为直接测量系统。测量元件的形变与围岩或孔壁的自由弹性形变极近相等，因而从岩体中所直接测到的是岩体无阻的弹性形变，尚需通过用围岩的弹性参量来换算围岩构造应力的测量系统，为间接测量系统。前者的测量元件抵抗岩石的形变，因而影响岩石的自然变形，使得其形变不等于没放元件时应有的形变。后者的测量元件不抵抗岩石的形变，因而不影响岩石的自然变形，而使其形变等于无测量元件时应有的形变。前者元件预加应力后，在围岩中产生一叠加应力场。后者对围岩中应力场无任何影响。至于前者如何反应部件所测到的应力和后者如何反应系统所测到的形变，那是仪器的传力结构和传递形变原理问题。

（1）应力解除法。

应力解除法的原理，是先打一测量钻孔，在其中按测量要求下好直接测量用的应力计，将钻孔填实到相当没有钻孔的原岩状态，给应力计元件预加应力，记下各初始读数。再用较大的套芯钻头同心钻进，将外围岩体中的现今构造应力对套芯的作用解除掉，再记下应力计的各终了读数。套芯岩筒的厚度要使其强度大到对内部应力计元件的剩余应力基本不释放的大小，或虽有释放但将此释放量求出后计入终了读数内。因为此时测量段的钻孔已不存在而成为连续岩体，并且套芯岩筒内元件的剩余应力已与套芯岩筒的强度和围岩的强度无关，故各元件的终了读数与相应的各初始读数之差，即为围岩中同方向的现今构造正应力作用的结果。于是可用各差值与围岩应力状态的关系，求测量部位的现今构造应力状态。

此处选用直接测量系统的"实孔平衡全应力计"，来说明其测量原理。

"实孔平衡全应力计"，是在一个测量钻孔中放入六个有效应力与围岩中同向正应力极近平衡的应力测量元件，均铸入填芯探头中的三个直角坐标轴方向和三个坐标平面上与相邻坐标轴成 $45°$ 角的三个方向，成 a，b，c，d，e，f（图 3.1.34），z 轴平行钻孔轴。填芯材料，按测量钻孔段岩芯的弹性，原样配制。探头与钻孔壁黏结在一起，其状态相当于在测量深度段没打钻孔，而把六个应力元件埋入原岩中。钻取套芯岩筒的过程，要保证解除后测到的变化应力状态为原地应力状态。

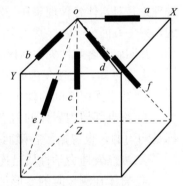

图 3.1.34　探头中六个应力元件的分布方向

由（1.1.2）得岩体中任一方向 n 的正应力

$$\sigma_n = \sigma_x \cos^2 \alpha + \sigma_y \cos^2 \beta + \sigma_z \cos^2 \gamma + 2\tau_{xy} \cos \alpha \cos \beta +$$
$$2\tau_{yz} \cos \beta \cos \gamma + 2\tau_{zx} \cos \gamma \cos \alpha$$

$\cos \alpha$，$\cos \beta$，$\cos \gamma$ 为 n 对坐标轴 X，Y，Z 的方向余弦。故由此式得，解除后各应力元件所测到的变化应力 σ_a，σ_b，σ_c，σ_d，σ_e，σ_f，与测量部位岩体中的应力

σ_x，σ_y，σ_z，τ_{xy}，τ_{yz}，τ_{zx}，有下列关系

$$\left.\begin{aligned}
\sigma_a &= \sigma_x \\
\sigma_b &= \sigma_y \\
\sigma_c &= \sigma_z \\
\sigma_d &= \frac{1}{2}\ (\sigma_x + \sigma_y)\ + \tau_{xy} \\
\sigma_e &= \frac{1}{2}\ (\sigma_y + \sigma_z)\ + \tau_{yz} \\
\sigma_f &= \frac{1}{2}\ (\sigma_z + \sigma_x)\ + \tau_{zx}
\end{aligned}\right\}$$
(3.1.45)

解之，得测量部位岩体中的应力

$$\left.\begin{aligned}
\sigma_x &= \sigma_a \\
\sigma_y &= \sigma_b \\
\sigma_z &= \sigma_c \\
\tau_{xy} &= \sigma_d - \frac{1}{2}\ (\sigma_a + \sigma_b) \\
\tau_{yz} &= \sigma_e - \frac{1}{2}\ (\sigma_b + \sigma_c) \\
\tau_{zx} &= \sigma_f - \frac{1}{2}\ (\sigma_c + \sigma_a)
\end{aligned}\right\}$$
(3.1.46)

测量部位主应力 σ_i（$i=1$，2，3）对 X，Y，Z 轴的方向余弦为 l_i，m_i，n_i，则 σ_i 在三个坐标轴上的投影为

$$\left.\begin{aligned}
\sigma_i\,l_i &= \sigma_x l_i + \tau_{yx} m_i + \tau_{zx} n_i \\
\sigma_i\,m_i &= \tau_{xy} l_i + \sigma_y m_i + \tau_{zy} n_i \\
\sigma_i\,n_i &= \tau_{xz} l_i + \tau_{yz} m_i + \sigma_z n_i
\end{aligned}\right\}$$

改写为

$$\left.\begin{aligned}
(\sigma_x - \sigma_i)\ l_i + \tau_{yx} m_i + \tau_{zx} n_i &= 0 \\
\tau_{xy} l_i +\ (\sigma_y - \sigma_i)\ m_i + \tau_{zy} n_i &= 0 \\
\tau_{xz} l_i + \tau_{yz} m_i +\ (\sigma_z - \sigma_i)\ n_i &= 0
\end{aligned}\right\}$$
(3.1.47)

此方程组的系数行列式为零，则得

$$\sigma_i^3 + B\sigma_i^2 + C\sigma_i + D = 0 \tag{3.1.48}$$

其中

$$B = -\ (\sigma_x + \sigma_y + \sigma_z)$$
$$C = \sigma_x \sigma_y + \sigma_y \sigma_z + \sigma_z \sigma_x - \tau_{xy}^2 - \tau_{yz}^2 - \tau_{zx}^2$$
$$D = -\ (\sigma_x \sigma_y \sigma_z - \sigma_x \tau_{yz}^2 - \sigma_y \tau_{zx}^2 - \sigma_z \tau_{xy}^2 + 2\tau_{xy} \tau_{yz} \tau_{zx})$$

σ_1，σ_2，σ_3 是此方程的三个根。为解（3.1.46），将其改写成

$$\alpha_i^3 + \beta\alpha_i + \gamma = 0 \tag{3.1.49}$$

其中

$$\alpha_i = \sigma_i + \frac{B}{3} \tag{3.1.50}$$

$$\beta = \frac{1}{3}(3C - B^2)$$

$$\gamma = \frac{1}{27}(2B^2 - 9BC + 27D)$$

若

$$\frac{\gamma^2}{4} - \frac{\beta^2}{27} < 1$$

则方程（3.1.49）有三个实根

$$\left.\begin{aligned}
\alpha_1 &= 2\sqrt{-\frac{\beta}{3}}\cos\frac{\phi}{3} \\
\alpha_2 &= 2\sqrt{-\frac{\beta}{3}}\cos\left(\frac{\phi}{3} + 120°\right) \\
\alpha_3 &= 2\sqrt{-\frac{\beta}{3}}\cos\left(\frac{\phi}{3} + 240°\right)
\end{aligned}\right\} \tag{3.1.51}$$

式中

$$\phi = \cos^{-1}\left(\frac{-\dfrac{\gamma}{2}}{\sqrt{-\dfrac{\beta^3}{27}}}\right)$$

代入 (3.1.50)，可得 σ_1，σ_2，σ_3。

（3.1.47）为 l_i，m_i，n_i 的齐次线性方程组。由其前二式，得

$$l_i = \frac{\begin{vmatrix} \tau_{zx} & -\tau_{xy} \\ \tau_{yz} & (\sigma_i - \sigma_y) \end{vmatrix}}{\begin{vmatrix} (\sigma_i - \sigma_x) & -\tau_{xy} \\ -\tau_{xy} & (\sigma_i - \sigma_y) \end{vmatrix}} n_i$$

$$m_i = \frac{\begin{vmatrix} (\sigma_i - \sigma_x) & \tau_{zx} \\ -\tau_{xy} & \tau_{yz} \end{vmatrix}}{\begin{vmatrix} (\sigma_i - \sigma_x) & -\tau_{xy} \\ -\tau_{xy} & (\sigma_i - \sigma_y) \end{vmatrix}} n_i$$

将 l_i，m_i 代入

$$l_i^2 + m_i^2 + n_i^2 = 1$$

可得 n_i。于是有

$$\left.\begin{array}{l} l_i = \dfrac{K_{xi}}{K_i} \\[2mm] m_i = \dfrac{K_{yi}}{K_i} \\[2mm] n_i = \dfrac{K_{zi}}{K_i} \end{array}\right] \qquad (3.1.52)$$

其中

$$K_{xi} = \tau_{xy}\tau_{yz} - \sigma_y\tau_{zx} + \sigma_i\tau_{zx}$$
$$K_{yi} = \tau_{xy}\tau_{zx} - \sigma_x\tau_{yz} + \sigma_i\tau_{yz}$$
$$K_{zi} = \sigma_i^2 - (\sigma_x + \sigma_y)\ \sigma_i + \sigma_x\sigma_y - \tau_{yz}^2$$
$$K_i = \sqrt{K_{xi}^2 + K_{yi}^2 + K_{zi}^2}$$

σ_i 在 (X,Y) 平面上的方位角为 θ_i，倾角为 ψ_i，则其

$$\left.\begin{array}{l} l_i = \sin\theta_i \cdot \cos\psi_i \\ m_i = \cos\theta_i \cdot \cos\psi_i \\ n_i = \sin\psi_i \end{array}\right]$$

得

$$\left.\begin{array}{l} \tan\theta_i = \dfrac{l_i}{m_i} \\[2mm] \sin\psi_i = n_i \end{array}\right] \qquad (3.1.53)$$

若 $\left|\dfrac{l_i}{m_i}\right| \geqslant 100$，$\dfrac{l_i}{m_i} > 0$，则 $\theta_i \approx \dfrac{\pi}{2}$

$\qquad\qquad \dfrac{l_i}{m_i} < 0$，则 $\theta_i \approx -\dfrac{\pi}{2}$

若 $\left|\dfrac{l_i}{m_i}\right| < 100$，$\dfrac{l_i}{m_i} > 0$，则 $\theta_i \approx \tan^{-1}\left(\dfrac{l_i}{m_i}\right)$

$\qquad\qquad \dfrac{l_i}{m_i} < 0$，则 $\theta_i \approx \pi + \tan^{-1}\left(\dfrac{l_i}{m_i}\right)$；

若 $\|n_i| - 1| \leqslant 10^{-4}$，$n_i > 0$，则 $\psi_i \approx \dfrac{\pi}{2}$

$\qquad\qquad n_i < 0$，则 $\psi_i \approx -\dfrac{\pi}{2}$

若 $\|n_i| - 1| > 10^{-4}$，$n_i > 0$，则 $\psi_i \approx \sin^{-1}|n_i|$

$\qquad\qquad n_i < 0$，则 $\psi \approx -\sin^{-1}|n_i|$

（2）弹性选测法。

弹性选测法，只测弹性形变，不测塑性形变，故可由测得的应变用弹性理论

来计算应力，因此是一种间接测量系统。X 射线法，就是一种弹性选测法。用此种方法测量岩体中应力的特点，已综述在古构造残余应力测量方法中。它按布拉格方程的要求，只测岩体中矿物晶粒的晶面间距 d。受应力作用的晶面间距的变化是弹性的，故可用弹性理论计算应力。在地壳浅层现今构造应力的量级范围内，一般矿物晶体的弹性尚处于线性范围内，故可用线弹性理论。由于矿物的弹性比多晶体岩石的稳定，故测量所允许的时间是比较充分的。所测得的 d 与此种矿物经高温退火后无应力的同类晶面间距 d_0 之差为此方向的形变，形变与 d_0 之比即为此方向的绝对正应变 e。选测岩体中力学性质成轴对称的矿物晶粒中对称轴方向的正应变 e，则每一小测点的矿物晶体内都是轴面异性介质。测量岩石表面上的应力时，若选测力学性质对称轴垂直测量平面的晶粒，则各测点的矿物晶体内在此测量平面方向又成为各向同性的。测量现今构造应力，须要到现场对地壳岩体去进行测量。在现场测得的总应变 ε，与测点岩体内各同方向的区域古构造残余应变 e' 之差，为现今构造应变。试用"空孔孔壁全应变计"式 X 射线应力测量系统，来说明其测量原理。

在钻孔内的测量深度定向取出岩芯，把孔底磨平。将测头架在钻孔底面上，测量自由孔壁上三个正方形测面 1，2，3 内各按直角应变栅分布的总正应变 ε_{aj}，ε_{bj}，ε_{cj}（$j=1$，2，3），在定向岩芯上的同方位也相应测得各同方向的区域古构造残余正应变 e'_{aj}，e'_{bj}，e'_{cj}，二者之差为现今构造正应变 e_{aj}，e_{bj}，e_{cj}。

取钻孔轴为圆柱坐标系和直角坐标系的 Z 轴，r 轴与 X 轴重合。1 号测面位于 $\theta=\dfrac{\pi}{2}$ 位置，2 号测面位于 $\theta=\pi$ 位置，3 号测面位于 $\theta=\dfrac{7}{4}\pi$ 位置（图 3.1.35）。各测面内三个方向的正应变 e_{ai}，e_{bj}，e_{cj} 的分布，均是 e_{aj} 沿 θ 方向，e_{bj} 沿 Z 方向，e_{cj} 与 θ 成 225°角（图 3.1.36）。

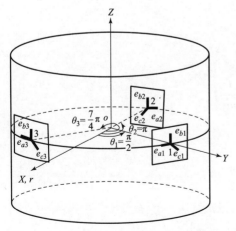

图 3.1.35　孔壁上三个测量应变面积的位置

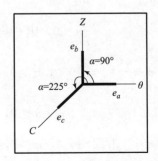

图 3.1.36　孔壁上测量面积内三个测量
正应变的方向与圆柱坐标的关系
（从孔心向孔壁看去）

因只测量所选测矿物晶粒内对称轴方向的
正应变，而不测剪应变，故由（1.1.19）的应
变几何关系（图 3.1.37），得孔壁测面所划定
岩体中任一方向的总正应变

$$\varepsilon_l = \varepsilon_\theta (\sin\gamma \cos\alpha)^2 + \varepsilon_z (\sin\gamma \sin\alpha)^2 + \varepsilon_r \cos^2\gamma$$

$$(3.1.54)$$

此时 θ，r 轴皆取为反方向，θ 向右，r 向孔心。
取 $\gamma = 30°$，则相应的 ε_l 表示为 $\varepsilon_{i30°}$，得

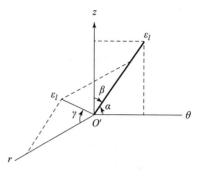

图 3.1.37　在孔壁测面进行
X 射线应变测量的三维空间
关系（从孔心向孔壁看去）

$$\varepsilon_\theta \cos^2\alpha + \varepsilon_z \sin^2\alpha = \frac{\varepsilon_{i30°} - \varepsilon_r \cos^2 30°}{\sin^2 30°} = 4\varepsilon_{i30°} - 3\varepsilon_r$$

$$(3.1.55)$$

取 $\gamma = 90°$，则在（θ，Z）面上有

$$\varepsilon_i = \varepsilon_\theta \cos^2\alpha + \varepsilon_z \sin^2\alpha \qquad\qquad (3.1.56)$$

由（3.1.55）和（3.1.56）得

$$\varepsilon_i = 4\varepsilon_{i30°} - 3\varepsilon_r \qquad\qquad (3.1.57)$$

测量所选测矿物力学性质对称轴分布在 r 方向的晶粒中此对称轴方向的晶面间距
d_r，得垂直孔壁的 $o'r$ 方向的总正应变

$$\varepsilon_r = \frac{d_r - d_0}{d_0}$$

再测力学性质对称轴分布在与 $o'r$ 成 30°角方向的晶粒中此对称轴方向的晶面间
距 $d_{i30°}$，得与 $o'r$ 成 30°角方向且在（θ，Z）面上的投影在 ε_i 方向的总正应变

$$\varepsilon_{i30°} = \frac{d_{i30°} - d_0}{d_0}$$

各测面中按直角应变栅分布的总正应变为 ε_i（$i = a$，b，c）。当 $\alpha = 0°$，则 $i = a$，
$\varepsilon_i = \varepsilon_a$，$\varepsilon_{i30°} = \varepsilon_{a30°}$；当 $\alpha = 90°$，则 $i = b$，$\varepsilon_i = \varepsilon_b$，$\varepsilon_{i30°} = \varepsilon_{b30°}$；当 $\alpha = 225°$，则 $i = c$，
$\varepsilon_i = \varepsilon_c$，$\varepsilon_{i30°} = \varepsilon_{c30°}$。将它们代入（3.1.57），得相应的

$$\left.\begin{array}{l} \varepsilon_a = 4\varepsilon_{a30°} - 3\varepsilon_r \\[2mm] \varepsilon_b = 4\varepsilon_{b30°} - 3\varepsilon_r \\[2mm] \varepsilon_c = 4\varepsilon_{c30°} - 3\varepsilon_r \end{array}\right]$$

从与测面同深度定向岩芯上的对应表面测得同方向区域古构造残余正应变 e'_a，e'_b，e'_c。如此，在孔壁上的三个测面中，可各得

$$\left.\begin{array}{l} e_{aj} = \varepsilon_{aj} - e'_{aj} \\[2mm] e_{bj} = \varepsilon_{bj} - e'_{bj} \\[2mm] e_{cj} = \varepsilon_{cj} - e'_{cj} \end{array}\right]$$

将其综合表示为 e_{ij}（$i = a$，b，c；$j = 1$，2，3）。

另有

$$e_{rj} = \varepsilon_{rj} - e'_{rj}$$

因在各测面内所测得的都是平面应变，而在轴面异性晶体内对称平面上任一方向的正应变

$$e_\alpha = \frac{1}{2E}\left[(1-\nu)\ (\sigma_\theta + \sigma_z)\ +\ (1+\nu)\ (\sigma_\theta - \sigma_z)\ \cos 2\alpha + \frac{E}{G}\tau_{\theta z}\sin 2\alpha\right]$$

因在各测面中，$\sigma_{\theta j} = \sigma_{aj}$，$\sigma_{zj} = \sigma_{bj}$，$\tau_{\theta z j} = \tau_{abj}$。则由上式，可得各测面应变与应力的关系如下。

对 1 号测面有

$$e_{a1} = \frac{1}{2E}\left[(1-\nu)\ (\sigma_{a1} + \sigma_{b1})\ +\ (1+\nu)\ (\sigma_{a1} - \sigma_{b1})\right]$$

$$e_{b1} = \frac{1}{2E}\left[(1-\nu)\ (\sigma_{a1} + \sigma_{b1})\ -\ (1+\nu)\ (\sigma_{a1} - \sigma_{b1})\right]$$

$$e_{c1} = \frac{1}{2E}\ (1-\nu)\ (\sigma_{a1} + \sigma_{b1})\ + \frac{1}{2G}\tau_{ab1}$$

因对自由孔，$\sigma_r = \sigma_{r\theta} = \sigma_{zr} = 0$，故在孔壁测面上为平面应力状态。因之 e_{r1} 实为在测面方向的应力作用下所引起的 r 方向的泊松应变，故还有关系

$$e_{r1} = -\frac{\nu'}{E}\ (\sigma_{a1} + \sigma_{b1})$$

ν' 为所测矿物晶粒中 r 方向应变与测面方向应变之比。E，ν 都是所测矿物晶粒中与力学性质对称轴垂直的平面方向的弹性参量。

对 2 号测面有

$$e_{a2} = \frac{1}{2E}\left[(1-\nu)\ (\sigma_{a2} + \sigma_{b2})\ +\ (1+\nu)\ (\sigma_{a2} - \sigma_{b2})\right]$$

$$e_{b2} = \frac{1}{2E}\left[(1-\nu)\ (\sigma_{a2} + \sigma_{b2})\ -\ (1+\nu)\ (\sigma_{a2} - \sigma_{b2})\right]$$

$$e_{c2} = \frac{1}{2E}\ (1-\nu)\ (\sigma_{a2} + \sigma_{b2})\ + \frac{1}{2G}\tau_{ab2}$$

$$e_{r2} = -\frac{\nu'}{E}\ (\sigma_{a2} + \sigma_{b2})$$

对 3 号测面有

$$e_{a3} = \frac{1}{2E}\left[(1-\nu)\ (\sigma_{a3} + \sigma_{b3})\ +\ (1+\nu)\ (\sigma_{a3} - \sigma_{b3})\right]$$

$$e_{b3} = \frac{1}{2E}\left[(1-\nu)\ (\sigma_{a3} + \sigma_{b3})\ -\ (1+\nu)\ (\sigma_{a3} - \sigma_{b3})\right]$$

$$e_{c3} = \frac{1}{2E}\ (1-\nu)\ (\sigma_{a3} + \sigma_{b3})\ + \frac{1}{2G}\tau_{ab3}$$

$$e_{r3} = -\frac{\nu'}{E}(\sigma_{a3} + \sigma_{b3})$$

用三个测面的上述 12 个方程，可解得用 e_{aj}，e_{bj}，e_{cj}，e_{rj} 和所测矿物晶粒的 E，ν，ν' 表示的 9 个应力分量 σ_{aj}，σ_{bj}，τ_{abj}（$j=1$，2，3）。

测量部位岩体中钻孔前的原地应力状态，用直角坐标系 0——X，Y，Z 中的六个应力分量 σ_x，σ_y，σ_z，τ_{xy}，τ_{yz}，τ_{zx} 表示。假定应力在传播过程中不衰减，则它们相当于钻孔后无限远处分布的均匀应力状态。钻取半径 R 的测量钻孔后，孔附近一点的应力状态用圆柱坐标 0——r，θ，Z 中的六个应力分量 σ_r，σ_θ，σ_z，$\tau_{r\theta}$，$\tau_{\theta z}$，τ_{zr} 表示。对自由孔并且 e_z 在孔周各处为常量时，它们之间有关系

$$\sigma_r = \left(1 - \frac{R^2}{r^2}\right)\frac{\sigma_x + \sigma_y}{2} + \left(1 - 4\frac{R^2}{r^2} + 3\frac{R^4}{r^4}\right)\left(\frac{\sigma_x - \sigma_y}{2}\cos2\theta + \tau_{xy}\sin2\theta\right)$$

$$\sigma_\theta = \left(1 + \frac{R^2}{r^2}\right)\frac{\sigma_x + \sigma_y}{2} - \left(1 + 3\frac{R^4}{r^4}\right)\left(\frac{\sigma_x - \sigma_y}{2}\cos2\theta + \tau_{xy}\sin2\theta\right)$$

$$\sigma_z = \sigma_z - 2\nu\frac{R^2}{r^2}\left[(\sigma_x - \sigma_y)\cos2\theta + 2\tau_{xy}\sin2\theta\right]$$

$$\tau_{r\theta} = \left(1 + 2\frac{R^2}{r^2} - 3\frac{R^4}{r^4}\right)\left(-\frac{\sigma_x - \sigma_y}{2}\sin2\theta + \tau_{xy}\cos2\theta\right)$$

$$\tau_{\theta z} = \left(1 + \frac{R^2}{r^2}\right)(\tau_{yz}\cos\theta - \tau_{zx}\sin\theta)$$

$$\tau_{zr} = \left(1 - \frac{R^2}{r^2}\right)(\tau_{yz}\sin\theta + \tau_{zx}\cos\theta)$$

在自由孔壁上，$r=R$，得孔壁上一点的应力状态为

$$\sigma_r = 0$$

$$\sigma_\theta = (\sigma_x + \sigma_y) - 2(\sigma_x - \sigma_y)\cos2\theta - 4\tau_{xy}\sin2\theta$$

$$\sigma_z = \sigma_z - 2\nu\left[(\sigma_x - \sigma_y)\cos2\theta + 2\tau_{xy}\sin2\theta\right]$$

$$\tau_{r\theta} = 0$$

$$\tau_{\theta z} = 2(\tau_{yz}\cos\theta - \tau_{zx}\sin\theta)$$

$$\tau_{zr} = 0$$

由此方程组，对 1 号测面得

$$* \sigma_{a1} = 3\sigma_x - \sigma_y$$

$$* \sigma_{b1} = 2\nu(\sigma_x - \sigma_y) + \sigma_z$$

$$* \tau_{ab1} = -2\tau_{zx}$$

对 2 号测面得

$$* \sigma_{a2} = -\sigma_x + 3\sigma_y$$

$$\sigma_{b2} = -2\nu(\sigma_x - \sigma_y) + \sigma_z$$

$$* \tau_{ab2} = -2\tau_{yz}$$

对 3 号测面得

$$* \sigma_{a3} = \sigma_x + \sigma_y + 4\tau_{xy}$$

$$\sigma_{b3} = 4\nu\tau_{xy} + \sigma_z$$

$$\tau_{ab3} = \sqrt{2}\,(\tau_{yz} + \tau_{zx})$$

以上 9 个方程中，取有"＊"号的 6 个，可解得

$$\sigma_x = \frac{1}{8}\,(3\sigma_{a1} + \sigma_{a2})$$

$$\sigma_y = \frac{1}{8}\,(\sigma_{a1} + 3\sigma_{a2})$$

$$\sigma_z = \sigma_{b1} - \frac{\nu}{2}\,(\sigma_{a1} - \sigma_{a2})$$

$$\tau_{xy} = -\frac{1}{8}\,(\sigma_{a1} + \sigma_{a2} - 2\sigma_{a3})$$

$$\tau_{yz} = -\frac{1}{2}\tau_{ab2}$$

$$\tau_{zx} = -\frac{1}{2}\tau_{ab1}$$

可见，测得的 9 个正应变中，e_{c3} 没用，钻孔轴向的三个正应变 e_{bj} 所给出的三个 σ_{bj}，在测量部位的均匀应力范围内，可视为等于其平均值 σ_b。因而，用 6 个正应变，便可确定孔位的应力状态。

将 σ_x，σ_y，σ_z，τ_{xy}，τ_{yz}，τ_{zx}，代入（3.1.50）、（3.1.51），可算得测量部位岩体中的平均主应力 σ_1，σ_2，σ_3；并可用（3.1.52）、（3.1.53）求得主方向及其在（X，Y）平面上的方位角和倾角。

测量时为减小钻孔效应的影响，孔壁上的测量位置不要距底太远，并要用细金刚石钻头将孔壁磨圆磨光，冲洗干净。使测头自动转几个预先调好的测量所要求的角度位置。

所选测矿物晶粒的弹性参量 E，ν，ν'，须从测量深度的岩芯中取样，用 X 射线法测得。

晶体结构分析用的商品 X 射线衍射测角仪，尚不能用于野外现场。现有的商品 X 射线应力仪，对 $E = 10^3 \sim 10^4$（兆帕）的矿物晶体，其对掠射角的测量精度，需要从现有的 0.01° 提高到 0.001° ～ 0.0001°。

2. 深层测量

深部地震震源深度的地应力测量，有震源机制法。此种方法，利用从震源辐射出的地震纵波初动方向成四象限分布，可求出发震时震源约成正交的划分此四象限的两个震源节面的产状和错动方式。由同一地区在相近的应力状态时所发生的多个地震的震源二节面的产状和错动方式，可统计出震源的主应力方向和

性质。

由纵波初动方向在空间上成四象限分布确定的震源二节面中，与已有断层产状、地震内等震线形状长轴方向、小震震中分布范围的长轴方向、地震地面断裂的走向或地表形变水平错动方向一致的为断节面，而另一个仅有剪切面性质的为副节面。

以震源为中心圈出均匀震源介质的球，为震源球。将地震台的位置，投到地震波射线在震源的切线与震源球面的交点上。地震波射线在震源的切线方向与过震源的铅直线的夹角，为离源角，将其一律取为锐角，则对直达 $\overline{P}$ 波取射线向上发射的方向与从震源向上的铅直线的夹角，而对 P 波则取射线向下发射的方向与从震源向下的铅直线的夹角。于是，地震台在震源球面上的位置，便由台站对震中的方位角和地震波射线的离源角所确定。

地震台的垂直向地震仪收到的纵波初动方向，以向上的运动为正，向下的运动为负。向上运动的是对台站压来的波，表示震源胀出的方向；向下运动的是对台站离去的波，表示震源收缩的方向。地下爆炸源产生的纵波初动符号都是正的，表示从波源向各个方向胀出，而压向观测台。地下空洞陷落产生的纵波初动符号都是负的，表示波源在各个方向收缩，而皆从观测台向震源方向离去。把地震台收到的纵波初动方向的符号，标在震源球面上台站的位置。

将震源球上台站位置的点，作赤极投影到乌尔夫网上。网心为震源，取网边一点为正北，从正北点顺时针方向量取台站方位角，从网心向着（背着）台站方位角方向量取离源角，得台站在乌氏网上的位置。在此位置标上台站收到的纵波初动方向符号。用两个正交大圆弧将它们分成纵波初动符号正负相间的四个象限区域，此二圆弧标示着划分纵波初动方向的二节面。二节面各在纵波初动方向为负号的区域一侧的错动方向指向震源球球心，为震源区应力场的压缩象限；而在纵波初动方向为正号的区域一侧的错动方向背向震源球球心，为震源区应力场的张伸象限。

由同一地区在有相近的应力状态时所发生的多个地震的震源二节面的产状和错动方式，可统计出两类节面有共同错动方向的夹角区域中过球心的分角线方向，为统计的震源主应力轴方向。纵波初动符号为负区域的统计震源主应力轴方向，为地区震源统计主压应力轴方向。纵波初动符号为正区域的，为地区震源统计主张应力轴方向。与二者垂直的，为地区统计的中等主应力轴方向。图2.5.54 的实验结果表明，给震源所施加的使震源发生破裂的主压应力方向，与震源破裂所产生的纵波初动方向为负的接收点，同在一个象限区域内。这种给震源区所施加的应力场，即在震源区造成地震的构造应力场。因而，这证明了，收到的纵波初动方向为负的台站所在象限区域，相应于发震时震源区构造应力场的主压应力方向所在区。实验又证明，由于主压应力在发震断裂错动方向的剪切分力随主压应力与发震断裂交角的增大而减小，加之裂面上摩擦强度的作用，使得引起发震断裂活动的主压应力方向与震源断节面的交角最大只能到 60 余度。

目前各国由纵波初动方向分布解得的震源主压应力方向，均是取两节面划成的压缩象限的平分角线方向。若震源岩体是连续的，则初次形成的发震剪断裂，应在最大剪应力面方位附近，但不一定是最大剪应力面，还与岩体的低强度方位及内摩擦角有关。因而，此时的震源主压应力方向，由（1.1.10 - 1）知应在压缩象限二节面平分角线方向并向断节面偏转一内摩擦角，同时由于岩体抗剪强度各向异性的影响还需再加一个改正角（图 3.1.38a）。由于构造应力场是造成地壳构造变形的应力偏张量场，这种场中的最大和最小主应力，由（1.1.11）知为

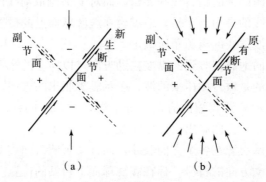

图 3.1.38　震源压缩象限中主压应力方向与断节面的关系

$$\left.\begin{aligned} d_1 &= \sigma_1 - \sigma \\ d_3 &= \sigma_3 - \sigma \end{aligned}\right]$$

因有关系

$$\sigma_1 > \sigma > \sigma_3$$

故 σ_1 与 σ_3 同号时，d_1 与 d_3 异号；σ_1 与 σ_3 异号时，d_1 与 d_3 亦异号。于是，d_1 与 d_3 总是一正一负。因而，由震源机制解得的最大和最小主应力中，总是一为张性的，一为压性的。

但若震源岩体中，震前已有一个低强度的断层存在，则获得同样纵波初动符号分布的震源区主压应力方向，却不一定都在压缩象限中二节面角平分线方向，而是可以在这个象限内与原有断节面夹角由几度到 60 余度角域中的任一方向，在这些方向内任一方向的压缩均可使此断节面发生顺主压应力方向的剪切错动（图 3.1.38b）。如果一律都取这个象限的角平分线方向作为主压应力方向，则必然带来由 $-25°\sim +40°$ 多的最大可能误差。

原有断节面上的摩擦角、新生断节面的内摩擦角和局部岩体强度分布不均匀的影响，均改变二节面的交角，使得压缩象限的角域不同程度地小于 $90°$。

3. 发展方向

（1）进行定点长期连续观测。

地震预报、工程设计、矿井支护、油气开采、瓦斯突出预报、大型建筑物使用和地壳构造应力场时空分布规律研究，都要求对现今构造应力的绝对值进行定点长期连续观测，以推断未来。对此种观测，首先那种每测一遍都要将测点岩体破坏一次，因而在原空间不能再测的破坏性测量方法全不适用。其次，凡从岩体应变换算应力的测量方法，由于岩体应力长期循环增减，使得其与应变已失去单值关系，二者变化趋势亦不尽相同，弹性参量均随之不断变化，而且测量的也不是纯弹性应变，因之皆不适用。为避开此问题有两条途径可供选择：一是使应力测量元件中引起的应力与所测岩体中同向正应力达到平衡的应力平衡法，如填孔材料与围岩有同样力学参量的实孔法或液压平衡法；二是只测岩石或造岩矿物晶体弹性形变不测塑性形变，因而可用线弹性理论换算应力的弹性选测法，如X射线法。再次，在从观测量转求应力的过程中关系到岩体形变模量时，所用的原岩试件或原地岩芯标定法都不适用，因为岩体形变模量是变量，与应力大小、增加速度、加力次数和级量都有重要关系，因而将试件或套芯采下后再次测量，因形变模量已有所变化而不再是原地的值了，而且连续观测也不允许不断取样复测。

（2）分测各种现今构造应力成分。

地壳现今构造应力中，有惯性应力、重应力、热应力和湿应力，它们各有不同的成因、分布规律、分布形式和变化周期。为要深入研究地壳现今构造应力的时空分布规律，预测未来一个时期的应力状态，必须按照各个应力成分各自随时间的变化规律，沿时间轴向后外推，才能求得未来总的构造应力场。为此，要建立综合地应力观测站，既测地应力，又测重力、地温、岩石热胀系数和湿胀系数，以求得重应力、热应力和湿应力，并从地应力中减去此三者得惯性应力。

（3）测量深部岩体中的平均应力。

对地壳深部和上地幔中现今构造应力的大小和方向进行测量，是地震预报、地球物理状态和现今构造应力场研究中的当务之急。波速法和震源力学法对此较有前途，值得深入详细探索。

（4）开展动态应力测量。

1976年唐山7.8级地震前，由震中区到邢台的北东向断裂带和由震中区到张家口的北西向断裂带，各有一个断层错动锋以8～280米/时的速度从震中逐渐加快地传播出去（图2.5.62～图2.5.63）。美国圣安德烈斯断层是以一个活动段沿断裂走向传播的形式活动的，平常活动段的传播速度为400～420米/时；地震时变到几千米/时，震后又减小。岩面摩擦错动过程中，可引起几兆帕的应力波动（图3.1.39a）。岩石压碎过程中，可引起更激烈的应力波动（图3.1.39b）。这些过程都可存在于地壳和上地幔中，都会引起地应力的波动。因而，有必要开展动态地应力的连续观测。

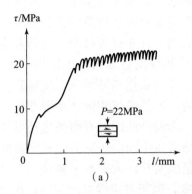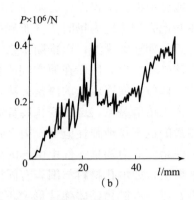

图 3.1.39　花岗岩摩擦错动（a）和压碎（b）负载-位移曲线
（Chi-Chuen Wang et al.；J.C. Jaeger，1979）

第二节　区域应力场确定

确定区域构造应力场，主要是确定一个构造区域内的古构造应力场、古构造残余应力场和现今构造应力场中主应力线和三维主应力等值线分布的形式及特点。方法、有实测和模拟两种。

一、实　　测

1. 古构造应力场的测定

一构造区域中应力场的基本特征，由其应力聚集、叠加和集中部位的分布规律、形式及特点所表示。故在具体测定一个构造区域的应力场时，首先和主要的是测定其中表征应力聚集、叠加和集中部位主干构造的应力场，将其中各构造单元所在部位的局部应力场依其组合的规律和形式联系起来。这是区域构造应力场的主体部分。

岩体是变形体，由其形变曲线和蠕变曲线知，一构造区域中各主干构造之间的部位，既然也有所变形或断裂，则这些部位必然也或大或小地承受构造应力的作用。故在测定了一构造区域的主干构造部位的应力场后，还需测定各主干构造之间的应力较小作用疏缓的辅协构造部位的应力场。

构造应力场中，应力聚集部位是决定场中应力分布基本形式的高应力区，应力叠加部位是两个应力场中应力值同时叠加的区位，应力集中部位是作为场的起始条件的已有构造形象的特殊形态所造成的应力异于常态的高值区。这些应力聚集、叠加和集中部位，在构造上，或由较密巨强烈的褶皱、断裂、破碎带、片理和岩体具有规律的显微后生组构的地区分别组成，或由它们联合组成。若场中各部分岩体的力学性质不同，因为它们对同样的应力作用各有不同的反应，故而柔性较强的岩体所在部位易成褶皱、片理和岩体的规律显微后生组构，而脆性较强岩体所在部位则易生断裂，并且强度较低岩体中的断裂比强度较高岩体中的密巨，甚而宽散成破碎带。因而，一构造区域中各应力聚集、叠加和集中部位的构造表象，不一定一律都是褶皱、断裂、破碎带、片理或岩体规律显微后生组构中的任一种，而可能一部分是褶皱，一部分是片理，而另一部分却是相应方位的断裂，来组成。故而，表征同一构造区域的应力场中各应力聚集、叠加和集中部位的构造表象不同，并不表明该构造区域的应力场中应力聚集、叠加和集中部位的分布形式不同，更不影响场中应力分布的统一性。

一构造区域中统一的应力场，必须具有统一的分布形式，而不是先后受不同方式的外力作用所成。因而，将主干构造和辅协构造部位的局部应力场联系起来而成为一个构造区域的同一构造运动的应力场的过程中，必须遵守场的统一性原则。

由上可知，将一构造区域中各主干构造和辅协构造中的各局部构造单元部位的正交主正应力线，依照场的统一性和主动力作用方向连接起来，即为该构造区域的统一应力场的主正应力线。其分布的形式及特点，主要由主干构造部位的主张应力线密度较大的两簇正交主正应力线所表征，或用主应力线与高主应力等值线的分布形态共同表征。

2. 古构造残余应力场的测定

古构造残余应力中，区域残余应力可在测点测得其三维主应力大小、方向和性质。因而，只要将地面测点设计得足够密集，便可据各点的同性质主应力方向连成主应力线，由各点的主应力大小连成最大、中等和最小主应力等值线。由大口径钻孔定向岩芯的中心部分，可测得三维区域残余主应力大小和方向随深度的分布。若钻孔足够密集，便可由各孔各深度三维区域残余主应力的大小和方向连成其最大、中等和最小主应力立体等值面分布图，以及最大、中等和最小主应力面立体分布图，并求得其应变能密度立体等值面分布图。于是，可得区域残余应力场在大小和方向上的平面及立体分布以及其应变能密度场的平面及立体分布状况。

嵌镶残余应力场及其应变能密度场的水平分布等值线和立体等值面，可同样测定。

古构造残余应力的存在及大小，除与其原古构造应力场的大小分布有关外，还与岩体变形程度和岩石矿物成分及组织结构有关。因此，为将各测点的测量结果在一个区域内进行统一比较而求其场，应尽可能在同类或相近岩类中选点，如用 X 射线法测量则还应尽可能在全区各测点选测一种或两种造岩矿物的晶粒。这样，还能较好地反映出其形成时古应力场的相对分布形态。如果一个测点小范围内有几种岩类，应在各岩类岩体中都进行测量，取其平均值作为此测点的值。

3. 现今构造应力场的测定

将三维应力状态的测点在水平面上成网状布置，可得各点主应力的大小、方向和性质，由之可连成区域现今构造应力场的最大、中等和最小主应力等值线及主应力线分布图。由各测孔不同深度测点的测量结果，还可连成在一定深度范围内的各种主应力立体等值面和立体主应力线分布图。

在观测区域中的重点部位，还可在全区统一观测基础上，根据需要加密观测点，以提高局部场的观测精度。

在不同深度处布设定点长期连续观测网，以了解现今构造应力在不同深度的变化，找出场的主要作用深度和变化量较大的深度，提供有关信息的最佳深度范围及其在各地区的上下波动情况。这是观测现今构造应力场在空间分布上随时间变化的根本途径。

二、模　　拟

为要了解地壳深处和上地幔的现代构造应力场，一条重要途径是在地表设观测台网，借助于立体应力场的模拟结果，把地表测得的应力时空分布与深部的应力场联系起来，以推求深部应力状态的时空分布。

根据构造形迹测定的古构造应力场和按网布点测得的现今构造应力场，在整个区域空间的详细分布情况，尚需用模拟方法来弥补，以求得场的细微的连续的分布状态。

现今构造应力场的模拟，有实验模拟和计算模拟两大类。实验模拟是近代物理、化学、数学、力学、地学和各种工程研究设计中普遍使用的方法，其基础是相似理论，用于构造应力场研究的主要有模型实验和偏光实验。计算模拟，是对一定的地壳构造模型，在一定边界条件下，计算其中的应力场，主要有数值法和解析法。

1. 实验模拟

模拟实验，可研究各构造区域中古构造应力场、古构造残余应力场和现今构造应力场的分布及其在地块的受力、约束和自由边界的特征；从模型中与地壳构造形迹相似的现象所在部位的应力场和其形成的起始条件及边界条件来求与其相似的地壳中的构造部位的应力场和其形成的起始条件及边界条件；验证根据构造形迹确定的区域构造应力场分布的形式、边界条件和主动外力作用方式及方向；详细深入地了解构造应力场的成因分布特征；确定各构造体系应力场间的复合或联合关系；找出某场形成前作为其起始条件的应力场的分布形式及原有构造形迹；了解某一构造应力场的形成和发展过程及前后的互相影响与改造关系；预测构造应力场中隐伏构造形迹的方位、性质、形态、大小、多少及特点；测算构造应力场中岩体的力学性质、变形深度及其形成所经过的时间。

实验中，模型材料的选择、实验方式的确定、结果的计算和处理，都必须以相似理论为基本的理论根据。

以模型构造变形为物系 1，与之成几何相似的地壳构造形迹为物系 2。物系 1，是根据物系 2 的形态，依几何相似的要求作出的。故此二物系，满足几何相似条件

$$\frac{(l_j)_{2k}}{(l_j)_{1k}}=C_l\bigg|_{\substack{j=1,\,2,\,3\\k=1,\,2,\,\cdots,\,p}}$$

$$\frac{(l_jl_{j'})_{2k}}{(l_jl_{j'})_{1k}}=C_l^2\bigg|_{\substack{j=1,\,2,\,3\\j'=1,\,2,\,3\\k=1,\,2,\,\cdots,\,p}}$$

$$\frac{(l_1l_2l_3)_{2k}}{(l_1l_2l_3)_{1k}}=C_l^3\bigg|_{k=1,\,2,\,\cdots,\,p}$$

因二物系成几何相似，故其同一方位变形前和变形后的线维几何相似常数相等

$$C_{l_0}=C_{l_p}$$

又二物系相应部位原长之比

$$\frac{(l_{j_0})_2}{(l_{j_0})_1}=C_{l_0}$$

而变形后其比

$$\frac{(l_{j_p})_2}{(l_{j_p})_1}=C_{l_p}$$

故有

$$\frac{(l_{j_p})_2-(l_{j_0})_2}{(l_{j_0})_2}=\frac{C_{l_p}(l_{j_p})_1-C_{l_0}(l_{j_0})_1}{C_{l_0}(l_{j_0})_1}=\frac{(l_{j_p})_1-(l_{j_0})_1}{(l_{j_0})_1}$$

于是，二物系相应部位的正应变

$$e_{i2}=e_{i1}\big|_{i=1,2,3}$$

则

$$C_{e_i}=\frac{e_{i2}}{e_{i1}}=1 \tag{3.2.1}$$

在与 l_i 垂直的方位，同样有

$$\frac{(l_{j_0'})_2}{(l_{j_0'})_1}=C_{l_0'}$$

$$\frac{(l_{j_b'})_2}{(l_{j_p'})_1}=C_{l_p'}$$

又成几何相似二物系在 (l_j) 和 $(l_{j'})$ 方向的线维几何相似常数相等

$$C_l=C_{l'}$$

则第 2 物系某部的剪应变

$$\gamma_{ii'2}=\left[\frac{(l_{i_p})_2-(l_{i_0})_2}{(l_{i_0})_2}-\frac{(l_{i_p'})_2-(l_{i_0'})_2}{(l_{i_0'})_2}\right]\sin2\alpha_i$$

$$= \left[\frac{C_{l_p} (l_{i_p})_1 - C_{l_0} (l_{i_0})_1}{C_{l_0} (l_{i_0})_1} - \frac{C_{l'_p} (l_{i'_p})_1 - C_{l'_0} (l_{i'_0})_1}{C_{l'_0} (l_{i'_0})_1} \right] \sin 2\alpha_i$$

$$= \left[\frac{(l_{i_p})_1 - (l_{i_0})_1}{(l_{i_0})_1} - \frac{(l_{i'_p})_1 - (l_{i'_0})_1}{(l_{i'_0})_1} \right] \sin 2\alpha_i \Big|_{\substack{i=1,\ 2,\ 3 \\ i'=1,\ 2,\ 3 \\ i'\neq i}}$$

而第 1 物系相应部位的相应剪应变

$$\gamma_{ii'1} = \left[\frac{(l_{i_p})_1 - (l_{i_0})_1}{(l_{i_0})_1} - \frac{(l_{i'_p})_1 - (l_{i'_0})_1}{(l_{i'_0})_1} \right] \sin 2\alpha_i \Big|_{\substack{i=1,\ 2,\ 3 \\ i'=1,\ 2,\ 3 \\ i'\neq i}}$$

故

$$\gamma_{ii'2} = \gamma_{ii'1}$$

则得

$$C_{\gamma ii'} = \frac{\gamma_{ii'2}}{\gamma_{ii'1}} = 1 \tag{3.2.2}$$

（3.2.1）和（3.2.2）为此二物系变形形态的几何相似指标。

由于所研究的是此二物系的变形现象，它们皆服从同一的固体运动微分方程

$$\left. \begin{aligned} \frac{\partial \sigma_x}{\partial x} + \frac{\partial \tau_{yx}}{\partial y} + \frac{\partial \tau_{zx}}{\partial z} + f_x &= \rho \frac{\partial^2 u}{\partial t^2} \\[2mm] \frac{\partial \tau_{xy}}{\partial x} + \frac{\partial \sigma_y}{\partial y} + \frac{\partial \tau_{zy}}{\partial z} + f_y &= \rho \frac{\partial^2 v}{\partial t^2} \\[2mm] \frac{\partial \tau_{xz}}{\partial x} + \frac{\partial \tau_{yz}}{\partial y} + \frac{\partial \sigma_z}{\partial z} + f_z &= \rho \frac{\partial^2 w}{\partial t^2} \end{aligned} \right\} \tag{3.2.3}$$

表示二物系变形特征及其应变与应力关系的基本力学量 σ_i，e_i，M_{cki}（$k =$ e, d, f, t, $M_{cei} = E_i$，$M_{cdi} = D_i$，$M_{cfi} = F_i$，$M_{cti} = C_i$；$i = 1, 2, 3$），对岩体和模型材料均服从文字关系方程

$$\sigma_i = M_{cki} e'_i \tag{3.2.4}$$

其中

$$e'_i = e_i + \frac{\sigma_0}{M_{cki}} - e_\theta$$

故当二物系为各向同性体并在变形中伴有体积改变时，此文字关系方程由（1.1.37）转变为

$$\left. \begin{aligned} \sigma_x &= \frac{M_{ck} (\nu-1)}{(\nu+1) (2\nu-1)} \left[e'_x - \frac{\nu}{\nu-1} (e'_y + e'_z) \right] \\[2mm] \sigma_y &= \frac{M_{ck} (\nu-1)}{(\nu+1) (2\nu-1)} \left[e'_y - \frac{\nu}{\nu-1} (e'_z + e'_x) \right] \\[2mm] \sigma_z &= \frac{M_{ck} (\nu-1)}{(\nu+1) (2\nu-1)} \left[e'_z - \frac{\nu}{\nu-1} (e'_x + e'_y) \right] \end{aligned} \right\} \tag{3.2.5}$$

而

$$
\left.\begin{array}{l}
\tau_{xy} = M_{\tau k}\gamma'_{xy} \\
\tau_{yz} = M_{\tau k}\gamma'_{yz} \\
\tau_{zx} = M_{\tau k}\gamma'_{zx}
\end{array}\right\} \tag{3.2.5'}
$$

因

$$
\nu = \frac{3M_{Kk} - 2M_{\tau k}}{2(3M_{Kk} + M_{\tau k})}
$$

则得

$$
\left.\begin{array}{l}
\sigma_x = 2M_{\tau k}e'_x + \left(M_{Kk} - \dfrac{2}{3}M_{\tau k}\right)\vartheta' \\[2mm]
\sigma_y = 2M_{\tau k}e'_y + \left(M_{Kk} - \dfrac{2}{3}M_{\tau k}\right)\vartheta' \\[2mm]
\sigma_z = 2M_{\tau k}e'_z + \left(M_{Kk} - \dfrac{2}{3}M_{\tau k}\right)\vartheta'
\end{array}\right\} \tag{3.2.6}
$$

其中的

$$
\vartheta' = e'_x + e'_y + e'_z
$$

二物系的边界，也满足同一力学边界条件

$$
\left.\begin{array}{l}
F_x = \sigma_x l + \tau_{yx}m + \tau_{zx}n \\
F_y = \tau_{xy}l + \sigma_y m + \tau_{zy}n \\
F_z = \tau_{xz}l + \tau_{yz}m + \sigma_z n
\end{array}\right\} \tag{3.2.7}
$$

二物系中相应点表示此种力学现象特征的同类量之比

$$
\left.\begin{array}{lll}
\dfrac{\sigma_{x2}}{\sigma_{x1}} = C_{\sigma_x}, \cdots, & \dfrac{\tau_{xy2}}{\tau_{xy1}} = C_{\tau_{xy}}, \cdots, & \dfrac{f_{x2}}{f_{x1}}C_{f_x}, \cdots, \\[3mm]
\dfrac{u_2}{u_1} = C_u, \cdots, & \dfrac{e'_{x2}}{e'_{x1}} = C_{e'_x}, \cdots, & \dfrac{x_2}{x_1} = C_x, \cdots, \\[3mm]
\dfrac{F_{x2}}{F_{x1}} = C_{F_x}, \cdots, & \dfrac{l_2}{l_1} = C_l, \cdots, & \dfrac{e_{x2}}{e_{x1}} = C_{e_x}, \cdots, \\[3mm]
\dfrac{M_{ck2}}{M_{ck1}} = C_{M_{ck}}, \cdots, & \dfrac{M_{\tau k2}}{M_{\tau k1}} = C_{M_{\tau k}}, & \dfrac{M_{Kk2}}{M_{Kk1}} = C_{M_{Kk}}, \\[3mm]
\dfrac{M_{k2}}{M_{k1}} = C_{M_k}, & \dfrac{\vartheta'_2}{\vartheta'_1} = C_{\vartheta'}, & \dfrac{t_2}{t_1} = C_t, \\[3mm]
\dfrac{\sigma_{02}}{\sigma_{01}}C_{\sigma_0}, & \dfrac{e_{02}}{e_{01}} = C_{e_0}, & \dfrac{\rho_2}{\rho_1} = C_\rho
\end{array}\right\} \tag{3.2.8}
$$

将上列的有关量代入第2物系的地壳岩体运动微分方程（3.2.3）的第一式

$$
\frac{\partial \sigma_{x2}}{\partial x_2} + \frac{\partial \tau_{yx2}}{\partial y_2} + \frac{\partial \tau_{zx2}}{\partial z_2} + f_{x2} = \rho_2 \frac{\partial^2 u_2}{\partial t_2^2}
$$

得

$$\frac{C_{\sigma_x}}{C_x}\frac{\partial\sigma_{x1}}{\partial x_1}+\frac{C_{\tau_{yx}}}{C_y}\frac{\partial\tau_{yx1}}{\partial y_1}+\frac{C_{\tau_{zx}}}{C_z}\frac{\partial\tau_{zx1}}{\partial z_1}+C_{fx}f_{x1}=C_\rho\,\rho_1\,\frac{C_u}{C_t^2}\frac{\partial^2 u_1}{\partial t_1^2}$$

由于二物系成力学相似，则上式亦应符合第 1 物系模型材料运动微分方程的第一式

$$\frac{\partial\sigma_{x1}}{\partial x_1}+\frac{\partial\tau_{yx1}}{\partial y_1}+\frac{\partial\tau_{zx1}}{\partial z_1}+f_{x1}=\rho_1\,\frac{\partial^2 u_1}{\partial t_1^2}$$

故须有

$$\frac{C_{\sigma_x}}{C_x}+\frac{C_{\tau_{yx}}}{C_y}=\frac{C_{\tau_{zx}}}{C_z}=C_{f_x}=C_\rho\,\frac{C_u}{C_t^2}$$

又第 2 物系的文字关系方程（3.2.4）为

$$\sigma_{i2}=M_{ck2}e'_{i2}$$

将（3.2.8）的有关量代入，得

$$C_{\sigma i}\,\sigma_{i1}=C_{M_{ck}}C_{e'i}\,M_{ck1}e_{i'1}$$

此式亦符合第 1 物系的同样方程

$$\sigma_{i1}=M_{ck1}e_{i'1}$$

并且第 2 物系的方程

$$C_{e'i}\,e_{i'1}=C_{ei}\,e_{i1}+\frac{C_{\sigma_0}\,\sigma_{01}}{C_{M_{ck}}M_{ck1}}-C_{e_0}\,e_{01}$$

因二物系相似也符合第 1 物系的同样方程

$$e_{i'1}=e_{i1}+\frac{\sigma_{01}}{M_{ck1}}-e_{01}$$

则亦得

$$C_{e'i}=C_{ei}=\frac{C_{\sigma 0}}{C_{M_{ck}}}=C_{e_0}$$

代入（3.2.1），得

$$C_{e'_i}=1 \qquad\qquad (3.2.1')$$

则有

$$C_{\sigma_i}=C_{M_{ck}}$$

同样，由（3.2.5'）得

$$C_{\tau_{yx}}=C_{\tau_{zx}}=C_{M_{\tau k}}$$

故若忽略体积力，则得

$$\frac{C_{M_{ck}}}{C_x}=\frac{C_{M_{\tau k}}}{C_y}=\frac{C_{M_{\tau k}}}{C_z}=C_\rho\,\frac{C_u}{C_t^2}$$

同理，由（3.2.3）的另二方程得

$$\frac{C_{M_{\tau k}}}{C_x}=\frac{C_{M_{ck}}}{C_y}=\frac{C_{M_{\tau k}}}{C_z}=C_\rho\frac{C_v}{C_t^2}$$

$$\frac{C_{M_{\tau k}}}{C_x}=\frac{C_{M_{\tau k}}}{C_y}=\frac{C_{M_{ck}}}{C_z}=C_\rho\frac{C_w}{C_t^2}$$

将此三式相加，有

$$\frac{C_{M_{ck}}+2C_{M_{\tau k}}}{C_x}=\frac{C_{M_{ck}}+2C_{M_{\tau k}}}{C_y}=\frac{C_{M_{ck}}+2C_{M_{\tau k}}}{C_z}=C_\rho\frac{C_u+C_v+C_w}{C_t^2}$$

故由比例关系得

$$\frac{3C_{M_{ck}}+6C_{M_{\tau k}}}{C_x+C_y+C_z}=C_\rho\frac{C_u+C_v+C_w}{C_t^2} \qquad (3.2.9)$$

引入综合位移相似常数 C_d，则

$$C_u+C_v+C_w=C_{d_1}+C_{d_2}+C_{d_3}=3\,C_d$$

而坐标相似常数

$$C_x+C_y+C_z=C_{l_1}+C_{l_2}+C_{l_3}=3C_l$$

又由

$$\left.\begin{array}{l} e_x=\dfrac{\partial u}{\partial x} \\[2mm] e_y=\dfrac{\partial v}{\partial y} \\[2mm] e_z=\dfrac{\partial w}{\partial z} \end{array}\right\}$$

得

$$\left.\begin{array}{l} C_{e_x}=\dfrac{C_u}{C_x} \\[2mm] C_{e_y}=\dfrac{C_v}{C_y} \\[2mm] C_{e_z}=\dfrac{C_w}{C_z} \end{array}\right]$$

并由（3.2.1）知

$$C_{e_x}=C_{e_y}=C_{e_x}=1$$

故

$$3C_d=C_u+C_v+C_w=C_x+C_y+C_z=3C_l$$

代入（3.2.9），则得

$$\frac{3C_\rho C_l^2}{(C_{M_{ck}}+2C_{M_{\tau k}})C_t^2}=1 \qquad (3.2.10)$$

此即二物系力学现象的物理相似指标。

将（3.2.8）中的有关量代入第 2 物系的物性方程（3.2.6）的第一式

$$\sigma_{x2} = 2M_{\tau k2}e'_{x2} + \left(M_{Kk2} - \frac{2}{3}M_{\tau k2}\right)\vartheta'_2$$

得

$$C_{\sigma_x}\sigma_{x1} = 2C_{M_{\tau k}}C_{e'x}M_{\tau k1}e'_{x1} + C_{M_{Kk}}C_{\vartheta'}M_{Kk1}\vartheta'_1 - \frac{2}{3}C_{M_{\tau k}}C_{\vartheta'}M_{\tau k1}\vartheta'_1$$

由于二物系成力学相似，故上式亦符合第 1 物系物性方程的第一式

$$\sigma_{x1} = 2M_{\tau k1}e'_{x1} + \left(M_{Kk1} - \frac{2}{3}M_{\tau k1}\right)\vartheta'_1$$

因而必是

$$C_{\sigma_x} = C_{M_{\tau k}}C_{e'x} = C_{M_{Kk}}C_{\vartheta'} = C_{M_{\tau k}}C_{\vartheta'}$$

由（3.2.1′）得

$$C_{e'x} = 1$$

故

$$C_{\vartheta'} = C_{e'x} = 1$$

则

$$C_{\sigma_x} = C_{M_{\tau k}} = C_{M_{Kk}}$$

同样，由（3.2.6）的另二式得

$$C_{\sigma_y} = C_{M_{\tau k}} = C_{M_{Kk}}$$
$$C_{\sigma_z} = C_{M_{\tau k}} = C_{M_{Kk}}$$

将此三式相加，得

$$C_{\sigma_x} + C_{\sigma_y} + C_{\sigma_z} + 3C_{M_{\tau k}} = 3C_{M_{Kk}}$$

对各向同性体

$$C_{\sigma_x} = C_{\sigma_y} = C_{\sigma_z} = C_{M_{ck}}$$

因而

$$C_{M_{ck}} = C_{M_{\tau k}} = C_{M_{Kk}} \tag{3.2.11}$$

此即二物系变形固体的物性相似指标。

若将 $C_{M_{ck}}$，$C_{M_{\tau k}}$，$C_{M_{Kk}}$ 皆以 C_{M_k} 表示（$M = M_c$，M_τ，M_k），代入（3.2.10），得含（3.2.11）的二物系力学现象的综合物理相似指标

$$\frac{C_\rho C_l^2}{C_{M_k}C_t^2} = 1 \tag{3.2.12}$$

此即（1.2.15）的广义公式。

将（3.2.8）中的有关量代入第 2 系的边界条件（3.2.7）中第一式

$$F_{x2} = \sigma_{x2}l_2 + \tau_{yx2}m_2 + \tau_{zx2}n_2$$

得

$$C_{F_x}F_{x1} = C_{\sigma_x}C_l\sigma_{x1}l_1 + C_{\tau_{yx}}C_m\tau_{yx1}m_1 + C_{\tau_{zx}}C_n\tau_{zx1}n_1$$

由于二物系成力学相似，故上式也符合第 1 物系的边界条件（3.2.7）中的第

一式

$$F_{x1} = \sigma_{x1} l_1 + \tau_{yx1} m_1 + \tau_{zx1} n_1$$

于是有

$$C_{F_x} = C_{\sigma_x} C_l = C_{\tau_{yx}} C_m = C_{\tau_{zx}} C_n$$

因所研究的是二几何相似物系中同方位的现象，故

$$C_l = C_m = C_n = 1$$

则

$$C_{F_x} = C_{\sigma_x} = C_{\tau_{yx}} = C_{\tau_{zx}}$$

同样，由 (3.2.7) 中的另二式得

$$C_{F_y} = C_{\tau_{xy}} = C_{\sigma_y} = C_{\tau_{zy}}$$

$$C_{F_z} = C_{\tau_{xz}} = C_{\tau_{yz}} = C_{\sigma_z}$$

又

$$F^2 = F_x^2 + F_y^2 + F_z^2$$

依同法，得

$$C_F^2 = C_{F_x}^2 = C_{F_y}^2 = C_{F_z}^2$$

将前面三式平方后相加，得

$$3C_F^2 = C_{\sigma_x}^2 + C_{\sigma_y}^2 + C_{\sigma_z}^2 = C_{\tau_{xy}}^2 + C_{\tau_{yz}}^2 + C_{\tau_{zx}}^2 = 3C_{M_{ck}}^2 = 3C_{M_{\tau k}}^2$$

故由 (3.2.11) 知

$$C_F = C_{M_k} \tag{3.2.13}$$

此为含 (3.2.10) 和 (3.2.11) 的二物系力学现象的综合边界相似指标。

因之，在确定二物系中各处的力学现象相似时，只需用综合物理相似指标 (3.2.12)，而在确定其边界条件相似时，则只用综合边界相似指标 (3.2.13) 即可。

由此，模型中的变形形象所反应的应变和应力的分布状态，与地壳岩体的构造形象所反应者，只要对模型所选定的表示此种力学现象特征各量的大小范围确当，即可满足二现象相似的条件。故而，在很短时间内于小的模型中做出的实验结果，依相似理论，可用于地壳岩体经长时期形成的较大构造形迹与应力场因而与边界外力关系的分析。

在地壳岩体构造形象与模型中的成力学相似的条件下，由已测得的 C_{M_k} 和在模型上各点测得的应力 σ_{i1}，$\tau_{ii'1}$，用

$$C_{\sigma i} = C_{M_k}$$

$$C_{\tau ii'} = C_{M_k}$$

可求得地壳相似构造现象中各相应点的应力 σ_{i2}，$\tau_{ii'2}$。

由已测得的 C_p，C_l，C_t 和模型中与地壳相似的构造形象形成时所用的边界外力 F_1，用

$$\frac{C_p C_l^2}{C_F C_t^2} = 1$$

可求得地壳岩体相似构造形象形成所受的各相应边界的外力 F_2。

若已鉴定地壳岩体在一定外力作用下一直在变形，则由所测得的 C_ρ，C_l，C_{M_k} 和与其相似的模型形成所用的时间 t_1，用

$$\frac{C_\rho C_l^2}{C_{M_k} C_t^2} = 1$$

可求得地壳岩体形成此构造形象所经过的时间 t_2。

由 C_ρ，C_{M_k}，C_t 和模型中的变形形象的水平范围与其所及深度的乘积 $(l_i l_{i'})_{1k}$，用上式可求得地壳中与其相似构造和其应力场所及的深度。

1）模型实验

此种方法，是依照相似理论，测量由模拟材料所做的力学模型中的应力场，来求地壳中大范围长期作用的应力场。其特点是，近实际、应用广、见效快、成本低，做起来简便、易行、直观、准确，很适宜于野外工作条件。

很多种弹塑性材料都可作为实验所用的模拟材料。如，明胶、黏土、砂土、石膏、水泥、石蜡、树脂、塑料等，实验时间短可用水调和，实验时间长可用凡士林调和或用油料配合。其弹性模量为 $0.1 \sim 9 \times 10^3$（兆帕），泊松比为 $0.2 \sim 0.5$。泥料，是各向同性体，可满足连续条件，其张伸、压缩、剪切应力—应变曲线（图 3.2.1）所表示的基本力学性质与岩体的相似，密度 ρ 和基本力学参量 M_k 满足模型的几何大小和形成时间与地壳岩体形成相似变形的几何大小和形成时间的相似理论要求，用之所做的模型形状与地壳岩体的构造形象极其相似。

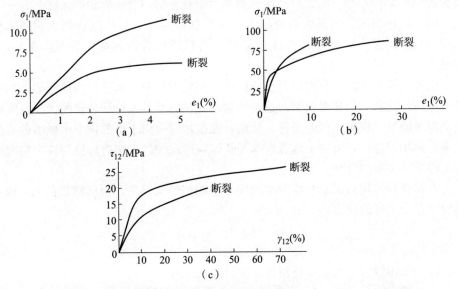

图 3.2.1　两种泥料的张伸（a）、压缩（b）和剪切（c）应力—应变曲线

测量模型中各部位主正应变和主正应力的方向和大小，可在加载前的原型中所要研究方位的面上，用画线机画上细线或涂上光敏乳胶再覆上画有细格网的纸

曝光晒印，把平面或曲面划分成大小相同的正方形格网。模型变形后，正方形格网变成各种形状的四边形。照相后，按精度要求，取不同放大比例的底片，用精度为 $10^{-3}\sim10^{-5}$（厘米）的读数显微镜或比长仪，测量加载前后网格的大小。

若研究模型立体某方位剖面上的应变和应力场，可事先把原型在此方位切开，给剖面画上异色格网，再按原样粘合起来，加载后再从此剖面切开，测量异色格网的变形。

测算格网内各方格中心点的主应变和主应力及其方向时，若格网变形后基本上还保持成直角相交且形变较小，则可用直角小应变网格法。

此种方法，测量方格中二邻边和其所夹对角线长度的变化。在模型变形前后各照相一次，测二底片上各方格二直角边和其所夹对角线的长度，将算得的各方格二邻边和所夹对角线方向的正应变 e_a，e_b，e_c，代入直角应变栅公式，可求得各方格中心点的主应变

$$\left.\begin{array}{c}e_1\\e_2\end{array}\right|=\frac{e_a+e_c}{2}\pm\frac{1}{\sqrt{2}}\sqrt{(e_a-e_b)^2+(e_b-e_c)^2}$$
$$\alpha=\frac{1}{2}\tan^{-1}\frac{2e_b-e_a-e_c}{e_a-e_c}\qquad\qquad (3.2.14)$$

从 e_a 至主轴 1 的夹角 α，顺时针为正。若实验用的材料是弹性的，如明胶、树脂等，则主应力

$$\left.\begin{array}{c}\sigma_1\\\sigma_2\end{array}\right|=\frac{E}{2}\left[\frac{e_a+e_c}{1-\nu}\pm\frac{\sqrt{2}}{1+\nu}\sqrt{(e_a-e_b)^2+(e_b-e_c)^2}\right]\qquad (3.2.15)$$

由于材料均匀各向同性，则主应力轴与相应的主应变轴重合。由各方格中心点的主应力大小和方向，连成面上的最大和最小主应力等值线及主应力线分布图。

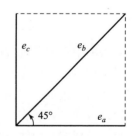

图 3.2.2　直角小应变网格法中各方格的正应变分布

若格网变形后严重偏离了直角形状且形变较大，因此时小应变理论已不适用，则需对变形成的四边形分类测算，以求得其中心点的构造主应变和主应力及其方向。

若格网中正方形部位的主轴与此正方形的中线重合，则变形成的四边形对两个或一个中线对称，成矩形或等腰梯形（图 3.2.3），故其中线方向即方格中点的主方向，此时四边形中点只受中线方向的主张伸或主压缩作用。故由此二中线的长短，可确定其所在方向主正应力线的性质：较长的中线与主张应力线方向一致，较短的中线与主压应力线方向一致。因模型材料在完成此变形的时间中，应力与应变服从线性关系

$$\sigma_i=M_{ck}\left(e_i+\frac{\sigma_0}{M_{ck}}-e_0\right)\qquad (3.2.16)$$

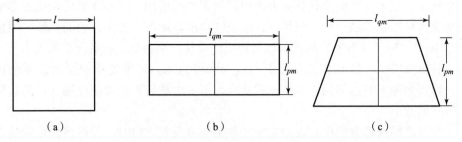

图 3.2.3　模型格网中方格（a）变形成的矩形（b）和等腰梯形（c）

σ_0 和 e_0 为材料应力—应变曲线上此线性段的起始应力和应变。于是，由模型材料在完成此变形时间中的应力—应变曲线和模型变形成的矩形和等腰梯形的长、短中线 l_{qm}，l_{pm} 与原正方形边长 l 算得的其中点的主伸长和主缩短应变

$$e_q = \frac{l_{qm}-l}{l} \left. \begin{array}{r} \\ \\ \end{array} \right]$$
$$e_p = \frac{l_{pm}-l}{l}$$

可确定此二应变在模型材料应力—应变曲线上所在的范围和此范围的起始应力与应变 σ_0，e_0，因已知模型变形的时间，故可确定 M_{ck} 的具体值是 E、D、F、C 中的哪一个。由（3.2.5）可算得主正应力

$$\sigma_q = \frac{M_{ck}(\nu-1)}{(\nu+1)(2\nu-1)} \left[e_q - \frac{\nu}{\nu-1}e_p - \frac{1}{\nu-1}\left(\frac{\sigma_0}{M_{ck}} - e_0 \right) \right] \left. \begin{array}{r} \\ \\ \\ \\ \end{array} \right]$$
$$\sigma_p = \frac{M_{ck}(\nu-1)}{(\nu+1)(2\nu-1)} \left[e_p - \frac{\nu}{\nu-1}e_q - \frac{1}{\nu-1}\left(\frac{\sigma_0}{M_{ck}} - e_0 \right) \right]$$

（3.2.17）

若格网中正方形部位的主轴与其对角线重合，则其变形后的四边形对两个或一个对角线对称，成菱形或垂形（图 3.2.4），故其对角线方向即方格中点的主方向，此时四边形中点只受对角线方向的主张伸或主压缩作用。故由此二对角线的长短，可确定其所在方向的主正应力线的性质：较长的对角线与主张应力线方向一致，较短的对角线与主压应力线方向一致。同样，因模型材料在完成此变形的时间中，服从应力—应变线性关系（3.2.16），故由模型材料在完成此变形时间内的应力—应变曲线和模型上变形成的各菱形或垂形的长、短对角线 l_{qa}，l_{pa} 与原正方形对角线长 $\sqrt{2}l$，算得的其中点的主伸长和主缩短应变

$$e_q = \frac{l_{qa}-\sqrt{2}l}{\sqrt{2}l} \left. \begin{array}{r} \\ \\ \end{array} \right]$$
$$e_p = \frac{l_{pa}-\sqrt{2}l}{\sqrt{2}l}$$

可确定此二应变在模型材料应力—应变曲线上所在的范围和此范围的起始应力及

应变 σ_0，e_0，由于已知模型变形的时间，因之可确定 M_{ck} 的具体值是 E，D，F，C 中的哪一个。将它们代入（3.2.17），可算得主正应力。

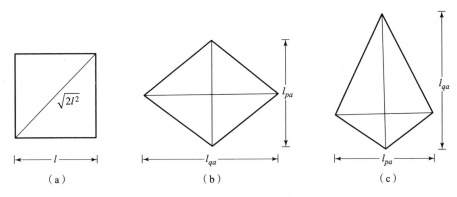

图 3.2.4　模型格网中方格（a）变形成的菱形（b）和垂形（c）

若格网中正方形部位的主轴与此正方形中线或对角线斜交，则其变形后的四边形为平行四边形（图 3.2.5），其内切椭圆的二轴与方格中点的主轴重合。a，b 为此平行四边形的半长边和半高，即过平行四边形二短边中点向长边所做垂线和二长边构成的与平行四边形等面积的矩形内切椭圆的长半径和短半径，θ 为平行四边形剪应变角 γ 的余角，则此平行四边形内切椭圆的长、短半径

$$a' = \sqrt{a^2 + \left(\frac{b}{\sin\theta}\right)^2 + \frac{1}{2}\sqrt{\left[a^2 + \left(\frac{b}{\sin\theta}\right)^2\right]^2 - 4a^2b^2}}$$

$$b' = \sqrt{a^2 + \left(\frac{b}{\sin\theta}\right)^2 - \frac{1}{2}\sqrt{\left[a^2 + \left(\frac{b}{\sin\theta}\right)^2\right]^2 - 4a^2b^2}}$$

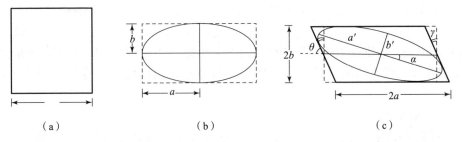

图 3.2.5　模型格网中方格（a）变形成的平行四边形（c）及其等面积矩形（b）

此二半径的方向即平行四边形中点的主方向，故此部位的主伸长和主缩短应变

$$e_q = \int_l^{2a'} \frac{\mathrm{d}l}{l} = \ln\frac{2a'}{l}$$

$$e_p = \int_l^{2b'} \frac{\mathrm{d}l}{l} = \ln\frac{2b'}{l}$$

由此二主应变的大小在模型材料应力—应变曲线上所在的范围和此范围的起始应力及应变 σ_0，e_0 以及模型变形的时间，即可确定 M_{ck} 的具体值是 E，D，F，C 中的哪一个，代入（3.2.17）可算得平行四边形中点的主正应力。而平行四边形中点的主轴 q 方向对变形前原方格中的转角 α 的正切

$$\tan\alpha = \frac{1}{2}\sqrt{\left[\left(\frac{b'}{a'}\right)^2 - 1\right]\tan^2\theta - 4\left(\frac{b'}{a'}\right)^2} - \left[\left(\frac{b'}{a'}\right)^2 - 1\right]\tan^2\theta$$

模型变形时间若很长，因有蠕变发生，而模型材料在蠕变中的应力与应变于某一时刻服从线性关系

$$\sigma_i = C\left(e_i + \frac{\sigma_0}{c} - e_0\right)$$

且模型为一整体，其中各处所经过的变形时间相同，故可由其材料受不同载荷的各同样试件测得的蠕变曲线在同一时刻的应力与应变的线性关系求得 C，并由此时模型各点的 e_i（$i = q$，p）和此应力—应变曲线此范围的起始应力及应变 σ_0，e_0，可由（3.2.17）求得相应的主应力 σ_i。

将变形成的各四边形中点的同性主正应力线平滑连接起来，得模型中此方位平面或曲面上的主正应力线。表示应力场的强弱，可绘成 σ_q，σ_p 各自的等值线图。

为提高测量精度，加密主正应力线和主正应力等值线，可按加密倍数将格网中的方格等分成小方格，再求其中点的主正应力大小和方向。

测量模型各部位主正应力大小和方向，也可在原型中要研究方位的面上印上或画上相同的小圆，加载后变形成椭圆，由其二轴的方向和二半径的大小，确定其中点的主正应力方向、性质和主正应变。椭圆长轴为主张应力线方向，短轴为主压应力线方向，由模型材料在相当此模型形成时间内的应力—应变曲线上相当此各主正应变的点，可求得相应的 M_{ck} 值，用（3.2.17）算得二主应力。

此种实验方法，可用于研究地壳弹性变形应力场、弹塑性变形应力场和蠕变变形应力场。区别在于所用模拟材料的力学性质，因而所用的 M_{ck} 是 E，还是 D，F，还是 C。但在后两种情况，只适于加载过程，因而模型在变形过程中不能卸载。

2）偏光实验

这是利用透明或半透明材料板内的平面应力状态与其在偏振光场中的光学效应的关系，来测量板内二主应力大小、方向和性质分布的方法。可用平板内的平面应力场来比拟地壳水平应力场。也可用模拟材料在高温下加载成构造现象的三维模型后降温而将其中的应力场冻结，再按要求从一定方位切出平板，用正射和斜射法测量板中三维应力场，将各平板的三维应力场连接起来可得构造形象中的立体应力场。

测量原理示于图 3.1.23，只将其中的岩石薄片换为受力模型。由光源射来

的单色平行光经起偏振片后变成在铅直偏振平面内振动的平面偏光 a，通过透明或半透明受力模型时发生双折射而把 a 分解为与二主正应力 σ_1，σ_2 重合的二光轴方向的偏光 a_1，a_2。由于振动方向互相垂直的两种波 a_1，a_2 通过受力模型的速度不同，故射出模型时便有一个超前于另一个而产生光程差 Δ。为测 Δ，使 a_1，a_2 再通过检偏振片，由于其偏振平面垂直起偏振片，故只有 a_1，a_2 在此偏振平面方向的分量 a_1'，a_2' 通过。因平面偏光 a_1'，a_2' 的振幅 A_1，A_2 在同一平面内方向相反，故当其等值时则发生干涉。结果可在观测屏幕上看到。据光学原理，振幅为 A，波长为 λ，与主压应力 σ_1 方向交角为 θ 的偏振光，经过受力模型和检偏振片而射到观测屏幕上的强度

$$I = A^2 \sin^2 (2\theta) \sin\left(\frac{\pi\Delta}{\lambda}\right)$$

故观测屏幕上出现暗点时，$I=0$。因 $A \ne 0$，故造成此种情况的原因只有两个可能：一是 $\sin 2\theta = 0$，于是 $\theta = 0°$，$90°$，即偏振平面与一个主正应力方向平行，因而光不通过检偏振片，这是经过受力模型中的主正应力方向与二偏振片的偏振平面平行各点的光线强度，这些暗点的连线为等倾线，反映受力模型中主正应力与偏振平面平行的所有各点的位置；二是 $\sin\frac{\pi\Delta}{\lambda} = 0$，于是 $\Delta = n\lambda$，$n = 0$，1，2，$\cdots$，即光程差为波长整数倍的点，这种点的连线为等色线，n 为条纹级数。由实验知，沿此种线，

$$\Delta = Cd(\sigma_1 - \sigma_2)$$

C 为模型材料力学性质、厚度和光线波长所决定的应力光学常数，有关系

$$C = \frac{\lambda}{2sd}$$

s 为模型单位厚度的材料条纹值，商品材料均标给此量，也可由应力状态已知的试件测得。d 为受力模型厚度。$(\sigma_1 - \sigma_2)$ 为光线透过点的主应力差。此时，

$$\sigma_1 - \sigma_2 = \frac{\Delta}{Cd} = 2sn \tag{3.2.18}$$

可见，各 $\Delta = n\lambda$ 点连线所成的黑色条纹上各点的主正应力差相等，且主正应力差的大小与所在线的条纹级数 n 成正比，因之可由等色线的 n 求得其上各点的主正应力差。

为在单色光场中观测受力模型中的等色线，需把等倾线消除。这要在二偏振片与受力模型间加两个 1/4 波片，使它们的二光轴与正交的二偏振片轴成 45°角，且两个 1/4 波片的光轴反向交义重合。于是，起偏振片后的 1/4 波片使平面偏光变为圆偏振光，受力模型后的 1/4 波片使圆偏振光又变成偏振平面和原来一样的平面偏光。这样，受力模型便处于圆偏振光场中，因而使检偏振片通过的光与受力模型中主正应力的方向无关，从而不出现等倾线，只有因受力模型造成的光程差在振幅中反映出来，于是观测屏幕上只出现等色线。

　　将二偏振片保持正交地每隔 5°转动一次，以测得表示模型板中每隔 5°的主正应力方向分布情况的各等倾线图。将板直立测量，则可把与水平方向成 $5n$ 度角的各等倾线图（n 为正整数），转绘在一张图上。沿各点的主正应力方向连成平滑曲线，便得两簇正交的主正应力线平面分布图。

　　用模拟材料的应力光学常数 C、模型板厚度 d、光的波长 λ，或模型板单位厚度的材料条纹值 s，与等色线图中各条纹级数 n，由（3.2.18）可求得模型中各点的主剪应力

$$\tau_{12}=\frac{1}{2}\ (\sigma_1-\sigma_2)=\frac{n\lambda}{2Cd}=sn$$

只要再求得模型中各点二主正应力和，便可与（3.2.18）联立解得模型中各点的二主正应力大小和性质。

　　求模型中各点二主正应力和，有理论和实验两种方法。

　　模型板边界上各点，在自由边界情况，由于界面法线方向无主正应力作用，$\sigma_2=0$，只有沿界面切线方向的主正应力 σ_1，由（3.2.18）得其大小

$$\sigma_1=\frac{n\lambda}{Cd}=2\,sn \quad (3.2.19)$$

而在有法向压力 p 作用的边界上，由于法向主正应力 $\sigma_2=-p$，故边界切向主正应力

$$\sigma_1=\frac{n\lambda}{Cd}-p=2\,sn-p \quad (3.2.19')$$

　　垂直模型板自由边界 AB 上一点 P_0 的主正应力线若为主压应力线 p，

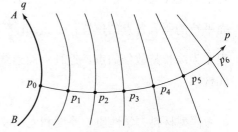

图 3.2.6　模型板自由边界及其附近的两簇正交主正应力线

则过 P_0 点的主张应力线 q 与边界重合（图 3.2.6）。由于主压应力 σ_p 在 P_0 点为零，则此点的主张应力由（3.2.18）得为

$$\sigma_q=2\,sn$$

可从等色线图求得。由于受平面应力作用平板中各点的应力，为其坐标的连续函数。平板中任一方位正六面体素上的应力平衡微分方程为

$$\left.\begin{array}{l}\dfrac{\partial\sigma_x}{\partial x}+\dfrac{\partial\tau_{yx}}{\partial y}=0\\[2mm]\dfrac{\partial\sigma_y}{\partial y}+\dfrac{\partial\tau_{xy}}{\partial x}=0\end{array}\right\} \quad (3.2.20)$$

此二式给出板内各点各应力对坐标变化率间的关系。若取板内两对相邻主正应力线围成的微小体素（图 3.2.7），便得不含剪应力的一组平衡微分方程，

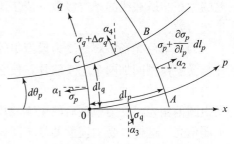

图 3.2.7　模型板内两对主正应力线围成的小体素上作用的应力

因作为此体素边界的主正应力线方向上无剪应力作用。过 0 点二主正应力线 p，q 的方向，保持直角坐标轴 X，Y 的正交和逆时针关系，则 0 点主正应力线 q 的曲率半径

$$r_q = \frac{dl_q}{d\theta_p} \qquad (3.2.21)$$

而弧

$$\overset{\frown}{AB} = dl_q + dl_p \cdot d\theta_p$$

于是作用在 $\overset{\frown}{OC}$，$\overset{\frown}{AB}$ 二弧边上的应力，在 0 点与主正应力线 p 相切的 X 轴方向的分量和，为

$$\left(\sigma_p + \frac{\partial \sigma_p}{\partial l_p} dl_p\right)(dl_q + dl_p d\theta_p)\cos\alpha_2 - \sigma_p dl_q \cos\alpha_1$$

由于 α_1，α_2 极小，故其余弦近于 1，略去三次项，则变为

$$\sigma_p dl_p d\theta_p + \frac{\partial \sigma_p}{\partial l_p} dl_p dl_q$$

同样，作用在 $\overset{\frown}{OA}$，$\overset{\frown}{BC}$ 二弧边上的应力在 X 轴方向的分量和，为

$$\sigma_q dl_p \sin\alpha_3 - (\sigma_q + \Delta\sigma_q)(dl_p + \Delta dl_p)\sin\alpha_4$$

也可变为

$$\sigma_q dl_p (\alpha_3 - \alpha_4)$$

于是，作用在有弧边的微体素上的应力在 X 轴方向的总分量

$$\sigma_p dl_p d\theta_p + \frac{\partial \sigma_p}{\partial l_p} dl_p dl_q + \sigma_q dl_p (\alpha_3 - \alpha_4) = 0$$

而 $(\alpha_3 - \alpha_4)$ 近于 $d\theta_p$，则上式成为

$$(\sigma_p - \sigma_q) dl_p d\theta_p + \frac{\partial \sigma_p}{\partial l_p} dl_p dl_q = 0$$

可改写成

$$(\sigma_p - \sigma_q) \frac{\partial \theta_p}{\partial l_q} + \frac{\partial \sigma_p}{\partial l_p} = 0$$

或引入（3.2.21），写为

$$\left. \begin{array}{c} \dfrac{\sigma_p - \sigma_q}{r_q} + \dfrac{\partial \sigma_p}{\partial l_p} = 0 \\[2ex] \dfrac{\sigma_p - \sigma_q}{r_p} + \dfrac{\partial \sigma_q}{\partial l_q} = 0 \end{array} \right\} \qquad (3.2.22)$$

同理，由 Y 轴方向分量得

因之，在图 3.2.6 中，沿主压应力线 p 的任一点上 σ_p 的增加率

$$\frac{\partial \sigma_p}{\partial l_p} = \frac{\sigma_q - \sigma_p}{r_q}$$

则由 P_0 到 P_1 点，σ_p 的增量

$$\Delta_1\sigma_p = \left(\frac{\sigma_q-\sigma_p}{r_q}\right)_{P_0} \Delta_1 l_p = \left(\frac{\sigma_q-\sigma_p}{r_q}\right)_{P_0} \widehat{P_0P_1}$$

同样，由 P_1 到 P_2 点 σ_p 的增量

$$\Delta_2\sigma_p = \left(\frac{\sigma_q-\sigma_p}{r_q}\right)_{P_1} \widehat{P_1P_2}$$

依此类推，得普遍形式

$$\Delta_n\sigma_p = \left(\frac{\sigma_q+\sigma_p}{r_q}\right)_{P_{n-1}} \widehat{P_{n-1}P_n}$$

n 为正整数。由此，从 P_0 点的 $\sigma_p=0$ 开始，逐次加上增量，即得这条主正应力线上各点的应力 σ_p 值。再将其代入 (3.2.18)，便得各点与其正交的主正应力线 q 方向上的主正应力 σ_q。

　　也可在等倾线图 3.2.8 中，过与水平线倾角为 θ 的等倾线上 0 点的主正应力线 p，在其与相邻的倾角为 $(\theta+d\theta)$ 的等倾线交点 A 处与后者的夹角为 ϕ，取 (3.2.22) 为下形式

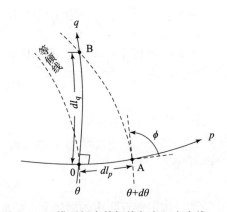

图 3.2.8　模型板中等倾线与主正应力线

$$\frac{\partial\sigma_p}{\partial l_p} = (\sigma_q-\sigma_p) \frac{d\theta_p}{dl_q} \left.\vphantom{\frac{d\theta_q}{dl_p}}\right]$$
$$\frac{\partial\sigma_q}{\partial l_q} = (\sigma_q-\sigma_p) \frac{d\theta_q}{dl_p}$$

则由第一式，得

$$\Delta\sigma_p = (\sigma_p-\sigma_q) \cot\phi \cdot \Delta\theta_p \tag{3.2.23}$$

其中的 θ_p 即 θ。于是，与自由边界 AB 交于 P_0 点的主压应力线 p，与等角间隔 $\Delta\theta$ 的各等倾线交于 P_1，P_2，P_3，$\cdots$点（图 3.2.9），从图上量出各角 ϕ_i，再由等色线图求出这些点的 $(\sigma_p-\sigma_q)$ 值，代入 (3.2.23) 得各增量 $\Delta_i\sigma_p$。将各段的 $\Delta_i\sigma_p$ 依次相加，便得 p 线上各点的 σ_p 值。

　　也可从自由边界上任一点 P_0 画垂直界面并作为等倾线倾角量度标准的 X 轴（图 3.2.10），过其上任一观测点 0 作 Y 轴。则该点的剪应力 τ_{xy} 在 Y 方向的变率 $\frac{\partial\tau_{xy}}{\partial y}$，可由 (1.1.10-1) 和 (3.2.18) 通过求出 Y 轴上 o_1，o_2，o，o_3，o_4，$\cdots$点的剪应力

$$\tau_{xy} = \frac{1}{2} (\sigma_p-\sigma_q) \sin2\theta = sn \sin2\theta$$

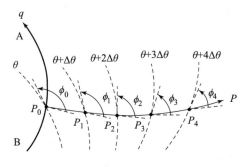

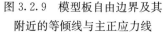

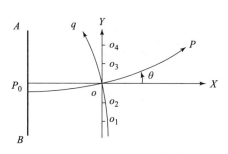

图 3.2.9 模型板自由边界及其
附近的等倾线与主正应力线

图 3.2.10 模型板自由边界及其附近的主
正应力线在垂直和平行边界的坐标中的方位

再以 τ_{xy} 对 y 画曲线，量出此曲线在 0 点切线的斜率而得。θ 为过 0 点的 p 线与 X 轴的交角即过 0 点等倾线上主正应力的倾角。n 从等色线图求得。为求 X 轴上任一点 0 的主正应力 σ_x，可将 $\overline{P_0O}$ 分成许多 Δx 段，再由（3.2.20）中第一式求得移动各 Δx 段的 σ_x 增量

$$\Delta\sigma_x = -\frac{\partial\tau_{xy}}{\partial y}\Delta x$$

从 P_0 点将各段增量 $\Delta\sigma_x$ 相加至 0 点，可得 0 点的 σ_x 值。将其代入（1.1.9-1），有

$$\sigma_x = \frac{1}{2}(\sigma_p+\sigma_q) + \frac{1}{2}(\sigma_p-\sigma_q)\cos2\theta$$

得

$$\sigma_p+\sigma_q = 2\left[\sigma_x - \frac{1}{2}(\sigma_p-\sigma_q)\cos2\theta\right]$$

将此式与

$$\sigma_p-\sigma_q = 2sn \tag{3.2.24}$$

联立解之，便得 0 点的主正应力 σ_p, σ_q。

（$\sigma_p+\sigma_q$）亦可用实验方法测得，再与（3.2.24）联立解得各点的主正应力 σ_p, σ_q。常用的实验方法有两种。

一种是厚度测量法。在受力模型板上各测点，用等厚仪测量板在受力时的厚度改变量 Δd，得横向主正应变

$$e_d = \frac{\Delta d}{d}$$

此种仪器可测量 10^{-5} 厘米的厚度变化。因 X, Y 轴取在板面方向，则 Z 轴与厚度 d 的方向一致。取三轴皆为主轴，则由（1.1.34）的第三式，因 $\sigma_z=0$，得

$$e_d = -\frac{\nu}{E}(\sigma_p+\sigma_q)$$

则

$$\sigma_p + \sigma_q = -\frac{E \Delta d}{\nu d}$$

另一种是光电比拟法。由（1.1.17），应变与位移有关系

$$\left.\begin{aligned} e_x &= \frac{\partial u}{\partial x} \\ e_y &= \frac{\partial v}{\partial y} \end{aligned}\right]$$

（3.2.25）

$$\gamma_{xy} = \frac{\partial v}{\partial x} + \frac{\partial u}{\partial y}$$

（3.2.26）

由之得

$$\frac{\partial^2 e_x}{\partial y^2} = \frac{\partial^3 u}{\partial x \partial y^2}$$

$$\frac{\partial^2 e_y}{\partial x^2} = \frac{\partial^3 v}{\partial x^2 \partial y}$$

$$\frac{\partial^2 \gamma_{xy}}{\partial x \partial y} = \frac{\partial^3 v}{\partial x^2 \partial y} + \frac{\partial^3 u}{\partial x \partial y^2}$$

将前二式之和代入第三式，得

$$\frac{\partial^2 \gamma_{xy}}{\partial x \partial y} = \frac{\partial^2 e_y}{\partial x^2} + \frac{\partial^2 e_x}{\partial y^2}$$

又从（1.1.34）得

$$\left.\begin{aligned} e_x &= \frac{1}{E}\ (\sigma_x - \nu \sigma_y) \\ e_y &= \frac{1}{E}\ (\sigma_y - \nu \sigma_x) \\ \gamma_{xy} &= \frac{2\ (1+\nu)}{E} \tau_{xy} \end{aligned}\right]$$

代入前式，整理得

$$2\ (1+\nu)\ \frac{\partial^2 \tau_{xy}}{\partial x \partial y} = \frac{\partial^2}{\partial y^2}\ (\sigma_x - \nu \sigma_y) + \frac{\partial^2}{\partial x^2}\ (\sigma_y - \nu \sigma_x)$$

将（3.2.20）中第一式对 x 微分，第二式对 y 微分，再加起来，得

$$\frac{\partial^2 \sigma_x}{\partial x^2} + \frac{\partial^2 \sigma_y}{\partial y^2} = -2\ \frac{\partial^2 \tau_{xy}}{\partial x \partial y}$$

代入前式，得

$$\left(\frac{\partial^2}{\partial x^2} + \frac{\partial^2}{\partial y^2}\right)\ (\sigma_x + \sigma_y) = 0$$

因主正应力之和

$$\sigma_1 + \sigma_2 = \sigma_x + \sigma_y$$

则

$$\left(\frac{\partial^2}{\partial x^2} + \frac{\partial^2}{\partial y^2}\right)(\sigma_1 + \sigma_2) = 0$$

由电学知，通电的薄导体中，电势 V 亦满足同样方程

$$\left(\frac{\partial^2}{\partial x^2} + \frac{\partial^2}{\partial y^2}\right)V = 0$$

可见，平面状态的主正应力和与平面导体中的电势，有数学上的相似关系，其分布均可用拉普拉斯方程表示。因之，这两种现象满足物理相似条件。若再使此二物系的平面形状成几何相似，且

$$\frac{V}{\sigma_1 + \sigma_2} = C$$

便可从薄导体中电势 V 的测量，求得相似受力模型板中各相应点的 $(\sigma_1 + \sigma_2)$ 的相对分布。

将一与作偏光实验的受力模型板（图 3.2.11a）同形状的薄导体（图3.2.11b），在相当模型板受力的边界接上厚铜汇流板，再将带蓄电池的线路和带滑线测阻器 R 的线路接于其上。R 用 10 圈镍丝制成，每圈用刻度分成 100 等分，将此变阻器的电阻分成一千分。把带电流计 G 的线路的活动接头 1 接入此变阻器某电阻值位置，另一带测针 2 的一端的针尖与薄导体上任一测点 P 接触。因通电后薄导体中产生电场，若该点 P 的电势与接头 1 的不同，则电流计指针偏转，再调整 1 的位置直到电流计指针到零为止，此时 1 处的电势即与薄导体上 P 点的电势相等。

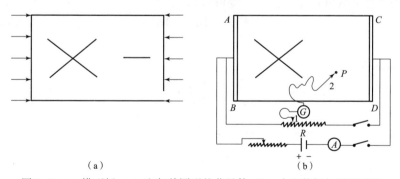

图 3.2.11　模型板（a）和与其同形状薄导体（b）中电势场的测量系统

将测针碰到薄导体上各点，可得其上的电势分布图。或把接头 1 固定在有一定间隔的各电势位置，每次在薄导体上移动测针，求得有一定间隔各电势值的等势线位置。

V_1，V_2 为汇流板（AB）、（CD）的电势。当接头 1 指在 $\frac{n}{1000}$ 刻度时，薄导

体上与之有相同电势各点的电势值

$$V = \frac{n}{1000} \ (V_1 - V_2)$$

此种偏光实验方法，有光弹性实验以研究弹性变形应力场，有光塑性实验以研究弹塑性变形应力场和蠕变变形应力场，还有动光弹实验以研究动态应力场。

2. 计算模拟

1）数值法

数值法，分有限单元法和有限差分法两种。前者为离散模型数值解法，后者为微分方程数值解法。在构造应力场研究中，较有前途的是有限单元法。

将连续岩体划分为一系列三维的四面体或六面体或者二维的三角形或四边形单元，其角顶为结点。在单元内给定各种力学性质参量，各单元只在结点处连接。载荷按静力等效原则移置在结点上，在结点力作用下单元处于平衡状态。通常取结点位移为未知量，模拟岩体内的应力场。将单元减小，可收敛于精确解。

因单元之间以结点相连接，故在结点有共同的位移。用变分原理，把结点位移和结点上力联系起来，于是每一单元有一组向量 $\{U\}_e$，$\{F\}_e$，$\{S\}_e$，$\{E\}_e$，为结点位移、结点力、单元质心应力和应变。

单元质心应变与结点位移有关系

$$\{E\}_e = [B]_e \{U\}_e \tag{3.2.27}$$

由结点位移 $\{U\}_e$ 求应变 $\{E\}_e$ 的转换矩阵 $[B]_e$，为几何矩阵。单元质心应力与应变有关系

$$\{S\}_e = [L_k]_e \{E\}_e \quad k = e, d, f, t \tag{3.2.28}$$

$[L_k]_e$ 是对称常数岩性矩阵。此式也可写为

$$\{E\}_e = [L_k]_e^{-1} \{S\}_e \tag{3.2.28'}$$

$[L_k]_e^{-1}$ 是 $[L_k]_e$ 的逆阵。

对正交异性岩体为

$$
\begin{Bmatrix} e_x \\ e_y \\ e_z \\ \gamma_{xy} \\ \gamma_{yz} \\ \gamma_{zx} \end{Bmatrix} =
\begin{bmatrix}
\dfrac{1}{L_{kx}} & -\dfrac{\nu_{kyx}}{L_{ky}} & -\dfrac{\nu_{kzx}}{L_{kz}} & 0 & 0 & 0 \\[2mm]
-\dfrac{\nu_{kxy}}{L_{kx}} & \dfrac{1}{L_{ky}} & -\dfrac{\nu_{kzy}}{L_{kz}} & 0 & 0 & 0 \\[2mm]
-\dfrac{\nu_{kxz}}{L_{kx}} & -\dfrac{\nu_{kyz}}{L_{ky}} & \dfrac{1}{L_{kz}} & 0 & 0 & 0 \\[2mm]
0 & 0 & 0 & \dfrac{1}{G_{kxy}} & 0 & 0 \\[2mm]
0 & 0 & 0 & 0 & \dfrac{1}{G_{kyz}} & 0 \\[2mm]
0 & 0 & 0 & 0 & 0 & \dfrac{1}{G_{kzx}}
\end{bmatrix}
\begin{Bmatrix} \sigma_x \\ \sigma_y \\ \sigma_z \\ \tau_{xy} \\ \tau_{yz} \\ \tau_{zx} \end{Bmatrix}
$$

其中

$$\frac{L_{kx}}{L_{ky}} = \frac{\nu_{kxy}}{\nu_{kyx}}$$

$$\frac{L_{ky}}{L_{kz}} = \frac{\nu_{kyz}}{\nu_{kzy}}$$

$$\frac{L_{kz}}{L_{kx}} = \frac{\nu_{kzx}}{\nu_{kxz}}$$

对轴面异性岩体为

$$
\begin{Bmatrix} e_x \\ e_y \\ e_z \\ \gamma_{xy} \\ \gamma_{yz} \\ \gamma_{zx} \end{Bmatrix} =
\begin{bmatrix}
\dfrac{1}{L_{kxy}} & -\dfrac{\nu_{kxy}}{L_{kxy}} & -\dfrac{\nu_{kz(xy)}}{L_{kz}} & 0 & 0 & 0 \\[2mm]
-\dfrac{\nu_{kxy}}{L_{kxy}} & \dfrac{1}{L_{kxy}} & -\dfrac{\nu_{kz(xy)}}{L_{kz}} & 0 & 0 & 0 \\[2mm]
-\dfrac{\nu_{k(xy)z}}{L_{kxy}} & -\dfrac{\nu_{k(xy)z}}{L_{kxy}} & \dfrac{1}{L_{kz}} & 0 & 0 & 0 \\[2mm]
0 & 0 & 0 & \dfrac{1}{G_{kxy}} & 0 & 0 \\[2mm]
0 & 0 & 0 & 0 & \dfrac{1}{G_{k(xy)z}} & 0 \\[2mm]
0 & 0 & 0 & 0 & 0 & \dfrac{1}{G_{kz(xy)}}
\end{bmatrix}
\begin{Bmatrix} \sigma_x \\ \sigma_y \\ \sigma_z \\ \tau_{xy} \\ \tau_{yz} \\ \tau_{zx} \end{Bmatrix}
$$

对各向同性岩体为

$$
\begin{Bmatrix} e_x \\ e_y \\ e_x \\ \gamma_{xy} \\ \gamma_{yz} \\ \gamma_{zx} \end{Bmatrix} =
\begin{bmatrix}
\dfrac{1}{L_k} & -\dfrac{\nu_k}{L_k} & -\dfrac{\nu_k}{L_k} & 0 & 0 & 0 \\[2mm]
-\dfrac{\nu_k}{L_k} & \dfrac{1}{L_k} & -\dfrac{\nu_k}{L_k} & 0 & 0 & 0 \\[2mm]
-\dfrac{\nu_k}{L_k} & -\dfrac{\nu_k}{L_k} & -\dfrac{1}{L_k} & 0 & 0 & 0 \\[2mm]
0 & 0 & 0 & \dfrac{1}{G_k} & 0 & 0 \\[2mm]
0 & 0 & 0 & 0 & \dfrac{1}{G_k} & 0 \\[2mm]
0 & 0 & 0 & 0 & 0 & \dfrac{1}{G_k}
\end{bmatrix}
\begin{Bmatrix} \sigma_x \\ \sigma_y \\ \sigma_z \\ \tau_{xy} \\ \tau_{yz} \\ \tau_{zx} \end{Bmatrix}
$$

也可由这些关系求逆，得（3.2.28）的形式及岩性矩阵 $[L_k]_e$ 中的元素值。

由（3.2.27）与（3.2.28）得

$$\{S\}_e = [L_k]_e [B]_e \{U\}_e = [R]_e \{U\}_e \tag{3.2.29}$$

$[R]_e$ 为单元应力矩阵。结点力与单元应力的关系为

$$\{F\}_e = V[B]_e^T\{S\}_e$$

$[B]_e^T$ 为 $[B]_e$ 的转置矩阵。故由 (3.2.29) 与上式，得

$$\{F\}_e = V[B]_e^T[L_k]_e[B]_e\{U\}_e = [k]_e\{U\}_e$$

$[k]_e$ 为单元刚度矩阵，由平衡方程组的系数组成。在各结点，取结点力之和与外载相等，得一系列结点平衡方程

$$\{F\} = [K]\{U\}$$

$\{F\}$，$\{U\}$ 为结点处所有力之和及所有结点位移。$[K]$ 是由 $[k]_e$ 集成的，为对称组合刚度矩阵。方程中的未知量为 $\{U\}$，解此联立方程组得结点位移，此为位移法。还有以应力为未知量的平衡法、以部分位移部分应力为未知量的混合法。平衡法给出单元刚度下界，比真实刚度小；位移法给出单元刚度上界，比真实刚度大。真实解在二者之间，故混合法取解的中值可给出近似精确解。

由所得的结点位移，用 (3.2.27) 和 (3.2.29)，可算出单元质心应变和应力。

从上可知，有限单元法的解题步骤如下：

（1）将岩体划分成单元，取岩体力学性质主方向为坐标轴，给出结点坐标值；

（2）算相邻结点坐标差和单元面积，与力学参量一起，求出单元刚度矩阵中各元素值；

（3）将单元所受载荷按静力等效原则移置到结点，求结点力用结点位移表示式；

（4）建立结点力平衡方程，将结点力用结点位移的表示式代入，得以结点位移为未知量的线性方程组；

（5）解线性方程组，得结点位移；

（6）将相邻结点坐标差、单元面积和力学参量代入应力矩阵，算出其各元素值；

（7）求单元应力分量，算出主应力及其方向角。

于是，在电子计算机上计算岩体中应力场的步骤为：将岩体划分单元，确定结点坐标等数据和单元参量；将这些数据和参量输入电子计算机；由计算机自动形成组合刚度矩阵和载荷列向量，解线性方程组，给出结点位移，算出单元的主应力及其方向角。其程序的基本框图，示于图 3.2.12。

由此可知，有限单元法有很多优点：

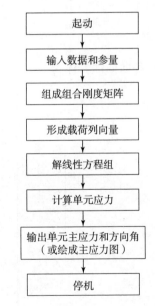

图 3.2.12　有限单元法在电子计算机上的基本计算程序框图

（1）可求岩体形状和载荷方式任意情况下的体中应力场。

（2）各单元可用不同力学性质参量，因而可进行含断层正交异性岩体中的应力场分析：

①把含断层岩体视为有方向性的连续岩体，断层为岩体中可传递法向压应力并有低模量和强度但无横向张应力的面；

②计算中只用正交异性体的应力矩阵和刚度矩阵即可，计算程序不变；

③可把岩体的各种塑性影响视为弹性体的修正载荷，把此修正载荷作用于弹性岩体，可得岩体各种塑性引起的附加位移。

2）解析法

将构造区的岩体简化为一定的理想化力学模型后，用解析法求其中的应力场，共有四种基本解法：正序解法——按给定的边界条件解基本方程得解；反序解法——先试取一组应力检验其是否满足基本方程，一直凑合到与给定边界条件相近为止；半倒解法——先试取部分应力值，再用基本方程和边界条件求另一部分；近似解法——先求近似解作为第一次近似值代入方程组看是否满足，如不满足再修正一下作为第二次近似值代入方程组检验，直到误差进入允许范围为止。

地球自转及其角速度改变使相邻地块在接触边界产生的惯性作用，可作为地块的惯性应力边界条件、位移边界条件、部分应力部分位移边界条件。由之，可解得地块中的惯性应力场。

水平半无限岩板边界上受法向分布的水平压力作用时，可得岩板内水平面（X，Y）上一点 N 的水平应力状态为（图 3.2.13）

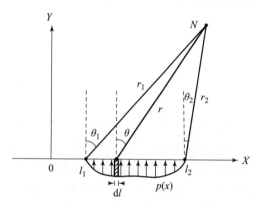

图 3.2.13　水平半无限岩板边界上受法向分布水平压力在板内一点 N 产生水平应力的图解

$$\sigma_s = -\int_{l_1}^{l_2} \frac{2p}{\pi r}\cos^3\theta\,\mathrm{d}l \left.\begin{array}{l} \\ \\ \\ \\ \end{array}\right]$$

$$\sigma_y = -\int_{l_1}^{l_2} \frac{2p}{\pi r}\sin^2\theta\cos\theta\,\mathrm{d}l$$

$$\tau_{xy} = -\int_{l_1}^{l_2} \frac{2p}{\pi r}\sin\theta\cos^2\theta\,\mathrm{d}l$$

若边界上法向水平压力 p 均匀分布，则

$$\sigma_x = -\frac{p}{\pi}\left[(\theta_1-\theta_2)+\sin(\theta_1-\theta_2)\cos(\theta_1+\theta_2)\right]$$

$$\sigma_y = -\frac{p}{\pi}\left[(\theta_1-\theta_2)-\sin(\theta_1-\theta_2)\cos(\theta_1+\theta_2)\right]$$

$$\tau_{xy} = -\frac{p}{\pi}\sin(\theta_1-\theta_2)\sin(\theta_1+\theta_2)$$

若边界上法向水平压力从 l_1 点的零值线性增加到 l_2 点的 p，则

$$\sigma_x = -\frac{p}{2\pi}\left[\left(1+\frac{2x}{l}\right)(\theta_1-\theta_2)+\sin2\theta_1-\frac{2y}{l}\ln\left(\frac{r_2}{r_1}\right)^2\right]$$

$$\sigma_y = -\frac{p}{2\pi}\left[\left(1+\frac{2x}{l}\right)(\theta_1-\theta_2)-\sin2\theta_1\right]$$

$$\tau_{xy} = -\frac{p}{2\pi}\left[1-\frac{2y}{l}(\theta_1-\theta_2)-\cos2\theta_1\right]$$

若边界上受水平均匀剪切力 T 作用，则

$$\sigma_x = \frac{T}{\pi}\left[\ln\left(\frac{r_2}{r_1}\right)^2-\sin(\theta_1-\theta_2)\sin(\theta_1+\theta_2)\right]$$

$$\sigma_y = \frac{T}{\pi}\sin(\theta_1-\theta_2)\sin(\theta_1+\theta_2)$$

$$\tau_{xy} = \frac{T}{\pi}\left[(\theta_1-\theta_2)+\sin(\theta_1-\theta_2)\cos(\theta_1+\theta_2)\right]$$

其他形式的边界力，常可由上述三种情况组合而成。

孔隙岩体中的流体传递孔隙压力。其承受水压面上的水压为 p，由于岩体中的孔隙不是处处连通，常常在局部存在有封闭而与外界不通的孔隙，使得其中的孔隙压力由于孔隙形态、压缩程度、分布方向、孔隙尺度以及流体性质等对压力传递的影响，而小于 p。由实验知，岩体中的实际孔隙压力常为 $-P_0=-\eta p$。于是，岩体应力为 σ_0 处的有效应力为

$$\sigma = \sigma_0 - \eta p \tag{3.2.30}$$

$0<\eta\leqslant1$。对结构致密岩石 $\eta\to0$，在承受水压的裂隙表面 $\eta=1$。η 的具体值由实验测定。相应的有效主应力

$$\begin{array}{l}\sigma_1=\sigma_{01}-\eta p\\\sigma_2=\sigma_{02}-\eta p\\\sigma_3=\sigma_{03}-\eta p\end{array} \tag{3.2.31}$$

第四章 构造应力场的分布

第一节 构造应力场分布规律

一、系统能量守恒定理

单位体积应变势能 ε，是岩体在外力作用下所获得的机械能，等于外力对此单位体积岩体所做之弹性功。因而，单位体积岩体的应变势能除以弹性位移，等于引起此位移因而产生这一应变势能的外力。故若单位体积岩体在外力 F_1, F_2, …, F_n 作用下，引起弹性位移 u_1, u_2, …, u_n，则得总应变势能 ε。而引起 u_i 的外力 F_i，等于 ε 对 u_i 的偏微商：

$$F_i = \frac{\partial \varepsilon}{\partial u_i}$$

若单位体积岩体不断裂并满足边界约束条件，因而当其中发生弹性位移时，使此岩体平衡的外力不变，则与 F_i 相应的 u_i 的增加必使等于 F_i 与 u_i 增量乘积的 F_i 所做之功的增量，等于 F_i 的势能 h_i 的减小。若外力 F_1, F_2, …, F_n 的势能为 h_1, h_2, …, h_n，则 u_i 的改变并不引起 h_1, …, h_{i-1}, h_{i+1}, …, h_n 的改变。此单位体积岩体总应变势能 ε 的改变，只与此 h_i 的改变有关。因而，u_i 增加一无限小量时，总应变势能 ε 随之而增加一无限小量，但总外力势能 H 则因之而减小一无限小量：

$$\frac{\partial \varepsilon}{\partial u_i} = -\frac{\partial H}{\partial u_i}$$

则得

$$\frac{\partial (\varepsilon + H)}{\partial u_i} = 0$$

故等于应变势能与外力势能之和的单位体积岩体的总势能 φ，在一定的外力作用下为一恒量，此为系统能量守恒定理。因而 φ 才相当于岩体中并不因变形而减小的构造应力场的应力势。因之，当岩体中的构造应力在变化地作用着，据岩体中某部位单位体积岩体的弹性形变只能相对地确定其应变势能的变化。只有当岩体处在静力作用下，才可认为外力对此系统的作用能等于此系统所获得的应变势能。

二、作用效果叠加定理

由构造应力场的叠加性得知，作用于岩体中某部位的同时同向各分应力的代数和，即为它们的总应力。因而，构造应力场中来源不同的同时在同方向作用的应力，不管其性质符号为何，皆可叠加。如此，一变形岩体中，同时作用的同向应力，不论其性质是否相同，其总的应力或变形效果都等于各应力单独作用或所引起的变形效果的代数和，而同向同性应力则不论是同时作用还是按不同次序作用，其最终的变形效果皆相同，此即构造应力场的作用效果叠加定理。

三、主应力线分布定理

地壳岩体的构造变形是以塑性变形为主。塑性变形主要是由剪切变形构成的。对岩体强烈塑性变形和发生剪性断裂的构造区，为直接和直观地通过此种变形和断裂形象来了解其所在岩体中的应力场，可使用主剪应力线。

为讨论方便，当略去岩体内摩擦角的影响时，可认为最大剪应力所在的微分面为滑动微分面。其方位，过主轴之一而平分其他二主轴之交角，因而两簇互成正交。岩体塑性变形区各点的切面皆与滑动微分面重合的曲面为滑移面，也两簇互成正交。因而滑移面与主剪应力面重合。对平面问题，则滑移面是母线垂直此平面的柱面，滑移面与 (X, Y) 平面的交线为滑移线，是此平面上最大剪切变形的方位，在 (X, Y) 平面上共有两簇，互成正交，其切线与主轴成 $45°$ 角。故滑移线处处与主正应力线交成 $45°$ 角（图 4.1.1）。岩体沿滑移线发生剪切变形后可生剪性断裂，使此种变形和断裂的分布与滑移线一致（图 4.1.2）。因

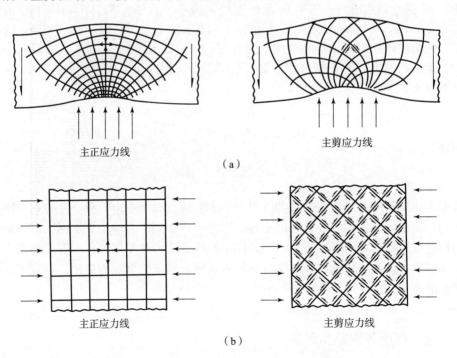

（a）

（b）

图 4.1.1　主正应力线与主剪应力线的方位关系

此，用主剪应力线来表示此种地区的平面应力场，因其与最大剪切变形和断裂的走向重合，而比主正应力线要直观得多，研究方法和步骤也因之变得直接而简便。

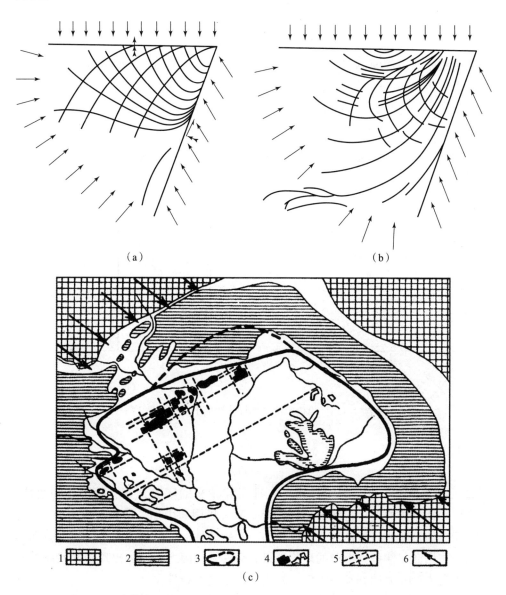

（a）　　　　　　　　　　　　　　　　　　（b）

（c）

图 4.1.2　岩体中网状（a）和鳞状（b）断裂（王建章）及匈牙利中间山区
构造成因图（E. R. Schmidt）

（c）1. 原始地块；2. 山岳带（阿尔卑斯、卡尔巴特、狄拉里带）；3. 蒂沙（匈牙利盾地）；
4. 中间和个别山区；5. 破裂缝；6. 白垩纪时代造山力

在平面问题中，取 σ_x 为小棱柱体在主平面（1，2）上单位厚度棱柱体素一侧面 ab 上的法向应力（图 4.1.3a），则此体素在此平面方向所受应力的平衡条件，为

$$\sigma_x = \sigma_1 \cos^2\varphi + \sigma_2 \sin^2\varphi = \sigma + \tau_{\max}\cos2\varphi \left.\vphantom{\begin{matrix}a\\b\end{matrix}}\right]$$
$$\tau_{xy} = \sigma_1 \cos\varphi\sin\varphi - \sigma_2 \sin\varphi\cos\varphi = \tau_{\max}\sin2\varphi$$

若此棱柱体素一侧面 $0c$ 与 ab 垂直（图 4.1.3，b），则 σ_y 为此侧面上的法向应力，于是体素在（1，2）面上所受应力的平衡条件，为

$$\sigma_y = \sigma + \tau_{\max}\cos2(90° + \varphi) = \sigma - \tau_{\max}\cos2\varphi \left.\vphantom{\begin{matrix}a\\b\end{matrix}}\right]$$
$$\tau_{y.x} = \tau_{\max}\sin2(90° + \varphi) = -\tau_{\max}\sin2\varphi$$

由此知，$\varphi = 45°$ 时，剪应力为最大值。因而，在平分主轴方向，为主剪应力方向。

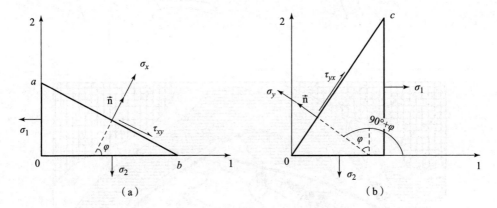

图 4.1.3　单位厚度三棱柱体侧面上的应力图示

取塑性条件

$$\tau_{\max} = f(\sigma)$$

函数 $f(\sigma)$ 取决于岩体力学性质。大理岩和砂岩的实验证明：随围压的增加，大主应力摩尔圆的直径也增加，且趋近于某一极限。因而，最大剪应力 $\tau_{\max}$ 也趋近于相应的极限值，岩体进入塑性状态。实验试件上的滑移面与主压应力方向的夹角，与据此塑性条件求得的理论结果完全一致。因之，岩体出现塑性状态的条件，是最大剪应力达到某一定值。故当考虑了塑性条件

$$\tau_{\max} = k$$

后，以 k 替代 $\tau_{\max}$，则应力分量

$$\sigma_x = \sigma + k\cos2\varphi \left.\vphantom{\begin{matrix}a\\b\\c\end{matrix}}\right]$$
$$\sigma_y = \sigma - k\cos2\varphi$$
$$\tau_{xy} = k\sin2\varphi$$

此即岩体在塑性状态的平面应力平衡方程组。若以主剪应力线的方向角 θ 代替主正应力线的方向角 φ（图 4.1.4），则因

$$\varphi = \theta - 45°$$

得

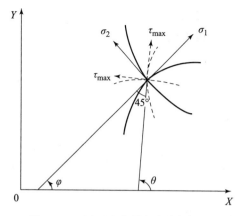

图 4.1.4　平面上主剪应力线与主正应力线的角度关系

$$
\left.\begin{aligned}
\sigma_x &= \sigma + k\,\sin2\theta \\
\sigma_y &= \sigma - k\,\sin2\theta \\
\tau_{xy} &= -k\,\cos2\theta
\end{aligned}\right\} \qquad (4.1.1)
$$

代入平衡微分方程

$$
\left.\begin{aligned}
\frac{\partial \sigma_x}{\partial x} + \frac{\partial \tau_{yx}}{\partial y} &= 0 \\
\frac{\partial \sigma_y}{\partial y} + \frac{\partial \tau_{xy}}{\partial x} &= 0
\end{aligned}\right\}
$$

得

$$
\left.\begin{aligned}
\frac{\partial \sigma}{\partial x} + 2k\left(\cos2\theta\,\frac{\partial \theta}{\partial x} + \sin2\theta\,\frac{\partial \theta}{\partial y}\right) &= 0 \\
\frac{\partial \sigma}{\partial y} - 2k\left(\cos2\theta\,\frac{\partial \theta}{\partial y} - \sin2\theta\,\frac{\partial \theta}{\partial x}\right) &= 0
\end{aligned}\right\} \qquad (4.1.2)
$$

将此方程组中的第一式对 y 微分，第二式对 x 微分，再由所得的第一式减去第二式，消去平均法向应力 σ，得

$$-\frac{\partial^2 \theta}{\partial x^2} + 2\cot2\theta\,\frac{\partial^2 \theta}{\partial x\,\partial y} + \frac{\partial^2 \theta}{\partial y^2} - 4\frac{\partial \theta}{\partial x}\frac{\partial \theta}{\partial y} + 2\cot2\theta\left[\left(\frac{\partial \theta}{\partial y}\right)^2 - \left(\frac{\partial \theta}{\partial x}\right)^2\right] = 0 \qquad (4.1.3)$$

写成一般形式，为

$$A\frac{\partial^2 \theta}{\partial x^2} + 2B\frac{\partial^2 \theta}{\partial x\,\partial y} + C\frac{\partial^2 \theta}{\partial y^2} + D\left(x,\ y,\ \theta,\ \frac{\partial \theta}{\partial x},\ \frac{\partial \theta}{\partial y}\right) = 0 \qquad (4.1.4)$$

常微分方程

$$A\,\mathrm{d}y^2 - 2B\,\mathrm{d}x\,\mathrm{d}y + C\,\mathrm{d}x^2 = 0$$

是（4.1.4）的特征方程，其解为（4.1.4）的特征曲线。由特征方程，得

$$\frac{\partial y}{\partial x} = \frac{B \pm \sqrt{B^2 - AC}}{A}$$

若 $B^2 - AC > 0$，则此特征方程有二解，此时基本方程（4.1.4）为双曲线型二阶偏微分方程；

若 $B^2 - AC = 0$，则此特征方程有一解，此时基本方程（4.1.4）为抛物线型二阶偏微分方程；

若 $B^2 - AC < 0$，则此特征方程无实解，此时基本方程（4.1.4）为椭圆形二阶偏

微分方程。

　　在上述情况，由（4.1.3）知

$$\left.\begin{array}{l} A=-1 \\ B=\cot2\theta \\ C=1 \end{array}\right]$$

因之，

$$B^2-AC=\cot^2 2\theta+1>0$$

可见，（4.1.3）为双曲线型方程，其特征方程有二实解，得此特征方程为

$$\mathrm{d}y^2+2\cot2\theta\ \mathrm{d}x\ \mathrm{d}y-\mathrm{d}x^2=0$$

由此得 $\dfrac{\mathrm{d}y}{\mathrm{d}x}$ 的二值

$$\left(\frac{\mathrm{d}y}{\mathrm{d}x}\right)_1=-\cot2\theta+\sqrt{\cot^2 2\theta+1}=\tan\theta$$

$$\left(\frac{\mathrm{d}y}{\mathrm{d}x}\right)_2=-\cot2\theta-\sqrt{\cot^2 2\theta+1}=-\cot\theta$$

而 α，β 两簇主剪应力线方程为

$$\left.\begin{array}{l} \dfrac{\partial y}{\partial x}=\tan\theta \\[2mm] \dfrac{\partial y}{\partial x}=-\cot\theta \end{array}\right] \qquad (4.1.5)$$

故知基本平衡微分方程的两簇特征曲线，与两簇主剪应力线重合。因而主剪应力线是连续的，两簇正交，各与主正应力线成 45°角，作用方向顺同主正应力方向，有特征曲线的其他一切性质。正交线簇，可是互相垂直的两簇平行直线，可是同心圆和其半径簇，也可是两簇对称螺线、圆滚线、内、外摆线等。

　　由此可见，欲求主剪应力线，只需求得塑性平衡微分特征方程的解，即可。因二主剪应力线的微分方程为

$$\left.\begin{array}{l} \dfrac{\mathrm{d}y}{\mathrm{d}x}=\dfrac{2\ (k+\tau_{xy})}{\sigma_x-\sigma_y} \\[3mm] \dfrac{\mathrm{d}y}{\mathrm{d}x}=\dfrac{\sigma_y-\sigma_x}{2\ (k+\tau_{xy})} \end{array}\right]$$

故当应力已知时，主剪应力线可由解此二式求得；反之主剪应力线已知时，也可由此二式求 σ_x，σ_y 以及主正应力的分布。

　　取 α，β 两簇主剪应力线的正方向，组成右旋坐标系，此方向的剪应力为正，沿此方向主剪应力线的切线可成反时针或顺时针方向交替转变。将正交主剪应力线上某交点的二切线作为局部曲线坐标轴 s_α，s_β，因在确定（4.1.2）时，X，Y 轴的方向是任意选择的，故在无限小范围内，可使

$$dx = ds_\alpha \atop dy = ds_\beta$$

由于曲线坐标与主剪应力线重合，则此点的

$$\theta = 0$$

但 θ 沿曲线坐标轴变化，故

$$\frac{\partial \theta}{\partial s_\alpha} \neq 0$$

$$\frac{\partial \theta}{\partial s_\beta} \neq 0$$

代入（4.1.2），得

$$\frac{\partial}{\partial s_\alpha}(\sigma + 2k\theta) = 0 \atop \frac{\partial}{\partial s_\beta}(\sigma - 2k\theta) = 0$$
（4.1.6）

则有

$$\sigma + 2k\theta = f_\alpha(s_\alpha) \atop \sigma - 2k\theta = f_\beta(s_\beta)$$
（4.1.7）

f_α，f_β 各为沿一个主剪应力线不变的函数，从一个主剪应力线到另一个它只改变方向。（4.1.7）为塑性方程积分，是表征主剪应力线性质的基本方程。

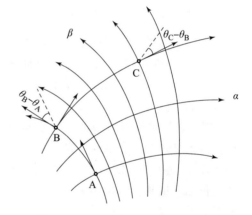

图 4.1.5 一主剪应力线上二点 σ 的
变化与切线交角的关系

（1）一主剪应力线上二点间 σ 的差与此二点切线的交角成正比。

因沿任一主剪应力线，f_α 或 f_β 的大小不变，故在一 β 簇主剪应力线上 A，B 二点（4.1.5），

$$\sigma_A - 2k\theta_A = \sigma_B - 2k\theta_B$$

得

$$\sigma_B - \sigma_A = 2k(\theta_B - \theta_A)$$

α 簇一主剪应力线上 B，C 二点，有

$$\sigma_B + 2k\theta_B = \sigma_C + 2k\theta_C$$

得

$$\sigma_C - \sigma_B = -2k(\theta_C - \theta_B)$$

因之，主剪应力线的方向改变越大，其上 σ 的改变也越大，且据应力场中一点 A 的 σ 可求得其他各点 B，C，…的 σ。

若主剪应力线是直线，因其 θ 不变，故其上各点的 σ 也不变，且出（4.1.1）

知其上的 σ_x，σ_y，τ_{xy} 皆为常量。因之，若某区域的两簇主剪应力线都是直线，则其中的应力成均匀分布状态，函数 f_α 和 f_β 在此区域内是常量。据此，图 4.1.2 (c) 的匈牙利中间山区的 X 形剪性断裂网，因沿主剪应力线发生，故由其成近于正交的两簇直线分布状态可知，其所在区域中的应力必成均匀分布。而图 4.1.2 (a)（b) 的网状和鳞状断裂，因是剪性的，由其所在区沿此剪性断裂的两簇主剪应力线非为直线可知，此区域中的应力为非均匀分布状态。

因场中沿 α 簇一直线的参量 f_α，θ 和 σ 不变，则各 β 簇线上与此 α 簇直线交点的 σ，θ 皆相等，并由（4.1.7）的第二式得此区域内各 β 簇线的参量 f_β 皆相等，即 f_β 在此区域内为常量，对 f_α 亦然。因而，f_α，f_β 为常量是其所在区域成均匀应力状态的必要条件。

（2）构造应力场中一点主剪应力的大小，取决于该点轴向正应力差（$\sigma_x - \sigma_y$）和此主剪应力所在主剪应力线在该点的方向角 θ。

因由（4.1.1）得

$$\tau_{xy} = -\frac{\sigma_x - \sigma_y}{3}\cot 2\theta$$

故若主剪应力线上某点的轴向正应力差（$\sigma_x - \sigma_y$）已知，即可由其在此坐标系中此点的方向角 θ，求得此线上该点切线方向的主剪应力。

（3）α 簇主剪应力线 α_1，α_2 在被其所截的各 β 簇主剪应力线二截端的方向角 θ_{α_1}，θ_{α_2} 之差 $\Delta\theta_\alpha$ 皆相等，二截端 σ 的改变量 $\Delta\sigma_\alpha$ 也相等（图 4.1.6）。对 β 簇亦然。

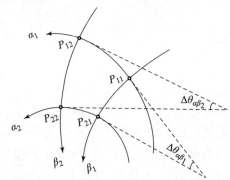

图 4.1.6　一簇主剪应力线被另一簇二线所截的截端二线方向角差和 σ 差不变性

因由塑性方程积分，得

$$\left. \begin{array}{l} \sigma = \dfrac{1}{2}\ (f_\alpha + f_\beta) \\[3mm] \theta = \dfrac{1}{4k}\ (f_\alpha - f_\beta) \end{array} \right\} \tag{4.1.8}$$

沿 α，β 簇各任二主剪应力线，对 $P_{11}P_{21}$ 和 $P_{12}P_{22}$ 得

$$\left. \begin{array}{l} \Delta\theta_{\alpha\beta_1} = \theta_{\alpha_2\beta_1} - \theta_{\alpha_1\beta_1} = \dfrac{1}{4k}\ (f_{\alpha_2} - f_{\alpha_1}) \\[3mm] \Delta\theta_{\alpha\beta_2} = \theta_{\alpha_2\beta_2} - \theta_{\alpha_1\beta_2} = \dfrac{1}{4k}\ (f_{\alpha_2} - f_{\alpha_1}) \end{array} \right\}$$

$$\left.\begin{array}{l}\Delta\sigma_{\alpha\beta_1}=\sigma_{\alpha_2\beta_1}-\sigma_{\alpha_1\beta_1}=\dfrac{1}{2}\ (f_{\alpha_2}-f_{\alpha_1})\\[3mm]\Delta\sigma_{\alpha\beta_2}=\sigma_{\alpha_2\beta_2}-\sigma_{\alpha_1\beta_2}=\dfrac{1}{2}\ (f_{\alpha_2}-f_{\alpha_1})\end{array}\right]$$

则

$$\Delta\theta_{\alpha\beta_1}=\Delta\theta_{\alpha\beta_2}$$
$$\Delta\sigma_{\alpha\beta_1}=\Delta\sigma_{\alpha\beta_2}$$

依此类推，即得普遍结论

$$\left.\begin{array}{l}\Delta\theta_{\alpha\beta_i}=\text{常量}\\[2mm]\Delta\sigma_{\alpha\beta_i}=\text{常量}\end{array}\right]i=1,\ 2,\ \cdots,\ n$$

$$\left.\begin{array}{l}\Delta\theta_{\beta\alpha_j}=\text{常量}\\[2mm]\Delta\sigma_{\beta\alpha_j}=\text{常量}\end{array}\right]j=1,\ 2,\ \cdots,\ m$$

由此可知，若 α（或 β）簇主剪应力线中的某一线是直线段，则被二 β（或 α）簇线所截的所有 α（或 β）簇的相应线段，因 $\Delta\theta_\alpha$（或 $\Delta\theta_\beta$）不变而必亦皆为直线段，只是沿每一直线段不变的 σ 从其中一直线段到另一直线段有所改变。此种区域中的应力分布，为单匀应力状态。由于 f_β 沿每一 β 簇线为一常量，又沿 α 簇直线段上各点的 θ，σ 皆是常量，故与其相交的任一 β 簇线的 θ，σ 在各交点亦皆是同一常量。因而，这些 β 簇线的 f_β 必皆相等。故而在整个 α 簇直线段所在的区域内，f_β 为常量。因之，f_α 或 f_β 二者之一为常量，是其所在区域内的应力场成单匀应力状态的必要条件。f_α 为常量的区域内，β 簇为直线段。f_β 为常量的区域内，α 簇为直线段。

（4）被一簇主剪应力线所截的另一簇各线段若是直线段则等长。

任一曲线曲率中心的轨迹是该曲线法线簇的法包线（图 4.1.7）。由于 α 簇主剪应力线 AA'，$\cdots$，BB' 皆垂直于 β 簇的直线段 AB，$\cdots$，$A'B'$，即此区域中 α 簇各线与同一 β 簇直线段交点的法线重合。因而，在此区域中 α 簇各线具有同一法包线 uv。两簇主剪应力线既然正交，β 簇的又是直线段，则截此直线段部分的具有同一法包线的 α 簇主剪应力线，必为互相平行的曲线簇。因而，被此平行曲线簇所截的 β 簇直线段，实为平行曲线 AA'，$\cdots$，BB' 的线间距离，因其皆相等，故而此区域中被 α 簇任二曲线所截的 β 簇直线段皆相等。

（5）某一主剪应力线上的部分线段长，等于过其二端点的另一簇主剪应力线在此二交点的曲率半径之差。

沿曲线正方向的切线是反时针的时，此曲线的曲率半径为正，反之为负。则 α，β 簇主剪应力线在交点 P（图 4.1.8）的曲率半径的倒数

$$\left.\begin{array}{l}\dfrac{1}{r_\alpha}=\dfrac{\partial\theta_\alpha}{\partial s_\alpha}\\[4mm]\dfrac{1}{r_\beta}=-\dfrac{\partial\theta_\beta}{\partial s_\beta}\end{array}\right] \tag{4.1.9}$$

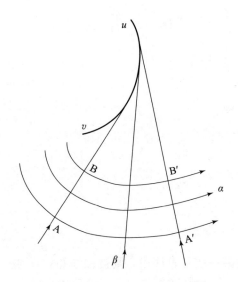 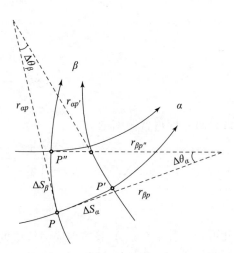

图 4.1.7　将一簇所截的另一簇　　　图 4.1.8　一簇主剪应力线截段长与另一簇
　　　直主剪应力线段的等长性　　　　　　在二截端的二曲率半径差的等值性

对无限接近的 α，β 簇曲线围成的面素 $\Delta s_\alpha \Delta s_\beta$，可得

$$\left.\begin{array}{c} r_\alpha \Delta\theta_\alpha = \Delta S_\alpha \\ -r_\beta \Delta\theta_\beta = \Delta S_\beta \end{array}\right]$$

沿 α 线求 ΔS_β 的偏导数

$$\frac{\partial(\Delta S_\theta)}{\partial S_\alpha} = \frac{\partial}{\partial S_\alpha}(-r_\beta \Delta\theta_\beta) = \frac{-(r_\beta - \Delta S_\alpha)\,\Delta\theta_\beta - (-r_\beta)\,\Delta\theta_\beta}{\Delta S_\alpha} = \Delta\theta_\beta$$

沿 β 线求 ΔS_α 的偏导数

$$\frac{\partial(\Delta S_\alpha)}{\partial S_\beta} = \frac{\partial}{\partial S_\beta}(r_\alpha \Delta\theta_\alpha) = \frac{(r_\alpha - \Delta S_\beta)\,\Delta\theta_\alpha - r_\alpha \Delta\theta_\alpha}{\Delta S_\beta} = -\Delta\theta_\alpha$$

因同簇两线间在被另一簇线所截二点的 $\Delta\theta$ 是常量，故得

$$\frac{\partial r_\beta}{\partial S_\alpha} = -1$$

$$\frac{\partial r_\alpha}{\partial S_\beta} = -1$$

则

$$\left.\begin{array}{c} \Delta r_\beta = -\Delta S_\alpha \\ \Delta r_\alpha = -\Delta S_\beta \end{array}\right]$$

因而，β 簇线在 P 点的曲率半径 $\overline{PA}$ 等于 β 簇另一线在与同一 α 簇线交点 P' 的曲率半径 $\overline{P'B}$ 与这一段 α 簇线长 $\overset{\frown}{PP'}$ 之和（图 4.1.9）。同样，$\overline{PA}$ 也等于 β 簇的另一线在与同一 α 簇线交点 P'' 的曲率半径 $\overline{P''C}$ 与这一段 α 簇线长 $\overset{\frown}{PP''}$ 之和。依次类推。因而，各 β 簇线在与各 α 簇线交点的曲率中心的轨迹，构成 α 簇线的渐伸线 $Q0$。

由于$\overline{PA}$长一定，而$\overset{\frown}{PP^i}$顺α簇线的正方向逐渐增大，因之β簇各主剪应力线的曲率半径，依其位置向凹面一边分布而递次减小，并在足够远的0点为零，使得渐伸线$Q0$与主剪应力线$P0$在此点相交。同样，α簇在此区域内的其他线也交于此点。故在0点附近无限接近的α簇主剪应力线$P0$和$R0$等在0点相遇，且0点在α簇主剪应力线的各法包线上。而β簇线则不可能在0点越过此法包线。因为在α簇主剪应力线的法包线上的0点，由于β簇主剪应力线在此点的曲率半径

$$r_\beta = 0$$

故由（4.1.9）得$\dfrac{\partial \theta_\alpha}{\partial S_\alpha}$是有限的，而$\dfrac{\partial \theta_\beta}{\partial S_\beta}$为无限大。

因之，由（4.1.6）得$\dfrac{\partial \sigma}{\partial S_\alpha}$是有限的，而$\dfrac{\partial \sigma}{\partial S_\beta}$为无限大。故而$\beta$簇主剪应力线都不可能越过$\alpha$簇各主剪应力线的法包线上的各点。亦即，任一簇主剪应力线，皆不可能越过另一簇各主剪应力线的法包线。故而，主剪应力线的法包线，是场中应力的间断线。

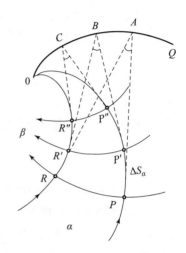

图 4.1.9 二主剪应力线曲率半径与其间弧长的关系

（6）若应力对主剪应力线局部坐标系S_α，S_β的导数过一簇主剪应力线时间断，则另一簇主剪应力线过前一簇各线时的曲率也间断。

因而主剪应力线所表示的构造应力场中，每一点的应力状态皆为σ与τ_{max}之和，而此时处于塑性状态的各向同性岩体，其中分布的主剪应力由塑性条件$\tau_{max} = k$知是常量，故应力的变化全表现在σ的变化上。因而，若$\dfrac{\partial \sigma}{\partial S_\alpha}$过$\beta$簇线时间断，因在$\alpha$簇线上有

$$\frac{\partial}{\partial S_\alpha}(\sigma + 2k\theta_\alpha) = 0$$

则α簇线过β簇线时，α簇各线的曲率

$$\frac{\partial \theta_\alpha}{\partial S_\alpha} = -\frac{1}{2k}\frac{\partial \sigma}{\partial S_\alpha}$$

亦必因之而间断，对$\dfrac{\partial \sigma}{\partial S_\beta}$亦然。由此可知，正交的主剪应力线网，可由不同种类的分析曲线组成，而在各类曲线的相继接合处，各曲线的切线虽是连续的，但其曲率则可间断。

（7）两簇主剪应力线间的交角，可是直角，也可是锐角或钝角。

由图 3.1.10 和（3.1.3）、（3.1.4）式得，主剪应力线与主正应变e_2所在的主正应力线间的交角

$$\frac{\theta}{2}=\tan^{-1}\left(\frac{x}{y}\right)=\tan^{-1}\sqrt{-\frac{e_2\ (2+e_2)\ (1+e_1)^2}{e_1\ (2+e_1)\ (1+e_2)^2}}$$

张伸和压缩，有绝对的，有相对的。若 e_2 为绝对压缩应变，e_1 为绝对张伸应变，则二者异号，于是 e_2 所在主压应力线与主剪应力线间的交角

$$\frac{\theta}{2}=\tan^{-1}\sqrt{\frac{e_2\ (2-e_2)\ (1+e_1)^2}{e_1\ (2+e_1)\ (1-e_2)^2}}$$

若 e_2 和 e_1，一为最大压缩应变，一为最小压缩应变，则其符号皆为负，故 e_2 所在主压应力线与主剪应力线间的交角

$$\frac{\theta}{2}=\tan^{-1}\sqrt{-\frac{e_2\ (2-e_2)\ (1-e_1)^2}{e_1\ (2-e_1)\ (1-e_2)^2}}$$

若 e_2 为最大主张应变，e_1 为最小主张应变，则其符号皆为正，故 e_2 所在的主张应力线与主剪应力线间的交角

$$\frac{\theta}{2}=\tan^{-1}\sqrt{-\frac{e_2\ (2+e_2)\ (1+e_1)^2}{e_1\ (2+e_1)\ (1+e_2)^2}}$$

因而，两簇主剪应力线间的交角为直角、锐角或钝角，皆随 e_1，e_2 的大小和性质而定。岩体中 e_1，e_2 的大小和性质，取决于岩体此部位的应力状态和力学性质。故两簇主剪应力线间交角的大小，亦由其所在部位的应力状态和岩体力学性质决定，而并不存在对任何情况都适用的一致的简单结论。

基于上述主剪应力线的各种性质，用主剪应力线来研究构造应力场，须遵从它所特有的规律。主剪应力线有如下定理：

（1）构造应力场的某区位中，主剪应力线的参量 f_α 或 f_β 二者之一为常量是单匀应力场的必要充分条件，而 f_α 和 f_β 都为常量则是均匀应力场的必要充分条件。

将（4.1.8）代入基本微分方程组（4.1.2），把所得的第二个方程分别乘以 $\tan\theta$，$\cot\theta$，再分别与第一个方程相加，得

$$\left.\begin{array}{l}\dfrac{\partial f_\alpha}{\partial x}+\dfrac{\partial f_\alpha}{\partial y}\tan\theta=0\\[3mm]\dfrac{\partial f_\beta}{\partial x}-\dfrac{\partial f_\beta}{\partial y}\cot\theta=0\end{array}\right]$$

若 f_α，f_β 各自等于常量 $f_{\alpha k}$，$f_{\beta k}$，且此二常量各只满足上二式中的一个方程。则

当 $f_\alpha=f_{\alpha k}$ 时，其只满足第一个方程，故由（4.1.8）得

$$f_\beta=f_{\alpha k}-4k\,\theta$$

因而上方程组中的第二式变为

$$-\sin\theta\,\frac{\partial\theta}{\partial x}+\cos\theta\,\frac{\partial\theta}{\partial y}=0$$

此式的特征方程为

$$\frac{\mathrm{d}x}{\sin\theta}=\frac{\mathrm{d}y}{\cos\theta}=\frac{\mathrm{d}\theta}{0}$$

其解为

$$\theta=C_1$$
$$y-x\cot C_1=C_2$$

C_1，C_2 为常数。因而，此区位中一主剪应力线簇 β 由直线段组成。由于沿每条 β 簇直线段的

$$\sigma=f_{ak}-2k\theta$$

又 f_{ak}，θ 为常量，故 σ 沿 β 簇每一直线段是常量，只是由一直线段到另一条时，若此二直线段的方向不同，则 σ 因之而有不同的值。此即单匀应力状态。

当 $f_\beta=f_{\beta k}$ 时，亦同样。

故若 $f_a=f_{ak}$，$f_\beta=f_{\beta k}$，则两簇主剪应力线在此区位皆由直线段组成。两簇直线段又须保持正交或成其他交角，故各簇必皆为互相平行的直线段。于是，两簇组成平行直线网。由此，各簇内不同平行直线段上的 σ 各自相等。α（或 β）簇直线段上被 β（或 α）簇所交的各点，因 β（或 α）簇各线段的 θ 和 f_β（或 f_a）皆为常量，又两簇在交点的 σ 有同一值，故 σ 在 α 簇和 β 簇各线上亦皆为同一常量。此即均匀应力状态。

（2）均匀应力状态区的邻区必有单匀应力状态。

因具有均匀应力状态的区域 A 中（图 4.1.10），

$$\left.\begin{array}{l}f_a=f_{ak}\\f_\beta=f_{\beta k}\end{array}\right]$$

主剪应力线 ab 是 A 的边界，故是直线段。若 $\overline{ab}$ 是属于 β 簇，因其上的 f_a，f_β 为常量 f_{ak}，$f_{\beta k}$，则 B 区域内的 β 簇线由主剪应力线的第 3、4 个性质知，必由等长直线段组成。因区域 B 中过 $\overline{ab}$ 的每条 α 簇线的 f_a 在其各自线上为常量，又这些 α 簇线与 $\overline{ab}$ 交点的 σ，θ 皆相等，即在这些交点的各 f_a 皆相等，故 f_a 在区域 B 为常量。因之，区域 B 具有单匀应力状态。从而，沿任一区域的由直主剪应力线构成的边界，只能连接单匀应力状态区或均匀应力状态区。故各均匀应力状态区，只可借助于单匀应力状态区，以不同形式连接起来。

单匀应力状态区中，两簇主剪应力线为辐射状直线和其同心圆弧者（图 4.1.11），所表示的应力场为有心场。此种场中，沿径向和周向主剪应力线切取的体素侧面上的平均法向应力

$$\sigma=f_{ak}-2k\theta$$

因而，σ 是 β 簇各直线段的方向角 θ_β 的线性函数。

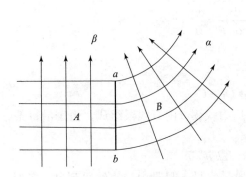 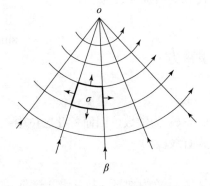

图 4.1.10　均匀应力区与单匀应力区的相邻性　　　　图 4.1.11　有心主剪应力场

（3）构造应力场中一光滑弧线 AB 与过其二端点的 α，β 簇主剪应力线围成的 ABP 区域内各点的解，只与 AB 上连续的 σ，θ 有关（图 4.1.12）。

用截点 $(0,0)$，$(1,1)$，$(2,2)$，…，(m,m)，…将弧线 AB 分成微小段，则近 AB 各截点的 σ，θ，可据 α，β 簇线的参量 f_α，f_β 在其各线上为常量，而由从（4.1.7）所得的方程组

$$\left.\begin{array}{l}\sigma_{(m,m+1)}+2k\,\theta_{(m,m+1)}=\sigma_{(m,m)}+2k\,\theta_{(m,m)}\\[2mm]\sigma_{(m,m+1)}-2k\,\theta_{(m,m+1)}=\sigma_{(m+1,m+1)}-2k\,\theta_{(m+1,m+1)}\end{array}\right]$$

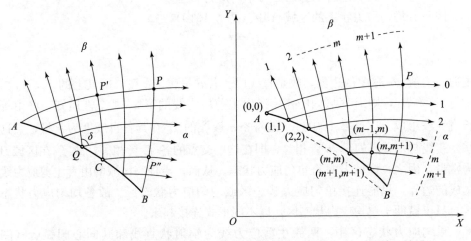

图 4.1.12　弧线与二簇主剪应力线所围区内的解与弧线上 σ，θ 的单一关系

求得。若截点 $(m-1,n)$，$(m,n-1)$ 的坐标和 θ 已知，则由主剪应力线方程

$$\left.\begin{array}{l}\dfrac{\mathrm{d}y}{\mathrm{d}x}=\tan\theta\\[4mm]\dfrac{\mathrm{d}y}{\mathrm{d}x}=-\cot\theta\end{array}\right]$$

的差方方程组

$$
\left.\begin{aligned}
y_{(m,n)} - y_{(m-1,n)} &= (x_{(m,n)} - x_{(m-1,n)})\tan\frac{1}{2}(\theta_{(m,n)} + \theta_{(m-1,n)}) \\
y_{(m,n)} - y_{(m,n-1)} &= -(x_{(m,n)} - x_{(m,n-1)})\cot\frac{1}{2}(\theta_{(m,n)} + \theta_{(m,n-1)})
\end{aligned}\right\} \quad (4.1.10)
$$

可求得（m，n）点的坐标 $x_{(m,n)}$，$y_{(m,n)}$。故知，在 ABP 区的边界 AP，BP 之外各截点的 σ，θ，必须还得有 AB 向外延长线上的 σ，θ，方可确定。因而，由 AB 上的 σ，θ 不能确定 ABP 区之外各点的解，而 AB 之外的 σ，θ 才影响 ABP 之外的区域。因之，AB 上 Q 点的 σ，θ，只影响过 Q 点两簇主剪应力线构成的 δ 角域内各点的解。若 AB 上的 σ，θ 在 C 点不连续，则此定理只在 ACP' 和 BCP'' 区域内正确。

（4）若主剪应力线 OA，OB 上的 σ，θ 已知，且满足板形岩体沿主剪应力线切成的单位厚度体素在板平面方向的平衡微分方程（4.1.6），则 $OACB$ 区域内的解即被确定（图 4.1.13）。

若 OB 集结于 0 点，OA 上的 σ，θ 和角 AOC 已知，则 OAC 区域内的解亦被确定。若 OA 集结于 0 点，亦然。$0A$，OB 上的 σ，θ 可由邻区的解而得。

用截点　　　　　　（1，0），（2，0），…，（m，0）…

　　　　　　　　　（0，1），（0，2），…，（0，n）…

将 OA，OB 分成微小段，过这些点的主剪应力线的截点为（m，n）。由 OA，OB 上已知的 σ，θ，据主剪应力线的第 3 个性质，可得截点（m，n）的

$$\theta_{(m,n)} = \theta_{(m,0)} + \theta_{(0,n)} - \theta_{(0,0)} \qquad (4.1.11)$$

$$\sigma_{(m,n)} = \sigma_{(m,0)} + \sigma_{(0,n)} - \sigma_{(0,0)} \qquad (4.1.12)$$

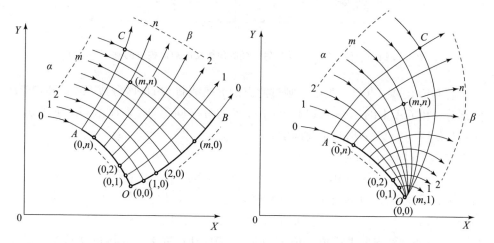

图 4.1.13　主剪应力线围成区内解与二相邻边界上 σ，θ 的确定关系

由此，可依次算出 $OACB$ 内各截点（m，n）的 σ，θ。若 OB 集结在 0 点，则将

角 AOC 分成微小角度

$$\Delta\theta_{(0,0)},\ \Delta\theta_{(1,0)},\ \cdots,\ \Delta\theta_{(m,0)},\ \cdots$$

截点 $(m,\ n)$ 的 $\theta_{(m,n)}$ 即可由（4.1.11）求得。但 0 点的 σ 不连续，不能用（4.1.12）求得 $\sigma_{(m,n)}$，须由确定点 $(m,\ 1)$ 的 $\sigma_{(m,1)}$ 开始，而点 $(0,\ 1)$ 的 $\sigma_{(0,1)}$，$\theta_{(0,1)}$ 已知，因此过点 $(0,\ 1)$ 的 β 簇线的参量

$$f_{\beta_1}=\sigma_{(0,1)}-2k\theta_{(0,1)}$$

已知，因之得

$$\sigma_{(0,1)}=f_{\beta_1}+2k\theta_{(0,1)}$$

依次，用 $\sigma_{(m,1)}$ 代替初始点的 $\sigma_{(0,1)}$，则得

$$\sigma_{(m,1)}=f_{\beta_1}+2k\theta_{(m,1)}$$

用 $\sigma_{(m,1)}$ 代替 $\sigma_{(0,0)}$，又此时 $\sigma_{(m,0)}=\sigma_{(0,0)}$，即可由（4.1.12）求得各 $\sigma_{(m,n)}$。各截点 $(m,\ n)$ 的坐标 $x_{(m,n)}$，$y_{(m,n)}$，同样用（4.1.10）求得。

（5）若主剪应力线 OA 上的 σ，θ 满足（4.1.6），且以某一给定的 θ 角与曲线 OB 相交，则其同簇线也以 θ 角与 OB 相交（图 4.1.14），若 OB 上无摩擦影响则角 AOB 为 45°，因而 OA 所在簇各线也以 45°角与 OB 相交，于是 OAB 区域内的解即被确定。

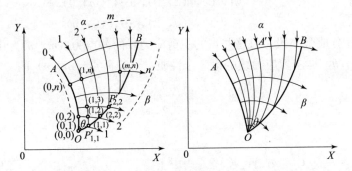

图 4.1.14　一簇主剪应力线与另一线等角相交时对区内解的确定性影响

若 OB 上的一点与 0 集结，则过此点的 β 簇线将 OAB 区分成 OAA' 和 $OA'B$ 两部分。由 OA 上的 σ，θ 求 OA' 上的 σ，θ 的方法同定理 4，而由 OA' 上的 σ，θ 求 $OA'B$ 区内的 σ，θ 仍归于此问题。

在 OAB 内，用截点

$$(0,\ 1),\ (0,\ 2),\ \cdots,\ (0,\ n),\ \cdots$$

将 OA 分成微小段。OA 上的 σ，θ 已知，从点 $(0,\ 1)$ 开始，作 α 簇的法线交 OB 于 $P'_{(1,1)}$，$P'_{(2,2)}$，$\cdots$，按 OB 的条件得 $\theta_{P'_{(1,1)}}$，$\theta_{P'_{(2,2)}}$，$\cdots$。再据 $(0,\ 1)$ 和 $P'_{(1,1)}$ 二点的 θ 算出其平均值，依该值过点 $(0,\ 1)$ 重引一 α 簇的法线交 OB 于 $P''_{(1,1)}$。照次重复，直到各 $P^i_{(1,1)}$ 点的位置相差很小为止，如此则确定了点 $(1,\ 1)$。而 $(1,\ 2)$，$(1,\ 3)$，$\cdots$，$(1,\ n)$，$\cdots$各点的坐标和 σ，θ，则按定理 4

之法求得。当求 $(2,2)$，$(3,3)$，…等点的坐标及其 σ，θ 时，仍需再用上述求 $(1,1)$ 的逐次近似法，

　　如上所述，若某区构造应力场的边界条件已用实验、理论分析或地壳此部位已知的应力作用方式确定，并已知场中主剪应力线的分布，因其中各截点的 σ，θ 可由已知边界条件求得，则场中的应力 σ_x，σ_y，τ_{xy} 即可由 (4.1.1) 确定，并可求得它们随外力作用过程而变化的规律和依从程序。反之，亦可由构造应力场中的 σ，θ，求图 4.1.12～图 4.1.14 中边界 AB，OA，OB 上的 σ，θ，并确定边界条件。因而，用不同密度主剪应力线，不仅能以任意精度研究岩体在塑性状态的变形和断裂，并可使岩体中的剪切变形和剪性断裂及其组合地区应力场的鉴定更直接而简便。因而，可更直接地确定这种构造形象的成因、所在地区的边界条件和使其形成的主动外力作用方式。如图 4.1.2 中之实例所示。

　　以轴对称应力场为例。内半径为 R 的圆边界受均匀压力 P 作用时（图 4.1.15），在极坐标系 $0—r$，ϕ 内，由对称条件得剪应力 $\tau_{r\phi}=0$，由均匀边界压力得

$$\frac{\partial \sigma_\phi}{\partial \phi}=0$$

因而，场中各点单位厚度主体素皆有径向和周向边界，而主剪应力线皆以 45°角或其他一定角度过从圆心引出的辐射线的各点。只有对数螺线

$$\phi \pm \ln \frac{r}{R}=C_1 \tag{4.1.13}$$

才具有这种性质。C_1 为常数，r 为圆心到场内一点 P 的距离。由平衡微分方程

$$\left.\begin{array}{c}\dfrac{\partial \sigma_r}{\partial r}+\dfrac{1}{r}\dfrac{\partial \tau_{r\phi}}{\partial \phi}+\dfrac{\sigma_r-\sigma_\phi}{r}=0 \\[3mm] \dfrac{\partial \tau_{r\phi}}{\partial r}+\dfrac{1}{r}\dfrac{\partial \sigma_\phi}{\partial \phi}+\dfrac{2\tau_{r\phi}}{r}=0\end{array}\right\} \tag{4.1.14}$$

得

$$\frac{\partial \sigma_r}{\partial r}+\frac{\sigma_r-\sigma_\phi}{r}=0 \tag{4.1.15}$$

由 $r=R$ 处的边界条件

$$\sigma_r=-P \tag{4.1.16}$$

并考虑塑性条件

$$\sigma_\phi-\sigma_r=2k \tag{4.1.17}$$

积分 (4.1.15)，得

$$\left.\begin{array}{c}\sigma_r=-P+2k\ln \dfrac{r}{R} \\[3mm] \text{由 (4.1.17)，得} \\[2mm] \sigma_\phi=\sigma_r+2k\end{array}\right\} \tag{4.1.18}$$

于是，可得场中任一点 P 的径向和周向主正应力。(4.1.18) 的特征曲线是两簇对数螺线 (4.1.13)，从而得其主剪应力线的分布如图 4.1.15。

若边界上的 $\tau_{r\phi} = -K$，由 $r = R$ 处的边界条件 (4.1.16)，并考虑塑性条件 (4.1.17)，将 (4.1.14) 积分，得

$$\sigma_r = -P + k\left\{\sqrt{1-\left(\frac{K}{k}\right)^2} + 2\ln\left(\frac{r}{R}\right) - \sqrt{1-\left(\frac{KR^2}{kr^2}\right)^2} - \ln\left[1+\sqrt{1-\left(\frac{K}{k}\right)^2}\right]\right.$$
$$\left. + \ln\left[1+\sqrt{1-\left(\frac{KR^2}{kr^2}\right)^2}\right]\right\}$$

$$\sigma_\phi = -P + k\left\{\sqrt{\left(1-\frac{K}{k}\right)^2} + 2\ln\left(\frac{r}{R}\right) + \sqrt{1-\left(\frac{KR^2}{kr^2}\right)^2} - \ln\left[1+\sqrt{1-\left(\frac{K}{k}\right)^2}\right]\right.$$
$$\left. + \ln\left[1+\sqrt{1-\left(\frac{KR^2}{kr^2}\right)^2}\right]\right\}$$

$$\tau_{r\phi} = -\frac{KR^2}{r^2}$$

其特征曲线是两个螺线簇

$$\phi + \frac{1}{2}\sin^{-1}\left(\frac{KR^2}{kr^2}\right) \pm \ln\left(\frac{r}{R}\right) + \frac{1}{2}\ln$$

$$\left[1+\sqrt{1-\left(\frac{KR^2}{kr^2}\right)^2}\right] = C_2$$

C_2 为常数。故得其内外边界还受有反向周向剪应力作用的主剪应力线分布。若取 $K = \dfrac{k}{\sqrt{2}}$，则如图 4.1.16，且在距边界相当远处此二簇线趋近于和半径交成 $45°$ 角的对数螺线。此即用主剪应力线表示的圆转错列构造的应力场。

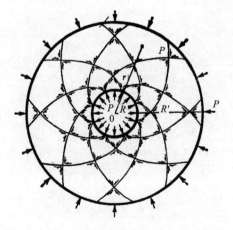 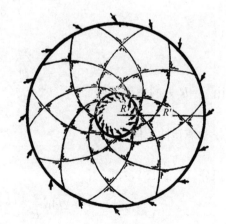

图 4.1.15　内圆孔受均匀压力而生的　　　　　　图 4.1.16　圆转构造应力场
　　　　　　轴对称应力场

用主剪应力线表示应力场的边界条件，可将（4.1.1）代入边界法向和切向应力分量表示式

$$\sigma_n = \sigma_x \cos^2\varphi + \sigma_y \sin^2\varphi + \tau_{xy}\sin2\varphi \left.\right]$$
$$\tau_t = \frac{1}{2}(\sigma_y - \sigma_x)\sin2\varphi + \tau_{xy}\cos2\varphi \left.\right]$$

得

$$\sigma_n = \sigma - k\sin2(\theta - \varphi) \left.\right]$$
$$\tau_t = k\cos2(\theta - \varphi) \left.\right] \qquad (4.1.19)$$

若边界上的法向和切向应力分量 σ_n，τ_t 已知，则 σ，θ 也已知。由之，用（4.1.7）可得场中主剪应力线参量 f_α，f_β。

若边界是直线，则 φ 为常量。若 σ，θ 也是常量，则边界上的应力 σ_n，τ_t 和参量 f_α，f_β 也都是常量。若边界上的 $(\theta - \varphi)$ 和 σ 是常量，则 σ_n，τ_t 也是常量。由（4.1.19）得

$$\theta = \varphi \pm \cos^{-1}\left(\frac{\tau_t}{k}\right) + m\pi \left.\right]$$
$$\sigma = \sigma_n \pm k\sin2(\theta - \varphi) \left.\right]$$

沿周界的正应力

$$\sigma_t = 2\sigma - \sigma_n$$

m 是任意整数。当边界上的剪应力 $\tau_t = 0$ 时，

$$\theta = \varphi \pm \frac{\pi}{4} + m\pi$$

则

$$\sigma = \sigma_n \pm k \left.\right]$$
$$\sigma_t = \sigma_n \pm 2k \left.\right]$$

在自由直线边界（图 4.1.17），因 $\varphi = 0$，$\sigma_n = \tau_t = 0$，故

$$\theta = m\pi \pm \frac{\pi}{4}$$

则

$$\sigma = \pm k \left.\right]$$
$$\sigma_t = \pm 2k \left.\right]$$

得

$$\sigma_x = \sigma_n = 0 \left.\right]$$
$$\sigma_y = \sigma_t = \pm 2k \left.\right]$$

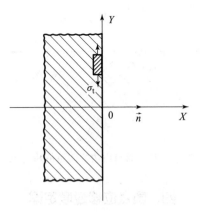

图 4.1.17　自由直线边界的应力状态

即在自由直线边界附近，或受边界方向的张伸，或受边界方向的压缩。若边界上的剪应力

$$0 < \tau_{xy} < k$$

则由（4.1.1）得主剪应力线与边界的交角

$$\theta = \frac{1}{2}\cos^{-1}\left(-\frac{\tau_{xy}}{k}\right)$$

故若 $\tau_{xy}=0$，则 $\theta=45°$；$\tau_{xy}=k$，则 $\theta=0°$。于是，主剪应力线与边界交成 45°角或重合。

无外力作用的边界附近的应力场，只由边界形状决定。因在此种边界，

$$\tau_t = 0$$

故边界的法向是一簇主正应力线方向，而主剪应力线以 45°角或其他一定角度交于边界，因而边界各处皆不与特征曲线方向重合。故而出现图 4.1.18～图 4.1.19 的 ABP 区。在直线自边界附近（图 4.1.18），是与边界平行的等于常量 2k 的均匀张伸或压缩应力场。故由直线 $\overline{AP}$，$\overline{BP}$，可确定 P 点的解。对圆形自由边界（图 4.1.19），B 点的 $\varphi=\gamma$，故由（4.1.13）得

$$\ln\left(\frac{r}{R}\right) = \gamma$$

于是，由（4.1.18）得 P 点的应力

$$\sigma_r = 2k\gamma$$
$$\sigma_\phi = 2k\,(1+\gamma)$$

因而，由（4.1.6）可得 ABP 区内的唯一解。

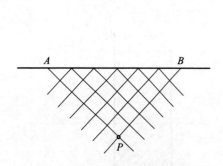

图 4.1.18　直自由边界附近的应力场

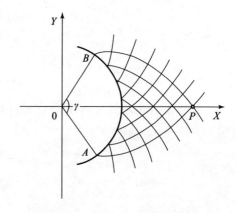

图 4.1.19　圆自由边界附近的应力场

四、质点位移速度定理

构造应力场中，岩体质点位移速度的分布，亦可表征场的特点。

平面问题的质点位移速度方程，为

$$\left(\frac{\partial v_x}{\partial y} + \frac{\partial v_y}{\partial x}\right)(\sigma_y - \sigma_x) + 2\tau_{xy}\left(\frac{\partial v_x}{\partial x} - \frac{\partial v_y}{\partial y}\right) = 0 \Bigg]$$

$$\frac{\partial v_x}{\partial x} + \frac{\partial v_y}{\partial y} = 0$$

此方程组是双曲线型方程，其特征曲线与主剪应力线重合。

若

$$\sigma_\alpha = \sigma_\beta = \sigma$$

则

$$\begin{aligned}\frac{\partial v_\alpha}{\partial s_\alpha} &= 0 \\[1mm] \frac{\partial v_\beta}{\partial s_\beta} &= 0 \end{aligned}\Bigg] \tag{4.1.20}$$

即沿主剪应力线的伸长速度变化为零。此方程组，表示主剪应力线围成的单位厚度体素的变形特征。在图 4.1.20 中，取无限小线段 ds_α，略去二阶微小量，则在 α 簇主剪应力线方向的相对伸长速度为

$$(v_\alpha + dv_\alpha - v_\beta d\theta_\alpha) - v_\alpha$$

据 (4.1.20)，得沿 α 簇线有

$$dv_\alpha - v_\beta d\theta_\alpha = 0 \Bigg]$$

同样，对 β 簇线有

$$\tag{4.1.21}$$

$$dv_\beta - v_\alpha d\theta_\beta = 0 \Bigg]$$

在简单应力场中：对单匀应力场，若 α 簇为直线，得

$$d\theta_\alpha = 0$$

则

$$v_\alpha = 常量$$

若 β 簇为直线，得

$$d\theta_\beta = 0$$

则

$$v_\beta = 常量$$

对均匀应力场，由于两簇主剪应力线皆为直线段，故对此二簇线皆有

$$d\theta = 0$$

则

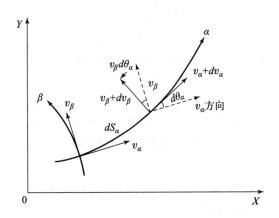

图 4.1.20 主剪应力线上质点位移速度变化图示

$$v_\alpha = 常量$$

$$v_\beta = 常量$$

在复杂应力场中：若给定曲线 AB 上的 $v_{\alpha(m,n)}$，$v_{\beta(m,n)}$（图 4.1.21），则由 (4.1.21) 的无限小增量可求得 ABP 区域内各截点（m，n）的速度分量

$$v_{\alpha(m,n)} = \frac{1}{2}(v_{\beta(m,n)} + v_{\beta(m-1,n)})(\theta_{\alpha(m,n)} - \theta_{\alpha(m-1,n)}) + v_{\alpha(m-1,n)}$$

$$v_{\beta(m,n)} = -\frac{1}{2}(v_{\alpha(m,n)} + v_{\alpha(m,n+1)})(\theta_{\beta(m,n)} - \theta_{\beta(m,n+1)}) + v_{\beta(m,n+1)}$$

由之，可确定 ABP 区内的位移速度分布。若给定主剪应力线 OA，OB 上速度的法向分量 $v_{\beta(0,n)}$，$v_{\alpha(m,0)}$（图 4.1.22），则其切向分量 $v_{\alpha(0,n)}$，$v_{\beta(m,0)}$ 即可由 (4.1.21) 确定，并可由 (4.1.21) 的无限小增量求得 $OACB$ 区域内各截点（m，n）的速度分量

$$v_{\alpha(m,n)} = \frac{1}{2}(v_{\beta(m,n)} + v_{\beta(m-1,n)})(\theta_{\alpha(m,n)} - \theta_{\alpha(m-1,n)}) + v_{\alpha(m-1,n)}$$

$$v_{\beta(m,n)} = -\frac{1}{2}(v_{\alpha(m,n)} + v_{\alpha(m,n-1)})(\theta_{\beta(m,n)} - \theta_{\beta(m,n-1)}) + v_{\beta(m,n-1)} \tag{4.1.22}$$

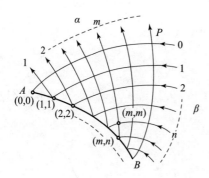

图 4.1.21　给定曲线上的质点位移速度
分量与围区内截点速度分量的关系

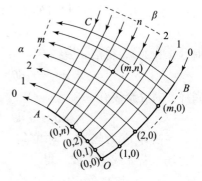

图 4.1.22　给定主剪应力线上质点位移
速度法向分量与切向分量的关系

若给定 α 簇线段 OA 上的法向速度分量 $v_{\beta(0,n)}$，且已知曲线 OB 上速度分量间的关系为

$$av_{\alpha(m,m)} + v_{\beta(m,m)} = 0$$

α 为常数（图 4.1.23），则 OB 上截点（1，1）的位移速度分量

$$v_{\alpha(1,1)} = -\frac{v_{\beta(1,1)}}{a}$$

$$v_{\beta(1,1)} = -\frac{1}{2}(v_{\alpha(1,1)} + v_{\alpha(0,1)})(\theta_{\beta(1,1)} - \theta_{\beta(0,1)}) + v_{\beta(0,1)}$$

而截点（1，2），（1，3），…，（1，n），…的 $v_{\alpha(1,n)}$，$v_{\beta(1,m)}$，则由 (4.1.22) 确定。在 (2，

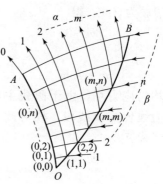

图 4.1.23　一主剪应力线上质点
位移速度法向分量与一曲线
划定范围各线上速度分量的关系

2) 点，又需重用上法求 $v_{\alpha(2,2)}$，$v_{\beta(2,2)}$。其他类推。

由此可得下述定理：

（1）岩体中的塑性区和强度大于它的脆性区的分界线，是主剪应力线或其法包线。

若取分界线上的连续位移速度

$$v_{\alpha}=v_{\beta}=0$$

且在边界线各点其方向皆不与主剪应力线重合，则塑性区中的质点位移速度 v_{α}，v_{β} 可用求图 4.1.21 中位移速度的方法确定。但分界处的位移速度分量为零，因此塑性区中的位移速度也必为零。但这与塑性区中必有位移速度分布相矛盾。故只有当此分界线与任一主剪应力线重合，则既使其上的位移速度为零，塑性区中也才不存在零位移速度分布。若位移速度在此分界线上不连续，则只可是其切向速度分量 v_t 间断，因其法向分量若间断则即于此处出现裂缝。v_t 沿此塑性区界面的厚度迅速变化，由 v_t^+ 到 v_t^-，随其厚度的减小无限增加。故由

$$\mathrm{d}\gamma_t=\lambda\tau_t$$

除以 $\mathrm{d}t$，得

$$\mathrm{d}v_t=\lambda'\tau_t \tag{4.1.23}$$

其中

$$\lambda'=\frac{1}{\tau_s^2}\frac{\mathrm{d}W_p}{\mathrm{d}t}$$

与塑性变形功随时间的增加率成正比。但此分界面法向位移速度分量变化的数量级与其切向分量变化的数量级相比甚小，故由（4.1.23）知 $\tau_t\rightarrow$ 最大值。因而，此分界线是主剪应力线或其法包线。

（2）岩体中质点位移速度矢量的间断线，是主剪应力线或其法包线。

因平行此间断线的 v_t 不连续，由 v_t^+ 到 v_t^- 飞跃变化，故 v_t 过此线时无限增大，但此分界面的法向位移速度分量则变化很小，因而由（4.1.23）知必是此线上的 $\tau_t\rightarrow$ 最大值。故此间断线上的剪应力等于 k，因而此间断线与主剪应力线或其法包线重合。岩体中的断裂面，为新的边界。其中，铅直张裂面为自由边界，其上的 $\tau_t\rightarrow0$；剪裂面为着力边界或约束边界，其上的 $\tau_t\neq0$。

（3）岩体界面上的摩擦力达到此岩体的力学性质所能容许的最大剪应力值的边界，与主剪应力线重合。

因此种边界上的

$$\tau_{xy}=k$$

故此界面实即主剪应力面。

五、场分布的基本规律

1. 基本场与附加场

变形岩体各处的力学性质、结构构造、起始形状和边界条件常呈非均匀分

布，使其中产生不均匀的应力和形变。但岩体的各部分又都被其整体性关连着，不可能只在个别部位改变形状而不影响其相邻部分。形变大的部位会对趋向于小形变的相邻部分发生牵制作用，形变小的部位会对趋向于大形变的相邻部分发生牵制作用。变形岩体中，由于应力分布不均匀但因受岩体整体性限制而发生的这种局部自相平衡的异于常态的内力，为附加应力，而原有的与外力保持平衡的造成岩体整体基本形变的常态应力，为基本应力。一点的总应力，常为基本应力与附加应力之和。基本应力构成的场，为基本场。局部附加应力构成的附加在基本场上的，为附加场。由此可具体划分，均匀平整半无限连续岩体中的应力场为基本场，局部影响如岩性、地形、构造等所引起的局部自平衡增值场为附加场。总应力场中各点的应力聚集系数

$$K = \frac{\sigma_{总}}{\sigma_{基}}$$

可见，地壳进行构造变形岩体中的各部位，常可有在一定范围内自相平衡的附加应力场，但在岩性均匀、地形平整、没有构造的大面积区位则不存在。

附加应力的产生，使局部的实际总应力状态与原来的基本应力状态有所区别，并可造成局部的构造变形或断裂，因而使得构造和地形复杂的地区，变形或断裂越加复杂。故据原有的与外力平衡的基本应力场来解决局部岩体的变形问题时，还须考虑该部位由于此基本应力场的作用而引起的附加应力场的分布形式和特点，才能了解实际影响该部位岩体变形的总应力分布状态及其作用效果。因为造成岩体各部变形和断裂的是基本应力场和与其共生的附加应力场的联合作用，故从造成岩体变形和断裂的总应力场中析出局部影响而得基本应力场以推求使其形成的外力时，若无根据地忽略局部附加应力场的作用而置其于不顾，会发生严重的错误，以致得出荒谬的结论。

岩体中各部位由于岩性、地形和构造而引起的附加应力，为第一附加应力。岩体中由于造岩矿物晶体力学性质不同、结晶结构的破坏和晶格畸变所引起的附加应力，为第二种附加应力。岩体中一点的总应力状态，取决于该点基本应力状态与两种附加应力的总和。但就大范围的岩体构造变形和断裂而言，第二种附加应力的影响可忽略不计，而在探讨岩体的组构和强度机制时，第二种附加应力的作用却不可忽视。

2. 场强分布基本特点

从地壳构造形迹的分布可知：构造应力场中有应力聚集区和疏缓区；应力聚集区多成带状，而应力疏缓区则成带状或其他多种形状；应力聚集带与疏缓区，相间分布。

构造应力场分布之所以具有这些特点的原因较多：一是由于地球自转造成有一定纬度间隔而相间分布的纬向应力聚集带和疏缓带，它们造成了强弱不同的全球性等间距纬向构造带；二是由于岩体的相对挤压或拉张而使得其中间部位应力

叠加,两边则相对疏缓,由于主动力是双向的而造成了山字型构造的脊柱,助长了近赤道处受南北半球的南北挤压所成的纬向构造带的形成而使它们总体上向两极变弱;三是地壳岩体由于上层阻力较小而易产生水平滑动,从而使得其前缘成带状聚集压力,它造成了山字型构造的前弧、多字型构造、S 型构造和旋转构造;四是处于构造应力场中的岩体由于力学性质、块体密度、几何形状和边界条件以及在全球应力场改变时所处的主动和被动地位的不同,造成不同方位、形态、大小和密度的构造单元所组成的构造带与其间的盾地,如巨大的全球性经向构造带;五是岩体的构造变形有波状起伏性,构造带上的应力聚集使得邻区的应力降低,于是相邻构造带形成在相隔的一定距离处,造成应力聚集带和疏缓区相间分布,构造带与盾地相间分布。这些均已被大量的构造现象及其模拟实验所证实。

3. 不连续面

连接各构造单元的主正应力线时,于岩体的不连续部位,只要其分界面两边的岩体互相挤压而紧密相连,则主正应力线在过此种岩体分界面时,不改变方向、性质、形状和主动性特征,延续地穿过此种界面成连续分布,而不受此界面的影响,其实验结果示于图 4.1.24。因而,无论是在连续岩体中,还是在压性、剪压性不连续面处,主应力的方向均连续变化。只是在主应力的大小上,当界面活动时,因其间摩擦阻力不同引起不同的能量消耗而有不同程度的减弱。

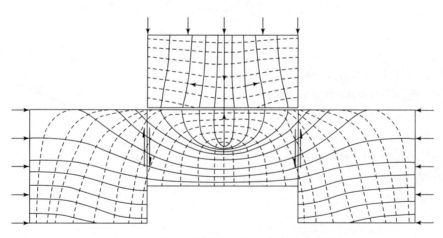

图 4.1.24 挤压不连续面两侧的主正应力线分布

岩体中裂面处主正应力的分布形式,则随裂面与两簇主正应力线方位关系的不同而变。裂面的存在,只影响其附近的应力分布,而对远处的应力场则无影响(图 4.1.25)。

4. 各向同性点

构造应力场中,在一构造单元内各不同方式应力作用部位之间或各构造单元

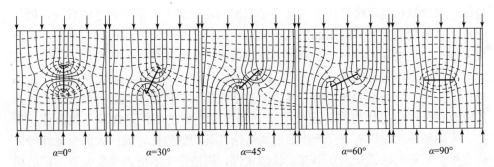

图 4.1.25　裂面方位对两盘局部主正应力线的影响

之间或各构造带之间的区位主正应力相交且相等的点，为各向同性点。

各向同性点处的应力分布，有如下特征：

① 各向同性点处符号相同的主应力：

$$\sigma_1 = \sigma_2$$

故

$$\tau_{12} = \frac{\sigma_1 - \sigma_2}{2} = 0$$

因而此种部位，无剪应力作用。

② 各向同性点处的应力曲面方程，为

$$\sigma_1 \xi^2 + \sigma_2 \eta^2 = C_\sigma$$

或

$$\sigma_1 \xi^2 + \sigma_2 \eta^2 = -C_\sigma$$

为板形岩体中轴线垂直板面的圆柱面。可见，此种部位的应力呈各向均匀的径向压力或张力状态，其张、压性质由主动力的方向而定。

③ 由摩尔应力圆知，若主正应力线上 P 点主正应力的方位角为 α（图 4.1.26），则

$$\tan 2\alpha = \frac{2\tau_{12}}{\sigma_1 - \sigma_2}$$

得各向同性点处主正应力的方位角

$$\alpha = \frac{1}{2} \tan^{-1}\left(\frac{0}{0}\right)$$

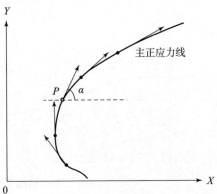

图 4.1.26　主正应力线上各点主
正应力的方位角

故主正应力过此种点时的方向不定，即不同方向的同性和异性主正应力线，皆可也只能相交于各向同性点。

④ 因构造应力场各点应力值的全面增减，并不影响其中主正应力相等点的

位置。故，只要场的分布形式不变，其中各向同性点的位置也不变。

场中各向同性点相连而成的线，为各向同性线。其所在区位，为各向同性区。

各向同性点，若在两簇正交主正应力线弧形部分的凹面，则其必被此两簇主正应力线环绕而构成联锁状，于是被闭合扁圆形异性主正应力线层层包围，为联锁式各向同性点（图2.1.27a）。若各向同性点位在几组正交簇主正应力线弧形部分的凸面，则各组主正应力线皆分散向外而不环绕此点时，为非联锁式各向同性点。非联锁式各向同性点，又依凸向各向同性点处的同性主正应力线是三组还是四组，而分为星芒式各向同性点（图4.1.27b），和雪花式各向同性点（图4.1.27c）。

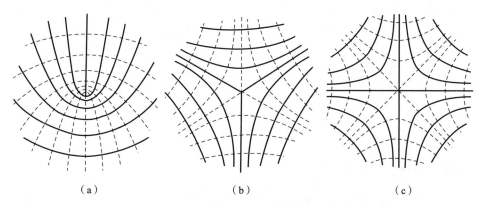

（a）　　　　　　　　（b）　　　　　　　　（c）

图4.1.27　联锁式（a）、星芒式（b）和雪花式（c）各向同性点

至少有一个主正应力为零的各向同性点为奇异点。因而，在岩体的自由边界上，因其垂直界面的主正应力为零，或在岩体中的中性面上，因其为张应力和压应力作用区的分界面而其上的主正应力为零，则在此种部位的各向同性点必为奇异点，即为一主应力为零或张应力与压应力的过渡点。故而，主压应力线过岩体内的后一类奇异点时可变为张性的，而主张应力线过岩体内的此种点时可变为压性的。这是二主应力都是零的奇异点。

5. 应力集中和衰减

构造应力场，是由场强相对较大的应力聚集区和场强相对较小的应力疏缓区构成。应力聚集区一般成带状分布，多与构造带重合，但也有时由于岩体力学性质、岩体形态和边界条件的影响而与构造带的位置稍有偏歧。应力疏缓区一般与盾地重合，但也有时有位置上的偏离。在分布关系上，应力聚集带与应力疏缓区相间分布，因而造成构造带与盾地的相间分布，前者为后者所衬托。应力聚集带的方位，取决于岩体的边界条件和几何形状。

连续岩体中由于于局部边界几何形状的突变，如地表地形的急剧变化（图

4.1.28）、体内断裂的边端、接头、弯折和交叉（图 4.1.29），而使得这些局部的应力大小高于没有这些局部变异影响的常态应力值，为应力集中。这是岩体外、内边界几何形状突变，所引起的一种附加应力造成的。为表示应力集中的程度，取应力集中区内实际最大应力与无应力集中时常态应力的比值 K_i，为集中系数。用主正应力表示，为

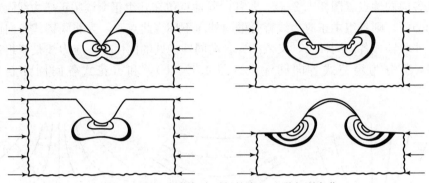

图 4.1.28　用光弹实验测得的由于地形急剧变化
造成的用主剪应力相对等值线表示的应力集中

$$K_{\sigma i} = \frac{(\sigma_{\max})_i}{\sigma_i} \Bigg|_{i=1,2,3}$$

用主剪应力表示，则为

$$K_{\tau ij} = \frac{(\tau_{\max})_{ij}}{\tau_{ij}} \Bigg|_{\substack{i=1,\ 2,\ 3 \\ j=1,\ 2,\ 3 \\ i \ne j}}$$

对不同类型的应力集中区，$K_{\sigma i}$，$K_{\tau ij}$ 是不同的。同一应力集中区，最大、中等和最小主应力各自的应力集中系数，一般也是不相等的。

　　若外力不变，应力集中区的应力由于局部岩体边界形状突变而增大，则其邻区的应力必然同时相应地减小，集中系数越大则其邻区应力减小得越多，且这种减小随距离增加而变弱及至相当远处则应力保持常态而不变，此为集中衰减定律。因而，一地区的应力集中与其他地区的应力衰减是共生的。于是，岩体中一处形成褶断构造，则其邻区的构造便应随之减弱，因而也减小了邻区再褶断的可能性，使得构造带与盾地相间分布，并降低邻区应力集中部位的应力值。可见，若岩体中有较多个应力集中区并列，则将互相降低其集中应力值。随距离的增加，这种互相影响逐渐减小。因之，若边界条件相同，则少数大断裂所在地区的集中应力值高于多断裂地区者。于是，便于少数大断裂继续活动而发展或形成新断裂，但当其增加到一定数量时，便由于降低集中应力值而不再易于活动或增加。应力集中区构造应力的这种变化，使构造带两侧的盾地可保持相对稳定，于是各相邻构造带便可进行交替活动或沿一定方向传速性活动或交替与单向传递相结合式活动。现代断层活动观测和地震震中迁移方式，均证实了这一点。

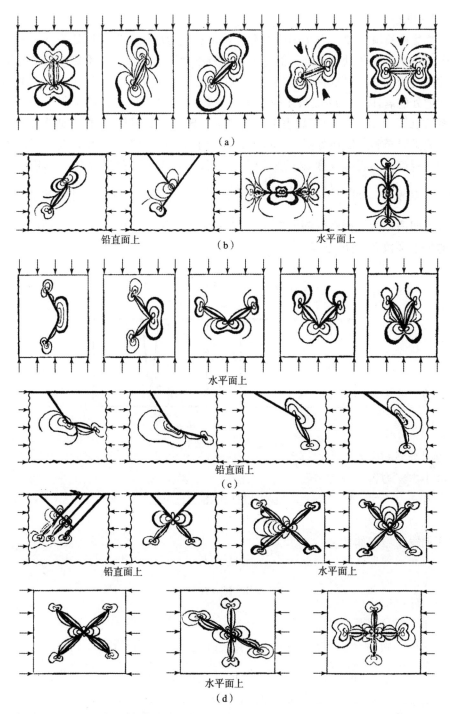

图 4.1.29　用光弹实验测得的在断裂边端（a）、接头（b）、弯折（c）和交叉（d）处
用主剪应力相对等值线表示的应力集中

1）凹槽

据集中衰减定律，由于凹槽的存在，常态应力场仅在近凹槽处受到影响而产生应力集中，距凹槽足够远处的应力场保持不变。因此，只需确定凹槽的轮廓线参数——槽深 d 和槽底曲率半径 r，便可求得集中系数。图 4.1.30 中，当槽深 d 比凹槽处的岩体厚度 D 极微小时，集中系数随 D 增大所趋向的极限，为浅槽集中系数 K'，可用 d/r 的函数表示。当槽深 d 比起槽底岩体厚度 D 足够大时，集中影响扩展至整个凹槽处的岩体厚度，由于主要影响因素的转化，此时槽深的影响却可忽略，而岩体厚度 D 的影响则变为很大，集中系数随 d 增大的极限为深槽集中系数 K''，可用 $\dfrac{D}{r}$ 的函数表示。故在 $\dfrac{d}{r}=0$，$\dfrac{D}{r}\to 0$ 时的集中系数为 1，因前者无凹槽，后者槽底的断面极小可视为直边。实验证明，在二极限值 K'，K'' 间的集中系数 K 满足方程

$$\frac{1}{(K-1)^2}=\frac{1}{(K'-1)^2}+\frac{1}{(K''-1)^2}$$

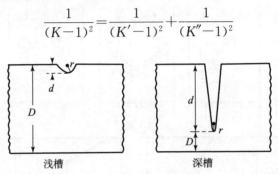

图 4.1.30　凹槽形态

则

$$K=1+\frac{(K'-1)\ (K''-1)}{\sqrt{(K'-1)^2+(K''-1)^2}} \qquad (4.1.24)$$

由此，得

$$\lim_{K'\to 1}K=K'$$

$$\lim_{K''\to 1}K=K''$$

又由（3.1.24）得

$$(K'-1)\ (K''-1)=(K-1)\ \sqrt{(K'-1)^2+(K''-1)^2}$$

故以 $(K'-1)$、$(K''-1)$ 为直角三角形二直角边，则 $(K-1)$ 即为此直角三角形斜边之高。上式，左边为用二直角边乘积表示的三角形面积的二倍，右边为用斜边与高乘积表示的同一个量。为求 K 值，也可不作斜边高线，而以直角顶为心作斜边切线，其半径为 R，则

$$K=1+R$$

有深凹槽的岩体，在外张力 Q 作用下张伸时（图 4.1.31），若其在平面应力状态的板厚为 1，则其凹槽处最窄断面的常态平均正应力

$$\sigma_n = \frac{Q}{Dl}$$

槽底的最大正应力

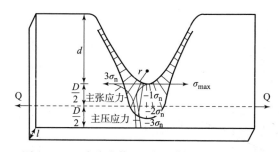

图 4.1.31　在张力作用下深凹槽引起的应力集中

$$\sigma_{max} = \frac{(K_1 - 2C)Q}{\left(1 - \dfrac{C}{\sqrt{1 + \dfrac{D}{r}}}\right)Dl}$$

其中

$$C = \frac{K_1 - \sqrt{1 + \dfrac{D}{r}}}{\dfrac{4}{3K_2}\sqrt{1 + \dfrac{D}{r}} - 1}$$

$$K_1 = \frac{2\left(1 + \dfrac{D}{r}\right)\sqrt{\dfrac{D}{r}}}{\left(1 + \dfrac{D}{r}\right)\cot^{-1}\sqrt{\dfrac{D}{r}} + \sqrt{\dfrac{D}{r}}}$$

$$K_2 = \frac{4\dfrac{D}{r}\sqrt{\dfrac{D}{r}}}{3\left[-\left(1 - \dfrac{D}{r}\right)\cot^{-1}\sqrt{\dfrac{D}{r}} + \sqrt{\dfrac{D}{r}}\right]}$$

σ_{max} 与 $\dfrac{D}{r}$ 的函数关系，示于图 4.1.32。凹槽附近的主正应力分布，示于图 4.1.31。于是，集中系数

$$K_\sigma'' = \frac{\sigma_{max}}{\sigma_n} = \frac{K_1 - 2C}{1 - \dfrac{C}{\sqrt{1 + \dfrac{D}{r}}}}$$

此岩体在外力矩 M 作用下弯曲时（图 4.1.33），则槽底最窄断面的常态平均正应力

$$\sigma_n = \frac{6M}{D^2 l}$$

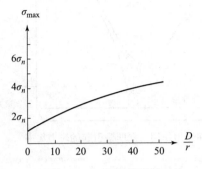

图 4.1.32　深凹槽张伸时的

$\sigma_{\max} - \dfrac{D}{r}$关系曲线

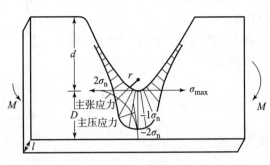

图 4.1.33　在力矩作用下深凹槽
引起的应力集中

槽底最大正应力

$$\sigma_{\max} = \frac{\left[2\left(1+\dfrac{D}{r}\right) - K_1\sqrt{1+\dfrac{D}{r}}\right]6M}{\left[\dfrac{4}{K_2}\left(1+\dfrac{D}{r}\right) - 3K_1\right]D^2 l}$$

$\sigma_{\max}$与$\dfrac{D}{r}$的函数关系，示于图 4.1.34。凹槽附近主正应力的分布，示于图 4.1.33。则，集中系数

$$K''_\sigma = \frac{\sigma_{\max}}{\sigma_n} = \frac{2\left(1+\dfrac{D}{r}\right) - K_1\sqrt{1+\dfrac{D}{r}}}{\dfrac{4}{K_2}\left(1+\dfrac{D}{r}\right) - 3K_1}$$

此岩体在外剪力 T 作用下剪切时（图 4.1.35），最大剪应力位于槽底下部距底边

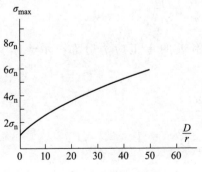

图 4.1.34　深凹槽在弯曲时的

$\sigma_{\max} - \dfrac{D}{r}$关系曲线

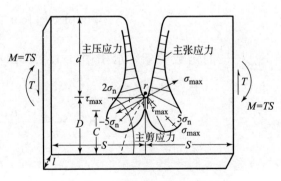

图 4.1.35　在剪切力作用下深凹槽
引起的应力集中

$$C = D \sqrt{\frac{\frac{D}{r} - 2}{\frac{D}{r}}}$$

处。槽底最窄断面平均剪应力

$$\tau_n = \frac{T}{Dl}$$

集中系数

$$K''_\tau = \frac{\tau_{max}}{\tau_n} = \frac{\frac{2\sqrt{3}}{9}\left(1 + \frac{D}{r}\right)\sqrt{\frac{D}{r}}}{\left(1 + \frac{D}{r}\right)\cot^{-1}\sqrt{\frac{D}{r}} - \sqrt{\frac{D}{r}}}$$

$$K''_\sigma = \frac{\sigma_{max}}{\sigma_n} = \frac{\frac{D}{r}\sqrt{1 + \frac{D}{r}}}{\left(1 + \frac{D}{r}\right)\cot^{-1}\sqrt{\frac{D}{r}} - \sqrt{\frac{D}{r}}}$$

其最大应力与 D/r 的关系，示于图 4.1.36。凹槽附近主正应力和主剪应力的分布，示于图 4.1.35。

有浅凹槽岩体，在外张力作用下张伸时的应力集中系数

$$K'_\sigma = \frac{\sigma_{max}}{\sigma_n} = 3\sqrt{\frac{d}{2r}} - 1 + \frac{4}{2 + \sqrt{\frac{d}{2r}}}$$

此时 σ_{max} 与 $\frac{d}{r}$ 的关系示于图 4.1.37，凹槽附近主正应力的分布示于图 4.1.38。此岩体在弯

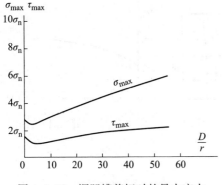

图 4.1.36　深凹槽剪切时的最大应力

与 $\frac{D}{r}$ 关系曲线

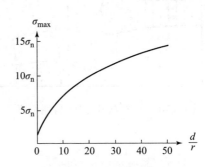

图 4.1.37　浅凹槽张伸时的

$\sigma_{max} - \frac{d}{r}$ 关系曲线

矩 M 作用下弯曲时，集中系数与张伸时的一样。当其在剪切力 T 作用下发生剪切变形时，集中系数

$$K'_\tau = \frac{\tau_{\max}}{\tau_n} = \frac{d}{D} f\left(\frac{d}{r}\right)$$

此时凹槽附近的应力分布，示于图 4.1.39。

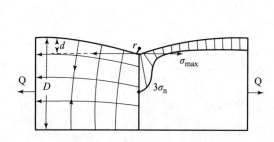

图 4.1.38　在张力作用下浅凹槽
引起的应力集中

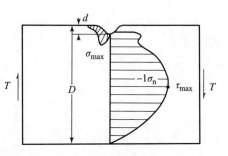

图 4.1.39　在剪切力作用下浅凹槽
引起的应力集中

2）凸隆

岩体表面有凸隆时，使其两侧二凹入处产生应力集中。在张力作用下，张应力由远而近地渐增到轮廓线曲率最大点达最大值，然后迅速减小到零，并沿凸边变成微小压力，而区外相当远处应力不变。若外力为压力，则凸隆上产生微小张力。凸隆附近应力分布，示于图 4.1.40。凸隆宽度为 $2L$，则两侧凹入处的 $\sigma_{\max}$ 与 $\frac{L}{r}$ 的关系示于图 4.1.41。

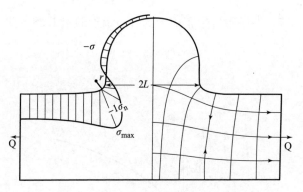

图 4.1.40　在张力作用下凸隆两侧凹入处的应力集中

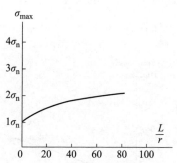

图 4.1.41　凸隆张伸时两侧凹
入处的 $\sigma_{\max} - \frac{L}{r}$ 关系曲线

3）外缝

受剪切力作用的有地表缝隙的岩体，由于缝端曲率半径极小，可将端部取一大小为 ε 的质点，其上应力不变。当是浅缝时（图 4.1.42. a），集中系数

$$K'_\sigma = \sqrt{\frac{2d}{\varepsilon}}$$

此时缝端曲率半径已被小质点大小之半所代替。当是深缝时（图 4.1.42b），集中系数

$$K''_\sigma = \frac{2}{\pi}\sqrt{\frac{2D}{\varepsilon}}$$

r 也是被 $\varepsilon/2$ 所代替。

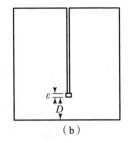

图 4.1.42 地表浅外缝（a）和深外缝（b）

4）内缝

岩体中有地下缝隙时，离缝较远处集中的附加应力迅速减小，而当 D/d 足够大时边界上集中的附加应力为零。因而，只讨论浅缝引起的应力集中。

张伸时，若浅缝垂直张力 Q（图 4.1.43），则集中系数

$$K'_\sigma = \frac{\sigma_{\max}}{\sigma_n} = 1 + 2\sqrt{\frac{d}{r}}$$

$\sigma_{\max}$ 与 $\frac{d}{r}$ 的关系，示于图 4.1.44。若缝平行张力，则 $r \to \infty$，于是

$$K'_\sigma = \frac{\sigma_{\max}}{\sigma_n} = 1$$

从此可知，最大主正应力位于缝的轮廓切线平行张力方向的点。

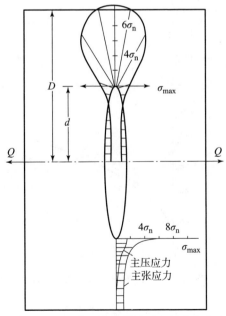

图 4.1.43 张伸时浅内缝端引起的应力集中

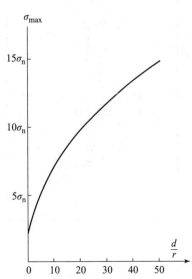

图 4.1.44 浅内缝在横向张伸时的

$\sigma_{\max} - \frac{d}{r}$ 关系曲线

弯曲时，若浅内缝垂直弯曲中性面方向（图 4.1.45），则集中系数

$$K'_\sigma = \frac{\sigma_{max}}{\sigma_n} = 1 + \sqrt{\frac{d}{r}}$$

σ_{max} 与 d/r 的关系，示于图 4.1.46。若缝平行弯曲中性面方向，则 $r \to \infty$，于是

$$K'_\sigma = \frac{\sigma_{max}}{\sigma_n} = 1$$

即无应力集中。

剪切时，若浅内缝平行剪切方向（图 4.1.47），则集中系数

$$K'_\sigma = \frac{\sigma_{max}}{\sigma_n} = \frac{3}{2}\left(2 + \sqrt{\frac{d}{r}} + \frac{1}{\sqrt{\frac{d}{r}}}\right)$$

$$K'_\tau = \frac{\tau_{max}}{\tau_n} = 3\,\frac{\left(\dfrac{\dfrac{d}{r}+2}{3}\right)^{\frac{3}{2}} - \sqrt{\dfrac{d}{r}}}{\left(\sqrt{\dfrac{d}{r}} - 1\right)^{2}}$$

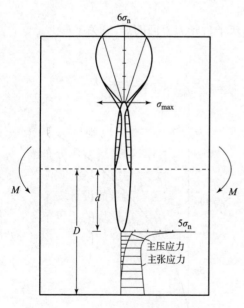

图 4.1.45　弯曲时浅内缝端的应力集中

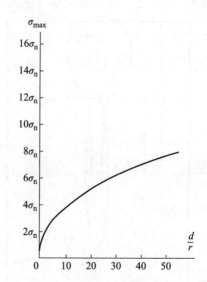

图 4.1.46　浅内缝垂直弯曲中性面时的

$\sigma_{max} - \dfrac{d}{r}$ 关系曲线

最大应力与 d/r 的关系，示于图 4.1.48。若缝垂直剪切方向，集中系数同上二式，只是最大剪应力不在切线垂直剪切方向的缝端，而在切线平行剪切方向的缝端。

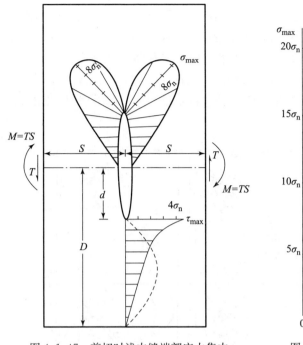

图 4.1.47　剪切时浅内缝端部应力集中

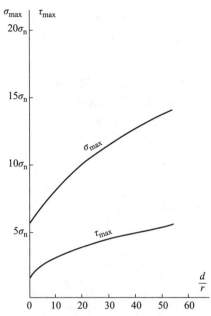

图 4.1.48　浅内缝平行剪切方向时，

σ_{max}，τ_{max} 与 $\dfrac{d}{r}$ 的关系曲线

第二节　构造应力场影响因素

一个地区的岩体在一定边界条件下所形成的构造应力场，与地区的断裂构造、地形分布、所受外力和岩体性质有关。了解这些因素对构造应力场分布的影响规律，是分析地区应力场的重要基础。它有助于正确地使用应力场的观测、实验和计算结果，科学地指导应力观测台网的建设布局和流动测量的设计安排，严格地减除局部影响以确定地区应力分布的总形式，逐步地推求地块的边界条件和外围地块的活动方式以及构造应力场的动力来源，进一步地研究如何改变这些影响因素来改变应力场以使其向低应力状态或有利应力状态转变。

一、断　裂

岩体中断裂的形态、产状、摩擦、错动和延裂，均影响构造应力场的分布形式，造成应力集中。

1. 断裂形态

岩体中的直立断层（图 4.2.1），使水平应力场在二端点附近集中，应力梯度增大，随远离断层而减小，逐渐趋近于原基本应力场；在两盘错动的前方为压应力区，后方为张应力区，它们对断层成反对称四象限分布；应力的此种不均匀分布，随深度增大而减弱；断层中段应力则较低；断层内的应力，比两盘显著降低（表 4.2.1～表 4.2.2；图 4.2.2）；二水平主应力之和随深度呈线性增加（图 4.2.3）；三个主轴与水平面和铅直线稍有偏离，随深度的增大这种偏离逐渐减小（表 4.2.3）；近断层处主应力线发生偏转，最大转角近 90°，远离断层则近南北、东西向按区域应力场分布。

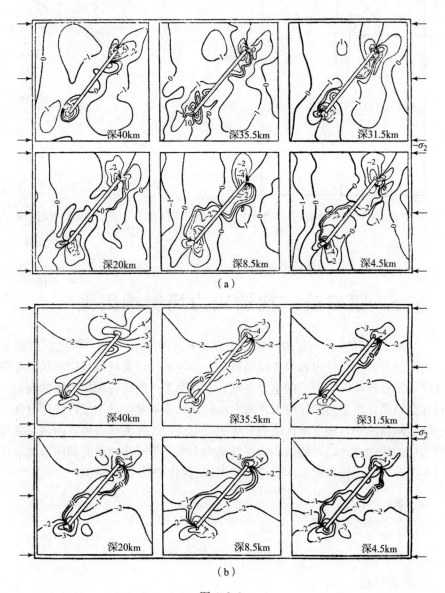

图 4.2.1

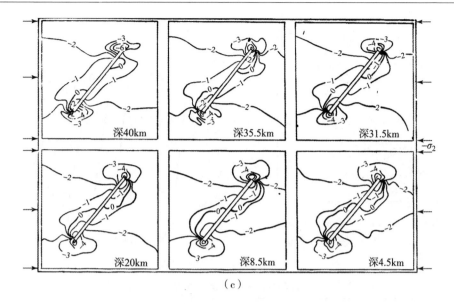

（c）

图 4.2.1　一地块长、宽各为 150 千米，深 40 千米，下底受铅直方向约束，
E＝6×10⁴ 兆帕，ν＝0.27，内有一走向北东 45°直立断层，断层内的参量 $E_{断}$＝
7×10² 兆帕，$ν_{断}$＝0.23，在东西向 10 兆帕水平均匀压力下，用三维有限单元法算得
各深度水平面上产生的最大主应力（a）、最小主应力（b）和最大剪应力（c）相对
等值线图（李群芳等，1982）

表 4.2.1　断层内和两盘水平最小主应力值的对比　　　单位：MPa

点号 位置	1	2	3	4	5	6	7	8	9	10
AB 外的点	12.3	8.9	6.3	3.7	2.0	−4.2	−4.5	−7.4	−12.6	−29.1
AB 内的点	−1.3	−2.4	−2.8	−3.0	−3.1	−3.1	−3.0	−2.7	−2.3	−1.3
CD 内的点	−1.5	−2.5	−2.8	−3.1	−3.1	−3.1	−3.0	−2.6	−2.3	−1.2
CD 外的点	−28.9	−11.3	−6.2	−4.0	3.9	1.5	2.8	5.0	7.1	10.9
AC 外的点	−25.8	−46.3								
BD 外的点	−43.8	−24.3								

表 4.2.2　断层内和两盘水平最大剪应力值的对比　　　单位：MPa

点号 位置	1	2	3	4	5	6	7	8	9	10
AB 外的点	19.0	9.5	9.6	6.9	5.3	−4.3	−3.9	−6.2	−11.2	−11.2
AB 内的点	−1.2	−2.2	−2.5	−2.7	−2.8	−2.8	−2.7	−2.5	−2.1	−1.2
CD 内的点	−1.2	−2.2	−2.5	−2.7	−2.8	−2.8	−2.7	−2.4	−2.1	−1.2
CD 外的点	−1.2	−9.9	−5.1	−3.4	−4.8	4.7	5.9	8.1	7.6	16.4
AC 外的点	−22.2	−36.4								
BD 外的点	−31.6	−14.6								

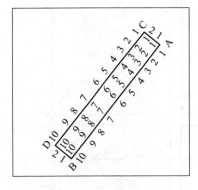

图 4.2.2　表 4.2.1～表 4.2.2 中的
　　　　　测点分布图

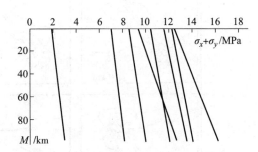

图 4.2.3　图 4.2.1 模型中二水平
　　　　　主应力和随深度的变化

表 4.2.3　三主方向与水平、铅直坐标轴夹角随深度的变化

与坐标轴的夹角	深度/km	1	2	3	4	5	6	7	8
σ_1 与 x 轴夹角	4.508	9°42′	3°12′	15°45′	4°9′	12°40′	26°54′	9°38′	8°36′
	20	8°57′	0°54′	15°11′	1°6′	11°33′	25°50′	8°0′	6°33′
	35.492	8°38′	0°0′	14°55′	0°54′	11°16′	25°40′	7°57′	6°18′
σ_2 与 y 轴夹角	4.508	12°50′	14°34′	19°41′	19°58′	41°17′	27°45′	22°42′	31°13′
	20	9°38′	6°12′	15°48′	7°21′	14°19′	26°6′	11°7′	10°51′
	35.492	8°40′	2°0′	14°53′	2°0′	11°25′	25°40′	8°31′	6°38′
σ_3 与 z 轴夹角	4.508	9°38′	15°1′	14°27′	20°33′	30°6′	16°0′	22°45′	30°18′
	20	3°48′	6°18′	5°9′	7°21′	8°20′	14°54′	8°31′	8°50′
	35.492	2°6′	2°6′	1°48′	1°48′	1°12′	0°36′	0°39′	0°39′

　　在水平应力场中，当其他条件相同时，直立断层锁结处的应力集中系数高于端点附近的（图 4.2.4）；端点附近的应力集中系数高于交叉区的（图 4.1.29）；交叉区的应力集中系数高于弯折处的（图 4.1.29）；断层锁结处水平最大主应力的集中系数按 Y 型、带型、半锁 X 型、全锁 X 型、入字型、雁行形的顺序依次降低，水平最小主应力集中系数的递降次序为 Y 型、带型、全锁 X 型、半锁 X 型、入字型、雁行型，水平最大剪应力集中系数的递降次序为 Y 型、带型、全锁 X 型、入字型、半锁 X 型、雁行形。三种应力集中系数都以 Y 型和带型断裂锁结处的为最高，都以雁行型和入字型的偏低，应力梯度的递降次序与此一致（图 4.2.4）。各类断层对应力大小分布的影响，均随远离断层而减小，并逐渐趋近于无断层的基本应力场分布状态。断层锁结处的主应力方向变化较大，也随远离断层而趋向原基本应力场的主方向。可见，水平构造应力场，无论在大小和方向上，都受断裂的影响，并与断层的形态有重要关系。这种局部的应力变化，只有在远离断层处才趋于减小而消失。

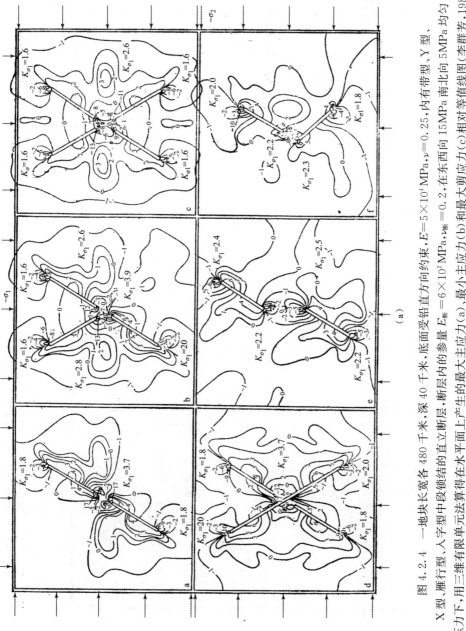

图 4.2.4　一地块长宽各 480 千米,深 40 千米,底面受铅直方向约束,$E = 5 \times 10^4$ MPa,$\nu = 0.25$,内有带型、Y 型、X 型、雁行型、人字型中段锁结的直立断层,断层内的参量 $E_\text{断} = 6 \times 10^2$ MPa,$\nu_\text{断} = 0.2$,在东西向 15MPa 南北向 5MPa 均匀压力下,用三维有限单元法算得在水平面上产生的最大主应力 (a)、最小主应力 (b) 和最大剪应力 (c) 相对等值线图 (李群芳,1987)

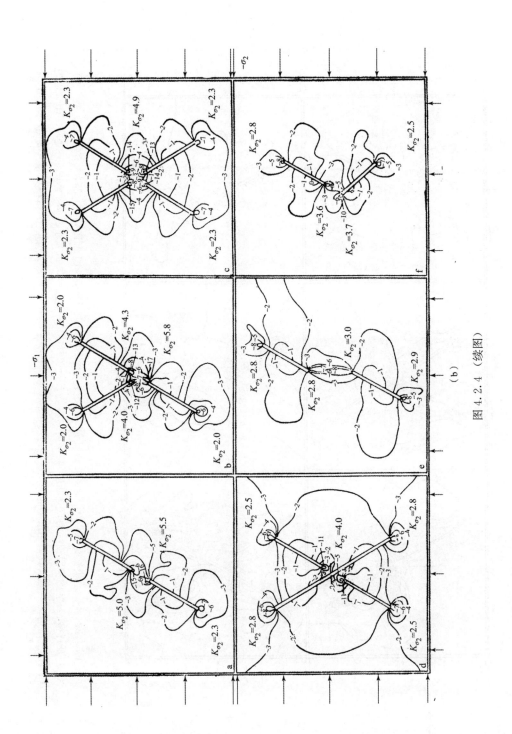

图 4.2.4（续图）

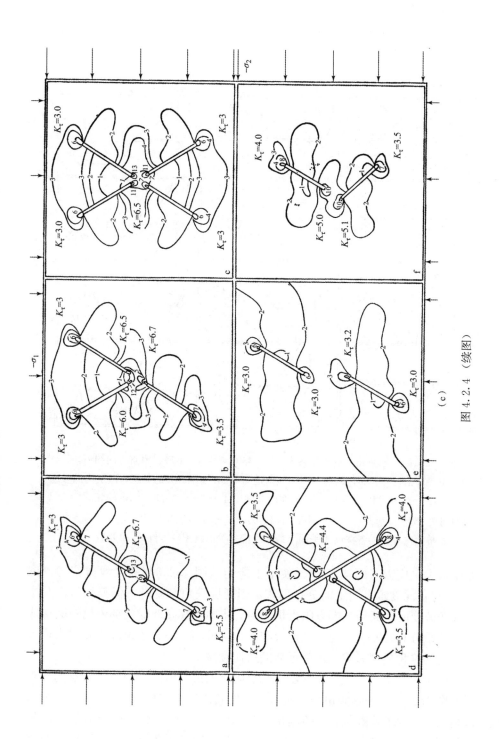

图 4.2.4　（续图）

2. 断裂产状

断裂的走向，影响应力集中带的方位（图 4.1.29）和主正应力线在断裂附近的分布形态（图 4.1.25）。

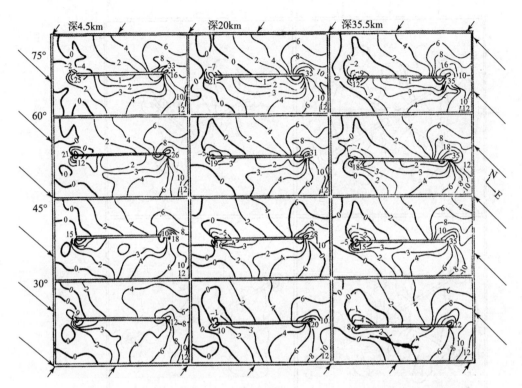

图 4.2.5　一地块长、宽、厚各为 720、480、40km，下底受铅直方向约束，
$E=6×10^4$MPa，$\nu=0.28$，内含一不同倾角走向 NE45°倾向 SE 的断层，断层内的参量
$E_{断}=7×10^2$MPa，$\nu_{断}=0.23$，在南北向 1.4（80−0.05D）$×10^{-3}$MPa
东西向 7（80+0.05D）$×10^{-3}$MPa 均匀压力下，深度 D 的单位为 m。用三维有限
单元法算得的各深度水平面上最大主应力等值线图（李群芳，1984）

水平最大主应力（图 4.2.5）、最小主应力（图 4.2.6）和最大剪应力（图 4.2.7）值在各深度水平面上的分布形式，当断层倾角改变时，仍都相似而基本不变；倾角改变时，断层二端点附近仍呈应力集中，其高低变化部位仍对断层成反对称四象限分布；断层对应力高低分布的影响范围，随其倾角减小而增大；不同断层倾角的这种局部影响，均随远离断层而衰减。

各深度水平面上最大主应力在断层端点附近的最高值区，均位于下盘的北东端附近（图 4.2.5），并随倾角增加而增大，也随深度增加而增大，在 20 千米深以下倾角大于 50°时则基本上不随倾角变化（图 4.2.8a）；最大主应力的次高值区，均位于上盘的南西端附近（图 4.2.5），并随倾角增加而增大，随深度变化

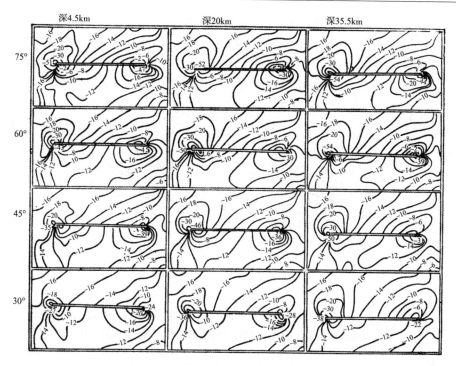

图 4.2.6 含各倾角断层的图 4.2.5 模型中各深度水平面上最小主应力等值线图

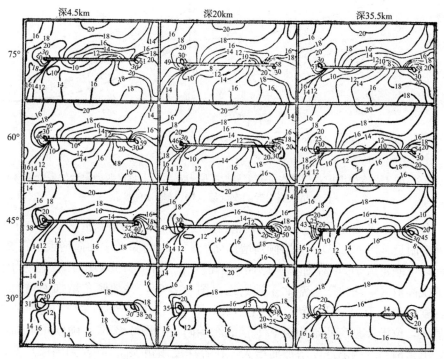

图 4.2.7 含各倾角断层的图 4.2.5 模型中各深度水平面上水平最大剪应力等值线图

不大，在 20 千米深以下倾角大于 50°时则随倾角变化不大（图 4.2.8b）；最大主
应力的最低值区，均位于下盘南西端附近（图 4.2.5），并随倾角增加而减小，
也随深度增加而减小（图 4.2.9a）；最大主应力的次低值区，均位于上盘北东端
附近（图 4.2.5），并随倾角增加而减小，但随深度增加而增大（图 4.2.9b）。

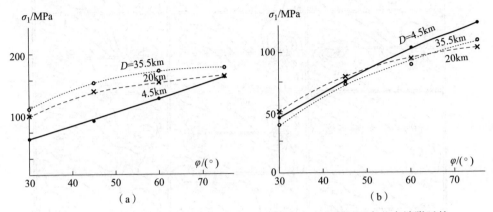

图 4.2.8　图 4.2.5 模型中各深度水平面上最大主应力在断层下盘北东端附近的
最高值（a）和上盘南西端附近的次高值（b）随倾角的变化

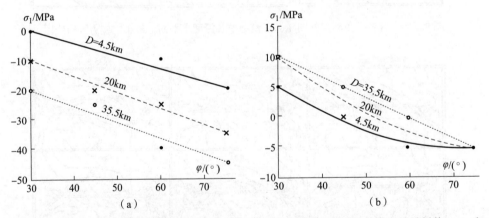

图 4.2.9　图 4.2.5 模型中各深度水平面上最大主应力在断层下盘南西端附近的最低值（a）和
上盘北东端附近的次低值（b）随倾角的变化

　　各深度水平面上最小主应力绝对值在断层端点附近的最高值区，均位于下盘
南西端附近（图 4.2.6），并随倾角增加而增大，也随深度增加而增大，在 20 千
米深以下倾角大于 50°时则基本上不随倾角变化（图 4.2.10a）；最小主应力绝对
值的次高值区，均位于上盘北东端附近（图 4.2.6），并随倾角增加而增大，在
各深度倾角大于 50°时则随倾角变化不大（图 4.2.10b）；最小主应力绝对值的最
低值区，位于上盘南西端附近和下盘北东端附近（图 4.2.6），随倾角增加而减
小，上盘南西端的随深度增加而增大，在各深度倾角大于 50°时则随倾角变化不
大（图 4.2.11a），下盘北东端的随深度增加而减小，在 20 千米深以下倾角大于

50°时变化很小（图 4.2.11b）。

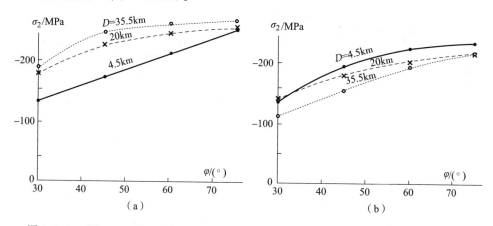

图 4.2.10　图 4.2.5 模型中各深度水平面上最小主应力绝对值在断层下盘南西端附近的最高值（a）和上盘北东端附近的次高值（b）随倾角的变化

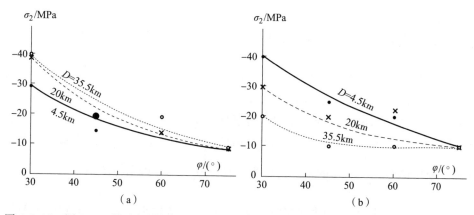

图 4.2.11　图 4.2.5 模型中各深度水平面上最小主应力绝对值在断层上盘南西端附近（a）和下盘北东端附近（b）的最低值随倾角的变化

　　各深度水平面上最大剪应力在断层端点附近的最高值区，均位于上盘北东端附近（图 4.2.7），并随倾角增加而增大，随深度增加而减小，在各深度倾角大于 50°时则随倾角变化很小（图 4.2.12a）；最大剪应力的次高值区，均位于下盘南西端附近（图 4.2.7），并随倾角增加而增大，随深度变化极小，在各深度倾角大于 50°时随倾角变化很小（图 4.2.12b）。

　　由上可知，水平最大主应力和最小主应力绝对值的最高值区均位于下盘，次高值区均位于上盘。而水平最大剪应力的最高值区则均位于上盘，次高值区均位于下盘；20 千米深以下倾角大于 50°时，则其对应力高值区分布的影响极小。可见，倾角小的断层区，深浅部水平主应力变化较大，而倾角大的断层区，则深浅部水平主应力变化很小，故对此种地区浅层的应力测值可基本上反映深层的值。各倾角的水平最大剪应力随深度变化均很小，倾角大于 50°时变化更小，因而在

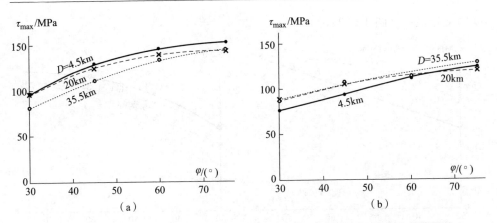

图 4.2.12　图 4.2.5 模型中各深度水平面上最大剪应力在断层上盘北东端附近的
最高值（a）和下盘南西端附近的次高值（b）随倾角的变化

地壳浅层的测值均可代表深层的值，只需做随深度呈线性增加的地区性改正即可。

　　主应力线方向，在三个深度水平面上，可随深度改变 90°，随倾角改变 120°（表 4.2.4）。

　　半无限岩体中，矩形倾斜断层走向错动时，地表面上沿断层走向中垂线的各水平应力分量中，只有水平最大剪应力 τ_{12} 随此中垂线方向坐标 x_2 改变，其他分量几乎不变。τ_{12} 对断层走向的不对称性随倾角 φ 的增大而减小，但 φ 对 τ_{12} 大小的影响不大，τ_{12} 随 x_2 的增大从负变正并渐趋于基本应力场，τ_{12} 的附加应力场只存在于断层两盘 $\left|\dfrac{x_2}{L}\right| < 4$ 的范围内，主要在 $\left|\dfrac{x_2}{L}\right| < 1.5$ 以内（图 4.2.13a）；$\dfrac{d}{L} = 0 \sim 1$ 时，d 的大小对 τ_{12} 的主要影响范围为 $\dfrac{x_2}{L} < 1$，d 越小对 τ_{12} 的影响越趋显著，$d = 0$ 则此范围内的 τ_{12} 全为负值（图 4.2.13b）；D 对 τ_{12} 的主要影响范围也在 $\left|\dfrac{x_2}{L}\right| < 1$ 内，但主要作用是使 τ_{12} 变负（图 4.2.13c）。

　　断层倾向错动时，τ_{12}，σ_1，σ_2 均随 x_2 变化，τ_{12} 对断层的不对称性随 φ 角的增大而减小，τ_{12} 的变化幅度也随 φ 的增大而减小，这种影响范围主要在 $\dfrac{x_2}{L} = -1.5 \sim 3.0$，$\tau_{12}$ 随 $\dfrac{x_2}{L}$ 的增大从正到负又变为正（图 4.2.13d）；τ_{12} 的变化幅度随 $\dfrac{d}{L}$ 的减小而增大，此影响范围主要在 $\dfrac{x_2}{L} = -2 \sim 3$（图 4.2.13e）；$\tau_{12}$ 的变化幅度随 $\dfrac{D}{L}$ 的增大而增大，其影响范围主要也在 $\dfrac{x_2}{L} = -2 \sim 3$（图 4.2.13f）。

表 4.2.4　断层邻域三个主应力与坐标轴夹角随深度和倾角的变化

点位		Z/km	最小主应力与 X 轴的夹角				中等主应力与 Z 轴夹角				最大主应力与 Y 轴夹角			
	夹角 / 倾角		30°	45°	60°	75°	30°	45°	60°	75°	30°	45°	60°	75°
下盘	1	35.492	46°7′	53°58′	56°38′	57°37′	29°26′	29°26′	20°46′	11°16′	41°26′	127°0′	121°23′	121°1′
		20.000	46°25′	52°6′	55°58′	57°35′	33°9′	29°34′	19°0′	9°30′	132°55′	126°38′	123°33′	121°46′
		4.508	44°54′	50°43′	55°0′	57°52′	29°39′	27°38′	18°30′	8°54′	45°59′	127°25′	124°7′	121°48′
	2	35.492	34°24′	41°36′	47°36′	51°16′	5°58′	9°25′	10°8′	7°43′	34°13′	41°15′	132°34′	128°39′
		20.000	39°1′	46°5′	49°59′	51°43′	11°40′	13°8′	9°56′	5°43′	39°2′	133°54′	129°50′	128°0′
		4.508	43°43′	50°0′	52°20′	52°42′	17°44′	17°30′	10°32′	4°32′	43°59′	129°37′	127°27′	127°9′
	3	35.492	31°49′	29°21′	26°53′	25°31′	5°47′	10°0′	14°23′	15°25′	32°20′	31°1′	30°36′	29°48′
		20.000	32°14′	29°9′	27°31′	26°1′	4°46′	9°59′	9°39′	9°0′	32°35′	30°53′	29°13′	27°37′
		4.508	33°13′	30°58′	28°14′	26°15′	1°2′	2°41′	4°52′	5°23′	33°14′	31°0′	28°40′	26°51′
	4	35.492	34°13′	33°15′	30°29′	31°0′	78°22′	78°55′	76°26′	85°0′	98°29′	98°36′	99°27′	94°20′
		20.000	34°15′	31°55′	29°59′	29°7′	79°39′	75°14′	75°24′	83°8′	96°26′	101°0′	101°41′	95°22′
		4.508	35°10′	31°56′	29°44′	28°50′	79°47′	65°24′	62°56′	79°53′	95°7′	108°28′	112°7′	98°13′
	5	35.492	36°37′	33°32′	30°41′	30°14′	79°24′	67°26′	50°	21°50′	95°29′	106°49′	121°47′	37°35′
		20.000	33°0′	35°10′	32°21′	30°35′	80°32′	66°4′	54°28′	35°44′	92°1′	105°48′	117°35′	46°40′
		4.508	39°57′	36°30′	32°49′	30°29′	87°20′	65°2′	51°10′	34°0′	85°53′	105°34′	119°41′	45°15′
	6	35.492	45°1′	45°40′	47°0′	48°53′	63°10′	46°52′	26°20′	8°36′	100°55′	112°58′	125°21′	131°27′
		20.000	47°21′	48°22′	48°16′	48°0′	69°6′	52°14′	36°0′	14°22′	94°17′	107°7′	118°51′	129°34′
		4.508	48°44′	50°13′	48°26′	46°52′	79°54′	59°39′	40°57′	18°12′	86°26′	101°37′	116°8′	129°32′

（续表）

点位	Z/km	最小主应力与 X 轴的夹角				中等主应力与 Z 轴夹角				最大主应力与 Y 轴夹角			
		30°	45°	60°	75°	30°	45°	60°	75°	30°	45°	60°	75°
7	35.492	62°5′	64°22′	69°8′	72°28′	35°49′	28°1′	18°53′	13°0′	107°11′	110°46′	111°8′	108°59′
	20.000	64°8′	66°58′	69°58′	71°20′	45°1′	31°41′	18°28′	8°36′	98°11′	104°19′	107°32′	108°37′
	4.508	66°1′	69°34′	70°0′	69°23′	123°19′	37°40′	21°12′	8°40′	90°8′	98°29′	105°55′	109°58′
8	35.492	63°19′	66°52′	70°26′	71°56′	22°53′	18°35′	12°0′	9°24′	112°1′	111°41′	110°18′	108°50′
	20.000	62°17′	66°38′	69°0′	69°56′	23°38′	16°33′	10°25′	7°35′	110°11′	111°23′	111°11′	110°37′
	4.508	59°46′	65°22′	68°12′	69°19′	98°56′	36°14′	8°55′	4°44′	88°43′	105°31′	111°13′	110°52′
9	35.492	33°7′	30°55′	28°57′	27°27′	8°15′	18°55′	30°0′	31°56′	34°11′	36°21′	41°31′	41°37′
	20.000	33°41′	31°23′	29°13′	27°35′	8°27′	18°50′	26°41′	25°54′	34°47′	36°43′	39°26′	37°31′
	4.508	34°19′	31°52′	29°12′	27°19′	14°23′	28°16′	38°10′	31°35′	37°21′	42°40′	47°45′	41°20′
10	35.492	19°42′	19°37′	15°45′	17°17′	27°31′	27°37′	23°58′	8°7′	34°4′	33°57′	28°33′	18°41′
	20.000	21°14′	19°52′	19°0′	18°35′	18°5′	19°1′	14°15′	8°19′	27°13′	27°38′	23°44′	20°8′
	4.508	21°12′	20°2′	19°21′	18°57′	9°11′	11°42′	10°0′	6°14′	22°53′	23°8′	21°46′	19°55′
11	35.492	23°11′	24°0′	21°47′	19°52′	40°0′	35°57′	27°16′	17°53′	47°14′	43°41′	34°24′	24°58′
	20.000	22°53′	21°10′	20°26′	19°42′	34°14′	29°10′	19°53′	10°54′	40°15′	36°31′	28°39′	22°28′
	4.508	23°2′	21°11′	20°46′	21°12′	27°37′	23°53′	16°14′	7°44′	32°25′	29°55′	25°27′	22°29′
12	35.492	33°37′	37°11′	37°15′	36°45′	28°58′	27°15′	20°0′	13°21′	41°30′	45°21′	42°41′	38°54′
	20.000	34°12′	35°38′	36°39′	37°10′	31°28′	26°0′	17°6′	9°16′	42°12′	42°24′	39°58′	38°22′
	4.508	33°53′	34°58′	36°52′	38°26′	27°38′	23°32′	15°35′	7°46′	38°16′	39°8′	38°50′	39°1′

上盘

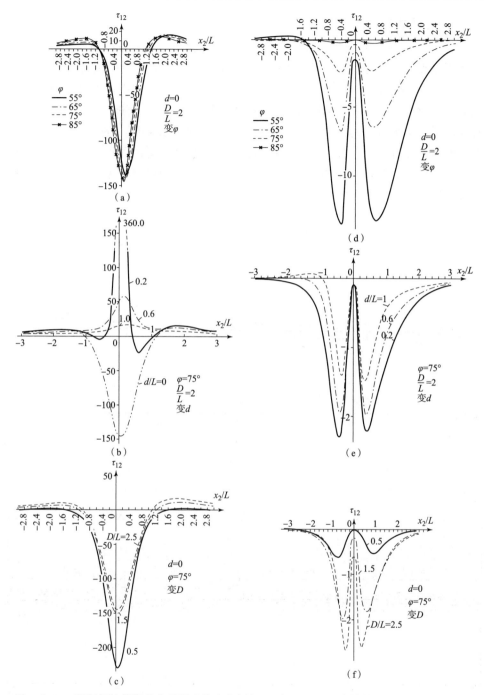

图 4.2.13　用解析法算得的半无限岩体中含倾角 φ，长 $2L$，上界沿倾向延至地表距离为 d，
下界沿倾向延至地表距离为 D，走向平行 X_1 轴，垂直 X_2 轴的矩形断层，当走向
错动 (a)(b)(c) 和倾向错动 (d)(e)(f) 时所引起的地表水平附加最大剪应力沿断层
走向中垂线的分布（黄福明等，1980）

3. 裂面摩擦

直立断层面上各段的摩擦系数不同时，则在共同的水平压剪力作用下，两盘的水平最大主应力和最小主应力绝对值，均随裂面摩擦系数的增加而增大（图4.2.14）。若直立断层面上无走向剪切力，只受法向压力作用，则主压应力线通过此断层时，不受各段裂面摩擦系数不同的影响，皆正交而过（图4.2.15）。若直立断层受水平压剪力作用，则水平主压应力线通过断层时，在裂面摩擦系数高的区段不改变方向，仍按原向通过；而在裂面摩擦系数低的区段，则水平主压应力线与裂面所交锐角，随裂面摩擦系数减小而增大，裂面摩擦系数趋近于零，则此交角趋近于 $90°$（图4.2.16）。

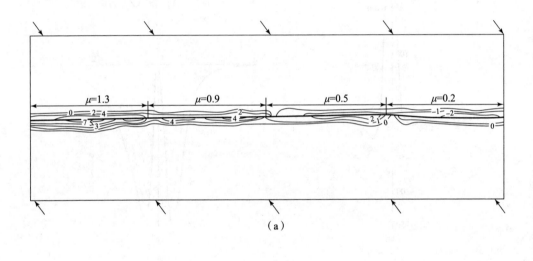

(a)

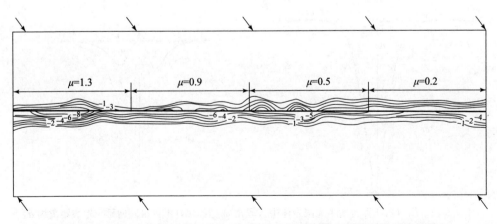

图 4.2.14　明胶石膏弹性模型在水平压剪力作用下各段有不同摩擦系数的直立
断层对两盘水平最大主应力（a）和最小主应力（b）分布影响的正交网格法测量结果

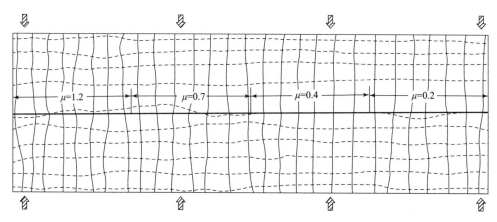

图 4.2.15 图 4.2.14 模型在垂直断层面的压力下水平主正应力线在两盘的分布形态

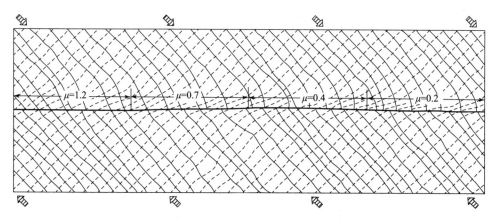

图 4.2.16 图 4.2.14 的模型在水平压剪力作用下水平主正应力线在两盘的
形态与裂面摩擦系数的关系

4. 断裂错动

倾斜断层沿走向错动后，引起附加应力场。其水平最大主应力的张应力区大于压应力区，对断层成反对称分布（图 4.2.17a）；水平最小主应力的张应力区小于压应力区，对断层成反对称分布（图 4.2.17b）；平均主应力的张、压区对断层成反对称分布，倾角减小则上盘分布范围扩大而下盘的则缩小（图 4.2.17c）；水平最大剪应力，在断层两端的一定角域内上升，其次在两盘距断层一定距离处也有所上升，而其他地区则多下降，升、降区相间分布，倾角近 90°时无论断层左旋还是右旋错动均对断层及其中垂线成对称分布，倾角减小时则只对断层中垂线成对称分布，并且上盘影响范围扩大而下盘的则缩小（图 4.2.17d）。

倾斜断层沿倾向错动后，引起附加应力场。其水平最大主应力都是张应力，对断层中垂线成对称分布（图 4.2.18a）；水平最小主应力对断层中垂线成对称分布，在倾角近 90°时均为压应力，倾角减小则外围出现张应力区（图 4.2.18b）；

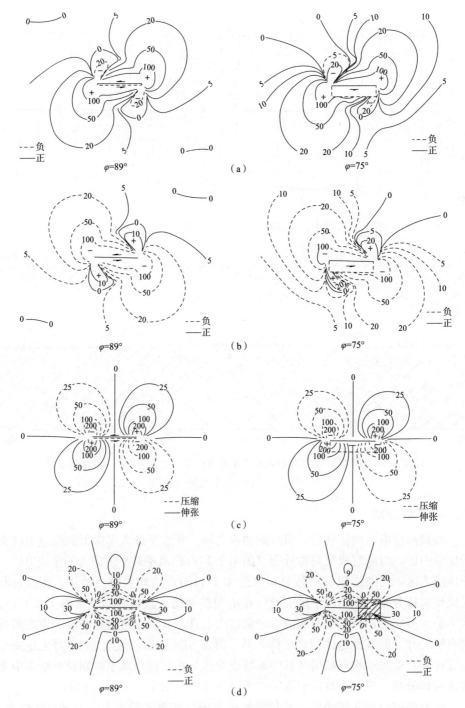

图 4.2.17　图 4.2.13 的岩体模型，取 $2L=20$ 千米，$d=0$，$D=2L$，沿走向错距 $10^{-4}L$，
岩体拉梅系数 $\mu_k=G_k=3\times10^4$（兆帕），用解析法算得的地表附加应力场中的水平最大主应力（a）、
最小主应力（b）、平均主应力（c）和最大剪应力（d）等值线图（黄福明等，1980）

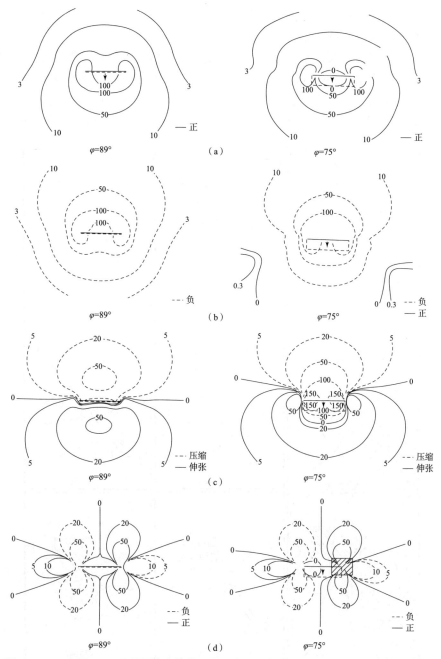

图 4.2.18　在图 4.2.17 的具体岩体模型中，断层沿倾向错距 $10^{-4}L$，用解析法算得的
地表附加应力场中水平最大主应力（a）、最小主应力（b）、平均主应力（c）和最大剪
应力（d）等值线图（黄福明等，1980）

平均主应力有一张应力区，主要在上盘，还有一压应力区，主要在下盘，倾角减
小则此二区跨越断层的范围加大，但仍对断层中垂线成对称分布（图 4.2.18c）；

水平最大剪应力，正、负区范围大小相近，相间分布，对断层对称，倾角减小这种对称性随之减弱（图 4.2.18d）。

对复合断层，当断层水平分布的中段锁结时，相当于二共线断层沿水平方向汇而不交，其水平错动引起的水平最大主应力、最小主应力和最大剪应力的分布形态，相当于两个断层应力场顺走向的水平连接，并在各深度的分布形态均相似（图 4.2.19）。若倾斜断层铅直分布的上、下段等量错动而中段锁结时，则所引

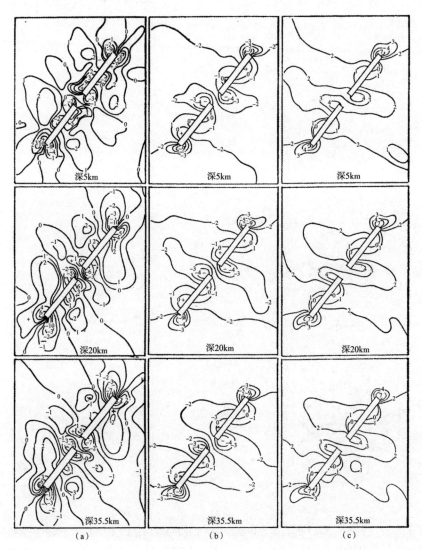

图 4.2.19　含走向 NE39°中段锁结直立断层的地块，长宽各 150km，深 40km，
底面受铅直向约束，$E=6\times10^4\mathrm{MPa}$，$\nu=0.27$，断层内的参量 $E_{断}=7\times10^2\mathrm{MPa}$，
$\nu_{断}=0.23$，在东西向 10 兆帕均匀压力下，因断层错动引起的各深度水平最大主应力（a）、
最小主应力（b）和最大剪应力（c）变化的三维有限单元法计算结果（张云柱等，1984）

起水平附加剪应力等值线的分布，示
于图 4.2.20。其中部锁结段的应力集
中系数，高于下段下边界附近的。因
而，中部锁结段比下段下边界易于破
裂。若此中部锁结段出露地表，则相
当一个隐伏断层，也是上部锁结段比
向下易于破裂。

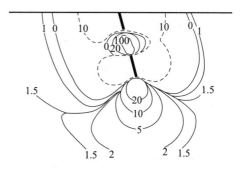

图 4.2.20　用解析法算得的中段
锁结倾斜断层上、下段等量水平错动
在横铅直剖面上产生的水平附加主剪
应力场（C. H. Scholy et al.，1969）

　　岩体中的断裂错动，可由两种原
因所引起。一是增加构造应力，一是
降低断裂强度或错动强度。前者引起
的断层错动所造成的附加应力场分布
范围较大（图 4.2.21a），后者引起的
断层错动所造成的附加应力场分布范围较小（图 4.2.21b）。

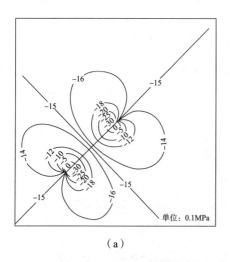
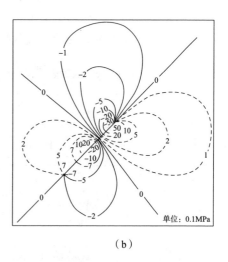

（a）　　　　　　　　　　　　　　　　　　　　（b）

　　图 4.2.21　地块长宽各 600km，深 20km，$E=5\times10^4$ MPa，$\nu=0.25$，含走向
NE 45°直立断层，裂面摩擦系数 $\mu=0.5$，受南北向 5MPa 东西向 22MPa 均匀压力，
当东西向压力增至 25MPa 时造成的断层错动（a）和 μ 降到 0.3 造成的断层错动（b）
所引起的附加应力场平均主应力等值线图（黄忠贤等，1984）

5. 断裂延裂

　　由（2.1.46′）得，板形岩体中一长 $2a$ 尖端曲率半径近于零走向与压应力 σ_1
方向成 β 角的压剪复合型裂纹（图 4.2.22），其尖端附近的应力场为

$$\sigma_r = \frac{1}{\sqrt{2\pi r}} \cos\frac{\theta}{2} \left[K_\mathrm{I}\left(1+\sin^2\frac{\theta}{2}\right) + K_\mathrm{II}\left(\frac{2}{3}\sin\theta - 2\tan\frac{\theta}{2}\right) \right]$$

$$\sigma_\theta = \frac{1}{\sqrt{2\pi r}} \cos \frac{\theta}{2} \left[K_{\mathrm{I}} \cos^2 \frac{\theta}{2} - \frac{3}{2} K_{\mathrm{II}} \sin \theta \right]$$

$$\tau_{r\theta} = \frac{1}{\sqrt{2\pi r}} \cos \frac{\theta}{2} \left[K_{\mathrm{I}} \sin \theta - K_{\mathrm{II}} (1 - 3\cos \theta) \right]$$

其中

$$K_{\mathrm{I}} = -\sigma_1 \sin^2 \beta \sqrt{\pi a}$$

$$K_{\mathrm{II}} = -\sigma \sin \beta \cos \beta \sqrt{\pi a}$$

此复合型裂纹闭合，剪切，属压剪性。延裂时，尖端渐向 σ_1 方向延展，并有关系

$$\frac{K_{\mathrm{II}}}{K_{\mathrm{I}}} = \cot \beta$$

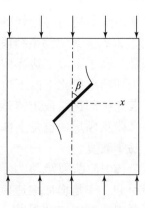

图 4.2.22　在单轴压缩下
大理岩中压剪复合型裂纹的延裂

实验结果（表 4.2.5）证明此式是正确的。延裂后，主剪应力仍在裂纹端部集中，其等值线顺着逐渐转向压缩方向的延裂成尖锥形分布，而不再是延裂前的圈闭状（图 4.2.23a），延裂产生了应力降，使主正应力线在原裂纹两盘成最大达 45°的转角，但在新生成的延裂两盘则方向几乎不变（图 4.2.23b）。

表 4.2.5　大理岩 $\dfrac{K_{\mathrm{II}}}{K_{\mathrm{I}}}$ 与 $\cot \beta$ 关系的实验结果（李贺等，1988）

$\beta/°$	5	10	15	30	40	45	60
$\cot \beta$	11.43	5.67	3.73	1.73	1.19	1.00	0.58
$\dfrac{K_{\mathrm{II}}}{K_{\mathrm{I}}}$	11.20	5.70	3.85	1.73	1.19	1.00	0.58

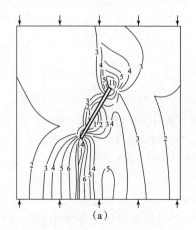 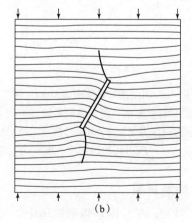

(a)　　　　　　　　　　　(b)

图 4.2.23　用光弹贴片法测得的大理岩中与单向压轴成 30°角的裂纹向压轴方向延裂引起的附加应力场中主剪应力等值线 (a) 和主张应力线 (b) 图（高德录等，1984）

将华北地区的光弹法模型在六个方向压缩下各自造成水平主剪应力集中的断裂锁结段（图 4.2.24），各按邢台→渤海→海城→唐山的次序，依次用细锯条锯

开而把断裂连通。每次连通前的水平主剪应力高值区的主剪应力，用应力条纹级
数表示在表 4.2.6 中。此表说明：

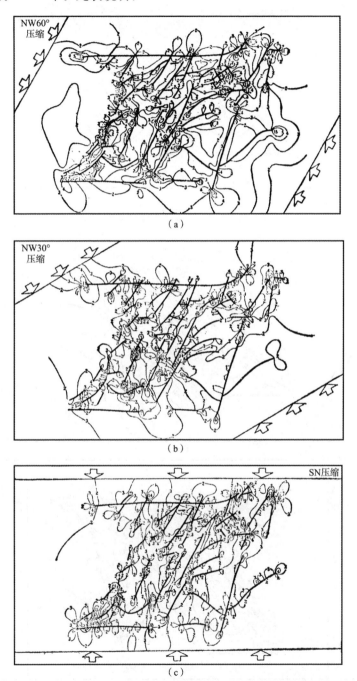

图 4.2.24　华北地区模型在六个方向压缩下用光弹法测得的
水平主剪应力相对等值线图

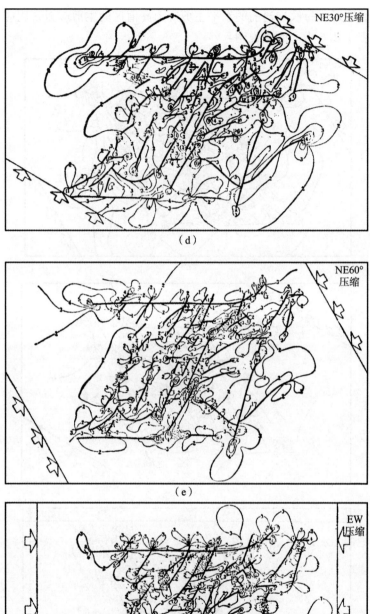

（d）

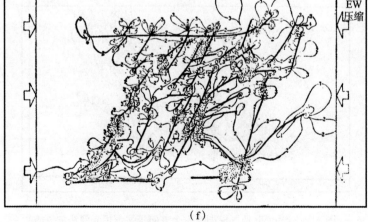

（e）

（f）

图 4.2.24 （续图）

① 全区在各受力方式下的水平主剪应力高值区，若断裂不连通，则一直保留下来；

② 造成高应力的断裂锁结段连通后，邻域的主剪应力有所降低，外围地区的一般不变，远处一些部位的主剪应力则略有上升；

③ 全区各主剪应力高值区中，下一次自然破裂的不一定是最高值区，而是主剪应力上升的地区；

④ 本区在某一方向压缩下同时存在的几个主剪应力上升区中，有一处自然破裂而释放应变能后，其他的便不再在同一方向压缩时期继续破裂；

⑤ 全区在北东 60°、东西和北西 60° 方向，即东西约 60° 角域内各方向压缩下的主剪应力上升区变化的次序，在邢台地区断裂连通后为渤海、唐山地区，渤海地区断裂连通后为海城地区，海城地区断裂连通后为唐山、A 区，唐山地区连通后为 A 区、B_2 区。

⑥ 某一地区断裂连通后的新主剪应力上升地区中，在下一次没自然破裂的，可轮为再下一次或再再下一次自然破裂。如邢台地区断裂连通后的新主剪应力上升地区有渤海和唐山两区，但渤海地区在下次自然破裂了，而唐山地区则没破，在渤海地区断裂连通后主剪应力上升的地区是海城区，到海城地区断裂连通后则便轮到唐山地区发生自然破裂了，此时唐山地区也是新的主剪应力上升区之一。

表 4.2.6 用光弹法测得的华北地区在六个方向压缩下水平主剪应力高值区的断裂连通所引起的主剪应力高值区的转移次序

全区压缩方向	最大剪应力高值区	应力条纹级数				
		邢台断裂连通前	渤海断裂连通前	海城断裂连通前	唐山断裂连通前	唐山断裂连通后
南北	A 区	11	11	11	11	11
	开封	11	11	11	11	11
	河津	11	11	11	11	11
	石家庄	11	11	11	11	11
	B_1 区	11	11	9	(11)	11
	海城	10	10	10	—	—
北东 30°	唐山	11	11	11	11	—
	开封	11	11	11	11	11
	A 区	10	10	10	(11)	(12)
	B_1 区	10	10	10	10	10
	渤海	10	10	10	10	10
	石家庄	10	10	10	10	10
	海城	10	10	10	—	—
北东 60°	A 区	14	14	14	14	(16)
	唐山	14	14	14	(17)	—
	开封	13	13	13	13	13
	海城	12	12	(14)	—	—
	邢台	12	—	—	—	—
	渤海	10	(11)	—	—	—
	B_2 区	10	10	10	10	(12)

（续表）

全区压缩方向	最大剪应力高值区	应力条纹级数				
		邢台断裂连通前	渤海断裂连通前	海城断裂连通前	唐山断裂连通前	唐山断裂连通后
东西	A 区	12	12	12	(13)	(14)
	石家庄	12	12	12	12	12
	海城	10	10	(12)	—	—
	渤海	10	10	—	—	—
	邢台	10	—	—	—	—
	唐山	9	9	9	(12)	—
北西 60°	邢台	17	—	—	—	—
	唐山	14	(17)	17	(20)	—
	海城	16	16	(19)	—	—
	A 区	12	12	12	12	(18)
	B₂ 区	11	11	11	11	(15)
	渤海	11	(12)	—	—	—
	开封	10	10	10	10	10
北西 30°	唐山	12	12	12	12	
	海城	10	(11)	11	—	—
	A 区	10	10	10	10	10
	B₁ 区	9	(10)	10	10	10

二、地　形

1. 圆顶和圆洼

有圆顶地形的岩体，在水平均匀压力下形成的应力场中，水平压应力集中系数在圆顶周边处最大，其绝对值向下变小，也向圆顶顶部减小，至圆顶顶部为最小；铅直正应力在圆顶周边为压性的，其绝对值向下变小，在圆顶顶部为零，顶部下部为正，并有一正的高值体（图 4.2.25a）。

圆顶地形岩体，在重力作用下，水平正应力集中系数在周边为最大正值，向下减小，并变为负，然后绝对值向下增大，向顶部也略有增加；铅直正应力等值线约平行地表，向下变平，增大，向远处渐近基本重应力场（图 4.2.25b）。

有圆洼地形的岩体，在水平均匀压力下形成的应力场中（图 4.2.26），水平最小主应力只在洼坡上的阴影部分为张性的，其余皆为压性的。洼底曲率半径越小，张应力区越厚。压应力在洼底中心集中，向下变小。洼底中心的高应力值，随洼深与洼底曲率半径比的增加而增大。主压应力线在圆洼地形附近向洼底方向偏转，向深部则趋近水平分布。这种附加应力场，只存在于圆洼附近，远离圆洼则为原基本应力场。洼底中心水平最小主应力集中系数，与洼深对洼底曲率半径比呈线性关系（图 4.2.27），可表示为

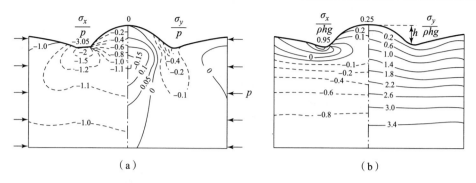

图 4.2.25 用解析法算得的地表有圆顶地形的岩体在水平均匀压力下（a）和重力作用下（b）的水平及铅直正应力与水平压力或重力比分布图（W. Z. Savage，1986）

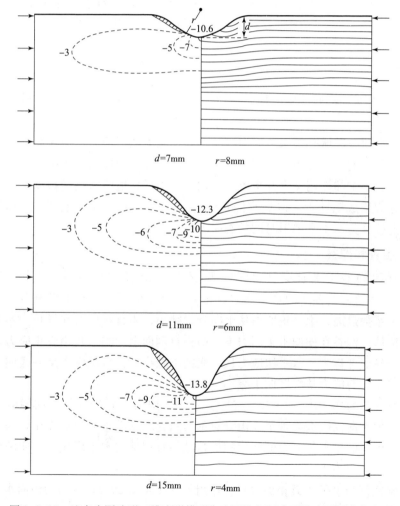

图 4.2.26 地表为圆洼形三维光弹模型在水平均匀压力下的水平最小主应力相对等值线和主压应力线分布与洼深对洼底曲率半径比的关系（郭士凤，1989）

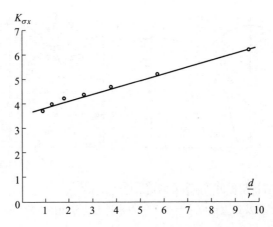

图 4.2.27　由水平均匀压力下的三维光弹圆洼形模型测得的洼底中心
水平应力集中系数与洼深对洼底曲率半径比的关系

$$K_{\sigma x}=3.588+0.286\frac{d}{r} \qquad (4.2.1)$$

取洼深 $d=2$ 米，洼底曲率半径 $r=1$ 米，代入实验关系式（4.2.1），得

$$K_{\sigma x}=9.3$$

这说明，在研究区域基本构造应力场时，必须减去局部地形在地壳浅层造成的附加应力场的影响。而在小区工程范围内，局部附加应力场的分布形态，对工程选址、设计、施工和使用又十分重要，特别是为了提高地应力测量精度，可将测点原水平地表凿成圆洼形，以提高测点应力值，可达 10 倍，在洼底中心测量后，再将测值换算为原水平地形时的常态应力值。

2. 山脊和沟谷

山脊和沟谷，是长条形的凸、凹地形。山脊在横向水平压力下（图 4.2.28），铅直横剖面上的水平和铅直正应力及剪应力，均在山脊侧坡集中，山脚的集中系数最高；水平正应力从下向脊顶减小，铅直正应力在脊顶为零，向下有个高值体。沟谷在横向水平压力下，横铅直剖面上的水平和铅直正应力及剪应力均在沟谷底部集中，水平压应力从谷底向下减小，铅直压应力从谷底向下增大后复又减小，剪应力从谷底向下减小。

山脊在重力作用下（图 4.2.29b），水平压应力在脊顶最小，向两侧和向下增大，等值线向深层渐趋水平。山脊对重力引起的水平正应力的作用，与对边界水平压力引起的水平正应力的作用相似，减弱脊顶横向水平压应力，使两侧坡脚横向水平压应力集中。

山脊在横向水平压力和重力联合作用下（图 4.2.29a），脊顶为横向水平张应力，水平压应力从两侧向坡底增加，并向深层增大，等值线渐趋水平。山脊越陡，脊顶水平压应力越小。可见，山脊的存在，减弱了脊顶处横向水平压应力，并可在脊顶出现横向水平张应力，但两侧坡底横向水平压应力则集中。

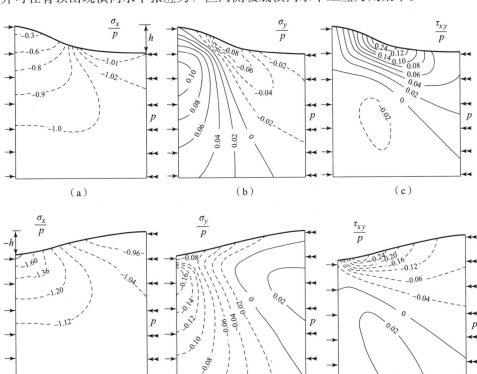

图 4.2.28 用解析法算得的对称山脊（a）（b）（c）和对称沟谷（d）（e）（f）在横向
均匀水平压力下形成的水平应力、铅直应力和铅直横剖面上剪应力与水平压力比的分图

(W. Z. Savage et al.，1986)

沟谷在重力作用下（图 4.2.29d），水平压应力向谷底和从地表向下均匀增大。沟谷对重力引起的水平正应力的作用，与对边界水平压力引起的水平正应力的作用相似，增大谷底横向水平压应力，使两侧横向水平压应力减小。

沟谷在横向水平压力和重力联合作用下的水平正应力，在地表为张性的，向下变为压性的，等值线渐趋水平（图 4.2.29c）。沟谷越陡，谷底应力集中系数越大。沟谷的存在，增大了谷底横向水平压应力，减弱了两侧横向水平压应力。

山脊和沟谷在横向水平压力和重力联合作用下，横铅直剖面上的主正应力线分布形态，示于图 4.2.29e，f。前者脊下有个联锁式各向同性点，后者谷下有个星芒式各向同性点。

陡谷，在横向水平压力和重力联合作用下，水平最大压应力在谷底集中，向深部和侧坡减小（图 4.2.30a），铅直横剖面上的主剪应力也在谷底集中，向深部和侧坡减小（图 4.2.30b）。若只受横向水平压力作用（图 4.2.30c），或只受重力作用（图 4.2.30d），则前一情况所生的横向水平压应力仍在谷底集中，后一情况所生的横向水平张应力在谷底集中，并有一用阴影表示的张裂区，向下则水平压应力增大。

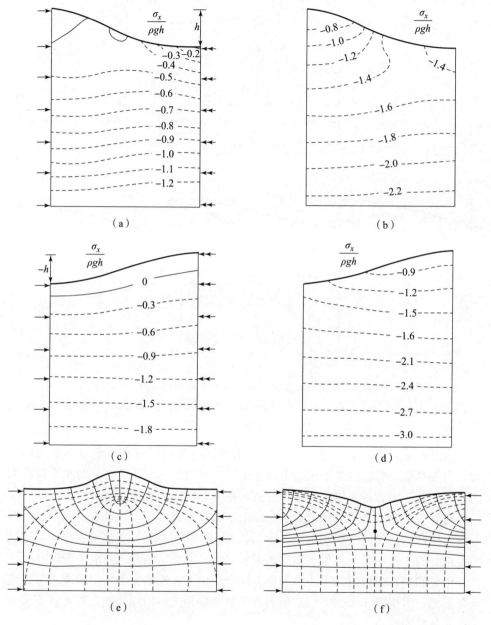

图 4.2.29　用解析法算得的对称山脊在水平均匀压力和重力联合作用下（a）及在重力作用下（b）、对称沟谷在水平均匀压力和重力联合作用下（c）及在重力作用下（d）的水平正应力与重力比等值线以及对称山脊（e）和沟谷（f）在水平压力和重力联合作用下的主正应力线图（W. Z. Savage et al. , 1986）

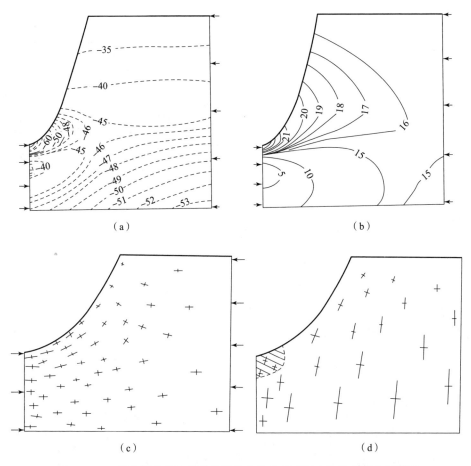

图 4.2.30　用有限单元法算得的陡谷在均匀水平压力和重力联合作用下
横铅直剖面上的水平最大压应力（a）和最大剪应力（b）分布以及在水平压力（c）和
重力（d）作用下的主应力大小比及主方向分布图

直谷，在横向水平压力下，谷底的横向水平压应力集中系数，与谷深对谷底曲率半径比的平方根呈线性关系（图 4.2.31）。

3. 斜坡和直壁

斜坡在横向水平压力下所生的水平压应力，在坡底集中，向下层和沿坡侧向上减小（图 4.2.32a）；铅直张应力亦在坡底集中，远离坡底和向下减小，并变为压应力（图 4.2.32b）。主压应力线平行斜坡向下偏转，过坡底又变为水平，向深层

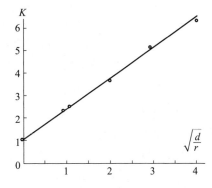

图 4.2.31　由光弹实验测得的在水平均匀压力下直谷底水平应力集中系数与谷深对谷底曲率半径比的关系

渐趋水平状（图 4.2.33a）。

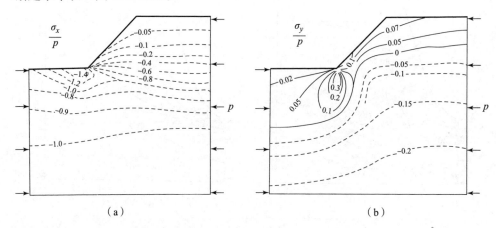

图 4.2.32　光弹性斜坡模型在横向水平均匀压力下所生的水平正应力（a）和
铅直正应力（b）与边界水平压力比等值线图

　　斜坡在重力作用下，主压应力线在斜坡附近从铅直向平行斜坡方向偏转，到
坡底成倾斜状（图 4.2.33b）。

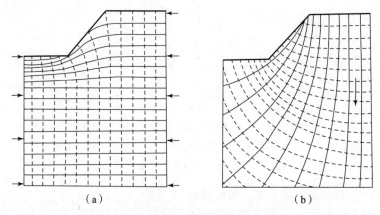

图 4.2.33　用有限单元法算得的斜坡在横向水平均匀压力下（a）和
重力作用下（b）所引起的横铅直剖面上的主正应力线图

　　直壁在横向水平压力下，所产生的水平压应力在壁脚集中，向深层和向上减
小，并向直壁变为张应力（图 4.2.34a）。铅直张应力在壁下集中，向直壁和远处
减小，并向下变为压应力（图 4.2.34b）。

　　直壁在重力作用下，所生的水平压应力在壁下集中，向上减小，向深部增加
（图 4.2.35a）；铅直压应力亦在壁下集中，向下增加，向上减小后在壁面和壁顶
变为张应力（图 4.2.35c）；横铅直剖面上的最大剪应力也在壁下集中，向下增
大，向上和水平远离壁底而减小（图 4.2.35b）；铅直主压应力线，从平行壁面
向壁底偏转，过壁底后向水平远离壁底方向转成倾斜状（图 4.2.35d）。

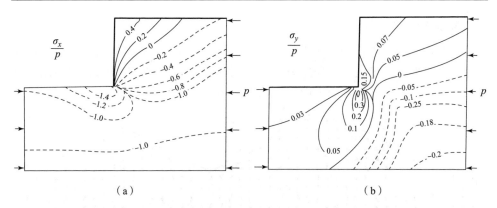

图 4.2.34　光弹直壁模型在横向水平均匀压力下的水平正应力（a）和铅直正应力（b）与
边界水平压力比等值线图

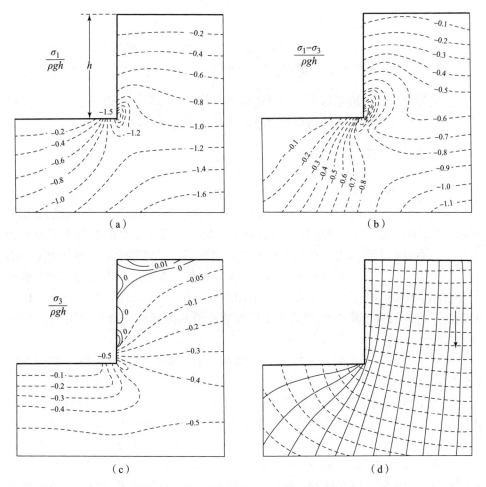

图 4.2.35　用有限单元法算得的直壁在重力作用下引起的横铅直剖面上水平主应力（a）、铅直
主应力（c）、二倍主剪应力（b）与重力比等值线和主正应力线（d）图（B. Hoyaux et al.，1968）

4. 连续山谷

连续山谷在重力作用下所生的重应力场中，铅直主压应力从山顶的最小值向深层增大，向谷底增大。主压应力方向，从山顶一直向下铅直分布，在两侧平行斜坡至谷底后逐渐转向铅直方向（图 4.2.36）。

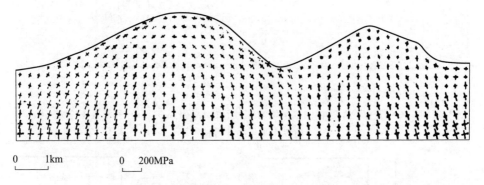

　　0　　1km　　　　0　　200MPa

图 4.2.36　用有限单元法算得的连续山谷在重力作用下引起的重应力场中铅直
剖面上二主应力大小比例和主方向分布图（F. Kohlbock et al.，1980）

总的说来，地表地形影响地壳浅层应力等值线分布和主应力线形状，向深层和远处这种局部影响逐渐减弱而趋近于区域基本应力场。

三、外　　力

1. 外力大小

含直立单断裂的地块，受水平单向均匀压力或水平单向随深度线性增加的压力或水平双向随深度线性增加的压力三种外力作用，各深度水平面上的水平最大和最小主应力及最大剪应力等值线的分布形式基本不变。当三种外力各自增加一倍时，断裂周围应力场的分布形式，仍各自基本相似，水平最小主应力和最大剪应力各自相应增加一倍，水平最大主应力则增加 3 倍，并随深度呈线性增加，但在断裂端点附近的应力集中区则随深度增加成高低相间地略有增大（图 4.2.37～图 4.2.39）。

主应力方向，在断裂附近偏离水平面和铅直线的角度，随深度增加而减小（表 4.2.7）。

含与单向压力成 30°角裂纹的岩石（图 4.2.40），随压力的增加，裂纹附近主剪应力的分布形式基本不变，但大小上升，端部邻域的应力集中系数也增大（图 4.2.40a，b）。边界压力增至 37.8 兆帕时，声发射率骤增，表示岩石微裂开始大量发展，原裂纹端部的环状主剪应力等值线变为开口的尖锥状（图 4.2.40c）。边界压力继续增加，裂纹附近的主剪应力及端部邻域的应力集中系数都随之继续上升（图 4.2.40d，e）。当边界压力增至 66.1 兆帕时，裂纹发生明显

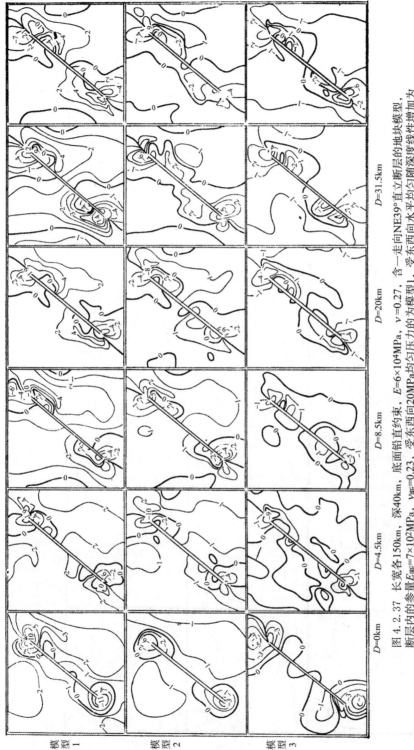

图 4.2.37　长宽各 150km，深 40km，底面铅直约束，$E=6\times10^4$MPa，$\nu=0.27$，含一走向 NE39°直立断层的地块模型，断层内的参量 $E_{断}=7\times10^2$MPa，$\nu_{断}=0.23$，受东西向 20MPa 均匀压力的为模型 1，受东西向水平均匀随深度线性增加为 $[0.4(40-D)-108]$MPa，南北水平为 $[0.08(40-D)-22]$MPa 压力的为模型 2，受东西水平为 $[0.4(40-D)-108]$MPa 压力的为模型 3，深度 D 的单位为千米，用三维有限单元法算得的各深度水平面上水平最大主应力等值线图

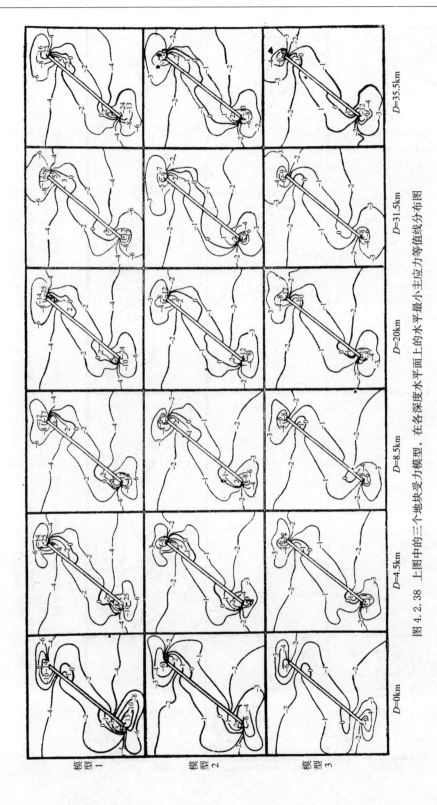

图 4.2.38　上图中的三个地块受力模型，在各深度水平面上的水平最小主应力等值线分布图

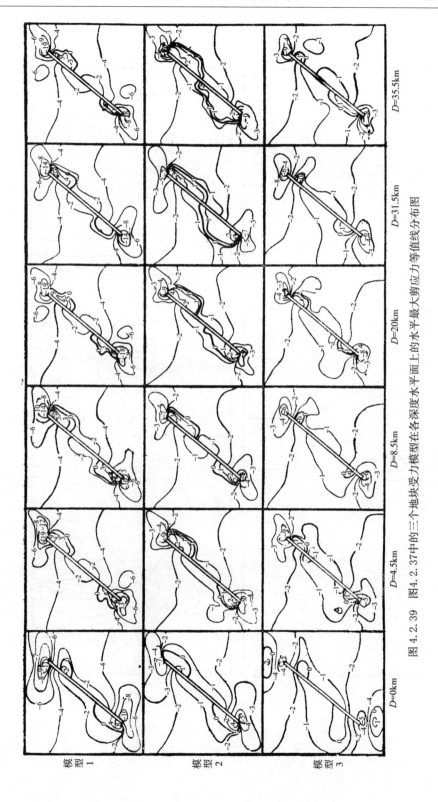

图 4.2.39　图 4.2.37中的三个地块受力模型在各深度水平面上的水平最大剪应力等值线分布图

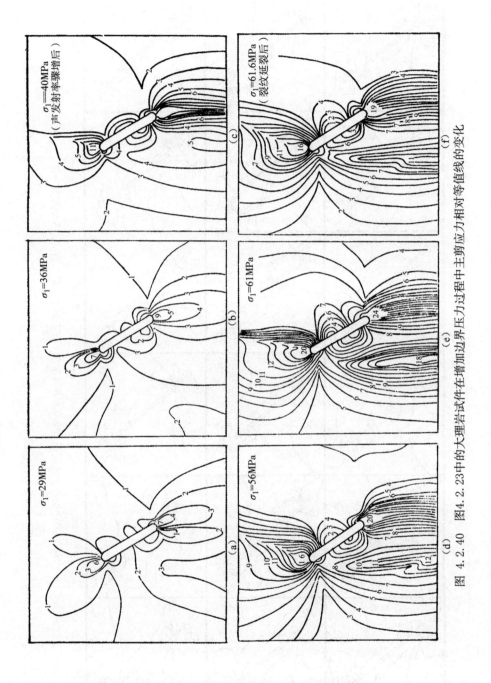

图 4.2.40　图 4.2.23中的大理岩试件在增加边界压力过程中主剪应力相对等值线的变化

的转向压力方向的宏观延裂，同时压应力降到 61.6 兆帕，即发生了 4.5 兆帕的应力降，裂纹周围的主剪应力值均随之下降（图 4.2.40f）。边界压力继续上升到 71.2 兆帕时，原裂纹又发生一条宏观延裂，同时压应力降到 69 兆帕，发生了 2.2 兆帕的应力降，这次应力降值减小至前次裂纹延裂应力降值的一半。

表 4.2.7　图 4.2.37 模型中主应力方向与水平向东的 X 轴、向北的 Y 轴及
铅直向下的 Z 轴夹角随深度的变化

点位		深度/km	σ_1 与坐标轴夹角			σ_2 与坐标轴夹角			σ_3 与坐标轴夹角		
			模型1	模型2	模型3	模型1	模型2	模型3	模型1	模型2	模型3
远离断层地区	1	4.5	X0°36′	X0°0′	X0°36′	Y2°42′	Y3°30′	Y18°10′	Z2°48′	Z3°30′	Z18°9′
		20	X0°36′	X0°0′	X1°0′	Y0°36′	Y1°0′	Y1°18′	Z0°36′	Z1°0′	Z0°36′
		35.5	X0°0′	X0°0′	X1°0′	Y0°36′	Y0°36′	Y1°0′	Z0°36′	Z0°36′	Z0°0′
	2	4.5	X5°54′	X10°0′	X8°41′	Y5°57′	Y10°0′	Y11°48′	Z0°36′	Z0°0′	Z8°0′
		20	X5°48′	X3°30′	X8°13′	Y5°48′	Y3°30′	Y5°17′	Z0°36′	Z0°36′	Z0°36′
		35.5	X5°36′	X5°47′	X7°48′	Y5°30′	Y5°47′	Y7°54′	Z0°36′	Z0°36′	Z1°54′
	3	4.5	X7°36′	X7°29′	X8°43′	Y10°46′	Y10°17′	Y24°0′	Z8°12′	Z9°20′	Z22°43′
		20	X8°12′	X8°10′	X9°18′	Y9°0′	Y8°0′	Y13°31′	Z5°24′	Z4°5′	Z10°6′
		35.5	X8°30′	X8°33′	X9°37′	Y8°45′	Y8°42′	Y10°24′	Z2°30′	Z2°0′	Z4°6′
断层邻域地区	4	4.5	X26°52′	X26°55′	X18°18′	Y27°48′	Y27°44′	Y33°28′	Z15°59′	Z16°11′	Z18°9′
		20	X1°18′	X25°58′	X31°31′	Y26°4′	Y26°7′	Y31°50′	Z4°51′	Z4°54′	Z6°18′
		35.5	X25°31′	X25°44′	X31°15′	Y25°28′	Y25°44′	Y31°34′	Z0°36′	Z0°36′	Z1°18′
	5	4.5	X8°29′	X8°36′	X5°35′	Y32°58′	Y31°16′	Z29°4′	Z32°8′	Z30°23′	Y12°16′
		20	X6°35′	X6°30′	X3°6′	Y12°22′	Y10°58′	Y27°56′	Z10°30′	Z8°53′	Z27°41′
		35.5	X6°24′	X6°18′	X2°54′	Y6°42′	Y6°0′	Y4°51′	Z2°0′	Z1°36′	Z3°54′
	6	4.5	X14°11′	X14°11′	X11°35′	Z17°29′	Z20°49′	Z10°40′	Y22°21′	Y25°2′	Y38°16′
		20	X14°34′	X14°34′	X12°4′	Z17°54′	Y21°22′	Z45°8′	Y23°48′	Y15°35′	Y44°52′
		35.5	X14°36′	X14°36′	X12°11′	Y15°55′	Y15°25′	Z14°11′	Z6°21′	Z4°48′	Y7°17′

2. 外力方向

含一走向东西向南倾角 60°断层的地块，受南北边界大小不变方向与断层走向成不同夹角的均匀压力作用，所成各深度的水平应力场中，最大主应力、最小主应力、最大剪应力的分布形态均随边界压力方向而变，边界压力与断层走向夹角小于 70°时各深度应力的高值区和低值区均在断层端部邻域对断层成反对称分布，夹角 10°左右时最大剪应力分布又对断层中垂线对称，夹角近 90°时张应力高值区和压应力低值区则移至断层中段且各深度各种应力的分布均对断层中垂线对称（图 4.2.41~图 4.2.43）。在断层两盘取 20 个点（图 4.2.44）可知，各深度的三种主应力均随边界压力与断层走向夹角的增加而减小，只有 10，19，20 三点的主压应力随之增加（图 4.2.45）。随此夹角的增加，张应力区缩小，压应力

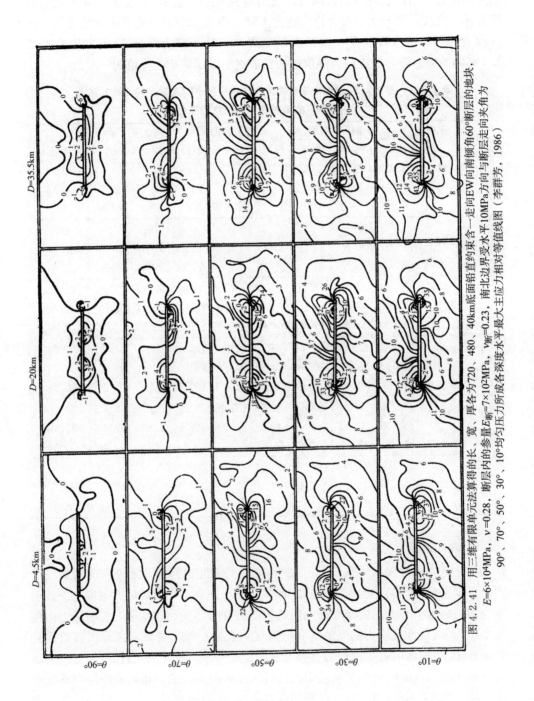

图 4.2.41　用三维有限单元法算得的长、宽、厚各为720、480、40km底面铅直面铅直束含一走向EW向南倾角60°断层的地块，南北边界受水平10MPa方向与断层走向夹角为 90°、70°、50°、30°、10°均匀压力所成各深度水平最大主应力相对等值线图（李祥芳，1986） $E=6\times10^4$ MPa，$\nu=0.28$，断层内的参量$E_{断}=7\times10^2$MPa，$\nu_{断}=0.23$，南北边界受水平10MPa方向与断层走向夹角为

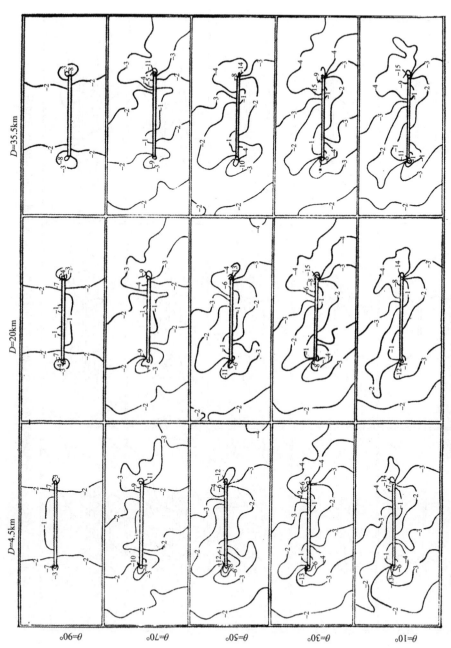

图 4.2.42 图4.2.41地块模型在各向压力下引起的各深度水平面上水平最小主应力相对等值线图

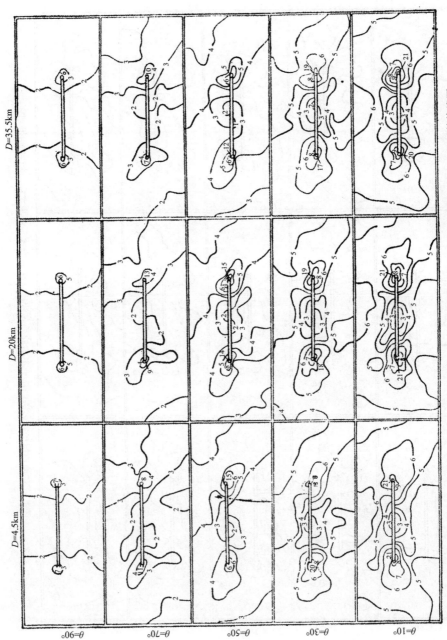

图 4.2.43　图 4.2.41 中的地块模型在各方向压力下引起的各深度水平面上水平最大剪应力相对等值线图

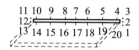

图 4.2.44　图 4.2.41 地块模型内的断层两盘 20 个代表点的位置

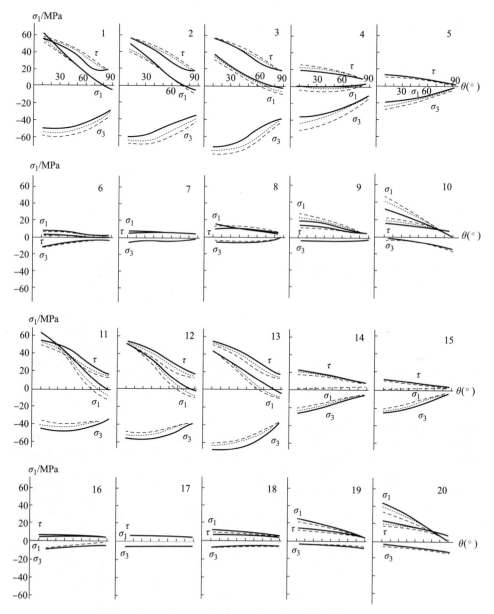

图 4.2.45　图 4.2.41 的地块模型内各深度水平最大主应力、最小主应力和最大剪应力
随外力方向的变化：实线 $D=4.5$km；点线 $D=20$km；虚线 $D=35.5$km

区扩大（图 4.2.41～图 4.2.43），三种主应力随此夹角的变化量比随深度的变化量，最大约大一个数量级以上（图 4.2.45）。下盘主张应力和主压应力随深度增加而增大，上盘的则相反随深度增加而减小（图 4.2.45）。非高值区的三种主应力随此夹角的变化很小，断层端部邻域高值区的衰减梯度也很大以致离断层不远便降为低值区，而且在断层附近都有应力低值稳定区（图 4.2.41～图 4.2.43），这对在断层附近进行工程选址很有实用意义。此夹角约在 30°～60°范围内，主剪应力的变化率最大，在任何夹角主张应力的变化率都很大，夹角在 30°～90°范围内主压应力的变化率最大（图 4.2.45）。这说明在边界压力与断层走向夹角造成应力变化率大的地区，研究其变化率大的相应种类应力场时，须十分注意这种应力变化率大的交角状态出现的时段和与外力成此种交角的易于活动断层的走向及位置。这是较危险的时段和位置。

　　断层两盘各点的主应力方向与水平 X，Y 轴和铅直 Z 轴的交角，随边界压力与断层走向夹角的变化及其随深度的分布情况较复杂（表 4.2.8），在边界压力与断层走向夹角从 70°～90°的变化范围内，相应的主应力与坐标轴交角变化范围，最大主应力为 4°～72°，中间主应力为 0°～78°，最小主应力为 2°～118°，增减趋势多变。

表 4.2.8 - 1　　图 4.2.41 地块模型内断层附近各深度的三个主应力方向随外力方向的变化

应力	深度/km	点号＼夹角	1	2	3	4	5	6	7	8	9	10
最大主应力与 X 轴夹角	4.5	90°	82.02	79.97	77.51	35.07	14.39	7.50	0.00	7.50	14.39	35.07
		70°	38.69	43.97	130.79	48.68	40.12	22.06	18.20	23.83	11.93	15.40
		50°	33.92	36.87	39.90	48.10	48.98	36.15	29.39	31.09	21.24	19.10
		30°	37.29	39.99	42.71	53.54	53.44	42.58	36.55	38.71	26.18	25.61
		10°	40.16	42.85	45.56	57.75	56.88	46.81	42.13	39.11	29.75	28.68
	20	90°	95.54	94.66	93.77	32.59	12.41	7.75	−0.00	7.75	12.41	32.59
		70°	38.41	42.51	46.56	47.21	40.42	15.34	15.40	18.28	10.25	12.17
		50°	35.20	38.19	41.27	50.72	51.74	34.84	26.78	24.62	18.20	17.58
		30°	37.34	40.08	42.85	55.85	57.13	45.27	34.95	29.25	22.68	22.96
		10°	39.63	42.32	45.02	59.69	60.83	51.56	41.66	33.48	26.01	26.90
	35.5	90°	111.06	111.62	112.87	29.55	11.50	7.93	−0.00	7.93	11.50	29.55
		70°	35.11	38.52	41.87	45.70	41.92	9.95	12.19	14.89	8.36	8.17
		50°	35.59	38.47	41.37	53.20	55.08	34.07	23.08	19.54	15.63	15.79
		30°	37.79	40.53	43.29	58.10	60.82	49.90	32.46	23.36	19.70	21.33
		10°	39.90	42.60	45.31	61.64	64.4	57.95	40.92	27.26	22.76	25.13

（续表）

应力	深度/km	点号 夹角	1	2	3	4	5	6	7	8	9	10
中间主应力与Z轴夹角	4.5	90°	98.14	100.12	102.53	32.16	10.85	3.38	1.48	3.38	10.85	32.16
		70°	35.59	40.89	46.28	36.17	23.52	16.66	8.65	12.09	2.83	14.30
		50°	21.00	22.82	24.96	9.16	20.76	24.39	12.54	17.26	3.00	8.72
		30°	21.24	21.63	22.15	3.12	15.45	25.45	14.23	20.59	4.60	7.78
		10°	23.39	22.89	22.5	6.11	11.04	24.58	14.94	22.91	7.51	7.32
	20	90°	84.41	85.43	86.45	27.61	8.93	3.60	3.90	3.60	8.93	27.61
		70°	35.03	38.89	42.78	28.32	19.85	12.30	7.91	6.25	0.87	11.18
		50°	23.82	25.79	28.01	6.66	16.77	24.63	13.69	11.30	1.75	6.84
		30°	21.84	22.77	23.84	1.40	11.95	26.02	17.95	16.20	3.91	6.03
		10°	21.86	22.08	22.38	3.94	8.47	23.20	19.97	20.74	6.43	5.48
	35.5	90°	69.70	69.39	68.32	20.03	8.50	1.97	1.01	1.97	8.50	20.03
		70°	31.01	33.76	36.51	14.78	11.74	10.57	5.98	5.44	4.48	7.48
		50°	24.55	26.05	27.67	1.70	8.78	25.90	13.03	9.35	4.01	4.81
		30°	22.83	23.65	24.56	2.33	6.84	25.39	18.67	13.44	4.39	4.78
		10°	22.24	22.58	22.96	3.40	5.77	20.30	21.34	18.37	5.00	4.77
最小主应力与Y轴夹角	4.5	90°	9.29	6.25	3.23	16.90	9.79	7.64	1.48	7.64	9.79	16.90
		70°	22.04	24.98	27.90	37.82	36.61	15.50	16.28	22.07	12.26	7.39
		50°	35.76	38.45	41.12	132.19	131.89	35.64	28.67	31.95	21.03	19.50
		30°	42.40	44.78	47.21	126.55	126.36	45.31	37.31	35.52	26.20	24.51
		10°	46.92	131.00	128.81	120.24	118.83	125.07	43.86	44.04	30.43	29.64
	20	90°	2.94	3.22	5.47	19.63	9.89	8.54	3.90	8.54	9.89	19.63
		70°	25.28	28.06	30.82	41.05	38.92	9.43	13.20	17.35	10.23	5.90
		50°	35.36	37.98	40.61	129.41	128.31	34.84	25.89	24.90	18.16	17.82
		30°	40.63	43.11	45.61	124.17	122.53	131.78	36.66	31.77	22.81	23.64
		10°	44.47	46.79	130.84	122.40	122.66	129.30	45.05	38.45	26.65	27.47
	35.5	90°	9.04	11.11	13.52	23.23	13.05	8.17	1.01	8.17	13.05	23.23
		70°	28.62	31.27	33.93	44.36	42.59	8.58	11.13	15.16	9.45	3.80
		50°	36.36	38.90	41.46	126.78	124.44	37.15	23.72	20.57	16.09	16.02
		30°	40.60	43.11	45.61	121.94	118.85	126.57	35.48	25.87	20.06	21.82
		10°	43.79	46.14	131.48	118.40	115.35	119.33	45.20	32.11	23.14	25.59

表 4.2.8-2　图 4.2.41 地块模型内断层附近各深度的三个主应力方向随外力方向的变化

应力	深度/km	点号＼夹角	11	12	13	14	15	16	17	18	19	20
最大主应力与X轴夹角	4.5	90°	102.49	100.03	97.98	34.68	16.17	8.38	−0.00	8.38	16.17	34.68
		70°	46.29	128.91	124.09	65.87	63.85	27.16	28.47	15.63	8.80	4.65
		50°	42.14	45.66	49.33	55.78	66.87	51.69	27.59	20.24	15.22	13.81
		30°	42.39	45.43	48.53	61.50	63.51	55.42	34.66	23.76	18.83	18.86
		10°	43.45	46.29	49.14	65.17	65.54	58.04	40.91	27.23	21.58	22.37
	20	90°	86.23	85.34	84.46	35.58	17.51	6.94	−0.00	6.94	7.51	35.58
		70°	40.72	46.19	128.15	60.78	61.57	35.04	22.43	18.31	9.71	6.34
		50°	38.37	41.55	44.80	53.11	60.93	47.45	32.55	24.07	17.22	14.94
		30°	40.58	43.40	46.22	59.12	59.25	49.97	37.06	28.07	21.34	20.29
		10°	42.74	45.47	48.18	63.05	62.66	53.66	41.62	31.76	24.43	24.09
	35.5	90°	67.13	68.38	68.94	41.71	27.98	7.04	−0.00	7.04	27.98	41.71
		70°	30.98	36.57	42.85	59.93	66.53	49.56	35.17	23.05	11.41	9.70
		50°	35.61	38.57	41.53	50.56	58.51	46.92	35.28	28.55	19.50	16.16
		30°	39.59	42.36	45.09	57.04	55.64	45.99	37.72	32.65	24.01	21.53
		10°	42.36	45.08	47.77	61.30	59.70	49.20	42.24	36.24	27.44	25.54
中间主应力与Z轴夹角	4.5	90°	77.49	79.88	81.86	28.28	14.76	12.65	13.10	12.65	14.76	28.28
		70°	40.95	45.51	50.24	124.48	124.57	28.11	3.54	10.21	6.95	7.31
		50°	30.04	32.86	36.07	2.36	130.35	41.42	19.36	7.45	5.74	8.53
		30°	25.78	27.5	29.58	8.31	23.85	31.86	19.62	4.52	3.55	9.12
		10°	23.54	24.55	25.72	9.63	6.13	15.22	21.21	7.61	3.82	9.16
	20	90°	93.55	94.57	95.59	30.91	15.15	9.86	2.00	9.86	15.15	30.91
		70°	36.33	41.75	47.55	49.96	126.12	32.67	5.58	9.08	5.16	7.20
		50°	24.92	27.02	29.42	2.56	41.06	35.05	22.85	7.39	4.78	7.41
		30°	22.49	23.41	24.40	6.50	4.84	24.69	21.96	7.42	3.52	7.91
		10°	22.09	22.26	22.52	7.87	4.96	14.78	23.08	12.55	4.55	7.97
	35.5	90°	111.68	110.61	110.30	39.46	27.05	6.46	7.28	6.46	27.05	39.46
		70°	27.12	32.68	39.32	51.70	117.04	132.54	31.79	12.53	3.04	8.64
		50°	21.52	22.97	24.60	3.18	42.20	37.04	24.64	10.92	4.06	5.95
		30°	21.50	22.00	22.55	4.89	11.80	24.22	19.01	11.31	3.97	6.21
		10°	42.74	45.47	48.18	5.89	5.63	16.27	18.28	16.62	5.10	6.43
最小主应力与Y轴夹角	4.5	90°	3.23	6.25	9.29	20.03	9.03	14.95	13.10	14.95	9.03	20.03
		70°	28.81	28.85	31.82	134.58	41.15	12.73	28.24	18.01	11.18	8.00
		50°	34.74	37.62	40.44	124.18	123.53	32.09	19.91	20.48	15.84	16.16
		30°	39.66	42.39	45.07	119.03	17.67	129.61	30.58	23.33	18.71	20.67
		10°	43.38	134.05	131.50	115.49	114.24	121.72	43.28	28.04	21.67	23.79
	20	90°	5.47	3.22	2.94	17.72	9.16	11.99	2.00	11.99	9.16	17.72
		70°	24.25	27.26	30.20	42.21	39.32	13.72	21.73	18.07	10.84	7.75
		50°	35.92	38.70	41.42	126.83	126.71	34.62	23.16	22.95	17.26	16.68
		30°	41.79	44.34	133.13	121.25	120.77	132.25	34.78	27.80	21.80	21.63
		10°	45.91	131.75	129.39	117.39	117.10	125.44	45.83	33.99	24.57	25.11

（续表）

应力	深度/km	点号＼夹角	11	12	13	14	15	16	17	18	19	20
最小主应力与 Y 轴夹角	35.5	90°	13.52	11.11	9.04	14.22	7.09	9.51	7.28	9.51	7.09	14.22
		70°	23.44	26.30	29.12	38.56	35.56	13.49	14.81	19.42	11.58	7.89
		50°	36.93	39.58	42.20	129.36	130.36	32.03	25.82	26.68	19.18	17.16
		30°	43.03	45.49	132.06	123.20	123.99	43.61	36.03	33.05	23.68	22.38
		10°	47.04	130.67	128.37	118.99	119.98	129.44	45.37	40.38	27.54	26.18

3. 外力方式

水平岩体中，一长 $2a$ 中点为坐标原点走向顺 X 轴的直立裂面，于均匀外力作用下错动，在岩体水平 (X, Y) 面上产生附加应力场。在此平面上，从 X 轴反时针至主轴 1 的交角为 α，主轴 1，2 方向作用的应力为 P_1，P_2，则

$$\left.\begin{array}{l} \sigma_x + \sigma_y = P_1 + P_2 \\ \sigma_x - \sigma_y = (P_1 - P_2)\cos 2\alpha \\ \tau_{xy} = \dfrac{P_1 - P_2}{2}\sin 2\alpha \end{array}\right\} \tag{4.2.1}$$

平面上最大主正应力

$$\sigma_1 = \frac{\sigma_x + \sigma_y}{2} + \sqrt{\left(\frac{\sigma_x - \sigma_y}{2}\right)^2 + \tau_{xy}^2}$$

主剪应力

$$\tau_{\max} = \sqrt{\left(\frac{\sigma_x - \sigma_y}{2}\right)^2 + \tau_{xy}^2}$$

取岩体参量

$$K_k = \frac{3 - \nu_k}{1 + \nu_k}$$

若 X，Y 方向的位移 u，v，在裂面处发生平行和垂直裂面的切向位移间断和法向位移间断，它们相当于剪裂和张裂。取位移间断 $\Delta u = U$，$\Delta v = V$ 在 $2a$ 上是常量，在 X 轴的其他部位为零。则发生切向位移间断时

$$\sigma_x + \sigma_y = \frac{4G_k U}{\pi(K_k + 1)}\left(-\frac{1}{r_1}\sin\theta_1 + \frac{1}{r_2}\sin\theta_2\right)$$

$$\sigma_x - \sigma_y = \frac{4G_k U}{\pi(K_k + 1)}\left[-\frac{1}{r_1}\sin\theta_1 + \frac{1}{r_2}\sin\theta_2 + \left(-\frac{1}{r_1^2}\cos 2\theta_1 + \frac{1}{r_2^2}\cos 2\theta_2\right)\right]$$

$$\tau_{xy} = \frac{2G_k U}{\pi(K_k + 1)}\left[\frac{1}{r_1}\cos\theta_1 - \frac{1}{r_2}\cos\theta_2 + y\left(-\frac{1}{r_1^2}\sin 2\theta_1 + \frac{1}{r_2^2}\sin 2\theta_2\right)\right]$$

所讨论的点 $P(x, y)$ 与裂面 $+a$ 端和 $-a$ 端的距离为 r_1，r_2。它们与 X 轴的交角为 θ_1，θ_2，从 X 轴量起反时针为正。发生法向位移间断时，

$$\sigma_x + \sigma_y = \frac{4G_k V}{\pi(K_k+1)} \left(\frac{1}{r_1} \cos\theta_1 - \frac{1}{r_2} \cos\theta_2 \right)$$

$$\sigma_x - \sigma_y = \frac{4G_k V}{\pi(K_k+1)} y \left(-\frac{1}{r_1^2} \sin2\theta_1 + \frac{1}{r_2^2} \sin2\theta_2 \right)$$

$$\tau_{xy} = \frac{2G_k V}{\pi(K_k+1)} y \left(\frac{1}{r_1^2} \cos2\theta_1 - \frac{1}{r_2^2} \cos2\theta_2 \right)$$

1）裂面端部附近应力场

令 $r_2 = \infty$，取 U，V 的向量和为 D，从 U 反时针至 D 的夹角为 φ，则得切向和法向位移间断所引起的裂面右端附近叠加应力场为

$$\sigma_x + \sigma_y = -\frac{4G_k D}{\pi(K_k+1)r_1} \sin(\theta_1-\varphi)$$

$$\sigma_x - \sigma_y = -\frac{4G_k D}{\pi(K_k+1)r_1} \cos(\theta_1-\varphi) \ \sin2\theta_1$$

$$\tau_{xy} = \frac{2G_k D}{\pi(K_k+1)r_1} \cos(\theta_1-\varphi) \ \cos2\theta_1$$

由之得

$$\sigma_1 = \frac{2G_k D}{\pi(K_k+1)r_1} \left[|\cos(\theta_1-\varphi)| - \sin(\theta_1-\varphi) \right]$$

$$\tau_{max} = \frac{2G_k D}{\pi(K_k+1)r_1} |\cos(\theta_1-\varphi)|$$

$\varphi=0$ 时 σ_1 的分布形态和 φ 为任意角时 τ_{max} 的分布形态（图 4.2.46），对鉴定裂面错动时所附带的张、压性或属纯剪切错动，有实用意义。

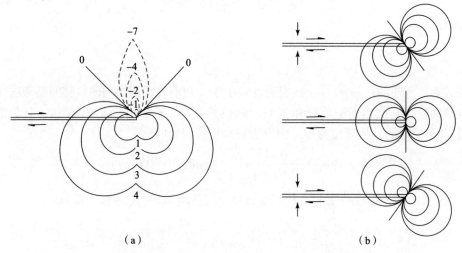

（a）　　　　　　　　　　　　　　　（b）

图 4.2.46　裂面右端叠加应力场中的水平最大主应力相对等值线（a）和裂面为
张剪、纯剪、压剪错动引起的水平最大剪应力相对等值线（b）分布图

2) 自由裂面应力场

因裂面为自由面，故其两盘有

$$
\begin{aligned}
\sigma_y &= \frac{P_1+P_2}{2} - \frac{P_1-P_2}{2}\cos 2\alpha - \frac{2G_kV}{(K_k+1)a} = \theta \\
\tau_{xy} &= \frac{P_1-P_2}{2}\sin 2\alpha - \frac{2G_kU}{(K_k+1)a} = 0
\end{aligned}
\tag{4.2.2}
$$

对切向位移间断，有

$$
\begin{aligned}
\sigma_x+\sigma_y &= \frac{4G_kUr}{(K_k+1)a}\frac{1}{\sqrt{r_1r_2}}\sin\left(\theta-\frac{\theta_1+\theta_2}{2}\right) \\
\sigma_x-\sigma_y &= \frac{4G_kU}{(K_k+1)a}\Big[\frac{r}{\sqrt{r_1r_2}}\sin\left(\theta-\frac{\theta_1+\theta_2}{2}\right) \\
&\quad - \frac{a^2r}{(r_1r_2)^{3/2}}\sin\theta\cos\frac{3\,(\theta_1+\theta_2)}{2}\Big] \\
\tau_{xy} &= \frac{2G_kU}{(K_k+1)a}\Big[-1+\frac{r}{\sqrt{r_1r_2}}\cos\left(\theta-\frac{\theta_1+\theta_2}{2}\right) \\
&\quad - \frac{a^2r}{(r_1r_2)^{3/2}}\sin\theta\sin\frac{3\,(\theta_1+\theta_2)}{2}\Big]
\end{aligned}
\tag{4.2.3}
$$

对法向位移间断，有

$$
\begin{aligned}
\sigma_x+\sigma_y &= \frac{4G_kV}{(K_k+1)a}\Big[-1+\frac{r}{\sqrt{r_1r_2}}\cos\left(\theta-\frac{\theta_1+\theta_2}{2}\right)\Big] \\
\sigma_x-\sigma_y &= \frac{4G_kV}{(K_k+1)a}\Big[-\frac{a^2r}{(r_1r_2)^{3/2}}\sin\theta\sin\frac{3\,(\theta_1+\theta_2)}{2}\Big] \\
\tau_{xy} &= \frac{2G_kV}{(K_k+1)a}\Big[\frac{a^2r}{(r_1r_2)^{3/2}}\sin\theta\cos\frac{3\,(\theta_1+\theta_2)}{2}\Big]
\end{aligned}
\tag{4.2.4}
$$

r，θ 为极坐标。故此时的应力场，为在 (4.2.2) 条件下，(4.2.1)、(4.2.3) 和 (4.2.4) 三个场的叠加场。

（1）受纯剪切力作用时，取 $P_1=100$，$P_2=100$，若 $\alpha=45°$，所得应力场的分布形态，示于图 4.2.47 中的左列，若 $\alpha=60°$，所得应力场的分布形态，示于图 4.2.47 中的右列。

（2）受单向压力作用时，取 $P_1=0$，$P_2=-200$，若 $\alpha=45°$，所得应力场的分布形态，示于图 4.2.48 中的左列，若 $\alpha=60°$，所得应力场的分布形态，示于图 4.2.48 中的右列。

3) 错动裂面应力场

由于垂直裂面方向无位移，因而张应力不起作用，只有水平剪应力起作用。

（1）裂面上剪应力为零时，应力场为在

$$
\tau_{xy} = \frac{P_1-P_2}{2}\sin 2\alpha - \frac{2G_kU}{(K_k+1)a} = 0
$$

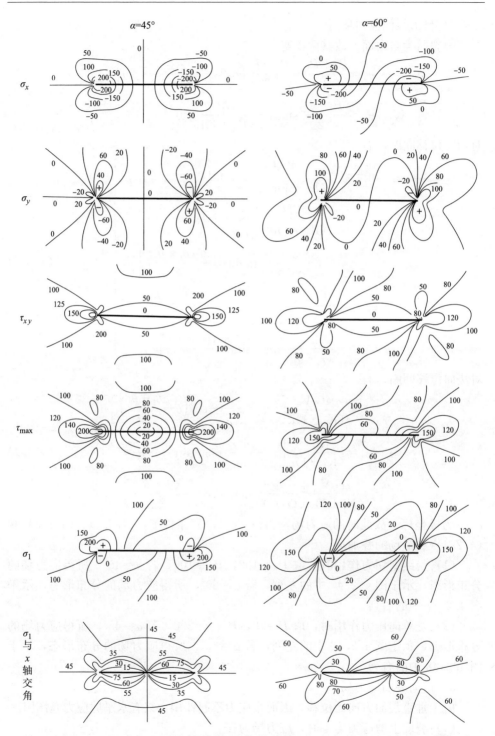

图 4.2.47　岩体中直立自由裂面受纯剪切力作用时，α 为 45°，60°的水平应力
σ_x，σ_y，τ_{xy}，$\tau_{\max}$，σ_1，σ_1 与 X 轴交角等值线图（丸山卓男，1969）

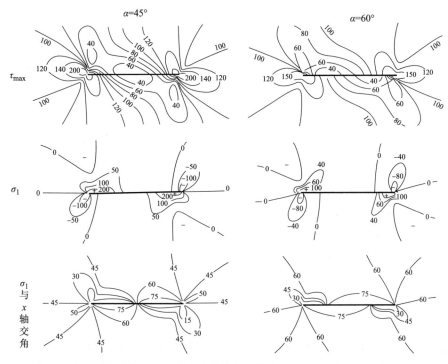

图 4.2.48 岩体中直立自由裂面受单向压力作用时，α 为 $45°$，$60°$的水平应力
τ_{max}，σ_1，σ_1 与 X 轴交角等值线图（丸山卓男，1969）

条件下，(4.2.1) 和 (4.2.3) 的叠加场。取 $P_1-P_2=200$，若 $\alpha=45°$，所得应力场中水平主剪应力等值线和主张应力方向与 X 轴交角等值线的分布形态，与图 4.2.47 中的相应图形一样。若 $\alpha=60°$，所得场中水平主剪应力等值线和主张应力方向与 X 轴交角等值线的分布形态，示于图 4.2.49。

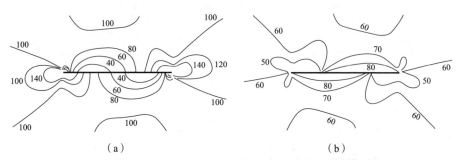

(a)　　　　　　　　　　　(b)

图 4.2.49 岩体中直立错动裂面上剪应力为零时，$\alpha=60°$的水平主剪应力等值线（a）和主张应力与 X 轴交角等值线（b）分布图（丸山卓男，1969）

（2）裂面中点剪应力为零时，则在原点有

$$\tau_{xy}=\frac{P_1-P_2}{2}\sin2\theta-\frac{3G_kU}{(K_k+1)a}=0$$

得

$$\sigma_x + \sigma_y = \frac{12G_kU}{(K_k+1)a}\left[\frac{r^2}{a^2}\sin 2\theta - \frac{r\,\sqrt{r_1 r_2}}{a^2}\sin\left(\theta + \frac{\theta_1+\theta_2}{2}\right)\right]$$

$$\sigma_x - \sigma_y = \frac{12G_kU}{(K_k+1)a}\left\{\frac{r^2}{a^2}\sin 2\theta - \frac{r\,\sqrt{r_1 r_2}}{a^2}\sin\left(\theta + \frac{\theta_1+\theta_2}{2}\right) + \right.$$

$$\frac{r}{a}\sin\theta\left[2\,\frac{r}{a}\cos\theta - \frac{\sqrt{r_1 r_2}}{a}\cos\frac{\theta_1+\theta_2}{2} - \right.$$

$$\left.\left.\frac{r^2}{a\,\sqrt{r_1 r_2}}\cos\left(2\theta - \frac{\theta_1+\theta_2}{2}\right)\right]\right\} \qquad (4.2.5)$$

$$\tau_{xy} = \frac{6G_kU}{(K_k+1)a}\left\{-\frac{1}{2} + \frac{r^2}{a^2}\cos 2\theta - \frac{r\,\sqrt{r_1 r_2}}{a^2}\cos\left(\theta + \frac{\theta_1+\theta_2}{2}\right) + \right.$$

$$\frac{r}{a}\sin\theta\left[-2\times\frac{r}{a}\sin\theta + \frac{\sqrt{r_1 r_2}}{a}\sin\frac{\theta_1+\theta_2}{2} + \right.$$

$$\left.\left.\frac{r^2}{a\,\sqrt{r_1 r_2}}\sin\left(2\theta - \frac{\theta_1+\theta_2}{2}\right)\right]\right\}$$

此时的应力场，是（4.2.1）和（4.2.5）的叠加场。取 $P_1 - P_2 = 200$，若 $\alpha = 45°$，所得应力场中的水平主剪应力等值线和主张应力与 X 轴交角等值线分布形态，如图 4.2.50 中的左列。若 $\alpha = 65°$，所得应力场的相应二等值线分布形态，如图 4.2.50 中的右列。

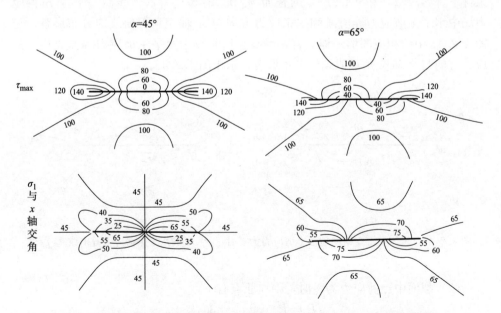

图 4.2.50　岩体中直立错动裂面中点剪应力为零时，α 为 45°，65°的水平主剪应力等值线和主张应力与 X 轴交角等值线分布图（丸山卓男，1969）

由此可见，直立自由裂面受纯剪切力作用或受单向压力作用，错动裂面上剪应力为零或中点剪应力为零时，各种成分水平应力场的分布形态都不同。水平主张应力、主压应力和主剪应力都在裂面端部邻域集中，裂面中段的应力值都很低，自由裂面受纯剪切力作用时前二者的集中区对裂面成反对称分布，后者的集中区对裂面走向和中垂线都近于对称，这种对称性随 α 角的增大而减弱以至消失；直立自由裂面受单向压力作用时，各种成分水平主应力集中区皆对裂面成反对称分布。直立错动裂面上剪应力为零时，应力集中区的分布，当 $\alpha=45°$ 左右，对裂面对称，随 α 增大逐渐变为对裂面成反对称分布。直立错动裂面上中点剪应力为零时，应力集中区的分布当 $\alpha=45°$ 左右仍对裂面对称，随 α 角增大也逐渐变为对裂面成反对称分布。

四、岩　性

一个地块，在一定的应力或位移边界条件下，所形成的应力场在大小和方向上的分布，常与区内岩体的力学性质及其分布状况有关。

无孔岩体为单连通体，多孔岩体为复连通体。二者的区别是，单连通体只有一个边界，复连通体有多个边界；单连通体内每一闭合曲线都可缩为一点，复连通体内的闭合曲线则不能；单连通体过边界任二点的截面可将其分割为两块，复连通体亦不能。

对地壳水平二维应力场，连续岩体中的应力须服从平衡方程

$$
\left.\begin{aligned}
\frac{\partial \sigma_x}{\partial x}+\frac{\partial \tau_{xy}}{\partial y}+f_x=0 \\
\frac{\partial \sigma_y}{\partial y}+\frac{\partial \tau_{yx}}{\partial x}+f_y=0
\end{aligned}\right] \tag{4.2.6}
$$

并满足连续条件

$$
\left(\frac{\partial^2}{\partial x^2}+\frac{\partial^2}{\partial y^2}\right)(\sigma_x+\sigma_y)=-(1+\nu_k)\left(\frac{\partial f_x}{\partial x}+\frac{\partial f_y}{\partial y}\right) \tag{4.2.7}
$$

若体积力 f_x，f_y 为零或对均匀岩体为常量，则上式变为

$$
\left(\frac{\partial^2}{\partial x^2}+\frac{\partial^2}{\partial y^2}\right)(\sigma_x+\sigma_y)=0 \tag{4.2.7}
$$

还要适合边界条件

$$
\left.\begin{aligned}
F_x=l\sigma_x+m\tau_{xy} \\
F_y=l\tau_{yx}+m\sigma_y
\end{aligned}\right] \tag{4.2.8}
$$

解此问题，应先求得一满足连续条件（4.2.7）的应力函数 ϕ，由其通过

$$
\left.
\begin{aligned}
\sigma_x &= \frac{\partial^2 \phi}{\partial y^2} \\[2mm]
\sigma_y &= \frac{\partial^2 \phi}{\partial x^2} \\[2mm]
\tau_{xy} &= -\frac{\partial^2 \phi}{\partial x\, \partial y} + \rho a\, x
\end{aligned}
\right\}
$$

求出的应力分量 σ_x，σ_y，τ_{xy} 满足平衡条件（4.2.6），若也适合边界条件（4.2.8），便是求得的解。对此解，参与影响的岩体力学性质参量只有泊松比 ν_k。若不计体积力且边界力已知，则均匀岩体中的二维应力分布与岩体力学性质无关，即受同样外力作用的同样均匀连续岩体中的二维应力分布相同。这对有应力边界条件的均匀连续单连通体，是正确的。但从关系

$$
\frac{\partial u}{\partial x} = e_x = \frac{1}{L_k}\ (\sigma_x - \nu_k\, \sigma_y)
$$

$$
\frac{\partial v}{\partial y} = e_y = \frac{1}{L_k}\ (\sigma_y - \nu_k\, \sigma_x)
$$

$$
\frac{\partial w}{\partial z} = e_z = -\frac{1}{L_k}\ (\sigma_x + \sigma_y)
$$

知在有位移边界条件或由（4.2.7）知在有应力边界条件的不均匀单连通体和有应力边界条件的复连通体，应力的分布却是岩体力学性质的函数。

在同一均匀位移边界条件下，压缩方向平行两种性质岩体胶结接触带时（图 4.2.51），高模量岩体中的应力大于低模量岩体中的，其平均值与模量成正比。两种性质岩体的胶结接触带，有高应力梯度，两种岩体力学性质的差异，不影响主应力线的分布形态。

在同一均匀应力边界条件下，压缩方向垂直两种性质岩体组成的不均匀单连通体的胶结接触带时（图 4.2.52～图 4.2.53），仍是高模量岩体中的应力大于低模量岩体中的，其平均值与模量成正比，但比例系数低于位移边界条件下的。当两种岩体的模量相差一倍左右时，接触带有高应力梯度带（图 4.2.52），当两种岩体的模量相差 10 倍左右时，接触带应力突变而无高应力梯度带（图 4.2.53）。两种岩体力学性质的差异，不影响主应力线的分布形态。

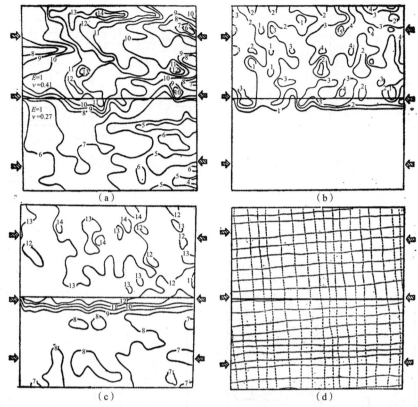

图 4.2.51　用正交网格法测得的由明胶和石膏调制成的两种参量并粘铸在一起的
弹性模型，在平行接触带的均匀压缩位移边界条件下所产生的二维最大主应力（a）、
最小主应力（b）和最大剪应力（c）相对等值线及主正应力线（d）分布图

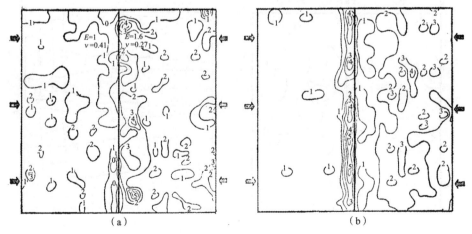

图 4.2.52　用正交网格法在由明胶和石膏调制成的两种模量相近并粘铸在一起的模型中
测得的在垂直接触带的均匀压力下所生的二维最大主应力（a）、最小主应力（b）和
最大剪应力（c）相对等值线及主正应力线（d）分布图

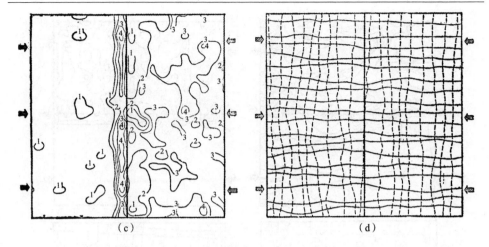

图 4.2.52 （续图）

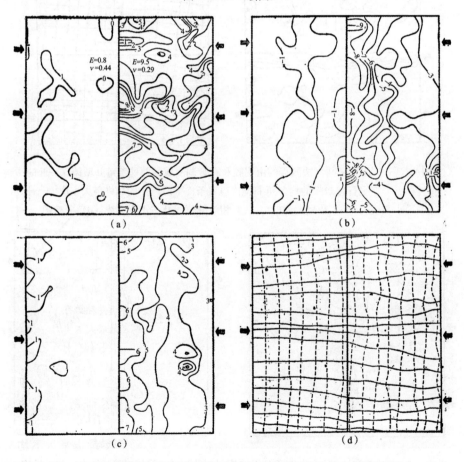

图 4.2.53　用正交网格法由明胶和石膏调制成的两种模量相差约 10 倍并粘铸在一起的
模型测得的在垂直接触带的均匀压力下所生的二维最大主应力（a）、最小主应力（b）和
最大剪应力（c）相对等值线及主正应力线（d）分布图

压缩方向与两种性质岩体胶结接触带成 45°交角时（图 4.2.54～图 4.2.55），除高模量岩体中有高应力，接触带有高应力梯度外，主压应力线与接触带所成锐角，在低模量岩体中向变大方向偏转，模量越低偏转得越大（图 4.2.54d）在高模量岩体中向变小方向偏转（图 4.2.55d）。

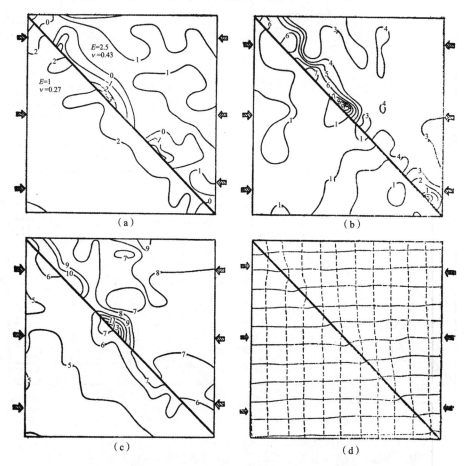

图 4.2.54 用正交网格法在明胶和石膏调制成的两种模量相近并粘铸在一起的
模型中测得的在与接触带成 45°斜交的均匀压力下所产生的二维最大主应力（a）、
最小主应力（b）和最大剪应力（c）相对等值线及主正应力线（d）分布图

地壳岩体中，有断裂带、溶洞、井巷和地下洞室的地区为复连通体；断裂带间盾地中可近视取为单连通体的部位，也常因变形而引起体积胀缩，造成密度改变而使体积力随之变化，加之地区所受边界力系来之于邻区岩体经常变化的惯性力，因而使得泊松比对应力的分布发生影响；岩体的弹性参量也常呈不均匀分布。这些，都使得岩体力学性质对构造应力场的分布发生影响。其中，泊松比对应力场的影响程度与弹性模量相比一般较小（图 4.2.56）。而在二弹性参量分布较均匀，地区所受体积力变化不大，且为单连通体的地区，岩性对应力分布的影

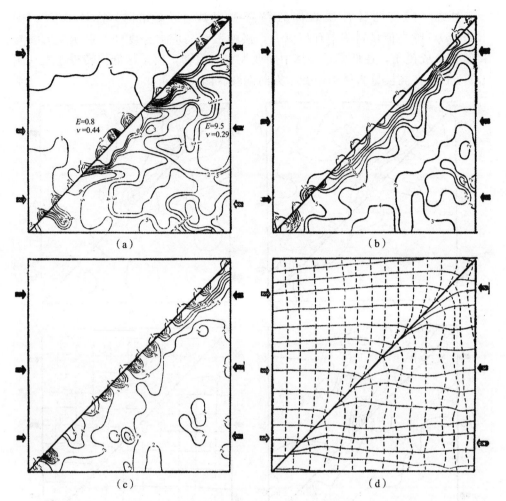

图 4.2.55　用正交网格法由明胶和石膏调制成的两种模量相差约 10 倍并粘铸在一起的
模型中测得的在与接触面成 45°斜交的均匀压力下所生的二维最大主应力（a）、
最小主应力（b）和最大剪应力（c）相对等值线及主正应力线（d）分布图

响则可忽略。

　　由（1.5.1）知，岩体密度的分布对重应力场有线性影响。由（1.5.6）知，岩体形变模量、热胀系数和泊松比都影响其中热应力场，其中以前二者的线性影响为主。

　　在地壳进行地应力观测台网布局中，应注意的观测灵敏点有两类。一类是地应力随时间变化的观测灵敏点，即对边界应力变化反应灵敏的高应力集中区：主要有断裂汇而不交处、断裂端部邻域、断裂弯折处的外盘、圆洼地形底部、圆顶地形周边坡脚、沟谷底、山脊两坡脚、斜坡和直壁底脚、高模量岩体。一类是地应力随空间变化的观测灵敏点，即对应力空间分布反应灵敏的高应力梯度区：上述高应力集中区都有这个特点，另外还有异性岩体接触带。

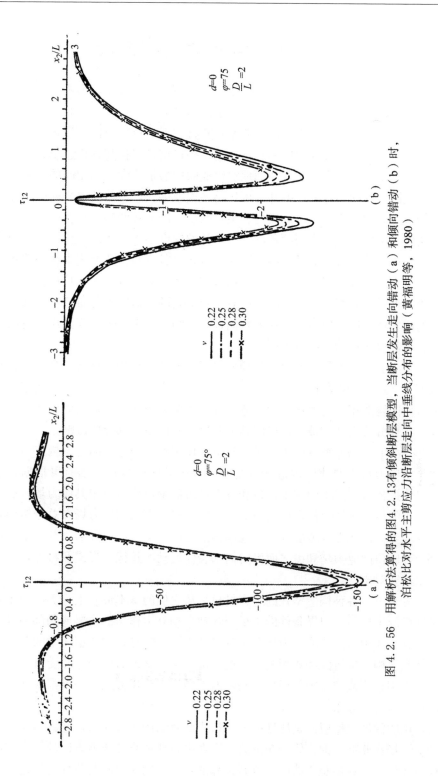

图 4. 2. 56 用解析法算得的图 4. 2. 13 有倾斜断层模型，当断层发生走向错动（a）和倾向错动（b）时，泊松比对水平主剪应力沿断层走向中垂线分布的影响（黄福明等，1980）

第三节　构造型式应力场

在统一的一定方式外力作用下形成的构造组合所在岩体，为构造体系。构造体系中各构造单元的组合分布各具有一定的典型形式，故又把具有一定形式的构造体系称之为构造型式。由此，构造型式具有如下的特征：构造型式中各构造单元的性质、形态、等级和序次不一定相同；构造型式包括其各构造单元、这些单元之间的地块、这些单元及其间的地块组成的构造带所围绕或相间的盾地；造成构造型式的统一的一定方式的外力可作用一次或多次，因而其中岩体由之而生的先后构造运动的方式相同；造成构造型式的统一同方式的外力，各次作用或同一次作用的各阶段或同时作用的各部位，所及的深度不一定相同。构造型式应力场是造成构造型式的直接动力原因，因而其分布必具有与构造型式中各构造单元的组合分布规律相应的规律性。于是，构造型式应力场具有如下的特征：受一定方式的统一外界力源所控制；为统一的有一定形式的构造应力分布系统；同一构造型式的应力场先后的应力分布形式相同；场的强度可统一地改变几次，各次、各阶段、各部位所及的深度可不同。

在组成上，一个复杂的由多种构造单元组成的大型构造型式，常含有较小的构造型式，这些较小的构造型式的局部又常含有更小的构造型式。构造型式中的构造带所围绕或相间的地块，为构造形迹不显著的盾地。早形成的构造型式中的盾地，常部分或大部分被晚形成的其他构造型式的组成部分所占据。

在主次上，构造型式由主要量级起主导作用的应力造成的主干构造与次要量级的导生应力造成的辅协构造联合组成。在研究区域构造运动时可根据精度要求，只依据构造型式中的主干构造和较大量级的辅协构造确定其应力场，而忽略局部较小的更次级辅协构造所表征的各种次级构造型式的应力场在总分布形式上的局部变异。但在工程地质勘查、地震预报、矿产资源勘探和油气开采上，这些局部变异区位的应力场和由之而生的局部岩体运动的规律、形式及特点，则常成为主要研究对象。

在分布上，各种构造型式的应力场只是从它们的基本形式上分类，由于岩体力学性质的不均匀、边界条件的不尽一致和主动外力作用的次要或局部差异，每一类中各具体构造型式的应力场，可各有其不同的特点；构造型式中的各构造单元之间和被构造带所围绕或相间的构造形迹不甚显著的岩体中，亦受有不同大小的应力作用；构造型式中各局部不同剖面上的应力作用方式不一定都与此构造型式的应力场总体分布形式相同，如在水平压应力作用部位的背斜中，只是在此压应力作用的深度主动应力是压性的——造成此背斜的主导应力，它是所属构造型式的应力场在此部位的具体分布形式，而在平行或垂直此压缩方向的铅直剖面内的应力作用方式却都是弯曲的，背斜顶部的水平方向应力则是张性的，这是由此构造型式应力场在此部位的水平压应力作用所导生的局部应力，因而它们并不代表这一构造型式的应力场所在主要深度内此部位主动应力的分布形式；构造型式中构造形迹较显著的部位不一定就是应力较大的部位，还可以是由于应力作用时间较长、作用速度较大、岩体塑性较强、屈服极限和强度极限较低所致；同类或同一构造型式，由于岩体力学性质和外力作用速度以及一定方式外力的局部差异，而常由不同性质和形态的构造单元组成，但这些并不影响此种构造型式应力场的分布形式，不论是张性的断裂或是压性的片理，尽管它们的性质和形态不同以至方位正交，但它们所表征的各自所在部位的同性主应力线的分布方位却可以是相同的。

构造体系，从形成所受的外力作用方式上，可分为张压构造体系、剪切构造体系、旋转构造体系和弯曲构造体系四种。每一种又包括不同的构造型式。

一、张压构造体系

此种构造体系，从其形成所受外力作用方式的特点，又分对压、背张、共轭、叉压四类构造体系。

对压构造体系，有带状构造和栅状构造两种。其垂直压缩方向的主干构造带是由褶皱、片理、冲断层和掩断层等压性构造单元所组成，大者长几千千米，大陆上和大洋底都有。若只形成垂直压缩方向成直线分布的压性构造带，为带状构造。若垂直成直线分布的压性构造带走向又形成张性断裂，则为栅状构造。其中常有与其交叉的剪断裂发生而构成米字型。这两种构造型式在构造力学上有一定区别：若两者形成所受外力相同，则前者处于柔性强的岩体中，而后者处于脆性强的岩体中；若二者规模相近且

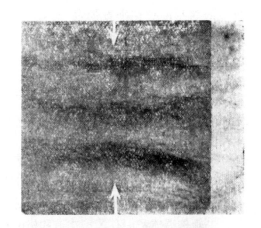

图 4.3.1　泥料板在平行于板的单向
压力下形成的带状褶皱构造

所在岩体的力学性质基本相同，则前者形成所受应力比后者的或是数量级较小或是加力速度较慢或是作用时间较短；若二者的位置平行排列岩性相同，则栅状构造所在一方为主动外压力传来的方向。由于此两种构造型式皆系受同方式的外力作用而成（图4.3.1），故其应力场的分布形式相同。因组成此两种构造型式的压性构造线皆与基本应力场的主压应力线垂直，而这些压性构造线又成直线状互相平行，则此两种构造型式应力场中的主正应力线成带形正交网格状分布（图4.3.2）。

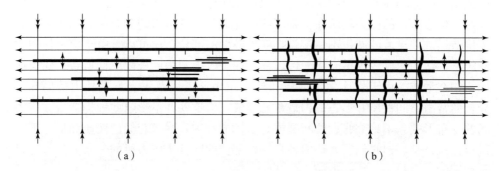

图 4.3.2　带状构造（a）和栅状构造（b）及其水平基本应力场

背张构造体系，有锯齿状构造和弓齿状构造两种。前一种长者上千千米，后一种长者上万千米，多走向近南北。前种构造型式是由张伸成的 X 形断裂在垂直张力方向贯连起来而成（图 4.3.3），因此形态基于 X 型断裂故成锯齿状。由于为其奠基的 X 形断裂是对主张应力轴对称而共轭发生的，故整个构造型式应力场的主正应力线成条形正交网格状

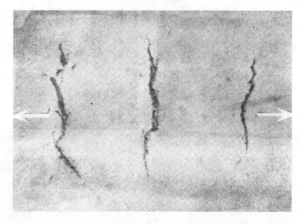

图 4.3.3　泥料板在平行于板的单向拉力下形成的锯齿状构造

（图 4.3.4a）。后种构造型式是由分段张断裂和与其正交的剪断裂构成，其应力场中的主张应力线与张断裂部分垂直（图 4.3.4b）。

共轭构造体系，有 X 型构造和格网状构造两种，大者纵横几百千米。这两种构造型式，均系由单向外力作用下同时共轭发生的剪性断裂或剪压性褶皱，正交或斜交而成（图 4.3.5）。单式的成 X 型构造，复式的剪断裂成格网状构造。二者的区别只在于发生断裂时岩体变形数量级的大小和应力场均匀程度的不同，前者所在岩体变形和应力分布均匀度均低于后者，但前者断裂后沿裂面继续剪切错动量则高于后者。因其组成断裂约在岩体最大剪应力面附近，而这两组共轭剪应力面又与应力主轴对称分布，故其应力场成区域性的正交网格状（图 4.3.6）。由于组成此种构造型式的构造单元具有强烈的剪切性质，其应力场用主剪应力线表示较简便，两簇主剪应力线分别约与其中的两组剪断裂平行，也成 X 形或格网形分布。其形成所受的单向外力，可是压力（图 4.3.6a），也可是与压力方向垂直的张力（图 4.3.6c）。若外力作用稍带剪性，外力方向对主压应力轴稍有偏离，

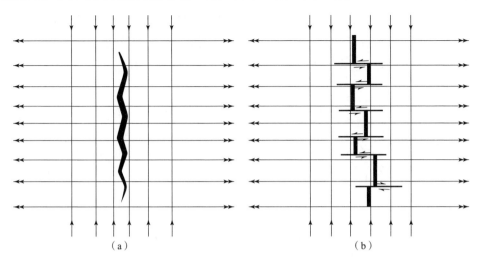

图 4.3.4　锯齿状构造（a）和弓齿状构造（b）及其应力场

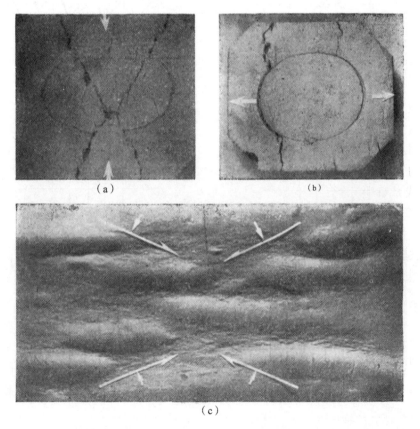

图 4.3.5　泥料板在平行于板的单向压力（a）和拉力（b）下形成的 X 型
断裂构造及在单向压力下形成的 X 型褶皱构造（c）

则其共轭断裂中，近主压应力线方向的一组稍带张性而成张剪性断裂，近主张应力线方向的一组稍带压性而成压剪性断裂。于是，应力场中的主压应力线方位稍向张剪性断裂偏转，而主张应力线方位稍向压剪性断裂偏转（图 4.3.6b）。

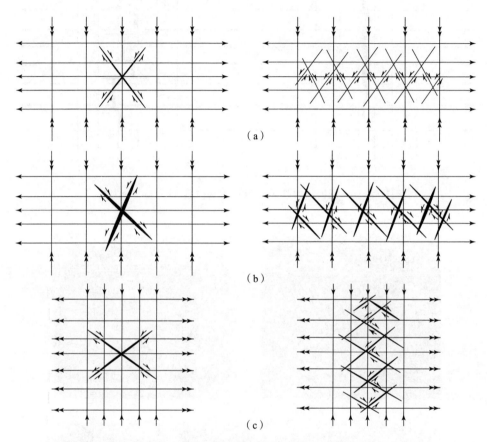

图 4.3.6　单向压缩、剪压和拉伸形成的 X 型和格网状构造及其应力场

　　叉压构造体系，只发现有星芒状构造一种。此种构造型式，由三组压性结构面成凹三角形而成，总体似星芒状。它是由相隔约 60°三个方向的压力，交叉压缩而成（图 4.3.7）。由于水平主压应力线处处与压性构造线正交，故其水平基本应力场的分布形式如图 4.3.8，总体成星芒形。中心部位有个各向同性点，过此点的主正应力线改变性质，压性变张性，张性变压性，故此点及其附近非张非压，而为一应力疏缓区，常形成一个小三角形盾地。这种构造型式，由于其形成所受水平外力作用方式的特殊性，有时为其他较大规模构造体系的所属部分。

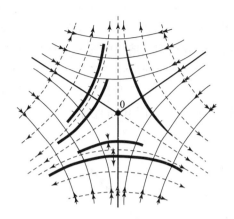

图 4.3.7　泥料板在平行板的三向
压力下形成的叉压褶皱构造

图 4.3.8　星芒状构造及其
水平基本应力场

二、剪切构造体系

此种构造体系，从使其形成的外力作用方式和下部边界条件的特点上，又分扭动和平错两类构造体系。第一类所受的应力是分布在较宽条带上的剪切作用，因之主干构造是相距较近平行错列的带剪性的压性构造单元，少数是带剪性的张性断裂。第二类所受的应力是集中于一狭长带上的平行剪切作用，因之其主干构造是由近于一条线上的剪张性与剪性断裂相间反平行连接而成。其进一步发展，主干构造两侧可生有剪张性或剪压性分枝构造。

扭动构造体系，又分雁行型构造和多字型构造两种。雁行型构造，在柔性岩体中的构造单元是剪压性的（图 4.3.9a），而在脆性岩体中的则是剪张性断裂（图 4.3.9b），它们相依平行错列，整个形式成雁行排列，大者纵横达一百几十千米。因其中的压性或张性构造线与压性或张性主正应力线垂直，其应力场中的两簇正交主正应力线亦成正交的平行错列形式（图 4.3.10）。多字型构造在形态

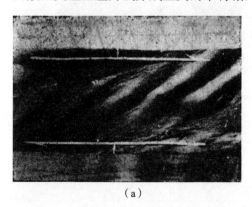

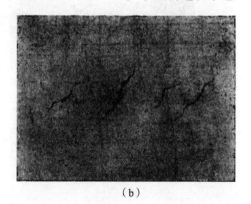

（a）　　　　　　　　　　　　　　　　　（b）

图 4.3.9　柔性（a）和脆性（b）泥料板在平行板的剪压力下形成的褶皱和断裂雁行型构造

上与雁行型构造的区别在于出现了与其正交的另一组异性断裂，因而整个形式成多字型（图4.3.11），大者纵横几百千米以上。因其中的构造形迹为两个异性结构面的雁行型构造反向交叉而成，故其应力场的分布形式与雁行型构造的相似。多字型构造是剪压性构造单元组成的雁行型构造进一步发展的结果，故两种构造型式若规模相近且存在于力学性质相近的岩体中，则前者比后者或是所受的外力较大或是受力作用时间较长。

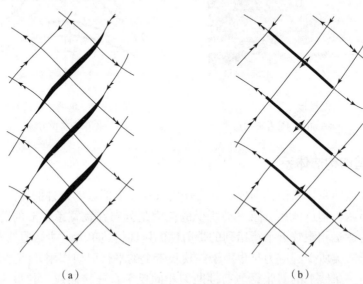

（a）　　　　　　　　　　　　（b）

图4.3.10　断裂（a）和褶皱（b）雁行型构造及其水平基本应力场

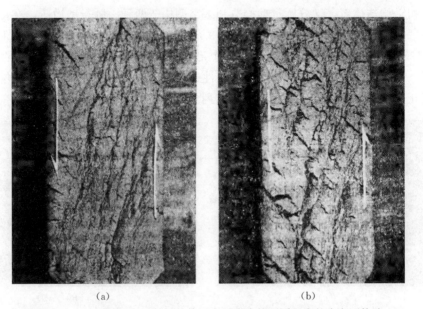

(a)　　　　　　　　　　　　(b)

图4.3.11　泥料板在平行板的剪压力下形成的不同程度的多字型构造

平错构造体系，有波纹状构造。它是由剪张性断裂和剪性断裂相间转连而成，各裂面反复转变方位连续剪切，总体成波纹形，大者长几十千米。在形式上，为一组剪张性断裂和另一组剪性断裂各自组成的两个反向错列的雁行型构造，以其中各构造单元两端彼此依次相间平滑弯转连接而成的一个连贯断裂，是受平行剪切力作用而成的（图4.3.12）。故其构造应力场的分布形式与雁行型构造应力场的相似（图4.3.13），主压应力线与相间隔开的剪张性断裂同向，与相间的剪性断裂斜交。这种构造型式进一步发展，可成为裂缝较宽中间狭碎石较多的单一剪断裂。再进一步可发展成入字型构造和羽状构造。入字型构造是由剪性主干断裂与一侧的剪张性分支断裂或剪压性分支构造单元斜交而成，大者长几百千米。其所受应力只一侧有宽散作用。此种构造型式应力场中的张性或压性主正应力线与相应性质的分支结构面走向正交，而与主干断裂斜交。故从其中各构造单元组合的规律和形式知，其应力场中主正应力线的分布形式，如图4.3.14所示。在均质岩体中，造成这种构造型式的主动外力传来方向，在有分支构造一

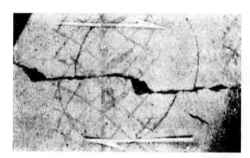

图4.3.12　泥料板在平行于板的
平行剪切力下形成的波纹状构造

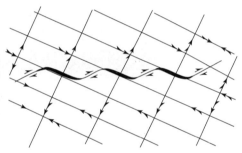

图4.3.13　波纹状构造及其应力场

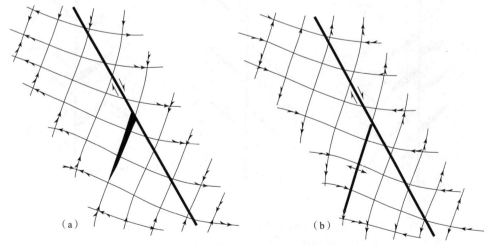

（a）　　　　　　　　　　　　　（b）

图4.3.14　剪性主干断裂与剪张性分枝断裂（a）和
与剪压性分枝构造单元（b）组成的入字型构造及其水平基本立力场

边。羽状构造的剪性主干断裂两侧，均有剪张性分支断裂或剪压性分支构造单元，大者纵横达 300 千米。其所受应力，在两侧均有宽散作用。若主干断裂两侧分支构造单元的力学性质相同则为斜羽状构造（图 4.3.15），若主干断裂两侧分支构造单元的力学性质不同则为正羽状构造。由于其中各构造单元的组合规律与入字型构造的相似，故它们的应力场分布形式与相应的入字型构造应力场相似，只是在场强的分布上比前者的对称性强（图 4.3.16）。

图 4.3.15　泥料板在平行板的较宽范围的平行剪切力下形成的
剪性断裂与剪张性分枝断裂组成的斜羽状构造

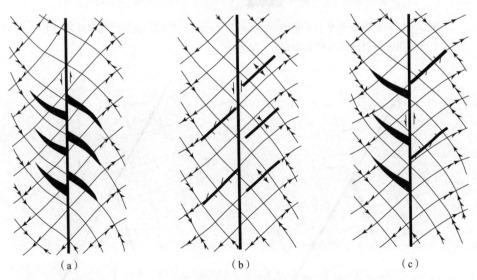

（a）　　　　　　　　　　（b）　　　　　　　　　　（c）

图 4.3.16　分支构造单元为剪张性（a）、剪压性（b）、
在主干断裂两侧异性（c）的羽状构造及其水平基本应力场

三、旋转构造体系

此种构造体系，依其形成所受外力作用方式的不同，又分单旋、反旋、涡旋、圆转和回转五类构造体系。

单旋构造体系，有眉状构造和帚状构造两种构造型式。眉状构造主干部分，是由剪压性构造单元或剪张性断裂相互错列整体成一弧形围绕一圆形或椭圆形砥柱或旋涡而成。帚状构造主干部分，是由剪压性构造单元或剪张性断裂成同向凸出一端撒开一端收敛的弯曲形式而成，整个构造组合的分布形式成帚状，并在凹入一方有一圆形或椭圆形砥柱或旋涡。故造成前一构造型式的一对主动外旋力近于平行（图4.3.17a），而造成后一构造型式的一对主动外旋力一端合拢一端分开（图4.3.17b）。前种构造型式大者达百千米，后种大者达几百千米。因剪压性或剪张性构造线各与主压应力线或主张应力线垂直，故由两种构造型式中各构造单元的性质、形态和分布形式可知，眉状构造的应力场如图4.3.18所示，而帚状构造的应力场则如图4.3.19所示。

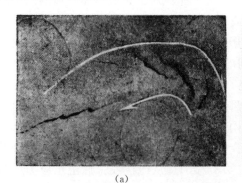
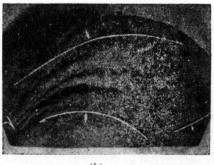

(a)　　　　　　　　　　　　(b)

图4.3.17　泥料板在平行板的平行（a）和
撒开（b）旋转剪切力下形成的由剪张性断裂组成的眉状构造（a）和
由剪压性褶皱组成的帚状构造（b）

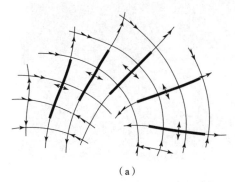
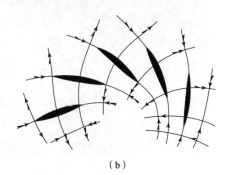

(a)　　　　　　　　　　　　(b)

图4.3.18　剪压性构造单元组成的眉状构造（a）和
剪张性断裂组成的眉状构造（b）及其水平基本应力场

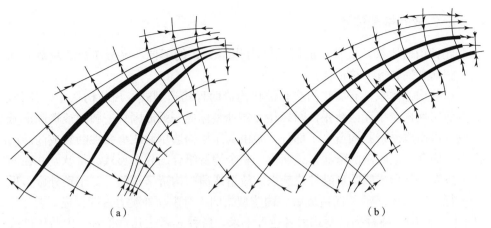

(a)　　　　　　　　　　　　　　　　　(b)

图 4.3.19　剪张性断裂组成的帚状构造（a）和
剪压性构造单元组成的帚状构造（b）及其水平基本应力场

　　反旋构造体系，有正反 S 型构造和歹字型构造两种。正反 S 型构造的主干部分，是由单式剪压性、剪张性、压剪性或张剪性构造单元或复式剪压性构造单元平列或错列构成，整个形式成 S 或反 S 形，两端对中点近于对称，大者占据澳洲南部。歹字型构造的主干由错列或平列的剪压性构造单元组成，头部较小、紧密、弯转度大，有一外延反向弧，围绕一隆起砥柱或沉降旋涡，尾部较大、散开、弯转度小，大者占据了整个北美洲西部。造成它们的主要外力是一对各自成反旋方式的反向旋转力。造成正反 S 型构造的相对反旋力作用方式近于平行（图4.3.20a），而造成歹字型构造的相对反旋力的作用方式是一端合拢一端撒开，并在头部有一小规模反向弯曲应力场（图 4.3.20b）。从压性或张性主正应力线与压性或张性构造线垂直而与剪性构造线斜交知，正反 S 型构造的应力场如图4.3.21 所示，歹字型构造的应力场如图 4.3.22 所示，用光塑性蠕变实验测得的

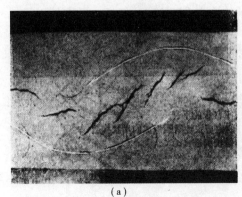
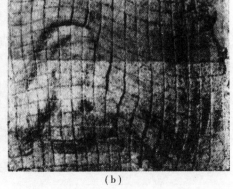

(a)　　　　　　　　　　　　　　　　　(b)

图 4.3.20　弹塑性材料板在平行板的平行（a）和撒开（b）反旋力作用下形成的由剪张性断裂
组成的 S 型构造（a）和由剪压性褶皱组成的歹字型构造（b）

结果与此一致（图4.3.23）。歹字型构造应力场与正反S型构造应力场还有两个较大的区别：歹字型构造应力场头部弯弧内侧有一个联锁式各向同性点；头部左下方有一个向下凸出的弧形应力场，它造成复式错列或单式弧形的压性弯曲鸭嘴式构造。

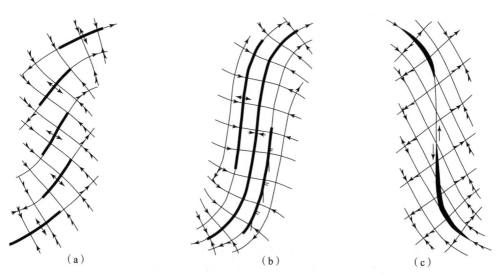

（a）　　　　　　　　　　（b）　　　　　　　　　　（c）

图4.3.21　主干构造错列（a）、平列（b）和单式张剪性断裂（c）构成的S型或
反S型构造及其水平基本应力场

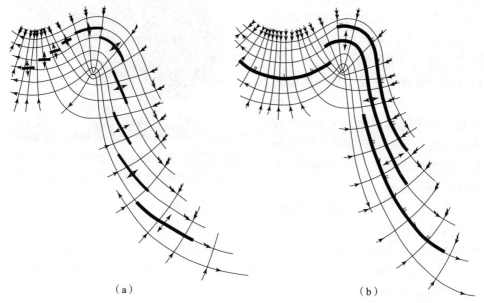

（a）　　　　　　　　　　　　　　（b）

图4.3.22　主干构造错列（a）和平列（b）组成的歹字型构造及其水平基本应力场

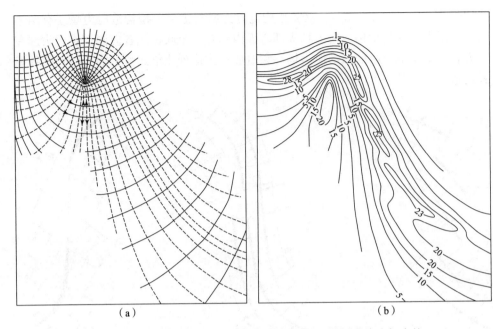

（a）　　　　　　　　　　　　　　　（b）

图 4.3.23　歹字型构造的酚醛塑料光塑性蠕变实验测得应力场中的
水平主正应力线（a）和最小主应力相对等值线（b）图

涡旋构造体系，至今发现的只有旋涡状构造一种，大者达百千米。它的特点是主干构造可一直旋向中心，因而没有砥柱。构造单元向旋转向外的二尾端错列，而向中心有时无错列规律。它是受旋涡剪压力作用而成（图 4.3.24）。由于组成此构造型式的构造单元为剪压性或剪张性的，其应力场如图 4.3.25 所示。此种构造型式的应力场中，有两个联锁式各向同性点。

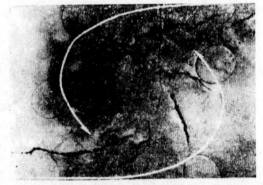

图 4.3.24　泥料板在平行板的旋涡剪压力下
形成的由剪张性断裂组成的旋涡状构造

圆转构造体系，有涡轮状构造和转环状构造两种。构成前一种的主干构造有剪压性的也有剪张性的，构成后一种的主干构造均是剪压性的，它们围绕一近圆形的砥柱或旋涡成圆形或椭圆形分布。涡轮状构造中的主干构造呈斜向外方的错列分布，大者达几十千米。转环状构造的主干构造为大致同心或同轴的弧形以不同程度的错列规律稍斜向外近平列成环形，大者达几十千米。它们是受圆形平行剪压力作用而成（图 4.3.26）。因其中的压性或张性主正应力线与压性或张性构造线垂直，故得其应力场中正交主正应力线的分布，对前一种构造为反向斜辐射形，对后一种构造为旋环形（图 4.3.27）。

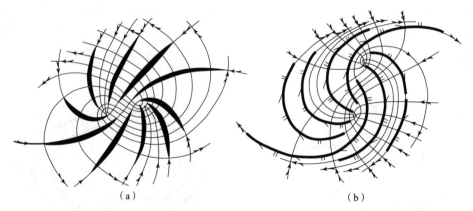

（a）　　　　　　　　　　　　　（b）

图 4.3.25　剪张性断裂（a）和剪压性构造单元（b）组成的旋涡状构造及其应力场

　　回转构造体系，有圆环状构造和
辐射状构造两种。大者是地壳上两个
规模最大的构造型式，前者按一定纬
度间隔一环—环断断续续地环绕地球，
后者从地理极顺经向断断续续地伸向
赤道。前者是由于地球自转和自转速
度变化，使地球变成绕自转轴的旋转
椭球，于是地球表层部分便顺地壳从
两极向赤道水平运动。因地壳构造现
象剧烈部分成带状集中，使构造带与
盾地相间分布，于是便产生了按一定
纬度间隔的沿纬线的圆环状构造。地
球自转速度改变时，其密度高质量大
的球体内部先变速。因而自转速度加
快时，密度小地势高的大陆块体由于

图 4.3.26　泥料板在平行于板的内外
圆形平行旋转剪压力下形成的
由剪张性断裂组成的涡轮状构造

倾向维持原有的惯性运动，而受到从后下方传来的沿纬向的向前挤压作用。自转
速度减慢时，密度小地势高的大陆块体由于倾向维持原有的惯性运动，而受到从
前下方传来的沿纬向的向后挤压作用。于是，便形成了走向南北的压性构造带、
当地壳中密度小地势高的大陆块体由于惯性而向前挤压时后面便产生纬向张伸作
用，而向后挤压时前面便产生纬向张伸作用，由之也产生走向南北的张断裂。这
些张裂带的应力场与挤压带的应力场同时存在，并沿纬线相间分布。因之，圆环
状构造与辐射状构造，均是在地球自转过程中形成的，故在水平方向上由于规模
占据全球而没有水平外力作用的边界，只有下部对上部的阻拉和体积力作用。从
这两种构造型式形成的原因可知，辐射状构造可在圆环状构造形成的间歇期形成，
也可在圆环状构造形成的同时于其相间的盾地中形成。两种构造型式应力场中的主

正应力线，均为近纬向、经向的直线。圆环状构造应力场中的主压应力线沿经线分布，而辐射状构造应力场中的主压应力线则沿纬线与沿经线者相间分布。南北构造带与东西构造带，共同组成了全球统一的断断续续的蛛网状构造。

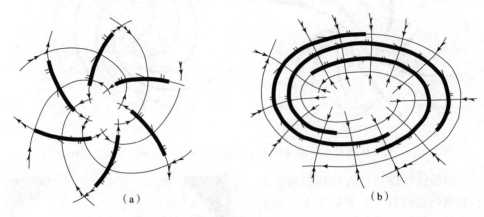

图 4.3.27　剪张性断裂组成的涡轮状构造（a）和剪压性构造单元组成的
转环状构造（b）及其应力场

四、弯曲构造体系

此种构造体系，从其形成所受外力分布的集中程度和下部水平滑动量的不同，又分压曲构造体系和滑曲构造体系两类。

压曲构造体系，有弧型构造和波型构造两种构造型式。构成它们的主干构造，均为平行或断续延伸的压性构造单元。因此，它们的形成皆是由于分布在构造线两侧边界上较均匀或相间较均匀的水平力压缩。因之，几乎是在原位置形成曲弧构造。前者是个单式弧，后者则为几个弧弯曲连接而成。由于其水平基本应力场的张性和压性主正应力线与主干构造平行和垂直，故其应力场的分布形式如图 4.3.28 所示。

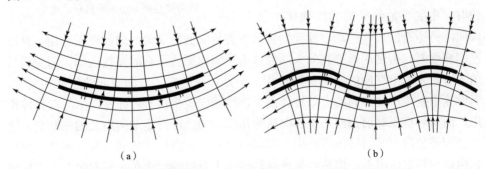

图 4.3.28　弧型构造（a）和波型构造（b）及其水平基本应力场

滑曲构造体系，有山字型构造、出字型构造和梳状构造三种。此类构造体系变形程度和岩体水平移动量，均比压曲构造体系为大，是在水平单向压缩时由于压力分布极不均匀或局部阻力大小不同而使压力较大或阻力较小的部分发生巨大的水平前移，使得其前面岩体受剧烈水平挤压弯曲而成（图4.3.29），因之在巨大压力下水平移动而造成弯曲的凹入一方均有约与弧顶走向垂直的脊柱。这是已发现的构造型式中较为复杂的一种。单式出现时，为山字型构造，大者连跨欧亚二洲。复式出现时，纵向连接的为出字型构造，顺弯弧横向连接的为梳状构造。从此类构造型式中各构造单元的性质、

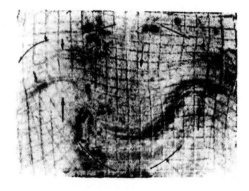

图 4.3.29　弹塑性材料在水平弯曲压力下凹入部分大量水平前移而成的由褶皱组成的山字型构造

形态、组合规律和形式及其与主正应力线的平行或垂直关系，可知它们的构造应力场分布形式如图 4.3.30 所示，此结果与用光塑性蠕变实验测得的山字型构造应力场一致（图 4.3.31）。

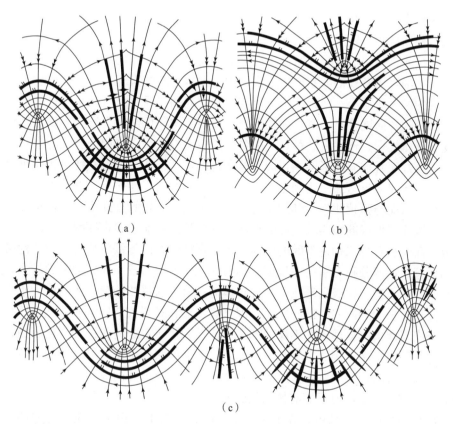

（a）

（b）

（c）

图 4.3.30　山字型（a）、出字型（b）和梳状（c）构造及其水平基本应力场

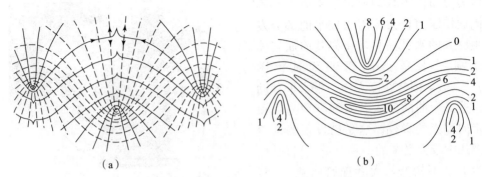

图 4.3.31　酚醛塑料光塑性蠕变实验测得的山字型构造体系应力场的
水平主应力线（a）和水平最小主应力相对等值线（b）图

　　山字型构造应力场的特点：整个应力场凹入部分的横向应力是压性的，凸出部分的横向应力是张性的，因而使得脊柱的方位与前弧垂直；弧顶和反射弧主要是受与走向垂直的压应力作用，因而此种部位的压性构造单元成弯曲的平行形式，而与它们正交的张断裂则成辐射状分布；两翼除受横向压缩和纵向张伸外，从其两侧主压应力线的斜列形式以及前弧形成时岩体向弧顶凸出方向发生了巨大的水平移动可知，还受里侧向弧顶外侧向反射弧的剪切作用，故均由剪压性构造单元平行或错列组成；脊柱所受横向压应力作用方向斜向场外而收敛，此为局部导生应力场，故脊柱的分布形式由内向山字型构造之外撒开，其撒开程度随弧顶弯曲度的增大而减小；弧顶凹入一侧与脊柱之间和二反射弧与其小脊柱之间，各有一联锁式各向同性点，其所在的部位为应力各向同性区，主正应力线过此种点改变其张压性质，作用在此种点上的各主压应力与主张应力相等，该等点被成层的张、压性闭合成扁圆形的主正应力线所包围，其所在区位近脊柱一边受垂直脊柱方向的压缩而近弯弧一边则受与其压缩方向正交的张伸作用，故此种构造型式的脊柱不可能与弧顶相连，其间必有一由于主正应力相等且其张、压性可在其中交替的因而变形或断裂均较疏缓的地区把它们隔开；前弧和脊柱间应力疏缓地区造成了前弧和脊柱二构造带间的盾地，由于脊柱的方位与弧顶垂直则此盾地必成马蹄形分布，但若稍有歪扭或局部岩体力学性质不均匀或下部局部阻力较大，便会与两侧小盾地一样极易形成小型旋转构造；由于前弧凹入侧岩体的巨大水平移动，使得弧顶受到剧烈的横向压缩，因之其变形和断裂较别处深而强烈，以至有时有花岗岩体出露或埋伏在不深的部位；前弧顺构造带走向的拉伸，比压曲构造体系弯弧的大得多，因之垂直弧顶的辐射状断裂的张性也比一般压曲构造带上的为强，以致有时形成地堑而被新的沉积物覆盖，这是极好的成矿空间。反射弧顶有时也有类似现象，但不如前弧弧顶的强烈。

　　出字型构造应力场中，在下一山字型的脊柱与上一山字型弧顶之间还有一个星芒形各向同性点，其所在部位为一小型三角形各向同性区，造成一小三角形盾地。

梳状构造型式，是由两个以上的山字型构造以反射弧相连而成，每个位于弧形构造带凹面受主动外力作用的一方均有脊柱和马蹄形盾地，而在受被动约束外力作用的凹面则不一定都有。此种构造型式的应力场，即由相应的山字型构造应力场横向联合而成。

上述各种构造型式主要分布在水平方向，其中由断裂组成者有些也发生在铅直方位。在铅直剖面上的 X 型构造，常是一组断裂比另一组强烈，当由水平张力作用而成时为正断层，由水平压力作用造成时则为冲断层（图 4.3.32）。雁行型构造也出现于铅直方位，有的为正断层或冲断层的初级阶段（图 4.3.33）。入字型构造和斜羽状构造常见于冲断层的铅直横剖面上（图 4.3.34），其中的张断裂常被岩脉所充填。帚状构造更常见于铅直剖面上，有时也见于上层水平作用力大于下层时形成的褶皱受主动力作用一侧的横铅直剖面上（图 4.3.35）。转环状构造的旋转轴也可在水平方位。眉状构造和旋涡状构造也可发生在倒转褶皱上部当出现冲断层时的横铅直剖面内较脆岩层中（图 4.3.36）。

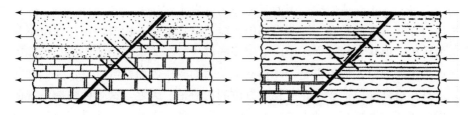

图 4.3.32 铅直剖面上的 X 型构造

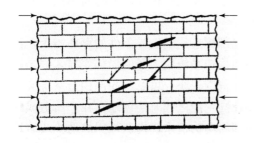

图 4.3.33 铅直剖面上的雁行型构造

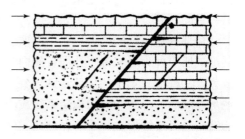

图 4.3.34 铅直剖面上的入字型构造

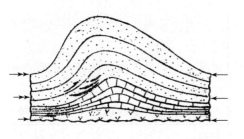

图 4.3.35 铅直剖面上的帚状构造

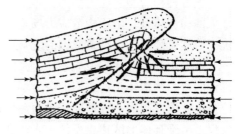

图 4.3.36 铅直剖面上的旋涡状构造

第四节　区域构造应力场

一、构造型式应力场的统一归类

构造型式，从它们在地壳的各方位所反映的应力场分布的统一性而构成的总的力学系统上看，可归属于纬向、经向、斜向和局部四类构造系统。

纬向、经向和斜向构造系统，由于它们的分布方位所反映的应力场中主动应力作用方式的不尽统一，使得造成它们的构造应力场在同一地区不可能同时都占主导地位。尽管它们形成所受构造力的来源可能同时存在，但由于这三种应力作用方式的不尽一致，则由这些力源所造成的三种不同方式的构造应力场，在一定地质时期，主要的只能有一种或由它们组合成的一种或每一种交替地在数量级上占主导地位。因之，这三种构造系统的应力场于同一地区在一种占主导地位的条件下可于同一地质时期都存在，但是占主导地位的应力场发生作用时，占次要地位的应力场与它正交或斜交，因而只能作为它发生作用的物理条件——岩体运动的围压而存在，因此它在主导应力场中的应力聚集处——构造带所在部位不显示变形力作用，但在主导应力场中应力疏缓的部位——盾地中它的作用却可能因量值高而占主导地位，即不再是岩体构造运动时的围压，而是可以显示变形力的作用，于是在这种部位造成了它所相应方位的构造带。因之，这三种构造系统的应力场中，在同一地区当一种占主导地位时，另一种可在其应力疏缓部位占主导地位，从而使得这三种构造系统中的构造，常是主要的一种以较大的间距把次要的另一种间断开。

局部构造系统的应力场，由于取决于局部构造运动边界条件的存在与否，而其形成所受外力可来源于纬向、经向和斜向构造系统应力场的局部变异，因之可成为这三种应力场中的局部特殊现象，所占范围较小。可见，局部构造系统应力场可与纬向、经向和斜向构造系统应力场在同一地区同时连续地存在，所造成的构造带也可连续形成，更可在纬向、经向和斜向构造系统构造带间的地块或盾地中形成。

据各种构造型式应力场的分布形式和在地壳存在的方位，可将它们统一于几个大的构造体系。由于构造应力场是构造型式的直接成因，则构造应力场的这种统一必然也反映构造型式成因的统一性。

走向东西的对压构造体系、主张应力线东西分布的共轭构造体系和两翼东西延伸的弯曲构造体系，它们的应力场尽管在存在时间上可不同，但分布形式和方位是统一的，同属一种地壳运动力源所造成，之所以在构造的形式上有所区别也仅仅是由于具体地区边界条件和岩体强度及柔脆性不同而已。故将这些应力场统归之为纬向构造系统，即全球性圆环状构造的应力场。

走向南北的对压构造体系、主张应力线南北分布的共轭构造体系、两翼南北延伸的弯曲构造体系和走向近于南北的弓齿状构造，其应力场在分布形式上统归之为经向构造系统，即全球性辐射状构造的应力场。

走向南北的大型锯齿状构造归属于经向构造系统还是纬向构造系统，须从其成因上具体分析，因为两种应力场都可造成此类构造。

走向北东至北东东、北西至北北西的剪切构造体系及 S 型构造、总体上沿北西向分布的歹字型构造及反 S 型构造，它们的应力场在分布形式上也是统一的，故统归之为斜向构造系统，即对全球而言的两个以地理极为中心的反向涡轮状构造的应力场。

叉压、单旋、涡旋、中小型圆转和回转构造体系，均分布于各局部地区，它们的应力场取决于各个局部地区的边界条件和岩体强度的不均匀程度，而在分布的总体形式上也没有发现全球的统一性，因之统归为局部构造系统的应力场。

这四大类构造应力场中，只有前三类在成因上具有全球的统一性，在分布上也具有全球性的统一形式。而第四类，则属它们的局部变异场，受局部成因条件的影响较大。

二、区域构造应力场时空分布规律

对一个构造区域，重要的是要了解区内各种形式的构造应力场作用的先后程序和各期构造应力场的空间分布规律。

从全球性地壳构造系统应力场中主正应力线的分布方向可知，其所受主动力来自经向、纬向和斜向。纬向构造系统应力场中主动力作用方向，由两极向赤道。经向构造系统应力场中主动力作用方向，或由东向西，或由西向东。斜向构造系统应力场中主动力作用方式为带剪性的水平斜向压缩，即东西向压缩与南北向压缩在不同地点以不同量级比例的合成。因之北北东—北东向构造系统应力场中主动力作用方向，在北半球为由北向南与由西向东力的合成方向，而在南半球则为由南向北与由东向西力的合成方向。北北西—北西向构造系统应力场中主动力作用方向，在北半球为由北向南与由东向西力的合成方向，而在南半球则为由南向北与由西向东力的合成方向。因之，总的看来，主动力或来自南北，或来自东西，或为它们按某种组成形式和量级比例的合成。来自南北者使纬向构造系统形成或再动，来自东西者使经向构造系统形成或再动，来自南北与来自东西者，若同时作用则使相应的斜向构造系统形成或再动。

每个构造系统作为地壳的一个组成部分，其所在部位的构造应力场并非自始至终保持一个形式，而是随着地壳的动力过程按照几个基本形式不断在改变着。对一个地区，于某段时间内，来自南北、来自东西和它们按某种组成形式及量级比例合成的主动力中何者占主导地位，区内岩体中的构造应力场便取何种形式。主动力方向交替改变，即它们交替占主导地位，则岩体中应力场的分布形式也随之交替改变。区内已有的构造便成为决定这些种应力场具体分布形式的起始条件，而这些种应力场也不断按照自己的分布形式来促进或改造已有的构造使其发展或转变或在区内造成新的构造。从距今两千多年来的地壳运动和地震活动记载回溯到地质历史时期，都是如此。

　　青藏印歹字型构造（图 4.4.1），在 1970 年云南通海 7¾ 级地震时，顺北西向的曲江断裂形成了一条长近 60 千米，走向北西 65°，顺时针水平错动，最大错距 2.4 米的新断裂带（图 4.4.2），其受力方式与青藏印歹字型应力场是一致的。而在 1973 年四川炉霍 7.9 级地震时，则顺北西向鲜水河断裂带形成了长 90 千米，宽 20～150 米，走向北西 55°，逆时针水平错动，最大错距 3.6 米的新断裂带（图 4.4.3），其受力方式与青藏印歹字型应力场相反。同是日本，1917 年静冈县地震时纵波初动水平分量分布所示的主动力作用方向为南北向压缩，而 1927 年北丹后地震时纵波初动水平分量分布所示的主动力作用方向则变为东西向压缩（图 4.4.4）。

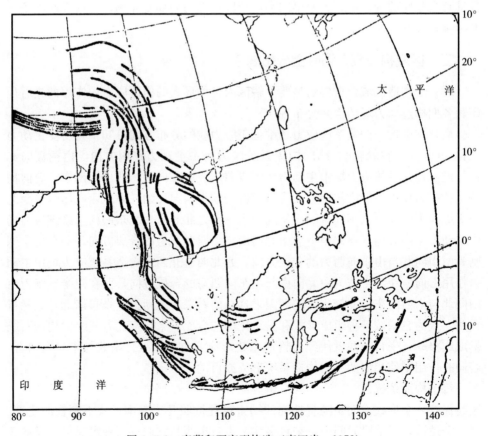

图 4.4.1　青藏印歹字型构造（李四光，1972）

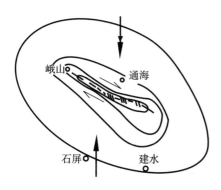

图 4.4.2　1970 年 1 月 5 日云南通海
7¾级地震产生的断裂、等震线和主动力
作用方向（云南省地震局）

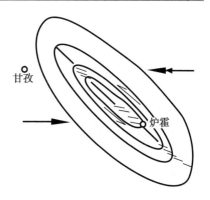

图 4.4.3　1973 年 2 月 6 日四川炉霍
7.9 级地震产生的断裂、等震线和
主动力作用方向（四川省地震局）

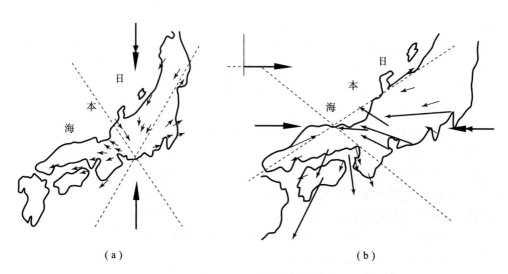

图 4.4.4　日本 1917 年静冈县地震（a）和 1927 年北丹后地震（b）纵波初动水平分量的
四象限分布所示的主动力作用方向（志田；本多弘吉）

　　在地质时期，各构造区域应力场中的主动力作用方向也是交替改变的，而并非在一个地区只有一个方向的主动力单独作用。有些地区甚至主动力作用方式，也在交替改变。青藏印乪字型构造中的鲜水河断裂带直至第四纪还断断续续在活动，从擦痕、局部入字型构造和错断的地层知，其历史上反时针错动达数十千米，而曲红断裂错动方向相反则为顺时针的。日本中部渐新世以来形成的断裂表明，此区域在这段地质时期，除受东西向水平压力外，还有与其交替作用的南北向水平压力（图 4.4.5），青藏印乪字型构造中的鲜水河断裂带和曲江断裂带，以及日本中部地区的受力方式状况，一直延续至今（图 4.4.2～图 4.4.4）。

区域应力场在交替改变过程中，必有作用时间总和较长、量级较大的主要方式的场，由于它的作用而在此地质时期形成本地区的主要构造，但同时也有交替插空发生重要作用的作用时间总和较短、量级较小的次要方式的场存在。这种次要场，有的以自己的形式发挥作用，造成与本区本时期主要场的形式不相统一的构造现象。如延边地区的纬向、经向和斜向构造系统中，纬向构

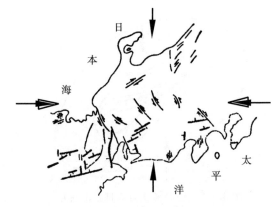

图 4.4.5　日本中部渐新世以来形成的断裂
所示的本区受到的两种压力作用方式

造带于古生代形成后在中生代和现代均有活动，延吉山字型构造从晚古生代开始到中生代形成后在新生代还在活动。经向构造带于古生代至中生代形成。新华夏构造于中生代后期至新生代形成。因之，在古生代主要是形成了纬向构造带，同时经向构造带和从晚期开始的延吉山字型构造也有活动；中生代主要是形成了延吉山字型构造，同时纬向构造带、经向构造带和从晚期开始的新华夏构造也有活动；新生代主要是形成了新华夏构造，同时延吉山字型构造和纬向构造带也有活动。由于运动方式的变动，以致延吉山字型构造运动破坏了纬向构造带，而新华夏构造运动又破坏了延吉山字型构造。又如内蒙古黑泥河地区的构造（图 4.4.6），东西部两个 S 型构造属北东斜向构造系统，而中部四个帚状构造和两个转环状构造应力场则属南部向西北部向东的顺时针转切作用所造成，小屋地东南帚状构造和东部转环状构造中又有东西部 S 型构造受力方式的更次级产物；有的则可与本地区本时期主要应力场混合作用来对之发生干扰而造成偏离常态的构造现象。如有些山字型构造应力场由于受到造成华夏构造力的干扰而使东翼运动强烈，祁吕贺兰山字型构造、淮阳山字型构造、迁西山字型构造、本溪山字型构造、山东山字型构造和龙岩山字型构造应力场的东翼均比西翼向北偏移、较陡、场强较大，有的东翼还有反射弧小脊柱（图 4.4.7）。又如有的新老华夏构造应力场由于受到纬向构造的干扰而使其复合部位弯转以致分段成 S 形，燕山地区（图 4.4.8）北北东斜向构造系统应力场由于受到纬向构造系统的干扰，便在其复合部位发生了弯转，在此向南东凸出的大弧中还有一小规模类似原因造成的平泉—喜峰口 S 型构造。场中，光头山眉状构造、红旗杆眉状构造和庙前旋涡状构造为反时针方向外旋力作用而成，六沟和高级河北的两个帚状构造又为顺时针方向外旋力作用而成，兴隆—高级河雁行型构造为南部向西北部向东的剪压力作用而成，纬向构造为南北向压力作用而成，经向构造为东西向压力作用而成，还有走向东西至北西西的祁吕贺兰山字型构造东翼反射弧的东半弧。

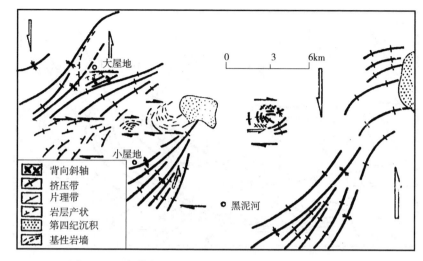

图 4.4.6　内蒙古黑泥河地区构造型式图（高庆华，1964）

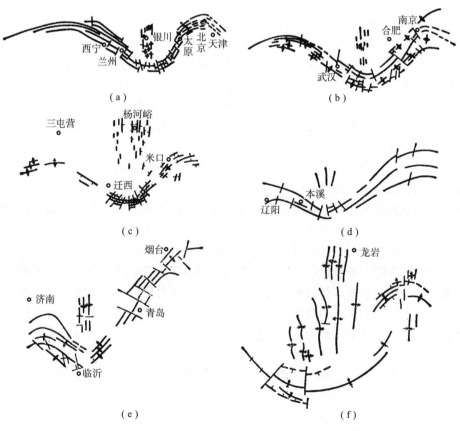

图 4.4.7　祁吕贺兰山字型构造（a，李四光）、淮阳山字型构造（b，地质力学研究所）、
迁西山字型构造（c，主要据崔作舟）、本溪山字型构造（d）、山东山字型构造
（e，地质力学研究所）和龙岩山字型构造（f，宁崇质等）

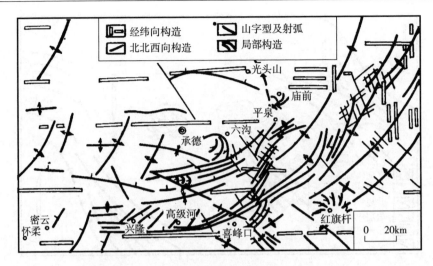

图 4.4.8　燕山地区构造型式图（邵云惠，1964）

　　可见，一个地区并不是只有一种方式的应力作用，就是一个地质时期也不是只有一种方式的应力作用。而一个区域，一个时期，所受的应力作用方式又是以一种为主，并有次要的其他方式的应力场同时或在同期内交替作用着，只是当后者较弱或累积作用时间较短时遗留下来的构造形迹不显著而已。认识这个规律，不仅有助于正确地分析区域构造运动，布置矿产资源勘探和油气开采，而且在分析具体地区现今构造应力场分布形式的变化规律，来进行地震预测、工程地质勘测和工程设计上，均有实际意义。

　　地壳运动的发展，不可能有周而复始完全按照原样重复的运动，每次均有与原来不同的新内容。现今的地壳已布满了多种复杂的构造现象，这是历次前期构造运动造成的结果，又是现今构造应力场存在的起始条件。因此，一地区在此种基础上再活动的现今构造体系，不可能都是历史上已形成的各种构造型式原方式的再动，而应是在现今某时段内一定方式的统一外力作用下应力易于聚集的已有构造带，和不同构造型式中对此种方式的应力场适于活动的部分，以及正在形成的新构造型式的新生成部分的组合。于是，现今某时段内一定方式的统一外力作用过程，不仅是形成新的构造体系整个过程的一个局部阶段，而且已有的构造体系也会再活动或几个体系的适动部分统一于新方式应力场作用下进行同时再活动的过程。这种过程的具体条件，取决于各区地块质量、力学性质、地形特点、底部和侧面边界阻力、已有构造带的分布方位和裂面胶结情况。由于每次构造运动的起始条件越来越复杂化，后生成的构造体系，除占据新区外，还要迁就已有构造体系并改造它，因之新的构造体系的型式特点将会越来越复杂，而不会总是像已形成的那么规则。这对测定现今构造体系应力场，分析区域应力场的交替规律，十分重要。

　　具有不同分布形式的应力场在同一地区先后交替作用时，若它们所造成的构造现象强弱相差悬殊且后生成者比先生成者弱，则先生成的强者将把后生成的弱者间隔开，使弱者相间分段分布，并控制弱者的分布形态；若交替形成的构造现象强弱相近或后生成者比先生成者强，则可重叠或切割先生成的弱者而改造它。

　　构造应力场，只在构造形象所在部位附近受构造形象影响较大而异于基本场，其沿铅直方向的分布在构造形象形成前后有所改变（图 4.4.9）。由此可知，褶皱区也是应力聚集带，水平压缩形变较大，节理密集，因而常比同类岩体的其他区位强度低；又由于变形剧烈，当倒转到一定程度时易生冲断层，脱底时亦有层断现象。因而，褶皱也是易于断裂的区位。

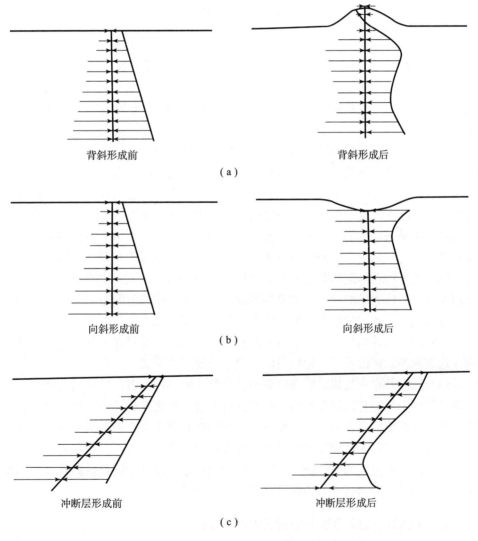

图 4.4.9　背斜轴面处（a）、向斜轴面处（b）、
冲断层断面处（c）和正断层断面处（d）水平应力沿铅直方向分布的模拟实验结果

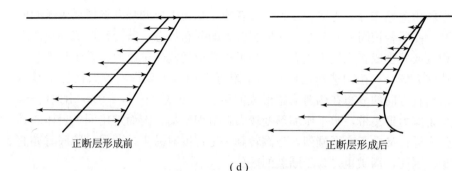

正断层形成前　　　　　　　　　　　　　　正断层形成后

（d）

图 4.4.9 （续图）

如此可知，古构造应力场与现今构造应力场有如下区别：

（1）起始构造条件不同。由于地壳构造运动的继续发展，构造形迹不断发展、转变和增加，使得地壳构造现象随着历史的进程而逐渐复杂化。因而，后生成的现今构造应力场的起始构造条件，也必然随之而比古构造应力场的更加复杂化。

（2）存在时间长短不同。古构造应力场，能留下至今可见的构造形迹的，是其所在地区经漫长地质时期占主导地位或重要地位、幅度较大、作用时间较长的应力场。而现今构造应力场，存在时间可以很短，更不一定是本区幅度大占主导或重要地位的应力场，因而也不一定是本区本地质时期正在活动或正在孕育形成的新构造体系的应力场，而可能是短时间出现的间断式的不留下明显构造形迹的极次要应力场，但它对时间较短的人类历史时期却可能起重要控制作用。

（3）留下构造形迹明显度不同。古构造应力场留下了明显的构造体系，可资返回去认证古应力场的存在。现今构造应力场，由于作用时间较短，造成的构造运动量级较小，出现的构造现象较弱，甚至经几年或几十年还不留下任何明显构造形迹就转变为其他形式的场。但它却在现今存在，即使存在时间短，对地下工程、地震预测、矿山开采、边坡设防，也有重要现实意义。

（4）反应其存在的构造形迹中弹塑性变形比例不同。古构造应力场所遗留下来的是不可恢复的岩体塑性变形和断裂构造形迹。而现今构造应力场，由于正在作用着，所造成的是岩体弹塑性变形、小规模断裂和古构造断裂的再动、发展和转变，其中的弹性变形成分比遗留至今的古构造形迹中的为大。因而，对古构造应力场只能从其造成的塑性变形、断裂的残留遗迹和没经地震释放的残余应力场去测定，而对现今构造应力场则可在现场直接测量。

三、区域构造应力场各分应力场的叠加

区域构造应力场，是由区域惯性应力场、区域重应力场、区域热应力场和区域湿应力场叠加而成的，它们是造成区域构造运动的直接原因。

惯性体积应力 σ^i、重力体积应力 σ^g、热力体积应力 σ^T 和湿力体积应力 σ^W 叠加起来，可得岩体区域构造运动中一点的总体积应力

$$\sigma = \sigma^i + \sigma^g + \sigma^T + \sigma^W$$

则区域构造应力场中一点的应力球张量

$$\boldsymbol{\sigma} = \begin{bmatrix} \sigma & 0 & 0 \\ 0 & \sigma & 0 \\ 0 & 0 & \sigma \end{bmatrix}$$

体积应力的大小与坐标方位无关，故 $\boldsymbol{\sigma}$ 也与坐标方位无关。当 $\sigma_1 = \sigma_2 = \sigma_3$ 时，为受围压的体积应力状态，任一组坐标系都是主坐标系，岩体不变形不断裂，只发生体积伸缩。

惯性偏应力分量

$$\left. \begin{array}{ll} d_x^i = \sigma_x^i - \sigma^i & d_{xy}^i = \tau_{xy}^i \\ d_y^i = \sigma_y^i - \sigma^i & d_{yz}^i = \tau_{yz}^i \\ d_z^i = \sigma_z^i - \sigma^i & d_{zx}^i = \tau_{zx}^i \end{array} \right]$$

重力偏应力分量

$$\left. \begin{array}{ll} d_x^g = \sigma_x^g - \sigma^g & d_{xy}^g = \tau_{xy}^g \\ d_y^g = \sigma_y^g - \sigma^g & d_{yz}^g = \tau_{yz}^g \\ d_z^g = \sigma_z^g - \sigma^g & d_{zx}^g = \tau_{zx}^g \end{array} \right]$$

热力偏应力分量

$$\left. \begin{array}{ll} d_x^T = \sigma_x^T - \sigma^T & d_{xy}^T = \tau_{xy}^T \\ d_y^T = \sigma_y^T - \sigma^T & d_{yz}^T = \tau_{yz}^T \\ d_z^T = \sigma_z^T - \sigma^T & d_{zx}^T = \tau_{zx}^T \end{array} \right]$$

湿力偏应力分量

$$\left. \begin{array}{ll} d_x^W = \sigma_x^W - \sigma^W & d_{xy}^W = \tau_{xy}^W \\ d_y^W = \sigma_y^W - \sigma^W & d_{yz}^W = \tau_{yz}^W \\ d_z^W = \sigma_z^W - \sigma^W & d_{zx}^W = \tau_{zx}^W \end{array} \right]$$

叠加起来，得岩体区域构造运动中一点的总变形应力分量

$$\left. \begin{array}{l} d_x = \sigma_x - \sigma = \sigma_x^i + \sigma_x^g + \sigma_x^T + \sigma_x^W - (\sigma^i + \sigma^g + \sigma^T + \sigma^W) \\ d_y = \sigma_y - \sigma = \sigma_y^i + \sigma_y^g + \sigma_y^T + \sigma_y^W - (\sigma^i + \sigma^g + \sigma^T + \sigma^W) \\ d_z = \sigma_z - \sigma = \sigma_z^i + \sigma_z^g + \sigma_z^T + \sigma_z^W - (\sigma^i + \sigma^g + \sigma^T + \sigma^W) \\ d_{xy} = \tau_{xy} = \tau_{xy}^i + \tau_{xy}^g + \tau_{xy}^T + \tau_{xy}^W \\ d_{yz} = \tau_{yz} = \tau_{yz}^i + \tau_{yz}^g + \tau_{yz}^T + \tau_{yz}^W \\ d_{zx} = \tau_{zx} = \tau_{zx}^i + \tau_{zx}^g + \tau_{zx}^T + \tau_{zx}^W \end{array} \right]$$

则区域构造应力场中一点的应力偏张量

$$\boldsymbol{d} = \begin{bmatrix} d_x & d_{yx} & d_{zx} \\ d_{xy} & d_y & d_{zy} \\ d_{xz} & d_{yz} & d_z \end{bmatrix}$$

于是，区域构造应力场中一点的总应力张量

$$\boldsymbol{s} = \boldsymbol{\sigma} + \boldsymbol{d}$$

1. 区域惯性应力场

取第一章中的岩体物性方程

$$\left. \begin{array}{ll} \sigma_x = \mu_k \vartheta + 2G_k e_x & \tau_{yz} = G_k \gamma_{yz} \\ \sigma_y = \mu_k \vartheta + 2G_k e_y & \tau_{zx} = G_k \gamma_{zx} \\ \sigma_z = \mu_k \vartheta + 2G_k e_z & \tau_{xy} = G_k \gamma_{xy} \\ \sigma = (3\mu_k + 2G_k) \vartheta \end{array} \right\}$$ （4.4.1）

将（1.1.40）代入上方程组，得

$$\left. \begin{array}{ll} \sigma_x = \mu_k \vartheta + 2G_k \dfrac{\partial u}{\partial x} & \tau_{yz} = G_k \left(\dfrac{\partial v}{\partial z} + \dfrac{\partial w}{\partial y} \right) \\[2mm] \sigma_y = \mu_k \vartheta + 2G_k \dfrac{\partial v}{\partial y} & \tau_{zx} = G_k \left(\dfrac{\partial w}{\partial x} + \dfrac{\partial u}{\partial z} \right) \\[2mm] \sigma_z = \mu_k \vartheta + 2G_k \dfrac{\partial w}{\partial z} & \tau_{xy} = G_k \left(\dfrac{\partial u}{\partial y} + \dfrac{\partial v}{\partial x} \right) \end{array} \right\}$$

其中

$$\vartheta = \frac{\partial u}{\partial x} + \frac{\partial v}{\partial y} + \frac{\partial w}{\partial z}$$

于是有

$$\frac{\partial \sigma_x}{\partial x} = \mu_k \frac{\partial \vartheta}{\partial x} + G_k \frac{\partial^2 u}{\partial x^2} + G_k \frac{\partial^2 u}{\partial x^2}$$

$$\frac{\partial \tau_{xy}}{\partial y} = G_k \frac{\partial^2 u}{\partial y^2} + G_k \frac{\partial^2 v}{\partial x \partial y}$$

$$\frac{\partial \tau_{xz}}{\partial z} = G_k \frac{\partial^2 u}{\partial z^2} + G_k \frac{\partial^2 w}{\partial x \partial z}$$

将此三式相加，则为

$$\frac{\partial \sigma_x}{\partial x} + \frac{\partial \tau_{xy}}{\partial y} + \frac{\partial \tau_{xz}}{\partial z} = \mu_k \frac{\partial \vartheta}{\partial x} + G_k \nabla^2 u + G_k \frac{\partial}{\partial x} \left(\frac{\partial u}{\partial x} + \frac{\partial v}{\partial y} + \frac{\partial w}{\partial z} \right)$$

$$= (\mu_k + G_k) \frac{\partial \vartheta}{\partial x} + G_k \nabla^2 u$$

代入（1.1.99）中的第一式，得

$$\left(\mu_k+G_k\right)\frac{\partial\vartheta}{\partial x}+G_k\,\nabla^2 u+f_x=0$$

同理

$$\left(\mu_k+G_k\right)\frac{\partial\vartheta}{\partial y}+G_k\,\nabla^2 v+f_y=0$$

$$\left(\mu_k+G_k\right)\frac{\partial\vartheta}{\partial z}+G_k\,\nabla^2 w+f_z=0$$

（4.4.2）

将此三式分别对 x，y，z 的偏导数相加，得

$$\left(\mu_k+2G_k\right)\nabla^2\vartheta+\frac{\partial f_x}{\partial x}+\frac{\partial f_y}{\partial y}+\frac{\partial f_z}{\partial z}=0 \qquad (4.4.3)$$

若体积力为常量，则由上式得

$$\nabla^2\vartheta=0$$

于是，由（4.4.1）知

$$\nabla^2\sigma=\left(3\mu_k+2G_k\right)\nabla^2\vartheta=0 \qquad (4.4.4)$$

再将算符

$$\nabla^2=\frac{\partial^2}{\partial x^2}+\frac{\partial^2}{\partial y^2}+\frac{\partial^2}{\partial z^2}$$

作用于（4.4.2）的两端，得

$$\nabla^4 u=0$$
$$\nabla^4 v=0$$
$$\nabla^4 w=0$$

一函数 φ 在所讨论区域内和对 x，y，z 的四次微商连续，并适合

$$\nabla^4\varphi=\frac{\partial^4\varphi}{\partial x^4}+\frac{\partial^4\varphi}{\partial y^4}+\frac{\partial^4\varphi}{\partial z^4}+2\left(\frac{\partial^4\varphi}{\partial x^2\,\partial y^2}+\frac{\partial^4\varphi}{\partial y^2\,\partial z^2}+\frac{\partial^4\varphi}{\partial z^2\,\partial x^2}\right)=0 \qquad (4.4.5)$$

则 φ 为双调和函数。可见，u，v，w 均为双调和函数。

由（4.4.1）又得

$$\frac{\partial u}{\partial x}=e_x=\frac{\sigma_x}{2G_k}-\frac{\mu_k\vartheta}{2G_k}$$

代入（4.4.2）第一式对 x 的偏微商式，得

$$\left(\mu_k+G_k\right)\frac{\partial^2\vartheta}{\partial x^2}+\frac{1}{2}\nabla^2\sigma_x-\frac{\mu_k}{2}\nabla^2\vartheta+\frac{\partial f_x}{\partial x}=0$$

用此式和（4.4.3）消去 $\nabla^2\vartheta$，得

$$2\left(\mu_k+G_k\right)\frac{\partial^2\vartheta}{\partial x^2}+\nabla^2\sigma_x+\frac{\mu_k}{\mu_k+2G_k}\left(\frac{\partial f_x}{\partial x}+\frac{\partial f_y}{\partial y}+\frac{\partial f_z}{\partial z}\right)+2\frac{\partial f_x}{\partial x}=0$$

将 $\sigma=(3\mu_k+2G_k)\vartheta$ 代入，得方程

$$\nabla^2\sigma_x+\frac{1}{1+\nu}\frac{\partial^2\sigma}{\partial x^2}+\frac{\nu}{1-\nu}\left(\frac{\partial f_x}{\partial x}+\frac{\partial f_y}{\partial y}+\frac{\partial f_z}{\partial z}\right)+2\frac{\partial f_x}{\partial x}=0$$

同理

$$\nabla^2\sigma_y+\frac{1}{1+\nu}\frac{\partial^2\sigma}{\partial y^2}+\frac{\nu}{1-\nu}\left(\frac{\partial f_x}{\partial x}+\frac{\partial f_y}{\partial y}+\frac{\partial f_z}{\partial z}\right)+2\frac{\partial f_y}{\partial y}=0 \quad (4.4.6)$$

$$\nabla^2\sigma_z+\frac{1}{1+\nu}\frac{\partial^2\sigma}{\partial z^2}+\frac{\nu}{1-\nu}\left(\frac{\partial f_x}{\partial x}+\frac{\partial f_y}{\partial y}+\frac{\partial f_z}{\partial z}\right)+2\frac{\partial f_z}{\partial z}=0$$

将 (4.4.2) 第二、三式分别对 x，y 的偏微商相加，得

$$2\,(\mu_k+G_k)\,\frac{\partial^2\vartheta}{\partial y\,\partial z}+G_k\,\nabla^2\gamma_{yz}+\left(\frac{\partial f_y}{\partial z}+\frac{\partial f_z}{\partial y}\right)=0$$

将 (4.4.1) 中的剪应力与剪应变关系代入，得

$$\nabla^2\tau_{yz}+\frac{2\,(\mu_k+G_k)}{3\mu_k+2G_k}\,\frac{\partial^2\sigma}{\partial y\,\partial z}+\left(\frac{\partial f_y}{\partial z}+\frac{\partial f_z}{\partial y}\right)=0$$

则有

$$\nabla^2\tau_{yz}+\frac{1}{1+\nu}\frac{\partial^2\sigma}{\partial y\,\partial z}+\left(\frac{\partial f_y}{\partial z}+\frac{\partial f_z}{\partial y}\right)=0$$

同理

$$\nabla^2\tau_{zx}+\frac{1}{1+\nu}\frac{\partial^2\sigma}{\partial z\,\partial x}+\left(\frac{\partial f_z}{\partial x}+\frac{\partial f_x}{\partial z}\right)=0 \quad (4.4.7)$$

$$\nabla^2\tau_{xy}+\frac{1}{1+\nu}\frac{\partial^2\sigma}{\partial x\,\partial y}+\left(\frac{\partial f_x}{\partial y}+\frac{\partial f_y}{\partial x}\right)=0$$

(4.4.6)、(4.4.7) 是用应力表示的连续方程。将 ∇^2 作用在此二方程组的两端，得

$$\nabla^4\sigma_x=\nabla^4\sigma_y=\nabla^4\sigma_z=\nabla^4\tau_{yz}=\nabla^4\tau_{zx}=\nabla^4\tau_{xy}=0$$

由应力与应变的关系，还可得

$$\nabla^4 e_x=\nabla^4 e_y=\nabla^4 e_z=\nabla^4\gamma_{yz}=\nabla^4\gamma_{zx}=\nabla^4\gamma_{xy}=0$$

　　构造区域中的惯性应力场，是构造区域所在地块的边界受围岩的惯性作用所生的应力场。当 X 轴取在东西方向，Y 轴取在南北方向，Z 轴铅直向下时，其边界条件

$$F_x=\sigma_x\cos\,(n,\ X)\,+\tau_{yx}\cos\,(n,\ Y)\,+\tau_{zx}\cos\,(n,\ Z)$$
$$F_y=\tau_{xy}\cos\,(n,\ Y)\,+\sigma_y\cos\,(n,\ Y)\,+\tau_{zy}\cos\,(n,\ Z) \quad (4.4.8)$$
$$F_z=\tau_{xz}\cos\,(n,\ Z)\,+\tau_{yz}\cos\,(n,\ Y)\,+\sigma_z\cos\,(n,\ Z)$$

中的水平正应力 σ_x，σ_y 为 (1.5.20) 中的 σ_{EW}，σ_{SN}：

$$\sigma_x=\sigma_{EW}$$
$$\sigma_y=\sigma_{SN}$$

在深度 D 处则各加上

$$\sigma_D = \frac{\nu}{1-\nu}g\int_0^D\rho(D)\mathrm{d}D$$

而为

$$\left.\begin{array}{l}\sigma_x = \dfrac{mv^2}{xs}\sin\phi + \dfrac{\nu}{1-\nu}g\int_0^D\rho(D)\mathrm{d}D\\[3mm]\sigma_y = \dfrac{mv}{ws}\dfrac{\mathrm{d}w}{\mathrm{d}t} + \dfrac{\nu}{1-\nu}g\int_0^D\rho(D)\mathrm{d}D\end{array}\right\} \tag{4.4.9}$$

可见，此类区域应力场中的主动应力是水平方向的。故水平区域惯性应力场为平面问题，（4.4.5）变为

$$\nabla^2\varphi = \frac{\partial^4\varphi}{\partial x^4} + 2\frac{\partial^4\varphi}{\partial x^2\partial y^2} + \frac{\partial^4\varphi}{\partial y^4} = 0$$

将对平面应力问题的条件

$$\sigma_x = \tau_{yz} = \tau_{xz} = 0$$

或对平面应变问题的条件

$$\sigma_z = \nu(\sigma_x + \sigma_y) \tag{4.4.10}$$

代入（4.4.4），得

$$\nabla^2(\sigma_x + \sigma_y) = 0 \tag{4.4.10'}$$

于是解平面问题，归结为在边界条件（4.4.8）下解方程组

$$\left.\begin{array}{l}\dfrac{\partial\sigma_x}{\partial x} + \dfrac{\partial\tau_{yx}}{\partial y} + f_x = 0\\[3mm]\dfrac{\partial\tau_{xy}}{\partial x} + \dfrac{\partial\sigma_y}{\partial y} + f_y = 0\\[3mm]\nabla^2(\sigma_x + \sigma_y) = 0\end{array}\right\}$$

若体积力为岩体所受的重力，则

$$\left.\begin{array}{l}f_x = 0\\f_y = 0\\f_z = \rho g\end{array}\right\}$$

因之，平衡方程变为

$$\left.\begin{array}{l}\dfrac{\partial\sigma_x}{\partial x} + \dfrac{\partial\tau_{yx}}{\partial y} = 0\\[3mm]\dfrac{\partial\tau_{xy}}{\partial x} + \dfrac{\partial\sigma_y}{\partial y} = 0\end{array}\right\} \tag{4.4.11}$$

为求此方程组的通解，取任一函数 $\varphi(x, y)$ 满足

$$\left.\begin{array}{l}\sigma_x = \dfrac{\partial\varphi}{\partial y}\\[3mm]\tau_{xy} = -\dfrac{\partial\varphi}{\partial x}\end{array}\right\} \tag{4.4.12}$$

可见，φ 满足（4.4.11）中的第一式。取另一函数 $\phi(x，y)$ 满足

$$\left.\begin{array}{l}\tau_{xy}=\dfrac{\partial \phi}{\partial y}\\[3mm]\sigma_y=-\dfrac{\partial \phi}{\partial x}\end{array}\right\}\tag{4.4.13}$$

于是，ϕ 又满足（4.4.11）中的第二式。因（4.4.12）、（4.4.13）须同时满足（4.4.11），τ_{xy} 是相同的，故 φ 和 ϕ 有关系

$$\dfrac{\partial \varphi}{\partial x}+\dfrac{\partial \phi}{\partial y}=0\tag{4.4.14}$$

引入一函数 $\psi(x，y)$，使

$$\left.\begin{array}{l}\varphi=\dfrac{\partial \psi}{\partial y}\\[3mm]\varphi=-\dfrac{\partial \psi}{\partial x}\end{array}\right\}\tag{4.4.15}$$

则（4.4.15）满足（4.4.14），为（4.4.14）的解。将（4.4.15）代入（4.4.12）、（4.4.13），得

$$\left.\begin{array}{l}\sigma_x=\dfrac{\partial^2 \psi}{\partial y^2}\\[3mm]\sigma_y=\dfrac{\partial^2 \psi}{\partial x^2}\\[3mm]\tau_{xy}=-\dfrac{\partial^2 \psi}{\partial x\,\partial y}\end{array}\right\}\tag{4.4.16}$$

将此结果代入（4.4.10′），得

$$\nabla^2(\sigma_x+\sigma_y)=\nabla^2\left(\dfrac{\partial^2 \psi}{\partial y^2}+\dfrac{\partial^2 \psi}{\partial x^2}\right)=\nabla^4\psi=0$$

因此，解平面问题简化为解此双调和方程，即求双调和函数 ψ，并满足边界条件

$$\left.\begin{array}{l}F_x=\dfrac{\partial^2 \psi}{\partial y^2}l-\dfrac{\partial^2 \psi}{\partial x\,\partial y}m\\[3mm]F_y=-\dfrac{\partial^2 \psi}{\partial x\,\partial y}l+\dfrac{\partial^2 \psi}{\partial x^2}m\end{array}\right\}$$

ψ，称为应力函数。求得了 ψ，便可由（4.4.16）和（4.4.10）求出应力分量。可先给定 ψ 以某种形式，再看它适于哪一种应力状态。

取 ψ 为多项式形式

$$\psi=(a_2x^2+b_2xy+c_2y^2)+(a_3x^3+b_3x^2y+c_3xy^2+d_3y^3)+\cdots$$

其中不取 x，y 的一次幂项，因为此种项的函数 ψ 代入（4.4.16）求得的应力为零，即为无应力状态。故只分别讨论其二次幂以上各项，看其满足何种边界条件，然后将这些简单的解按情况组合起来，便可得所需复杂条件的解。于此，只

讨论 ψ 在水平矩形岩板上满足的边界条件及其所引起的应力场。

① 取 $\psi = a_2 x^2$ 代入 (4.4.16) 得

$$\left.\begin{array}{l} \sigma_x = 0 \\ \sigma_y = 2a_2 \\ \tau_{xy} = 0 \end{array}\right]$$

此时，板内只有各处相等的正应力 σ_y，其在垂直 y 轴二边界面上与外力平衡。此为平行 y 轴的纯拉伸状态。边界上的应力图，便是外载图（图 4.4.10）。

② 取 $\psi = b_2 xy$ 代入 (4.4.16) 得

$$\left.\begin{array}{l} \sigma_x = 0 \\ \sigma_y = 0 \\ \tau_{xy} = -b_2 \end{array}\right]$$

可见，沿板四边有均匀剪应力，故为纯剪切状态（图 4.4.11）。

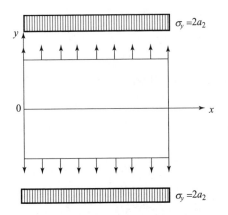

图 4.4.10　$\psi = a_2 x^2$ 时水平岩板应力场的外载图

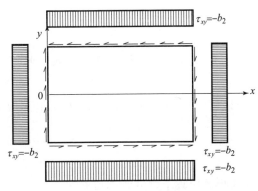

图 4.4.11　$\psi = b_2 xy$ 时水平岩板应力场的外载图

③ 取 $\psi = c_2 y^2$ 代入 (4.4.16)，得

$$\left.\begin{array}{l} \sigma_x = 2c_2 \\ \sigma_y = 0 \\ \tau_{xy} = 0 \end{array}\right]$$

此时，沿板水平方向顺 x 轴均匀拉伸（图 4.4.12）。

④ 取 $\psi = a_3 x^2$ 代入 (4.4.16)，得

$$\left.\begin{array}{l} \sigma_x = 0 \\ \sigma_y = 6a_3 x \\ \tau_{xy} = 0 \end{array}\right]$$

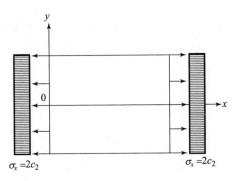

图 4.4.12　$\psi = c_2 y^2$ 时水平岩板应力场的外载图

此时，在垂直 y 轴的二边界面上，有按三角形分布的垂直载荷（图 4.4.13a）。若坐标原点在板的中点，则为向 x 轴正方向凸出的纯弯曲状态（图 4.4.13b）。

⑤ 取 $\psi = b_3 x^2 y$ 代入（4.4.16），得

$$\left. \begin{array}{l} \sigma_x = 0 \\ \sigma_y = 2b_3 y \\ \tau_{xy} = -2b_3 x \end{array} \right]$$

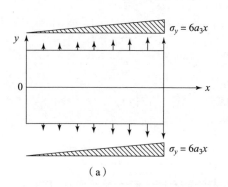 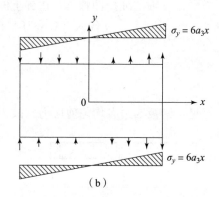

$$（a）\qquad\qquad\qquad（b）$$

图 4.4.13　$\psi = a_3 x^2$ 时水平岩板应力场的外载图

此时，有如图 4.4.14 所示的正应力和剪应力作用在板的三边上。$y = \dfrac{1}{2}h$ 时，

$$\sigma_y = 2b_3 \frac{h}{2} = b_3 h$$

故在正 y 位置平行 x 轴的边界面上有拉力作用。$y = -\dfrac{1}{2}h$ 时，

$$\sigma_y = -2b_3 \frac{h}{2} = -b_3 h$$

故在负 y 位置平行 x 轴的边界面上有压力作用。此二边界面上的剪应力按直线规律分布，左边界没有剪应力，右边界有均匀剪应力。

⑥ 取 $\psi = c_3 x y^2$ 代入（4.4.16），得

$$\left. \begin{array}{l} \sigma_x = 2c_3 x \\ \sigma_y = 0 \\ \tau_{xy} = -2c_3 y \end{array} \right]$$

此时，正应力只作用于右边，剪应力在平行 x 轴的二边界均匀分布，在平行 y 轴的二边界上以 x 轴为界反向按直线规律分布（图 4.4.15）。

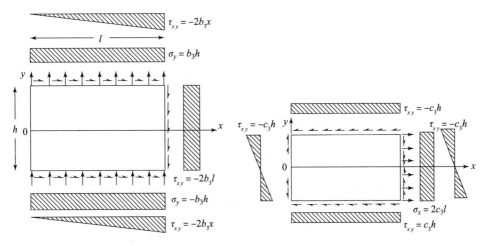

图 4.4.14　$\psi=b_3 x^2 y$ 时水平　　　　　图 4.4.15　$\psi=c_3 x y^2$ 时水平

岩板应力场的外载图　　　　　　　　　　岩板应力场的外载图

⑦ 取 $\psi=d_3 y^3$ 代入（4.4.16），得

$$
\left.
\begin{array}{l}
\sigma_x=6d_3 y \\
\sigma_y=0 \\
\tau_{xy}=0
\end{array}
\right]
$$

此为板两边承受弯矩的纯弯曲状态（图 4.4.16）。

⑧ 取 $\psi=d_4 x y^3$ 代入（4.4.16）得

$$
\left.
\begin{array}{l}
\sigma_x=6d_4 xy \\
\sigma_y=0 \\
\tau_{xy}=-3d_4 y^2
\end{array}
\right]
$$

此时，正应力只作用于右边，剪应力在平行 x 轴二边界均匀分布，而在平行 Y 轴二边界上按抛物线规律变化（图 4.4.17）。

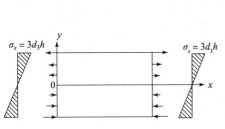

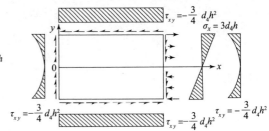

图 4.4.16　$\psi=d_3 y^3$ 时水平岩板应力场的　　　图 4.4.17　$\psi=d_4 x y^3$ 时水平岩板应力场的

外载图　　　　　　　　　　　　　　　　外载图

⑨ 取 $\psi=d_5\left(x^2y^3-\dfrac{1}{5}y^5\right)$ 代入 (4.4.16)，得

$$\left.\begin{array}{l}\sigma_x=d_5\left(6x^2y-4y^3\right)\\[2mm]\sigma_y=2d_5y^3\\[2mm]\tau_{xy}=-6d_5xy^2\end{array}\right]$$

此时，岩板边界的应力状态，如图 4.4.18 所示。

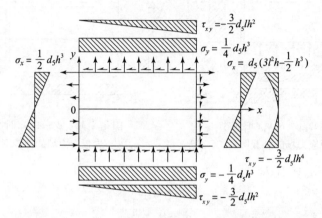

图 4.4.18　$\psi=d_5\left(x^2y^3-\dfrac{1}{5}y^5\right)$时水平岩板应力场的外载图

⑩ 取 $\psi=a_2x^2+b_2xy+c_2y^2$ 代入 (4.4.16)，得

$$\left.\begin{array}{l}\sigma_x=2c_2\\[2mm]\sigma_y=2a_2\\[2mm]\tau_{xy}=-b_2\end{array}\right]$$

此为四边张伸和剪切的平面均匀应力状态，其边界应力分布情况如图 4.4.19 所示。

⑪ 取 $\psi=a_2x^2+b_2xy+c_2y^2+a_3x^3+b_3x^2y+c_3xy^2+d_3y^3$ 代入 (4.4.16)，得

$$\left.\begin{array}{l}\sigma_x=2c_2+2c_3x+6d_3y\\[2mm]\sigma_y=2a_2+6a_3x+2b_3y\\[2mm]\tau_{xy}=-b_2-2b_3x-2c_3y\end{array}\right]$$

其中若

$$a_2=b_2=c_2=a_3=b_3=c_3=0$$

则

$$\left.\begin{array}{l}\sigma_x=6d_3y\\[2mm]\sigma_y=0\\[2mm]\tau_{xy}=0\end{array}\right]$$

此为岩板纯弯曲应力状态（图 4.4.20）。

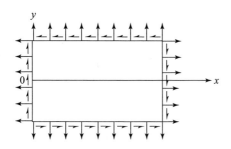

图 4.4.19　$\psi = a_2 x^2 + b_2 xy + c_2 y^2$ 时
水平岩板应力场的外载图

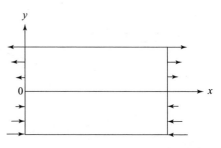

图 4.4.20　$\psi = a_2 x^2 + b_2 xy + c_2 y^2 +$
$a_3 x^3 + b_3 x^2 y + c_3 xy^2 + d_3 y^3$ 时
水平岩板应力场的外载图

2. 区域重应力场

重力是一种体积力。取 X，Y 水平，Z 轴铅直向下，则

$$\left.\begin{array}{l} f_x = 0 \\ f_y = 0 \\ f_z = \rho g \end{array}\right]$$

于是平衡方程变成（1.5.1）。其中，

$$\sigma_x = \sigma_y = \tau_{yx} = \tau_{zx} = \tau_{xy} = \tau_{zy} = \tau_{xz} = \tau_{yz} = 0$$

深度 z 处水平面上的铅直重应力

$$\sigma_z = g \int_0^z \rho(z)\mathrm{d}z$$

在地球浅层，温压均不高，于是

$$\sigma_x = \sigma_y = \frac{\nu}{1-\nu} g \int_0^z \rho(z)\mathrm{d}z$$

它们等于一地块对相邻地块的重力水平压力。平均重应力

$$\sigma = \frac{1}{3}(\sigma_x + \sigma_y + \sigma_z) = \frac{1+\nu}{3(1-\nu)} g \int_0^z \rho(z)\mathrm{d}z$$

由于地球作为一个天体在其形成过程中质量分布的不均匀和之后的构造运动与岩浆活动以及放射性生热造成的岩体水平热差异，使得地球内密度的分布有水平差异，这将引起重应力的水平差异。从图 4.4.21 可见，在地壳浅层：①重应力随深度增大；②地形对重应力方向的影响随深度增加而减小。

在地球深层，温压很高，则 σ_z 为围压，于是

$$\sigma_x = \sigma_y = \sigma_z = g \int_0^z \rho(z)\mathrm{d}z$$

而

$$\sigma = \sigma_x = \sigma_y = \sigma_z$$

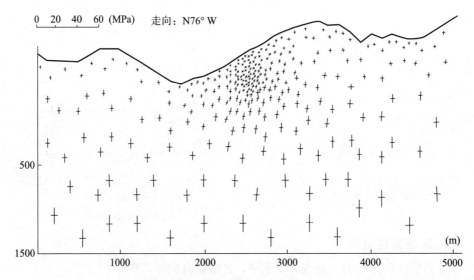

图 4.4.21　用有限单元法算得的日本奥美浓重应力场铅直剖面上主正应力大小和
方向的分布（石田毅等）

忽略各层的密度差别，也可将重力围压表示为

$$p_g = \rho g z$$

随深度呈线性增加。上式对 z 的导数为

$$\frac{\mathrm{d}p_g}{\mathrm{d}z} = \rho g$$

在原点位于球心的球坐标中，为

$$\frac{\mathrm{d}p_g}{\mathrm{d}r} = -\rho g \tag{4.4.17}$$

在地球深部，密度 ρ 是半径的函数，重力加速度 g 也是半径的函数，于是

$$g(r) = k \frac{M(r)}{r^2} \tag{4.4.18}$$

k 为万有引力常数，$M(r)$ 是半径 r 内的岩体质量，可表示为

$$M(r) = \int_0^r 4\pi r^2 \rho(r)\mathrm{d}r \tag{4.4.19}$$

给出地球内密度分布的模型，便可得 $\rho(r)$。积分（4.4.19），可得 $M(r)$。于是，
由（4.4.18）可得 $g(r)$，再积分（4.4.17）便可得 p_g。

取地幔以内的平均密度为 ρ_m，地幔半径为 R_m，地壳平均密度为 ρ_c，厚度为
$R - R_m$，则在地幔以内

$$M(r) = \frac{4}{3}\pi \rho_m r^3$$

代入（4.4.18），得

$$g(r)=\frac{4}{3}\pi\rho_{\mathrm{m}}kr \qquad\qquad\qquad 0\leqslant r\leqslant R_{\mathrm{m}}$$

$$=\frac{4}{3}[r\rho_{\mathrm{m}}+R_{\mathrm{m}}^{3}(\rho_{\mathrm{m}}-\rho_{\mathrm{c}})/r^{2}] \quad R_{\mathrm{m}}\leqslant r\leqslant R$$

代入（4.4.17），积分，取地表 $r=R$，$p_{g}=0$ 的条件，得

$$p_{g}(r)=\frac{2}{3}\pi k\left[\rho_{\mathrm{m}}^{2}(R_{\mathrm{m}}^{2}-r^{2})+\rho_{\mathrm{c}}^{2}(R^{2}-R_{\mathrm{m}}^{2})+2\rho_{\mathrm{c}}R_{\mathrm{m}}(\rho_{\mathrm{m}}-\rho_{\mathrm{c}})\left(\frac{1}{R_{\mathrm{m}}}-\frac{1}{R}\right)\right] \quad 0\leqslant r\leqslant R_{\mathrm{m}}$$

$$=\frac{2}{3}\pi k\rho_{\mathrm{c}}\left[2R_{\mathrm{m}}^{3}(\rho_{\mathrm{m}}-\rho_{\mathrm{c}})\left(\frac{1}{r}-\frac{1}{R}\right)+\rho_{\mathrm{c}}(R^{2}-r^{2})\right] \qquad\qquad R_{\mathrm{m}}\leqslant r\leqslant R$$

给定 ρ_{m}，ρ_{c}，R_{m}，R 值，便可由此式求得距地心 r 处的重力围压 $p_{g}(r)$。

3. 区域热应力场

构造区域中岩体的温度变化引起的胀缩受到约束而产生的应力场，为区域热应力场。可见，区域惯性应力场、区域重应力场和区域湿应力场，都是等温状态的应力场。

岩体中不随时间变化而只是位置函数的温度场，为定常温度场。随时间变化的温度场，为非定常温度场。岩体的变形模量、泊松比和热胀系数，均随温度而变（图4.4.22），因而也要影响热应力场。

岩体中，表示应变随温度变化的量

$$\alpha_{ij}=\frac{\partial e_{ij}}{\partial T} \qquad i,j=x,y,x$$

为热应变系数，又称热膨胀系数；表示应力随温度变化的量

$$\beta_{ij}=-\frac{\partial\sigma_{ij}}{\partial T}$$

为热应力系数。

求区域热应力场的方法，有解析法、模拟法、实验法和近似法。

解析法——用物性方程的热应力与热应变关系，求满足边界条件和协调方程的平衡方程，解之得热应力场表示式。所用平衡方程、协调方程和边界条件，在形式上与惯性应力场的一样。所用物性方程，已叙述在第一章中。

模拟法——求区域热应力场的有限单元法。将应力与应变关系

$$\{S\}_{e}=[L_{k}]_{e}\{E\}_{e}$$

中的应变，加上热应变

$$\{E_{T}\}^{T}=\{\alpha T, \alpha T, 0\}^{T}$$

而变成

$$\{S\}_{e}=[L_{k}]_{e}(\{E\}_{e}+\{E_{T}\}^{T})$$

再将单元结点力

$$\{F\}_{e}=[k]_{e}\{U\}_{e}$$

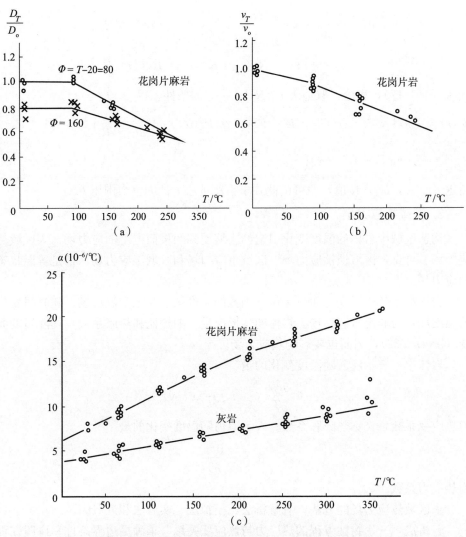

图 4.4.22　岩块在高温和室温的变形模量比（a）、高温和室温的泊松比之比（b）及
热胀系数（c）随温度的变化（R. S. C. Wai et al.，1982）

加上热载荷

$$\{F_T\}_e = \int [A]^T [B]^T [L_k]\{E_T\} \mathrm{d}(V)$$

对整个岩体叠加，有

$$\{F_T\} = \sum \{F_T\}_e$$

对平面热应力问题，变成据边界条件解

$$\{F\} + \{F_T\} = [K]\{U\}$$

的多元联立方程组。其中

$$\{F\} + \{F_T\} = \sum \{F\}_e + \sum \{F_T\}_e$$

$$[K] = \sum [k]_e$$
$$\{U\} = \sum \{U\}_e$$

实验法——热光弹法、云纹法和莫尔条纹法。其中热光弹法，有加热法和冷却法两种，可用示温涂料测温度场。后两种实验方法，都是直接测量法，可直接显示热应力分布。

近似法——有限差分法，把热应力基本微分方程改为差分形式，用解代数方程代替解微分方程，计算热应力场。

1）温度径向变化造成的地球热应力场

此时，平衡方程为

$$\frac{\mathrm{d}\sigma_r}{\mathrm{d}R} + \frac{2}{R}(\sigma_r - \sigma_\theta) = 0 \qquad (4.4.20)$$

物性方程为

$$\left. \begin{aligned} e_r - \alpha T &= \frac{1}{D_i}(\sigma_r - 2v\sigma_\theta) \\[2mm] e_\theta - \alpha T &= \frac{1}{D_i}[\sigma_\theta - \nu(\sigma_r + \sigma_\theta)] \end{aligned} \right]$$

而

$$\left. \begin{aligned} e_r &= \frac{\mathrm{d}u_R}{\mathrm{d}_R} \\[2mm] e_\theta &= \frac{u_R}{R} \end{aligned} \right]$$

则得

$$\left. \begin{aligned} \sigma_r &= \frac{D_i}{(1+\nu)(1-2\nu)}[(1-\nu)e_r + 2\nu e_\theta - (1+\nu)\alpha T] \\[2mm] \sigma_\theta &= \frac{D_i}{(1+\nu)(1-2\nu)}[e_\theta + \nu e_r - (1+\nu)\alpha T] \end{aligned} \right]$$

代入（4.4.20），得地球温度只沿径向变化时由位移表示的运动方程

$$\frac{\mathrm{d}^2 u_R}{\mathrm{d}R^2} + \frac{2}{R}\frac{\mathrm{d}u_R}{\mathrm{d}R} - \frac{2u_R}{R^2} = \alpha\frac{1+\nu}{1-\nu}\frac{\mathrm{d}T}{\mathrm{d}R}$$

其通解为

$$u_R = \alpha\frac{1+\nu}{1-\nu}\frac{1}{R^2}\int_r^R TR^2 \mathrm{d}R + RC_1 + \frac{1}{R^2}C_2 \qquad (4.4.21)$$

而

$$\left. \begin{aligned} \sigma_r &= \mu_d\left(\frac{\mathrm{d}u_R}{\mathrm{d}R} + \frac{2u_R}{R}\right) + 2G_d\frac{\mathrm{d}u_R}{\mathrm{d}R} - (3\mu_d + 2G_d)\,\alpha T \\[2mm] \sigma_\theta &= \mu_d\left(\frac{\mathrm{d}u_R}{\mathrm{d}R} + \frac{2u_R}{R}\right) + 2G_d\frac{u_R}{R} - (3\mu_d + 2G_d)\,\alpha T \end{aligned} \right]$$

将（4.4.21）代入，得

$$
\begin{aligned}
\sigma_r &= -\frac{2\alpha D_i}{1-\nu}\frac{1}{R^3}\int_r^R TR^2\,\mathrm{d}R + \frac{D_i}{1-2\nu}C_1 - \frac{2D_i}{(1+\nu)R^2}C_2 \\
\sigma_\theta &= \frac{\alpha D_i}{1-\nu}\frac{1}{R^3}\int_r^R TR^2\,\mathrm{d}R + \frac{D_i}{1-2\nu}C_1 + \frac{D_i}{(1+\nu)R^3}C_2 - \frac{\alpha D_i T}{1-\nu}
\end{aligned} \tag{4.4.22}
$$

平均热应力，为

$$
\sigma = \frac{1}{3}\ (\sigma_r + 2\sigma_\theta)
$$

因在 $R=0$ 处，$u_R=0$，则 $C_2=0$。球心温度为 T_0，$\dfrac{3}{R^3}\displaystyle\int_0^R TR^2\,\mathrm{d}R$ 是半径为 R 球体内的平均温度。令 $r=0$，$C_1=0$；$R=R_0$，$\sigma_r=0$，则（4.4.22）变为

$$
\begin{aligned}
\sigma_r &= \frac{2\alpha D_i}{1-\nu}\left(\frac{1}{R_0}\int_0^{R_0} TR^2\,\mathrm{d}R - \frac{1}{R^3}\int_0^R TR^2\,\mathrm{d}R\right) \\
\sigma_\theta &= \frac{\alpha D_i}{1-\nu}\left(\frac{2}{R_0^3}\int_0^{R_0} TR^2\,\mathrm{d}R + \frac{1}{R^3}\int_0^R TR^2\,\mathrm{d}R - T\right)
\end{aligned}
$$

2）地核升温造成的地球热应力场

半径为 r 的地核，温度升高 T 产生的自由膨胀量为 $r\alpha T$。但由于受外部地幔的约束使地核表面受到压力 p_c，于是地核内产生三个主应力 $\sigma_1=\sigma_2=\sigma_3=-p_c$，此应力状态产生应变 $e=\dfrac{p_c}{D_i}(1-2\nu)$。因之，地核内的径向应变为 $\alpha T-\dfrac{p_c}{D_i}(1-2\nu)$。则半径 r 的变化量

$$
\Delta r = r\alpha T - r\frac{p_c}{D_i}(1-2\nu) \tag{4.4.23}
$$

压力 p_c 对地核外部的地幔也发生作用。外径为 R 内径为 r 的地球部分受内压 p_c 作用在距球心 S 处产生的应力

$$
\begin{aligned}
\sigma_r &= \frac{p_c r^3 (R^3-S^3)}{S^3(r^3-R^3)} \\
\sigma_\theta &= \frac{p_c r^3 (2S^3+R^3)}{2S^3(r^3-R^3)}
\end{aligned}
$$

因 $R \gg r$，故

$$
\begin{aligned}
\sigma_r &= -\frac{p_c r^3}{S^3} \\
\sigma_\theta &= \frac{p_c r^3}{2S^3}
\end{aligned} \tag{4.4.24}
$$

在地核表面，$S=r$

$$
\begin{aligned}
\sigma_r &= -p_c \\
\sigma_\theta &= \frac{1}{2}p_c
\end{aligned}
$$

半径 r 的变化

$$\Delta r = \frac{p_c r}{2 D_i} (1+\nu)$$

与（4.4.23）比较，得

$$p_c = \frac{2 \alpha D_i T}{3(1-\nu)}$$

代入（4.4.24），得地球表层的热应力

$$\left.\begin{array}{l} \sigma_r = -\dfrac{2 \alpha D_i T r^3}{3 S^3 (1-\nu)} \\[3mm] \sigma_\theta = \dfrac{\alpha D_i T r^3}{3 S^3 (1-\nu)} \end{array}\right\}$$

3）厚岩板热应力场

厚 $2d$ 温度沿厚度 z 方向变化的厚岩板，在板面 x，y 方向因温度 $T(z)$ 分布而发生相应的热膨胀，于是板中产生热应力 σ_x，σ_y，中性面 (X, Y) 产生应变 e_0 和曲率为 $1/r$ 的弯曲，各点的热应变对所有方向都是 αT，则与热应力相应的应变

$$e_x = e_y = e_0 + \frac{z}{r} - \alpha T$$

得

$$\sigma_x = \sigma_y = \frac{D_i}{1-\nu^2}(e_x + \nu e_y) = \frac{D_i}{1-\nu}\left(e_0 + \frac{z}{r} - \alpha T\right) \tag{4.4.25}$$

若岩板周边自由，有

$$\left.\begin{array}{l} \displaystyle\int_{-d}^{d} \sigma_x \mathrm{d}z = 0 \\[3mm] \displaystyle\int_{-d}^{d} \sigma_x z \mathrm{d}z = 0 \end{array}\right\}$$

将（4.4.25）代入此二式，得

$$\left.\begin{array}{l} e_0 = \dfrac{\alpha}{2d} \displaystyle\int_{-d}^{d} T \mathrm{d}z \\[3mm] \dfrac{1}{r} = \dfrac{12\alpha}{(2d)^3} \displaystyle\int_{-d}^{d} T z \mathrm{d}z \end{array}\right\}$$

再将此二式代入（4.4.25），得

$$\sigma_x = \sigma_y = -\frac{\alpha D_i T(z)}{1-\nu} + \frac{1}{2d(1-\nu)}\int_{-d}^{d} \alpha D_i T(z) \mathrm{d}z + \frac{3z}{2d^3(1-\nu)}\int_{-d}^{d} \alpha D_i T(z) z \mathrm{d}z$$

若 αT 为常量，上式变为

$$\sigma_x = \sigma_y = \frac{\alpha D_i}{1-\nu}\left[-T(z) + \frac{1}{2d}\int_{-d}^{d} T(z) \mathrm{d}z + \frac{3z}{2d^3}\int_{-d}^{d} T(z) z \mathrm{d}z \right]$$

若温度分布对中性面对称，则上式右边第三项不存在，因而岩板不弯曲。若平均温度为 T_m，则因

$$T_{\mathrm{m}} = \frac{1}{2d} \int_{-d}^{d} T(z)\,\mathrm{d}z$$

$$\int_{-d}^{d} T(z)z\,\mathrm{d}z = 0$$

得

$$\sigma_x = \sigma_y = \frac{\alpha D_i}{1-\nu}\ (T_{\mathrm{m}} - T)$$

4. 区域湿应力场

构造区域中的岩体因含液态介质量变化引起的湿胀干缩受到边界约束而产生的应力场，为区域湿应力场。此种应力场在量值上较小，其求法类似求热应力场，只需将热胀系数改为湿胀系数，温度改为液体介质饱和前的相对饱和度。

5. 区域岩体孔隙压力场

构造区域内岩体孔隙中的静流体压力或动流体压力，也是一种应力状态。处理这种压力，是以孔隙内的水不可压缩、孔隙被水充满和孔隙表面受潮不膨胀的假定为前提的。

岩石孔隙率的表示方法有三种：一种取孔隙体积 v 与岩块体积 V 之比

$$\eta_V = \frac{v}{V}$$

即每单位体积岩块中的孔隙体积；一种取岩石被水饱和重量和干重量之差（$W-w$）与被水饱和重量 W 之比

$$\eta_W = \frac{W-w}{W}$$

即被水饱和的单位重量岩块中的水重；一种取造岩矿物平均密度和含水岩块密度之差（$\rho_0-\rho$）与造岩矿物平均密度 ρ_0 之比

$$\eta_\rho = \frac{\rho_0 - \rho}{\rho_0}$$

即单位质量岩块中水的质量。这三种形式，皆用百分比表示。岩石孔隙率，大者达 20% 以上。

当岩石中孔隙连通成流体通道时，若在静流体压力状态，则孔隙压

$$p = \rho g z$$

z 为充满密度 ρ 流体孔隙所在深度。若在动流体压力状态，则表示一点单位时间流过单位面积流体体积的流速 v，与该点的孔隙压力梯度成正比：

$$\left.\begin{aligned}
v_x &= n\frac{\partial p}{\partial x} \\
v_y &= n\frac{\partial p}{\partial y} \\
v_z &= n\frac{\partial p}{\partial z}
\end{aligned}\right]$$

n 为水的渗透率，单位是达西，即 10^5 帕/厘米的压力梯度，若用水头表示压力，则渗透率的单位是厘米/秒。

由（3.2.30）知，孔隙压力一般情况为 ηp，η (x, y, z) 是坐标函数。于是，岩体中边长为 $\mathrm{d}x$，$\mathrm{d}y$，$\mathrm{d}z$ 的微六面体受轴向孔隙压力作用，其所引起应力状态的平衡方程为

$$
\left.
\begin{aligned}
\frac{\partial \sigma_x}{\partial x} + \frac{\partial \tau_{yx}}{\partial y} + \frac{\partial \tau_{zx}}{\partial z} - \frac{\partial (\eta p)}{\partial x} = 0 \\
\frac{\partial \tau_{xy}}{\partial x} + \frac{\partial \sigma_y}{\partial y} + \frac{\partial \tau_{zy}}{\partial z} - \frac{\partial (\eta p)}{\partial y} = 0 \\
\frac{\partial \tau_{xz}}{\partial x} + \frac{\partial \tau_{yz}}{\partial y} + \frac{\partial \sigma_z}{\partial z} - \frac{\partial (\eta p)}{\partial z} = 0
\end{aligned}
\right]
$$

由此可知，孔隙压力引起的应力状态与由体积力

$$
\left.
\begin{aligned}
f_x^{\eta} &= -\frac{\partial (\eta p)}{\partial x} \\
f_y^{\eta} &= -\frac{\partial (\eta p)}{\partial y} \\
f_z^{\eta} &= -\frac{\partial (\eta p)}{\partial z}
\end{aligned}
\right]
$$

引起的应力状态等效。即岩体相当于不透水的固体，面上受有 $(\sigma_x - \eta p)$，$(\sigma_y - \eta p)$，$(\sigma_z - \eta p)$ 这个应力状态的作用。物性方程为

$$
\left.
\begin{aligned}
L_k e_x &= \sigma_x - \nu(\sigma_y + \sigma_z) \\
L_k e_y &= \sigma_y - \nu(\sigma_z + \sigma_x) \\
L_k e_z &= \sigma_z - \nu(\sigma_x + \sigma_y)
\end{aligned}
\right]
$$

承受水压面上的边界条件为

$$
\left.
\begin{aligned}
(\sigma_x - \eta p)l + \tau_{yx}m + \tau_{zx}n &= -pl \\
\tau_{xy}l + (\sigma_y - \eta p)m + \tau_{zy}n &= -pm \\
\tau_{xz}l + \tau_{yz}m + (\sigma_z - \eta p)n &= -pn
\end{aligned}
\right]
$$

协调方程为

$$
\left.
\begin{aligned}
\nabla^2 \sigma_x + \frac{1}{1+\nu_k}\frac{\partial^2 \vartheta}{\partial x^2} &= \frac{\nu_k}{1-\nu_k}\nabla^2 (\eta p) + 2\frac{\partial^2 (\eta p)}{\partial x^2} \\
\nabla^2 \sigma_y + \frac{1}{1+\nu_k}\frac{\partial^2 \vartheta}{\partial y^2} &= \frac{\nu_k}{1-\nu_k}\nabla^2 (\eta p) + 2\frac{\partial^2 (\eta p)}{\partial y^2} \\
\nabla^2 \sigma_z + \frac{1}{1+\nu_k}\frac{\partial^2 \vartheta}{\partial z^2} &= \frac{\nu_k}{1-\nu_k}\nabla^2 (\eta p) + 2\frac{\partial^2 (\eta p)}{\partial z^2} \\
\nabla^2 \tau_{yz} + \frac{1}{1+\nu_k}\frac{\partial^2 \vartheta}{\partial y \partial z} &= 2\frac{\partial^2 (\eta p)}{\partial y \partial z}
\end{aligned}
\right]
$$

$$\nabla^2 \tau_{zx} + \frac{1}{1+\nu_k} - \frac{\partial^2 \vartheta}{\partial z \, \partial x} = 2 \frac{\partial^2 (\eta p)}{\partial z \, \partial x} \Bigg]$$
$$\nabla^2 \tau_{xy} + \frac{1}{1+\nu_k} - \frac{\partial^2 \vartheta}{\partial x \, \partial y} = 2 \frac{\partial^2 (\eta p)}{\partial x \, \partial y}$$

于是，区域应力场中各向同性均匀岩体内一点的物性方程，由于增加了孔隙应力，由（3.2.31）知为

$$\begin{aligned} L_k e_x &= \sigma_x - \nu_k (\sigma_y + \sigma_z) - \eta p \\ L_k e_y &= \sigma_y - \nu_k (\sigma_z + \sigma_x) - \eta p \\ L_k e_z &= \sigma_z - \nu_k (\sigma_x + \sigma_y) - \eta p \end{aligned} \Bigg]$$
（4.4.26）

因为 ηp 不影响剪应力，故仍有

$$\begin{aligned} L_k \gamma_{xy} &= 2(1+\nu_k) \tau_{xy} \\ L_k \gamma_{yz} &= 2(1+\nu_k) \tau_{yz} \\ L_k \gamma_{zx} &= 2(1+\nu_k) \tau_{zx} \end{aligned} \Bigg]$$
（4.4.27）

或写为

$$\begin{aligned} \sigma_x &= \mu_k \vartheta + 2G_k e_x + \eta p \\ \sigma_y &= \mu_k \vartheta + 2G_k e_y + \eta p \\ \sigma_z &= \mu_k \vartheta + 2G_k e_z + \eta p \end{aligned} \Bigg]$$
（4.4.28）

减去

$$\sigma = 3Ke - \eta p$$

得偏应力分量与偏应变分量的关系

$$\begin{aligned} d_x &= 2G_k c_x \\ d_y &= 2G_k c_y \\ d_z &= 2G_k c_z \end{aligned} \Bigg]$$
（4.4.29）

将（4.4.28）代入平衡方程（1.1.39），得

$$\begin{aligned} (\mu_k + G_k) \frac{\partial \vartheta}{\partial x} + G_k \nabla^2 u + f_x - \frac{\partial (\eta p)}{\partial x} &= 0 \\ (\mu_k + G_k) \frac{\partial \vartheta}{\partial y} + G_k \nabla^2 v + f_y - \frac{\partial (\eta p)}{\partial y} &= 0 \\ (\mu_k + G_k) \frac{\partial \vartheta}{\partial z} + G_k \nabla^2 w + f_z - \frac{\partial (\eta p)}{\partial z} &= 0 \end{aligned} \Bigg]$$

边界条件为

$$\begin{aligned} F_x - pl &= (\sigma_x - \eta p)l + \tau_{yx} m + \tau_{zx} n \\ F_y - pm &= \tau_{xy} l + (\sigma_y - \eta p)m + \tau_{zy} n \\ F_z - pn &= \tau_{xz} l + \tau_{yz} m + (\sigma_z - \eta p)n \end{aligned} \Bigg]$$

岩体变形前单位体积中孔隙流体体积 V_1 变形后为 V_2，则变形后单位体积中流体

体积的增量

$$V = V_2 - V_1$$

于是，应变能密度

$$\varepsilon = \frac{1}{2}\left[(\sigma_1 e_1 + \sigma_2 e_2 + \sigma_3 e_3) + \eta p V\right]$$

6. 区域古构造残余应力场

岩体蠕变中的应变率 $\dot{e}_1$，由两部分组成：一是弹性应变率

$$\dot{e}_e = \frac{\dot{\sigma}_1}{E}$$

二是塑性应变率 $\dot{e}_p$，在地质时期内可用粘性应变率表示，而为

$$\dot{e}_p = \frac{\sigma_1}{2\lambda}$$

λ 为岩体黏滞系数。故总应变率

$$\dot{e}_1 = \dot{e}_e + \dot{e}_p = \frac{\dot{\sigma}_1}{E} + \frac{\sigma_1}{2\lambda} \tag{4.4.30}$$

在三维情况，为

$$\dot{e}_1 = \frac{1}{E}\left[\dot{\sigma}_1 - \nu(\dot{\sigma}_2 + \dot{\sigma}_3) + \frac{1}{2\lambda}(\sigma_1 - \sigma)\right]$$

$$\dot{e}_2 = \frac{1}{E}\left[\dot{\sigma}_2 - \nu(\dot{\sigma}_3 + \dot{\sigma}_1) + \frac{1}{2\lambda}(\sigma_2 - \sigma)\right]$$

$$\dot{e}_3 = \frac{1}{E}\left[\dot{\sigma}_3 - \nu(\dot{\sigma}_1 + \dot{\sigma}_2) + \frac{1}{2\lambda}(\sigma_3 - \sigma)\right]$$

其中的力学性质参量，为 E，ν，λ。

岩体蠕变中的塑性变形微观机制有两种：一是扩散，一是位错。

多晶岩体中的晶粒受应力作用时，原子穿过晶粒内部或晶粒边界进行扩散而导致的塑性变形，为扩散蠕变塑性变形。无外力时，原子被原子间作用力约束在结晶阵点上，即处于低势能位置。有外力时，当原子振动的振幅与晶格原子间距相近，便能从低势能位置逃逸。原位置便成为"空穴"。这个过程的不断进行，便引起空穴迁移，使晶体发生蠕变塑性变形。此时的扩散黏滞系数

$$\lambda_1 = \frac{RTl^2}{24VD} \tag{4.4.31}$$

R 为气体常数，T 为温度，l 为晶粒大小，V 为美摩尔活化体积，D 为原子扩散系数。于是

$$\dot{e}_p = \frac{1}{2\lambda_1}\sigma_1 = \frac{12VD}{RTl^2}\sigma_1 \tag{4.4.32}$$

可表示为

$$\dot{e}_p = C_1 \sigma_1$$

$$C_1 = \frac{12VD}{RTl^2}$$

其中

$$D = F \exp\left(-\frac{\varepsilon + pV}{RT}\right)$$

F 为频率因子，ε 为美摩尔活化能，p 为压力。代入（4.4.31），则得

$$\lambda_1 = \frac{RTl^2}{24VF} \exp\left(\frac{\varepsilon + pV}{RT}\right)$$

或写成

$$D = F e^{-\alpha T'/T}$$

α 是热胀系数，T' 是晶粒熔融点。则（4.4.31）变为

$$\lambda_1 = \frac{RTl^2}{24VF} \exp\left(\frac{\alpha T'}{T}\right)$$

晶粒中位错迁移也造成蠕变中的塑性变形，此时的位错黏滞系数

$$\lambda_2 = \frac{RTb^2G^2}{24VD} \frac{1}{\sigma_1^2} \tag{4.4.33}$$

将 D 代入，得

$$\lambda_2 = \frac{RTb^2G^2}{24VF} \exp\left(\frac{\varepsilon + pV}{RT}\right) \frac{1}{\sigma_1^2}$$

则有

$$\dot{e}_p = \frac{1}{2\lambda_2} \sigma_1 = \frac{12VD}{RTb^2G^2} \sigma_1^3 \tag{4.4.34}$$

b 是位错布格矢量的值，G 是剪切模量。因

$$b = \frac{d\sigma_1}{G}$$

d 为平均位错间距。则（4.4.34）变成

$$\dot{e}_p = \frac{12VD}{RTd^2} \sigma_1$$

由于 λ_2 可取为

$$\lambda_2 = K e^{(\varepsilon + pV)/RT} \frac{1}{\sigma_1^2}$$

则

$$\dot{e}_p = C_2 \sigma_1^3 \tag{4.4.35}$$

或写为

$$\dot{e}_p = \frac{1}{2K} e^{-(\varepsilon + pV)/RT} \sigma_1^3$$

取

$$\frac{1}{2K}=k$$

则

$$\dot{e}_{\mathrm{p}}=k\mathrm{e}^{-(\varepsilon+pV)/RT}\sigma_1^3$$

适于各种岩体的总表示式，为

$$\dot{e}_{\mathrm{p}}=k\mathrm{e}^{-(\varepsilon+pV)/RT}\sigma_1^n$$

pV 反映压力对活化体积的影响，在上地幔的压力下，$pV=(0.1\sim0.2)\varepsilon$，常可略去，则

$$\dot{e}_{\mathrm{p}}=k\mathrm{e}^{-\varepsilon/RT}\sigma_1^n \tag{4.4.36}$$

对扩散机制，$n=1$；对位错机制，$n=3$。由实验测得的 k，ε，n，列于表 4.4.1。将（4.4.36）代入（4.4.30），得

$$\dot{e}_1=\frac{\dot{\sigma}_1}{E}+k\mathrm{e}^{-\varepsilon/RT}\sigma_1^n$$

表 4.4.1 岩石矿物流变参量的实验测量结果

（M. F. Ashby et al.，1977；D. L. Turcotte et al.，1982）

岩性	$k/(\mathrm{MPa}^{-n}\mathrm{s}^{-1})$	$\varepsilon/(\mathrm{kJmol}^{-1})$	n	$V/(\mathrm{m}^3\mathrm{mol}^{-1})$
橄榄石（干）	4.2×10^5	523	3	1.34×10^{-5}
橄榄石（湿）	5.5×10^8	398	3	
石英	6.7×10^{-12}	268	6.5	
灰岩	4.0×10^3	210	2.1	
辉绿岩	5.2×10^2	356	3	

$t=0$ 时，$\sigma_1=\sigma_0$，$\dot{e}_1=0$，则有

$$\frac{\mathrm{d}\sigma_1}{\sigma_1^3}=-Ek\mathrm{e}^{-\varepsilon/RT}\mathrm{d}t$$

积分，得

$$\sigma_1=\left(\frac{1}{\sigma_0^2}+2Ekt\,\mathrm{e}^{-\varepsilon/RT}\right)^{-\frac{1}{2}}$$

于是，初始应力 σ_0 松弛到 $\frac{1}{2}\sigma_0$ 所需的时间为

$$t=\frac{3}{2Ek\sigma_0^2}\mathrm{e}^{\varepsilon/RT} \tag{4.4.37}$$

$t'=2t$，即初始应力 σ_0 的全部松弛期，则

$$t'=\frac{3}{Ek\sigma_0^2}\mathrm{e}^{\varepsilon/RT} \tag{4.4.38}$$

可见，应力松弛期是温度、流变参量、弹性模量和初始应力的函数。图 4.4.23

是对干橄榄石和湿橄榄石，用表 4.4.1 中的实验数据，取 $E=7\times10^4$ 兆帕，$\sigma_0=10\sim10^3$（兆帕），用（4.4.37）算得的温度与应力半松弛期的关系。即使温度在摄氏几百度，应力半松弛期也可达 10^9（年）。而下寒武纪开始距今为 5.75×10^8（年），故图中最长的应力半松弛期约为此时间的 2 倍，而应力全松弛期则为此时间的 4 倍。可见，在此种温度和初始应力量级下，应力松弛期之长可回延至寒武纪以前，因而前寒武纪的残余应力场也可残留至今。

由于古构造残余应力在漫长的地质时期内，按线性规律（4.4.38）缓慢地松弛，故若已知古构造残余应力场的形成地质时期，并且在形成后的历史中没有以地震的形式突然破裂而释放，则可由现今测得的残余应力值，利用（4.4.38）估算其形成开始时的古构造应力场的量值。取岩体的 E、k、ε、T 为恒量，t' 为古构造应

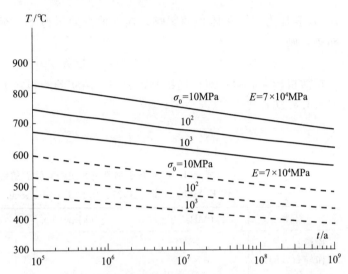

图 4.4.23 干（实线）湿（虚线）橄榄石在各初始应力下温度与初始应力半松弛期的关系曲线（D. L. Turcotte et al.，1982）

力场存在的地质时期距今的时间，则 σ_0 为古构造应力残留至今的残余应力为零的古构造应力值。但实际上残留至今的残余应力不是零，因之

$$\sigma_0=\sigma_古-\sigma_残 \tag{4.4.39}$$

因而，在（4.4.38）中，由已知的 t' 可算得 σ_0，但此时的 t' 已不是应力的全松弛期，而是从 $\sigma_古$ 值松弛到 $\sigma_残$ 值所经过的时间。再由算得的 σ_0 和测得的 $\sigma_残$，用（4.4.39）可求得相应的古构造应力值 $\sigma_古$。

用 X 射线法测得了中国西南江河断裂带测区和河北迁西山字型构造带测区的三维古构造残余应力场的水平分布。迁西测区的测样采自石英岩、灰岩和片麻岩中，红河测区的测样中石英或方解石含量也较高（表 4.4.2），故在两测区都选测了这两种矿物。为满足 X 射线对这两种矿物晶体衍射的要求，选用了 C_rK_a 射线，$\lambda=0.229092$ 纳米。石英和方解石晶体都属六方晶系，其力学性质对单位晶胞六方柱体的轴近似成轴对称各向异性。为了高精度地计算应变，选测了其晶面间距较大的（001）晶面系（图 4.4.24），其法线即力学性质对

表 4.4.2　红河断裂带测区测样 X 射线物相分析结果

测点标号	岩石名称	主要矿物成分（%）			
1	泥灰岩	方解石80	高岭石8	蒙脱石5	水云母5
2	石英砂岩	石英>95			
3	长石石英砂岩	石英75	长石21	白云母2	
4	长石石英砂岩	石英75	长石16	白云母5	绿泥石2
5	硅质页岩	石英85	高岭石10	蒙脱石5	绿泥石4
6	泥质灰岩	方解石80	高岭石10	蒙脱石5	水云母3
7	长石石英砂岩	石英80	长石15	云母3	
8	长石石英砂岩	石英82	长石15	云母2	
9	断层角砾岩	方解石98			
10	灰岩	方解石>95			
11	凝灰岩	长石60	普通辉石18	绿泥石15	磁铁矿4
12	长石石英砂岩	石英90	长石7		
13	石英砂岩	石英93	长石4	云母3	
14	灰岩	方解石>95			
15	粗面岩	透长石53	正长石30	角闪石6	石英4
16	灰岩	方解石98			
17	灰岩	方解石>95			
18	长石石英砂岩	石英80	长石17	云母3	
19	硅质灰岩	方解石75	石英20		
20	石英砂岩	石英90	长石8	云母2	
21	长石石英砂岩	石英82	长石15	云母2	
22	石英岩	石英>98			
23	长石石英砂岩	石英80	长石15	云母3	
24	玄武岩	斜长石57	石英15	普通辉石13	磁铁矿6
25	灰岩	方解石>95			
26	石英砂岩	石英95	长石4		
27	长石石英砂岩	石英78	长石20	云母2	
28	长石石英砂岩	石英85	长石10	白云母3	
29	硅质灰岩	方解石70	石英25		
30	白云母片麻岩	长石60	石英25	白云母10	
31	黑云母花岗岩	正长石65	石英25	黑云母8	
32	灰岩	方解石>90			
33	长石石英砂岩	石英75	长石20	白云母3	
34	灰岩	方解石97			

测点标号	岩石名称	主要矿物成分（%）		
35	石英砂岩	石英85	长石8	白云母4
36	石英砂岩	石英95		
37	石英砂岩	石英>90		
38	石英砂岩	石英>90		
39	长石石英砂岩	石英82	长石15	白云母2
40	石英砂岩	石英>95		
41	灰岩	方解石>90		
		石英80		
42	长石石英砂岩	石英95	长石16	白云母3
43	石英砂岩	石英83		
44	长石石英砂岩	石英92	长石15	白云母2
45	石英砂岩	石英80	长石4	白云母3
46	长石石英砂岩	石英>95	长石15	白云母3
47	石英砂岩	石英85		
48	长石石英砂岩	石英92	长石10	白云母4
49	石英砂岩	正长石68	长石5	白云母2
50	黑云母花岗岩	正长石65	石英24	黑云母6
51	黑云母花岗岩	方解石>90	石英26	黑云母6
52	角砾岩	方解石>95		
		方解石>95		
53	灰岩	方解石>95		
		方解石>95		
54	灰岩	方解石>95		
		石英>95		
55	灰岩	正长石65		
		石英82		
56	灰岩	石英>95		
		石英78		
57	灰岩	石英88		
58	石英岩			
59	黑云母花岗岩		石英25	黑云母7
60	长石石英砂岩		长石14	白云母3
61	石英岩			
62	长石石英砂岩		长石15	白云母3
63	石英砂岩		长石8	白云母2

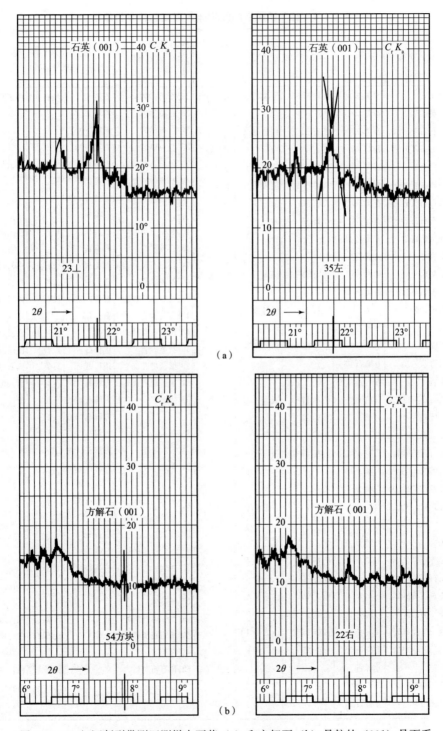

图 4.4.24　红河断裂带测区测样中石英（a）和方解石（b）晶粒的（001）晶面系
X 射线衍射线强度记录曲线

称轴，故由此晶面间距的测量结果适于用公式（3.1.16′）计算残余应力的大小和方向。用 X 射线衍射测角仪加载装置，测得的测样中石英和方解石的弹性参量，列于表 4.4.3 中。红河和迁西二测区的区域残余主应力，都是压性的（图 4.4.25～图 4.4.30）。迁西山字型构造带上最大水平区域残余主压应力为 16 兆帕，

表 4.4.3　用 X 射线测得的红河断裂带测区测样中石英和方解石弹性参量

矿物	$E/10^4 \mathrm{MPa}$	ν	ν'
石英	6.15167	0.11323	0.10960
方解石	5.09611	0.28080	0.29110

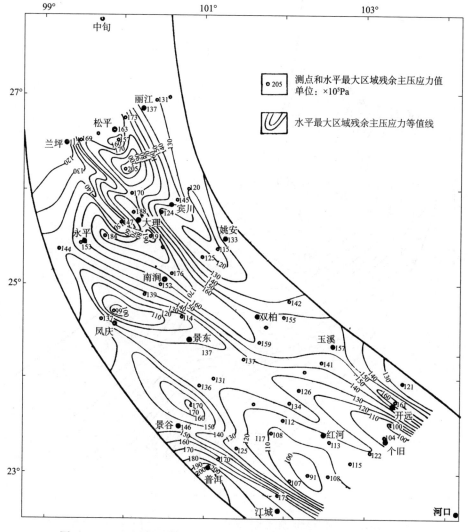

图 4.4.25　红河断裂带测区水平最大区域残余主压应力等值线分布图

前弧弧顶的最高，脊柱北端的最低，构造带中部的高于两侧，总体分布形式成山字型。红河断裂带测区，以铅直区域残余主压应力为最大，达 20 余兆帕。在测区内的南涧以北的北西段中部高两侧低，南涧以南的南东段中部低两侧高，北西段应力值最高而南东段最低。水平最大区域残余主压应力线的分布方向约在 NE15°～30°（图 1.6.5），而红河断裂带的总体走向约为 NW35°，因之此应力场的作用是使断裂带进行右旋压扭性错动。带内嵌镶残余应力的大小不及区域残余应力的十分之一，大小分布与区域残余应力相反，在南涧以北是中部低两侧高，在南涧以南则是中部高两侧低。

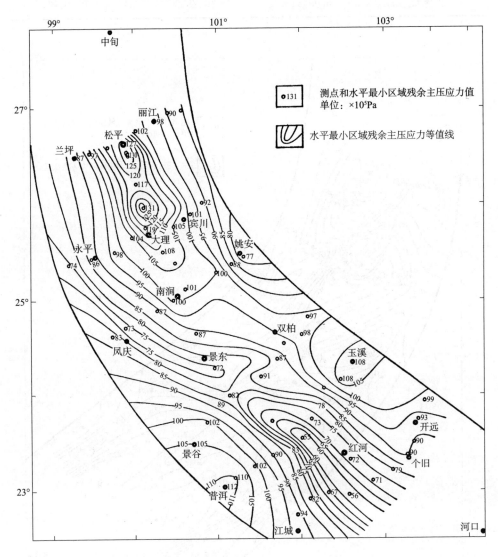

图 4.4.26　红河断裂带测区水平最小区域残余主压应力等值线分布图

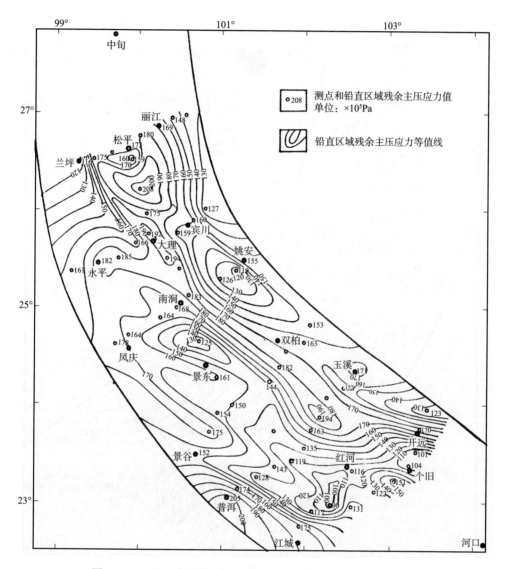

图 4.4.27 红河断裂带测区铅直区域残余主压应力等值线分布图

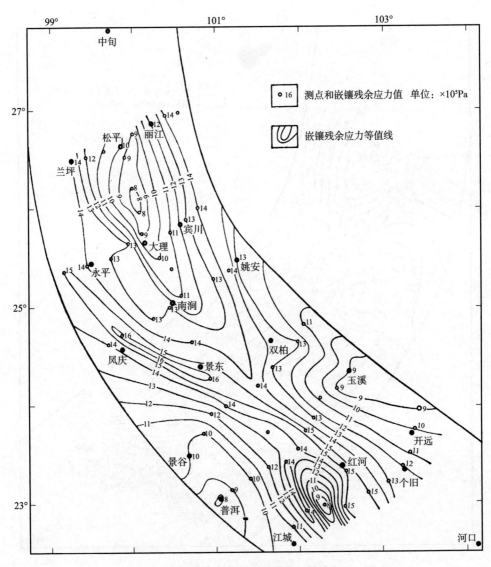

图 4.4.28　红河断裂带测区嵌镶残余应力等值线分布图

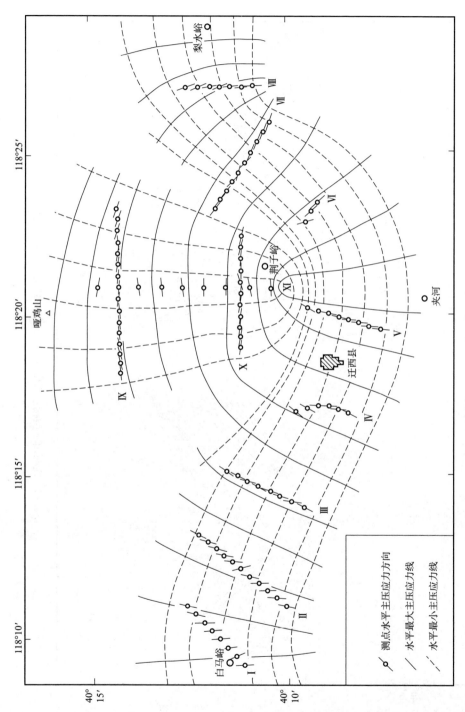

图 4.4.29　迁西山字型构造带中水平残余主压应力线分布图

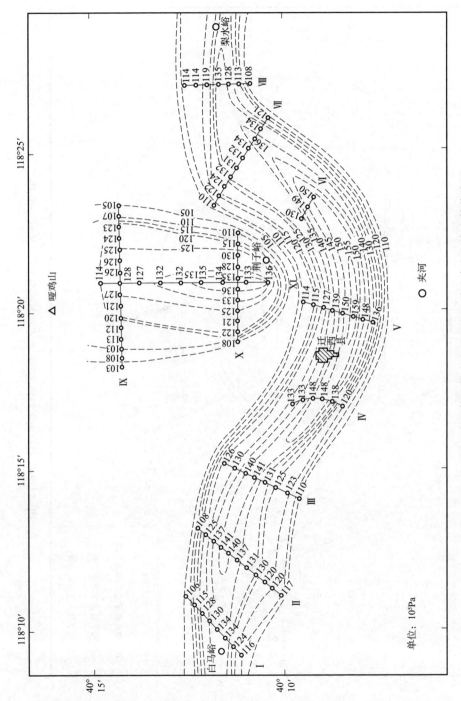

图 4.4.30　迁西山字型构造带中水平最大区域残余主压应力等值线图

单位：10⁵Pa

红河断裂带测区用 12 个大口径钻孔的金刚石钻头钻取的岩芯（图 4.4.31）测得的三维区域残余主应力和嵌镶残余应力随深度的分布，示于图 4.4.32。区域残余主应力都是压性的，最高达 19.7 兆帕，嵌镶残余应力最高为 1.6 兆帕。各测点，以铅直区域残余主应力值为最大，嵌镶残余应力值为最小，大小关系为

$$\sigma_3 > \sigma_1 > \sigma_2 > \sigma_s$$

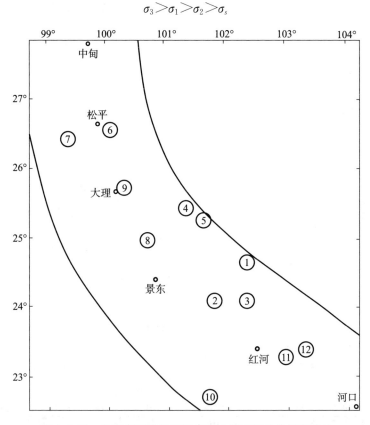

图 4.4.31　红河断裂带测区残余应力测量钻孔位置和编号

它们随深度总的升降变化趋势大体一致，都随深度的增加呈线性增大。各深度残余应力的大小 σ_i（$i=1,2,3,s$）随深度总的分布规律，可表示为

$$\sigma_i = \sigma_{i0} + a_i D$$

σ_{i0} 为各主应力分量和嵌镶残余应力在地表的大小，单位是兆帕；D 为深度，单位是米；a_i 为各应力随深度变化的梯度，单位是兆帕/米。各测孔的有关量，示于表 4.4.4。从此表可知，各测孔 σ_1 的梯度 a_1 的变化范围除 7 号孔外为（0.52～2.77）×10^{-3} 兆帕/米，σ_2 的梯度 a_2 的变化范围为（0.38～3.14）×10^{-3} 兆帕/米，σ_2 的梯度 a_3 的变化范围除 7 号孔外为（0.22～5.06）×10^{-3} 兆帕/米，σ_s 的梯度 a_s 的变化范围为（0.13～0.57）×10^{-3} 兆帕/米。各残余应力沿深度梯度最大值的关系，是

$$a_{3\,max} > a_{2\,max} > a_{1\,max} > a_{s\,max}$$

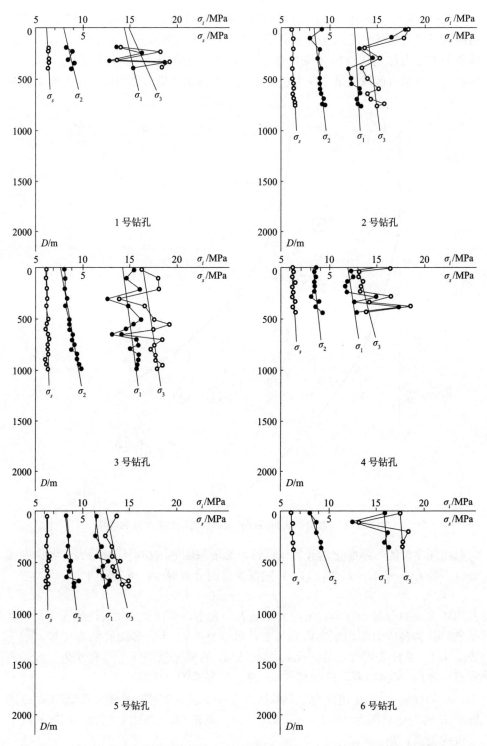

图 4.4.32　红河断裂带测区各测孔的三维区域残余主应力和嵌镶残余应力随深度的分布

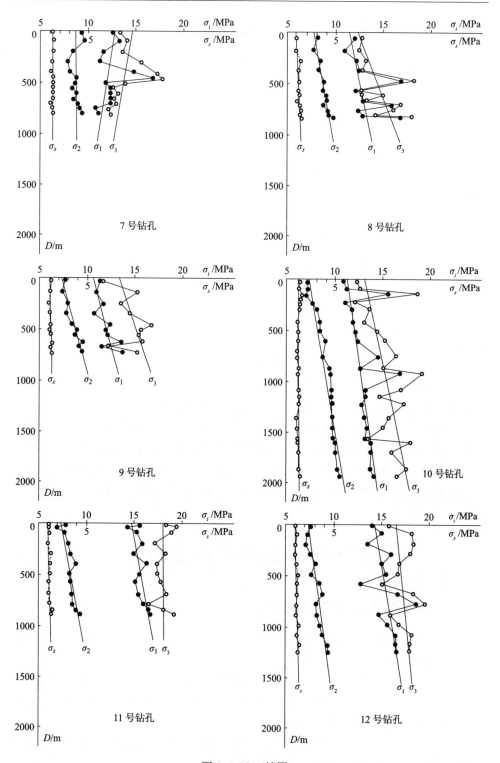

图 4.4.32 （续图）

表 4.4.4　红河断裂带测区各测孔残余应力参量

测孔号	孔径/mm	测量深度/m	σ_{10}/MPa	σ_{20}/MPa	σ_{30}/MPa	σ_{s0}/MPa	a_1/(10^{-3} MPa/m)	a_2/(10^{-3} MPa/m)	a_3/(10^{-3} MPa/m)	a_s/(10^{-3} MPa/m)
1	120	191～395	14.4	8.0	14.8	1.2	2.53	2.79	5.06	0.51
2	130	3～770	12.7	8.4	13.9	1.1	0.52	1.17	1.30	0.39
3	130	5～972	14.4	7.8	16.4	1.1	1.34	1.85	1.75	0.31
4	120	5～439	12.0	8.2	13.2	1.2	1.59	1.59	2.28	0.46
5	130	47～750	11.3	8.1	12.5	1.2	1.73	1.47	2.53	0.27
6	120	5～350	15.9	8.1	17.6	1.1	0.86	3.14	0.86	0.57
7	150	18～800	12.7	8.6	14.5	1.2	−1.63	0.38	−1.75	0.13
8	120	65～818	11.3	7.7	12.1	0.9	2.32	1.96	4.40	0.49
9	127	27～722	10.7	7.3	13.3	1.1	2.77	2.91	3.74	0.28
10	150	25～1931	11.2	7.2	13.0	1.2	1.61	1.92	2.43	0.16
11	150	3～892	14.7	7.3	18.0	1.0	2.24	2.13	0.22	0.34
12	150	15～1264	13.9	7.3	15.8	1.0	2.14	1.50	1.74	0.32

由上可知，一构造区域中某地质时期的构造应力场，与该区以前的古构造残余应力场同时存在。该区的古构造残余应力场因为与以后某地质时期的构造应力场有不同的成因和机制，因而可与其以不同的分布形式、不同的作用方式、不同的活动途径，来参与和影响这个地质时期的地壳构造运动及岩体应变能的释放。

岩体的变形和断裂，是由区内各种构造应力成分的总和应力场造成的，因之所需的现今构造应力以至惯性应力，常常不是很大便可发生，因为还有其他应力成分在同时作用着。

第五节　地壳构造应力场

一、地壳构造应力场的基本规律

据岩体的构造形迹测定的地壳构造应力场，示于图 4.5.1～图 4.5.5。它们有几个明显的基本规律：

（1）在系统上，各地质时期的地壳构造应力场中主动力作用方向均属经向、纬向和斜向三大类，后一类可为前二类中主动力按一定方式合成的结果。它们分别归属纬向、经向和斜向构造系统。

（2）在地区上，两极地区主要为经向构造系统和纬向构造系统应力场，中低纬度广大地区除此之外还有斜向构造系统应力场。

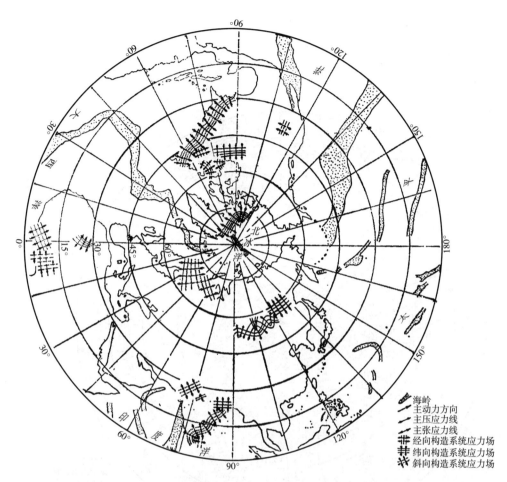

图 4.5.1 寒武纪以前北半球地壳构造应力场

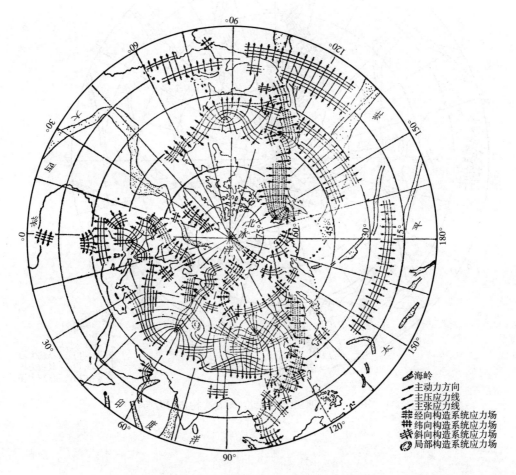

图 4.5.2　古生代北半球地壳构造应力场

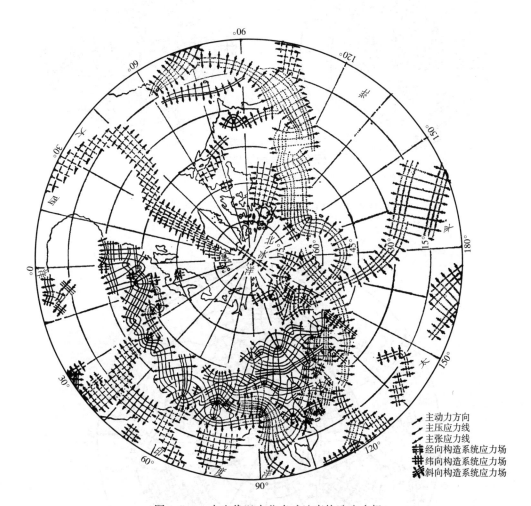

图 4.5.3 中生代以来北半球地壳构造应力场

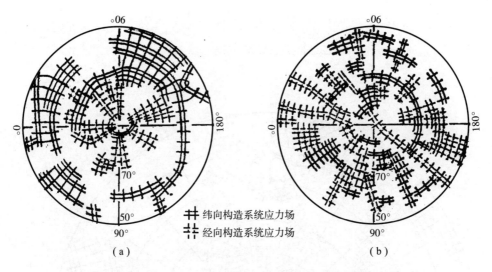

纬向构造系统应力场
经向构造系统应力场

（a）   （b）

图 4.5.4 南极区（a）和北极区（b）中生代以来断裂带的构造应力场

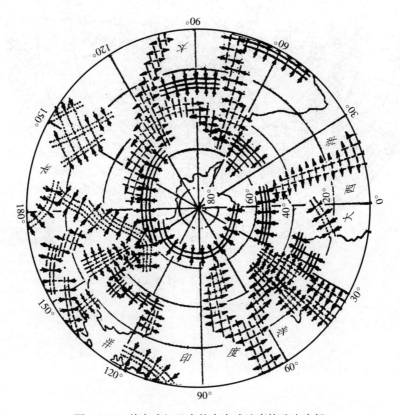

图 4.5.5 前寒武纪以来的南半球地壳构造应力场

（3）在性质上，经向构造系统中的东西向主动应力在两极地区为张性的而在中低纬度广大地区则张、压性的均有且沿南北走向的张性带和压性带在纬向上相间分布，纬向构造系统中的南北向主动应力在全球多为压性的而张性者只有时存在于两极地区且其中的东西走向应力聚集带沿一定纬度间隔分布，斜向构造系统中的斜向主动应力在大陆上均为压性的但在大洋底也有张性者。

（4）在时间上，全球性的主应力和主动应力方向随时间交替变化，就是在一个地区也是如此，当纬向构造系统应力场在全球为主时，斜向构造系统应力场中的主动力主要来自南北方向，而当经向构造系统应力场在全球为主时，则斜向构造系统应力场中的主动力主要来自东西方向。

（5）在分布上，同一地质时期或同时间内，地壳各处可有不同构造系统的应力场同时存在，它们或在不同地区单独作用着，或在同一地区合成为新形式的场。

（6）在程序上，寒武纪以前的地壳构造应力场以斜向构造系统的为主而纬向构造系统的为次经向构造系统的很弱，古生代地壳构造应力场以纬向构造系统的为主而斜向构造系统的为次经向构造系统的很弱，中生代以来的地壳构造应力场以经向构造系统的为主而纬向和斜向构造系统的为次。具体程序如表 4.5.1 所示，在志留纪以经向和斜向构造系统的为主，到石炭二叠纪以纬向构造系统的为主，侏罗纪又以经向和斜向构造系统的为主，到上新世则渐以纬向和斜向构造系统的为主。

表 4.5.1　地壳各构造系统应力场的强弱随时间变化表

构造系统 场的强弱　　地质时期	志留纪	泥盆纪	石炭纪	二叠纪	三叠纪	侏罗纪	白垩纪	始新世	上新世
主要构造应力场	经向 斜向	斜向	纬向	纬向	斜向	经向 斜向	斜向	斜向	纬向 斜向
次要构造应力场	纬向	经向 纬向	斜向	斜向 经向	纬向	纬向	纬向	经向	经向

二、现代地壳构造应力场的特点

据有文字记载以来的地震资料、现代火山活动和构造运动观察鉴定的现代活动构造体系的应力场（图 4.5.6）所构成的现代地壳构造应力场，其特点则是以经向构造系统应力场为主，斜向和纬向构造系统应力场为次。经向和斜向构造系统中，大西洋和东非及印度洋的主动应力为东西向张伸，往东到太平洋西岸的主动应力为东西向压缩，再往东的太平洋中主动应力为东西向张伸，到南北美西岸的主动应力为东西向压缩，它们在主动应力的性质上呈相间分布；纬向活动构造系统，主要分布在从地中海经土耳其、伊朗和阿富汗北部至中蒙一带，其他在大西洋西部和南部、太平洋西部和东南部只有零星分布，其中主要一带的特点是富含山字型应力场并为地壳最复杂的一个大陆上东西向构造带而且主动力多为从北方压来的南北向压缩还时含纬向剪切。经向、斜向和纬向构造系统应力场都存在，说明在距今两千多年来的这段短暂时间内，地壳构造应力场中的主要主动力作用方向，也是沿经向和纬向交替改变着。

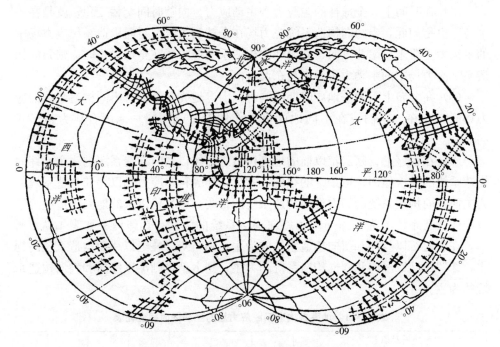

图 4.5.6　现代地壳活动构造体系应力场

第五章　构造应力场的变化

第一节　构造应力场的传播

一、应力传播原理

构造应力在岩体中传播，遵从如下的基本规律。

1. 外力近强原理

应力在长期变形岩体内的传播过程中，因系逐次传播，因而引起岩体的逐次变形，由于做了变形功和克服内摩擦的消耗以及近距离处优先蠕变和断裂释放而造成应力梯度$\dfrac{\partial s}{\partial l}$，使得距外力作用的边界面越近处的应力作用越大，而距其越远处的应力作用则渐次减小。因此，由岩体中应力与应变呈线性关系知，在同一时间内，岩体中距外力作用的边界面越近处由于受力大且作用时间长因而变形越大，如有断裂也较强烈，而距其越远处的变形则渐次减小，断裂亦渐次减弱。这已被图 5.5.1 中所示的固体在弹性状态和塑性状态，应力或由其作用所引起的形变随距受力边界越远而越衰减的实验结果所证实。

将岩体运动方程（1.2.16）写为

$$
\left.\begin{array}{l}
\rho \dfrac{\partial^2 u}{\partial t^2}=(\mu_k+G_k)\dfrac{\partial \vartheta}{\partial x}+G_k\,\nabla^2 u+f_x \\[2mm]
\rho \dfrac{\partial^2 v}{\partial t^2}=(\mu_k+G_k)\dfrac{\partial \vartheta}{\partial y}+G_k\,\nabla^2 v+f_y \\[2mm]
\rho \dfrac{\partial^2 w}{\partial t^2}=(\mu_k+G_k)\dfrac{\partial \vartheta}{\partial z}+G_k\,\nabla^2 w+f_z
\end{array}\right\}
\tag{5.1.1}
$$

若岩体密度和体积力不变，上三式分别对 x，y，z 偏微分后相加，得

$$
\frac{\partial^2 \vartheta}{\partial t^2}=\frac{\mu_k-2G_k}{\rho}\nabla^2 \vartheta
$$

此为体变波方程。将（5.1.1）中后二式分别对 z，y 偏微分后减去密度和体积力为常量的情况并除以 2，得

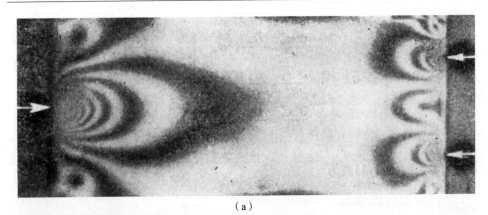

（a）

（b）

图 5.1.1　酚醛塑料光弹性试件中各等差应力线上的差应力值随距着力处越远
而越衰减的图像（a）和泥料中由圆半径变形表示的与外压力平行的缩短塑性形变
随距受力边界越远而越减小的分布图像（b）

$$\frac{\partial^2 w_x}{\partial t^2} = \frac{G_k}{\rho} \nabla^2 w_x$$

$$\frac{\partial^2 w_y}{\partial t^2} = \frac{G_k}{\rho} \nabla^2 w_y$$

$$\frac{\partial^2 w_z}{\partial t^2} = \frac{G_k}{\rho} \nabla^2 w_z$$

此为形变波方程。

若体变为零，则（5.1.1）变为

$$\frac{\partial^2 u}{\partial t^2} = v_s^2 \nabla^2 u$$

$$\frac{\partial^2 v}{\partial t^2} = v_s^2 \nabla^2 v \qquad\qquad (5.1.2)$$

$$\frac{\partial^2 w}{\partial t^2} = v_s^2 \nabla^2 w$$

若形变为零，则（5.1.1）变为

$$\frac{\partial^2 u}{\partial t^2}=v_{\mathrm{p}}^2 \nabla^2 u$$

$$\frac{\partial^2 v}{\partial t^2}=v_{\mathrm{p}}^2 \nabla^2 v \qquad (5.1.3)$$

$$\frac{\partial^2 w}{\partial t^2}=v_{\mathrm{p}}^2 \nabla^2 w$$

（5.1.2）和（5.1.3）可总的表示为

$$\frac{\partial^2 A}{\partial t^2}=v^2 \nabla^2 A \qquad (5.1.4)$$

对以速度 v 沿 x 方向传播的平面波，上式变为

$$\frac{\partial^2 A}{\partial t^2}=v^2 \frac{\partial^2 A}{\partial x^2}$$

其解为

$$A=f(x-vt)+F(x+vt)$$

f，F 表示沿 X 轴正、负方向传播的波。对球面波，离开波源到半径 r 时，（5.1.4）变为

$$\frac{\partial^2 (Ar)}{\partial t^2}=v^2 \frac{\partial^2 (Ar)}{\partial r^2}$$

其解为

$$Ar=f(r-vt)+F(r+vt)$$

表明球面波的振幅与半径成反比。

岩体中的应变能是由体变波和形变波来传递的。波长为 L 的波

$$A=A_0 \sin 2\pi \frac{x-vt}{L}$$

质点速度

$$\frac{\partial A}{\partial t}=-\frac{2\pi v A}{L}\cos 2\pi \frac{x-vt}{L} \qquad (5.1.5)$$

而应变

$$\frac{\partial A}{\partial x}=\frac{2\pi A_0}{L}\cos 2\pi \frac{x-vt}{L} \qquad (5.1.6)$$

取波传播方向有单位断面的体元 $\mathrm{d}x$，其动能

$$\frac{1}{2}\rho \left(\frac{\partial A}{\partial t}\right)^2 \mathrm{d}x=\frac{2\pi^2 v^2 A_0^2 \rho}{L^2}\cos^2 \frac{2\pi(x-vt)}{L}\mathrm{d}x \qquad (5.1.7)$$

其应变能与质点位移 A 是平行波传播方向还是垂直波传播方向有关，前种情况的应变能

$$\frac{1}{2}(\mu_k+2G_k)\left(\frac{\partial A}{\partial x}\right)^2 \mathrm{d}x=\frac{2\pi^2 A_0^2(\mu_k+2G_k)}{L^2}\cos^2 \frac{2\pi(x-vt)}{L}\mathrm{d}x \qquad (5.1.8)$$

后种情况的应变能

$$\frac{1}{2}G_k\left(\frac{\partial A}{\partial x}\right)^2\mathrm{d}x=\frac{2\pi^2 A_0^2 G_k}{L^2}\cos^2\frac{2\pi(x-vt)}{L}\mathrm{d}x \tag{5.1.9}$$

将

$$v_{\mathrm{p}}=\sqrt{\frac{\mu_k+2G_k}{\rho}}$$

$$v_{\mathrm{s}}=\sqrt{\frac{G_k}{\rho}}$$

代入 (5.1.8)、(5.1.9)，并与 (5.1.7) 比较可知，此体元的动能和位能相等。可见，波传播的能量中动能和位能各占一半。

由 (5.1.5) 和 (5.1.6) 得

$$\frac{\partial A}{\partial t}=-v\frac{\partial A}{\partial x}$$

则应变

$$e=-\frac{\dot{A}}{v}$$

而应力

$$\sigma=\frac{1}{e}(\mu_k+2G_k)=-\frac{\dot{A}E(1-\nu)}{(1+\nu)(1-2\nu)v_{\mathrm{p}}}$$

$$\tau=-\frac{\dot{A}G_k}{v_s}$$

单位时间通过垂直波传播方向的单位面积上的能量

$$E_1=\frac{2\pi^2\rho v^3 A_0^2}{L^2}$$

单位时间通过半径为 r 的球面上的能量

$$E=\frac{8\pi^3\rho v^3 A_0^2 r^3}{3L^2} \tag{5.1.10}$$

将简谐波的质点速度和应变

$$\dot{A}_0=\frac{2\pi A_0 v}{L}$$

$$e_0=\frac{2\pi A_0}{L}$$

代入 (5.1.10)，可知振幅、应变和应力均与 r 成反比地减小。

　　在地壳运动中，各地块的线速度是不同的。一个地块受相邻变速地块的单向主动外力作用时，由于此受力地块在倾向于按原速运动所生的惯性阻力约束下于受力边界发生的单向张、压、剪作用在受力地块中引起的应力，将在其中顺分布梯度按降势面法向单向传播而衰减。当受力地块受相对着的两边界的相对外力张、压、剪作用时，从相对着的受力边界共同向地块中部面对着向前传播的应力，将按势的重合而叠加。这种应力单向传播的衰减和双向面对着向前传播的叠加，在几厘米至几米大小的岩块中，由于变化较小而在计算允许误差之内，因之在一般岩石力学中都将其略而不计。但在大小以几百千米至上万千米计的地块内的应力传播过程中，却是不可忽视的。这也是地壳尺度岩体的构造力学与小尺度材料的固体力学不同处之一。可见，将岩体原地应力状态在计算中假定等于无限远处应力状态，并假定其从无限远处传来的过程中不衰减，只是一种描述问题的方法，以资与当地后来变化了的应力状态进行比较。实际上，应力从无限远处传播至所论地点的过程中，是有严重衰减的。

由此原理可得两个推论：各向同性的连续岩体中，构造单元或其组合的边缘，极接近或者就是其所在岩体受外力直接作用的边界面；构造单元或其组合边缘的岩体中构造变形、断裂或后生组构剧烈的部位，为主动外力对此构造单元或其组合直接作用的部位。

2. 面积作用原理

由于地壳运动系表现为地壳这一整体中岩体的各种变形、断裂和转移，其中每一个局部的变形和断裂现象都是广大岩体间相互作用的结果，这种作用都是以面积的方式相互接触。就地壳整体言之，其中各局部的相互作用力皆属内应力，就地壳中各个部分的相互作用言之，各种近距力的作用都是以面积力的方式实现，就是惯性力、重力、天体引力、极移力和磁力等这些体积力，也是通过面积力的方式来实现其在岩体内各个范围之间造成的直接相互作用。因而，地壳内岩体变形和断裂部分，对其围岩而言虽可划为单独岩体，且通过围岩对其发生作用的力对此岩体而言均属外力，但这些不论是何种力，都是以面积力的方式，于此岩体的边界实现其对此岩体的直接的机械作用。

由此原理可得两个推论：变形的各向同性连续岩体中，应力的传播是在各方向渐变的，主要的主动外力作用方式呈现在较大的外力作用边界面上，作用面较小的外力作用方式固然对此应力场的形成有一定影响，但不是主要的或是由主动外力作用导生的，因而常受作用面积较大的起主导作用的主动外力所制约；岩体所受外力为围岩中应力场在此岩体边界处的主动应力或导生应力，边界约束力是岩体主动运动时在边界所引起的变形抵抗力、移动阻力和不连续面上的摩擦阻力，岩体不主动进行构造运动时此约束力为零，但围岩作用来的外力却不一定为零，因此岩体约束边界上的边界条件则由此外力和岩体运动所引起的约束力共同构成。

二、应力波的突变

应力波在岩体 1 中的传播速度为 v_1，经界面 AB（图 5.1.2）后到岩体 2 中

的传播速度变为 v_2，取波阵面在 AA'
位置的时刻为零，经过时间 t_1 入射波
的波阵面到 B 点，而从 AB 面传播到
岩体 2 中的波阵面此时的位置为以
AB 上各点为圆心 $v_2(t_1-t_i)$ 为半径
所做各圆的包迹 BB'。因此，

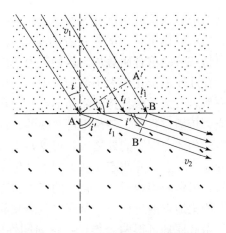

$$v_1 t_1 = \overline{A'B} = \overline{AB}\sin i$$
$$v_2 t_1 = \overline{AB'} = \overline{AB}\sin i'$$

将此二式相除，得

$$\frac{v_1}{v_2} = \frac{\sin i}{\sin i'} \qquad (5.1.11)$$

任一种应力波入射到两种岩体界

图 5.1.2　应力波在二岩体界面的折射

面处均产生折射和反射，折射波和反射波中均有形变波和体变波两种，它们都遵
守（5.1.11）的规律关系。若入射波是形变波 S（图 5.1.3a），则反射的形变波
S′ 因速度与入射的同在一岩体中而相等，故由（5.1.11）知其反射角与入射角
相等，其他的反射体变波 P′ 的反射角、折射形变波 S″ 和体变波 P″ 的折射角，因
这些波的速度与入射波的不等，则须由（5.1.11）确定；若入射波是体变波 P
（图 5.1.3b），则反射的体变波 P′ 因其速度与入射波的同在一岩体中而相等，故
由（5.1.11）知其反射角与入射角相等，其他的反射形变波 S′ 的反射角、折射体
变波 P″ 和形变波 S″ 的折射角，因这些波的速度与入射波的不等，则亦须由
（5.1.11）确定。

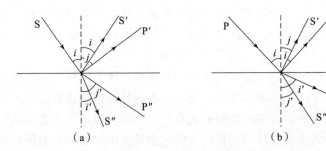

图 5.1.3　入射形变波（a）和入射体变波（b）的折射和反射

当折射波的速度大于入射波的时，则存在入射的临界面，此时的折射角为
$90°$。若入射角大于临界角，则发生全反射。

入射体变波的振幅为 A_p，则其反射波振幅

$$A_{p'} = A_p \frac{\rho_2 v_{p_2} - \rho_1 v_{p_1}}{\rho_2 v_{p_2} + \rho_1 v_{p_1}}$$

其折射波振幅

$$A_{p''} = 2A_p \frac{\rho_1 v_{p_1}}{\rho_2 v_{p_2} + \rho_1 v_{p_1}}$$

若界面是自由表面，则反射波振幅等于入射波振幅，但二者符号相反，入射时的压缩变成反射时的张伸，入射时的张伸变成反射时的压缩，而界面上的波振幅则二倍于入射波振幅。在岩体1中的合振幅和合应力，是入射波与反射波的相应量之差。

由（5.1.11）知，反射波和折射波的方位，取决于入射波对边界面的方位关系、影响波速的二岩体的力学性质及边界状态。

由于应力波倾斜入射到岩体界面时，同时产生反射的体变波和形变波，压力波垂直界面入射时，产生反射的张力波。它们使得岩体中应力为入射波与反射波产生应力之和，这些波叠加在一起若达到岩体的抗断强度便引起断裂，此时岩体因受力快，故断裂为脆性的。但裂缝传播速度低于应力波传播速度，故常是应力波已过而裂缝还来不及延伸。因此，开始出现的不是大裂缝的扩展，而是大量的沿一定方位分布的小裂缝。

一个裂缝形成后，便成为新界面。后边传来的应力波将在其上反射，于是又造成一系列平行裂缝。每形成一个裂缝，消耗一部分能量，并在其周围集中应力，当各小裂缝扩展至足以使整个岩体断裂时，便连延起来而造成大断裂。此时各小裂缝周围集中的应力随之消耗掉，而出现一次大的应力释放。

形成的张性断裂走向与压力波传播方向平行，剪性断裂走向与压力波传播方向斜交。后一种断裂为塑性波所造成，这种波的速度为塑性变形在岩体中的传播速度，其应变多比弹性应变为大。当 L_k 随 e_i 的增加而减小时，塑性波以低于弹性波的速度传播，当 L_k 随 e_i 的增加而增大时，塑性波以高于弹性波的速度传播。

应力波造成的岩体动力断裂，为脆性构造断裂，引起地震。此种断裂的方位，受岩体的形状、组织结构、力学性质和边界条件影响极大。造成动力断裂的，除直接应力波外，还常有经各种反射后的叠加波。但无论是柔性断裂还是脆性断裂，都是构造应力作用的结果，区别只在于一个是直接静力作用的结果，一个还可是导生叠加动力作用的结果。

综上可知，应力波在岩体界面处反射和折射时引起方向和能量的突变，造成岩体脆性断裂时则使能量突然释放而大量减小。

第二节　构造应力场的转变

一、场的转变与岩体运动的关系

岩体受外力作用的边界条件、力学性质结构、几何形态、破裂分布、温湿度变化、重力均衡作用、地球自转所生运动惯性、层体间胶结程度和地块稳固状况，共同决定构造应力场的分布。构造应力场的发展和转变，又决定构造形象的形成、发展和转变，造成各种序次的构造单元。因而，若由于动力源变化造成边界条件改变、由于温压介质变化使岩体强度改变、由于构造运动引起断裂活动状态改变、由于沉积、剥蚀、山崩和滑坡引起地形改变、由于地球自转速度变化和地势高低及质量不同使岩体运动惯性改变、由于岩体运动、沉积和剥蚀使重力均衡状态改变、由于岩体变形进展和形成断裂使得层体间胶结程度及局部块体稳定状况改变，均将导致地块内部阻力的改变，并引起构造应力场中各点应力状态的改变。由于主应力方向与其所造成的构造形象中的主应变方向重合，因而必然在变形过程中引起构造形象的形态、方位、大小和性质的改变。即使构造应力场的分布不变，由于应力的持续作用所引起的岩体蠕变，也必然使构造形象在形态、方位和大小上有所变更。因之，构造应力场的发生、发展和转变过程，直接促成场中岩体构造运动的发生、发展和转变。可见，岩体构造运动的发生、发展和转变，是构造应力场的发生、发展和转变的直接反映。

构造形象在形成过程中，只有大小、形态和方位的改变，而无力学性质上的变化。只有当其发展到一定程度而产生转变时，才可引起基本性质的变化。但无论在其形成、发展和转变过程，所表征的水平基本场的分布形式并不改变，而只改变其局部附加场或铅直剖面上场的分布。因而，不论是水平岩层的水平压缩或发展成褶皱以至转变成伏卧褶皱和冲断层，虽然由压性的褶皱轴面转变成剪性的伏卧褶皱轴面和平冲断面，但在水平应力场中都表明同一方位的压缩性质。

构造应力场中的岩体运动，在发生、发展和转变过程中，各有其发生、发展和转变成各种构造形象的临界状态。岩体构造运动，有褶皱、断裂、移动和转动四种基本类型。当构造应力场中某方位的应力达到使岩体水平平面压缩丧失稳定而开始向上翘曲的最小临界应力时，岩体便开始发生褶皱，此种状态为岩体成褶的临界状态。当褶中的应力分布达到使其两侧不平衡而发生一侧向另一侧转动的状态时，褶皱便开始倒转，此为倒转的临界状态。成褶临界状态和倒转临界状态，总称之为褶皱临界状态。岩体中某方位的应力达到其强度极限时，便开始于此处断裂，此种应力状态为岩体的断裂临界状态。造成某方位剪断裂的达到岩体剪切强度极限的应力状态，为岩体的剪断临界状态。造成某方位张断裂的达到岩体张伸强度极限的应力状态，为岩体的张断临界状态。岩体中某方位的应力达到足以克服围岩的变形阻力和边界摩擦阻力而使岩体开始移动的状态，为岩体的移动临界状态。岩体中某方位的应力达到使其开始转动而丧失稳定的最小临界应力时，为岩体的转动临界状态。

岩体在构造运动中各种临界状态的主应力分布形式和方位与相应构造形象形成后经发展和多种转变至应力减弱到停止或一直存在至今的主应力分布形式和方位，可一致，可不一致。而现今在野外所能观测到的，只是其形成后经发展和多次转变以至变弱到停止的最后形迹或一直发展至今的形迹。因而现今所见的构造形迹，不一定与其形成时应力场各临界状态的分布形式和方位一致。根据现今所见的构造形迹直接测定的应力场，是其发展和转变至最后或至今的应力场的总和。而以前各临界状态的应力场，则须把现今所观测到的各种复合构造形迹的大小、形状、方位、性质和所在岩体力学性质与组构联系起来，按一定的原理和方法，经过逐步地回复分析，才能全部或部分地求得。

岩体中偏离整体运动的局部偏歧运动的方式，是由整个区域运动方式和局部岩体的力学性质、已有构造、地势高低、几何形态、连续条件及与基底固结状况等局部特殊条件所造成，而整个区域的构造运动方式及其所造成的构造形迹的发生、发展和转变，则取决于整个区域的基本应力场。至于构造应力场中岩体的运动速度，则由岩体所受应力的大小和其增加的速率、岩体的力学性质及其所处的蠕变阶段，来决定。岩体所受的应力越大，增加地越快，岩体强度越低，塑性越强，且处于变速蠕变阶段，则其运动速度越大。

岩体在构造运动过程中形成的构造形象，尽管各自是由于受不同方式的应力作用而成，并由于所在岩体内部阻力分布不同而各有不同的大小、形态、方位和性质，但其发生、发展和转变过程都须遵从岩体受力作用时一定的基本力学程序。

构造应力场中岩体质点移动的方向与主应力分布方向和岩体受力方式有关，质点位移的大小与应力高低、岩块位移和边界条件有关。岩体均随塑性形变的增加而硬化。因而，强度不同的岩体共同进行塑性变形时，强度较小的必先快速变形而硬化，使其强度增加而逐渐趋近于周围强度较大岩体的强度，近同值后便共同依总的趋势进行统一的整体变形，或各以不同的形变量同时进行统一的整体变形。而强度较小岩体的较大的形变或较复杂的局部偏歧形变部分，便叠加在此总的形变之上，成为局部偏歧构造变形，如褶皱地层中所夹软岩层形成的拖褶皱和所夹脆岩层破碎后镶嵌在大变形强塑性软岩层中形成的嵌镶构造。由于岩体在变形过程中的硬化，新沉积岩层的强度偏低，而经过剧烈构造变形后的老岩层的强度则升高。因而，新岩层由于较软而易于较快地褶皱变形，经过剧烈变形后则成为硬岩体。由于岩体变形的进展不可逆，这种硬岩体在地壳所占的面积将随变形地区的扩大而增加，并由于各个硬岩体间软岩体的快速变形造成的加速硬化而与硬岩体的连接，将减少硬岩体地块的数量。而硬化岩体，随时间的延长、温度的变化、介质的影响、性质的恢复、上部剥蚀引起围压的减小所造成综合强度的降低，又可使这种地区重新发生剧烈构造运动。

岩石的形变曲线表明，经过弹塑性变形后，当某方位某性质的应力达到相应的强度极限时，岩石才发生断裂。可见，岩体断裂之前必先经过变形，不管这一变形多大，都是必经而不能缺少的过程。但断裂之外的岩体其他部分仍继续变形，只是其变形的大小和方位因断裂的影响而有不同程度的改变，并可因之而改变断裂的走向。岩层受水平压应力作用先形成褶皱，当褶皱弯曲强烈而使其平行轴面的剪应力达此岩体的剪切强度极限时，才发生平行轴面的页理。褶皱顶部的水平张应力达此岩体的张伸强度极限时，才发生平行或垂直褶皱长轴的张断裂，或当顶部与地面斜交方向的剪应力达此岩体的剪切强度极限时，则从顶部开始发生走向平行或垂直褶皱长轴的正断层。褶皱两侧与围岩发生剪切部位的剪应力达到岩体的剪切强度极限时，才发生侧部走向冲断层。因之，岩体变形的发展可形成断裂，而发生脆性断裂或沿断裂发生突然错动或延裂则产生地震。变形使地壳硬化，断裂使地壳碎化，变形而成的后生组构增强岩体力学性质的各向异性。可见，构造运动的结果，是使地壳越加复杂化。

断裂的发生取决于岩体中的应力状态和岩体的强度极限，因而不同性质的断裂亦有先后的程序。岩体的塑性变形以剪切变形为主，则知塑性变形时的抗剪强度比抗张、压强度为小。因而，在同样应力作用下，岩体在塑性变形中必以剪断裂在先。岩体的弹性变形以张、压变形为主，故知其弹性变形时的抗张强度比抗剪、抗压强度为小。因而，在同样的应力作用下，岩体在弹性变形中必是张断裂在先。因之，柔性岩体中剪断裂在先，脆性岩体中张断裂在先。由于断裂尖端应力集中，使断裂从此继续向前延展，故而断裂常是从其中部或一端先发生，然后向两端或另一端发展，使得两端或另一端较新。只当两断裂连通时，中段方比两边段为新。而断层则是从错距最大处，向错距最小的尖端延裂而发展。

构造应力场的作用过程，也是其本身的改变过程，随岩体变形和断裂的发生、发展而改变着。岩体变形的发展和转变使应力场连续地改变，而断裂的发生、发展和转变则使应力场发生突变。无论岩体变形或断裂，都造成应力的耗损释放。这种由于应力的作用而导致的自身耗损释放，必将对应力场本身和其已造成与继续造成的构造形象的形态、方位、大小甚至性质，发生不同程度的影响。

应力的耗损释放，将改变构造应力场中的局部应力状态。在应力遭到释放而外力继续补给的情况下，由于应力释放部位减小了内部应力，故可使此局部应力场再行加强并可形成应力集中，由于变形和断裂阻力的减小又使岩体的变形和断裂在此种部位继续发展和加剧。在外力不继续补给的情况下，应力的释放只使局部应力场减弱，以致造成局部构造运动的暂时较稳定状态，使岩体的变形和断裂减弱以至停止。

应力释放，也会造成构造形象的偏歧发展。由剪切外力造成的不对称 X 型和格网型断裂，当其中优先发生的一组平行张剪性断裂出现后，应力便由之释放，若外力继续作用则此组断裂继续发展。但另一组与其交叉的平行压剪性断裂，由于应力释放或减弱而不得发展或不能快速发生，于是或比前组为弱或根本不出现。当岩体所受相对作用的各个方面皆为主动力时，强力一方由于应力耗损释放可导致反向力占优势。如岩层受双方皆为主动力的水平相对压缩而形成褶皱的过程中，若一方由于岩层在褶皱侧部或围岩中断裂而释放应力，则另一方主动压力的优势作用可造成褶皱的倒转甚至倾伏。再如岩体受水平力压缩而成褶皱或局部隆起后，若此压缩应力由于成褶和背斜隆起顶部张裂而耗损释放，则岩层上升部分由于水平张伸可失去其上升支持力而导致重力作用占优势，使得上升部分在重力作用下出现局部下降或沿顶部张裂面下滑而塌成地堑。

二、构造应力场转变的类型

构造应力场的转变，从规模和性质上，可分三种类型。

1. 局部分布的转变

在这种转变过程中，基本场总体分布形式不变，只是构造单元发生变化的局部部位场强的分布和主应力线的形状有所改变，因此在岩体运动上只造成构造形态的转变。如，褶皱变形转变为侧翼冲断层后，水平基本场的分布形式与起始时相似，只是主正应力线在侧翼断层附近的形状改变，场强在新形成的断层两端急剧上升而造成应力集中，但整个褶皱区基本场的分布形式离开两侧很快就趋于原样。又如，压剪性单断裂转变成不对称的入字型断裂，则在分支一侧的分支断裂附近主正应力线的分布形式变化较大，而且在分支断裂的新端和分权处又形成两个应力集中区，但在距其一定距离以外的整个区域特别是分支另一侧基本场的分布形式不变。再如，格网形剪断裂转变成锯齿型张断裂，则不仅主正应力线的形状在张断裂附近骤变，而且张断裂两端和其每一个转折处的外侧均形成应力集中区，但外围一定距离以外的基本场的分布形式仍旧不变。还如，单个剪断裂转变成对称共轭 X 型剪断裂，则新形成的一支断裂附近主正应力线的形状有所改变，且在新断裂两端和其与原断裂交叉处又增加了三个应力集中区，但基本场的总体分布形式变化不大，外围仍为原区域应力场。

2. 分布方位的转变

构造应力场在这种转变中，分布形式不变，只是方位发生转变，因此在岩体运动上只造成构造方位的转变。如，剪性褶皱转动方位，X 型共轭剪断裂增大交角，均属此种类型。新华夏构造转变为中华夏构造，中华夏构造转变为老华夏构造，走向均向东偏转，亦为其例。

3. 场的性质的转变

在这种转变过程中，构造应力场的基本性质发生变化，因此在岩体运动上引起构造单元力学性质的转变。如平直褶皱变成弯曲褶皱，其所在部位水平基本场的分布形式发生了改变，水平主动力作用方式由平压变成了弯压。又如，对称背斜变成倒转平卧褶皱，在铅直横剖面上，基本场的分布形式发生了变化，主动力作用方式由水平压缩变成了上下的水平剪切。

三、构造应力场转变过程的测定

现今构造应力场转变过程的测定，只需直接测量各时刻场的分布，再将前后各时刻场的分布进行比较，便可看出其转变。古构造应力场转变过程的测定，则需用构造运动程序鉴定法，把各地质时期构造应力场的先后作用程序区分开来，以分析其转变过程。

岩体受不同方式的应力先后作用所造成的构造形迹，必有其形成的先后序次。这种构造形迹形成的序次，直接表征岩体不同方式运动的序次。因而，各种同类或异类构造形迹形成序次的确定，是研究岩体不同方式运动的序次从而相应的不同分布状态构造应力场形成、发展和转变历史的基本依据。

各种先后形成的构造形迹既然有其一定的序次，则这种序次必在这些构造形迹的相互联系中有所反映。因而，分析各种构造形迹形成的方位、性质、形态、起始条件和其所受应力作用方式的相互关系，是确定其形成序次的重要途径。

1. 构造形迹的复合关系

首先是根据构造形迹的干扰确定其形成序次。一个构造型式中的各种构造单元都有一定的基本分布形式，若其某一部分受到了另一构造型式的干扰而偏离了这一基本分布形式发生了畸变并归并到另一构造型式之中，则此被归并的构造型式部分的形成必先于归并了它的构造型式的相当部分。一构造型式的某一部分在形成时，由于受到其他构造形象的阻碍而迁就着既有的形象形成或稍改变既有形象的形态和方位而形成，因而偏离了其基本形式而发生畸变，则被阻碍而迁就着形成的偏离了基本形式状态的构造型式的这一部分，必形成于阻碍它的形象形成之后。

其次是根据构造形迹所受应力作用方式的非统一关系确定其形成序次。一个大的构造型式中吞含着小的而与其所受应力作用方式互不协调的构造型式或构造单元，且此小构造型式或构造单元占据着大构造型式中的一个独有部位而不互相叠合，大构造型式中与小构造型式或构造单元相邻部分又无与小构造型式或构造单元所受应力作用方式相同的应力作用形迹，则此小构造型式或构造单元必形成在大构造型式之前。正交的叠合、连接或断截褶皱、张断裂和表征正交方向压缩的交叉形断裂，皆说明它们各自是受先后两次且方向正交的压缩所成。因若正交压力同时作用，则所造成的形象与此不同：当水平正交压力相等时，则等于水平围压，故而岩体在铅直方向的加厚变形可发展为箱状褶皱或方槽状褶皱组，其不经过向上弯拱变形则不会断裂而生正断层；当水平正交压力不等时，由于此时最小压力相当水平围压，而正交压力差为压性的构造变形力，故岩体将在此变形压力和水平围压作用下形成方位与其垂直的褶皱或与其平行的张断裂或与其斜交的X型或格网型断裂，它们都是单向压缩构造形象。

再次是根据断裂的断截关系确定其形成序次。一些构造形迹共同被一个或一组平行或两组交叉剪断裂一致断截而沿同一方向或共轭剪切方向错动，一个压性褶皱或一个片理带被一个与其斜交的剪性大断裂断截而错移或被斜交张断裂断截，则此剪断裂或张断裂必形成在后。否则它们若形成在前，则被它们断截的构造形迹将不发生，而应力将沿这些已形成的大断裂释放。若一组平行剪断裂与另一组和其交叉的平行剪断裂互相错断，则说明它们是受同一方式的应力统一作用而成，因而具有形成的同时性或共生性。可见，须对它们的整体形态和全部错断关系有所了解，才能鉴别它们的形成序次，而不能只根据局部几处错断现象就贸然得出整体的结论或反之而把一个同时形成的统一的构造组合人为地四分五裂。

2. 构造形迹的地层不整合关系

同一地层中的构造形迹不一定是同时期形成的，而不同地层中的构造形迹也不一定是不同期形成的。上下地层中的构造形迹以地层不整合关系而上下复合，则上部地层中之形象必形成在后。若地层不整合部分上下整个卷入另一次构造运动，则此次运动必发生在不整合的下部地层中构造形迹形成和遭受剥蚀之后。

3. 构造形迹与所属构造型式的共生关系

一个构造型式的各个组成部分，可大致形成于一定地质时期。这个时期可长可短，但大致有一定的从发生到形成以至运动最后减弱下来到停止的起止时间范围。故若互相掺杂的构造形迹各自属于一定的构造型式，而这些构造型式形成时期的先后已由其他部分确定，则这些构造形迹构成的序次亦可由之确定。

4. 构造形迹与火成岩的关系

有岩浆充填或沿之喷出的断裂，形成在充填和喷出之前。断截岩脉、岩墙和火成岩体的断裂，则必形成在火成岩活动之后。沿断裂喷出的火成岩中片理和构造断裂的形成，晚于火成岩活动，更晚于作为岩浆通道的断裂的形成。被岩浆破坏了的褶皱和断裂，形成在岩浆活动之前。

由已确定了形成序次的构造形迹，推断其各自所属构造型式形成先后、时间长短和起止范围，必须首先注意这些确定了形成序次的构造形迹各自是其所属构造型式中的几级构造。有的构造型式可形成于很长的地质时期，经历多次同方式的构造应力作用，因而其中低级构造的形成时间可以很短，有先有后，可早可晚，也可间隔较长时间。因而，先开始形成的构造型式中的后成低级构造形迹，可晚于或同时于后开始形成且后结束的构造型式中的先成低级构造形迹。可见，只根据此两构造型式中的这种低级构造形成的序次，就推断出前一构造型式的形成晚于或同时于后一构造型式的形成，显然是不妥的。另外，有的构造型式可形成于较短的地质时期，因而先开始形成的构造型式中的后成低级构造形迹，可晚于后开始生成而先结束的形成时期较短的构造型式中的低级构造形迹。显然，只根据这两个构造型式中的这种低级构造形成的序次，就推断为前一构造型式形成于后一构造型式之后，仍然是不妥的。在构造型式的形成过程中，只有其中的高级主干构造，自始至终在形成和发展着。因而，只有已确定了形成序次的构造形迹各为其所属构造型式中的高级主干构造，才能根据它们形成的序次，大致地推断其各自所在构造型式形成的先后序次，或当它们所属构造型式形成的时间皆很短且为一定运动所成,才能不管它们是所属构造型式中的高低级构造,皆可由其形成的序次推断其各自所属构造型式形成的序次。

第三节 构造应力场变化原因

构造应力场随时间变化的原因,存在于从动力来源到作用结果的整个过程中。

一、动力源大小方向的改变

地球自转角速度的加快、减慢、匀速状态,在交替变更着(图 5.3.1)。它们所引起的各地块由于质量、形状、地势、边界和下部连接状态不同而产生的不同大小和方向的惯性力(4.4.9),将在各地块间造成不同的相互作用,于是在地块内产生的惯性应力场也随之而交替改变。

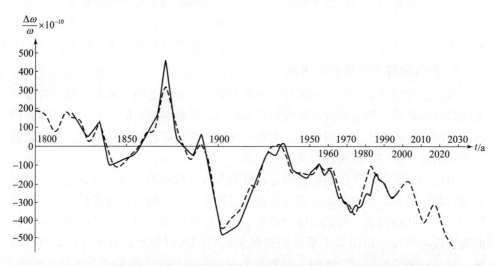

图 5.3.1 地球自转角速度相对变率的年均值随时间变化的天文观测曲线(实线,
1820 年~1948 年据 D. Brouwer,1948 年~1976 年据北京天文台和北京师范大学天文系
223 组,1977 年以后由著者完成)和用周期函数逼近观测值的拟合曲线及其外延(虚线)

由于地壳表层不断剥蚀、冲刷、山崩、滑坡造成的地形变化、地下水的流进和流出、高密度岩浆的浸入和喷出、构造运动引起的岩体密度和地势高低的变化,均造成岩体重力的改变。因之,岩体中的重应力场也必将随之而变。

地壳热应力的产生有三种情况:均匀岩体中温度不均匀;温度均匀岩体热膨胀系数不均匀;温度和热胀系数都不均匀。由于地壳放射性元素分布不均匀和岩体热导率的不同,使地壳温度场发生不均匀的改变,岩体热胀系数的分布也常是不均匀的并随构造变形而变化,加之地块边界条件在构造运动中不断改变,这些均引起地壳热应力场相应的变化。

地壳湿应力的产生也分三种情况：孔隙率均匀岩体中水分布不均匀；地下水均匀分布岩体中湿胀系数分布不均匀；地下水和湿胀系数分布都不均匀。岩体在构造运动中的孔隙率是变化的，加之地下水的流动使岩体吸水率随之而变。地块边界条件，也在随时间改变着。这些都造成岩体中湿应力场的变化。

二、地块整体相对移动和转动

地壳运动总的取两种基本形式：地块整体移动和转动；地块构造变形和断裂。地块在地壳运动中，由于整体移动或转动，可引起各地块间相互作用力的变化。这种变化，直接影响在地块内产生构造应力场的边界条件在大小和方向上的变化，并把地块运动用于整体性移动和转动做功的能量中的一部分，用于改变地块中的构造应力场，或供给能量而增强此场，或取用能量而减弱此场。

三、地块中构造形象的形成和转变

岩体内某时期的构造应力场中原有的弹性应变能密度

$$\varepsilon_W = \frac{1}{2}(\sigma_1 e_1 + \sigma_2 e_2 + \sigma_3 e_3)$$

$$= \frac{1}{2E}[\sigma_1^2 + \sigma_2^2 + \sigma_3^2 - 2\nu(\sigma_1\sigma_2 + \sigma_2\sigma_3 + \sigma_3\sigma_1)]$$

整个地块内该时期的构造应力场中原有的弹性应变能

$$U_W = \iiint \varepsilon_W \, dxdydz$$

地块中某时期构造应力场中原有的应变能，为断层围岩中尚存的应变能、岩体变形做功已消耗的应变能、断裂时释放去的应变能及裂面活动克服摩擦阻力做功消耗的应变能之和。因而，地块中各种构造变形和断裂的形成和转变，都引起构造应力场的耗损和释放，从而改变应力场的分布。

第六章 构造应力场的成因

第一节 造成区域构造应力场的外力

一、外力作用原理

为使构造区域内构造应力场的强度普遍上升，须完成如下的岩体过程：区内岩体中已有的断裂全部熔结、溶结、烧结或胶结起来，增大裂面强度或摩擦阻力，否则应力不能普遍增大而只是先在个别部位集中；有孔隙的岩石压密，普遍硬化，否则将以低强度变形来消耗应力；应力传播过程中在所经过岩体内的初级变形消耗过程完成了并可上升，才能在更远处增大。对构造区总体而言，构造应力场的存在既然使其所在岩体的质点在相互位置上处于不稳定的受力状态，则必使区内岩体的应变能有所增加。既是增加，必有外源，而且力是以直接的方式进行传递的，故一构造区域的构造应力场必是由于受到边界处的外力作用而生。若就整个地壳言之，作用在其中的应力皆属内力，只有其下部的地幔和地表水圈对地壳的作用才属外力。因而，所谓某区域的构造应力场在边界处所受的外力，实系对一构造区域的应力场的内外相对而言。这是从具体的客观现象出发，相对地由内而外，由局部到整体，由探索小区构造应力场的成因到大区各应力场的联合，以至推求整个地壳构造应力场的成因须经的途径。

外力，从其产生上，分主动外力和被动外力，两种。主动外力是造成构造应力场的主导原因，被动外力系由主动外力的作用所导生，因而其对构造应力场的形成只依主动外力的主导而起辅从的促成作用。主动和被动外力，又各有主要和次要之分。主要的主动和被动外力造成构造应力场分布的形式和总体特征，次要的主动和被动外力则只造成场的局部变异或在局部边界辅助其他部位的主要外力促使场的分布形式的形成。故而，不论是主要或次要外力，也不论是主动或被动外力，在造成构造应力场的过程中，都是不可缺少的成因要素。所不同的，只在于它们对场的形成各自起着不同的作用。具有相同性质和分布的外力，在岩体边界各处的作用方向、大小和分布形式的综合，为外力作用方式。岩体所受外力作用方式，可简化为以不同大小的张伸、压缩、剪切、压剪、剪压、张剪、剪张方式等简单外力来表示。

据地壳中某构造区域的构造应力场中应力分布的形式，推求使该场形成的外力作用方式，这是构造力学中的反序问题。它和从有一定的力学性质、几何形状和边界条件的岩体，在一定时间内，受一定方式的主动外力作用，推求其中所形成的应力场以至岩体由此而生的变形和断裂的性质、形态和其组合的规律，形式及特点这种正序问题，决然不同地壳构造力学中反序问题的解，并不是在任何条件下都是唯一的。

已知地壳某一范围内岩体中的应力

$$\sigma_x,\ \sigma_y,\ \sigma_z,\ \tau_{xy},\ \tau_{yz},\ \tau_{zx}$$

的大小和方向的分布，若此应力分布状态是由于受两个面积力系和体积力系

$$F'_x,\ F'_y,\ F'_z,\ f'_x,\ f'_y,\ f'_z \tag{6.1.1}$$

和

$$F''_x,\ F''_y,\ F''_z,\ f''_x,\ f''_y,\ f''_z \tag{6.1.2}$$

在边界面上作用而生，则此二外力系必都满足此岩体的运动方程和边界条件。故有

$$
\left.
\begin{aligned}
&\frac{\partial \sigma_x}{\partial x}+\frac{\partial \tau_{yx}}{\partial y}+\frac{\partial \tau_{zx}}{\partial z}+f'_x=\rho\frac{\partial^2 u}{\partial t^2}\\[4pt]
&\frac{\partial \tau_{xy}}{\partial x}+\frac{\partial \sigma_y}{\partial y}+\frac{\partial \tau_{zy}}{\partial z}+f'_y=\rho\frac{\partial^2 v}{\partial t^2}\\[4pt]
&\frac{\partial \tau_{xz}}{\partial x}+\frac{\partial \tau_{yz}}{\partial y}+\frac{\partial \sigma_z}{\partial z}+f'_z=\rho\frac{\partial^2 w}{\partial t^2}\\[4pt]
&F'_x=\sigma_x\cos(n,x)+\tau_{yx}\cos(n,y)+\tau_{zx}\cos(n,z)\\[2pt]
&F'_y=\tau_{xy}\cos(n,x)+\sigma_y\cos(n,y)+\tau_{zy}\cos(n,z)\\[2pt]
&F'_z=\tau_{xz}\cos(n,x)+\tau_{yz}\cos(n,y)+\sigma_z\cos(n,z)
\end{aligned}
\right\} \tag{6.1.3}
$$

和

$$
\left.
\begin{aligned}
&\frac{\partial \sigma_x}{\partial x}+\frac{\partial \tau_{yx}}{\partial y}+\frac{\partial \tau_{zx}}{\partial z}+f''_x=\rho\frac{\partial^2 u}{\partial t^2}\\[4pt]
&\frac{\partial \tau_{xy}}{\partial x}+\frac{\partial \sigma_y}{\partial y}+\frac{\partial \tau_{zy}}{\partial z}+f''_y=\rho\frac{\partial^2 v}{\partial t^2}\\[4pt]
&\frac{\partial \tau_{xz}}{\partial x}+\frac{\partial \tau_{yz}}{\partial y}+\frac{\partial \sigma_z}{\partial z}+f''_z=\rho\frac{\partial^2 w}{\partial t^2}\\[4pt]
&F''_x=\sigma_x\cos(n,x)+\tau_{yx}\cos(n,y)+\tau_{zx}\cos(n,z)\\[2pt]
&F''_y=\tau_{xy}\cos(n,x)+\sigma_y\cos(n,y)+\tau_{zy}\cos(n,z)\\[2pt]
&F''_z=\tau_{xz}\cos(n,x)+\tau_{yz}\cos(n,y)+\sigma_z\cos(n,z)
\end{aligned}
\right\} \tag{6.1.4}
$$

若任二外力系同时作用在此岩体边界而于此岩体中所生的应力状态等于此二力系单独作用在岩体中产生的应力状态之和，则此二外力系之差必为一新的外力系，其在此岩体中造成的应力状态为此二力系单独作用时岩体中所生应力状态之差。因此，将适合二外力系 (6.1.1)、(6.1.2) 的方程组 (6.1.3)、(6.1.4) 中的各对应方程相减，得

$$
\left.
\begin{array}{l}
f'_x - f''_x = 0 \\
f'_y - f''_y = 0 \\
f'_z - f''_z = 0
\end{array}
\right\}
\tag{6.1.5}
$$

和

$$
\left.
\begin{array}{l}
F'_x - F''_x = 0 \\
F'_y - F''_y = 0 \\
F'_z - F''_z = 0
\end{array}
\right\}
\tag{6.1.6}
$$

因岩体中已知的唯一应力状态一定，故同一部位应力的大小和方向的分布也一定，即若有两组内应力则必相等。因而，当此岩体受等于此二外力系（6.1.1）、（6.1.2）之差的新外力系作用时，岩体内将不存在由之而生的应力场，即其作用为零。因而，由（6.1.5）、（6.1.6）知

$$
\left.
\begin{array}{l}
f'_x = f''_x \\
f'_y = f''_y \\
f'_z = f''_z \\
F'_x = F''_x \\
F'_y = F''_y \\
F'_z = F''_z
\end{array}
\right\}
$$

且此二外力系中相应各力的作用方位亦重合，否则其差的作用效果不为零。

若二外力系同时作用在岩体边界而于此岩体中所生的应力状态不等于此二力系单独作用时岩体内所生应力状态之和，则此类反序问题的解的唯一性将不存在，即多解。因之，一般地由构造应力场中应力分布的规律、形式及特点推求使其形成的外力作用方式，尚需借助于与此过程有关的各向同性连续岩体中应力作用过程和岩体变形过程所遵从的一些基本规律。

各向同性连续岩体中的应力作用过程和岩体变形过程所遵从的基本规律，与解地壳构造力学中反序问题有关的，除在前几章已叙述过的几个原理之外，尚有如下两个原理。

1. 外力边界作用原理

使地壳一定范围的地块中产生应力场的外力，不论是来自万有引力、离心力、惯性力或质量分布变化，也不论它们的作用方式如何，它们对地块的机械作用，都要经过具体的传播过程。因而，造成地块内应力场的直接机械作用，必然表现在地块的边界。由于外力的直接作用而在地块中引起的内应力，或由于局部平衡或由于地块变形和断裂所造成的消耗及释放而趋于稳定状态。地块中内应力新的不平衡，将由外力的继续作用而产生。故而，产生地块中应力场的主动力来之于地块的外围，而其对地块的直接作用则发生在此地块的边界上。它们将通过地块的质量、惯性、形态、强度和断续性等内因及被动外力边界的条件，而造成不同的作用效果。

由此原理可得如下推论：从构造组合中各构造单元的性质和形态测得的各构

造单元部位的主正应力线，在各构造单元的相间部位由于应力平衡而连续，但在组合的边缘由于只有单向内应力作用，因而只对内应力言之，不得平衡。于是，地块主正应力线不连续的端部，即定义为造成此构造组合应力场的外力作用的部位。将此应力场各个受外力作用的部位连接起来，即为造成此构造组合应力场的外力作用的边界。外力中作用于地块某部分边界上的主动外力，在地块内引起应力传布后，在相对的其他边界造成的此地块对围岩的作用，必然引起此地块在这些边界所受围岩给予的被动外力作用，而产生与此岩块在这些边界面内的主动内力反向的约束反作用力，此即由主动外力在此边界部位所导生的与此地块运动方向相反的限制此地块运动的被动外力。这种被动外力，当地块处在平衡或匀速运动状态时，与主动外力随地块体积越小而越近于平衡。若地块处在不平衡或非匀速运动状态，则被动外力便于主动外力不得平衡而小于主动外力，从而使得岩块产生加速运动，引起地块的移动或转动。因而，地块是否处在平衡状态，须视此约束反作用力的大小而定。两地块相互作用时，作用力与反作用力只在二者相互作用的边界处等值反向。地块是变形体，由于主动外力在地块内传播过程中的消耗衰减，及至传到被动外力作用边界已小于原值，因而使得与此余值相等的被动外力只可小于主动外力。因而地块平衡时，主动外力与其在地块内传递衰减值、变形消耗值、断裂释放值、地块底部及侧面等阻力与被动外力之和等值，于是地块无移动；被动外力与主动外力的方向也不一定恰好相反，而只是主动外力经地块内传至被动外力边界处的余值与被动外力反向，这是由于主动外力在地块内经过克服各种阻力的复杂消耗过程造成的。故地块受主动外力作用时，则必在其他边界引起围岩的约束反作用被动外力，其对此地块运动的总作用效果，当地块平衡时只与主动外力经在地块内各种消耗后的余值的作用效果等值反向，当此地块不平衡时则与主动外力经在地块内各种消耗后的余值与地块不平衡力之差的总作用效果等值反向。此为，约束反作用原理。可见，作用在地块部分边界上的被动外力，系由作用在另外部分边界上的主动外力作用所导生，且受主动外力作用的控制。在次要的主动外力作用边界上，其他边界的主要主动外力于此处所导生的被动外力，又与此边界上的次要主动外力叠加在一起，共同构成此边界的总外力。

2. 外力边异作用原理

岩体受一定方式的外力作用时，完成此作用的形式细节可以是各种各样的，这些并不影响这一总的外力作用方式。因而，同一种外力作用方式，可以用不同的作用细节来实现。其实验证明，示于图 6.1.1～图 6.1.2。使一板条体顺长轴拉伸，外力作用的形式细节可如图 6.1.1a。这种横向钳紧的外力作用形式所造成的横向局部压力 P 的分布细节（图 6.1.1b）的影响，只在外力作用边界的邻近区域内显著（图 6.1.1c）。P 在板条中面上引起的应力 σ_y，只在 P 作用的边界邻域内显著，而在距 y 轴等于 $0.7h$ 处便已十分微弱。若使板条体顺长轴压缩，外力作用的形式细节可如图 6.1.2a。这种以纵向小面积上集中力的外力作用形式所造成的两端局部集中应力的细节（图 6.1.2b）的影响，只在外力作用边界的邻域内显著（图 6.1.2c）。

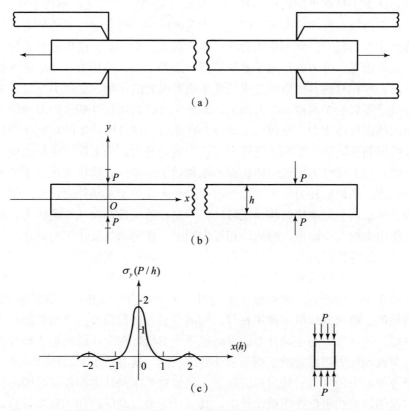

图 6.1.1　拉伸板条时横向钳握点应力的影响范围（С. Н. НикиФоров，1950）

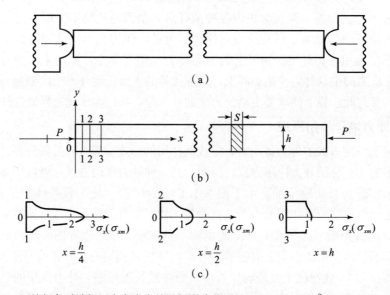

图 6.1.2　压缩板条时端部压力点应力的局部影响范围（S. Timoshenko & J. N. Goodier，1951）

应力 σ_x 与平均应力 $\sigma_{xm}=\dfrac{P}{Sh}$ 之比，只在近外力作用的端部显著，离开端部便
迅速减小，到距端面距离为 h 处则近于 1，即横截面上的应力分布几乎均匀。可
见，外力作用细节所造成的局部应力与板条体张伸或压缩应力分布的差异，只在
近外力直接作用的边界处显著，而在板条体的其他部分则小到微可不计的程度。
因而，只要外力作用方式一定，受力岩体中就有与之相应的一定的应力分布的独
特的解。这种外力作用方式可用不同的作用细节来实现，此作用细节所造成的差
异只在外力直接作用部位的邻域内显著，随离开外力直接作用部位则迅速减小。
故而，一定方式的外力作用的细节或外力中与主要量级应力作用方式不同的较微
弱的其他各种复杂的作用，只影响外力直接作用边界附近的应力分布，而并不影
响岩体中里面的部分，因之整个岩体中由于受此一定方式外力作用而生的一定的
总的应力分布形式不变。

　　由此原理可得如下的推论：地块中具有一定性质、形态的变形和断裂，系
由此地块中相应的构造应力场作用而成，而地块中总的应力分布形式只与一定
的外力作用方式相应，并不受此一定方式外力作用的形式细节的影响。因之，
地块中由一定方式的外力作用造成的构造形象的性质和组合分布形式，也不受
此一定方式外力作用的形式细节和外力中与主要量级应力作用方式不同的较微
弱的其他各种复杂作用的影响，它们只不过使地块的变形和断裂在外力直接作
用部位附近产生相应的局部变异特点或低级构造形迹；一定的外力作用方式，
可用相应的一定形式的简化矢号来表示，而不受此一定方式外力在作用形式细
节上和外力中与主要量级应力作用方式不同的较微弱的其他各种复杂作用的限
制；在地块边界具有不同作用细节的同一方式的外力，可以互相替代，而不影
响由此外力作用方式所决定的整个应力场中应力分布的规律和形式。此为外力
等效替代原理。因而，用一定方式的外力以某一形式细节作用在地块上所造成
的与此外力作用方式相应的总的应力分布规律和形式的结果，可应用于用同一
方式的外力以另一种形式细节作用在另一同样地块上所造成的与此外力作用方
式相应的总的应力分布规律和形式上，并可在后一地块中引用前者的各种分析
结论。

二、边界条件

　　岩体受主动外力作用的边界，为着力边界。受被动外力作用的边界，为约束
边界。不受外力作用的边界，为自由边界。由岩体边界面内的内力与作用在边界
面上的外力之间的平衡关系表示的岩体边界的力学状态，为岩体中力学状态的边
界条件。取岩体边界体素成微四面体，作用在四面体素直角面上的应力是内力，
而作用在其斜面上的力是外力，则这些内力之合力与作用在斜面上的外力相平
衡。由之可得分解在三个坐标轴向的边界条件

$$F_x = \sigma_x \cos(n, x) + \tau_{yx} \cos(n, y) + \tau_{zx} \cos(n, z)$$
$$F_y = \tau_{xy} \cos(n, x) + \sigma_y \cos(n, y) + \tau_{zy} \cos(n, z) \qquad (6.1.7)$$
$$F_z = \tau_{xz} \cos(n, x) + \tau_{yz} \cos(n, y) + \sigma_z \cos(n, z)$$

此条件，把岩体边界面内表示边界应力分布的内力与作用在边界面上的外力，联系了起来。岩体边界的力学状态，可用边界应力来表示，也可用边界位移来表示。若边界位置固定，则此边界的位移

$$u = v = w = 0$$

若边界形状不变，则此边界的正应变

$$\frac{\partial u}{\partial x} = \frac{\partial v}{\partial y} = \frac{\partial w}{\partial z} = 0$$

若边界质点可自由沿 X 轴移动，则此边界的应力分量

$$\sigma_x = 0$$

若边界质点可自由沿表面移动，则此边界面方向的剪应力

$$\tau_t = 0$$

故在自由表面上

$$\sigma_n = 0$$
$$\sigma_t = 0$$

　　边界条件，从其生灭变化上可分四种：在岩体一定形式变形的整个过程中始终不变的边界条件，为恒定边界条件，如均匀恒力单向压缩或拉伸的着力边界；在岩体一定形式变形过程中发生变化和转化的边界条件，为转变边界条件，如岩体沿层面剪切变形时，底部边界与其下部岩层间从相连的剪切变形到断开而变为层面滑动；在岩体一定形式变形过程中由于变形进展而产生的新增加的表示另一种方式外力作用的边界条件，为附生边界条件，如在剪切外力作用下形成的褶皱错列构造中两背斜相间部位的向斜处新沉积的地层，除受与此向斜轴斜交的剪切外力和与向斜轴垂直的水平压力外（图 6.1.3a），还受随此外力作用造成的变形的进展而发生的来自两背斜部位与向斜轴垂直的向上弯曲作用（图 6.1.3b）；在岩体一定形式变形过程中随变形进展而逐渐消失的某种外力作用，为消失边界条件，如岩体在拉伸外力作用下发生了沿界面方向而与拉伸外力垂直的张断裂的边界，即失去拉伸外力作用。

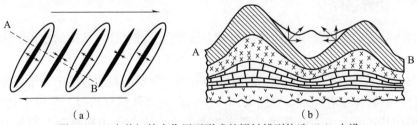

（a）　　　　　　　　　　　　　　　（b）

图 6.1.3　在剪切外力作用下形成的褶皱错列构造（a）中沿
AB 方位的铅直剖面（b）

三、外力作用方式的确定

作用在岩体边界上的外力与其边界面内的内应力满足静力学方程（6.1.7），故外力作用的方式皆通过一定的边界条件与岩体边界面内的内应力相联系。因而，由内应力在边界内分布的规律和形式，可求得相应的外力分量 F_x，F_y，F_z 及其合力的分布规律和形式。将边界各点具有相同作用规律的外力，按其于所在边界部分各点的方向、大小和分布形式进行综合，即可得其在此边界部分的作用方式，以至整个外力在全部着力边界和约束边界的作用方式。这是确定外力作用方式最直接的方法。因而，若求得岩体边界内应力的分布规律和形式，则作用在边界各点外力的相对大小和方向的分布及整个外力作用方式，即可确定。

主正应力线与岩体边界垂直或斜交的端部，以同方向外延到围岩中的相邻部位，即为外力中与其同性的分力作用的方位。因岩体中的主正应力线与此岩体边界的方位关系，只有垂直、平行和斜交三种，因而外力作用方向与岩体中构造应力场边界的方位关系，亦只有垂直、平行和斜交三种。

对平面应力场，在其受外力作用的边界，当一簇主正应力线与此边界垂直时，则另一簇必与此边界平行，它们表示边界上平行界面的张性或压性主应力分布的形式。若用与边界平行的主正应力线簇确定外力，取坐标轴 x，y 与边界处的主正应力线重合，则因 x，y 即为主轴，得平行和垂直边界的剪应力

$$\tau_{xy} = \tau_{yx} = 0$$

因平行边界的一簇主正应力线方向的坐标轴在边界面上，故边界面的法线 n 与此坐标轴垂直，则从（6.1.7）可知，与此坐标轴方向的主正应力相乘的方向余弦 $\cos(n, x)$ 或 $\cos(n, y)$ 必为零，因之平行边界的外力分量 F_x 或 F_y 亦为零。因水平构造应力场受外力作用的边界，或是着力边界，或是约束边界，而不是自由边界。因而，由另一簇与边界垂直的主正应力线求得的与边界垂直的压性或张性外力，即为作用在此种边界上的总外力了（图 6.1.4a）。

若主正应力线与岩体边界斜交，x，y 轴仍在主正应力线方向，则从（6.1.7）得

$$\left. \begin{array}{l} F_x = \sigma_x \cos(n, x) \\ F_y = (-\sigma_y) \cos(n, y) \end{array} \right]$$

但只当

$$\sigma_x = \sigma_y$$

且符号相同时，才得外力作用在边界面上的切向分力

$$\begin{aligned} F_t &= \sqrt{F^2 - F_n^2} = \sqrt{F_x^2 + F_y^2 - [F_x \cos(n, x) + F_y \cos(n, y)]^2} \\ &= \sqrt{\sigma_x^2 \cos^2(n, x) + \sigma_y^2 \cos^2(n, y) - [\sigma_x \cos^2(n, x) + \sigma_y \cos^2(n, y)]^2} \\ &= 0 \end{aligned}$$

而构造应力场中两簇与边界斜交的主正应力线上的应力符号是不同的，故当主正

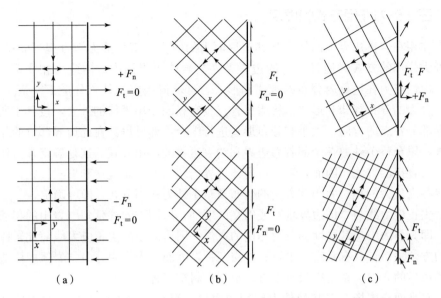

图 6.1.4　岩体边界面内主正应力线与外力的方向关系：（a）外力与边界垂直；
（b）外力与边界平行；（c）外力与边界斜交

应力线与边界斜交时，边界上的切向分力不为零，因而必受外力的剪切作用，其大小

$$F_t = \sqrt{\sigma_x^2 \cos^2(n,x) + \sigma_y^2 \cos^2(n,y) - [\sigma_x \cos^2(n,x) - \sigma_y \cos^2(n,y)]^2}$$

$$= \frac{\sigma_x + \sigma_y}{2} \sin 2(n,x)$$

故当主正应力线与边界交角为 45°时，外力作用在边界上的切向分力为最大，而此时外力作用在边界上的法向分力

$$F_n = \sigma_x \cos^2(n,x) - \sigma_y \cos^2(n,y)$$

$$= \frac{\sigma_x - \sigma_y}{2} + \frac{\sigma_x + \sigma_y}{2} \cos 2(n,x)$$

为最小。再若

$$\sigma_x = \sigma_y$$

则

$$F_n = 0$$

故此时外力作用方位与边界面平行（图 6.1.4b）。

若

$$(n,\ x) < 45° \qquad 且 \frac{\sigma_x}{2} + \frac{\sigma_x + \sigma_y}{2} \cos 2(n,\ x) > \frac{\sigma_y}{2}$$

或

$$(n, x) > 45° \quad 且 \frac{\sigma_y}{2} + \frac{\sigma_x + \sigma_y}{2}\cos2(n, x) < \frac{\sigma_x}{2}$$

则 F_n 为正，此时边界各处的法向和切向外力的合力

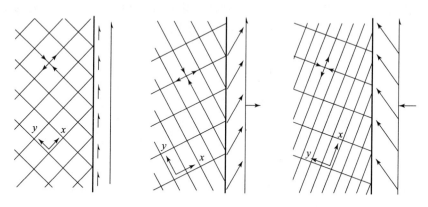

图 6.1.5 均匀外力的作用方式简化矢号表示法

$$F = \sqrt{F_n^2 + F_t^2}$$

为与边界斜交的张剪性或剪张性外力。$F_t > F_n$ 时，F 中以剪性为主，称为张剪性外力；$F_n > F_t$ 时，F 中以张性为主，称为剪张性外力。

若

$$(n, x) > 45° \quad 且 \frac{\sigma_y}{2} + \frac{\sigma_x + \sigma_y}{2}\cos2(n, x) > \frac{\sigma_x}{2}$$

或

$$(n, x) < 45° \quad 且 \frac{\sigma_x}{2} + \frac{\sigma_x + \sigma_y}{2}\cos2(n, x) < \frac{\sigma_y}{2}$$

则 F_n 为负，此时边界各处的法向和切向外力的合力

$$F = \sqrt{F_n^2 + F_t^2}$$

为与边界斜交的压剪性或剪压性外力。$F_t > F_n$ 时，F 中以剪性为主，称为压剪性外力；$F_n > F_t$ 时，F 中以压性为主，称为剪压性外力（图 6.1.4c）。

在确定造成构造应力场的外力作用方式时，若外力在边界近于均匀分布，则当 (n, x) 角近于 45°时所得的外力作用方式或其他与边界平行的外力作用方式，皆可用一简单剪切矢号或标有张、压性的简单剪切矢号来简化表示（6.1.5），而当 (n, x) 角近于 0°或 90°时，则外力作用方式皆可用图 6.1.4 中（a）之外力表示法。

由上可知，作用在一构造区域的构造应力场边界上的法向外力和切向外力的相对大小、方向和性质，可据此区域构造应力场边界处主正应力线的性质、与边

界的方位关系和主张应力线的密度确定。若主正应力线与边界正交，则作用在此边界的外力为与此主正应力线同性的法向力。若主正应力线与边界斜交，则作用在此边界的外力必有切向分力，其方向顺着压性主正应力线的方向而平行边界（图 6.1.6a）。主张应力线密度较大处的外力亦较大（图 6.1.6b）。当主张应力线的密度相同，但与边界交角不同时，则此交角近 45°处的外力切向分力为最大，而在此交角为 0°或 90°处的外力切向分力则为零。

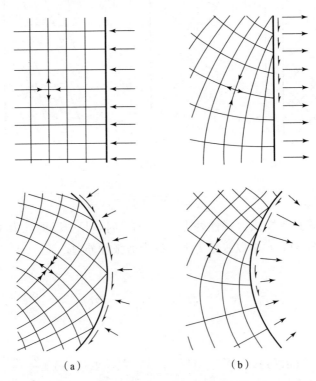

(a)　　　　　　　　　　(b)

图 6.1.6　外力性质与主正应力线方位的关系（a）及
外力大小与主张应力线密度的关系（b）

　　作用在构造应力场边界上的法向外力和切向外力的相对大小、方向和性质，亦可据其所在岩体主要形变的大小、性质和方向与边界的方位关系，近似地确定。图 6.1.7 中的在剪切外力作用下形成的背斜错列构造中，（a）之主要压缩变形方向与边界交角较大而近于 90°，故知作用在此边界部位的外力中法向压缩分力比切向剪切分力为大；（b）之主要压缩变形方向与边界交角近于 45°，故知作用在此边界的外力法向分力与切向分力大小相近；而（c）之主要压缩变形方向与边界交角甚小，故而其所受外力中法向压缩分力比切向剪切分力为小。

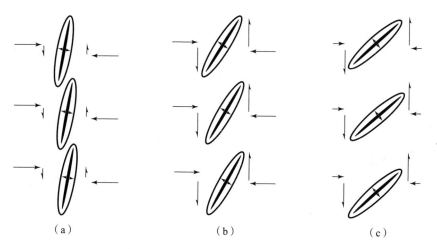

$$（a）\qquad\qquad\qquad（b）\qquad\qquad\qquad（c）$$

图 6.1.7　由主要压缩变形方向与边界交角确定外力中法向、
切向分力的相对大小

地壳一构造区域与围岩接触的边界，即此区域构造应力场所受外力作用的边界。但外力中，有主有次，有主动与被动之分，因而确定造成某一区域构造应力场的外力作用方式，须遵守边界的全部和部分、主要和次要的分析程序。

1. 造成区域构造应力场的主要外力作用方式的确定

在这一工作过程中，须首先确定造成此场的主要外力作用的边界。据应力面积作用原理的推论可知，由构造应力场的分布形式所表明的具有共同分布特征的同性应力所在大边界处的外力，是造成此场分布形式的原因。又从构造应力场的分布导生关系知，大部分应力线收敛汇聚的边界，是此场主要应力产生之直接来源。可见，这两种边界都是主要外力作用边界。若场中的主动主正应力线已知，则作用在主要边界上的主要外力作用方式，即可按上述方法，依它们在整个边界上的分布和边界的形状综合求得。若场中的主动主正应力线未知，则主要外力作用方式可由此场中各构造单元组合的规律和形式来确定。试以确定由褶皱或断裂组成的雁行型构造应力场的主要外力作用方式为例（图 6.1.8）。由此种场的大边界$\overline{ab}$，$\overline{cd}$处的主正应力线与边界斜交知，此种场的大边界必受切向外力作用。又由此种边界处主正应力线的性质知，其上所受的法向外力可正可负。因而，作用在此种边界上的造成此种构造应力场的主要外力作用方式，有如图 6.1.9 中所示的三种可能。

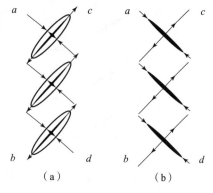

$$（a）\qquad\qquad（b）$$

图 6.1.8　由褶皱（a）或张断裂
（b）组成的雁行型构造的应力场

据外力边异作用原理的推论，此三种可能的主要外力作用方式，皆可用图
6.1.10 所示的简化矢号表示。其中法向外力的相对大小和性质，由褶皱或断裂
所示的主要形变大小和性质及其走向与边界的方位关系来确定。切向外力，造成
场中各构造单元的错列组合规律和平行雁行形式；法向外力的有无和张、压性，
只影响此构造组合中各构造单元的附属性质、形态特点和排列方位差异，并不影
响此种场分布的错列规律和平列形式。这已被多次模型实验结果所证明。又如山
字型构造应力场，从其构造形迹鉴定得的应力分布规律和形式，如图 6.1.11a 所
示。由此种构造应力场的大边界 eaf 和 bdc 处的主正应力线在 ea，af，bd，dc
之间与边界斜交知，这部分边界受有切向外力作用，且由主压应力线与边界的方
位关系知，上部边界的切向外力由 a 指向 e，f 方向，下部边界的由 d 指向 b，c
方向，总的是中间对两边以 ad 为准成背向剪切作用，但下部边界的过 b，c 后作
用方向又各反转。在 d，e，f，a，b，c 部位，由于主正应力线平行或垂直边界，
故此种边界的切向外力减小为零，而只受法向外压力作用，其中 a，b，c 部位又
为此场所受外力聚集作用的边界，主张应力线的密度较大。故由此大边界处主
张应力线分布的密度和其与边界成局部平行和斜交的关系知，造成此种构造应力场
的主要外力作用方式如图 6.1.11b。因而，可用简化矢号表示于图 6.1.11c。作用在
此大边界上的外力中，又以聚集作用在 a，b，c 部位的外力为主。

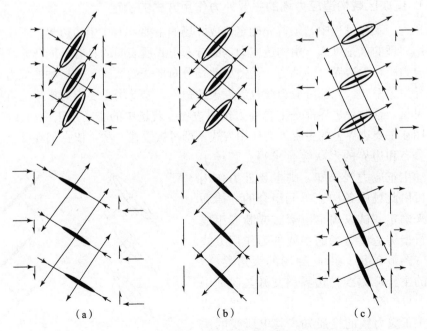

（a）　　　　　　　　　（b）　　　　　　　　　（c）

图 6.1.9　雁行型构造应力场大边界上所受外力作用方式的三种可能结果

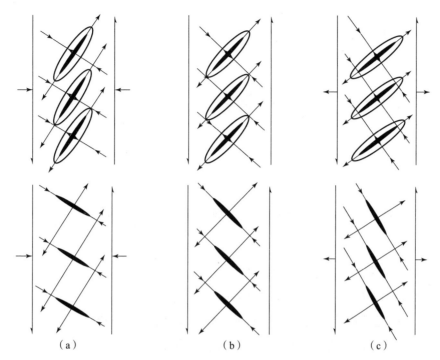

图 6.1.10　图 6.1.9 所示大边界上三种可能外力作用方式的简化矢号表示

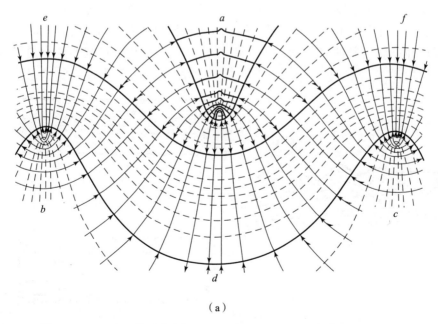

（a）

图 6.1.11　山字型构造应力场（a）及其形成所受外力作用方式（b）的

简化矢号表示（c）

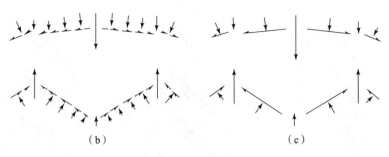

（b）　　　　　　　　　　　　　　　（c）

图 6.1.11　（续图）

　　准确计算，可选定应力函数，再从各种应力分布规律和形式求得各相应边界上的外载图，以确定外力作用方式。如，第四章第四节"三、"中，将应力函数取为多项式形式，来讨论水平矩形岩板满足的边界条件。对具体问题，只要找出所述各简单情况或其各种组合结果的应力分布形式中与所研究地区构造应力场分布形式符合的一种，便可直接由其外载图求得所研究地区的外力作用方式。

2. 造成区域构造应力场的主要主动外力作用方式的确定

　　主要外力作用边界中的着力边界上的主要外力作用方式，即在形成此场过程中起主导作用的主要主动外力作用方式，故而此工作过程实际上已转化为确定此场的主要外力作用边界中的着力边界。

　　据外力近强原理，某构造区域边界处的变形和断裂相对剧烈的一侧，即为其所受主动外力作用一侧的边界。故在各向同性岩体中，由其变形和断裂的密巨程度即可确定其所受主动外力作用的着力边界和其相对侧的约束边界（图6.1.12）。

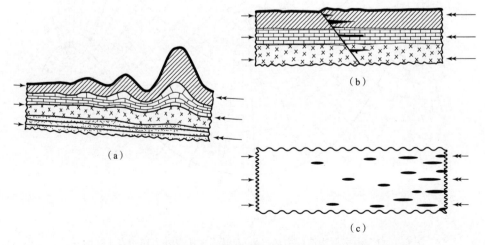

（a）　　　　　　　　　　　　　　（b）

（c）

图 6.1.12　岩体中构造形象密巨程度与主要主动外力作用边界的关系

据构造形象的形态特征结合构造应力场中的主应力线分布，亦可确定其主要着力边界。如前所述，若褶皱变形的几何量与受水平力作用的板形岩体厚度相比甚小，则当此变形发展到较高程度时，其受主动外压力或外剪力作用的一侧，将顺此外力作用的方向向其背侧转陡，而成两侧几何形状对其长轴不对称的现象（图 6.1.13a）；若褶皱变形的几何量比受水平力作用的板形岩体厚度为大，且此岩体底部与下层岩体间的摩擦力甚小而足以造成层间滑动，则此褶皱受主动外力作用的一侧转陡（图 6.1.13b）。因而，若此种褶皱组成的或部分由此种褶皱组成的构造组合的应力场的主要外力作用方式已经确定，则由此种褶皱两侧对其长轴不对称的现象，即可断定其中主动外力作用的边界。若一构造区域的应力场中局部主动力已由此方法确定，则由各区位成因上的联系和导生次序，亦可逐次确定它们所受主动力的来向。主要外力作用边界中由各主动外力作用部位连接而成的边界，即主要着力边界。

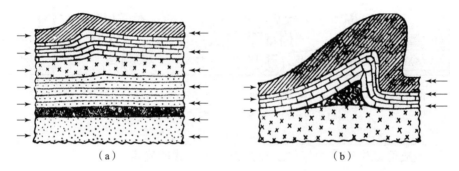

图 6.1.13　褶皱不对称形态和受水平力作用深度与主动外力作用边界的关系

若岩体受了某一方式的外力作用，则其受此外力作用边界外的围岩，必对此岩体发生相应于此种外力作用方式的位移或变形。因而，从围岩中原来已有的一定方位的构造形迹，在岩体中另一后成构造应力场形成过程中发生的位移或变形，亦可断定此后成场所受主动外力作用的边界。如中国东部的淮阳山字型构造（图 6.1.14），其北部的秦岭东西构造带原系形成在 abc 纬度方位，但从其在此山字型构造附近向南偏离且与此山字型的前弧同曲度弯曲变形的方位关系知，其必在此山字型构造应力场形成过程中，随此山字型构造两翼的倾斜弯曲向南发生了不同程度的水平移动而离开了原位。故知，此山字型构造应力场的北部边界 eAf 处所受的主要外力必是主动的。同样，中国西北部的祁吕贺兰山字型构造（图 6.1.14），由其北部的阴山东西构造带和其南部的秦岭东西构造带，在此山字型构造的脊柱和弧顶附近离开了原位而向南移动，但在反射弧附近却未离开原位向北移动，则知造成此山字型构造应力场的主要外力中，也是以作用在北部边界上的为主动，而作用在南部边界上的为被动。即其主要着力边界亦为 eAf，而 BdC 则为其主要约束边界。

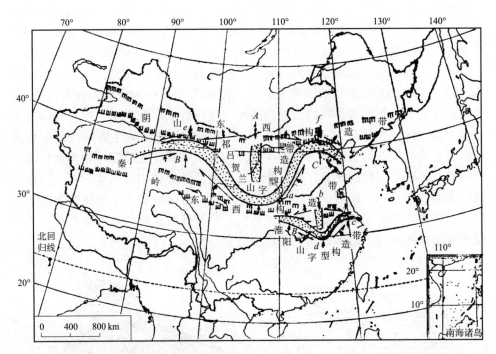

图 6.1.14　祁吕贺兰山字型构造和淮阳山字型构造应力场的主要着力边界与
阴山东西构造带和秦岭东西构造带位移的关系

3. 造成区域构造应力场的次要外力作用方式的确定

一构造区域的应力场与围岩接触的全部边界中，除主要外力作用边界外，其余各局部边界上的外力作用方式，皆为其所受次要的主动或被动外力作用方式。地块所受约束反作用力的作用，阻止地块因受主动外力作用所生的运动，而使其趋向于平衡。如雁行型构造，在使其形成的主要剪切方式的外力作用下，必然还受一组作用在其两端的反向剪切外力作用（图 6.1.15）。此组反向的使此构造组合所在地块趋向平衡的剪切外力，不论是主动的或是由于受主要剪外力作用引起的此地块顺主要剪切外力作用方向转动而在其端部导生的围岩对此地块的被动外力，皆是在造成此构造的应力场时所不可缺少的成因要素。由此可知，雁行型构造应力场，系由其两侧大边界平行的主要剪切外力和使此地块平衡的作用于其两端的反向次要主动剪切外力或由于此地块在主要剪切外力作用下发生转动而在其两端边界引起的围岩阻止其转动的次要被动剪切外力的联合作用所造成。至于此种剪切方式外力作用的各种形式细节和外力中与主要量级剪切外力作用方式不同的较弱的其他各种复杂作用，如剪切外力所附带的局部张、压性和其他各种形式的细节，由外力边异作用原理知，都不影响雁行型构造中各构造单元错列的规律和平列的形式及其构造应力场分布的形式，而只是造成此场受外力作用边界邻域的局部特点。如，在此组合构造边缘形成特殊的小型变形或断裂形象及其他小型构造型式等边缘构造异象。

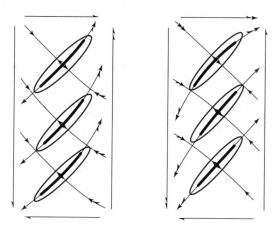

图 6.1.15　雁行型构造应力场两端边界次要的被动或主动外力作用方式

由上可见，据一构造区域中各构造单元组合的规律和形式确定使其形成的外力作用方式，虽然是构造力学中多解的反序问题，但从构造应力场的角度上则可较为顺利地解决。

第二节　造成地壳构造应力场的主动力分类

一、从构造系统分类

地壳上层的构造比下层复杂，巨型构造在走向上归属于纬向、经向和斜向三大构造系统。从造成区域构造应力场的主动外力作用方式可知，纬向构造系统应力场是由南北向水平压力作用引起的，经向构造系统应力场是由东西向水平张、压力作用引起的，而斜向构造系统应力场则是由东西和南北向水平压力以不同大小合成的北北西至北西西和北北东至北东东斜向水平压力作用引起的。可见，纬向、经向和斜向三大构造系统也属成因归类，因而造成地壳构造应力场的主动力在来源上只有南北向水平压力和东西向水平张、压力。从各地质时期地壳构造应力场的分布（图 4.5.1～图 4.5.6）知，南北向水平压力是按一定纬度间隔的东西带聚集，东西向水平张、压力是顺经度方向沿各南北带相间分布，太平洋海岭、大西洋海岭、印度洋海岭和东非大裂谷三个受东西向水平张力作用的南北带被南北美大陆、欧非大陆和亚澳大陆受东西向水平压力作用的三个南北带所分隔。这是从地壳的构造形迹构成的构造带和其间的盾地所组成的构造体系的应力场，鉴定得的地壳东西、南北两个方向的一级水平主动力。

二、从海陆运动分类

在海陆块体运动上（图 6.2.1），多条巨大东西向构造带所显示的大陆岩体由高纬度向低纬度方向推动，太平洋西岸东亚大陆濒太平洋地带的新老华夏构造体系与青藏印歹字型构造，所显示的我国西部高原和东北亚大陆对太平洋向南水平错动，均反映南北向的水平力作用。美洲西岸造成圣安得烈斯大断裂，并向西挤压成雄巍的科迪勒拉和安第斯褶皱山脉，而东北部与格陵兰分离造成了一大片破裂陆块，又在大西洋中形成穿透地壳以致基性岩浆顺之流出的深大张断裂构成的海岭，均显示北美大陆比南美大陆更大地向太平洋方向的水平推动。地中海南岸东西向构造带中的巨大东西向平错断层南西北东的错动和穿过地壳的东非大裂谷向西张开所显示的非洲大陆比欧洲大陆向大西洋方向更大的水平错动。东南亚大陆向印度洋方向水平错动以致使穿过新西兰南北两岛间的平错大断裂北部向西平错了 500 余千米。太平洋西岸震源分布在一定厚度的斜向大陆下方的断面上（图 6.2.2～图 6.2.4），从千岛群岛经日本列岛、琉球群岛、台湾、吕宋列岛、菲律宾、汤加至新西兰东部的深海沟所显示的太平洋底地壳向亚澳大陆下楔入，低纬度区地壳下层、太平洋和大西洋底东西向平错断层特别发育而且东西平错距离达千余千米，这些均反映东西向的水平力作用，只是沿经向大小分布不同因而有超前和落后之分，以致形成东西向剪切错动。这是从海陆大块壳体移动和变形上，鉴定得的地壳中沿经、纬两个方向的水平主动力。

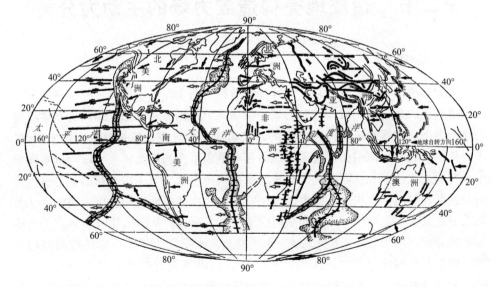

图 6.2.1　地球自转减速时海陆运动主要方向分布图（据李四光的资料）

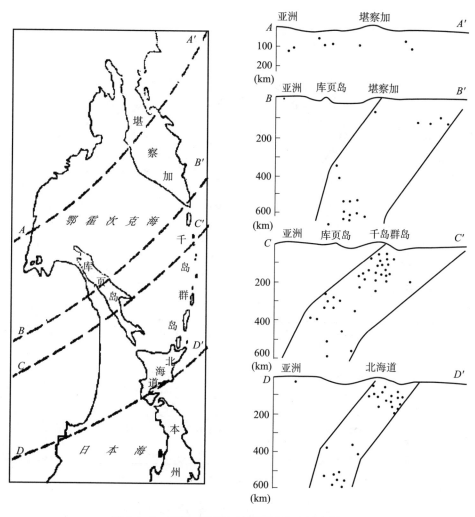

图 6.2.2 千岛—堪察加地区震源分布铅直剖面图
（据 В. Ф. Бончковский 的资料）

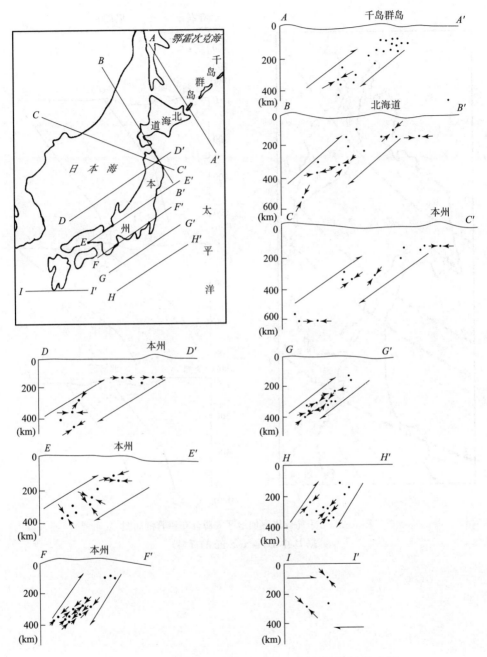

图 6.2.3　日本深震震源主压应力方向在铅直剖面上分布图

（据本多弘吉的资料）

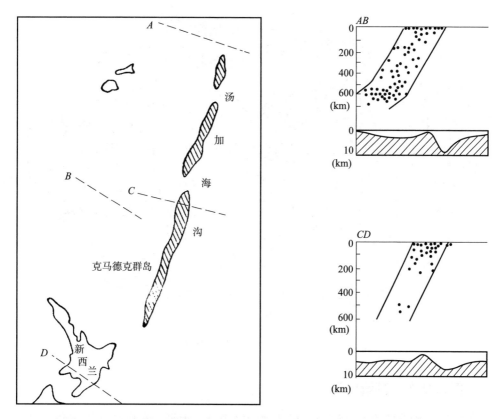

图 6.2.4　汤加-克马德克地区震源分布铅直剖面图（据 H. Benioff 的资料）

三、从地壳厚度分类

在地壳厚度分布上，从图 6.2.5 可知，大陆和大洋中地壳等厚度区是沿纬向、经向和斜向成带状分布。厚地壳带的方位与巨大构造带一致，山脉下地壳厚度显著增加，形成"山根"，其形成机制是水平压缩使岩体聚集加厚成褶、水平压缩引起的铅直向泊松效应、冲断面和平卧断层引起的岩层重叠，而水平拉伸和正断层上盘下滑则造成地壳减薄，西藏高原由于南北向挤压使地壳厚度平均增至 70 千米，同时形成了高山。天山在晚第三纪和第四纪上升，同时地壳加厚，加厚越多处上升越强烈，结果地壳下界比原位置低 20 千米～30 千米，而上部上升 5 千米～6 千米。这是水平力直接作用造成地壳加厚的有力证据。由此所得的地壳中水平主动力，也是经向、纬向两大类。

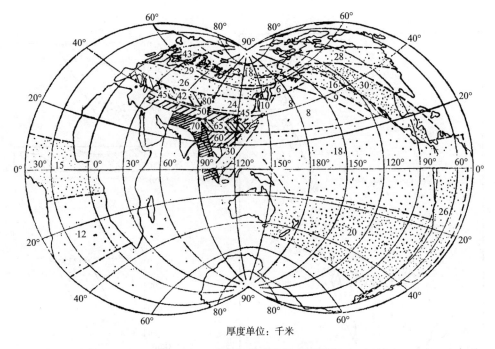

厚度单位：千米

图 6.2.5　地壳各处平均厚度的分布

四、从现代测量分类

在现代构造应力场观测上，据地震台网观测，太平洋东岸和洋底张断裂带深震的震源机制解表示为东西向张伸，西岸则表示为东西向压缩。这证明，太平洋与东部主要在进行东西向张伸，对西岸则主要在进行东西向压缩。现在，太平洋仍在向西朝日本方向的海沟移动。可见，这个地区的现今地壳水平主动力，主要是东西向的，有时稍有偏北。从东亚现代的强震及全球大震的发震断裂走向、震源机制解的主压应力方向、地壳水平形变、地表铅直运动、地震迁移规律和对建筑物破坏特点，均证明现今地壳水平主动力在东西、南北向，有时则合成在北东象限或北西象限角域内，有时由于沿经向或纬向大小分布不同及超前与落后而造成东西、南北向剪切。这几个方向和方式的水平主动力，在局部地区由于局部条件的影响而交替着占主导地位。但在来源上，现今水平主动力仍为东西和南北向两大类。

第三节　造成地壳构造应力场的主动力来源

造成地壳构造应力场的水平主动力，只有经向和纬向的两大类。这两类力的来源，主要是地球各种运动所引起的内因，此外还有来自地球之外的其他天体运动变化所引起的外因。恩格斯说："在自然科学……领域中，必须从既有的事实出发""坚持从世界本身说明世界"。因之，无论对主动力两个来源中的哪一方面，都必须从大量现象的实际资料入手，步步深入地进行分析。

恩格斯说："一个运动是另一个运动的原因"。地壳运动作为天体运动的一种局部，必然是另一个规模和质量更大的物质体运动的结果。地球和其他天体就是这种更大的物质体，它们运动变化所引起的力有很多，其中主要的有如下几种。

一、地球自转力

1. 地球自转轴在地质史中仅有微小变位

（1）在地球的球面极坐标中（图 6.3.1），r 为矢径，θ 为极纬度，ψ 为方位角。在地壳上取一微小方弧体素，三边长为 dr，$r\,d\theta$，$r\sin\theta\sin\psi$，平行三边方向的岩体移动速度为 v_r，v_θ，v_ψ。于是，在 r 方向单位时间通过的岩体为

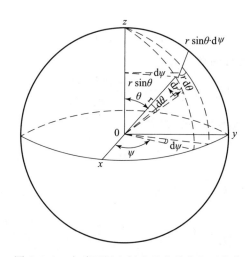

图 6.3.1　在球面极坐标中地壳微小方弧体素

$$v_r\, r^2 \sin\theta\, d\theta\, d\psi$$

则在 dr 距离上单位时间通过的岩体的变化量为

$$\frac{\partial}{\partial r}(v_r\, r^2 \sin\theta)\,d\theta\, d\psi\, dr$$

同样，在 $r\,d\theta$ 距离上 θ 方向单位时间通过的岩体的变化量为

$$\frac{\partial}{\partial \theta}(v_\theta\, r\sin\theta)\,d\psi\, dr\, d\theta$$

在 $r\sin\theta\, d\psi$ 距离上 ψ 方向单位时间通过的岩体的变化量为

$$\frac{\partial}{\partial \psi}(v_\psi r)\,dr\, d\theta\, d\psi$$

为讨论方便，视岩体不可压缩，则单位时间进出此体素的岩体相等。因之，在上

三个方向单位时间通过体素的岩体变化量的总和为零，得

$$\frac{\partial}{\partial r} r^2 v_r + \frac{1}{\sin\theta} \frac{\partial}{\partial \theta} \sin\theta(r\, v_\theta) + \frac{1}{\sin^2\theta} \frac{\partial}{\partial \psi}(v_\psi\, r \sin\theta) = 0$$

取岩体运动的势能函数为 Φ，其决定于

$$\left.\begin{array}{l} v_r = \dfrac{\partial \Phi}{\partial r} \\[2mm] r\, v_\theta = \dfrac{\partial \Phi}{\partial \theta} \\[2mm] r \sin\theta \cdot v_\psi = \dfrac{\partial \Phi}{\partial \psi} \end{array}\right\} \tag{6.3.1}$$

代入前式，得球极坐标中的拉普拉斯方程

$$\frac{\partial}{\partial r} r^2 \frac{\partial \Phi}{\partial r} + \frac{1}{\sin\theta} \frac{\partial}{\partial \theta} \sin\theta \frac{\partial \Phi}{\partial \theta} + \frac{1}{\sin^2\theta} \frac{\partial^2 \Phi}{\partial \psi^2} = 0$$

此式的解为

$$\Phi_{nk} = t\, r^n H_n^k\ (\theta,\ \psi)$$

各 Φ_{nk} 的和，也是此方程的解。式中

$$H_n^k\ (\theta,\ \psi)\ = \sin^k\theta\, \frac{\mathrm{d}^k H_n^0(\theta)}{(\mathrm{d}\cos\theta)^k} \cos k\psi \tag{6.3.2}$$

为圆谐函数。n，k 为函数的项数和次数，故均为正整数。t 为时间的函数。有关的各项形式，为

$$\left.\begin{array}{l} H_0^0 = 1 \\[2mm] H_1^1 = \sin\theta\,\cos\psi \\[2mm] H_1^0 = \cos\theta \\[2mm] H_2^0 = \dfrac{3}{2}\cos^2\theta - \dfrac{1}{2} \\[2mm] H_4^4 = \sin^4\theta \cdot \cos4\psi \\[2mm] H_5^0 = \dfrac{9.7}{4.2}\cos^5\theta - \dfrac{15}{4.2}\cos^3\theta + \dfrac{5.3}{4.2}\cos\theta \end{array}\right\}$$

将 (6.3.2) 代入 (6.3.1)，得

$$\left.\begin{array}{l} v_r = \dfrac{\partial \Phi}{\partial r} = t\, n\, r^{n-1} H_n^k(\theta,\ \psi) \\[3mm] v_\theta = \dfrac{1}{r} \dfrac{\partial \Phi}{\partial \theta} = t\, r^{n-1} \dfrac{\partial}{\partial \theta} H_n^k(\theta,\ \psi) \\[3mm] v_\psi = \dfrac{1}{r \sin\theta} \dfrac{\partial \Phi}{\partial \psi} = t\, r^{n-1} \dfrac{1}{\sin\theta} \dfrac{\partial}{\partial \psi} H_n^k(\theta,\ \psi) \end{array}\right\}$$

对了解岩体在径矢方向的运动，将 $v_r = \dfrac{\mathrm{d}r}{\mathrm{d}t}$ 代入上方程组中的第一式，得

$$\frac{\mathrm{d}r}{\mathrm{d}t}=tn\,r^{n-1}H_n^k(\theta,\ \psi)$$

地球各同心层的平均半径为 r_0，则各层实际半径 $r=r_0+\Delta r$，Δr 为以等体积圆球面为基准面的径向形变，代入上式并略去 $\frac{\Delta r}{r_0}$ 各项，得某层径向移动速度

$$\frac{\mathrm{d}r}{\mathrm{d}t}=tn\,r_0^{n-1}H_n^k(\theta,\ \psi)$$

积分之，得

$$r=Tn\,r_0^{n-1}H_n^k(\theta,\ \psi)+r_0$$

$$T=\int_0^t t\,\mathrm{d}t$$

此层无径向形变时，$r=r_0$。从此式可得任一层的径向移动量

$$\Delta r=r-r_0=Tn\,r_0^{n-1}H_n^k(\theta,\ \psi)$$

可见，径向移动量正比于 r_0^{n-1}，于是一般情况从地表向下径向移动量逐渐减小，n 越大减小得越快，只有 $n=1$ 时内外各层径向移动量相等。地表总径向移动量，则为

$$\sum\Delta r=a+bH_1^1+cH_1^0+dH_2^0+eH_4^4+fH_5^0$$

第一项为

$$\Delta r=a$$

表示全球性胀缩。按地球放射性元素蜕变趋势及多次大范围岩浆体喷出后冷却，地球在整个形成过程中，物质逐渐收缩结固并使内部压密而逐渐减小体积，地壳多次褶曲倒伏和广泛的以冲断层形式大距离水平冲压，这些均证明地球在收缩。阿尔卑斯大逆掩断层水平逆冲 40 千米，整个阿尔卑斯褶断带由于水平挤压缩短了 4~8 倍，因而现宽 150 千米的阿尔卑斯过去为 600~1200 千米宽。阿巴拉阡山南冲断带逆冲几百千米，喜马拉雅山原地壳水平缩短了 300 余千米。这些都必然导致两侧地壳巨大的水平缩短，引起地球收缩。仅从阿尔卑斯运动一项，可算得相当地球半径缩短 2 千米。这个运动，开始于两亿年前。由此可见，地球收缩有相当的数量级。放射性元素蜕变，只是在某个阶段引起了地温上升，温度升高越多散失的热量也越大，聚集起来不易散失的部分则将有助于地壳胀裂，使岩浆沿之喷出冷却而又有助于收缩。因之，地球在整个发展过程中的总趋势是收缩，阶段上伴有微小的膨胀脉动。这就是上式中第一项所反映的运动形式。

第二项为

$$\Delta r=bH_1^1=b\,\sin\theta\,\cos\psi$$

表示固体地球向一个经度方向的偏心运动（图 6.3.2a）——东西偏心。太平洋平均深 4282 米，背面的欧非大陆平均高度在海拔 750 米以上，于是造成了对水圈表面——重力场等势面因之也是对质量中心 0 的太平洋凹下而欧非大陆隆起的偏

心运动。

第三项为

$$\Delta r = cH_1^0 = c\cos\theta$$

表示固体地球在自转轴方向的偏心运动（图 6.3.2b）——南北偏心。北半球大陆多，南半球海洋多，北半球比南半球平均高出 1500 米，造成了对水圈表面的北半球隆起而南半球凹下的偏心运动。

第四项为

$$\Delta r = dH_2^0 = d\left(\frac{3}{2}\cos^2\theta - \frac{1}{2}\right)$$

表示固体地球沿自转轴方向变扁而成为椭球（图 6.3.2c）——变扁运动。在地球半径之半的深度，此种移动减少一半。地球形状可视为一旋转椭球体，长、短半径

$$a = 6378245 （米）$$
$$c = 6356863 （米）$$

扁率

$$\alpha = \frac{a-c}{a} = \frac{1}{298.3}$$

此即变扁运动的结果。

第五项为

$$\Delta r = eH_4^4 = e\sin^4\theta\cos4\psi$$

表示固体地球顺各经向在纬圈剖面上成方菱运动（图 6.3.2d）。美洲大陆、欧非大陆和亚澳大陆约相间 90°经度分布，而被凹下的大西洋、印度洋和太平洋隔开。太平洋中间的一个凸菱大陆，由于位置正好处在东西偏心运动的最大凹下部位而没有显现出来，只是有些零星岛屿和近南北向洋脊出现，但表示重物质上溢的火山极多。

第六项为

$$\Delta r = fH_5^0 = f(2.3\cos^5\theta - 3.6\cos^3\theta + 1.3\cos\theta)$$

表示固体地球对自转轴成凸凹相间纬向带和北极凹南极凸的梨状反称运动（图 6.3.2e）。在深约 1000 千米处，此种移动减弱一半。北极区凹下成海洋，南极区隆起成陆地；北半球高纬度带隆起成陆环，其中以斯堪的纳维亚、阿尔丹、阿纳巴尔和加拿大的构造隆起为最高，南半球高纬度带凹下成海环，其中以非洲—南极洲盆地、澳洲—南极洲盆地和别林斯高律盆地下降为最低；北半球低纬度带凹下，南半球低纬度带隆起成大陆。这些正是反称运动的结果。

地球自转中造成的遵循圆谐函数的各种运动形式以及它们的坐标轴，都大致与现今自转轴重合。这说明，地球自转轴在球内的位置，在形成地表这些形态的时期内，基本没有改变；而且地球自转，是造成这些运动的基本原因。造成这些

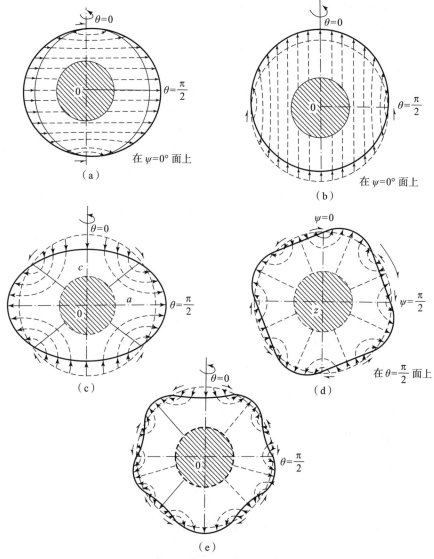

图 6.3.2　地球长期绕轴自转而成的多种形态

形态的时期至少是从侏罗纪开始的，因之这又证明至少从侏罗纪至今，地球自转轴在球内的位置基本上没变。

（2）从造成寒武纪前、古生代、中生代和至今的地壳纬向、经向和斜向构造系统应力场的主动力均沿经、纬向分布可知，它们的来源必与地球自转轴有固定的方位关系。因为所谓经、纬向本身是相对地球自转轴而划分的，没有自转轴及其与地面交成的极点，也就无所谓经、纬向。特别是纬向、经向构造带的应力场成带状聚集应力，并且对全球而言成辐射—同心圆环状分布，更清楚地证明了它们的生成与地球自转轴有十分明确的方位关系。后期运动直至新构造运动也多是继承性的，基本上在原位按原方式运动，或虽范围与程度上有所发展，但在新部位后来形成的构造仍然遵从按纬向、经向和斜向分布的规律。这说明，现今地球的经、纬向至少和前寒武纪的经、纬向大致相同，因之地球自转轴在地球中的位置至少在这段地质时期内变动不大。巨大的纬向、经向、斜向构造带中均有切穿地壳延至上地幔中的深大断裂，地震震源深者达 700 千米也反映了其发震断裂所及大于此深度，而造成它们的水平构造应力场的铅直分布范围将比这个深度还要大。这说明，可以证实至少从前寒武纪至今地球自转轴在地球中的位置变动不大的地壳构造应力场所及的深度，远大于 700 千米。这是从地球表层深度大于地球平均半径 6371 千米九分之一的厚层中的全球性地质历史中的构造现象所得的结论。南极地区煤的发现，只说明地球在过去的地质历史中，黄赤交角曾有过较大的变化。

（3）地壳等厚度带主要沿纬向分布（图 6.2.5），这些等厚带的位置又基本上与纬向构造带相合，并且地壳的加厚又常与构造带的形成同时进行，而纬向构造带从古生代就大规模活动直至今日。可见，在相当长的形成等厚带的地质时期中，地球自转轴在球内的位置基本没变。

（4）据大量观测，近半个世纪来，地理极的位置没有改变，但地磁极却移动了很大距离。这说明，地球自转轴在球内的变位相当缓慢，而且其位移量也很小，并远小于地磁极移动量。

2. 地球自转引起的主要体积力

地球绕自转轴以角速度 ω 作匀速自转时，地壳中质量为 m 的小体素上主要作用有两种体积力：

一是方向指向地心的地心引力（图 6.3.3）

$$R = k\frac{Mm}{r^2}$$

k 为引力常数，M 为地球质量，r 为体素与地心距离；

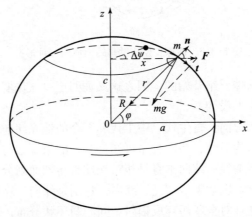

图 6.3.3　地壳中小体素的重力与地心引力和离心力的关系及其分力

二是方向垂直地球自转轴的离心力（图 6.3.4）

$$F=ma_n=mx\omega^2=m\omega^2 r\cos\phi \qquad (6.3.3)$$

a_n 为法向加速度，x 为体素与地球自转轴距离，ϕ 为体素地理纬度。F 在径向的分力

$$n=F\cos\phi=m\omega^2 r\cos^2\phi$$

F 方向指向赤道的南北向水平分力

$$t=F\sin\phi=m\omega^2 x\sin\phi=m\omega^2 r\sin\phi\cos\phi \qquad (6.3.4)$$

R 与 F 的向量和为体素重力 mg，g 为体素所在纬度的重力加速度，故其随 R 和 F 的大小而变。由于地球的赤道半径 a

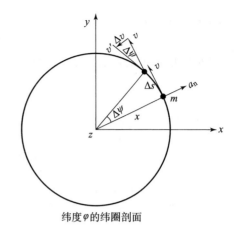

纬度 φ 的纬圈剖面

图 6.3.4　地壳中小体素离心加速度的变化及与 x，ω 的关系

大于极半径 c，故 R 在两极最大而为 $k\dfrac{Mm}{c^2}$，在赤道最小 $k\dfrac{Mm}{a^2}$，但二者之差仅为 6‰，故 mg 方向指向赤道的南北向水平分力，可只取 F 的水平分力 t。

n 在两极由于 $\cos\phi=0$ 而为零，向赤道方向逐渐增大，到赤道为最大值 $m\omega^2 a$。t 在两极由于 $\cos\phi=0$ 而为零，在赤道由于 $\sin\phi=0$ 亦为零，在中间纬度带最大，从地球被过自转轴平面切成的椭圆方程

$$\frac{x^2}{a^2}+\frac{z^2}{c^2}=1$$

得

$$z=\frac{c}{a}\sqrt{a^2-x^2}$$

于是

$$\tan\phi=\frac{z}{x}=\frac{c}{ax}\sqrt{a^2-x^2}$$

则

$$x=\frac{ac}{\sqrt{a^2\tan^2\phi+c^2}} \qquad (6.3.5)$$

代入（6.3.4），得

$$t=m\omega^2\frac{ab\sin\phi}{\sqrt{a^2\tan^2\phi+c^2}} \qquad (6.3.6)$$

故在一定的自转角速度 ω 下，为求 t 的最大值纬度，须取

$$\frac{\mathrm{d}t}{\mathrm{d}\phi}=m\omega^2 ac\frac{\cos\phi\sqrt{a^2\tan^2\phi+c^2}-\dfrac{a^2\sin\phi}{\sqrt{a^2\tan^2\phi+c^2}}\dfrac{\tan\phi}{\cos^2\phi}}{a^2\tan^2\phi+c^2}=0$$

因在中间纬度

$$a^2 \tan^2\phi + c^2 > 0$$

故前式为零时必是分子为零，即

$$\cos\phi - \frac{a^2 \tan^2\phi}{(a^2 \tan^2\phi + c^2)\cos\phi} = 0 \tag{6.3.7}$$

解之，得

$$\phi = \tan^{-1}\sqrt{\frac{c}{a}} = 44°57'7''$$

与圆球体时 t 的最大值纬度 $45°$ 只差 $2'53''$，对此角差常忽略不计。

地球变速自转时，自转角速度 ω 有增量 $\Delta\omega$，则 F 有增量 ΔF，由于

$$F + \Delta F = m(\omega + \Delta\omega)^2 x = m\omega^2 x + m[2\omega\Delta\omega + (\Delta\omega)^2]x$$

与（6.3.3）比较，得

$$\Delta F = m(2\omega + \Delta\omega)x\Delta\omega$$

若地球自转加速，$\Delta\omega$ 为正，则 n 的增量

$$\Delta n = \Delta F\cos\phi = m(2\omega + \Delta\omega)x\Delta\omega\cos\phi$$

方向向上；t 的增量

$$\Delta t = \Delta F\sin\phi = m(2\omega + \Delta\omega)x\Delta\omega\sin\phi \tag{6.3.8}$$

方向指向赤道。若地球自转减速，$\Delta\omega$ 为负，则 n 的减量

$$\Delta n = -\Delta F\cos\phi = -m(2\omega - \Delta\omega)x\Delta\omega\cos\phi$$

方向向下；t 的减量

$$\Delta t = -\Delta F\sin\phi = -m(2\omega - \Delta\omega)x\Delta\omega\sin\phi \tag{6.3.9}$$

方向从赤道指向两极。

由上可知，当 $(\omega + \Delta\omega)$ 一定时，Δn 在两极由于 $\cos\phi = 0$ 而为零，在赤道由于 $\cos\phi = 1$，$x = a$ 而为最大，即经向分力 n 在两极不变，在赤道于地球自转加速时为最大，于地球自转减速时为最小；Δt 在两极由于 $x = 0$ 而为零，在赤道由于 $\sin\phi = 0$ 亦为零，即水平分力 t 在赤道和两极均不改变。再将（6.3.5）代入 Δt 表示式，得

$$\Delta t = m(2\omega + \Delta\omega)\Delta\omega \frac{ac\sin\phi}{\sqrt{a^2 \tan^2\phi + c^2}}$$

故对一定的 ω 和 $\Delta\omega$，由于此式右边的分式与（6.3.6）的相同，则求 Δt 的最大值时亦有（6.3.7）式成立，于是所得的 Δt 最大值所在纬度与 t 的相同。可见，Δt 沿纬度的分布规律与 t 的相似。由于 $\Delta\omega$ 与 ω 相比为极小量，使得 Δt 与 t 相比甚小，故即使有 Δt 出现，$(t + \Delta t)$ 仍然与 t 同方向，即总是由两极指向赤道。

在地球变速自转中，地壳上质量为 m 的小体素，还有一东西切向加速度 a_τ，因之还有一东西水平力

$$\tau = ma_\tau = mx\varepsilon \tag{6.3.10}$$

ε 为地球自转角加速度。τ 在两极由于 $x=0$ 而为零，在赤道由于 $x=a$ 而为最大值。这是对固定的 m 值而言，若 m 改变则 τ 亦随之而变。

　　在地质时期内，地球变速自转是常态，匀速自转只是某些阶段的暂时现象。因之，一般情况下，地壳质量为 m 小体素的作用力，主要有地心引力、自转离心力和东西水平力。地球经向有 n 的作用，水平方向有南北指向赤道的 t 和东西向的 τ。

3. 造成构造应力场的主动力源

　　地球自转和转速改变中的离心力南北向水平分力 t 和东西向水平力 τ，取决于 m，x，ω，ε 的大小。这两种力，在方向上与造成构造应力场的两种主动力的方向一致，都是以两极为中心沿经、纬向作用；在大小变化上，各地质时期的地球自转速度变化规律因而 t 和 τ 随时间的变化，与构造运动强弱的历史是一致的（图 6.3.5），现今地球自转速度变化过程与断层活动趋势也是一致的（图 6.3.6）。地球自转加速时，南北向水平力 t 增大，使得苏尔霍布断层北盘向南位移增加，使八宝山断裂南北向测线缩短。地球自转减速时，由于 t 减小，则断层活动量也减小或反向。后面还将证明，现代地球自转速率变化与作为地壳构造运动一种附生现象的地震及其所在断裂带的走向、活动方式、震源主压应力方向、总迁移方向、沿纬度分布和随时间变化，有成因联系。这些都证明，地球自转中的两种水平力 t 和 τ，是造成地壳构造应力场的两种主动力中的主要成分。因之，地球自转和自转速度的改变，是造成地壳构造应力场的两种主动力的主要来源。

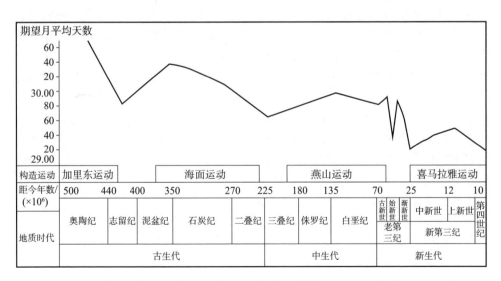

图 6.3.5　地球自转角速度随时间变化与构造运动规律的关系（主要据曾秋生，1977）

　　离心力的经向分力 n 若被地心引力 $\boldsymbol{R}$ 完全抵消，则成均衡状态；若有余，则余力为正之处上升，余力为负之处下沉。由于地心引力在两极最大而在赤道最

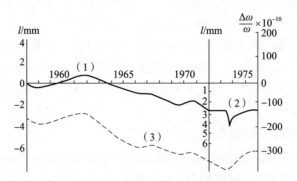

图 6.3.6　中亚塔吉克斯坦加尔姆地区苏尔霍布断层北盘向南平均位移
（1）（B·Б·埃曼）和中国华北地区八宝山断裂南北测线长度变化（2）与
天文观测的地球自转角速度相对变率年均值随时间变化（3）的关系

小，离心力的经向分力则在两极为零而在赤道最大，从它们的数量级可知其合力必是在两极为负极大值而在赤道为正极大值，在中间纬度有一个零值带不升不降，这个带的位置由 n 和 R 的表示式知要视地表地形、地势高低和岩体密度而定。这种受力状态，使地球趋向于变成椭球形。

　　由（6.3.4）、（6.3.10）知，地球在一定的角速度和角加速度下，水平力 t 和 τ 都与 x 成正比。因之，在半径方向上，越上层所受水平力越大，这是地壳上层构造比下层复杂且褶皱变形向下变缓以至消失的主要原因。t 从两极向中纬度增大，过中纬度后向赤道减小。τ 从两极的零值向赤道增大。t 的方向从两极指向赤道，故在极区由于水平四面八方的背向拉张作用而沿经线张伸，向赤道则成南北向挤压。可见，虽然 t 在两极和赤道为零，但两极和赤道带的南北向水平张伸和挤压应力却不为零，它们是由近两极和赤道处水平力 t 的背向拉张和对压作用引起的。Δt 在地球自转加速时指向赤道，在地球自转减速时指向两极，但它与 t 相比甚小，故南北向力的基本状态仍取决于 t 的大小和方向。因之，纬向构造系统应力场在中纬度最强，赤道附近也比两极为强，这个构造系统的主动压应力只要地球自转便发生，并与 ω^2 成正比。对同一纬度，大陆上地势高的岩体，所受南北向水平力 t 较大，加之岩体剪切弹性模量从地壳深处向地表减小（图6.3.7）而易于变形和断裂，故大陆上的纬向构造带比海洋中的压性强烈，当局部岩体下部胶结不牢而易于水平滑动时，便形成山字型构造。由于南北水平力 t 指向赤道，故北半球纬向构造系统中的山字型构造的脊柱绝大多数都在北面，前弧向南凸出。

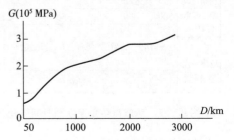

图 6.3.7　由地震波速求得的岩体剪切
弹性模量随深度的分布曲线

　　根据天体形成的均变说，行星是由星际物质旋转收缩凝聚而成。星际物质中的各质点和小天体，原系沿固有的轨道作各自的惯性运动，由于互相进入了引力场范围而相互发生了作用，从而改变了各自的轨道。当缩聚为一个新天体时，这种惯性运动的作用就成了新天体自转的原动力。各小天体相互接触的界面，就成了地球原始的不连续面。在深部由于温压较高而熔结起来，在地壳和上地幔上部这种接缝则一直保留了下来，并为后来的构造运动所改造，使得其走向逐渐规整化，和后来形成的断裂一起组成了今日的断裂构造。故地球作为一个天体，并非一开始就是一个球，也并非后来才有不连续面。它一开始就是一个形状不规整并带有许多不连续面地做着惯性自转的物体。可见，F 和 τ 从来源上说都属组成地球物质的惯性力，但对地球自转来说又都是使地球维持自转的主动力。因 τ 的大小由（6.3.10）式知与 ε 成正比，故只在地球变速自转时发生，匀速自转时 $\varepsilon=0$，则 $\tau=0$。又由（6.3.10）式知，其方向随 ε 的正负而异。地球自转方向是自西向东，故当地球自转加速时 ε 为正值，由（6.3.10）式知 τ 亦为正，则其方向与地球自转方向相同，由西向东；当地球自转减速时 ε 为负值，由（6.3.10）式知 τ 亦为负，则其方向与地球自转方向相反，由东向西。由于此力是地球自转主动力，反映地球高密度主体质量的运动趋向。这个地球主体质量主动变速运动的方向，与地面比海洋底平均高出 5 千米的低密度高地势的漂浮大陆块，在地球主体质量变速中，由于来自高密度的海洋下主体质量主动变速的作用，而产生的倾向于维持原速运动的惯性力 τ'，反向。故当地球自转加速时，其主体质量首先主动加速，代表其主体质量变速方向的主动力 τ 自西向东，海洋区便自西向东加速，而低密度高地势的大陆块体由于倾向保持原速而对之造成阻碍，则被动引起反向惯性力 τ' 以构成海洋对其东岸大陆的东西向压缩。同时洋脊西侧，由于西岸大陆倾向于保持原来较低的速度运动而被拉向低速，使得洋脊发生横向张伸（图6.3.8a）；地球自转减速时，相反代表其主体质首先主动减速方向的主动力 τ 自东向西，海洋区域自东向西减速，西岸低密度高地势的大陆由于倾向保持原来较高的运动速度而对主体质量自转的减慢造成阻碍，同样被动地引起反向惯性力 τ' 来构成海洋区对西岸大陆的东西向压缩。同时洋脊东侧，由于东岸大陆倾向于按原来较高的速度运动而被拉向高速，也使得洋脊发生横向张伸（图6.3.8b）。于是，在大陆边缘地带造成经向或斜向压性或剪压性构造带，而大洋中则有东西向张伸的洋脊发育，它们在东西向按张、压性相间分布。由于 τ 在低纬度较大，使得经向构造带的应力场在低纬度比高纬度为强。当局部岩体下部胶结不牢而易于水平滑动时，便形成经向构造系统中的山字型构造。因经向构造带中张、压性的均有，故其中的山字型构造比纬向构造带中的显著减少。

　　由于大陆上地势高，南北向水平力较大，使纬向构造带发育；海洋中地势低，东西向水平力作用突出，使大洋中和大陆边缘经向构造带发育。

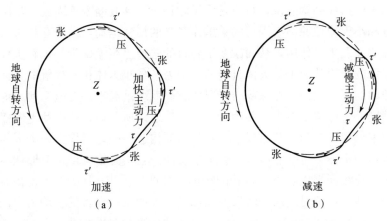

图 6.3.8　地球变速自转时东西向主动力 τ 与大陆反向惯性力 τ' 的方向关系

上述说明，地球自转和变速自转，引起水平和铅直两种相伴而生的力，是造成地壳构造应力场的主动力的主要来源。它们使固体地球物质以两种方式运动：一种是由两极水平移向赤道，同时伴有东西向水平移动；一种是在极区下沉而在低纬度带上升。因而，使得地球成为今日的扁椭球体（图 6.3.9），同时在浅层形成经、纬向全球性构造和各种局部构造。

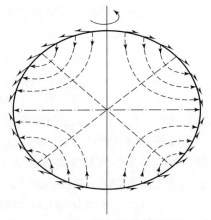

图 6.3.9　固体地球物质的两种运动方式

4. 地球浅层水平和铅直力的比较

前几章的大量实际资料都说明，地壳构造应力场是以水平场为主。这还可以从理论上来证明。

过地壳上余纬度为 θ 经度为 ψ 半径为 r 的点 A，平行经面、纬面、球面作一经向边长为 d 的球面微六面体 $ABCDD'C'B'A'$（图 6.3.10），为适应经向、纬向、径向力的作用取其六个面为主平面，由于 $ABCD$ 面为地壳自由表面，其上的主正应力为零，故过其重心 E 表示整个表面的总径向力亦为零。$A'B'C'D'$ 面上的主正应力为 σ_r，则此面上的总径向力为 $(r-d)^2 \sin\theta\, \mathrm{d}\psi\, \mathrm{d}\theta \cdot \sigma_r$。$ABB'A'$ 面上的主正应力为 σ_θ，其在 EO 方向的分量为 $\frac{1}{2}\sigma_\theta \mathrm{d}\theta$。$CDD'C'$ 面上的主正应力为 $\sigma_\theta + \frac{\partial\sigma_\theta}{\partial\theta}\mathrm{d}\theta$，其在 EO 方向的分量为 $\frac{1}{2}\left(\sigma_\theta + \frac{\partial\sigma_\theta}{\partial\theta}\mathrm{d}\theta\right)\mathrm{d}\theta$，略去高阶项后亦为 $\frac{1}{2}\sigma_\theta \mathrm{d}\theta$。故 $ABB'A'$ 和 $CDD'C'$ 两面上的法向力在 EO 方向分量的总和，为 $rd\sin\theta\, \mathrm{d}\psi\, \mathrm{d}\theta \cdot \sigma_\theta$。

$ADD'A'$ 面上的主正应力为 σ_ψ，其在 EO 方向的分量为 $\frac{1}{2}\sigma_\psi\mathrm{d}\psi\sin\theta$。$BCC'B'$ 面上

的主正应力为 $\sigma_\psi+\frac{\partial\sigma_\psi}{\partial\psi}\mathrm{d}\psi$，其在 EO 方向的分量 $\frac{1}{2}\left(\sigma_\psi+\frac{\partial\sigma_\psi}{\partial\psi}\mathrm{d}\psi\right)\mathrm{d}\psi\sin\theta$ 略去高阶项

后亦为 $\frac{1}{2}\sigma_\psi\mathrm{d}\psi\sin\theta$。故 $ADD'A'$ 和 $BCC'B'$ 两面上的法向力在 EO 方向分量的总

和，为 $rd\mathrm{d}\theta\sin\theta\mathrm{d}\psi\cdot\sigma_\psi$。于是，球面微六面体平衡时，经向 EO 上的和力

$$(r-d)^2\cdot\sin\theta\mathrm{d}\psi\mathrm{d}\theta\cdot\sigma_r+rd\cdot\sin\theta\mathrm{d}\psi\mathrm{d}\theta\cdot\sigma_\theta+rd\cdot\sin\theta\mathrm{d}\psi\mathrm{d}\theta\cdot\sigma_\psi=0$$

化简，则成

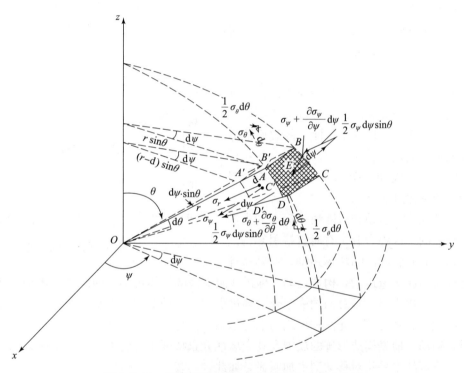

图 6.3.10　地壳中球面微六面体各面上的应力分量

$$(r-d)^2\cdot\sigma_r+rd\cdot\sigma_\theta+rd\cdot\sigma_\psi=0$$

得

$$\frac{\sigma_r}{\sigma_\theta+\sigma_\psi}=-\frac{rd}{(r-d)^2}=-\frac{d}{r\left(1-\dfrac{d}{r}\right)^2}$$

由于岩体厚度 d 与地球半径 r 相比极其微小，故可视 $\dfrac{d}{r}=0$，则上式变成

$$\frac{\sigma_r}{\sigma_\theta + \sigma_\psi} = -\frac{d}{r}$$

这说明，经向构造应力与二水平构造应力和之比的绝对值，等于受力岩层深度与地球半径之比。取受构造应力作用的地球表层厚 900 千米，则经向构造应力约占水平构造应力的 1/7。若取受构造应力作用的地壳厚为 50 千米，则经向构造应力约占水平构造应力的 1/127。若取受构造应力作用的地壳厚为 30 千米，则径向构造应力约占水平构造应力的 1/212。可见，水平构造应力的数量级远远超过了径向构造应力，而且越向浅层这种差别越大。

　　由于地球作为一个天体在其形成的整个历史中体积变化的总趋势是收缩，因此将水平自转应力与体积收缩引起的均匀水平压应力加起来，将使地壳水平构造压应力更加强烈。它们叠加后的作用方向，由于收缩压应力作用较均匀而仍按自转应力的作用方式分布。

　　t 与 τ 的合力方向，与由它们所引起的地块边界附近同性质构造应力的主方向之间，由于边界裂面摩擦强度的不同而有一定的交角 α。取地壳条件下的裂面静摩擦系数 μ 的最小值为 0.3，则由 α 与 μ 的实验关系曲线知（图 6.3.11），相应的最大 α 角不超过 30°。

　　地壳构造运动和海陆块体运动的力源是统一的。这种力源，有时直接引起构造运动，有时引起海陆块体运动。海陆块体

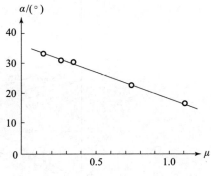

图 6.3.11　α 与 μ 的实验关系曲线

运动又引起构造运动，构造运动又促进或阻滞海陆块体运动。即此两种运动相伴而生，互相影响，是总的同一地壳运动过程中的两种形式。由水平应力与经向应力的比例关系可见，此两种形式的地壳运动，都是以水平运动为主，同时可伴有铅直运动。地壳构造形迹的成因及其全球性分布特征正说明了这一点，而大陆块与海洋区的水平相对移动则更加明显是如此。

5. 地球自转快慢交替变更与机制

　　地球这个天体形成时所具有的自转动能和沿一定自转轴继续自转的惯性，以及各天体对它的综合引力不断继续维持着，使得它从形成至今，一直在进行着自转。

　　地球自转力，有外天体作用在其上的外力和地球内各质点间相互作用的内力两种。作用在地球中质量为 m_i 质点上的外力合力为 $\boldsymbol{F}_i$，作用在其上的内力合力为 $\boldsymbol{f}_i$，则使此质点得一加速度 $\boldsymbol{a}_i$，于是得

$$m_i \boldsymbol{a}_i = \boldsymbol{F}_i + \boldsymbol{f}_i$$

对整个地球，则有

$$\sum m_i \boldsymbol{a}_i = \sum \boldsymbol{F}_i + \sum \boldsymbol{f}_i \qquad (6.3.11)$$

由于内力是地球内各质点间的相互作用力 $\boldsymbol{f}_i$，据作用与反作用定律：任二质点间的这些力必然成对出现，且每一对 $\boldsymbol{f}_i^{12}$ 和 $\boldsymbol{f}_i^{21}$ 均沿一直线等值反向，合力为零，故整个地球的内力总和亦为零：

$$\sum \boldsymbol{f}_i = 0$$

于是（6.3.11）变成

$$\sum m_i \boldsymbol{a}_i = \sum \boldsymbol{F}_i \qquad (6.3.12)$$

将此式两端均乘以各质点对自转轴的距离 $\boldsymbol{r}_i$ 的矢性积，得

$$\sum \boldsymbol{r}_i \times m_i \boldsymbol{a}_i = \sum \boldsymbol{r}_i \times \boldsymbol{F}_i \qquad (6.3.13)$$

由于各质点对自转轴 Z 的动量矩（图 6.3.12）对时间的导数

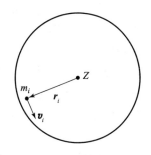

图 6.3.12 地球自转中各质点运动速度与自转轴 Z 的关系

$$\frac{\mathrm{d}}{\mathrm{d}t}(\boldsymbol{r}_i \times m_i \boldsymbol{v}_i) = \frac{\mathrm{d}\boldsymbol{r}_i}{\mathrm{d}t} \times m_i \boldsymbol{v}_i + \boldsymbol{r}_i \times m_i \frac{\mathrm{d}\boldsymbol{v}_i}{\mathrm{d}t} = \boldsymbol{r}_i \times m_i \boldsymbol{a}_i$$

代入（6.3.13），得

$$\sum \frac{\mathrm{d}}{\mathrm{d}t}(\boldsymbol{r}_i \times m_i \boldsymbol{v}_i) = \sum \boldsymbol{r}_i \times \boldsymbol{F}_i \qquad (6.3.14)$$

地球内各质点对自转轴的动量矩之和，为整个地球对自转轴的动量矩

$$\sum \boldsymbol{r}_i \times m_i \boldsymbol{v}_i = \sum \boldsymbol{r}_i \times m_i (\boldsymbol{\omega} \times \boldsymbol{r}_i)$$
$$= \boldsymbol{\omega} \sum m_i r_i^2$$
$$= \boldsymbol{\omega} I$$

I 为地球对自转轴的转动惯量，表示地球自转惯性的强弱，其值与地球的质量、质量的分布情况和自转轴的位置有关，因之具体表示地球质量及其对自转轴的分布情况，为地球自转的一个重要力学性质。各质点对自转轴的力矩和，为地球所受各外力对自转轴的合力矩

$$\boldsymbol{M} = \sum \boldsymbol{r}_i \times \boldsymbol{F}_i$$

则（6.3.14）变成

$$\frac{\mathrm{d}}{\mathrm{d}t}(\boldsymbol{\omega} I) = \boldsymbol{M}$$

将此式对时间积分，得

$$I_2 \boldsymbol{\omega}_2 - I_1 \boldsymbol{\omega}_1 = \int_{t_1}^{t_2} \boldsymbol{M} \mathrm{d}t$$

地球的动量矩表示其绕自转轴转动的强弱程度，从上式知外力能引起地球动量矩的改变，且地球在其形成的自转过程中，动量矩一般随时间而变。故上式实质上是表示地球自转的角加速度与合外力矩的关系。

从地球形成发展至今，基本上已成为质量分布对自转轴对称的旋转椭球体。故若视作用于地球的来自外天体的外力对其自转轴的合力矩为零，则上式变成

$$I\omega = 恒量 \tag{6.3.15}$$

此为动量矩守恒定理，表示地球对自转轴的动量矩不变。从此式可知，地球自转角速度 ω 的改变，取决于转动惯量 I 的改变。I 则主要由内力引起的质量分布与自转轴距离的改变，来调整。由于地球在收缩，加之物质重力分异作用造成重物质从浅层下沉而轻物质则相对从深处上升，使得地球质量分布的自然趋势是向地心集中，于是转动惯量减小，从（6.3.15）知同时自转速度将因之增大，这使得高纬度地区的岩体从水平方向和地下两个途径向低纬度地区移动，地球扁率随之增大。此时的地壳运动力，在方向上分三种：水平南北向力，从两极指向赤道；水平东西向力，代表地球主体质量自转趋势的 τ，由（6.3.10）知因地球自转加快而自西向东，低密度高地势的大陆由于倾向保持原运动速度而生的惯性力 τ' 则由东向西（图 6.3.8a）；铅直方向力，在高纬度地区向下，在低纬度地区向上。由于地球形状变扁，使得赤道半径增大，两极半径减小。这种运动状态，一方面使低纬度海面因之上升而增大潮汐阻力（图6.3.13），另一方面使高密度岩浆

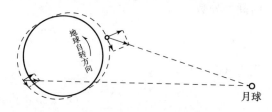

图 6.3.13　地球低纬度海面的潮汐力

沿中低纬度区胀开的断裂缝隙侵入和喷出地表，而使地壳下重物质大规模上升，如中国西南部和世界其他地区二叠纪大量立式岩流、第三纪初以来印度半岛约占100 万平方千米面积以上的底冗暗色岩盖、印度西部和大西洋北部及太平洋广泛分布的基性岩流、随着各大规模构造运动入侵地壳上部的各种较重火成岩床和岩体，造成了地球质量分布的扩散，于是使转动惯量增加，从（6.3.15）知自转速度将因之而减小。在地球自转加快过程中的构造运动又使山脉升起，这须要反抗重力而做功，加之岩体变形功的消耗，需耗费大量自转能，因之也促使地球自转减速。地球自转的减速，又有利于地球收缩和重力分异作用的进行，地球扁率随之减小，赤道半径减小，两极半径增大。此时的地壳运动力，在方向上仍有三种：水平南北向力，仍从两极指向赤道，只是量值比地球自转加快时小；水平东西向力，代表地球主体质量自转趋势的 τ，由（6.3.10）知因地球自转减慢而自东向西，而低密度高地势的大陆由于倾向保持原速运动而生的惯性力 τ' 则由西向东（图 6.3.8b）；铅直方向力，在高纬度区向上，在低纬度区向下。此时地球形状的改变，是在水平南北向力变小了的条件下，还要靠铅直力所造成的岩体移动来完成，但水平力的数量级仍比铅直力的大。这是地球的转动惯量和自转速度都改变，但以其乘积保持不变来维持动量矩守恒。于是，在地球的各种内力作用下，控制着自转速度的变化。而地球在匀速和变速自转过程中产生的力所造成的

地壳构造运动和海陆块体运动，是地球自转和自转速度改变的结果，又是控制地球自转速度变化的机制。运动的强弱，取决于地球自转速度和自转速度的改变量。

若视作用于地球的来自外天体的外力对地球自转轴的合力矩不为零，则

$$M = \sum r_i \times F_i = \sum r_i \times m_i a_i = \sum r_i \times m_i(\varepsilon \times r_i)$$
$$= \varepsilon \sum m_i r_i^2 = \varepsilon I$$

于是若视 M 存在，其变化也是微小的，故可视其不变，则

$$\varepsilon I = 恒量$$

即地球对自转轴的转动惯量与绕自转轴的自转角加速度之积不变。因之，I 变小时 ε 增大，ε 增大后所引起的地内质量分布扩散又使 I 增大，而为了满足上式的要求则 ε 又须减小。这样，地球还是在内力控制下时快时慢地自转着，其变化步骤与 $M=0$ 时是一致的。若考虑 M 的微小变化，则受其直接影响的将是 ε 的改变，接着也是 I 的相应微小变化。将这个过程叠加在前两种情况的过程中，由于量级的微小，使总过程仍然基本按照前两种情况去进行，只是附加一些扰动而已。

由此可见，地球在其形成后的发展过程中，自转速度是在加快与减慢地交替变更着。地球自转变快中含有使其变慢的因素在作用，而在地球自转变慢中又含有使其变快的因素在作用，这就是地球自转中两方面作用力的对立和统一。由于地球内部质量的反复扩散与集中和所引起的构造运动与海陆块体运动的叠加性、延续性及其所造成的地壳厚度变化的不可逆性，使得后一次运动将以前一次为起始条件并在其基础上来进行。因之，质量分布反复变更的痕迹将越来越复杂，构造形迹将越来越繁复，海陆块体运动的进展也将越来越剧烈。均衡是暂时的，运动是绝对的，每一次同方式运动都不可能是前一次同方式运动的简单重复，而必有更丰富的新的内容和特点。可见，地壳运动在整个地球自转的水平与铅直力的作用过程中，是在螺旋式地前进着。因之，在研究方法上，不应着眼于现象的简单重复。试图根据地壳运动以往现象的统计，便完全重复地去预见未来，是不符合地壳运动的实际发展过程的。

6. 主动力源对构造应力场的控制

地壳岩体的强度、底部胶结的牵制、局部高地势地块对地球变速自转惯性力的拉滞和重力均衡作用，都是地壳构造运动的阻力。地球匀速和变速自转中的地壳水平和铅直主动力，受到此种阻力的对抗而引起相互作用，便形成地壳构造应力场。地球自转离心力的水平南北向分力，遇到受力岩体下部胶结的牵制作用及岩体强度和重力的阻抗，便产生纬向构造系统应力场。地球自转的水平东西向主动力，受到高地势低密度岩体对地球变速自转所生惯性力的阻抗，便产生经向构造系统应力场。纬向和经向构造系统应力场，在一定具体条件下依一定方式的合

成，便形成斜向和局部构造系统应力场。地球自转离心力经向分力，与反向的地心引力、冰川负载、岩浆上溢造成的负载、沉积物搬移造成的负载、大气压力分布改变造成的负载和前期构造运动引起的山脉上升造成的负载等局部经向压力的合成，便构成大区域的铅直力，此种力的直接作用与较高量级水平构造应力场造成的岩体折褶倒伏、逆掩对冲和铅直泊松效应所引起的地壳铅直形变，共同构成地壳大区域的铅直运动。因之，地球匀速和变速自转的主动力与各种地壳阻力的对抗，便成为造成地壳构造应力场从而地壳运动的直接原因。

在地球自转、自转加快和减慢时，造成纬向构造系统应力场的主动力作用方向均是由两极指向赤道，只是大小在同样起始值下地球自转加快时比减慢时为大而已，同时极区向四面八方水平张伸，纬度 39.8° 观测台的台址纬度有同时同样的变化表明，地表纬圈有同时向北或向南的水平移动。地球自转加快时，主体质量的水平主动力方向向东，地壳上高地势低密度陆块或高原区，由于自转惯性造成的滞后作用而趋向掉队，于是产生一向西的反向阻滞力，因此陆块的东面便产生东西向水平张力作用，其西面则发生东西向水平压力作用。如美洲大陆东面形成了东西向张伸的大西洋海岭，西面受太平洋区主动加速部分的推压而形成了大陆西缘巨大的沿陆地边线走向的褶皱山脉。又如，欧非大陆东面形成了印度洋海岭和东非大裂谷，而西缘则形成了断断续续的压性经向构造带。在这些陆块的南北面则发生东西向剪切，且在近赤道一面剪切力较大，使得中、低纬度的纬向断裂带东西平错。如，非洲大陆北部地中海南岸纬向平错断层北面向东错动，澳洲大陆南面贯穿新西兰南北两岛间的平错大断层南面向东平错，北美大陆南面直切太平洋海岭的纬向平错大断层南面向东错动，南美大陆南面的纬向平错断层南面向东平错，以及太平洋和大西洋中横切海岭的纬向平错大断层活动；地球自转减慢时，其主体质量水平主动力方向向西，则高地势低密度陆块或高原区由于惯性造成的前冲作用而趋向超前，便产生一向东的反向牵滞力，于是这些陆块的东缘发生东西向水平压力作用，而其西面则发生东西向水平张力作用。如，欧亚大陆东缘、康藏高原和澳洲大陆东面均形成了经向压性构造带，西面则为印度洋海岭和东非大裂谷。此种陆块的南北面则发生东西向剪切，且近赤道一面剪切力较大，而使得低纬度方面东西向错动增强。如，东北亚以南澳洲大陆以北在东南亚东部向西凸出的错列构造，所显示的低纬度区由东向西的水平推压作用。东西向力所造成的张、压性经向构造系统应力场中主动力的张、压性，顺东西方向相间分布。地球匀速自转时，由（6.3.10）式知此种东西向力不存在，而只有南北向压缩。

在高地势低密度的大陆块中，地球自转加快时，在北半球若向东和向赤道方向两种力的合力方向指向东南则造成北东斜向构造系统应力场（图 6.3.14a），在南半球则造成北西斜向构造系统应力场（图 6.3.14c）；地球自转减慢时，在北半球若向西和向赤道方向两种力的合力方向指向西南则造成北西斜向构造系统应力场（图 6.3.14b），由于此时的南北向主动力比地球自转加快时的小，故合力方向较之倾向东西而使北西斜向构造系统应力场主体分布方位更倾向南北，在南半球则造成北东斜向构造系统应力场（图 6.3.14d）；地球匀速自转时，除造成巨大的纬向构造系统应力场之外，若大块岩体底部胶结不牢而向赤道水平滑动时，在北半球则对其东南方和西南方两边岩体可产生剪压作用，而造成对经线对称的斜向构造系统应力场。

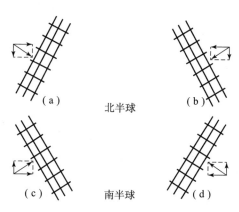

图 6.3.14 陆块中在地球自转加快和减慢时形成的斜向构造系统应力场

如，东亚的新老华夏构造体系应力场与青藏印乊字型构造应力场，对中国中部的对称分布。又如，北美洲西部高原的乊字型构造应力场与东南部的阿巴拉阡北东向构造的应力场，对北美洲中部的对称分布。

从此可知，地球加速自转时，南北向力为主时的纬向构造系统应力场、东西向力为主时的经向构造系统应力场、南北和东西向力大小相近时的北半球北东斜向构造系统应力场和南半球北西斜向构造系统应力场，发生作用；地球减速自转时，东西向力为主时的经向构造系统应力场、南北和东西向力大小相近时的北半球北西斜向构造系统应力场和南半球北东斜向构造系统应力场，以及南北向力为主时的弱纬向构造系统应力场，发生作用；地球匀速自转时，只有纬向构造系统和对经线对称的斜向构造系统应力场，发生作用。至于新华夏构造体系应力场中主压应力方向比老华夏的偏向东西，则是由于老华夏构造体系形成在先，当时东亚大陆向赤道移动部分的位置在新华夏形成时之北，到新华夏构造体系形成时，此地块一面南移，一面由于南北向剪切作用的继续而使老华夏构造带的走向发生了转动。对一具体地区，当经向、纬向、斜向力都存在时，则哪一组最强形成哪一组应力场，低值者则成为围压。

由上可知，大块大陆中易形成纬向构造系统应力场，而海洋中和大陆东西边缘则易形成经向和斜向构造系统应力场。

地震是地壳和上地幔中快速断裂活动的一种附生现象，可见也是断裂活动的一种反映。因之，全球性或大区域内大地震随时间的变化、在空间的分布、活动带的走向、活动方式、震源主压应力方向和总迁移方向，与地球自转速率变化在物理本质上的联系，可反映现代地壳运动动力对全球或大区构造应力场总体分布的控制作用。

地球浅层指向赤道的南北向水平力 t 与 ω^2 成正比，只要地球自转这个力就存在，且方向不变，无论地球自转是加速还是减速此力的方向都是指向赤道。东西向水平力 τ 与 ε 成正比，只在地球变速自转时发生，其方向随 ε 的正负而异，地球自转加快时由西向东，地球自转减慢时由东向西。于是，当地球自转加速时，在北半球，地块中指向南的 t 与指向东的 τ 之合力方向，在北西一定角域内，指向南东；在南半球，t 的方向指向北，其与 τ 之合力方向在南西一定角域内，指向北东。当地球自转长期加速，由于指向东的 τ 取决于 ε，随时间的延长，经地块间的充分调整，其作用越加显著，使得 t 与 τ 之合力方向遍向东西，而分布在近东西一定角域内。此时，由（6.3.10）知，τ 越近赤道越大，则对南北相邻地块而言，在北半球又有一南部向东北部相对向西而在南半球则为北部向东南部相对向西的东西向剪切力作用。地球自转匀速时，ε 近于或等于零，由（6.3.10）知，τ 亦近于或等于零，故只有在北半球指向南而在南半球指向北的分布在南北一定角域内的 t 起主要作用。当地球自转减速时，北半球地块中指向南的 t 与指向西的 τ 之合力方向，变动在北东一定角域内，指向南西；在南半球指向北的 t 与 τ 之合力方向，则变动在南东一定角域内，指向北西。当地球自转长期减速，由于指向西的 τ 取决于 ε，因地块间调整作用充分，使得 t 与 τ 之合力方向偏向东西，而分布在近东西一定角域内。此时，由于 τ 越近赤道越大，对南北相邻地块而言，在北半球又有一南部向西而北部相对向东的东西向剪切力作用，在南半球则为北部向西而南部相对向东的东西向剪切力作用。

　　各地块相互作用的合力方向，与由它们所引起的地块边界附近同性质构造应力的主方向之间，由于边界裂面摩擦强度不同而生的交角 α 不超过 $30°$（图 6.3.11），因之地块上作用的合力方向与它们所造成的地块边界附近同性质构造应力的主方向，在地球自转的各种状态应大致分布在同一象限或近 $90°$ 的角域内。大地震震源正是分布在地块边界的裂面上（图 2.5.46～图 2.5.48），因之由地球自转而生的地块边界附近构造应力的主方向与地球自转状态的关系，应同样表现在震源主应力方向与地球自转状态的关系上。

　　地球自转加速、减速、匀速的变化趋势，取自地球自转角速度相对变率年均值随时间变化的天文观测曲线（图 5.3.1）。曲线中的 1948 年～1955 年段，是根据《中国天文年历》资料计算的；1955 年以后的，是根据国际时间局公布的《时间频率公报》计算的。在其中，取地球自转角速度相对变率年均值变化幅度小于 $5 \times 10^{-10} \dfrac{\Delta \omega}{\omega}$ 的从加速到减速或从减速到加速的转折时段，为匀速阶段；此外曲线的各个上升时段，为加速阶段；曲线各个下降时段，为减速阶段。下面用观测资料分析、理论和实验证明，来说明地球自转所生主动力对全球和大区大震活动所反映的应力场时空分布的控制关系。

　　地球自转这个地壳运动的能量来源，用于地震能量释放是很充分的。地球自转惯性矩 I 平均为 8.118×10^{44} 克·厘米^2，ω 平均取为 7.292×10^{-5} 弧/秒，地球

自转动能 $E=\dfrac{1}{2}I\omega^2$ 中，随季节变化而释放的部分，经希廷斯基算得为 1.24×10^{22} 焦耳/年。取其百分之一，便与全球地震年平均释放能量 10^{20} 焦耳/年同量级。

在随时间的变化上，近 160 年来的地震频度与地球自转角速度相对变率年均值，有反向同步关系（图 6.3.15）。

在空间分布上，t 由两极增至纬度 $44°57'07''$ 处最大，然后向赤道减小，但不减至零。因为南北半球均压向赤道，故赤道处仍有南北向压缩。τ 在赤道最大，向两极减小。使得由赤道至南北纬 $50°$ 范围内的地块活动性比高纬度区强，在纬度 $40°$ 左右和赤道附近为最强。这和近三百年来全球毁灭性和破坏性地震频度随纬度的分布（图 6.3.16），是一致的。

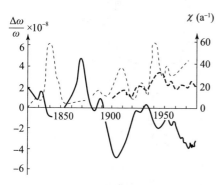

图 6.3.15 地球自转角速度瞬时相对变率年均值（实线，1820～1948 据 D. Brouwer，1948～1976 据北京天文台和北京师大 223 组，1977 年以后由著者完成）与全球 7 级以上地震频度三年平滑（虚线）及不列颠区域地震频度（点线）的关系

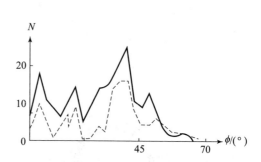

图 6.3.16 全球毁灭性及破坏性地震频度（实线）和破坏性地震频度（虚线）随纬度分布图（M. B. Стовас，1959）

在震源受力方向上，从 1922 年～1964 年全球 6 级以上地震震源机制解得出的发震时震源水平主压应力优势分布方向与当时地球自转角速度变化趋势的对应关系（图 6.3.17）可知，这些优势分布方向所在角域（表 6.3.1）与地球自转相应变化时期的 t 与 τ 的合力在地块边界附所引起的构造主压应力分布方向所在的角域是一致的。

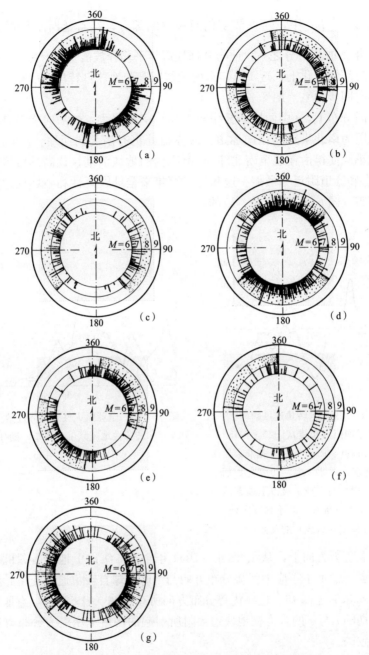

图 6.3.17　1922 年~1964 年全球 6 级以上地震震源机制解的
震源主压应力水平分布方向与发震时地球自转角速度变化趋势的关系

(a) 地球自转加速初期北半球发生的地震；(b) 地球自转加速初期南半球发生的地震；

(c) 地球自转加速两年以上全球发生的地震；(d) 地球自转匀速时全球发生的地震；

(e) 地球自转减速初期北半球发生的地震；(f) 地球自转减速初期南半球发生的地震；

(g) 地球自转减速两年以上全球发生的地震

表6.3.1　1922年～1964年全球6级以上地震震源机制解的震源主压应力
水平优势方向与地球自转角速度变化趋势的关系

震源主压应力方向　分布角域区域　＼地球自转状态	地球自转加速初期	地球自转加速两年以上	地球自转匀速	地球自转减速初期	地球自转减速两年以上
北半球 南半球	北西象限 南西象限	东西90°角域	南北90°角域	北东象限 南东象限	东西90°角域

　　由全球1904年～1972年7级以上地震震中分布、震源机制解的断节面、地表地震裂缝的走向、内等烈度线的长轴方向、震区地表形变、余震空间分布和震源所在断裂带的走向所共同确定的地震活动带的走向，与发震时地球自转角速度变化趋势的关系（图6.3.18）可知，其统计结果（表6.3.2），与上述分析也是一致的。从各种地球自转状态下活动的地震带走向与当时地球自转引起的水平主压应力分布优势方向的关系可知，这些地震带的走向正处在最易活动的最大剪应力面或最大剪切错动面方位。

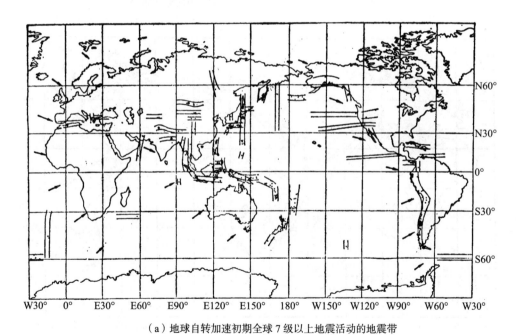

（a）地球自转加速初期全球7级以上地震活动的地震带

图6.3.18　1904年～1972年中各种地球自转状态全球7级以上地震活动带：
小黑点为7～7.9级地震震中，大黑点为8～8.9级地震震中

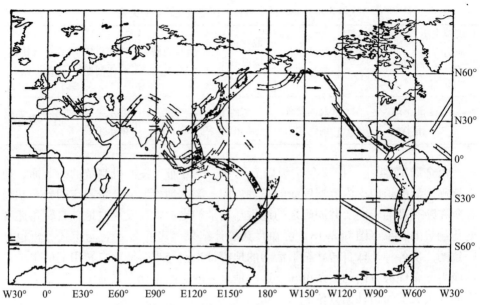

（b）地球自转加速两年以上全球 7 级以上地震活动的地震带

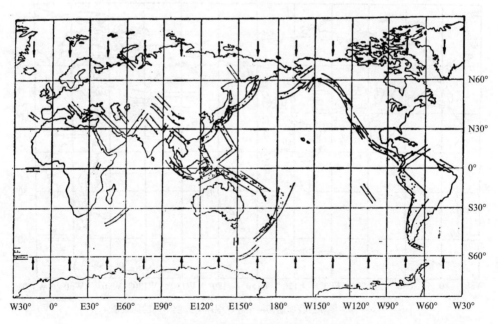

（c）地球自转匀速时全球 7 级以上地震活动的地震带

图 6.3.18　（续图）

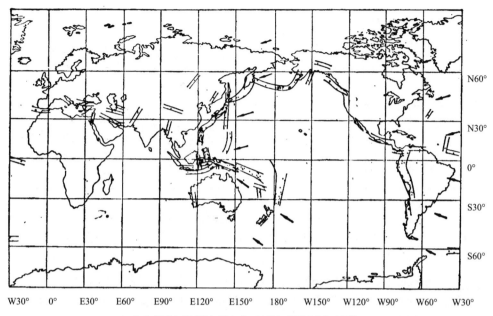

（d）地球自转减速初期全球 7 级以上地震活动的地震带

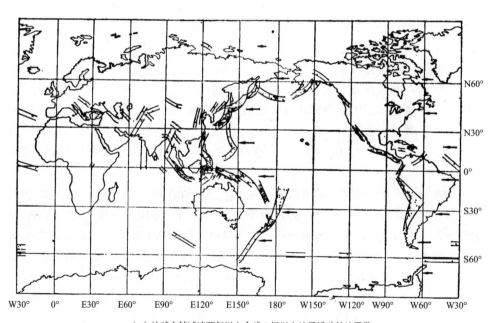

（e）地球自转减速两年以上全球 7 级以上地震活动的地震带

图 6.3.18　（续图）

表 6.3.2　1904 年～1972 年全球 7 级以上地震活动带的走向与地球自转角速度变化趋势的关系

活动地震带的走向 / 地球自转状态 / 区域	地球自转加速初期	地球自转加速两年以上	地球自转匀速	地球自转减速初期	地球自转减速两年以上
北半球 南半球	东西、南北	北东、北西	北东、北西为主北北东、北西西居次	北北东、北西西南南东、南西西	北北东、北东、北西西、北西

这些结果，一方面是用地震活动验证了前面理论分析所得的结论，另一方面前面的理论分析又是从成因上说明了这些走向的地震带为什么在各自相应的地球自转变化趋势时期内活动，由震源机制解得的发震时震源主压应力方向的分布为什么有成近 90°角域随地球自转状态变化一起进行转动的规律，全球 7 级以上地震的发震机制为什么是以断裂的水平错动为主，少量其他走向地震带活动说明还有少数大地震或较小地震是以断裂的冲压、地块平行受为方向的剪切错动和张裂为发震机制。

图 6.3.17～图 6.3.18 中各个地球自转变化趋势时段中的地震，均是取各时段到其结束再向后推移半年内发生的，否则无上述规律。这说明，上述规律同时也反映了地球自转变化趋势对以后发生地震的影响，在时间上可较快也可错后半年，这相当于地球自转变化趋势的作用可较快地也可能需要经过半年才能影响到发震。可见，地球自转变化对构造应力场所起的作用，有一个传播和调整过程。完成一个地球自转变化趋势到其影响地震的发生所经历的过程，可以很短，也可延长到半年时间或更长。

缩小范围到东亚大陆，其中的大地震活动与地球自转速度变化趋势的关系，仍然有同样的结果。

地震是多种地壳运动力源所造成的多个地壳运动结果中的一个，因此它的动力源较多，如地球自转力、均衡浮力、冷缩力、热应力、湿应力、极移力、起潮力、相变力等。它们所起的作用各不相同。其中量级大的是基本动力，决定地震发生的时期、所在区域、地震带、迁移方向；量级小的是触发动力，影响地震在活动时期中的具体发生时间和在活动区中的具体发生地点。它们可能同时触发，便都与地震对应；可能几个去触发，便几个对应地震；可能单个去触发，便只有这单个对应地震。观测资料、理论分析和实验结果，均证明地球自转速度变化是东亚大陆大地震的基本动力源。它决定东亚大陆大地震活动高低潮相间的时期、沿纬度的分布、总迁移方向和各走向地震带的活动时段，但不一定决定发震的具体时间和地点。

据各个地球自转状态下东亚大陆所发生的 7 级以上地震活动、地震裂缝、地表形变、建筑倒塌、断层活动观测、震源机制解断节面和地震内等烈度线形态，所确定的东亚大陆活动地震带的走向及活动方式，得知它们有如下的关系：地球自转加速初期，东西和南北向地震带活动，前者右旋错动，后者左旋错动，各北西角域内的地块向南东而各南东角域内的地块相对向北西成对顶共轭剪切错动（图 6.3.19a）；地球自转加速两年以上，北东和北西向地震带活动，前者右旋错动，后者左旋错动，各西部角域内的地块向东而各东部角域内的地块相对向西成对顶共轭剪切错动（图 6.3.19b）；地球自转匀速时，还是北东和北西向地震带活动，但前者左旋错动，后者右旋错动，各北部角域内的地块向南而各南部角域内的地块相对向北成对顶共轭剪切错动（图 6.3.19c）；地球自转减速初期，北北东和北西西向地震带活动，前者右旋错动，后者左旋错动，各北东角域内的地块向南西而各南西角域内的地块相对向北东成对顶共轭剪切错动（图 6.3.19d）；地球自转减速两年以上，又是北东和北西向地震带活动，前者仍为右旋错动，后者仍为左旋错动，各东部角域内的地块向西而各西部角域内的地块相对向东成对顶共轭剪切错动（图 6.3.19e）。这说明，各活动地震带的走向和活动方式及被其切成的各地块的活动方式，均与地球自转速度变化趋势有明确的关系。

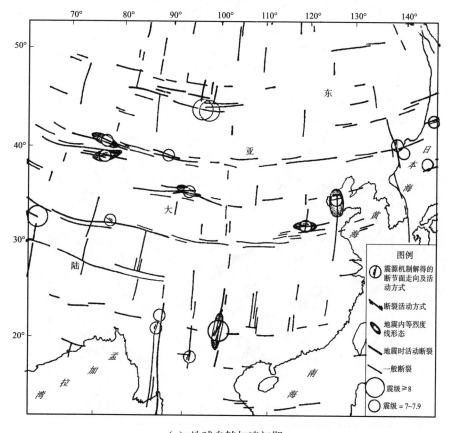

（a）地球自转加速初期

图 6.3.19 东亚大陆活动地震带的走向及活动方式

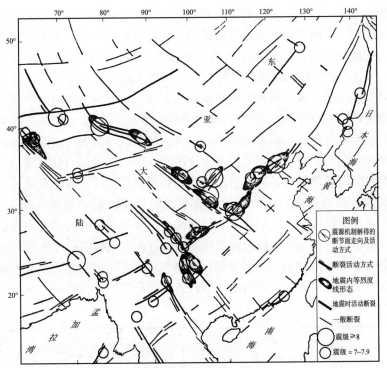

（b）地球自转加速两年以上

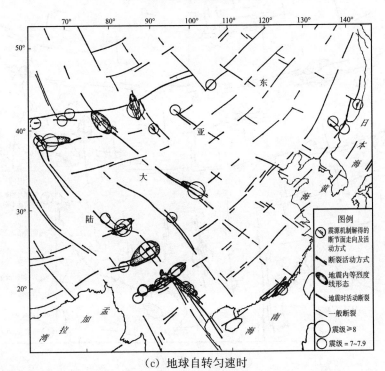

（c）地球自转匀速时

图 6.3.19（续图）

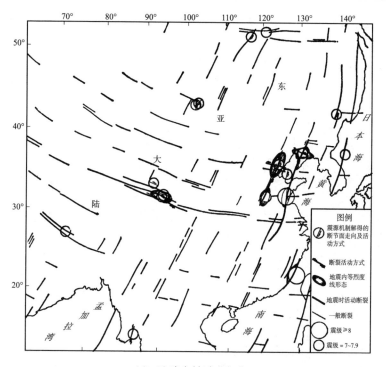

（d）地球自转减速初期

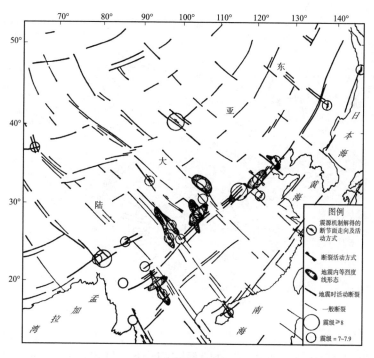

（e）地球自转减速两年以上

图 6.3.19　（续图）

　　据各地球自转状态下东亚大陆 7 级以上地震震源机制解所得的震源主压应力
方向，得知：地球自转加速初期发震的震源主压应力方向，分布在北西象限内
（图 6.3.20a）；地球自转加速两年以上发震的震源主压应力方向，分布在东西约
90°的角域内（图 6.3.20b）；地球自转匀速时发震的震源主压应力方向，分布在

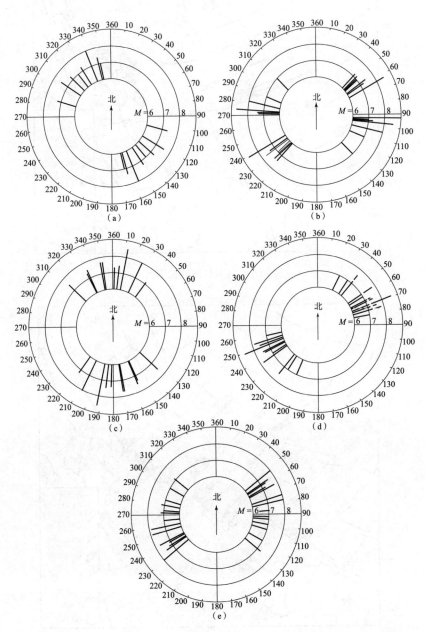

图 6.3.20　地球自转加速初期（a）、加速两年以上（b）、匀速时（c）、减速初期（d）和
减速两年以上（e）发震的东亚大陆大地震震源机制解的震源主压应力方向的分布

南北约90°的角域内（图6.3.20c）；地球自转减速初期发震的震源主压应力方向，约分布在北东象限内（图6.3.20d）；地球自转减速两年以上发震的震源主压应力方向，又分布在东西约90°的角域内（图6.3.20e）。这又说明，震源主压应力方向与发震时的地球自转速度变化趋势也有一定的关系。这与图6.3.19中各相同地球自转状态下活动地震带的走向和活动方式的结果是一致的。各地球自转状态发震的震源主压应力方向分布的角域，使得各相同时期活动地震带的走向正处于最大剪切错动面方位，因而极易错动而引发地震，并且活动地震带的活动方式和对顶地块的共轭剪切错动方式也与各相同时期的震源主压应力方向在力学关系上配套。

在各地球自转状态下，相应走向地震带活动的空间次序也是有一定方向的。图6.3.21表明各地球自转状态下东亚大陆6级以上地震的迁移方向，每遇到一个7级以上的地震便可返回重起迁移矢量。从此图可知：地球自转加速初期，地震总的迁移方向是从北西向南东；地球自转加速两年以上，地震总的迁移方向是从西向东；地球自转匀速时，地震总的迁移方向是从北向南；地球自转减速初期，地震总的迁移方向是从北东向南西；地球自转减速两年以上，地震总的迁移方向是从东向西。可见，各地球自转状态下地震总的迁移方向也与地球自转速度变化趋势有关。这说明，在各个地球自转状态下活动的地震带，是按照统一的相应活动方式，总的向着一定的方向，依次并周而复始地发生带有地震的构造活动。

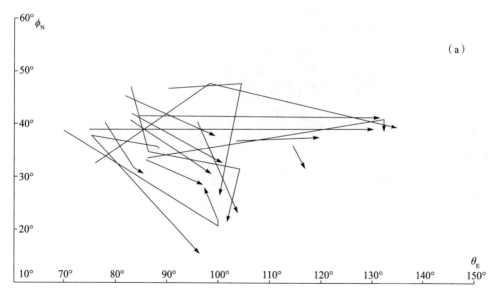

图6.3.21　地球自转加速初期（a）、加速两年以上（b）、匀速时（c）、减速初期（d）和
减速两年以上（e）东亚大陆6级以上地震迁移方向

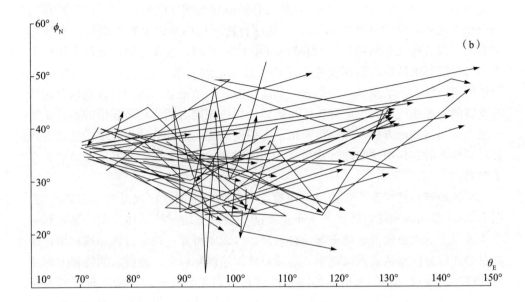

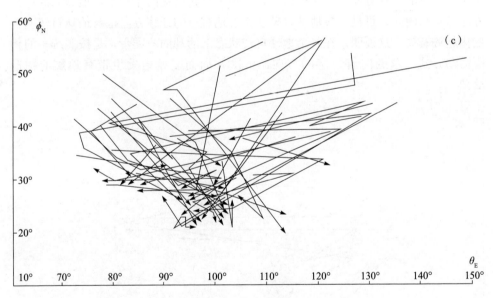

图 6.3.21　（续图）

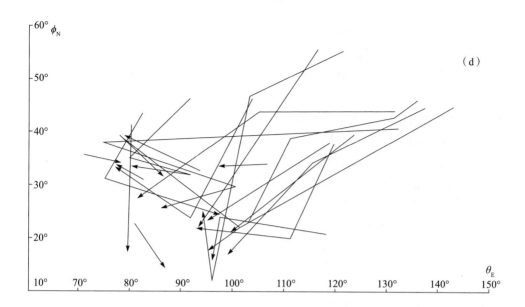

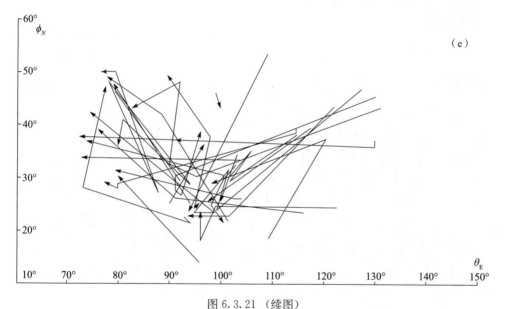

图 6.3.21 （续图）

　　东亚大陆 7 级以上地震沿纬度的分布（图 6.3.22），表明：在北纬 $25° \sim 45°$ 分布较密集，其中以北纬 $42°$ 最密集。这与地球自转的临界纬度 $44°57'07''$，很符合。它说明，在各地球自转状态下相应走向的活动地震带中，是以分布在这个纬度范围内的 7 级以上地震活动水平为最高。

　　从图 6.3.23 可知，东亚大陆 7 级以上地震频度与地球自转角速度相对变率，也有明显的反同步关系。它表明：地球自转减速和低速时，东亚大陆 7 级以上地震增多和处于活动高潮；地球自转加速和高速时，东亚大陆 7 级以上地震减少和处于活动低潮。可见，地球自转的减速和低速、加速和高速，决定东亚大陆 7 级以上地震活动的高潮期和低潮期，也决定各地球自转状态下各个活动走向的地震带中 7 级以上地震的活动水平——减速和低速期地震活动水平高，而加速和高速期则地震活动水平低。由于减速期，北北东、北西西、北东和北西向地震带活动，因之在东亚大陆这些走向的地震带中 7 级以上地震的活动水平要高于其他走向地震带的。这与减速期东亚大陆所受主动力，来自东边临近的太平洋，有直接关系。

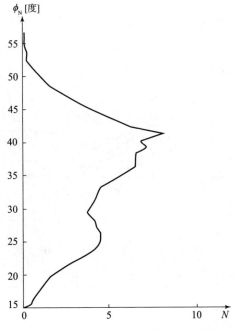

图 6.3.22　东亚大陆 7 级以上地震沿纬度分布的 5 度平滑曲线

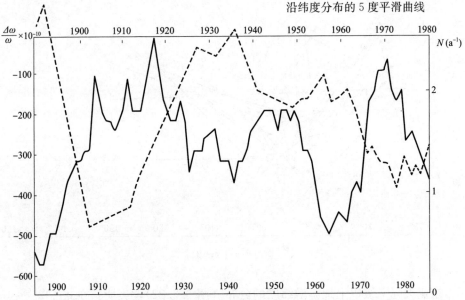

图 6.3.23　东亚大陆 7 级以上地震年频度 9 年平滑曲线（实线，用下坐标）和地球自转角速度相对变率年均值随时间变化的观测曲线（虚线，用上坐标）

　　图 6.3.19～图 6.3.21 中各个地球自转变化趋势时段中发生的地震，也是取各时段到其结束再向后推迟半年内发生的，否则无此种规律。图 6.3.23 中，地

震频度的时间下横坐标也是前移半年才使二曲线有反同步关系。这说明，一个地球自转变化趋势的出现到在东亚大陆造成地震，同样可较快，也可错后半年。这相当一个地球自转变化趋势的作用，可较快也可经过半年才能影响到发震。它也说明，地球自转变化对构造应力场所起的作用，有一个传播和调整过程，完成一个地球自转变化到影响地震的发生所需的时间，可以很短，也可延长到半年。发震对其相应的地球自转状态在时间上的滞后，说明二者虽有相互作用，但在主要因果关系上，是先发生的地球自转角速度变化引起地震，而不是后发生的地震引起地球自转角速度变化。

上述东亚大陆活动地震带的走向及活动方式、震源主压应力方向的分布、地震迁移的总方向、地震沿纬度的空间分布特点、地震频度随时间的变化和地震发生时间的滞后性与地球自转角速度变化趋势和地球自转造成的高应力临界纬度的明确关系，说明地球自转变化与东亚大陆大地震有成因上的联系。这种联系，不仅反映在地震的时空分布和迁移方向上，而且也反映在震源主压应力方向的变化和活动地震带的走向及活动方式上，乃至地块的活动方向和性质，整体在力学关系上配套并统一起来，因而是物理本质上的联系。由此可见，地球自转速度变化是东亚大陆大地震的基本动力源。这也说明了，"一个运动是另一个运动的原因"。地震，是地壳运动中的一种特殊现象。而地壳运动，作为天体运动的一个局部，又是另一个规模和质量更大的物体运动——地球自转的结果。

上述观测结果，可从理论上做全面统一的证明。

地球作变速自转时，t 与 τ 都存在，但其大小则随地球自转角速度及其改变量和整个欧亚大陆块的质量及其所在纬度而变，t 与 τ 的合力方向也随之而有不同程度的变化。东亚大陆在北半球，t 的方向总是由北指向南。地球自转加速初期，τ 的方向由西向东，其与 t 的合力方向分布在北西一定角域内，指向南东；地球自转减速初期，τ 的方向由东向西，其与 t 的合力方向分布在北东一定角域内，指向南西；地球自转加速或减速两年以上，由于 τ 这种随速率改变而引起的作用力，随时间的延长，经地块间传力结构的充分调整，而使其作用越加显著，使得其与 t 的合力逐渐分布在近东西一定角域内，只是其方向在地球自转加速两年以上指向东，而在地球自转减速两年以上指向西。地球匀速自转时，ε 近于零，τ 亦近于零，此时以 t 为主，故二者合力的方向分布在南北一定角域内，指向南。

现代地壳构造应力场，是以古构造和古地形为岩体结构方面的起始条件。地球自转时，由于各地块间的大断裂活动、各地块的地形高差、质量的不同、下部连接强度的差别及形状的各异，均引起各地块对地球自转状态发生不同的反应，这将会造成各地块间的相互作用。这种作用，便是在相邻各地块中产生构造应力场的边界条件。一个地块对其相邻地块的作用，使相邻地块中产生构造应力场，同时此作用的反作用也在自身地块中引起构造应力场。因此，二地块在相邻边界处二者的边界条件互相制约，二者的边界力等值反向。由于发震的大断裂带均为地块边界，故活动地震带的走向和活动方式及震源主压应力方向与各地球自转状态的关系，实际上反映的是各种状态的地球自转所引起的活动地块的边界走向、活动方式和边界附近主应力方向的变化，故只需讨论地块边界及其附近的现象。t 与 τ 的合力 f 为各地块的相互作用力，此力与其在地块边界附近所引起的同性质构造主应力 σ_f 方向之间的交角最大为 30°，于是使得各地球自转状态发震的震源主压应力方向皆分散在一定角域内。由于地球自转加速初期，σ_f 分布在北西一定角域内并压向南东，因而使得处在最大剪切错动面方位的东西和南北向地震带活动，前者右旋后者左旋地使地块成对顶共轭剪切错动，并使发震的震源主压应力方向分布在北西象限内，由于大陆地块受力边界近处先获得能量而先发生地震，因之使得总的地震活动方向从北西反复向南东迁移；地球自转减速初期，σ_f 分布在北东一定角域内并压向南西，由于现代地球自转在长期减速的总趋势中有短期加速的波动变化，使得加速时段为总的减速背景与短期加速作用之差，而减速时段则为总的减速背景与短期减速作用之和，因而使得压缩方向更偏向东西，于是使得处于最大剪切错动面方位的北北东和北西西向地震带活动，前者右旋后者左旋地使地块成对顶共轭剪切错动，并使发震的震源主压应力方向分布在北东象限内偏东，而且地震总的活动方向是从北东反复向南西迁移；地球自转加速或减速两年以上，σ_f 分布在东西一定角域内，前一状态压向东，后一状态压向西，因而使得处于最大剪切错动面方位的北东和北西向地震带活动，前者右旋后者左旋地使地块成对顶共轭剪切错动，并使发震的震源主压应力方向分布在近东西约 90° 的角域内，而且地震总的迁移方向，前一状态是从西向东，后一状态是从东向西；地球匀速自转时，σ_f 分布在南北一定角域内，压向南，因而使得北东和北西向地震带活动，但此时前者左旋后者右旋地使地块成对顶共轭剪切错动，并使发震的震源主压应力方向分布在近南北约 90° 的角域内，而且地震总的迁移方向是从北向南。地球自转速率变化所引起的东亚大陆地块边界所受主压应力分布方向、作用方向、传播方向的这些理论分析，充分证明了图 6.3.19～图 6.3.21 的观测结果。

从图 6.3.19a 可知，东亚大陆大规模东西向断裂带约相距 200 千米成等间距分布。取岩体平均泊松比 $\nu=0.4$，用表 6.3.3～表 6.3.4 中的实际资料，由公式 (1.5.20) 算得地块南北铅直边界面上地表和海平面下 5 千米深处（相当大洋底岩石浅层深度）的南北向水平压应力 σ_{SNO} 和 σ_{SN-5} 随纬度的分布曲线，示于图 6.3.24。

表 6.3.3　欧亚大陆计算 σ_{SN-d}，σ_{EW-d} 所用实际资料

$\phi(°)$	$\rho_0/(\text{g}/\text{cm}^3)$	x/km	$v/(\text{km/s})$	l/km	D/km
10	2.3	6281	0.4579	6800	5.5
15	2.3	6159	0.4490	6400	5.5
20	2.5	5991	0.4368	9400	6.0
25	2.7	5777	0.4212	9800	6.5
30	2.7	5519	0.4023	10400	6.5
35	2.7	5219	0.3805	11200	7.0
40	2.7	4879	0.3557	14000	6.5
45	2.5	4502	0.3282	13000	6.0
50	2.3	4092	0.2983	12400	5.3
55	2.1	3650	0.2661	11800	5.2
60	2.1	3181	0.2319	10400	5.2

表 6.3.4　欧亚大陆中纬度岩石平均密度随深度的分布

D/km	$\rho/(\text{g}/\text{cm}^3)$
0.0	2.7
5.0	3.0
5.5	3.1
6.0	3.2
6.5	3.3
7.0	3.4

地球变速自转时，地块所受东西向体积力 τ 等于其惯性力。地球自转速率的变化，首先是其主体质量转速的变化。地球主体质量转速的变化将通过高密度低地势的大洋区主动作用给仍按原转速运动的低密度高地势的大陆，大陆总体对地球主体质量的主动变速作用产生的反作用力 τ'，大小等于 τ。这种力，在大洋和大陆边界，无论是对大陆方面还是对大洋区方面，都是相等的。这就是在大陆中和大洋底岩体中产生构造应力场的东西端边界条件。因此，须把欧亚大陆作为一个整体地块，东边界取在与太平洋相邻的大陆架边缘，西边界取在与大西洋-地中海-红海-印度洋相邻的大陆架边缘。于是，此大陆块东西方向的长度 l，则随纬度而变。取 $\dfrac{\Delta\omega}{\omega}=400\times10^{-10}$，用表 6.3.3～表 6.3.4 中的实际资料，由公式 (1.5.20) 等算得欧亚大陆块东西边界面上的东西向水平压应力 σ_{EWO}，σ_{EW-5} 随纬度的分布曲线，示于图 6.3.24。

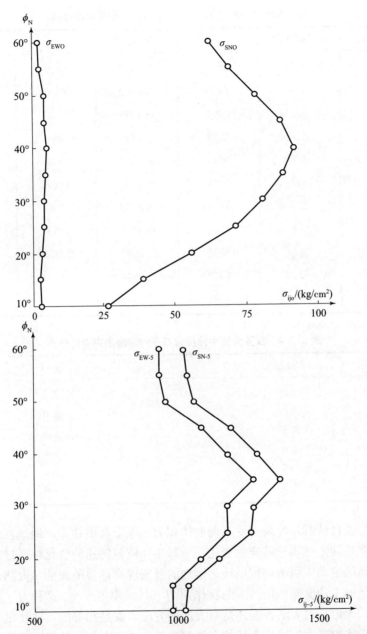

图 6.3.24　欧亚大陆地表 σ_{SNO}，σ_{EWO} 及海平面下 5km 深处 σ_{SN-5}，σ_{EW-5} 随纬度分布曲线

　　图 6.3.24 中，因地球自转所引起的无论是地表还是深部、南北向还是东西向压应力沿纬度的分布，均是以北纬 35°～41°为高值区，并向南北降低。这与图 6.3.22 中东亚大陆 7 级以上地震沿纬度的分布曲线是一致的，也是大地震沿纬度成此种分布的主要原因。

　　欧亚大陆与东西面大洋底平均高差 6 千米。地球自转加速时，其主体质量首先主动加速，代表其主体质量加速自转趋势的主动力作用方向自西向东，表现为高密度低地势的大西洋-地中海-红海-印度洋区，压向东边低密度高地势的仍按原转速运动的欧亚大陆。由于仍按原较低速度运动的欧亚大陆，会对地球主体质量的加速自转造成阻碍，于是被动地引起与主动作用反向的惯性力，以构成大西洋-印度洋对其东岸大陆的东西向压缩。大洋区向东的主动压应力等于大陆的反向惯性力在二者边界所产生的边界压应力，故其值为 σ_{EW}。同时洋脊西侧，由于西岸南北美大陆倾向于保持原来较低的速度运动而被拉向低速，便使得洋脊发生东西向张伸活动。地球自转减速时相反，代表其主体质量首先主动减速趋势的主动力方向自东向西，使太平洋区压向其西边的欧亚大陆，此大陆由于倾向于保持原来较高的运动速度而对地球主体质量自转的减慢造成的阻碍，同样被动地引起反向惯性力来构成太平洋区对欧亚大陆的东西向压缩。太平洋区向西的主动压应力等于欧亚大陆的反向惯性力在二者边界所产生的边界压应力，故其值亦为 σ_{EW}。同时太平洋洋脊东侧，由于东岸南北美大陆倾向于按原来较高的速度运动而被拉向高速，亦使得太平洋洋脊发生东西向张伸活动。这样，当地球自转加速时，大西洋-印度洋区对欧亚大陆西岸的推压力，由于在传播过程中的耗损和近西部成熟震源区的优先活动而释放能量，及至传到此大陆东部便降低了。而当地球自转减速时，太平洋区对欧亚大陆东岸的阻压力，及至传到大陆西部也已降低了。这也是欧亚大陆和南北美大陆东西两侧地势较高、构造带规模大或存在深大断裂的主要原因。由于东亚大陆位于欧亚大陆的东部，因而其在地球自转减速时所受东西向压应力比地球自转加速时的大。又由于短期地球自转加速的作用为总减速趋势与短期加速作用之差，使得地球自转角速度相对变率年均值随时间变化曲线的上升段较缓，即加速值较小；而短期地球自转减速的作用则为总减速趋势与短时减速作用之和，使得地球自转角速度相对变率年均值随时间变化曲线的下降段较陡，即减速值较大。这两种原因的综合作用，使得地球自转加速时东亚大陆 7 级以上的地震比减速时少，即减速时地震增多，而加速时则减少。这便是图 6.3.23 中两种曲线成反同步关系的原因。

实验也证明了东亚大陆在地球自转加速、匀速、减速时的受力方式，及其大小随纬度的分布规律。所用实验设备为 DM-1 型地球自转模拟仪，其中的地球模型自转用可控硅无级调速，范围为 0～300 转/分，可直读或记录输出，有在转动中照相记录的同步闪光快速摄影装置，可控制闪光时刻和闪光时间长短，不大于万分之一秒，并备有光电耦合安全保护系统。在直径 50 厘米的硬铝壳地球架上覆 1 厘米厚模拟地壳的材料，其成分比为方解石粉：矿物油：硬质酸：松香：桐油＝1：0.11：0.004：0.007：0.007，表面显示出最大为 1.2 厘米厚的地形高差，并刻有大断裂带。由表 6.3.5 知，东亚大陆地壳和上地幔中存在低速层，故将其所在部位模拟材料的下部涂一层桐油。表面涂银粉，印有东亚大陆边界线和经纬线。球面绝对坐标轴，用垂直固定在铝球壳上的铁柱顶端焊上高度超过模拟材料表面的直径0.5毫米的钢丝表示。实验在暗室中进行，将照相机快门打开，地球模型自转中的动态照相记录，通过当其转到拍照角度发出的定位脉冲来触发高压氙灯闪光，实现。将记录底片置于BW-Ⅱ型缩微阅读器内放大，用分规游标卡尺量取各测点的坐标值。将各测点在地球模型加速自转时底片上的坐标值与自转前初始状态底片上的坐标值相减，得各测点在地球模型加速自转状态的位移。各测点在地球模型匀速自转时前后两状态底片上的坐标值之差，为其在匀速自转状态的位移。各测点在地球模型减速自转时后一张与前一张底片上的坐标值之差，为其在减速自转状态的位移。测长最大综合误差，为±0.3毫米。

表6.3.5　东亚大陆低速层资料
（据滕吉文、刘昌栓、张少泉、朱介寿、张先康、贾素娟、朱碚定等）

剖面	编号	低速层波速/(km/s)	上界面速度降/(km/s)	下界面速度升/(km/s)	低速层厚度/km	低速层深度/km
亚东—当雄	Ⅰ	5.64±0.3	0.58	1.60	10.28±1.31	29～45
格尔木—大柴旦	Ⅱ	5.4	—	—	—	30.7
柏各庄—丰南—丰宁	Ⅲ	5.4～6.0	0.4～0.5	0.6～1.6	13.5～17.5	19.5～29.5
泗水—连云港	Ⅵ	6.0～6.2 6.1～6.3 6.3～6.4 6.5	0.10～0.35 0.1～0.3 0.1～0.2 0.2	0.2～0.4 0.2～0.5 0.1～0.2 0.2	3～4 2～3 2～3 3～8	10～16 17～20 20～25 24～33
邢台—武清	Ⅴ	5.8	0.4～0.6	0.55～0.60	—	12～18
唐山—丰宁	Ⅵ	5.4～6.0	0.4～0.5	0.6～1.6	—	20.5～29.5
北京—千岛群岛—库页岛—阿留申群岛	Ⅶ	9.3～9.5	—	—	—	450～500
门源—平凉—渭南	Ⅷ	4.43±0.97 6.06±0.24 6.52±0.57	— 1.63±1.21 0.17～0.83	1.63±1.21 0.29～0.50 —	— — —	3.32±1.01 15.65±3.32 45.60±11.01
文安—霸县	Ⅸ	5.5	—	—	11～13	23～25
地区						
北京	1	5.6～6.2	0.12～0.75	0～0.9	—	15～22
邢台	2	7.2～7.4	0.7～0.9	—	—	83
腾冲	3	7.51±0.09	0.68±0.14	0.11～0.18	—	40～70
临沂	4	5.0～5.5	0.8～1.0	2.0～2.4	18～20	28.7～35.2
马鞍山	5	—	—	—	—	19
常熟	6	—	—	—	—	16
启东	7	—	—	—	—	11
塔里木盆地	8	3.08～3.16	—	—	6～10	—

注：除地区8为S波外，其他都是P波波速。

实验结果表明，东亚大陆在地球模型自转各种状态下的南北向位移均为从北向南，并以北纬40°～45°处为最大（图6.3.25a）。东西向位移，在加速时向西，匀速时未超出误差范围，减速时向东，仍以北纬40°～45°处为最大（图6.3.25b）。因为东西向位移是地球模型转速变化引起的，与其自转加速度有关，故在匀速自转时几乎不出现，是东亚大陆块的惯性反映。惯性力是由主动力的作用引起的，并与主动力等值反向。由于有了反映地球模型转速改变而产生的来自东、西边大洋区的主动力作用于海陆边界，才引起了欧亚大陆因倾向于保持原转

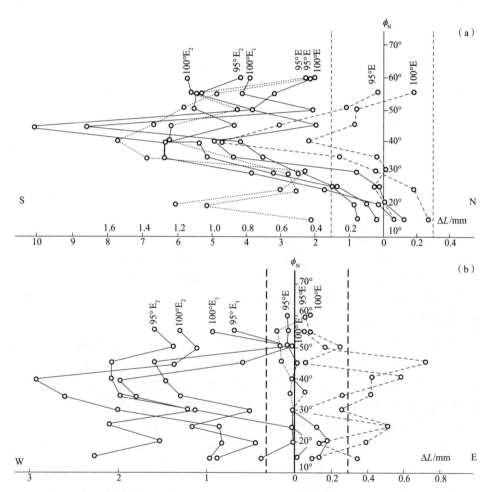

图6.3.25 地球模型加速（实线）、匀速（点线）、减速（虚线）自转时95°E和100°E两条经线上各纬度点的南北向（a）和东西向（b）位移随纬度分布曲线：带脚标1的实线表示转速140转/分对初始状态的位移；带脚标2的实线表示转速150转/分对初始状态的位移；点线表示转速150转/分前后二状态的相对位移；虚线表示转速92转/分对120转/分二状态的相对位移

速而对东、西边大洋区的反向惯性力。这种反向惯性力，因为是体积力，而分布于大陆各个部分，便造成了各点相应的位移。于是，各部位在加速时向西的位移，是反映自西向东的主动力作用；减速时向东的位移，则反映自东向西的主动力作用。南北向位移是地球模型自转离心力引起的，总是向南，反映东亚大陆无论在地球模型自转的任何状态，都有的由北向南的主动作用力。这样，东西和南北向主动作用力的合力方向，在自转加速时向南东，匀速时向南，减速时向南西；大小则都以北纬 40°～45°处为最大。可见，地球自转实验所得的由于地球模型自转引起的东亚大陆部分所受东西和南北向主动力的合力方向、大小沿纬度的分布及主动力传来方向，与前述观测资料和理论分析的结果是一致的。

综上所述，地球自转速度变化引起各地块间的相互作用，地块间的相互作用造成各自块体内的构造应力场，构造应力场的作用是造成地震的基本条件。地球自转供给各地块间相互作用的动能，部分转为地块中构造应力场的弹性势能，这种场内所储存的弹性势能的一部分便足够供给地震释放。

再缩小范围到华北地区，也有同样的结果。本区自 1668 年以来地震的震源深度为 5 千米～45 千米，多数在 10 千米～30 千米。有震源机制解的大于 3 级的地震，其纵波初动分布所确定的震源发震时主压应力方向与当时地球自转角速度变化趋势的关系，示于图 6.3.26。从此图可知，地球自转加速时发震的震源主压应力方向分布在北西象限，地球自转匀速时发震的震源主压应力方向分布在南北约 90°的角域，地球自转减速初期发震的震源主压应力方向分布在北东象限，地球自转减速两年以上发震的震源主压应力方向分布在东西约 90°的角域。本区地壳厚 35 千米～40 千米，震源多在老变质岩系以下，花岗岩和玄武岩层中。因此，这些震源处的主压应力方向，反映的是本区地壳下层受力方式与地球自转角速度变化趋势的关系。

华北地区断层水平错动方式所反映的地壳浅层受力方式，与地球自转状态之间，也有同样的关系。区内地表断层活动观测点，分布在京津地区和山西浮山侯马地区。每个测点，一般设一组跨断层的斜交测线和垂直测线。对每一测线进行短基线和短水准测量。由于测线长只有几十米至百余米，跨断层，故测得的变化主要是断层活动量，岩体的形变只占其中很小部分。图 6.3.27 的跨断层与不跨断层段的测量结果充分说明了这一点，不跨断层的连续岩体中测标间的形变量只占观测结果的 1/3～1/30。故测得的形变主要是断层两盘的相对错动量。断层的张、压、扭活动方式，由两测线的伸缩来确定。垂直基线的伸缩和垂直水准的高差变化，反映断层两盘的水平伸缩，也受断层水平扭动的影响，因为断层无张压活动而只有水平扭动也使垂直基线伸长。但由于断层水平扭动方向与垂直测线垂直，从观测知，断层年水平扭动量最大只有几毫米，而垂直基线长几十至百余米，故由于断层水平扭动引起的垂直基线伸长量只有 10^{-4} 毫米数量级，在测量误差范围之内，可以忽略。故垂直基线的伸缩，均可视为断层的张压活动。但用

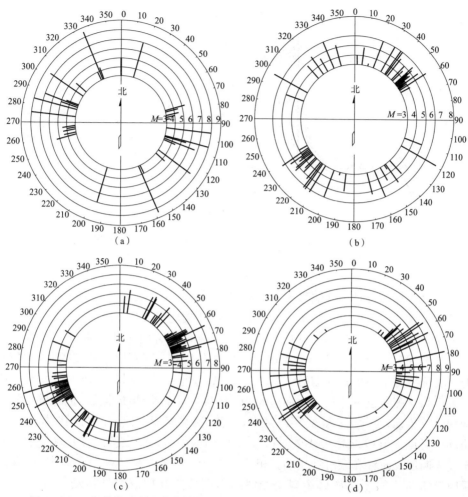

图 6.3.26　华北地区在地球自转加速时（a）、匀速时（b）、减速初期（c）和减速
两年以上发生的 3 级以上地震的震源主压应力方向

斜交测线的观测结果则不能单独判断断层的扭动，必须与垂直测线的变化相配
合。此时因二测线的交角为 30°～60°，使垂直测线的伸缩对斜交测线的影响，达
到斜交测线改变量的量级，已不可忽视。当其与垂直测线的变化符号相反时，设
测线的一端 O 位置不变（图 6.3.28），则其另一端 O' 由于断层两盘相对错动而移
到异号区中，$\overset{\frown}{AA'}$ 为以 O 为圆心 $\overline{OO'}$ 为半径的圆弧。当斜交测线缩短而垂直测线
不变或伸长时，O' 端移入异号区 $AO'B$，反应断层顺斜交测线缩短方向扭动；当
斜交测线伸长而垂直测线不变或缩短时，O' 端移入异号区 $A'O'B'$，反应断层顺
斜交测线伸长方向扭动。可见，当斜交测线与垂直测线二者长度变化异号时，可
用斜交测线的伸缩确定断层的错动方式为顺时针还是反时针扭动。但当斜交测
线长度的改变与垂直测线的符号相同时，则不能简单地用此法确定断层的错动方

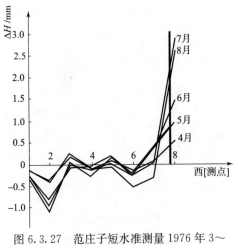

图 6.3.27　范庄子短水准测量 1976 年 3～
8 月测量结果剖面图

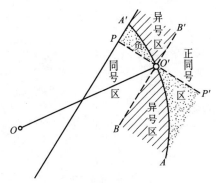

图 6.3.28　跨断层斜交测线长度
变化分析示意图

式。二测线都伸长时，O' 端移入正同号区 $AO'B'P'$ 中；二测线都缩短时，O' 端移入负同号区 $A'O'BP$ 中。断层只有伸长，则 O' 端向 P' 方向移动，使斜交测线伸长但并无反时针扭动；断层只有压缩，则 O' 端向 P 方向移动，使斜交测线缩短但并无顺时针扭动。O' 端沿 $\overset{\frown}{O'A}$ 弧线向 A 方向移动，则断层张伸又顺时针扭动，但斜交测线并不缩短；O' 端沿 $\overset{\frown}{O'A}$ 弧线向 A' 方向移动，则断层压缩又反时针扭动，但斜交测线也不伸长。O' 端移入 $AO'P'$ 区中，斜交测线伸长，但断层为张伸加顺时针扭动；O' 端移入 $A'O'P$ 区中，斜交测线缩短，但断层为压缩加反时针扭动。可见，当 O' 端移入 $AO'P'$ 和 $A'O'P$ 两区中时，斜交测线伸长和缩短，并不反应断层反时针和顺时针扭动。相反，在 $AO'P'$ 区中斜交测线伸长则反应断层顺时针扭动，在 $A'O'P$ 区中斜交测线缩短则反应断层反时针扭动。当 O' 端在 $\overline{PP'}$ 上移动时，移向 P' 或移向 P，反应斜交测线伸长或缩短，但断层并无扭动。当 O' 端在圆弧 $\overset{\frown}{AA'}$ 上移动时，移向 A 或移向 A'，斜交测线均无伸缩，但断层却发生了顺时针或反时针扭动。因之，$AO'P'$ 和 $A'O'P$ 为反向区，$\overset{\frown}{AA'}$ 和 $\overline{PP'}$ 为过渡扭界。同号区中，只有 $B'O'P'$ 和 $BO'P$ 两区为同向区，即 O' 端移入此二区中时，斜交测线伸长反应断层顺测线伸长方向扭动，斜交测线缩短反应断层顺测线缩短方向扭动。当测量中遇到两测线测量结果是同符号时，为区别 O' 端是移入了同向区还是反向区，须经过计算来确定。

　　若二测线均伸长，则 O' 端移入正同号区中（图 6.3.29a）。θ 为斜交测线与断层走向的交角，D 为从 O' 点原位置到新位置的位移矢量。量取 α，θ，ψ 角，均以每次测量起始的 O' 点为坐标原点，α 角从过原 O' 点垂直斜交测线的直线起到 D 线止，θ 角从过原 O' 点垂直斜交测线的直线起到过此点垂直断层走向的直线止，ψ 角从 D 线起到过原 O' 点平行断层走向的直线止。垂直断层走向或斜交测线过原 O' 点各直线段，均以 Δs 变化的方向为矢径正方向，各角均以逆时针为正。$\alpha <$

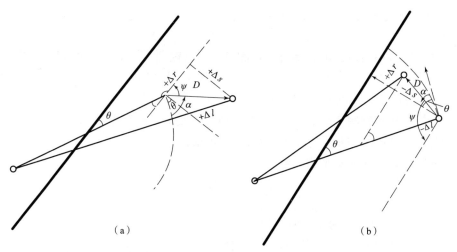

图 6.3.29　同号变化的二测线属同向或反向的进一步区别计算图示

θ，则 O' 端移入反向区，断层顺斜交测线缩短方向扭动；$\alpha > \theta$，则 O' 端移入同向区，断层顺斜交测线伸长方向扭动；$\alpha = \theta$，则 O' 端在垂直断层走向的直线上移动，断层不扭动。θ 角已知，因之判别 O' 端移入了同向区还是反向区的关键，在于求出 α 角的大小。由于

$$\sin\psi = \frac{\Delta s}{D}, \quad \sin\alpha = \frac{\Delta l}{D}$$

二式相除后移项，得

$$\sin\psi = \frac{\Delta s}{\Delta l}\sin\alpha \tag{6.3.16}$$

又

$$\psi = (90° + \theta) - \alpha$$

则

$$\sin\psi = \sin[(90° + \theta) - \alpha] = \sin(90° + \theta)\cos\alpha + \cos(90° + \theta)\sin\alpha$$

代入（6.3.16），得

$$\sin(90° + \theta)\cos\alpha = \left[\cos(90° + \theta) + \frac{\Delta s}{\Delta l}\right]\sin\alpha$$

于是有

$$\tan\alpha = \frac{\sin(90° + \theta)}{\cos(90° + \theta) + \dfrac{\Delta s}{\Delta l}}$$

得

$$\alpha = \tan^{-1}\left|\frac{\cos\theta}{\dfrac{\Delta s}{\Delta l} - \sin\theta}\right| \tag{6.3.17}$$

Δs 是垂直测线伸长量，Δl 是斜交测线伸长量。将 Δs，Δl，θ 的正值代入上式，可求得 α。

若二测线均缩短，则 O' 端移入负同号区中（图 6.3.29b）。此时同样，若 $\alpha <$ θ，则 O' 端移入反向区，断层顺与斜交测线缩短相反的方向扭动；若 $\alpha > \theta$，则 O' 端移入同向区，断层顺斜交测线缩短的方向扭动。α 角的表示式，同 (6.3.17)。将垂直测线的缩短量 Δs 的负值、斜交测线的缩短量 Δl 的负值、斜交测线与断层走向的交角 θ 代入（6.3.17），可求得 α。

断层平行走向的水平错动量

$$\Delta r = \Delta s \, \cos\psi = \frac{\Delta l - \Delta s \, \sin\theta}{\cos\theta} \tag{6.3.18}$$

其中，Δs，Δl 以伸长为正，缩短为负。Δr 为正，表示原 O' 点移到了过此点垂直断层走向直线的上方，断层顺斜交测线伸长方向错动；Δr 为负，表示 O' 点移到过此点垂直断层走向直线的下方，断层顺斜交测线缩短的方向错动。

为分析断层活动的逐年变化趋势，取垂直和斜交测线变化量的年均值。所得测区中断层逐年张、压、扭活动反映的地区逐年受力方式，示于图 6.3.30。将这些观测结果与图 5.3.1 中地球自转角速度相对变化趋势对比，得表 6.3.6 的关系。从此表可知：地球自转加速时，测区断层活动所反映的地壳浅层受力方式，为方向在北西象限内的压缩；地球自转匀速时，为近南北约 90° 角域内的压缩；地球自转减速时，为方向在北东象限内的压缩。

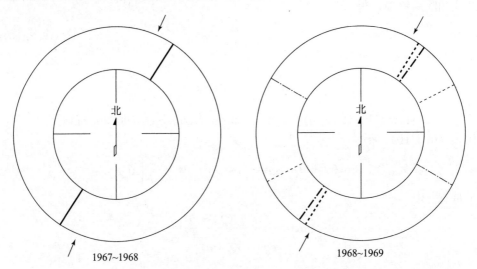

图 6.3.30　华北地区断层活动方式确定的地区逐年主压应力轴方向：粗实线为带张性顺时针水平错动断层走向、细实线为带压性顺时针水平错动断层走向、粗虚线为带张性反时针水平错动断层走向、细虚线为带压性反时针水平错动断层走向、粗间线为水平张伸断层走向、细间线为水平压缩断层走向、箭头为地区主压应力轴方向

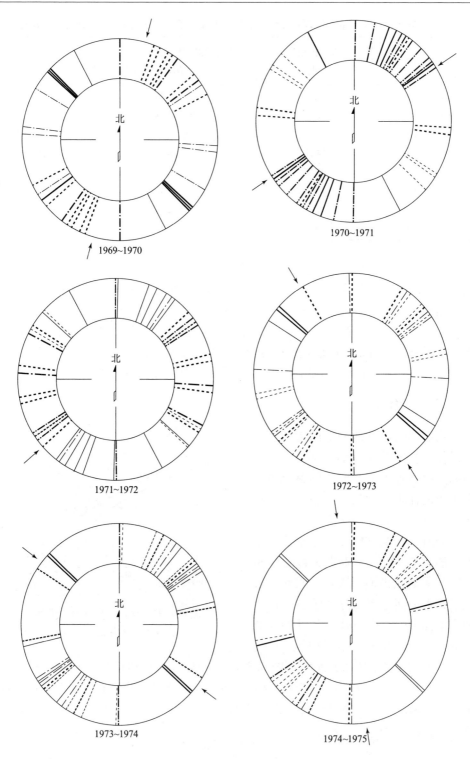

图 6.3.30 （续图）

表 6.3.6　华北地区断层活动地表观测所反映的地壳浅层逐年受力方式与地球自转状态的关系

年限	地球自转角速度年变化趋势	断裂测区地壳浅层所受主压应力方向分布范围	测区
1967～1968	减速	北东象限	京津
1968～1969	减速	北东象限	京津
1969～1970	匀速	近南北	京津
1970～1971	减速	北东象限	京津
1971～1972	减速	北东象限	京津
1972～1973	加速	北西象限	京津、山西
1973～1974	加速	北西象限	京津、山西
1974～1975	匀速	近南北	京津

　　由此可知，华北地区地壳浅层和深层水平主压应力方向，与地球自转角速度变化趋势的关系，基本一致。可见，地球自转所造成的地球浅层两种水平主动力，是地壳深浅断层活动及其水平场应力的共同主动力源。

　　综合上述，地球匀速和变速自转是造成地壳构造应力场的主动力的主要来源，其所引起的力是造成地壳构造应力场的基本主动力。

　　下面一一叙述造成地壳构造应力场的多种附加主动力的来源。

二、均衡浮力

　　均衡浮力，是地壳上的大陆、高山或任一岩体所受大小等于其平均引力而方向垂直水平面向上的整个地球所给予的浮力。此岩体的重力 mg 作用于其重心 0（图 6.3.31），其所受浮力 Q 则作用于岩体浸没在水平面以下部分的重心 $0'$。mg 垂直于过岩体重心 0 的大地水准面 AA'，Q 垂直于过浸没在水平面以下部分的重心 $0'$ 的大地水准面 BB'。由于地表各处的地势高低不平，岩体密度不尽相等，而使

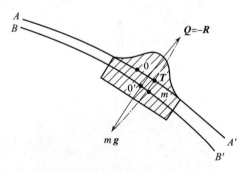

图 6.3.31　地块所受重力、浮力和浮力水平分量的关系

得各处的 AA' 和 BB' 不都平行（图 6.3.32）。因之，mg 和 Q 的方向，一般并不恰好相反。于是，Q 便有水平分量 T，其方向有时指向赤道，有时指向极区。据地球内的密度分布，算得最大的 T 造成的水平应力为 0.1 兆帕。此力的作用，是不间断的。

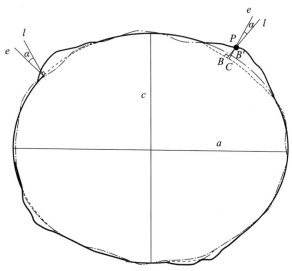

图 6.3.32　实线为地表面，间线为大地水准面，虚线为地球椭球面，P 为
地表一点，lP 为大地水准面铅直方向，eP 为地球椭球面铅直方向，
α 为二铅垂线夹角，BP 为 P 点对大地水准面的高度，CP 为 P 点对
地球椭球面的高度，CB′ 为大地水准面对椭球面的高度

三、极移力

地球质量分布的改变和地壳每年几厘米到 1 米的移动所引起的地极移位，使地球相对其自转轴移动。其移动量，用地理极的位移来表示（图 6.3.33）。其移动轨道，为椭圆形。其移动平均值为 10～13 米，引起纬度弧长改变 0.3～0.4 秒。其移动方向与地球自转方向一致。

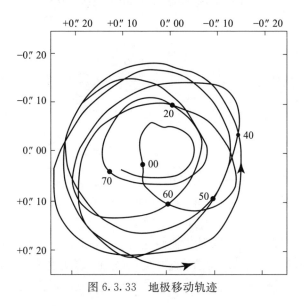

图 6.3.33　地极移动轨迹

地块，由于地球瞬时自转轴偏离了最小惯性主轴，便引起极移力。以角速度 w 自转的半径为 r 的地球表面上一地理经、纬度为 ψ，ϕ 点处质量为 m 的岩体，由于瞬时极经度 ψ' 与地理经度 ψ 之差 $\Delta\psi = \psi' - \psi$，瞬时轴与最小惯性轴有夹角 θ，所引起水平极移力在地平直角坐标系中的南北分力

$$f_{SN} = m\omega^2 r \cos\Delta\psi \cos 2\phi \sin\theta$$

东西分力

$$f_{EW} = m\omega^2 r \sin\Delta\psi \sin\phi \sin\theta$$

水平合力

$$f = m w^2 r \sin\theta \sqrt{\cos^2\Delta\psi \cos^2 2\phi + \sin^2\Delta\psi \sin^2\phi}$$

f 与子午线夹角

$$\alpha = \tan^{-1}\left(\frac{\sin\phi}{\cos 2\phi}\tan\Delta\psi\right)$$

极移，改变地壳各点到自转轴的距离，因之各点的离心力均随之而变。地壳凸出的地块高度与 $\sin 2\phi$ 成比例。将大陆高程图上按经、纬度每隔 $10°$ 划成的各梯形平均海拔高度乘 $\sin 2\phi$ 平均值，因梯形宽度与 $\cos\phi$ 成正比，则相应因子与

$$\int_{\phi_1}^{\phi_2} \sin 2\phi \cos\phi \, d\phi = -\frac{2}{3}(\cos^3\phi_2 - \cos^3\phi_1)$$

成正比。ϕ_1，ϕ_2 为梯形边界纬度。将沿经线方向的每个条带的值求和，得两极间的总力 T。每一条带在经度 ψ_0 方向的分力与 $T\cos(\psi - \psi_0)$ 成正比，对整个 ψ 求和，得

$$T\cos(\psi - \psi_0) = T\cos\psi\cos\psi_0 + T\sin\psi\sin\psi_0$$

地壳总移动方向为经度 ψ_0，在此方向这个和值为极大，故微分得

$$-T\cos\psi\sin\psi_0 + T\sin\psi\cos\psi_0 = 0$$

则

$$\tan\psi_0 = \frac{T\sin\psi}{T\cos\psi}$$

其中每条带的平均值

$$\sin\psi = \frac{1}{\psi_2 - \psi_1}\int_{\psi_2}^{\psi_1}\sin\psi \, d\psi$$

$$\cos\psi = \frac{1}{\psi_2 - \psi_1}\int_{\psi_2}^{\psi_1}\cos\psi \, d\psi$$

表 6.3.7 列出了间隔 $10°$ 梯形的因子值，对 $\cos^3\phi$ 放大了 5 倍，符合按象限选取。据世界地形图算得，$\psi_0 = 95.8°$（东经）。取更大梯形得，$\psi_0 = 97.1°$（东经）。可见，在极移力作用下，地壳总的移动方向指向东经 $95°\sim 97°$ 子午线。极点则相对地表反向移动，于是使东经 $95°\sim 97°$ 经线方向由此而生的自北向南的压力最大。在此种力作用下，应使亚洲大陆的纬向构造系统应力场较强。事实也正是如此，这个大陆的纬向构造带不仅比较强烈，而且按不同大小规模各自成不同等级的等间距分布。计

算中，海拔 4500 米的巨大西藏高原起重要作用，可见地极长期移动不仅在近60～70 年存在，而且在西藏高原这种地形的影响占优势时起就有，未来也会继续相当长一段历史时期，直到这种地形根本改变和地球质量分布基本稳定时为止。

表 6.3.7　经纬度相隔 10°地表梯形因子值

带的范围	平均值		
	$\cos^3\phi$	$\sin\psi$	$\cos\psi$
90°～80°	0.026	0.995	0.087
80°～70°	0.174	0.965	0.258
70°～60°	0.425	0.905	0.422
60°～50°	0.703	0.818	0.573
50°～40°	0.920	0.706	0.706
40°～30°	1.000	0.573	0.818
30°～20°	0.901	0.422	0.905
20°～10°	0.827	0.258	0.965
10°～0°	0.224	0.087	0.995

极移振幅和近代平均日极移随时间变化与地震频度大体一致（图 6.3.34～图 6.3.35）。可见，极移所产生的水平力是造成地壳构造应力场的一个力源。但由于构造应力场的力源有多种，因之构造活动特别是快速断裂活动不可能都与此种力的作用完全一致，而有时则与其他占主导地位或起触发作用的力源活动相一致。

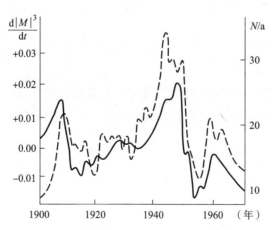

图 6.3.34　钱德勒极移振幅变化速率（实线）与
每年大震数（虚线）的关系（R.J.Myerson）

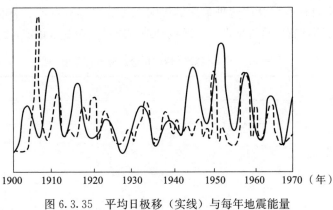

图 6.3.35　平均日极移（实线）与每年地震能量
（虚线）的关系（Whitten）

　　ψ 和 θ 联合形成的年平均极移轨道圈闭一个回路，使某一地块所受的极移力，为一个往返作用，而使得地块发生一次往返运动，它将使受水平剪切力作用的断裂带发生一次往返方向的张压剪切错动。这种往复扭动，比单向剪切更有利于断裂带中低强度段的松动和滑动，使锁结段逐渐缩小，从而加速了应力集中状态的形成或加强，以致最后在达到锁结段强度极限的集中构造应力作用下错断或突然滑动。因之，每当年平均极点移动轨道圈闭一次后，将有利于大地震的发生。从 1900 年到 1975 年的年平均极移轨道与这个时期中国大震活动的关系（图6.3.36），证明：年平均极移轨道出现一次圈闭时，中国便发生一次以上的 7.2级～8.5 级地震；年平均极移轨道出现一次圈而不闭时，中国便发生一次以上7.2 级～7.5 级地震。符合第一种情况的大地震共 43 次，符合第二种情况的大地震共 10 次，不符合此二情况的只有三个 $7\frac{1}{4}$ 级地震，应属受其他的地震触发因素作用的结果（表 6.3.8）。

　　地球年平均极移轨道圈闭后发震或圈而不闭时发震，这种先后的关系说明，不是地震引起的极移，而是极移轨道完成或趋向于一个圈闭时，引起一次或一系列大地震。

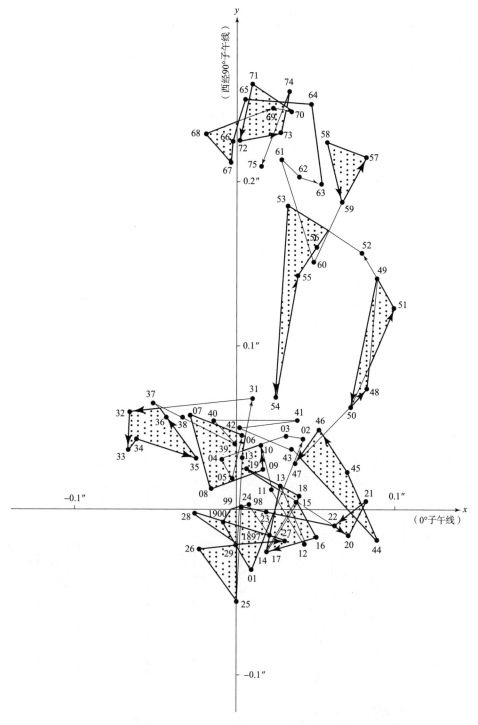

图 6.3.36 年平均极移轨道的圈闭和圈而不闭与中国发生 7.2 级以上地震时间的关系

表 6.3.8　中国 7.2 级以上地震发生时间与年平均极移轨道关系表

年平均极移轨道圈闭时发震			年平均极移轨道圈而不闭时发震			年平均极移轨道一般情况发震		
时间	地点	震级	时间	地点	震级	时间	地点	震级
1902 - 8 - 22	阿图什	8.5	1909 - 4 - 15	花莲	$7\frac{1}{4}$	1940 - 7 - 10	穆棱	$7\frac{1}{4}$
1906 - 12 - 23	玛纳斯	8	1932 - 12 - 25	昌马	7.5	1944 - 3 - 10	新源	$7\frac{1}{4}$
1910 - 4 - 12	基隆	$7\frac{3}{4}$	1933 - 8 - 25	迭溪	7.5	1954 - 2 - 11	山丹	$7\frac{1}{4}$
1914 - 8 - 5	哈密	7.5	1935 - 9 - 4	兰屿	$7\frac{1}{4}$			
1915 - 12 - 3	拉萨	7?	1936 - 8 - 22	恒春	$7\frac{1}{4}$			
1917 - 7 - 31	珲春	7.5	1946 - 1 - 11	牡丹江	$7\frac{1}{4}$			
1918 - 2 - 13	南澳	$7\frac{1}{4}$	1955 - 1 - 14	康定	7.5			
4 - 10	珲春	$7\frac{1}{4}$	1963 - 2 - 13	南澳	7?			
1920 - 6 - 5	花莲	8	4.19	阿兰湖	7?			
12 - 16	海源	8.5	1966 - 3 - 22	邢台	7.2			
1922 - 9 - 2	宜兰	7.5						
9 - 15	宜兰	$7\frac{1}{4}$						
1923 - 3 - 24	卢霍	$7\frac{1}{4}$						
7 - 3	民丰	$7\frac{1}{4}$						
7 - 12	民丰	$7\frac{1}{4}$						
1927 - 5 - 23	古浪	8						
1931 - 8 - 11	富蕴	8						

（续表）

年平均极移轨道圈闭时发震			年平均极移轨道圈而不闭时发震			年平均极移轨道一般情况发震		
时间	地点	震级	时间	地点	震级	时间	地点	震级
8 - 18	富蕴	$7\frac{1}{4}$						
1937 - 1 - 7	都兰	7.5						
1947 - 3 - 17	达日	$7\frac{3}{4}$						
7 - 29	朗县	$7\frac{3}{4}$						
1948 - 3 - 3	东沙	$7\frac{1}{4}$						
5 - 25	理塘	$7\frac{1}{4}$						
1949 - 2 - 24	轮台	$7\frac{1}{4}$						
1950 - 8 - 15	察隅	8.5						
1951 - 10 - 22	花莲	$7\frac{1}{4}$						
11 - 18	当雄	8						
11 - 25	台东	7.5						
11 - 25	大港口	$7\frac{1}{4}$						
1952 - 8 - 18	当雄	7.5						
1957 - 2 - 24	花莲	$7\frac{1}{4}$						
1959 - 4 - 27	宜兰	7.5						
1969 - 7 - 18	渤海	7.4						
1970 - 1 - 15	通海	7.7						
1972 - 1 - 4	台湾	7.2						

（续表）

年平均极移轨道 圈闭时发震			年平均极移轨道 圈而不闭时发震			年平均极移轨道 一般情况发震		
时间	地点	震级	时间	地点	震级	时间	地点	震级
1 - 25	台湾	8						
1 - 25	台湾	7.7						
4 - 24	台湾	7.3						
1973 - 2 - 6	卢霍	7.9						
7 - 14	西藏	7.5						
9 - 29	珲春	8						
1974 - 8 - 11	喀什	7.5						
1975 - 2 - 4	海城	7.3						

四、日月引力

日月引力作用引起的地轴变向为岁差（图 6.3.37a），使黄赤交角变化于 21°59′～24°35′之间。因之，太阳对地壳引力方向与赤道斜交在 ±24°35′之间，它改变着地壳中垂直纬线有 ±22°35′变动方向的水平压应力，这将加剧斜向构造系统应力场。

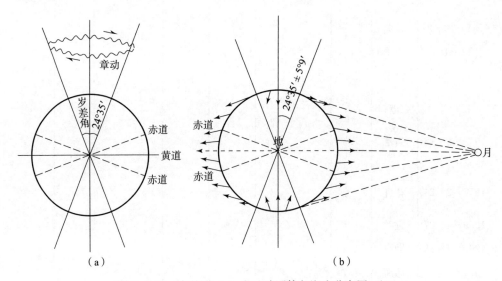

图 6.3.37　岁差图（a）和地球固体起潮力分布图（b）

月球在黄道面上下波动 5°9′引起的地轴沿岁差轨道的上下波动——岁差中的

振动，为地轴章动。这种引力的波动也是构造应力的一个力源（图 6.3.38），并影响斜向构造系统应力场。

日月固体潮起落，使地球半径有数十厘米的变化。它一方面引起地球质量分布不断改变，造成其转动惯量的变化，一方面由起潮力直接影响经向、纬向和斜向构造系统特别是中纬度的应力场（图 6.3.37b）。

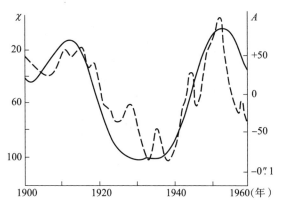

图 6.3.38　地轴章动振幅（实线）与
地震年频度（虚线）的关系

地球一点单位质量岩体所受月球起潮力的铅直分量

$$f_V = k\frac{r\,m}{D^3}(3\cos^2\theta - 1)$$

水平分量

$$f_H = \frac{3}{2}k\frac{r\,m}{D^3}\sin 2\theta$$

k 为引力常数，m 为月球质量，r 为地球一点到地心的距离，D 为地月中心距离，θ 为地球一点的月球天顶距。$\theta = 54°44'$，$3\cos^2\theta - 1 = 0$，则 $f_V = 0$；$\theta < 54°44'$，$f_V > 0$，向上；$\theta > 54°44'$，$f_V < 0$，指向地心。$\theta = 45°$，$\sin 2\theta = 0$，f_H 最大，向两侧递减，方向指向月下点。

因固体潮应变的量级为 10^{-8}，即使假定其全部是弹性应变，所相应的应力也只有 $10^{-3} \sim 10^{-4}$（兆帕）。其中，日月潮应力之比为 $0.46:1$。

五、柯赖奥莱力

将地心坐标 $0-x$，y，z 相对视为静坐标系，地壳坐标 $0'-x'$，y'，z' 视为动坐标系。此动坐标系的运动，取决于 $0'$ 点的速度 $\boldsymbol{v}_0$ 和此坐标系绕过 $0'$ 点瞬时转轴的角速度 $\boldsymbol{\omega}$。于是，地壳上 P 点对地心的矢径（图 6.3.39）

$$\boldsymbol{r} = \boldsymbol{r}_0 + \boldsymbol{l}$$

其对时间的导数

$$\frac{\mathrm{d}\boldsymbol{r}}{\mathrm{d}t} = \frac{\mathrm{d}\boldsymbol{r}_0}{\mathrm{d}t} + \frac{\mathrm{d}\boldsymbol{l}}{\mathrm{d}t} \qquad (6.3.19)$$

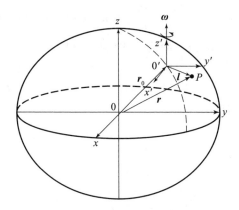

图 6.3.39　地壳上 P 点运动的静动坐标系表示

式中

$$\frac{\mathrm{d}\boldsymbol{r}_0}{\mathrm{d}t}=\boldsymbol{v}_{0'}$$

因

$$\boldsymbol{l}=\boldsymbol{i}x'+\boldsymbol{j}y'+\boldsymbol{k}z'$$

得

$$\frac{\mathrm{d}\boldsymbol{l}}{\mathrm{d}t}=\boldsymbol{i}\frac{\mathrm{d}x'}{\mathrm{d}t}+\boldsymbol{j}\frac{\mathrm{d}y'}{\mathrm{d}t}+\boldsymbol{k}\frac{\mathrm{d}z'}{\mathrm{d}t}+x'\frac{\mathrm{d}\boldsymbol{i}}{\mathrm{d}t}+y'\frac{\mathrm{d}\boldsymbol{j}}{\mathrm{d}t}+z'\frac{\mathrm{d}\boldsymbol{k}}{\mathrm{d}t} \tag{6.3.20}$$

此式右边前三项之和为 P 点对动坐标系的速度 $\boldsymbol{v}'$，后三项之和为 P 点因动坐标轴转动而生速度。由于

$$\boldsymbol{i}\cdot\boldsymbol{i}=1$$

其对时间的导数为

$$2\boldsymbol{i}\cdot\frac{\mathrm{d}\boldsymbol{i}}{\mathrm{d}t}=0$$

可知 $\dfrac{\mathrm{d}\boldsymbol{i}}{\mathrm{d}t}$ 垂直 $\boldsymbol{i}$，因之必在（$\boldsymbol{j}$，$\boldsymbol{k}$）平面上，故可写为

$$\left.\begin{aligned}\frac{\mathrm{d}\boldsymbol{i}}{\mathrm{d}t}&=a\boldsymbol{j}+b\boldsymbol{k}\\[2mm]\frac{\mathrm{d}\boldsymbol{j}}{\mathrm{d}t}&=c\boldsymbol{k}+d\boldsymbol{i}\\[2mm]\frac{\mathrm{d}\boldsymbol{k}}{\mathrm{d}t}&=e\boldsymbol{i}+f\boldsymbol{j}\end{aligned}\right\} \tag{6.3.21}$$

同理

又

$$\boldsymbol{i}=\boldsymbol{j}\times\boldsymbol{k}$$

其对时间的导数

$$\frac{\mathrm{d}\boldsymbol{i}}{\mathrm{d}t}=(c\boldsymbol{k}+d\boldsymbol{i})\times\boldsymbol{k}+\boldsymbol{j}\times(e\boldsymbol{i}+f\boldsymbol{j})=-d\boldsymbol{j}-e\boldsymbol{k}$$

与（6.3.21）中第一式相减，得

$$\left.\begin{aligned}a&=-d\\b&=-e\\c&=-f\end{aligned}\right\}$$

同理得

于是，（6.3.21）可写成

$$\left.\begin{array}{l} \dfrac{\mathrm{d}\boldsymbol{i}}{\mathrm{d}t}=a\boldsymbol{j}-e\boldsymbol{k} \\[2mm] \dfrac{\mathrm{d}\boldsymbol{j}}{\mathrm{d}t}=c\boldsymbol{k}-a\boldsymbol{i} \\[2mm] \dfrac{\mathrm{d}\boldsymbol{k}}{\mathrm{d}t}=e\boldsymbol{i}-c\boldsymbol{j} \end{array}\right\} \tag{6.3.22}$$

由此可知，a 是 $\dfrac{\mathrm{d}\boldsymbol{i}}{\mathrm{d}t}$ 在 $\boldsymbol{j}$ 方向的分量，故 $a\cdot\mathrm{d}t$ 是 $\boldsymbol{i}$ 在时间 $\mathrm{d}t$ 内的变化 $\mathrm{d}\boldsymbol{i}$ 在 $(x',\,y')$ 平面上的投影（图 6.3.40），因 $\boldsymbol{i}$ 是单位向量，则得

$$a\cdot\mathrm{d}t=\mathrm{d}\psi$$

于是有

$$a=\dfrac{\mathrm{d}\psi}{\mathrm{d}t}$$

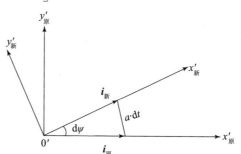

图 6.3.40　动坐标系绕 z 轴转动时 a 的物理意义表示

可见，a 是动坐标系绕 z 轴转动的角速度分量。同理可证：c 是动坐标系绕 x 轴转动的角速度分量，e 是动坐标系绕 y 轴转动的角速度分量。于是，将（6.3.22）代入（6.3.20），得

$$\begin{aligned} \dfrac{\mathrm{d}\boldsymbol{l}}{\mathrm{d}t}&=\boldsymbol{i}\dfrac{\mathrm{d}x'}{\mathrm{d}t}+\boldsymbol{j}\dfrac{\mathrm{d}y'}{\mathrm{d}t}+\boldsymbol{k}\dfrac{\mathrm{d}z'}{\mathrm{d}t}+\boldsymbol{i}(ez'-ay')+\boldsymbol{j}(ax'-cz')+\boldsymbol{k}(cy'-ex') \\ &=\boldsymbol{v}'+(\boldsymbol{i}c+\boldsymbol{j}e+\boldsymbol{k}a)\times(\boldsymbol{i}x'+\boldsymbol{j}y'+\boldsymbol{k}z') \\ &=\boldsymbol{v}'+\boldsymbol{\omega}\times\boldsymbol{l} \end{aligned}$$

则（6.3.19）变成

$$\boldsymbol{v}=\boldsymbol{v}_{0'}+\boldsymbol{v}'+\boldsymbol{\omega}\times\boldsymbol{l}$$

其中，$\boldsymbol{v}_{0'}+\boldsymbol{\omega}\times\boldsymbol{l}=\boldsymbol{v}_0$ 是因动坐标系运动而生的牵连速度。则得 P 点对地心静坐标系的绝对加速度

$$\begin{aligned} \boldsymbol{a}&=\dfrac{\mathrm{d}\boldsymbol{v}_{0'}}{\mathrm{d}t}+\dfrac{\mathrm{d}\boldsymbol{v}'}{\mathrm{d}t}+\dfrac{\mathrm{d}(\boldsymbol{\omega}\times\boldsymbol{l})}{\mathrm{d}t} \\ &=\dfrac{\mathrm{d}\boldsymbol{v}_{0'}}{\mathrm{d}t}+\dfrac{\mathrm{d}\boldsymbol{v}'}{\mathrm{d}t}+\dfrac{\mathrm{d}\boldsymbol{\omega}}{\mathrm{d}t}\times\boldsymbol{l}+\boldsymbol{\omega}\times(\boldsymbol{\omega}\times\boldsymbol{l})+2\boldsymbol{\omega}\times\boldsymbol{v}' \end{aligned}$$

其中，$\boldsymbol{a}_0=\dfrac{\mathrm{d}\boldsymbol{v}_{0'}}{\mathrm{d}t}+\dfrac{\mathrm{d}\boldsymbol{\omega}}{\mathrm{d}t}\times\boldsymbol{l}+\boldsymbol{\omega}\times(\boldsymbol{\omega}\times\boldsymbol{l})$ 是 P 点因动坐标系运动而生的牵连加速度，内中第一项是动坐标系的移动加速度，第二项是动坐标系转动而生的切线加速度，第三项是动坐标系转动而生的向心加速度；$\dfrac{\mathrm{d}\boldsymbol{v}'}{\mathrm{d}t}$ 是 P 点对动坐标系的相对加速度；$2\boldsymbol{\omega}\times\boldsymbol{v}'$ 是柯氏加速度——P 点在动坐标系中有相对速度 $\boldsymbol{v}'$ 时的一种加速

度，其方向为由 $\boldsymbol{\omega}$ 到 $\boldsymbol{v}'$ 的右手螺旋前进方向。

地壳中质量为 m 的地块，以速度 $\boldsymbol{v}'$ 对地球水平移动，则其将产生一向围岩作用的柯氏惯性力

$$\boldsymbol{K}=-2m\boldsymbol{\omega}\times\boldsymbol{v}'$$

取动坐标轴 x'、y' 与纬线、经线相切，z' 轴与径矢同向（图 6.3.41），$0'$ 所在纬度为 ϕ，则地球自转角速度在北半球可表示为

$$\boldsymbol{\omega}=-\boldsymbol{j}\omega\cos\phi+\boldsymbol{k}\omega\sin\phi$$

若地块在北半球沿经线自北向南移动，其速度

$$\boldsymbol{v}'=\boldsymbol{j}v'$$

则

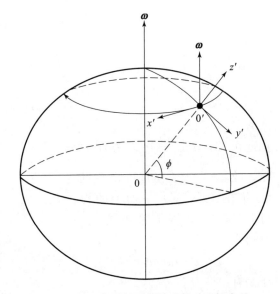

图 6.3.41　水平柯氏惯性力的动坐标表示

$$\boldsymbol{K}=-2m(-\boldsymbol{j}\omega\cos\phi+\boldsymbol{k}\omega\sin\phi)\times\boldsymbol{j}v'$$
$$=\boldsymbol{i}\,2m\omega v'\sin\phi$$

此式说明，此地块因地球自转而生一向西的水平柯氏惯性力，压向其西边的围岩。若在南半球，地块沿经线自南向北运动，其速度

$$\boldsymbol{v}'=-\boldsymbol{j}v'$$

因此时

$$\boldsymbol{w}=-\boldsymbol{j}\omega\cos\phi-\boldsymbol{k}\omega\sin\phi$$

则得

$$\boldsymbol{K}=-2m(-\boldsymbol{j}\omega\cos\phi-\boldsymbol{k}\omega\sin\phi)\times(-\boldsymbol{j}v')=\boldsymbol{i}\,2m\omega v'\sin\phi$$

此式说明，地块因地球自转仍产生一向西的水平柯氏惯性力，压向其西边的围岩。从此可知，在地块从两极沿经线向赤道水平移动时，同时都产生一向西的柯氏惯性力。这种向赤道和向西的水平力之合力，在北半球有助于北西斜向构造系统应力场，而在南半球则有助于北东斜向构造系统应力场。此种力，与地块质量和移动速度及地球自转角速度成正比，在两极最大，在赤道因 $\sin\phi=0$ 而为零。

六、太阳辐射

地球自转速度的改变，除有地球内因外，还与太阳活动有关（图 6.3.42）。太阳活动，一方面以引力的方式来影响地球自转，一方面以微粒流方式和地磁场的磁流体动力耦合，造成地磁偶极子在星际等离子体中旋转受到阻尼而减小转矩，于是产生磁流波辐射，减小地球自转能量，使其自转减慢。

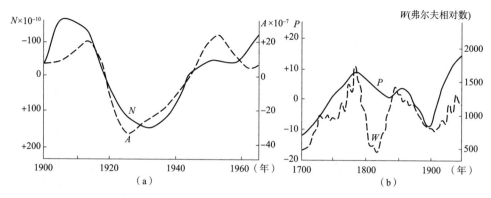

图 6.3.42　地球自转角速度变率与太阳黑子面积的关系（a）
（A. Stoyko & N. Stoyko，1966）及日长变化与太阳活动的关系（b）
（M. B. Стовас et al.，1959）

太阳辐射的形式有两种：电磁辐射，如可见光、紫外线、X射线、无线电波；微粒辐射，如质子、带电粒子。除一般辐射外，还有骤变辐射，主要是耀斑和黑子。耀斑为色球层爆发，是太阳最强的活动，1秒钟放出的能量达 $10^{21}\sim10^{24}$ 焦，爆发时射电辐射比平常高几千至几百万倍，抛出大量带电微粒子流和质子，到达地球便引起地球电磁场的巨大变化。黑子是太阳磁性旋涡，多分布在其赤道两侧 $6°\sim35°$ 纬圈内，射出的大量带电微粒子和紫外线击中地球时便引起磁爆。这两种太阳活动的多年变化趋势，与地球自转速度变化趋势很符合（图6.3.42）。

地壳中电阻率低的地带易于吸收电磁辐射而转化为热能，低电阻率带则与压缩变形剧烈的活动构造带大体一致。于是，这种热胀压力便成为地壳运动中各活动构造带的附加压力。同时，由于温度升高，又降低构造带中岩体的强度，并增强塑性。实验证明，强电磁场的作用可使岩石强度下降 $10\%\sim400\%$。因之、当太阳耀斑和黑子增多时，特别是当太阳活动区域转向地球时，地震便增多起来，二者有同步变化趋势（图6.3.43）。在太阳活动的每个周期中，太阳黑子数的变化有两个极大值，地震活动高峰比其中的最高值略为落后一段时间（图6.3.43b）。这同时也说明了，太阳活动是因，地震活动是果。太阳活动所引起地壳活动构造带附加热胀压力的增大和岩体强度的降低，都是有助于构造应力场作用效果增强的因素。

上述几种天体作用，既然与地内变化同是造成地壳构造应力场的成因，又降低构造带中岩体的强度，那么地壳构造活动周期，如地震周期，便应与这些天文周期有一定的相似性。地球自转速度变化有180年、90年、60年、30年、10年的周期，极移有平均427天的周期，岁差有24035年的周期，章动有18.6年的周期，太阳潮有半年、半日周期，大潮在春分和秋分，月球潮有半月周期，大潮在朔、望后 2～3 天，太阳活动有 90 年、10 年周期。那么，全球性或区域性地震活动，均应与此有大致的对应关系，而事实也正是如此（图 6.3.43）。

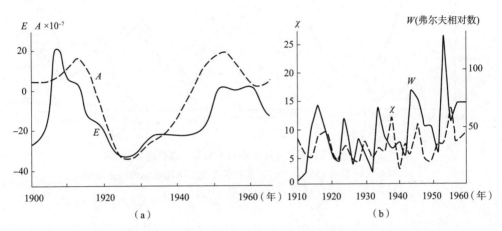

图 6.3.43　地震总能量与太阳黑子面积的关系（a）及强震频度与太阳活动的关系（b）
（С. А. Батугин 和 И. М. Батугина，1975）

上述六种造成构造应力场的力源所引起的构造力都是主动的，它们将受到地壳中各种阻力的约束和反抗而共同造成地壳构造应力场。这种构造应力场的形成规律是全球性的。构造应力场还会由于岩浆上溢、冰川、大气压力分布改变、构造变形和沉积物移动等负载变化引起的重力变化、局部热异常区引起的水平热胀挤压、地下水引起的湿胀压力、岩体中溶洞的形成和人工开挖、人工爆破和水库蓄水泄水，而使局部应力重新分布，局部地集中或解除。

从大小和成因的统一性上，构造应力已分为基本应力和附加应力。基本应力是构成地壳构造应力场的基础应力，是一级构造力。地球匀速和变速自转所引起的构造应力属于此类。附加应力是地壳构造应力场中的辅助应力，是二级构造力。极移、岁差、章动、起潮力、柯氏力、均衡浮力、气压改变等所引起的应力均属此类，它们可使构造应力场在基本场的基础上加强或减弱。若活动构造带中的基本应力已近于岩体断裂强度，则这些附加应力加上后便可使岩体断裂而成为发震的导火线，因而常是引起地震的触发原因。事实证明，地极移动轨道转折时，地壳上便发生 7.5 级以上大震，地震活动天数在近地点比远地点增加 10%～17%，在朔望期比方照期增加 3%～13%。

由于大质量物体运动微变的能量，足以转变成小质量物体运动巨变的能量。因之，地球自转速度的微小变化，便足以引起地壳局部岩体的剧烈运动。地球自转每年变化所生能量的百分之一，就已相当全球每年地震释放的总能量。附加应力在构造应力场的总和中的作用也是不可忽视的，并且有时由于这一小量应力的增加，便可触发岩体中的断层活动。如，月球起潮力比太阳的大两倍多，日、月在同向共同吸引地球时的起潮力为二者之和，故初一、十五左右常多发震。但当其他因素的作用突出时，起潮力的作用便相对变得极小而引发不了地震。于是其他因素的作用便上升成为地震的触发原因。因此，发震规律就不可能完全与起潮力的作用规律符合，而是还有例外情况。又如，太阳活动较强时，往往地震较多。1972 年 8 月太阳发生了百年一遇的爆发，最高射线强度为平时的一万倍，之后地球上便发了多次大地震，但也有些地震与太阳活动对应不上，这就是由于其他引发因素的作用上升而占了主导地位。因之，在应用中必须全面了解构造应力场各种组成成分的综合作用情况。例如，为要进行地震预测或工程设计等，就需要从发震的直接原因上测量各种力源的综合作用或从场的成因上了解各种力源的综合作用，综合观测地应力的变化，而不能指望抓住一个因素的作用就来解决所有地震的触发原因和工程设计问题。

第四节　　地球自转变化规律

了解过去地球自转变化的规律，主要可依据构造应力场分布、海水进退、沉积分析、冰川分析和现代测量。主要目的，在于用之推测未来一段时间的地球自转变化趋势及即将出现的构造应力场，以便在有关的各种预测和预报中应用。

一、构造应力场分布

地球匀速和变速自转是造成地壳构造应力场的主要力源，因之反过来从地壳构造应力场的主要分布形式可推知当时地球自转的主要变化趋势。

有的构造体系，其正向活动与地球自转状态的关系有多解性。如，南美洲西部的经向构造带，在地球自转加快和减慢时均有正向活动。因之，为鉴定地球自转变化趋势，必须选择那些正向活动只受一种外力作用方式的构造体系，才能作为鉴别的依据。

下古生代，经向和斜向构造系统应力场的分布广而强，主要如大陆东侧的格陵兰东部经向构造带和澳洲东部经向构造带应力场均在活动，如前所述它们都是地球自转减速惯性力造成的，因之此时期地球自转变化的主要趋势是减慢。到上古生代，则较大范围的纬向构造系统、东亚的老华夏系构造带、西北欧的北东斜向加里东构造带、北美西部歹字型构造的北端头部和北美东南部的阿巴拉阡北东斜向构造带应力场增强起来，而这些则是地球自转加速惯性力造成的，因之此时期地球自转变化的主要趋势是加快。进入中生代，除纬向构造系统应力场仍在较大范围存在外，一些斜向构造系统应力场特别如东亚的新华夏系应力场大范围活动起来，北美洲西部的歹字型构造应力场也强烈活动，平行北美西海岸伸展长 1280 多千米的圣安得利斯大断裂的活动达到了高潮，其东盘相对西盘向东南总共错移了五百余千米，北美洲东南部的阿巴拉阡构造带也在活动，这些应力场的存在都标志着地球自转的主要变化趋势仍然在加快。海洋中的纬向大断裂，近赤道一盘向西平错而跟不上高纬度一盘向东的运动步调，即近赤道处相对其南北两侧的高纬度区向西发生了剪切位移，新华夏构造带的走向比老华夏系的走向偏北所显示的中亚大陆的进一步南移也证明地球自转此时期在加快。但到中生代中末期和老第三纪，斜向、经向构造系统中，如巨大的青藏印歹字型中部的构造应力场和澳洲东部经向构造带应力场则强烈活动起来，它们反映地球自转减速惯性力的作用，说明此时期地球自转变化的主要趋势又减慢下来。到上新世，纬向构造系应力场又广泛活动，东亚新华夏系应力场也成带活动，于是地球自转又趋向转快。直到第四纪，新华夏系应力场广泛增强，纬向构造系统应力场和中国西南部的经向构造带与青、藏、印尼歹字型构造的中部近南北向部分均有活动，说明地球自转总趋势仍在加快，后又转为减慢。

　　从上可知，地球自转的主要变化趋势，在下古生代减慢，到上古生代至中生代早期加快，但到中生代中末期和老第三纪则又减慢，及至上新世和第四纪早期又加快起来，到近代则又减慢下来。这是指一定地质时期内的总自转趋势，在这个总自转趋势中还有相比之下较弱的短期反向波动。如，在地球自转加快达到高潮的二叠纪，也有标志地球自转减慢的澳洲东部经向构造带和青、藏、印尼歹字型中部经向部分构造应力场的局部活动，到三叠纪纬向构造系统应力场大有减弱。及至近代，在总减慢的趋势中，也伴有加快的波动（图 6.3.17～图 6.3.20，图 6.3.26，图 6.3.30）。而且，加快与减慢也是逐渐转变的，如地球自转尚在减慢的志留纪中标志加快的北美洲东南部的阿巴拉阡构造带便已经活动起来，在地球自转已走向变快的泥盆纪中标志自转减慢的格陵兰东部和澳洲东部的经向构造带仍有活动，侏罗纪地球自转还在加快中标志减慢的澳洲东部经向构造带和青藏印歹字型中部的经向构造便又开始活跃起来直至白垩纪，而到始新世地球自转已减慢下来但标志加快的东亚大陆新华夏系构造带仍有局部活动，到上新世地球自转已趋向加快但标志减慢的青、藏、印尼歹字型构造的中部东侧仍继续形成。因此，为详细划分地球自转变化阶段，尚须进一步定量的区分形成各种构造体系的构造运动范围、强度和时期。

二、海水进退

1. 南北海水进退

　　液体的海洋没有强度。故地球自转加快时，海水在惯性离心力作用下比陆地优先流向赤道，而使低纬度带的海面上升得比陆地快以形成海浸，高纬度区同时广泛海退，中纬度大陆则为近赤道沿岸海浸而近两极沿岸海退，在东西方向上则是大陆东岸海浸而西岸海退。地球自转减慢时，则海浸、海退方位相反。可见，由地球自转引起的海浸和海退，在成因上是统一的，在时间上是同期的，在分布上是南北、东西共轭伴生的。这种广泛而较快的海水进退，不可能是陆地相应地快速沉降和隆起造成的。如低纬度带的广泛海浸和同期高纬度区的广泛海退，只能是由于地球自转加快引起的，而不会是由于低纬度大陆广泛快速沉降和同期高纬度大陆广泛快速隆起造成的。这不仅因为岩体升降较慢，还因为低纬度带陆地的广泛沉降和同期高纬度区陆地的广泛隆起是相当地球自转减慢，于是海水应优先流向高纬度区，这应形成低纬度带的海退和高纬度区的广泛海浸，而不是相反。

从古生代以来，仅大规模的海浸海退就往复过多次，从总的全球性大规模进退趋势上，可分几个阶段：下古生代，高纬度区广泛海浸，低纬度带广泛海退（图6.4.1），证明当时地球自转在减慢；上古生代到中生代，低纬度带广泛海浸，高纬度区广泛海退（图6.4.2），证明这段地质时期地球自转变为加快；白垩纪末到老第三纪，高纬度区广泛海浸，低纬度带广泛海退（图6.4.3），证明此时期地球自转又变慢了；到新第三纪，低纬度带广泛海浸，高纬度区广泛海退（图6.4.4），证明地球自转又加快起来；进入第四纪，总趋势仍然是低纬度带海平面上升，高纬度区海平面下降，但至少有两次反向变化，证明地球自转仍在加快，但其间至少有两次减慢阶段。这除了根据全球的海水进退，还广泛地对比了高、低纬度区陆地和海岸与海平面的相对升降运动。

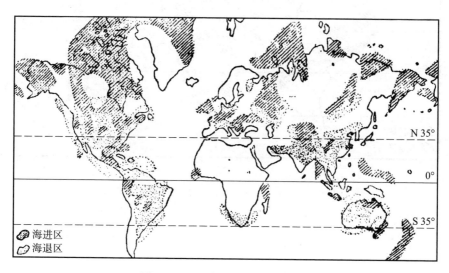

图 6.4.1　下古生代海水进退区域

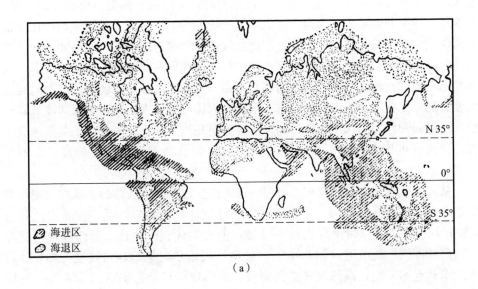

（a）

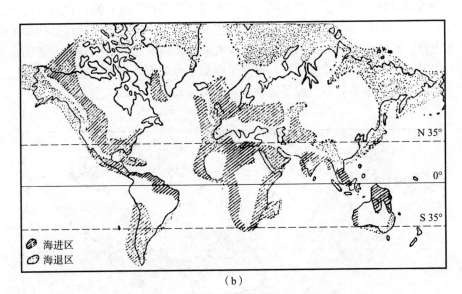

（b）

图 6.4.2　上古生代（a）和中生代（b）海水进退区域

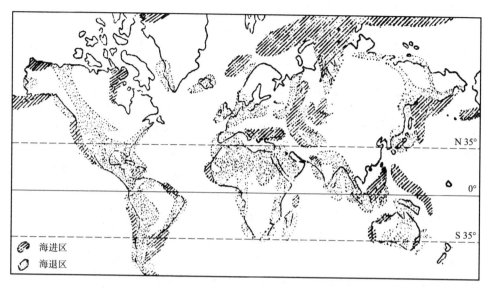

图 6.4.3　老第三纪海水进退区域

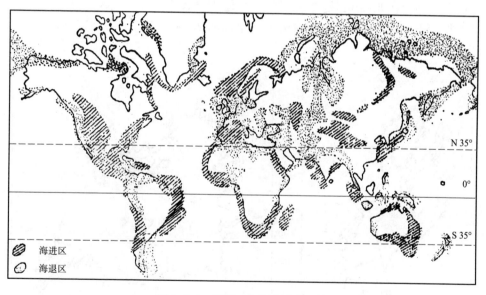

图 6.4.4　新第三纪海水进退区域

　　在北极区，随纬度的增加海岸相对海平面的隆起幅度相对增大，高纬度地区的陆地相对海平面也广泛隆起，冰岛、苏格兰北部、斯堪的纳维亚、斯匹次卑尔根、芬兰、新地岛、西伯利亚北岸、极地东北地区北岸、阿拉斯加、加拿大、格陵兰都如此。苏格兰北岸有 7～8 米、30～40 米高的第四纪海成阶地，而英格兰南岸则没有，地区北部以 5.5 厘米/年的速度上升，向南逐渐减少，到英吉利海峡诸岛南部则变为以 2 毫米/年的速度下降。芬兰所有湖泊北岸水位都下降，南岸水位则上升并淹没岸上陆地，使湖泊位置从白海向波罗的海移动，在距今约12000～15000 年内古海岸线上升了 200～250 米，最大速度为 1 厘米/年。斯堪的纳维亚北大西洋时期的沉积物高于海平面几米到几十米，上升速度为 1 厘米/年，而英吉利东南和荷兰则降到海平面以下。苏联的谢戈泽罗湖、咸海、巴尔哈什湖、奥涅加湖和拉多加湖，湖面均向北倾斜（图 6.4.5）。奥涅加湖北岸出现有高出湖面 54 米的湖成阶地，而谢戈泽罗湖南岸砂堤则向陆上扩展，砂下泥炭被淹没在湖下，湖底有树桩，岸上有被湖水冲刷切割很陡的古路，并有深 6～9 米的水下阶地。拉多加湖的湖水从北岸流向南岸并淹没了新地段，北岸则出现许多新岛屿，北部的伯朝拉河下游出现水平河漫滩，有三级阶地。黑海近地质历史分四期：第一期海成沉积物已在海平面上 18～50 米海岸上，第二期沉积物在高1.3～25 米的海岸上，第三期沉积物在海底，第四期和现今黑海相当，说明海平面下降过后又上升。加拿大大湖北岸全面隆起，古湖岸高出湖面 150 米，南岸湖相沉积中埋有树干和树枝深 5 米余，南岸下降速度为 1.5 毫米/年。太平洋和大西洋沿岸阶地相对海平面向赤道逐渐降低。格陵兰近代海生软体动物遗体保存位置越北越高，在北纬 61°是 3～5 米，64°是 31 米，72°是 50 米，格林奈尔地是300 米，81.7°达 600 米，西海岸的古海岸线高 25～40 米，波芬地东北岸古海岸线高 45～60 米。

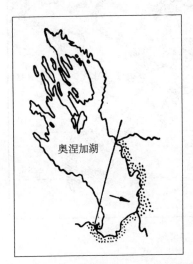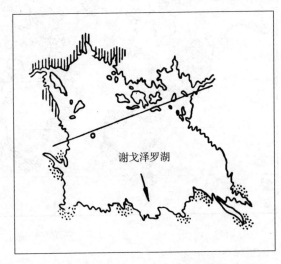

图 6.4.5　苏联湖岸第四纪进退遗迹：矢号为湖水移动方向、直线为水位平衡线、点区
为岸线向陆上浸进遗迹、影区为岸线向湖中退去遗迹（В. Ф. земляков, 1961）

在南半球，整个南极洲和南美洲南部陆地相对海平面广泛隆起，南美洲高纬度带的圣克鲁斯港北 240 千米内有七个海滨阶地，向南依次高 30 米、76 米、107米、290 米，最高的 366 米。

在低纬度带，美国密西西比河口外 81 米深处有距今 30000 年的炭质层，博蒙特海边深 21～27 米的浸没森林年龄为 11500±500 年，说明海平面在以 1.8～2.3 毫米/年的速度上升。朝鲜、中国、越南海岸总体在下沉，后又有阶段回升。日本海深水部分是晚第三纪奠定的，北海道东北和东南、本州周围、朝鲜东海岸有沉到海面下 540～720 米的溺谷，天津一个深钻孔揭示了连续的淡水沉积下降到海面下 600 米还未见底。马来亚群岛从新第三纪开始便被海水浸沉。

在这段时期内，至少伴有两次阶段性的反向运动。欧洲高纬度区陆地相对海平面，在上新世以上升为主，更新世则有下降，全新世仍以上升为主。欧洲西北海底分布有河道网与现今欧洲大陆河流相连，不列颠岛北深 50 米的海底埋有泥炭、树根和树干，浅海底埋有毛象、麝牛、驯鹿、毛犀和鬣狗骨牙，苏格兰东海岸 70 米深的海底铺着石砾和只能生存在潮水涨落地带的贝壳，荷兰沿海海面下 18 米的泥炭层年龄为 7200 年，向南到低纬度的尼罗河三角洲水面上的古岸遗迹北低南高。北美东岸大西洋陆棚上已沉在海中的弗兰克林古海岸线长 300 千米，在北纬 43° 的北端深 100 米，在北纬 40° 的南端深 70 米，往南过了北纬 35° 线的大陆上有第四纪海岸遗迹高 46 米，其南端高 73 米，这两段古海岸间还有第四纪海岸地形长者千余千米，与今日海岸相距 80 千米，中间有薄层第四纪海相沉积。更新世早中期，东亚大陆在沉降间隙内曾有三次上升，使黄海和东海变成宽阔的平原，在琉球弧的内侧仅留了一条狭窄的海水带，中国湛江海岸有 10 米、20 米、40 米高的海滨阶地，广东南海海岸有 45～50 米高的阶地，闽江一带砾石层离河面高达 80 米。变更的大致时间，可从渤海、黄海、东海、南海的海平面变化来划分。渤海中部海底和北隍岛有晚更新世北方大陆广泛活动的披毛犀化石，南排河口钻孔发现海退阶段生成的厚 1 米的二泥炭层，上层高程 −15～−16 米距今 9650±190 年，下层高程 −40～−41 米距今早于 32000 年，证明海平面曾有两个上升阶段。黄海北部陆架海底高程 −20 米的海相沉积物下有距今 12000 年表示古海岸生场遗迹的泥炭堆积，黄海南部近岸浅水海底有 5～6 级海底埋藏阶地，其中离岸 40 千米长 90 千米一条高程 −40～−53 米，海洋岛 48～56 米/深海底沉积物下有距今 12400 年的泥炭层，海峡 72 米深海海底有距今 36000 年前的泥炭层，证明海平面至少有两个上升阶段。相反，辽东半岛分布三道全新世贝壳堤，最早的一道高出海平面 7～10 米距今 4270±120 年，第二道高出海平面 4～5 米，最新的一道高出海平面 2～3 米距今 2000～2500 年，证明海平面曾有三个下降阶段。天津平原也分布三道贝壳堤，最早的一道高程 6～8 米距今 3500 年，第二道高程 3～4 米距今 2000～2500 年，最新的一道高程 2 米距今 1080 年，东堤头还有距今 5690 年和 6620 年前的贝壳堆积层，证明海平面至少有三个下降阶段。莱州湾海岸平原有淤泥、粉细砂夹薄层炭质淤泥的二海相地层，含暖水卷转虫为主的滨海底栖软体动物化石，下层泥炭夹层高程 −35～−38 米距今 24400 年，上层泥炭夹层高程 −8.4～−8.6 米距今 5600 年。大批生长在浅水中的大个

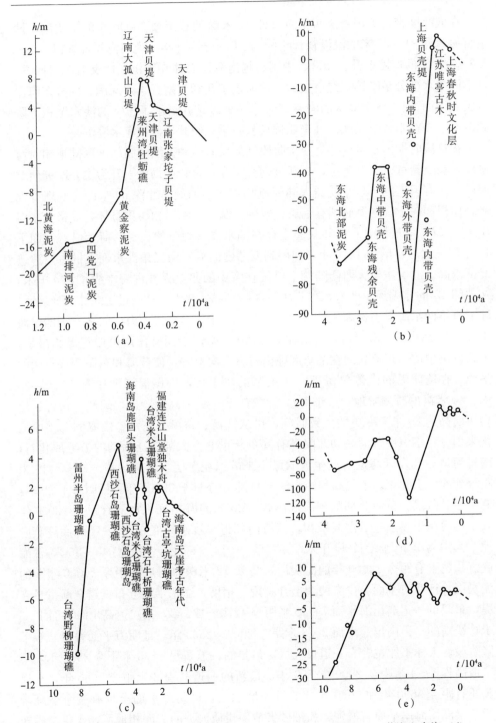

图 6.4.6　晚更新世以来，渤海和黄海（a）、东海（b）、南海（c）、黄海和东海（d）、
南海（e）岸海海平面随时间变化曲线（郭旭东，1979）

体牡蛎组成的牡蛎礁埋在地下高程 2～3 米处距今 5535 年，也证明海平面有三个
下降阶段。晚更新世以来，渤海和黄海海平面随时间变化曲线，如图 6.4.6a。东
海大陆架全新世水下三角洲不整合于更新世晚期老三角洲平原上。古三角洲平原
上有古河床、贝壳滩、砂砾滩、水下平台和阶地。虎皮礁岛海底有原始牛骨化
石。海底沉积场以高程－6～－100 米为界分三带，外带是粗砂含古海岸残余贝
滩、砂砾滩和泥炭层距今 15000～18000 年，中带是细砂含贝壳滩和泥炭距今
22000～25000 年，内带是粉砂和淤泥距今 12000 年，它们代表三个时期的海岸
沉积，证明海平面至少有两个上升阶段。相反，江浙海岸，外侧高程 2～3 米形
成于 2000～3000 年前，内侧高程 10 米形成于 5000～6000 年前，上海马桥高程
4.5～6.3 米的海生蚬和蚶蛏等组成的贝壳堤距今 5785 年，又证明海平面的下
降。晚更新世以来东海海平面随时间变化曲线，如图 6.4.6b。福建晋江深户湾
距海岸 300 米外的海底有长 1 千米宽数百米属陆相裸子植物的古森林树桩，直径
多为 0.4～0.6 米，大者 1 米，距今约 8000 年。台湾南部珊瑚礁高程－10 米距今
8020 年，－2 米者距今 4000 年，0 米者距今 4000 年，2 米者距今 2000 年，证明
海平面上升后又下降。海南岛鹿回头高程 1.5 米的珊瑚礁距今 5180 年。高程 3
米的距今 3750 年，高程 4 米的距今 3630 年，也证明海平面上升后又下降。西沙
高程 5 米的珊瑚岸礁距今 4856 年，高程－3～－5 米的台地距今 1754 年，又证明
海平面在其间至少有一次下降。南海多 2～3 级海岸阶地和 4～10 级海蚀台地，
台湾南部、海南岛、雷州半岛和南海列岛多珊瑚岸礁、蒸发岩、海滩岩，连江至
泉州、广东韩江和珠江三角州多贝壳堤和贝壳层，福建连江高程 2～3 米的海岸
阶地埋藏的独木舟距今 2170 年，北部湾满尾岛高程 2 米的海岸泥炭层距今 1800
年，南沙群岛、中沙群岛、西沙群岛和东沙群岛主要由珊瑚碎屑岩和珊瑚礁组
成，岛面多珊瑚岸礁、堤礁、礁滩、礁堡，台湾滩和澎湖列岛也多是珊瑚礁岛
屿，它们都证明海平面的下降。南海 8000 年来海平面随时间变化曲线，如图
6.4.6c。由此可知，黄海和东海的海平面，在 40000～36000 年前下降，距今
36000～25000 年上升，距今 25000～20000 年较稳定，距今 20000～15000 年下
降，距今 15000～6000 年上升，距今 6000 年以来又发生了波动性地下降（图
6.4.6d）。东南沿海海平面，距今 6200 年前上升，距今 6200 年以来也发生了波
动性地下降（图 6.4.6e）。总的看来，越向低纬度变化越敏感，中国低纬度沿海
海平面从距今 6000～6200 年来在波动性下降。

2. 东西海水进退

把大陆东西岸海水进退与同期构造带的形成进行对比，也反映地球自转速度
的变化趋势。

在下寒武纪，北美洲西岸科迪勒拉地区海浸，而东岸阿巴拉阡构造带在形
成，说明东岸受有来自东方的水平压力造成了北东向构造带的剪压运动，同时西
岸则阻碍了海水以原有较高的速度向东的惯性运动而使其浸漫了陆地，可见此时

地球自转在减慢。到二叠纪，相反东岸则快速向东推动了还在作低速惯性运动的海水而造成海浸，西岸北西向科迪勒拉构造带由于受自西向东的水平力作用而进行剪压变形，并使原海浸带东移，可见此时地球自转在加快（图 6.4.7）。

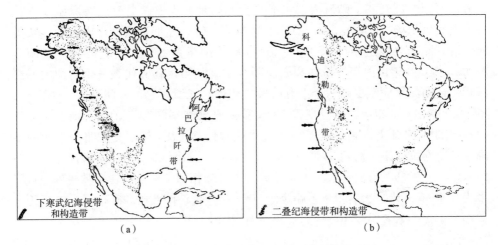

图 6.4.7　北美洲海浸（点区）与构造带（字区）形成关系（Schuchert, 1961）

3. 现代海水进退

　　高纬度区的瑞典在 1819 年于斯德哥尔摩南 25 千米开掘运河时凿穿了含现代波罗的海式贝壳的海成地层，18 米深处挖出了埋在地层中的渔民小屋，说明此地海平面先上升，后又下降，往复过两次。从瑞典一些海湾 1870 年前的海平面记载算得海面以 1 厘米/1 年的速度上升，而瑞典波的尼亚托尔涅奥海港由于海水下降到离岸很远的 1724 年旧码头，原巨舶航道此时连小艇也不易通过，岸边皮捷亚和拉拉塔纳城水准点观测得 1649～1930 年海面在均匀下降（图 6.4.8）。斯堪的纳维亚海岸也撤退了，几个世纪来海员已不能再用亚兰群岛的老地图航行了。中纬度的法国在 1857～1884 年用水平摆测得向北倾斜，南部以 0.4 厘米/年的速度上升（图 6.4.9）。水准测量表明，1910～1939 年，南克斯托夫和伏尔加格勒在下沉，苏联南方在上升，古班盆地在下降，莫斯科在上升。美国五大湖面向北东 72°方向以 0.1 厘米/年和向北东 20°方向以 0.09 厘米/年的速度倾斜，北岸相对湖面隆起，南岸陆地下降，森林淹没，湖相沉积以下 5 米处有树干，整个大湖区陆地向南倾斜，在 100 千米内的平均速度为 0.08（厘米/年）（图 6.4.10）。低纬度的日本本州，1896～1928 年稍有上升后总趋势转为下降（图 6.4.11）。全球 1810 年到 60 年前的海平面观测结果，是低纬度带海平面上升，高纬度区海平面下降（表 6.4.1）。北极圈附近 19 个观测站的数据说明，西伯利亚北部至楚科奇半岛，包括山区、杨斯基、勒拿、科累马、印迪吉尔卡海滨低地，每年上升 0.1～1.5 厘米，与阿拉斯加、加拿大北部、格陵兰、芬兰、不列颠盾地、俄罗斯台地北部的上升速度相近；而赤道带 41 个观测站的数据说明，中南美的巴拿马、墨西哥、哥斯达黎加、洪都拉斯、萨尔瓦多、海地、古巴、哥伦比亚、智利、秘鲁、厄瓜多尔的海岸，每年下降 0.1～1.4（厘米）；低纬度的几内亚湾、印度洋沿岸、缅甸、泰国、暹罗湾、菲律宾群岛，每年下降 0.04～1.4（厘米）。从 1830 年到 60 年前，它们随时间总的变化趋势基本如此（图 6.4.12），其间至少有过两次反向波动。建筑于公元前二世纪的意大利那波里城附近塞拉比斯古庙留至今日的三根石桂上海生贝壳指蛤旋出的梨状小孔遗迹说明，此处 10 世纪前在下沉，10 世纪后上升，16 世纪后又下沉（图 6.4.13），现已沉在海面下 2 米多。波河口附近拉温纳城一条古路，现亦沉在海面下。这些资料说明，10 世纪前地球自转在加快，10～16 世纪变为减慢，16 世纪到 60 年前又加快起来，其间至少夹有两个减速阶段。

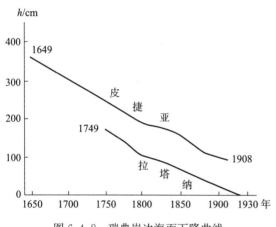

图 6.4.8 瑞典岸边海面下降曲线
（Hscupin，1961）

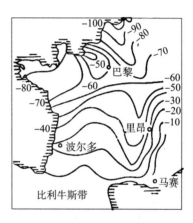

图 6.4.9 法国 1857～1884 年
等降线图：单位是厘米
（M. Schmidt，1938）

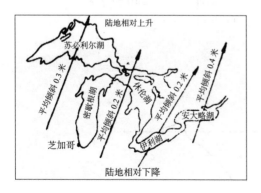

图 6.4.10 1860～1931 年美国五大湖区
倾斜方向（J. Freeman，1932）

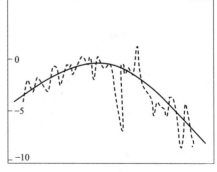

图 6.4.11 1896～1928 年谢托海至日本
海横过本州的精密水准测线
升降曲线（H. Scupin，1933）

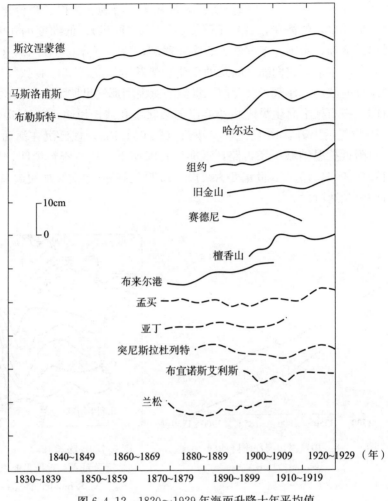

斯汶涅蒙德

马斯洛甫斯

布勒斯特

哈尔达

组约

旧金山

10cm

0

赛德尼

檀香山

布来尔港

孟买

亚丁

突尼斯拉杜列特

布宜诺斯艾利斯

兰松

1840~1849　　　1860~1869　　　1880~1889　　　1900~1909　　　1920~1929（年）

1830~1839　　　1850~1859　　　1870~1879　　　1890~1899　　　1910~1919

图 6.4.12　1820~1929 年海面升降十年平均值
随时间的变化（B. Gutenberg，1941）

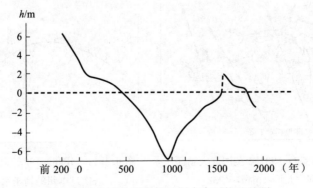

图 6.4.13　意大利塞拉比斯古庙石柱地基距
海面高度随时间的变化（据意大利学者们的数据）

表 6.4.1　海洋水准面变化表（B. Gutenberg，1941）

洲别	地区	测站	时期	水准变化/(厘米/百年)	
				测站	地区
欧、非	英格兰	阿贝丁	1862～1913	−1	−2
		丹巴尔	1914～1937	−6	
		利物浦	1857～1937	0	
	法国	勒阿弗尔	1860～1886	0	+6
		瑟堡	1860～1884	+11	
		布勒斯特	1891～1937	0	
		比阿里茨	1807～1936	+8	
		比阿里茨	1889～1937	−9	
		旺德勒港	1888～1937	+11	
		塞特	1888～1937	−8	
		布克港	1894～1937	+26	
		马蒂赤	1894～1937	+3	
		马赛	1890～1926	+22	
		马赛	1885～1937	+16	
		拉修塔	1898～1926	−8	
		尼斯	1888～1909	+11	
	西班牙	加迪斯	1880～1927	+15	+6
		阿利康特	1874～1934	−3	
	亚速尔群岛	赫尔达	1906～1937	+9	+9
	科西嘉撒丁岛	阿雅格鲁	1912～1937	+10	+13
		卡利亚里	1897～1934	+16	
	突尼斯阿尔及利亚	勒亚·都列特	1889～1937	+3	+12
		保克	1889～1925	+9	
		阿尔及尔	1905～1937	+16	
		奥兰	1909～1931	+23	
	意大利	毛里求斯港	1897～1922	+21	+20
		热那亚	1884～1936	+13	
		契维塔韦基亚	1896～1921	+8	
		那波利	1899～1921	+32	
		那不勒斯	1897～1921	+27	
		巴勒摩	1897～1922	+6	
		卡塔尼亚	1897～1919	+7	
		考尔斯尼港	1897～1921	+37	
		威尼斯	1817～1934	+31	
		阿尔根那尔	1889～1913	+23	
		斯戴弗	1896～1919	+26	
		的里亚斯特	1905～1936	+19	
	阿拉伯	亚丁	1880～1920	+3	+3

（续表）

洲别	地区	测站	时期	水准变化/（厘米/百年）	
				测站	地区
南、北美	美国 （太平洋沿岸）	斯·基耶沃	1906~1939	+17	+12
		洛杉矶	1924~1939	+14	
		旧金山	1898~1939	+12	
		西雅图	1899~1939	+6	
	美国 （大西洋沿岸）	阿特兰提克	1912~1939	+34	+26
		巴尔的摩	1903~1939	+25	
		纽约	1843~1902	+23	
		纽约	1893~1939	+18	
	美国 （海湾）	加尔维斯敦	1909~1939	+48	+21
		基韦斯特	1919~1939	+18	
	巴拿马运河区	巴尔博亚	1909~1934	+13	+13
	夏威夷群岛	火奴鲁鲁	1905~1939	+22	+22
	阿根廷	别尔凡诺	1915~1936	+22	+9
		马德普拉塔	1911~1937	+2	
		布宜诺斯艾利斯	1915~1937	+2	
	卡纳拉地区	克利斯托巴耳	1909~1939	−4	−4
亚、澳	日本	深堀	1900~1924	+13	+13
		滨田	1900~1924	+8	
		岩崎	1900~1924	+26	
		小樽	1906~1933	+20	
		花咲	1900~1924	+37	
		荒川	1900~1924	+11	
		细岛	1905~1933	−25	
	中国	基隆	1904~1924	+11	+18
		大溪	1904~1933	+25	
	安达曼群岛	布雷尔港	1880~1920	+16	+16
	印度	孟买	1878~1936	+7	+7
		孟买	1888~1920	+2	
		开拉基	1868~1920	+7	
		马德拉斯	1880~1920	+11	
	缅甸	仰光	1880~1920	0	0
		马依勒姆森	1880~1920	0	
	澳大利亚	悉尼	1897~1927	−1	−1
平均		各站平均		+12	
	各区平均				+11

　　近 60 年来的海洋重复水准测量资料表明，北半球由赤道向北极的平均水位在上升。北美洲东西两岸平均水位从北向南降低，大西洋沿岸波特兰平均水位比圣奥斯汀高 0.31 米，太平洋沿岸西阿特里平均水位比圣地亚哥高 0.26 米。西欧平均水位也是随纬度降低而降低，喀琅施塔得平均水位 +0.11 米，阿姆斯特丹 0.00 米，马赛 -0.26 米，到阿利坎特为 -0.25 米。白海平均水位比波罗的海高 0.224 米，后者又比黑海高 0.704±0.337 米。低纬度带潮位近 60 年来大幅度下降。近 60 年来中国沿海 30 多个侧潮站对海平面的观测结果，绝大多数都是下降。厦门港 1933～1950 年高潮位下降 1.37 米，1933～1970 年下降 1.21 米。近 40 年来延续下降（图 6.4.14），福建莆田兴化湾近 20～30 年来潮位下降 1 米，潮水约后退 100 米。这说明，近 60 年来，地球自转在减慢。

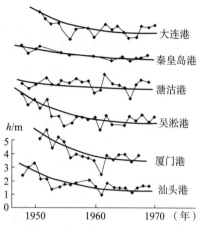

图 6.4.14　中国沿海潮位随时间
变化曲线（韩有松）

三、沉积分析

　　利用沉积分析，从南北同期海陆相沉积对比、海陆相沉积厚度的变化、构造运动与沉积的强度关系、海水进退时海边沉积相的递变规律，所分析得的地球自转速度变化规律，与从地壳构造应力场的研究结论一致。

　　中低纬度的中国大陆，由于所处纬度范围较大，因而南北部的沉积变化能较明显地反映全球性的变化趋势。从中国东部南北地区同期沉积相的对比（图 6.4.15）可知，下古生代南北部海浸，但南部少许有些陆相沉积，说明海浸从北边开始，因之总趋势为地球自转减慢时期。上古生代以后，南部以海相沉积为，北部以陆相沉积为主，尤其是二叠纪南部海相沉积最强而北部则为陆相，虽然进入中生代后南部海相沉积减弱但总趋势没变，说明北部主要是海退而南部主要是海浸。可见，从上古生代到中生代，地球自转总趋势是加快，而尤以二叠纪为最快。上白垩纪到老第三纪，北部稍有些沉积，之后南部又沉降直到新第三纪，说明上白垩纪到老第三纪间地球自转有所减慢后又加快起来直入新第三纪。

　　高中纬度的欧洲，由于多处在高纬度区，从古生代海相沉积厚度随时间的变化趋势（图 6.4.16）可知，下古生代海相沉积逐渐加厚，进入上古生代则逐渐减薄，可见在下古生代海浸而上古生代海退，这符合下古生代地球自转减慢而上古生代加快的规律。俄罗斯平原古生代以来的碳酸盐类沉积占沉积物总体积百分比随时间的变化趋势（图 6.4.17）也说明，上古生代到下白垩纪是海退，上白垩纪到老第三纪则为海浸，而后又是海退。从其所在高纬度部位可见，这也符合

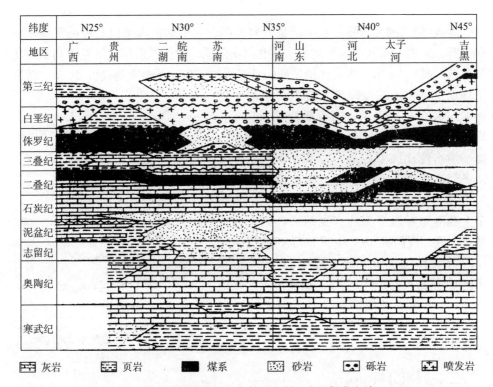

灰岩　　頁岩　　煤系　　砂岩　　砾岩　　喷发岩

图 6.4.15　中国东部南北沉积岩相对比图（主要据翁文波，1958）

上古生代到中生代地球自转加快，上白垩纪到老第三纪减慢，之后又加快的总变化趋势。

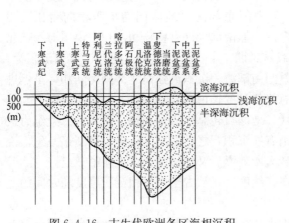

图 6.4.16　古生代欧洲各区海相沉积厚度图（S. Bubnoff，1935）

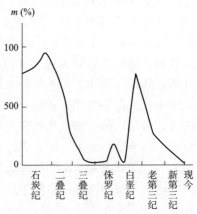

图 6.4.17　古生代以来俄罗斯平原碳酸盐类沉积占沉积物总体积百分比的变化（А. Б. Ронов，1954）

乌拉尔南北构造带，正处于欧亚山字型构造脊柱部位，高加索为纬向构造带，它们都是在地球自转加快时强烈活动，而减慢时则变缓。于是，从古生代乌拉尔区域升降比率的变化（图6.4.18a）可知，下古生代地球自转在较慢基础上有个加快阶段，后又变慢，到上古生代则波状加快起来，直到二叠纪达到最快。从中生代以来北高加索地壳拗陷速度的变化（图6.4.18b）可知，侏罗纪到下白垩纪地球自转在加快，上白垩纪到老第三纪则减慢，老第三纪晚期以后直入第四纪又在加快。

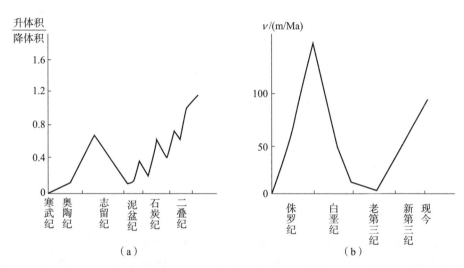

图6.4.18　古生代乌拉尔区升降比率变化（a）和中生长以来北高加索地壳拗陷
速度变化（b）（А. Б. Ронов，1954）

低纬度区，上白垩纪，印度南部和非洲北部，从沉积上看，广泛海浸，可见地球自转在加快。巴拿马海岸钻探发现与近代运动有关的岩层（图6.4.19）倾斜伸向海面下，而且海岸带地形与现在相同，则知此岩层是海浸时形成的。这也符合近代地球自转加快的规律。

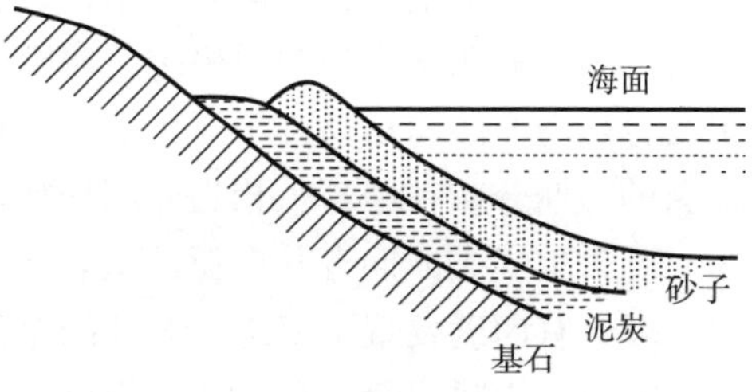

图6.4.19　巴拿马海岸现代岩层
（Mc. Donald，1920）

从海、陆相沉积的古生物地理图算得的固体地球相对扁率随时间的变化（图6.4.20），可反映全球性地高、低纬度区海陆分布反向变化的规律。地球自转加快时，低纬度带海浸，高纬度区海退，由此以海平面为准算得的固体地球相对扁率是减小；地球自转减慢时，低纬度带海退，高纬度区海浸，此时以海平面为准算得的固体地球相对扁率则增大。于是，据图6.4.20所示固体地球相对扁率的变化趋势，在下古生代增大，则此时地球自转减慢；上志留纪到下石炭纪减小，则地球自转加快；中石炭纪骤增，则地球自转速度急减；上石炭纪到中生代末减小，则地球自转加快，其中尤以二叠纪加快最急，中间有数次短期反向波动；进入新生代又增大，于是地球自转又趋减慢；从新第三纪晚期以后则减小，于是地球自转则加快起来，并一直进入第四纪。

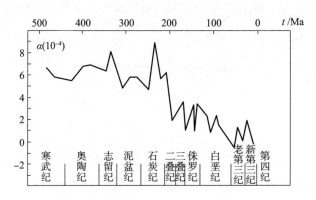

图 6.4.20　固体地球相对扁率随时间的变化（H. G. Termier，1952）

四、冰川分析

北半球北美洲密歇根和南半球德兰士瓦的冰川遗迹，据放射性同位素测定在 25 亿年～26 亿年前和 18 亿年～22 亿年左右，皆早于震旦纪。但目前较肯定的全球性大冰期只有三次：震旦纪大冰期、晚古生代大冰期和第四纪大冰期。

震旦纪大冰期，在中国湖北南沱、黔东、湘西、云南、北方都有分布，西北欧有挪威、斯匹次卑尔根、格陵兰东部、法国诺曼底地和芬兰。冰碛层在南半球很发育，南非的冰川遗迹不亚于上古生代大冰期，在澳大利亚有两期，这两期中较新的一期分布在中部，相当非洲的加丹加冰期。

晚古生代大冰期有几次亚冰期，主要一次在石炭二叠纪，多分布在南半球，北半球只有印度发现了遗迹。非洲的全伯利、德兰士瓦、西南非、纳塔尔、安哥拉、中非、坦噶尼喀、乌干达、肯尼亚、马达加斯加南部，都有冰川遗迹。澳大利亚、新南威尔士有六个亚冰期，维多利亚有十一个，塔斯马尼亚有五个，南澳大利亚冰流擦痕显著。南美有两个亚冰期，较古的在阿根廷西北部，较晚的在东部从布宜诺斯艾利斯到乌拉圭往北在巴西广布，在圣保罗附近冰碛层和间冰期沉积物厚千余米，福克兰岛完全被冰流覆盖。综合起来，此次大冰期可分三个亚冰期：下石炭纪在阿根廷西北部，中期在南美、澳大利亚南部、印度和非洲，二叠纪在澳大利亚东部。

第四纪大冰期，在中国较可靠的有三次亚冰期，某些高山区还有第四次亚冰

期遗迹（图 6.4.21）。欧洲有五个亚
冰期，西伯利亚至少有三个亚冰期，
南美安第斯山到巴塔哥尼亚有不止
一次亚冰期痕迹，澳大利亚新南威
尔士的科修斯科高原和塔斯马尼亚
大部曾被冰层或冰流覆盖，新西兰
大部埋没在冰层中至今还有冰川，
南极大陆冰盖厚过今天，非洲中部
鲁温奏里山、乞力马扎罗山和肯尼
亚山在今日冰盖边缘下 1515 米的山
坡上还有过去的冰碛物，东南亚加
里曼丹中央高山有古冰川遗迹比现
在雪线低得多。冰期之间，都有气
候温暖炎热的间冰期。第四纪最后
冰期高峰据放射性同位素测定，在
欧美为 10800～11000 年，在中国为
10000 年。最老一次亚冰期，在一百
多万年。据弗林特计算，在第四纪
最大冰期，目前大陆的 32% 被冰覆
盖，约有 5.66×10^7 立方千米的冰，
相当 4.33×10^7 立方千米的水冻结在
地球南北两地区。这些水若再冻结
起来，可使现代海平面下降 120 米。

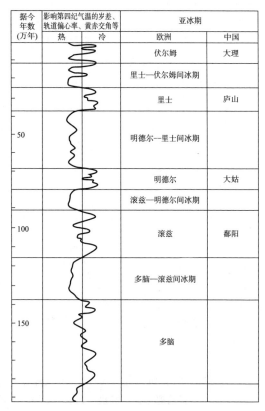

图 6.4.21　第四纪大冰期中的亚冰期
（李四光，1972）

地质时期各大冰期相间 2.5 亿年～3.5 亿年，越近相隔时间越短。

大冰期与全球性海平面升降，是同一过程的两个方面。冰期，地球水圈的水
多冻结在大陆上，而使海洋水量减
少以引起全球性海退。因之，冰期
伴有全球性海退，间冰期伴有全球
性海浸。经计算：除构造运动的巨
大影响外，取第四纪冰川厚度为
1524 米，则冰川溶化时海平面每百
年升高 1 米。沉积搬运，只可使海
平面每百年上升 3 毫米，而原生水
补充仅可使海平面每百年升高 0.3
毫米。从图 6.4.22 中三条海洋所占
地表面积百分比的变化曲线和图

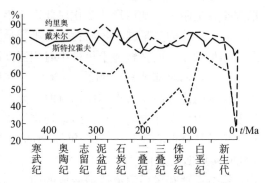

图 6.4.22　地质历史中海洋所占
地表面积百分比的变化

6.4.23 中的海平面升降变化曲线可知，全球性海面大的下降阶段有两个：一是石炭二叠纪，一是新第三纪到第四纪，这正是地球上的两次大冰期。据图 6.4.22，今日全球海洋面积所占地表总面积的百分比为 73%，而实际是 70.8%，只差 2.2%，可见符合较好。最后一次冰期，据现已淹没的海岸线、海底树干、陆棚上的河道、河口湾、河道峡谷和埋没阶地可知，曾使海平面最大降低 100 米，这与从全球冰川体积算出的熔融量可使海面上升 100 米的结果一致。从现代五十余个潮汐观测站的记录，1860～1940 年全球海洋水准面平均仍在以 12（厘米/百年）的速度上升，而近数十年来又以 11（厘米/百年）的速度上升，这与普遍的冰川退缩期（图 6.4.21）相符合。

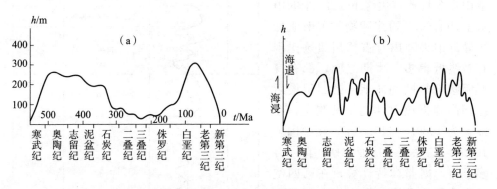

图 6.4.23　由沉积分析得的地质历史中全球海平面（a）和大西洋海平面（b）相对目前海平面的高度（P. R. Vail et al. , 1978；В. В. Белоусов, 1954）

冰期的全球性海退和间冰期的全球性海浸，是地表温度变化的直接后果。地表温度下降时使海洋中的水以水蒸气形式上升通过云雨或降雪而运到大陆造成冰川，地表温度上升时炎热的气候使冰川熔融而流向海洋。在冰期和间冰期，地表平均温度只变动约 10℃～30℃。地球水圈表面的热量，绝大部分来之于太阳辐射热，地内传出的热量只占很小的百分比。而地表接受太阳辐射热的多少，主要取决于日地距离，地球形状变化对此影响很小。可见，地球绕太阳公转轨道半径增大时，接受的热量减少，而在轨道半径最大时相当冰期；轨道半径减小时，接受的热量增多，而在轨道半径最小时相当间冰期。太阳辐射，在水中射入深度约为 300 米，而对陆地只影响约 30 米深，这使得海洋能保持更多的太阳辐射热，加之海水的比热高于岩土体而使得海水温度变化慢于陆地，海水又有对流以进行温度调节而使海洋温度变化比陆地均匀。于是，地球公转轨道半径的变化，加之地球公转轨道偏心率以 92000 年周期的变化和黄赤交角在 21°59′～24°35′ 内以 40000 年周期的变化以及 26000 年周期的岁差，均使得地表接受的太阳辐射热改变，构造运动和风雨河流侵蚀造成的地形和地势高低只影响冰川形成的地点。图 6.4.24，很好地说明了全球冰期、海水体积变化和地表温度变化，在时间和幅度上的一致性。

冰期，地球公转轨道半径较大，是由于日地系统旋转角速度增大所引起的地球对太阳更大的离心力造成的，而由图 6.4.25 可知地球公转速度增大时自转速度同步加快。间冰期，地球公转轨道半径较小，是由于日地系统旋转角速度减小使得地球对太阳的离心力较小所造成，由图 6.4.25 则知地球公转速度减小时自转速度也同步减慢。因之，冰期地球自转较快，间冰期地球自转较慢。于是，根据大冰期所在的震旦纪、石炭二叠纪、新第三纪和第四纪可知，这些地史阶段地球自转均较快。从古生物分析知，中生代气温低于古生代，可见中生代地球自转也较快。据动物化石中所含氧同位素 O^{18} 和 O^{16} 比例测定所得的其沉积时海水的温度，得知上白垩纪海水温度，在丹麦（N56°）为 13℃～15℃，在英国（N52°）为 15℃～25℃，在北美东南部（N33°～41°）为 13℃～21.5℃。而现今海水表层温度，在赤道平均为 25℃，在两极为 −1℃～−2℃，表层以下趋于常量，在

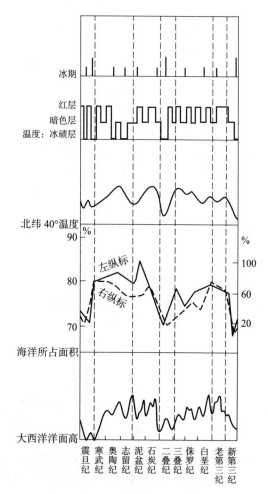

图 6.4.24　冰期与海水体积和
地表温度变化的对应关系

1000 米以下为 2℃～4℃，4000 米以下小于 1℃。可见，上白垩纪海水温度比现今高。上白垩纪到始新世，南北半球海绿石分布在南北纬 30°以上地带，而现今只分布于南北纬 45°之间的地带，高纬度区已经没有了。因海绿石形成温度大于 15℃，可见从上白垩纪到始新世的海水温度比现在高，这说明当时日地距离比现在要近，因而地球自转速度慢于现今。北欧，距今 13000 年左右为寒冷期，12800～12000 年为温暖期，12000～11800 年为寒冷期，11800～11000 年为温暖期，11000～10000 年又为寒冷期。6000～3000 年前世界温度又达到高峰，2000 年来的温度变化示于图 6.4.26：公元 300～550 年低温，550～1130 年高温，1130～1670 年为波动性低温，1670 年后的温度又波动性上升，直到 1780 年后。1781～1940 年柏林平均温度上升大于 1℃。1800～1950 年彼得格勒平均温度增

加 1.4℃。1910～1949 年冰岛海上温度平均上升大于 1℃。南极鲸鱼湾平均温度，1911 年为 −25.8℃，1929 年为 −24.9℃，1940 年为 −23.7℃，目前还在逐渐上升。格陵兰冰块每年融化 10^{11} 吨。1807～1939 年全球海平面上升 14.5 厘米（表 6.4.1）。这都相当近代地球自转在减慢。由此可得，18 亿年～26 亿年前地球自转加快，之后减慢，震旦纪加快，下古生代减慢，上古生代至中生代加快，上白垩纪到始新世减慢，新第三纪和第四纪加快，而近 200 年来则在减慢。每个阶段中的亚冰期，均对应短期的高速自转。这与从构造应力场

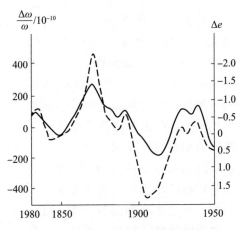

图 6.4.25　年长变化（实线）与地球自转速度变率（虚线）的多年关系

所得的结论一致，并又向前地史时期作了延伸到 26 亿年前，各阶段中的亚冰期又对应几次短期加快波动。

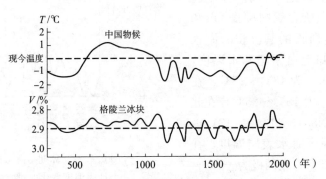

图 6.4.26　中国和格陵兰温度随时间的变化：格陵兰冰块每增加 0.69% 温度降 1℃（竺可桢）

五、现代测量

在地球自转变化规律的研究中，使用了现代天文经纬度测量、大地测量和海洋水位观测结果。

魏格纳利用天文经纬度测量资料（表 6.4.2）得知：美洲以较大速度与欧非大陆离开，非洲以较小速度与南亚大陆离开，澳洲向赤道方向移动而离开南极大陆。1926～1933 年全球 52 个天文观测站的天文经度测量结果表明：欧洲和美洲间距在 7 年中位移为 0.015ˢ，纬度 45° 的东西直线距离每年移动 65 厘米。加利

福尼亚沿岸黄金大门北的大地测量点测得，1868～1906 年相对内陆向北以 0.052（米/年）的速度移动（表 6.4.3），即北美大陆主体向南移动。1906 年 4 月 18 日沿圣安得烈斯断层错动引起的旧金山 8.3 级地震后，观测点突然向南移动（图 6.4.27），后又向北移动。从此可知，造成现代地壳构造应力场的主动力，仍为经、纬向交替。东西向者，使大陆东西移动；南北向者，使大陆由两极向赤道移动。正是此种量级速度的水平移动，才有可能使地史时期中，阿尔卑斯地壳水平缩短 450 千米～1050 千米，大洋底东西向断层水平错动千余千米，新西兰南北两岛间平错断层水平错动 500 余千米。

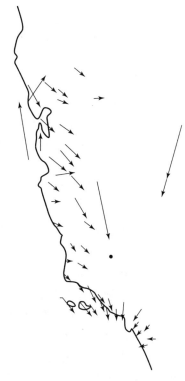

图 6.4.27　1906 年加利福尼亚大地震时地表水平位移方向（W. Bowie，1924）

用国际大地测量和重复水准测量结果编成的现在全球升降区分布图（图 6.4.28）说明：高纬度区地壳上升，低纬度带地壳下降，并有太平洋和非洲方向的东西偏心运动。这证明地球扁率在减小，地球自转在减慢。此结论，与近 170 年来用天文观测直接得到的现代地球自转速度随时间的变化趋势（图 5.3.1），是一致的。

表 6.4.2　各大陆相对移动天文经纬度观测结果（魏格纳，1920）

相对分离陆块	相对分离地点	位移/km	距今分离时间/Ma	速度/(m/a)
美洲—欧非	萨宾岛—熊岛	1070	0.05～0.1	11～21
	冰岛—挪威	920	0.05～0.1	9～18
	费尔韦角—苏格兰	1748	0.05～0.1	18～36
	拉布拉多半岛—费尔韦角	790	0.05～0.1	8～16
	纽芬兰—爱尔兰	2410	2～4	0.6～1.2
	布兰科角—喀麦隆	4880	20	0.2
	布宜诺斯艾利斯—开普敦	6220	25	0.2
	火地岛—南桑德韦奇群岛	2390	2	1
非洲—印度	南非洲—印度半岛	5550	15	0.4
	非洲—马达加斯加	890	0.1	9
澳洲—南极洲	塔斯马尼亚—南极洲	2890	8	0.4

表 6.4.3　北美西岸对北美大陆相对位移观测结果（W. Bowie，1924）

时间	站名	与圣安得烈斯断层距离/km	震前位移		1906 年地震时位移	
			方向	大小/m	方向	大小/m
1856～1891	恰巴拉尔	1.8	353°	0.61	157°	
1859～1891	落基山	7.0	2°	2.50	160°	
1854～1906	塔马尔马山	6.4	348°	3.02	181°	图 6.4.27
1860～1906	法拉隆	37.0	353°	2.07	100°	

　　上述由地壳构造应力场、海水进退、沉积分析、冰川形成、大陆移动和地球扁率变化，所得地球自转变化规律之所以一致，是因为它们有成因上的统一性。构造应力场的分布、经纬向伴生的海浸海退、海陆相沉积南北相应、大陆经纬向相对移动和地球扁率的变化，都主要取决于地球自转和自转速度的改变。冰川的形成主要取决于地球公转轨道半径的大小，而地球公转轨道半径又与地球自转速度有正变关系。因之，上述几方面的结果，是日、地系统旋转运动的一个统一过程在不同方面的反映或所引起的一系列后果。总原因在于日、地系统的旋转运动，其中主要是旋转速度的变化。

　　总的规律是，地球加速自转时，南北向力为主的区域纬向和斜向构造系统应力场增强，大陆块从两极向赤道移动较快，东西向力为主的区域经向和斜向构造系统反动应力场增强，大陆块东西向移动较快，低纬度带海浸而高纬度区海退，全球性海面下降对应冰期，地球相对扁率减小；地球减速自转时，经向和斜向构造系统反动应力场增强而纬向构造系统应力场较弱，高纬度区海浸而低纬度带海退，全球性海面上升对应间冰期，大陆东西向移动较快而从两极向赤道移动较慢，地球相对扁率增大；地球匀速自转时，纬向和斜向构造系统应力场增强，海水进退规律、全球海面升降、大陆移动方向和地球相对扁率变化视地球自转速度高低而定，高速时类同于加速期，低速时类同于减速期。地壳运动高峰是有周期性的，并与海水进退、沉积规律、冰川形成、大陆移动、地球相对扁率变化的周期相对应（表 6.4.4～表 6.4.5），由之所得的地球自转速度变化趋势都是一致的，而周期从表 6.4.4～表 6.4.5 和前述各项分析结果得知，长者为 3 亿年、1.5 亿年、0.9 亿年、0.6 亿年、0.3 亿年，中等者为 60 万年、30 万年、9 万年、3 万年、1.8 万年、0.9 万年、0.6 万年、0.3 万年、0.15 万年，短者为 900 年、180 年、90 年、60 年、30 年、10 年。

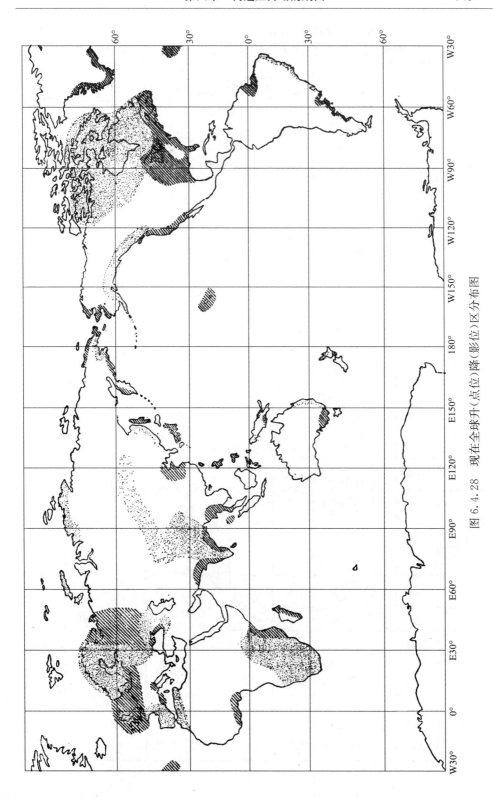

图 6.4.28 现在全球升(点位)降(影位)区分布图

表 6.4.4　海水进退、冰川分布、固体地球相对扁率变化、构造运动的时间对应关系和由之得的地球自转速度变化趋势

地质时期		海水进退	冰川分布	固体地球相对扁率变化	全球统一构造运动	地球自转速度变化趋势	距今时间/Ma	两次运动或冰期时间差/Ma
震旦纪	早期	海退为主	亚冰期		早震旦纪构造运动	加快	1000　750 700	150
震旦纪	晚期	海退为主	大冰期		晚震旦纪构造运动		600	
寒武纪	早期	海浸	间冰期			减慢	550	60
寒武纪	中期	过渡			中寒武纪构造运动		540	
寒武纪	晚期	海退	降温期	减小		加快	510 500	80
奥陶纪	早期	海退到海浸					470	
奥陶纪	中期	海浸	间冰期	增大	中奥陶纪构造运动	减慢	460	
奥陶纪	晚期	海退为主	亚冰期				445	
志留纪	早期	海退为主	亚冰期	减小		加快	440 420	90
志留纪	晚期	海退为主	降温期				400	
泥盆纪	早期	高纬度海退 低纬度海浸					380	
泥盆纪	中期	海浸	间冰期	增大	中泥盆纪构造运动	减慢	370	
泥盆纪	晚期	高纬度海退 低纬度海浸	降温期	减小		加快	365 350	70
石炭纪	早期	高纬度海退 低纬度海浸	降温期				325	
石炭纪	中期	均衡	间冰期	增大	中晚石炭纪构造运动	减慢		
石炭纪	晚期	高纬度海退 低纬度海浸	亚冰期	减小		加快	300　300	
二叠纪	早期	海退为主	大冰期				270 260 240	85
二叠纪	晚期	均衡					225	
三叠纪	早期	稳定	间冰期	增大		减慢	220	
三叠纪	中期	海浸			中三叠纪构造运动		215 200	
三叠纪	晚期	海退	降温期	减小		加快	180	60↓

（续表）

地质时期		海水进退	冰川分布	固体地球相对扁率变化	全球统一构造运动	地球自转速度变化趋势	距今时间/Ma	两次运动或冰期时间差/Ma
侏罗纪	早期	海浸	间冰期	增大		减慢	180 170	↓ 60
	中期	稳定	降温期	减小	中侏罗纪构造运动	加快	155 150	
	晚期	海浸	间冰期	增大		减慢	135	85
白垩纪	早期	稳定	降温期	减小	晚白垩纪构造运动	加快	100 70	
	晚期	高纬度海退低纬度海浸					70	
老第三纪	古新世	海退为主	间冰期	增大	始新世构造运动	减慢	60	30
	始新世	海浸					40	
	渐新世	海浸					25	27
新第三纪	中新世	海退	降温期	减小		加快	11	
	上新世	高纬度海退低纬度海浸	亚冰期				2	0.3
第四纪	更新世		亚冰期	增大			1.4	0.6
			间冰期			减慢	1.15	
			亚冰期			加快	0.9	0.3
			间冰期			减慢	0.8	
			亚冰期			加快	0.7	0.5
			间冰期			减慢	0.35	
			亚冰期			加快	0.25	0.3
		高纬度海面上升低纬度海面下降	间冰期			减慢	0.12	
		高纬度海面下降低纬度海面上升	亚冰期			加快	0.02	0.06
		高纬度海面上升低纬度海面下降	间冰期			减慢	0.01~0.015	
	全新世	高纬度海面下降低纬度海面上升	亚冰期	减小		加快		

表 6.4.5 海平面变化、地表温度、天文观测、地面倾斜
在时间上的对应关系和由之得出的地球自转速度变化趋势

距今时间/a	海平面变化	地表温度	天文测时	地面倾斜	地球自转速度变化趋势
9000 8000	高纬度降 低纬度升				加快
7000 6000	高纬度升 低纬度降				减慢
5000	高纬度降 低纬度升	高			加快
4000	高纬度升 低纬度降				减慢
3000	高纬度降 低纬度升				加快
	高纬度升 低纬度降	低			减慢
	高纬度降 低纬度升				加快
2000	高纬度升 低纬度降	高			减慢
	高纬度降 低纬度升	低			加快
1000					
900 800 700	高纬度升 低纬度降	高			减慢
600 500 400 300	高纬度降 低纬度升	低			加快
200	高纬度升 低纬度降	高	日长延长		减慢
		低	日长缩短	北半球北降南升	加快
100	高纬度降 低纬度升	高	日长延长	北半球北升南降	减慢
		低	日长缩短	北半球北降南升	加快
	高纬度升 低纬度降	高	日长延长		减慢

第七章　构造应力场的应用

古构造应力场、古构造残余应力场和现今构造应力场，由于存在的历史时期和场本身的性质以及所发挥的作用各自有所不同，因而在应用上也各有不同的侧重面。

第一节　古构造应力场的应用

一、研究构造体系成因

各种构造体系，是在各相应一定分布形式的应力场一次或多次作用下形成的。造成各种分布形式应力场的主要主动力作用边界的受力方式中，属对压、背张、共轭和叉压四种的，归属张压力作用一类，造成各种张压构造体系；扭动和平错两种归属剪切力作用一类，造成各种剪切构造体系；单旋、反旋、涡转、圆转和回转五种归属旋转力作用一类，造成各种旋转构造体系；压曲和滑曲两种归属弯曲力作用一类，造成各种弯曲构造体系。

张压构造体系的走向主要分布在经向和纬向；弯曲构造体系所占区域的长度方向也主要分布在经向和纬向；剪切构造体系的走向主要分布在斜向；旋转构造体系中，大型者走向多分布在斜向成全球性构造，小型者常为走向不定的局部构造。因之，从各类构造体系走向的分布，可将它们归属于经向、纬向、斜向和局部四类构造系统。

由于经向、纬向、斜向和局部构造系统，主要是受地壳东西、南北向水平力及其在斜向的合力和由于受局部约束条件影响作用而成。因之，这些构造系统的成因，主要是由于受地壳东西和南北向水平力及其合力的作用。此种力，主要产生于地球匀速和变速自转。于是，测定了各地质时期形成的构造体系应力场，求得其形成所受主要主动外力作用方式，便可推知该地质时期地球自转变化趋势。由各地质时期地球自转变化趋势，可了解其随时间的变化规律和各种长短周期及其在时间上的交替次序。

二、鉴定构造体系

由一定方式的外力一次或多次作用造成的具有同时统一形式的构造应力分布系统，为构造体系应力场。由同时统一分布形式应力场造成的构造组合所在区域，为构造体系。因之，由岩体的构造变形、构造断裂和后生组构测定了造成它们的古构造应力场，便可由此场分布形式的同时统一性，确定这些构造单元所组成的构造组合为构造体系。

　　以迁西地区构造体系鉴定为例，本区岩体的褶皱、断裂和片理显示区内有六种走向的条带式构造。南北向构造带有五条：SN_1，SN_2，SN_3、SN_4，SN_5。东西向构造带有四条：EW_1，EW_2，EW_3，EW_4。北东向构造带有二条：NE_1，NE_2。北北东向构造带有六条：NNE_1，NNE_2，NNE_3，NNE_4，NNE_5，NNE_6。北西向构造带有六条：NW_1，NW_2，NW_3，NW_4，NW_5，NW_6。北北西向构造带有四条：NNW_1，NNW_2，NNW_3，NNW_4。在其中选取了 576 个测点，用改进的 X 射线计数管组构衍射仪，测量了岩体中铅直测件内石英晶粒（100）晶面系法线或黑云母晶粒（001）晶面系法线方位的分布，因为它们对组构形成时的古构造应力场中最大主压应力方向的反映是一致的，即此两种矿物此二晶面系法线分布的密集区方向都是所受最大主压应力方向，故从其统计优势分布方位皆密集分布在铅直方位岩组图的水平直径上（图 7.1.1），得知此六种走向条带式构造的应力场中最大主压应力皆分布在水平方向（图 3.1.16）。东西和南北向构造带平行走向的铅直组构图中石英（100）晶面系或黑云母（001）晶面系法线方向分布密集区皆在圆的中心，表明此两种走向构造带的构造应力场中水平最大主压应力方向皆与构造带走向垂直。北东和北北东向构造带平行走向的铅直组构图中石英（100）晶面系或黑云母（001）晶面系法线方向分布密集区常在水平直径上偏南，表明此两种走向构造带的构造应力场中水平最大主压应力方向并不正好与其走向垂直，而是向南北方向有一个偏角，这说明此两种走向的构造带受有反时针水平剪压性应力场作用。北西和北北西向构造带平行走向的铅直组构图中石英（100）晶面系或黑云母（001）晶面系法线方向分布密集区亦常在水平直径上偏南，表明此两种走向构造带的构造应力场中水平最大主压应力方向也并不正好与其走向垂直，而是向南北方向有一个偏角，这说明此两种走向的构造带受有顺时针水平剪压性应力场作用。这六种走向构造带的构造应力场还有几个共同的特征：构造应力场分布的位置、形式、宽度和长度与构造形迹所表现的基本一致；同种走向各条带式构造带应力场有等距性；各构造带之间应力较低的盾地被其他走向的构造带所占据；各走向的构造带间有切截的复合关系；同种走向各构造带的应力场主应力线分布形式相同、各带的应力场互相平行、等距分布、与其他走向构造带间有共同的复合关系，证明它们形成时的构造应力场具有同时统一性，而属于一个统一的构造体系。可见，本区的条带式构造，共属于东西、南北、北东、北北东、北西、北北西向六个构造体系。

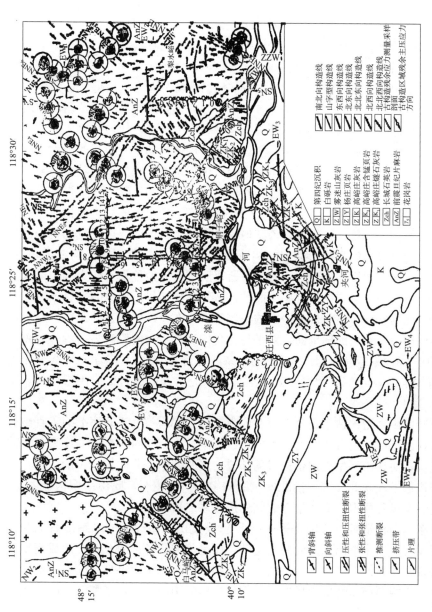

图 7.1.1　迁西地区用 X 射线测量岩体中铅直面上石英(100)晶面系法线或黑云母(001)晶面系法线分布方位所得各构造体系应力场的各测点结果分布图；576 个岩体后生组构测点中只标出了代表部位的一部分。各组构图的赤平面上铅直,其在水平面上的走向用组构图的水平直径方位表示。短半径表示铅直向下方向；328 个古构造残余应力测点中有 100 个测量了区域残余应力

三、鉴定构造体系形成序次

对岩石中石英（100）晶面系或黑云母（001）晶面系或方解石（104）晶面系的法线方向已成明显优势分布以表明此组构形成时所受最大主压应力方向的测件，在垂直此原有组构所显示的最大主压应力方向再次单向压缩后，此三种晶面系法线方向的密集区又转向最后一次压缩方向，转动的程度随最后一次单向压力的增大、受力时间的延长、温度的升高、围压的增加而增大（图 1.1.122～图 1.1.127）。这说明，岩石中此三种晶面系法线的优势分布方向所显示的最大主压应力方向，是此岩石最后一次的受力方向。因之，不管参与某次构造运动的岩体是否已有明显的后生组构，只要此次构造运动的应力场足以使岩体再次造成明显的后生组构，则此最后生成的组构必与这次最后构造运动中应力场的最大主压应力方向一致。可见，岩体中最后保留下来的后生组构所反映的，是其所参与的构造运动中比较强的最后一次构造应力场的作用。由此可知，若一构造带中显示最大主压应力方向的原有后生组构，被切穿它的另一构造带中的后生组构所改造而变成后者的组构，则这一较强的切截其他构造带并把自己所通过部位的被切截构造带中的组构以自己的组构所取代的构造带，必形成于被其切穿的构造带之后。因之，利用岩体后生组构的这种切截关系所表明的先后两种构造应力场中最大主压应力分布方向的复合关系，可鉴定两种构造带或构造体系形成的先后序次。

以迁西地区各构造体系形成序次的鉴定为例，在本区各构造体系中，顺构造带切截其他构造带部位的横剖面，对平行各自构造带走向的铅直岩石测件，做了石英（100）晶面系或黑云母（001）晶面系或方解石（104）晶面系法线分布方位的 X 射线组构测量。73 个测点表示最大主压应力方向的岩体后生组构图，示于图 7.1.2 中。

横跨迁西山字型构造东翼反射弧和前弧弧顶的 A_1，A_2 两剖面上的铅直组构图反映，在山字型构造带两侧的南北向构造带中，为南北向构造带的反映东西向压缩的组构，而在山字型构造带通过的部位，则改变了南北向构造带的组构，成了山字型构造带反映此二部位南北向压缩的组构。这说明，此山字型构造体系，就其形成的全过程而言，成生于南北向构造体系之后。

四条东西向构造带，特别是第三条 EW_3 横过山字型构造的马蹄形盾地和东翼，但都没有顺山字型前弧走向向南弯转，而是仍旧按各自的东西走向成直线状分布。这说明，它们形成于山字型之后。否则，若形成于山字型之前，必被山字型形成时造成两翼剪压性应力场的脊柱部位岩体向南的巨大水平移动，改造成顺山字型前弧的走向弯转。

北东向构造带在通过山字型构造带部位的 B_1，B_2 两剖面的铅直组构图表明，北东向构造带于其所在部位改变了山字型构造带的组构，而变成反映北西向反时针剪压性应力场的北西偏向南北水平压缩的华夏系构造的组构，两侧的山字型构

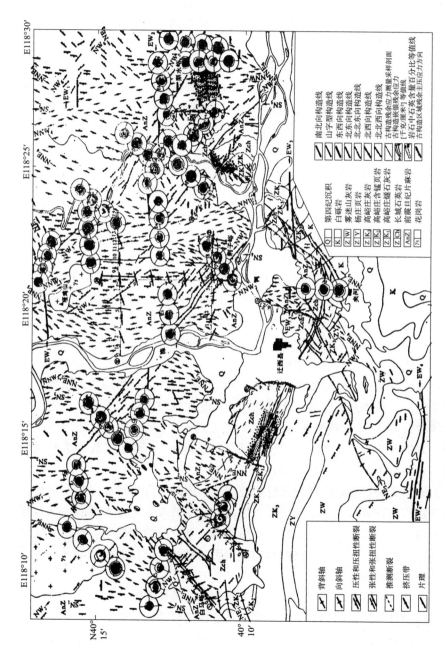

图 7.1.2　迁西地区岩体中用 X 射线测得的各测点铝直面上石英(100 或黑云母(001)或方解石(104)晶面系法线分布方位的后生组构所表示的各组构造体系形成序次的结果

造带中仍为山字型构造带的组构。这说明，华夏系构造带形成于山字型构造之后。至于华夏系构造与东西向构造的形成序次，从二者在山字型东翼的复合关系看来，华夏系构造带在东西向构造带的南北两侧均与之成弧形接触，在北侧向西弯转，在南侧向东弯转，迁就了东西向构造，并被东西向构造带的走向所限制。可见，华夏系构造形成于东西向构造之后。

北北东向新华夏系构造带通过华夏系构造带部位的四个剖面 C_1，C_2，C_3，C_4 的铅直组构图表明，新华夏系构造带以其反映北西西向反时针剪压性应力场的北西西稍偏向南北水平压缩的组构改造了其通过部位的华夏系构造带的组构，而在两侧的华夏系构造带中仍为华夏系构造带的组构。这证明，新华夏系构造带形成于华夏系之后。

北西向构造带通过新华夏系构造带部位的 D_1，D_2，D_3，D_4，D_5，D_6，D_7 七个剖面的铅直组构图表明，北西向构造带皆以反映北东向顺时针剪压性应力场的北东偏向南北水平压缩的组构改造了新华夏系构造带的组构，用自己的组构切穿新华夏系构造带而过，而两侧的新华夏系构造带中仍为新华夏系构造带的组构。这说明，北西向构造带形成于新华夏系构造之后。

北北西向构造带通过北西向构造带部位的五个剖面 E_1，E_2，E_3，E_4，E_5 的铅直组构图表明，北北西向构造带以反映北东东向顺时针剪压性应力场的北东东稍偏向南北水平压缩的组构改造了北西向构造带的组构，用自己的组构切穿北西向构造带而过，而两侧的北西向构造中仍为北西向构造带的组构。这说明，北北西向构造带形成在北西向构造带之后。

据此，本区各构造体系形成的序次是，南北向构造、山字型构造、东西向构造、华夏系构造、新华夏系构造、北西向构造和北北西向构造。

用岩体中石英（100）或黑云母（001）或方解石（104）晶面系法线分布的优势方向，测定古构造应力场中的最大主压应力方向，来鉴定构造体系形成序次，使用了此种后生组构的有如下特点：

（1）岩体的此种后生组构能较长时期地把其形成时的古构造应力场明确地记载下来，并随后期较强的构造应力场分布形式的改变而改变，记下最后一次较强的构造应力场的分布形式。因而，在一个后期应力场造成的构造带，切截其他早已存在的构造带而过时，便按自己的组构改造后者被切截部位的组构，并占据后者所属构造体系的盾地。

（2）一构造区，在一种形式的构造应力场为主的地质时期内，与之交替出现的短时间较弱的其他形式的构造应力场常不易造成明显的后生组构，因而地区岩体常记录不下短时间弱场的作用。这说明，一个地质时期形成的后生组构，只记录此时期主要应力场的分布形式，所鉴定的构造体系形成序次也是一个地质时期的主要构造运动与其他地质时期主要构造运动的先后序次。

（3）随构造带和盾地中应力高低的不同，晶粒此种后生组构的明显程度也不同。对多条平行条带式构造带及其相间盾地组成的构造体系，此种后生组构的明显程度也交替性地平行排列，并与构造带一样也有明显的等距性。说明，这种微观构造迹象与宏观构造形象所记载的古构造应力场，在位置、范围、形式上大体一致，并也能清楚地反映出构造带的水平扭动性质。

四、工程地质勘测

构造应力场大小和方向的分布，直接影响地表和地下工程围岩的变形和稳定性。这与工程施工尤其是对建成后建筑物的使用有重要关系。而使用是在建成后的一定时段中，构造应力场在大小和方向上又是变化的，因之在设计前预测工程结束后使用时段内的应力场及其变化趋势，以便合理地进行工程选址和设计，这是保证合理施工和建成后正常使用的一个重要方面。

地球匀速和变速自转，是构造应力场的主要动力源。于是，根据前述构造应力场的变化与地球自转速度的关系，由古构造应力场的变化与地球自转速度关系的周期性规律和地球自转速度随时间变化的短期天文观测曲线，用周期函数逼近这些实测值，做出其拟合曲线，再将拟合曲线顺时间轴向后外延（图 5.3.1，虚线），便可预测未来一个时段地球自转变化趋势及相应构造应力场的主要主动边界条件。有了这个条件，便可进一步根据工区岩体力学性质、构造、地形等具体资料，预算该区未来应力场及其变化。

地球自转速度随时间变化拟合曲线顺时间轴向后外延部分的可靠性，便成为预测未来一个时段内构造应力场准确度的关键。实测和拟合二曲线的内符较好（图 5.3.1），外推部分十余年使用的实际误差也不大。此拟合曲线自 1975 年算出后，在至今的 17 年中，与这段时间的实测曲线变化趋势基本符合，只是曲线回转上升的开始时刻晚了 1.5 年，转为下降的时刻晚了 2 年，在 15 年的加速中有两个长二、三年的匀速阶段没反映出来。对几十年或上百年的工程使用期说来，拟合曲线变化趋势改变始末时刻的此种偏差和此种短时匀速阶段的出现，自然都是较短暂的，但也须有相应的弥补措施。

第二节　古构造残余应力场的应用

一、地质力学中的应用

1. 测定古构造应力场

古构造残余应力场，是岩体中的塑性固结应力系统，取消边界上的外力后能以自平衡状态存在于岩体内，而成为自平衡应力系统。其方向分布，只要岩石组构不变，便与形成时岩体中构造应力场的方向一致，不随残余应力值的改变而改变。其大小分布，只要岩体结构不变，便可在岩体中长期保留，但一旦岩体出现新裂面时表层法向部分便释放掉。因之，只要在古构造残余应力场形成后岩石组构没变，则此种场中主应力线的分布形式便不改变，是其形成时古构造应力场主应力线分布形式的很好记录。如果在残余应力场形成后岩体中也没有发生新的断裂，则其中残余应力场在大小上的分布形式也将保留下来。于是，由此种古构造残余应力场在大小和方向上的分布形式，可测得其形成时古构造应力场在大小和方向上的分布形式。

例如，迁西山字型构造带中古构造残余应力场的水平主正应力线分布形式（图 4.4.29）与用模拟实验所得的山字型构造体系应力场中主正应力线的分布形式（图 1.6.3b）相似，基本形态没有遭到破坏，可见此水平主正应力线的分布形式基本上是山字型构造形成时古构造应力场中水平主正应力线分布形式的记录。而构造带中水平最大区域残余主压应力等值线的分布形式（图 4.4.30）与用模拟实验所得山字型构造体系应力场中水平最大主压应力等值线的分布形式（图 1.6.3a）也相似，基本形态也没有遭到破坏，可见此水平最大主压应力等值线的分布形式也基本上是山字型构造体系形成时古构造应力场中水平最大主压应力等值线分布形式的记录。前已证明，这个古构造残余应力场是迁西山字型构造体系应力场残留至今的残余应力场，形成在侏罗纪前期。由上可见，它基本上恢复了迁西山字型构造体系形成时期的古构造应力场在大小和方向上的分布形式。

又如，红河断裂带测区古构造残余应力场中的水平区域残余主正应力线分布形式（图 1.6.5）较规整，各线连续平滑，因之能基本上反映出其形成时的古构造应力场中水平主正应力线的分布形式。但区域残余应力场中的水平最大、最小和铅直主压应力等值线的分布形式以及嵌镶残余应力等值线的分布形式均不规整（图 4.4.25～图 4.4.28），这表明本区残余应力场形成后受了发生新断裂的影响，而改变成如今的分布形式。

在古构造残余应力场的主应力等值线分布形式较规整而没有发生岩石组构改变和新生断裂以造成破坏的地区，若古构造残余应力场形成的地质时期已确定，则可由公式（4.4.38）估算其形成时古构造应力场中的应力值。此时须取（4.4.38）中古构造应力的整个松弛期 t' 等于此古构造应力场存在的地质时期距今的时间，而 σ_0 则相应为其残留至今的残余应力为零时的当初古构造应力值。于是，在（4.4.38）中，若基本上可取 E，k，ε，T 为恒量，则由已知的 t' 可估算得 σ_0。但实际上残留至今的残余应力 $\sigma_{残}$ 不一定是零，因之一般情况古构造应力场中的应力值

$$\sigma_{古} = \sigma_0 + \sigma_{残} \tag{7.2.1}$$

只有当 $\sigma_{残} = 0$ 时，

$$\sigma_{古} = \sigma_0$$

于是，还须由估算得的 σ_0 和实测得的 $\sigma_{残}$，再用（7.2.1）求得古构造应力值 $\sigma_{古}$。

2. 鉴定构造运动

首先，是鉴定结构面的存在和力学性质。连续岩体中的残余应力值，应连续

分布。若其等值线发生了规则错动，则错动部位必有后生成的断裂，并可由错动方向鉴定此后成断裂的剪切性质及方式。在迁西山字型前弧西翼中段的一个小区内，成方格网状分布相距 10 米一个的共 122 个测点，测得的嵌镶残余应力在水平方向的等值线，有两处发生了顺时针规则的水平错动（图 1.6.2a），北面一处在长城石英岩中，南面一处在高峪庄燧石灰岩中。在前弧东翼北段的一个小区内，成方格网状分布相距 10 米一个的共 106 个测点，测得的嵌镶残余应力在水平方向的等值线，有两处发生了反时针规则的水平错动（图 1.6.2b），北面一处在长城石英岩中，其南侧与之交叉的另一处在高峪庄燧石灰岩中。这首先证明，前弧两翼各自等直线错动的两处各有两条后成断裂；其次证明，西翼的两条后成断裂发生了顺时针水平错动，而东翼的两条则发生了反时针水平错动。

其次，是鉴定构造带的位置、宽度和形态。古构造残余应力场的大小分布，是在构造带上较高，向两侧的盾地减小。迁西山字型构造带部位的水平最大区域残余主压应力（图 4.4.30），都是在构造带上较高，向两侧减小；脊柱南端较高，北端较小，北端的分布形式也比南端宽散。它们基本上反映了山字型构造带的位置、宽度和水平分布形态，因而也显示出了马蹄形盾地的部位和形态。但西翼水平最大区域残余主压应力的高值带位置，比断裂所显示的西翼构造带位置偏北。这说明西翼构造断裂在形成时，可能由于受岩体强度的分布和当时古地形的影响，而与古构造应力场中的应力高值带不正好一致，稍有偏南。这样，迁西山字型构造西翼的应力场应比断裂带所显示的位置向北偏移一段距离，正好与马兰峪山字型的东翼在反射弧部位相衔接，而共同构成一个向北凸出的连续平滑的弧形。于是，从残余应力场的大小分布所圈划的山字型构造带的分布位置，脊柱应南起荆子峪，北至哑鸡山，从南向北在东西向的宽度由 5 千米增至 8 千米，南窄北宽；前弧西起白马峪，向东南经夹河北为弧顶，再向东北至梨水峪，带宽约 4千米～6 千米，东翼比西翼弯转较急，两翼对脊柱不十分对称。

再次，是鉴定构造体系。此过程的关键，是从古构造残余应力场的大小分布，更主要是方向分布，来鉴定其所在构造组合的各构造带中应力场的同时统一性。仍以迁西山字型构造为例。其水平最大区域残余主压应力等值线的分布形式表明，前弧向南凸出，东西翼各有一个反射弧，西翼较缓，东翼较陡；脊柱南窄北宽；在前弧和脊柱间有马蹄形盾地；弧顶与脊柱南端间有一个应力较小且各向均等的小型各向同性区；前弧中应力比脊柱的大，以使得前弧的构造形象比脊柱显著。这正是山字型构造的分布形态。其区域残余主正应力线的水平分布形式表明（图 4.4.29），水平最大主压应力线均与构造带走向近垂直，使各构造带均具有垂直走向方向的压性，并使西翼兼有顺时针而东翼兼有反时针的剪切性质，即西翼为顺时针扭压性构造带而东翼为反时针扭压性构造带，脊柱为南窄北宽的压性构造带。这正是山字型构造体系的水平运动方式。由于此构造组合具备了山字型构造的组合形态和运动方式，因而已具备一个构造体系的必要条件。此残余应力场在大小和方向上的分布形式，与山字型构造体系形成时的古构造应力场在大小和方向上的分布形式（图 1.6.3）基本一致。这又说明，此残余应力场是山字型构造形成时的古构造应力场的残余场。因之，此残余应力场也具有成因上的同时统一性。于是，由其所鉴定得的构造组合，必是一个在统一应力场作用下形成的构造体系。

二、地震学中的应用

1. 用于震源力学

岩块的破坏强度，定义为破坏时所需现加载荷的大小。实验结果（图 7.2.1）表明：完整试件的强度最高，裂纹试件的强度居次，有残余应力裂纹试件的强度最低，稍加现今载荷裂纹便迅速扩展，这便减小了震源岩体破裂活动对现今构造应力场的要求，降低了岩体破裂扩展所需的现今应力，可能在不高的现今构造应力区失稳而发生地震；无残余应力完整或裂纹试件的破坏强度随温度升高而降低，有残余应力裂纹试件的破坏强度随温度升高而增大，因而当残余应力足够大时不需增加现今应力而只要降低温度裂纹便扩展，这就是在现今构造应力低值区可以发震的一个重要原因；温度低于 BC 曲线发生脆性破

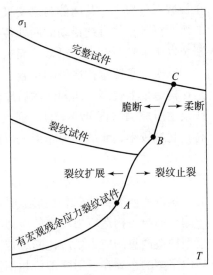

图 7.2.1　岩块破坏强度与温度关系实验曲线

坏，温度高于 BC 曲线发生柔性破坏而无震，这便是震源多在地球浅层的一个主要原因；温度低于 AB 曲线裂纹扩展，温度高于 AB 曲线裂纹止裂，这说明残余应力影响裂纹发展和止裂；有残余应力裂纹试件稍加现今应力裂纹便迅速扩展而导致低应力破坏，所需能量主要由残余弹性应变能供给，因而残余应力越高破坏所需现加应力越小；由于试件中的应力场是现加应力场与残余应力场的叠加场，临界应力强度因子也由现加应力的 K_p 和残余应力的 K_r 两项组成

$$K_c = K_p + K_r$$

综上可知，残余应力场对岩体破裂扩展有一系列影响：①降低破裂扩展所需现今应力；②提高叠加场的强度，加快岩体从塑性状态变为脆性状态的速度，促进岩体裂面脆断；③供给破裂扩展所需能量；④改变叠加场强，当其低到一定值时破裂便止裂。残余应力使岩体性质变脆的作用随残余应力大小而异，各地区残余应力大小是不同的，这将会影响地震序列类型，而使得有的地区有前震，有的没有，有的多，有的少。可见，古构造残余应力场影响岩体破裂失稳所需现加应力及破裂与止裂过程，因而对地震的发生和发展起控制作用。

　　古构造残余应力场形成于古构造运动过程中，并残留在岩体内而长期保留下来，一般情况释放得极其缓慢，但当岩体破裂时裂面附近垂直裂面方向的便进行释放，而使其中储存的残余弹性能释放掉一部分，加到当时震源应力场所释放的地震能量中去，成为地震的一个能源。因之，地震能量是震源体中古构造残余应力场与当时构造应力场所释放的两种弹性能之和。

　　迁西山字型构造体系的前弧长 $x=45$ 千米，平均宽度 $y=5$ 千米，脊柱长 $x'=18$ 千米，平均宽度 $y'=6.5$ 千米。整个山字型构造所占东西范围长 35 千米，足可波及 10 千米深，但由于向下逐渐减弱故可取平均深度 $z=5$ 千米。从垂直构造带各测线上测得的区域残余应力和区域残余应变，算得的区域残余弹性应变能密度在垂直构造带方向的水平分布函数，对前弧可取为

$$\varepsilon=(2.4+0.75y-0.15y^2)\times10^3\ (J/m^3)$$

对脊柱可取为

$$\varepsilon'=(2.1+0.32y'-0.05y'^2)\times10^3\ (J/m^3)$$

由此得整个山字型构造带中所含区域残余弹性应变能

$$
\begin{aligned}
U_e &= \int_V \varepsilon dV + \int_{V'} \varepsilon' dV' \\
&= 10^{-3}\int_0^y\int_0^x\int_0^z(2.4+0.75y-0.15y^2)dydxdz\quad(J)\\
&\quad+10^{-3}\int_0^{y'}\int_0^{x'}\int_0^{z'}(2.1+0.32y'-0.05y'^2)dy'dx'dz'\quad(J)\\
&=4.8\times10^{15}\quad(J)
\end{aligned}
$$

相当两个 7 级多地震释放的地震波能量。嵌镶残余弹性应变能密度在垂直构造带方向的水平分布函数，对前弧可取为

$$\bar{\varepsilon}_s=(0.05+0.75y-0.15y^2)\times10\ (J/m^3)$$

对脊柱可取为 $\quad\bar{\varepsilon}'_s=(0.04+0.46y'-0.07y'^2)\times10\ (J/m^3)$

由此得整个山字型构造带中所含嵌镶残余弹性应变能

$$
\begin{aligned}
U_s &= \int_V \bar{\varepsilon}_s dV + \int_{V'} \bar{\varepsilon}'_s dV' \\
&= 10^{-5}\int_0^y\int_0^x\int_0^z(0.05+0.75y-0.15y^2)dydxdz\quad(J)\\
&\quad+10^{-5}\int_0^{y'}\int_0^{x'}\int_0^{z'}(0.04+0.46y'-0.07y'^2)dy'dx'dz'\quad(J)\\
&=1.1\times10^{13}\quad(J)
\end{aligned}
$$

相当一个 5.5 级地震所释放的地震波能量。地震时，震源岩体破坏，这种储存在震源岩体中的弹性能便不同程度地随地震应力降一起释放出来，而参与到地震所辐射的能量中去。

　　在红河断裂带测区测得的区域残余弹性应变能密度水平分布等值线（图7.2.2a）和嵌镶残余弹性应变能密度水平分布等值线（图7.2.2b）表明：区域残余弹性应变能密度为（1～38）×10³焦/米³，嵌镶残余弹性应变能密度为（6～20）焦/米³，前者约比后者大三个数量级；前者的分布，在测区南涧以北的北西段是中间高两侧低，在南涧以南的南东段是中间低两侧高；前者的高值区是后者的低值区，前者的低值区是后者的高值区；前者沿红河断裂带较高，松平—南涧段为最高，其次是开远一个旧地区，再次为普洱、姚安地区。

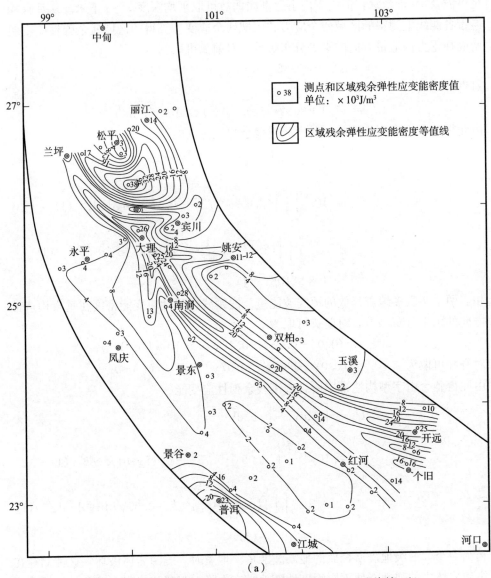

（a）

图 7.2.2　红河断裂带测区用 X 射线法测得的区域（a）和嵌镶（b）
残余弹性应变能密度等值线图

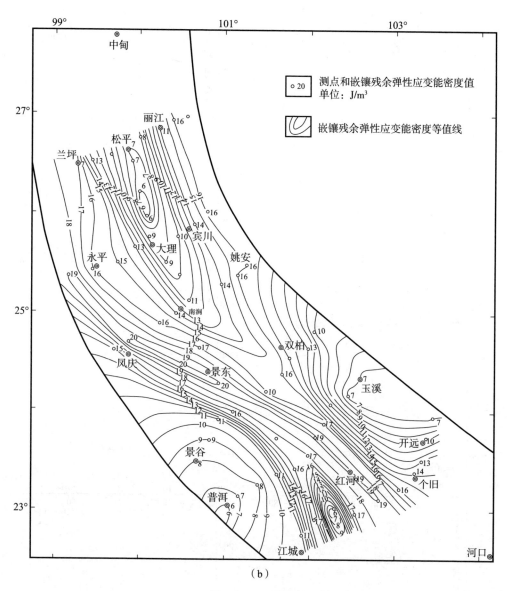

图 7.2.2 （续图）

　　红河断裂带测区 12 个钻孔的区域和嵌镶残余弹性应变能密度（图 7.2.3），随深度局部呈阶梯式变化，故在浅孔中有的随深度增加而有的随深度减小，但在深孔中随深度变化的总趋势都是增大；区域残余弹性应变能密度最高达 75×10^3 焦/米^3，嵌镶残余弹性应变能密度最高为 24 焦/米^3，前者仍比后者约大三个数量级；ε 随深度变化的基本趋势常比 $\bar{\varepsilon}_s$ 稳定，随深度增加呈线性变化，但在 150 米、300 米、400～470 米、770～800 米、940 米深处，有时突然出现极高值，在

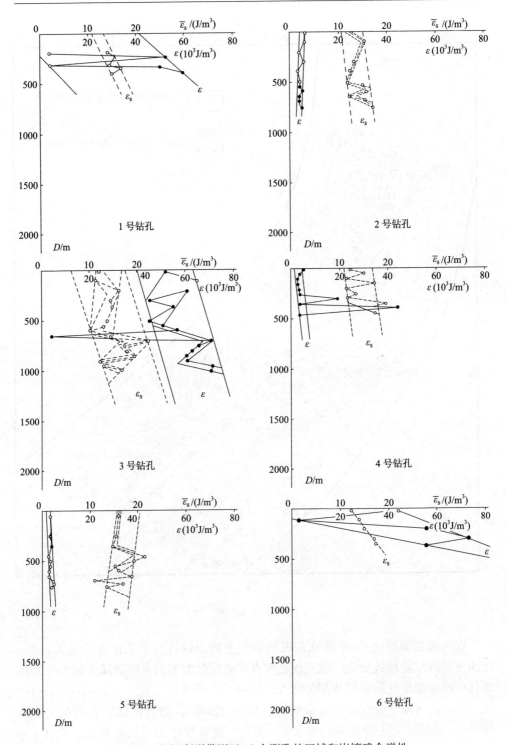

图 7.2.3　红河断裂带测区 12 个测孔的区域和嵌镶残余弹性
应变能密度随深度分布的 X 射线测量结果

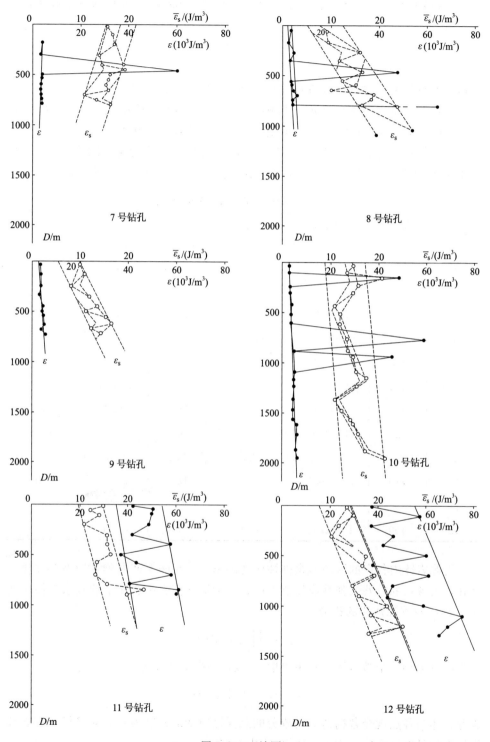

图 7.2.3 （续图）

650 米深处有时又突然出现极低值。在各深度处 ε 和 $\overline{\varepsilon}_s$ 随深度总的分布规律，可表示为

$$\varepsilon = \varepsilon_0 + bD$$
$$\overline{\varepsilon}_s = \overline{\varepsilon}_{s0} + cD$$

ε_0 和 $\overline{\varepsilon}_{s0}$ 是区域和嵌镶残余弹性应变能密度在地表的大小，单位是焦/米^3。b 和 c 是区域和嵌镶残余弹性应变能密度随深度的变化梯度，单位是焦/米^4。D 是孔深，单位是米。各测孔的参量，示于表 7.2.1，各孔 ε 的梯度 b 的变化范围除 2 号、7 号孔外为（0.63～140.00）焦/米^4，$\overline{\varepsilon}_s$ 的梯度 c 的变化范围除 5 号、7 号孔外为（1.95～21.01）×10^{-3}焦/米^4，前者仍比后者约大三个数量级。

表 7.2.1　各测孔残余弹性应变能密度参量

测孔号	孔径/ mm	测量孔深/ m	ε_0/ (10^3 J/m^3)	$\overline{\varepsilon}_{s0}$/ (J/m^3)	b/ (J/m^4)	c/ (10^{-3} J/m^4)
1	120	191～395	24.0	8.2	21.52	21.01
2	130	3～770	5.0	13.5	−0.65	1.95
3	130	5～972	52.0	12.0	12.35	6.69
4	120	5～439	3.0	14.0	4.56	2.28
5	130	47～750	2.5	17.9	2.67	−2.53
6	120	5～350	18.0	12.0	140.00	15.71
7	150	18～800	4.0	18.2	−0.63	−5.88
8	120	65～818	3.0	9.0	2.44	12.84
9	127	27～722	2.5	7.8	2.77	10.25
10	150	25～1931	3.0	13.0	1.29	1.81
11	150	3～892	46.0	12.5	7.85	5.94
12	150	15～1264	42.0	11.0	17.41	8.70

　　震源岩体内各点的区域残余弹性应变能密度 ε 与嵌镶残余弹性应变能密度 $\overline{\varepsilon}_s$ 之和，为各点的总残余弹性应变能密度 ε_r。则储存在震源岩体中的残余弹性应变能，为 ε_r 对震源体积的积分

$$U_{er} = \iiint \varepsilon_r \mathrm{d}x\mathrm{d}y\mathrm{d}z$$

由于 $\overline{\varepsilon}_s$ 比 ε 小三个数量级，故也可取 $\varepsilon_r \approx \varepsilon$，而把上式变为

$$U_{er} \approx \iiint \varepsilon \mathrm{d}x\mathrm{d}y\mathrm{d}z$$

震源岩体内各点现今各构造应力成分的总弹性应变能密度为 ε_w，则其储存在震源岩体中的弹性应变能，为 ε_w 对震源体积的积分

$$U_{ew} = \iiint \varepsilon_w \mathrm{d}x\mathrm{d}y\mathrm{d}z$$

发震时，震源应力降低。这要求，岩体中的残余弹性应变能密度 ε 和 $\bar{\varepsilon}_s$ 在残余应力降低时也保持为残余应力和残余应变的单值函数，现今弹性应变能密度 ε_w 在现今构造应力降低时也保持为现今构造应力和现今构造应变的单值函数，则它们的表示式 (3.1.15)、(3.1.21) 和 $\varepsilon_w = \frac{1}{2}\sigma_i e_i$，$i=1$，2，3 才仍然成立。由于岩体残余应变是从零起算的绝对弹性应变，故 ε 和 $\bar{\varepsilon}_s$ 都能在应力降低时保持为残余应力和残余应变的单值函数，因而其表示式仍然成立。岩体现今应变也必须是弹性的绝对值，而不是一般的形变测量方法所测得的弹性应变与塑性应变之和随时间变化的相对值，ε_w 才能保持为现今应力和现今应变的单值函数。只有满足这个条件，在现今各构造应力成分的增减变化过程中，ε_w 的表示式才成立。为此，须选用特殊方法测量现今绝对弹性构造形变。这样，方可得到震源岩体中所储存的弹性应变能

$$U_e = U_{er} + U_{ew} = \iiint (\varepsilon + \bar{\varepsilon}_s + \varepsilon_w)\mathrm{d}x\mathrm{d}y\mathrm{d}z \tag{7.2.2}$$

古构造残余弹性应变能不是随岩体破裂全量释放，而是按比率 k 进行释放。由于平行岩体裂面方向的区域残余应力不释放，只是垂直裂面方向的在表层释放，其释放量向内减小，一般岩石释放后到距离裂面 1 厘米深处便达到原值而其里边保留。由于释放量从裂面向内约成直线规律减小，把垂直裂面的方向表示为 i，则在此方向释放的残余应力和残余应变可取原值 σ_i，e_i 之半，于是释放的残余弹性应变能密度为 $\frac{1}{8}\sigma_i e_i$。则得单位体积残余弹性应变能释放率

$$k = \frac{1}{8}\frac{\sigma_i e_i}{\varepsilon_r}$$

若岩体破裂面积为 $2A$，残余应力释放厚度为 D，则释放体积 $V=2AD$。于是，释放的残余弹性应变能

$$T_r = k\varepsilon_r V = \frac{1}{4}\sigma_i e_i A D$$

震源体水平边界线 l 上的现今构造应力为 σ'，位移为 u，若裂面在 X，Z 方向，X 轴水平，Z 轴铅直，则由断裂力学可得岩体裂开单位面积的现今弹性应变能释放率

$$J_w = \int \left(\varepsilon_w \mathrm{d}y - \sigma'\frac{\partial u}{\partial x}\mathrm{d}l\right)$$

此积分边界线 l，不包括破裂表面边界线。对现今构造应力场中的应变，由于一般地形变测量方法只能测出弹性形变和塑性形变之和，尚难以从中分出弹性形变部分，而且在现今构造应力减小时，应变中的塑性部分并不恢复，既不储存能量

也不回放能量，使 ε_w 不能保持为应变的单值函数。亥斯用增量塑性理论有限单元法证明，当应力低于岩体屈服极限时，不同积分途径的 J_w 值只相差 2‰～2.5‰，故 J_w 积分的与路径无关性质，尚可成立。但当裂面增大而应力减小时，则必须只取构造形变中的弹性部分。因之，要用当地绝对弹性构造形变测量数据才能满足 J_w 积分与路径无关性的要求，并且积分回路不能太接近岩体破裂端，因为对破裂尖端区域岩体的物理状态至今尚未研究清楚。

震源体的破裂，若由 n 个单破裂成平行、雁行形或锯齿形构成，则震源体释放的总应变能

$$T = \sum_{i=1}^{n} T_{ri} + \iiint_V \varepsilon_w \, \mathrm{d}x\mathrm{d}y\mathrm{d}z - \iint_s \sigma' u \, \mathrm{d}l\mathrm{d}z \qquad (7.2.3)$$

积分沿整个震源体积 V 及其边界面 s 进行，σ' 和 u 为沿震源体边界面上的现今构造应力和位移。释放的能量 T，用于使岩体变形错动、辐射地震波和形成新裂面的表面能。

岩体变形错动和发射地震波消耗的能量为 g。岩体形成单位面积裂面表面能所需消耗的能量为 v，形成一个新裂面表面能所需能量 $r = \iint v \, \mathrm{d}x\mathrm{d}z$，由于岩体裂开时同时形成二同等新裂面，因之裂开所消耗的能量为 $2r$。则震源体内，变形错动和发射地震波消耗的能量 $G = \sum_{i=1}^{n} g_i$，形成全部新裂面表面能所需消耗的能量 $R = 2\sum_{i=1}^{n} r_i$。多数实验证明，$g = (10^3 \sim 10^4)r$，因之 R 只有 G 的 $10^{-4} \sim 10^{-3}$。由于震源体破裂消耗的应变能只用于 G 和 R 两项，故主要是用于 G，因而 $T = G + R \approx G$。G 中只有一部分用于地震波释放，η 为地震效率，则用于地震波的能量

$$E = \eta G \approx \eta T \qquad (7.2.4)$$

这个能量将通过古登堡－里克特的震级与能量的关系式反映成震级

$$M_S \approx 0.67 \lg \eta T - 7.87$$

可见，震源岩体中的残余弹性应变能，随破裂释放一部分，而附加到震源现今构造应力场所释放的弹性波能量中去，成为地震的一个能源。可见，古构造残余应力场，影响地震震级和活动水平。其影响大小，是震源破裂面积、残余应力释放深度、裂面法向残余应力大小和岩石弹性模量的函数。

由上可知，古构造残余应力场，是控制断裂带活动方式、岩体破裂方位、地震的发生、发展、大小、类型和活动水平的重要因素。

2. 古地震区划

地壳岩体的构造变形主要是蠕变。造成构造带或使已有构造带最近一场强烈活动中形成强塑性形变场的构造应力场，可残留至今而成为残余应力场。此种场

的基本特征，是从其形成后到残留至今的整个过程中，基本上是在岩体破坏时才释放出来，随后来岩体蠕变而松弛的量很小，因而只要岩石结构不变便可在地质时期内长期保留，不因岩体失去现今边界载荷而消失。若地区最近一场强烈构造运动所造成的强塑性形变场的分布形式至今未变，则更是如此。当区内以后发生地震的震源体破坏时，其中储存的残余弹性能便释放一部分，加到当时震源应力场所释放的地震能量中去，而成为区内后来历次地震的一个重要能源。残余应力场在大小上的分布形式也将因之而改变，不再保留其形成时构造体系应力场在大小上的规整分布形式。可见，强烈构造运动的应力场残留下来后，其能量主要用于区内古地震活动释放和现代地震活动释放以及剩下来残留至今的残余弹性应变能场，直至被未来不同方式的强烈构造运动中强塑性形变场的形成过程改造成其他形式的残余应力场。这使得现今地壳应力由现今构造应力和古构造残余应力两部分叠加而成，从现今国内外测量结果知，残余应力的大小约占测点现今地壳应力大小的 48%～96%（表1.6.2），其量相当可观。因之，只要算得一个地区最近一场强烈活动应力场的能量分布，根据地震目录算得区内现代地震活动释放的能量分布，并测得区内岩体中残留至今的残余应力场的能量分布，便可用能量差法，求得区内古地震活动释放能量的高值部位，用之圈划出古地震活动区。

在红河断裂带测区，北宽200千米南宽250千米的地带内，沿七条测线，用X射线法测得的区域和嵌镶残余弹性应变能密度水平分布等值线，示于图7.2.2。

根据地震目录，利用地区震级关系式

$$M_S = 1.22M_L - 0.846$$

$$M_S = 0.63I_0 + 1.22$$

及古登堡-里克特的地震波能量-震级关系式

$$\lg E = 1.5M_S + 11.8$$

算得区内现代地震释放的能量 E，I_0 为极震区烈度。本区震源深 0 千米～37 千米，平均取为 20 千米，算得在此深度范围内单位体积岩体平均释放的地震波能量，绘成红河断裂带测区自公元前 886 年以来的现代地震释放能量密度场（图7.2.4）。

红河断裂带形成较早，为右旋压扭性断裂带。最近一场强烈活动，在晚第三纪到更新世，余尾延至全新世，仍是右旋压扭性错动，从南东向北西增强。糜棱岩具叶理、片理、线理、眼球碎斑，断层泥中磨砾长轴平行叶理，石英有波状消光，长石被压扁拉长，斜长石双晶和碎裂岩的角砾、碎砾及挤压面的水平擦痕阶步方向，也显示右旋错动。从图1.6.5知，区内水平区域残余最大主压应力线的分布方向约为 NE15°～30°，而红河断裂带的总体走向约为 NW35°，因之此残余应力场的作用也是使断裂带右旋压扭性错动。可见，带内水平区域残余应力场的最大主压应力分布方向，与断裂带最近一场强烈活动的方式是一致的；与带内岩石后生组构所显示的强塑性形变场的分布形式也是一致的；区域残余弹性应变能

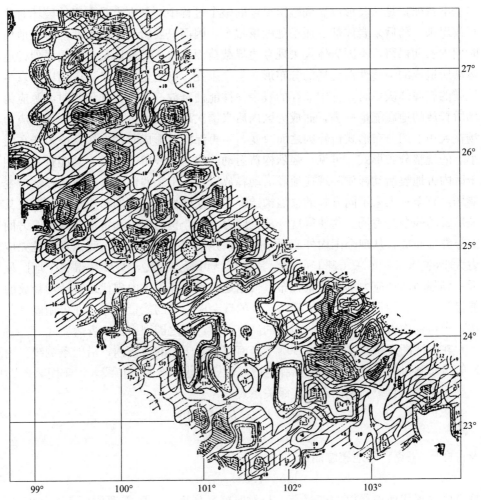

图 7.2.4　公元前 886 年～1984 年红河断裂带测区现代地震释放能量密度等值线图：
等值线的标数 n，为 10^{n-13}（J/m^3）中指数的第一项，$M_S = 0 \sim 7.7$

密度的分布（图 7.2.2），沿红河断裂带较高，松平—南涧区段最高，其次是开远一个旧地区，再次为普洱、姚安地区，这种北西段高南东段低的分布与断裂带最近一场强烈活动北西段强南东段弱的特点也符合。由此，取东经 $94.95° \sim 107.905°$，北纬 $18.65° \sim 31.31°$ 范围内的地块，北部边界受 NE23°方向的 5 兆帕的均匀压缩载荷，东、西边界受 SE 和 NW67°方向的 2.9 兆帕的均匀压缩载荷，南部边界全约束，使用在区内测得的岩石弹性参量（表 7.2.2），用有限单元法算得了红河断裂带测区最近一场强烈活动的构造应力场水平主正应力线分布图（图 7.2.5）和应变能密度分布图（图 7.2.6）。其水平主正应力线分布与图 1.6.5 中区域残余应力场水平主正应力线的分布基本一致。

表 7.2.2　滇西岩石力学参量

采样部位	弹性模量/MPa	泊松比	容重/(g/cm³)
红河和小江断裂带内	2600	0.20	2.2
其他断裂带内	4000	0.21	2.1
断裂带外	80 000	0.25	2.8

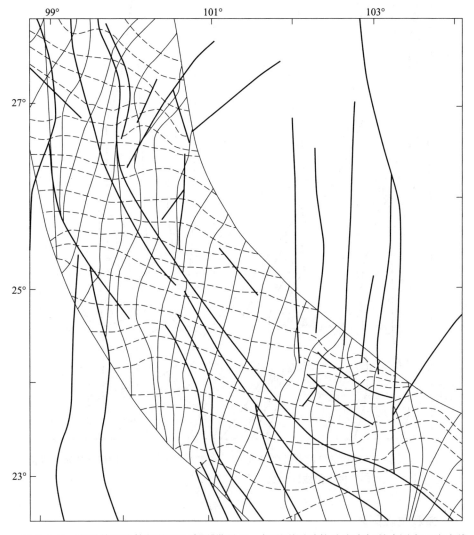

图 7.2.5　有限单元法算得的红河断裂带最近一场强烈活动构造应力场的水平主正应力线
分布图：粗实线为断裂，细实线为水平最大主压应力线，细虚线为水平最小主压应力线

　　红河断裂带测区最近一场强烈活动构造应力场的能量，应等于随区内后来发生的古地震释放的能量和随现代地震释放的能量除以地震效率及残留至今的残余应力场的能量三部分之和。故从图 7.2.6 中的应变能密度，减去图 7.2.4 中的应变能密度除以地震效率，再减去图 7.2.2 中的应变能密度后，余值仍较高的 A，B，C，D，E，F，G 等地区的应变能，应是被古地震所释放掉的。故这 7 个部位，应是区内自红河断裂带发生最近一场强烈活动以来有过古地震活动的地区。

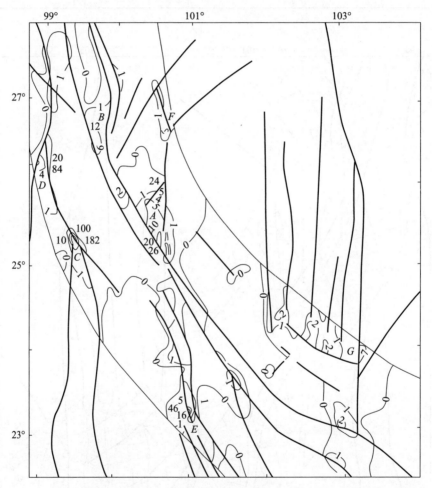

图 7.2.6　有限单元法算得的红河断裂带最近一场强烈活动构造应力场的应变能密度等值线分布图：应变能密度等值线的标数 0 为 $8.5 \times 10^{3} \mathrm{J/m^3}$，$n$ 为 $n \times 8.5 \times 10^{4} \mathrm{J/m^3}$

3. 强震危险区划

　　古构造残余应力场、现今构造应力场及其动力源的变化，是控制现代地震活动的重要因素。因此，根据古构造残余应力场和现今构造应力场动力源过去随时间的变化规律沿时间轴向后外推所得其将要造成的现今构造应力场，及这两种应力场中适宜活动的断裂带与地震活动的关系，可预测未来强震危险区。

以红河断裂带为例。在此断裂带测区，已用X射线法测得水平最大区域残余主压应力等值线图（图4.4.25）、水平区域残余主应力线图（图1.6.5）和区域残余应变能密度水平分布等值线图（图7.2.2a）。水平最大区域残余主压应力的最高值在松平—南涧地区，其次是普洱地区，再次是玉溪、永平两地区，南涧以南的红河断裂带南东段是最低值区。区域残余弹性应变能密度的分布，也是以松平—南涧地区为最高，其次是开远一个旧地区，再次为普洱、姚安地区。水平最大区域残余主压应力线的分布方向，约在 NE15°～30°。由于测区内嵌镶残余应力的大小不及区域残余应力的十分之一（图4.4.28），而嵌镶残余弹性应变能密度不及区域残余弹性应变能密度的千分之一，故它们在量值上的作用暂略去。

中国西南地区6级以上地震的活动带走向和震源机制解的主压应力方向，与由天文观测得的地球自转变化趋势（图5.3.1），有一定的对应关系（图7.2.7～图7.2.8）。地球自转加速初期，东西和南北向地震带活动（图7.2.7a），此时发

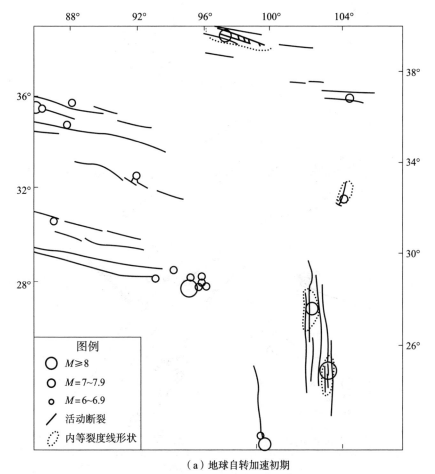

（a）地球自转加速初期

图7.2.7　各种地球自转状态下中国西南地区活动的地震带和震中

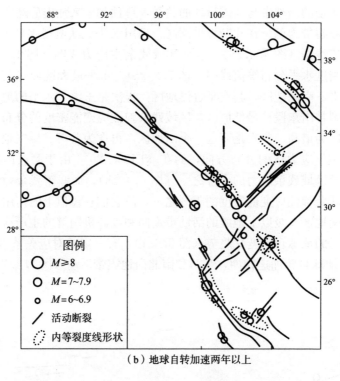

（b）地球自转加速两年以上

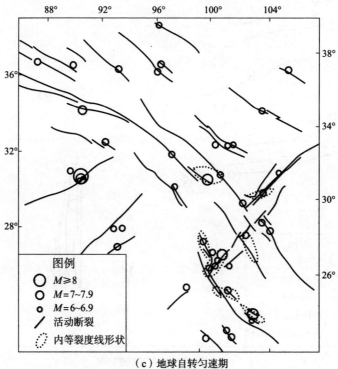

（c）地球自转匀速期

图 7.2.7 （续图）

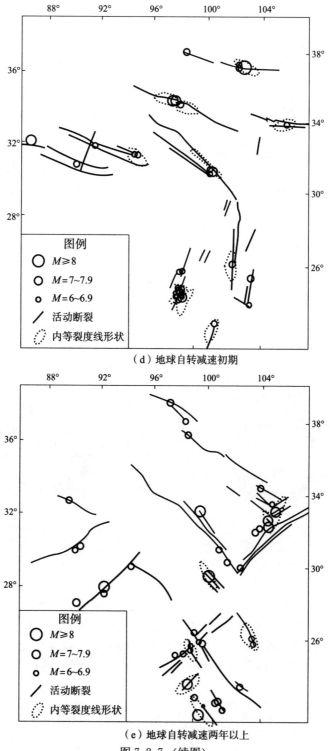

（d）地球自转减速初期

（e）地球自转减速两年以上

图 7.2.7 （续图）

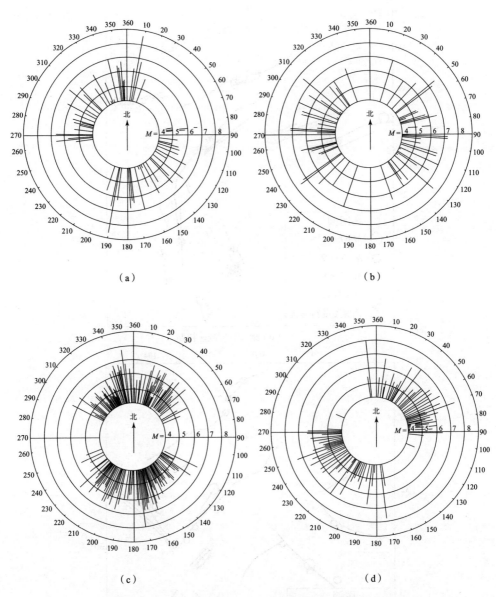

图 7.2.8　中国西南地区在各种地球自转状态下发震的震源主压应力方向的分布角域：
（a）地球自转加速初期；（b）地球自转加速两年以上；（c）地球自转匀速期；
（d）地球自转减速初期；（e）地球自转减速两年以上

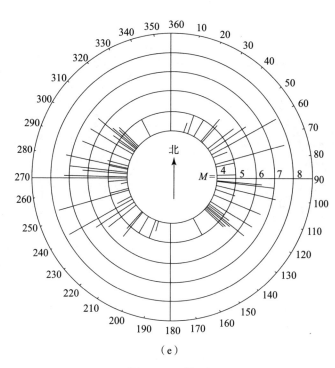

（e）

图 7.2.8 （续图）

震的震源主压应力方向约分布在北西象限内（图 7.2.8a）；地球自转加速两年以上，北东和北西向地震带活动（图 7.2.7b），此时发震的震源主压应力方向分布在东西约 90° 的角域内（图 7.2.8b）；地球自转匀速期，还是北东和北西向地震带活动（图 7.2.7c），但此时发震的震源主压应力方向分布在南北约 90° 的角域内（图 7.2.8c）；地球自转减速初期，北北东和北西西向地震带活动（图 7.2.7d），此时发震的震源主压应力方向约分布在北东象限内（图 7.2.8d）；地球自转减速两年以上，又是北东和北西向地震带活动（图 7.2.7e），此时发震的震源主压应力方向还是分布在东西约 90° 的角域内。

对上述观测结果，用 DM-1 型地球自转模拟仪做了实验证明。地球模型自转的可控硅无级调速范围为 0～300 转/分，转动中照相记录的同步闪光快速摄影装置的闪光时间不大于万分之一秒。在直径 50 厘米的地球模型表面画上经纬线和圆圈，并刻有大断裂带，显示出地形高差。实验结果（图 7.2.9）表明：该区在地球自转加速初期所受水平最大压缩方向约为北西（图 7.2.9a），在地球自转匀速期所受水平最大压缩方向约为南北（图 7.2.9b），在地球自转减速初期到长期减速中所受水平最大压缩方向约为北东到近东西向（图 7.2.9c）。

由上可见，地球自转加速初期，该区受主压应力方向在北西象限内的压缩，使得东西和南北向地震带正处在最大剪切错动面方位，因而易于错动而引发地震；地球自转加速两年以上，该区受主压应力方向在东西约 90° 角域内的压缩，

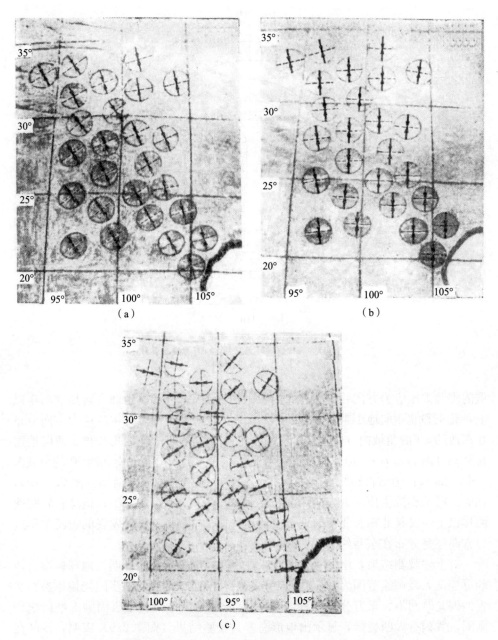

图 7.2.9　用 DM-1 型地球自转模拟仪所做的中国西南地区在地球自转
加速初期（a）、匀速期（b）和减速初期到长期减速（c）的区域受力方式的实验结果

使得北东和北西向地震带正处在最大剪切错动面方位，因而易于错动而引发地
震；地球自转匀速期，该区受主压应力方向在南北约 90°角域内的压缩，使得北
东和北西向地震带正处在最大剪切错动面方位，但此时北东向地震带左旋错动而

北西向地震带右旋错动，与地球自转加速两年以上此两种走向地震带的错动方向相反；地球自转减速初期，该区受主压应力方向在北东象限内的压缩，使得北北东和北西西向地震带正处在最大剪切错动面方位，因而易于错动而引发地震；地球自转减速两年以上，该区受主压应力方向在东西约90°角域内的压缩，使得北东和北西向地震带正处在最大剪切错动面方位，因而易于错动而引发地震，其错动方向与地球自转加速两年以上的相同。

　　红河断裂带总体走向约为NW35°，故应在受近南北到北北东向或近东西向压缩时易于活动，可见在地球自转匀速期、加速两年以上或减速两年以上时易于发震。此断裂带现代6级以上的地震，也正是发生在这三种时期内（图7.2.10）。测区在近南北或近东西向压缩时的水平最大剪应力等值线分布图（图7.2.11）表明，在这两种边界条件下，测区内的水平最大剪应力高值部位，都是松平—南涧、玉溪—开远、普洱、永平、姚安区段。这些区段也与测区内6级以上地震活动区一致。

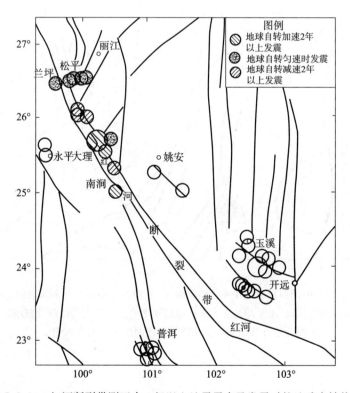

图7.2.10　红河断裂带测区内6级以上地震震中及发震时的地球自转状态

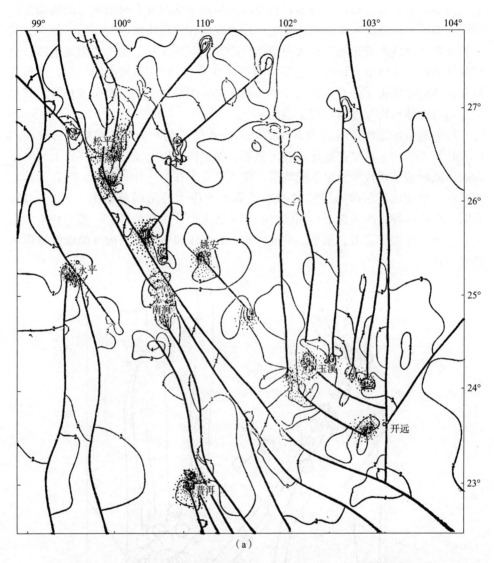

（a）

图 7.2.11　中国西南地区在南北向 5MPa、东西向 3MPa（a）和东西向 5MPa、
南北向 3MPa（b）水平均匀压力下形成的水平最大剪应力等值线分布场的有限
单元法计算结果：二相邻等值线剪应力差为 0.5MPa

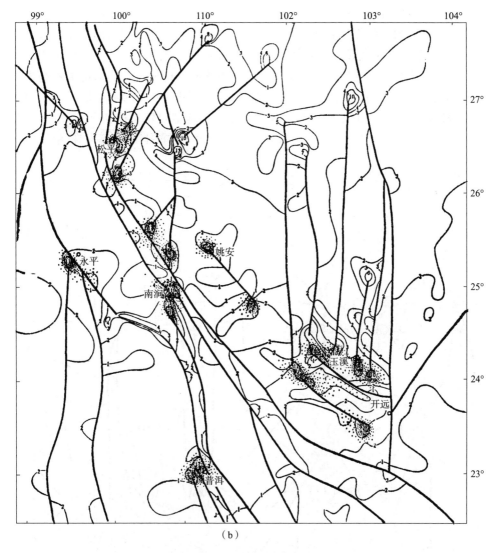

（b）

图 7.2.11 （续图）

　　岩块的破坏强度，只表示破坏时所需现加载荷的大小。实验表明，岩块的破坏，除有结构强度外，还受其中古构造残余应力大小和方向的影响：当最大区域残余主压应力增大，其同方向的抗压强度降低（图 1.1.57a），而与其垂直的最小区域残余主压应力方向的抗压强度则升高（图 1.1.57b），发生的剪切破裂面与压缩轴成 40°～43°角。因而，一个断裂带所受现今构造应力场的水平最大主压应力方向，当与其中区域残余应力场的水平最大主压应力方向一致时便易活动而易于引发地震，当与其中区域残余应力场的水平最小主压应力方向一致时便不易活动而不易引发地震。这使得有一定走向的断裂带，受前种方式的应力场作用时易于活动和发震，而受后种方式的应力场作用时则不易活动和发震。其中古构造残余应力场的方向分布是固定的，随时间变化的只有现今构造应力场的作用方向。
当现今构造应力场的作用方式对断裂带的活动适宜时，断裂带的形变量也大（图
1.1.56），高应变速率又加快岩体变脆（图 1.1.12～图 1.1.13），于是只要有相
当大的残余应力便可导致岩体在低现今应力下脆断，即使现今构造应力不高也可
引发地震。图 7.2.12 中测区在北东向或北西向压缩下形成的水平最大剪应力场
虽然普遍高值，但由于此二边界受载状态相当于地球自转加速初期或减速初期，
由图 7.2.10 知此二时期红河断裂带现代并未发生 6 级以上地震，而在图 7.2.11

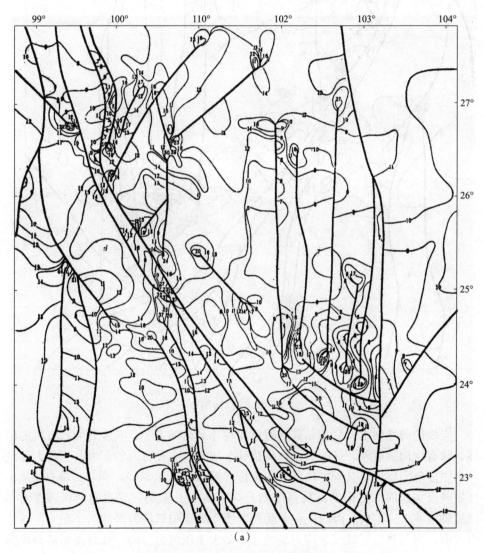

(a)

图 7.2.12　中国西南地区在北东向 5MPa、北西向 3MPa（a）和北西
向 5MPa、北东向 3MPa 均匀压力下形成的水平最大剪应力等值线分布场的
有限单元法计算结果：二相邻等值线的剪应力差为 0.5MPa

（b）

图 7.2.12 （续图）

的测区所受两种边界载荷下由于贯穿全区的红河断裂带的大形变活动，虽然水平最大剪力场普遍低值，但由于红河断裂带的走向适宜于活动却发生了一系列 6 级以上地震，便证明了这一点。测区在近南北或近东西向压缩下，走向 NW35°的红河断裂带正处于最大剪切错动面方位，及其规模之大通贯全区而把全区分成北东和南西两个地块进行地块间错动，是此断裂带发生大形变活动的主要原因，也正因为这样才引起了全区应力大量释放而普遍低值。可见，古构造残余应力场控制断裂带的活动方式或岩体新断裂的方位。

综上可知，古构造残余应力场，在最大区域残余主压应力方向降低岩体破裂扩展所需现今应力，加快岩体变脆，导致岩体在低现今应力下脆断，而在最小区域残余主压应力方向则可提高岩体强度；与现今构造应力场叠加在一起，改变震源应力场在大小和方向上的分布及作用，二者一起控制断裂带活动方式、岩体新断裂方位、破裂的发展和止裂；供给岩体破裂所需能量，与现今应力场在岩体破裂时释放的能量合在一起，增加震源体破裂释放的能量，提高震级。从这三方面的作用看来，地震的发生、发展、大小和方位并非只取决于现今构造应力场的增强和各种造成岩体强度下降因素的作用，而是还与岩体中已存在的残余应力场在大小和方向上的分布有重要关系。在残余应力场大小和方向分布适宜于相应走向的断裂带活动的地区：残余应力越高越易使叠加场达到岩体破坏强度或断裂活动强度，并越加降低岩体破坏强度，因而越易引发地震；残余应力越高附加给岩体破裂时释放的能量越大，这种区位发生地震的震级便越偏大。可见，此种残余应力场及其应变能密度场中的高值区，应是值得重视的未来易发强震的危险区条件之一。

　　综合残余应力场和现今应力场两方面的条件，在近南北向或近东西向压缩下使红河断裂带处于最大剪切错动面方位的残余和现今应力场中，现今水平主剪应力高值区内的高残余应力和高残余弹性应变能区段，易于发生强震。测区在近南北或近东西向压缩下的现今水平最大剪应力场中的高值区段，都是松平—南涧、玉溪—开远、普洱、永平、姚安（图 7.2.11）。测区内分布方向在 NE15°～30°的水平最大区域残余主压应力场（图 1.6.5；图 4.4.25）和区域残余弹性应变能密度场（图 7.2.2a）的高值区段，也都有松平—南涧、玉溪—开远、普洱，永平是水平最大区域残余主压应力值高但区域残余弹性应变能密度值低，姚安是区域残余弹性应变能密度值高但永平最大区域残余主压应力值低，可见永平和姚安不满足全部高值条件。因而，测区内易于发生强震的地区，首先是松平—南涧区段，其次是玉溪—开远、普洱区段，再次是永平、姚安区段。

4. 强震危险时段预测

　　一个测区内，古构造残余应力场中的水平最大区域残余主压应力线的分布方向，是一定的。区内现今构造应力场中的水平最大主压应力线的分布方向，则随测区的现今边界条件而异。当现今水平最大主压应力线方向与水平最大区域残余主压应力线方向一致时，则二场的水平最大主压应力叠加，降低岩体破裂强度（图 7.2.12）或走向与此压应力方向成 40 余度斜交的断裂带活动强度（图 1.1.57a），破裂时又增大岩体释放的能量（7.2.3），提高震级（7.2.4），因之这是引发地震的最危险时期；当现今水平最大主压应力线方向与水平最小区域残余主压应力线方向一致时，则残余应力场的水平最小区域残余主压应力与现今应力场的水平最大主压力叠加，破裂时也增大岩体释放的能量，但岩体的破裂强度或走向与此压应力方向成 40 余度斜交的断裂带活动强度降低得不如前一情况的显著（图 7.2.12），相反随水平最大区域残余主压应力在各处的加大而增强（图

1.1.57b），因之这不是引发地震的最危险时期。

红河断裂带测区内 NE15°～30°方向的水平最大区域残余主压应力场及区域残余应变能密度场中的高值区段，与测区在近南北向或近东西向水平压缩下形成的现今水平主剪应力场中的高值区段，在位置上是一致的。因此，测区现今是受近南北向压缩还是受近东西向压缩，对圈划强震危险区段的位置没有区别。但这两种现今边界条件，对预测发震时段却有重要差别。测区现今受近南北向压缩时，形成的现今水平最大主压应力方向与区内水平最大区域残余主压应力方向一致，因而由于两场的叠加增大了水平最大主压应力的作用，降低走向与此二压缩方向约成 40 余度斜交的红河断裂带活动的强度，使断裂活动易于失稳，破裂时又增大岩体释放的能量，提高震级，故测区在出现此种现今边界条件时最危险，其所处的时段应为最危险时段。而测区现今受近东西向压缩时，由于形成的现今水平主压应力方向与测区水平最小区域残余主压应力方向一致，因而对走向与其约成 40 余度斜交的红河断裂带活动强度的降低不如前一情况显著，相反又随近南北向的水平最大区域残余主压应力在各处的加大而增强，虽然此时红河断裂带仍处在最大剪切错动面方位，但其活动所需现今应力则比前一种边界条件的为高，因而其所处时段并不是最危险的。可见，测区发生强震的最危险时段为受近南北向压缩的现今边界条件出现的时期，其次为受近东西向压缩的现今边界条件出现的时段。前者相当于地球自转匀速时段，后者相当于地球自转加速两年以上或减速两年以上时段。

红河断裂带测区现今受北东或北西向压缩时，由于总体走向为 NW35°的红河断裂带，不处在最大剪切错动面方位，而且压缩方向也与区内水平最大区域残余主压应力方向不一致，因而此断裂带不易活动。这两种地区受力方式，相当于地球自转减速初期或加速初期。此两种地球自转状态出现时期内，红河断裂带也确无 6 级以上的现代地震活动（图 7.2.10）。

由上可知，为要了解红河断裂带今后半个世纪内发生强震的危险时段，关键是要推测今后半个世纪内地球自转各种变化趋势出现的时段。用周期函数逼近天文观测得的地球自转角速度相对变率年均值随时间变化曲线（图 5.3.1，实线），并用此拟合函数将拟合曲线顺时间轴向后外延，得图 5.3.1 中的虚线延伸段。由此延伸段可知：1995～1996 年、2003～2004 年、2012～2013 年、2017～2018 年，地球自转匀速；1999～2002 年、2016～2017 年，地球自转加速两年以上，1989～1994 年、2007～2012 年、2021 年以后，地球自转处于减速两年以上时段。前一类时段为红河断裂带今后半个世纪内发生强震的最危险时段，后一类时段居次。

三、岩体力学中的应用

古构造残余应力，影响岩块力学性质。岩块的压缩弹性模量和变形模量，均随同方向区域残余压应力的增大而减小（图 1.1.56）。岩块的抗断强度是指岩块破裂时所加现今应力的大小。岩块中的最大区域残余主压应力增大时，其同方向

的抗压强度降低（图
1.1.57a），而与其垂直的
最小区域残余主压应力方
向的抗压强度则升高（图
1.1.57b）。同种岩块，其
抗压强度与同方向区域残
余主压应力之和并不是常
量，而是随此区域残余主
压应力的增加而减小（图
7.2.13）。这说明，区域残
余应力在岩块中的作用，
不只是相当一种特殊的应
力，还影响岩块的结构强
度，使结构强度随其增大而下降。

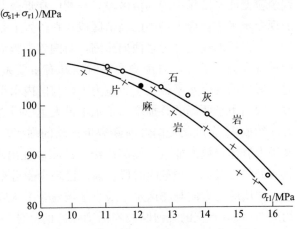

图 7.2.13　岩块中抗压强度与同方向区域残余
主压应力之和随此残余应力大小的变化

　　岩体中破裂的扩展，由于残余应力强度因子的影响而变得复杂起来。因为这种扩展取决于现今应力强度因子与残余应力强度因子的总作用。残余应力场的存在，降低岩体破裂扩展所需的现今应力（图 7.2.1）。岩体中区域残余应力场的最大主压应力方向分布是一定的，当其中现今应力场的最大主压应力方向与此方向一致时，岩体便易于发生低强度脆性破裂或已有破裂的扩展，当此残余应力足够大时不需增加现今应力而只要降低温度破裂便扩展（图 7.2.1）；而当现今应力场的最大主压应力方向与区域残余最小主压应力方向一致时，虽然岩体也易于破裂或引起已有破裂的扩展但破裂强度要高于前一情况的，并随最大区域残余主压应力的增加而增大。

　　由于残余应力场的存在，影响岩体破裂的强度、方向和释放的能量，降低岩体的弹性和变形模量，因之是矿山开采和地下建筑设计的一个重要参量。这种储存在岩体中的弹性能，在岩体破裂时便部分地释放出来，加剧岩体破坏。它关系到岩爆、塌方、瓦斯突出等破坏现象的发生、方位和强烈程度，以及定向爆破能量和方向的控制。因之，对地下工程的布置、设计、施工、使用和维护，都有重要的影响。

四、现今构造应力测量中的应用

　　地壳构造应力，是由古构造残余应力和现今构造应力叠加而成的。因之，为要测量现今构造应力，可有两个途径：一是全场测量后再测古构造残余应力，把它减除，得现今构造应力的大小，并由其值算得主应力大小和方向；二是在所设

计的测量过程中测不到古构造残余应力，所测到的只有现今构造应力的大小，再由之算得其主应力大小和方向。

前一个途径，要在同一个地点测量古构造残余应力的大小和方向，以便减除它。后一个途径，要了解古构造残余应力的性质、种类和释放规律，才能完全避开它对测量过程的影响而测不到它。

第三节　现今构造应力场的应用

一、惯性应力场的应用

1. 地震预测基础

地壳各种构造断裂的发生或活动，都是当时岩体中的构造应力达到了其抗断强度、延裂强度或摩擦强度所造成的。不管其动力源是来自地球外部或内部的何种物理作用，都必须把它的能量转化为机械能，才能促使构造应力增大或降低岩体强度，因之才能导致岩体断裂的发生或再动。构造应力的存在或增大，是发震的主导原因。没有这个条件，岩体强度再低也不会发生断裂或断裂活动，因而也就不会发生地震。但构造应力增大，却不一定都有地震发生。这是因为在构造应力增大时，由于其动力来源所供给的能量减弱了或应力场在岩体中做了变形功及传播引起的能量消耗，可能在构造应力还未达到岩体强度极限、断裂扩展临界应力或断裂活动强度时又变小了，或停止了增加。就是达到了岩体的断裂强度或断裂活动强度，还有不同的释放途径。若岩体处于弹性状态而发生脆性断裂，则既产生突然错动又有弹性回跳，于是发震；若岩体处于塑性状态而发生柔性断裂或断裂蠕滑，则既不发生突然错动又无弹性回跳，因而并不发震。有突然错动的断裂是脆性的，因而均有弹性回跳伴生；无突然错动的缓慢柔裂或蠕滑是柔性的，因而无弹性回跳伴生。因之，岩体中突然错动和弹性回跳是脆性状态的表现；无突然错动和弹性回跳则是柔性状态的表现。例如：美国加利福尼亚州圣安得利斯断层右旋蠕滑每年1～2厘米；土耳其北部的安纳托利亚断层每年蠕滑2厘米，把伊斯梅特帕夏的一垛大墙错断；我国四川茂县城北的撮箕山距岷江江岸1千米的河谷砾石阶地上，北西方向大路两边的两个院子原正面相对的大门，从1898年到1933年的35年间，路东北侧的大门向东南错移7.7米；宁夏石嘴山红果子沟断层把建于明初距今约400余年的长城边墙错断，水平右旋错移1.45米，西升东降0.9米。这些现象均发生在强震活动区，说明在地震活动区也不是所有断层活动都伴有地震。可见，构造应力大小不达到岩体抗断强度、延裂强度或摩擦强度时不震，岩体在蠕变过程中缓慢柔裂或沿原有断裂面蠕滑而不发生突然错动地缓慢释放机械能时也不震。因之，构造应力增大和发生断层活动，并不一定都发震。但地震则必然是由于构造应力急剧上升或岩体强度下降或破裂扩展到足以造成岩体脆性断裂或破裂失稳扩展所引起。于是，构造应力场与岩体所处力学状态的矛盾，便成为引发地震的主要矛盾。这使得观测构造应力场的时空变化和反映在应力场作用下岩体力学状态的形变场的时空分布，成为了解地震过程的关键环节。

　　构造应力场的存在和变化，必然引起岩体的构造变形。这种变形，可表现为水平形变、铅直形变、地面倾斜和地层倾角改变，可使其中的断层水平和铅直错动，可使岩体发生微裂改变组构因而改变孔隙度和密度。一般方法所观测到的是岩体的弹塑性形变，它对了解构造形变场的时空分布和变化趋势以及岩体强度的分布是有意义的，凡牵涉到岩体弹性应变能的问题则必须观测弹性形变绝对值，因为只有岩体的绝对弹性形变才存储弹性能和释放弹性能并给出其大小。塑性形变只记录应力场所做变形功消耗掉的能量，它是不可恢复的因之既不存储也不释放弹性能。岩体变形中结构的变化，又引起一系列其他物理性质的变化，产生地磁、地电、重力、地下水、地热、气温和气压变更等一系列次生现象。岩体变形时，随着晶粒组构的改变和晶粒的变形，各磁性矿物晶体的方位和形状可随之而变，使得岩体磁化率最强的方向发生变更。在岩体的最大主压应力方向岩石压密或液体薄膜变薄而降低或增加电阻率，垂直最大主压应力方向则相反。若岩体中发生平行最大主压应力方向的微张裂隙，则顺压缩方向空隙增多或有更多的充填液体而增加或降低电阻率，垂直最大主压应力方向的电阻率则增加或降低得比最大主压应力方向的为小。若岩体中含有压电矿物晶体，会使综合结果复杂化。因之，对一个具体地区，须根据岩体矿物成分和地下水变化情况，经过一段摸索才能找出岩体电阻率变化与岩体变形大小和变形方式的具体关系。岩体变形改变密度、体积和形状，因之重力也随之而变。岩体变形可使含水层倾斜、孔隙改变、发生微裂，而影响地下水渗流孔道，改变地下水的水位、流向、流速、水压和成分。岩体变形和断层活动消耗于克服内摩擦的机械能将转变为热能，提高地温，并部分地散发于大气中升高气温影响气压。这一系列现象，都是在构造应力作用下引起的"连锁反应"。但类似这些次生现象的发生，却不一定都是由于构造应力作用引起，也不一定都反应岩体强度的变化，因而并不一定都与地震有关。如大气降水及外区地下水源改变和放射性蜕变及岩浆活动，也可改变岩体的体积、形状、电阻率、地下水流向、流速、水位、水压、成分、重力和地温。在这些与引发地震有关的因素中，构造应力是矛盾的主要方面，没有应力作用岩体便不会发震。在一定应力水平下，反映岩体强度变化的形变，也是不可忽视的矛盾方面。岩体变形所引起的一系列次生现象，则是更间接的，在成因上也有更多的多解性，但其中有的现象对岩体形变观测有放大作用。可见，为预测预报地震，应着重在对构造应力和构造应变并补以重要次生现象变化过程的观测、分析和推断。

　　为保证观测的准确度，需要排除干扰。其方式有多种：可在观测某量的同时也观测各干扰因素曲线再将其从总观测曲线上减除；可选用受干扰小的材料，以保证其有关物理性能对观测量敏感而对干扰因素的变化不敏感；可给观测设备加防护或屏蔽以隔开干扰因素的影响；可取物理关系中较稳定受干扰小的工作曲线段进行测量；可选择每天外界影响小的时间观测；可从原理上选用干扰少的观测方法；可用悬空元件和受力元件同时在同一点观测来减除它们所受的共同影响，以区别干扰和构造应力作用的差别；对观测数据或曲线进行数字滤波以去掉干扰。

　　控制现代地震的现代活动断裂体系，是最晚形成或正在形成的最新构造体系和再动的老构造体系中的断裂带在现代的重新组合，其形式呈正交网格形或其一部分（图 6.3.18～图 6.3.19，图 7.2.7）。在这种断裂体系中，查清其各断裂带现代活动的小周期和交替关系，对预测地震十分重要。为此，需测定其应力场和应变场的分布形式和其中的应力集中区，在各个应力变化敏感部位和深度布设观测点，以便成网状地观测构造应力大小和方向的变化趋势，分析其三维时空变化与地震的关系。

　　现代活动断裂体系应力场中，断裂水平或向下尖灭处、隐伏断裂顶部连接处、褶皱脱底或层面滑动边界处、断裂汇而未交处、断裂分叉处、断裂相交处、断裂走向转折处、断裂倾角水平或上下改变处、裂面间夹杂硬块或局部胶结使摩擦阻力增大处、应力集中或岩体强度较低或破裂已扩展可发生新断裂或失隐扩展处，都是高应力、低强度的发震危险部位。在这些断裂带中，由于水平最大主正应力和主剪应力均随断裂倾角增加而增大（图 4.2.8，图 4.2.10，图 4.2.12），故高倾角断裂带的应力高于低倾角的而比低倾角的易于活动。断裂活动带有张性，由于强度因之降低，也易于活动，如中国东部的新华夏系断裂带和祁吕贺兰山字型东翼断裂带发生右旋张扭性活动时大地震便较多。可见，造成强震的方式主要有：顺断裂水平方向的延裂、沿断裂下缘向下扩展、隐伏断裂向上连通、断裂汇而未交处的破裂、断裂交点处的再动、断裂走向或倾向改变处的突然滑动、断裂突破摩擦阻力的错动、岩体低强度区或破裂扩展端或高应力区发生新断裂、布满大量小裂缝区贯通成大断裂。除主要发震断裂外，有时还有与其复合或联合的控制震源在大裂面上具体分布地点的次级断裂。如，中国东北部强深震震源均在从日本海沟斜向东亚大陆下面的弧形大断裂面上（图7.3.1），但在这个面上的具体位

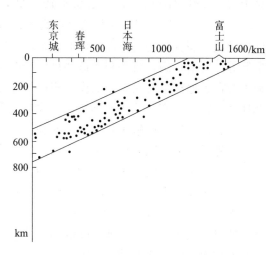

图 7.3.1　东京城—富士山剖面上强震震源分布图

置则又受按一定纬度间隔分布的纬向断裂带所支配，震源均在这些纬向断裂带与伸向东亚大陆下面的弧形大断裂面的交线上（图 7.3.2）。由上可见，震源应力场的分布形式，对连续岩体的新破裂震源主要取决于边界条件、岩性分布、地表地形和变形形式；对烧结、熔结、胶结和有摩擦阻力断层构成的低强度层的再破裂震源主要取决于低强度层产状、边界条件和岩性分布；对断层滑动段扩展和突破锁结段的延裂震源主要取决于滑动段分布形式、边界条件和岩性分布。失稳破裂的原因，可以是应力上升，也可以是破裂段强度降低及其所引起的滑动段扩展。

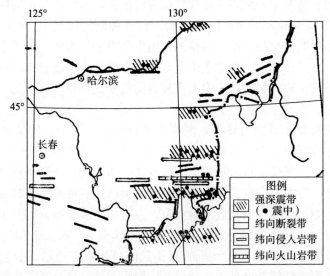

图 7.3.2　中国东北部强深震带与纬向断震带、侵入岩带和火山岩带关系图

　　地震活动，在空间分布上有成带性（图 2.5.46～图 2.5.47），在各带活动关系上有交替性（图 6.3.18～图 6.3.19，图 7.2.7），在时间分布上有阶段性（图 7.3.3～图 7.3.6）。利用这些结果预测地震活动趋势，宜使用观测时间长并有周期性及随时间变化的趋势性规律的资料，如中国历史地震记载、人类天文观测结果等等。所谓预测，就是利用这些规律，顺时间轴向后外推。如，明确了地震的动力源在各地球自转状态下的作用规律与地震活动的关系，便可由对今后一段时期地球自转速率变化趋势的推测，来预测这段时期内东亚大陆和华北地区大地震的活动趋势。这需要解决几个基本问题。

　　首先是东亚大陆和华北地区今后一段时期是否还会发生大地震。东亚大陆，公元前 780 年以来的 6 级以上地震活动，可分 5 期（图 7.3.3）：公元前 231～公元 180 年为第 1 期，512～876 年为第 2 期，1022～1368 年为第 3 期，1440～1765 年为第 4 期，从 1785 年开始进入了第 5 期，现正处于第 5 震期中。各震期之间的时段，为 6 级以上地震间歇期，公元前 780～公元前 231 年为第 1 间歇期，180～512 年为第 2 间歇期，876～1022 年为第 3 间歇期，1368～1440 年为第 4 间

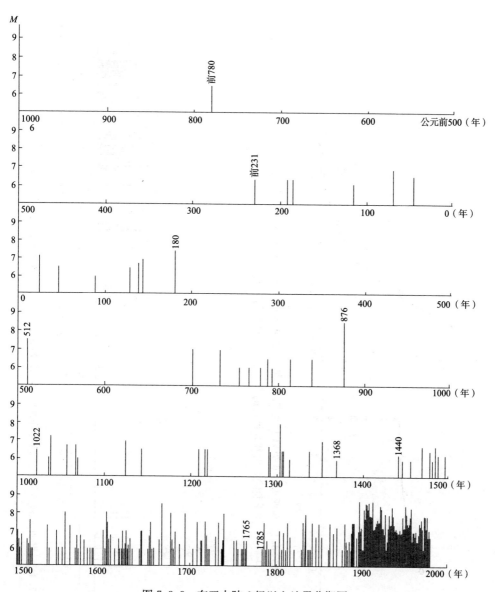

图 7.3.3　东亚大陆 6 级以上地震分期图

歇期，1765～1785 年为第 5 间歇期。将用前 4 个震期长 Δt_i 作纵轴震期序号 i 作横轴得出的震期长随期序号变化的 $\Delta t_i \sim i$ 曲线（图 7.3.4a）向后外延至第 5 震期，得该震期长 $\Delta t_5 = 320$ 年。此震期是从 1785 年开始的，因之应于 1785＋320＝2105 年结束，即从 1986 年向后还有 120 年。2105 年以后，东亚大陆 6 级以上地震，将进入第 6 间歇期。用前 5 个间歇期长随期序号变化的 $\Delta t_i' \sim i'$ 曲线（图 7.3.4b）向后外延至第 6 间歇期，得此间歇期长 $\Delta t_6' = 10$ 年。可见，2105 年以后，东亚大陆 6 级以上地震将有 10 年的间歇期，到 2105＋10＝2115 年则开

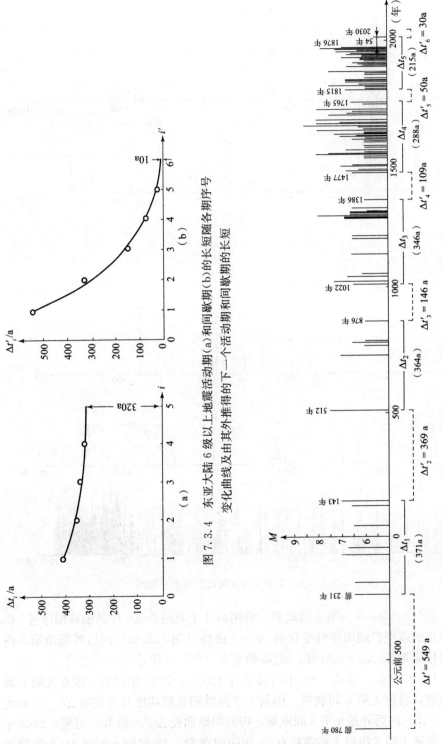

图 7.3.4　东亚大陆 6 级以上地震活动期（a）和间歇期（b）的长短随各期序号变化曲线及由其外推得的下一个活动期和间歇期的长短

图 7.3.5　华北地区 6 级以上地震分期图；Δt_i 为各震期长，$\Delta t_i'$ 为各间歇期长，i 为期序号

始进入第 6 震期。华北地区，公元前 780 年以来的 6 级以上地震活动，也分 5 期（图 7.3.5）：公元前 231～公元 143 年为第 1 期，512～876 年为第 2 期，1022～1368 年为第 3 期，1477～1765 年为第 4 期，从 1815 年开始进入了第 5 期，目前仍处在第 5 震期中。各震期之间的 6 级以上地震间歇期，共有 5 个：公元前 780～公元前 231 年为第 1 间歇期，143～512 年为第 2 间歇期，876～1022 年为第 3 间歇期，1368～1477 年为第 4 间歇期，1765～1815 年为第 5 间歇期。用前 4 个震期长随期序号变化的 $\Delta t_i \sim i$ 曲线（图 7.3.6a）向后外延至第 5 震期，得该震期 $\Delta t_5 = 215$ 年。这个震期已从 1815 年开始，因之应于 1815＋215＝2030 年结束，即从 1986 年向后还有 44 年。2030 年以后，华北地区 6 级以上地震将进入第 6 间歇期。用前 5 个间歇期长随期序号变化的 $\Delta t_i' \sim i'$ 曲线（图 7.3.6b）向后外延至第 6 间歇期，得此间歇期长 $\Delta t_6' = 30$ 年。可见，2030 年以后，华北地区 6 级以上地震将有 30 年的间歇期，至 2030＋30＝2060 年则开始进入第 6 震期。这就是东亚大陆和华北地区今后一百年内 6 级以上地震随时间分布的活动趋势。

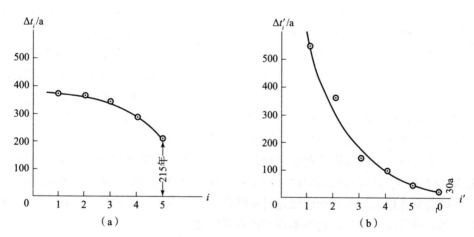

图 7.3.6　华北地区 6 级以上各地震活动期（a）和间歇期（b）长短随期序号变化曲线及由其外推得的第 5 震期（a）和第 6 间歇期（b）的长短

其次是东亚大陆从 1986～2105 年的 120 年地震活动期中前 50 年内 7 级以上地震活动水平随时间是否还有高低变化。由于东亚大陆 7 级以上地震频度与地球自转角速度相对变率有反同步关系（图 6.3.23），地球自转减速时 7 级以上地震增多，地球自转加速时 7 级以上地震减少。而 1988～1994 年、2005～2012 年、2019 年以后，地球自转减速（图 5.3.1，虚线），因之这些是东亚大陆 7 级以上地震活动水平上升时段；1995～1996 年、2012～2013 年地球自转低值匀速，因而是东亚大陆 7 级以上地震活动水平较高时段；1997～2002 年、2014～2017 年地球自转加速，因而是东亚大陆 7 级以上地震活动水平下降时段；1986～1987 年、2003～2004 年、2017～2018 年地球自转高值匀速，因而是东亚大陆 7 级以上地震活动水平较低时段。由此可见，今后 50 年内东亚大陆处于 6 级以上地震的第 5 活动期内，只是活动水平有时高有时低。7 级以上地震活动，共有三个较高水平时段和与其相间的两个较低水平时段。在这个活动水平高低波动中的总变化趋势是增强。

再次是东亚大陆和华北地区大地震活动各时段中哪些地震带活动。1997～2002 年、2014～2017 年，地球自转加速（图 5.3.1，虚线），头两年是本区东西和南北向地震带活动时段（图 6.3.19a），6 级以上地震反复从北西向南东迁移（图 6.3.21a）；两年后为北东和北西向地震带活动时段（图 6.3.19b），6 级以上地震反复从西向东迁移（图 6.3.21b）；1988～1994 年、2005～2012 年、2019 年以后，地球自转减速（图 5.3.1，虚线），头两年是北北东和北西西向地震带活动时段（图 6.3.19d），6 级以上地震反复由北东向南西迁移（图 6.3.21d）；两年后又为北东和北西向地震带活动时段（图 6.3.19e），但 6 级以上地震反复从东向西迁移（图 6.3.21e）；1986～1987 年、1995～1996 年、2003～2004 年、2012～2013 年、2017～2018 年地球自转匀速（图 5.3.1，虚线），亦为北东和北西向地震带活动时段（图 6.3.19c），但 6 级以上地震反复从北向南迁移（图 6.3.21c）。故总而言之，1986～1987 年、1990～1996 年、1999～2004 年、2007～2013 年、2016～2018 年、2021 年以后，是本区北东和北西向地震带发生 7 级以上地震的危险时段；1997～1998 年、2014～2015 年，是本区东西和南北向地震带发生 7 级以上地震的危险时段；1988～1989 年、2005～2006 年、2019～2020 年，是本区北东和北西西向地震带发生 7 级以上地震的危险时段。

由上可见，地震长期趋势性活动预测，可用各种长期观测到的有关现象时空分布的统计和外推等方向去解决。但用台网观测资料进行短期预测，则必须首先了解地震前兆标志——从小破裂连通或断裂预滑到震源岩体脆性断开这个失稳过程开始点的特征，这是进行短期预测的首要问题。

地壳浅部的断层是夹杂着不同大小碎石和断层泥并带有无数互相交错小裂面的有一定厚度的低强度层，破裂带是由碎石和从带的中部向外逐渐变稀的裂缝网所组成更无明确的边界，深部断层则是这些碎石和裂面在高温高压下烧结、熔结、胶结起来而成的低强度层。可见，大地震的发生机制，不会是简单二接触裂面间的摩擦失稳。无论是岩体中无数小裂缝（岩体都有节理）和局部缺陷连通成大断裂，还是有一定厚度的不均匀低强度层的再破裂，或是已有大断裂水平或上下的延裂，都是裂缝的扩展。

岩体中，由应力 σ_i 作用引起的应变 e_i，据断裂力学可表示成

$$e_i = \frac{\sigma_i}{E}\left[1 + \sum f(c)\right] \tag{7.3.1}$$

c 是裂缝长度，$\sum f(c)$ 是单位体积岩体内的裂缝对应变的贡献。应力达到裂缝失稳扩展时的临界值 σ_c 时，一些低强度裂缝便开始扩展。裂缝扩展得是否稳定，

取决于

$$E' = \frac{\partial \sigma_c}{\partial c}$$

将 (7.3.1) 对 σ_i 求导，得

$$\frac{\mathrm{d}e_i}{\mathrm{d}\sigma_i} = \frac{1}{E}\left[1 + \sum f(c)\right] + \frac{\sigma_i}{E}\sum\left[\frac{\mathrm{d}f(c)}{\mathrm{d}c}\frac{\mathrm{d}c}{\mathrm{d}\sigma_i}\right] \tag{7.3.2}$$

当 $\sigma_i < \sigma_c$ 时，裂缝长与应力无关，则有 $\frac{\mathrm{d}c}{\mathrm{d}\sigma_i} = 0$；当 $\sigma_i \geqslant \sigma_c$ 时，$\frac{\mathrm{d}c}{\mathrm{d}\sigma_i} = \frac{1}{E'}$。将 (7.3.2) 写成

$$\frac{\mathrm{d}\sigma_i}{\mathrm{d}e_i} = \frac{E}{1 + \sum f(c) + \sigma_i \sum\left(\frac{f'}{E'}\right)} \tag{7.3.3}$$

此式表明，裂缝扩展前，应力—应变曲线斜率是线性的，含裂缝岩体的有效弹性模量

$$E_m = \frac{E}{1 + \sum f(c)} \tag{7.3.4}$$

低强度裂缝开始扩展后，由于 (7.3.4) 中分母末项开始变化，于是应力—应变曲线的斜率也发生变化。因 $f(c)$ 总是随 c 的增加而增大，故对稳态扩展 E' 为正，(7.3.3) 中分母末项随应力增加而增大，于是应力—应变曲线斜率为正，并随应力增加而减小；到非稳态扩展，岩体强度减小使 E' 为负，于是 (7.3.3) 分母末项变号，使应力—应变曲线的斜率变为负。

由上可见，裂缝稳态扩展的标志，是现今构造应力 σ_i 上升，同时裂缝长度 c 在增大，可表示为

$$\left.\begin{array}{l} \mathrm{d}c > 0 \\[2mm] \dfrac{\partial \sigma_i}{\partial c} > 0 \end{array}\right\} \tag{7.3.5}$$

或岩体应力—应变曲线斜率为正，此时构造应力和弹性形变呈线性关系地增大。当弹性形变增加的同时构造应力上升减慢而跟不上形变速度，因而维持不了其间的线性关系时，则反映岩体强度在下降。因而，当现今构造应力上升减慢到不变时，岩体强度下降亦可使裂缝长度 c 增大，进行稳态扩展，表示为

$$\left.\begin{array}{l} \mathrm{d}c > 0 \\[2mm] \dfrac{\partial \sigma_i}{\partial c} = 0 \end{array}\right\} \tag{7.3.6}$$

此时，岩体应力—应变曲线斜率为零。可见，无论是构造应力上升，还是岩体强度下降，都可使裂缝扩展，因之都可成为发生地震的必要条件。由构造应力上升造成的裂缝扩展，称为一类必要条件；由岩体强度下降造成的裂缝扩展，称为二类必要条件。必要条件对发生地震是不充分的。这是因为，应力升或强度降，除

可用发生大地震的形式进行调整外，还可由大区地形变、断层蠕滑、发生小震群等形式来释放或调整，还可由于造成应力上升的力源不再继续供给能量或造成强度下降的因素不再继续存在，而使岩体中的应力或裂缝长度尚未达到临界应力强度因子所需大小时，便发生了反向变化。因此，裂缝扩展的必要条件出现后，虽有低强度裂缝开始了扩展，但不一定必然转入非稳态扩展阶段。

由此可见，当两类必要条件同时存在时提出地震预报，其后果：一是报准；一是虚报。当只有其中一类存在时，而只靠另一类去预报，其后果：报准；虚报；漏报。这就是只靠应力场或应变场单一手段按必要条件预报地震时，有时报准，有时虚报，有时漏报的原因。至于错报，则纯属所测物理量与地震之间毫无本质联系或虽有本质联系但测量手段本身测量不准确造成的，属前一种情况的手段应取消，属后一种情况的手段须从手段本身的观测原理、观测技术、排除干扰和分析方法上去解决。

裂缝非稳态扩展的标志，是裂缝长度 c 增大，同时现今构造应力在下降，可表示为

$$\left.\begin{array}{l} \mathrm{d}c > 0 \\[2mm] \dfrac{\partial \sigma_i}{\partial c} < 0 \end{array}\right\} \tag{7.3.7}$$

这就是裂缝失稳扩展的条件。表现在裂缝扩大和增多的岩体应力—应变曲线的形态上，是曲线的斜率为负。可见，无论是哪一类型的震源，形成地震的充分条件都是已有大断裂或许多小裂缝连通扩展中的失稳。一旦失稳，大断裂的再裂、延裂或小裂缝连通成大断裂，就成为不可避免的了，并以高速断开。所以这种失稳扩展，才是地震的前兆——必震标志。

从异常到出现前兆，两个阶段在岩体能量变化上也各有特点。岩体在外力 F 作用下变形而使其边界位移 Δu（图 7.3.7），则外力对岩体做的功为 $F\Delta u$。其中，一部分 ΔN 供裂缝扩展 Δc 和使岩体发生塑性变形之用而消耗掉，另一部分变为岩体弹性应变能 ΔU 储存在岩体中。表示为

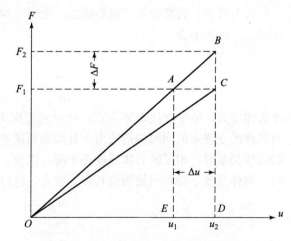

图 7.3.7 裂缝岩体变形过程能量分析图解

$$F\Delta u = \Delta N + \Delta U$$

$\frac{\partial \sigma_i}{\partial c} \geqslant 0$ 的异常阶段，分两种情况：

$\frac{\partial \sigma_i}{\partial c} = 0$，$dc > 0$ 时，F 保持常量 F_1。位移为 u_1 而裂缝长为 c 时，用 $\overline{OA}$、$\overline{AE}$ 和横坐标轴围成的面积表示储存起来的弹性应变能，则 U_1 为 $\triangle OAE$ 面积，等于 $\frac{1}{2} F_1 u_1$；位移为 u_2 而裂缝长增到 $c + \Delta c$ 时，U_2 为 $\triangle OCD$ 面积，等于 $\frac{1}{2} F_1 u_2$。于是，裂缝长由 c 扩展到 $c + \Delta c$ 而位移由 u_1 增加到 u_2 时，岩体中弹性应变能的增加量 $\Delta U = \frac{1}{2} F_1 u_2 - \frac{1}{2} F_1 u_1 = \frac{1}{2} F_1 \Delta u = \triangle OAC$ 面积。此时外力对岩体所做之功

$$F_1 \Delta u = \Delta N + \frac{1}{2} F_1 \Delta u$$

得

$$\Delta N = \frac{1}{2} F_1 \Delta u = \triangle OAC \text{ 面积}$$

用于裂缝扩展 Δc 和岩体塑性变形。可见，F_1 对岩体所做之功，一半用于裂缝扩展和岩体塑性变形而消耗掉，一半用于提高岩体的弹性应变能，而储存在岩体中。

$\frac{\partial \sigma_i}{\partial c} > 0$，$dc > 0$ 时，F 和 u 分别由 F_1，u_1 增到 F_2，u_2。初态的 U_1 为 $\triangle OAE$ 面积，等于 $\frac{1}{2} F_1 u_1$；终态的 U_2 为 $\triangle OBD$ 面积，等于 $\frac{1}{2} F_2 u_2$。由初态到终态，裂缝长由 c 增加到 $c + \Delta c$，岩体中弹性应变能的增加量 $\Delta U = \frac{1}{2} F_2 u_2 - \frac{1}{2} F_1 u_1 = $ 梯形 $ABDE$ 面积。此时外力对岩体所做之功

$$F_2 u_2 - F_1 u_1 = \Delta N + \text{梯形 } ABDE \text{ 面积}$$

则

$$\Delta N = F_2 u_2 - F_1 u_1 - \text{梯形 } ABDE \text{ 面积}$$
$$= F_1 F_2 BDEA \text{ 面积} - \text{梯形 } ABDE \text{ 面积}$$
$$= \text{梯形 } ABF_2 F_1 \text{ 面积}$$

用于裂缝扩展 Δc 和岩体塑性变形。

$\frac{\partial \sigma_i}{\partial c} < 0$ 的前兆阶段，边界位移 u 保持常量 u_2，外力由 F_2 降到 F_1。此时，初态的外力为 F_2 而裂缝长为 c，相应的 U_1 为 $\triangle OBD$ 面积，等于 $\frac{1}{2} F_2 u_2$；终态的外力为 F_1 而裂缝长为 $c + \Delta c$，相应的 U_2 为 $\triangle OCD$ 面积，等于 $\frac{1}{2} F_1 u_2$。外力由 F_2

降到 F_1 而裂缝长由 c 扩展到 $c+\Delta c$ 时，由于此时外力对岩体所做之功因无位移而为零，于是岩体的裂缝扩展和塑性变形所需之功只有从原储存在岩体中的弹性应变能中耗用一部分，即 $\triangle OBC$ 面积，等于 $\frac{1}{2}\Delta F \cdot u_2$。则有

$$0=\frac{1}{2}\Delta F \cdot u_2 + \Delta U$$

得

$$\Delta U = -\frac{1}{2}\Delta F \cdot u_2 = -\triangle OBC \text{ 面积}$$

ΔU 为负，表示岩体不是增加而是释放弹性应变能，使得过程自发进行，即裂缝扩展是失稳的。此时，岩体弹性应变能自动减小，以保证裂缝扩展和使岩体发生塑性变形。前者的减小量等于后者释放用去的量。

上述从异常到前兆的能量变化特点，可从震前台网观测求得的弹性应变能变化去识别。为求得岩体弹性应变能，就要在构造应力测量的同时，测量岩体的绝对弹性形变或弹性模量。

由上可见，只有在地震前兆现象出现后，根据这些前兆现象提出的震情意见，方能叫"预报"；而在这之前只观测到异常现象时所提出的，只能称之为对可能发生地震的"警报"。

观测 $d\sigma_i < 0$，可用各种测量应力变化的手段；观测 $dc > 0$，可用测量断层活动从外围向震中区扩展、小震成条带向未来主震震源移动、地面升降区在段层两盘的四象限分布范围向震中区缩小、分布密度足以发现发震断裂向震源活动的构造应力和构造形变观测台网的资料。至于岩体强度是否下降，则需从测到的绝对弹性形变的增加与构造应力的变化是否保持线性关系来确定。可见，为观测裂缝扩展，需要有分布较密的台网。为观测构造应力和构造形变的升降关系，需要在同一点二者随时间的连续记录。为计算储存和释放的弹性能，需要观测构造应力和弹性构造形变的绝对值。综合起来，就是要有较密的观测现今构造应力和弹性构造形变绝对值的综合台网。这两种场在震前的中长期异常和短临异常，可有升有降。完成一个升降过程的时间，中长期异常达几百到几千天，短临异常达几小时到几百天。这样长时间的应力和应变升降循环，必然伴有岩体蠕变。由几十分钟到几天的实验测得的岩块和岩体中应力—应变升降关系曲线（图 1.1.41，图 1.2.19），便已出现了滞后环。它说明应力和应变之间已无单值关系了（图 1.1.155）：第一，应力和应变已无一致的增减变化趋势，应变增大，应力可增加，可减小，可不变，应变不变，应力可增加，可减小，可不变；第二，联系应力和应变关系的变形模量，可正，可负，可从近于零变至近于无限大；第三，应力和应变之间已无单一的对应关系，一个应变值可对应许多个应力值，一个应力值也对应许多个应变值；第四，加卸载应力—应变曲线的平均直线段的斜率，随加载次数而变；第五，量值偏差，由短时间加卸载的滞后曲线和表 1.1.22 中的

岩块蠕变量所得几小时到几千天完成一个应力升降循环的应变偏差，一般为
10^{-5}，个别的可达 10^{-2}。这已超过大地震前地应变的异常变化量级，对预测地震
已失去意义。这里要注意的是实验必须在低载荷下进行，因为已测得的现今构造
应力绝对值只有零点几到几十兆帕。它要求所依据的实验资料，也必须是在这个
量级的载荷下取得的，因而在几百兆帕载荷下取得的实验结果对讨论这个问题是
不适用的。因为岩块的弹性模量与载荷成正比（图 1.1.26），载荷越高，弹性模
量越大，对同样的应力变化量而言，相应的应变变化则越小。反之，载荷越低，
弹性模量越低，对同样的应力变化量而言，相应的应变变化则越大，即这种影响
越严重。所以，必须结合使用条件来讨论适用性问题。若在震源深度的物理条件
下，由表 1.1.23 可知，此种影响更大。但一般的观测点，都设在近地表的浅孔
中或地表。因此，在地震预测中，构造应力和构造应变这两个量是不能互相换算
的，也没必要换算，各有其用处。在断裂稳态扩展阶段，应力上升，应变也上
升；而在断裂失稳扩展阶段，应力下降，应变却仍旧在增大。因此，$d\sigma_i < 0$ 这个
条件，在应变变化上并无固定的反应趋势（图 7.3.8）。也就是说，用应变的变
化不能确定这个条件存在与否。就这一点来说，也不能用构造应变的观测来取代
构造应力观测。从影响因素上看，构造形变是比构造应力复杂的量。构造应力变
化可引起构造形变；构造应力不变而岩体强度下降（升温、进水、减围压、充入

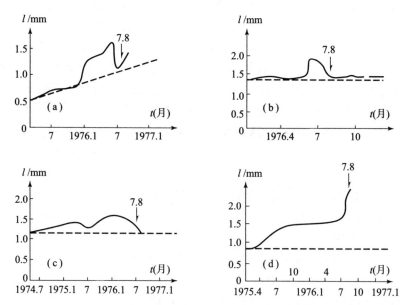

图 7.3.8　1976 年唐山地震前华北地区跨断层短基线测值异常曲线类型：（a）异常
回复到基值附近后再经过一段时间发震（小水峪测点）；（b）异常回复到基值附近
发震（施庄村测点）；（c）异常在反向过程中发震（墙子路测点）；（d）异常在高值处
尚未反向即发震（大灰厂测点）。从异常开始到发震的时间为始异常时间，异常曲线
回复到基值至发震的时间为止异常时间，后三种类型的止异常时间均为零

化学介质），变形模量随之降低，也引起构造形变。因此，构造形变并不是反应构造应力变化的确定状态。所以在地震预测中，不能用应变场的观测取代应力场的观测，也不能用应变仪取代应力仪。一个是运动学量，一个是动力学量，各反映不同的物理本质。这就是测报地震，对力学量观测台网的基本要求。

区域构造应力场中，常有许多应力集中区。在构造应力场的力源改变引起地块边界条件变化时，这些应力集中区的分布范围和应力高低均随之变化。一个震源可包括多个应力集中区，同时还须是应力下降时裂缝向之扩展汇聚的地区。外围伴生的零星异常应力集中区，只是因大区应力场变化中局部地壳结构影响而引起的应力升降和裂缝扩展的一般反应，在应力上升后转而下降时并无裂缝向之扩展汇聚现象，因之不属于震源范围。若同时也有 $dc > 0$，$\dfrac{\partial \sigma_i}{\partial c} < 0$ 的现象发生，则应属另一震源。

唐山地震前，地表土层中水平最大剪应变从震中区沿北东和北西向两条断裂带向外传播（图 2.4.17，图 2.5.62）及在北东 85° 方向压缩下底层中断裂带从上向下活动拖动上覆松散层变形的模拟实验（图 2.4.18），证明发震断裂活动是由上向下又向外围扩展，断层活动测量结果正是如此（图 2.5.63）。断裂活动，从震中区开始后沿北东和北西向二断裂带向外传播，传播速度越向外围越快，最大达每天 6.6 千米。活动减弱回复到基值，也是从震中区开始，然后沿二断裂带向外围传播。观测点测到的断层活动异常曲线，在二断裂带附近都有回复过程然后发震，距二断裂带越远的测点异常曲线越不完整，有的则回复到基值附近便发震，有的在反向过程中发震，有的还未反向便发生了地震。断裂活动异常曲线的上升到反向回复，反映断裂带从小到大的发生了活动，然后又减弱恢复到正常状态，先开始异常的点先结束异常。这说明断裂带在测点发生了一次错动，这种错动以一个错动段的形式沿断裂带移动，称之为错动峰。它从震中区沿北东和北西向二断裂带以逐渐加快的速度，将错动向北东、北西和南西方向传播出去，且只发生一次。错动峰传过去之后的断裂带部位又回复常态，接着此二断裂带整个有一个较短的静止时间。这个时间越近震中区越长，这是断裂活动部分的预滑释放了部分应力使震中区应力场优先松弛的结果。它反映震源区应力场在临震前的暂时下降。松潘地震前两个月内，异常出现三次高潮，其分布区沿北东向龙门山断裂带从南西向北东逐次移向震中区，速度也是每天几千米（图 2.5.65）。海城地震前小震活动范围逐渐向主震震中区缩小（图 2.5.64），只是因地区构造复杂而并非简单地沿发震断裂向震源移动。可见，这三个大地震前均出现了 $dc > 0$ 的现象。同时，这三个大地震前反映构造应力变化的 b 值和波速比随时间变化曲线，也均有反映构造应力上升后又反向减小的特点（图 7.3.9），亦即都出现了 $d\sigma_i <$ 阶段。可见，在这三个地震前，这些物理场的变化都满足了充分条件（7.3.7）式。

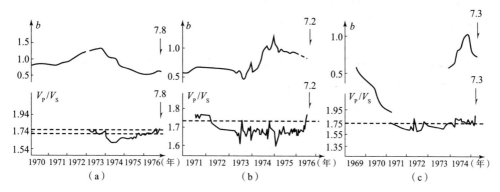

图 7.3.9　唐山（a）、松潘（b）和海城（c）地震前 b 值和波速比异常曲线
（李全林、金安蜀等，1978，1980）

2. 工程条件预测

工区应力场和岩体强度的分布及它们随时间的变化，决定工程稳定性。

在岩体中钻掘坑硐，要破坏原地构造应力场。钻掘出坑硐后，附近围岩中形成的重新分布的二次应力场与原地构造应力场有关。因此，要根据原地构造应力场及其在钻掘后改变的二次应力场，来选定坑硐方位，设计工程结构，确定施工程序。

岩体抗断强度，为裂缝失稳扩展应力，即临界应力强度因子中的临界应力。格里菲思导出抗断应力

$$\sigma_c = \sqrt{\frac{2Er}{(1-\nu^2)\pi a}}$$

E 为弹性模量，r 为表面能，ν 为泊松比，a 为裂缝半长，从理论上说，只要工程岩体中的应力 σ_i 小于岩体抗断强度 σ_c，就是安全的。但由于实际岩体强度，在时空分布上有波动性，使其中某部分某时刻的抗断强度可能低于 σ_c。故为安全起见，对 σ_c 打一个折扣，取设计许用应用

$$\sigma_s = \frac{\sigma_c}{k}$$

k 为安全系数，一般取为 1.5～2.0。此值取得过小则 σ_s 过大而不安全，取得过大则 σ_s 过小而又不经济。但若岩体中有裂缝或弱面在发展，则在 $\sigma_i < \sigma_s$ 时便可发生低应力破坏。因此，对工程岩体中裂缝或弱面，必须另加特殊监视。

知道了工区二次应力场及其未来的变化趋势和岩体中裂缝或弱面的位置、尺寸、形状及方向，便可求得应力强度因子，再用形变或声发射等方法测得裂缝扩展速度，便可推测裂缝达到临界尺寸开始失稳扩展的时间。

岩体中的节理裂缝在围压下对强度的影响，要比在偏应力场中的影响为小。因此，二次应力场中的主应力比越近于 1，岩体越稳定。岩体中二次应力场的分

布形式与造成节理裂缝的应力场分布形式一致时，也常不如在其他形式应力场中稳定。

1）竖井围岩应力场

岩体在无限远处水平均匀主应力 σ_x，σ_y 作用下，半径为 a 的圆形铅直竖井围岩中的水平应力场，基尔希解得为

$$
\left.
\begin{aligned}
\sigma_r &= \frac{\sigma_x+\sigma_y}{2}\left(1-\frac{a^2}{r^2}\right)+\frac{\sigma_x-\sigma_y}{2}\left(1-4\frac{a^2}{r^2}+3\frac{a^4}{r^4}\right)\cos2\theta \\
\sigma_\theta &= \frac{\sigma_x+\sigma_y}{2}\left(1+\frac{a^2}{r^2}\right)-\frac{\sigma_x-\sigma_y}{2}\left(1+3\frac{a^4}{r^4}\right)\cos2\theta \\
\tau_{r\theta} &= -\frac{\sigma_x-\sigma_y}{2}\left(1+2\frac{a^2}{r^2}-3\frac{a^4}{r^4}\right)\sin2\theta
\end{aligned}
\right\}
\tag{7.3.8}
$$

r 为极坐标半径，θ 为从 X 轴反时针量起的极坐标角。σ_r 和 σ_θ 在铅直方向引起的应力

$$
\sigma_z' = \nu_k(\sigma_r+\sigma_\theta) = \nu_k\left[(\sigma_x+\sigma_y)-2(\sigma_x-\sigma_y)\frac{a^2}{r^2}\cos2\theta\right]
$$

在竖井壁上，$r=a$，则有

$$
\left.
\begin{aligned}
\sigma_r^a &= 0 \\
\sigma_\theta^a &= (\sigma_x+\sigma_y)-2(\sigma_x-\sigma_y)\cos2\theta \\
\sigma_z^a &= \nu_k\left[(\sigma_x+\sigma_y)-2(\sigma_x-\sigma_y)\cos2\theta\right] \\
\tau_{r\theta}^a &= 0
\end{aligned}
\right\}
\tag{7.3.9}
$$

上部岩体重力引起的重应力

$$
\sigma_z = \rho g z
$$

在水平方向引起

$$
\sigma_x' = \sigma_y' = \frac{\nu_k}{1-\nu_k}\rho g z
$$

设它们作用在无限远处，则在竖井围岩中引起的应力场由（7.3.8）得知为

$$
\left.
\begin{aligned}
\sigma_r' &= \frac{\nu_k}{1-\nu_k}\rho g z\left(1-\frac{a^2}{r^2}\right) \\
\sigma_\theta' &= \frac{\nu_k}{1-\nu_k}\rho g z\left(1+\frac{a^2}{r^2}\right) \\
\tau_{r\theta}' &= 0
\end{aligned}
\right\}
\tag{7.3.10}
$$

在竖井壁上，$r=a$，则有

$$\left.\begin{aligned} \sigma_r^{a'} &= 0 \\[4pt] \sigma_\theta^{a'} &= 2\,\frac{\nu_k}{1-\nu_k}\rho g z \\[4pt] \sigma_z^{a'} &= \rho g z \\[4pt] \tau_{r\theta}^{a'} &= 0 \end{aligned}\right\} \tag{7.3.11}$$

综上可见，在主动应力 σ_x，σ_y，σ_z 作用下，于圆形铅直竖井围岩中产生的三维应力场为

$$\left.\begin{aligned} \sigma_r^0 &= \sigma_r + \sigma_r' = \left(\frac{\sigma_x+\sigma_y}{2}+\frac{\nu_k \rho g z}{1-\nu_k}\right)\left(1-\frac{a^2}{r^2}\right)+\frac{\sigma_x-\sigma_y}{2}\left(1-4\,\frac{a^2}{r^2}+3\,\frac{a^4}{r^4}\right)\cos 2\theta \\[6pt] \sigma_\theta^0 &= \sigma_\theta + \sigma_\theta' = \left(\frac{\sigma_x+\sigma_y}{2}+\frac{\nu_k \rho g z}{1-\nu_k}\right)\left(1+\frac{a^2}{r^2}\right)-\frac{\sigma_x-\sigma_y}{2}\left(1+3\,\frac{a^4}{r^4}\right)\cos 2\theta \\[6pt] \sigma_z^0 &= \sigma_z + \sigma_z' = \rho g z + \nu_k\left[(\sigma_x+\sigma_y)-2(\sigma_x-\sigma_y)\frac{a^2}{r^2}\cos 2\theta\right] \\[6pt] \tau_{r\theta}^0 &= \tau_{r\theta} = -\frac{\sigma_x-\sigma_y}{2}\left(1+2\,\frac{a^2}{r^2}-3\,\frac{a^4}{r^4}\right)\sin 2\theta \end{aligned}\right\}$$

$$\tag{7.3.12}$$

而在竖井壁上，$r=a$，则有

$$\left.\begin{aligned} \sigma_r^{0a} &= \sigma_r^a + \sigma_r^{a'} = 0 \\[4pt] \sigma_\theta^{0a} &= \sigma_\theta^a + \sigma_\theta^{a'} = (\sigma_x+\sigma_y)-2(\sigma_x-\sigma_y)\cos 2\theta+\frac{2\nu_k}{1-\nu_k}\rho g z \\[4pt] \sigma_z^{0a} &= \sigma_z^a + \sigma_z^{a'} = \rho g z + \nu_k\left[(\sigma_x+\sigma_y)-2(\sigma_x-\sigma_y)\cos 2\theta\right] \\[4pt] \tau_{r\theta}^{0a} &= \tau_{r\theta}^a + \tau_{r\theta}^{a'} = 0 \end{aligned}\right\} \tag{7.3.13}$$

由于竖井破坏是从内表面发生，因而内表面的应力状态更加重要。竖井内表面破坏判据是

$$\sigma_\theta^{0a} = \sigma_c$$
$$\sigma_z^{0a} = \sigma_c$$

井壁稳定系数

$$k_\theta = \frac{\sigma_c}{\sigma_\theta^{0a}}$$

$$k_z = \frac{\sigma_c}{\sigma_z^{0a}}$$

k_θ，k_z 须大于 1；而当 k_θ，k_z 等于 1 时，则井壁破坏。

由于一个地区内的 σ_x，σ_y 随地球自转速度变化趋势而改变，因之有固定位置竖井围岩中的应力场，也必须随之而变。只有根据地球自转速度变化趋势预测了 σ_x，σ_y 的变化趋势，才能预测竖井围岩中未来使用期内的应力场，并据此进行井位的选址和设计。

2）平巷围岩应力场

圆形平巷，只需将（7.3.8）中的 X 轴取在铅直方向，于是 $\sigma_x=\rho g x$，Y 轴仍取在水平横向而有 σ_y 即可。此时水平轴向应力为 $\sigma_z+\sigma_z'$。在竖井壁上，$r=a$，仍有

$$\left.\begin{aligned}\sigma_r^a&=0\\\sigma_\theta^a&=(\rho g x+\sigma_y)-2(\rho g x-\sigma_y)\cos2\theta\\\sigma_z^a&=\sigma_z+\nu_k\big[(\rho g x+\sigma_y)-2(\rho g x-\sigma_y)\cos2\theta\big]\\\tau_{r\theta}^a&=0\end{aligned}\right\}\tag{7.3.14}$$

影响平巷围岩稳定性的因素：一是围岩应力场及其大小和方向的变化，最大主压应力方向平行平巷轴最好，侧压大易引起边墙开裂和底鼓，顶压大易引起局部塌落，四周均压宜用圆形碉，顶压大宜用高拱形碉，侧压大宜用平拱形碉，矩形和梯形碉比圆形碉易于在顶部引起张应力并在转角处造成较大的应力集中；二是岩体强度的高低和完整性及其变化，裂缝的密度、分布和方向、弱面的产状、分布和充填物强度、软岩层的厚度、强度和产状对此都有重要影响。有松动压力时可选用能承受松动或自重的支护，有变形压力时可选用限制围岩变形的支护。

3）边坡应力场

边坡在应力场作用下不断变形和破坏，使边坡角逐渐变缓或以滑坡体形式下滑。可见其应力场，是影响边坡稳定性的重要因素。

取边坡中厚度 t 的横向岩板，坡面上单位长度的压力为 p_0，$\mathrm{d}p$ 为长 $\mathrm{d}y$ 上的压力（图 7.3.10），则

$$\mathrm{d}p=p_0\mathrm{d}y$$

而

$$\mathrm{d}y=\frac{r\,\mathrm{d}\theta}{\cos\theta}$$

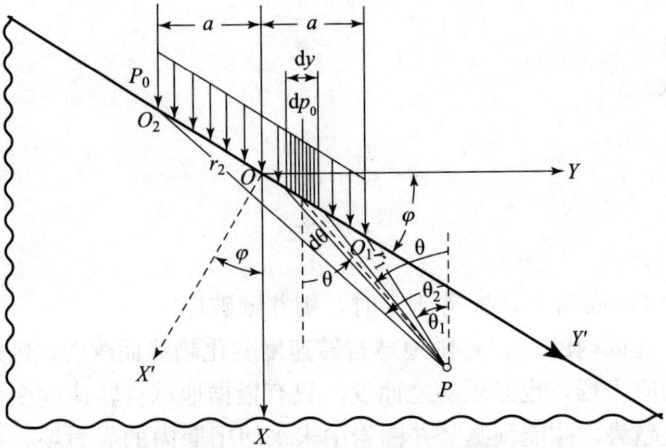

图 7.3.10　半无限岩板边上 $2a$ 长度段受均布压力时板内 P 点的应力分量标号

得

$$\mathrm{d}p = p_0 \frac{r\mathrm{d}\theta}{\cos\theta} \tag{7.3.15}$$

取 p 为坡面上集中压力，应力函数 $\varphi(r, \theta)$ 的形式为

$$\varphi = Ar\theta\sin\theta$$

代入

$$\left.\begin{array}{l} \sigma_r = \dfrac{1}{r}\dfrac{\partial\varphi}{\partial r} + \dfrac{1}{r^2}\dfrac{\partial^2\varphi}{\partial\theta^2} \\[3mm] \sigma_\theta = \dfrac{\partial^2\varphi}{\partial r^2} \\[3mm] \tau_{r\theta} = -\dfrac{\partial}{\partial r}\left(\dfrac{1}{r}\dfrac{\partial\varphi}{\partial\theta}\right) \end{array}\right]$$

得

$$\left.\begin{array}{l} \sigma_r = \dfrac{2A}{r}\cos\theta \\[3mm] \sigma_\theta = 0 \\[2mm] \tau_{r\theta} = 0 \\[2mm] A = -\dfrac{p}{\pi t} \end{array}\right]$$

则径向应力

$$\sigma_r = -\frac{2p}{\pi t\, r}\cos\theta \tag{7.3.16}$$

得岩板内 P 点的应力分量

$$\left.\begin{array}{l} \sigma_x = \sigma_r\cos^2\theta \\[2mm] \sigma_y = \sigma_r\sin^2\theta \\[2mm] \tau_{xy} = \sigma_r\sin\theta\cos\theta \end{array}\right]$$

将 (7.3.16) 代入，得

$$\left.\begin{array}{l} \sigma_x = -\dfrac{2p}{\pi t\, r}\cos^3\theta \\[3mm] \sigma_y = -\dfrac{2p}{\pi t\, r}\sin^2\theta\cos\theta \\[3mm] \tau_{xy} = -\dfrac{2p}{\pi t\, r}\sin\theta\cos^2\theta \end{array}\right] \tag{7.3.17}$$

用 (7.3.15) 中的 $\mathrm{d}p$ 取代此方程组中的 p，得 $\mathrm{d}p$ 在板内 P 点产生的应力分量

$$\left.\begin{array}{l} \mathrm{d}\sigma_x = -\dfrac{2p_0}{\pi t}\cos^2\theta\,\mathrm{d}\theta \\[3mm] \mathrm{d}\sigma_y = -\dfrac{2p_0}{\pi t}\sin^2\theta\,\mathrm{d}\theta \\[3mm] \mathrm{d}\tau_{xy} = -\dfrac{p_0}{\pi t}\sin2\theta\,\mathrm{d}\theta \end{array}\right]$$

若 p_0 均匀分布在坡面 $2a$ 长度内，则积分上方程组，得

$$\left.\begin{array}{l} \sigma_x = -\dfrac{2p_0}{\pi t}\displaystyle\int_{\theta_1}^{\theta_2}\cos^2\theta\,\mathrm{d}\theta = -\dfrac{p_0}{2\pi t}\big[\,2(\theta_2-\theta_1)+(\sin2\theta_2-\sin2\theta_1)\,\big] \\[4mm] \sigma_y = -\dfrac{2p_0}{\pi t}\displaystyle\int_{\theta_1}^{\theta_2}\sin^2\theta\,\mathrm{d}\theta = -\dfrac{p_0}{2\pi t}\big[\,2(\theta_2-\theta_1)-(\sin2\theta_2-\sin2\theta_1)\,\big] \\[4mm] \tau_{xy} = -\dfrac{p_0}{\pi t}\displaystyle\int_{\theta_1}^{\theta_2}\sin2\theta\,\mathrm{d}\theta = -\dfrac{p_0}{2\pi t}(\cos2\theta_1-\cos2\theta_2) \end{array}\right]$$

$$(7.3.18)$$

所有 θ 角均以反时针方向为正。

若 p_0 是顺坡面向斜下方的切向均布力（图 7.3.10），x 轴取在坡面上以斜向下方为正，y 轴指向岩板内，则由（7.3.18）得

$$\left.\begin{array}{l} \sigma_x = -\dfrac{p_0}{2\pi t}\Big[\,4\ln\dfrac{\sin\theta_2}{\sin\theta_1}-(\cos2\theta_1-\cos2\theta_2)\,\Big] \\[4mm] \sigma_y = -\dfrac{p_0}{2\pi t}(\cos2\theta_1-\cos2\theta_2) \\[4mm] \tau_{xy} = -\dfrac{p_0}{2\pi t}\big[\,2(\theta_2-\theta_1)+(\sin2\theta_2-\sin2\theta_1)\,\big] \end{array}\right]$$

$$(7.3.19)$$

对（7.3.18）的情况，将 p_0 分解为垂直和平行坡面的二分量

$$\left.\begin{array}{l} p_{0x} = p_0\cos^2\phi \\[2mm] p_{0y} = \dfrac{p_0}{2}\sin2\phi \end{array}\right]$$

然后，将（7.3.18）应用于 p_{0x}，再将（7.3.19）应用于 p_{0y}，最后将二者叠加，得合应力分量

$$\left.\begin{array}{l} \sigma_x = \sigma_{xx}+\sigma_{yx} \\[2mm] \sigma_y = \sigma_{xy}+\sigma_{yy} \end{array}\right]$$

主剪应力

$$\tau_{\max} = \frac{1}{2}\sqrt{(\sigma_x-\sigma_y)^2+4\tau_{xy}^2} = \frac{p_0}{\pi t}\sin(\theta_2-\theta_1)$$

主正应力

$$\left.\begin{array}{l} \sigma_1 \\[2mm] \sigma_2 \end{array}\right| = \frac{\sigma_x+\sigma_y}{2}\pm\tau_{\max} = \frac{p_0}{\pi t}\big[(\theta_1-\theta_2)\pm\sin(\theta_2-\theta_1)\big]$$

取 α_1 为主正应力 σ_1 与 X 轴的夹角，则

$$\tan2\alpha_1 = \frac{2\tau_{xy}}{\sigma_x - \sigma_y}$$

代入 (7.3.18)，得

$$\tan2\alpha_1 = \tan(\theta_2 + \theta_1)$$

即

$$\alpha_1 = \frac{1}{2}(\theta_2 + \theta_1)$$

主正应力 σ_2 与 X 轴的夹角

$$\alpha_2 = 90° + \frac{1}{2}(\theta_2 + \theta_1)$$

　　边坡的坡顶和坡面常有张应力（图 7.3.11a，b），可造成张裂缝，严重影响边坡的稳定性。岩体的泊松比越大，坡顶和坡面的张应力分布区越大，而坡底则相反（图 7.3.11c）。水平构造应力大，坡角大，张应力区也增大（图 7.3.11d）。

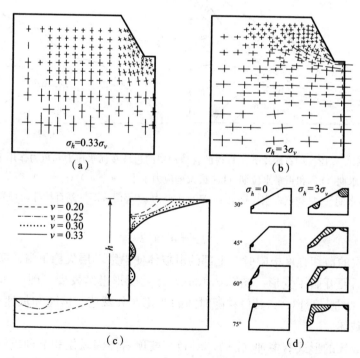

图 7.3.11　用有限单元法算得的边坡应力场（a）（b）及最大主应力
为张应力的分布范围（c）（d）：σ_h 为水平构造应力，$\sigma_v = \rho gh$ 为重应力
（D. F. Coates，1970；K. E. Gray，1972）

　　含有由岩块、岩屑和黏土组成的滑动层的边坡，在河水压力和重力作用下形

成的应力场中的最大剪应力水平，以滑动层上下端为最高，滑动层内也较高（图
7.3.12a，b）。可见，边坡如破坏，则易沿此滑动层进行，并先从滑动层上下端
开始，然后向中部发展。滑坡中上部坡面可出现张应力（图 7.3.12c，d），以造
成张性裂缝。滑动层有黏结强度 τ_c，正应力 σ_n 和摩擦角 ϕ，当剪应力

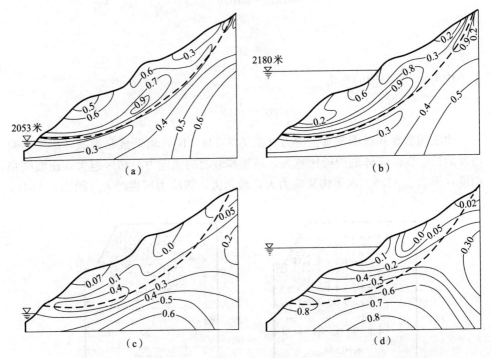

图 7.3.12　用有限单元法算得的含滑动层的边坡在河水压力和重力作用下
于枯水期（a）和正常水位期（b）最大剪应力水平 $(\sigma_1-\sigma_3)/(\sigma_1-\sigma_3)_f$ 等值线及
枯水期（c）和正常水位期（d）最小主应力 σ_3 等值线图（刘百林等，1987）

$$\tau=\tau_c+\sigma_n\tan\phi$$

达到滑动层的剪切强度极限时，上部的滑坡体便沿滑动层失稳下滑。实际上，边
坡在挖开后便开始了变形（图 7.3.13a），之后变形继续发展（图 7.3.13b），直
到失稳前（图 7.3.13c）。其位移随时间的变化，分减速、恒速和加速三个阶段，
然后失稳破坏。

　　边坡破坏的形式有多种（图 7.3.14）：坡顶岩体因风化和节理破碎后，在热
胀、冻胀、湿胀、水压力、重力、构造力和地震与爆破等振动力作用下而失稳崩
落，成为劈裂；岩体经风化和节理破碎后，在热胀、冻胀、湿胀、裂隙水压、重
力、构造力和振动力作用下，不断产生新裂缝并使原有裂缝张开扩展降低强度而
大体积失稳向下流动，成为碎流；岩体中高倾角节理、断层、层面、弱夹层，经
受振动、裂隙水压、湿胀、冻胀而降低强度，上侧岩体便在重力和构造力作用下

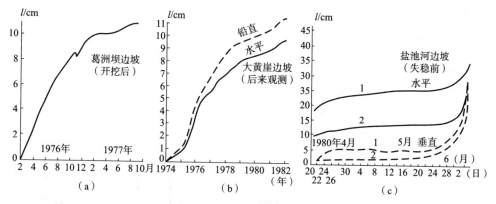

图 7.3.13　边坡位移随时间的变化（孙玉科等，1983；刘家应，1982，1984）

失稳下滑并向前拱弯，成为滑拱；岩体中的缓倾角断层、节理、层面、弱夹层，经受振动、地下水位上涨或久雨及暴雨后水的浸滑而降低抗剪强度，上部岩体便在重力和构造力作用下沿此种面失稳下滑，成为平滑；风化岩、破碎岩、土质岩、裂隙发育岩体、厚层页岩及均质边坡中或沿节理、断层、弱夹层、层面，经地下水位上涨或久雨及暴雨后水浸降低剪切强度，而在重力、构造力和其他外力作用下滑动并切割下部岩层形成规则或不规则弧形滑面失稳下滑，成为曲滑。

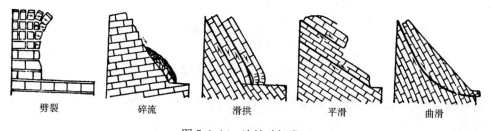

劈裂　　　　碎流　　　　滑拱　　　　平滑　　　　曲滑

图 7.3.14　边坡破坏类型

　　地下水位高于潜在滑动面或久雨及暴雨，对边坡失稳影响极大。滑动层中常含有黏土，它的抗剪强度和内摩擦角均随含水量增加而迅速下降（图 7.3.15）。事实上，边坡失稳数量也是随降雨量增加而增大（图 7.3.16），但有一个峰值，降雨量超过此峰值后边坡失稳数量则开始减少。

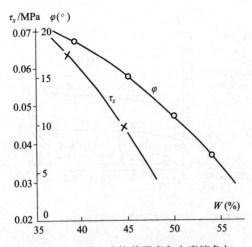

图 7.3.15　黏土岩抗剪强度和内摩擦角与
含水量的关系（姚宝魁等，1984）

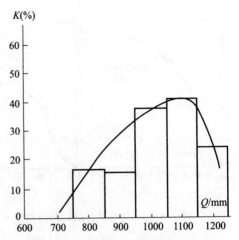

图 7.3.16　陕南山区边坡失稳比率与
年均降雨量的关系（晏同珍，1986）

4）地基应力场

在图 7.3.10 中，取地面为水平面，y 轴在水平地面上，x 轴铅直向下，则 o_1、o_2 点变为 y_1，y_2 点。载荷为铅直分布压力 $p(y)$，则岩体内 P 点的应力分量，由积分（7.3.17）而为

$$\left.\begin{aligned}
\sigma_x &= -\int_{y_1}^{y_2} \frac{2p}{\pi t r}\cos^3\theta\,\mathrm{d}y \\
\sigma_y &= -\int_{y_1}^{y_2} \frac{2}{\pi t r}\sin^2\theta\cos\theta\,\mathrm{d}y \\
\tau_{xy} &= -\int_{y_1}^{y_2} \frac{2p}{\pi t r}\sin\theta\cos^2\theta\,\mathrm{d}y
\end{aligned}\right\}$$

若载荷为从 y_1 处的零线性增加到 y_2 处的 p 的分布压力，则岩体内 P 点的应力分量

$$\left.\begin{aligned}
\sigma_x &= -\frac{p}{2\pi t}\left[\left(1+\frac{y}{a}\right)(\theta_2-\theta_1)-\sin 2\theta_2\right] \\
\sigma_y &= -\frac{p}{2\pi t}\left[\left(1+\frac{y}{a}\right)(\theta_2-\theta_1)+\sin 2\theta_2-\frac{x}{a}\ln\frac{r_2^2}{r_1^2}\right] \\
\tau_{xy} &= -\frac{p}{2\pi t}\left[1-\frac{x}{a}(\theta_2-\theta_1)-\cos 2\theta_2\right]
\end{aligned}\right\}$$

若载荷为均布压力 p_0，则岩体内 P 点的应力分量

$$\sigma_x = -\frac{p_0}{2\pi t}\big[2(\theta_2 - \theta_1) + (\sin 2\theta_2 - \sin 2\theta_1)\big]$$

$$\sigma_y = -\frac{p_0}{2\pi t}\big[2(\theta_2 - \theta_1) - (\sin 2\theta_2 - \sin 2\theta_1)\big]$$

$$\tau_{xy} = -\frac{p_0}{2\pi t}(\cos 2\theta_1 - \cos 2\theta_2)$$

这些建筑物或水体压力所施加的外加载荷在岩体中造成的应力场，与工区构造应力场叠加起来，便构成工区应力场。岩体能量足够但应力太小不会发生破坏，能量不足应力足够大也不能发生大规模失稳破坏，因为没有足够的能量供给大量破坏之需。因此，了解能量场也是十分重要的。这说明，要用应力场和应变能密度场来共同划定岩体大规模失稳破坏的范围及可能性。而要了解应变能密度场，则除应力场之外，还要了解弹性模量分布场或绝对弹性应变场。

3. 矿山开采设计

地下开采所用竖井和平巷围岩应力场及露天开采所用边坡应力场，均如前述。这种应力场引起的岩体表面位移（图 7.3.17～图 7.3.18）对采矿掘进和安全的影响，是须要密切注意的。

选择采场和平巷轴线方位时，若取在最大主压应力方向，则围岩应力较小，但作业前端应力较大，易于冒落和岩爆；若取在最大剪应力方向，则兼顾了采场和平巷围岩应力与作业面附近应力的分布情况，更有利于采场和平巷稳定。为此，要预测开采期间矿区边界受力方式及其变化，以确定区内最大剪应力方向及其变化趋势，来设计开采程序。

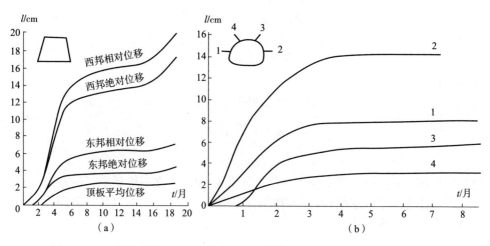

图 7.3.17　采矿平巷挖开后岩面位移时间的变化：（a）测点距巷壁深 0.5 米；
（b）测点距巷壁深 1.5 米（林韵梅，1983；方祖烈等，1984）

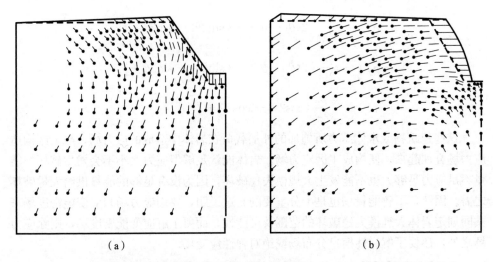

$$（a）\qquad\qquad\qquad\qquad\qquad（b）$$

图 7.3.18　用有限单元法算得的水平压应力是重应力 0.33 倍（a）和 3 倍（b）时
矿体上层露天采掘后引起的岩面位移（D. F. Coates，1970）

二、重应力场的应用

1. 地平面下重应力场

讨论 x 轴水平 z 轴铅直的二维场。此时的平衡方程为

$$\left.\begin{aligned}
\frac{\partial \sigma_x}{\partial x}+\frac{\partial \tau_{zx}}{\partial z}&=0 \\
\frac{\partial \sigma_z}{\partial z}+\frac{\partial \tau_{xz}}{\partial x}-\rho g&=0
\end{aligned}\right]$$

并有

$$\nabla^2（\sigma_x+\sigma_z）=0$$

由之，得

$$\left.\begin{aligned}
\sigma_z&=\rho g z \\
\sigma_x&=\frac{\nu_k}{1-\nu_k}\sigma_z \\
\tau_{xz}&=0
\end{aligned}\right]$$

可见，岩体内一点的二维重应力分量，只有 σ_x 和 σ_z。在三维场中，还有 $\sigma_y=\sigma_x$。

若岩体为水平成层结构，$L_k^{/\!/}$ 在平行层理方向，$L_k^{\perp}$ 在垂直层理方向，ρ_i，d_i 为各层密度和厚度，则

$$\left.\begin{aligned}
\sigma_z&=\sum_{i=1}^{n}\rho_i g d_i \\
\sigma_x&=\sigma_y=\frac{\nu_k}{1-\nu_k}\frac{L_k^{/\!/}}{L_k^{\perp}}\sigma_z
\end{aligned}\right]$$

若岩体为铅直成层结构,则有

$$\left.\begin{aligned}
\sigma_z &= \rho g z \\
\sigma_x &= \frac{\nu_k}{1-\nu_k} \frac{I_k^\perp}{L_k^\parallel} \sigma_z \\
\sigma_y &= \frac{\nu_k}{1-\nu_k} \sigma_z
\end{aligned}\right]$$

若岩体处于塑性状态,由于 $\nu_k = 0.5$,则

$$\sigma_x = \sigma_y = \sigma_z = \rho g z$$

若岩体含大量铅直张裂隙,则 $e_x \nleq 0$,$e_y \nleq 0$,于是

$$\left.\begin{aligned}
\sigma_x &= \sigma_y = 0 \\
\sigma_z &= \rho g z
\end{aligned}\right]$$

2. 竖井围岩重应力场

圆形竖井,取 x,y 轴水平 z 轴铅直,则有

$$\sigma_z = \rho g z$$

因

$$\sigma_x = \sigma_y = \frac{\nu_k}{1-\nu_k} \rho g z$$

由 (7.3.8),得

$$\left.\begin{aligned}
\sigma_r &= \frac{\nu_k}{1-\nu_k} \rho g z \left(1 - \frac{a^2}{r^2}\right) \\
\sigma_\theta &= \frac{\nu_k}{1-\nu_k} \rho g z \left(1 + \frac{a^2}{r^2}\right) \\
\tau_{r\theta} &= 0
\end{aligned}\right]$$

3. 平巷围岩重应力场

圆形水平岩硐,只需将 (7.3.8) 中的 x 轴取在铅直方向,则 $\sigma_x = \rho g x$,y 轴取在水平横向,则 $\sigma_y = \frac{\nu_k}{1-\nu_k} \sigma_x$,并有水平轴向应力 $\sigma_z = \nu_k(\sigma_r + \sigma_\theta)$,即变为水平岩硐围岩应力场表示式。写为

$$\left.\begin{aligned}
\sigma_r &= \frac{\rho g x}{2}\left[\left(1 + \frac{\nu_k}{1-\nu_k}\right)\left(1 - \frac{a^2}{r^2}\right) + \left(1 - \frac{\nu_k}{1-\nu_k}\right)\left(1 - 4\frac{a^2}{r^2} + 3\frac{a^4}{r^4}\right)\cos 2\theta \right. \\
\sigma_\theta &= \frac{\rho g x}{2}\left[\left(1 + \frac{\nu_k}{1-\nu_k}\right)\left(1 + \frac{a^2}{r^2}\right) - \left(1 - \frac{\nu_k}{1-\nu_k}\right)\left(1 + 3\frac{a^4}{r^4}\right)\cos 2\theta \right. \\
\sigma_z &= \nu_k(\sigma_r + \sigma_\theta) \\
\tau_{r\theta} &= -\frac{\rho g x}{2}\left(1 - \frac{\nu_k}{1-\nu_k}\right)\left(1 + 2\frac{a^2}{r^2} - 3\frac{a^4}{r^4}\right)\sin 2\theta
\end{aligned}\right]$$

　　隧道围岩变形是由裂隙压密、岩块变形、裂隙变形和裂隙发展所构成，因而其应力—应变曲线有正斜率、负斜率和剩余强度三个阶段（图 1.2.27；1.2.91）。

　　第一阶段，有方程

$$
\left.
\begin{aligned}
e_x &= \frac{1}{L_k}\left[\sigma_x - \nu_k(\sigma_y + \sigma_z)\right] \\[6pt]
e_y &= \frac{1}{L_k}\left[\sigma_y - \nu_k(\sigma_z + \sigma_x)\right] \\[6pt]
e_z &= \frac{1}{L_k}\left[\sigma_z - \nu_k(\sigma_x + \sigma_y)\right] \\[6pt]
\gamma_{xy} &= \frac{2(1+\nu_k)}{L_k}\tau_{xy} \\[6pt]
\gamma_{yz} &= \frac{2(1+\nu_k)}{L_k}\tau_{yz} \\[6pt]
\gamma_{zx} &= \frac{2(1+\nu_k)}{L_k}\tau_{zx}
\end{aligned}
\right\}
\tag{7.3.20}
$$

或用主应力与主应变表示为

$$
\left.
\begin{aligned}
e_1 L_k &= \sigma_1 - \nu_k(\sigma_2 + \sigma_3) \\
e_2 L_k &= \sigma_2 - \nu_k(\sigma_3 + \sigma_1) \\
e_3 L_k &= \sigma_3 - \nu_k(\sigma_1 + \sigma_2)
\end{aligned}
\right\}
\tag{7.3.20'}
$$

并可改写为

$$
\left.
\begin{aligned}
\sigma_x &= \frac{L_k}{(1-2\nu_k)(1+\nu_k)}\left[(1-\nu_k)e_x + \nu_k(e_y + e_z)\right] \\[6pt]
\sigma_y &= \frac{L_k}{(1-2\nu_k)(1+\nu_k)}\left[(1-\nu_k)e_y + \nu_k(e_z + e_x)\right] \\[6pt]
\sigma_z &= \frac{L_k}{(1-2\nu_k)(1+\nu_k)}\left[(1-\nu_k)e_z + \nu_k(e_x + e_y)\right] \\[6pt]
\tau_{xy} &= \frac{L_k}{2(1+\nu_k)}\gamma_{xy} \\[6pt]
\tau_{yz} &= \frac{L_k}{2(1+\nu_k)}\gamma_{yz} \\[6pt]
\tau_{zx} &= \frac{L_k}{2(1+\nu_k)}\gamma_{zx}
\end{aligned}
\right\}
\tag{7.3.21}
$$

或

$$S=\frac{L_k}{(1-2\nu_k)(1+\nu_k)}\begin{bmatrix} 1-\nu_k & \nu_k & \nu_k & 0 & 0 & 0 \\ \nu_k & 1-\nu_k & \nu_k & 0 & 0 & 0 \\ \nu_k & \nu_k & 1-\nu_k & 0 & 0 & 0 \\ 0 & 0 & 0 & \dfrac{1-2\nu_k}{2} & 0 & 0 \\ 0 & 0 & 0 & 0 & \dfrac{1-2\nu_k}{2} & 0 \\ 0 & 0 & 0 & 0 & 0 & \dfrac{1-2\nu_k}{2} \end{bmatrix}E$$

$$(7.3.22)$$

第二阶段为软化阶段，$\sigma_c+c\sigma_3\geqslant\sigma_1\geqslant\sigma_r+r\sigma_3$，$\sigma_c$ 为抗断强度，σ_r 为剩余强度，$c=\dfrac{1-\sin\phi}{1+\sin\phi}$ 为侧压对抗断强度的影响系数，$r=\dfrac{1-\sin\phi'}{1+\sin\phi'}$ 为侧压对剩余强度的影响系数，ϕ 为内摩擦角，ϕ' 为剩余强度状态内摩擦角，应力—应变有关系

$$\begin{aligned} \sigma_1 &= l_1+l_2e_1+l_3e_2+l_4e_3 \\ \sigma_2 &= l_5+l_6e_1+l_7e_2+l_8e_3 \\ \sigma_3 &= l_9+l_{10}e_1+l_{11}e_2+l_{12}e_3 \end{aligned}\Bigg]$$

$$(7.3.23)$$

应变能密度

$$\begin{aligned} \varepsilon = & m_0+m_1e_1+m_2e_2+m_3e_3+m_4e_1^2+m_5e_2^2+m_6e_3^2+m_7e_1e_2+ \\ & m_8e_2e_3+m_9e_3e_1 \end{aligned}$$

则得

$$\begin{aligned} \sigma_1 &= m_1+m_4e_1+m_7e_2+m_9e_3 \\ \sigma_2 &= m_2+m_7e_1+m_5e_2+m_8e_3 \\ \sigma_3 &= m_3+m_9e_1+m_8e_2+m_6e_3 \end{aligned}\Bigg]$$

$$(7.3.24)$$

于是可将（7.3.23）表示为

$$\begin{aligned} \sigma_1 &= n_1+n_2\sigma_2+n_3\sigma_3+n_4e_1 \\ \sigma_1 &= n_5+n_6\sigma_2+n_7\sigma_3+n_8e_2 \\ \sigma_1 &= n_9+n_{10}\sigma_2+n_{11}\sigma_3+n_{12}e_3 \end{aligned}\Bigg]$$

$$(7.3.25)$$

其中

$$\left.\begin{aligned}
n_1 &= (l_1 l_7^2 + l_3 l_5 l_9 + l_4 l_6 l_8 - l_1 l_6 l_9 - l_3 l_7 l_8 - l_4 l_5 l_7)/(l_7^2 - l_6 l_9) \\
n_2 &= (l_4 l_7 - l_3 l_9)/(l_7^2 - l_6 l_9) \\
n_3 &= (l_3 l_7 - l_4 l_6)/(l_7^2 - l_6 l_9) \\
n_4 &= (l_2 l_7^2 + l_6 l_4^2 + l_9 l_3^2 - 2 l_3 l_4 l_7 - l_2 l_6 l_9)/(l_7^2 - l_6 l_9) \\
n_5 &= (l_1 l_3 l_9 + l_2 l_7 l_8 + l_4^2 l_5 - l_1 l_4 l_7 - l_2 l_5 l_9 - l_3 l_4 l_8)/(l_3 l_9 - l_4 l_7) \\
n_6 &= (l_2 l_9 - l_4^2)/(l_3 l_9 - l_4 l_7) \\
n_7 &= (l_3 l_4 - l_2 l_7)/(l_3 l_9 - l_4 l_7) \\
n_8 &= (l_2 l_7^2 + l_6 l_4^2 + l_9 l_3^2 - l_2 l_6 l_9 - 2 l_3 l_4 l_7)/(l_3 l_9 - l_4 l_7) \\
n_9 &= (l_1 l_3 l_7 + l_3 l_4 l_5 + l_2 l_6 l_8 - l_1 l_4 l_6 - l_2 l_5 l_7 - l_3^2 l_8)/(l_3 l_7 - l_4 l_6) \\
n_{10} &= (l_2 l_7 - l_3 l_4)/(l_3 l_7 - l_4 l_6) \\
n_{11} &= (l_3^2 - l_2 l_6)/(l_3 l_7 - l_4 l_6) \\
n_{12} &= (2 l_3 l_4 l_7 + l_2 l_6 l_9 - l_2 l_7^2 - l_6 l_4^2 - l_9 l_3^2)/(l_3 l_7 - l_4 l_6)
\end{aligned}\right\} \tag{7.3.26}$$

从上可知

$$n_4 = -L_s$$
$$n_3 n_{12} = L_s$$
$$n_2 n_8 = L_s$$
$$n_8 n_{10} = n_7 n_{12}$$
$$n_3 n_{10} = n_2 n_7$$

L_s 为应力—应变曲线下降阶段的软化模量。此阶段开始点的应力是极限应力，满足 (7.3.25)、(7.3.20′) 及

$$\sigma_1 = \sigma_c + c\sigma_3 \tag{7.3.27}$$

将 (7.3.20′) 和 (7.3.27) 代入 (7.3.25)，消去 e_1，e_2，e_3，σ_1，得极限应力状态的 σ_2 和 σ_3 关系方程

$$\left.\begin{aligned}
\left(n_1 - \sigma_c + \frac{n_4}{L_k}\sigma_c\right) + \left(n_2 - \frac{\nu_k n_4}{L_k}\right)\sigma_2 + \left(n_3 + \frac{c n_4}{L_k} - c - \frac{\nu_k n_4}{L_k}\right)\sigma_3 &= 0 \\
\left(n_5 - \sigma_c - \frac{\nu_k n_8}{L_k}\sigma_c\right) + \left(n_6 + \frac{n_8}{L_k}\right)\sigma_2 + \left(n_7 - \frac{\nu_k c n_8}{L_k} - c - \frac{\nu_k n_8}{L_k}\right)\sigma_3 &= 0 \\
\left(n_9 - \sigma_c - \frac{\nu_k n_{12}}{L_k}\sigma_c\right) + \left(n_{10} - \frac{\nu_k n_{12}}{L_k}\right)\sigma_2 + \left(n_{11} - \frac{\nu_k c n_{12}}{L_k} - c + \frac{n_{12}}{L_k}\right)\sigma_3 &= 0
\end{aligned}\right\}$$

$$\tag{7.3.28}$$

由于 σ_2，σ_3 为任意值，故上方程的系数和常数项均为零

$$n_1 - \sigma_c + \frac{n_4}{L_k}\sigma_c = 0$$

$$n_5 - \sigma_c - \frac{\nu_k n_8}{L_k}\sigma_c = 0$$

$$n_9 - \sigma_c - \frac{\nu_k n_{12}}{L_k}\sigma_c = 0$$

$$n_2 - \frac{\nu_k n_4}{L_k} = 0$$

$$n_6 + \frac{n_8}{L_k} = 0$$

$$n_{10} - \frac{\nu_k n_{12}}{L_k} = 0$$

$$n_3 + \frac{c n_4}{L_k} - c - \frac{\nu_k n_4}{L_k} = 0$$

$$n_7 - \frac{\nu_k c n_8}{L_k} - c - \frac{\nu_k n_8}{L_k} = 0$$

$$n_{11} - \frac{\nu_k c n_{12}}{L_k} - c + \frac{n_{12}}{L_k} = 0$$

则得

$$n_1 = \sigma_c \left(1 + \frac{L_s}{L_k}\right)$$

$$n_2 = -\frac{\nu_k L_s}{L_k}$$

$$n_3 = \frac{c L_k + (c - \nu_k) L_s}{L_k}$$

$$n_4 = -L_s$$

$$n_5 = 0$$

$$n_6 = \frac{1}{\nu_k}$$

$$n_7 = -1$$

$$n_8 = -\frac{L_k}{\nu_k}$$

$$n_9 = \frac{c(L_k + L_s)\sigma_c}{c L_k + (c - \nu_k) L_s}$$

$$n_{10} = \frac{\nu_k L_s}{c L_k + (c - \nu_k) L_s}$$

$$n_{11} = \frac{c + (\nu_k - 1)L_s}{cL_k + (c - \nu_k)L_s}$$

$$n_{12} = \frac{L_k L_s}{cL_k + (c - \nu_k)L_s}$$

把（7.3.25）变换成

$$
\begin{aligned}
\sigma_1 &= \frac{1}{D}\big[(n_3 n_5 n_{10} + n_1 n_6 n_{11} + n_2 n_7 n_9 - n_2 n_5 n_{11} - n_3 n_6 n_9 - n_1 n_7 n_{10}) - \\
&\quad n_4(n_7 n_{10} - n_6 n_{11})e_1 + n_8(n_3 n_{10} - n_2 n_{11})e_2 - n_{12}(n_3 n_6 - n_2 n_7)e_3\big] \\
\sigma_2 &= \frac{1}{D}\big[(n_1 n_{11} + n_3 n_5 + n_7 n_9 - n_3 n_9 - n_5 n_{11}) - n_4(n_7 - n_{11})e_1 + \\
&\quad n_8(n_3 - n_{11})e_2 - n_{12}(n_3 - n_7)e_3\big] \\
\sigma_3 &= \frac{1}{D}\big[(n_1 n_6 + n_2 n_9 + n_5 n_{10} - n_1 n_{10} - n_2 n_5 - n_6 n_9) + \\
&\quad n_4(n_6 - n_{10})e_1 - n_8(n_2 - n_{10})e_2 + n_{12}(n_2 - n_6)e_3\big]
\end{aligned}
\tag{7.3.29}
$$

其中

$$D = n_2 n_7 + n_3 n_{10} + n_6 n_{11} - n_2 n_{11} - n_3 n_6 - n_7 n_{10}$$

得

$$
\begin{aligned}
l_1 &= \frac{1}{D}(n_3 n_5 n_{10} + n_1 n_6 n_{11} + n_2 n_7 n_9 - n_2 n_5 n_{11} - n_3 n_6 n_9 - n_1 n_7 n_{10}) \\
l_2 &= \frac{1}{D}(n_4 n_6 n_{11} - n_4 n_7 n_{10}) \\
l_3 &= -\frac{1}{D}n_4(n_7 - n_{11}) = \frac{1}{D}n_8(n_3 n_{10} - n_2 n_{11}) \\
l_4 &= \frac{1}{D}n_4(n_6 - n_{10}) = \frac{1}{D}n_{12}(n_2 n_7 - n_3 n_6) \\
l_5 &= \frac{1}{D}(n_1 n_{11} + n_3 n_5 + n_7 n_9 - n_3 n_9 - n_1 n_7 - n_5 n_{11}) \\
l_6 &= \frac{1}{D}n_8(n_3 - n_{11}) \\
l_7 &= -\frac{1}{D}n_{12}(n_3 - n_7) = -\frac{1}{D}n_8(n_2 - n_{10}) \\
l_8 &= \frac{1}{D}(n_1 n_6 + n_2 n_9 + n_5 n_{10} - n_1 n_{10} - n_2 n_5 - n_6 n_9) \\
l_9 &= \frac{1}{D}n_{12}(n_2 - n_6)
\end{aligned}
\tag{7.3.30}
$$

此阶段的应力—应变关系，可用矩阵表示为

$$\begin{bmatrix} \sigma_1 \\ \sigma_2 \\ \sigma_3 \end{bmatrix} = \begin{bmatrix} l_1 \\ l_5 \\ l_8 \end{bmatrix} + \begin{bmatrix} l_2 & l_3 & l_4 \\ l_3 & l_6 & l_7 \\ l_4 & l_7 & l_9 \end{bmatrix} \begin{bmatrix} e_1 \\ e_2 \\ e_3 \end{bmatrix} \tag{7.3.31}$$

第三阶段为塑性流动阶段，侧压固定时，最大主压应力值恒定

$$\sigma_1 = \sigma_r + r\sigma_3 \tag{7.3.32}$$

此阶段的应力—应变曲线与软化阶段曲线交点的应力与应变满足（7.3.26）和（7.3.32），联立解此二式得交点处的应变

$$e_1 = \frac{1}{n_4} \left[\sigma_r - n_1 - n_2\sigma_2 + (r - n_3)\sigma_3 \right] \Bigg]$$

$$e_2 = \frac{1}{n_8} \left[\sigma_r - n_5 - n_6\sigma_2 + (r - n_7)\sigma_3 \right]$$

$$e_3 = \frac{1}{n_{12}} \left[\sigma_r - n_9 - n_{10}\sigma_2 + (r - n_{11})\sigma_3 \right]$$

此即 σ_2，σ_3 固定时第三阶段始点的应变。以后，σ_1 不变时，e_1 可无限增大。

平面问题的应力—应变关系，第一阶段为

$$\sigma_x = \frac{(1-\nu_k)L_k}{(1-2\nu_k)(1+\nu_k)} \left(e_x + \frac{\nu_k}{1-\nu_k} e_y \right) \Bigg]$$

$$\sigma_y = \frac{(1-\nu_k)L_k}{(1-2\nu_k)(1+\nu_k)} \left(e_y + \frac{\nu_k}{1-\nu_k} e_x \right)$$

$$\tau_{xy} = \frac{L_k}{2(1+\nu_k)} \gamma_{xy}$$

或用矩阵表示为

$$\begin{bmatrix} \sigma_x \\ \sigma_y \\ \tau_{xy} \end{bmatrix} = \frac{(1-\nu_k)L_k}{(1-2\nu_k)(1+\nu_k)} \begin{bmatrix} 1 & \dfrac{\nu_k}{1-\nu_k} & 0 \\ \dfrac{\nu_k}{1-\nu_k} & 1 & 0 \\ 0 & 0 & \dfrac{1-2\nu_k}{2(1-\nu_k)} \end{bmatrix} \begin{bmatrix} e_x \\ e_y \\ \gamma_{xy} \end{bmatrix}$$

第二阶段为

$$\sigma_1 = a + be_1 + ce_2 \Big]$$
$$\sigma_2 = d + ee_1 + fe_2 \Big]$$

或

$$\begin{bmatrix} \sigma_1 \\ \sigma_2 \end{bmatrix} = \begin{bmatrix} a \\ d \end{bmatrix} + \begin{bmatrix} b & c \\ e & f \end{bmatrix} \begin{bmatrix} e_1 \\ e_2 \end{bmatrix}$$

第三阶段为

$$\sigma_1 = \sigma_r + r\sigma_2$$

此值不变时，e_1 从此阶段的始点开始无限增大。

用此理论，对隧道毛硐围岩重应力场所做的二维有限元计算结果，示于图 7.3.19。

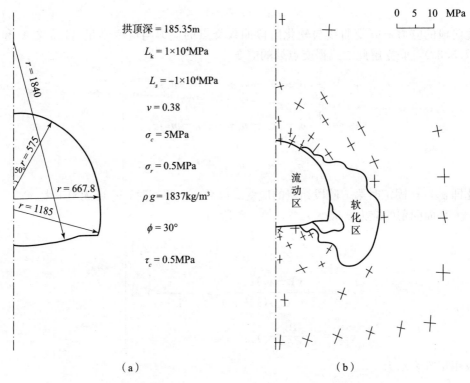

拱顶深 = 185.35m

$L_k = 1 \times 10^4 \text{MPa}$

$L_s = -1 \times 10^4 \text{MPa}$

$v = 0.38$

$\sigma_c = 5\text{MPa}$

$\sigma_r = 0.5\text{MPa}$

$\rho g = 1837\text{kg/m}^3$

$\phi = 30°$

$\tau_c = 0.5\text{MPa}$

（a）　　　　　　　　　　（b）

图 7.3.19　用有限单元法以（a）中的隧道参量计算得的围岩应力场（b）

（陈炽昭等，1988）

4. 边坡重应力场

在尚未形成滑动面的边坡岩体中，重应力场的分布有如下特征（图 7.3.20）：

（1）最大主压应力方向，在远离坡面和深处仍保持铅直，越近坡面越倾斜，及至坡面则平行坡面方向；

（2）铅直压力从坡顶向下线性增加，平行坡面的最大主压应力也从坡顶的零值向坡脚增大；

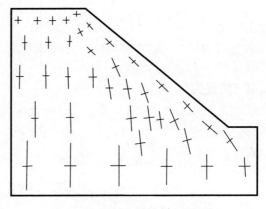

图 7.3.20　用有限单元法算得的
边坡重应力场

（3）最大主压应力，在坡脚处形成应力集中；

（4）最大主压应力从坡面向坡内增大，并逐渐趋于稳定；

（5）坡顶有水平张应力，向下变为逐渐增大的水平压应力；

（6）垂直坡面的最小主压应力，从坡面的零值向坡内增大后，趋于稳定。

边坡上部有与滑动面相连的潜在张裂缝的滑坡体中，水平应力的分布特点（图 7.3.21）：在滑坡体上部为从上向下线性减小至零的水平张应力区，在滑坡体下部为从零向下线性增大的水平压应力区，上下水平张压应力区的零值分界面是一个从边坡尖顶弯向内部的弧面，水平压应力从分界面上的零值向下至滑动面线性增大。

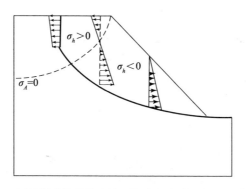

图 7.3.21　用分析法算得的边坡顶部有与滑动面相连的潜在张裂缝的
滑坡体中水平应力分布（R. T. Sancio，1978）

三、热应力场的应用

1. 岩浆源热应力场

与岩浆源的大小相比，可将地球视为无限体，岩浆源为其中的一个点 (x_0, y_0, z_0)，释放的热量为 Q。由于岩浆源温度及外围温度场随时间 t 变化，故此为非定常热应力问题。岩体导温系数 $k = \dfrac{\lambda}{\rho C}$，$\lambda$ 为导热系数，ρ 为密度，C 为比热。则由热传导方程解得一点 (x, y, z) 的温度

$$T(x, y, z, t) = \frac{Q}{(4\pi k t)^{3/2}} e^{-s/4kt} \tag{7.3.33}$$

其中

$$s = (x - x_0)^2 + (y - y_0)^2 + (z - z_0)^2$$

由于温度随时间变化缓慢，故可视为准静态的，只有温度分布是非定常的。取一函数 ϕ，使位移分量

$$u_i = \frac{\partial \phi}{\partial i} \qquad i = x, y, z \tag{7.3.34}$$

则应变

$$e_{ij} = \frac{\partial^2 \phi}{\partial i\, \partial j} \qquad j = x,\ y,\ z \tag{7.3.35}$$

称 ϕ 为热弹性位移势。由之得

$$\left.\begin{array}{l} \Delta u_i = \dfrac{\partial}{\partial i} \cdot \Delta\phi \\[2mm] e = \Delta\phi \end{array}\right]$$

代入用位移分量表示的热弹性运动方程

$$\Delta u_i + \frac{1}{1-2\nu}\frac{\partial \vartheta}{\partial i} - \frac{2(1+\nu)}{1-2\nu}\alpha\frac{\partial T}{\partial i} + \frac{f_i}{G} = 0 \tag{7.3.36}$$

则得

$$\frac{1-\nu}{1-2\nu}\frac{\partial \Delta\phi}{\partial i} - \frac{1+\nu}{1-2\nu}\alpha\frac{\partial T}{\partial i} = 0$$

对 i 积分，得泊松方程

$$\Delta\phi = \frac{1+\nu}{1-\nu}\alpha T \tag{7.3.37}$$

代入应力表示式，则有

$$\left.\begin{array}{l} \sigma_x = -2G\left(\dfrac{\partial^2 \phi}{\partial y^2} + \dfrac{\partial^2 \phi}{\partial z^2}\right) + \rho\dfrac{\partial^2 \phi}{\partial t^2} \\[4mm] \sigma_y = -2G\left(\dfrac{\partial^2 \phi}{\partial z^2} + \dfrac{\partial^2 \phi}{\partial x^2}\right) + \rho\dfrac{\partial^2 \phi}{\partial t^2} \\[4mm] \sigma_z = -2G\left(\dfrac{\partial^2 \phi}{\partial x^2}\dfrac{\partial^2 \phi}{\partial y^2}\right) + \rho\dfrac{\partial^2 \phi}{\partial t^2} \\[4mm] \tau_{xy} = 2G\dfrac{\partial^2 \phi}{\partial x\, \partial y} \\[4mm] \tau_{yz} = 2G\dfrac{\partial^2 \phi}{\partial y\, \partial z} \\[4mm] \tau_{zx} = 2G\dfrac{\partial^2 \phi}{\partial z\, \partial x} \end{array}\right] \tag{7.3.38}$$

其中，保留了加速度项。在球坐标中，则为

$$\left.\begin{array}{l} \sigma_r = -\dfrac{4G}{r}\dfrac{\partial \phi}{\partial r} + \rho\dfrac{\partial^2 \phi}{\partial t^2} \\[4mm] \sigma_\theta = \sigma_\varphi = 2G\left(\dfrac{1}{r}\dfrac{\partial \phi}{\partial r} - \Delta\phi\right) + \rho\dfrac{\partial^2 \phi}{\partial t^2} \end{array}\right] \tag{7.3.39}$$

将 (7.3.37) 对 t 微分，代入非定常热传导式

$$\frac{\partial T}{\partial t} = k\Delta t$$

得

$$\Delta\frac{\partial\phi}{\partial t}=\frac{1+\nu}{1-\nu}k\lambda\Delta t$$

积分，得

$$\phi=\frac{1+\nu}{1-\nu}k\lambda\int_0^t T\mathrm{d}t+\phi_{t=0}+t\phi_1 \tag{7.3.40}$$

将（7.3.33）代入，则有

$$\phi=\frac{kK}{4\sqrt{\pi}G}\int_0^t (kt)^{-3/2}\mathrm{e}^{-s/4kt}\mathrm{d}t+\phi_{t=0}+t\phi_1$$

其中

$$K=\frac{(1+\nu)\alpha QG}{2\pi(1-\nu)} \tag{7.3.41}$$

引入变量 $l=\dfrac{S}{2\sqrt{kt}}$，则 $\mathrm{d}t=-\dfrac{s^2}{2kl^3}\mathrm{d}l$，于是

$$\phi=\frac{K}{2Gs}\frac{2}{\sqrt{\pi}}\int_l^\infty \mathrm{e}^{-l}\mathrm{d}l+\phi_{t=0}+t\phi_1$$

积分号内是余误差函数 $\mathrm{erf}(l)=\dfrac{2}{\sqrt{\pi}}\int_0^l \mathrm{e}^{-l}\mathrm{d}l$，由于 $\mathrm{erf}(0)=\infty$，$\mathrm{erf}(\infty)=1$，则上式成为

$$\phi=\frac{1}{2Gs}\left[1-\mathrm{erf}\left(\frac{s}{2\sqrt{kt}}\right)\right]+\phi_{t=0}+t\phi_1$$

因 $t\to\infty$ 时，应力和位移为零，则

$$\left.\begin{aligned}\phi_{t=0}&=-\frac{K}{2Gs}\\ \phi_1&=0\end{aligned}\right]$$

于是

$$\phi=-\frac{K}{2Gs}\mathrm{erf}\left(\frac{s}{2\sqrt{kt}}\right)$$

代入（7.3.38）略去加速度项，则有

$$\sigma_x=\frac{K}{s^2}\left[\left(1-\frac{3(x-x_0)^2}{s^2}\right)\left(\frac{1}{s}\mathrm{erf}\left(\frac{s}{2\sqrt{kt}}\right)-\frac{1}{\sqrt{\pi kt}}\mathrm{e}^{-s^2/4kt}\right)+\frac{(x-x_0)^2+s^2}{2\sqrt{\pi}(kt)^{3/2}}\mathrm{e}^{-s^2/4kt}\right] \tag{7.3.42}$$

同理求得 σ_y，σ_z。

$$\tau_{xy} = \frac{3K}{s^4}(x - x_0)(y - y_0)\left[\frac{1}{\sqrt{\pi k t}}\left(1 + \frac{s^2}{6kt}\right)e^{-s^2/4kt} - \right.$$

$$\left. \frac{1}{s}\operatorname{erf}\left(\frac{s}{2\sqrt{kt}}\right)\right]$$

$$(7.3.42')$$

同理求得 τ_{yz}，τ_{zx}。由于应力和位移在无限远处为零，$s \to 0$ 时 ϕ 为有限的，用 (7.3.39) 表示，将 r 换为 s，则得

$$\sigma_r = -\frac{2K}{s^3}\left[\operatorname{erf}\left(\frac{s}{2\sqrt{kt}}\right) - \frac{s}{\sqrt{\pi k t}}e^{-s^2/4kt}\right]$$

$$\sigma_\theta = \sigma_\varphi = \frac{K}{s^3}\left[\operatorname{erf}\left(\frac{s}{2\sqrt{kt}}\right) - \left(1 + \frac{s^2}{2kt}\right)\frac{s}{\sqrt{\pi k t}}e^{-s^2/4kt}\right]$$

取 $Q = 1$ 时，(7.3.42)、(7.3.42') 中的应力为 σ_{ij}^0，给出初始温度分布函数 $T_0(x_0, y_0, z_0)$，则热应力

$$\sigma_{ij}(x, y, z, t) = \int_V \sigma_{ij}^0(x, y, z, x_0, y_0, z_0, t) T_0(x_0, y_0, z_0)\, \mathrm{d}x_0 \mathrm{d}y_0 \mathrm{d}z_0$$

若岩浆由深部上溢，则为温度分布成轴对称并在轴向变化的热应力问题。此时，用圆柱坐标 (r, θ, z)，因温度分布与 θ 无关，故

$$T = T(r, z)$$

平衡方程为

$$\frac{\partial \sigma_r}{\partial r} + \frac{\partial \tau_{zr}}{\partial z} + \frac{\sigma_r - \sigma_\theta}{r} = 0$$

$$\frac{\partial \tau_{zr}}{\partial r} + \frac{\partial \sigma_z}{\partial z} + \frac{\tau_{zr}}{r} = 0$$

$$(7.3.43)$$

物性方程为

$$\sigma_r = 2G\left[\frac{1-\nu}{1-2\nu}\frac{\partial u_r}{\partial r} + \frac{\nu}{1-2\nu}\left(\frac{u_r}{r} + \frac{\partial u_z}{\partial z}\right)\right] - \beta T$$

$$\sigma_\theta = 2G\left[\frac{1-\nu}{1-2\nu}\frac{u_r}{r} + \frac{\nu}{1-2\nu}\left(\frac{\partial u_r}{\partial r} + \frac{\partial u_z}{\partial z}\right)\right] - \beta T$$

$$\sigma_z = 2G\left[\frac{1-\nu}{1-2\nu}\frac{\partial u_z}{\partial z} + \frac{\nu}{1-2\nu}\left(\frac{\partial u_r}{\partial r} + \frac{u_r}{r}\right)\right] - \beta T$$

$$\tau_{rz} = G\left(\frac{\partial u_r}{\partial z} + \frac{\partial u_z}{\partial r}\right)$$

$$(7.3.44)$$

代入 (7.3.43)，得

$$\frac{\partial}{\partial r}\left(\frac{\partial u_r}{\partial r} + \frac{u_r}{r}\right) + \frac{1-2\nu}{2(1-\nu)}\frac{\partial^2 u_r}{\partial z^2} + \frac{1}{2(1-\nu)}\frac{\partial^2 u_z}{\partial r \partial z} - \frac{1+\nu}{1-\nu}\alpha\frac{\partial T}{\partial r} = 0$$

$$\frac{\partial^2 u_z}{\partial z^2} + \frac{1-2\nu}{2(1-\nu)}\left(\frac{\partial}{\partial r} + \frac{1}{r}\right)\frac{\partial u_z}{\partial r} + \frac{1}{2(1-\nu)}\frac{\partial}{\partial z}\left(\frac{\partial u_r}{\partial r} + \frac{u_r}{r}\right) - \frac{1+\nu}{1-\nu}\alpha\frac{\partial T}{\partial z} = 0$$

改写为

$$\Delta u_r-\frac{u_r}{r^2}+\frac{1}{1-2\nu}\frac{\partial\vartheta}{\partial r}-\frac{2(1+\nu)}{1-2\nu}\alpha\frac{\partial T}{\partial r}=0$$
$$\Delta u_z+\frac{1}{1-2\nu}\frac{\partial\vartheta}{\partial z}-\frac{2(1+\nu)}{1-2\nu}\alpha\frac{\partial T}{\partial z}=0$$

(7.3.45)

其中

$$\Delta=\frac{\partial^2}{\partial r^2}+\frac{\partial}{r\partial r}+\frac{\partial^2}{\partial z^2}$$

而

$$u_i=\frac{\partial\phi}{\partial i}\qquad i=r,\ z$$

(7.3.46)

则

$$\vartheta=\frac{\partial^2\phi}{\partial r^2}+\frac{\partial\phi}{r\partial r}+\frac{\partial^2\phi}{\partial z^2}=\Delta\phi$$

(7.3.47)

将（7.3.46—47）代入（7.3.45），得

$$\Delta\frac{\partial\phi}{\partial r}-\frac{1}{r^2}\frac{\partial\phi}{\partial r}+\frac{1}{1-2\nu}\frac{\partial}{\partial r}\Delta\phi-\frac{2(1+\nu)}{1-2\nu}\alpha\frac{\partial T}{\partial r}=0$$
$$\Delta\frac{\partial\phi}{\partial z}+\frac{1}{1-2\nu}\frac{\partial}{\partial z}\ \Delta\phi-\frac{2(1+\nu)}{1-2\nu}\alpha\frac{\partial T}{\partial z}=0$$

改写为

$$\frac{\partial}{\partial r}\Delta\phi+\frac{1}{1-2\nu}\frac{\partial}{\partial r}\Delta\phi-\frac{2(1+\nu)}{1-2\nu}\alpha\frac{\partial T}{\partial r}=0$$
$$\frac{\partial}{\partial z}\Delta\phi+\frac{1}{1-2\nu}\frac{\partial}{\partial z}\Delta\phi-\frac{2(1+\nu)}{1-2\nu}\alpha\frac{\partial T}{\partial z}=0$$

第一式对 r 积分或第二式对 z 积分，得

$$\Delta\phi=\frac{1+\nu}{1-\nu}\alpha T$$

已知其特解，由（7.3.46）得

$$e_r'=\frac{\partial^2\phi}{\partial r^2}$$
$$e_\theta'=\frac{1}{r}\frac{\partial\phi}{\partial r}$$
$$e_z'=\frac{\partial^2\phi}{\partial z^2}$$
$$\gamma_{rz}'=\frac{\partial^2\phi}{\partial r\partial z}$$

(7.3.48)

代入物性方程

$$\sigma_r = 2G\left(e_r + \frac{\nu}{1-2\nu}\vartheta - \frac{1+\nu}{1-2\nu}\alpha T\right)$$

$$\sigma_\theta = 2G\left(e_\theta + \frac{\nu}{1-2\nu}\vartheta - \frac{1+\nu}{1-2\nu}\alpha T\right)$$

$$\sigma_z = 2G\left(e_z + \frac{\nu}{1-2\nu}\vartheta - \frac{1+\nu}{1-2\nu}\alpha T\right)$$

$$\tau_{rz} = 2G\gamma_{rz}$$

得

$$\sigma'_r = 2G\left(\frac{\partial^2 \phi}{\partial r^2} - \Delta\phi\right)$$

$$\sigma'_\theta = 2G\left(\frac{\partial \phi}{r \, \partial r} - \Delta\phi\right)$$

$$\sigma'_z = 2G\left(\frac{\partial^2 \phi}{\partial z^2} - \Delta\phi\right)$$

$$\tau'_{rz} = 2G\frac{\partial^2 \phi}{\partial r \, \partial z}$$

为了能满足自由边界条件，取勒夫位移函数 $L\ (r,\ z)$，则

$$\Delta\Delta L\ (r,\ z) = \left(\frac{\partial^2}{\partial r^2} + \frac{1}{r}\frac{\partial}{\partial r} + \frac{\partial^2}{\partial z^2}\right)L = 0$$

此时，

$$u''_r = -\frac{1}{1-2\nu}\frac{\partial^2 L}{\partial r \, \partial z}$$

$$u''_z = \frac{1}{1-2\nu}\left[2(1-\nu)\Delta L - \frac{\partial^2 L}{\partial z^2}\right]$$

得

$$\sigma''_r = 2G\frac{\partial}{\partial z}\left(\nu\Delta L - \frac{\partial^2 L}{\partial r^2}\right)$$

$$\sigma''_\theta = 2G\frac{\partial}{\partial z}\left(\nu\Delta L - \frac{1}{r}\frac{\partial L}{\partial r}\right)$$

$$\sigma''_z = 2G\frac{\partial}{\partial z}\left[(2-\nu)\Delta L - \frac{\partial^2 L}{\partial z^2}\right]$$

$$\tau''_{rz} = 2G\frac{\partial}{\partial r}\left[(1-\nu)\Delta L - \frac{\partial^2 L}{\partial z^2}\right]$$

则热应力分量

$$
\left.
\begin{aligned}
\sigma_r &= \sigma_r' + \sigma_r'' \\
\sigma_\theta &= \sigma_\theta' + \sigma_\theta'' \\
\sigma_z &= \sigma_z' + \sigma_z'' \\
\tau_{rz} &= \tau_{rz}' + \tau_{rz}''
\end{aligned}
\right]
$$

2. 震源热应力场

震源由于断层摩擦等原因生热，而可视为水平平面热应力场中的一个线热源。取 X, Y 轴水平，这个线热源在水平矩形岩板中线 $y=0$ 处，板的边界为 $x=\pm a$，$y=\pm b$，温度分布为

$$T = T_0 + X(x)Y(y) \tag{7.3.49}$$

在 (1.5.14) 中，取

$$\varphi = \xi(x)\eta(y) \tag{7.3.50}$$

则得

$$
\left.
\begin{aligned}
\sigma_x &= \xi\eta'' \\
\sigma_y &= \xi''\eta \\
\tau_{xy} &= -\xi'\eta'
\end{aligned}
\right] \tag{7.3.51}
$$

选择函数 η，是取它为温度分布 $T=Y(y)$ 时板的一维解。于是，将一维解的

$$\sigma_x = -\alpha D_i T(y) + \frac{1}{2b}\int_{-b}^{b}\alpha D_i T(y)\mathrm{d}y + \frac{3y}{2b^3}\int_{-b}^{b}\alpha D_i T(y)y\mathrm{d}y \tag{7.3.52}$$

代入 (7.3.51)，得

$$\frac{\sigma_x}{\xi} = \eta'' = Y + C_1 y + C_2$$

C_1, C_2 是由 (7.3.52) 确定的常数。给定 Y, y，则 C_1, C_2 为已知。因为岩板不受约束，故其余能

$$E_0 = \int_V \varepsilon_w \mathrm{d}x\mathrm{d}y\mathrm{d}z \tag{7.3.53}$$

引入 (7.3.49) 和 (7.3.51)，则为

$$2EE_0 = \int_{-a}^{a}\{a_1\xi^2 + a_2\xi''^2 - 2\nu a_3\xi\xi'' + 2(1+\nu)a_4\xi'^2 + 2E\alpha[(a_5+a_6 X)\xi +$$

$$(a_7+a_8 X)\xi'']\}\mathrm{d}x \tag{7.3.54}$$

其中

$$a_1 = \int_{-b}^{b}\eta''^2\mathrm{d}y$$

$$a_2 = \int_{-b}^{b}\eta^2\mathrm{d}y$$

$$a_3 = \int_{-b}^{b}\eta\eta''\mathrm{d}y$$

$$a_4 = \int_{-b}^{b} \eta'^{2}\,\mathrm{d}y$$

$$a_5 = T_0 \left[\eta' \right]_{-b}^{b}$$

$$a_6 = \int_{-b}^{b} Y\eta''\,\mathrm{d}y$$

$$a_7 = T_0 \int_{-b}^{b} \eta\,\mathrm{d}y$$

$$a_8 = \int_{-b}^{b} Y\eta\,\mathrm{d}y$$

势能

$$U = \iint F(x,y,\xi,\xi_x,\xi_y,\xi_{xx},\xi_{xy},\xi_{yy})\,\mathrm{d}y\,\mathrm{d}x$$

其中

$$\xi = \xi(x,\ y)$$

$$\xi_x = \frac{\partial \xi}{\partial x}$$

$$\cdots$$

F 由 （7.3.54） 给出，则欧拉方程

$$L(\xi) = \frac{\partial F}{\partial \xi} - \frac{\partial}{\partial x}\frac{\partial F}{\partial \xi_x} - \frac{\partial}{\partial y}\frac{\partial F}{\partial \xi_y} + \frac{\partial^2}{\partial x^2}\frac{\partial F}{\partial \xi_{xx}} + 2\frac{\partial^2}{\partial x \partial y}\frac{\partial F}{\partial \xi_{xy}}$$

$$+ \frac{\partial^2}{\partial y^2}\frac{\partial F}{\partial \xi_{yy}} = 0$$

给出确定函数 ξ 的常微分方程

$$a_2\xi'''' - 2[a_4 + \nu(a_3 + a_4)]\xi'' + a_1\xi = -E\alpha(a_5 + a_6 X + a_8 X'') \qquad (7.3.55)$$

由此可得 （7.3.50） 中 φ 的近似解。边界条件为

$$x = \pm a,\ \xi_x = \xi\eta'' = 0,\ \tau_{xy} = -\xi'\eta' = 0 \Big]$$
$$y = \pm b,\ \xi_y = \xi''\eta = 0,\ \tau_{xy} = -\xi'\eta' = 0 \Big] \qquad (7.3.56)$$

则在 $x = \pm a$ 处，$\xi = \xi' = 0$，在 （7.3.54） 中，$a_3 = -a_4$，$a_5 = 0$。于是，
（7.3.55）变为

$$a_2\xi'''' - 2a_4\xi'' + a_1\xi = -E\alpha(a_6 X + a_8 X'') \qquad (7.3.57)$$

在 （7.3.49） 中给定 X，则 （7.3.57） 可解出，于是由 （7.3.51） 得应力分量。

$$如，0 \leqslant y \leqslant b,\ 取\ T = T_0 + T_1\left(1 - \frac{y}{b}\right) \Big]$$
$$-b \leqslant y \leqslant 0,\ 取\ T = T_0 + T_1\left(1 + \frac{y}{b}\right) \Big] \qquad (7.3.58)$$

由此，$X = T_1 =$ 常量，并且.

$$0 \leqslant y \leqslant b, \ Y=1-\frac{y}{b}$$
$$-b \leqslant y \leqslant 0, \ Y=1+\frac{y}{b}$$

得

$\xi = E\alpha T_1(1 + C_1 \sinh k_1 x \sin k_2 x + C_2 \sinh k_1 x \cosh k_2 x + C_3 \cosh k_1 x \sin k_2 x + C_4 \cosh k_1 x \cos k_2 x)$

其中

$$\left.\begin{matrix}k_1^2\\k_2^2\end{matrix}\right| = \frac{37 \pm 21}{13b^2}$$

$$C_1 = \frac{1}{B}(k_1 \sinh k_1 a \cos k_2 a - k_2 \cosh k_1 a \sin k_2 a)$$
$$C_2 = 0$$
$$C_3 = 0$$
$$C_4 = \frac{1}{B}(k_1 \cosh k_1 a \sin k_2 a + k_2 \sinh k_1 a \cos k_2 a)$$

其中

$$B = k_1 \sin k_2 a \cos k_2 a + k_2 \sinh k_1 a \cosh k_1 a$$
$$\eta = \frac{b^2}{12}\left[1 - 3\left(\frac{y}{b}\right)^2 + 2\left(\frac{y}{b}\right)^3\right]$$

由 ξ, η, 用 (7.3.51) 便得应力分量。

3. 地表浅层季变热应力场

太阳辐射热从地表向下影响深度约达 30 米，所造成的冬夏季温差，从地表的 50℃～70℃，向下减小。这种温变将在地表浅层引起热应力场，此种场对浅层工程和以浅层岩体为覆盖顶板的工程都有重要影响。

取水平岩板上下表面温差为 T，沿板厚 d 方向线性变化，相应的热膨胀也呈线性变化。若岩板周边自由，则将变成球面状，中性面的热膨胀量与表面热膨胀量之差为 $\frac{1}{2}\alpha T$，因之所成曲面的曲率半径

$$r = \frac{d}{\alpha T} \tag{7.3.59}$$

这种自由膨胀，不产生热应力。若岩板周边固定，则周边产生弯矩 M，使其弯成球面状，与 (7.3.59) 的曲率相消，则有

$$r = \frac{(1+\nu)D}{M} \tag{7.3.60}$$

M 是板边单位宽度的值，弯曲刚度 $D = \frac{d^3 D_i}{12(1-\nu^2)}$。由 (7.3.59) 和 (7.3.60)，得

$$M = \frac{(1+\nu)D}{d}\alpha T$$

于是

$$\sigma_i = \frac{M}{c} = \frac{(1+\nu)D}{c\,d}\alpha T$$

取截面系数 $c = \dfrac{d^2}{6}$，则水平热应力

$$\sigma_i = \frac{D_i}{2(1-\nu)}\alpha T$$

由于上下温差 T 随板厚增加而增大，故岩板越厚水平热应力越大，直到地热等温面。

4. 岩硐围岩热应力场

半径为 a 的圆形岩硐所在岩体的周边为多边形，由于接收太阳辐射热或地热而使此岩体内有均匀热源

$$q = -\lambda\ \Delta T \tag{7.3.61}$$

在 $r = a$ 处，$T = T_a$；在岩体边界面上，$\dfrac{\partial T}{\partial n} = 0$。（7.3.61）的解，分为特解 T_p 和齐次方程的解 T_0。于是，有

$$T = T_0 + T_p$$

而

$$T_p = -\frac{r^2 q}{4\lambda}$$

齐次方程 $\Delta T_0 = 0$ 在极坐标中的通解

$$T_0 = A_0 + B_0\ln r + \sum_{n=1}^{\infty}(A_n r^n + B_n r^{-n})(C_n\cos n\theta + D_n\sin n\theta)$$

若岩体为正 k 边形，上式变为

$$T_0 = A_0 + B_0\ln r + \sum_{n=1}^{\infty}(A_{kn}r^{kn} + B_{kn}r^{-kn})\cos kn\theta$$

此时（7.3.61）的通解为

$$T = A_0 + B_0\ln r - \frac{r^2 q}{4\lambda} + \sum_{n=1}^{\infty}(A_{kn}r^{kn} + B_{kn}r^{-kn})\cos kn\theta \tag{7.3.62}$$

若外边界绝热，则岩体中的热量将从圆硐散走，于是有

$$\lambda\int_0^{2\pi}\frac{\partial T}{\partial r}r\mathrm{d}\theta = q\left(k\tan\frac{\pi}{k} - \pi a^2\right)$$

将（7.3.62）代入，得

$$B_0 = \frac{kq}{2\pi\lambda}\tan\frac{\pi}{k}$$

对各种多边形

$$k=3, \qquad B_0=0.8269933\frac{q}{\lambda}$$

$$k=4, \qquad B_0=0.6366198\frac{q}{\lambda}$$

$$k=6, \qquad B_0=0.5513289\frac{q}{\lambda}$$

$$k=8, \qquad B_0=0.5273931\frac{q}{\lambda}$$

取热应力函数 φ，则平衡方程

$$\left.\begin{aligned}\frac{\partial \sigma_x}{\partial x}+\frac{\partial \tau_{yx}}{\partial y}=0\\[2mm]\frac{\partial \tau_{xy}}{\partial x}+\frac{\partial \sigma_y}{\partial y}=0\end{aligned}\right]$$

满足

$$\left.\begin{aligned}\sigma_x&=\frac{\partial^2 \varphi}{\partial y^2}\\[2mm]\sigma_y&=\frac{\partial^2 \varphi}{\partial x^2}\\[2mm]\tau_{xy}&=-\frac{\partial^2 \varphi}{\partial x \partial y}\end{aligned}\right] \qquad (7.3.63)$$

将其与平面应变状态的物性方程

$$\left.\begin{aligned}e_x &= \frac{1-\nu^2}{D_i}\left(\sigma_x-\frac{\nu}{1-\nu}\sigma_y\right)+(1+\nu)\alpha T\\[2mm]e_y &= \frac{1-\nu^2}{D_i}\left(\sigma_y-\frac{\nu}{1-\nu}\sigma_x\right)+(1+\nu)\alpha T\end{aligned}\right]$$

一起代入协调方程

$$\frac{\partial^2 e_x}{\partial y^2}+\frac{\partial^2 e_y}{\partial x^2}=2\frac{\partial^2 \gamma_{xy}}{\partial x \partial y} \qquad (7.3.64)$$

得

$$\Delta\Delta\varphi=-\frac{D_i}{1-\nu}a\Delta T \qquad (7.3.65)$$

其中

$$\Delta=\frac{\partial^2}{\partial x^2}+\frac{\partial^2}{\partial y^2}$$

再将（7.3.63）和平面应力状态的物性方程

$$e_x = \frac{1}{D_i}(\sigma_x - \nu\sigma_y) + \alpha T \Bigg]$$

$$e_y = \frac{1}{D_i}(\sigma_y - \nu\sigma_x) + \alpha T$$

$$\gamma_{xy} = \frac{1}{2G}\tau_{xy}$$

代入（7.3.64），则得

$$\Delta\Delta\varphi = -D_i \alpha \Delta T \tag{7.3.66}$$

于是，可将（7.3.65）和（7.3.66）归并成

$$\Delta\Delta\varphi = -K\Delta T \tag{7.3.67}$$

对平面应力问题

$$K = D_k \alpha$$

对平面应变问题

$$K = \frac{D_i}{1-\nu}\alpha$$

（7.3.67）满足平衡方程和协调方程，于是平面热应力问题变成解（7.3.67），并使其满足边界条件，将（7.3.61）代入（7.3.67），有

$$\Delta\Delta\varphi_T = \frac{Kq}{\lambda}$$

此式的特解

$$\varphi_{Tp} = \frac{1}{64}\frac{r^4 Kq}{\lambda}$$

于是，有极坐标中的通解

$$\varphi_T = \frac{r^4 Kq}{64\lambda} + A_{00} + B_{00}r^2 + C_{00}\ln r + D_{00}r^2\ln r + (A_{10}r + B_{10}r^{-1} + C_{10}r^3 +$$

$$D_{10}r\ln r)\cos\theta + \sum_{n=2}^{\infty}(A_{n0}r^n + B_{n0}r^{-n} + C_{n0}r^{n+2} + D_{n0}r^{-n+2})\cos n\theta +$$

$$(E_{10}r + F_{10}r^{-1} + G_{10}r^3 + H_{10}r\ln r)\sin\theta + \sum_{n=2}^{\infty}(E_{n0}r^n + F_{n0}r^{-n} +$$

$$G_{n0}r^{n+2} + H_{n0}r^{-n+2})\sin n\theta \tag{7.4.68}$$

将应力函数 φ 分解为五个单元函数

$$\varphi = \varphi_T + \varphi_0 + \sum_{h=1}^{3}\sum_{m=1}^{n}C_{hm}\varphi_{hm}$$

由于此岩体为二重连通域，则上式成为

$$\varphi = \varphi_T + \varphi_0 + \sum_{h=1}^{3}C_{h1}\varphi_{h1}$$

对纯热应力问题，$\varphi_0 = 0$。则剩下的

$$\varphi_{11} = A_{01} + B_{01}r^2 + C_{01}\ln r + D_{01}r^2\ln r + (A_{11}r + B_{11}r^{-1} + C_{11}r^3 +$$

$$D_{11}r\ln r)\cos\theta + \sum_{n=2}^{\infty}(A_{n1}r^n + B_{n1}r^{-n} + C_{n1}r^{n+2} +$$

$$D_{n1}r^{-n+2})\ \cos n\theta$$

$$\varphi_{21} = (E_{12}r + F_{12}r^3 + G_{12}r^{-1} + H_{12}r\ln r)\ \sin\theta + \sum_{n=2}^{\infty}(E_{n2}r^n$$

$$+ F_{n2}r^{-n} + G_{n2}r^{n+2} + H_{n2}r^{-n+2})\sin n\theta$$

$$\varphi_{31} = A_{03} + B_{03}r^2 + C_{03}\ln r + D_{03}r^2\ln r + \sum_{n=1}^{\infty}(A_{nk3}r^{nk} + B_{nk3}r^{-nk} +$$

$$C_{nk3}r^{nk+2} + D_{nk3}r^{-nk+2})\ \cos nk\theta$$

将上五种函数代入米歇尔条件式

$$\oint_{cm}\frac{\partial}{\partial n}\Big[\Delta\Big(\varphi_T + \varphi_0 + \sum_{h=1}^{3}\sum_{m=1}^{n}C_{hm}\varphi_{hm}\Big) + KT\Big]\mathrm{d}s = 0$$

$$\oint_{cm}\Big(y\frac{\partial}{\partial n} - x\frac{\partial}{\partial s}\Big)\Big[\Delta\Big(\varphi_T + \varphi_0 + \sum_{h=1}^{3}\sum_{m=1}^{n}C_{hm}\varphi_{hm}\Big) + KT\Big]\mathrm{d}s = 0$$

$$\oint_{cm}\Big(x\frac{\partial}{\partial n} + y\frac{\partial}{\partial s}\Big)\Big[\Delta\Big(\varphi_T + \varphi_0 + \sum_{h=1}^{3}\sum_{m=1}^{n}C_{hm}\varphi_{hm}\Big) + KT\Big]\mathrm{d}s = 0$$

得

$$C_{11} = 0$$
$$C_{21} = 0$$
$$C_{31} = -\frac{KB_0 + \Delta D_{00}}{4D_{03}}$$

所以

$$\varphi = \varphi_T + C_{31}\varphi_{31}$$

由边界条件

$$(\varphi_T)_{r=a} = (\varphi_T)_{x=b} = 0$$

$$\Big(\frac{\partial\varphi_T}{\partial r}\Big)_{r=a} = \Big(\frac{\partial\varphi_T}{\partial r}\Big)_{x=b} = 0$$

$$(\varphi_{31})_{r=a} = 0$$

$$(\varphi_{31})_{x=b} = 1$$

$$\Big(\frac{\partial\varphi_{31}}{\partial r}\Big)_{r=a} = \Big(\frac{\partial\varphi_{31}}{\partial r}\Big)_{x=b} = 0$$

来确定 (7.3.68) 和 (7.3.69) 的系数。求出了五种应力函数和 C_{31}，则热应力函数 φ 便确定。于是，由

$$\sigma_r = \frac{1}{r^2} \frac{\partial^2 \varphi}{\partial \theta^2} + \frac{1}{r} \frac{\partial \varphi}{\partial r}$$

$$\sigma_\theta = \frac{\partial^2 \varphi}{\partial r^2}$$

$$\tau_{r\theta} = -\frac{\partial}{\partial r} \left(\frac{1}{r} \frac{\partial \varphi}{\partial \theta} \right)$$

可求得各热应力分量。

则热应力分量

$$\left.\begin{array}{l}\sigma_r = \sigma_r' + \sigma_r'' \\ \sigma_\theta = \sigma_\theta' + \sigma_\theta'' \\ \sigma_z = \sigma_z' + \sigma_z'' \\ \tau_{rz} = \tau_{rz}' + \tau_{rz}''\end{array}\right]$$

2. 震源热应力场

震源由于断层摩擦等原因生热，而可视为水平平面热应力场中的一个线热源。这个线热源在水平矩形岩板中线 $y=0$ 处，板的边界为 $x=\pm a$, $y=\pm b$, 温度分布为

$$T = T_0 + X(x)Y(y) \qquad (7.3.49)$$

在 (1.5.14) 中，取

$$\varphi = \xi(x)\eta(y) \qquad (7.3.50)$$

则得

$$\left.\begin{array}{l}\sigma_x = \xi\eta'' \\ \sigma_y = \xi''\eta \\ \tau_{xy} = -\xi'\eta'\end{array}\right] \qquad (7.3.51)$$

选择函数 η，是取它为温度分布 $T=Y(y)$ 时板的一维解。于是，将一维解的

$$\sigma_x = -aD_t T(y) + \frac{1}{2b}\int_{-b}^{b} aD_t T(y)\mathrm{d}y + \frac{3y}{2b^3}\int_{-b}^{b} aD_t T(y)y\mathrm{d}y \qquad (7.3.52)$$

代入 (7.3.51)，得

$$\frac{\sigma_x}{\xi} = \eta'' = Y + C_1 y + C_2$$

C_1, C_2 是由 (7.3.52) 确定的常数。给定 Y, y, 则 C_1, C_2 为已知。因为岩板不受约束，故其余能

$$E_0 = \int_V \varepsilon_w \mathrm{d}x\mathrm{d}y\mathrm{d}z \qquad (7.3.53)$$

引入 (7.3.49) 和 (7.3.51)，则为

$$2EE_0 = \int_{-a}^{a} \{a_1\xi^2 + a_2\xi''^2 - 2\nu a_3\xi\xi'' + 2(1+\nu)a_4\xi'^2 + 2E\alpha[(a_5 + a_6 X)\xi + (a_7 + a_8 X)\xi'']\}\mathrm{d}x \qquad (7.3.54)$$

其中

$$a_1 = \int_{-b}^{b} \eta''^2\mathrm{d}y$$

$$a_2 = \int_{-b}^{b} \eta^2\mathrm{d}y$$

$$a_3 = \int_{-b}^{b} \eta\eta''\mathrm{d}y$$

$$a_4 = \int_{-b}^{b} \eta'^2 \, dy$$

$$a_5 = T_0 \left[\eta'\right]_{-b}^{b}$$

$$a_6 = \int_{-b}^{b} Y\eta'' \, dy$$

$$a_7 = T_0 \int_{-b}^{b} \eta \, dy$$

$$a_8 = \int_{-b}^{b} Y\eta \, dy$$

$$\cdots$$

势能

$$U = \iint F(x, y, \xi, \xi_x, \xi_y, \xi_{xx}, \xi_{xy}, \xi_{yy}) \, dy \, dx$$

其中

$$\xi = \xi(x, y)$$

$$\xi_x = \frac{\partial \xi}{\partial x}$$

$$\cdots$$

F 由 (7.3.54) 给出，则欧拉方程

$$L(\xi) = \frac{\partial F}{\partial \xi} - \frac{\partial}{\partial x}\frac{\partial F}{\partial \xi_x} - \frac{\partial}{\partial y}\frac{\partial F}{\partial \xi_y} + \frac{\partial^2}{\partial x^2}\frac{\partial F}{\partial \xi_{xx}} + 2\frac{\partial^2}{\partial x \partial y}\frac{\partial F}{\partial \xi_{xy}}$$
$$+ \frac{\partial^2}{\partial y^2}\frac{\partial F}{\partial \xi_{yy}} = 0 \tag{7.3.55}$$

给出确定函数 ξ 的常微分方程

$$a_2\xi'''' - 2[a_4 + \nu(a_3 + a_4)]\xi'' + a_1\xi = -E\alpha(a_5 + a_6 X + a_8 X'') \tag{7.3.55}$$

由此可得 (7.3.50) 中 φ 的近似解。边界条件为

$$x = \pm a, \quad \xi = \xi\eta = 0, \quad \tau_{xy} = -\xi'\eta' = 0$$
$$y = \pm b, \quad \xi_y = \xi'\eta = 0, \quad \tau_{xy} = -\xi'\eta' = 0 \tag{7.3.56}$$

则在 $x = \pm a$ 处，$\xi = \xi' = 0$，在 (7.3.54) 中，$a_3 = -a_4$，$a_5 = 0$。于是，(7.3.55) 变为

$$a_2\xi'''' - 2a_4\xi'' + a_1\xi = -E\alpha(a_6 X + a_8 X'') \tag{7.3.57}$$

在 (7.3.49) 中给定 X，则 (7.3.57) 可解出。于是由 (7.3.51) 得应力分量。

如，$0 \leq y \leq b$，取 $T = T_0 + T_1\left(1 - \frac{y}{b}\right)$

$-b \leq y \leq 0$，取 $T = T_0 + T_1\left(1 + \frac{y}{b}\right)$ (7.3.58)

由此，$X = T_1 = $ 常量，并且